U0174470

自 然 文 库
N a t u r e
S e r i e s

ANNALS OF THE FORMER WORLD

昔日的世界

地质学家眼中的美洲大陆

〔美〕约翰 · 麦克菲 著

王清晨 译

ANNALS OF THE FORMER WORLD by John McPhee

Published by arrangement with Farrar, Straus and Giroux, New York.

献给尤兰达·惠特曼（Yolanda Whitman）

北美洲——北纬 20–55 度

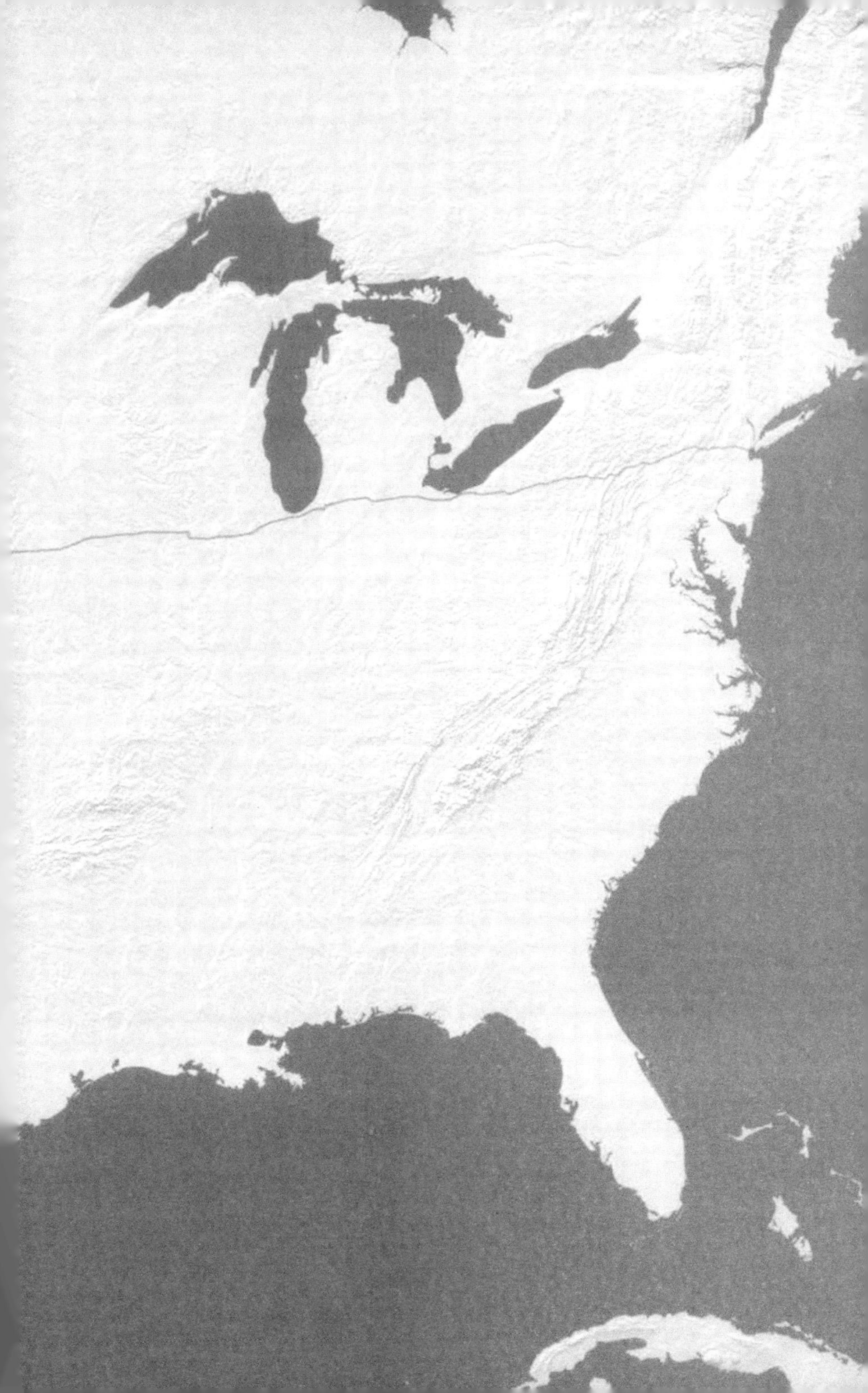

前言

——兼解释性目录

1978年，我在地质学家们的陪同下开始了一系列横跨美国的 5
旅行，目的是写一篇文章，一方面写写在公路旁剖面上出露的岩石，一方面说说陪我一起旅行的地质学家，最终的结果是要沿大约北纬40度线切出一条北美洲的地质横剖面，勾画出一幅北美洲地质演化的历史画卷。我在80号州际公路上及其两旁旅行了一年，有时候是一路横穿全国，但一般都是和某一位地质学家走其中的一段。这些地质学家中有普林斯顿大学的肯恩·德菲耶斯教授，沉积学专家卡伦·克莱因斯潘（当时是普林斯顿大学研究生，现在是明尼苏达大学教授），美国地质调查局的安妮塔·哈里斯和戴维·洛夫，加州大学戴维斯分校的大地构造学家艾尔德里奇·穆尔斯。在这个系列性旅行的第一阶段结束时，我整理了一下我的笔记，并为整个写作计划搭了个架子，结果我发现，我列出的这个提纲足够让我写好多年的，比我预想的在这个主题上连续花费的时间要长得多。这本书的结构分五大部分，它们既是一个整体，又各自独立，所以我决定每隔一段时间写一部分，总是先写一些其他内容，再回到地质学主线上，并且会写下和各个地质学

家一起漫游的见闻。我们的旅行有时会离开 80 号州际公路，甚至
6 去了更远的地方，比如说，希腊大陆、塞浦路斯岛、亚利桑那州的一个采矿营地，以及从圣安德列斯断层的这头走到那头。这让我的主题超出了美国的地质横剖面，进入到全世界蛇绿岩和全球大地构造的领域。出于写作的需要，书中写到了罗伯特·路易斯·史蒂文森、瓦沙基酋长、前总统西奥多·罗斯福，还写到了特拉华的维诺娜、威廉·特库姆塞·谢尔曼、威廉·佩恩和约翰·奥古斯都·萨特等人。

这本书的主线和基本架构是板块构造学。板块构造革命发生在 20 世纪 60 年代，在我的旅行刚开始时，这个概念并不是没有人批评的。我想看看是谁在反对它，为什么反对，以及这个新理论是通过什么方式被验证的，是怎么样去应用的。书里有很多对其他问题的讨论，但板块构造理论是最主要的。这本书的结构不是线性的，不是从纽约沿着 80 号州际公路一口气跑到旧金山，而是在全国各地跳来跳去。例如，一开始是写新泽西州，然后一下子跳到去写内华达州，因为新泽西州两亿年前构造活动的那一幕今天正在内华达州上演。

现在，这本书终于写完了，是在 1978 年到 1998 年间分五个时间段完成的，前四部分已经分别在 1981 年、1983 年、1986 年和 1993 年出版了。书中的第五部分，也就是最后一部分，是为了填补一个明显的空白。在前四部分中，没有任何章节提到中部大陆的任何东西。它只是被泛泛地、很不具体地提到过。贯穿全国地形地貌的等时线在不同的纪、世、期都经过中部大陆。但是，任何一

次从一块岩石到另一块岩石的连续观察进程都没有在中部大陆停留过。在美国中部，地表没出露什么岩石。虽然我最初设想的整体结构是要横贯全国，但有意略去了从芝加哥到夏延之间的一大块国土。如果岩石稀少，那么构造故事就少。十多亿年来，那里几乎什么都没有发生。即便如此，我还是对这一省略感到有点内疚，并且思忖着怎么给这本书画一个圆满的句号。近几年的地球物理研究给我带来了答案，从放射性同位素测年到计算机科学，研究进展是多方面的。这些进展使地质学家能够看到中部大陆本身在前寒武纪的形成和发展历史。中部大陆是我们认识这个世界的基础，而这些认识正在不断深化。我想，在夏延和芝加哥之间旅行是个好主意。于是，我去这样做了，是和堪萨斯大学的 W. R. 范·施莫斯一起去做的。

这本书的所有部分都是在写旅行、景点、往事的回顾、人物小 7
传、人类历史以及岩石的种类，由于我打算写一篇徐徐展开的长篇作品，而不是按地质学的分科分类去写某些主题，所以我努力不把这本书写成一本流水账，或者像是一本教科书，那样的话，读者就可以轻松地去查阅板块构造理论的某些基础条目，或是地质年代中某个时间段的大事记了。不，我没有那样去写，也没有把那些地质主题单独标记出来。相反，为了方便读者查阅，我写了一个带有说明解释性的目录。这样，就能在这本内容广泛的书中，使鱼和熊掌兼而得之。我努力让书的文字和内容尽可能地连贯流畅，不被切成一块一块的。在这个前言里，我要先解释一下这本书写作的来龙去脉，以及在过去 20 年中书的写作计划是怎么样演变的，而且还要解释一下书里“有什么”，以及“在哪里”。

“盆岭省”是开篇的故事，也是入门篇。它用了很长的篇幅去写板块构造学的性质和历史：板块是什么？是谁提出来的？怎么提出来的？见书中 133—153 页。

“盆岭省”还用了很长的篇幅写地质时间问题。我们对现在使用的地质年代表或多或少都认为是理所当然的，但它在 19 世纪早期并不存在。地质年代表是业余地质学爱好者们（通常是医生）用了差不多五十年的时间逐渐拼合起来的。他们会通过看看谁更老点，试着把这一段拼到那一段上，然后给不同的时间段起个名字。当你试图去理解地球上的变化，时间当然是最重要的因素，但这么长的时间跨度是很难被感知的。见书中 69—111 页。

在大学里，我主修英语。我在高中和大学时还选修了物理学、化学、生物学和地质学等各种学科的入门课程，但那只是出于闲情逸趣，或是为了满足选课时学分分布的需要。和所有的写作一样，关于地质学的写作简直就是一种自虐、令人心碎和自我奴役的活儿，尤其当写作对象是岩石时，这种感觉会更强烈。那么，又怎么解释我自己的这种行为呢？为什么来自一种文化圈的人会尝试在另一种文化圈中去创作呢？为什么主修英语专业的人会去选择写岩石呢？为什么一个在“人文科学委员会”里工作，并且在大学里讲授“人文科学研究 440 课程”的人要去写地质学呢？我相信，这些问题可以在“盆岭省”中找到答案。见书中 19—28 页。

我这辈子基本上都住在新泽西州的普林斯顿，在那里的公立
8 学校和大学念书。我只离开普林斯顿很短的时间，那年我 17 岁，

去了马萨诸塞州的迪尔菲尔德学院，那里有一位名叫弗兰克·康克林的地质学家，他讲授的一门为期一年的地质学课程是第一流的。即使在那时，我主修的也还是英语专业。但在随后几十年的写作中——高度多样化的非虚构写作，常常涉及大自然的景象——地质学的宝库就摆在眼前，等待我去发掘。在我的很多写作项目里，地质学或早或晚都会以这样或那样的方式被提到，碰到这种时候，我就会去请普林斯顿大学的地质学家帮助我搞定。例如，在我的《松之荒原》和《邂逅大德鲁伊》等书中就有一些关于地质学的段落，在《踏上这片国土》一书中，地质学的内容更多，而且那本书的写作缘于我早就想问的一个问题。很明显，育空地区水系里的砂金[1]是由风化作用破坏了山体后，把黄金疏散到河流砂砾中的。对这些过程，我想我很了解。但我想知道，黄金最初是怎么样到山脉中的。我打电话给地质系，和一位教授谈了谈，他说他回答不了这个问题，他的研究兴趣是侏罗纪的树叶。"打电话给肯恩·德菲耶斯，"他说，"德菲耶斯知道，或者说，他自己认为他知道。"我明白了，原来是德菲耶斯把金子藏在山脉里的。

大约一年后，在和这位不拘一格的岩石学家的一次随意谈话中，我问他，我们能不能去城市附近找个路旁剖面看一看，为《纽约客》的"话说城市"专栏找点素材，写篇文章。我们可以去看看修建公路时在路旁爆破出来的岩石暴露面，解读它的历史，并用

1　砂和沙都指细小的石粒，本书中和地理有关的词用沙，如沙漠、沙滩、风沙等，而和地质有关的词依沉积岩石学中的用法，用砂，如粗砂、砂岩、粉砂等。

第一人称复数，“我们”，来讲个故事。当我们在计划这个短途旅行时，我问他，如果我们找一条路向北，一个剖面接一个剖面地看，比如，沿着诺斯韦风景优美的道路一路向北，穿越阿迪朗达克山脉，是不是会有一个更好的故事。

“这块大陆的故事不在那儿，”德菲耶斯说，“如果你想按你说的那种方式一个剖面接一个剖面地去看，你不如从这儿一直朝西走，去横穿构造线。”

在那一瞬间，灵光一闪，我的思绪像脱缰的野马，一下子冲向旧金山，一个个岩石露头像广告牌一样排列在路旁，每一个都写着自己的信息。“那我们为什么不马上就走呢？”我对他说。两周后，我们已经在内华达州寻找银矿了。

德菲耶斯对我这个写作项目的友好支持已经有 20 年之久，他
9 总是高看我的理解力和能力，当他和我聊一些更深层次的地质话题时，丝毫没感觉到超出了我的理解范围，也不认为对我有什么压力，甚至没意识到我是个地质门外汉。他博览群书，就像是一位比较文学的教授一样，他凭直觉理解了我设定的目标：以某种形式和方式向公众宣传地质学知识，展示地质学家的风采，吸引公众的注意，同时还要获得地质学界的认可。他对我有点高估了，在我天真地考虑着一件事的时候，有时候能为它一连几个月精神高度紧张，但这 20 年来我的确学到了很多很多。德菲耶斯开动脑筋，浏览地质文献，然后向我建议，去阿巴拉契亚山脉、落基山脉和加利福尼亚州旅行时应该去找哪些地质学家。他打电话给他们，让他们对我要做的事感兴趣，问他们是否愿意帮忙。第一年我就分别和他

们所有人一起旅行过了，他们也都成了这20年来我的顾问和同伴。

书中按照选定的一些时间段绘制了几条横贯美洲大陆的等时线，展现了那时候的地形地貌，那是年代久远的昔日世界中美国辽阔国土的一幅幅图像。在“盆岭省”那篇有一个三叠纪晚期的旅程（15—18页），密西西比纪和宾夕法尼亚纪的等时线（102—106页）是为论述“深时”问题而写的一大段。作为介绍等时线概念的一种方法，“盆岭省”首先呈现给读者一次快速穿越现今大陆地形地貌的旅程（10—15页）。在“可疑地体”那篇中，有一对寒武纪和奥陶纪的等时线（231—234页），还有一对志留纪早期和晚期的等时线（244—247页）。陆地上最早的植物出现在志留纪第一条等时线之后和第二条等时线之前。在“从平原升起”那篇中，始新世的等时线（544—545页）从东部和西部同时写起，在现在怀俄明州的一个巨大湖泊中交汇。

在“盆岭省”篇中，以直观的方式介绍了板块构造理论，紧接着，安妮塔·哈里斯在“可疑地体”篇中以多种方式对板块理论进行了抨击。

“可疑地体”篇写了四部分内容：（1）安妮塔·哈里斯传记；（2）特拉华水峡口是阿巴拉契亚山脉的一个碎块（理解了一个碎块，你就理解了整体的大部分）；（3）阿巴拉契亚山脉和板块构造；（4）大陆冰期理论（写大陆冰期理论在19世纪不被接受，是为了和板块构造理论在20世纪早期的不被接受做对比）。这四方面内容并不是标题鲜明地呈现的，但对于任何仔细阅读的读者来说，这些内容能明显地识别出来：（1）173—221页；（2）222—

10 259页；(3) 260—308页；(4) 323—353页。要注意310页和323页之间的内容有个间断，其间穿插写了一点关于煤和石油的内容。故事发生在宾夕法尼亚州西部，那里是研究这两个主题的最佳场所。写特拉华水峡口的那部分是一个独立的实验，一个故事里套着一个故事。把人类几千年的历史放在地质历史中，来了一个“二重奏”，这是为了帮助阐明某种观点。这部分内容所追求的目标和172页乔治·英尼斯的水彩画密切相关。你如果能告诉我是什么造就了那里的风景，你就一定能告诉我是什么造就了美国东部。扒着画家的肩膀看一下，看看这一切是怎么造就的。

地质学家写“terrain”是指地形，写“terrane”是指有数公里范围的一块国土，但它们的读音相同（中文也都译成“地体”——译者注）。当我第一次发表“可疑地体”时，我写道：“我不是地质学家，我拒绝用他们的方式来表达。”事实上，至少从19世纪中叶起，terrane就一直是英语中的一个词，《韦伯斯特大辞典》就给出了它的含义。但我有个犟脾气，连查都不去查，而是要自己去仔细品味这两个同音词的不同含义。我现在改变了主意，纠正了态度。用terrain指地形地貌，用terrane指地球的一大块三维地质体。我已经在书中相应的地方做了必要的更改。不过，我还是坚守了自己最后的阵地，标题依然是“可疑地体”。“terrain”一词在标题中保留了下来，保持着它的语义。

安妮塔·哈里斯是在布鲁克林的威廉斯堡长大的，坦率地说，她学地质学是为了离开这个城市。对她生平的简介也是对纽约市地质情况的简介（187—200页）。她的国际声誉主要来自她的古生物学研究结果，这些成果提高了古生物学研究在石油勘探中的地位。我陪她从新泽西州到印第安纳州采集碳酸盐岩样品。很多人都认为阿巴拉契亚山脉代表了两个大陆碰撞的缝合带，但安妮塔不这么看，她直言不讳地对板块构造理论进行了警示性批评，尤其是在 173—175 页、269—291 页和 354—355 页。

“从平原升起”篇主要是写怀俄明州，它的边界里围着一个特殊的地质学区域。那一篇中写了州际公路边的一系列路旁剖面，写了杰克逊洞、提顿山脉、粉河盆地、风河盆地和拉勒米山脉，写了戴维·洛夫和他的父亲，特别是他的母亲，她在怀俄明州地理中心的洛夫牧场教育自己的孩子。那里地广人稀，从他们的住处到最近 11
的邻居家是一段距离很远的旅程。洛夫的母亲生于 1882 年，早就去世了，我虽然没有机会见到她，但她可能是我在职业生涯中遇到的最引人注目的人物。你会在这篇里找到拉勒米造山运动的故事，在 402—406 页上讲了落基山脉的崛起，在 406—412 页上讲了落基山的埋覆和重新剥露。关于杰克逊洞和提顿山脉的地质历史的片段在 483—499 页中，关于地幔热点（如黄石、夏威夷、百慕大、冰岛、特里斯坦－达库尼亚群岛、喀麦隆山）的地球物理学理论在 516—534 页，在这前面写了一段关于野外地质和“黑匣子地质”之间的对抗关系（502—511 页）。

有时候有人说，地质学家的专业风格反映了他们成长的地方。在怀俄明州中部出生的地质学家尤其如此，没有比这更好的例子了。关于洛夫牧场和戴维·洛夫成长年代的内容分别在 360—361 页、370—379 页、387—399 页和 433—467 页。

在怀俄明州罗林斯一个不引人注意的地方，一个人一抬眼就能看到久远的时间，远比大峡谷两侧石壁所记录的时间久远得多。在 379—385 页，罗林斯的一个“会说话”的岩石柱子向下延伸到了 26 亿年前。

“从平原升起”篇的最后六分之一用蒙太奇手法描述了地质发现和环境保护之间对抗关系。戴维·洛夫自己的内心就充满了这种矛盾和斗争，他是勘探地质学家，又是怀俄明州原生态的热心捍卫者。这种对抗反映在一系列例证中，如，煤炭（535—542 页），油页岩（547—549 页），天然碱（550—553 页），逆冲带的石油和天然气（555—577 页），黄石公园的石油（577—561 页），以及他本人的成果性发现之一，他家乡附近的沉积铀矿（562—566 页）。

“组装加利福尼亚”那篇是在“盆岭省”篇发表后十三年才动手写的，这一等待是明智的，作为构造活跃性的展示窗，只有阿拉斯加州能向加利福尼亚州挑战，这一点每个幼儿园的小孩儿都知道。1989 年，洛马普列塔地震发生了，这时我才刚刚开始写“组装加利福尼亚”，于是就把这次地震放在了正文的突出位置。1992 年，又发生了一些地震，如大熊湖地震、兰德斯镇地震和约书亚树
12 国家公园地震，后两个地方明显产生了一条新的断层（799—801 页），并证实了肯恩·德菲耶斯在“盆岭省”一篇中的预测（160—170 页）。

“组装加利福尼亚”篇的开头和结尾都在太平洋海岸的同一地点，在艾尔德里奇·穆尔斯的陪伴下，我们从东向西穿越了

整个加利福尼亚州，有时会倒回去走一走。穆尔斯把板块构造理论应用在加州西侧的边界上，在那里重建了昔日的世界。当安妮塔·哈里斯在“可疑地体”一篇中褒贬“板块娃”时，拐弯抹角地提到了艾尔德里奇·穆尔斯。例如，他提出亚利桑那州和南极洲曾经是连成一体的。这并没有阻止他在1995年当选为美国地质学会主席。“组装加利福尼亚”篇简单流畅的行文架构中包括两个很长的片段，一个在开头，另一个在结尾，描述了两个具有广泛影响的完全不同的地质事件：一个是18世纪四五十年代的淘金热（606—631页），另一个是1989年的洛马普列塔地震（820—844页）。

穆尔斯是一位蛇绿岩专家，是研究大洋地壳的岩石学家，当大洋地壳岩石在大陆上被发现时，这件事本身可以提出或回答一些重大问题。在介绍蛇绿岩的性质和复杂性（637—687页）之后，再倒回到塞浦路斯（688—698页）和希腊（699—708页），穆尔斯曾在那里做过几十年的研究，海底的岩石被搬运到那里，变成了山脉。除了顶上一些很薄的岩层之外，它们都不是来自大陆并沉积在海底的沉积岩，而是海洋扩张中心的岩浆冷却后形成的火成岩，以及它下面的地幔岩石。它们作为一个外来地体，成为加利福尼亚州的一部分，在地质学上被称为斯马特维尔蛇绿岩块（642页，648—659页，674—675页，676—677页，679—680页）。

穆尔斯是一个采金矿工的儿子，从小在亚利桑那州克劳恩金镇的高山区长大（709—722页），现在生活在加利福尼亚州的中央大峡谷（723—735页），那里的地质故事跟世界上的其他山谷几乎没有一样的地方。海岸山脉离穆尔斯在戴维斯的家只有几公里远，有自己的奇特故事（736—751 页）。书中有很长一段记述了我们在纳帕谷的路易·马提尼酒厂里一场海阔天空的闲聊，其中聊到了世界蛇绿岩和全球大地构造，聊到了板块运动的大画面，聊到了大陆地块的演化和解体，甚至聊了地球上每一块板块和大陆（752—
13 774 页）。

旧金山的地质情况是在靠近 80 号州际公路的路旁剖面上介绍的，我们还爬上了市里的几座小山，边看边聊（755—790 页）。书中有很长一段写了在南北方向上穿越加利福尼亚州，追踪圣安德列斯断层，它实际上包含了一系列断层（791—821 页），其中就包括海沃德断层，它可能是给湾区很多城市留下明显外伤的起因，这些城市包括旧金山、奥克兰、伯克利，当然，还有海沃德市（817—820 页）。

“穿越克拉通”那篇通过访问科罗拉多州来描述内布拉斯加州地质情况，因为在科罗拉多州，你可以看到内布拉斯加州的基底向上拱曲暴露在外。这次旅行是在堪萨斯大学一位地质年代学专家的陪同下进行的，这一定能让这一段书写增辉不少。在芝加哥和夏延之间，最引人注目的地球物理特征是中部大陆裂谷（848 页，853—855 页，863 页，884 页，888—889 页，894—896 页），它开启了回溯地球四分之一历史的道路，来到俯瞰时间深渊的边缘，一直回看到 11 亿年前。地球上迄今发现的最古老岩石的年龄约为 40 亿年（855 页，858 页，880—881 页），比地球本身年轻约 6 亿年。在追溯到最早的起源（855—857 页）之后，故事峰回路转，接着写了太古宙时期，那时有岛弧增生和小克拉通形成（857—859页）。在太古宙末期，正好是在距今大约 25 亿年前，地球的行为发生了巨大的、不可重复的变化，其中包括条带状铁矿的沉积和现代板块构造活动的开始（860—861 页）。

早元古宙时期，有七个小克拉通碰撞，聚合成了加拿大地盾（859 页，863—866 页）。更年轻的岛弧最终漂移过来，像船靠岸一样拼贴到地盾上，形成了内布拉斯加州和科罗拉多州的大部分地区（866—876 页）。这些关于前寒武纪的新观点都有赖于放射性同位素测年（877—887 页）以及磁力、重力异常测量与解读等技术的进展（884—888 页），所有这些成果都经过了钻井岩芯的标定和约束（888—890 页）。

更多的岛弧在增生，顺着现在的东北走向延伸，穿过新墨西
哥州和堪萨斯州（882—883 页），形成了像南美洲安第斯边缘那样
的海岸板块边界。大约在元古宙中期，令人费解地形成了一系列大 14
型深成岩，每一个都很像今天内华达山脉的岩基，一个个从这头
排到那头，洞穿了整个北美洲（886 页），但不知道为什么，这些深
成岩竟然和山脉的形成毫无关系，要知道，深成岩的定义说，这
二者通常是有关系的。

11 亿年的等时线从大陆的东部和西部边缘伸出，在活跃和不断形成的中部大陆裂谷汇聚（893—895 页）。当扩张在艾奥瓦州的下方停止时，派克斯峰花岗岩莫名其妙地出现在科罗拉多州，这是北美洲前寒武纪的最后一次构造事件（896 页）。

莎拉·丽平科特是本书的编辑，她的建议让我从写作之初就

受益匪浅。她来自加利福尼亚州帕萨迪纳，1993 年离开《纽约客》，成为一名书籍出版的自由编辑。莎拉住在纽约时，她理想中的完美假期是坐飞机去拜访加州理工学院。她经常那样做。现在她就住在帕萨迪纳，在加州理工学院任教，讲授一门写作课程。从“盆岭省”篇的开头，到“穿越克拉通”篇的派克斯峰结尾，莎拉一直是这本书的编辑。从书里描述的第一次旅程开始，到其后的 20 年里，专业人员对板块构造理论的态度在以不同的方式发展着。书中内容的展开就反映了这一点。在编辑准备全书出版的过程中，我们努力保留下这种板块构造理论慢慢被接受的感觉。而在其他地方，我们则自由地添加素材，调整时间尺度，并努力跟上不断发展的放射性年代学给出的新数据。书中的内容经过了调整、合并、修改，有些内容被整段地删除了，每一个地方都经过了仔细推敲，以避免内容上的重复。我已经在很大程度上减少了重复的内容，并对其中一些进行了修改，但一些重复我保留了下来。和民谣一样，提示和重复在阐述主题的时候有同样的功效。岩石有它自己的修饰语，也有它自己的副歌。在这里面，你会看到事情一次又一次地发生。《昔日的世界》选择了一些段落和在它前面已经写过的内容遥相呼应。底辟构造被重新定义了，板块构造理论以不同的方式被反复地解释。“地质学在重复着它自己！”安妮塔·哈里斯喜欢说这句话。安妮塔非常喜欢这样说，甚至过不了一两分钟她就会说一句：“地质学在重复着它自己！”

为了方便读者起见，对上述重点内容，这里也应该重复一下。请看后面这个目录：

目录 15

第一篇：盆岭省

横贯大陆地形地貌的等时线：现代　10—15

横贯大陆地形地貌的等时线：三叠纪晚期　15—18

为什么一个专修英文的人要写这本关于地质学的书？　19—28

关于地质学年代　69—111

横贯大陆地形地貌的等时线：密西西比纪和宾夕法尼亚纪　102—106

关于板块构造　133—153

肯恩·德菲耶斯预测内华达州会裂开成海洋　160—170

第二篇：可疑地体

安妮塔·哈里斯的生平　173—221

纽约市的地质　187—200

特拉华水峡口是阿巴拉契亚山脉的一个碎块　172，222—259

阿巴拉契亚山脉和板块构造　260—308

大陆冰川理论　323—353

煤的形成　311—315

宾夕法尼亚的石油　316—320

横贯大陆地形地貌的等时线：寒武纪和奥陶纪　231—234

横贯大陆地形地貌的等时线：志留纪早期和晚期　244—247
对板块构造理论的警告　173—175，269—291，354—355

第三篇：从平原升起

罗林斯和时间跨度　380—383
拉勒米造山带　402—406
落基山脉的埋覆和剥露　406　412
洛夫牧场和洛夫家族的历史　360—361，370—379，387—399，433—467
杰克逊洞和提顿山的地质历史　483—499
“野外地质学”对抗“黑匣子地质学”　502—511
关于地幔热点的地球物理学　516—534
横贯大陆地形地貌的等时线：始新世　544—545
怀俄明州环境蒙太奇　535—569
　煤　536—542
16　油页岩　547—549
　天然碱　550—553
　逆冲带的石油和天然气　555—577
　黄石公园的石油　577—561
　沉积铀矿　562—566

第四篇：组装加利福尼亚

19 世纪的淘金热　606—631

蛇绿岩: 经过运移的大洋地壳　637—687
斯马特维尔蛇绿岩块　642，648—659，674—675，676—677，679—680
塞浦路斯　688—698
希腊　699—708
亚利桑那州的克劳恩金小镇　709—722
中央大峡谷　723—735
湾区　736—751
世界上的蛇绿岩和全球大地构造　752—774
旧金山地质　775—790
圣安德列斯断层系　791—821
　海沃德断层　817—820
1992 年地震，兰德斯镇和约书亚树公园的新生断层　799—801
1989 年洛马普列塔地震　820—844

第五篇：穿越克拉通

中部大陆裂谷　848，853—855，863，884，888—889，894—896
最古老的岩石　855—856，858—859，880—881
世界最早的起点　855—857
太古宙克拉通　857—859
氧气和条带状铁矿沉积　861
现代板块构造的开始　860—861
加拿大地盾的聚合　859，863—866

内布拉斯加州和科罗拉多州的岛弧　866—876
放射性年代学，磁力异常和重力异常，钻井岩芯　877—887
堪萨斯州的安第斯型陆缘　882—883
北美洲的深部穿孔　886
横贯大陆地形地貌的等时线：元古宙中期　893—895
派克斯峰　896

主要图件目录　897
索引　899
地质年代表　986
译后记　991

第一篇

盆岭省

图 1-1　杰德堡边界处的不整合，约翰·克拉克，1787 年绘制，苏格兰科学出版社（爱丁堡）惠允

1 19

地球的两极移动过，赤道当然也随之移动过。大陆栖息在板块上，像海上的船一样漂移，被带向不同的方向，带向很远的地方。如果有人断言世界上某个地标是永远固定在某个地方的，比方说，西经 73 度 57 分 53 秒和北纬 40 度 51 分 14 秒，那么，这种行为一定会被认为是近乎狂妄无知的。尽管如此，一般来说，今天或者明天，或者在可预见到的将来，这个坐标值会绝对精确地把你带到乔治·华盛顿大桥西头的停车场。上午九点，一个工作日的早上。繁忙的交通像是粒子物理学中的粗略的演示，汽车从狭窄的源头涌出，穿过在帕利塞兹岩床凿开的两侧崖壁高耸黝黑的公路，冲向芝加哥、夏延、萨克拉门托。“康威马散货运输”“弗吕豪夫长衣架”……高速公路上奔驰的半挂式大卡车一辆接着一辆。车辆兜起的风把一位徒步的年轻女士推向道旁的岩壁。她长着北欧人的脸庞，有着拉丁人深褐色的眼睛，显然携带了欧洲极端气候区祖父母的基因。她穿着登山靴和蓝色牛仔裤，手拿一把单尖头地质锤。卡车司机们注意到的似乎是她的青春及挪威人特有的明亮的长发。他们用汽车喇叭声挑逗她，让尖厉的汽笛声传到她的 20
耳朵里。她的名字叫卡伦·克莱因斯潘，是一名地质学者，是一名即将拿到博士学位的研究生。毫无疑问，在她看来，她和她面前的道路、岩石、大桥和美好的城市（事实上，几乎整个美国大陆、加拿大，还有墨西哥）都在朝着卡车行驶的方向坚实地移动着。当然，她来这里并不是为了思考全球构造问题，尽管上帝知道她可以这样做。理论上，眼前这个岩床就是大西洋张裂事件开始的标志。文献记载，新泽西州和毛里塔尼亚曾连在一起，三叠纪的时候，那块区域开始拉张，然后，拉分形成几个巨大的地壳块体。实际上，那里曾经有很多山谷被竞相拉张而成，其中一个最终会张裂得足够深，得以让海水涌入，并在若干年后形成今天的红海那样子。地壳下的地幔在活动，受这些拉张事件的激发，岩浆向上运移，随着压力侵入到页岩和砂岩等水平岩层中，把发生拉张的地表拱起了 300 多米。侵入的岩浆可以侧向延伸几百平方公里，成为围岩中一个发育范围很广的新岩层，地质学家把它叫作“岩床”。

克莱因斯潘用地质锤使劲地砸着岩床。她说，这个特殊的岩床侵入到地面以下约 3 公里处。一阵汽笛长鸣，车队呼啸而来，听起来像是排排汹涌的海浪。她必须喊着说才能被听到。她继续砸着。路旁凿出的岩壁很陡，岩壁上的岩石很硬。她一下又一下地砸着，直到一大块岩石被砸下来。岩石新鲜的表面上有晶体闪着光，那是斜长石晶体，形态自由，不对称，随机散布在暗色辉石的旁边。这种岩石被叫作“辉绿岩”。像储蓄银行的墙一样，看上去像是一块有着盐和胡椒混杂颜色的粗花呢。岩石上美丽的晶体是岩浆在地下深处慢慢冷却形成的。

“你可以近到把你的鼻子凑近露头的距离看。”她一边说，一边把砸下来的岩石样品拿在手里，用一把小一点的锤子把样品修

整好，就像肉贩修剪烤肉一样。然后，她用毡头记号笔把这块样品
标为“1”。她沿路旁凿出的岩壁走着，边走边向我指点：这是捕虏
体，是一块围岩掉进了岩浆里，就像面包里的葡萄干一样被包裹
起来；辉绿岩中那些漩涡纹是流动构造，是岩浆还没完全凝固的
部分翻卷形成的；这些粗粒晶体层有点像沉积物，是晶体在岩浆
中沉淀形成的。化学性质和结构均匀的岩浆岩会形成多种外观面 21
貌，帕利塞兹岩床就是一个典型例证。岩床向西倾斜，切入一个
地壳块体中，它的西端是博尼耶断层，出露在48公里外的新泽西
州。随着地壳块体西端的下沉，形成了纽瓦克盆地。高耸的东端逐
渐被侵蚀，沉积物注入到盆地中，岩床最终被揭露出来，这是哈
得逊河的形成和发展过程。哈得逊河最终切出了新泽西州的崖壁
景观，站在曼哈顿河岸可以看到：宽阔的岩床在冷却过程中产生
了竖直的裂缝，地质学家把它叫作“柱状节理”。这些柱状节理把
岩床分割成一根根细长的柱子，均匀笔直地站立着，很像一排栅栏
（palisades）。“帕利塞兹”（Palisades）岩床的名字就是根据它的
外观而来。

在大型路堑两旁的崖壁上有很多裂缝，其中确有这种柱状节理的迹象。但实际上，这些裂缝的形成原因很复杂，不能都用柱状节理来解释，有一些是劈山开路时被炸药震出来的。克莱因斯潘说，岩床由于断块倾斜而承受相当大的应力，当受到侵蚀后减轻了它上覆的重量时，就会裂开。固体潮也能使岩床破裂。不只海洋对月亮的引潮力有响应，在涨潮期间，泉水的流动会更快。地球的固体表层也会受引潮力作用的影响，发生一天两次的上下升降，幅度

能达 30 厘米。这种引潮力和升降幅度足以让坚硬的岩石裂开。

说到这一点，地质学家们对毁坏路堑两旁的崖壁也贡献了一份力量。“他们真的来过这里！”他们从凿壁上取走了那么多的岩石样品，可能已经把凿壁削薄了几十厘米。在 800 米长的辉绿岩上，到处都是排列整齐的小钻孔。这些小孔同公路爆破工人钻的炮孔和导向孔完全不一样。那些孔更大，大多数是垂直的，而这些孔要小得多，而且是水平的，能塞进一摞硬币。它们是地质学家采集古地磁样品留下的。当岩浆结晶成固体时，其中的某些含铁矿物会像指南针那样排列起来指向磁极。在这个结晶过程中，岩石记录下了那时候北极的方向。不过，地球磁场已经倒转了数百次，北极变成南极，南极又变成北极，这些倒转相隔的时间跨度也不一样。地质学家已经计算出磁极倒转发生的时间，并且开发
22 出一种磁极随年代变化的独特条形码去测年。当然，还有许多其他的年代学测量标尺。如果人们用化石等其他指标确定了一个岩石单位的年龄有好几百万年[1]，那么，看看这些岩石中的矿物指南针，就可以把年代跨度缩小，让年代界定得更精确。古地磁研究对认识大陆漂移的贡献极大，有助于揭示大陆块彼此间的位置。在地质学行话中，研究古地磁的专家有时候被叫作“古地磁学家”。

---

1 “百万年”是地质学中的一个时间单位，相对于我们日常生活中的时间单位“天”“月”“年”“世纪”而言，无疑是一个巨型单位。为了让读者逐渐适应和熟悉这个巨型时间单位，译文采用了循序渐进的方式，先是用文字描述的形式，如“八百万年”“一千二百万年”等，然后过渡到“数字 + 百万年”的形式，如“8 百万年”“12 百万年”等，100 百万年就是 1 亿年，1000 百万年就是 10 亿年。

好多古地磁学家都曾在帕利塞兹岩床的露头上爬上爬下，钻孔取样，好像在为鹪鹩和紫崖燕建造一座希尔顿酒店。不过，鸟儿们对这些钻孔根本不感兴趣。

在高速公路冲出岩床路堑尽头的地方，哈肯萨克山谷立刻展现在眼前，宽阔却又容易被人忽视。公路进入山谷后开始下坡，通向河边，而岩床向河边倾斜的角度更大，直插地下。因此，当卡伦·克莱因斯潘继续下坡时，她正在穿出向西倾斜的辉绿岩，向它的顶部“上行”。这里岩石的结构变得更细滑了，晶体变小了，不久，就到了岩床的边界，那里是1000多摄氏度的岩浆和围岩接触的地带。围岩是一种页岩，是在更早期的三叠纪湖泊深处沉积的淤泥形成的。湖里曾经生活着迷齿类两栖动物和古鳕鱼。在接触带之下的辉绿岩是质地柔滑均一的暗色硬岩石。没有粗花呢的外观，晶体太小了，肉眼没办法识别，因为在岩浆急促冷却的地带，晶体根本来不及生长。接触带是一条平整而清晰的直线，她用手在接触界线上抚摸着。岩浆的热量渗透进页岩中大约30米，足以把页岩“烤熟”、变质，形成斑点状板岩。她用大锤砸着板岩，想取一块样品，但砸起来比刚才砸辉绿岩更费力了。“这种板岩里有一些怪异的、想象不到的矿物，”她一边抡着大锤一边说，“这种地层的变质带大概是新泽西州最坚硬的岩石了。”

她继续向前走了一二百米，差不多到了一连串路旁凿壁的尽头。沼生栎、梧桐、山杨、棉白杨，以及马利筋和紫藤等一起随风撒种，抢占了岩石和道路之间的生存空间，这里的环境似乎没有卡森洼地中部那么理想。板岩中有一连串的化石孔洞，那是三叠纪

23 时动物在浅湖水面下平静的淤泥中活动时留下的痕迹。路边有一只巨大的橡胶凉鞋，一箱破鸡蛋，三个高尔夫球。其中两个是便宜货，但另外那个是高士利公司的泰特利斯球。一个苏打水空罐子在州际公路上被东行车队卷起的风裹挟着，以每小时 16 公里的速度向前滚动，发出叮叮当当的声响。路旁的树木形成屏障，减弱了卡车发出的噪声。卡伦靠坐在一棵棉白杨树下休息。她说："修建公路时在路旁凿出的岩壁是上天给我们的恩赐。这种人工路旁剖面在肯塔基州的派克维尔有很多，规模都挺大。你能在剖面上看到河流三角洲系统的分流河道、天然堤，以及天然堤决口扇沉积物——它们从天然堤冲出，进入河漫滩沉积的页岩和煤炭中。这是一个面对着三角洲指状砂坝的剖面，你可以看到波卡洪塔斯三角洲系统迎面而来，注入到密西西比—宾夕法尼亚纪时代的阿巴拉契亚地区。你能看到河道在山谷中来回游移，随着时间的流逝，一个接一个地在垂向上叠置起来。你能看到所有这些都呈现在一个系列性露头上，而不必把许多小图片像猜谜一样拼凑在一起。"

总体来说，地质学家都是不愿意匀速开车的司机。当经过路旁剖面时，他们往往会突然减慢车速。对他们来说，这些路旁剖面是一扇大门，是一块区域发生的故事的片段，也是一个舞台的拱门，它能引导人们的想象力穿越周围的地体进入到地球深处。岩石本身就是揭示其自身形成过程的基本线索：怀俄明州的一个湖，大约和休伦湖一样大；一个从华盛顿渡河村向西延伸的浅海；从内华达州发源，穿过加利福尼亚州流向大海的河流。不幸的是，公路部门往往会掩盖这样的场景。他们把种子撒在任何他们认为会生长的地方，他们“把一切都弄得乱七八糟”，全国的地质学家都这样抱怨。

“我们认为岩石是美好的，公路部门却认为岩石是可恨的。”

“在北方，岩石上长满了野豌豆。”

“在南方，是该死的葛藤。你需要一门榴弹炮去轰掉它。”

“我们的野外观测点几乎都安排在路旁剖面上。在那些构造出露不好的地区，路旁剖面对研究地质是至关重要的。”

“如果没有路旁剖面，你就必须钻孔，或者去寻找溪流切出的岸边剖面。这些剖面很少，而且剖面间的距离也太远。”

“作为地质学者，我们为生活在公路大发展时代而感到幸运。” 24

“路旁剖面是采集新鲜岩石样品的好地方。修筑公路的人帮我们剥露出所有的岩石，再小的岩块、再软的岩层也都暴露无遗。”

“路旁剖面对地质学家来说，就像听诊器对医生一样重要。”

“像 X 射线对牙医一样重要。”

“像罗塞达石碑对埃及学学家一样。”

“像 20 美元对一个快饿死的人一样。”

“如果我想安全驾驶，我绝不去搞地质！”

在气候潮湿的地方，厚厚的植被遮盖了岩石，溪流切出的剖面是地质学家能看到岩石自然暴露的唯一地方。地质学家在这些溪流中和溪流旁行走了成百上千公里。如果说路旁剖面在潮湿气候带是一种天赐，那么在其他气候带也是一样。有些自然露头风化得太深，一锤子砸下去，地质锤就陷进风化层里看不见锤头了，如果那样的话，岩石就不容易辨认了，例如，在佐治亚州的山麓带就是这样。无论在什么地方，一旦有新剥露出的路旁剖面，地质学家们会很快地扑上去，就像在欣古河[1]刚刚发现了一个部落，那些和人类学家竞争的传教士们争先恐后地赶往那里考察。

“我还是个孩子的时候就跟着我的家庭在长途旅行中看路旁剖面和露头，”卡伦说，“我可能从小就注定要成为一个地质学者。”她是在杰纳西谷长大的，多数长途旅行都是向南穿过宾夕法尼亚州和弗吉尼亚州，到北卡罗来纳州去看她的爷爷奶奶。在这种旅行中，很难说不去看一眼路旁那些弯曲的、揉皱的、起褶的、错断的岩层，很难不去好奇：那些原本像一沓纸一样平整的岩层怎么会变成这样？“我主要是对沉积学感兴趣，尤其是沉积构造。研究这些沉积构造需要做大量的野外工作。我对地下很多公里深处的一定温度和压力条件下发生了什么没有一点兴趣。如果你对地幔里发生的过程感兴趣，出野外工作的机会会很少。地质学中渗透了那么一点人文科学。这是我对地质学感兴趣的原因。当个地质学家不用像物理学家或化学家那样去证明一件事。在地质学实验室里不用穿白大褂，不过，有些地质学家现在也正在朝那方面
25 努力，开始穿白大褂了。在纽瓦克盆地中有阿巴拉契亚山脉的剥蚀残余物，就在我们脚下，在那个山谷里，在那些覆盖着边界断层的地方。为了完成论文，我正在研究西部一个盆地，是在原先的褶皱带顶部形成的。我不敢说我研究的那个盆地和这个盆地是一样的，

1　巴西北部亚马孙河的一条重要支流。在哥伦布到达美洲之前，欣古河上游地区人口稠密，生活着巴西土著民族的很多部落。

但让我感兴趣的是这些继承性盆地的形成机制，它们都坐落在山脉带的上面。加利福尼亚州的大峡谷[1]可能是一个后期挤压盆地，是板块汇聚时形成的。我们认为，纽瓦克盆地是一个拉张盆地，是板块分离时形成的。在地质记录中，我们怎么样去区分这两种盆地呢？我想勾画出一个盆地演化的完整图像，并尝试通过这些路旁剖面去解读盆地的演化历史。我不可能在一个早上跑一次野外就把这一切都总结出来，但是，我能看看这儿的岩石，琢磨琢磨其他人的解释。”她停顿了一下，回头看了看刚刚走过的岩壁。“这条州际公路就像一把刀子，切出了横贯全国的剖面。”她说，“你可以沿这些路旁剖面从这儿一直看到加利福尼亚州。不过，任何想这么干的人最好快点儿干。很有可能在不久以后，你独自一人横穿这条公路就会成为一种只能在记忆中存在的‘化石’经历了。一两个人，一辆车，从东海岸跑到西海岸。人们现在做这事的时候根本就没多想过。然而，这是一种非同寻常的个人自由，尤其是在现在这个时间段，我们恰恰就处在这个时间段中。这是一段美妙的、短暂的时光，快要结束了。我们有世界上最好的公路系统。这让我们能做其他国家的人做不到的事。当然，这也是一场生态环境的灾难。”

每年 6 月，东部大学的学生和教授们都要带着他们的盐酸小瓶、地质锤和布伦顿罗盘去西部考察。当然，美国东部也有很多吸引人的地质现象，有阿巴拉契亚构造中令人震惊的难题，以及

1 这里讲的大峡谷（Great Valley）在加利福尼亚州，不是稍后提到的科罗拉多大峡谷（Grand Canyon），两个大峡谷的地质成因完全不同。

地史学和地层学中错综复杂的谜团。人们决不希望降低东部地质的重要性。然而，不可否认的是，西部是岩石的王国，出露了无边的岩石，东部的地质学家，无论是从事哪种夏季野外工作的，都有大约 75% 的人到西部去。他们带着各州的地质图和地区公路地质图。这些图都是美国石油地质家协会出版的，是一种像滴墨画一样色彩艳丽的地图，上面画着像虫子爬迹和草履虫一样的不规则形状，标记了这个地区出露在地表的岩石。这些地质图是二维的，
26 但包含的内容却是三维的，甚至超越三维的。这些图能告诉你沥青河两岸的年龄和故事。几年来，克莱因斯潘一直在这么干，她有一辆“迷你包心菜”，这是一辆超负荷的两门老福特车，加装了承重弹簧，前座下塞着来自落基山脉的零碎物品，后座上带着一个登山帐篷。她开着这辆老车穿越三叠系低地和边界断层，爬上“山脊—山谷省”这个阿巴拉契亚山脉的变形带，又叫作褶皱 - 断层带。——这样的旅程只考虑地形地貌，并不注重国家和行政州的区划。地球上这种非自然的行政划分界线是人类自我意识在纸图上的隐喻表现，它使得人们在不变的东西海岸之间按照河岸形状甚至用直线去划定行政边界。看看美国，是一个方方正正的大陆块，像是北美洲的一个抽屉。把这个抽屉拉出来，土拨鼠可能就会从一边掉出去，而短吻鳄会从另一边掉出去。这块大陆上纵横交错地分布着各种地质界线、哺乳动物界线和两栖动物界线。例如：河蛙生活区的边界，纳盖特地层组的分布范围，美洲狮的分布区。美洲狮分布区是它生活的自然区域，这个区域叠覆在几万个其他种类的区划上，有些区划就是一个国家。美利坚合众国的首都

就在大西洋海岸平原。从一个“地质省”走到另一个“地质省”，
变化是很大的。你在宾夕法尼亚州的中部会看到石英岩山岭和碳
酸盐岩山谷，那是山脉的褶皱 - 断层带。你再走一会儿，就会在一
处长长的山崖脚下看到寒武系岩石。从那里爬上一个 16 公里长的
山坡，你会从寒武系进入更年轻的奥陶系，接着是志留系、泥盆系
和密西西比系（地球的这个序列篇章同样记录在科罗拉多大峡谷
两侧的岩壁上），最后会登上阿勒格尼高原顶部，踏入宾夕法尼亚
系。现在，就连埃克森石油公司也更新了地质图，图中的道路纵横
交错，像是玻璃上的裂纹，勾勒出这个国家被公路密集切割的破
碎形状，而在以前，道路只能顺着东北—西南方向延伸，追踪着山
脉变形带狭长而弯曲的走向，在无尽的山脊上盘桓。在这些横贯
大陆的旅行中，卡伦曾一天跑过 1600 公里，她自己都感觉车速快
得有点儿邪门。她从来没在屋子里睡过觉，也从没想过，在这种
旅行中会有人想或需要在屋子里睡觉。她会在暮色降临时才考虑
宿营地的问题，她很喜欢国家森林公园，但对要付三美元的宿营 27
地并不感兴趣——在那里，你需要在两辆拖车之间铺开恩索尔特
泡沫垫，一到夜里，就能听到一列列的火车像别克车一样鸣着笛，
还有准备借助器械攀岩的哈雷摩托车队路过。阿勒格尼高原的地
形边界不是截然的，而是渐变过渡到相邻的克拉通。那里是大陆
的恒久核心，是中心地带，长久以来都没有受到应变，被叫作“稳
定的克拉通核”——昭示它是稳定的大陆克拉通。克拉通的东侧
是老年山脉，西侧是地质发育成熟山脉，远处是年轻山脉。克拉
通的边缘曾经参与了山脉形成的剧烈过程，但它的内部，约有半

个国家宽的范围，仍然完好无损。长久岿然不动的克拉通被慢慢地、慢慢地削蚀着。自从基督诞生以来，已经削去了五厘米。在加拿大的大部分地区以及明尼苏达州和威斯康星州的部分地区，克拉通的表面是前寒武系，那是地球的基底岩石，也叫大陆“地盾”。俄亥俄州、印第安纳州、伊利诺伊州等中西部州的大部分地区都是地盾，但上面覆盖着一层薄薄的沉积岩层，从来没有被变质过，也从来没有被构造破坏过，这一层是砂岩、粉砂岩、石灰岩、白云岩，比它们顶部的地面还要平坦。这些岩石是覆盖着克拉通的古海洋平静海底的产物。接着是艾奥瓦州和内布拉斯加州，越向西，这些沉积岩层越厚，300、600、1500 米，从落基山脉剥蚀下来的碎屑毫无保留地倾泻到克拉通上。最后，前缘山脉映入眼帘，那是“V”字形的山脉景象，灰色中闪着白色的光芒。走上它的冲积扇，你实际上已经踏进了落基山脉，你穿过一条峡谷，一头扎进拉勒米平原。“你从一个地质省进入到了另一个地质省。哇呜！你会真真切切地知道，你是如何做到的。”现在，你身后有山，眼前有山，山上还叠着山，岩层下扎、上冲、逆冲推覆，构成一篇复杂的乐章，在乐章的结尾处是另一条峡谷，穿过去，你就进入到盆岭省。杨百翰[1]当年穿过邻近的一个峡谷，看到河水从瓦萨其山的岩壁奔流而出，筑起冲积扇，又流向远方的平地，他很快做出了决定：“就是这儿了！”这种景观让他们决定在此定居。否则的话，

1 Brigham Young，又译作“布里根姆·杨”，为躲避宗教迫害，他率领摩门教（正式名称是“耶稣基督后期圣徒教会”）一万六千多名教友从美国东部长途跋涉，于 1847 年到达大盐湖东南，在那里安定下来，逐步建起了盐湖城。

他们只能在像海一样大的盐湖的边上行进，穿越一片无垠的盐碱地。这片盐碱地开阔平坦，如果在那儿设置微波中继站，根本用 28
不着建高塔。再远处当然有山，两边都有：奥吉拉山、斯坦茨波利山、海角山、银岛山。进入内华达州，这些又高又陡的山脉离散分布着，形成一排排波浪，山岭接着山岭，都是南北走向的山岭，山岭间是开阔平坦的谷地，从而形成了有韵律的排布：盆地，山岭，盆地，山岭。盆地和山岭的高差能有 1600 米。洪堡河绕着群山的山鼻奔流，岸边长满了白杨。这条河是世界上不能到达海洋的大型河流之一。它咆哮着，河道坚固，终年流淌，在接近一系列断块的底部处，洪堡河渗透消失在一个蒸发平原。这些断块形成一个阶梯，你可以顺着阶梯爬出盆岭省。第一阶是里诺，阶梯的顶端是内华达山脉的唐纳峰。唐纳峰已经超过 4200 米，但似乎还没有完成对天空的入侵。内华达山脉的东侧上升，西侧像是弯折着下来，因此，山坡很长，一直延伸到萨克拉门托山谷，那里地势平坦，接近海平面，属于大峡谷地质省。山谷两侧的山脉完全不协调，山谷本身也不是以常见的侵蚀方式形成的。群山环绕着山谷。穿过肥沃的谷地，在牛油果树林外，矗立着海岸山脉，是眼下最西边的地质省。海岸山脉是海洋的护堤，那里显示出一派干枯和草黄色的西班牙景色，茁壮的栎树在地面投下了影子。

如果你要在三叠纪的某个时候，比如说，在三叠纪末期，沿刚才的路线去旅行，沿 80 号州际公路从纽约走到旧金山，你会从还不存在的哈得逊河向西进发，而帕利塞兹岩床此时在脚下 3000 多米深处。根据现代板块构造理论，那时候大西洋正在张裂中，但是海水还没有灌进去。事实上，在你身后将会出现海洋的地区那时是数千公里的陆地，是一块连续的陆地，它的碎片将会成为非洲、南极洲、印度和澳大利亚。你穿过纽瓦克盆地，它的大部分都填满了红色的泥土。泥土层上留下了一些足迹，看上去像是一只两吨重的大水蜥刚刚走过去。你来到一处长长的、低矮的、南北走向的、冒着热气的黑色山地。那是一股熔岩流，盖在泥土层上，熔岩在空气中迅速冷却，形成致密柔滑结构的玄武岩。将来总有一
29 天，这个由喷发形成的山地会以某种方式形成陆地和城镇，并得到它们的名字：蒙特克莱市、山腰区、大缺口社区、格伦岭，等等。登上山顶，现在你可以看到整个盆地，以及盆地的边界断裂——在差不多纽约以西 48 公里外，今天的惠帕尼市和帕西帕尼市所在地——还有大约有 2100 米高的山前地带。你爬上这条山脉，看到远处有更多的山脉，那是阿巴拉契亚山脉的褶皱断裂带，只不过这时还是中年山脉，边缘还有点粗糙，不像蝴蝶幼虫的皮那样磨得那么光溜。数字似乎不能很好地反映时间深度。任何一个超过一两千年的数字，像五万、五千万都会产生几乎同样的震慑效果，让人的想象力失效。这次三叠纪的旅程，无论如何，是在 2.1 亿年前进行的，或者说，时间倒退了地球存在时间的百分之五。从新泽西州的亚高山带开始，地势缓慢地下降，逐步进入宾夕法尼亚州西部的低地，那里平平的沉积岩层在延伸着，一直延伸到克拉通上，进入俄亥俄州、印第安纳州、伊利诺伊州、艾奥瓦州。那里的沉积岩层，包括煤层和砂岩，页岩和石灰岩，都被缓慢地剥蚀着，每一千年剥蚀掉 2.5 厘米。到了今天密苏里河流经的康瑟尔布拉

夫斯市，这里是一个红山的世界，二叠纪的红色一直延伸到内布拉斯加州的远端，地势越来越低，在那里，你踏上了怀俄明州的平原。到处都是砂子、粉砂和泥，它们在接近海平面的地方不停地迁来迁去，一路穿过怀俄明州进入犹他州。它们像砖一样红。它们将成为怀俄明州的红色悬崖和红色峡谷，成为火焰谷的红色岩壁。三叠系岩石不全是红色的，但世界各地的三叠系岩石大部分是红色的：新泽西的页岩是红色的，云南的砂岩是红色的，伏尔加河的河岸是红色的，索尔威湾也是红色的。三叠系红层，正如它的名称一样，位于南极洲的干燥山谷、伍斯特郡的红色泥灰岩和阿尔萨斯－洛林的山丘。此外还有亚利桑那州的石化林、彩绘荒漠，以及南非的大卡罗红层。三叠纪的红色岩石从里到外都是红的，不像科罗拉多大峡谷的红墙石灰岩，仅仅是表面风化成红色——实际上是灰色的。从宾夕法尼亚纪晚期，到二叠纪，再到三叠纪，那时候的大气里可能有超多的氧气。宾夕法尼亚纪的海平面不断地
升降变化着，大量的植被生长、淹没、埋藏，再生长、再淹没、再 30
埋藏，最终成为中间夹着砂岩和页岩的一层又一层的煤层。活着的植物吸收二氧化碳，把碳留存在它合成的碳水化合物中，并把氧气释放到大气中。从细菌向上，以植物为食的动物，使碳再次被氧化。如果大量的植物被埋藏，这个循环就会出岔子。植物和它携带的碳一起被埋了起来，封存在岩石中，这样，大气中的氧气量就会增加。宾夕法尼亚纪时，全世界埋藏了巨量的碳，以至于大气中的氧气含量很可能会翻倍。这里说的更多的是猜测，而不是假说。但是氧气能做什么呢？它能去哪里呢？除了碳，另一种可以被大量氧

化的物质是铁——以丰富的浅绿色亚铁形式存在。铁到处存在，含量占地壳中全部岩石的百分之五。当亚铁离子被氧化后，就变成了红色的氧化铁。这可能就是在宾夕法尼亚纪以后已经发生的故事。二叠系岩石一般是红色的。史诗般规模的红层是三叠纪的标志，那时，地球之红可能已经超过了火星。

2.1 亿年前，当你走出红色地面穿越犹他州西部时，你会在一片黑暗中旅行，没有任何证据表明这里在三叠纪时的样子，也没有任何古环境的线索。再向前，是内华达州东部的一条山脉，和新泽西州山峰的年龄差不多，山峰不太尖，有点磨圆，表明它已经有点年纪了。当你爬上这条山脉，再从西边的山坡下来之后，你可以看到如阿尔卑斯山的白色山峦就在眼前，新隆起的山峰高低不一，刺向稀薄的空气，大雪纷飞，飘撒在角峰、山脊、峰顶和崖面。这里是内华达州中部，在旧金山以东大约 640 公里，当你爬上这些山后，根据目前的板块构造理论，你可以眺望大海。走下陡坡就是海岸，你继续前进，会穿过中等深度的海域，水中到处是远洋鱿鱼，沉积物在海底静静地积聚，它们在未来的岁月里将成为正在上升的内华达山脉最顶层的岩石。高大的火山矗立在海中。差不多在今天加利福尼亚州奥本市的位置，则是内华达山麓的尽头和大峡谷的起点，你接着可以从这儿越过大陆架，走向深海。那里可能会
31 有些岛屿，但你基本上是在横渡以大洋地壳作为海底的辽阔远洋，一直可以到达中国海。但此时你的脚下没有任何北美洲的迹象，也没有任何迹象表明，那里终会成为萨克拉门托和旧金山所在的山谷或山峦。

2

我以前曾经坐在教室里听过地质课，一个个专业术语像纸飞机一样飘落在房间里。地质学是一门描述性科学，讲述坑坑洼洼的冲积平原和淹没的河流，讲述高悬的支流和贫瘠的海岸，除了这些描述性的内容，就没什么可讲了。地质学里有一堆需要解释的暗语和行话，如：均衡调整和退化的河道，角度不整合和分水岭的摆动，无根的山脉和苦涩的湖泊。河流溯源侵蚀，水流从两侧向山上源头扩展它们的河道，彼此贪婪地竞争着，直到它们之间的分水岭被切穿，两条河汇合在一起，变成了一条河。其中一条向另一条屈服，放弃了自己流向，而朝对方的方向流去，这叫“河流袭夺”。在内华达山脉，尤巴河已经袭夺了熊河。在新墨西哥州的一个岩层组，其中马乔段的大部分就是来自另一个岩层组的解体和坍塌。岩石中有疲劳的岩石、软弱的岩石和不等粒组构的岩石。如果你弯曲或折叠岩石，曲线的内凹部分处于压缩状态，曲线的外凸部分处于巨大的张力下，中间的某个地方是没有应变的面，既不受压缩力也不受张力，叫中和面。逆冲断层、逆断层、正断层，每一种断层两侧都是活动的。大卵石在一个斜坡上停住不动，这个斜坡的倾斜角度就叫休止角。这么看来，在地质学里，人文学科的内容的确还不止一点儿呢。地质学家用英语交流，他们能用一种刻骨铭心的方式命名事物。如在不整合侵入的岩基中有顶垂体，在沙漠的表层有马赛克砾岩。来自深海，带绿黑斑纹的超基性岩叫蛇纹岩。新月形沙丘有一个滑动面。1841
32 年，一位古生物学家认为中生代的大型生物是“可怕的巨蜥”，因此就给它起了个名，叫“恐龙”。还有如花彩弧状交错层和石灰岩落水洞，枕状熔岩和石化木，切割的曲流河和废弃的河道；有岩墙群和擦痕，爆炸坑，火山弹；如脉动的冰川，猪背岭，放射虫软泥。一些术语足够让青少年兴奋！山脉的隆起被描述为造山运动；个体发育（ontogeny）、系统发育（phylogeny）和造山运动（orogeny），重音都在第二个音节；还有鹿角造山运动、阿瓦隆造山运动、塔康造山运动、阿卡迪造山运动、阿勒格尼造山运动、拉勒米造山运动。美国中部有一段沉闷的地质历史，没有什么东西沉积下来，也没有什么东西被剥蚀掉。它只是保守地坐在那里。东部曾经是动荡的，在古生代的三、四次造山运动中经历了不稳定、重组和颠覆性的变化。但在过去的 1.5 亿年里，东部一直是稳定和保守的，直至现在。最奇特的地质构造位于这个国家遥远的西部，那里的地质现象毫无规律，很怪异。它的熔结凝灰岩和弗兰西斯科混杂岩（内部变形，复杂得没法分析），它的走向滑动断层和垮塌的岩层，以及沸腾的泉水和新鲜的火山岩，还有对地球的拉张裂解，像一个镜像阴影中的黑衣人让人难以捉摸。

可以肯定的是，这一页的另一面充满了那种会吸引吉尔伯特和沙利文[1]的地质词汇。停留在原地的岩石被叫作“原地体”，如果它移动过，它就是“外来体”。“正”可以描述以直角相交，如“正交”；“正”也可以描述一种上盘下滑的断层，如“正断层”。怀俄明州有一个“格林河盆地”，但不能把它和怀俄明州的另一个“格林河盆地”混淆起来。一个是地貌意义上的盆地，坐落在怀俄明州地表，另一个是地质构造意义上的盆地，埋在怀俄明州地下。以犹他州和内华达州为中心的“大盆地”和以犹他州和内华达州为中心的“盆岭省”不能混淆。“大盆地”是一个地形上的特征，它在世界上都是非同寻常的，辽阔土地上的水系没有通向大海的出口。“盆岭省”是一个地质构造单元，由一系列山脉围成，它的地理范围和“大盆地”大致吻合，但北部和南部略微超出。对于任何一个有清晰时空观念的人来说，宾夕法尼亚纪时的艾奥瓦州、密西西比纪时的密苏里州、内布拉斯加期时的内华达州、伊利诺伊期时的印第安纳州、堪萨期时的佛蒙特州、威斯康星期时的得克萨
斯州等，全都明明白白，不会混淆。经过学习才知道，大气水原来 33
是雨水，它沿着山坡往下流，可以是顺向的、随向的、逆向的、再顺向的，而不只是几条斜向的溪流。

随着时间的推移，这样的词汇越积攒越多。有的人变得足够胆大妄为，竟然把我们地球上的一块地域起名叫“表优地槽”。有些人把两条河之间叫作“河间区”，其实，有一个美好的词叫“美

1 吉尔伯特是英国的剧作家，沙利文是英国的作曲家，二人从 1871 年到 1896 年合作创作了 14 部歌剧，取得巨大成功，对英语世界的演讲、电影、电视都产生了重要影响，其中的许多桥段、警句被广泛引用。

索不达米亚”，表达了同一个意思（即两河流域）。根据美国地质研究所的《地质学和相关科学术语》，岩枝（cactolith）是“一种近水平的畸形岩浆侵入体（chonolith），由交织状水平岩脉（ductolith）组成，其末端卷曲如岩镰（harpolith），薄如岩楔（sphenolith），或不协调地凸起如岩刃（akmolith），或岩漏斗（ethmolith）”。这么多的后缀“-lith”！同样是这群人，把一种岩石叫蛇纹岩（serpentine），而把另一种岩石叫钛铁辉霞岩（jacupirangite）。还有斜发沸石（clinoptilolite）、榴辉岩（eclogite）、混合岩（migmatite）、硼砂石（tincalconite）、硼镁石（szaibelyite）、绿纤石（pumpellyite）、三斜硼钙石（meyerhofferite）。这么多的“-ite”后缀！还是这群人，把一块石头叫作副钡长石（paracelsian），把另一块叫作钙锰矾（despujolsite）。还有变钴铀云母（metakirchheimerite）、金云母（phlogopite）、白榴霞霓斑岩（katzenbuckelite）、含钾绿闪石（mboziite）、黝方石（noselite）、氟镁钠石（neighborite）、硫锑锰银矿（samsonite）、易变辉石（pigeonite）、水铁镁石（muskoxite）、硅锡钡石（pabstite）、三斜闪石（aenigmatite）、铅铍闪石（joesmithite）。还有这么多“-ite”后缀！20 世纪 50 年代末，地质实验室普遍使用了 X 射线衍射仪和 X 射线荧光光谱仪，1970 年左右，又开始使用电子探针。这让地质学家更精确地知道了岩石的组分。借助这些仪器，地质学家认识到，长期以来通过手里的放大镜看岩石标本，或是在显微镜下观测岩石薄片，跟这些仪器分析的结果不总是一样的。例如，安山岩本来因为它是南美洲安第斯山脉的主要岩石才有了它的名字“安

山”岩，但通过这些仪器的观测，安第斯山脉中安山岩的数量却
少得惊人。内华达山脉是由于有相对年轻和绝对美丽的花岗岩而
闻名于世的。然而，山脉里的花岗岩却极少见。约塞米蒂[1]瀑布、
半圆丘、船长岩，内华达山脉这些景点中所谓的“花岗岩”大部分
都是花岗闪长岩。人们总是很难记住，一种岩浆在地表以下硬化
后叫“花岗岩”，如果流出地表再硬化，就成了“流纹岩”；一种岩
浆在地表以下硬化后叫“闪长岩”，如果流出地表才硬化，就成了
“安山岩”；一种岩浆在地表以下硬化后叫“辉长岩”，如果流出地
表硬化，就成了“玄武岩”。“岩石对”和其他“岩石对”间的差别
是化学成分的差别，而“岩石对”内部的差别是结构和晶体形式
的差别。花岗岩、闪长岩和辉长岩是一个化学成分连续变化的岩 34
石序列，化学成分靠近辉长岩的一端岩石颜色较深，靠近花岗岩
一端的岩石颜色较浅，而在辉长岩和玄武岩“岩石对”中，辉绿岩
只是在结构上和辉长岩不同。所有这些，在衍射仪、光谱仪和电子
探针出现之前，外行是很难记住的。只有这些仪器能分辨出岩石的
细微差别。以前被叫作“花岗岩”的岩石是一大类岩石的聚合，包
括花岗闪长岩、二长岩、正长岩、二长花岗岩、奥长花岗岩、阿拉
斯加岩和一定量的真正花岗岩。经过仔细甄别，大量流纹岩现在
则包括英安岩、流纹英安岩和石英粗面岩。安山岩含有足够的硅、
钾、钠和铝，是花岗闪长岩的孪生兄弟。它们的差别是非常细微

1 约塞米蒂（Yosemite），印第安语，意为“灰熊”，约塞米蒂国家公园（又译“优胜美地国家公园”）位于美国西部内华达山麓，这里提到的瀑布、半圆丘、船长岩等都是公园内的著名景点。

的，熟悉的术语仍然在使用。地质学家对这些在谈资中增加的新词汇所表现出的热情远不如他们对老词汇的喜爱。他们不会扔掉“花岗岩”。他们只是在教堂里做礼拜时说“花岗闪长岩”，而一走出教堂，平日里还是说“花岗岩”。

我 17 岁的时候，观望着东部山谷的边缘，学了一些地质学的初步概念，这些知识现在被已经被叫作“旧地质学”了。“新地质学”是对经过 20 世纪 60 年代地球科学革命后产生的一揽子地质学的总称。那时，地质学家专研海底的扩张，讨论大陆的漂移速度，把地球划分成大约 20 个相互作用的部分，并称之为“板块”。这一切在我 17 岁的时候几乎没有任何迹象。而现在，我一晃已经到了中年，开始走下坡路。我想重新学点地质，感受一下新旧地质学的差别，如果可能的话，再去体会一下科学在十年巨变之后是怎么安定下来的。比起每天接触的周遭岩石，地质“大画面”可能不会有什么大变化，但究竟是什么变了，什么没变呢？我突然想到，如果你和一位地质学家一起去看看那一系列的路旁剖面，很可能会有一些启发。我很早就有了这个念头，于是，我结识了卡伦·克莱因斯潘，结识了美国地质调查局的戴维·洛夫和安妮塔·哈里斯，结识了加州大学戴维斯分校的埃尔德里奇·穆尔斯，他们最终带我穿越了大陆的各个部分。我首先做的是任何人都会做的事：
35 我打电话给当地的地质学家。我住在新泽西州的普林斯顿，能联系到的人是肯恩·德菲耶斯，他是普林斯顿大学的资深教授，讲授地质学入门课程。这是一项扩大学生视野的任务。那些对科学没什么自然倾向的学生，学校要求他们在进入高悬的智力天堂的路上必须修一两门科学课程。德菲耶斯的课程就是这样一门吸引学生们选择的课程。他给课程起的名是“地球及其资源”，而学生们把这门课叫“岩石趣谈”。

德菲耶斯是一位有着纤细腰围的大个子。他的头发像路德维希·范·贝多芬的头发一样在身后飘扬。他穿着运动鞋讲课。他的声音富有音节感，像是在讲演，又像是在演歌剧。他的一位同事描述他是“一个聪明的跑动游击手，每平方米的创意点子比系里的任何其他人都多——其他人只有被淘汰的份儿”。他的姓和“迷宫”（maze）押韵。他曾是一名地质工程师、一名海洋化学学家、一名沉积岩学家。当他讲课时，他的眼睛一直在大厅里巡视。他会很仔细地把课讲明白，而且让他的课程充满了希望，因为他知道，听课的学生里不乏业余运动员和稍欠活力的诗人这样的“地质白丁”，但他的目标是培养未来的地质学家。大学生来普林斯顿不是为了学地质的。让新生填写卡片说出他们的三个主要兴趣时，没有一个兴趣里提及“岩石”。那些选了把地质学作为自己主修课的学生们在听了这门课之后对地质学产生了兴趣，这全仰仗德菲耶斯的培养，不是少数几个，而是他的整个系都被深深吸引了，像是进入了俯冲带。所以，他在讲课时用眼睛巡视着大厅。听过他的课的学生中，有的被萨克拉门托国王队选中，有的创造了长跑纪录，还有的成为加州理工学院的地质地球物理学教授或哈佛大学的岩石学教授。

德菲耶斯曾经研究过盆岭省的沉积物，还研究过深海的海底和地幔中想象不到的事件，但他的兴趣非常广泛，并不是把自己捆绑在某一个地质细节上，而是对地质学的整体都有涉猎，研究地球的四维时空演化。作为一名教师，他的目标和雄心有些超乎寻常：他似乎期望从他的课程中涌现出至少一百位完美的地质学家，也许有一天，当他打开电视时，会看到一位得到公认的火成岩石
36 学家站在国王队首发队员的前列。我认识德菲耶斯是当我想知道金子是怎么进入山脉里的时候。我知道，大多数过去的探矿者只知道黄金和石英是长在一起的，除此之外，他们就不知道怎么去找黄金了。我知道黄金是怎么从山里剥蚀出来，再进入到河流的碎石中的。我想知道的是，是什么作用让黄金进入到山里，长在它最开始出现的地方。我问了一位地质历史学家和一位地貌学家。他们都推荐去问德菲耶斯。德菲耶斯解释说，黄金不仅仅稀有，而且可以说是“洁身自好”。金和铂一样，是最高贵的贵金属——拒绝和其他元素结合。金子想要自由。在地壳这样低温的岩石中，金子一般是以单质存在的。然而，在非常高的温度下，它会变成化合物。在地球内部的某些区域，岩浆流体中的金可能会和氯结合在一起。氯化金在一定程度上是可溶的，它会溶解在进入岩浆中流动的水里。除了金，水还吸收了钾、钠、硅等其他元素。加热以后，溶液上升到坚硬地壳岩石的裂缝里，在那里，冷却的金和氯会分离开，并从水里沉淀出来，形成斑点、薄片状，甚至形成比鹅蛋还大的金块。硅的沉淀物包裹着金填充进岩石的裂缝，形成二氧化硅脉体，也就是含金石英脉。

我问德菲耶斯，人们仔细观察路旁剖面时会看到什么。他说，像以往一样，路旁剖面是一扇通向世界的窗户。我们计划采集一

些公路旁的岩石样品。我建议往北走一段，到另外一条新开出来的州际公路上，去看看那里修路时揭露出了什么。他说，如果你往北走，在这个大陆上能走到的大多数地方，地质情况都不会有太大的变化。你应该往西走，沿着大陆本身的变化方向前进。我原来一直计划着去怀特费斯山或什么类似的地方做个周末旅行，但现在，我脑子里突然有了一个跳跃性的选择。80 号州际公路怎么样？我问他。这条路延伸得很远，能看的地方很多吗？“很有吸引力。”他说。他若有所思地大声说着：80 号公路穿过边界断层以后，会漫步在冰碛物上，这些冰碛物填平了褶皱带山地的沟沟岔岔。在宾夕法尼亚州的部分地区，公路随着冰川碎屑物表面的起伏同步舞动，接着，进入平缓的克拉通。然后，公路爬上一个斜坡走进落基山脉，通过一个断块阶梯，跃上内华达山脉。从地质学角度来说，沿 80 号公路考察，是一个精明的选择。这是动物迁徙的路线，也是人类历史走过的路线。走这条路线看不到传奇的事件，看不到像科罗拉多大峡谷和杰克逊洞这样的国家地质大戏，37
但肯定会是一次难忘的经历，能看到地质历史的大画面，看到这块大陆的整体结构和各个组成部分。

在接下来的季节里，我像织布机里的梭子一样在州际公路上来回跑，陪着地质学家们做他们自己的工作，或是在他们的陪同下从一个剖面跑到另一个剖面，从一处海岸跑到另一处海岸。在地球上的任何一个地方，岩石记录都会告诉你时间的推移和数以千计的故事，告诉你地球的容貌是经常改变的，有时会彻底地改变，或再次改变，就像一簇噼里啪啦的火焰，不断改变着形体和面貌。

路边的岩石暴露了时间长河的一两个时段，通常暗示着之前发生了什么，之后发生了什么，或者什么都没发生过。要讲述所有这些故事，需要讲述整个地质学的绝大部分，这需要写成许多卷书，摆满一个 15 米长的书架。要完成这样的任务，我有点鞭长莫及。我是一个外行，在旅行中只带了一点点科研用的样品，带领我旅行的公职地质学家中有即将毕业的研究生，也有“灰衣主教”级别的地质“大咖”。我不想去说所有的地质学问题，也不想把每一个地质事件都捋一遍。我只想挑选一些我感兴趣的东西，通过描述那些写在岩石里并且被地质学家们解读出来的事件，构建出我们这个大陆的总体历史。

作为初步踏勘，我和德菲耶斯去看了帕利塞兹岩床（后来我和卡伦·克莱因斯潘再次回到这里）。我们用一个 9 斤重的大锤砸下来一些辉绿岩，然后开始向西旅行，穿过哈肯萨克山谷。那是一个早晨，满载着商人的小型飞机降落在特伯罗机场。德菲耶斯说，如果现在是威斯康星冰期的末期，冰川正在消退，这些飞机会沉入几十米深的水中，这些跑道会在湖底。哈肯萨克冰川湖有日内瓦湖那么大，湖里有很多岛屿。帕利塞兹岩床是湖的东部岸线，西部岸线是一条熔岩山，就是现在的第一沃昌山。冰川在珀斯安博伊
38 停了下来，在那里留下了冰碛，隔出一个湖泊，向北退却的冰川用融水补充湖水。大约两亿年前，跑道的位置是一片被烤红的平地，可能正好挨着逐渐冷却的第一沃昌山。山的裂隙中闪着光，熔岩像泉水一样流出，像炭一样黑。玄武岩流不会照亮天空。在那之前的三亿年时，飞机同样会降落在水里，只不过那时是降落在咸

水里，降落在一片在广阔低缓大陆的东部大陆架上。那里形成了几乎纯净的石灰岩，因为几乎没有什么东西能从已经被夷平的大陆上侵蚀下来，再运到浅海里。这里说的是发生在地球最近九分之一时间中的三个随机时刻。

在帕特森，80 号州际公路正好穿过沃昌山的熔岩。德菲耶斯从剖面的一头走到另一头，捡起几块周边的页岩，那是三叠系红色页岩。他把它放进嘴里嚼了嚼。“如果牙碜，那就是粉砂岩，如果像奶油那样细腻，就是页岩，”他说，“这个就有点细腻，你尝尝。”我想我不至于把它放在咖啡里吧。在路旁块状玄武岩的岩壁上，有很多小窟窿，有豌豆大小的，也有柠檬大小的。当岩浆接近地球表面时，充满了气体，像姜汁汽水一样冒泡。玄武岩冷却时，气泡仍然存在，于是形成了这些小窟窿。在最初的一个多世纪内，没有什么东西能填满它们。不过，慢慢地，在至少一百万年的时间里，沸石晶体填充了这些窟窿。直到第二次世界大战后很久，人们才知道沸石晶体的潜在用途，也才知道了它们在哪里产出最多。德菲耶斯在这个领域做了很重要的早期工作。他的博士论文涉及内华达州的两个盆地和两条山岭，还有一个副产品，就是开创了沸石工业。沸石的种类很多，其中大约有三十种已经成为炼油厂使用的主要催化剂，取代了以前使用的铂催化剂。现在，在帕特森，德菲耶斯搜索着路旁剖面上的窟窿，去寻找沸石。实际上，那些窟窿的学名叫“孔洞”。一些孔洞很大，足够让一只龙虾藏在里头。孔洞里确实有一些白色纤维状的沸石晶体，又光滑又细腻，有点像滑石或者石棉。不过，这个剖面几乎已经被专业和业余的沸

石采集人员洗劫一空，他们并没有被公路上致命的交通吓住。几
39 乎所有的孔洞现在都是空的，就像它们在第一个一百年时一样。在紧挨着熔岩的页岩中，我们看到了一些三叠纪生物的洞穴。“呜哩——呜哩——”一辆从特图瓦开来的救护车鸣着笛飞驰而过。

我们往前走了几公里，来到了帕塞伊克谷的皮斯大草甸上，那里平坦得像湖底，排水不良。新泽西州的任何一片草甸都是像海绵一样的湿地，在那里你沉下去也不会淹过你的下巴。皮斯大草甸、特洛伊草甸、黑草甸（惠帕尼、帕西帕尼、麦迪逊以及莫里斯塘）等大沼泽都散布在芦苇丛中。很明显，整个地区都在一个湖的湖底上。根据定义，湖泊本身是排水不良的标志，是河流的一个动脉瘤，是陆地上一种寿命很短的地貌。一些湖泊自己干掉了，另外一些湖泊则由于它出水口的河流溯源侵蚀加深了河谷，结果把湖里的水都排干了。帕塞伊克冰川湖在一万年前就消失了。冰川退缩后暴露出现在的帕塞伊克谷。湖里慢慢积起的水逐渐流入新帕塞伊克河，河水最终进入哈肯萨克冰川湖，两者落差有 30 米，途中会翻下一个瀑布，那实际上就是若干年后推动了帕特森市第一个磨坊轮的瀑布。帕塞伊克湖在规模最大的时候有 60 米深，48 公里长，16 公里宽，曾经是一道亮丽的风景线。它现在的边缘依然能见到沙嘴和离岸沙坝，波浪切蚀的悬崖和河流三角洲，都分布在城镇的郊区。湖的西岸是已经磨蚀的低矮悬崖，那就是边界断层，它最引人注目的特征是一个钩状玄武岩半岛，地质学家们说它是第三沃昌山熔岩流的一部分，新泽西州的人们干脆按形状起名，叫它“钩子山”。

当我们接近钩子山时，德菲耶斯变得兴奋起来。公路切穿了
这个昔日半岛的坡脚，把它的内部暴露出来。德菲耶斯说：“也许
人们会在这里留下一些沸石。我真想它们，我都想尝一口了。”他
跳过马路牙子，从他的地质系斜挎包里拿出锤子，向路旁剖面走
去。剖面很陡，岩石很硬，褐色的铁氧化物盖在有毛毡纹理的黑
色玄武岩表面，玄武岩里有成千上万的小孔洞，大部分都充填了闪
着珍珠光泽的沸石晶体。为了看得更仔细，他打开了他的手持放
大镜，这是一个能折叠的黑斯廷斯三层放大镜，直径很小，只能 40
放大十倍。“你可以在珠宝店做一件漂亮的事，”他建议，“你把
这放大镜甩出来，然后说，这个价钱太高了！”他继续说：“这些
是完美的晶体。完美的晶体意味着缓慢的生长。要让事物这么完
美，你就不能着急。”他拿起大锤，用力砸着岩壁，许多晶体都砸
碎了，因为它们的基座被打碎了。“这些晶体就像越南人的村庄，”
他接着说，“你必须摧毁他们的村庄，才能解放他们的人民。它们
含有铝、硅、钙、钠和大量的囚禁水。‘沸石’的意思是‘沸腾的石
头’。如果你拿一个直径不超过针尖大小的沸石晶体，把它加热，
直到里面的水都释放出来，这时这个晶体的内表面面积会有一张
床单那么大。沸石常被用来将一种分子从另一种中分离出来。例
如，可以筛选出洗涤剂的分子，挑选出可生物降解的分子。沸石喜
欢水。在冰箱里，它们用来吸附意外进入氟利昂的水。它们可以
放在汽车油箱里吸附水。有一种沸石叫斜发沸石，是从放射性废
物中吸附锶和铯的最强吸附剂。斜发沸石能吸附大量致命物质，
并把它储藏在一个很小的空间。威廉·怀勒曾经导演了一部电影叫

《锦绣大地》，其中有一个高潮般的追逐场面，那个坏蛋被枪杀了，顺着峡谷的岩壁噼里啪啦地摔下去，刮下来的石头渣像雨点一样落下，那些石渣看上去很像是斜发沸石。地质学家马上给怀勒打电话：‘我喜欢你的电影。那个峡谷在哪儿呀？’在阿尔卑斯山，在新斯科舍省，在科罗拉多州的北桌山，都有很多沸石。我在矿业学校学习的时候，经常去北桌山，不过，只是为了四处乱逛。世界上一些最好的沸石都在新泽西州的这一地区。”

钩子山的山顶上有栎树和槭树，在路旁剖面的岩壁上长着基生莲座的毛蕊花。罗马人用牛油浸湿了毛蕊花的茎，用作葬礼上的火把。美洲印第安人教给早期的开发者，用这种植物毛茸茸的叶子当鞋垫。在我们西面只有 5 公里的地方就是边界断层，那是盆地和山岭接触的地方，那里残存的断层崖如今被冰川碎屑覆盖
41 着。德菲耶斯说，沿着断层的垂直位移超过了4500 米，这是断层移动前紧挨在一起的两个标志点现在的实际距离。当然，这发生在几百万年前，盆地前的山脉一直被侵蚀着，所以高度从来没有到达过 4500 米。不过，一般来说，在晚三叠世，盆地和山岭之间的高差能有大约 1600 米。1600 米的高低起伏，山洪暴发时，大石块从山上倾泻而下，在盆地边缘堆积成洪积扇，最终被沙子和泥浆填满，形成砾岩，这就是新泽西州所谓的海玛溪砾岩，有人也称之为布丁石，大大小小的砾石被一圈一圈的花纹围绕着，像是波尔卡圆点图案。这里是盆地和山岭交会的地方，沉积物堆积得巨厚无比，在经历了两亿年的侵蚀之后，剩下的还有 4800 多米厚。“我曾经坐在内华达州奥斯汀的一个酒吧里，”德菲耶斯说，“突然下

起了倾盆大雨。酒保开始在门上钉胶合板。一开始我不知道他为什
么要那样做，直到大石块滚落到小镇的大街上我才明白。当你把
一个大陆拉开的时候，会产生很多和这事一样的后果。断裂作用
产生了这个盆地，沉积物填满了它。把东西拉开，就会在表面产生
一个空位，这就是断层，还会在地下产生一个空位，这会引起热地
幔的上涌，热地幔以岩床的形式侵入，或者以熔岩的形式流出。在
旧地质学中，当你看到围岩中有一个岩床，可能会说：‘啊，这岩
床来得晚多了。’在新地质学中，你看到的所有这些差不多都是同
时发生的。大陆正在裂开，最终的事件是大西洋的张开。如果你
看看非洲西北部的褶皱带，你可以看到另一个新泽西州的故事。那
里的褶皱和阿巴拉契亚山脉的时代是相同的，随后是三叠纪的断
裂活动。在地图上把这两个大陆放在一起，你就会明白我说的意
思。从康涅狄格河谷到南卡罗来纳州，像这样的断块是显而易见
的，但不连续。它们都是大西洋海域张裂过程的部分产物。这个故
事也发生在大盆地，也就是西部的盆岭省。地球正在那里裂开，很
可能会产生一个新的海域。这可不是一两亿年前发生的事。它在
约两千万年前的中新世才开始裂开，今天还在继续张裂着。我们在
新泽西州看到的可不仅仅是一些像沸石晶体那样小的地质现象， 42
而是大西洋在张裂。在内华达州，你可以看到地球现在的裂开，你
可以看到两亿年前地球的裂开，你可以看到这一切。”

3

盆地，断层，山岭。盆地，断层，山岭。盆地和山岭之间有1600米的地势高差。斯迪尔瓦特山岭、普莱森特山谷、塔宾山岭、泽西山谷、索诺玛山岭、旁泊尼克尔山谷、肖肖尼山岭、里斯河山谷、佩库普山脉、斯台普陀山谷，这些山谷和山岭构成了盆岭省地形的节奏。我们离开80号公路有60多公里了，站在普莱森特山谷，仰望塔宾山岭。在2700多米的高处，有一片云层环绕着山岭，像高悬的土星光环。塔宾山岭的尖峰穿透云层，清晰可见。我们穿越过山岭，走过山脊线处的一片牧场，羊群被栅栏围在一条小溪的两旁，打成捆的牧草泛着绿色。山上的杜松树上结满了果实，空气中弥漫着纯正的杜松子酒味。这片偏远的土地是一片人烟稀少的“荒漠”，是郊狼、小囊鼠、侧斑蜥蜴、漂泊鼩鼱、MX弹道导弹以及苍白洞蝠的家园。盆岭省有水貂和河狸，鹿和美洲羚羊，豪猪和美洲狮，鹈鹕、鸬鹚和普通潜鸟；有博氏鸥和云纹塍鹬，白骨顶和弗吉尼亚秧鸡，雉鸡、榛鸡、沙丘鹤、王鵟和美洲角鸮，以及雪雁。内华达州的这片区域没有褶皱发育，地形不像阿巴拉契亚山脉那样翻折起伏，不像充气浮排那样呈条状起伏，更不像薯片那样呈波浪状。和那种用挤压方式形成的山脊—山谷地带不一样。这里的每一条山岭都像一艘独立的战舰，而大盆地就像一大片有

图 1-2　内华达州和犹他州的盆岭省

1. 唐纳山口
2. 瓦尔克湖
3. 卡森凹陷
4. 洪堡凹陷
5. 三一山岭
6. 洛夫洛克
7. 斯迪尔瓦特山岭
8. 洪堡山岭
9. 温尼马卡
10. 普莱森特山谷
11. 索诺玛山岭
12. 天堂谷
13. 泽西山谷
14. 塔宾山岭
15. 旁泊尼克尔山谷
16. 戈尔康达峰
17. 鱼溪山脉
18. 里斯河山谷
19. 托伊亚比山岭
20. 肖肖尼山岭
21. 卡林峡谷
22. 卢比山脉
23. 斯台普陀山谷
23. 独立山谷
25. 佩库普山脉
26. 高休特山谷
27. 托阿诺山岭
28. 领航峰
29. 博纳维尔盐滩
30. 大盐湖沙漠
31. 灰背山脉
32. 波纹山谷
33. 雪松山脉
34. 斯高尔山脉
35. 斯坦斯伯里山脉
36. 海角山脉
37. 大盐湖
38. 奥奎尔山脉
39. 瓦萨其山脉

（书中地图皆系原文插附地图）

松散沉积物的海洋，这些山岭矗立在海洋中，仿佛是一支没有前导船的舰队成员，集结在关岛，准备袭击日本。一些山岭有60多公里长，其余的山岭有160公里或240多公里长。它们通常都头朝
44 北。把它们分隔开的盆地一般都有15到25公里宽，长度有80、160至400多公里，像雏菊花瓣一样的风车孤独地在鼠尾草和野生黑麦丛中矗立着。动物们都满足于自己的家园，不去冒险穿越宽阔的干燥山谷。“想象一下，一只花栗鼠怎样才能徒步穿越其中一个盆地，”德菲耶斯说，“这些高山地区的动物群彼此之间有很大的区别。动物们都被隔绝开，就像加拉帕戈斯的达尔文雀。对它们来说，这些山脉就是真正的岛屿。”

沉默是金。除了偶尔的鸟叫声、一群狼的哀鸣声，盆岭省的巨大空间一片绝对的静谧。重峦叠嶂，悄无声息。你站立在其中，就像我们现在这样，仰望眼前的高山，再转头，眺望山谷下80公里远处，这是一片绝对的静谧，是站在高高的山脊上时，如育空地区冬季森林般的静谧。“这是透人心扉的寂静，”物理学家弗里曼·戴森在《宇宙波澜》一书中是这样写的，“你屏住呼吸，什么也听不到。风中没有树叶的沙沙声，没有远处车辆的隆隆声，没有鸟和昆虫的叽叽声，也没有孩童的喃喃声。寂静中，只有你和上帝独处。在那白色的寂静中，我第一次对我们的提议感到羞愧。我们真的要用我们的卡车和推土机来破坏这片寂静吗？真要在几年后把它变成一个放射性废料的堆放场吗？”

普莱森特山谷名字直译就叫“欢乐谷”，德菲耶斯在这里的确发现了让他高兴的东西，这就是芳香的鼠尾草。德菲耶斯一家都

是在西部长大的，他父亲是一名石油工程师。他一本正经地说，有
两种气味永远会带给他思乡之情，一种是鼠尾草丛的气味，另一
种是炼油厂的气味。“大暴雨是这里的主要雕塑家。”像人脑袋那
么大的石块在山洪暴发时从山岭上滚落下来，与更小尺寸的冲积物
混合，在盆地边缘堆积起来，形成一系列冲积扇。冲积扇是松散
的，在未来的时间里，它们会堆积得很厚，并且会深深地下沉，然 45
后被加热和压实，形成砾岩。侵蚀作用为形成冲积扇提供了物质基
础，并且剥蚀着山脉，即使山脉处于上升时期。山脉并不是在上升
结束了才开始遭受剥蚀，而是一边上升，一边剥蚀。几百万年间，
山脉以一种相当均匀的比例上升和剥蚀着。随着时间的推移，山脉
不断上升，不断输送着沉积物，始终如一，却又不尽相同，就像一
排排此消彼长的喷泉。在盆岭省的南部，如莫哈韦，山脉已经停止
上升，逐渐被夷平。影子山、死山、老爹山、牛洞山、金银山、骡
子山和巧克力山，它们现在都已经被剥蚀成了孤山，深埋在自己剥
蚀下来的砂砾中。不过，盆岭省的大部分山岭正在上升，这是毫无
疑问的，在莫哈韦以北数百公里的地方，我们正在查看一个新的地
震断阶，这是一条断层，一直延伸到我们视野的尽头。它顺着山脚
延伸，那里是盆地和山岭交会的界线。从山谷外面往里看，它基本
上是水平的，像一条长长的浅黄色条带。近距离看，那是植被中的
一道裂痕，并排生长的一片植物在那里突然被隔开了好几米。在
10月的一个晚上，盆地和山脉瞬间发生了移动，普莱森特山谷和
塔宾山一瞬间发生了错动，错开了480厘米。把山脉夷平的平均侵
蚀速率是每个世纪30厘米。因此，在山脉上升和侵蚀夷平的较量

中，山脉一瞬间就赢得了将近两万年。这些山脉不是像面包一样慢慢胀高的，而是一动不动地坐了很长时间，积累起应力，然后突然跳起来。它们被动地被侵蚀了几千年，然后再突然跳起来。它们重复着这个过程已经有差不多八百万年了。这条断层在 1915 年突然断开，像拉链一样向山谷深处张开，山脚向上撕裂，一直拉开了 32 公里，发出的声音打破了山谷的寂静，听起来像是火车隆隆地开向远方。

“在这种地方，你真不要去建核电站，”德菲耶斯说，“在这条断层活动的同时，附近的斯迪尔瓦特山岭、索诺玛山岭、旁泊尼克尔山谷，还有其他断层在活动。事实上，眼前这条断层并不是一条特别壮观的断层。需要知道的是，整个盆岭省，或者它的大部分，都是活动的。地球在移动。断层正在移动。整个盆岭省都有温泉，有年轻的火山岩。断层崖到处都是。这里的世界正在分崩离析。你看到鼠尾草丛突然像这样断开，它在告诉你，那里有一条断
46 层，一个断块正在形成。这是一条漂亮的、新鲜的、年轻的、活跃的断层崖。它在生长。山脉在上升。内华达州的地形就是造山过程中你能看到的那种。没有山麓带。这里实在太年轻了。这是一片充满活力的国土。这是一个构造活动的、扩张的、造山的世界。当然，对一个非地质学家来说，这里只是山、山、山。”

世界上大多数山脉都是挤压的结果，比如喜马拉雅山脉、阿巴拉契亚山脉、阿尔卑斯山脉、乌拉尔山脉、安第斯山脉。在那里，地壳的一部分和另一部分挤在一起，弯曲、碾压、插入并折叠，最终冲向天空。盆岭省的山脉是以另一方式形成的。在落基山

脉和内华达山脉之间的这个地区，地壳正在扩张、拉伸、变薄，结结实实地被拉成了碎片。处在盆岭省两头的里诺城[1]和盐湖城已经被拉远了一百公里。大盆地的地壳已经破裂成块。有人把这些断块简单地比喻成多米诺骨牌，但实际上并不像。它们的形状不规则，它们真实地带着拉伸的痕迹。的确是这样的。它们几乎都是南北走向的，因为拉伸的方向大致是东西方向。它们之间的断裂或断层不是垂直的，而是以平均 60 度的角度插进地下，这从根上影响了这些大断块的重心，导致它们倾斜。当一个断块的高边接触到另一个断块的低边，就会很经典地形成一种凹槽，或者说盆地。高耸的边缘形成了山脉，被风化作用刻蚀、侵蚀，成了锯齿状。风化产生的碎屑滚进了盆地。盆地充满了水（最初是一种蓝色的淡水），接受了来自山体的碎屑沉积物，一层摞一层，重量不断加大，使断块进一步失去平衡，倾斜变得更加明显。像跷跷板一样，断块高的一侧，也就是高山一侧，越来越高，而低的一侧，也就是盆地一侧，越来越低，直到整个断块达到了一种极不稳定的物理学临界状态，和上帝达成极短暂的休战契约。这还没说到扰动的地幔从断块底部造成的机械和化学侵蚀呢。地幔扰动造成了升温，升高得比正常温度还高，几乎可以肯定，这起到了控制作用。盆地和山脉，一系列断块在整体活动着：低边是盆地，高边是山脉，在整个盆岭省的 800 公里范围里，它们就像这样互相拥挤着。除了额外

1 里诺城是内华达州一座著名的赌城，号称“世界上最大的小城”，位于大盆地西缘，和位于大盆地东缘的盐湖城遥遥相望。

的断层和别的类似的情况，断块还表现出自己的不规则性。一些
断块的高边在西面，另一些断块的高边在东面。瓦萨其山脉在盆
47 岭省这片辽阔山地的最东端，它的陡崖面朝西，最西端的山脉是
内华达山脉，它的陡崖面朝东。内华达山脉是西部最高的山脉，也是最有影响的山脉，唐纳山口只不过刚到它的半山腰。内华达山脉在不断隆升着，高度已经超过了3000米、3600米和4200米，仍然在继续向天空攀升。它变得很有影响力，阻断了来自太平洋的雨水，形成一个雨影区（顾名思义，这种现象是指见不到雨的影子区），把曾经像佛罗里达州一样温暖潮湿的内华达州覆盖住了，阻断了这里的雨水，让曾经是植被茂盛、郁郁葱葱的内华达州变得异常干旱。

日暮时分，我们乘着皮卡继续前进，向北进入普莱森特山谷上游段。一根孤零零的电话线挂在一排小棍儿上，这些棍子太细了，都不敢说它们是“电线杆”。高耸的侧翼山脉被落日余晖映红。在寒冷晴朗的天空中出现了几颗亮度较大的星星。长耳野兔出现了，不时地横穿过公路。牛群变暗的身影被甩到身后。一条清澈的热溪冒着蒸汽，一缕缕蒸汽团拖着怪异的尾迹穿过盆地。小溪只有五六十厘米宽，水流湍急，激起一簇簇白色的水花。在它的源头，能听到热泉沸腾和咆哮的噗噗声。泉水旁边是清澈见底的绿色水池，四周是沉淀的石灰华，林肯中心的石灰华墙、哈瓦苏峡谷的石灰华水池是同一种物质，但眼前这些水池太热了，不能摸。如果你掉进去，准会变成布伦瑞克炖肉。“这是地壳扩张的直接结果，”德菲耶斯说，“热地幔因此被带到地表附近。这里可能有一条裂

缝，水从这里涌进来，出来就是这排热泉。水中富含溶解的矿物质。像这样的热泉是脉状矿床的起源。我跟你讲过关于热液运输黄金的故事，跟这儿是一样的。雨水进入炽热的岩石时，就会把它碰巧在那里发现的银、钨、铜、金等带上来。一幅矿床分布图和一幅温泉分布图看起来很像。地震波在热岩石中走得很慢。岩石越热，地震波走得越慢。在美国大陆的任何一个地区，地震波都比在盆岭省下面走得快。所以，当我们说下面有热地幔的时候，我们不是在瞎嚷嚷。我们已经测量过它的热度了。”

从某种意义上说，盆岭省的断块是漂浮在地幔上。事实上，
以此而论，地球的地壳都是漂浮在地幔上的。增加地壳的重量，
它会沉得更深；减轻地壳的重量，它会浮起得更高。就像码头上的 48
一艘船一样。落基山脉在慢慢地剥蚀，而剥蚀下来的碎片被带到密西西比河的三角洲。三角洲向深处生长，把地幔压得更深。目前三角洲的深度超过 7600 多米。那里的温度和压力很大，粉砂变成了粉砂岩，砂子变成了砂岩，泥巴变成了页岩。再举一个例子。更新世最后一次冰期时，有 3200 多米厚的冰盖压在苏格兰大地上，把它摁向地幔。冰盖融化后，苏格兰重新抬头，它的海滩则被高高地举出海面。这是均衡调整。你把一块木头拽到水下，一松手，木头靠均衡调整会自动浮上水面。一只青蛙跳到木头上，木头下沉了。青蛙呕吐了，木头上浮了一点。青蛙跳起来，木头会再调整。无论什么地方，只要地形被侵蚀了，余下的部分就会调整上升，使地下古老的岩石抬升到视野中。不管是什么原因使地壳变厚，它都会向下调整。盆岭省的断块漂浮在地幔上，所有这些调整可能

表明地幔是熔融状态的。但实际上不是。地幔是固体的。只有在靠近地表的某些区域，它才会变成岩浆，并向上喷射。地幔的温度变化很大，任何厚度达到 3200 公里的东西，它的温度都会是这种状况。克拉通下面的地幔被描述成冷的。实际上，以地表温度为标准，地幔通常是非常热的，在世界各地都是这样，它是极热的固态体，但具有不容忽视的黏度，允许地壳在它顶上“漂浮”。一个周六的下午，德菲耶斯在浴缸里思考着地幔的黏度。突然，他从浴缸里站起来，伸手去抓毛巾。“钢琴弦！”他自言自语，麻利地穿好衣服，跑去图书馆查阅一本关于钢琴调音的书。他计算出琴弦的黏度。正如他所猜测的，是 10^{22} 泊[1]。钢琴弦。掀开音调优美的斯坦威钢琴盖，你会看到一排排琴弦，它的黏度就像有着大陆漂浮其上的地幔。琴弦是刚性的，但它们会慢慢下弯，松弛下来，会变形，会绷不紧，它们的黏度和地球地幔的黏度完全一样。“琴弦会变形，”德菲耶斯说，“这就是为什么钢琴调音师总有活儿干。”再向前走几公里，我们面前出现的景象好像夜里一棵悬挂彩灯的圣诞树。那是温尼马卡城，应该没有其他可能了。内华达州的霓虹灯很好看。在如此广阔的黑色夜空里，它更显得浓艳了。我们朝着那片灯光闪闪的地方驶去。开了许久，它依旧很远，它的大小

---

1 物体的黏度单位，是单位面积的切向力，为“达因每平方厘米”。19 世纪的法国生理学家泊肃叶（J. L. M. Poiseuille）长期研究血液在血管中的流动规律，后人为纪念他对流体力学的贡献，按他的名字把动力黏度单位命名为“泊”（poise），1 泊 =1 克 /（厘米 · 秒）。水的黏度是 0.01 泊（10^{-2} 泊），蜂蜜的黏度是水的 1 万倍，即 100 泊（10^{2} 泊），相比之下可知，地幔的黏度（10^{22} 泊）是非常大的。

也没有增加。我们在路上什么车也没遇到。德菲耶斯说：“这条路 49
上极少会有什么人走动。”差不多一小时后，我们来到了彩灯闪动
的赌城边上。今年的新闻是，有史以来，吃 1 美元金币的老虎机[1]
首次在台数上超过了吃 5 分钱镍币的老虎机。

---

1 老虎机是赌场里一种自助赌博的机器，不同型号的老虎机只吞吐同种面值的硬币。美元的硬币有 1 分、5 分、10 分、25 分、50 分和 1 元不同的面值。1 分的硬币称“麦穗币”（Wheat Penny），5 分的硬币称“镍币”（Nickel），10 分的硬币称“一角”（Dime），25 分的硬币称“四分之一”（Quarter），50 分的硬币称“半元”（Half dollar），1 元的硬币称“金币”（Gold dollar）。

4

德菲耶斯来内华达州的目的是“纯洁”的和“高贵”的，是为了追求纯粹的科学和寻找贵金属。他在这两方面倾注的精力大致上相当。为加深人类对盆地的认识，他一直在采集盆地沉积物的古地磁样品，他在探寻地球会以怎么样的方式继续裂开，他想了解一个断块和另一个断块的历史有什么细微差别。在另一方面，他对银的研究可能会带来不少收入，供他的孩子上大学。毕竟，这是内华达州，这里的地质为美西战争提供了经济上的支持。乔治·赫斯特[1]在这里发现了他的好运。这里的银矿石非常富集，矿主们什么都不用做，只需要把这些很重的灰色矿石打包运到欧洲就能大发其财。当然啦，那些好日子和那些浅表的富矿已经一去不复返了。但德菲耶斯的脑海中闪过的念头是，可能总会有一些东西留给他吧。那些过度奢侈的锡巴里斯人在宴会上是肯定不会去舔盘子的。

我们在盐湖城租了一辆皮卡，是辆白色福特。“如果我们在车上放一包干草，我们就成了地道的内华达人了。”德菲耶斯说着，用扫帚扫去了车上的积雪。这是在 11 月，地上的积雪已经有近 8

1 美国富商，矿主和政治家，在 19 世纪中叶西部“淘金热”中从开采银矿发财起家，后成为加利福尼亚州州长候选人和美国参议员。

厘米厚，但雪还没停，从西边向我们斜撒过来。我们眯起眼睛，擦
了擦车窗的内侧。车经过一幢低矮的商业建筑，它刚进入我们的
视野，又冲了过去。“野鸭野鸡加工。鹿肉分切打包。自驾购窗口。
早7点到午夜。”广告一晃而过。当然，在我们身后，是我们看不
到的瓦萨其山体，它的三角形尖顶已经罩上了白色。城市西面的能
见度稍稍好一点。不久，另一座山在一片白茫茫中隐约出现了，这 50
是奥奎尔山，山里的地层陡峭地倾斜着，和遮阳篷的条纹一样明
显。“这些是宾夕法尼亚纪和二叠纪时形成的砂岩和石灰岩，”德
菲耶斯说，“当时南半球有冰川作用。冰来了，又走了。海平面也不
断地上下浮动。所以，这些一层层的沉积物看上去是条带状的。”

当一条山脉升起露出地面，会有很多东西跟着山脉一起升起。奥奎尔山的隆升是地壳拉张成断块后形成的，但这只是犹他州中部一系列构造调整事件中最晚期的一个。我们在州际公路上可以看得很明白，那里出露的条带状岩层曾经受到强烈的推挤。是推挤，而不是拉张。推挤的力量很大，以至于很大一部分岩层都斜立起来，有的倾斜度大大超过了90度，倒转了。这样剧烈的事件可能会以更大的规模发生。在欧洲有一个国家，整个头朝下了。这不是超级力量，但是，圣马力诺整个国家的地层的确全倒转了。盆岭省的断层活动从来没有使任何东西倒转。大型断块的最大倾斜度是30度。奥奎尔山岩层的变形事件发生在6000万年前，比奥奎尔山的形成早了5200万年。那次变形事件形成了年轻的挤压山脉，它有足够的时间沐浴阳光，并被侵蚀作用解体，剥蚀，冲走；现在，奥奎尔山中那些疯狂竖起的条带就是那些上一代山脉的证据

和残片，它们从地下被带上来，成为新山脉的一部分。这些新山脉（盆岭省的山脉），是由不同的岩石组成的，这些岩石是在大约5.5亿年（或者说，地球总时间长度的八分之一）以来的某个时期中形成的。直到最近，人们一直认为，在一些山脉中有更老的岩石，但经过改进的年代测定技术研究，这不会是真的。地球总时间的八分之七在这里消失了，没有证据表明古老岩石已经分解并进入再循环。尽管如此，八分之一仍然是一段不短的地球历史，由于盆岭省的巨大地壳块体已经倾斜为高耸入云的山脉，个别断层高达6000多米，这段历史已经被带到地表，零散地揭露出以前的海底
51 和玄武岩墙，埋藏的河流和含金矿脉，火山喷发物和沙丘的砂子，它们代表了次序混乱的众多时间碎片。在盆岭省中，有在清澈的、波光粼粼的泥盆纪浅海中形成的纯净石灰岩，有在充满了在宾夕法尼亚纪迅速堆积软泥的深海海沟中形成的又黑又硬的燧石质粉砂岩，有富含化石的三叠纪沉积物，有散布着豆荚状包体的白垩纪花岗岩，有渐新世喷发的熔结凝灰岩。这里没有多少“千层糕”地质[1]。那些水平的岩层早已被接续不断的构造事件扭曲了。

盆岭省开始形成时，地表全是熔结凝灰岩。在那之前的2000多万年里，熔结凝灰岩一直趴在地表，是最表层的岩石。在这个广阔的火山岩平原上，几乎没有地形上的起伏，它那巨大的规模和贫瘠的地貌跟这些火山岩在地表形成时带来的灾难等级很相称。蒸

1 “千层糕”的英文是“layer-cake”，是指一层层水平的岩石摞在一起，像多层蛋糕或多层饼一样。实际上，能够形成这种水平层的岩石多数为沉积岩。

汽和流纹岩玻璃混合物急剧膨胀，从上百个裂隙、岩脉、烟囱、喷气口和裂缝里爆发出来，形成比空气重的巨大炽热云层，像沙尘暴一样掠过这片大地。盆岭省这些喷发物与在赫库兰尼姆和庞贝古城上空降落下来的火山灰不一样，那些火山灰是浅色的粉末，而此处的炽热的云层铺天盖地，像泥浆一样沿等高线填满了现有地貌景观的轮廓，覆盖了河床，覆盖了山谷，河水嘶嘶叫着消失了。又是一波热云袭来，一波跟着一波，像石膏填充模具一样抹平了整个流域。它们填满了每一条沟、谷，每一个坑、洞，直到几乎没有什么东西滞留在炽热的平原上。然后，更多的“热云”从下面爆破喷出，气浪毫无阻挡地在平原上扩散开。不用说，这个地区的所有生物都死了。单个一次喷发就盖满了马萨诸塞州那么大的地区，在火山灰停止流动之前，已经覆盖了它二十倍的面积。而且火山灰很热，足以让彼此熔接在一起。当巨大的火山灰层崩塌和凝结时，它们形成了一整块致密的岩石，其主要成分是火山玻璃。岩体非常厚（足足有三百米厚），以至于晶体慢慢地在逐渐冷却的火山玻璃中形成。“当你把一个乡村埋进去，热岩石再熔接起来，这是环境的终极灾难，”德菲耶斯说，“让人高兴的是，最近还没有过这样的灾难。”

带着这样的刺痛，盆岭省在这里静坐了2200万年，火山作用
在盆岭省外围继续着，而这里的凝灰岩开始被侵蚀，形成沟沟岔 52
岔，以及适度平缓的山谷和矮丘，但平原的平坦程度基本上没有变化。这里没有再发生那种曾经完全改变了几万平方公里地球面貌的火山喷气和爆发，但那些强烈的扰动既然来源于地下深处，

显然会成为新扰动的先兆。果然，熔结凝灰岩平原连带着它们下面1000米左右的地壳开始裂开，形成一系列地壳块体，盆岭省形成了。

盆地里立刻充满了水，生命来到了湖里。“中新世晚期的化石是我们在这里的湖床发现的最早的化石，在这里的其他地方都是这样，”德菲耶斯说，“由此可以判断，盆岭省断裂作用的年代是在中新世晚期，大约在八百万年前。”逐渐地，随着雨影范围的扩大，湖泊的化学成分发生了变化，变成含盐或碱的，湖水带着苦味，最终成了干湖。盆岭省中有玄武岩流，它们是中新世之后形成的，在地壳块体断裂开始很久以后才溢流到地表，就像新泽西的沃昌山熔岩一样。这里还有火山渣锥的遗迹，是相当晚的时候局部火山活动的证据。此外，在盆地里和山岭上，还有大量来自盆岭省之外的浅色火山灰。你也可以看到，在河流三角洲、湖岸线阶地和大湖岸边被波浪切割的悬崖，这些都是在更新世冰川期开始后才在大盆地中形成的。世界气候的变化使北部的冰川短暂地侵占了雨影区，大盆地的天空暴雨如注。在蒸发量曾大大超过降水量的地区，现在的情况反过来了，一系列大湖适时地把盆地连接起来，山岭成了岛屿，这些大湖包括曼利乌斯湖（它的湖底有一部分是现在的死谷），里诺附近的拉亨坦湖（它的湖底有一部分是现在的洪堡凹陷和卡森凹陷），以及博纳维尔湖。博纳维尔湖一直扩张到伊利湖那么大，然后又扩张了一些。在爱达荷州的红岩山口，它溢出大盆地边缘，进入了蛇河平原。这时，它和密歇根湖一样大了。它不是一个冰川湖，而是一种冰川远端副作用的产物。它稳定

了几千年，形成石灰岩阶地，波浪掏蚀着湖滨岩滩。最终，它开始
阶段性下降，在蒸发量和降水量暂时平衡的地方就暂停下降，更 53
多的岩滩被掏蚀，更多的阶地在形成。然后，随着雨影再次降临，湖面又收缩到伊利湖那么大。收缩在继续，湖水的化学成分越来越浓缩，湖面越来越小，湖水越来越浅。在收缩接近尾声的时候，博纳维尔湖变成了现在的大盐湖。

大盐湖伸向我们的右边，消失在雪中。从某种意义上说，这里没有湖滨。平坦的地面向湖里延伸，一直延伸，直至变湿。湖岸的转折角度看上去大约是 179.9 度，平得很。飞雪打着旋，遮蔽了苍穹，远处浮现出岛屿暗色的身影，长长的，顺着南北方向延伸，那是被雪吞没的山岭，山尖若隐若现。“从化学上讲，大盐湖是世界上最艰苦的环境之一，”德菲耶斯说，“这里在几个小时内就能把地球上最咸的水变成最稀释的水。只有一些最原始的生物能承受这种变化。平时这里的盐水几乎被氯化钠饱和了，每年有很短的一段时间，从瓦萨其山中涌出大量的水，把湖的大部分表层水都稀释得相当淡。任何生活在那里的生物都会受到这种渗透压的冲击，达每平方厘米数十千克。没有高等植物可以承受，也没有高等动物能承受——没有多细胞生物能承受。只有少数细菌、少数藻类能幸存下来。生活在那里的丰年虾[1]在这种冲击中会死掉数百万。”

我看到了大盐湖在冬日黄昏中那令人难以置信的美丽，白雪

1 又称丰年虫、卤虫、盐水虾等，是一种耐高盐的小型甲壳动物，长约 2.5 厘米。除大盐湖外，在我国沿海盐田、青海、西藏和新疆南部盐湖也广泛分布。

飘带装饰的云幕在空中掠过，映衬着瓦萨其山深玫瑰色的岩壁，轻掩着看上去像从波纹状石板上拱起的湖心岛。这景色真像是一幅玄妙的雪中图画。我并不介意下雪。记得6月里的一天，在卡伦·克莱因斯潘去西部做夏季野外考察时，我和她在瓦萨其山停下来吃野餐，我们坐在清澈的比利牛斯河畔，吃着水果和奶酪，河水在石英岩和砂岩的鹅卵石上奔流，穿过一片高山牧场，草地上有悠闲的牛群，河岸上有成排的棉白杨树，河水透亮、清新，暗示了这是一条自信满满却又一无所知的河流，它一路上滔滔不绝地自言自语，走向了它的宿命。它在天堂般的山脉中奔流，穿过它最后一条山谷，进入了大盆地。然后，再也没有出路。三条这样的河流为大盐湖提供了水源。大盆地的的确确吞噬了这些河流。下山时，我
54 们自己也穿过一条山谷。这条山谷非常狭窄，因而联合太平洋铁路就建在州际公路的中间，然后，我们进入一条更陡的山谷，车在公路上拐来转去，好像在滑雪时以催眠的节奏玩克里斯蒂平行转弯，路旁是纳盖特砂岩的玫瑰色岩壁和脆弱破碎的海相灰岩，上面长满了栎丛。“我的天呀，我们正在从天上掉下来。”克莱因斯潘说。她两手紧紧抓着方向盘，车跃着经过了陡峭的路旁剖面，转过了一段剖面后，终于能看到远处了，盆岭省出现在眼前。

“‘就是这儿了！’[1]”

“你能想象他当时的感受。”

---

1 这是当年杨百翰带领摩门教教友西迁到这儿时说的第一句话。下一句中的“他”就是指杨百翰。参见第14页的脚注。

前景是光洁雪白的城市，它那昂贵的街区沿着瓦萨其断层一字排列，好像在准备跳远。远处是奥奎尔山、斯坦斯伯里山，还有湖。星期天下午，摩门教教徒们来到湖边的平地上，坐在折叠桌旁的折叠椅上，折叠桌像餐厅的桌子一样，一头接一头地拼好，二十个人坐下来一起吃饭，几公顷的海滩都是他们自己的，海鸥像神圣的母牛一样围着他们。要去游泳，我们必须先径直走几百米，直到水深没过脚脖子。然后我们躺在水上漂浮。我以前游泳时从来没能浮起来过。我曾参加红十字会的测试（九岁到十五岁的孩子们都要参加），我的脚往下沉，人悬在水里，下巴使劲往上仰，好像从鹰溪大桥上掉下来一样。我蹬着水，暗自蹬着水，尽量把嘴伸到水面之上去呼吸。那不是真的漂浮。现在我试着仰泳，像水翼艇一样，在湖上游了几千米。只有我的脚跟、臀部和肩胛骨看起来是湿的。我翻过身趴着，只用手和膝盖就能在水里爬行。这是在6月，在湖的南端——是湖水最不咸的季节，是在整个大盐湖里水最不咸的地方。

我向一侧蜷起身来，用胳膊肘撑着，可以看到北面的海角山穿过水面向南伸入湖中，它看上去是一个岛屿，但实际上是半岛。1869年，一根金钉子被带进海角山，钉在一条领带上，这条领带象征着第一条穿越北美大陆铁路的竣工。这时比人类在月球上留下第一枚脚印正好早一个世纪，在这一百年间，盐湖城和里诺城彼此拉远的距离相当于人类的一大步。同样是在这一百年的时间里，铁路因局部路基布置问题而招致双重的不满：对金钉子所在 55
的翻越山岭路段的不满，以及对在湖上修建了一道长堤和木头高架桥，在海角山半岛南端穿过而不满。后来，在20世纪50年代末，高架桥路段被改建为石质。长堤像一个坚固的防波堤一样横穿湖面，把它分成两半。为大盐湖提供水源的主要河流都流进了南半部。结果，长堤北侧的水比南侧低了四五十厘米，而且比南侧的咸。一满杯大盐湖北部的水蒸发后，你会得到有三分之一杯多一点的盐，而蒸发一满杯大盐湖南部的水，你只能得到四分之一杯的盐，不过，这仍然是一杯含盐量达到海水八倍的高盐度湖水。当湖水泡着我们的身体时，试图通过皮肤把我们体内的淡水抽出来，我们的毛孔紧闭，我们的嘴唇肿胀，变得有点麻木。身上如果有划伤，哪怕是最轻微的划伤，被湖水一泡，就会感到猛烈的扎痛，就像是喉咙后面有链球菌在作怪。

我们从湖底捞了一袋子的卵石和鲕粒。这些鲕粒都是盐湖的砂子，但绝不是普通的砂子，不是那种山脉剥蚀下来的岩石碎屑再经过磨圆后被河流带来的细砂，而是在湖里形成的砂子。就像雨滴是聚在尘埃周围形成一样，鲕粒是聚集在极小的岩屑周围形成的，这些岩屑小到能随着波浪在水中上下运动。它们动动停停，运动，沉淀，再运动，再沉淀。当它们在水里运动的时候，碳酸钙就在它们周围一层接一层地凝聚着，就像一颗珍珠。用钻石锯把它切成两半，你会看到一个完美的牛眼，或者，就像它的名字那样，是一个石卵，有蛋清和蛋黄，小一点的叫鲕粒。巴哈马海滩的水下有大片的鲕粒砂丘。当地质学家在岩石中发现鲕粒时，比如说，在莱海山谷的一些寒武系露头上发现鲕粒时，脑海中就会浮现出巴哈马，还有大盐湖，作为参考，就会想象到一个富含石灰的寒武纪浅海。我们的样品袋就像一个 4.5 千克的糖袋那么大。我仰面翻过身来，把样品袋放在肚子上，身子下沉了一点，蹬着水游向岸边。

在大盐湖坚实平坦的湖滩上，有成百上千的盐湖蝇，黑压压的，一大片一大片地成群跳跃，嗡嗡作响，像是稳定的电子交流声合集。一只神圣的海鸥在盐湖蝇群中掠过，它的喙一张一合。在海 56
鸥吃蝗虫并拯救摩门教教徒的三年之前，基特·卡森[1]曾猎杀海鸥去喂养饥饿的移民。尽管如此，海鸥和盐湖蝇依然是大自然的幸存者。现在，在春天快过去的时候，到处都是死去的生灵。渗透压冲击杀死的丰年虾大大超过了盐湖蝇。尸体，每具有几厘米长，躺在硫化氢腐烂的臭气中。死掉的丰年虾形成一种天然肉冻，与湖底的鲕粒层交织在一起，成为埋藏几万亿死尸的富脂黑色淤泥。

盐晶像雪一样粘在我们的头发上，像粉末一样扑在我们的脸上。在靠近湖岸的人工池塘里，太阳在晒莫顿盐[2]。湖滩上，隔不远就有一座水塔，这是犹他州的馈赠。你拉过水管子就能享受淋浴。

现在，在秋天的雪中，德菲耶斯和我可以看到博纳维尔湖昔日的湖滨阶地，就在我们头顶上方 300 米的山坡上。一个如此深的湖已经浅到目前平均水深只有 4 米，这事儿听起来让人有点忧郁。它早已成为世界上排名第二的致死水体了，但仍在继续萎缩。再过几百年，它就可以和死海比肩了。

---

1 19 世纪 40 年代美国西部的拓荒者，曾任加利福尼亚州军事总督约翰·弗利蒙特的助手，他们为丰富美国西部的早期地理知识做出了巨大贡献。

2 莫顿盐是美国家喻户晓的一种品牌盐，已经有 150 多年的生产历史。

“我的妈呀，这太棒了。”德菲耶斯突然说，并把车停在路肩上。斯坦斯伯里山脉的鼻尖被州际公路削去一点，露出一块陡峭又漂亮的蓝色岩石，一层一层的，又薄又均匀，有 4 米高。它的层面平行地翘起，平缓地向东倾斜，只是局部有些凌乱的和皱巴巴的物质，好像是雪球拍溅到玻璃上，又像是在一堵完整的墙上撞出了一个大洞。德菲耶斯说：“咱们去看看，那是怎么回事。”他下了车，穿过公路。他用锤子敲了敲岩石，琢磨着露头。他刮了一下岩石，把酸滴在刮痕上。在西风的吹拂下，雪向东飘，倾斜了 60 度。岩石的层面向东倾斜 20 度，德菲耶斯针织帽的条纹向北倾斜 50 度。帽子上有一个大流苏，他那灰白的头发从下面露出来，卷曲成一团，看上去像个夸张的精灵。他说，他认为自己知道是什么原因形成了岩石中这个“大花生”，而且这几乎肯定不是某个重大构造事件的表
57 现，仅仅是局部的扰动，就像在一次抢夺行动中有一位收银员被枪击中，或是在一整页中的一小行。剖面上主要是石灰岩，一个奥陶纪海中灰泥的集合体。那个“大花生”是白云岩。

石灰岩是碳酸钙。白云岩是碳酸钙加镁。它们一起被叫作“碳酸盐岩”。德菲耶斯在大学里就学过，虽然看起来很明显，从水里沉淀出的镁会把石灰岩变成白云岩，但没有实验能检验这一点，因为当今世界上任何地方都没有形成白云岩。德菲耶斯认为这难以置信。德菲耶斯是一个均变论者，一个相信“现在是认识过去的钥匙”的地质学家，如果你想了解岩石是怎么形成的，那就去观察它现在的形成过程：去观察基拉韦厄的玄武岩流，观察哈特拉斯海流勾勒出的未来砂岩的花彩弧交错层，观察洪水淹没

一只熊的足迹。他想，在某个地方，现在一定有石灰岩在变成白云岩。研究生毕业后不久，他和另外两个人去了荷属安德列斯群岛的博内尔岛。在那里，他们发现了一个潟湖[1]，湖水在阳光下浓缩，“形成一种富含镁的流体”。这种流体流过下面的石灰岩，把它变成白云岩。他们在《科学》杂志上发表了这条新闻。犹他州这个大型路旁剖面上的岩石曾经是奥陶纪海中的石灰泥，由于上面覆盖的海水太浅，这些石灰泥偶尔会露出水面，干裂成碎片，然后海水上升，碎片嵌入新沉积的石灰泥中，这个过程一次又一次地发生，使得现在的石灰岩成为一个包含自身碎片的角砾岩。这是一个非常可爱的意外，很养眼，你可以把这块岩石切下来，镶在画框里。

蓝色岩石的年龄接近五亿年。美国船长霍华德·斯坦斯伯里1849 年来到大盆地时接近 50 岁，含有这种蓝色岩石的山就是以他的名字命名的。他一直在佛罗里达建造灯塔。政府希望他去盐湖看看。他带着十六头骡子、一个水桶和一些天然橡胶做的袋子，绕着湖转了一圈，然后又绕了几圈。人们劝他不要去冒险。他在途中 58
果然没水了，但运气还在。他回来时讲述了他的见闻，说在遥远的西边湖滩上，他看到了散落的书、衣服、箱子、工具、链子、牛轭、死牛和废弃的马车。1846 年 8 月底，唐纳之队[2]绕着斯坦斯伯里

1 在海洋的边缘地区，被沙嘴、沙坝或珊瑚等隔开的局部海水水域。由于与外海分离，潟（xì）湖的最大特点就是水体的盐度不正常。

2 Donner Party，有时称唐纳－里德之队（Donner-Reed Party），是美国西部淘金史上一个悲剧性拓荒者团体，在西迁过程中，进入瓦萨其山脉的 87 人中只有 48 人活着出来。他们的经历成为美国许多小说、戏剧、诗歌、电影的素材。

山的鼻子走，左边是岩石，右边是湖沼。这个巨型的路旁剖面可能以超自然的方式把他们吓坏了。他们一定曾在德菲耶斯刚才在州际公路路肩外停车的地方鱼贯前行。德菲耶斯和我往回走，穿过公路，等着一辆三节七轴的牵引车先开过去。德菲耶斯形容这车是“一列让人讨厌的火车”。

斯坦斯伯里山脉、骷髅谷……。唐纳之队在骷髅谷找到了好草、好水，在泉水边发现了一张便条，已经被鸟啄烂了。移民们把碎纸片拼凑起来，“两天……两夜……车难行……穿过沙漠……达到水边”。他们按照字条的提示走出了骷髅谷，越过雪松山，进入了涟漪谷，再越过灰背山，来到了大盐湖沙漠。灰背山是玄武岩构成的，就像新泽西州的沃昌山。新泽西的玄武岩大约在两亿年前形成，而灰背山的玄武岩是在 3800 万年前喷发形成的。在 20 世纪初，人们还可能在灰背山暗灰色的露头旁发现一些货车和牛角的碎块，以及遗弃的陶罐。雪突然停了，在寒冷的阳光下，德菲耶斯和我越过灰背山，大盐湖沙漠出现在我们面前。这是博纳维尔湖干涸的湖床，一眼望不到边。州际公路靠近马车道，但和它不平行，马车道的走向有点偏西北，径直指向领航山脉的领航峰。我们可以在 80 公里以外看到领航峰，它有一个金字塔形的峰顶，其上有云朵在飘动，像一面展开的旗帜。穿过干涸的湖床，移民们在领航峰附近扎营，那里的高度在 3000 米以上，现在属内华达州。在领航峰营地，冷泉沿着断层崖分布。当移民到达泉边时，他们的舌头都黑了，流着血。

“想象一下那些可怜的狗娘养的，带着他们的动物，都快渴死了，”德菲耶斯说，“真奇怪，他们怎么没把设计这条上山路线的那家伙绑住大拇指吊起来！”

这些湖滩的大部分都是碱性的，其上是一种皮革色的泥。表面很干燥，挖下去5厘米就变得又湿又滑腻。只要下一点雨，一 59
头牛就可以陷到膝盖那么深。移民们没有打算在大盐湖沙漠上停下来。他们日夜驱车前往领航山。白天，他们看到了海市蜃楼，水塔、城镇和波光粼粼的湖泊。有时候这些湖是真正的湖，干盐湖在暴风雨过后成为短暂的水域。在风的吹动下，有水的干盐湖就像在地板上移动一摊水银一样，在500到800平方公里的水面移动着，今天在这儿，明天在那儿，不久就像海市蜃楼一样消失了，让马车陷进了无法想象的泥沼。很少有移民选择这条穿越博纳维尔盐滩的路线，尽管这条路线被宣传为一条捷径，并被重新列入通往内华达州的四个主要移民盆地之一，实际上，这是“一条噩运之路”。这条路线是兰斯福德·黑斯廷斯[1]的发明，被叫作“黑斯廷斯捷径”。黑斯廷斯在骷髅谷给这条路线写了一份路书。他指引的路线在地质上是很糟糕的，但他不知道这一点，也没有注意到。他专心致志于政治。他希望成为“加利福尼亚共和国”的总统。当时，加利福尼亚属于无法抗拒的墨西哥。他却把加利福尼亚看为一个新的国家，归上帝领导。这个国家有自由的信念，他致

1 律师，美国西部早期探险者，1845年出版《俄勒冈与加利福尼亚移民指南》，企图引导美国人到加利福尼亚去，进行一场不流血的革命，建立“加利福尼亚共和国”。该书中有一句话，说“最直接的路”是从霍尔堡向西南，经过大盐湖，到达旧金山海湾。这就是臭名昭著的“黑斯廷斯捷径”，引导唐纳之队走向噩运。

力的主张是：任何事都能通过促进去实现。这个国家的总统是兰斯福德·黑斯廷斯，居住在西部白宫。他为了当上这个总统制定了战略，要开辟一条通往西部的新捷径，通过招募人员和写宣传材料来推介这条路线和目的地，年复一年地吸引成千的移民，让自己成为他们的律师和拯救者，把他们塑造成希望天堂里的宪政斗士。他在这条线路很东边的地方建立了营地。他吸引了唐纳之队。他吸引了里德一行，凯瑟伯格一行，墨菲一行和麦卡臣一行，把他们从主道上引向南面，进入瓦萨其石灰岩地区难以拔腿的灌木丛。唐纳之队从伊利诺伊州斯普林菲尔德一出发就径直离开了坚实可靠的克拉通。他们用了好几个星期的时间在灌木栎丛中踩出了一条小路，这些栎丛简直就是活的带刺铁丝网。在跟干渴赛跑中，他们在博纳维尔盐滩上扔掉了装备，这样可以减轻点负重。事实证明，即使是几公里的路，这条捷径也比它截去的绕道还要长。这条路通往内华达山脉，一条以雪命名的山脉。

德菲耶斯和我途经博纳维尔盐滩上的涂鸦。由于没有什么可
60 以刻上字画的东西，也没有足够坚硬的介质去喷涂颜料，涂鸦人就找来鹅卵石，嵌进硬泥里。这些鹅卵石有葡萄柚那么大，是来自州际公路边上的石子。他们用点构成笔画拼成大写字母，组成自己的名字：罗斯、道恩、唐、朱迪、马克、木恩、埃里克，人名一字排开，长达 134 公里，像是搞“庭院拍卖”。“埃里克”是用玄武岩和白云岩石块拼成的，很明显是来自灰背山和斯坦斯伯里山。他的名字如果能放在那里一个世纪左右，最终会自行炸开。盐水会沿着颗粒的边界渗进石头。当这种情况发生时，水会蒸发出来，盐的晶

体不断聚集和膨胀，直到把这些石块胀裂炸碎。死谷里有成千堆的细小碎屑，它们曾经是花岗岩巨砾。是盐把它们炸碎了。盐会进入这些石头桩子，从底部炸碎它们。

在犹他州的远处，盐滩变成了晃眼的白色，像粒状雪那么白，旋风在用盐制造魔鬼。在白色的地面上，你可以看到盐从地球的曲面上脱落。当喷气式汽车的司机在博纳维尔盐滩上以 0.9 马赫[1]的速度行驶时，他们总觉得自己即将登上山顶。挖一下盐层，会发现它只是一层白色外壳，像蛋糕表层的糖霜，有超过 2.5 厘米厚——是一层极纯的氯化钠。下面是几厘米厚的砂粒大小的盐粒，再下面是一种奶油酸奶状的泥，是金咖啡那种颜色。在很大程度上，这些盐分是由于盐湖范围不断缩小而留下的，在北美的边缘地区，曾经有过这样的情况，海洋的不断缩小使海湾“搁浅”，于是海湾逐渐干涸，留下了盐滩。当海洋又“卷水重来”的时候，海平面上升，扩展到内陆的盐层上，这些盐层并没有被溶解，而是被埋藏在从大陆带来的层层沉积物之下。随着沉积物越来越多，盐层被埋得越来越深。盐的比重很小，但塑性很大。被压在 2400 多米厚的沉积物之下，盐开始移动。它缓缓地、不成任何形状地聚集并且移动着。它推挤开岩层，向上聚成堆，开拓自己的通道，形成蘑菇状的盐丘。它还上升挤进更多的页岩和砂岩中，把它们顶成优美的拱形，然后穿破它们，像一颗射穿地板的子弹一样。像这样移动的塑性物体被叫作“底辟”，形状像一个大头朝上的泪滴。一般

1　马赫数是速度与声速的比值，在空气动力学中广泛应用，0.9 马赫表示是声速的 0.9 倍。

61 来说，底辟突破后会有一些大的砂岩层斜靠在盐丘上，像一块木板斜靠在墙上。砂岩的渗透性好，其上可能有一层渗透性不好的页岩。砂岩中的任何流体不仅会被困在页岩下面，还会被渗透性极差的盐困住。石油和盐的奇妙伙伴关系就是这样建立起来的。石油形成后也会流动。你永远不知道上帝让它流到哪儿去。它在渗透性好的岩石中会流得很远。除非有什么东西困住它，否则它会一直向上流，直到出露地表，变成沥青。你不会在沥青上开豪华轿车，更不用说在沥青上建军工复合体了。然而，如果石油通过倾斜的砂岩向上流，在碰到一堵盐墙后，它就会停下来不再流动，它被困住了。在一个盐丘的侧面用一个小钻头钻一下，当你钻到“砂子”时，里面可能充满了石油。在墨西哥湾有很多小海湾被盐覆盖着。现在，哪儿有盐丘，哪儿就有钻塔。密西西比三角洲中也有很多盐丘，已经在采油了。里面有一间接一间的“房屋”，“房屋”的天花板高达 30 多米，像是个会议厅，它的墙壁、地板和天花板都是盐，纯度在 99% 以上。

德菲耶斯说：“很可能在这片盐滩下面就有山脉构造，它的复杂结构就像任一条山脉一样。它们只是被掩埋了。”

我们在内华达州界附近捡起几块碎的石灰岩和熔结凝灰岩。这种凝灰岩是又硬又厚的结晶岩石，上面有长石和石英的斑点。你永远不会从这里挖出一座庞贝古城来。现在，周围的山岭都没有被掩埋，领航峰钻出盆地阴影的包围，在阳光下耸立着，高出山谷 1600 多米。很快，我们开始爬托阿诺山岭。“这儿又有块露头，”德尔菲耶斯走到山顶附近时说，“你能感觉到它们来了。塔康公路会让你发疯，80 号州际公路会让你如愿。”你在塔康公路上见到的是花岗岩，不是它的某个兄弟、儿子或表亲，而是花岗岩本身：闪闪发光的是黑色角闪石，均匀地分布在由长石和石英组成的雪白色背景中。它的年龄和内华达山著名的岩石差不多。它在这里的出现表明，在更远的西部，戏剧性的构造事件释放出巨大的热量，一直影响到内华达州东部，地壳受到烘烤，发生大规模熔融，形成了这批新鲜的花岗岩。

我们就这样从一个路旁剖面走到另一个路旁剖面，从一条山岭走到另一条山岭，就像谷仓旁场院里的鸡啄食一样，检查着每 62
一处露头，看看断层把下面的什么岩石带上来了。我们穿过戈舒特山谷，爬上佩库普山，见到了泥盆系红色页岩、泥盆系粉砂岩和泥盆系石灰岩，它们来自另一个世界，比花岗岩要老好多百万年。这些岩石总的来说是海相岩石，富含海百合和其他海洋生物化石。它们的外观和那些在伊利诺伊州或艾奥瓦州见到的大陆内部地表海沉积物没有什么不同。泥盆纪时，佩库普峰差不多是北美大陆的尽头，但并没有留下什么能暗示这里曾是大陆架的线索。第一次尝试用有篷货车直接横穿美洲大陆到加利福尼亚州的线路也是终止在佩库普峰。货车被遗弃在山东边的一个泉眼旁边，离州际公路只有一小段距离。后来的移民们用货车的木头烧火做饭。德菲耶斯吐出了粉砂岩，高兴地嚼着页岩。

大盐湖的鲕粒是现代形成的。斯坦斯伯里山的白云岩差不多有 5 亿年的历史了。凝灰岩是 3000 万年前熔结起来的。花岗岩的年龄是 1 亿年。佩库普峰的岩石的年龄是它的四倍。在 0 到 5 亿年的范围内，这些岩石的年龄分布在两头，没有一块岩石能代表中间的 3 亿多年。不过，这只是一个意外，是断层活动造成的结果。沿着路再往下走，在更远处的戈尔康达山，将上演一场 2.5 亿年以前历史的三叠纪盛典。

地质学家会时常提到他们所说的“大画面”。他们经常用一种绝对不合习惯的口气对我说：“你没抓住这个画面。”鲕粒岩和白云岩，凝灰岩和花岗岩，佩库普粉砂岩和页岩，这些都是这个大画面的一部分。它们自己可能都会构成一个故事——生物的和化学的，地壳运动，古环境景象——但它们都只是大画面中的一小片。

这个大画面的最大问题是，99% 的内容丢失了，熔化了，溶解了，撕裂了，冲走了，碎成了渣渣，整个画面已经变得面目皆非。地质学家发现了幸存的残片，就用虚线把它们连接起来。一旦把这
63 些虚线落实，画面就会清晰起来。在很多情况下，充填这些虚线的是地层学：地层的岩石类型和年龄，沉积时的景象。对地质学家来说，线条本身代表了构造，包括褶皱、断层、平坦的层面。最终，他们会推断出，为什么会有一个构造，它是怎么形成的，什么时候形成的。例如，为什么某些地层会形成褶皱，它是怎样及何时形成的。他们把这些叫作“大地构造学”。地层学、构造地质学、大地构造学[1]。“首先你得读卡夫卡，”我在图书馆的电梯里听到有人说，“然后，你去读屠格涅夫。之后，只有那之后，你才会准备好接受

1　有人认为，地质学中的岩石学、地层学、构造地质学等属基础分支，而大地构造学属更高层次的“上层建筑”，就像不同文学作品具有不同品位和层次一样。

托尔斯泰。”

当你记住托尔斯泰的时候，你可能准备好接纳大画面了。多维的、世界范围的、画面在随着时间变化的，地质学家叫它“大画面”，是一幅巨幅画卷。如果一开始你没有完全看到它，你会被提醒不要担心，地质学家也看不到。他们并不是总能看清楚画面全部的。温和的人有时会优哉游哉地给你讲约翰·戈弗雷·萨克斯版“盲人和象”的印度寓言，告诉你，他自己和同事就是这个寓言科学版中的人物。“我们都是摸象的盲人。”地质调查局的戴维·洛夫对我说了不下五十遍。包含下面这首诗片段的地质教科书并不少见：

六个印度人，
好奇象模样。
可惜都眼盲，
全靠摸和想。

第一个印度人摸到了大象的侧面，认为它一定是某种活的墙。第二个摸到了象的长牙，觉得大象像长矛。其他的人依次摸到了象的鼻子、耳朵、尾巴、膝盖，说大象像“蛇”“扇子”“绳子”“大树”。

六个印度人，
开始瞎嚷嚷，

认为自己对，
准比别人强！
64 可惜都片面，
全不识真象！

总把“盲人和象”的寓言挂在嘴边，主要是为了警示一些研究生，别太快地提出原创性的假说，他们认为这易如反掌，只要挥挥手就能完成，以至于让当下科学看起来想象的成分比描述性的成分要多。在资料坚实的地方，允许你有丰富的想象力。地质学家们的知名之处在于，他们可以根据捡到的两三根骨头，构画出一个完整的、前所未闻的生物，放进他们已经建立起来的地理环境画面中。他们瞅着泥巴，从里面看到了山，在山里看到了海，在海里看到了山。他们走到一块石头边上，解译出了一个故事，又一块石头，又一个故事，根据时间序列将故事汇编起来，故事间就产生了关联，这样，一段历史就建立起来了，这段历史是根据线索按照解释模型编写出来的。这是一项规模巨大的侦探工作，而大多数侦探家都不能胜任，除了夏洛克·福尔摩斯。福尔摩斯对布莱克希思或汉普斯特德的小砂粒的发现和解释工作使他成为迄今为止地质学家们公认的第一位司法地质学家。福尔摩斯是一个虚构的人物，但他开创了一门分支科学。这门科学强调缜密的推理，把事实放在比发明能力更重要的地位。地质学家们在他们不公开的交谈中，聊着人们从没见过的场景，聊着全球的运动，聊那些一而再，再而三消失的海洋、山脉、河流、森林，以及有着令人向往之美的群岛，在火山剧烈喷发中崛起，接着安定下来，然后又永远消失——实际上是几乎消失了。如果有碎片留在地壳的某个地方，有什么东西把这些碎片挖出来，暴露到人们视野里，戴着粗花呢帽子的地质学家就会拿着锤子，带上三明治，用他的放大镜和想象力，去重建这片群岛。

我曾经梦见纳赛尔·阿夫塔布的地毯商店在夜里发生了一场大火。在阿夫塔布的展示室里，双柱货架下堆着一层又一层的长绒地毯和宽幅地毯，挂钩和盖毯，仿波斯地毯和聚酯纤维面料。熊熊烈焰烧毁或熔化了那里的大部分东西。屋顶塌了下来。夜空中阵阵狂风，道道闪电。燃烧的碎片落在地毯上。一层层的灰烬落下来，带着火星儿在风中打旋、飞舞。熔化的聚酯纤维固化在 65
地下室楼梯上。几乎是同时，隔壁的冰激凌厂发生了一起重大事故，因为夜深人静、远离城市，所以没人发现。不久，地毯商店的西墙就倒塌下来，隔壁大量冰激凌泥施加的压力和重量把它压塌了。六种不同口味的冰激凌软泥混合在一起，慢慢地流入阿夫塔布地毯商店的展示室，烧剩下的地毯被挤得一折再折，冰激凌软泥覆盖了卷曲的地毯，把它们推挤得在房间里移动了一点距离。接着开始下雪，雪转为雨夹雪，很快就下起了冻雨。寒风凛冽、天空清澈，气温降到 -6℃。两个利益敌对的保险公司的代表出现在消防车前。保险公司需要确切地知道发生了什么，是以什么顺序发生的，在多大程度上是阿夫塔布的过失。如果不是百分之百的话，冰激凌厂的过失有多大？又有多少过失必须遗憾地推给上帝？显然，这个问题对鸡谷警察局来说太棘手了，或者说，对任何一个普通的侦探来说都太棘手了。很自然，这个问题要靠野外地质学家来解决。终于有一位被请了过来。他穿着已经磨破的靴子，一脸困惑的表情。他捡起一些墙壁和天花板的碎片，看了看地毯下面，尝了尝地上的冰激凌，又摸了摸地下室楼梯的竖管。于是，他抬起头，把保险公司想知道的一切都告诉了他们在哈特福德市的总部。对他来说，这太简单了，只需要 5 分钟就搞定了。

从卢比山岭的高处直到路上，全被大雪覆盖着。“呜——嗬——”德菲耶斯扯起嗓门喊起来，这是他对雪的感慨。

“这听起来像是个滑雪手在喊啊。”我说。

他说：“我可是一个已经退役的老滑雪手哦。”

他曾为矿业学院滑雪。那个时候，全美国最好的滑雪手都被落基山地区的学院和大学录取了，他们努力装出一副学者的样子，冒充业余选手，为参加 1952 年奥运会大捞资本。德菲耶斯的滑雪记录甚至在自己的队里也处于下风，但有一天，滑雪超级明星们四散在山上时遇到了暴风雪。下午晚些时候，轮到德菲耶斯测验障碍滑雪，当他正朝起点大门滑去的时候，暴风雪迫近了，山顶出现了高山辉，刹那间，密实的雪成了关注的焦点。他冲出起点线不
66 久，雪就炸开了。他那时的体重就很大，居然没受伤。他像从塔上掉下来的东西一样冲下山去。最终，他的滑雪用时记录力压群星，名列前茅。

卢比峰超过 3350 米，是大盆地这一地区的最高峰。现在是傍晚时分，我们穿越独立谷，远远看到白色的卢比峰已经被染山霞染成了红色。德菲耶斯几乎没有注意到这些。不知道什么原因，他大

声地自言自语，思索着锡和铅的熔点。他说，按照一般性规律，如果材料的温度高于从绝对零度到熔点的一半时，材料就会发生塑性流动，而不是脆性断裂。在室温下，你可以弄弯锡和铅。它们是固体的，但它们会流动，因为室温高于绝对零度和锡、铅熔点之间的一半。在室温下，你不能弄弯玻璃或铸铁，因为室温低于从绝对零度到铁和玻璃熔点的一半。“如果你从这儿进入地下，当达到的深度大约等于这些断块中一块的宽度时，那里的温度就是绝对零度和岩石熔点之间的一半。地壳在那一点以上是脆性的，在那一点以下是塑性的。脆性结束的地方就是倾斜断块的底部，断块就坐在热的和塑性的下地壳和上地幔之上，如果你愿意的话，也可以说是浮在那里，它们在那里缓慢流动着。我想这就是山岭的分布这么有节奏的原因。它们之间的间距似乎是由它们的深度决定的，是地壳又冷又脆那部分的深度。当你从一条山岭穿过山谷走到另一条山岭时，你能感觉到这些断块有多深。如果温度梯度小了，脆性变形带的深度就会变深，如果它们的深度比宽度大很多，比如说，是地表宽度的五倍，这些断块就不会有多大的机械运动自由度，就不能倾斜到足以形成这些山。所以我怀疑这些断块很浅，大约和它们的宽度差不多。地震的历史支持这一点。盆岭省中只记录到浅层的地震。在死谷的西缘，有一个巨大的向上凸的山面，叫‘龟背’。对我来说，它们更像鲸背。你看看它们，你会发现它们曾经是塑性变形的。我想这座山已经倾斜到足以让我们窥视到一个断块的原始底部。死谷在海平面以下。我敢打赌，如果我们能从这些几公 67
里深的盆地里挖掉 1800 多米厚的砾石，在我们脚下一定会看到山脉的根部就像死谷的边缘一样。我还没有发表这个假说。我觉得这听起来挺有道理。我没有在死谷做过任何野外工作。我很幸运地在1961年和一个伙计去过死谷，他是第一个绘制死谷地质图的人。多年来我一直很幸运，能在盆岭省工作。盆岭省在地质学方面给我留下了深刻的印象，而在北美没有其他地方能这样。在盆岭省这里的任何地方，你想说出发生了什么，什么时候发生的，都不是一件容易的事。一条又一条的山岭，对我来说都是谜。很多地质问题对我来说都是谜。”

5

80 号州际公路横穿北美大陆，途经很多开阔地带，还有三条隧道。很巧的是，一条隧道穿过年轻的岩石，另一条隧道穿过中年的岩石，而第三条隧道穿过相当古老的岩石，至少比地球上现在那些刚被“回炉”不久的岩石要老得多。在怀俄明州的格林河市，公路在一个新生代巨大湖泊的残余湖底下面经过。旧金山湾耶尔巴布埃纳岛的隧道钻进了中生界砂岩和页岩。在内华达州的卡林峡谷，公路在古生界岩石上凿了一对整齐的洞。这几乎给人留下了一个假象，好像这些修建隧道的场址是一位有学问的地质学家选择的。现在，我们接近了卡林峡谷的隧道，德菲耶斯非常明显地兴奋起来，让人以为选这个场址的人就是他自己。皮卡绕过一个弯道，隧道出现在视野中，他说道：“耶围辛克包嘎哇！”我瞥了他一眼，然后跟着他的目光看了看隧道顶上的山坡，只有杜松树和碎石块，看不出有什么东西能让教授喷出这么一句奇怪的话。他没有减速。他以前来过这里。他驱车穿过西行的隧道，出来后见到光亮，指着右边像哄小孩一样说：“变——！”他把车停在路肩上，我们开始 68
欣赏眼前的景象。洪堡河碧波荡漾，朝着我们奔涌，水边残留着一片片白色的冰碴儿，岸边是鼠尾草和绿色的草地，远处干枯的高地一片褐黄。我含糊其词地说，我觉得那很可爱。他说，是的，确实很可爱，这是最可爱的角度不整合，是他一直渴望看到的。

河流被峡谷的岩壁阻挡后拐了弯，转而流向我们，这道岩壁的侵蚀非常不均匀，一段残壁突兀地矗立着，形成一座 180 多米高的陡峭山峰，它的轮廓在天空的映衬下像乳房一样。我的脑子一直在想这个形象，就是看不出德菲耶斯在看什么。最后，我终于看到了。众多的杜松树和碎石块，轻微的褶皱和侵蚀，这些都妨碍了我去看眼前的故事。从结构上讲，这座山是由两套不同的地层组成的，相互错开，也和地球的经纬线错开，就像两次艺术冲动的作品被随意地粘在一幅拼贴画里。这两套地层都是层状岩石，都是沉积岩，都是在海里和海边沉积的，最初都是平坦的。但现在山峰上半部的岩层倾斜了60 多度，下半部的岩层几乎是笔直的。就好像由于一次拆除工作的失误，市区的大厦倒塌后砸在另一幢大厦上。德菲耶斯说，为了解释半山腰出现的这种结构，你必须建造一座山脉，摧毁它，然后在原地建造第二座山脉，然后再把它们的大部分都摧毁。这样，你首先有了下部平躺着的岩石，那是一种红色基质中带有明亮小卵石的砾岩，就像冒着气泡的红葡萄酒。然后，挤压这个地区并造成山脉的力量会让红色砾岩倾斜，但不是倾斜成 90 度，而是在现在的位置上倾斜到大约 45 度。山脉被不断剥蚀，从尖峰变成秃岭，再变成残丘，一直剥蚀到什么都不剩，成了一条水平线，这是倾斜地层的斜切地面，最终被大海覆盖。在水中，上层的新沉积物会逐渐堆积在原来的斜切地面上，后来，建造新山脉的力量会把所有一切都推挤、抬升和旋转到当前的位置，
69 下部的地层几乎垂直，上部的地层倾斜着。在卡林峡谷，盆地和山

脉的断裂作用发生时，并没有对局部构造产生太大的影响，只是把所有地层都再进一步倾斜了两三度。

很显然，如果你要改变一个场景，一次又一次地改变它，你需要足够的时间。要制造出较低层位的岩石，再把它斜立起来，然后把它磨损掉，在它上面盖上沉积物，形成高层位的岩石，你需要大量的时间，这些时间浓缩成一条清晰的细线，它分开了两组地层，这就是角度不整合面本身。你可以把一根手指放在那条线上，触摸那 4000 万年。下面的地层叫通卡组，形成于中密西西比世。上面的地层叫斯特拉森组，是 4000 万年后沉积的，属晚宾夕法尼亚世。寒武纪、奥陶纪、志留纪、泥盆纪、密西西比纪、宾夕法尼亚纪、二叠纪、三叠纪、侏罗纪、白垩纪、古新世、始新世、渐新世、中新世、上新世、更新世……在地质学年代的“系”和“统”的一长串名单中，那些地层组，那些离散的沉积事件，那 4000 万年，在时间表中都是门挨门的邻居。那座山峰下半部分岩石的形成年龄是 3.4 亿年前，密西西比纪，而不整合面之上岩石的年龄是 3 亿年前，宾夕法尼亚纪。如果你举起手臂，向左右两侧张开，伸直，想象从左手指尖到右手指尖的距离代表了地球的整个历史，那么，眼前半山腰上发生的所有主要事件都没有逃出你一只手的手心。

苏格兰的一个角度不整合面把人们所理解的地球历史从神学带进了科学。这个不整合面在苏格兰边界附近的杰德堡河岸上，在拉门努尔山和北海相交的岬角也能见到。这个不整合面的发现是在 18 世纪末，它的发现标志着一场革命，这场革命比当时的美国

革命和法国革命更平静、更温和、更有序。根据当时的传统观念，
地球的年龄在 5000 年到 6000 年之间。这是在角度不整合面发现
的一个世纪之前，由一位爱尔兰大主教测定的。这位大主教是詹
70 姆斯·乌舍，他根据《圣经》记载，厘清了数代圣人的接续关系和
年龄，计算出世界是在公元前 4004 年在“十月二十三日前的入夜
时分”创造的。

在 18 世纪末还有一种传统观点，认为沉积岩是在诺亚大洪水中形成的。山中的海洋化石是在大洪水期间到达那里的生物。当然，并不是每个人都相信这一点。例如，列奥纳多·达·芬奇注意到亚平宁群岛的蛤蜊化石，考虑到亚得里亚海的距离，他说，事实上，这一定是一种很有天赋的蛤蜊，能在 40 天里游 160 多公里。希罗多德看到了尼罗河三角洲，他在三角洲沉积物中看到了难以想象的数千年。1749 年，也就是 18 卷长篇小说《汤姆·琼斯》出版那年，G. L. L. 德·布丰[1]开始出版他的 44 卷巨著《博物志》。他在书中说，地球是 7.5 万年前从炽热的太阳中分离出来的。简而言之，这幅“大画面”有各种各样的版本。在邦克山战役[2]年代，占绝对优势的科学假设是水成论，认为世界能见到的岩石都是在水里形成的。水成论作为一种系统化的地球观，被一位德国权威的矿物学家发挥到极致。他没发表过什么文章，但教学非常出色。

---

1 18 世纪法国著名的博物学家，用 40 年时间出版了长达 36 卷的《博物志》（1749~1788），被誉为“18 世纪后半叶的博物学之父”。布丰去世后，他的学生又于 1804 年整理出版了后 8 卷，这就是原文所说的 44 卷。

2 美国独立战争期间的第一场大规模战役，发生于 1775 年 6 月。

他对地球的解释被当作公认的事实，在牛津和剑桥、都灵和莱登、哈佛、普林斯顿和耶鲁等大学讲授。他的名字叫亚伯拉罕·科特洛布·维尔纳[1]。维尔纳在弗里堡矿业学院任教，但他从未走出过萨克森州，推断是他周游世界的方法。他相信“全球性成因”，且毫不怀疑，萨克森的岩石就是秘鲁的岩石。他认为，每一种岩石都是从覆盖全球的海洋中沉淀出来的——这些岩石现在已经分别归类为火成岩、沉积岩和变质岩。维尔纳认为，花岗岩和蛇纹岩、片岩和片麻岩首先沉淀，因此是“原始”的岩石，是山脉的核心和顶峰。“过渡”的岩石（如板岩）是在水下高山坡上沉积的倾斜岩层。由于海水下落，山脉在阳光下晒干了，“第二纪”的岩石（砂岩、煤、玄武岩等）在山麓带的水里平坦地沉积下来。当大海不断退去时，“冲积而成”的岩石有时也被称为“第三系”，是在现在的沿海平原上形成。这些就是从开始形成一直保持到现在的地球外观。水到哪儿去了？一点儿也没提。维尔纳很有修辞天赋，他能成 71
功地省略这些细节。他可以朝着萨克森山的方向一指，毫不脸红地说：“我认为没有什么玄武岩是火成的。”——萨克森山的山顶就是玄武岩，上面的城堡高耸入云。他对火山活动置之不理，把它看作是地下煤层自燃的结果。他的想法现在看起来很可笑，可笑的程度和它令人惊讶的传播范围成正比，但这通常是科学曲折发展的特征。谁笑得声最大，谁就会接着笑下去。当代一些地质学家在维尔纳那里领悟到了“黑匣子地质学”的前身：人们穿着白大褂，

1　德国地质学家维尔纳（1749~1817）是水成论的代表人物。

在地下室里度过夏天，看着价值百万美元的控制台灯光闪烁，像北极光一样。维尔纳的“第一个岩石分类图表明，那个时候他对野外岩石的实际知识是多么贫乏”。这些话是阿奇博尔德·盖基爵士说的，出现在他 1905 年出版的一本名为《地质学奠基者》的书里。大不列颠与爱尔兰联合王国地质调查局局长盖基是一位颇有造诣的地质学家兼作家，他似乎在自己的锤子尖上蘸了墨水。他在总结维尔纳时说：“由于学生们的忠诚奉献，他甚至在有生之年就被抬高成一位科学教主，无论关于什么主题，只要他一发声，都是最终的结论……他在地壳岩石的序列中追踪地球原始海洋的历史，他断言众多的花岗岩、片麻岩和云母片岩都是海洋最早的沉淀物，他还把岩层的产出序列作为证据，论证海水成分的连续变化。维尔纳向全世界提出了一个大胆的构想，这一构想很可能会使许多听众着迷，而这些听众对化学和物理定律，即使按照当时所知，也了解甚少。”此外，维尔纳的地球理论和《创世记》是相容的，因此并没有引起教皇本人的不高兴。维尔纳桃李满天下，但他的学生遇到了跟维尔纳学说针锋相对的观点，这些观点构成的画面和维尔纳的全然不同。他们把所有这些反对观点都描述为“幻想中的楼阁”，包括詹姆斯·赫顿[1]的《地球的理论》（或者叫《对
72 全球土地的成分、分解和复原中可观察到的规律的研究》）。这篇论文在 1785 年 3 月和 4 月举行的爱丁堡皇家学会会议上首次被宣读。

1　英国地质学家赫顿（1726~1797）是火成论的代表人物，现代地质学思想的奠基人。

赫顿是一名医生，24 岁时弃医从农，42 岁时又从农场退休。他无论走到哪里，都会被河床和河岸、沟渠和挖出的土坑、海岸露头和高地峭壁所吸引。如果他在诺福克郡的白垩层中看到了黑色闪亮的硅质岩，在切维奥特山上看到了蛤蜊化石，他就想知道，它们为什么会在那里。他已经开始关注地球的运行机制，并能辨识出在一个动态循环中观测到的渐进和重复的过程。赫顿并没有试图去想象地球在一开始是怎么出现的，那时是模糊不清而且不可观察的；相反，他思考的是当前的地球，他让自己想象力随时间回推到过去或前进到将来。他认为，通过研究现今存在的岩石，可以看到它曾经是什么样，它将来可能成为什么样。他搬到了爱丁堡，住在亚瑟王座山和索尔兹伯里峭壁下，那里的地质环境极具戏剧性，这些岩壁是熔融岩石的残余。要说这些城垛似的山包是海里沉淀的结果，恐怕没有人会接受。赫顿有一大笔钱，不必为了糊口而奔波。他投资了一家公司，用城市里收集的煤烟提炼氯化铵，这让他生活得更加舒适。他主要做化学方面的实验，从一种沸石中提取食盐。但是，他在 15 年中把大部分时间都用在建立他自己的理论上。

他在自己位于贝里克郡的农场里种大麦，看到河流把农场的土壤带到海里，感觉到了缓慢的破坏。他突然想到，如果在足够长的时间里河流都这样做的话，那世界上就没有土地可以耕种了。所以世界上一定有新土壤的来源，它可能来自高处，也就是说，来自高海拔地区。雨水和霜冻缓慢地削蚀山脉，在一个“从山到海”系统里的枝杈状河流中，大石块一步一步地磨成砾石，再磨成鹅卵石，磨成砂、粉砂、泥。河流携带泥砂奔向大海，但沿途会把这

些负荷卸下来，变成肥沃的平原。亚马孙河已经把安第斯山脉的
73 剥蚀物带到半个大陆大的平原上。河流，特别是发洪水时，会一次又一次地获取沉积负荷，最终把它们卸载到在静水深处。在那里，泥、粉砂、砂和卵石会层层堆积，直到它们达到一个深度；在那里，热和压力可以把它们压实、固结、硬化、石化，成为岩石。故事至此远没有结束。如果就这样结束，那么地球表面早就磨平了，变成了某种全球性的沼泽。“旧大陆正在逐渐消失，”他得出结论，“新大陆正在海底形成。”在高地上有海洋生物化石。它们不是在大洪水中被冲到那儿的。一定有什么作用把石头从海里抬出来，折叠地层形成了山脉。人们只要想一想火山和温泉，就可以感觉到地球内部有大量的热，远远超过零散煤层自燃时产生的热量，这些热量不仅能软化岩石，还能把它转变成其他形式的岩石。很明显，这些热量可以移动一个区域地壳的所有岩石，把它们弄弯、折断，并把它们抬升得远高于海面。

在赫顿看来，花岗岩也是高温的产物，绝不是某种在水中形成的沉淀物。在生成顺序意义上说，花岗岩不是原始岩石。在他看来，花岗岩以一种热流体状态上涌，把上面的围岩顶起来，并或厚或薄地挤进先前存在的岩石中。以前没人能想象到这一点。玄武岩也不是沉淀的产物。在赫顿的描述中，它曾经被熔化过，展示了“地下火的液化能力和膨胀力”。赫顿的洞察力是非凡的，但并非是绝对无误的。他认为大理石曾经是熔岩，而事实上它是石灰岩在压力作用下就地加热变成的。

一帧接着一帧，画面在拼合着，赫顿全然没有把它视为已

有。他每天晚上都会和朋友们聊天，其中包括化学家约瑟夫·布莱
克[1]。他的响应可以说是赫顿思维大跨度飞跃的一个支点，例如，
各种温度和压力的比率对一些材料可能产生的影响，岩石形成的
情节等。赫顿是一个易冲动的、极具创造力的思想家。布莱克则
是不紧不慢的、爱挑剔的人。布莱克有一种批判的眼光，一副瘦削
而严峻的神情。赫顿的发际线很高，圆圆鼓起的前额充满了智慧，74
黑色的眼睛闪烁着幽默的光。布莱克被尊为二氧化碳的发现者，
是化学史上最伟大的人物之一。赫顿和布莱克是“牡蛎俱乐部”
的奠基者之一，他们每周都会有一个晚上出城和自己喜欢的伙伴们
一起聚会。俱乐部里还有亚当·斯密、戴维·休谟、约翰·普莱费
尔[2]、约翰·克拉克、罗伯特·亚当、亚当·弗格森，他们在城里的
时候，还会有詹姆斯·瓦特[3]和本杰明·富兰克林[4]等远远近近的
访客加入。富兰克林称这些人是“一群真正的伟人……是在任何时
代、任何国家都见不到的”。这一时期后来被叫作“苏格兰启蒙时
期”，但当时他们只被叫作“牡蛎俱乐部”。赫顿什么也不喝，却成

1 英国著名的化学家和物理学家。在化学方面的主要贡献是用天平研究化学作用的变化，从而创造出定量化学分析方法。

2 苏格兰科学家、数学家，爱丁堡大学自然哲学教授。他最著名的著作是于 1802 年出版的《关于赫顿地球论的说明》。该书是赫顿《地球的理论》一书的简写本，他用通俗的语言阐述了赫顿的理论，使赫顿的革命性地球观广为传播。

3 英国发明家，于 1776 年制造出第一台有实用价值的蒸汽机，开辟了人类利用能源的新时代。

4 美国物理学家，发明家，政治家。曾进行多项电学实验，发明了避雷针，最早提出电荷守恒定律，当选英国皇家学会院士。曾领导美国独立战争，担任美国第一位驻外大使，出使法国。

了一个名副其实的“杯子”——奖杯，充满热情地为朋友们的成就频频举杯。当瓦特来到镇上报告他的蒸汽机有了显著进步时，赫顿高兴极了，他那高兴的样子让人看着像是他自己在制造这东西。朋友们忙着他们的经济、建筑、艺术、数学和物理学，他们的海军战术和测距原理，赫顿则和他们分享他自己在绘制地球画面中的点滴进展。在未来的年代里，赫顿的地球画面将逐渐纠正人类世界中不正确的时间框架，就像哥白尼纠正了我们在宇宙中不正确的空间位置一样。

在赫顿之后的一个世纪，历史学家会注意到，“在哥白尼和伽利略的发现提出时，天主教中出现的科学和神学之间的直接敌对在新教中并不严重，然而，当地质学家开始对摩西描述的《创世记》提出质疑时，局势变化了”。敌对开始的日期是 1785 年 3 月 7 日，赫顿向英国皇家学会宣读了他的理论。他的演讲十有八九是这样开始的：“本论文的目的是对整个地球已经存在的时间做出一些估计。”当时的演讲或多或少有些即兴发挥，他的理论十年后才写成书发表，当然，篇幅也长了很多。在讲演时，皇家学会要求赫顿提交一份 3 月 7 日所宣读论文的摘要，这篇摘要在 1785 年 4 月 4 日完成。下面的引文就是来自这篇摘要。

75 我们有理由得出这样的结论：第一条，我们赖以生存的土地不是简单和原始的，而是一个组合物，是由次一级的原因所形成的。第二条，在现在的陆地形成之前，还存在着一个由海洋和陆地组成的世界，其中有潮汐和洋流，它们在海底的活动就像今天潮汐和洋流的活动一样。第三条，也就是最后一条，虽然现在的陆地是在海底形成的，但以前的陆地上同样生息着植物和动物……生活方式就像今天这样。因此，我们得出这样的结论：我们陆地的很大一部分，如果不是全部的话，是由地球上的自然活动所产生的；但是为了使这块陆地成为一个永久性机体，足以抗衡水的作用活动，有两件事是必须的：第一，把松软或分散的材料聚集起来，形成固结的物质；第二，把这些固结的物质从它们聚集的海底抬升到海平面以上它们现在停留的地方……

在发现由各种物质固结成的地层后，可以得出结论：地层基本上不是通过水溶液固结在一起的……

有理由推测，把各种不同的矿物物质带入熔融状态需要极大的能量，而这些能量可能同样会产生足够的膨胀力，使陆地从海底抬升到它现在所占据的海面之上的位置……

这样就形成了一个关于矿物体系的理论。在这个体系中，硬的和固态的物体是由软的物体变来的，由松软的或分散的材料在海底聚集而成；而海底将改变它的位置……转变成陆地……

地球上现在的陆地最初是在海底形成的，然后上升到海面之上。在确定了这个常规系统之后，自然就产生了一个关于时间的问题：完成这项伟大工作所需要的时间跨度有多大……

我们有理由得出以下结论：第一，形成现在出现的陆地需

> 要无限的时间；第二，为现在的材料提供来源的那些以前陆地的形成用了同样无限的时间；第三，那些目前在海底聚集的物
> 76 质是未来陆地的基础……

从 20 世纪的角度来看，詹姆斯·赫顿的这些著作使他成为现代地质学的奠基人。而对当时的赫顿来说，他提出了一套言之有理的重要理论，他不惜一切地同意向整个世界公开他的理论，他捅了马蜂窝。现在，他只好多做些额外的旅行，去检验自己是否正确。这就像实验物理学家们总有一天会通过观测日食的边缘去检验爱因斯坦的理论一样。当他最终写完他那本书时，他会在一个章节标题中表达这一切，他需要看到他的“理论在为阐明主题的观察中得到证实”。他去了加洛韦，他去了班夫郡，他去了索尔特科茨、斯凯尔莫里、兰博令桥，他还去了阿兰岛、马恩岛、福斯湾的英奇基斯岛。他的朋友约翰·克拉克有时也会跟他一起去，并且把吸引赫顿的那些地质现象画成线条图和水彩画。1968 年，约翰·克拉克的后代，约翰·克拉克 N 世（这里的 N 已经大到不能用罗马数字表示了）在他家的中洛锡安庄园发现了一个皮制文件夹，里面大约有 70 幅这样的画，在其中一些横剖面图中，可以看到有花岗岩的核心。赫顿认为花岗岩不是一种“原始的”岩石，而是在地下熔化后向上进入苏格兰的，侵入到已经存在的片岩中。在花岗岩中的这儿或那儿应该见到一些被裹挟的片岩碎块。的确见到了。“我们现在可以得出结论，”赫顿后来写道，“在没有实际看到花岗岩处于流体状态的情况下，我们已经证明了这一

事实的可能性；也就是说，证明了花岗岩被迫在地层之间以熔化的状态流动，地层被地下的力量破坏了，并以不同的方式和程度扭曲了。”

最需要证明的是赫顿那奇妙但又几乎无法理解的时间观念。在 4004+1785 年内，你几乎没有时间去形成本尼维斯山，更不用说直布罗陀海峡或威尔士穹顶了。赫顿看到穿过浅沼深泽的哈德良长城已经在诺森伯兰挺立了 1600 个冬天。它没发生什么大的变化。地质过程显然是缓慢的。要接纳他的理论，所需要的只是时 77
间，足够长的时间，时间的跨度让人难以想象。赫顿现在需要的是让岩石来说话，找一个形象的实例，一个足以让人屏息的深层时间观。苏格兰南部有一个叫“希斯特斯”的岩石组，总是和另一个叫“老红砂岩”的岩石组接邻。希斯特斯岩组已经被推挤弯了，老红砂岩基本上还是平坦的。如果能在某个地方看到这两个岩组扭曲交错，你就会不由自主地看到，在一个正在被破坏的世界下面躺着一个已经被破坏的世界的废墟，而在这片废墟下面还埋着另一个世界的废墟。赫顿断定，一定存在这种将来有一天被叫作“角度不整合”的地层关系。他走出家门，要去找一个。在一个到处长满帚石南、金雀花、蕨类、落叶松和松树的潮湿国度里，很难找到教科书式的暴露在外的岩石。正如赫顿后来所写的那样，言语间带着野外地质学家典型的叹息：“对一个博物学家来说，没有什么是无关紧要的；趴在石头上的低等苔藓和把山谷或山脉装饰得无比美丽的高大松树一样有趣；但对于一个正在从岩石的面上解读昔日世界历史的博物学家来说，这片苔藓遮住了他的视线，使不同种类的石头变得难以辨认，这是一件非常令人惋惜的事。”不过，赫顿的坚持不懈远胜过那些令人烦恼的植被。在边界小镇杰德堡附近，他发现了他的第一个清楚地展示了角度不整合的实例。他在拜访一位朋友的时候在这个地区闲逛，走到一条小河旁，见到河道岩壁上的平坦砂岩已经在高水位时被冲刷裸露出来了，在平坦砂岩的下面，是笔直地站立着的希斯特斯片岩。他的朋友约翰·克拉克后来去帮赫顿画下了这个剖面，描绘了这三个世界清晰的连接：最古老的世界在底部，它的残骸向上翘起；中间的世界是平坦而坚硬的砂岩；最年轻的世界是一道亮丽的风景，有树，有篱笆，河岸的路上跑着一辆四轮敞篷马车，车夫扬鞭策马，匆匆赶路。“我很快就对这一现象感到满意，”赫顿后来写道，“我庆幸自己的好运，竟意外地发现了这个对认识地球自然史如此有意义的露头，这可真是踏破铁鞋无觅处，得来全不费工夫。”

对地球自然史来说，这个剖面的意义在于，这两个不整合的岩
78 石组，这两个不同世代的历史，它们所代表的所有时间像是一架梯子上无数梯阶中两个相邻的梯阶。在那个认为世界只有 6000 年历史的年代，在那个把 6000 年作为时间框架最外沿的社会，赫顿不可能知道那个分开了两个岩石组的界线上浓缩了 7000 万年的时间，而且在每一个岩石组的故事里还都蕴藏着好多百万年的时间。但是，赫顿感觉到了这些，感觉到了令人震撼的真理，当他站在那里凝视着河岸剖面时，他在为全人类领悟着真理。

为了证实他所观察到的情况，并让更多的人去见证，第二年春天，他搞了一条船，和约翰·普莱费尔以及来自邓格拉斯的年轻

人詹姆斯·霍尔[1]一起，沿着贝里克郡的海岸航行。赫顿按照区域地质情况推测，当他们到了拉默穆尔山的峭壁尽头附近时，会看到同样的地层接触关系。果然，他们在一个叫作西卡角的岬角看到，那里下面的地层已经翘起来，成了垂直的柱子，老红砂岩就盖在上面，像一张饱经风霜的桌子面。当赫顿最终描述这个景象时，他的笔触既欢畅又简洁，说这是“一幅美丽的图画……被海水冲刷得赤裸裸的”。普莱费尔则抒情地写道：

> 对我们这些第一次看到这些现象的人来说，所得到的印象是不会轻易被遗忘的。最真实的证据就摆在我们面前。这是地球自然史上最不寻常和最重要的事实之一，为那些理论推测提供了现实和实质性的依据。那些理论推测不管可能性有多么大，在此之前并没有被感官的见证直接证实。我们扪心自问，在这些不同的岩石组中和分隔这两个岩石组的漫长时间间断中，我们能获得哪些清楚的证据呢？我们果真看到这些岩石从深海的怀抱中浮现出来了吗？我们觉得自己必须要回到我们脚下的希斯特斯岩层还在海底的时候，回到我们面前的砂岩刚刚开始以泥砂的形式从海水中沉积下来的时候。那是一个很遥远的时代，那
> 时，即使是这里最古老的岩石也不是竖直地站立着，而是平平 79
> 地躺在海底，还没有被那种不可估量的力量所扰乱，那种力量

1　苏格兰地质学家、地球物理学家。他在赫顿带领下参观了西卡角的不整合后，针对花岗岩、玄武岩和石灰岩开展了一系列实验，不仅对赫顿理论提供了有力的支持，而且他本人也成为实验岩石学的先驱。

已经把地球的坚实地壳毁坏成碎片。更遥远的革命显现在这幅非凡画面的远方。凝视着幽远的时间深邃处，我的脑子似乎越来越晕眩。

赫顿曾告诉英国皇家学会，他的目的是“对整个地球存在的时间做出一些估计”，但是，在看了杰德堡和西卡角之后，给出了什么样的估计呢？“我们居住的世界是由物质组成的，这些物质不是现在的直接前身那个地球的物质，这些物质来自在陆地存在之前的那个地球，而那个陆地在我们的陆地尚处于大洋水下时就已经上升到海平面之上了，”他写道，“这里有三个不同的接续存在的时期，按照我们的时间测量，每一个时期的持续时间都是无限长的。……因此，这一实际调查的结果是，我们看不到地球时间开始的任何痕迹，也看不到它将要结束的任何可能。”

6

古老的红砂岩是由向南流入大海的河流沉积而成的，这一海
相地层堆积在一片今天被叫作“德文郡”的地方。通过古老的红
砂岩的沉积构造不仅可以推断出河流的大小、速度和流向，以及
它们河心洲、坡度和弯度，而且几乎还可以在里面看到砾石滩、
边滩、河床上的波痕、迁移的河道和由砂子堆成的大沙丘。这些
河流一泻千里，汇入俄罗斯的大海。正是在德文郡的这些岩石
中，地质学家在 18 世纪 30 年代发现了杯状珊瑚，这是一种动物
骨骼化石，形状像聚宝盆。这种化石和以前发现的珊瑚不属同一
时代。以前发现的珊瑚显然不如这些珊瑚更为进化，他们也发现
过进化程度更高的珊瑚。不太进化的珊瑚是在老红砂岩底下的
岩层中被发现的，而进化程度更高的珊瑚是在老红砂岩上面的
岩层中发现的。因此，可以正确地推断，英国北部的老红砂岩和
德文郡的海相石灰岩具有相同的年代。从此以后，在世界上任何 80
地方，无论是艾奥瓦市中心、内华达州的佩库普峰，还是宾夕法
尼亚州的斯特劳斯堡、俄亥俄州的桑达斯基，任何地方跟它同一
时代的岩石都会被叫作“德文的岩石”（Devonian）（中文译名是

“泥盆系”[1]）。这是对这些岩石年代的一个命名，当然他们当时并不知道这个年代的跨度是 4600 万年。他们那时候还没办法测定所讨论的时间。他们也不知道，那段 4600 万年长的时期已经在 3 亿多年前结束了。他们所拥有的只是新的、不断扩展的领悟能力，他们对时间量化的处理能力已经超过了他们的理解力。泥盆纪的时间跨度是距今 4.08 亿年到 3.62 亿年前。

地质学家不需要长时间地观察欧洲的煤层，无论是儒尔的煤，还是泰恩的煤，就能断定这些煤层是同一个年代的，把这个年代叫作“石炭纪”。煤层和相关地层都在老红砂岩的顶部。因此，按照时间顺序，石炭纪（后来在美国被分为密西西比纪和宾夕法尼亚纪）在泥盆纪之后，正如科学最终确定的那样，是紧接着的 7200 万年，从 3.62 亿年前到 2.9 亿年前。

地质学家们用地质锤敲打着岩石，观察着其中化石组合和动物群的接替，他们就是用这种方法在 19 世纪的前 80 年中建立了他们的地质年代表。它的基础就是生命史的不可逆性。这一跨世纪工作既预言了达尔文所见，又证实了达尔文所说。在根据珊瑚变化来定义泥盆纪的时候，达尔文还是个无名小卒，他乘坐的“贝格尔”号刚刚出港不久，再有 20 年他才动手写《物种起源》。这个时候，地质学家们正在野外忙着进行地层对比，在有些地方能读到的岩石记录比生命记录还要少。那里的岩石已经经过循环，

1 把 Devonian 译为“泥盆纪”是明治维新之前日本学者的汉字译名。其他“纪”一级地层年代的中文名称多是这样，只有“奥陶纪”（Ordovician）是由我国学者章鸿钊和翁文灏于 1916 年音译的。

更新换代。这让一个时代的砂岩没办法和另一个时代的砂岩区分开，但生命演化并不是循环发生的。地质学家正是通过化石的古老性弄清了那些含化石岩层的相对年龄。有些生物比其他生物更有鉴别意义。例如，牡蛎和鲎对年代鉴别只有辅助作用。牡蛎在三叠纪已经出现，而鲎从寒武纪就出现了。它们都演化得很缓慢，显然都在生物灭绝中幸免于难。另一方面，有些生物出现得很突
然，演化得很快，变得既数量丰富，又分布广泛，然后突然灭绝或 81
消亡。地质学家把它们推崇为“标志化石”，并且研究它们的组合。经验证明，确定岩石相对年龄的最可靠方法不是使用单一生物，而是把地层的序列和其中所含生物的整个集合联系起来，仔细比较生物的新生和灭绝情况，这种艰苦的比较有助于精确地定义地层的年龄跨度和年龄界限。

想象一下，在埃德加·多克托罗[1]写的一本小说里，阿尔弗雷德·丁尼生、威廉·特威德、艾布纳·达布勒德依、吉姆·布里杰和玛莎·简·康奈怡围坐在一起，享用着卢瑟福·B. 海斯准备的晚餐。地质学家把他们看成一个“化石组合”。而且，即便没有多克托罗的进一步帮助，地质学家也可以很快确定，这顿晚餐一定是在 19 世纪 70 年代中期举行的。其实，任何其他人都可以得出同样的推断，因为康奈怡在 70 年代开始的时候是 18 岁，而特威德在 1878 年就死了，其他人的生平和这一年代框框也不矛盾。在不

1 美国当代作家，被誉为“20 世纪下半叶美国最富才华、最具创新精神且最受仰慕的作家之一”。

断改进中，地质学家用他们的化石组合把岩石地层划分成系、统和阶，把它们形成的年代划分成代、纪和世。多克托罗只是在小说里写了六个人共进晚餐，而地质学家们需要把一套地层里的成百上千个物种组合起来，这些物种来自食物链的各个环节，他们按照几乎确定的相对年龄把不同物种的起源历史一个个排列起来。

一些时间线比其他时间线更突出一些，但没有什么能比无比丰富的大化石在世界上首次出现所代表的时间线更突出了。它标志着生命的一次突然性大爆发，所有主要的门类都已经或早或晚地同时发展起来，而生命爆发获得的骨骼、外壳、牙齿和其他坚硬的器官，使它们的个体能够在将来被发现和报道。由于保存这些早期化石的岩石最初是在哈莱奇穹丘和邻近的威尔士地体上被研究的，地质学家用威尔士的罗马名字把它命名为“寒武纪”（Cambrian）。然后，他们又用一个威尔士部落的名字命名了“志留纪”（Silurian），这个部落曾经顽强地公然反抗罗马人。经过几年和更多的比较研究，一场关于寒武纪—志留纪界线的争论爆发了。这是一场旷日持久的科学战争，寒武纪的势力试图把他们的界线
82 标志推进到更年轻的地层中，而志留纪的支持者则试图把这个界线推回去。有争议的时间段变成了一种停火区。友谊破裂了。对峙持续了几十年后，一些天才的科学外交家提出，这个有争议的时间段本身拥有足够的特质，可以给它一个独立的“纪”的地位，并且给它起了一个恰当的名字，叫“奥陶纪”（Ordovician），这是为了纪念另一个倔强的威尔士交战部落。在时间序列中有足够的空间去容纳这个慷慨行为，所有三个“纪”都有足够长的时间。寒武纪

在距今5.44亿年到4.9亿年前，奥陶纪在距今4.9亿年到4.39亿年前，志留纪在距今4.39亿年到4.08亿年前。

一位英国地质学家去了俄罗斯，在乌拉尔山上工作了一两个季节后，又在帕尔姆州高地上命名了另一个年代“纪”和岩石“系”，这就是“二叠纪”和“二叠系”。帕尔姆州有不少岩层都有自己的化石故事，而它们都直接覆盖在石炭系上，就像宾夕法尼亚州或科罗拉多大峡谷周边那样。二叠纪的化石组合特征非常独特，不仅它们演化的形貌不同，而且它们在更高、更年轻的地层中大量缺失。显然有一股死亡的浪潮，使成千上万的物种从世界上消失了。没有人能解释清究竟发生了什么，至少没有能让大家满意的解释。浅海的急剧退却可能破坏了无数的环境。原因可能来自地球以外，源于地球附近一颗超新星死亡时发出的致命辐射。死亡浪潮发生在距今2.501亿年前，在那之前很久，西伯利亚爆发了玄武岩流，炽热的熔岩迅速覆盖了约150万平方公里。二氧化碳排放量的激增导致了短暂、强烈的温室效应，阻止了海洋的上升洋流和带来的营养增长。所有这些假说都没有获得足够的赞同，没办法被当作一个完整的理论来阐述。但是，不管是什么原因，没有人反对至少有一半的鱼类和无脊椎动物以及四分之三的两栖动物从世界上消失了，或者说，所有海洋动物物种的96%消失了。这就是大家熟知的“二叠纪大灭绝”。

这是一次大规模的灭绝，它的规模在后来的历史上只有一次
接近它，或者更严谨地说，在今天之前只有一次。寒武纪开始时的 83
生物起点线和二叠纪末的生物灭绝时刻是反向平行对应的，这两

个时间点之间的整个时间跨度在地质历史上被叫作“古生代”。它是纵向地质年代表里的一个单元，远低于年代表的顶面，更远高于年代表的底部，只是挂在那里，悬浮在无形的时间远洋里。古生代在距今 544 百万年到 250 百万年前，是地球历史的十五分之一。寒武纪、奥陶纪、志留纪、泥盆纪、密西西比纪、宾夕法尼亚纪、二叠纪；在我 17 岁的时候，为了便于记忆，方便抓住这些消失的世界，我习惯把这些词折叠起来，只留出字头“cosdmpp”。这个自造的单词告诉我“纪”的顺序，“系”的顺序。不仅如此，它还能写在手心里。

莱伊尔、居维叶、康尼贝尔、菲利普斯、冯·阿尔贝蒂、冯·洪堡、德斯诺耶斯、德哈洛伊、塞奇威克、莫企逊、拉普沃斯、史密斯（威廉·“地层”·史密斯）：这些地质学家们发展了赫顿的见解，建立了这个地质年代表，并且把他们的名字铭刻在科学发展史上，这种重大进步在一百年内都不会重复出现，直到出现了另一个长度能跟它相匹配的名册：海斯、海岑、麦肯齐、摩根、威尔逊、马修斯、瓦因、帕克、赛克斯、尤因、勒皮雄、科克斯、梅纳德，这些科学家们将会对板块构造革命产生重大影响。在紧靠古生代地层顶上的岩石中，几乎所有二叠纪的生命都没有重现。在德国，这些岩层的典型特征是包含三组不同的地层，有砂岩、石灰岩和泥灰质页岩。它们像一面有条带花纹的旗子一样，穿过黑森林和莱茵河谷，它们有一个形象的名字，“三叠纪”，时间跨度是 4200 万年。三叠纪是中生代最早的一个纪，有两种爬行动物从二叠纪大灭绝中幸存下来，开始显示出前所未有的增长形势。这

将会持续 1.5 亿年，从侏罗纪到白垩纪末期，当恐龙这些“可怕的
巨蜥”濒临消失时，它们的体形大到了极点，一直到后来的始新
世出现鲸鱼以后才被超越。瑞士和法国孔泰都坐落在西部克拉通
上，那里有一条山势平缓的侏罗山，欧洲地质学家们研究了侏罗山
出露的巨厚层灰岩，把那里产出的丰富化石和世界上其他地方的
类似化石组合联系起来，叫它们“侏罗系”，相应的时代叫“侏罗
纪”。侏罗纪出现了一种原始鸟类。它长着有爪子的翅膀，有牙齿的
喙，还有一条长出了羽毛的爬行动物的长尾巴。它作为一个飞行者 84
的完整表现就是爬上树去，再张开翅膀，跳向远处。

物理学家、化学家和数学家们都向地质学家们很有礼貌地、温和地提出建议，说地质年表看起来有点陈旧了，如果要直说的话，看起来是过时了。他们这样建议是因为他们注意到，年代表上的所有命名都不一致，有的时间段是用山脉命名的，有的是用野蛮部落命名的，还有的是用这里的一个国家名、那里的一个县名、乌拉尔的一个州名来命名的。他们建议，用一个简单明了的数字系统或许能更好地为地质学服务。一般来说，地质学家对这个建议的反应是，他们大体上觉得，在地质年表的术语系统和数字系统之间存在的桥梁是很容易跨越的。1822 年，一位大陆地质学家为在多佛的白色悬崖、肯特和苏塞克斯的丘陵、科尼亚克和尚帕涅地区出露的白垩起了个名字，代表了一个跨 8000 万年的纪。同一时代的地层分布在荷兰、瑞典、丹麦、德国和波兰。他把这些地区合起来，起名叫“白垩地体”（Le Terrain Crétacé）。如果这个地体的名字还说得过去的话，他本人的名字简直让人读得神魂颠

倒。他就是奥马利达鲁瓦（J. J. d'Omalius d'Halloy）。三叠纪，侏罗纪，白垩纪。当白垩纪结束时，大型海洋爬行动物消失了，会飞的爬行动物、恐龙、蛤蜊和许多鱼类也消失了，更不用提海洋里无数被彻底消灭或急剧减少的较小物种了。在地质年代的同一时刻，大量玄武岩流从现今的德干高原下面的地幔中喷涌出来，迅速覆盖了印度至少100万平方公里的区域，有效地阻止了海洋的上升洋流。海洋一旦没有了洋流，就会杀死浮游植物，这些浮游植物都是在有洋流混合的海里繁衍生息的。一旦打破食物链，断口部位以上的较高等生物就会死去，而浮游植物恰恰在食物链的底部。漂移的大陆聚集在北冰洋周围，可能使北冰洋在白垩纪时一直是个最大的湖泊。当北大西洋张开到足以让北冰洋的水涌入南部海洋时，其中的生命会遭受冷水渗透压的冲击。海平面的剧烈波动——也可能跟大陆分裂有关——可能导致了气温和海洋环流的变化，这足以打破食物链。1979年底，伯克利劳伦斯放射性实验室的一个小组发表了一篇论文，他们提出，这场灾难是一个阿波罗型小行星跟地球碰撞的结果。这个小组中包括诺贝尔奖获得者、物
85 理学家路易斯·阿尔瓦雷兹和他的儿子沃尔特，一位地质学家。阿波罗型小行星是横穿地球轨道的小行星，它的直径至少有一公里。这些小行星曾在水星、火星、月球以及地球表面留下了不少坑坑洼洼，但这里的大部分证据都被侵蚀作用搞得模糊不清。像一般的陨石一样，阿波罗型小行星可能含有铱和其他类似铂的金属，这些金属的含量至少是地壳中相同金属含量的一千倍。伯克利大学的研究人员在意大利、丹麦、新西兰这些在世界上相隔很远的地

区都发现了一层很薄的沉积层，通常只有一厘米厚，其中含有超常浓度的铱。在那条清晰的界线下面有丰富的白垩纪化石，而在界线上面它们全消失了。这条界线精确地标志着白垩纪时代的结束。伯克利的计算表明，一颗直径约 10 公里的小行星以百万亿吨级的力量撞击地球，形成了一个 160 公里宽的陨石坑。这一幕说不定明天下午就会重演，因为有好几百颗很大的小行星在威胁着地球的轨道。这次撞击可能形成了一个大蘑菇云，其中包含了大约三万立方公里的小行星和陆壳物质的粉尘，其中一部分物质会进入平流层并迅速扩散到全球，使阳光不能到达陆地和海洋，从而抑制光合作用。伯克利假说发表十年后，埋在尤卡坦半岛水下五百米深处的奇克苏鲁布陨石坑被发现。奇克苏鲁布陨石坑有 177 公里宽，显然是阿波罗型小行星撞击产生的。1883 年 8 月 26 日和 27 日，巽他海峡的喀拉喀托岛发生剧烈爆炸，向空中抛射出不到 20 立方公里的物质，但几天之内，灰尘就笼罩了整个地球，白天变得一片昏暗。在那以后两年半的时间里，每天都能看到异常灿烂的晚霞。在詹姆斯·赫顿 15 岁时去世的埃德蒙·哈雷曾经写过一篇论文，指出上帝发动诺亚大洪水的方式是指挥一颗大彗星撞击地球。不管是什么原因造成的，白垩纪大灭绝称得上是地球历史上最可怕的两次生命大灭绝之一。另一次是在它之前的二叠纪大灭绝，这次大灭绝拉开了中生代大幕。可以说，中生代是一个从死亡开始到死亡结束的时代，而中生代本身却充满了勃勃生机。 86

为了确立我们人类在时间序列中的位置，我们显然对那些已经消失和濒临灭绝的物种欠了一笔不可估量的债，如果神鹫、北美狐、人类、黑足鼬和三趾树懒依次排列在走向下一个大灭绝队伍的最前面，那么，没有什么比平静地接受这个序列更令人沮丧的了。负鼠可能出现于白垩纪，一些蛤蜊可能出现于泥盆纪，牡蛎则出现于三叠纪，但是对于海洋中所有的各种牡蛎来说，似乎每个时期都有一个物种永远消失了。如果你是一只负鼠，那你存在于地球上的时间可能比上帝还长。新生代是在白垩纪大灭绝之后一直延续到现在的这段时间。19 世纪 30 年代，人们根据存活到现在的软体动物物种的百分比把新生代做了细分。例如，从 3500 万年前结束的“始新世”（Eocene）开始，大约有 3.5% 的软体动物物种幸存到今天。始新世的意思是“近代的黎明”。第一匹马出现在始新世，它看起来像一只玩具牧羊犬，只有三个拳头那么高。从中新世（Miocene，意思是“近代物种的数量中等”）开始，大约 15% 的软体动物物种存活下来；从上新世（Pliocene，意思是“近代物种的数量增多”）开始，这一数字接近 50%。就生物而言，软体动物是特别坚忍的物种。随着大草原变成冻土带，冰从北部向南扩展，很多哺乳动物在上新世都减少了。从更新世（Pleistocene，意思是“近代物种的数量最多”）开始，90% 以上的软体动物都还活着。更新世在传统上被定义为四大冰川脉动期，跨度有 100 万年，先后形成了内布拉斯加期冰川、堪萨期冰川、伊利诺伊期冰川和威斯康星期冰川。按照现在的认识，它们是在相对较近时代里出现的很多冰川脉动期中的最后一次，它可能开始于中新世，而在更新世冰原时期达到高潮。新生代中“世”的名字是由查尔斯·莱伊尔提出的，在 19 世纪大部分时间里，他的《地质学原理》都是标准的教科书。为了解决其他一些问题，在“世”的序列中又插入了渐新世（Oligocene，意思是“只有一点近代物种”），而古新世（Paleocene，“古老的近代”）是切下来的最开始的那段时间。这样，有了古新世、始新世、渐新世、中新世、上新世、更新世，距今6500万年到1万年。新生代的“世”在时间上要短得多，每个“世”持续的时间从2100万年到近200万年不等，这是由于地球上新生代世界的遗存太多了。

抛开地质内容不说，我想我不知道有哪一部文学作品比约瑟 87
夫·康拉德[1]的更让我喜欢了，他开头就说：“沿河上溯，就像回到了世界最早的时候，那时地球上植被繁茂，大树成了国王。”片刻，他又说：“这平静的生活一点也不像是一种宁静。这种平静是一股无情的力量在沉思着一个难以预测的意图。它用复仇的眼光看着你。后来我习惯了，我再也没有看到它，我没有时间。我不得不在河道中不停地猜测，我不得不靠灵感去辨别隐蔽堤岸的种种迹象，我密切注视着水下的石头。”他是在做比喻，说他像回到了石炭纪，那时植被十分茂盛。但那时根本算不上是世界的开始。陆地上最早出现植物是在志留纪。从奥陶纪到寒武纪，自始至终都没有陆地植被。在寒武纪之前，是相当于每一个人的学龄前七年那样的时光。从世界最早开始到那时已经过去了40亿年。几乎没有化石留存，最初只有克拉通的核心，有大陆地盾的岩石，有月球表面的岩石，还有威特沃特斯兰德的珊瑚礁。那时的一些岩石后来

1　英国现代主义小说的先驱，被誉为英国现代八大作家之一。

将成为阿迪朗达克山脉、风河山山顶、西沃德半岛、曼哈顿岛。但是，过去人们对地球这八分之七的历史知道得太少了，以至于在一部有代表性的重达 1 千克的地质学教科书中，只有 14 页是关于前寒武纪的。前寒武纪吸引了具有非凡想象力的地质学家，他们在褶皱的片岩中看到了山系。铀—铅、铷—锶和钾—氩放射性定年技术帮助他们识别出克诺兰造山带、哈得逊造山带、格林维尔造山带，以及阿菲布纪、哈德瑞纪、古海利克世。他们把地球生命的前 20 亿年划分出来，叫作“太古宙”。在太古宙中期，光合作用开始了。在前寒武纪很晚的时期，在海利克纪或者哈德瑞纪的某个时刻，出现了喜氧生命。在美国没有比怀俄明州塞莫波利斯的泉华灰岩更年轻的岩石了。在离它只有 32 公里的风河峡谷顶部，出露了年龄为 27 亿年的大陆陆核。前寒武纪涵盖了距今 45.6 亿年到 5.44 亿年的漫长时代[1]。

地质年代表的另一头是全新世（Holocene），是过去这一万
88 年，也被叫作“近代”。那时，克罗马农人[2]在融化的冰川旁沉思着。18 世纪地质学的“原始纪”和“第二纪”早就从地质学术语中消失了，但奇怪的是，“第三纪”竟然保留下来了。这个术语使用得很普遍，几乎涵盖了所有新生代，从白垩纪大灭绝直到上新世

1 前寒武纪指寒武纪之前的地质时期，在 19 世纪末按照从新到老的次序被划分为“元古代”和“太古代”，在 20 世纪 80 年代改称“元古宙”和“太古宙”，并把 46 亿年前地球形成之初至 40 亿年前的地球天文时期称为“冥古宙”。

2 指 1868 年在法国克罗马农石窟里发现的古人类化石，是现代人的祖先分布在欧洲的一支，通常称作晚期智人。

末期。随后，是时间相对较短的更新世和全新世，合在一起叫“第四纪”。冰川留下的冰碛是第四纪的，它们是盆岭省最上层的盆地填充物。在更新世的某个时刻，人类越过了地质学家兼神学家皮埃尔·泰哈德·德·夏尔丹[1]所说的“反思起点”，当人类的某些东西“出现自行反思时，可以说是一个无限的飞跃。从外观上看，器官几乎没有任何变化。但是在意识深处，一场伟大的革命发生了：意识现在在一个超感觉关系和表现的空间里跳跃和沸腾；同时，意识能够在它能力的集中单一化过程中感知自己。而这一切都是第一次发生”。另一类“修道士”——那些环境运动的传道者——经常会从地质时间尺度来看待这一伟大的“飞跃”，并说，我们的反思能力对地球母亲非常重要。例如，“地球之友”的创始人、塞拉俱乐部的荣誉英雄戴维·布劳尔[2]不知疲倦地周游美国，宣传自己称之为“布道”的内容。在每一次演讲中，他或早或晚地都会把听众带进他的思路。他把地球45亿年的历史比作《创世记》的六天。这样一来，一天就差不多相当于七亿五千万年。他说：“星期一的一整天直到星期二的中午，上帝都在忙着让地球运转。”生命是从星期二中午开始出现的，在接下来的四天里，“它美丽的、有机的整体性”得到了发展。“周六下午四点，大型爬行动物出来

1 法国基督教哲学家、古生物学家，中文名叫“德日进”，从1923年起，多次来中国参加考察，1929年参加过周口店中国猿人头盖骨的研究工作。他在研究宇宙演化和人类起源问题时指出，人的出现是演化达到自我意识的表现。

2 美国知名的环保主义者，1969年创办“地球之友”，1982年创办“地球岛研究所”，致力于节约、保护和恢复人类赖以生存的生态系统。

了。五个小时以后，当红杉林出现时，再也没有大的爬行动物了。
午夜前三分钟，人类出现了。午夜前四分之一秒，基督降临了。午
夜前四十分之一秒，工业革命开始了。我们周围都是这样的人，他
们认为我们在那四十分之一秒里所做的事情可以毫无限制地继续
89 做下去。他们认为这很正常，但是，他们完全错了，彻头彻尾地错
了。”布劳尔举着一张地球的照片——蓝色，绿色，带着白色的漩
涡。“这是‘阿波罗’的意外发现，”他说，“就是这个。这就是全
部。我们透过宇航员的眼睛看到，我们的生命是多么脆弱。”布劳
尔计算出，我们正在迅速地消耗着地球的资源，好像坐在一辆汽
车里，以每小时 206 公里的速度疯跑，他说，我们还在加速。

类似的，地质学家有时会用日历的一年去比拟地质年代的时间单位，这样，前寒武纪从元旦一直延续到万圣节之后。恐龙出现在 12 月中旬，并在圣诞节的第二天消失了。最后一片冰盖在 12 月 31 日午夜前的一分钟融化了，而罗马帝国持续了五秒。再次平伸开你的双臂，如果这个长度代表地球上所有的时间，看着你一只手上的生命线。寒武纪从手腕开始延伸，二叠纪大灭绝发生在手掌的指根处。新生代所有时间都在一条指纹里，如果用中等细度的指甲锉把你的指甲锉一下，你会把人类整个历史锉掉。地质学家习惯了地质尺度。就个人而言，他们或许警觉到，也许还没有警觉到，他们所发现的矿产资源正在被过度开发，但是，他们会像环保主义者一样用这些重复的类比去让人们正确地看待人类的历史，要看到，过去的几千年，人类的反思时代，那只是无尽时间隧道尽头的一个小亮点。他们常常把人类在地球上的存在比作是从太空其

他地方来的短暂访问，它那闪光的、易爆性特点不仅包括20世纪人口的激增，而且包括地球上人们住宅的激增。人口爆炸是一次引爆，和原子核爆炸差不多，爆炸会产生接续的中子世代，一代接一代地传承，每一代只需要一亿分之一秒，温度会上升到几百万摄氏度，剥离原子，直到裸露的原子核在电子的海洋中游荡，压力累积到一亿个大气压，电子核以每小时805公里的速度膨胀，膨胀的方式在宇宙中是独一无二的，除非宇宙中还有其他生物在制造核弹。

在更新世某个阳光明媚的日子里，人类的意识可能已经开始跳跃和沸腾，但总的来说，人类保留了他的动物时间感的本质。人类能够思考五代人的事，包括前面两代和后面两代，但对中间这 90
代，也就是他本身这代，思考得最多。这可能是悲剧，也可能是别无选择。人类的大脑可能还没有演化到能够理解深层时间的程度，可能只会测量它。至少，这是地质学家有时在思考的问题，他们把这些问题告诉了我。他们想知道人类在多大程度上真正感受到了百万年的时间流逝。他们想知道人类在多大程度上可以理解一组事实，并以感觉的方式携带着去超越理解能力的极限，进入永恒。原始的压抑会在中途进行阻碍。在地质时间尺度上，人类的一生变得极为短促，没时间去思考。大脑会阻塞信息。地质学家们总在和深时打交道，发现信息会渗透到人类生命中，并以各种方式影响他们。他们看地球上一个演化中的物种以不可思议的速度学会踏入某个热带岛屿的淤泥，学会乘坐波音747飞向天空。他们看到一条很薄的条带，那是几乎不可分辨的薄层，有克罗马农人、摩西、达·芬奇和现在的大活人。他们正看到一个没有意识到自己具有瞬时性的物种，他们能流畅地历数所有已经来过的和消失的物种，为的是警示那些专门从事让自己灭亡的物种。

在地质学家自己生活中，时间最不起眼的影响是，他们用两种语言思考，在两种时间尺度上做事。

“你不太关心文明。我有一半对文明感到不安。另一半还好。我耸耸肩想了想，那么，就让蟑螂来接手吧。”

“通常，哺乳动物这个物种会延续两百万年。我们的期限快到了。每当人类学家路易斯·李基发现了什么更老的物种，我都会说：‘哎呀！我们活不了几天啦。’我们可能将会把‘地球上优势物种’的位置让给另一个群体。我们应该学得聪明点，这个位置可不能让出去啊。”

“地质时间的概念中有一条很重要，尤其对那些没学过地质学的人来说，是一条非常重要的启示：地质过程中一个很小的变化，即使每年只移动几厘米，持续多年后，会产生惊人的结果，让地球发生巨变。”

“一百万年是很短的一段时间，对于解决大多数问题来说，这是所需要的最短时间。现在，把你的思想调整到行星的时间尺度。对我来说，这几乎是想都不用想就能做到的，这是我和地球的友谊使然。”

91 “那些山出现了，又被削顶了，然后又向东逆冲了，最终，运动停止了。这些都没用很长时间。所有这些过程可能只用了一千万年，对一个地质学家来说，这简直太快了！”

“如果你能把自己从对一个数量的传统感觉中解放出来，比如说‘一百万年’，那么，你就能把自己从人类的时间期限中解脱出来一点儿。这样，在某种意义上说，你可能从来就没活过，但在另外一种意义上说，你会永远活着。”

7

有人想去浓缩深时。有这样一些说法，比如，说抬升盆岭省那些山脉的断层 800 万年前“才”开始活动；中新世晚期“只不过是”在 800 万年前。落基山脉在 7000 万年前形成，阿巴拉契亚山脉在 4 亿年前褶皱，但这些说法都不能让 800 万年变得短暂。要避免用这样的方式去浓缩深时，这是在给本来已经模糊不清的世界再罩上一层面纱。白垩纪的 8000 万年，泥盆纪的 4600 万年，这些“纪”的时间都够长的了，每一个纪都已经在内部划分出了不同层次的时间间隔，结构复杂，命名精细。我不想去复制这个令人惊讶的名单，而只是想展示一下它的乏味。所谓的“阶”和“期”是“统”和“世”的次级单位，它们的名字读起来就像亚美尼亚某个地区议会在点名。由下向上是，巴利阿斯期、凡兰吟期、欧特里夫期、巴列姆期、贝多尔期、加尔加斯期、阿普蒂世、阿尔布期、西诺曼期、土伦期、康纳克期、桑顿期、康潘期和马斯特里克特期，这些是白垩纪时代大厦内分隔的小屋。实际上，白垩纪被划分得比这个还细，现在有大约 50 条清晰的地层年代界线，对它 8000 万年历史进行了一级又一级的划分。三叠纪由赛特期、安尼西期、拉丁期、卡尼期、诺利期和瑞替期组成，平均每期 800 万年。在瑞
92 替期幸存下来的生物进了里阿斯世，它紧随在三叠纪之后，是侏

罗纪的早期。此外还有很多名字：卡赞期、库维期、科帕尼期、启莫里期、特马豆克期、杜内期、鞑靼期、蒂芬尼期……地质学家有时候也不用这些名字，而去使用让你难以琢磨的简单术语。举个典型的例子，如果在3亿4127万年前一个洪水频发的夏天发生了一个地质事件，他们会说是发生在“晚—中密西西比世早期”。说“中密西西比世”可能也行，但“中密西西比世”有好几百万年，那显然会感觉自己说得太不精确了。说时间的时候总是用“晚”和“早”，说岩石地层的时候总是用“上”和“下”。“上泥盆统”和“下侏罗统”是用岩石表达的一个时间片段。

在中密西西比世，有一个叫“梅拉梅克”的时期，大约有800万年。正是在梅拉梅克时期，内华达州卡林峡谷角度不整合面底下的通卡岩组沿着一个岛屿的海岸沉积下来。酒红色的砂岩和其中的鹅卵石可能曾经是沙滩上的砂子和鹅卵石。这个岛的面积显然很大，屹立在北美洲海岸外，很像现在的中国台湾依偎在大陆的海岸边。在有沼泽的地方，到处都是笨乎乎的两栖动物，从外观看，它们一点也不像会演化成人类。它们依靠又短又粗的腿挣扎着前进。分隔梅拉梅克岛和北美洲大陆的海峡约有640公里宽，里面生活着总鳍鱼类，从中演化出了两栖动物。海峡中还生活着被称为“贝壳粉碎机”的翼柱头鲨、角珊瑚、大片大片的海百合。螺旋形的苔藓虫看起来像螺丝钉。海峡温暖，靠近赤道。赤道穿过现在的圣迭戈，向北穿过科罗拉多州和内布拉斯加州，再穿过苏必利尔湖的位置。这个湖是在近3.4亿年之后才会形成。如果是在梅拉梅克时期，你沿着现在80号州际公路经过的地方一路向东，你会在怀俄明州边界附近登上北美洲的海岸，漫步在一片红色的海滩上。地势慢慢地增高，你在穿过生长在红土地上的赤道蕨类森林后，会到达拉勒米附近的一个高点，从那里开始，你进入低矮的山丘，走过一段又长又缓的下坡路后，到达内布拉斯加州的大岛，来到一个海湾。对面的海岸在东面640公里处，就是今天密西西比河所在的
93 位置，海岸边是低矮潮湿的平坦海滨平原，到处长满了蕨和树蕨，伊利诺伊州、印第安纳州和俄亥俄州都在这块平原上。走到俄亥俄州中间，你会来到第二个地表海，对岸在宾夕法尼亚州中部。在新泽西州，你开始爬山，山越来越高，山顶被冰雪环绕，和今天的肯尼亚山没什么不同，和现在的新几内亚和厄瓜多尔的山峰也很像。它们是分布在赤道热带地区的雪原和冰川。今天乔治·华盛顿大桥的位置已经处于相当高的海拔高度，站在高处，你会看到，眼前群山巍峨，远处重峦叠嶂。这个山的王国就是未来的非洲。

如果你在一百万年后再回到内华达州，这时仍然在梅拉梅克时期内，沿途几乎没有什么能注意到的变化。西海岸向东移动了一点，只是一点点，仍然在怀俄明州的西部边界附近。然而，岛屿相对于海峡的位置有了明显变化。如果一年移动5厘米多，它可能已经向东移动了大约64公里，推挤着海峡的海底，海底被推向高处，形成高山，就像现在的帝汶山脉，它就是用这种方式上升的，屹立在班达海面上，有3048米高。通卡岩组的酒红色砾质砂岩从海里抬升了，成为梅拉梅克时期内华达山脉的一部分。

从那时起再过4000万年，通卡山脉已经被夷平了，斯特拉森灰岩正在它残存的山根上形成，美国呈现出另一番景象。这时是晚

宾夕法尼亚世的密苏里期（大约三亿年前），阿巴拉契亚山脉仍然很高，但不再有尖峰峭壁了。向西走，从宾夕法尼亚州杜博伊斯周围的山上下来，你就进入了植物繁茂的沼泽地。这是宾夕法尼亚纪时的宾夕法尼亚州，“那时，地球上植被繁茂，大树成了国王”。以我们的标准来看，它们并不巨大，但它们是大树，有些树皮上长着菱形图案。它们树干的质地致密，大约有 30 米高。其他的树，有的树皮像铁杉树的皮，叶子像扁平的带子，有的树长着柏树那样有
沟槽的肿胀根座。成群的蜻蜓在树干间飞来飞去，翅膀有大雕鸮的 94
翅膀那么大。两栖动物不仅能轻松地走动，而且其中一些已经变成了爬行动物。高大的树冠枝叶茂盛，没有多少光线能透过来。树下的植物群密集地交织在一起，有像灯芯草那样的木本植物，也有种子蕨那样的植物。那里有长势茂盛的树蕨，能长到 15 米高。这一场景很像是热带雨林，但更像是埃弗格莱兹大沼泽、迪斯默尔沼泽、阿查法拉亚盆地那样的湿地，地势低缓起伏，到处像海绵一样松软吸水，一直延伸到弯弯曲曲的海岸线处。在整个宾夕法尼亚纪时代，冰川一直在南部大陆上移动，前进了再后退，冷冻了再融化，使海平面下降了再升高。当海平面上升时，杜博伊斯附近的沼泽会被原地埋藏，先是埋在沙滩砂下面，然后随着海水的加深被埋在石灰泥底下。经过一定时间的埋藏后，石灰泥变成了石灰岩，沙滩砂变成了砂岩，植被变成了煤。当海平面下降时，这些被埋藏的东西有一部分会被侵蚀掉，但随后海平面又会上升，把新一代的蕨类植物和树木埋在一层又一层岩石底下。这种周期性沉积叫“旋回层”，含有宾夕法尼亚州的煤，类似的旋回层还含有艾奥

瓦州和伊利诺伊州的煤。浅海一直延伸到宾夕法尼亚州西部和俄亥俄州东部，在宾夕法尼亚纪的密苏里期时有 160 公里宽。穿过这片水域后，你会到达对岸的海滩和另一个成煤沼泽，然后，是一片生长在浅灰色土壤中的低矮茂盛的热带森林。这片森林覆盖了印第安纳州，一直延伸到伊利诺伊州东部，终止于另一片成煤沼泽边上，然后又是一片海域。海域的对岸是密西西比河今天所在的地方，更远处是一片赤道雨林，延伸到艾奥瓦州中部，终止在另一片沼泽旁，然后是另一片海域。这里的海水清澈明净，波光粼粼，水中几乎没有陆源沉积物沉积，只有纯净的石灰质生物骨骼微粒在海底成层堆积着。在宽达 800 公里的水面上，你可以看到怀俄明州东部玫瑰色的海滩。南面群山耸立，那是落基山脉的祖先，时间会把它们肢解成为残桩。在宾夕法尼亚纪的怀俄明州，当你绕过这片山地，会穿过一片像撒哈拉沙漠那样的沙海，沙丘一个接着一个，像起伏的排排波浪，800 公里的沙海里满是玫瑰色和琥珀色的彩色砂。沙漠终止在北美洲的西海岸，今天的盐湖城。当宾夕法尼亚纪海平面在这里上下升降时，留下了交替沉积的石灰层和
95 砂层，这些沉积物在经过了两个地质“代”之后，新生的奥基尔山脉将会被抬升到视野中。海岸向外 320 公里是今天卡林峡谷的所在地，那里纯净的石灰泥正在沉积。斯特拉森组是卡林不整合面上下两个地层组中较年轻的那个组，是一套几乎纯净的石灰岩。

根据目前的理论，这两套紧挨在一起的地层是在早三叠世地壳板块的碰撞中挤上来的。结果便形成了一条新的山脉，那里奇峰兀立、怪石嶙峋。这条山脉在侏罗纪末之前被侵蚀掉了，但这条

山脉诉说的故事却留在了卡林峡谷。凝视着卡林不整合面，德菲耶斯说："尽管建造和摧毁这些山脉所需要的时间是很长久的，但这只是盆岭省历史上的一场独幕剧，是一个小土豆，一杯淡啤酒，一小点儿时间，一次小行动，在整个地球纷纭复杂的历史中不过是沧海一粟。"就在这同一个地方，在地球历史四十分之一长的时间内，曾经有过两个完整的"侵蚀—沉积—造山"周期。这正是1788年约翰·普莱费尔在詹姆斯·赫顿带领下看到西卡角不整合面时感到头晕目眩的原因。特别幸运的是，普莱费尔在现场；特别幸运的是，普莱费尔对赫顿和赫顿的地质学都了解得很透彻。说幸运，是因为当赫顿最终写完他的著作时，绝大多数读者都被他那乏味的文风折磨死了。赫顿充其量是一个写作蹩脚的作家。他有好见解，却没好文笔。当跟着赫顿和普莱费尔一起去西卡角时，詹姆斯·霍尔只有27岁。多年后，他在谈到赫顿时说："我必须承认，在刚开始阅读赫顿博士的第一本地质出版物时，引起我的第一个念头就是把他的书扔掉，估计世界上绝大多数人都认为我应该继续这样做。但是，我和作者的关系太亲密了，深知他平日讲话语言活泼、简明睿智，和他作品的晦涩形成了极鲜明的对比。"顺便提一下，霍尔曾经在坩埚里熔化岩石，并观察在熔浆冷却时是怎么形成晶体的。他被认为是实验地质学的奠基人。约翰·普莱费尔对赫顿的写作风格有同样的评价，认为其中包含着"一定程度的晦涩，这让熟知他的人感到吃惊，尤其是那些每天听他讲话的人，他的讲话是那样清晰和准确，那样生动活泼，富有感染力"。人们可以想象到，当普莱费尔在赫顿的两卷本《地球的理论》里读到下面这些文字时，他会有什么感想：

> 96 如果在考察我们的陆地时，我们发现一团物质，有证据表明它曾经是以正常的成层方式正常形成的，但现在它的结构已经极度扭曲，位置已经移动了，并且它整体已经极度固结，成分也发生了种种变化，它的原始标志或海洋成分的痕迹因此而被完全抹去，并且与许多随后矿物熔化形成的脉体相互交织，那么，我们有理由假设，这团物质，尽管它们的来源和那些在海底逐渐沉积的物质没有什么不同，已经更多地受到地下热量和膨胀力的作用，也就是说，已经通过在矿物层面上的作用而在极大程度上受到了改变。

这是赫顿在讲述发现变质岩时写下的一个长长的句子。正如变质作用会把页岩变成板岩，把砂岩变成石英岩，把花岗岩变成片麻岩，赫顿却把他的语句变成了“浮岩”。读着这样的句子，再想到他的见解并没有立即传播开来，这丝毫也不会让人吃惊。追随者甚少，诘难者甚多。攻击主要是神学上的，但是不用说，也包括地质学上的，特别是他关于时间长度无限延伸的观念。即使当人们开始同意地球的年龄一定要比 6000 年大得多的时候，计算仍然是保守的，没有达到赫顿理论的要求。开尔文勋爵[1]在 1899 年时还在坚持认为，地

---

1 威廉·汤姆森，物理学家，热力学的开创者之一，由于对热力学的重大贡献，被册封为“开尔文勋爵”。他创建了绝对温度的温标体系，绝对温度的单位（K）就是以开尔文的字头命名的。

球的大致年龄是2500万年。开尔文是当时科学界最有威望的人物，没有人敢站出来同他争辩。赫顿在1795年发表了他的《地球的理论》，当时几乎没有人怀疑诺亚大洪水的历史真实性，人们认为地球上所有物种都是单独创造的，每个物种在被创造出来时看上去几乎都和它现在一模一样。赫顿对这些看法也是不认同的。在写一篇关于农业的论文时，他提到了动物的多样性问题，并且指出：

> 在品种的无限变化中，那些物种赖以生存的本能技艺最适
> 合的表现形式肯定会在这些物种的繁殖中继承下来，并且总是倾
> 向于通过持续进行的自然变化使自己越来越完善。因此，举例
> 来说，在狗依靠敏捷的腿脚和锐利的视觉生活的地方，最确定 97
> 的是最适合这一目的的形态将被保留，而那些不太适应这种追
> 逐方式的形态将最先消亡；而且，对于物种的所有其他形态和
> 能力，也是如此。本能技艺获取的实质性方法是可以获取的。

当赫顿于1797年去世时，他正在写那本手稿，其中任何一部分在那之后的150年中都没有出版。

仰慕赫顿地球理论的人被称为“火成论”者，因为他的理论强调火成作用，以及熔融的玄武岩和侵入的花岗岩。他们很快成为维尔纳派“水成论”的高智商敌对势力，他们还被那些相信上帝通过诺亚大洪水等一系列灾难创造了世界的人视为敌人。这两个阵营的分立一直持续到19世纪，甚至20世纪，而两个阵营的人数比例逐渐逆转。1800年，“火成论”的赫顿派敌众我寡，人

数比例至少是敌十我一。事实上，一位“水成论”的维尔纳派人士接任了爱丁堡大学博物专业的讲席，即使在赫顿自己的家乡城市里，“水成论”多年来也一直是官方理论。

所有这些都在激励着约翰·普莱费尔这位长相英俊、热爱生活、慷慨大方的年轻人，他正如一位同时代的人描述的那样，“带有一点威严，对人体贴、热情”。不要介意，写下这种描述的那个“同时代人”就是他的侄子。一边是“水成论”者和神学信奉者，另一边是他朋友对“火成论”乏味的论述，这场战争对普莱费尔一定是很不公平的，他要奋起改变局面。在他众多的语言天赋中，最不足为道的是一种慢慢平静下来的清醒的能力，一种对揭示真相的措辞的把握，他在 1802 年出版了《关于赫顿地球理论的说明》，第一次对“火成论”的理论内容进行了极其清晰和有说服力的阐述。反对派的进攻更猛烈了，这恰恰表明了普莱费尔工作的成效。“根据赫顿博士和许多其他地质学家的结论，我们的大陆无限古老，我们不知道陆地上是怎么住满人的，人类完全不了解他们的起源，”信奉加尔文教的地质学家让·安德烈·德吕克在 1809 年写道，“根据我从同一来源得出的结论，事实上，我们的大陆并
98 没有那么古老，人们一定保留着对孕育他们生命的那场革命的记忆。因此，我们被引导着在《创世记》一书中寻找人类从起源开始的历史记录。在整个自然科学界能找到比这更重要的东西吗？”

随着地质学家建立起地质年代表，他们研究和积累的数据使赫顿的理论日益光彩夺目。在 19 世纪 30 年代早期，查尔斯·莱伊尔滔滔不绝地说，他在地质学上的使命是“把科学从摩西手里

解放出来”，他极大地推进了赫顿的理论和他对深时的理解，提升了它们的普适性。他出版了一部三卷本著作，全名叫《地质学原理——尝试通过参照今天正在起作用的因由对地球表面以前的变化进行解释》。莱伊尔强烈地反对“水成论”，反对“灾变论”，他甚至在方法和形式上都比赫顿还赫顿。他不仅赞成均变论的过程，而且苛求所有进程，包括地球地貌的形成、破坏和重建，在所有时代都以完全相同的速率进行。《地质学原理》注定会成为有史以来出版的最经久不衰、影响力最广泛的地质学著作。第一卷出版 18 个月后，“贝格尔”号考察船载着查尔斯·达尔文从德文港起航了。他后来写道：“我随身带着莱伊尔《地质学原理》的第一卷，我用心地学习着；这本书在许多方面对我都是最有帮助的。我所考察的第一个地方就是佛得角群岛的圣加戈，那里清楚地向我展示了莱伊尔研究地质学的方法是多么高超，这是任何我身边其他书籍乃至后来读到的其他书籍的作者都无法比肩的。”当达尔文第一次学习地质学时，他在爱丁堡听过关于维尔纳派“水成论”的讲座，这些讲座几乎让他睡着了。不过，他后来在剑桥大学获得的学位是地质学。他自称是地质学家。他对旅行中收集的岩石和岩石中矿物的实地鉴定结果基本上没有错误。这些岩石标本保存在剑桥大学，同时期的地质学家通过对这些岩石薄片的观察，确证了达尔文的岩石学功底。他在“贝格尔”号上航行，手里拿着莱伊尔的书，脑子里装着赫顿的理论，增强了他对地球缓慢而重复的周期和令人眩晕的时间深度的感觉。6000 年，你不能让一个爬行动物长出翅膀。然而，6000 万年，你自己也可能长出羽毛来。

8

99 根据目前的理论，很多地体从西部大洋里漂过来，在大约三亿年的时间里和北美洲大陆拼贴在一起，拼贴过程在大约 4000 万年前结束，使大陆增加到了现在的大小。其中有三个地体是在 80 号州际公路的纬度上碰撞拼贴的。第一次碰撞嘎吱嘎吱地轧在卡林附近的酒红色砂岩上，让它起了褶皱。第二次发生在早三叠世，把整个卡林不整合面旋转到差不多它今天的位置。第二个地体的名字叫索诺玛，包括了现在内华达州西部和加利福尼亚州东部的大部分地区。据说驱动它撞向大陆的力量很大，尽管每年的移动量只有 2.5 厘米左右，但当它最终停下来的时候，已经上冲到它前面的地体上，“骑行”了 80 多公里。这个碰撞事件的证据在当地被叫作“戈尔康达逆冲断层[1]”，断层的上盘和下盘都暴露在戈尔康达山顶西侧的一个大型路旁剖面中，州际公路从旁泊尼克尔山谷出来后，在那儿穿过索诺玛山岭的一个小岔道。有点奇怪的是，当我们走到那儿时，德菲耶斯在路边停下车来说：“我们得在这儿好好看看。”

1 逆冲断层是一种低角度倾斜的逆断层。岩层被推挤着沿断层面向上滑动，这种滑动叫逆冲。大型逆冲断层的逆冲距离可以达到数十公里至数百公里。

山顶露出了晨曦。我们已经醒了好几个小时了，坐在一扇窗户旁，吃了一顿旅店的早餐。窗外还是黑漆漆一片，窗户上倒映着屋里的摆设，可以看到我们身后的墙上挂着一台电视，正播放着《独行侠》，他的银驹在驰骋，响着清脆的蹄声。这是早上五点，哥伦比亚广播公司在对内华达州播放早间节目。在等待培根和鸡蛋的时候，我往老虎机里塞了两个五分钱的镍币，又赢回来两个五分的镍币。运气还不错。德菲耶斯在盘算着他的赚钱买卖。要想让他感到运气不错，恐怕只赢两个五分钱的镍币是远远不够的。为 100
了找银矿，他朝山上走去。但出于好奇，他先沿州际公路的路旁剖面走着，不时地踢一个空罐子。11 月的空气已经很冷了，他的嘴里冒着哈气。他说，看来，在 80 号州际公路上踢一下啤酒罐平均能走一米远。往西，几千平方公里都被清晨的辉光映照着：盆地、山岭，还有我们脚下的普莱森特山谷，戈尔康达村，弯弯曲曲的白杨林立刻告诉你，那里隐藏着洪堡河。整个地区似乎都热气腾腾的，水蒸气从温暖的池塘和温泉中冒出来。这条路旁剖面又长又高，形成一个阶地。露头上大部分是砂岩，但在最西头较低的位置被炸出一块暗色的页岩，变形很严重，而且有点变质，曾经平平的层理现在皱巴巴的，像从洗衣机里刚捞出来的湿衣服一样。“你可以在这些破碎的露头上花上几个小时，四处转转，去琢磨琢磨，这里到底发生了什么。”德菲耶斯说着，带着几分谨慎。但他相当确定自己知道发生了什么，因为盖在上面的砂岩层含有许多火山碎屑，充满了边缘锋利的燧石和石英颗粒，结构变化很大，对他来说，这意味着这些碎屑是从火山喷发出来的，并且迅速地沉积到海里（几乎没有机会让河流去磨蚀这些颗粒）。因此，这意味着一个矗立在大陆边缘深水中的火山岛弧——像阿留申岛链、俾斯麦群岛、小安德列斯群岛，像新西兰、日本——冲上并叠覆在已经存在的大陆之上，其中有一块就是眼前这块已经变形的页岩。德菲耶斯在露头上沉思着，边看边说："这里有点复杂，因为你不仅有早三叠世发生的戈尔康达逆冲构造，有它的上盘和下盘，而且还有盆岭省的活动断层，离这儿不到一百米。这些地质活动把这里的区域构造弄得极其复杂。如果你看一张加拿大西部和阿拉斯加的地质图，可以看到非常清晰的地体带依次拼贴到大陆上。但是在这里，盆岭省的断块作用把这个图像完全打碎了，搞模糊了，更何况，还盖上了渐新世大量喷发出来的熔结凝灰岩。所以，这个地方简直是一团糟。如果你想更直接地研究这种碰撞，那就去阿尔卑斯山，在那里你会看到大陆之间的碰撞，阿尔卑斯山脉就是这样碰撞形成的。"

101 理论上就这么多了。这条路旁剖面包含了德菲耶斯对地质学广泛兴趣的两个端点，他现在的注意力被吸引到砂岩中的一个大裂缝上，这个裂缝可能在六七百万年前就存在了，现在充填着岩屑，就像一颗炸弹在地上爆炸过一样，中心是个明显的核，岩石向外渐变着。在一个到处都是活温泉的地区，这是一个死温泉，它被筑路工人们切开了，它那盘旋的漩涡中记录着岩石中曾有滚烫的热水在涌动。死温泉又发育了裂缝，填充了好几个世代的方解石脉。德菲耶斯忙着用锤子敲打着，抠出方解石的样品。"这些家伙们太漂亮了，不能留在这儿，"他说着，就把方解石装进了一个帆布口袋，“这里有大量热作用。这些东西大多数都不能再叫它们岩石了，看上去像土壤一样。1903 年，有一位名叫瓦尔德马尔·林格伦[1]的采矿地质学家，在里诺附近的斯廷博特发现了这种脏兮兮的泥里居然有辰砂。辰砂就是硫化汞。他还在裂缝中发现了辰砂，是热水从地壳深处带上来的。他想，啊哈！水银的沉积原来是温泉的沉积！他把这个想法推广应用到矿床上，根据水的温度对矿床进行分类，分成温泉矿床、热泉矿床、高热泉矿床，等等。我们现在知道，并不是所有的金属矿床都是热液矿床，但一多半都是。你知道的，热水在深部循环，汇集起那里存在的任何东西，像金、银、钼、汞、锡、铀等，然后把它们带上来，在地表附近沉淀。矿脉就是裂隙的充填物。一张以前的温泉分布图和一张金属发现点的分布图非常相似。像眼前这样的老温泉造就了内华达州的银矿。如果能在这条路旁剖面上找到银矿，把它交给当地的公路工程师，我会非常高兴。”

他采集了一些样品，我们又回到了车里，后来拿到的分析结果说里面没有银。我们很快就离开了州际公路，拐进一条向北的二级公路，沿着多彩的山谷向上走，黄褐色的原野，淡绿色的河谷，牛群闲散，干草成堆。这里对派尤特人来说是一个很特别的地方，就像黑山对苏人一样特别。派尤特人慢慢地放弃了这块地方，他们曾经为拼命保留它而杀死了白人，然而最终给他们自己带来了死

---

1 美国地质学家，1884 年进入美国地质调查局研究矿床，1905 年创办《经济地质学杂志》，是现代经济地质学奠基人之一。

102 亡。在这片“沙漠”中定居的第一批先驱者是农民，这表明，在他们看来，这个盆地一定是草木非常茂盛和美丽的。盆地 16 公里宽，110 多公里长，包围在山岭之间，而山岭锯齿状的山脊呈南北方向延伸：山岭，盆地，山岭。喜鹊们看起来像是喷气式飞机的模型，不断从路边飞起来，它们的飞行高度刚刚能超过皮卡的引擎盖。德菲耶斯说，它们还没发育完全，这让他想起了始祖鸟，那是侏罗纪的鸟类。我们穿过了圈牛的“栅栏”，那只不过是在路面上画上去的一些条带，这表明内华达州的牛可能也是发育不全，智商只有一位数，略低于全国标准。

德菲耶斯说，800 万年以来，随着地壳块体不可阻挡地在这里被拉开，温泉沿着断层沸腾起来，银矿在整个盆岭省沉积下来。不断增长的山脉有时会把这些矿床碎裂开，把事件的顺序弄得极为复杂，银矿原始分布的图像被搞乱了，让那些前来“按图索矿”的人感到困惑。然而，还有另一种现象曾经让找矿简单得要命。侵蚀过程深入到温泉和矿脉沉积物中，把银富集起来。雨水再把硫化银转化成氯化银。这些大比重的物质在合适的地方驻留下来，历经了成千上万年，随着雨水的下渗，矿物质的沉积在增加。这些矿床比阿兹特克人的梦想还要丰富，地质学家叫它们“表生富集带”，矿工们叫它们“地表富矿带”。在 19 世纪 60 年代，特别是在 19 世纪 70 年代，富矿带在一个又一个山岭中被发现。一个巨大的表生富集带可能有几十米宽，1.6 公里长，它们或者露天产出，或者靠近地表。矿带边上很快就出现了一些小镇子，有装饰了门面的酒馆、帐篷区、草皮房、木桶做的棚屋。这些社区里的记录表明，在解决合伙人之间的争端时，成功率参差不齐："戴维森开枪击中了巴特勒的左胳膊肘，骨头断了，随后他的一个脚趾被斧头砍掉了。"这些地方的名字有"贫苦村""挖眼村""战斗山""财富山"等。到了19世纪90年代，繁荣结束了，一去不复返。在那30年里，内华达州的社区要比现在多。"白银是我们最缺乏的资源，因为它容易暴露自己，"德菲耶斯说，看上去有点悲伤，"你根本不需要获得地质学博士学位就可以找到表生富集矿带。"

你只要找到西尔弗·吉姆就万事大吉。西尔弗·吉姆是一个派 103
尤特人，他就像一台传真机，把远程的信息传给你，带你去一条山谷或一道山岭，给你看一块浅灰色的岩石，有点发绿，带着暗暗的像蜡一样的光泽，就像光亮映在牛角上。这就是"角银"。它就躺在那里，很难挖出来。西尔弗·吉姆可以给你看一吨价值2.7万美元的角银。那可是19世纪60年代的美元和实打实的一吨。你可以用一辆独轮手推车装满价值5000美元的银子下山。德菲耶斯有一位矿工朋友，住在亚利桑那州的墓碑镇。三四年前，他碰巧在自己的土地上发现了一小段被忽略掉的表生富集矿带，只有不到几厘米厚，被遮蔽在仙人掌下面近2米处。这个矿工用推土机剥掉了一些火山岩覆盖层，仔细追踪着这件19世纪的古董，满怀深情地用手把它挖出来。他对孩子们说："快注意我在这里做的事。仔细看看这些石头。我们再也看不到这些东西了。"在一个周末的下午，他只用了两三个小时，就从地下挖出了两万美元。

我们拐到土路上，身后处扬起了一片尘土，德菲耶斯说，这是当地的"门铃"。他小心地开着车，避免去摁响这个"门铃"。这位健谈大方的教授，平时总是把自己的想法尽快地和别人分享，就像分葡萄一样，一串一串地分给大家，今天他对自己的想法却一个字也没说。他曾到当地政府部门去拜访过，一副古怪的打扮，穿着他那件带口袋的运动衣，一头贝多芬式的长发，向一个书记员说了三个数字，要求查看一下采矿申请登记表。登记数是用六位数编码的，德菲耶斯只记住了第四、五、六这三个位的数，就像把扑克牌正面朝下扣在桌子上。他在登记册里找到了他想要的东西。现在，我们已经在山谷里走了 80 公里，早已经把山谷里唯一的一个小镇抛在身后，那个小镇里有散户大厅，有交易公司，有三角叶杨和黑杨。现在，我们周围没有房子，没有建筑物，也没有扬尘。山谷正在变窄。它的终点是两条山岭会合的地方。在几百米高的山坡上，一棵树也没有，远远地，我们看到一条非天然的水平线。

“那是一条路吗？”我问他。

104 “那就是我们要去的地方。”他说。我真后悔问他，也真希望他别告诉我。

抬头看着那里，想到我绝不会是第一个趴到窗台上看着别人发大财的记者，心里感到一丝欣慰。1869 年，《纽约先驱报》的编辑在委派合适的记者时，一定是连想都没想就点名汤姆·卡什去报道表生富矿带。卡什在内华达州四处转悠。他在报道中说，他到了一个地方，拿出口袋里的小刀，插进一个竖井的井壁，取出了一块含银量明显很高的矿石，他能把它卷在手指上，而且不会碎。卡什告诉矿主，他害怕被指控夸大事实，说他的“报道虚假，夸大其词”，从而损害他的记者声誉。他向矿主说，有个办法能避免这种情况：“可以在矿体最富的地方取一块样品。”矿主递给他一块约 6.4 千克重的石头，里面含有约 4.6 千克的银（含量是 73%）。同年，阿尔伯特·S. 伊文斯在旧金山给《高加日报》发稿，说他和几个银行家及一个地质学家在内华达州一处矿场访问，他被用绳子吊进矿井下：“我们的烛光揭示出大量黑色闪光的银块，矿井的每一面都是银的，矿洞的墙是银的，顶子是银的，就连吸进我们肺里的粉尘和落在我们靴子和衣服上的灰尘都是极细的银粉。我们被告知，在这个矿井里，光是肉眼能看到的银就值一百万美元。我们的观察证实了这一说法。在这些墙的后面还有多少银？只有天知道！”

的确，老天知道得一清二楚。表生富集矿带在盆岭省大量分布，是世界上已发现的最丰富的银矿床，没有“之一”，但它们也是分布最浅的。那么多银矿就在地上躺着，是真正的富矿，印钞票也不如从地上捡几块矿石发财更快。不过，当矿开完的时候，它就真的开完了。有时候，就像在弗吉尼亚城的康斯托克矿脉中一样，在下面的裂缝中发现有“真正的脉”，适当的检验会发现含有一定量的银，但更多的是不含银的，在富矿带下面什么也没有。采矿和磨矿粉的小镇子从发达到萧条总共经历了不到十年的光景。

我们走在一条前往 19 世纪矿井的路上，沿着“之”字形的路往山上爬。德菲耶斯为了查看地图，把方向盘交给了我。他说，他 105
对二次回采银的兴趣是来自某些计算机模型的一个模拟结果，这些模型在 20 世纪 70 年代早期被广泛用在很多领域中，使用微分方程去解决像世界人口、污染、资源和食物等问题，并且允许它们随时间推进而变化，从而预测到 2000 年时候的结果，那时候世界差不多要结束了，因为地球的资源将会耗尽。“我们已经找到了所有显而易见的矿产，而且，我们确实已经付出了代价，”他说，“但是，这些模型并没有考虑到后备储量，或未来的发现，也没有重新去仔细检查一下老辈人遗漏下的东西。”例如，他从能源部获取了一份经费，开始研究石油和铀的发现前景。一个在纽约的财团请他帮助寻找黄金，从那以后，不经意间，他的兴趣从找铀变成了找银。这个财团名叫“始新世”，主要的兴趣是排查旧矿洞。德菲耶斯对他们说，虽然世界上仍然不断地发现新金矿，新的金矿仍然在开发中，但自从 1915 年以来，再没有发现大型银矿。对白银的需求量是巨大的。牙医业和摄影业使用了现有产量的三分之二，没有什么商品能替代银。“银已经被扫荡一遍了。从头到尾仔细寻找过矿井和矿洞，就像我们经历过当年开发镁和溴一样。你可以随心所欲地提高银的价格，但不会有新的银矿被发现了。”他预测随着价格的上涨，银的价格可能会超过黄金。在他看来，白银二次回采的潜力比在尾矿中寻找黄金更有吸引力。“始新世”聘请他当顾问，帮助他们淘银。

现在，我们来到在盆地的上方很高的地方，正站在我们从下面看到的那条细线上，一条比卡车本身宽不了多少的小路，沿山坡盘旋。山路在凹坡处向里弯曲，在凸坡处向外弯曲，然后又弯回进凹坡，再向外延伸。我坐在车的里侧，每隔一段时间就会转到凸坡，这时候，目光越过引擎盖，除了天空和远处的山顶，别的什么也看不到。我们可以看到山谷下约 100 公里的远处，看到 900 米之下的

山岭。这个斜坡说它陡峭还不够准确，应该说是险峻。我判断，如 106
果我们的车滑出公路，肯定会带着团团火焰，一百米一百米地折着跟头滚下山去。我用两只手转动着方向盘，手心里渗出了冷汗。

镇静的德菲耶斯像是在欣赏着风景。他问我："你在哪儿学的开卡车？"

"这倒真他娘的不太难，"我对他说，"但在这种路上开，我这是头一次。"

在 1900 年以前，这个地区从大多数矿石中提取银的方法是，用小型碾磨机把矿石碎成粉末，然后把矿粉倒入热盐水和水银里，在水银吸附了银以后，再把水银蒸馏出去。1887 年，英国开发了一种更彻底的提取工艺，把银矿溶解在氰化物中。这种方法很快就流传到了南非，最终流传到了美国。一个有目共睹的应用是用氰化物处理旧的尾矿堆，看看里面还遗漏了什么，这种工作做了很多，尤其是在大萧条时期。内华达州有很多 19 世纪的矿洞，德菲耶斯相信其中会有一些被忽略了。他打算去找这些遗漏的矿，他是在费尔斯通图书馆的 C 层开始研究第一个盆地的。从他在普林斯顿的办公室往山坡上走就是图书馆，在那里，他翻阅着书籍和期刊，开始编纂一份盆岭省的矿场和碾磨厂的名录，这些矿场和碾磨厂在 1860 年至 1900 年间生产了价值超过相当数额美元的白银。他不准备把这些数字扩散出去。他在许多地方发现了旧矿场和碾磨厂，从科罗拉多河附近长满桶形仙人掌的乡村，到靠近俄勒冈线铁路的山岭，从犹他州的奥基尔山脉到内华达山脉东侧的低山。他总共列出二十个旧矿址。更大的，像康斯托克矿场，已经被翻找了一遍又一遍，氰化物已经把矿场彻底毒死了，而且“找矿的人们像蚂蚁一样围着它转”。作为“拾荒者”，最好去考虑较小的矿场，离路边远点的矿场，去那些从建成到废弃不超过六年的小镇，寻找“打一枪就走”的富矿矿洞和小裂缝矿脉。他估计，一百年前价值一百万美元的任何一个矿，今天可能仍然价值一百万美元，因为旧的矿场充其量只能从矿石中提取出 90% 的银，剩下 10% 的银和当年提取的 90% 的银价值相当。于是德菲耶斯把更多的书籍和
107 期刊从书架上拿下来，想知道在 20 世纪 30 年代，人们是否关注过且在哪里关注过各种老矿场，无论是哪里，只要他发现那时有过复查活动，他就把这些矿场排除掉。

德菲耶斯的下一步行动是从美国地质调查局购买航拍照片。这些照片是重叠的一对，每一对包括的面积是 41 平方公里。“你用立体镜看着它们，你就像一个巨人，两眼相距 1600 米，在 12000 米的空中往下看。上帝啊，你有立体视觉吗？东西都从地球上跳起来了。你在找尾矿。你在找渣土。你在寻找道路上隐约的疤痕。环保主义者是对的，在这种气候里，一道疤痕会保留很长时间，大自然要花很长时间才能在阶地上抹去一条道路。你试着像矿主一样推理，如果是我，我应该去哪里取水呢？如果在这条小溪边有这么一个碾磨厂，那么矿场在哪儿呢？我在找地图上没有标记的矿场。我能在一些地方看到渣土。它们是浅灰色的。老一辈矿工们堆起来的石渣堆要么根本不含银，要么含的银不够多，达不到当时的要求。我试着估出这些渣土堆大致的体积。碾磨厂的尾砂在照片上留下了很不自然的浅灰色斑点。这些山上的一些尾矿和渣土堆在

我看过的航拍照片上根本就没有出现过。”

德菲耶斯飞到内华达州，租了一架轻型飞机，在离地面 300 多米的地方，用长焦镜头拍摄了新的私用照片。当他飞过一些地方，当那里有其他“拾荒者”抬头和挥手时，他把那些地方从名单上划掉了。然后，他下到地面，到一些地点去收集样本。他家里就有分析仪器，分析样品的方法几年前还没听说过，更不用说 19 世纪了，那时更是闻所未闻。他踢了踢旧木头，看了看钉子。钢丝钉是 1900 年开始使用，是氰化物时代的实用指示化石。他希望有方钉。

德菲耶斯现在是一个人干了。他和“始新世”公司的关系已经疏远了，因为公司在各个方面都选择了听从其他人的建议，把复查区转移到了亚利桑那州，这样可以不用去应付冬天。在普林斯顿的一天，他的妻子南希·德菲耶斯正在翻阅一堆百年前的《工程与采矿杂志》时，发现有两行字涉及 19 世纪 70 年代的某些采矿活动。最终，此地在德菲耶斯的名单上占据了很突出的地位，这是他来 108
到这里的原因，也是我们像日本金龟子一样在山上爬行的原因。

就在车的内轮牢牢地贴在路上，另外两个车轮则靠德菲耶斯的期望支撑时，我们转过最后一个弯。我们现在正沿着一个巨大的 V 形峡谷的一侧岩壁走着，这个峡谷最终变成了一个冲沟，一块平地，一个乡村的小洼洼，周围是白杨树林。在峡谷上方，几平方公里陡峭的山坡上布满了平硐和竖井，还有手工锻造的矿石桶和古老的干木材。木头上有方形的钉子。一个矿石桶里装满了方钉。“扔得好。”德菲耶斯说。我们向山上走着，经过矿井，沿着一条小溪，进入了白杨林。溪水几乎干涸了，白杨树下是一个世纪以前的房框。在 2100 多米高的狭窄山间平地上，曾经住着一百多人，他们在一百年前举行了最后一次选举。他们有一家餐馆、一家酿酒厂、一家书店和七家酒馆。而现在，这里除了剩下的一些破旧结构，就只有那些郁郁寡欢的老白杨林，在潮湿的河床上显得异样而不满。16 棵白杨树站在那里，扭曲着，幸存了下来，其中大多数都超过了 1 米粗。“那些白杨树在检验着环保主义者的灵魂，”德菲耶斯说，“它们像流动的喷泉一样把水吸起来。如果你把它们砍倒，小溪就会流动起来。白杨木喝洪堡河的水。这个地区的一些紧张局势是由于矿主们需要水。砍掉这些树木就可以保住水。用旧的盐水和水银提取法，磨一吨矿石需要用三吨水。这条小溪里没有足够多的水。他们不得不把矿石从这里运到一条足够大的小溪里，正如你看到的那样，远在 19 公里以外，需要用骡子去运输。他们可能只把最好的矿石运走。这里可能是一个非常好的表生富集矿带，有相当好的矿脉。他们只拿走了他们可以拿的，六年后他们走人了。”

我们走回到矿场，下面是河谷，数百万年来，每一百年有一次或两次山洪暴发，把河谷切成引人注目的深 V 形陡峭山谷。河谷的一边用来堆矿渣，占地好几千平方米。德菲耶斯开始对这些遗弃
109 的矿石进行取样。“他们一定是靠开采他们能在岩石中看到的东西为生的，”他说，“那些很容易看到的，他们全运走了。那些难认的和边界模糊的，他们没本事区分开，我想他们就扔在这里了。”这些矿渣堆很容易铲开，松散、风化，根基不稳定，正在分解的矿渣堆的外侧形成了金字塔形斜面。德菲耶斯沿着矿渣堆取样，每隔 2

米就装一个小帆布袋。每走一步，他的脚面都会陷到渣堆里。脚下60米就是溪流。考虑到地面的坡度，所有松散的物质都已经接近休止角的临界值，我不难想象，他很快就会顺着矿渣堆滑塌下去，最终落到我们下面由涓涓细流汇成的水藻丛生的大水坑里，埋在数百万吨没提炼的白银下面。这条小溪堆着杂乱的巨石块，那是洪水的见证。巨石块周围长着深根植物，像长矛一样插在石块堆里。德菲耶斯显然很快乐，在这个世界上没有一丝恐惧。一阵风忽然刮起，吹了他一脸矿渣，他像牛一样哞了一声。在寒冷的阳光下，他头上戴着橙黑两色的圆锥形帽子，看上去像是一个普林斯顿活泼的小精灵，而他的志向显然是要成为苏黎世的大富翁。

他说，要想让回收行动有价值，必须从每吨矿渣回收5盎司的白银。后来证明，他回收的量比这个数要大得多。不久，他就建了一个有塑料内衬的小型弱氰化物池，由几个技术人员操作，从这个矿场取出的矿石被磨碎后放进去。尾砂中的白银含量达到每吨58盎司，比他在内华达州发现的任何尾砂都富。"你把氰化物放在这些矿石上，白银就会从矿石中蹦出来。"他会说，"我那里有很多氰化物，足够杀死整个辛辛那提的人。人们对氰化物又爱又恨。艾贝尔森表明，闪电作用在二氧化碳和其他大气成分中，可以产生氰化氢，氰化氢聚合起来再和水发生反应，形成氨基酸，而氨基酸是蛋白质的组成部分，这可能是生命的起源。菲尔·艾贝尔森是《科学》杂志的编辑。他是地球化学家，曾在'曼哈顿'核研究项目中工作。为了把提炼银的成本降到可接受的价格，你需要小型的设备。你需要小型化设备和简单的技术。在19世纪，人们用

鼠尾草烧火去加热卤水，溶解氯化银。当水银吸附了银时，他们听
110 到了吱吱声，知道他们得到了‘真正的东西’。牙医补牙时用的一种
合金材料就是水银和银的混合物，当他把汞合金材料捣碎塞进你
的牙洞时，也会发出同样的吱吱声。”

德菲耶斯的方法比依赖鼠尾草和吱吱声高明多了。很快他就会有一个便携式实验室，有双孔厕所那么大，其中包括一个银单离子电极和一个原子吸收分光光度计。他点着火焰，接通两个开关，马上就会看到样品中的含银量。只要一小会儿，他就会得到一块2.26千克的生银锭，放在地板上，当砖头支着打开的门。当他处理完所有的矿渣，他会回收氰化物，并把它变成一种市场上叫“普鲁士蓝”的化合物。此外他会用泥土填平留下的坑，然后在上面种上冰草。

现在。他在山上的矿场完成了取样工作，装满了一大麻袋矿石，准备带回家去改进他的提炼技术。他在斜坡的不同地方取的那些小块样品是用来进行含银量分析的。“我就是个捡破烂的。”他说，“是一个手里拿着一台价值四万美元的X光仪的拾荒人。”风从矿渣堆上又卷起一团灰尘，吹到他的脸上。他又啐了一声，对我说：“对你来说，这可能是脏土，但对我来说，这就是金钱。”

“对你来说，这是多少钱？”我问他。

他拿出一支万用记号笔，开始在一个新帆布袋上做公制单位换算、几何和算术计算。“嗯，这一大片矿渣堆至少有1.5万立方米，”他说，“这是最保守的数字。按每吨200美元计算，总共有大约300万美元，就躺在这面山坡上。”

“山上头那些红棍棍是什么？”

“一些人可能认为他们发现了新矿脉，那是他们留下的标记。我只对旧矿场感兴趣，就是下边这些。”

“如果你从这些样品袋里得到了好白银，‘始新世’公司会怎么样？如果他们认为你还归他们管呢？如果他们去司法部门交涉呢？你会怎么办？”

“‘始新世’管不着我，‘始新世’管不了我脑子里的想法。这是法律早就规定的。但是，如果有什么人找我麻烦，我希望你高高兴兴地到监狱里去看我，但不要交出你的笔记。”

当结束一天的工作下山时，我们停下来凝视着寂静的山谷。晚 111
霞染红的天空下，静卧着 110 公里长的盆地，周围是环绕的山岭，更远处是 160 公里以外的索诺玛山脉和它的索诺玛峰。德菲耶斯说：“如果你把地球缩小到棒球那么大，你就感觉不到那座山。你可以用望远镜头，让别人相信这是珠穆朗玛峰。”即使在这个高度，空气中也充满了鼠尾草的强烈气味。我们脚下有郊狼的粪便。在黑暗中，我们驱车回到我们来的路上，越过那些画出来的牛栅栏，经过在路上蹦跳的长耳大野兔，四周漆黑一片，突然，见一头黑色的安格斯牛站在那里，站在路的中间。随着一声刺耳的刹车声，我们停了下来。那头牛还在原地站着，思考着，眼睛一动不动，简直就像一堵牛排堆成的墙。在那之后，我们慢慢地开着车，一个白色的球体出现在我们的右边，飘浮在没有月亮的天空中，我们的车开得更慢了。它膨胀了一点，像一朵云。它的光线变得明亮起来，我们终于停下来，走出车去，敬畏地抬头看着。一个较小的物体出现了，也是球形的，可能是从大物体的内部，也可能是从它的后面出来的。在较小的球体周围有一个类似土星的环。它在大球的旁边来回移动了几分钟，又回到里面去了。这个故事可能在之后的日子里出现在很多报章杂志上。《内华达州刊》会记述一个“神秘的光球”，以我们去过的地方为中心，方圆 160 多公里内的各种人都会报告这事儿。“那时候，我们决定赶紧离开那个鬼地方，”几位猎人报告说，“跳上我们的皮卡，撒丫子就跑。当我们回头看的时候，我们看到一个较小的飞行器从右下角出来，这个较小的飞行器中间有一个圆顶，两边各有两个翅膀，但整个物体是椭圆形的。”另外有人说：“我起初以为这是一个视觉错觉，但它离我越来越近，我能看到，它不是幻觉。然后有东西从旁边冒出来，看起来像一颗星星，然后在它周围形成了一个环，就像你在土星周围看到的那种环一样。它没有发出任何声音，然后就消失了。”

“现在我们俩都是相信这件事儿的人了，”一位猎人说，“我不想再看到另一个。我们身材很魁梧，什么都不怕，当然，除了蛇和现在的飞碟。”

112 小球体消失后，大球体迅速变暗，也消失了。德菲耶斯和我留在路边，那头黑牛还在黑暗中一动不动，用闪亮的眼睛瞪着我们。“哥白尼把我们的世界从宇宙的中心带了出来，”他说，“赫顿把我们从那个似乎离事情开端很近的某个特殊地方带了出来，让我们在无限时间的中间时段里飘荡。外星文明可能会告诉我们，在创造生命的历史中，我们究竟在哪里。”

9

我们还去了位于鱼溪山脉和塔宾山岭之间的泽西山谷，德菲耶斯曾经在那里做过两三年的野外工作，是为他的博士论文收集数据。为了观察山脉的隆起和山上剥蚀下来的碎屑物的沉积，他住在一顶帐篷里，天气像火炉一样热，他用一夸脱[1]的大杯子咕咚咕咚地喝着水。渐新世大灾变形成的厚层熔结凝灰岩在断裂开始时盖在这个地区的地表上，因此，第一个风化成碎屑被冲刷滚到山下。当侵蚀作用切穿凝灰岩进入下面较老的岩石时，又把较老岩石的风化碎块送到盆地里。在盆地里从下向上读它的沉积记录，就像在山脉中从上向下看它的岩石组成。德菲耶斯曾局部性地描述过这一记录，现在他希望把所记录的时间和整个盆岭省的发展历史联系起来。我们下了州际公路，又开出 60 多公里，车后卷起了一团团灰尘，他把车停在泽西山谷头上的一座小山旁。相比盆岭省里的其他矿场，这个是比较隐蔽的。路在雪山之间向南延伸，有差不多 30 多公里，路旁全是疯长的鼠尾草。德菲耶斯像牛仔一样大喊了一声。山谷里这儿或那儿随处矗立着巨大的火山锥，

1　夸脱是个容量单位，主要在英国、美国使用，但在两国所指的容量却不同，美国的 1 夸脱水大约是 946 毫升，而英国的 1 夸脱水大约是 1137 毫升。

年轻，玄武岩质的，是更新世的黑色山丘。一个个孤峰，一个个被侵蚀的残山，山头上顶着砂岩，但已经快完全崩解了，就像一团正在溶化的糖块，很快就会完全溶进平坦的盆地里。“在内华达州的许多山谷里，你只会看到鼠尾草丛，完全不知道你脚下 2 米多
113 深的地方埋着非常有趣的故事，”德菲耶斯说，“我在塔宾山发现了中新世晚期的马牙。”

“你怎么知道那是中新世晚期呢？”

“我并不知道，但我把化石送到马牙专家那儿了。我还在离这儿不远的地方发现了河狸的牙、鱼、一副骆驼的骨架和一个犀牛的下颌骨。那个下颌骨也是中新世晚期的。在盆岭省，找不到中新世早期和中期的化石。你还记得吧？咱们无论在哪个盆地的沉积物中，能找到的最老化石都是中新世晚期的。所以，如果古脊椎动物学家稍微动一下脑子，就会知道，盆岭省的断裂是从中新世晚期开始活动的。古脊椎动物学是一个古老的游戏，就像苏格兰比试投掷长木桩子[1]。”

我们离开土路，沿着一对车辙开了一两公里，然后一脚深一脚浅地步行穿过一个砾石斜坡。我们下到一个干涸的峡谷里，再爬上来，沿着另一个斜坡横穿。这些斜坡不是一个个分开的小山，而是从山里冲积出的巨大冲积扇的坡面，冲积扇上的河沟已经干得像皮革上的裂缝一样了，把坡面切出一条条沟褶。在冲积扇的中

1　苏格兰一种角力竞技民间运动，参赛者把一根长约 6 米、直径约 20 厘米的松木杆大头朝上立着搬起来，然后再前扔出去，如果松木杆小头指向 12 点方向算满分，和 12 点方向偏离越多，得分就越低。

部，沿河道暴露出一层层的沉积物，所有这些都是暗灰色的，只有那些火山灰是浅灰色的。火山灰来自其他地方，来自盆岭省以外，是风把它们带到盆岭省，造成了这里沉积的间断。火山灰可能来自蛇河平原上的火山，离这儿有320多公里。火山灰在盆地的湖泊中沉积后，大部分变成了沸石。这些湖泊在中新世和上新世早就消失了。在这些沸石中，德菲耶斯在泽西河谷发现了300万吨沸石的变化类型毛沸石。这是一种以羊毛命名的沸石，是纤维状的，当它进入人的肺部后会引起肺间皮瘤。整个盆岭省有数百万吨的毛沸石，乖乖地留在原地，没有造成任何后果。但是，如果按照国防部的建议，在盆岭省的20个山谷里建起4600个MX导弹混凝土掩体，那么，在建设过程中，风卷起毛沸石，将会带来非常大的灾难。风可以长距离地搬运微细物质，而且搬运的数量很难被估计高了。德菲耶斯在泽西山谷发现的单层火山灰最大厚度是3米多。
他曾向加州大学伯克利分校的豪威尔·威廉姆斯请教，他认为豪 114
威尔·威廉姆斯是“最伟大的火山学家”。德菲耶斯问威廉姆斯，如果一座火山爆发时喷出大量的火山灰，能在320公里外堆积起3米多厚的火山灰层，这座火山能有多大？威廉姆斯听了以后，只是吃惊地站在那里，下意识地摇着头。

在我们头顶的坡坎上有一堆树枝，看那个树枝堆的大小，如果在潮湿的乡下，那很可能是河狸捡来的。“隼，”德菲耶斯说，“注意南部的露头。隼很久以前就利用太阳能了。太阳帮助隼孵蛋，隼可以自由地去翱翔。”他用眼上下打量着我们面前斜坡上的沉积物序列，决定就从这儿开始他的工作。他手里拿着一个自己发明的装置，他希望用这个装置进行精细操作，从松散的湖泊沉积物中提取古地磁样品。他给我配备了一把军用铲子，让我沿着山坡挖一排几米深的散兵坑，以便清除掉风化的表层，为他准备通道。当山脉的风化碎屑被冲刷进入盆地后，碎屑物中任何含有磁铁矿的细颗粒都会在盆地中均匀地沉淀下来，像指南针一样指向地球的磁极。自中新世晚期以来，地球的磁场自北向南、自南向北已经发生了 20 次倒转，这些倒转的年代现在已经很确定了。如果德菲耶斯能够收集未固结但紧密压实的沉积物样品，并且，如果他能把这些样品带到古地磁实验室时保持不散掉，不破坏它自身的磁性，他就能够跟已知的古脊椎动物化石的年代进行比较，把他那些经过专家鉴定的马牙和犀牛的下颌骨的年代与古地磁样品给出的盆地沉积物年龄进行对比。这样，他就会加深对在这个盆地和这个山岭里已经发生的地质事件的认识。之后，他可以把泽西山谷的火山灰降落及其他地层沉积和这个地区的其他山谷进行对比，更清楚地说明这一切是怎么形成的，为盆岭省的各个章节增添光彩。因此，他发明并且制作了一种取芯器，是用无磁性铝制成的微型打桩机，能够把透明的塑料管轻轻地打进沉积物中。当我甩开膀子开挖时，德菲耶斯说：“这里有 3 千米的沉积物，所有的沉积物都在 800 万年内沉积下来。我对这些努力的成功寄予厚望。对于每一个样本，我宁愿深挖 6 米而不是 60 厘米。我也希望有个推土机能代替你，但是，我们还是自己动手吧，有收获的付出是值得的。”

我站在露头上，刚用脚蹬了第一下，铲子就断成两截了。它被“斩首”了。然后，我不得不用手握住铲子头去挖，像在使用一把笨拙的小泥铲。

“这场古地磁游戏的意义不仅仅在于确定磁极的倒转，”德菲 115
耶斯说，“也不仅仅是确定磁极究竟什么时候在南方或者北方。地球的磁场是这样的，一个指南针的指针在赤道上是平躺着的，在两极会竖直地立起来，而在赤道和两极之间，指针的倾斜角度是逐渐变化的。因此，通过观察岩石中的矿物指南针，你不仅能判断岩石形成时磁极是在北方还是南方，还能根据指南针的倾斜情况来判断岩石形成时所在的纬度。”

阿尔及利亚的街道上有极地冰川的冰碛。加拿大有热带环礁，西伯利亚有热带石灰岩，南极洲有热带石灰岩。从化石和保存在石头里的气候标志来看，这些事实早在古地磁学建立起来之前就已经知道了；但至少可以说，这些事实还没有完全被理解。古地磁首次被发现是在1906年，最终证实了古气候学家和古生物学家一直在谈论的关于岩石形成纬度的说法，但这并没有解决这一现象的奥秘，因为似乎有两种同样合理的解释。要么岩石移动了，当然大陆是和岩石一起移动的；要么整个地球发生了横向转动，就像小孩子玩的陀螺慢慢地向一边侧倾一样，两极和赤道都跑偏了。要么是赤道偏到明尼苏达州去了，要么是明尼苏达州漂移到了赤道上。

早在16世纪，人们就提出，地球表面发生过特殊的运动，最终被叫作大陆漂移和板块构造。佛兰德[1]地理学家亚伯拉罕·奥

---

1 原文 Flemish 是指佛兰德人和佛兰芒语。佛兰德是西欧的一个历史地名，今天指比利时北部的弗拉芒大区，人口为佛兰德人（又称弗拉芒人），说荷兰语。佛兰芒语是比利时荷兰语的旧名称。

尔特利乌斯[1]在他的《地理学知识宝库》第三版(安特卫普出版社，1596年)中，推测美国大陆被地震和其他灾难性事件“从欧洲和非洲撕裂出去”，他继续说：“如果有人摊开世界地图，仔细比
116 较……欧洲和非洲的突出部分……以及美洲的凹处，可以看到破裂的痕迹很明显。”在从那以后的几个世纪中，各种各样的作家都在呼吁要注意关于大陆形状的提示，但几乎没有人想到大陆已经被分开了，更不用说去思考是什么机制造成的了。1838年，安格斯郡的苏格兰哲学家托马斯·迪克出版了他的《天国奇观》(又叫《行星系统展示的奇观：阐释神祇的完美和世界的多元化》)，他在书中指出，非洲西部是多么巧妙地把自己紧紧地锁在巴西角周围，“新斯科舍和纽芬兰将堵住比斯开湾和英吉利海峡的一部分，而大不列颠和爱尔兰会堵住戴维斯海峡的入口”，这样的拼合“将形成一个紧凑的大陆”。他还指出：“考虑到这些情况，这些大陆最初可能是连成一体的，而且在以前的自然变革或灾难中，这些大陆被某种巨大的力量撕裂，大洋的水冲进它们中间，把它们分开，就像我们现在看到的那样。这一切并非完全不可能。”我要感谢加拿大地质调查局的艾伦·古达克和巴德大学的詹姆斯·罗姆，他们分别在1991年和1994年发表在英国《自然》杂志上的论文引用了奥尔特利乌斯的论述节选，追溯到三个世纪之前的大陆漂移假说。很多教科书都把大陆漂移假说归功于斯蒂利亚阿尔卑斯山麓格拉茨大

1 第一幅现代世界地图绘制者，提出“大陆漂移”设想的第一人。

学的气象学家阿尔弗雷德·魏格纳[1]。奥尔特利乌斯和迪克的遭遇比魏格纳好，因为他们的主张只是没有得到什么重视，而魏格纳刚刚赢得了一些声誉，很快就声名狼藉了。

1912 年，魏格纳在德国地质协会发表演讲，三年后，在他的作品《论大陆和海洋的形成》中，不仅以非洲和美洲的拼接吻合为基础，还依据海洋两侧某些岩石的相似性，并且依据生物和化石的比较提出了大陆漂移的观点。他对古地磁学一无所知，古地磁学那时才刚刚问世，要对解决这个问题做出贡献还需要很多年。但他是大陆漂移假说的发布者，不幸的是，他试图解释大陆是怎么样漂移的。他设想，大陆像破冰船一样，在坚硬的玄武岩上破“浪”前进。几乎没有人相信他的假设，正如 1782 年本杰明·富兰克林可能在访问爱丁堡之后所相信的那样，他说，他认为地球的表面部分漂浮在地球内部的液体上。魏格纳曾经以创纪录的热 117
气球飞行家、北极探险家而闻名于世，现在他正在创建一个假说，他的名字将在大约 50 年的时间里受到嘲笑。无论是生前还是死后，他都是被蔑视的对象。他的想法引来了讥笑、讽刺、奚落、嘲笑、嘲讽、嘲弄、取笑、歪曲、反讽和挖苦，但他的想法是不容忽视的。1928 年，美国石油地质学家协会出版了一本关于大陆漂移的研讨会文集，其中包括芝加哥大学洛林·T. 张伯伦的一篇题为“对魏格纳理论的一些反对意见”的论文，表达了当时地质学家的普遍态度，这种态度一直持续到 20 世纪 70 年代末，从那以后就

1 德国气象学家，地球物理学家，被誉为“大陆漂移学说之父”。

不再占上风，并且再也生存不下去了：

> 魏格纳的假说大体上是不受任何约束的，它让我们的地球有相当大的自由度，与它的大多数对立的理论相比，更少受到限制或被难以解释的事实所束缚。它的吸引力似乎在于，它所玩的游戏几乎没有限制性规则，也没有严格制定的行为准则。所以很多事情都很容易发生。但就目前的情况来看，我们要么从根本上修改目前地质学游戏的绝大多数规则，要么就忽略这一假说。我所听到的对这个假说最好最中肯的评论来自1922年在安阿伯市举行的美国地质学会的年会。评论是这样说的：“如果我们要相信魏格纳的假说，我们必须要忘记过去70年所学的一切，重新开始。”

在20世纪30年代，特别是在第二次世界大战之后，古地磁数据不断积累，不断讲述着任一个地方的环境随时间的变化呈现出万花筒般变化的故事，学院派地质学家在地球上和地图上绘制出“视极移曲线”：志留纪末期地磁极在这里，这是地磁极出发移动的地方。在世界各地对同一年代的岩石取样，在它们内部的矿物指南针里显示了同样的地磁极位置。

一些地质学家倾向于另一种解释，但他们的人很少，南非有一些，剑桥有一两个，在世界各地的地质学系里，每年都会有人蜂拥而至，听皇家钦定的地质历史学教授卢修斯·P. 埃尼格马泰特
118 的演讲，他嘲笑大陆漂移的演讲已经闻名于世界。石油地质学家

正在寻找古代河流沉积的深层砂岩，他们渴望知道这些古河流的流向。经验早就告诉他们，如果你想确定河流的方向，就必须对不同年龄的井芯使用不同的极点位置。究竟这是地磁极的漂移还是大陆漂移的结果，对红飞马[1]来说没有任何关系。其他一些地质学家认为，尽管石油公司能用它来赚钱，但古地磁资料是不可靠的。某些英国地质学家制造了混乱，他们信奉大陆漂移，但在他们讲述的故事和绘制的板块构造图中，英格兰是固定的，从不漂移，只让其他的大陆围着英格兰在地球上到处转。

到 20 世纪 50 年代末，古地磁资料已经堆积如山，但需要在解释方面下功夫改进。例如，印度的数据显示，它的视极移曲线和世界上其他地区的情况很不协调。要么是出现了一系列没办法解释的异常数据，要么是印度自己从南半球一路北上，越过了赤道，而且，它的移动速度高达每年 22 厘米，这和赤道相对于其他地区移动速度完全不合拍。随着对数据分析的技术越来越成熟，更多的数据开始显示，以前曾经被认为在全世界都一致的极地漂移曲线竟然在各大陆之间是不一致的。北美和欧洲古生代和三叠纪形成岩石的视极移曲线看起来很相似，但奇怪的是，它们是分开的，就像在醉鬼的眼里把一条线看成了两条线，这两条线相距的宽度对应着现在大西洋的宽度。大西洋的张开是从三叠纪开始的。

---

1 “红飞马”是美孚石油公司的广告图标，以飞马座为原型，从 1911 年开始使用，在这里借喻所有的石油公司。

如果说大陆漂移的假设早就被极地漂移的假设所掩盖了，那么不久就出现了相反的情况。剑桥大学古地磁研究人员得出结论，他们的数据表明，这两种假设都是正确的，这一点后来被普林斯顿大学的研究证实了。地磁极确实在漂移。大陆也确实在漂移。没错，“视极移”现象是由大陆块的运动引起的，但同时地球也在摇晃着，地轴晃动的“真极移”模式叠加在地球移动表面的所有其
119 他运动上。但那是什么运动呢？如果的确是大陆漂移了，那它们是以什么方式漂移的呢？它们从哪里来，到哪里去？如果两个大陆撞在一起会发生什么后果？既然它们显然不是在坚硬的玄武岩上破“浪”前进的，那么它们实际上是怎么移动的呢？所有这些问题在1960年至1968年间得到了令人吃惊的一致性答案，不仅有古地磁学家，还有地震学家、海洋学家、地质学家和地球物理学家。他们的专业随着时间的推移已经分化得越来越远，突然间，这些不同的学科在新的信息流周围聚集起来，涌现出一系列科学论文，对大多数地质学家来说，这些论文的见解相互印证、相互支持，这将会从根本上调整他们对地球动力学的理解。

“这个变化和我们放弃《圣经》故事一样意义重大，”德菲耶斯边说边把他的取样器插进岩层里，“这是一个能够比肩达尔文进化论、牛顿或爱因斯坦物理学的深刻变化。”

这些论文本身都有非常直白的科学标题，其中一些或许由于它们的巨大影响至今依然回响着主题的重要性：“海洋盆地的历史”“陆隆、海沟、大断层和地壳块体”“海底扩张和大陆漂移”“地震学和新的全球构造”。从伯克利、普林斯顿、圣迭戈、纽

约，到堪培拉和英国剑桥，总共约有 20 篇原创论文，它们加在一起，构成了板块构造革命。

现在，板块构造理论已经被人们普遍接受。我上高中的时候，美国基本上没有电视，四年后电视取代了报纸。我上高中的时候是在 20 世纪 40 年代，术语“板块构造”根本不存在，仅仅在我们的物理地质学教科书中有一段非常有先见之明的论述，讲到了关于大陆漂移的运动和机制。今天，在教室里的孩子们会觉得，给他们讲的板块构造故事像高山一样古老，是公元前 4004 年的时候上帝亲自讲给他们老师的。

故事说，一切都在移动，大陆块的轮廓大体上和这些运动没
什么关系，故事还说，“大陆漂移”实际上是一个误称，只是在按 120
照《马可·波罗游记》绘制的棕—绿—蓝三色世界地图中才有意义。地球目前被分成大约 20 个地壳碎块，叫作“板块”。板块边界曲折地穿过大陆、绕过大陆、贴着大陆边缘，插入大洋中部。板块很薄，也很硬，像蛋壳一样。如果以公里为单位，太平洋板块的大小是 97 公里深，1.4 万公里长，1.2 万公里宽。“太平洋板块”不是“太平洋”的同义词，太平洋覆盖了很多板块的整体或部分。有些板块几乎和陆块没有任何关联，例如，科科斯板块、纳斯卡板块。有些板块几乎完全是陆地，例如，阿拉伯板块、伊朗板块、欧亚板块。欧亚板块的很大一部分曾被叫作“中国板块”（China Plate)。天啊！瓷盘子（china plate）？一些地质学家可能看不出这里的幽默。1960 年，哈里·海斯以他的《海洋盆地的历史》揭开了这个新故事的序幕，他在文章一开头是这么说的：“海洋的诞生

是一个猜想的问题。诞生后的历史是模糊的，而它现在的结构才刚刚开始被认识。关于这些主题的猜想和推测令人着迷，多如牛毛，但过去十年前的猜测绝大多数都像瓷盘子一样盛不住水，站不住脚了。”某些大板块约有一半被海洋覆盖，如，南美洲板块、非洲板块、北美洲板块。澳大利亚和印度是同一板块的不同部分。它的形状像一个回旋镖，两头都有陆地。它可能正处在分裂成两个板块的早期阶段。北半块的运动略有不同，但和南半块之间没有明显的边界。在非洲，大裂谷以东的地块在分离过程中已经走得足够远，可以叫作“索马里板块”，但还没有形成连续的边界。大陆本身并没有漂移，也不是在海上航行的游轮。大陆是板块的高部位。从东到西，北美洲板块开始于大西洋中部，结束于旧金山。从西到东，欧亚板块开始于大西洋中部，结束于鄂霍次克海。

是板块在移动。所有的板块都在移动。它们移动的方向不同，速度也不同。亚得里亚板块正在向北移动。非洲板块紧跟在它的后面，把它推向欧洲——把意大利像钉子一样推向了欧洲——从而形成了阿尔卑斯山。南美板块正在向西移动。纳斯卡板块正在向东移动。南极洲板块就像河里的浮冰一样，在旋转着。

121 地质学以前只有过两次理论建树，一次是亚伯拉罕·维尔纳的“水成论”体系，一次是詹姆斯·赫顿的《地球的理论》。和那两次一样，板块构造理论把众多不同的现象综合成一个简单的故事。在板块分离的地方，产生海洋。在板块碰撞的地方，形成山脉。当海洋生长时，两岸会分离开，中间形成新的海底。板块的后缘不断形成新的海底。板块前缘的老海底俯冲到深海海沟下面，如，千岛海沟、阿留申海沟、马里亚纳海沟、爪哇海沟、日本海沟、菲律宾海沟、秘鲁—智利海沟。海底进入海沟后能下潜 640 多公里。在下潜的过程中，一些海底岩石熔化了，降低了密度，然后形成白热化熔融和液态的岩浆上升到地球表面，在那里形成火山，或者在地下停止上升，成为岩株、岩基、岩盘和岩床。世界上大多数火山都排列在海沟后面。几乎所有的地震都是板块边界的运动：板块分离，新物质进入，板块后缘会发生浅层地震；一个板块剧烈地从另一个板块边上滑过，就像圣安德列斯断层那样，板块的滑动边缘会发生浅层地震；任何从浅部到深达 640 公里以下和位于海沟之外的深部地震都是因为那里俯冲下去的板块正在被消耗着，例如，1923 年的日本地震、1950 年的智利地震、1964 年的阿拉斯加地震和 1985 年的墨西哥地震。一位地震学家发现，海沟下的深地震是一个板块沿着 45 度倾斜的面俯冲下去造成的。当大洋海底俯冲进海沟并被消耗时，平均角度就是这样。拿一把刀去切一个橙子。如果垂直切下去，就会在橘子上形成一个直切口。如果刀片倾斜 45 度，橙子表面上的切口会成为弧形。如果刀子在橙子内部熔化，橙子皮的毛孔中就会冒出小火山来，一起排成弧形，这就是火山岛弧，例如，日本、新西兰、菲律宾、新赫布里底群岛、小安德列斯群岛、千岛群岛和阿留申群岛。

如果一条海沟沿着一块大陆的边缘延伸，俯冲的海底下潜到大陆块下面，那么，大陆边缘的地形就会上升。这两个板块相互挤压会形成山脉，火山也会出现。秘鲁—智利海沟就是紧贴着南美洲的西海岸。纳斯卡板块向东移动，俯冲到海沟之下。在隆起的安

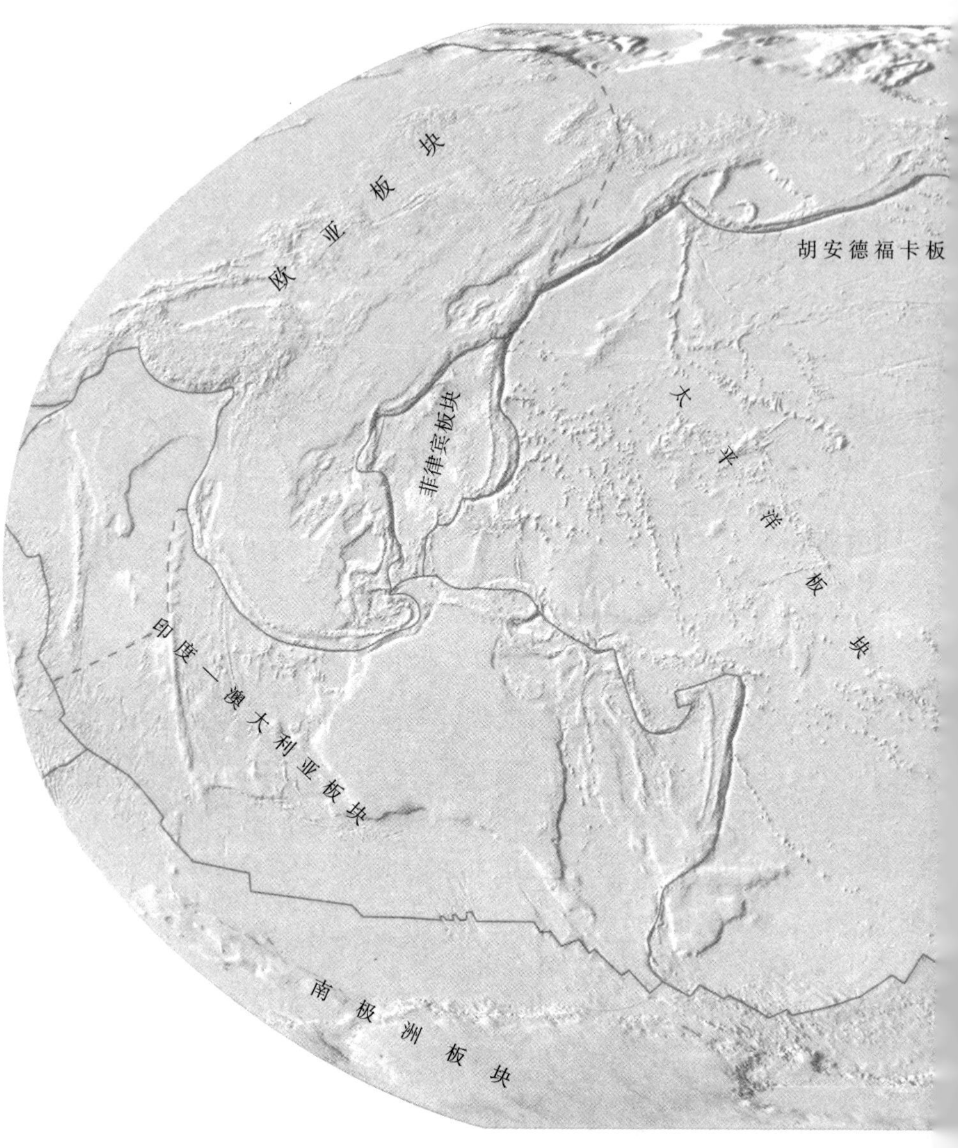

图 1-3　地球上几个主要的岩石圈板块和一些小板块

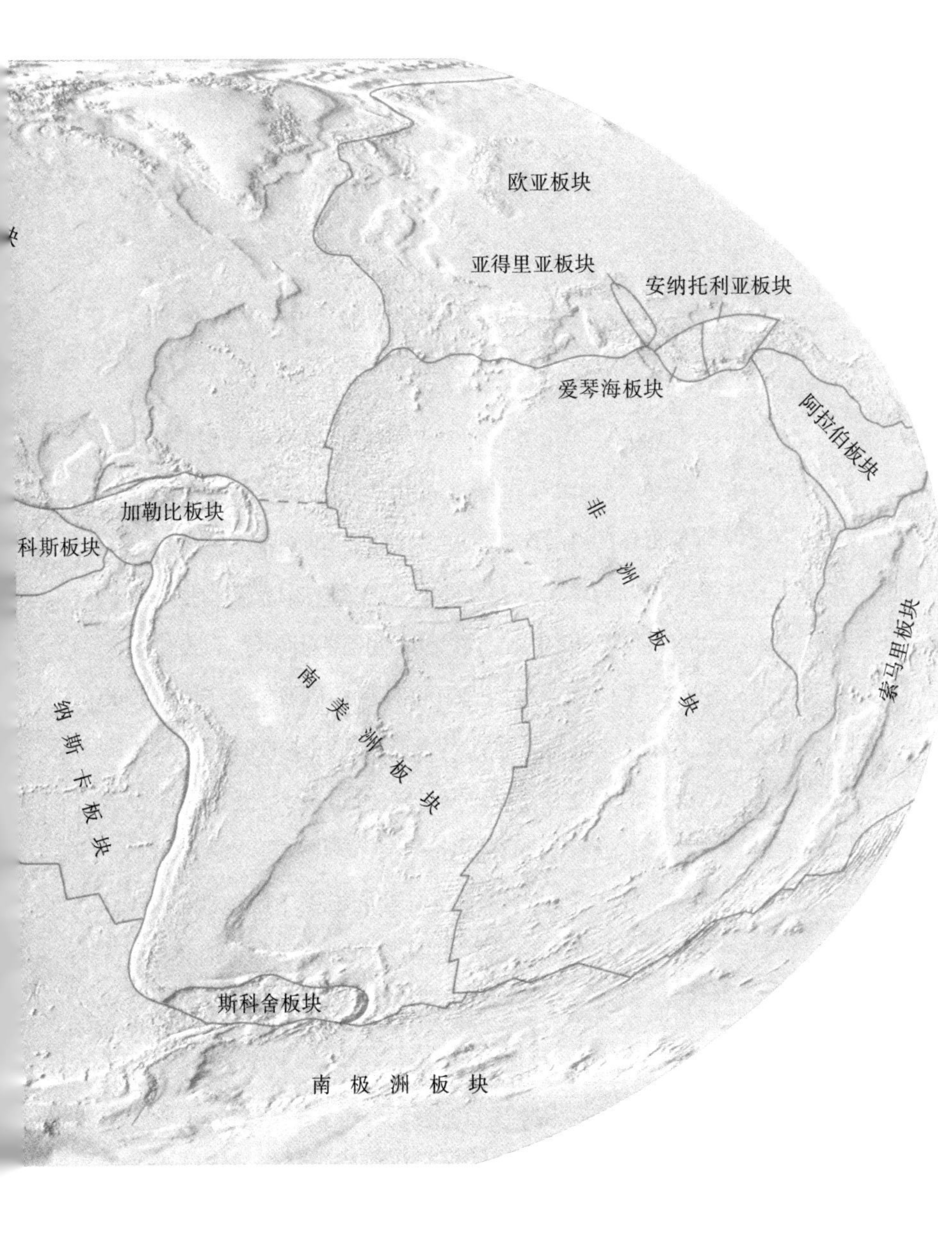

欧亚板块
亚得里亚板块
安纳托利亚板块
爱琴海板块
阿拉伯板块
加勒比板块
科斯板块
非洲板块
索马里板块
南美洲板块
纳斯卡板块
斯科舍板块
南极洲板块

第斯山脉中分布着 6400 公里的火山带。俯冲的太平洋海底在大陆边缘下面熔化，这帮助大陆边缘升高了6000 米。

海底是大洋型地壳，密度大，足以俯冲到海沟里，而大陆块太轻，浮力大。当一块大陆往海沟下俯冲的时候，会被卡在那里，造成海沟的严重破坏。即使大陆的一部分会俯冲到几十公里深，最终也会被卡住。澳大利亚就是这样一个大陆，它塞住了海沟，把地表拱起来形成了新几内亚山脉，有 5000 米高。

两个大陆块在走向最终碰撞的过程中，逐渐封闭它们之间的
124 海洋，扎进海沟，导致海沟的闭合；当两个大陆对撞时，它们的前缘汇聚成一条高耸的缝合带疤痕，两侧的大陆块缝合起来形成了一个新的更大的大陆块。乌拉尔山是这样的一个缝合带疤痕，喜马拉雅山也是。喜马拉雅山是印度—澳大利亚板块最辉煌的成就。印度板块在渐新世时迎头撞向中国的西藏，强烈的撞击不仅使板块的边缘产生褶皱、弯曲，而且还俯冲到新形成的青藏高原之下，把喜马拉雅山抬高了 8800 多米。喜马拉雅山遇到了麻烦。印度板块还在推它，它还在上升。它的高度和体积已经很巨大了，开始被自身产生的放射性热熔化。1953 年，当登山者在它的最高山峰插上旗帜时，是把旗帜插在了积雪上，积雪下则有生物骨架化石。曾经养育了那些生物的温暖清澈的海洋已经在印度板块在向北漂移时消失了，而那些生物的骨骼遗骸可能被埋藏到 6000 多米深的地方，形成了化石。这一事实本身就是一篇关于地球表面运动的论文。如果我只能用一句话来描述这一切的话，我会选择这样一句话：珠穆朗玛峰的顶峰是海相石灰岩。

板块在生长、收缩、合并、消失，它们的数量会随着时间变化。它们改变着漂移的方向。上新世以前，加利福尼亚州外侧有一条海沟。海底从西向东俯冲到海沟下面，一连串火山开始喷发。在火山之下，熔化的地壳大量冷却后形成了新的花岗岩岩基。盆岭省的断层活动把这些岩基抬升到近 4270 米的海拔高度，风化作用把它们雕刻成了内华达山脉。

当大洋底的地壳进入海沟时，那里会很凌乱，因为它顶部的 125
部分被刮掉了。它们最终会坐在另一个板块上，曾经在几千公里外形成的大块大块的大洋地壳现在不可思议地加入了大陆的形成过程。加利福尼亚州的海岸山脉，包括瓦莱霍的山脉、圣西门的山脉和旧金山的山脉，都曾是一种大陆坡，后来被外来的地块推挤出水面，里面有大片的海底岩石，岩石中有大量的海洋和大陆的物质，地质学家叫它们“弗兰西斯科混杂岩”。地质学家过去曾为获得博士学位而在弗兰西斯科混杂岩里拼凑地层学故事，在散布在这里和那里的岩体中找层理面，然后用虚线将它们连接起来。板块构造揭示出，在混杂岩中没有地层，没有连续沉积的故事，只有一座用推土机撮起来的混杂物品堆成的山。盆岭省的断裂活动开始后不久，大洋板块的向东运动就停止了。板块开始向另一个方向移动。那个时候，那条海沟不再是一条海沟，取而代之的是圣安德列斯断层。

在旧地质学中，造山运动被看作是一系列有节奏、时间间隔长远的运动，部分原因是均衡调整的结果，另一部分原因是“地球力”的作用，但对什么是“地球力”并没有进行更多的解释。当山脉解体时，它们剥蚀下来的物质沉积在巨大的凹槽、凹陷、地壳的下凹处，这些地方被称为“地槽”。“地球力”形成了地槽。沉积物在地槽中积累，沉积物被本身的重力进一步压进到地幔中，直到地幔再也容纳不下它们，然后出现了“蹦床效应”，这是一种均衡调整引起的反弹，使地槽里的物质上升。墨西哥湾就是地槽的一个很好的例子，落基山脉的大部分都曾躺在地槽里，有超过 7.6 公里厚的粉砂、砂、泥、粉砂岩、砂岩和页岩。“南方将再次崛起！”德菲耶斯曾经说过，这一体积庞大的沉积体总有一天会被抬升到远远高于海平面的高度，再被风化作用和褶皱作用分割成一条条山脉，就像苹果变老变干后，苹果皮会长皱纹一样。这些造山运动的稳定节奏被叫作“地球交响曲”：前寒武纪晚期的阿瓦隆造山运动、奥陶纪晚期的塔康造山运动、泥盆纪晚期的阿卡迪造山运动、
126 密西西比纪时期的鹿角造山运动、宾夕法尼亚纪—二叠纪的阿勒格尼造山运动、白垩纪—第三纪的拉勒米造山运动。这是一个全球隆起效应的缓慢进程，是可以预见的稳定有序的历史进程。到 20 世纪 60 年代末期，交响乐已经到了最后一个高潮，随老旧的爱奥利亚调式一起被束之高阁。造山过程已经变成了一个随机碰撞的故事，变得不可预测，成为板块运动的即兴表演。当大陆碰撞或海沟堵塞时，板块可能会放弃以往的行进路线，转而“另谋生路”。在板块理论中，阿瓦隆、塔康、阿卡迪和阿勒格尼造山运动现在被看作是同一事件的连续部分，而不是不同的事件，它们和一个名叫“伊阿珀托斯”的大洋相关。伊阿珀托斯大洋基本上占据了今天大西洋的位置，它两侧的大陆并不是迎面碰撞，而是像剪

刀一样从北向南闭合，在它们连接起来的边界处发生了褶皱和断裂作用，形成了阿特拉斯山脉和阿巴拉契亚山脉。这是发生在古生代的故事，运动最终停止了。中生代，一种全新的动力学过程发展起来，同一地区的地壳开始拉开，分裂成块体，形成了一个新的地质省，一个地跨欧—非—美三洲的“盆岭省”。这些地块不断分离，直到形成新的板块边界，形成一个新的海洋盆地，这个盆地一度看起来很像今天的红海，最终，不断变宽，扩张成为一个大洋盆地。

10

地质学革命的早期主要聚焦在探究海底的活动机制。矿物学家哈里·海斯在普林斯顿大学教书，他曾在第二次世界大战期间担任一艘武装运输舰的舰长，带着部队完成如登陆去对付硫磺岛上的疯狂抵抗，以及向林加延湾的海滩发射火箭的任务。地面上的巨响几乎没有分散他的注意力。他的舰艇携带了一种新型的回声测深仪，不管打没打仗，他从来没有关掉它。测深仪的“笔尖”一直在勾画着海底的地形。在他发现的很多东西中，有一些是死火山，
127 分布在太平洋的海底，像是托盘上的“好时之吻”巧克力。它们都有一个很显眼的特征，顶部是平的，显然是被海浪削蚀的。它们大多数被几百米深的水覆盖着。他不知道这是怎么形成的，就用普林斯顿大学 19 世纪一位地质学家的名字命名它，叫“盖奥特”。然后，海斯继续航行。

第二次世界大战是一次技术集萃。20 世纪 50 年代海洋学家中最著名的是哥伦比亚大学的布鲁斯·海岑和玛丽·塔普，他们用新型的回声测深仪和质子旋进磁力仪绘制了非常详细的海底图，从某种意义上说，他们是第一次看到它。（今天，最精细的图已经被归为机密了，因为它们揭示了潜艇藏身的地方。）在他们的图中，比海沟更引人注目的是海底山脉，它们比一般海底高出约 1800

米，像一条接缝穿过全球每一个大洋。它们被叫作“海岭”，或者“洋脊”，如：大西洋中脊、东南印度洋洋脊、东太平洋洋脊。它们从中央脊线平缓地向外降低，形成的缓坡能延伸好几百公里，直到深海平原的边缘，如哈特拉斯深海平原、德梅拉深海平原、塔斯曼深海平原。大多数海底山脉的脊线正下方是一条高高的纵向峡谷，这条沟槽标志着顶缘线。这些构造最终被认为是裂谷，因为它们被证明是分离板块间的边界。早在 1956 年，哥伦比亚大学的海洋学家就收集了地震数据，表明在所有地震中有很大一部分是发生在大洋中脊的裂谷里。在 1963 年《禁止核试验条约》的期盼下，建立了一个由一百多个地震监测站组成的全球系统。这个地震监测系统的观测数据支持哥伦比亚大学的结论，当然，还观测到其他一些地震。如果要进行地下核试验，就必须能够探测到其他国家的核试验，因此冷战的一个副产品是地震数据的剧增。整个板块构造是发生在板块边界上的暴力活动，而板块构造理论的建立在很大程度上是得益于战争工具的发展。地震“聚焦”在地球开始移动的地方，沿着像圣安德列斯这样的转换断层聚集，这时
震源很浅。震源可以很深，比如在海沟里。资料在积累着。新地 128
震学数据的全球分布图显示，地震不仅沿着海底山脉的中脊聚集，而且沿海沟和转换断层聚集，最终的结果是用地震带勾画出了地壳板块的轮廓。

对于海斯少将（这是他当年在美国海军预备役部队时的军衔）而言，很明显，海底正从洋中脊向外扩张。在洋中脊的深裂缝里，新的海底不断被创造出来。他思索着当时所能认知的尽可能多的

相关现象，整理了他自己的研究和1960年以前其他人发表的著作，并在那一年写下了他的《大洋盆地的历史》。在20世纪40年代，代尔夫特的一位教授写了一本书，名叫《地球的脉搏》。他有点调侃地宣称，在地质事实之间存在空隙，而这些空隙往往被具有“浪漫地质”色彩的成分所填充。现在，海斯很幽默地接受了这个词，并在他论文的第一段中就说，他“除非必须，绝对不踏入幻想领域”，尽管如此，他还是把他即将呈现给读者的论文看作是“一篇浪漫地质的文章”。他没办法确定他的哪一个假设可能是凭空猜想，哪一个将来回忆起来会被认为是超前的见解。他的标准只能是这些观点看上去对他自己很有吸引力。他从这篇论文开始，认定他的“海底平顶山”是在扩张中心形成的火山，它们突出在海面上，受到海浪的冲击。随着洋底的移动，它们慢慢地向下移动到深海平原，并最终“扎进颚式破碎机一样的深海沟”，在那里它们被消耗掉。“地球是一个动态的机体，它的表面在永恒地变化着。”他写道。他同意其他人的看法，驱动这种变化的力量必定是来自地幔深处的“热力”，在这个巨大的旋转着的“细胞”中运动着。这种认识自1839年以来一直以这种或那种不同的形式存在着，至今仍然是一种普遍的猜测，用于回答一个悬而未决的问题：什么是板块构造的驱动力？海斯推断，新海底形成过程中的“热力”还保持着洋脊的高度，并把新生海底物质向外推，然后逐渐冷却和下沉。洋脊看来并不是永恒的，海底完全是“短暂的”。“事实上，整个海洋几乎每三亿到四亿年就被清理一次，被新的地幔物质代替，”他写道，那就不要怀疑大洋地壳实际上只用一半的时间内就

被消耗掉了，“这解释了大洋底的沉积物为什么那么薄，海底火山 129
为什么那么少，以及为什么目前没有找到比白垩纪更古老的岩石。”在文章最后，他说：“作者试图建立一个海洋盆地演化模型。虽然几乎不能确定所有假设都是正确的，但这似乎是一个很有用的理论框架，可以用来检验各种各样与海洋有关的假说。希望这个框架经过必要修改和补充之后，最终能够成为一个全新的、更站得住脚的理论基础。”

1963 年，剑桥大学的德拉蒙德·马修斯和弗莱德·瓦因发表了一篇非同寻常的科学论文，为海斯的理论提供了有力的支持。在海洋中来回拖动的磁力仪记录了两种不同强度的磁场。绘制在地图上，这些磁场的强弱差异呈现出条带状，延伸方向和大洋中脊平行。洋脊中心的磁强度是一致的。从洋脊向外移动，强弱程度不同的磁条带变化着宽度，从几公里到八十公里不等。瓦因和马修斯在剑桥大学喝茶聊天时想到，利用这些数据可以把哈里·海斯的海底扩张和古地磁倒转的时间间隔联系起来。结果表明，二者吻合得很精确。较弱的磁条带和地球磁场倒转的时间相匹配，而较强的磁条带和磁极与今天北方的时间相匹配。另外，这两组磁条带——它们从洋脊向外移的时间记录表——看起来是对称的。海底不仅仅在扩张，它还在记录着自己的年龄。L. W. 莫利，一个加拿大人，独立得出了同样的结论。瓦因和马修斯的论文是 1963 年 9 月发表在《自然》杂志上的，在板块构造理论发展中占据了重要位置。同年 1 月，莫利向《自然》杂志的编辑们提交的论文表述了几乎相同的观点，但编辑们没有打算接受这些观点，因此，莫利转而把这篇论文提交给美国出版的《地球物理研究杂志》，该杂志立刻拒绝了。莫利接到被退回的稿件，给他的答复是，他的想法很适合在鸡尾酒会讲讲，但不适合在严肃的学术刊物上发表。

130 证实瓦因和马修斯假说的数据开始积累起来，最有力的支持是美国国家科学基金会的“艾尔塔宁”号轮船穿越东太平洋洋脊时测到的海底磁剖面。“艾尔塔宁”号的数据显示，随着远离扩张中心，海底变得越来越老，在洋脊两侧各两千公里的距离内对称性都很好。整个20世纪60年代，船只一直拖着磁力仪在大洋中航行，由计算机程序最终把海底数据跟船只在海面的往返路径联系起来。钾—氩定年法测定出了过去350万年里地球磁极倒转历史的完美记录。哥伦比亚大学的地质学家计算了这些年中海底扩张的速度，然后假设，这个速度在更早期是恒定的。基于这个假设，他们推断出一个更长时间的古地磁年代表。后来改进的放射性定年法认可了这一方法的准确性。他们用这个年代表迅速绘制了大洋盆地的历史。和大陆的地质图相比，这是一幅美观而简约的图画。正如斯坦福大学的古地磁学家艾伦·考克斯在一本题为《板块构造与地磁倒转》的书中所描述的那样：“海底的结构就像一组树轮一样简单，就像现代银行支票一样，带有容易识别的磁信号。”

与此同时，多伦多大学、哥伦比亚大学、普林斯顿大学和斯克里普斯海洋研究所的地球物理学家们正在填补板块构造范式的最后一个主要组成部分。他们计算了板块运动部分在球体上的几何学形态，揭示出变形只发生在板块边缘，绘制出板块的相对运动图，并首次绘制了全球板块边界图。

海斯曾经说，整个海洋会以相对的频率“被完全更新”，如
果他是对的，那么大洋的深海底就不应有古老的岩石。自 1968
年以来，“格洛玛挑战者”号和“乔伊德斯分辨”号钻井船先后
周游世界，除了寻找其他问题的答案，还在寻找最古老的大洋岩
石。到今天为止，找到的最古老的岩石是侏罗纪的。在一个有着
45.6 亿年历史的世界里，大陆地盾岩石的年代可以追溯到 39.6
亿年，而人类从海底挖到的最古老岩石只有 1.85 亿年，地球的年 131
龄是海洋最古老岩石年龄的 25 倍，这确实令人吃惊。最古老的洋
底似乎可能出现在西北太平洋。1969 年，“格洛玛挑战者”号驶
向那里。船上有两名苏联人，他们认为很可能会发现比侏罗纪更
古老的岩石，比如说，古生代的岩石。他们带着伏特加酒，准备
去为出现在甲板上的第一只三叶虫干杯。三叶虫是古生代的标志
性化石，是在寒武纪早期来到这个世界的，在二叠纪的大灭绝中
永远消失了，比现代海洋中发现的最古老岩石的年龄要早 6500 万
年。正如预想那样，从夏威夷向西，钻到的大洋基底变得越来越
古老。然而，当钻到马里亚纳海沟边缘时，苏联人失望了。伏特
加喝不成了。哦，但是在海沟的另一边，是菲律宾海板块的海底，
那里可能有更古老的岩石吧？船拉起钻杆跨过海沟。这次钻到的
岩石是中新世的，差不多是侏罗纪海底年龄的十分之一。苏联人
绝望地摔碎了伏特加。干杯！尼尔·阿姆斯特朗和埃德温·奥尔
德林，他们这时候正在月球上漫步呐。

11

“在过去，我们会把这儿叫作北美洲，”德菲耶斯一边说，一边把又一根透明的管子插进沉积岩层，“我们现在想到了板块。板块构造革命来得出乎意料，几乎没有一点先兆。在一场政治革命之前，总会有点风起云涌吧？在20世纪50年代，当我还是一名研究生的时候，普林斯顿大学几乎所有的教员都认为大陆漂移完全是胡扯。几年后，哈里·海斯破门而入。我原以为我的职业生涯中不会有这样的事情发生。石油和采矿业似乎足以让人维持生计了。但现在这样的事发生了，它是如此深刻，以致带动了整个科学。我们过去认为大陆像洋葱一样在老岩石周围一层一层地生长。这种认识被板块构造理论推翻了。现在我们可以看到，一座山脉的形成
132 竟然有如此惊人的速度。大陆和大陆间的一次碰撞只是一个事件在一个有限地方的终结。当阿巴拉契亚山脉和乌拉尔山脉被识别出是大陆与大陆间的缝合线之后，人们说：‘好吧，加利福尼亚州有缝合线吗？在哪里？’当然有啦！至少有三条。地质学家们不停地雀跃欢呼：‘我找到缝合线了！我找到缝合线了！’在找到的每一条缝合线中，都有一个很大的岛屿封闭了一片海域，并且撞击了美国，就像印度撞击中国的西藏，就像科迪亚克岛一样，这个‘迷你印度’即将撞向阿拉斯加。在西部这里已经发现了太平洋中部的

化石，以及在赤道以南 1600 公里的地方形成的石灰岩。加利福尼亚的地层中有很多外来的生物化石，它们和新几内亚岩石中的化石有亲缘关系。有好长一段时间，人们在到处寻找缝合线，并去给那些已经不存在的大洋起名字。第一块小陆块从西边撞上来是在密西西比纪的时候，上冲到北美大陆上约 64 公里，这可不是一个小距离。这次撞击造成了卡林不整合面下面岩层的倾斜。它的旧名字是'鹿角运动'。在三叠纪早期，第二个小陆块撞上来了，形成了戈尔康达逆冲断层，骑在第一块小陆块的后缘上逆冲了近 800 公里。侏罗纪时，第三块来了，在萨克拉门托附近的某个地方形成了缝合线，于是，完整的加利福尼亚州差不多形成了。我曾经读过一篇文章，说两位地质学家在西伯利亚发现了一个外来地体，是从北美分离出去的。上帝赐予我们，上帝又夺去了[1]。"

我提起我读过一篇《地质学》上发表的论文，是八个地质学家联名写的，他们不接受板块构造理论。

德菲耶斯说："现在的确还有些人走路磨磨蹭蹭的，不愿意跟上时代的步伐。"

我问德菲耶斯，尤因塔山脉能用板块理论来解释吗？尤因塔山脉是落基山脉的一条支脉，离海有 1120 公里远。这条山脉是东西向延伸的，和周围数千公里范围内的其他山脉都不一样。如果西部的科迪勒拉山脉是由板块碰撞抬升起来的，那么尤因塔山脉是怎么形成的呢？为什么和其他山脉呈直角相交呢？

1 借用了《圣经》里的句子，"上帝赐予的，上帝又剥夺了"。

他说："你一定和研究落基山脉的地质学家聊过。"有好一阵儿他什么也没说，而是从土里挖他的样品，我把这块样品从取样器里取出来，这是一块完美的样品。然后他说："尤因塔山脉的北面是一堵高耸的陡壁，很壮观。你一走近它，就会突然看到这条山
133 脉构造的边界。但你看不出它是怎么跑到那儿的。尤因塔山是个谜。它不是盆岭省的一个断块，但它几乎是垂直上升的，几乎没有挤压的证据。你只能站在那里，看着它直刺天空。它和我们对板块构造的认识并不相符。总体说来，落基山脉将是世界上最后一个等待解释的地方之一，而这之前需要回答：形成它需要多少次碰撞？在什么时间？在什么地方？"

那篇发表于《地质学》的文章是基于一项在 20 世纪 70 年代末流传的问卷调查。结果表明，40% 的地质学家认为板块构造理论"基本上已经站住脚了"；有些地质学家认为"能站住脚了"，但还需要进一步验证，持这种看法的人数差不多也有 40%；11% 的人认为这一理论"没有得到充分的证明"；7% 的人说他们在 1940 年之前就认可"大陆漂移"了。直到 20 世纪 80 年代末，还有 6% 的人认为，板块构造"仍有疑问"。还有一位地质学家曾经预言，这一理论最终会被推翻。

"在任何一个特定时刻，没有两个地质学家的头脑会以完全相同的水平去接受飘浮在他们周围的所有假说和理论，"德菲耶斯说，"很多观点都处于被接受的不同阶段。科学就是这样发展的。有完全接受的观点，有正在形成中的观点，这些观点从字面上看都是半生不熟的，还有值得人们半夜听到就兴奋地互相转告的

观点。所有的科学都有推测的成分，但很少有科学像地质学一样包含那么多的推测。特拉华水峡口是一个巨大湖泊的出口吗？这个湖泊所有其他的痕迹都消失了吗？地貌学家会告诉你，原则上，这个观点是可以接受的，但你必须查证一些信息。在石油钻探中，你要做好准备，只能依靠不完全的信息去采取准确的行动。物理学家会那样做吗？见鬼吧，绝对不会。他们想在他们的惠普电脑上算到小数点后面第七位数。地质学家则不得不根据最大统计概率去选择行动方案。于是，地质学的作风就是充满了推论，而且，这些推论也在变化着。从来没有人见过地槽。从来没有人见过凝灰岩的熔结过程。从来没有人见过花岗岩岩基的侵入过程。”

由于我在帮他挖掘取样坑，我觉得我有权利去评论一下他的地质学在我眼中的文学风格。

“这里有本质的区别，”他说，“文学作品的作者可能并不想 134
要微妙、复杂、含蓄和暗示，这都是批评家们和写博士论文的学生们带来的。”

“这是上帝对地质学家的评价。”我一边对他说，一边用那把断成两截的铲子去铲沉积物。

“你可能还记得阿奇劳斯对地震的解释吧？”他神秘兮兮地说，“说地震是由囚禁在地下洞穴里的空气引起的。当这些空气试图逃脱时大地就摇晃了。那个年代每个人都知道地球在胀气。”

德菲耶斯说，他曾问过他的朋友杰森·摩根，如果让他再发表一篇论文，他打算写什么——摩根已经发表的论文《洋脊、海沟、大断层和地壳块体》定义了板块的边界。摩根说，他不知道，但接下来最刺激的事可能就是证明这个理论是错误的。

这是一个大逆转，相当于对《创世记》的批判。我记得加州大学戴维斯分校的埃尔德里奇·穆尔斯告诉我，在板块构造革命的鼎盛时期，他作为一个研究生对这场革命的感受是什么：他说他的激情和兴奋就像在“一场崇高的战争”中登陆瓜达康纳尔岛[1]一样。塔尼亚·阿特沃特是一位海洋地质学家，当时她是斯克里普斯海洋研究所的研究生，后来成为麻省理工学院的教授。在一封她写给斯坦福大学艾伦·考克斯的信中，再现了当时的真实情景和自己的感受：“海底扩张是一个很奇妙的概念，因为它能够解释很多我们已经知道的东西，而板块构造则真真切切地给我们安上了自由飞翔的翅膀。它给了我们一些明确的规则，我们可以预测在未知的地方会发现什么。……从板块构造概念被引入的那一刻起，圣安德列斯断层系的几何学就成为一个有重要意义的研究对象。在丹·麦肯齐和鲍勃·帕克告诉我这个观点的那天晚上，我们一群人正在拉霍拉的小巴伐利亚喝啤酒。丹在一张餐巾纸上画着。‘啊！’我说，‘但是门多西诺断层的走向呢？’‘这简单！’给我画了三个板块。就这么简单！那天晚上，那三个板块几何学形态的简单和威力抓住了我的心，从此再也没有松开。一个人脑子里散乱的事件突然通过一个小窄缝落入一个井然有序的框架中，那种感觉
135 是令人惊奇的。脑子里就像是刮起一场大风暴。这就是那天晚上

1 第二次世界大战期间，以美国为首的盟军在瓜达康纳尔岛对日本侵略军发动进攻，1942年8月开始登陆，经过多场激烈战斗，于11月夺得瓜岛制海权，转年2月胜利占领瓜岛，标志着盟军从此转入战略进攻，掌握了战略主动权。

发生在我身上的事，这也是在研究和讨论美国西部板块几何学时我和其他人经常感觉到的事。板块构造研究最好的一点是它让我们所有的人开始交流。研究岩石力学性质的人，鉴定深海显微化石的人，在蒙大拿州进行构造填图的人，大家突然都开始关心起彼此的工作。我想我有一半的时间都是在和来自不同领域的人交谈和倾听，一起探讨所有这些资料应该如何结合在一起。当某些资料真的很好地组合起来了，就会有一种精神上的愉悦和奇妙的兴奋。我想，人类的大脑一定是非常热爱秩序的。”

在令人兴奋的板块革命发生之前，德菲耶斯已经进入了壳牌公司。他是在油田长大的，逐渐喜欢上了那里的人，他钦佩钻工们的技能和独立性，以及他们在危险的生活工作中表现出的干练。“像斗牛士一样，你要很小心。尽管不是那种时时处处都要去冒险，但危险总是在那里潜伏着。你会被砸倒、烧死、窒息，被爆炸摧毁。钻台上的工作人员在钻孔中快速精确地套井管，任何一件设备都能同样快速地把你的手切断。”很小的时候，他就经常和父亲一起进入油田，父亲的工作场地经常变换：俄克拉何马城、哈钦森油田、大本德城、米德兰、霍布斯、卡斯帕城。德菲耶斯十几岁时曾在卡斯帕市民交响乐团任圆号手。他参加过高中辩论队，据他自己回忆，是个辩论奇才，他说出的分词和动名词的最后音节像锣一样响亮。正是这样特立独行，当别人集邮时，他却在收集石头。为了方便请教，他把他的标本带到镇上的地质学家那里，镇上有很多地质学家，包括保罗·沃尔顿，他在1948年曾建议J.保罗·盖蒂去科威特。高中暑假时，德菲耶斯在地震组担任助理爆破手，并在油井当维护工。当他读完研究生并随壳牌公司搬到休斯敦时，他不仅对即将发生的地质理论革命一无所知，而且对石油成功勘探的萎缩趋势也毫无预感。M. 金·哈伯特是一位杰出的地质地球物理学家，他当时就在壳牌公司，在哈伯特刚好以惊人的准确度预测石油勘探的不景气时，德菲耶斯才在壳牌安顿下来。那时
136 从美国土地上开采出的石油比地质学家发现的还要多，但哈伯特预言了不可避免的能源危机。当德菲耶斯看到哈伯特消失的身影时，他看到了那些看起来最富有成效的岁月正在随之一起消失。他从壳牌公司辞职，开始从事教学工作，不久就在俄勒冈州立大学任教，在那里，他给自己的定位是化学海洋学家，因为那时候海洋里正在发生着很多故事。这所大学向政府购买了一艘第二次世界大战退役下来的小船，把它改装后用来进行海洋研究。“为一家石油公司工作突然变得像为一家铁路公司工作，是一个垂死的行业。现在，在海洋这个新的领域里，新的设备正在被改进，但遇到的问题和我小时候在油田里遇到的一样。在大洋中，我们使用井底压力计和其他油田设备。我能感受到几年前在油田里同样感受到的那种刺激，在船员中共事的也是同样的人群，钻工和非技术工。”

不幸的是，德菲耶斯作为一名海洋学家有一个明显的缺陷：
137 他晕船晕得厉害。他的热情渐渐消退了，开始想办法泡在岸上。时间到了 1965 年 10 月，多伦多大学的 J. 图佐·威尔逊和剑桥大学的弗莱德·瓦因发表了一篇论文，他们在论文中识别出，俄勒冈州和华盛顿州海岸外很奇怪地出现了一块孤立的大洋中脊，后来被叫作胡安·德福卡板块的扩张中心，那是世界上最小的地壳板块

之一。喀斯喀特山脉的火山群在它的海沟后面排成了一条线：胡德山，雷尼尔山，圣海伦山，冰川峰。“大陆漂移是一个假设，为了检验它，我不怕晕船。”德菲耶斯决定预订了一个星期的用船期。他脑子里没有一点具体计划。于是，他拿起电话，打给哈里·海斯，征求他的意见。海斯立即说：“去洋脊，从轴向峡谷里挖几块岩石。希望它最好别太老。”海斯关于新海底在洋脊形成的假说几乎没有人去验证过。这时是在“艾尔塔宁”号测绘磁剖面之前，在“格洛玛挑战者”号航行之前。海斯对德菲耶斯的直接反应就是去检验他自己的假说，而这个检验有可能会让他的假说真伪立辨。

德菲耶斯出海去采捞岩石，但首先他必须找到洋脊在哪儿，所以他用回声测深仪测绘了海底的剖面。洋脊轴部的岩石果然非常年轻，他采到了。但最终让德菲耶斯感兴趣的是测深仪笔尖下画出的海底剖面。俄勒冈州岸外海底扩张中心的剖面轮廓对于他这个在内华达州做过论文野外工作的人来说，该有多熟悉呀。它简直就是盆岭省的一个微缩剖面。新生地壳在扩张，破裂成断块，已成为盆岭省的微缩景观，因为这两个地方都是同一内因的外在表观。这也是 2.1 亿年以前东部三叠纪低地的一个缩影，三叠纪的康涅狄格州、新泽西州，它们的边界断层和玄武岩流，它们的盆地和山岭，逐渐伸展着，拉分开，打开了大西洋。今天的红海是大西洋及其两岸在大西洋刚拉开约两千万年时的样子。今天的红海可能是盆岭省在未来某一时刻的样子。

1972 年 12 月，宇航员哈里森·施密特乘坐“阿波罗 17”号升空，他俯视着红海和亚丁湾，看着这个简单的几何形态，它似乎像是用拼图板拼起来的，非洲和阿拉伯半岛几乎分不开。他告诉指挥中心的人："我不是学习大陆漂移和海底扩张知识长大的。但我要告诉你，当你看到非洲大陆东北部那些小块块拼合得那么好，同时又被一个狭窄的海湾分隔开时，你可以让任何人都去相信大陆漂移和海底扩张。"施密特是那些正在改变对新全球理论看法的80%人群中的一分子。除了宇航员的训练，他还获得了地质学博士学位，他将从月球上带回100公斤岩石。

12

离温内穆卡 32 公里，州际公路正向南延伸进入洪堡山脉。一
只郊狼在路边跑着。它有点茫然，舌头在外面伸着，孤零零的，跑
得很慢。德菲耶斯说，盆岭省的大多数山岭如果有银矿的话，都 138
有一两个银矿床，但洪堡山有五个。我们还去过曾经的拉洪坦湖的
湖底。温泉分布图显示，盆岭省的这一地区热泉活动更多。德菲耶
斯解释说，地壳的伸展在这里更为明显，因此有更多的矿床。他
觉得，当一个海域刚刚裂开形成时，扩张中心就会在它附近的某
个地方。或者可能回到犹他州，在博纳维尔湖底。“但在这儿会连
接得更好。”

“连接？”

“死谷，步行者湖，卡森凹陷。”德菲耶斯打开一张埃克森出版的美国西部地图，铺在我们之间的座位上。他用手指从死谷划到卡森凹陷，再向北穿过州际公路上的洛夫洛克。“大洋将从这里张开，”他重复着，“也许从博纳维尔盆地。但我想在是在这里。”

离公路几公里外是一个 20 世纪 60 年代就已经规划好的城镇地址。本来准备建一些宽阔的街道和一个带喷泉的广场，但施工被耽搁了，然后又被无限期推迟。结果，成了没有鬼魂的鬼城，它原来的名字是“海王星城”。

河在我们的右边，我们绕着洪堡山的鼻子走，唐纳之队和其他大约 16.5 万人曾经在 17 年的时间里，陆陆续续地驾着他们的马车朝着洪堡凹陷、卡森凹陷和没有水的恐怖日子走去。但正如我们现在所做的这样，他们首先来到了宽阔肥沃的绿色平原，那里长满了齐膝高的草，是牛群的食物，这是河流凭空消失前的最后一片沃土。移民们把这个地方叫“洪堡大牧场”，那些年，任何时候都会有大约 250 辆马车停在这里休息。

“三叠纪时，这儿是汪洋大海。”德菲耶斯说，“至少在索诺玛地体撞上来并拼合起来之前，海洋里到处都是远洋鱿鱼。虽然这里不是深海，但水足够深，阳光照射不到海底，因此，海底生物并不占主导地位。”

“你怎么知道它们不占主导地位呢？”

“因为我查看了粉砂岩和其中的菊石，这就是我所看到的。”

139 在时间长河里呈现于周遭的海洋幻境中，我们继续向前行驶，进入了洛夫洛克。警示牌告诉我们：慢！灰尘有害！——洛夫洛克，内华达州 89419。头顶上寒冷的天空中几乎布满了积雪云，只露出一片海湾一样的蓝天。下雪了。雪幕遮住了特里尼提山岭，山谷里的雪向空中逆向飘洒，像失控的山火中冒出的滚滚浓烟。洛夫洛克是 19 世纪中期公共马车路线上的一个车站。整个内华达州都知道，这里是“一个好城镇，但没有好水喝”。《洛夫洛克矿工评论》的一位编辑在 1915 年是这样写的：“在解决水的问题之前，试图吸引人们在这里定居是徒劳的。……也许水不会杀死任何人，但水会把人们都赶走。”1917 年，洛夫洛克被合并成一个三级城市。

它的第一批措施中有一条禁令是，在卫理公会主教派教堂365米的范围内禁止卖淫。另一条是宵禁令，命令在有足够月光的夜晚关掉所有城市里的灯。

贾克斯赌场　慷慨的老虎机

“哥俩好”汽车旅馆 出售汽油

私家水井供水

洛夫洛克种子公司

谷物和饲料

在“洪堡大草原”上，主要的雇主是城郊消费合作社的种子场，它向全世界销售苜蓿。

人行道上的男士们有的戴着牛仔帽，有的穿着三件套西装，有的穿着风衣，还有一个留着胡子的瘦高个穿着工装，有的女士戴着牛仔帽，穿着靴子和牛仔裤。一个瘦削的年轻人从一辆皮卡上爬了出来，皮卡车身漆着黄紫两色闪光的旋涡，车上安装着防滚架，配备低压轮胎、耳机和17盏灯。

在洛夫洛克野马队的球场上方是拉洪坦湖的阶地。牛在田边吃着草。地方法院外矗立着一大块变质花岗岩，上面刻着“十诫”。

第十条： 140

不得觊觎邻人的妻子，

以及他的男佣、女仆和耕牛。

巴森野驴—酒吧—百威啤酒—比萨饼

“喔－啊”汽车旅馆

“洛夫洛克是一个人的名字。”德菲耶斯告诉我。

洛夫洛克商贸

这个写在洛夫洛克商贸大厅檐口上的名字正在渐渐地褪色。它始建于 1905 年，1907 年扩建，现在是公交车站、酒类专卖店、服装店、杂货店、房地产营业处、面包房、“西联”营业处，所有这些都拥挤在一间大厅里。支撑大厅的一根柱子上挂着一条警示：

本厅不收政府的肉票

峡谷对面是断层崖，崖上面的一块岩石上刷着一个大大的白色字母“L”。

我们走进“斯特金小木屋”餐厅，坐下来喝咖啡，背景幕上不停地滚动着樱桃、西瓜和铃铛。玻璃柜橱里有一只美洲狮。从狮子头到尾巴尖有 1.8 米长。这是丹尼尔（比尔）· 米利奇在塔宾山猎杀的。

我把埃克森的地图递给德菲耶斯，让他帮我勾画一下新海域的张开位置，在他看来，哪里将会成为扩张的中心。“当然，大盆

地的所有山谷或多或少都在竞相张开，”他说，“但是，我认为会
在这里。”他开始用铅笔在图上画了两条相距约 24 公里的线。线
条沿着死谷的轴线向上，直抵内华达州，然后向北偏西北穿过玄
武岩镇和煤谷镇，再向北拐，穿过步行者湖、法伦湖和洛夫洛克。
“扩张中心可能会和一条从门多西诺角插过来的转换断层连通。”
他补充着，又画了一条线，从加利福尼亚州海岸连到洛夫洛克北边
一点点。他正在画一个地壳板块形成的草图，他似乎对门多西诺 141
转换断层这条边缘很有信心，因为门多西诺断层的走向现在已经
显现出来，随时会活动起来。他对新板块的南部边缘还不太确定，
因为他有两个选择。加洛克断层在洛杉矶上方呈东向西延伸，可
能成为新板块的一条边；或者扩张中心可能继续向南穿过莫哈韦
沙漠和索尔顿海湖，在加利福尼亚湾和太平洋板块汇合。“莫哈韦
就坐落在那里，附近是一条不连续的盆岭省断裂，”德菲耶斯又画
了一条线，几乎是在喃喃自语，而不是高声喊叫，“在活动的扩张
裂谷南端，无论如何也得有条转换断层。这个即将扩张形成的海
域必须要从那里找个出口。”

现在，他把双手放在地图上，比画着加洛克断层和门多西诺断层，两手之间夹着加利福尼亚州的一大片地方，从贝克尔斯菲城到雷丁城，大致包括旧金山、萨克拉门托和弗雷斯诺，更不用说整个高地塞拉、里诺和内华达州的 4 万平方公里土地了。“你创造了一个‘加利福尼亚板块’，”他说，“现在唯一的问题是：它就是这么大，还是再大一点的？从这到海有多远？”不列颠哥伦比亚省在他的左边，墨西哥在他的右边，旁边是他放在橡木福米卡托盘上

的咖啡杯。海岸紧顶着他的肚子。他移动着双手，仿佛要把加州中部的所有地区都拉到海里去。“这远吗？”他说，“或者，莫哈韦和巴哈也和它们在一起吗？”一列火车轰隆轰隆地驶过小城，平板车厢上满载着飞机引擎。

我的脑子漂移到了屋外。我很好奇，这些居住在海拔 1600 米高处的干燥盆地中的人们会有什么反应，如果这些人知道德菲耶斯在做什么，如果他们听到他们的城市将会变成汪洋大海的消息，他们会怎么想。我很快就知道了答案。

“你说什么？”

“你的脑袋被石头砸了吧？”

“真要那样，我绝不会在这儿，让他见鬼去吧。”

“这有点玄。也许这会发生，但的确太玄了。”

“这事儿如果真的发生得很快，我猜会死几个人。但如果这和很多其他事儿一样，他们会提前几百年发现，然后让人们搬走。无论如何，在那之前，整个世界都可能下地狱。”

142 “你是说咸水、波峰、波谷、大浪花，等等？别担心。你在这里很安全，只要冥王星在外面就行。”

“我们去找条船。”

“这是我几年来听到的最好的消息啦。我会告别这儿，到下面去，为什么？水会在那里给我降降温。我希望是发生在星期六晚上，那样我就不用多洗一次澡啦。”

“这也许是件好事，现在这年月，政客太多了，能多淹死几个。但是，他们可能会得到一条额外的船。我以前是个矿工。哦，我全结束了。但现在他们掌握着机器，所有矿工都没活儿干了。”

“内华达州的整个历史是植物一生的历史，是动物一生的历史，是人类一生的历史，大家都需要去适应非常困难的条件。这里的人是你能找到的最有个性的人。作为地方检察官，我每天都能看到这样的例子。他们希望生活不受政府干预。他们不适应有条理的生活方式。这个地区是由不愿进步的人建立的。他们的生活方式对大多数人来说一点儿吸引力也没有，但他们选择了这种方式。他们选择了其他地方认为无法忍受的条件。所以他们将会很容易适应那些极为奇怪的情况。”

“我在这里已经 33 年了，差不多有一半时间是当市长。我完全想象不到大海会来，尽管我们大多数人都知道，有朝一日这一切都会被水淹没。我知道，我们东边有一条很大的断层，它可能不活跃。但它在你的脑海中留下了印象。”

“每个人都有权发表意见。每个人都有权问问题。如果我认为你的问题没什么价值，我不会去回答。我希望能去钓鱼，挺不错。我也不介意拥有一些海滩设施。如果有确凿的证据表明这里会变成大海，我们应该采取措施让人们远离这一地区。但作为警察局长，我不会惊慌失措。”

“这将是一种改变，这儿将变得有水而不是变成沙漠。上帝，我们可以利用它。我这么说，是因为我是消防队队长。我们这儿一年能接到七十个火警电话，这不算太多，但我们得走 160 公里去扑灭那些该死的牧场大火。我们救不了多少灾，但至少可以把热气扑灭。我在那里建了一个近 40 立方米的水箱，真的很适合没有水的地方。我猜我等不到看见大海来到这儿的那一天，我很高兴，因为我不会游泳。”

与此同时，在“斯特金小木屋”里，德菲耶斯在地图上画下
143 了他修改草图的最后一笔。他说：“索尔顿海湖和死谷现在都在海平面以下，如果它们不是分成几片，中间又不连通，海洋准会在那里。我们在这里拉伸大陆地壳。它会和东非大裂谷、红海、大西洋完全一样。加利福尼亚州将成为一个岛屿。这迟早要发生，只是时间问题。”

第二篇

可疑地体

图 2-1　特拉华水峡口的局部细节，乔治·英尼斯，1859 年绘，蒙特克莱尔博物馆藏画

1

下面这一段概述了美国东部的地质历史，当然，是按照板块 147
构造理论和大陆冰川理论写的。

大约在十亿年前，一个大陆裂开了，这个大陆的大小没有人知道，而裂开形成的古大洋就在今天大西洋所在的位置。这个古老的大洋被叫作“伊阿珀托斯”（Iapetus），因为在希腊神话中，伊阿珀托斯是阿特拉斯（Atlas）的父亲，而大西洋（Atlantic）就是以阿特拉斯的名字命名的。一些地质学家可能感觉他们的科学已经过于机巧了，所以对伊阿珀托斯这位技巧之神有点不太喜欢。他们更喜欢叫它“原始大西洋”。这个古老的大洋比大西洋存在的时间要长得多，但它在古生代期间逐渐关闭了，前后用了大约 2.5 亿年的时间。大洋两侧的大陆块相向移动着，两个大陆的大陆架都发生了弯曲和下拗，最终慢慢地汇聚在一起，这次大陆和大陆的碰撞留下了高山作为标记，它的年龄和阿巴拉契亚山脉一样古老。在中生代时期，大约 2.1 亿年前，裂谷作用又开始了，撕裂了山脉的某些部分，形成了一系列断块盆地，它们的残余部分就是今天的康涅狄格河谷、新泽西州中部、“葛底斯堡战场”洼地、卡普勒盆地。地壳的进一步拉张形成一个新的大洋——现在有 4800 公
里宽，而且还在继续拉宽。与此同时，冰川旋回开始了，这基本上 148

就到了地质学上的近代时期。冰川在哈得逊湾两边形成，并且向各个方向扩散，几乎覆盖了整个加拿大、新英格兰[1]、纽约，覆盖了新泽西州、宾夕法尼亚州和中西部[2]的大部分地区。冰川的形成和消融至少有十几次，周期似乎在10万年左右，根据地球早期历史上的其他冰期判断，这种短暂的周期才刚刚开始，估计还会有五十多次。一些地质学家想把从融化冰川旁的克罗马农人到现在这里产科病房里的婴儿所代表的这段长达一万年的时间独立出来，把它叫作“全新世”，暗示这是我们人类的时间和地盘，而被叫作“冰河时代”的更新世早已经过去了。然而，全新世似乎只不过是一个相对的间冰期。它会持续到下一次冰川期，到那时候，3公里厚的冰川会盖住多伦多，并且堆积在田纳西州。如果说这看起来不太可能，那也只是因为更新世冰川的最南端到目前为止都只到达过距田纳西州120公里的地方。

板块构造理论是20世纪60年代以一种革命的方式爆发的。板块构造理论认为山脉的形成，火山岛、洋脊和深海平原的形成，阿拉斯加州深部地震，圣安德列斯等断层的浅层地震等，都是一个统一故事的不同组成部分，地球的外壳被分成大小不一的块体，这些块体因分裂形成大洋，因碰撞形成山脉，因互相滑动而导致

---

1 指美国新英格兰地区，位于美国本土的东北部，包括缅因州、佛蒙特州、新罕布什尔州、马萨诸塞州、罗得岛州和康涅狄格州等6个州。

2 美国建国初期把阿巴拉契亚山脉以西的地区统称“西部”，后来随领土不断扩大，进一步分为“中西部”和“远西”。“中西部”包括五大湖区和密西西比河流域，指阿巴拉契亚山脉和落基山脉间的12个州，地貌特征以平原和丘陵为主。

建筑物倒塌。安妮塔·哈里斯是一位地质学家，她不接受上面那段文字中所写的一切。她对板块构造理论的态度很冷静。安妮塔·哈里斯现在担心的是，这个理论在学校里教得太高调了。用她的话说："重要的是人们要知道，不是每个人都相信它。在很多大学里，他们只教这些。那些'板块娃'们像疯子一样把大陆移来移去。他们每年都发表论文修改他们自己的结论。他们说，有一个大陆块和北美洲大陆的东部边缘发生了碰撞，形成了阿巴拉契亚山脉。我知道那里的一些地质情况，他们说的是不对的。我当然不是说他们哪儿哪儿都是错的。我思想蛮开放的。但是，板块构造往往过于简单化了，并且被过度地应用。当一些只学了三门地质学课 149
程的可爱的年轻人来和我讨论全球构造时，我会火冒三丈，因为他从来没有去野外看过岩石。"

她说这些话的时候，她和我正在 80 号州际公路上开车向西跑。这是 4 月里一个灰色的早晨，我们正向印第安纳州前进。她带我去"搞地质"，地质学家都喜欢这么说，去看她所说的乡村。我们去了新泽西州、宾夕法尼亚州和俄亥俄州，她除了做其他的观察，还一直在采集石灰岩和白云岩标本，寻找其中所含的牙形石，这是古生代的标志化石。她在这方面的研究成果已经在石油和天然气勘探中发挥了非凡的作用，结果，美孚和雪佛龙、阿莫科和阿科、中国人和挪威人，都去她的门口排队拜访。她开着车，戴着铁路工程师的条纹帽子，穿着羊毛衫，蓝色牛仔裤，蹬着一双裂了缝的旧登山靴，屁股后面的包里放着一小瓶稀盐酸，那是用来鉴定石灰岩和白云岩的。她高高的颧骨，棕色眼睛里透着刚毅的目光，长长的深色头发梳成一对马尾辫，看上去很像一位美国原住民。她中等身材，刚进中年，曾结过两次婚——先是嫁给了一位研究阿巴拉契亚山脉北部地质的地质学家，现在又嫁给了一位研究阿巴拉契亚山脉南部地质的地质学家。她出生在康尼岛，是在布鲁克林威廉斯堡一个廉租公寓里长大的。她的言谈举止和精神风貌没有一点在弗拉特布什工人区生活的痕迹。她的父亲是苏联人，他在以前的国家叫赫歇尔·利特瓦克，住进布鲁克林后自称哈里·菲斯曼，有时则自称哈里·布洛克。据他的女儿说，英文名字对布鲁克林的俄罗斯犹太人来说没有任何意义，她小时候姓菲斯曼，结婚后先姓爱泼斯坦，后姓哈里斯，因此，发表地质学论文时先后用过不同的姓名，这给跟踪和查阅她的专业论文带来一些困难。经过她的允许，我叫她“安妮塔”，把名字中剩下的部分都省去了。她上大学时直接进入了地质学领域，因为学地质学是逃离贫民区的一种手段。她曾对我说：“我知道，如果我进入地质学领域，就永远不必住在纽约了。这是一种逃离的方式。”19 岁时，她从布鲁克林学院毕业。她还记得，当她得知自己可以获得资助“去山里溜达”时，她真是感到又惊又喜。现在，她已经拿着美国地质调查局支付的薪水“溜达”了无数座山。

150 走过俄亥俄州西北部平坦的农田，州际公路爬上了一片令人惊讶的地方，惊讶到足以让安妮塔暂时停下了对板块构造理论的攻击。山丘出现了。它们从地面高高凸起。这片难以理解的地貌和景色像新英格兰一样美丽，森林覆盖着山脊，分布着天然湖泊，有石块垒成的矮墙，以及沙坑和沼泽，槭树和栎树下堆着鹅卵石和大石块。这里是印第安纳州。印第安纳州的这个地方是高低不平的半山区，在以平坦著称的中西部地区形成一片低缓的山丘，稳稳地坐在克拉通上。这块克拉通叫“稳定的克拉通核”，是从来不被扰动的大陆核心部位。整个美国中部都没有受到过构造活动的干扰，在它基底上覆盖的岩层几乎都是平平的，从来没有经历过褶皱，更不用说剧烈的变动了。更为独特的是那些突兀无序的小山，非常明显地堆叠在平地上，好像是州政府特意堆起来的，好让印第安纳州的平坦地形不显得单调乏味。一直到 19 世纪，人们才弄清楚这种地形是从哪儿来的，怎么来的，为什么会成为这样。“仔细看那些大石块，你会看到很多陌生的岩石，”安妮塔说，“红碧玉砾岩、花岗片麻岩、玄武岩，没有一种是来自附近的岩石。它们来自加拿大，已经被搬运了好几百公里。”

近代的冰川连续不断地在陆地上扩张，携带着大量“货物”，这是它们在移动过程中从经过的基底岩石里刮削、撮起、撕裂下来的。冰川把其中的大部分都磨成了砾石、砂粒、粉砂和黏土。当冰川融化时，就会丢下这些“货物”，卸载量能有几万亿吨。最近一次冰川发育时期被称为“威斯康星冰期”，因为它的影响在威斯康星州表现得最明显。虽然如此，它在纽约并不是没有影响。冰川把它的“货物”丢在长岛所在的地方（几乎是长岛的 100%），丢在南塔基特、科德角以及玛莎葡萄园岛的西端。无论冰川的流动在什么地方停止，并且开始融化、后退，它都会在那里丢下大量混积在一起的岩块、砂粒、砾石和黏土，地质学家称之为“冰碛物”，它可以作为冰川退却的标志。冰川停在珀斯安博伊、梅图钦、北普兰菲尔德、麦迪逊、莫里斯镇，留下一条弯弯曲曲的冰碛长垄，这条长垄不仅连接着新泽西州的这些城镇，而且一直延伸到落基山脉。在莫里斯镇以西是古老的结晶岩石，那是地球的基底，很久很久以前曾经被压缩、扭曲，甚至一部分曾被熔化过，冰川经过时从基底上刨下来大量岩石，把它们向西驱赶，一直驱赶到阿巴拉契亚
151 山上，堆成今天见到的连续山岭，被叫作新泽西高地。它们的走向是东北—西南方向，这让人们修筑东西方向的公路变得很困难。只有一个明显的例外，当最后一次冰川丢下它的终端冰碛时，形成了一条东西向的长堤，从一个山脊连到另一个山脊，80 号州际公路就修筑在这条长堤上，这让我们能沿着它一路向西行驶。在整个大陆上，冰川向南伸展的均匀程度和煮沸溢出来的牛奶差不多，它的最大推进线很不规则。在布法罗以南，它没能到达宾夕法尼亚州，但它却深深地插进俄亥俄州、印第安纳州和伊利诺伊州。冰川形成并且开启了尼亚加拉大瀑布。冰川移动了俄亥俄河，挖出了五大湖。冰川分阶段融化、后退，有时在这里或那里停下来，达到暂时的平衡，有时在继续向北撤退之前会先向南前进一点。无论这些停顿发生在哪里，就会像在印第安纳州东北部见到的那样，非常慷慨地留下大量的岩块、巨砾、砂粒和砾石，这些冰川退却的冰碛堆积成大量的岩屑堆。这些冰碛物很不均匀，没经过分选，带有自己的结构样式，地质学家可以在其中看到冰的移动和拖曳，更不用说它的重量和速度了。很久以前，苏格兰农民并不知道是什么作用把这些东西堆放在苏格兰的，他们把这些东西叫“碛土”，用来表达他们的感觉，说它们是“不利于庄稼生长的底土”，是一

种劣质硬地。

“这是个打高尔夫的好地方。”安妮塔说。我们沿着路下坡向左拐了一个 1.8 公里的大弯，她刚说完，我们就和这个“高尔夫球场”平行地跑着了，这里的地形像是扭曲的苏格兰格伦伊格尔斯，又像复制了敦弗里斯，或是传真过来的布莱尔高里[1]。这里距离苏格兰的敦弗里斯郡和珀斯郡有 6400 多公里，但同样都有在冰川沙上天然形成的沙坑和沙窝，有满是低丘缓洼的地面和起伏不平的球道，有锅状陷落的洼地、锅状湖和其他杂乱的球场障碍。“如果你想要建一个高尔夫球场，那就到冰川去。”这是安妮塔·哈里斯的说法，“高尔夫是在苏格兰冰川地貌上发明的，那里有冰碛物，有蛇形丘，还有坑坑洼洼的冰水沉积平原。”她解释说：“当人们建造高尔夫球场时，他们都在仿造冰川景观。全世界都这么干。他们想把乡村变成眼前这样。我见过有推土机在路易斯安那州那样一些平原上堆起大量的土，去模仿建造苏格兰冰碛。这未免太可笑了吧。”

在夏季温暖的下午，从现代冰川倾泻而下的融水使河流变得
湍急，无法横渡，就像华盛顿的苏亚特尔河，融水从格拉西尔峰
上飞流直下，又像阿拉斯加的延纳河，融水从麦金利山脉上一泻如 152
注。从更新世的大冰川倾泻下来成百上千的苏亚特尔河和延纳河，
它们中的大多数现在都已经消失了，只留下了它们的“劳动成果”。

---

1 格伦伊格尔斯、敦弗里斯和布莱尔高里皆为苏格兰地名，因为苏格兰为高尔夫的起源地。

这些河流在冰川前缘建造了广阔的冰碛平原，对大小混杂的岩块进行了分选和磨圆，大鹅卵石比巨石块搬运得要远，细砾石比大鹅卵石搬运得更远，砂粒又比细砾石搬运得远，粉砂颗粒比砂粒搬运得更远，之后融水逐渐失去了动力，砂砾间的空隙里填满了大量的黏土。巨大的冰块不断从退缩的冰川上碎裂脱落下来，留在原地。环绕这些冰块的河流携带着砾石和黏土，它们在冰块周围得以沉积下来。冰块就像复活节时埋在地下的大彩蛋一样，坐在那里慢慢地融化。当冰块彻底融化消失以后，地面上就留下凹坑，把平原弄得坑坑洼洼的。洼地的形状像锅底一样，或者至少是被描述成那样，用地质学的术语说，叫“冰穴”。所有的冰穴都曾经是积满了水的，有些至今还有积水。冰川下发育的河流在弯弯曲曲的沟壑中流动。冰层中的岩石和巨石块落进河里，在冰墙之间形成了厚厚的河床。冰川消融后，河床成了蜿蜒的小山。早期的爱尔兰人把它叫作“蛇形丘”，意思是通路，因为他们用这些蛇形丘作为穿过泥泞沼泽的天然通路。碎屑集中在冰川裂缝中，融化的冰留下了石堆、圆丘、小山岗、低缓起伏的山丘和洼地、小山和斜坡，苏格兰人通常把这些冰川砾石堆成的崎岖山丘叫作“冰碛阜”。在印第安纳州和在苏格兰一样，在拉布雷斯和爱沙尼亚就同在新英格兰和魁北克一样，在所有这些地区中，冰川造成的遗迹都被叫作“冰碛阜—冰穴”地貌。

州际公路在随冰川跳着华尔兹舞，一下到了冰碛平原上，一下又到了苏格兰似的印第安纳州的冰穴和冰碛阜之间。路旁剖面是绿色的，野豌豆覆盖着冰碛物。我们有一段时间离开了 80 号州际公路，是为了更近距离地观察这片坑坑洼洼的冰川地貌。冰川已经离开印第安纳州大约有 1.2 万年了。那里有许多干涸的湖床，到处都是森林。在明尼苏达州北部有一大片湖泊区，跨美国—加拿大边界，所以被叫作“边界水域”[1]，那里的冰川是一万年前退却的，也可能更晚，冰川留下的大部分湖泊仍然还在那里。“边界水域”是一场当代关于湖泊使用和命运保卫战的现场。“再过五千年，这里就没什么好战斗的了，”安妮塔耸耸肩，微笑着说，“明尼苏达州 153
的大部分湖泊可能会像印第安纳州以前的湖泊一样完全干掉。让我们绕着詹姆斯湖、宾厄姆湖、森林湖、龙湖的湖岸走上一圈看看，它们就像马萨诸塞州的瓦尔登湖一样，是冰穴湖。”

湖周围的树林里布满了大石块，每一块都像是个外星来客，其中有几块石头相当大。如果一块巨石块坐在另一种岩石类型的基岩上，显然表明它已经被搬运了一定距离，因而被叫作“漂砾”。在阿拉斯加州，我遇到过一些像办公楼一样大的冰川漂砾，顶上都已经堆起了土壤，上面还长出了树木，就像一堆大石块都长出了头发。在印第安纳州的博卡贡州立公园，漂砾散乱地分布在詹姆斯湖边，像一幢幢漂亮的建筑物俯瞰着湖面，石块有红的、灰的，都是来自加拿大的岩石。红碧玉砾岩来自休伦湖北岸，条带状灰色片麻岩产自安大略省中部。冰川还带给印第安纳州一些小岩屑，如钻石和黄金，它们的来源不太容易追踪。大萧条时

---

1 边界水域是“边界水域独木舟地区”的简称，1958 年正式命名，1964 年列入美国国家荒野保护区，跨美国—加拿大边界，长约 240 公里。

期，在印第安纳州生存下去的一种方法是当一名采淘矿工，从冰川漂流物中淘洗金粒，一天的收入能有五美元。所有的冰川沉积物，无论是分选好的还是没分类的，都叫冰川漂流物，里面没有金块，也没有一粒金粒的重量大于四分之一盎司。但是，这些冰川漂流物中富含细粒黄金，而这些金子是从加拿大东部无从追踪的来源地散播出来的。现代冰川期有一件事很奇怪，虽然世界上五分之三的冰川覆盖了北美，并延伸到伊利诺伊州斯普林菲尔德以南，但阿拉斯加州及其附近的育空河峡谷从来没有被冰川覆盖过，结果，育空河流域的黄金留在了原地，成为世界上发现的最丰富的砂金矿河流。这些砂金没有像别处那样被覆盖的冰川刨走，进而四处散落。印第安纳州的矿工们学会了在淘金盘里去找钛铁矿碎屑，那是一种像豆粒一样大小、含铁和钛的细卵石，几乎总是和砂金伴随在一起。钛铁矿碎屑来自加拿大出露的前寒武纪大陆核部，也就是加拿大克拉通，或被叫作“加拿大地盾”。淘金盘里也有石榴子石，还有磁铁矿、角闪石、刚玉、碧玉和蓝晶石。这些矿物没有一种来自印第安纳州本地，都出自加拿大地盾。印第安纳州的冰川漂流物里有来自加拿大的铜，以及有证据
154 表明也是来自加拿大的钻石。目前已经发现了数百颗钻石，有粉红色的杏仁状六八面体，有蓝色的菱形十二面体[1]，重量都接近五克拉。虽然这和威斯康星州发现的二十克拉重的钻石相比有点逊色，但这些印第安纳钻石仍然达到了被冠名的量级，如：杨钻

1 这里的六八面体和菱形十二面体等都是描述金刚石晶形的专业术语。

石（1898 年）、斯坦利钻石（1900 年）。

钻石来自于金伯利岩管，这是一种火山通道，是由二氧化碳和水的混合物膨胀后在地壳里钻出的一个相对较细的深洞。二氧化碳和水的混合物从地幔内部上升，迅速地把岩浆推向地表，以超声速冲入大气中。这类事件在地球历史上是随机发生的，一个金伯利岩管明年就有可能在任何地方爆炸形成。从那么深的源头迅速上升，金伯利岩管带来了非常独特的物质，这些物质在圣海伦火山的浅层缓慢爆发中或在基拉韦厄的熔岩流中从来没有出现过，其中就包括钻石，人们把这些含钻石的金伯利岩管叫“钻石管”。显然，在印第安纳州或者附近的地区没有钻石管。像巨大的红色碧玉岩块和细小的微粒金一样，印第安纳州的钻石是冰川漂流物。它们是从加拿大运来的，通过观察冰碛物的结构，测量冰川流动留在下伏岩层面上的擦痕和划沟，结合对冰碛鼓丘形状（这些鼓丘看起来像是雕刻的鲸鱼，前脸朝着冰川来的方向）的观察，任何人都可以清楚地看到，到达这个地区的冰川差不多是来自 45 度方向，也就是东北方向。从印第安纳州波利斯市沿 45 度方向画一条线，可以延伸到魁北克奥蒂什山脉，在这条线附近一定存在着至少一个含有钻石的钻石管，因为覆盖印第安纳的冰川不是来自金伯利岩，而是在奥蒂什山脉形成并生长的，像一朵开放的花朵，从那里伸展开来。冰川携带着岩石块，在岩石上流动，写下了自己的旅程，但没有透露一点信息，说它是从哪里得到钻石的。

地幔中有那么一个层，在地表以下平均约 100 公里深处，地震波在这个层中传播得很缓慢，人们叫它“低速层”。岩石越软，

地震波的传播就越慢，因此可以推断，这个低速层的温度和它本身的熔点很接近。在原本坚硬的地幔中，低速层是一种润滑层，地
155 球的板块可以在它上面滑动，在它边界上的相互作用，产生被称为板块构造的效应。换句话说，地质学术语所说的“岩石圈板块”是由地壳和地幔的最顶层组成的，厚度可达 145 公里。人们相信，钻石管的形成深度远大于这个深度，至于它的形成方式，正如大多数地质学家所说的，“还不太清楚”。在从周围的地幔岩石中获得原料后——极可能是从云母中获得压缩水，从其他矿物中获得二氧化碳——这种混合物质缓慢地向上进入上覆板块。它在刚开始时可能走得很慢，但向上走了 190 公里后，竟然以 2 马赫[1]的速度钻出地面。结果形成了一个不大的火山口，就像两眼之间的一个子弹孔。

从来没有人在地球上钻过 190 公里深的钻孔，也没人打算去钻那么深。但是，钻石管提供了那里岩石的样品。带上来的样品被喷射得满山遍野都是，当然，钻石管里还留下了一些，就像密实的水果蛋糕卡在喉咙管里一样。它大部分是橄榄岩。橄榄岩是大陆下面所有岩石的最底层，是地幔的主要成分。里面有高压重结晶的玄武岩，其中富含石榴子石和硬玉；有巨大无比的橄榄石晶体。所有这些成分作为一个整体被叫作“金伯利岩”，是包裹着钻石的基质岩石。

1　马赫数在空气动力学中广泛应用，是速度与声速的比值，2 马赫表示行进速度是声速的 2 倍。

任何一根岩管里出现钻石的概率大约都是 1∶100。只有在相当大的温度和压力条件下，碳才会结晶成最致密的形式，这种压力存在于板块最厚部分的深处，压力至少达到每平方米 7 万多吨。板块最厚的部分是大陆的核部，也就是克拉通。所有已经发现的含钻石的金伯利岩都在穿透克拉通的岩管中。在钻石形成的地方，它们是稳定的，但当它们向上移动时，它们会通过压力较低的区域，在那里它们会迅速变成石墨。只有以惊人的速度通过那些区域，钻石才能到达地球表面，突然冷却，成为钻石。这些钻石进入了一种很不稳定的保存状态，不知为什么，人类竟会从钻石中得到一种令人感动的寓意："永恒"。钻石像子弹一样穿过地壳，尽管如此，它们经常会被包在石墨的皮壳中，还有不计其数的钻石则完全变成了石墨，或者以二氧化碳的形式消失在空气中。在室温和地表压力下，钻石处在一个极其狭窄的热力学稳定空间里。它们更容 156
易成为石墨，如果大气中的氧气没有先把它烧尽的话，相对提高一点温度的话它就会变成石墨。从这个意义上说，它们是不稳定的，这些永恒誓言的象征在手指上闪闪发光，实际上它更渴望成为新鲜的铅笔芯。除了有时在陨石中发现一些钻石颗粒外，在自然界中，钻石没有其他的出现方式。

金伯利岩很容易被侵蚀。1867 年，一个南非小男孩在玩抛接石子游戏时捡到了一颗冲积物里的钻石，结果导致很多钻石管被发现，其中一个成为了金伯利矿。光是那一根岩管，就已经开采出 1400 万克拉钻石。钻石的岩石来源以前从来没人知道。雷金特钻石、科依诺尔钻石、莫格尔钻石等都是被河流侵蚀出来的。更新世厚厚的冰川越过魁北克，削山凿岭，挖掘湖泊，把金伯利岩管剃了头，岩管里面的东西向西南方向散布开。把钻石刨出来的冰川不仅带来了问题，而且抹掉了答案。有多少根岩管？它们在哪里？它们的钻石含量有多丰富？如果其中的千万分之一是宝石级钻石，那它们就值得开采。它们在印第安纳州东北方向的某个地方。它们很可能只有不到400米宽。它们可能在冰川漂流物下面，也可能在湖底。有一些已经被发现了，但没有任何价值。据推测，还有其他的岩管，里面应该嵌着比较多的钻石。很多人都去找过，但没有人找到过。

“几年前，西伯利亚曾找到过几个钻石管，就是在冰川漂流物中发现钻石之后找到的。”安妮塔告诉我。

我说：“或许请苏联地质学家来这儿找找会有点儿帮助吧。”

她选择忽略了这个建议，把目光投向詹姆斯湖的对岸，那里是成排的冰碛物小山，遮住了远处的冰水冲积平原。过了一会儿，她说：“岩石有记忆。它们也许不能告诉你在加拿大的哪个确切位置可以找到钻石管，但当你在这堆漂流物中找到钻石时，你最好相信，它正在告诉你钻石管就在那里。岩石记录了它们形成时发生的事件。它们是书，它们有不同的词汇，不同的字母表，只不过你要
157 学会怎么样阅读它们。火成岩告诉你它们从熔融状态变为固态的温度，告诉你这种转变发生的日期，无论它们是在三亿年前形成的，还是昨天刚从地下流出来的，它们都给你描绘一张当时地球面貌的图画。在沉积岩中，颜色、颗粒大小、波痕、交错层理都给你提供了沉积环境中能量的线索。例如，搬运这些沉积物的河流

的动能、方向和性质；生物留下的踪迹和痕迹，它们身体的坚硬部分，以及岩石中的植物群，都会告诉我们这些物质是在海洋中还是在大陆上聚集在一起的，还可能告诉我们水的深度和温度，以及陆地上的温度。变质岩已经被加热、压缩和再结晶了。它们的矿物成分告诉你它们最初是火成岩还是沉积岩。然后，它们告诉你后来发生了什么，它们会告诉你发生变化时的温度是多高。我曾经一度想主修历史。我的老师引导我学习科学，不过，我实际上相当于主修历史了。我是在这样的地形中长大的，信不信由你。看着这些湖泊和山丘，你永远不会想到布鲁克林。就这点而言，你永远不会想到印第安纳州。我以前不知道基岩是什么意思。我记得在学习阅读岩石的过程中，当我发现岩石中竟隐藏着那么多历史时，我是多么惊奇。所有的冰川物质都是昨天才到达的，现在都出露在地表上。布鲁克林的大部分地区是一片凹凸不平的冰水冲积平原。布鲁克林意味着破碎的土地。”

2

有那么一天，我去安妮塔·哈里斯的表兄家里去接她，她的表兄住在新泽西州莫甘维尔，我们要从那儿开车穿过窄桥去布鲁克林。她已经 25 年没回过布鲁克林，没见过她的老邻居了。她的表兄叫默里·斯雷布雷尼克，在我们动身前给我们冲咖啡喝，他对我们热心得多少有点过分，甚至还有点局促不安，好像他带着某种
158 无法掩饰的缺陷出现在众人面前。他也是在布鲁克林长大的，现在，他经营着一支自己的卡车队，以给第七大道运输服装来支撑自己住在郊区的生活。他和他的司机们跑遍了整个城市的各个仓库，知道应该避开哪些路线，但还是经常遇到麻烦。应付犯罪是他开销的一部分。在他洗咖啡杯的时候，他终于忍不住说出了他的想法，说我们一定是疯了。他说话很激动，还挥舞着双手，像是要马上终止比赛。他说，不管有没有老邻居，他都不会到威廉斯堡附近的地方去，出于同样的原因，他也不会去布鲁克林的很多其他地方。他一口气说出好几个公开杀人的故事，这些故事可能已经吊足了电视新闻的胃口。我听了这些故事后在想象着，如果用地质学家的地质锤自卫而死会是什么感觉，而安妮塔在我们向威廉斯堡出发的时候，似乎有点紧张。已经过去 25 年了，她似乎有点不敢回家了。

那是8月里的一天，日出时已经很热了。“在威廉斯堡，我住在贝里街381号。”当我们跨过大桥时，她说：“这是世界上最糟糕的贫民窟，但我们那栋楼确实有室内下水道。我们的第一套住房在一个六层公寓里，没有电梯。那幢楼是在世纪之交建成的，表面是红色的三叠系砂岩。”布鲁克林在我们面前展开，曼哈顿在它北边一点矗立着，它的两座摩天大楼相距有4.8公里远，那是华尔街的教堂尖塔，在它们的后面是中城[1]的地块。安妮塔问我，有没有想过，为什么这个高楼林立的城市里会有一个马鞍形低地。

我说，我一直认为城市的轮廓线是根据人类的思考因素塑造的，例如，商业因素、历史因素、种族因素。谁会去在意在摩天大楼里有一个“小意大利”，在楼顶层有一个油毡仓库呢?

安妮塔说，人们可以想象到，中城的高楼坐落在很坚固的岩石上，这些岩石曾经被加热到接近它们的熔点，然后重新结晶，后来再次加热，再次结晶，虽然不是特别坚硬，但足以支撑住那些高楼大厦。最重要的是，这些岩石就在地表。你可以在中央公园的露头上看到它，里面含有光亮的云母，像银子一样闪闪发光。它
的年龄是4.5亿年，叫“曼哈顿片岩”。在整个中城，它都出露在 159
地表或接近地表，但在第三十街以南的城区，它开始进入地下，在华盛顿广场，它突然下降。如果不是有几十米厚的冰碛物覆盖的话，中城和华尔街之间的整个马鞍形低地都会在水下。所以，那里

---

1 曼哈顿是一个狭长的小岛，从北向南分为上城（Uptown）、中城（Midtown）和下城（Downtown）。

的格林威治村、苏豪区、唐人街等都建在连一个高尔夫球座都支撑不住的材料上——建筑在化为齑粉的拉马波废墟上，建筑在被压碎的卡茨基尔山上，建筑在尼亚克和特纳弗里的残渣碎片上。在华尔街地区，基岩虽然没有到地面上，但在地面下小于 12 米的深度，城里最高建筑物的地基已经能触到基岩了。纽约凭借坚硬岩石基底的优势越发展越高，终于成了今天的纽约，全世界的城市都想建成它这样。例如，休斯敦核心区的建筑群就是曼哈顿的一个模仿物。休斯敦的地下是 3600 多米厚的蒙脱石黏土，这种物质在吸水受潮后会变成像流动的果冻那样软。石油公司从地下捞了那么多钱后，又往休斯敦地下建设投了数亿美元。休斯敦的地基肥得流油，数得上世界之最。它的高楼大厦就像一个放大的鸭形保龄球，在一片泥潭中摇晃着。

我们沿贝尔特大道绕过布鲁克林，先朝康尼岛开去，安妮塔小时候曾在那里度过了很多天，她是在那里慌忙出生的。当时她母亲怀孕 7 个月，有一天坐地铁去海滩，结果，安妮塔就在康尼岛医院开始了她的第一次呼吸。

“克罗波西大道，”她念着路标，“靠右，我们要从这下路。”

我开到右边的车道上，信号灯在闪着，但出口被堵住了，交通全断了。有警察。有闪烁的警灯。在一辆被拦截下来的庞蒂亚克车边，一个年轻人躬着身，两个手掌平摊开，像一个跑步者在伸展自己，一个警察拔出手枪对他说着话。“欢迎回家，安妮塔。”安妮塔说。

一大早，宽阔的海滩上很安静。成千上万的游人在前一天曾来

过这里，今天的游人很快也会恢复到那么多。跳伞塔高高矗立着，
塔顶的旋臂沐浴着斜照的阳光，洒下长长的影子。安妮塔回忆着
往事，目光从一个地方转向另一个地方，再转向远处的高架铁路。
生物结构的外形会在沙子中留下化石印痕，这在地质学上叫作“外
部印模”。人们要读懂这片有着巨大双壳类动物群的海滩，不一定 160
非得是沉积学专家。我们向水边（地质学中叫“海滨线”）走去，
在那里，波浪的作用聚集了比较重的暗色砂粒，有赤铁矿、磁铁
矿、细粒的石榴子石碎屑，这些都是冰川从曼哈顿片岩的基质中分
离出来的。

海滩本身和漂积来的砂子是冰水冲积平原的尽头。威斯康星冰盖从北部来到这里，正如人们猜测的那样，不是来自新英格兰，而主要是来自新泽西州，该州的哈得逊河的沿河各县都在曼哈顿正北方向。来自新泽西州帕利塞兹辉绿岩床的大石块散落在中央公园，更多的辉绿岩散布在布鲁克林。冰川完全覆盖了布朗克斯和曼哈顿，它宽阔的前端穿过阿斯托利亚、马斯佩斯、威廉斯堡和贝德福德－斯图伊文森特，然后滑到了弗拉特布什的一个车站。弗拉特布什是冰川锋线的终点，是冰川期的转折点，也是冰碛末端的地点。水从融化的冰川倾泻而下，翻动着白色的浪花，搬运和分选着运来的砂粒和砾石，建造起这片冲积平原：本森赫斯特、卡纳西、福莱特莱德、康尼岛。当安妮塔还是个孩子的时候，她经常坐纽约地铁D线去康尼岛，用膝盖斜靠着旧式的车窗。她在沙滩翻拣着遗弃的珍宝。在这些沙子里，她看到了数以万计的石榴子石。康尼岛海滩还含有大量的铁，由于氧化而使沙滩呈现出黄褐

色。沙粒中石英不多，否则会使沙滩变成白色。麦秸色的沙子闪耀着黑色和银色的云母，那是黑云母和白云母，是从第五大道或附近的曼哈顿片岩中脱落下来的。海滩展示了它的岩石来源。康尼岛的沙子大部分来自新泽西辉绿岩、福德汉姆片麻岩、英伍德大理岩、曼哈顿片岩。安妮塔抓起一把沙子，用手持放大镜看了看。她说，单个的沙粒具有棱角和边缘锋利的特征，这是因为它们的源岩最近刚被冰川压碎。要使颗粒磨得很圆，你需要更多的时间。气候和波浪已经把这些沙粒打磨了一万五千年。

如果说片麻岩碎粒和石榴子石是漂积来的，那么以同样方式带来的还有辛雷酒瓶、百事可乐罐、曼哈顿喜力滋啤酒瓶，沾满沙子的腌菜和用过的纸盘子。

161 “那像是一群群的企鹅，比满身是泥的泥瓦匠还脏。”我注意到海滩上那些人造物品。

“我们人类和蝙蝠、椋鸟和更新世树懒一样，都是世界上最大的混乱制造者。”安妮塔说。随后，我们离开康尼岛前往威廉斯堡。

我们沿着海洋大道向北走，在冰水冲积平原上走了 8 公里，海洋大道宽宽的，两旁绿树成荫，整洁的房屋成行排列，延伸到街道的绿荫中。前方一直隐约可见终端冰碛，从远处看上去像是一道悬崖，但实际上只是一个很陡的山岭。海洋东大道爬上它的山顶，有 60 米高，就是说，冰碛物的厚度有 60 米。在展望公园附近，你开始爬山。前一刻你还在平原的平地上，后一刻你已经鼻尖朝上，到了一定的高度。你的各个方向都有墓地：常绿墓地、路德墓地、卡梅尔山墓地、柏木山墓地、常青树墓地，都是一些史前的大墓地，草坪下还有三百万个，都挪进了最终的社区，也就是终点冰碛。“在冰川地区，如果你想寻找冰碛，你只要去找墓地就行了，”安妮塔说，“冰碛是贫瘠的农田，又陡峭又崎岖，遍地是漂积物和大石块。不过，这是一块容易挖坑的土地，而且排水良好。冰水冲积平原是一片沼泽。尤蒂卡大街附近有一个墓地，就在冲积平原上。很多人都喜欢在冰碛物上修建坟墓。我想说，把你的亲娘埋进沼泽地里，是不是有点感觉不爽？”

埋葬老布鲁克林道奇队[1]的埃贝茨球场也建在终端冰碛上。当一个长球杀手打出一记长传球时，它会降落在贝德福德大道上，从冰碛堆前弹跳下来，滚向冲积平原上的康尼岛。在洛杉矶，从来没有一个人打出过那样的本垒打。

我们绕道穿过展望公园，它坐落在冰碛物前边，在高低不平的地面上布满了大个头的漂砾。它看起来很像印第安纳州的博卡贡公园，不同的是，那里的漂砾来自加拿大地盾，而这里的漂砾来自新泽西州的帕利塞兹。在宾夕法尼亚州发现了阿迪朗达克山的碎屑，在德国北部平原发现了瑞典岩石的碎片。毫无疑问，在卡纳西的砾石和康尼岛的沙子中，有提康德罗加白云岩、斯克内克塔迪
砂岩和皮克斯基尔花岗岩。这种远距离搬运来的岩石碎屑虽然指 162
示了大陆冰川流动过的地方，但在冰川漂流物中所占的比例很低。

1 布鲁克林道奇队是美国一支职业棒球大联盟球队，于 1958 年迁往洛杉矶，改名洛杉矶道奇队。

冰川侵蚀着并填充着，它不断地从基岩中刨起岩石，再堆放下，再刨起来再堆放下。他剥夺了，然后再次赐予。[1]一颗钻石可以从魁北克旅行到印第安纳州，一些白云岩可以被从乔治湖搬运到大海，但是大部分被刨出的东西都会就近堆放，这些大石块来自新泽西州，堆放在展望公园。

“冰川地质学研究起来很简单，”安妮塔说，“因为冰川创造的很多东西都保存了下来。此外，你还可以到实地去考察正在进行的相同作用过程。你可以到南极洲去看大陆冰川作用。阿拉斯加就有高山冰川作用。”

这是一个温暖晴朗的夏日，已经接近中午了，展望公园里静悄悄的，见不到一个游人，几乎一片荒芜。安妮塔小时候常来这里。她四处看着，还能记起那些地方的人们和野餐的场景，没有一处有着眼前这种不祥的寂静。“我想这儿的确不安全。”她说，然后我们朝威廉斯堡走去。

当我们快走到时，她显然变得更紧张了。“他们告诉我，现在这里是世界上最糟糕的贫民窟了，”她说，“我不知道该不该告诉你，要把所有的窗户都关好，锁好门。”

“那我们恐怕会热死。”

“这是一个完全非自然的地方，”她接着说，“这完全是一个人造的环境。蟑螂、老鼠、人类和鸽子都在一起生活着。在布鲁克林学院，我的导师很难把地质学和这个人造世界中人们的生活联

1 此处巧用了《圣经》里约伯的故事，“上帝赐予的，上帝又剥夺了”。

系起来。冬天，你在等地铁的时候屁股都能被冻掉。也许这是开始讨论冰川作用的一种方式。我告诉你吧，在城里，没有人是从地质学里知道冰川作用的。”

我们先去了她的高中。它看上去像是废弃了，但实际上没有。堡垒城墙垛子上落满了厚厚的尘灰。里面是高大凉爽的门厅，显然是改建过的，和它森严险要的外观很不搭配。安妮塔曾在这个门厅里走过四年，她的成绩单上都是“A”，15 岁时以优异成绩毕业。我们又去了第 37 公立学校，她在这里读到十年级。校舍很高，但不宽，看上去像一座砖盖的旧教堂。毫无疑问，它真的是荒弃了，
窗户上没有一块玻璃，房子摇摇欲坠。教室的地板上长出了树木，
从窗户里钻出来，伸向天空。安妮塔说：“我很高兴，我想，至少在 163
我的学校被拆掉之前，我看到了它。”

我们来到百老汇和贝里街，现在，在她面前的就是她曾经住过的那栋老房子，25 年来她第一次站在这里。这是一个六层的立方体式公寓，有很多防火逃生梯，它外表看上去更像是铁的而不是红色的三叠系石头。安妮塔默默地看着那座六层楼。她通常总是很快就说点什么，但现在她很长一阵子什么也没说。然后，她终于说了一句：“它看上去不像我住在这儿的时候那么糟。”

她盯着楼房看了一会儿，然后又开始说话了，语调里已经没有了早晨的紧张。“这里被喷过砂了，”她说，“他们已经把楼房清理干净了。他们已经给低层换了新门面，把整栋楼都喷了砂。人们错了，他们告诉我的全错了。这地方看着比我在这儿住的时候干净多了。整个小区看起来还不错。它没变。我以前常在街上玩棍子球游

戏。这是我的小区。这是我从小长大的老地方。我不怕这儿。我的自信心又回来了。我不怕。”

我们慢慢地从一个街区走到另一个街区。一个年轻女子推着婴儿车穿过我们眼前的街道。“她戴着假发，我向你保证，”安妮塔说，“她的头可能被剃光了。”她又指着人群中的另一个女人说：“你看。看到那个戴头巾的女人了吗？她故意把头发盖住。她们是哈西德教派的犹太人。她们的头发要被剃掉或者藏起来，这样对路过的男人就不会有吸引力了。”正好过来一个男人，头的两边垂着长长的卷发，这符合《摩西五经》的格言。“来到这里的街上就像走进了中世纪，”安妮塔说，“很幸运，我父母不是教徒。我本来以为这些人早就搬走了。哈西德教派犹太人并不都是穷人，我向你保证。他们的房子看起来不怎么样，但你应该去房子里面看看。他们是钻石切割工。他们手里攥着钱。他们现在还住在这里。人们错了。他们告诉我的全错了。”

我们从正午的阳光下走到威廉斯堡桥下的阴凉处，桥上巨大
164 的石墩和弧形拱门看起来带一点埃及格调。她小时候在桥下玩过手球。“我跟你说吧，这个地方没有网球场。”每当孩子们去河里游泳时，她就回贝里街去了。“我？在河里？我才不去呐。男孩们全都裸泳。”

在夏天最糟糕的时候，空气闷热，街道都要烤化了，安妮塔爬上了桥，爬到河上的一个高点，那里总有微风。她那时也就七八岁，坐在人行道上，双脚晃来晃去，低头看着布鲁克林海军船坞。那时候第二次世界大战打得正热闹。“密苏里”号、“本宁顿”号、

“基尔萨吉”号，她看到一个个龙骨下到水里，看着一艘艘战舰和航母建造起来。这是一种与众不同的娱乐形式，但却坐在那里不动。慢慢地，她想知道桥那头有什么。有一天，她鼓起勇气径直走了过去。她的脚刚刚踏上曼哈顿，马上就缩了回来。“我想去德兰西街看看，但是我实在太害怕了。”

下一次，她沿着德兰西街走了三个街区，然后转身匆匆回家。就这样，随着时间的推移，她不断扩大自己的活动范围。总的来说，她只是到处看看，但当她有了一点钱的时候，也会走进曼哈顿的商店。她唯一的钱是帮邻居退酒瓶子挣来的，邻居把押金的一小部分给了她。在她脑子里，“特别富裕”的概念就是一个家庭可以买得起鲜花。她母亲是个秘书，收入远远低于家里的需要。她父亲是一个卡车司机（“脸上有一道伤疤，会让你三思而行”），他的后背在一次事故中受伤了，花三年时间做牵引治疗，一分钱也挣不到。渐渐地，安妮塔徒步进入曼哈顿的探险行程越来越长，一直到她的往返路程达到 20 公里。她的最大前进路线到达了中央公园的某个地方。“这是我能走到的最远的地方。我太害怕了。”她到了包厘街，穿过东村，她对地质学的了解不比刚开始学地质学的人多。当她抬头看着帝国大厦时，她不知道它的高度要依中央公园露头上岩石而定；当她看到那里的露头时，她并不奇怪为什么在美国 165
东部的潮湿空气中，那些大面积裸露的闪光岩石上没有覆盖着土壤和植被。在怀俄明州，风可能会把它们刮得光秃秃的，但怀俄明州有几千米高，比月球海洋还要干燥。在东部这里，一条河流可以把岩石冲刷干净，但这里的岩石是在一个岛屿的高地上，洪水和潮汐都影响不到。她从来没有想过为什么岩石会在一些地方被刮出擦痕和沟槽，而在另外一些地方被摩擦得锃亮，像银行的大厅一样。她从地质学中没学到这些。

从 15 岁开始，她在布鲁克林学院学习了物理学、矿物学、构造地质学、火成岩和变质岩岩石学。她在允许的范围内选修了额外的课程。为了上大学，她每学期得交六美元学费，她打算把她投资的每一分钱学费都尽可能地学回来。此外，还有实验费和破损费。学习地质学时，破损费不是个大问题。在美国的本科院校中，这所学院的规模相对较小，跟哈佛大学差不多，是仿照哈佛大学建设的，具有殖民地时期的建筑式样，砖瓦结构，白色镶边，有对称的庭院和封闭的草坪；和哈佛大学一样，学院也屹立在冰水沉积平原上。布鲁克林学院在弗拉特布什南部，是冰川终碛物的向海一侧。当安妮塔在那里读书时，正值 20 世纪 50 年代中期，学院里有很多左翼分子，以至于学院被叫作“小红校舍”。她不懂政治。她生活的世界里只有顶垂体、不整合岩基、弹性碰撞和中子散射。她还把学习扩展到矿床学、野外填图、地球物理学和地史学等方面。在学习这些知识之前，她已经掌握了会计、簿记、打字和速记方面的技能。她家里人都以为她会像她妈妈一样去当秘书。

现在，她又走上第五大道，就在这个夏日，由我陪着。她说，第五大道是一个向斜槽部的轴心。她知道脚下有什么。她知道这个岛的构造。曼哈顿的构造在空间关系上有点像一个悖论，而这种悖论给地质学家带来了特别的乐趣，其他没学过地质的人也都能理解，就像没学过拉丁文的人也能懂一些拉丁语中的连珠妙语一样。小威廉 · F. 巴克利[1]的作品中有一段话，他说全世界历史上从来没有一位作家能成功地向外行说清楚航海天文学的原理。然后巴克利宣布，航海天文学简单得要命，他要调整现在文学课的 166
失败，暂时停下他对叙事小说的研究，而去对这项技术做一个启蒙性阐述。他当即就以大无畏的勇气开始了他的阐述；然而，在完成他的阐述之前，他乘坐的船在海上航行时搁浅了，贫瘠的浅滩上闪烁起报告失事的灯光。有了这事儿当垫场，我想宣布，我要非常清楚地去阐述，第五大道是怎么样沿着两条河之间一大片岩石的中间高地延伸的，又是怎么沿着向斜槽部中心延伸的。当岩石被挤压和褶曲时，会形成由背斜和向斜组成的褶皱。它们很像字母 S 的组成部分。把 S 向前滚动一下，让它横躺在地上，你会看到左边是一个向斜，右边是一个背斜。每一个都是另一个的一部分。岩石中的这种结构形成了一个区域的构造，但不一定会把陆地的表面弄成这种形状。侵蚀是塑造陆地表面形状的主要因素，尤其是当侵蚀作用以冰川移动这种暴力形式出现时，可以随心所欲地切割那些构造。把一根胡萝卜顺长轴切开，把切出的平面向上，这就是一个向斜褶皱。曼哈顿一直被人们叫“大苹果”，其实，叫它“大胡萝卜”可能更让人长知识。从这条河到那条河，两条河的侵蚀已经切掉了“大胡萝卜”的两侧，留下了向上微拱的岛屿表面。第五大

1 美国媒体人、政治评论家，他于 1955~1990 年担任主编的《国家评论》一直是美国最具政治影响力的杂志之一，他也因此被称为“美国现代保守派运动之父”。

道就修建在这个高地上，顺着向斜槽的中心延伸。

那天下午，在曼哈顿西区的北部，安妮塔拿出她的地质锤，在曼哈顿取了一些白云石大理岩样品，她是从露头上砸下来的，因为这些大理岩适合她的牙形石研究。她发现大理岩已经“煮过头了”，她说：“要达到这样的温度，你需要到地下 9 到 12 公里深的地方，或者那里的附近有熔融的岩石，或者有很高的地温梯度，地球上各个地区的地温梯度不一样，能有四倍多的差别。这块大理岩烧得太熟了，几乎挥发了。你得相信，这是块热岩石。”在第七十二街和西端大道交口，她停下来欣赏一座小公寓楼，它的正面是斑驳的绿色和黑色，那是优雅的蛇纹岩。在第五大道和麦迪逊大道之间的第 68 街上，她被一幢辉长岩的房子吸引住了，就像一个人在童年时被三叠系中的化石吸引住一样。这是一个非常富有的房子，是用辉长岩建造的。再向北一个路口是一座花岗岩的房子，甚至比辉长岩的房子还要宏伟。再远处是一座石灰岩豪宅，透着贵族气息，但人们担心它会在雨中溶解掉。安妮塔在上面滴了一滴盐酸，看着它冒起了泡。

3

安妮塔的爱人杰克·爱泼斯坦是研究阿巴拉契亚山脉北部地质的地质学家，也曾就读于布鲁克林学院，随后在怀俄明州立大学攻读硕士学位。1957年，安妮塔也想去那里读研，但设在拉勒米的地质系不向一年级研究生提供奖学金。安妮塔说："我需要钱。我连饭碗都没有。"她盯上了普林斯顿那样的地方，那里的地质系在世界上都很出色。但去那里比进怀俄明大学更不容易。在那个年代，普林斯顿大学一般不会接收一个女生去学地质学，就算她是查尔斯·莱伊尔爵士的直系后裔，而且能缴纳高昂的学费，那也不行。安妮塔总共申请了十所学校，答应提供最优厚条件的是位于布卢明顿的印第安纳州立大学，她的教授们很快就意识到她是一个非常聪明和有进取心的学生。她有一个让人感到困惑的习惯，听别人说话时总是摇头，好像在说：不，不，不，不，你是个克拉通式的榆木疙瘩，你什么都不懂。实际上，她的确是这么一个好怀疑一切的学生。她自己说过："我不是一个非常传统的地质学家。我有时的确会相信一些教条，但那是在我认为它的确合乎情理的时候。" 167

布卢明顿市坐落在塞勒姆石灰岩上，用建筑业的术语说，它可以加工成"规格石料"，切下来去做城市建筑的美丽外墙。这些石灰岩形成于密西西比纪中期的梅拉梅克时期（距今3.48亿至3.4亿年前），当时布卢明顿是在一个海侵后的浅海海底，那是一个陆表海。“你们纽约人之所以能拥有你们的帝国大厦，”一位教授向安妮塔指出，“是因为我们在这里的地上挖了一个洞，你们帝国大厦的石料就是从我们地上的这个洞里挖出来的。”

168 安妮塔和杰克·爱泼斯坦于1958年结婚，凭借他们刚获得的硕士学位，他们去了美国地质调查局工作。一个想获得野外工作经验的地质学家在这儿工作是最理想的，在其他任何地方都不会获得这么多数量和种类的地质调查机会。安妮塔和杰克·爱泼斯坦把地质学视为“一门应用性极强的科学”，并且坚信野外经验在任何地质学职业中都是绝对必要的，对一名现代化的教授来说，所需要的野外经验一点也不比采淘矿工少。安妮塔说：“人们应该走出去获得野外经验，而不应该原地转圈，只会教他们自己从老师那里学来的东西。”在地质调查局工作的第一年，除了他们可能从来没有想过的事，他们应该得到了他们梦寐以求的经验知识。

地质学有时是凭直觉的，甚至到了凭经验的地步，一个人获得的那种实实在在的野外工作经验可能会影响他（她）对深层科学问题的态度。看着年轻岩石成长起来的地质学家会很坚定地相信均变论观念，相信自己看到的“现在”是认识“过去”的钥匙。他们在石壁上出露的年轻岩石中识别出一个河流砂坝；他们在一条流动的河里看到一个砂坝；他们知道，一个形成过程中的砂坝会变成另一个固结石化的砂坝，一个被破坏着的石化砂坝会变成流动河流中的砂坝，它们随时间循环着。无论现在是什么，过去也是什么，在将来也仍然是一样的。看着很古老的岩石成长起来的地质学家会深刻地意识到，早在最古老的生命出现之前，这些岩石就已经存在了，他们想象到一个发展进程，地球物质的再循环只是一个精彩故事中的一小段，这个故事讲的是，原本一片虚无的地球从黑暗浮渣的运动开始，历经各种各样的大陆结构和形状，一直演变到今天的地球景观。他们把这个故事的最早部分叫作“浮渣构造”[1]。岩石的轮回是均变论原理的精髓，认为崩塌山脉的碎屑会被带到大海中，在那里形成岩石，最终再变成山脉，这一原理最早是由爱丁堡的詹姆斯·赫顿在18世纪末明确指出的。赫顿认为地壳的巨大变化是缓慢进行的，所经历的时间之长不可想象。他提出的“深时”概念为达尔文开辟了通途，因为时间是完成演化的第一要素。他还强调过程的重复，强调一种理念，认为变化基本上都是渐进的。在当代地质学的阐述中，对均变论的这些概念仍然有不同的认识。一些地质学家认为岩石中记录的是一系列具 169
有时间间隔的灾变事件，而另一些地质学家更喜欢把从岩石滑坡和火山爆发到大陆张裂和板块碰撞这一切都看作是故事平静展开过程中的戏剧性一幕。如果你是在布鲁克林成长起来的地质学家，你可以在任何地方形成你片面的见解。

1959年的一个晚上，安妮塔·爱泼斯坦对地球动力学的认识

1 “浮渣构造”（scum tectonics）是对早期地球演化的一种认识，认为地球最初只有硅镁质岩浆的循环，在地球深部形成，上升到浅部冷却，再沉入深部重熔。后来出现硅铝质岩浆，在浅部冷却后，由于比重小，就像浮渣一样留在浅部，连接形成最早期的大陆地壳。

经历了相当大的调整。那时，她和丈夫在蒙大拿州西南部进行夏季野外作业。他们去那里进行地质填图，研究麦迪逊山脉和加拉廷山脉的构造和地层学，蒙大拿州在那里围住黄石公园的一角。他们住在美国地质调查局的房车里，而房车停泊在布拉尼斯通牧场的一片杨树林里。这是一片可爱的土地，它的主人名叫艾米特·J.卡利根，是负责水软化的，并不在牧场住。自从进了地质调查局，爱波斯坦夫妇已经在宾夕法尼亚州工作过，在特拉华州水峡口地区的图幅范围里填过图，并且在华盛顿总部度过了冬天。现在，他们有机会到这里来看地质，这在美国是一个特别容易观察地质的地方，用安妮塔的话说："在这里，所有地质现象都是明摆着的。"

牧场紧挨着赫布根湖，湖的水坝修建在麦迪逊山谷里。山谷沿着一条断层延伸，这条断层一直都被认为是不活动的。那天晚上，空气清新，月亮皎圆。前一天，加拉廷一座塔楼里的一名防火人员觉察到一种令人不安的寂静。他注意到鸟儿都飞走了。各种各样的鸟都成群地离开了他看守的山。其他人可能会注意到，很多熊也已经离开了，而留下来的熊则惴惴不安地兜着圈子。爱波斯坦夫妇一点也没意识到这些迹象，就算他们意识到了，也不会知道这是什么原因造成的。那时，他们并不知道中国地质学家经常观察野生动物，试图发现某些能暗示地震的迹象。他们也不知道，地质调查局拉勒米办公室的戴维·洛夫在几周前刚发表了一篇题为"黄石公园及其附近第四纪断层活动"的论文摘要，洛夫在这篇论文中表达了跟传统观点不同的看法。传统观点认为，大规模的地
170 震活动在那个地区只在过去发生过，但洛夫认为，那里再发生大

地震并不是不可能的。晚上 11 点 37 分，安妮塔正在洗牌，这时她头顶上的灯开始晃动，瓷器从橱柜里掉了下来，盆里的水也晃荡出来了。杰克试图抓住那盏晃动的灯，结果“他的脑袋被砸了一下”。房车的地板在移动，这让她想起了康尼岛游乐场的奇幻屋。他们跑到车外。“树木摇动得快要倒了，固体地球成了一团颤动的果冻。”她后来回忆说。月光下，她看到土壤像海浪一样翻动，尽管她说自己很害怕，但她还是非常镇定，能注意到波浪传播得并不畅快，而且在波峰处裂开。她记得大约有 30 秒的“巨大爆炸声”和一阵“强劲的龙卷风”，她就在离震中不远的地方，离震中 560 公里以外的地方都有震感，夏威夷和阿拉斯加的水井也明显受到了影响。从她站的地方向东和向西，在地表形成了一条长达 1.6 公里的断裂缝。断裂径直穿过卡利根牧场的房子，把它劈成两块，后边那块地被抬升了 3.6 米。龙卷风的声音是山崩发出来的，一座前寒武纪岩石构成的山峰发生了山体滑坡，岩石的片理面朝向麦迪逊河倾斜，地震引发了北美历史上最大最迅速的滑坡，重约 8000 万吨的岩石沿片理面滑动，结果，一半的山体滑了下来。山下和附近有一些人在野营。在死亡的人中有一些是死于空气爆破，他们被炸得像旗子一样飘起来，然后被重重地拍在树上。汽车像风滚草一样在地上打着滚。河水被岩石滑坡拦住后形成了大湖，淹没了这些汽车。人们叫这个大湖为“地震湖”，它有 55 米深，这些汽车直到今天仍然躺在湖底。

断层让地下水位发生变化，然后引起了自流压力的释放，出现了奇奇怪怪的喷泉，有喷水的、喷沙的，还有喷鹅卵石的。然而，赫布根湖的大坝仍然屹立着，可能是因为湖盆整体下沉了，在原地下沉了大约 6.7 米深。地震波穿过逐渐下降的水面，形成湖震，这是一种淡水“海啸”，像是浴缸里的振荡。赫布根湖的水面晃荡了 12 个小时，但只在前三四个小时摆动的幅度最大。晃动泼溅出的湖水冲向湖边的别墅，淹死了睡梦中的人们。

当火山爆发或地震震毁山坡时，人们会非常惊奇地看待这件
171 事，并把它当作新闻奔走相告。在整个历史中，人们看到的这类事件并不多；直到过去的几百年里，他们才开始意识到这些事件发生的模式。按照地质时代的尺度来看，人类的时间短得根本没法子觉察到，是一根尺子的末端，根本看不见标记。另一方面，如果按照人类时间的尺度来看地质时间，海平面会快速上升和下降几十米，冰川会在大陆上快速流动，又很快地消失。尤卡坦半岛和佛罗里达州一会儿在阳光下暴晒，一会儿又在水下浸泡，海洋会像两扇门一样打开，山脉会像云层一样生长，也会像果味冰糕融化一样消失，大陆像变形虫一样爬行，河流就像雨伞上流下的水溜一样来了又去，湖泊像雨后的水坑一样消失，火山把地球点缀得像个满是萤火虫的花园一样。整晚的节目马上就要结束时，人手里拿着他的门票匆匆赶来了。几乎在同时，他想到了私人财产、规格石料和人寿保险。当圣海伦山喷发出近 18 公里高的火山灰云时，他感到了威胁，马上给《纽约时报》写信，建议应该把这座山轰炸掉。

夜里，大地停止了晃动，四周恢复了平静。安妮塔也恢复了失去的冷静，拿起她的一副牌，自言自语地说：“伙计们，事情就是这样。地球就是这样一个非常不稳定的活动物体，这就是它的

工作方式。很明显，这儿附近的山还在升高。”后来，她可能会说：“我们都被教错了。我们学的是，地球表面的变化是缓慢而稳定的。但实际发生的根本不是那么回事。地质年代缓慢而稳定的变化过程会不时地被灾难打断。我们在地质记录中见到的是灾难事件。看看粒度变化的砂岩吧，你能看到层理从细变到粗。那是风暴。那是一场风暴，水涌起来，把粗砂撒在细砂上。在岩石记录中，平静的时间并没有得到很好的体现。相反，你见到的是灾难事件。在西南部，他们的生活中一场灾难接着一场灾难，一场山洪接着另一场山洪。世界的演化不是一点一滴慢慢完成的，而是一百年发生一次大风暴，一百年暴发一次大洪水。这些大灾难促成了世界的演化。那次地震使我转变成灾变论者。” 172

没有人知道那些熊离开格拉廷牧场后跑到哪儿去了。它们回来的时候，浑身沾满了泥。

4

那年秋天，灾难以另一种形式出现了。当时杰克·爱泼斯坦被调到路易斯安那州亚历山大市地质调查局水资源处工作。那里没有安妮塔的职位，实际上，即使有一个职位空缺的话，她也不可能去那里工作，因为调查局有规定，配偶不能在同一个主管领导下工作。而亚历山大市的办公室很小，只有一个主管。于是安妮塔刚刚开始的地质生涯突然夭折了。她只好去拉皮德斯学区的一所高中教物理和化学。转年夏天，她又去州政府失业办公室当面试官。只要一有时间一有地方，她就会去做她的地质工作。下班开车回家，她看到人们的衣装打扮很像高尔夫球场上的信号旗，马上就想到了高尔夫球在仿造的冰碛地貌上滚动。

幸好，她丈夫对路易斯安那州水资源的工作兴趣不大，甚至比她在失业办公室做面试官的兴趣还要低。他们决定要去读博士学位，这样会增大在别处找工作的机会。他们考入俄亥俄州立大学，并在宾夕法尼亚州东部参加夏季的野外工作，去完成他们的学位论文。他们在褶皱的阿巴拉契亚山中进行地质填图和生物地层学研究，他们注意到了各种地层的走向和倾斜的角度。他们的研究区是沿着一条狭窄的变形带，从雷丁附近的斯古吉尔山口到特拉华水峡口。特拉华河的大拐弯附近是宾夕法尼亚州、新泽西州和纽约州的交界处。在那里，下切的特拉华河把一座山劈成了两半，最近一期冰川已经到达了水峡口，冰层填满了山的豁口，甚至超过了山的高度，然后停止前进。因此，他们做论文的地区充满了化石苔原、冰砾阜和蛇形丘，还有冰缘巨石和消失湖泊的湖底，以及来自阿迪朗达克山脉的漂砾和大量的冰川终碛物。就像布鲁克林的 173
冲积平原和印第安纳州的冰碛一样，宾夕法尼亚州的这片土地让安妮塔在冰川地质学方面获得了丰富的经验，所有这些知识都在俄亥俄州立大学得到了巩固，大学里的极地研究所培养了这个领域的专家。然而，冰川的证据并没有引起她的特别注意。在地质历史长河中，威斯康星冰川是现代的，这相当于说，和原始人类的头骨相比，爱德华七世[1]是现代的。1.7万年前，冰川从水峡口融化了。安妮塔更感兴趣的是岩石中的某些地层序列，这些岩石已经存在了几亿年，从冰川碎屑中凸出来。她会把这些岩石敲下来碾碎，分离出其中的某些成分，在显微镜下放大五十到一百倍，去研究它所含的牙形石——一种未知海洋生物机体的坚硬碎片，和人类牙齿一样坚硬，材料也一样。放大一百倍后，它们中有一些看起来像狼的下颌，另一些像鲨鱼的牙齿，还有的像箭头，像锯齿状的蜥蜴脊椎，不但不会引起眼睛的不舒适，甚至还有一种不对称的、天然艺术品的感染力。这些碎片里有很多很像锥形门牙，这让拉脱维亚古生物学家在1856年按照形状给它们起了名字“牙形石”。牙形石在很多地层中都存在，但最容易从石灰岩和白云岩这些碳酸盐

1　大不列颠和爱尔兰国王与印度皇帝，1901年在其母亲维多利亚女王驾崩后继位。

岩中提取。它们对地质学家很有用，这是因为它们遍布全球，是因为留下它们的生物早在古生代就出现在世界上，到三叠纪末就永远消失了。然而，直到 20 世纪 50 年代末，才有研究成果开始发表，把牙形石作为标志化石，用来细分一个特定的时间段，这个时间段距今 5.12 亿年至 2.08 亿年，是地球历史的十五分之一。随着有牙形石的生物在这一时间段中的演化，它们的牙形石变得越来越复杂，出现了小齿、条棒和叶片状附属部件。地质学家观察到这些变化后，可以很容易地给发现牙形石的地层定一个相对年代。

采集好样品后，安妮塔不可能把它们运到比俄亥俄州立大学更好的地方。就像约翰霍普金斯大学以长曲棍球闻名、哈特威克学院以足球闻名和罗林斯学院以网球闻名一样，俄亥俄州立大学以
174 牙形石而闻名。地质学家们称俄亥俄州立大学是“牙形石工厂”，把那里研究牙形石的专家叫作“牙形石工”，当她像所有其他牙形石工一样对标本进行编录时，偶然发现样品间的变化具有某种演化序列。她发现，有些是亮的，有些是暗的。它们的顺序是白色、黄色、棕色、棕褐色和灰色。由于它们是从美国各地，甚至是从全世界运到哥伦布的，她开始注意到，它们的颜色大体上具有地理分区性。她想知道这可能说明了什么。她看了看来自肯塔基州和俄亥俄州的牙形石，它们的颜色是淡淡的黄色，几乎成了白色的。来自宾夕法尼亚州西部的牙形石是浅黄色的，来自宾夕法尼亚州中部的是棕色的。她在斯古吉尔山口以北收集的是黑色的。她起初以为是她的样品有问题，但她的导师告诉她，黑色极有可能是石灰岩或白云岩在变形时伴随的压力造成的。他不鼓励她对这件事进行正式

的研究，而她则一头扎进了对牙形石生物地层学的研究。在一次地质旅行中，她穿过纽约州向东走，一路收集白云岩和石灰岩。从伊利湖到卡茨基尔山。纽约州是泥盆系岩石构成的“千层糕”，岩层平躺在近百公里宽的狭长地带。从中穿过，你可以采到年龄大致相同的岩石样品，而不仅仅是任何古老的泥盆系样品。要知道，泥盆纪时期涵盖了4600万年，而你采的样品是来自吉丁期的石灰岩和白云岩，也就是泥盆纪最早期的700万年，甚至是来自吉丁阶中期的海德堡时。在长达240公里的距离内，你走过的时间不超过300万年。你可以把时间线切得很细。安妮塔就做了这样的事，她在俄亥俄州立大学把岩石样品碾碎。她注意到，在伊利县，牙形石是琥珀色的，在斯凯勒和斯托本是棕褐色的。它们在泰奥加县和布鲁姆是科尔多瓦色[1]的。在奥尔巴尼县，它们像沥青一样黑。

她很好奇，这些不同的颜色究竟暗示了什么样的区域地质历史。

她的导师对她说，没有太多影响因素，这是大地构造压力变化的结果。

这只是一闪念的想法。她没理会，继续写她的论文，题目叫
“新泽西州、纽约州东南部和宾夕法尼亚州东部的上志留统和下泥 175
盆统地层学和牙形石古生物”。她记录了牙形石在志留系—泥盆系界线上下的细微演化差异，这个界线是4亿多年前的一个时间点。

---

1 西班牙的科尔多瓦市以生产皮革著称，人们多用“科尔多瓦”一词描述皮革制品的颜色，是一种棕色，计算机中CMYK颜色坐标值为（0，54，50，46）。

她把她的微体化石按编年史的形式排列，按照样品的年代和产出层位进行分类和编目。这反过来帮助她深入认识了她采集样品地区的地质结构。牙形石的颜色变化问题在她脑海里渐渐淡漠了。

到1966年，安妮塔和杰克·爱泼斯坦在俄亥俄州立大学完成了他们的学业，回到地质调查局工作，他专注于研究阿巴拉契亚山脉北部地质，而她则去干她能找到的工作，这次是华盛顿的一份地质图编辑工作。她本想从事牙形石的研究，但当时的联邦预算只能供养一名牙形石工，而且已经有人占了这个职位了。不久，她就成了密西西比河以东所有地质填图工作的总编辑。她和数百名地质学家打交道。调查局中有1500名地质学家，他们工作成果的质量，他们观察倾伏向斜和横卧褶皱的能力，往往各不相同。她把其中一些看作“笨蛋”，这些人被分派到她私下里所说的“惩罚图幅”，例如路易斯安那州的次级河口，奥克弗诺基沼泽。如果他们分不清地质学上的走向和倾向，他们可以去那里，因为在那里他们根本不会遇到岩层。她一点也不为他们感到可怜。

她做了七年的地质图编辑，在这期间，她依然坚持继续她的牙形石研究，几乎完全靠自己的业余时间。她从马里兰州和宾夕法尼亚州采集岩石，碾碎后在家里“处理样品”。处理样品并不仅仅是把样品薄片放在显微镜下推来推去。把岩石碾碎后，需要用酸溶解掉大部分成分，然后把剩余成分进行分类，而这不能用化
176 学方法来完成，所以必须用物理方法去做。这有点像铀同位素分离，在20世纪40年代早期，铀同位素分离已经使不知道多少物理学家望而却步。它也有点像淘洗黄金，但不同的是，在这儿你看

不到黄金。

安妮塔主要使用的是四溴乙烷，这是一种极重并且有剧毒的液体，每加仑售价三百美元。在四溴乙烷中，花岗岩会漂浮在上面，石英会漂浮在上面，而牙形石会沉下去，并且不产生气泡。她双手戴着橡胶手套，在一个化学罩下把不溶解的岩石残渣倒进四溴乙烷中。较轻的物质漂浮在液面上，很方便被清除掉。不方便的是，沉下去的不全是牙形石，黄铁矿等也会下沉。二碘甲烷是一种比四溴乙烷还要重的液体，她使用二碘甲烷再把前面的流程做一遍。在二碘甲烷中，黄铁矿和其他不是牙形石的东西都会沉到底部，只有牙形石和少量其他物质浮在液面上。她靠电磁作用进一步集中牙形石。现在，她可以在显微镜下观察它们了，她看到了“任何一个白痴都能看出来的奇异形状”，并把它们定为安尼西期、拉丁尼期、卡尤加世、欧塞季群、兰多维列期、阿什极期，或者寒武纪、奥陶纪、志留纪、泥盆纪、密西西比纪、宾夕法尼亚纪、二叠纪和三叠纪之下几十个分期中的任何一段时间。

当她记录样品年龄的时候，她没有忽视它们的颜色，关于颜色可能的指示意义的问题又回到了她的脑海里。在阿巴拉契亚山脉，地层向东增厚。你往东走得越远，岩石就曾被埋得越深，经受的温度也就越高。在她看来，是高温影响了牙形石的颜色，就像影响黄油的颜色一样，把黄油从黄色变成浅棕色，再到深棕色，最后变成黑色，直到平底锅里冒了烟。她想，哦，你可以把这些东西当成温度计用。它们可能会帮助你在变质岩地区填图。热和压力把一种岩石转变成另一种岩石的过程可以按强度分成不同的等级。或许把牙形石的颜色投影到一张图上可以显示出不同等级的分区。在工作中，她开始对人们说："给我看一颗牙形石，我能告诉你它来自阿巴拉契亚山脉的什么地方。"她以惊人的准确性多次通过了测验。她认为颜色是受固定碳控制的。她想，在加热的情况下，当氢和氧的含量下降时，一个牙形石中的碳含量会保持不
177 变，加热黄油时就是这样。似乎没有人同意她的看法。有一种方法能检验她的想法，就是用电子探针对单个元素进行扫描，但这是在 1967 年，当时的电子探针技术还不能分析氢和氧等轻元素。她得寻找其他的证明手段，使用其他类型的设备——没有一个人家里会有的。不过，地质调查局问了她一个问题，他们问："不管怎么样，谁需要知道这些呢？"地质调查局成立的目的是为公众服务。

"好吧，让它见鬼去吧。"安妮塔自己嘟囔着。六年过去了。随着 1973 年的石油禁运，调查局认为必须尽一切可能去增加国家的能源资源。它的"石油天然气资源分部"扩大了 15 倍。大约有两百多名一流的地质学家有了新的职位。他们是从石油公司雇来的，或是从调查局的其他部门调来的。吸引这些石油公司人员的是他们有机会发表自己的研究成果。为了进入这个部门，彼得·R. 罗斯放弃了壳牌公司地质师的职位。调查局的莱昂纳德·哈里斯是研究阿巴拉契亚山脉南部地质的地质学家，他的兴趣已经从奥扎克山向北转移，他也来到了石油天然气资源分部。一天，他对安妮塔说，他知道她对牙形石感兴趣。他说，他想对她的一些岩石样本进行分析，看看"有机质成熟度"。

她听着这位黑头发蓝眼睛的地质学家说话，仿佛他来自一个

比奥扎克山远得多的地方。他怎么会提出要辨别有机质成熟呢？“你是用化学方法去做吗？”她问他。

“是，”他说，“你也能做。你这么做的时候还可以去观察化石花粉和孢粉这些有机物质的变化，它们在有些岩石中会存在。”

“你是怎么做的？”她问。

“观察它们的颜色变化，”他说，“你看，花粉和孢粉……”

“停！”她说，“你先别说。它们会从淡黄色变成棕色再变成黑色。对吗？”

“对。”他说，语调显得非常平淡。他是石油地质学家，而她 178
不是。石油公司一直在使用化石花粉和化石孢粉来帮助甄别岩石是否达到了某种温度区间，在这个温度区间可以形成石油。有花粉和孢粉的陆生植物是古生代开始1.3亿年以后才发育的，它们远不如海洋化石多，也不像海洋化石那样普遍存在。一听莱昂纳德·哈里斯说到石油公司及他们对花粉和孢粉颜色更替的使用情况，安妮塔马上意识到，用她自己的话说是，自己“重新发明了轮子”。她以前根本不知道花粉和孢粉可以在石油界被当作地质温度计用，现在，她知道了，并且马上意识到，牙形石同样可以当地质温度计用，而且还可以在不同的地理区域应用，覆盖的温度区间更大，应用的时间跨度更长。

“我想，我用牙形石能够更简单更好地进行评估，”她对哈里斯说，“牙形石也会改变颜色，而且有同样的变化序列。”

这次轮到哈里斯惊奇了。“我怎么从来没听说过呢？”他说。

她说：“因为除了我没有任何一个人知道这事儿。”

5

石油可以说是海洋藻类的变质化石，当保存化石的岩石加热到一杯咖啡的温度，并能把这个温度或稍高点的温度保持至少一百万年，石油就形成了。最低温度约为 50 摄氏度。温度低于这个值，藻类会保持不变，不会形成石油。当温度超过 150 摄氏度时，岩石中的任何油或潜在油都会被破坏。人们把从 50 摄氏度到 150 摄氏度的狭窄温度区间叫“石油窗”，这几乎不到地壳温度变
179 化区间的十四分之一。这个事实帮助解释了人类怎么会在一个世纪内就耗尽了世界上很大一部分石油。海洋藻类不仅必须被埋藏到足以达到窗口温度的深度，并且在那里停驻足够长的时间，而且，石油一旦形成，很容易在地下遭到破坏，例如，由于某种原因，蕴藏着石油的岩石会被加温。安妮塔说：“这些遭到破坏的石油遍布阿巴拉契亚山脉。你仔细看看那里的岩石，到处都会看到这些破坏后的重油[1]。”

天然气对石油就像政客对政治家一样。任何有机物质都会形成天然气，并且，在地表温度到几百摄氏度高温条件下，都能迅

1 重油是比重超过 0.91 的重质原油，在地质演化中丢失了很多轻质组分，使沥青质增加，黏稠度增大，基本不能流动，工业开采时需要特殊工艺。

速形成。用安妮塔的话说："任何东西只要一死，你就会得到天然气。对石油来说，必需的条件是有机质和热窗。当他们寻找石油的时候，直到他们钻了一口井，才知道他们会发现什么东西。"地质学家在努力弄清楚应该在什么地方打钻时，显然需要地质温度计。花粉和孢子有相当大的用途，但会受到限制，只有当它们在某些岩石中形成化石时才能用。此外，它们在早古生代完全不存在，在深海岩石中也极为罕见。

莱昂纳德·哈里斯问安妮塔，她把她的牙形石发现"捂了"有多久。

差不多有十年了，她告诉他。她希望要做的最后一件事就是保守这个秘密，但是没有一个人对这有兴趣。她给他演示了纽约州从东到西变化序列的幻灯片，并且告诉他，在宾夕法尼亚州也能建起一个同样的变化序列。哈里斯去了南面，横穿田纳西州，采集了一套年代相近的碳酸盐岩样品，安妮塔处理了这些样品中的牙形石，发现颜色的变化序列和北边州的完全一样，都是东边颜色暗，西边颜色淡。莱昂纳德和安妮塔把这些统统汇报给石油天然气分部的领导彼得·罗斯，并且指出，牙形石颜色的变化可以导致一个更便宜更快速的分析技术，去发现石油窗。罗斯说，他不能理解，既然这个方法那么显而易见，为什么美国没有一个人能想到呢？安妮塔告诉他，她自己也为同样的问题纳闷了很多年，可能是因为这套程序太简单，"任何一个白痴都能照着做的，只要你不是色盲就行，除此以外，你不需要任何技能"。

在罗斯的要求下，地质调查局允许安妮塔每周两天去研究

180 牙形石。周末，她就在家里做。不同颜色变化的实际温度是多少还没有确定。她通过一年的实验把这事儿搞定了。她从肯塔基州最苍白的牙形石开始，把它们加热到不同的温度，直到它们变成鲜黄色，再变成金黄色、琥珀色、巧克力色、科尔多瓦色、黑色和灰色。再继续加热，它们就会变白色，然后变得清澈无色。在900摄氏度时，它们就分解了。她在时间对温度的各种不同比率下加热样品，开发出一种能把实验室数据外推出地质时间尺度的方法。她得出结论，浅黄色的牙形石在50摄氏度左右条件下颜色不发生改变。如果它们在60摄氏度到90摄氏度的温度下保持一百万年或更长时间，它们会是琥珀色的。地球的地温梯度在不同地区是有变化的，但一般来说，深度每增加30米，岩石的温度就增加约1摄氏度。一颗牙形石和它“寄宿”的岩石只有被埋到900到1800米深处，才能达到使它变成琥珀色的那种温度。她发现，在2700到4500米的深处，牙形石埋藏大约一千万年后会变成浅棕色。如果它们在5500米深的地方埋了一千万年，就会变成深棕色。在差不多同样长的时间里，如果埋藏的地方越来越深，它们会变成黑色、灰色、不透明，白色、像水晶一样透明。安妮塔还在压力釜中处理牙形石，因为她曾经被提示，大地构造运动的压力也可能影响牙形石的颜色。这种构造运动是地壳中的大规模动力学事件，可以形成山脉，使整个区域像面团一样被揉来揉去。她的实验让她确信，压力对颜色几乎没有什么影响，热是导致颜色变化的主要原因。

当然，在重大构造事件中被深埋会产生大量的热。在她的样品中，来自新泽西州的牙形石是黑色的，肯塔基州的牙形石是苍白色的，这主要是因为解体的巨大东部山脉在近处曾被埋藏得很深，而远处几乎没有被埋藏过。古代阿巴拉契亚山脉遗迹的大部分都在东部，纽约出露的泥盆系岩石就是一个证据，这些地层在山脉所在的位置最厚。同一套连续沉积的地层在宾夕法尼亚州东部有
几百米厚，而在俄亥俄州可能只有几米厚。在宾夕法尼亚州西部 181
首次发现石油的地方，石油就是从岩石中渗出并且流进溪水里的。它的特性和纯度非常神奇，人们以前竟是为了健康才去买它、喝它。这种十分特殊的石油周围的岩石里就含有牙形石，安妮塔检测了这些岩石中的牙形石，温度范围是 80 摄氏度到 120 摄氏度，正好在石油窗的中心。它们是金棕色的。

经过一年的测试，使用柯达彩色照片，使用她自己设计的叫作“风洞模型”的各种图表，她准备去讲自己的故事了。1974 年 11 月，美国地质学会将在佛罗里达开会，安排她在那里宣读一篇论文。“我准备得很仔细，我总是这样，这样我就不至于到时候抓瞎了。但美国地质学会的这次会议对我并不那么重要。他们是在讨论科学问题，对勘探技术问题没有多大兴趣。”五个月后，她几乎不知道该期待什么，又去了达拉斯，在美国石油地质学家协会上发言。内容和前一次的完全一样，但这次她走对了讲演厅。请求和邀约蜂拥而至，这些邀请来自各地的石油公司，来自卡尔加里和塔尔萨等石油中心的地质协会。“这填补了他们技术上的一个空白，”安妮塔说，“他们必须能够评估沉积物的热演化程度，我这个方法是一个简单的方法。”

安妮塔成了美国地质调查局的牙形石专家，而且是全职的。她住在马里兰州。她的家在一个鲜花簇拥的岛上。她早上四点半起床，开车去弗吉尼亚州雷斯顿的调查局总部工作。她门前的访客络绎不绝，除了南极洲以外，各大洲都有石油地质学家来拜访，其中还有来自中国地质调查局的大型代表团。石油勘探者使用棕色和黄色的牙形石来指导他们寻找石油窗，而矿床勘探者则使用白色的牙形石来寻找铜、铁、银和金。白色的牙形石和清澈透明的牙形石是最高温度的产物，它们暗示着热点、热晕、古老的热液泉的遗迹，在这些地方，金属矿物会以溶液的形式上升，并沉淀下来形成矿脉。

182 她的发现公布后不久，各大学就开始给她打电话。她很高兴出现在像普林斯顿大学这样的地方，很高兴能有机会去证明在普林斯顿之外能学到什么。现在她的听众中有了女学生。在 20 世纪 70 年代末，她和她的同事们发表了一系列的科学论文，论文的标题页不仅概述了她（他）们的专业努力，也披露出她（他）们私生活中的某些事。科学出版物的“资深作者”是名字列在第一位的人，她（他）的工作对该研究项目的贡献具有首要意义，而其他作者则或多或少地按递减顺序排列，就像一罐炖肉罐头上贴的配料方一样。她的标志性论文是 1977 年发表的，题目是“牙形石颜色变化——有机质变质指数”，作者署名是“安妮塔 · G. 爱泼斯坦、杰克 · B. 爱泼斯坦和莱昂纳德 · D. 哈里斯”。1978 年又有一篇论文发表，题目是“来自阿巴拉契亚盆地古生代岩石的油气数据：油气潜力和热成熟度评估图（牙形石颜色变化等梯度和覆盖层等厚线）”，这实际上是一个石油勘探工具，一个高度专业化的图集，作者署名是“安妮塔·G. 哈里斯、莱昂纳德·D. 哈里斯和杰克·B. 爱泼斯坦”。在那之后的不到一年，安妮塔发表了一份总结性论文，题目是“牙形石颜色变化，一个有机矿物变质指数，及其在阿巴拉契亚盆地地质学中的应用”，署名是“安妮塔·G. 哈里斯”。

6

安妮塔·哈里斯开始在 80 号州际公路上向西旅行了，她带着她的地质锤、长把大锤、盐酸，还带着我。我们在新泽西州阿勒穆希附近的一个瞭望台停下来，这里在内特孔市以西大约 8 公里。那是 4 月里一个凉爽的早晨，山谷泛着淡雅的浅绿色彩，我们站在海拔 300 米的地方，从相对较高的角度眺望远处，目光被吸引到西边 30 公里的地方。远处的天空下，是基塔丁尼山脉的森林，勾勒出两个州的天际轮廓，平平的山脊线一望无际，只是被一个深深的凹口打断了。这个凹口正好在中间，很显眼，就像是枪身上瞄准器的那个凹口，那就是特拉华水峡口。在那里，一条大河斜
183 斜地从山里穿出来，就像小偷钻过一道栅栏的豁口。我们下方不远处有一两条山脊，山脊和水峡口之间被林地、灌木，还有开阔的条耕田土地所占据，那边比我们站的地方要低 210 米，但眼前规模宏大的景象让人叹为观止，迷人的景色可以和谢南多亚峡谷国家公园媲美。大多数人心目中的新泽西州景象并不包括谢南多亚峡谷。然而，新泽西州阿巴拉契亚山脉的景观不仅看起来像谢南多亚，实际上它就是谢南多亚，它和谢南多亚是同一条峡谷的不同部分，这条峡谷很长，从新泽西州向南延伸到亚拉巴马州，向北延伸到加拿大，在地质上是连续的，被科学界叫作“阿巴拉契亚

大峡谷”，但它在不同的地区有不同的名字，人们叫它“尚普兰峡谷”“谢南多亚峡谷”“田纳西峡谷”，只是在新泽西州没有特别的名字。这条完整的、狭长的、主要是碳酸盐岩的峡谷从东北方向消失了，但在更遥远的东北方向又重新出现，那是在纽芬兰，它出现了一段，然后就潜入海底。它的大理岩在佛蒙特州和田纳西州是作为矿产开采的。这是军队行进的路线，是通往安提塔姆之路[1]，沿途有奇卡莫加战场、萨拉托加战场、提康德罗加堡等。晨光下矗立着安妮奥普斯夸奇山、格林山、新泽西高地、伯克希尔山、凯托克廷山和大烟山，这些山脉的结构和组成像是一母所生的亲兄弟，都属于前寒武纪。我们所站的瞭望台是阿巴拉契亚杂岩体的一部分。它是有十亿年历史的结晶岩石，峡谷里的岩石要年轻些，基塔丁尼山的岩石更年轻。这里要插一句，地质学家避免使用“billion[2]”这个词，因为在英语世界里，这个词在一个地区和另一个地区所指的数量并不一样，能相差三个数量级。在大不列颠，billion 是指“万亿”（million million），而不是“十亿”（thousand million）。我们从新泽西高地眺望山脉的另一部分，那是山脊—山

1 指“安提塔姆战役”，是美国南北战争中平均日伤亡人数最大的战役。此战役后，美国总统林肯颁布了《解放黑人奴隶宣言》。

2 中文把 billion 译为“十亿”，这是美国的用法，也是 1974 年以后英国的官方用法。英国以前称“十亿”为 milliard。billion 的词头“bi-”是拉丁文的“二”，在美国，billion 指在“1,000”后面再加两组“000”，即“1,000,000,000”，是一百万的一千倍；而在 1974 年以前，英国的 billion 指一百万的二次方，$1{,}000{,}000^2$，是一百万的一百万倍，即“1,000,000,000,000”（万亿）。所以，以前英国 billion 是美国 billion 的一千倍，相差三个数量级。

谷省地貌区的开始，是阿巴拉契亚山脉的褶皱断裂变形带，是东部弯曲山地的一条条像绳索一样的山脊，埃德蒙·威尔逊[1]曾把这里叫作“树木覆盖下很不起眼的褶皱带”。

“地质学在重复着它自己。”安妮塔像是在做评论。她接着又
184 说，任何能看懂我们眼前景观的人都会大体上理解阿巴拉契亚山脉的整体，我们看到的只是一部分证据，是极高极宽的高山地块的残留低地，这个地块的绝大部分都在东边，在我们身后，现在它的绝大部分都已经解体了，经过再旋回形成了年轻的岩石，这些年轻的岩石在我们这里脚下有几千米厚，这个厚度向西像楔子一样逐渐变薄，到俄亥俄州变成了很薄的一个薄层。

一个地区的地貌主要是水造成的，它在地上奔流，切出山谷，当水以冰川形式出现时，会肆意地切蚀刮削各种岩石。这种雕刻是外部的作用。地貌还受内部岩石的影响，甚至是控制，例如：连续地层中岩石的相对强度和不同的溶解度，以及岩石在构造作用下形成的褶皱和断层。弄明白阿巴拉契亚山脉是美国地质学的第一难题，从这个地方开始做地质的确是很困难的，因为这里几乎没有那种易读易懂的“千层糕”地层，不像大峡谷国家公园岩壁那样，岩层有明确清晰的时间序列。这条山脉是一连串关于挤压无序和盘根错节的谜团，从一头到明显可见的另一头，有 4000 公里长，到处都是反转的地层和再生的岩石，以及陡峭的断层和水平的

1　20 世纪美国著名的文学家和文化评论家，在美国文学史上具有重要的地位，影响了几代人的文学批评观念。

逆冲断层，褶皱非常紧密，曾经延伸了32公里长的地层现在被压缩得只有8公里长。这个地区似乎是由几条平行蜿蜒的地带组成的，有山前带、前寒武纪高地带、大峡谷带、发育褶皱和断裂的变形山脉带，以及阿勒格尼高原带。高的地带耐风化，低的地带易侵蚀。有人曾经告诉我，一般不把谢南多亚划成一个单独的带，如果一定要划出来，它会被描述成“软弱岩石的狭长条带”。早期的阿巴拉契亚地质学家乘坐着马车，穿着西装，打着领带，建立了一种适应这里地质的自然地理意识，当他们看到长长的圆顶山时，他们学会了去怀疑里面可能有白云岩，当他们抬头看到像鸡冠花一样的山脊时，他们能感觉到寒武系砂岩的存在，而远处的山谷里会有寒武系页岩。很高很坚硬的山脊通常是很厚的志留系石英岩，如果在茂密植被覆盖的低地上凸出着长条形的岩层，这种形状和肥沃程度可能应归功于奥陶纪海中沉积形成的石灰岩。山谷里有些圆丘。那些圆丘里是页岩。页岩很容易分解，但不会像石灰岩那样溶解掉，所以页岩在石灰岩山谷中形成了鼓包。在两种碳酸盐岩中，石灰岩比白云岩更容易溶解，这就是为什么白云岩会在石 185
灰岩山谷之上形成圆顶山。当早期的地质学家对基底岩石建立起这些概念后，他们抖动着缰绳，迅速而高效地前进，填制了第一批精度较高的美国地质图，这些图的精确程度至今让人印象深刻。

然而，识别出那里是什么岩石并不等于知道这些岩石是怎么样出露在那里的。地球的历史写在岩石中，但在地质图上，历史是不连贯的，因为地质图显示的是一个地区今天出露的最顶层的地层，没有显示更深层的地层，更没有显示更上面已经剥蚀掉的地层。在一个特定的地点，比如，在一个特定的纬度和经度交叉点，世界的面貌在经常变化着，这些变化没办法在一张图里记录下来。比如说，某地在某个时间被淡水覆盖，而在另一个时间又被咸水淹没，将来会变成一片山地，或一片寂静的平原，一片赤道沙漠，一条北极海岸，一片煤炭沼泽，或者，一个河流三角洲，所有这些都在同一个邮政编码区，只是年代不同。所有这些地貌景观都可以从岩石记录中识别出来，这些记录形式是多种多样的，有岩石的沉积特征，化学成分、磁性组分、内部颜色、硬度、所含化石，火成岩，变质岩，或沉积时代，等等。但作为历史叙述的一部分，这些证据仅仅是短语和从句，常常是断的、离散的。这就像是在玩拼图游戏时，从无数拼片中只找到了一些不规律的拼片。岩石柱是地球上某一点的地壳在垂直方向上的表示，同样也保存着大量可推断的历史。但是，岩石柱是概括性的，其中含有不少间断面，建立起一个岩石柱在很大程度上依赖于钻井，这些钻井都钻得很浅，当然，还可以凭借三维地震这种新技术进行研究，不过，这二者间有很大差别。这就是说，时至今日，地质学里仍然有大量的创造性想象空间。由此看来，19 世纪二三十年代游历阿巴拉契亚山脉的早期地质学家们真是令人惊叹，他们不仅对那些能见得到的岩石进行了分类，而且还厘清了各种地层之间的地层学关系，并且开始去综合构建它们的构造关系。他们从近距离观察开始，观察这个岩石类型，那座山峰，这个岩组，那条山谷，用他们能看到和所知道的证据，逐渐开始建立起暂时性的区域构图。在接下来的一个半世纪里，他们和他们的继任者把点点滴滴的证据按照逻辑组合起来，建立起了整个山脉构造带的发育历史。随着新证据和新见解的出现，旧认识有时会被抛弃。当板块构造理论出现时，它带来 186
的启示会被领会或容纳，但绝不是被普遍接受。一百多年来，阿巴拉契亚山脉在持续缓慢地剥蚀着、消失着，但关于阿巴拉契亚山脉成因的争论从来没有平息过。

看着山谷的景色，看着中间断开、两侧向远处伸展的山脊线，安妮塔说，这个地区山脉的隆升和剥蚀夷平不只出现过一次，而是多次：阿巴拉契亚山脉是一系列造山运动的结果，最后三次出现在 2.5 亿年间，是塔康造山运动、阿卡迪亚造山运动和阿勒格尼造山运动。塔康造山运动的第一次萌动差不多是从 5 亿年前开始的。它抬升的山体随后被剥蚀得没剩下什么，大部分剥蚀残余和碎屑已经变成沉积岩，被卷入到阿卡迪亚造山运动中。当阿卡迪亚造山运动过去许久后，它的剥蚀残余和已经形成岩石的碎屑物被阿勒格尼造山运动捕获，作为另一个山体再次冲向天空，这个山体的废墟现在就躺在我们脚下和周围。就是以这种方式，阿巴拉契亚山脉的每一次造山作用都吞噬了先前造山带的产物，现在我们面前只剩下这条古老的山脉，虽然它几乎完全被风化作用摧毁，但仍然可以在它的岩石中追踪到和无可争辩地识别出先前山脉的痕迹。她说，特拉华水峡口和它坚硬的石英岩代表了整个故事的核心，它是塔康造山带的碎片，是辫状河的急流从巨大山体上携带来的大石块、鹅卵石、砂粒和粉砂，这是一种不受植被阻碍的地表径流，那时候全世界的陆地上连一片绿叶都没有。

早在塔康造山作用的脉搏被感知之前，那时的场景和现在大不一样。那是一个由现在北美洲基底岩石组成的大陆，地势平缓，载着平静的河流，在它的两岸堆积了干净的砂粒。人们可以从那些寒武纪砂粒中推断出平坦的地貌、缓慢的河流、白色的海滩。海平面从来都不是恒定的，在整个寒武纪时期，总体上都在上升。海水以平均每百万年 16 公里的速度向大陆推进，在克拉通上铺起
187 连续的海岸砂：波茨坦砂岩、安蒂特姆砂岩、韦恩斯波拉砂岩、欧克莱尔砂岩。在寒武纪中有一个漫长的构造平静期，也就是距今 5.44 亿至 4.9 亿年以前。在寒武纪末至奥陶纪初，海洋把它众多的海湾伸进了大陆，大陆被淹没的程度在 5 亿年以来没有一个时期能比得上，或许海平面最高的白垩纪能有一比。没有人知道这是为什么。世界上水的量是固定的。水能作为雨雪落下，能流动，能蒸发，能冻结，能停在深海平原冰冷的深潭里，但是它不能离开地球。当大量的水结成冰川盖在大陆上的时候，海平面会急剧下降。在寒武纪和奥陶纪的大部分时间里，全世界都没有冰川作用，几乎所有的水都是液态的。但单凭这一点不能解释那时海平面出奇的高度。在大多数已知的地球历史中，冰川的冰实际上是微不足道的。像近代这样的冰川期是极为罕见的。看起来很可能是寒武纪和奥陶纪时期的洋底更高一些，是被躁动不安的地幔中大量的热膨胀起来的，正是这种热在岩石圈板块中央形成了夏威夷群岛，同样是这种热拱起了大洋中脊，板块在那里开裂。不管是什么原因，这时的海水上涨淹没了现在北美克拉通的一半以上。当白色洁净的海滩砂和大陆架砂像薄毯一样铺在克拉通上以后，石灰泥开始在克拉通陆表海中堆积。石灰泥是海洋生物的骨骼、泡在海

中的外壳以及其坚硬的钙质部分构成的。这些材料变成了石灰岩，在条件适合石灰岩形成的地方，如果有镁渗入，就会变成白云岩。随着沉积层厚度积累到600多米，这些寒武纪和奥陶纪沉积的碳酸盐岩会埋得更深，在它们下面的砂岩和更下面的前寒武纪岩石也越来越深，压着海底像货船的船身一样下沉，平稳地、从容地沉降到黏性地幔中，每千年下沉几厘米。

看着山谷的景色，看着中间断开、两侧向远处伸展的山脊线，看着新耕种的土地上春天冒出的嫩芽，我意识到我们已经进入了明西的领地，明西是特拉华人原始居住区最北端的地带。特拉华人在全新世之初就来到了这个地区，而在华盛顿时代开始时失去
了对这片土地的所有权。像标志化石一样，他们现在代表了这个 188
独特的历史时期。他们的家园和主要狩猎场在明尼森克——在山上，在河边，在特拉华水峡口上游的地区。“特拉华”这个名字对他们来说毫无意义，它属于一个英国贵族的家庭。特拉华人用自己的名字称呼这条河。我在中小学的时候就知道这些，我的学校离这儿不远。今天的明尼森克是一个玉米成堆的世界，岛屿和山谷中弥散着薄雾，河水中游着鳟鱼，偶尔还会有熊出没。特别是在新泽西州，它没有受到破坏，在地质学上，它从明西时代起就没发生过变化。明尼森克的印第安人是很好的地质学家。他们的足迹延伸得很远，不仅去其他狩猎公园和贝壳海滩营地，也去采石场。他们在采石场宿营。他们用皂石做成锅来煮饭，皂石是他们从现在宾夕法尼亚州切斯特县伦敦不列颠镇的地面上切下来的。他们用花岗岩、玄武岩、硅质板岩甚至粉砂岩做手斧，这些石料的采地

都离家很近。他们到宾夕法尼亚州的伯克斯县去寻找灰色玉髓和棕色碧玉。他们使用冰川漂砾中的角岩。他们用迪普吉尔页岩中的石燧做箭头和矛尖。他们用奥内达加灰岩中的燧石做钻头和刮刀。石燧、燧石和碧玉都是玉髓的女儿，而玉髓又是石英的一种。东部石燧带从安大略省穿过纽约州，然后向南延伸到明尼森克。印第安人不必去弗莱堡矿业学院学习就能告诉你这些。他们根据自己的经验就知道隐晶质石英粘结得很均匀，这种粘结不能沿平面分开，而是通过敲击造成贝壳状断口，形成剃刀一样的边缘。在被特拉华人叫作恩德莱斯山的两旁，森林里到处都是野味。河里有鳗鱼、鲱鱼和鲟鱼。人们生活在玉米田间，住在用柳枝搭建的房屋里。他们崇拜光明和四季风，所有这些大自然的元素都是由伟大的自然神曼尼托缔造的。明西人的墓地展示了明尼森克最美好的愿景。当死者被安置在地下时，他们开始了最后的旅程，去穿越银河。

印第安人第一次出现在明尼森克大约是在1万年前，而我们面前山谷里碳酸盐岩的年龄已经有将近5亿年了，是地球年龄的近九分之一。因为里面有牙形石，安妮塔对它们特别感兴趣，当州际公路下到谷底以后，我们在路旁剖面边上停下来，采集牙形石。
189 路旁剖面看上去像是希腊泥瓦匠建造的砖墙的废墟。在州际公路的两边，甚至在路中间都可以见到这些岩石，石灰岩有的白色微微泛蓝，有的透着浅灰色，白云岩被风化成浅黄色。岩石风化后会呈现出不同的颜色，有些含有磁铁矿，会显现生锈的红色，如果含有微量的铜，会变成绿色。这些外表可能是欺骗性的。地质学家在鉴别他们以前从没见过的露头时总是很慢。他们不会像打猎一样，从远处转转看看，然后说出个岩石名字。他们总是走到露头上，用地质锤敲敲打打，用十倍放大镜观察岩石。如果可能是碳酸盐岩的话，他们会尝试着滴几滴盐酸。石灰岩滴上盐酸后，会马上冒起大泡泡，就像刚倒出来的啤酒一样。白云岩对酸的反应比较小。安妮塔用她的大锤从路旁剖面上砸下来好几磅石头，费了不少力气。一下又一下，她使劲抡着大锤，砸着岩壁。她看着刚砸下来的一块岩石的新鲜表面，说怀疑这很可能是白云岩，它对酸没有反应。她用刀子刮了刮，刮下来一些粉末。盐酸在粉末上起泡了。“这种白云岩很干净，如果加热后经过重结晶，就能变成漂亮的白色大理岩，”她说，“当被它卷进造山过程时，如果温度达到 500 摄氏度，它就会变成大理岩，就像意大利的白云岩山一样。白云岩山里没有多少白云岩，那里大部分岩石都是大理岩。”她指给我看路旁剖面上的穹隆结构，那是藻叠层石，是生活在寒武纪海洋的微生物化石群落。“你知道，那里的水很浅，因为这些藻类只生长在能见到光的水里，”她说，“你可以看到，它们周围没有泥。这种岩石很干净。你知道，这水是温暖的，因为在冷水里不会有大量的碳酸盐沉积。水越冷，碳酸盐就越容易溶解。所以，你看着这个路旁剖面，你就知道你正在看着一片清澈的、浅浅的热带海洋。”

随着干燥大陆的漂移和地球的转动，寒武纪海洋和它覆盖的新泽西州曾经移动到过离赤道大约 20 度的地方，相当于今天尤卡坦的纬度，玩浮潜的人们在那里透明的海水中游来游去，透过他们的面罩看着未来的石灰岩。尤卡坦半岛所在的海里几乎全是碳酸盐。佛罗里达州也是这样。巴哈马浅海下面是波浪冲刷的碳酸盐

190 沙丘，它们的纬度在 20 到 26 度之间。在寒武纪末期，赤道穿过现在的北美洲大陆，顺着南北方向延伸。赤道穿过得克萨斯州的大本德县，穿过俄克拉何马州的“锅把”区[1]，内布拉斯加州和南、北达科他州。在寒武纪晚期，如果你沿着现在的 80 号州际公路行驶，你会在内布拉斯加州的科尔尼附近穿过赤道。在新泽西州，海水的深度几乎没有没过你的屁股，你能蹚着水在藻丛中穿行，给腹足动物喂食。你可以蹚着水一直走到赤道。在芝加哥以西，在伊利诺伊州的大部分地区，你会一直蹚水走在干净的沙滩上，那是加拿大克拉通平静的边缘，这个克拉通一直在海面之上。从艾奥瓦州开始，重新进入灰质海底，向西延续到内布拉斯加州东部，然后，差不多在科尔尼，你会经过灼热的赤道海滩，踏上一片低地，那是已经夷平的山地，那里的岩石已经存在十亿年了。它极端贫瘠，但带着一丝生命的迹象，可能是生命的暗示，岩石被藻类染成了绿色，染成了红色。到了怀俄明州，经过拉勒米，你会来到一个面朝西的海滩，然后是潮坪，脚下都是泥滩，一直到犹他州。现在，大陆架的海水将开始加深。再走 160 公里就到了内华达州，那里是大陆斜坡，再走更远些，就是一片蓝色的大洋。

如果你过了 3000 万年后转过身向回走，那时正好是奥陶纪，是 4.6 亿年以前，大陆架的边缘仍然在内华达州的埃尔科附近，干净的石灰泥海底逐渐上升，可能至少已经到了盐湖城。横穿怀俄明州，那里可能是一片低洼的旱地，也可能是连续的海底。证据几乎

1　俄克拉何马州的形状像个带把的平底锅，“锅把”位于该州的西北部。

全消失了，但还有一点点线索。在怀俄明州东南部，大约在一亿年前曾出现过一个钻石管，在它爆发后的动荡中，晚奥陶世沉积的海相石灰岩掉进了金伯利岩中并保存下来。在内布拉斯加州西部，你会穿过干燥贫瘠的前寒武纪地体，经过林肯到达另一片海域，那里是艾奥瓦州、伊利诺伊州、印第安纳州所在。海水清澈，海底凹凸不平，克拉通上有很多浅滩和深水。在俄亥俄州，当你向东走时，海水开始浑浊起来，粉砂慢慢沉降在石灰泥上。在宾夕法尼亚
州，当你接近未来的特拉华水峡口时，海底会在你的脚下加深，那 191
些先前曾经靠近水面的地方，现在已经下降到水深几十米的地方。

“碳酸盐岩台地坍塌了，”安妮塔说，“大陆架在下沉，形成了一个大洼地。沉积物灌了进来。”如果你用双手捏住一张纸的两边，当手向对边移动时，平铺的纸就会向下弯曲，石灰岩、白云岩和它们下面的基底岩石就会以这种方式下沉，形成了一个凹槽子，槽里很快填满了暗色的泥。泥变成了页岩，当页岩被拽进造山运动的热和压力时，矿物会重新排列，变成板岩。我们往西走了几公里，在一个乌黑色板岩的路旁剖面前停了下来。安妮塔说：“这些黑色的泥层有3600多米厚，是在1200万年里沉积下来的。那可是很大的一堆石头。”这个岩组叫“马丁斯堡组”。它在海里沉积以后，又在造山运动的动荡过程中形成褶皱及劈理。结果，它像一堆堆黑色的叶子，每一堆都有上千片叶子。只要轻轻地在露头上敲一下，就能敲掉一块岩石，好像我们在创造一件美丽的艺术品，它那曲线的形状和一层层的纹理肯定会吸引盆景园丁的眼球。这块岩石的大小看上去很适合配一棵15厘米高的树。我拿了几块放在我

的车里，我每次看到马丁斯堡板岩的时候都这么做。在宾夕法尼亚州，穿过特拉华河，这些板岩在很多剖面上都是块状的，没有节理和岩脉，细小的矿物排列成致密的平板状，叶理面宽阔而平直，可以从露头上锯出巨大的石板。那里的岩石被描述成“真正永不褪色的蓝灰色板岩”，它坚固但“柔软”，可以抛光得比玻璃更光滑。从孟菲斯到圣乔，从乔普林到瑞沃城，在美国台球历史上，几乎没有一个“球托儿”没在马丁斯堡板岩上打过台球。对于那些仍然能从口袋台球撞击声中听到腐败丑闻的活着的人来说，他值得花点时间深思一下，不仅所有的台球桌都是奥陶纪的软泥堆积在海底而成的，全美国学校的黑板也都是这样。

马丁斯堡组的堆积，碳酸盐岩台地的坍塌，沉积物的注入，
192 这是风暴骤起的第一波重大迹象。地质的演化，地壳的变形，构造的剧变接踵而至。一波一波的山脉将隆起。地球历史上的马丁斯堡时期类似于人类历史上荷兰东印度公司的亨利·哈得逊[1]驶入特拉华河海湾的那一刻。

穿过阿巴拉契亚大峡谷，安妮塔和我经过了更多的石灰岩，更多的板岩。在我们到过的露头上都能看到，原来水平的层理面向各个方向倾斜着，还有垂直的和倒转的，很久以前的原始地块经过逆冲和褶皱，形成了这些复杂的构造。公路到了河边转而向北，溯河上行，俯瞰着基塔丁尼山脊断崖的全景。由于离得太远，有点

---

1 亨利·哈得逊是荷兰东印度公司雇用的英国水手，1609 年乘船到达科德角，随后进入一条大河，这条大河后来被命名为“哈得逊河”，并由此开始了荷兰在哈得逊河流域长达 55 年的殖民统治时期。

看不清楚细节，但还是能看清大致的面貌：一条被切断的山脉，它的褶皱、地层和对称的峭壁，近400米高的岩石，从远处的天际线到山下碧水白浪河边的巨石，形成浑然一体的画面。难怪哈得逊河画派[1]的画家们纷纷来到特拉华，画他们最美的图画。乔治·英尼斯多次描绘特拉华水峡口，他选择的视角是从水峡口向下游大约6公里的地方，在这里画的画比其他任何角度都多。我常常想到那些画面，水面上穿梭的运船，草地上悠闲的牛群，河对岸宾夕法尼亚州汽笛呜呜的火车，按照安妮塔的话说，如果你理解了使这些图画成为可能的所有一切，你就会了解东部大陆的很多历史。在我看来，她是在暗示一种总体构图的概念，不仅仅是肉眼可见的画面元素，而且包括一系列隐匿的先前元素——这些元素在后来的构图中零零碎碎地出现，并融入了构图的实质性内容里——把年龄相差极大的很多材料画进了同一个场景中。一幅合成的画面不只是出自哈得逊河画派之手，而且包括了曾经属于不同时间段的很多其他东西，比如：船只、砾石、尖塔、奶牛、火车、山脚下的石头堆、冲刷的河岸、冰碛阜，被一条河流切断的山脉，而这条河的年龄只有山脉年龄的一半。

紧挨着马丁斯堡组的这座山叫基塔丁尼山，大部分是石英岩，这是“地狱中心”（比喻前寒武纪基底）的主要组成部分，比页岩至少年轻了1000万年。在构造后期，东部受到严重的侵蚀，石英

1 指以哈得逊河沿岸风光为题材的风景画家，是19世纪北美风景画派中最具代表性的一派，标志着美国美术开始摆脱欧洲的影响，显露出自己的风格。文中提到的乔治·英尼斯是哈得逊画派的代表性画家之一。

193 岩往往高高耸立。马丁斯堡组很软，因此形成山谷。两者之间什么也没有，只有时间。在这两组地层相遇的地方，一个手指就能标志一个组的结束和另一个组的开始，中间竟然间隔了1000万年的时间，也就是从4.4亿年前到4.3亿年前，从奥陶纪最晚期到志留纪早期某个时间。在这段时间里，显然有什么东西把马丁斯堡组从它的沉积洼地里抬升，并让它保持在海平面以上，直到风化作用把它侵蚀得足够低，准备好接受任何可能从高地上倾泻而下的沉积物，盖在它上面。石英岩作为砂子从塔康山脉剥蚀下来，盖在马丁斯堡组页岩之上。砂子变成了砂岩。在0.5亿年以后，砂粒在新升起山脉的高温和挤压下变成了石英岩，或者可能在1亿年后，砂粒在更多山脉的高温和挤压下变成了石英岩。那个时候，特拉华河连影子都没有。数条规模更大的河流正以另外的方式流动，和现在特拉华河的流动路线形成很大的交角。如果一个地区在垂直升降运动，它会指挥着河流顺着它的地势流动。在那1亿年的时间里，这个地区不是这样，没有形成特拉华河，又过了1亿年，特拉华河才出现，形成了和基塔丁尼山现在的位置关系。没人知道这条河是怎么穿过这条山脉的。它是从上面切下来的吗？是把切下来的表层岩石都变成泥带进海里了吗？是不是曾经有两条河，一起从山的两边向山里溯源侵蚀，最后，一条河夺袭了另一条？是不是曾经有一个大湖，湖水的溢出把山脉切出一个山口作为大湖的出水口呢？大湖的想法没有得到支持。它连假说都算不上，充其量只是一种理论上的可能性，但在本质上可能是一种愚蠢的猜测。曾经有一个时期，在山脉和威斯康星冰川之间的确有过一个冰川湖。当冰融化时，湖水从特拉华水峡口中流出来，留下了河流三角洲和季节性的条带纹层状湖底沉积物。这个湖叫赛欧塔冰川湖，有12公里长，60米深，然而，流出的湖水能量太小，除了糖块以外它什么都切不穿，更不用说切出一个山口了。

冰川是在2.3万年前到达这里的。终碛堆积在山口以南16公里的地方。尽管如此，冰川前缘仍然有600米厚，它越过了山顶。它完全堵住了水峡口，一定还拓宽了水峡口。它挖出了河床，然后 194
在那里留下了60米厚的砾石。当这里的植被还是苔原的时候，印第安人就生活在这里。一万年前，当植被从苔原变成森林时，生活在明尼森克的印第安人经历了这种变化。他们用石燧（碧玉、燧石、玉髓）打制石器的方式可以和安纳托利亚、苏美尔、摩西所处时期和拜占庭时代对照。亨利·哈得逊在四百年前来到了新世界。紧随其后的是荷兰商人、荷兰殖民者、荷兰矿工。他们在明尼森克发现了可开采的铜矿石，或者一般认为是他们发现的。这一部分是事实，一部分是民间传说。这个地区一般都传说，有一个名叫亨德里克·范艾伦的人评估了基塔丁尼山，认为它有一半都是铜。荷兰皇室命令他建立一个矿场，并修建一条可以运走矿石的道路。这条路向上通往明尼森克，穿过平坦的乡村，沿着艾瑟帕斯溪伸展，到达哈得逊河（纽约，金斯敦），有161公里长。这是新大陆上修建的第一条这么长的公路。今天，它仍然留在那里，许多地方几乎没有改变。范艾伦负责监督工人筑路，当他不忙时，就和一位特拉华酋长的女儿去调情，跳跳小步舞曲。酋长叫维森诺明，他的女儿叫薇诺娜。有一天，范艾伦独自一人去明尼森克河心岛附近的树林里

打猎，他朝一只松鼠的方向放了一枪。松鼠急忙蹿进树枝间。范艾
伦又开了一枪。松鼠急匆匆地蹿到另一棵树上。范艾伦重新装上枪
弹，悄悄地跟上那个小东西。他举起步枪，特别小心地瞄准。他开
枪了。松鼠倒在地上。范艾伦找到了它，发现一支箭穿过了它的心
脏。在河边，薇诺娜在她的红色划艇上向他投去微笑。他们相爱
了。在明尼森克，根本没有值得一提的铜。但范艾伦一点儿也不在
乎。薇诺娜为他改写了这片土地，向他讲述河流的传说，向他讲述
恩德莱斯山的故事。薇诺娜所讲的故事后来被写了下来，其中说
道："她谈到了这个美丽山谷的古老传说，说这里曾经是一片深海，
山脉按照伟大圣灵的意愿突然间四分五裂，为她的人民安居乐业
凿开了这条山谷。"1664 年，彼得·斯图伊文森特[1]一枪未发，把
新阿姆斯特丹和附属的所有一切都交给了英格兰国王查尔斯的海
195 军代表。命令传给亨德里克·范艾伦，让他关闭矿山，回家。他没
想过要娶一个印第安人妻子去欧洲。他在水峡口高高的悬崖上向
薇诺娜解释了这些事情。她跳崖自杀了，他也跟着跳了下去。

1 哈得逊河流域荷兰殖民地的最后一任总督。

7

我们徒步走在悬崖下，路旁水泥护墩和岩石之间的空间很窄，牵引拖车在公路上驶过，带起一股狂风和响亮刺耳的噪声，车和我们离得很近，几乎可以摸到。我们像河流一样，在山里穿行，只是走的方向相反。路两边的岩石像镜面一样光滑，高出水面 400 多米，水峡口窄得很，州际公路被挤在中间，连路肩都没有。附近有一个停车场，我们的车就停在那里，那是一个特拉华水峡口国家休闲区的停车场，位置很方便。游客们可以在那里近距离看到这条著名的自然通道穿山而过，不用太在意已经修了这么多州际公路，这么多铁路和其他道路，就像一个躺在重症监护室里的病人，身上插着各种管子。我们看到路边的雨水管上画着白色的路标，标记出阿巴拉契亚山里的道路，它从新泽西州的山上下来，顺着州际公路跨过河流，然后又回到宾夕法尼亚州一侧的山脊上。水峡口两侧的山都有当地的名字。宾夕法尼亚州一侧的山叫明西山，而在新泽西州一侧的山叫坦慕尼山。我们上方悬崖的岩石层理清晰，层次分明，它们不仅是沉积形成的，而且在东部造山过程中变形了。局部看，它就像餐桌上的餐布一样被推挤到一起。在侵蚀过程中，特殊褶皱的特殊片段残留下来，成为山脉的支撑岩石，正好以大约 45 度的角度向西北倾斜。当我们沿着这个大方向走的时候，每

一层斜立的岩石都比刚走过的一层要年轻一些，而且按照岩层中留下的证据可以看到，从一层到另一层表现出的志留纪世界并没有
196 多大变化。“倾向总是指向地层的上层位，总是指向比较年轻的岩石，”安妮塔说，“你在学地质学的第一天第一课就知道了。”

“你教一个什么都不知道的人是不是感到很累？”我问她。

她说：“我没教过那个级别的人，所以我也不知道会不会很累。”

在公路和河流附近，在露头开始出现的地方，碎石堆的大石块盖住了石英岩和下伏板岩之间的接触界线。要穿过水峡口进入到山脉内部，是要从志留纪早期走向志留纪晚期，考察距今4.35亿年前到4.1亿年前形成的岩石组合。第一层是石英岩，也就是最古老的石英岩，是含有砾石的，主要组成部分是鹅卵石和砂子，已经被石化成砾岩了。为了能让我听见，安妮塔大声喊着：“在这些鹅卵石里，你可以看到一场山中的暴雨。你可以看到鹅卵石被冲进一条辫状河的砂坝。这块岩石里几乎没有一点泥。这说明河道的坡度足够大，所以河水跑得很快，把泥都带走了。这些砂子和鹅卵石是从一座山上冲下来的，这座山很年轻也很高。”

辫状河携带着这么多的砂砾，它不像大多数河流那样蜿蜒流过山谷，在一侧切蚀河岸，而在对面河岸形成边滩（或叫“点砂坝”）。相反，辫状河通过自己宽阔的河床在编织成网状的河道中流动。看着那些志留系的砾岩，我想到了我曾经看到过的从阿拉斯加山脉流出来的大型辫状河，砾石铺开有1.6公里宽，驯鹿和熊在砾石滩上嬉戏，清澈的河水闪着银光在辫状河道中流淌。如

果这些河流能够证实（它们的确证实了）极年轻的山脉的剥蚀解体，那么摆在我们面前的岩石同样证实了这一点，干净的河流砾石保存在干净的河砂中。“地质学在重复着它自己！”安妮塔说。我们继续往前走着，不时地摸一摸岩石，再捡起一两块看看。她指着河道填充沉积物底部的凹型曲线告诉我，事实上，没有能超过 1.5 米的辫状河道，这是因为辫状河在不时地编织着和迁移着它的河道。显然，我们在公路上采集的古老岩石所描述的平静大地和安宁海洋，在建造古老的山脉时，已经发生了彻底的革命，这些山脉像阿拉伯半岛的高山一样，光秃秃的，矗立在东部，用这种辫状河的方式把砂砾搬运下来。波痕、交错层理以及砂粒静止的方式，安妮塔从这些沉积物的构造中看到了4 亿年前的辫状河在 197
向西流动。

三百年前，威廉·佩恩[1]来到这片土地，几乎立刻断定特拉华人是犹太人。“他们的眼睛又小又黑，一眼看上去和犹太人没什么两样，”他在给家里的信中写道，“我真的相信他们是犹太人。当一个人看到他们时，会觉得自己是走在伦敦的公爵广场或贝里街。”他们“大多数”都是“很高，很直，身材匀称的人”。他们会给自己涂抹提纯的熊脂。佩恩研究了他们的语言，对他们越了解，就越能制定出对他自己有利的条约。“他们的语言调门高，嗓音窄，有点像希伯来语……一个词能用在三个地方……我必须说，我所知道

1　英国贵格会领袖，提倡宗教自由，1681 年他监督建立了“美国宾夕法尼亚联邦”，为贵格会信徒和欧洲其他宗教少数派提供避难所。作为殖民者，他和特拉华印第安人建立了良好的关系，在互相信任的基础上签订了一系列条约。

的欧洲语言中，在口音和重音上没有一种比他们的词汇更甜美、更华丽了。”佩恩在他们部落特有的名字中听出了“气派”，他列了出来：坦慕尼、波克辛、兰科卡斯、沙卡马森。他或许还可以加上怀俄米森、维森诺明、怀俄明。他在沙卡马森的大榆树下和特拉华人签订了条约。坦慕尼出席了签约。他注定会成为这个部落历史上最有声望的首领。他死去多年后，美国东部城市的白人以他的名义建立了不少社团、协会，尊称他为“圣坦慕尼”“国家的守护神”。佩恩对特拉华人的钟爱是出于他的钦佩。和特拉华人相处并不困难。他们很随和，很聪明，很平和。印第安人也敬重佩恩。他信守诺言，舍得付出，做事公平。

在沙卡马森的大榆树下，宾夕法尼亚政府承诺，“只要阳光在照耀，河水在流淌”，宾夕法尼亚人民和特拉华人民就永远是朋友。佩恩概括了他对土地的需求。大家一致同意，他应该在特拉华河以西拥有一片土地。这片土地的大小可以依据一个人在给定的时间内（通常是一天或两天），以轻松的步伐行走的距离去界定，他行走时应该按照特拉华人的习惯，中间要停下来吃午饭，还要抽烟休息。出于友谊，佩恩团体和印第安人在巴克斯郡的某个地方都做了些让步。后来佩恩回到了英国。他死于 1718 年。

大约 15 年后，佩恩的儿子带着一份契约的副本从英国来了。
198 他叫托马斯，是一个商人，具有律师的理解能力和贪婪性。他说他父亲谈判过，把他的土地向北延伸了一天半的路程。他把这件事告诉了特拉华的新一代首领，特拉华首领从来没听说过，但还是勉强同意去履行契约，也就是所谓的“量步购地”。他与他的兄弟约翰和理查德一起登广告招聘参加者，约定给宾夕法尼亚州跑得最快的人提供2平方公里土地。实际上，他雇了三个跑马拉松的。当这一天到来时，也就是1737年9月19日，特拉华人开始抱怨了。他们完全跟不上，但仍然在后面跟着。这个交易是他们的先辈做的。白人“走”了105公里，进入了波科诺地区。如此厚颜无耻的冒犯居然也被这个顺从的部落接受了。但现在，他们兄弟们犯了一个致命的错误。逻辑上，他们新圈定的土地需要一个北部边界。但不合逻辑的是，他们划的边界不是向东到达河边靠近水峡口的地方，而是向东北到达一个地点，划出的这个范围包围并吞并了明尼森克。大屠杀接踵而至。建筑物被烧毁了。沿河上下，很多白人的头被砍下来。特拉华人伸手举起了“法国战斧”。他们曾经很平和，很随和，但现在他们参加了法国印第安人战争[1]。在他们曾经容纳白人的明尼森克，他们烧毁了整个定居点，摧毁了居住者。他们杀了约翰·拉什。他们杀了他的妻子、儿子和女儿。他们杀死了17个瓦纳肯人和瓦坎普人。他们把人们赶到河里，或杀死在船上。他们杀死了汉斯·范弗雷拉和兰伯特·布林克，杀死了皮尔斯韦尔·古尔丁和马修·鲁。然而，他们不能用杀戮换来时光倒流。他们再也没法夺回明尼森克了。

我们在有卡车呼啸而过的路旁走着，每向前走一步差不多就跨过一万年。当然，每一步跨过的时间并不是均一的。一个化石河

---

1 是1754年至1763年间英国和法国在北美的一场战争，印第安人在这场战争中与法国结盟，攻打英国。英国人取得了这场战争的胜利，根据1763年签订的“巴黎条约”，法国把北美领地割让给了英国。

床可能有 200 万年，然后紧接着的岩石下一层可能只是记录了一个季节，或者一场风暴——一个薄层也可能记录了一滴雨。我们抬头望去，看到了一层砂岩底面凸出的多边形，这是砂子灌进下层泥裂中留下的印痕，泥层在太阳暴晒下形成了干裂缝，砂子随着暴雨后的洪水倾泻而下，盖在泥层上，使泥裂中充满砂子，就形成了干裂缝的铸体。安妮塔用地质锤的尖头从一层砾岩中抠出一块鹅卵石。“乳白色石英，”她说，“块状白色石英岩。我们在前寒武纪高地的
199 路上看到过这种岩石。当塔康造山运动来临时，古老的岩石被抬升起来，侵蚀作用把它变成了卵石和砂子，这些就是这个砾岩中的成分。这是整个阿巴拉契亚系统如何不断循环喂养自己的一个例子，是前寒武纪岩石形成的卵石，进入到志留系岩层中。你还会在泥盆系岩层中看到志留系的卵石，在密西西比系岩层中看到泥盆系卵石。地质学在重复着它自己。”我们时不时地在露头上看到一些很久以前写的小数字。安妮塔说，当她和杰克·爱泼斯坦在研究水峡口地质时，她曾经写过很多数字。她说：“我不想告诉你我在这里花了多少个月来测量每一英尺（30 厘米）岩层。”石英岩中偶尔有些砂岩以及页岩的条纹。这些页岩是在几天或几小时内沉淀下来的细泥，以规则的周期性覆盖在古老河砂的波纹上。对我们面前岩石中的每一幅画面，她脑海中都有一幅对应的景象：志留纪早期的荒地，几公里宽的河流，以及所有的一切。这一系列画面记录了大型塔康造山带的变化，山脉的东部随着志留纪雨水的冲刷，坚硬程度越来越低，山脉的总体逐渐失去棱角，河流的坡度慢慢变平缓。有土地沉降的景象，有海洋上升的景象。她发现，页岩

曾经是河口湾的泥，曾经生活在河口湾的贝类和水母现在都变成了化石。在附近一片薄薄的黑色页岩层中，她看到了“海滩后面有一个黑色的小型潟湖”。在一个巨厚层的白色洁净的砂岩中，她看到了海滩。“除了在海滩上，你看不到这么干净洁白的砂子，”她说，“那是沙滩砂。你向西眺望，应该能看到大海。”

那时候，如果想沿着 80 号州际公路现在的路线行驶，你需要一条吃水浅的船，能在海上航行。这段旅程会从山间急流开始，因为将来建造乔治·华盛顿大桥的地点在几百米高的崖下。布满大石块和砾石的冲积扇一排排堆积在山边，一条条河流从冲积扇冲出，一路向西，奔向陆表海。这些河流把冲积物带到海里，广泛地散布开，冲积物在塔康山脉侧翼的水面上下沉积下来，逐渐向西建筑起一条长长的三角洲，那是一个巨大的沉积物复合体。在未来成为水峡口的地点，你会在白色的海滩上开辟一条向西横穿大海的路线，时不时地回头看看陡峭的 V 字形山谷。这就是形成水峡口古 200
老岩石的世界，是辫状河的砾岩、河口湾的泥、海滩上的砂。在全新世时期，安第斯山脉看上去就是这样，大量砾石从它们东面的山坡上滚下来，堆起了冲积扇。它们之间最主要的区别就是植被，志留纪早期时几乎没有植被。宾夕法尼亚纪的海水很浅，底部是砂质的。赤道已经移动了一些，顺着今天的东北—西南方向延伸，穿过明尼阿波利斯和丹佛。俄亥俄州的海底是昏暗的石灰泥，从印第安纳州向西，海底是白色的石灰砂，上面覆盖着只有几十厘米深的清澈海水。

如果你转过身来，在 2500 万年后再回来，你很可能仍然在覆盖着石灰岩台地的大海上破浪弄潮，但这片海域在晚志留世的大小范围还没人报道过。大部分岩石现在都不见了，只留下四处分散的零星线索。在拉勒米附近钻石管里残留着一些海相石灰岩，其中有些是晚志留世的。由此推测，从怀俄明州向东，似乎存在着一个巨大的海洋。这一推断到芝加哥终止。在那里你会遇到一个巨大的珊瑚礁，它现在仍然在，珊瑚礁当然不会是在沙漠中生长的，它生长在志留纪时期。那时，它是一个被海浪冲刷着的环礁，像西太平洋的夸贾林环礁，或是埃尼威托克岛。随着时间的推移，它就会变成糖粒状的蓝色白云岩，上面布满志留纪的贝壳。这些白云岩在那里站立了大约 4 亿年后，将会被开采出来，烧制成水泥，去建筑 80 号州际公路的混凝土路面，去浇筑地基，竖立起芝加哥城的大部分高楼，这些林立的高楼就像志留纪时期的环礁一样。实际上，80 号州际公路的一座桥梁正好在采石场上方穿过环礁，这个采石场到大峡谷的距离和到芝加哥的距离差不多，这可能是它最吸引人的地方。在这个环礁更远的地方，你会看到其他的环礁和高盐度的海。当水的含盐量是海洋的三倍时，石膏就会结晶出来。匕首那么长的石膏晶片在俄亥俄州中部的海底凸立着。那时你可能一直挺立在热带的信风里，信风吹向赤道，蒸发着只有膝盖深的海。在扬斯敦东面，来自附近海岸的红色泥土搅浑了海水。这时的海
201 滩出现在宾夕法尼亚州中部，靠近将来布卢姆斯堡的位置，靠近苏斯奎汉纳的河汊口。三角洲复合体的巨大沉积楔已经扩大了 160 公里。塔康山脉的规模不是很大。坡度陡峭的辫状河消失了，毫无约束的河流砾岩被蛇曲河的泥质河岸埋在下面，蛇曲河平静地流

过低矮而宁静的土地，那是一片玫瑰色和深红色的土地。红色土壤中长出绿色的植物，这是破天荒的第一次。

我们走过水峡口倾斜的地层，在时间中穿梭，来到了深红色和玫瑰色的砂岩、粉砂岩和页岩的露头。在岩石的不规则层理中，能看到虫孔、波纹和交错层理，安妮塔看着这些，描述出了潮汐通道、潮坪、一条河流进了河口湾、一排障壁岛、一条滨海带。她看到了三角洲，平平地舒展开，形成一片红色调的低地，塔康山脉被夷平成了小山。我们把粗砾岩和坚硬的灰色石英岩抛在了身后，这些砾岩和石英岩来自曾经的塔康山脉高地，现在成为特拉华河上的悬崖峭壁，习称“小万岗石英岩”。这里的石英岩是玩“绳降”的天堂，“岗客斯”[1]崖降是绳降的一种形式，用爱好者自己的行话说，叫“跳缝儿”。现在，我们停在离水峡口800米处的公路旁，在地质年代上又走过了2000万年，眼前看到的是基塔丁尼山在当地出露的两个岩层组中较年轻的一个。这个组叫“布卢姆斯堡组”，总体上是红色的，是晚志留世三角洲平原的外缘，距今已有4.1亿年。

在距今不到二百年前，当时美国只有24岁，第一条马车路就是穿过水峡口修筑的。黑暗狭窄的道路从防响尾蛇的岩石堆中穿行，这条路对殖民地人民来说似乎是很可怕的，水峡口并没有成为

1　绳降是一种户外极限运动，是利用绳索由岩壁顶端下降，又叫“崖降”。这里所说的“小万岗石英岩”峭壁在纽约州新帕尔茨附近，是美国热门崖降区之一。岩壁石英岩的节理缝是水平的，利于脚踩，因此绳降爱好者戏称是“跳缝儿”。“岗客斯”（Gunks）是小万岗（Shawangunks）的简称。

他们的运输通道，而是被闲置起来，变得神秘、可怕，仿佛是天然形成的道路。

在灰色的小万岗石英岩和红色的布卢姆斯堡组之间，出露了 30 米左右厚的过渡岩石，我们从中看到了志留纪的风景从海洋和
202 海岸带变成了低缓的海岸冲积平原。安妮塔说，如果我们有显微镜，我们会在布卢姆斯堡组的河流砂岩中看到一些鱼鳞，那种鱼看上去像煎饼锅铲，眼睛长在前额上。

1820 年，水峡口被一些游客发现了。他们是费城人，名字大概叫“宾尼”。

安妮塔敲掉几块红色的砂岩看了看，说这里讲的是“挖挖填填”，是一条蛇曲河的经典故事。蛇曲河在河道的一侧挖蚀，而在河道的另一侧填充。在砂岩中夹有小块或大块泥岩的地方，蛇曲河用力地挖掘着一侧的堤岸，挖掉淤泥质的土壤，造成堤岸坍塌。与此同时，在对面的堤岸，也就是河弯的内侧，一个边滩在向外筑着，逐渐凸进河道，这个凸岸边滩又叫“点砂坝”，保存在干净的砂岩中，形成曲线形岩层，内部有交错层理，一看就是在急流中形成的。

面对一座被锯成两半的山，一个旅行者自然而然会去猜测，这究竟是怎么形成的？就像以前的印第安人一样，当时他们认为明尼森克曾经是“一片深海”。塞缪尔·普雷斯顿同意印第安人的观点。1828 年，普雷斯顿在写给《宾夕法尼亚州灾害录》杂志的一封信中说，水峡口是“全州所有地方中最伟大的自然奇观”。他接着假设：“从山上有这么多冲积物或填造的土地来看，在世界

的以前某个时代，一定有一个巨大的水坝依山而立，把称为明尼森克的居住区变成一个湖泊，湖水的前后延伸范围至少有 80 公里。”这样，他做了个估算：“从湖的水量和湖面的落差来看，河上应该曾经有过瀑布，按照恰当的估算，这个瀑布高度一定在 45 到 60 米之间，瀑布的水量和今天的尼亚加拉大瀑布差不多。”普雷斯顿是个游客，不是地质学家。查尔斯·莱伊尔的《地质学原理》第一卷巧妙地向 19 世纪的人们解释了地质学这门新科学，然而，莱伊尔的书是在这段话发表两年后才出版的，更不用说还要从伦敦横渡大洋传到美国了。更引人注目的是普雷斯顿的假设。就像很多有成就的地质学家一样，普雷斯顿讲得头头是道，即使是错
的，听着也很有道理。而且，他有地质学家的胆识，他说：“如果 203
有人认为我的假设是错误的，他们可以自己去检验……水峡口就在那儿，跑不了。”

沉积物在晚志留世低地上缓慢地堆积起来，岩石中的铁被氧化了，因此岩石变成了红色。或者，如果它是由红色的岩石风化而成，那么它可能本来就是红色的。露头上有暗色的泥岩和浅色的粉砂岩，都是从志留纪的洪水中沉积下来的。砂球和砂枕构造，攀升波纹、流动旋纹、微型沙丘，这里可以看到河流砂岩中形成的各式各样的沉积构造。颜色有褐红色、粉红色、深红色和铁红色。

艺术家是特拉华水峡口最有成效的发现者。他们在不经意间把水峡口公之于众。他们非常写实地把它画在图上。这种地貌的对称现象吸引了他们，他们画素描、画油画、做雕刻。最早的作品

是斯特里克兰 1830 年的彩色蚀刻画，画的前景是一艘狭长的平底达勒姆船[1]，四名船员站在船上划着桨，船尾有一名舵手，也站着，画的背景是生长着天然丛林的山岭，而山岭本身有一个不可思议的深深下切的山口。

河流在不断地切蚀和填充着，流过它为自己切蚀出的山谷，在河道里沉积下砾石，然后渐次沉积下砂、粉砂和泥，再向上是洪水漫过河岸时沉积下来的河漫滩细粒沉积物。这个序列现在完整地展现在我们面前，一层也不少，而且在岩层中多次重复出现，这是一条河流侧向迁移的历史，在距离今天 4.12 亿年、4.11 亿年和 4.10 亿年前，这条河在不断沉降的河谷里侧向迁移着，垂向叠积着。

1832 年，阿舍·B. 杜兰德来到现场。杜兰德是后来被叫作“哈得逊河画派”的创始人之一。这个词本来是个贬义词，有个评论家曾用“来”这个词去描述那些热衷于到户外去表达浪漫主义情绪的画家们。他们游览哈得逊河，爬上落基山脉，不畏艰险地进入水峡口。杜兰德另外画了一条达勒姆船。他画的树看起来像日本的树。杜兰德完成了他自己雕刻的铜版后发表了这幅画。“画板一架，旅店开张”，这几乎成了一条定律。1833 年，“基塔丁尼之家”小旅店建成了，有 25 张床位。

安妮塔敲下来一块布卢姆斯堡砾岩，这块砾岩本身就是一个

1 这是特拉华河早期的主要航运工具，船的首尾两头尖，平底，长 20 米，宽 1.8 米，深 0.9 米，满载时吃水深度约 0.5 米。据说，第一条达勒姆船是 1730 年左右在达勒姆小镇由一位名叫“罗伯特·达勒姆”的人建造的。

证据，表明沉积它的这条河仍然能量十足。绵延起伏的志留纪原 204
野一定是非常美的，它的河谷泛着丝绒般的绿色。河砂散布的鹅卵石中有来自高原的碧玉。

1836 年，在亨利·达尔文·罗杰斯[1]领导下，早期的地质学家开始在这里工作。他们开展了对宾夕法尼亚州的首次地质调查。在深海马丁斯堡板岩和盖在它上面的地层中，在沉积物的细褶纹和波纹中，罗杰斯看到了古代“巨大的地壳运动和革命”，看到了古代“最重要的”时刻，并且向哈里斯堡提交了报告，为日后提出“塔康造山运动”和“阿勒格尼造山运动”的概念奠定了基础。他断定，和宾夕法尼亚州的山体基线相比，新泽西州的山体扭弯了几十米。“我认为，这些横向错动遍布我们阿巴拉契亚地区所有的山脊和山谷，”他写道，“也是那些被称为水峡口之类的深切山口的主要成因，而这些深沟还把我们很多高山的山脊向下直劈到山基部。”

在布卢姆斯堡组的红层中有几层薄薄的绿色岩层。安妮塔说，它们叫“卡普佛西佛（含铜页岩）”，这名字是荷兰人给起的，以为里面含铜。不管布卢姆斯堡三角洲里有什么，那里就是没有大量的铜。在 19 世纪 40 年代，明尼森克的矿场重新开始采矿。他们只开了一季就破产了。1854 年 8 月 29 日，F. F. 艾林伍德牧师在宾夕法尼亚州特拉华水峡口村的山上教堂发表了“奉献布道”。艾林伍德根据《创世记》教义把这一年作为第六个千禧年。“六千

1　19 世纪美国著名的地质学家，通过对宾夕法尼亚州的地质调查，对阿巴拉契亚山脉的构造和造山作用研究做出了重要贡献。

个寒冬的狂风在这个神圣的地方肆无忌惮地呼啸着，然而它所预言的命运却没有实现，”他对会众说，“但最终在这里，教堂坚定地屹立在岩石上，我们希望并祈祷，地狱之门不会战胜它……耶和华注视着这座山的磐石之坚已经有好几个世纪了，在人们的耳朵能听到之前，他的声音就一直在这里，在微风的叹息中，在暴雨的雷声中，即使在那时，他的声音也一直在这狭窄的峡谷里翻腾着、荡涤着。在人们的脚步踏进这片天然的土地之前，或者在他
205 的艺术之手把钻孔和爆破应用到这片寂静的岩石上之前，上帝的手就已经在这里独自工作了，为那条河挖掘出深深的坚固通道，为那些高大的峭壁和阶地披上永不枯萎的翠绿，他的桂冠在远处闪现着光彩。”就在那个夏天，“拉卡瓦纳和西部铁路”公司的艺术之手在特拉华寂静的岩石上进行了爆破。驿站马车不久就会退出这个舞台。铁轨取代了河边的小路。遮掩它的梧桐树被砍倒了。一根电报线穿进了水峡口。如果在实用和富丽之间做出选择，人们当然希望两者兼得。火车会朝一个方向运送贵族，而朝另一个方向运送煤炭。

安妮塔把她的手指放在已经变成化石的泥裂缝上，这是证据，不仅证明了它曾经在阳光下暴晒的时间和季节，而且证明了这些泥裂形成时环境是安定的。她还把手指贴在擦痕条纹上，让手指顺着光滑的摩擦面移动。这些擦痕是在后来的构造扰动中留下的疤痕，是一个岩块在另一个岩块上滑动形成的。

在生态时代，“背包客摄影学派”对铁路旁 40 公里以内的任何东西都不会去看一眼，更不用说把它拍摄到胶片上了。然而

在 19 世纪 50 年代，乔治·英尼斯来到了水峡口，对准火车架起了画板。他的油画最终被挂进大都会博物馆、泰特美术馆、国家美术馆（伦敦）。与此同时，在 1860 年，柯里埃和艾夫斯创作了一批石版画，其中一幅为后世广为传播。到 1866 年，“基塔丁尼之家”已经扩建到有 250 张床位。尽管这家旅馆的经理曾在离大厅不远的地方杀死过一头巨大凶猛的美洲狮，但这无关紧要，因为这里是新世界，已经名声在外，人们传说这里还杀死过狼和熊呢。水峡口正在发展成为一流的、繁忙的消夏胜地。

“你看那些向上变细的韵律层理，”安妮塔说，“它们的底部是带有泥块的交错层砂岩，中间是发育波纹的层面起伏不平的泥质粉砂岩和砂岩，顶部是发育泥裂的有生物扰动痕迹的泥质粉砂岩，还能见到一些白云岩结核。”

有一位女士在 19 世纪 60 年代参观了水峡口，然后留下一句神评论：“如果尼亚加拉大瀑布在这里的话，特拉华水峡口将是一个多么美妙的地方啊。”

1875 年，《奥尔丁》杂志刊登了三幅水峡口木刻，画面的前景 206
是握手杖的绅士们和打阳伞的女士们，她们的长裙恰好扫过石英岩。随附的文字称赞特拉华水峡口之美超过了欧洲大多数高山的垭口。《奥尔丁》的副标题是“美国艺术期刊”，但也常会涉足其他领域。“宾夕法尼亚州山脉的知名度可能远不如许多相距很远的美国山脉，游客也不多，更是比不上许多欧洲的山脉，不过，它们的雄伟和壮丽能和地球上任何其他山脉比肩，并能名列前茅，”杂志告诉读者们，“顺便说一句，不仅是热爱自然的人在水峡口有他的观察和思考空间，就是一个科学家，如果他在那儿逗留一段时间，也会觉得有事情要做，而且几乎肯定会做点什么。他也许还没有完全搞清楚尼亚加拉大瀑布是怎么在它现在的位置出现的，不管它原来就一直在同一个地方，还是在圣劳伦斯河口。但是他会发现自己已经加入了过去半个世纪的科学推测，思考着水峡口究竟是在诺亚大洪水时变成这个样子的，还是曾经有一个巨大的内陆湖，由于洪水暴涨冲垮了堤岸，使湖水夺路而出。”

到了 1877 年，“基塔丁尼之家”已经扩建成有五层楼的大旅馆。《哈珀周刊》在当季季末刊登了一幅由格兰维尔·珀金斯[1]创作的水峡口彩色木版画，他画中的人物身材修长，很有埃尔·格列柯[2]的风格。在高山下，一位妇女斜躺在河岸边，手里撑着一把粉红色的阳伞。一个头戴草帽身穿黑衣的男人在她身旁舒展着身躯，活像草地上的一条蛇。

在布卢姆斯堡岩石的交错层理和平面层理中，我们慢慢地沿着时间向前追索，岩石学证据表明，我们正在从地质学家所说的“高流态[3]下部”走进“低流态上部”。

---

1 美国 19 世纪活跃的画家。

2 文艺复兴时期西班牙画家，擅长画宗教画。他的画夸张多于写实，画面色调奇特，画中人物的身材被纵向拉伸变形。这种风格与当时的时代格格不入，直到 200 多年后的 19 世纪才被发现并受到推崇，影响了毕加索等一代艺术家。

3 流态指水流的各种运动形态，对船舶航行有重要的影响。19 世纪的英国船舶设计师弗劳德提出了船模试验的相似准则数“弗劳德数（Fr）”，Fr>1 时为高流态，水浅流急，而 Fr<1 时为低流态，水深流缓。不同流态下，沉积物中形成的层理类型会不一样，这使地质学家们能根据沉积构造形态去判断水流的流态。

当人们对这条河感到厌烦时，那里有管弦乐队、魔术师、讲座、化装舞会。他们可以读彼此的素体诗[1]：

大自然是何等雄伟壮观，
我们用心去审视、思量。
你的身体平静而赤裸， 207
你从旧世界的混乱中走来，
你那时和现在是否一样?
或许有什么秘密的原因，
撕裂了你外层的岩石，
把碎片在平原下埋藏。
人类形成伟大的概念，
并会引以为尚。
惊人现象的背后，
必定有巨大的自然力量，
把山脉齐根搬走，
给特拉华河留出通道，
让森林和洪水共舞共狂。
气势磅礴，场景恢宏，
冲破永恒岩石的坚壁固墙，

1 英语格律诗的一种。每首诗行数不限，虽不必押韵，但节奏鲜明。素体诗是英国 16、17 世纪流行的诗体，莎士比亚的剧作大部分由素体诗写成。这里冒昧地“以诗译诗”，不敢攀“原文节奏声调之美”，只求能达原意。

那是伏尔甘火山的怒吼，
那是诺亚大洪水的巨浪。
让幻想自由地展开翅膀，
让我们的推测随她一起飞翔，
这些，是地质之子的沉思，
他从一粒砂看到山的成长……

安妮塔说，这部分岩石的强度已经变弱了。河流穿过这些地层，会追踪这些变弱的部位，并从这里开辟自己的河道。“不管哪里的山岭出现了水口或风口，基岩通常都存在着构造弱点。”她接着说，“岩石破碎得很厉害，尤其是这里的褶皱，特别紧闭。”

这些旅馆都建在宾夕法尼亚州，在 19 世纪 80 年代和 90 年代，旅馆的数量已经饱和了，它们相互排斥，饱受竞争之苦。从“基塔丁尼之家”向上坡走，像是在玩“山中之王”的游戏，建起了一座“水峡口之家”，狭长的建筑涂成了白色，像是一艘大游轮，有好几层房间，每一层都有环绕的阳台，圆房顶上窄下宽，看上去像是复式的烟囱。和游轮相比，船尾缺少了一个明轮推进器。景色很美。在新泽西州狭窄的冲积平原和河流阶地上，是大片的耕田和分隔的围栏，秋天有丰收的玉米，春天有新鲜的犁沟。未来的 80 号州际公路将从那里穿过。

我和安妮塔来到了布卢姆斯堡组的最顶层，或者说，是在水峡口露头上能见到的最顶层。“这些是粗糙的底砂岩，”她指着最
208 顶上一层说，“它们是曲流河弯弯曲曲行进时，通过侧向加积沉积

在河道和边滩上的。”总体上，这个组的地层一共有460米厚，记录了志留纪世界高地的夷平历史。

世纪之交的十年或十二年后，一辆伯格多尔旅行车开到了“水峡口之家”的门前，司机走了出来，西奥多·罗斯福[1]独自一人坐在后面，一张照片抓拍到他那张高深莫测的面庞，他那件浅色的亚麻西装，他那个40升的大肚子以及与之般配的帽子。对于一个度假村来说，这一定是个很重要的时刻，只不过这时泰迪（1858~1919）已经卸任了，从某种意义上说，这也是水峡口命运的写照。情绪多变的游客们更喜欢有瀑布的尼亚加拉。景区里增加了一趟城际电车。在下游3公里处曾经是乔治·英尼斯最喜欢作为画面前景的地方，现在新架起一座铁路桥，看上去像是一座罗马高架渠。从水峡口流出的大河两岸各修了一条铁路。冰川曾经把陡峭的冰碛物推到被切断的山岭边上，就在这些形形色色的冰碛物上，建了一个高尔夫球场。1926年，沃尔特·哈根在这个球场赢得了东部公开赛冠军。不过，那是最后一次东部公开赛，沃尔特·哈根再也没有回到这里，19世纪也一去不复返。这位高尔夫球场的常青树现在生活在缅因州。1931年，“基塔丁尼之家”被烧毁了，货运列车隆隆地驶过余烬时发出了哀号。这是一场火灾，更像是一个信号。1960年，州际公路出现了，这是在第一条马车路出现160年后。作为地球历史的一个单位，160年不能说是一无所有，尽管如此，看看河边的红色岩石，那是在9400个这样的

1 美国的第26位总统，任期为1901~1909年。泰迪是他的昵称。

单位中一点一点地堆积起来的。换句话说，在布卢姆斯堡组 460 米厚的地层中，每 160 年中堆积的岩层平均只有 5 毫米厚。州际公路的外表显得疙里疙瘩的，在新泽西州，它通过爆破穿过小万岗石英岩，穿过布卢姆斯堡的红层。似乎只穿过一个水峡口还不够，它又转身再次穿河而过。

在我们走过的所有岩石中，见到所有携带这些物质的古河流都是向西和西北流动的。我看着有点独出心裁的特拉华河，它正在朝另一个方向流去。“特拉华河是什么时候形成的？”我问安妮塔。

她耸了耸肩，说：“很久以前。”

209 我又问：“很久以前是多久？”

她转过身，回头望着山上的巨大豁口，然后说：“可能是在侏罗纪晚期吧，也可能是在早白垩世。我可以查一下。我没怎么注意过这方面的地质。”

按整数计算，这条河的年龄是 1.5 亿年。水峡口岩石的年龄为 4 亿年。再早 0.5 亿年，塔康山脉出现了。河 1.5 亿年，岩石 4 亿年，第一代远祖山脉出现在距今 4.5 亿年前，这些日期听起来真是别扭，像是没办法接受的清朝历法。你需要去体会地质变化的步伐，把地质年代的 1 亿年和人类的一个世纪画个等号去类比，体会那些向上变细的沉积序列，体会其中纹理所代表的事件，体会环境的缓慢恶化和瞬间出现的灾难。这样，你就会看到河水向东奔流。然后，你看到群山拔地而起。河流离开山地向西淌去。山脉的升起像波浪一样，它们形成高峰，然后倒塌，再向西展平。再过一段时间，山脉又被逐渐夷平，你会看到河水再度向东奔流。你从画家的肩膀上看过去，你会看到这一切都画在他的风景画里。如果你先在岩石中看到了这些，你就会在画中看到这些。这幅画要比画中所有内容的总和小得多得多，画中的一闪现，你眼中的一瞥，可能就是 10 亿年。

8

走出特拉华水峡口，我们上了桥，在特拉华河路桥联合收费委员会的缴费亭付了 25 美分。这位收费员的年纪有点大，看上去已经活了世界历史的六千万分之一。“祝你们一天愉快。”他说。我们向西行进，很快就会爬上地质学家口中“所谓的波科诺山脉”，实际上这是一个成层性很好的大平台，被一条条溪流切割成一个个森林覆
210 盖的平顶山，都叫“什么什么山”之类的名字。阿巴拉契亚山脉的褶皱变形带形成山脊山谷相间的地貌，叫“山脊—山谷省”，像是一条贴在山脉旁侧的又长又窄的镶边，在这个纬度上，这个镶边尤其窄。从亚拉巴马州直至加拿大，它的宽度都比较宽，最宽的地方有 129 公里，但是在宾夕法尼亚州东部和 80 号州际公路交叉的地段，它只有 24 公里宽。那里褶皱带变窄的原因是波科诺山脉很不容易变形。当构造运动到来的时候，波科诺山脉左右两侧的岩石都起褶皱了，波科诺的岩层虽然受到一定程度的挤压，但没有发生弯曲。“这些岩石受到了构造的冲击，却没有屈服，”安妮塔说，“它们受到了损伤，却没有移动。因此，岩石里没有形成滑动面。”

我们从收费站向前走了不到 2 公里，这里仍然还在褶皱带里，修筑公路的人把这儿叫“贯通口”，修路时炸穿了整个山尖。我们停下来，穿过州际公路，爬到更高处。那里的岩石是钙质页岩，在

大约 3.9 亿年前是海底的泥，当时可能有 20 米深，里面夹杂着贝壳和珊瑚的碎片。岩石中见到蛤蜊和扇贝等腕足类化石，还有角珊瑚。在这些单独生长的圆锥形珊瑚中，有些种类是标志性化石，19 世纪在德文郡工作的地质学家们判定出这些化石所在岩层的相对年龄，并且把这段时间叫作“泥盆纪”[1]。“要不是有这条路，我恐怕永远也看不到这些岩石，”安妮塔说，“下一个露头是在金斯敦和奥尔巴尼之间。在他们刚开始修这条路的时候，我们就来过了，在他们撒下那些该死的草籽、铺上所有的管道和柏油之前，我们匆匆忙忙地做了一下填图。在东部，没有人知道这儿的地质情况。”

早在泥盆纪初期时，大海就从这里退却了。当我们向山上走时，是在顺着地层的倾向走，我们在地层中走了二三百万年，看到海相沉积物的水越来越浅，最后来到一层含有很多珍珠白色石英砾石的砾岩中，这些石英砾石被海浪颠来簸去，磨得很圆。从砾岩层再向前是浅色的粗粒砂岩，那是已经变成化石的泥盆纪海滩。海洋应该从那里再向西，赤道大致沿着加拿大和阿拉斯加州的边界穿过。我们转过身，朝另一个方向走去，向上穿过树林，绕过山梁的鼻子。现在我们走到了比州际公路高出很多的地方，俯身看着路上疾驰的大货车的顶部，那是北美长途搬运公司的车队，正在帮着把 212
一个个家庭从一个海岸搬到另一个海岸。我们继续穿过另一片树

1 德文郡和泥盆纪的英文分别为 Devonshire 和 Devonian，都以“德文”（Devon）为词根，但中文译名不是“德文纪”，而是“泥盆纪”，这是借用了早期日本学者的汉字译名。其他“纪”一级地层年代的中文名称多是这样，只有“奥陶纪”是由我国学者章鸿钊和翁文灏音译的。

林，朝着偏东的方向，逆着地层的倾向走，最后，我们走到山脊另一侧的高处，这是又一个海滩，比刚才看到的海滩要老1000万年到1500万年。在陆表海来来去去的过程中，也就是海侵、海退的往复过程中，志留纪晚期的海岸线曾经在这里停留过。安妮塔说："这就是障壁岛海滩，当时特拉华水峡口的红层是在障壁岛后面的潟湖里沉积的泥。地质学是可以预测的。如果你发现了潟湖泥，你应该在不远处找到海滩砂。"在树林中穿行时，她已经走到了滨外近海，看到一些暗色的浅水石灰岩。"这就是我来这儿的目的，"她说，"这是你能得到的最纯净的石灰岩了。"她还记得她填图时见到的露头，现在她想要找些牙形石。她用大锤去砸。但岩石很坚硬，似乎很不情愿被砸下来。她使劲地砸着，砸出了火花，最后慢慢地装满了两个帆布袋，每个袋子的容量接近30升。正像她在以往几百次旅行中所做的那样，她会把这些袋子搬进某个小镇的邮局，"砰"的一声，把袋子重重地放在柜台上，引得邮局经理用眼珠子从老花镜框上方瞪着她。她拿出一个打印的标签，上面有免费邮寄编码："安妮塔·G. 哈里斯，美国地质调查局，古生物学和地层学分部，华盛顿特区，免费邮政编码20560，官方事务。"看到这个标签，18412号心里再不高兴，也只能发放安全许可，绷着脸接受这些岩石邮品。

这是一种含贝壳的海岸带石灰岩，里面有杯珊瑚，还有大量的腕足类动物，看起来像是榛子。"农民叫它们榛子果。"安妮塔说。沿着露头稍远一点，石灰岩里有很多海百合茎的小圆块，这是一种很高很美丽的动物，头上有花瓣，就像一朵花长在茎上。"海

图 2-2　宾夕法尼亚州和新泽西州

. 匹兹堡
. 泰特斯维尔
. 石油城
. 克拉里恩
5. 杜波依斯
6. 克莱费尔德
7. 雪靴城
8. 尼塔尼山谷
9. 秃鹰山脉
10. 圣托莱多山口
11. 平底锅峡口
12. 布卢姆斯堡
13. 州立希科里伦公园
14. 勒海峡口
15. 波科诺高原
16. 特拉华水峡口
17. 基塔丁尼山脉
18. 阿巴拉契亚大峡谷
19. 阿拉木齐

百合生长在清澈的浅水中，离海岸不远，”安妮塔说，“这种海岸有点像斐济、菲律宾或是危地马拉的海岸，珊瑚和厚厚的贝壳告诉你，海水是温暖的。这些岩石的颜色很暗，是因为它充满了重油，这是后来才进来的，而且进来得很晚很晚。石油进入到这些岩石中，并在高温下被烧煮。牙形石会告诉我温度究竟有多高。”

在变形的沉积岩组成的阿巴拉契亚山脉中，岩石不仅受到推挤，像地毯在地板上滑动一样，而且会在一些位置被推压和挤压，213
直到褶皱向前滚动到平卧的位置。有些褶皱已经断了，还有的地方整个地层都摞了起来，向西北方向逆冲了很多公里。好几十个其他的复杂事件在局部影响了山脊—山谷省的构造。因此，人们不知道接下来会发生什么。整个序列可能会突然颠倒过来，或者重复它们自己，或者翻了个个儿，后队变成了前列。在这些岩石中，它们的年龄顺序全乱了，一会儿向里，一会儿向外，一会儿向上，一会儿向下，一会儿缺失。

“这儿的岩石真是个倒霉蛋，被搞得乱七八糟的，”安妮塔说，“地质学被叫作地质学并不是偶然的，是有原因的。地质学（Geology）是依照盖娅（Gaea 或 Ge，地球母亲）的名字叫的，而盖娅的妈妈就是混沌（Chaos）女神，毫无次序。”

走在特拉华水峡口向西倾斜的志留系地层中，人们能想象到，但没有理由去期盼泥盆系岩层也向西倾斜。如果地层序列是完整的，没有发生倒转，应该会是这样向西倾斜的。进到宾夕法尼亚州见到的第一个路旁剖面就是泥盆世早期的岩石。我们离开那里，沿着州际公路向西走了 11 公里，在地质上是前进了 2000 万年，我们在一个路旁剖面上停下来，这是泥盆纪中期的海相粉砂岩和页岩，里面富含有机质残留物，把岩石染得像炭一样黑，里面的珊瑚被炸药炸掉了一部分，像被削掉一半的橙子。寒武系、奥陶系、志留系、泥盆系，在这个经历了构造破碎、地层褶皱、地质次序全无的地区，我们走过了一段难得的岩层向上时间始终变新的路程。现在，我们走在泥盆纪像丝绸一样滑溜的泥泞海底，看到了介于塔康造山运动和阿卡迪亚造山运动之间漫长而平静的时期中最后一个阶段。

我们继续向西行驶，岩石质地突然变粗了，见到含大鹅卵石的砾岩。它们是从新形成的阿卡迪亚山脉上剥蚀下来的第一个薄层，阿卡迪亚山从东部升起，抬升的速度比侵蚀破坏它的速度要快十倍，新的河流体系形成了，把山上倾泻下来的岩石碎屑迅速地“泼”出去。再往前走几公里，又过了1000万年到1500万年，路旁的岩石把我们带到泥盆纪晚期，低缓的冲积平原上流淌着平静的河水——边滩，侵蚀的河岸，红色河砂上的波纹。我们从水峡口走到这里已经走过了4000万年，地质事件正在以史诗般的规模重演着。阿卡迪亚山前出现了一连串新的冲积扇，随着巨大山峰的解体，剥蚀下来的碎屑源源不断地向西部输送，在途中留下厚厚的沉积物，最终被倾倒进海洋里，东部至少有3000米厚，向西部逐渐变薄，这个新堆起来的巨大楔形碎屑体在地质学上被叫作“卡茨基尔三角洲”。 214

它矗立着，占据了很大一个区域。侵蚀作用在高高的东部进行着，切割着卡茨基尔山的形状。那里的岩石基本上是平的，一直到伊利湖岸都是平的。在半个纽约州，它都是最高层的岩石。它是希南戈表层的岩石，也是肖陶夸表层的岩石，还是西尼卡、以萨卡、埃尔米拉、奥尼昂塔表层的岩石。在宾夕法尼亚州，它在很大程度上被掩盖着，或者被切割成一片一片的，并被卷进变形的山脉，但在所谓的波科诺山，它平平地躺在很高的地方。波科诺山实际上是纽约泥盆系碎屑楔的一部分，它像是纽约州的舌头，伸进了宾夕法尼亚州。

阿卡迪亚山脉消失了，碎屑楔依然存在。根据残留的沉积遗迹判断，阿卡迪亚山在它的泥盆纪黄金时期一定像干城章嘉峰[1]一样，几乎可以到达印第安纳州。山脉被剥蚀得越来越低，在剥蚀下来的碎屑中埋得越来越深。在丹佛，落基山脉的风化物几乎堆到了半山腰。落基山脉剥蚀物形成的沉积楔在山前最厚，向东逐渐变薄。在堪萨斯州和内布拉斯加州，它们就像是从一坨圆盘奶酪上切下的楔形碎块，一个切面朝下，侧躺着，厚的一头朝西。高度本身就暗示了物质的体积。碎屑楔在西部的堪萨斯州和内布拉斯加州比东部高出 900 多米。

我们在波科诺山的山顶上跑着，波科诺山的地形虽然不太平坦，但大体上高度都差不多，和周围的山尖也在同一个高度上。在我们看到成层岩石的路旁剖面上，它似乎平得能让一个圆球停在上面。大部分岩石都是卡茨基尔砂岩，红得像红菜汤，年代相当于泥盆纪最晚期和密西西比纪最早期。波科诺的山顶没有陡崖，在灌木丛下平平地伸展，一眼看不到尽头。这里有泥炭沼泽，有很多积水洼地。地上布满了一堆一堆的砾石。“河流不可能把所有这些砾石带到这儿来，”安妮塔说，“信奉宗教的农民们说，这是大洪水的证据。”

如果是这样的话，那大洪水一定是被冻住了。这些是冰碛砾石和冰水沉积砾石。80 号州际公路几乎就是威斯康星冰川在波科诺地区最大推进线的标志。

---

1 世界第三高峰，位于尼泊尔和印度边界，属于喜马拉雅山脉。峰名源出藏语，意为“雪中五宝”，因其有五个峰顶，其中有四个峰顶的高度大于 8400 米。

我们离开了州际公路一会儿，去看泥盆系粉砂岩中的潮坪沉积，里面到处是蛏子化石。岩石的表面看起来像富尔顿市场，砾岩中一堆一堆的蛏子化石挤在一起。它们有 3.75 亿年的历史，但看上去和现代的蛏子一模一样。“事情没有多大变化。”安妮塔边走边说，回到车里。 215

我们驱车继续前行，进入山核桃仁州立公园，穿过茂密的树林，走向前面的一片空地。我们似乎正在走近一片水域，有 70 平方公里，它的边缘像是一条岸线，被松柏树环绕着，凹凹凸凸的轮廓让人想到，那是一个北方池塘。然而，走近了才发现，池塘里没有一滴水，却有好几千块巨大的石块，其中一些有 9 米长。这些石块几乎都是红色岩石，风化成了灰暗的玫瑰色，所有这些巨石都在同一个水平面上，使它们看起来像是梦幻般的红色巨石湖。“爸爸、妈妈、哈利和乔治”1970 年带着一罐丙烯酸喷雾剂到过这儿。几年后“乔·维扎德”来了。还有几十人在 1935 年公园刚建立时的那些天里在这些石头上涂鸦。那一大片红色巨石堆很难穿过去，那里有一本“访客留言簿”，被糟糕地挤在一个角落里。巨石群无比惊艳，站立在平静的湖中，展示着可爱的颜色，周围是高耸的云杉，湖中除了这些巨石块还是这些巨石块，一个个像红色的大土豆，每一个都有好几吨重。我们从一个红土豆上迈到另一个红土豆上，走了好一段距离。

安妮塔失去了平衡，差一点儿掉到石块下面去。“真是个笨蛋。”她说。

“笨蛋？这也是一个地质学术语？”我想。

“这些是冰缘石块，”她接着说，“它们不是冰川漂砾，实际上没有移动过。在我们现在所处的气候条件下，森林里不会出现像冰川漂砾那么大的石块。只有一系列必需的条件凑在一起才能产生这种景象。首先，你必须有适当的基岩。其次，你必须有适当的倾角，侵蚀成适当的形状，便于流水冲刷，还要和冰川有适当的距离。冰川的前缘在大约800米以外。气候是北极的气候。想象一下，夏天的水进入到基岩里，在寒冬来到时就结冰冻胀起来，把基岩胀裂，然后，裂缝中的砾石、砂子和黏土被冰川融水完全冲走，只留下这些巨石块。”

216 2.5万年前，正是更新世晚期，相对来说，它在地质年代里是近代，北极的霜冻把基岩破碎成巨石块，并开始把它们风化磨圆，阿卡迪亚山脉在3.5亿年前已经开始剥蚀变低，为形成这些巨石块提供了基础材料。我们回到州际公路上，继续在波科诺高原上前进，穿过同一年龄段的更平坦的红色地层。安妮塔说：“还记得布卢姆斯堡组吗？这些岩石看起来像布卢姆斯堡组，但它们的形成要晚5000万年，是在另一个低缓的海岸冲积平原上形成的，当时阿卡迪亚山脉正在消失。就像我一直跟你说的，地质学是可以预测的，但你需要依据一些事实。地质学在地质历史中不断地重复着自己。”

在地质时间尺度上，任何人都可以把这些事件设定到它们各自的位置上，赋予它们周期性节奏，这可以称之为“旋回”，如：岩石旋回、冰川旋回、造山旋回，都是岩石中的重复图形。不过，总的来说，它们带来的问题似乎比它们带来的答案要多得多，而它们所揭示的秘密总是比它们所隐藏的秘密要少得多。有证据表明，阿卡迪亚山脉已经被剥蚀没了，就像在它以前被剥蚀没了的塔康山脉一样，它们各自都向西面的新世界散播着碎屑物。人们还可以看到，从早期山脉剥蚀下来的砂砾形成了沉积岩，而阿卡迪亚造山运动让这些沉积岩发生了褶皱和断裂，并让一些岩石发生了变质，页岩变成了板岩，砂岩变成了石英岩，石灰岩和白云岩变成了大理岩。然后，第三次革命随之而来，这就是阿勒格尼造山运动，发生在宾夕法尼亚纪至二叠纪时期。另一条山脉会像波浪一样掀起来，然后破碎，让它的浪花向西涌去。所有这一切都在重复着，千真万确，巨大的山脉抬升起来，剥蚀、夷平，又一条山脉抬升起来，又被剥蚀、夷平，覆盖了老地貌，创造了新地貌，就好像一波未平一波又起的海水接续冲向海滩，被冻结在那里。但这有什么原因呢？又是怎么做到的呢？你可以在岩石中看到地质学在重复着它自己，但你看不到是什么启动了这个过程。在岩石记录的河流中，你可以找到山脉的碎片，但你却不知道山脉为什么在那里。

我问安妮塔："是什么原因让山脉抬升的呢？"

"阿卡迪亚山脉？"

"所有的山脉，塔康山脉，阿卡迪亚山脉，阿勒格尼山脉。是什么最初的原因让这些山脉出现的？"

作为地质学家，安妮塔的风格一直是从露头开始，从那里开 217
始讨论历史，也就是说，从她能触摸到的岩石开始，然后回推地质历史，尽可能地追溯得时间久远一些。河流砾岩是切实可以摸到的岩石，毫无疑问地代表了河流的存在，而这条河流的存在又说明曾经有过较高的地势。沉积物的数量表明河流携带的泥沙量，进而可以表明山脉范围的大小。在年轻河流的河床中发现有前寒武纪的碧玉，这意味着前寒武纪岩石，也就是所谓的基底岩石，被抬升形成了山脉。这些都是合情合理的推论，得出这样的推断是明白无误的，不会有其他的选择。用这样的方法去回推，去回溯推理，从一个场景回推到另一个场景，就是沿着岩层柱往下走，去探寻世界的发端。这种回溯推理在某些方面有坚实的基础。最终，回推到某个时间点上，推理就会逐渐变成猜想。如果回推到更久远的时间点，猜想可能会侵入上帝的初始管辖权力范围。

从声望来说，安妮塔是一位具有非凡实践头脑的科学家，一位几乎没有弱点的地质学家，她在火成岩和变质岩岩石学方面的学问丝毫不比沉积岩差。她被公认为一位杰出的生物地层学专家、一位古生物学家，而且在野外熟知岩石并能解决问题。在我向她提出的问题中，我承认，我有点让她冒火了。我知道她的答案可能是什么。“我不知道是什么原因让这些山开始冒出来的，”她说，“我是有一些想法，但我不能肯定。那些板块娃们认为他们知道答案。”

当板块构造理论在 20 世纪 60 年代刚刚形成时，就被昭示于众，并得到了全世界地震资料的有力支持。随着原子弹和核试验限制条约的到来，以及一批敌视阵营建立起核武库，监测核试验引起的地球震动变得非常重要。地震仪在世界各地大量出现，十多年来，它们所揭示的远不止几次核爆炸的范围。一张前所未有的全球地震图绘制出来了。从图中可以看出，全世界的地震往往集中呈带状出现，它们贯通大洋中部，穿过一些大陆内部，或像接缝一样沿着另外一些大陆的边缘分布。根据其他资料的印证，这些地震带的分布勾勒出了岩石圈板块的轮廓：地球的外壳破碎成二十多块板块，这些板块由地壳和地幔组成，平均厚度为100公里，而板 218
块的长度和宽度变化很大。很明显，这些板块在移动，以不同的速度向四面八方移动，相互间毫无顾忌地移动着，一旦碰撞在一起，就撞起一座座高山。有充足的证据表明，在大约1.8亿年前，当板块分裂开后，打开了大西洋。在过去2000万年中，两个板块一直在分开，中间形成了红海。大洋地壳板块似乎下潜到深海海沟，并且向下持续俯冲几百公里，直至发生熔化，结果，岩浆上升到地表，形成了岛弧，例如：小安德列斯群岛、阿留申群岛、新西兰、日本。如果大洋地壳下潜进一个大陆旁边的海沟中，可以把大陆边缘掀起来，用火山把它们缝合起来，形成安第斯山脉和它的阿空加瓜山，喀斯喀特山脉和雷尼尔山、胡德山、圣海伦山。这是一个世界性的理论，革命性的理论，不可否认地令人兴奋。它把看上去互不相干的现象带进了一个单一的故事，天衣无缝地解释了地球的地貌。它把海底和富士山、摩洛哥和缅因州联系起来。它解开了长期已知事实中的谜团：撒哈拉沙漠岩石上的冰川擦痕、阿拉斯加州费尔班克斯和诺姆的赤道景象。这是一个不仅能打开海洋的理论，也是一个能关闭海洋的理论。如果它能把陆地撕成两半，它也可以将其缝合起来，通过碰撞建起山脉。意大利撞上了欧洲，建起了阿尔卑斯山脉；澳大利亚撞上了新几内亚，建起了毛克山脉；两个大陆相遇形成了乌拉尔山脉；印度以不寻常的速度撞上了中国的西藏。在此之前，南美洲、非洲和欧洲作为一个整体撞上了北美洲，建起了阿巴拉契亚山脉。缝合线可能是布雷瓦德带，是一条长长的东北走向的断裂带，位于阿巴拉契亚山脉的南部，它两侧的岩石类型差别非常大，被断裂错开的两侧地层明显不匹配。布雷瓦德带似乎断断续续地延伸到卡托辛山脉，再到斯塔顿岛。斯塔顿岛东南部显然是旧大陆的一部分。欧洲开来的船是在桥下靠岸的。

板块理论是拥有硬数据的人们在十年时间内建立起来的，同时，他们还有意识地、不加掩饰地在理论中增加了“地质浪漫主义”色彩。一旦这个理论的内核建立起来，当海底扩张的发现引导了对海沟俯冲的理解之后，当板块格局和板块运动状态最终被
219 确定以后，板块构造理论就在哲学层面上发生了飞跃，进入到众神的圣殿，甚至去圣人面前念《三字经》。这可能会让一些科学家感到不舒服。这个理论从它的概念到它的性质和定义都适合去做原动机式的工作，而不是从一块石头重建一条河流，再回推到以前那里一定有高山，然后在无法想象的未知黑暗中去推断，去进行谨慎的猜测。门上的招牌变了。别无选择。这个板块构造理论适用于所有的大陆，所有的大洋，讲述了这个有 100 公里深的世界的过去、现在和未来，描绘了地球上已经存在过的每一个场景。它要么是适用的，要么是不适用的。把它捧到天上恐怕会适得其反。板块构造理论已经“得到了公认”，但与其说它是从已知去推测过去的未知，不如说它更注重从无形推论有形，讲述它怎样塑造了今天地球的表观。安妮塔所担心的正是这些，而不是对板块构造理论怀有敌意。她绝没有拒绝这个理论。她只是不同意板块构造理论的某些应用。打个比方，她是说这辆车开得太快了，不能把车钥匙交给小孩子们。

9

“学板块构造的人们有某些他们希望看到的固定模式，”安妮塔说，“他们有点儿把自己锁在里面了。如果有些现象和他们的理论不符合，他们总会找出某种原因。他们会说，有什么什么丢失了，或者是被俯冲下去了，或者是在地下什么地方，还没有找到。他们要让事情变得符合他们的模式。”

“你相信大洋地壳被俯冲到海沟里，熔化以后再从海沟里面上升到地表，形成火山链和岛弧吗？”我问她。

“那是显而易见的，”她说，“我毫不怀疑太平洋板块的一个边缘正在向西北方向穿过加利福尼亚。我反对的是把板块构造理论当作绝对的教条。就我所掌握的资料来看，板块理论是被过度应用了，根本不去看地质的细节，完全错误地套用了板块理论，板块娃们不去如实地反映地质事实，把世界过于简单化了。对于大
西洋扩张拉开我绝对相信。但它扩张拉开了多长时间？我不知道。 220
我真的不相信北美洲和南美洲曾经是紧贴在一起的。整个太平洋边缘正在从西向东逆冲，但是没有什么大陆和它碰撞。我不认为板块构造解释了所有这些事。我认为，大陆上的构造和大洋里的构造是不一样的，好多大洋里发生的过程被错误地搬到大陆上，结果，对区域地质的认识就不够了。板块构造模型太过一般化了，应

用得太泛泛了，结果人们根本不会认识到区域构造的整体画面。人们在大学里学习板块构造，戴着博士帽出来，但是，他们不知道什么是硫化物矿床，他甚至摔个跟头趴在矿床上也不认识。板块构造学不是一门实践性科学，它更像是游戏，可以玩玩，但你靠它去找石油肯定没戏。它是一种冠冕堂皇的借口，你不想动脑子的时候就去用。”

在板块构造革命之前，在旧地质学的模糊阴影中，山脉已经被注意到，但人们认为山脉是从一个被叫作“地槽”的深部源头向上升起的。地槽是地壳中一个巨大的深部坳陷，是海底一个长长的槽子，沉积物落到里面。例如，在北美洲的东部，后来成为马丁斯堡板岩的泥质就是首先在地槽里形成岩石的。这个大槽子顺着东北方向延伸，就像它后来造成的山脉一样。这条山脉是怎么样抬升起来的还不是绝对清楚，但这个故事似乎浅显易懂，即使我也能照猫画虎地说上几句。这是一个有节奏的连续造山的故事，是地球传记中的章节标题。一些地质学家更喜欢把它们比作标点符号，因为在总体时间中造山阶段所占的时间比例非常少，差不多只占 1%，不会超过 10%，这要看是哪个地质学家在计算时间。

安妮塔选了北美洲最著名的例子，对我解释说：“如果你愿意的话，墨西哥湾就是一个巨大的地槽。密西西比河的鸟足形三角洲是一个巨大的沉积堆。你向下钻 6700 多米深，仍然还在始新世。地壳能接受大约 12200 米厚的沉积物，这是它的弹性极限。然后沉积物回涌，开始反弹。沉积物还会被加热，甚至熔化。水、天然气和石油从岩石中挤出来。沉积层受到热驱动和均

衡作用向上移动。沉积层也会横向移动，形成逆冲断层。在寒武
纪至奥陶纪时期，在塔康山脉出现之前的 5000 万年左右，大陆 221
在我们的西边，海岸线在俄亥俄州中部，而那时候，我们的东边，也就是今天大西洋大陆架占据的位置，是像日本那样的岛弧。从纽芬兰到佐治亚州都有那个年代的火山碎屑沉积物，长度刚好和日本差不多。在那个故事里，位于俄亥俄州的海岸线就相当于现在的亚洲海岸线。可以想象到沉积物从日本岛链剥蚀下来，倾倒进日本海里。马丁斯堡板岩并不是来自大陆，也不是来自俄亥俄州，而是主要来自东部，来自近海的岛弧。你把 12200 米厚的沉积物堆在一起，地壳会反弹起来。马丁斯堡组就这样'膨'起来了。塔康山脉上升了。一旦这个过程开始，它就会继续进行下去。你抬升起一条山脉，再把它剥蚀掉，把碎屑输送到西部。这些碎屑物质会压着那里的地壳下沉。碎屑是低密度材料，被带入高密度的地壳里。当低密度的碎屑堆积得足够多时，就会反弹上升。这就是造山带一波一波自我传播的方式，每一条造山带被蚕食以后，就在它西部产生一条新的造山带。不过，我仍然不知道这个过程最初是什么原因发动的。"

过去，地史学家是把这些描述性材料拼凑组合起来，而经济地质学家注重实用价值，对这些毫不在意。马丁斯堡板岩被描述为蓝灰色"真正永不褪色的板岩"，具有可开采的价值，C. H. 小贝雷[1]在 1933 年写道："沉积岩通常从侧面受到压缩，其动力可以

1 美国著名的经济地质学家。

被粗略地描述为地壳的收缩；对我们开采的目的而言，对于这种收缩是如何产生的不在这里讨论。然而，这种地壳收缩的效果是有目共睹的，这些层或层面已经有了细褶纹，或者陷入了‘褶皱’的状态。”

到了20世纪70年代，人们普遍认为，小贝雷泛泛描述的是一个大陆和另一个大陆碰撞的影响，二者间的原始大西洋，也就是“伊阿珀托斯洋”，被关闭了，两个大陆的缝合线成为阿巴拉契亚山脉的脊梁。后续的一波又一波的造山运动——塔康造山运动、阿卡迪亚造山运动、阿勒格尼造山运动——是由于大陆架和海岸线形状的不规则引起的。在它们凸出的地方，造山运动发生得就早，特别是当对面的大陆有一些岬角、海角或半岛之类的地形时，这种陆岬会最先碰到一起，据说这就是产生塔康造山运动的原
222 因。巨大的海湾最终相互碰撞，引发了阿卡迪亚造山运动。阿勒格尼造山运动是最后的倾轧，完成了整个碰撞过程。显露出来的缝合线穿过北卡罗来纳州布雷瓦德，差不多穿过亚特兰大、阿什维尔和罗诺克，更不用说非洲和美国了。

毫无疑问，马丁斯堡组的海底和下层的碳酸盐岩已经破碎，成为冲断片，像玩扑克牌一样被洗了牌。它们和前寒武纪的基底一起隆起，形成了山脉，山脉剥蚀下来的沉积物，形成了碎屑岩楔，把马丁斯堡组埋到足够深的地方，变成了板岩，把碳酸盐岩埋到足够深的地方，变成了大理岩，这些和旧地质学的主张非常协调。因此，板块构造理论是适用的。板块构造可能改变了造山运动的式样，废除了地槽，但它符合经典的证据。

可以肯定的是，还有一些异常现象需要进一步研究。如果布雷瓦德带是缝合线，为什么缝合线这么短呢？它在160公里长的地段是有证据的，而再延伸几百公里，证据就有点不充足了，如果再向外延伸，就没有任何证据了。如果塔康造山带、阿卡迪亚造山带和阿勒格尼造山带是一次大陆间碰撞过程的几个接续的次级事件，它们为什么会花那么长时间呢？在板块构造理论中，板块的运动速度是不同的，但平均速度是每年5厘米。形成我们所知的阿巴拉契亚山脉的一次又一次的接续造山运动总共用了大约2.5亿年。在2.5亿年内，以每年5厘米的速度，你能把一个陆块绕着地球移动三分之一圈。地质学家为了解释他们的理论，通常需要把时间抻得很长。但在这个实例中，他们用的时间有点过长了。他们有两个大陆，发生了一次碰撞，用了2.5亿年。

1972年，岩石圈板块首次被发现后不到四年，那时阐述板块构造理论还是世界上的新闻，安妮塔和两位合作者发表了一系列论文，提供了板块构造活动的有力证据，显而易见地证明，瑞典或它的邻区曾经位于宾夕法尼亚州。这是从牙形石古生物学证据得到的推论。这些论文由于支持板块构造理论而被广泛引用，至今仍在被引用。在阿巴拉契亚大峡谷的雷丁北部，安妮塔发现了早奥陶世的牙形石，这种牙形石的类型以前在北美从没见过，而实际上却和斯堪的纳维亚岩石中的早奥陶世牙形石完全相同。整个北美洲以前发现的早奥陶世牙形石都是来自热带和亚热带海洋，而斯 223
堪的纳维亚同时代的牙形石是来自较冷的水域，安妮塔在宾夕法尼亚州发现的这些陌生的牙形石同样来自冷水。她在一个所谓的

“奇异岩块”中发现了这些牙形石，这个岩块嵌在一个外来推覆体的逆冲断片岩层中。在距离它只有530多米的岩石中所发现的牙形石都是温暖水域的，岩石的年龄和它差不多相同，而且几乎没有移动过。斯堪的纳维亚的牙形石显然是随着原大西洋的闭合来到宾夕法尼亚州的，沉积在对面漂过来的板块前缘近岸处。“那时候，甚至连我自己都说：‘哦，这个碎片是从漂移过来的欧洲—非洲板块上剥落下来的，和其他碎屑一起被扔到这里。’”安妮塔对我讲起了她的故事，“每个人都引用了我们那些论文。直到今天，那些论文还被称为‘了不起的里程碑式的论文’。这简直让我伤心透了。那些论文被看作是板块构造理论在阿巴拉契亚山脉北部成功应用的典范。即使是现在，仍然有很多人使用板块构造模型来解释阿巴拉契亚山脉，他们完全没有意识到，我们那些论文错误地解释了古生物学资料。”

三年后，安妮塔在内华达州工作时又发现了斯堪的纳维亚型牙形石，但年龄是中奥陶世的。她的丈夫莱昂纳德·哈里斯非常欣赏这一发现，当然不会是因为这一发现让妻子有点为难，而是因为它对板块构造理论起了气动刹车器的作用。“好啦，那怎么可能呢？”他会问，“这些牙形石是怎么来的？欧洲总不会漂过来撞上内华达州吧？”她从托伊亚比山脉采到了冷水化石，从那里向东，从盆地到山岭，她来到了中奥陶世碳酸盐岩，在里面发现了冷水和温水两种类型牙形石的变种混合在一起，兼具美国和斯堪的纳维亚两种风格。再往东，在犹他州同一年代的石灰岩中，她发现只有暖水型牙形石。这时，她意识到她彻底错了。奥陶纪的时候，北美

洲被浅海覆盖着，是一个非常广阔的巴哈马型碳酸盐岩台地，而
犹他州就在台地的西端。在犹他州西部，大陆架已经开始向太平洋
底部倾斜，到内华达州中部，大陆的前缘已经进入到深部冷水中。
牙形石的类型因水温而不同，而不是由于它们生活的地理位置不
同。在北欧，无论海水浅深，牙形石都是一样的，因为那里的海水 224
在各个深度都很冷。但是在美国这里，旧金山所在的海洋靠近赤
道，奥陶纪时的海水温度随着深度的变化而变化。那些看起来像
是来自斯堪的纳维亚的化石其实是在深部冷水中形成的，而来自
美国的化石则是在温暖的浅水中形成的。

从托伊亚比山脉向东进入犹他州，安妮塔从一个露头走到另一个露头，在奥陶纪世界里漫游，从海洋深处走上大陆架，再进入齐腰深的石灰岩海。她现在可以看到，东部造山带中发生的逆冲作用把冷水型牙形石连同基质岩石一起从大陆隆的深部边缘推覆到了今天宾夕法尼亚州的地方。毫无疑问，这些牙形石确实旅行过，但它们更可能来自阿斯伯里公园，而不是来自斯德哥尔摩。在地层逆冲和压缩过程中，美洲大陆东部斜坡的过渡性岩层被埋在深处。几乎可以肯定，这些岩层中的牙形石一定是冷水型和暖水型的混合物。在托伊亚比山脉以东，地层压缩量比较小，整个地层序列是可追踪的，可以看到从大陆斜坡深部冷水沉积到更远处的暖水台地沉积。“牙形石类型的变化和板块的漂移没有任何关系，”安妮塔说出了她的结论，“这和板块构造运动没有任何关系。是我搞砸了。实际上，这是一种沉积环境的变化，是一个沉积环境的序列。”

最近，在阿拉斯加州工作时，她再次看到了这个序列，是在密集的条带状岩层中，“美国型”牙形石来自奥陶纪火山岛周围陡峭的礁石，而“斯堪的纳维亚型”牙形石来自附近寒冷的深海。

安妮塔猛地把车打了个弯，绕过路上的一个凹坑，接着说：“板块娃们看着动物区系的种属名单，会疯狂地把大陆移来移去。这绝不是古生物学家干的。主要是地质学家们，他们用错了古生物学资料。想一想，如果地质学家不了解海洋学和现代生物群的分布，他们会怎么样处理现在的美国东海岸。设想一下，如果你是在4000万年或5000万年之后，试图根据岩石中的生物化石去重建美国东部海岸。上帝保佑你，你可能会把缅因州和拉布拉多放在一
225 起，把哈特拉斯角和南佛罗里达放在一起。你还可能会把英国的一部分也放在这儿，因为你看到的动物群落都一样。你听说过洋流吗？你听说过墨西哥湾流吗？拉布拉多海流？墨西哥湾流把动物带到北方，而拉布拉多海流把动物带到南方。我想，你会在古代记录中看到很多动物区系异常现象，这些异常往往用板块构造来解释，实际上可以用洋流去解释，是洋流把动物带到了它们不应该出现的地方。在板块构造学刚出现的早期，我们很多人，包括我，都去追赶潮流，用板块构造运动去解释古生物分布的异常，解释在阿巴拉契亚山脉东部看到的古生物异常，解释在整个北美洲看到的古生物异常。当我们中一些人研究了古生态控制作用后，我们对动物群的分布规律有了更好的理解，这时，就没有理由再去求助板块构造理论了。”

至少可以说，这次经历具有警示作用。这并没有让她的头脑

对板块构造学关上大门，但确实让她心中生出一丝疑虑，使她对这一理论宣称的普遍适用性产生了怀疑。这种不适应感随着远离这一活动海底的理论而越来越强烈。她喜欢把自己描述成一个“反对者”，她这种反对实际上不是对板块构造理论本身的反对，而是对板块理论的过度应用表示反对，尤其是不动脑筋地把板块构造理论应用在大陆地质研究中。“这些人中有不少人把那些适用于海底的非常有趣的想法当成万金油，想应用到每一个地质问题上，”安妮塔说，“他们试图把板块构造理论推广到所有地质时期。我不知道那样是不是站得住脚。我丈夫已经把他们的一些想法推翻了。”

莱昂纳德·哈里斯，有时被称为阿巴拉契亚·哈里斯，从内心深处也是一个板块构造学的反对者。不幸的是，他在 1982 年去世了，是癌症和相关疾病的早期受害者。他和蔼可亲，语调温和，但话语不多。他身材瘦削，在山上不去找路标也能走得很远。他希望能在大家研究过的岩石上产生一些新的想法，而且在全球构造的大画面横扫一切的时候不去盲从。他把阿巴拉契亚造山运动之前长长的深邃时间叫作“美好的旧时光”。关于板块构造，他把自己看作是一个持相反观点的传教士，当然不是断然地和死板地唱反调，而是有选择性地反对，在一些领域里贡献了他的知识。他的妻子把他比作马丁·路德[1]，把他的论文钉在城堡教堂的大门上。

---

1 马丁·路德是 16 世纪欧洲宗教改革运动的发起者。1517 年，他写了《九十五条论纲》，反对教皇兜售赎罪券聚敛资财，张贴在维登堡城堡大教堂的门上，由此揭开了宗教改革的序幕。

他曾经协助石油公司培训研究阿巴拉契亚山脉南部地质的地
226 质学家和地球物理学家，作为回报，这些公司向他提供了来自阿巴拉契亚山脉地壳地震观测的专有数据。后来，这些数据得到了美国地质调查局和几个大学联合会的人工冲击地震数据的补充，这些联合会的大卡车带着能够有效冲击地球从而产生地震波的装置，到野外现场工作，用振动传感器记录从深处岩石反射回来的地震波形。这项技术类似于医学上的 CT 扫描成像，根据地震波的记录资料，用计算机去绘制地球内部一层层的轴向影像。波形揭示了深部的结构，揭示出褶皱、断层、层理，以及活动的岩浆体和冷却的岩浆体。他们记录到地幔的顶部。他们还揭示了岩石的密度差，从而识别出岩石的不同类型。他们拉着这些机器横穿全国，测出了被称为“地震测线”的地下剖面。在寻找石油的过程中，用炸药进行地震激发已经有好多年了。阿拉斯加州的冻土带被纵横交错地部署了若干条地震测线。普拉德霍湾油田就是这样被发现的。在人口稠密的东部地区，使用炸药可能会惹怒公众，因此大学和美国地质调查局就使用一种叫作“可控震源”的庞然大物到森林覆盖区去激发地震。使用这种方法获得的最早发现之一是，布雷瓦德带埋藏得相对较浅，它下面的地壳是美国的岩石，没有一点点迹象反映出大陆间的缝合线。地震图像中根本找不到非洲的影子。布雷瓦德带被证明是一个像平底雪橇一样的大型水平逆冲断层片的前端。

板块构造理论家为了能接纳这个新发现，把缝合线向东移动了 80 公里，说非洲的边缘是在金斯山下。后来的地震图像又把缝合线从金斯山下挖掉了。“当我们得到布雷瓦德带的数据时，”正如莱昂纳德·哈里斯喜欢讲的那样，“他们把缝合线推到金斯山，当我们从金斯山得到数据后，他们又说缝合线一定在沿海平原下面。现在，我们得到了沿海平原的数据，同样没有缝合带的踪影，他们只好说缝合带一定在大陆架上。好吧，大陆架的数据我们也有了。”在阿巴拉契亚地区的山上和地下，无论是从哪里收集到的数据，我们都可以看到逆冲断层片是向西北方向移动的，而且其中很多逆冲断层在以前从来没被怀疑过。传统的想法是，无论是格林山脉，还是伯克夏山脉，或是新泽西高地，卡托辛山脉，以及蓝
岭的北部，那里的老岩石都是原地的，根基很牢固——正如地质 227
学家所说的那样，是“原位的”。它可能在各种造山运动中被碾压和撞击，也可能被变质，但它被牢牢地固定在最初形成岩石的地方。这条构造带被认为是固定的出发地，逆冲断层出于这种或那种原因从这里出发向西北推进。这个认识是从旧地质学中产生的，后来被纳入板块构造的体系中。然后，在 1979 年，可控震源车轰鸣着开进这个地区，得到的结果把这条“原位的”构造带从魁北克到蓝岭的整个地区连根拔掉了。大烟山和天际公路，戴维营和里丁尖，伯克夏山和格林山，所有这些山都已经向西北方向移动了，至少移动了几十公里，多的达 280 多里。

莱昂纳德根据新资料精心绘制了一幅北美洲岩石的构造重建图，显示了它在被推挤和变形之前的样子。他选择了一条剖面，差不多把从诺克斯维尔到查尔斯顿再到海上的地震测线连接起来。这幅重建图表明，山脊—山谷省的岩石是阿巴拉契亚山脉的褶皱

断裂变形带，受到了强烈的挤压，宽度减少了大约 100 公里。原本有根基的蓝岭已经从现在的海岸移到了内陆。现在山麓带的岩石来自现在海岸外的 480 公里的地方。这样，非洲被冷落了，根本不需要板块构造理论中那个世界上最“经典”的大陆和大陆碰撞缝合的模型，这个模型可能仍然会在很多课堂上讲下去。

板块构造学信奉者们不得不接受地质学的新资料，去改变他们的认识，他们遵照的准则显然是“如果它一开始不合适，那就再试试，再进一步试试”。在美国西部的研究具有建设性意义。西部有大片的陆地，但在奥陶纪时那里并不是陆地，而是一片沉积在大洋地壳上的碳酸盐岩斜坡，向着大洋倾斜。加利福尼亚州、俄勒冈州、华盛顿州、不列颠哥伦比亚省都在这片斜坡上，没有任何大陆的结构。事实上，在西部边缘的地表和地下有一大片行踪不明的土地，平均宽度有 650 公里。还有整个阿拉斯加州。那片土地怎么会变成现在这样的？是什么挤压形成了西部山脉？如果那时欧洲处在现在的国际日期变更线上，这些问题可
228 能会有一个现成的答案，但不巧的是，欧洲不在那儿。没有人狂热到去说，这是中国“打一枪换一个地方”的游击队的功劳。那么，自奥陶纪以来，北美洲大陆是从哪儿获得了这 364 万平方公里土地？

答案来自“微板块”的概念，又被叫作“外来地体”。新几内亚、新西兰、新加勒多尼亚、马达加斯加、科迪亚克、棉兰老、斐济、所罗门和中国台湾漂洋过海，像漂流的木头一样停靠在北美洲克拉通上。第一个被发现的这种地体是兰格尔地体，是以阿拉斯

加州富吉山脉的兰格尔层状火山岩命名的。从那以后，还命名了几十个其他的外来地体，索诺玛地体、斯提金地体、斯马特维尔地体，等等。如果有一个陆块可能是或可能不是外来的，只要它有点神秘，没有人能说清楚是来自远近什么地方，它就被叫作“可疑地体”。有一次，我访问了阿拉斯加州内陆东部的塔纳纳河北边一个地区，在那里，河水像杜松子酒一样从山上流下来，流进冰川覆盖的育空地区。回家后读到新泽西州一位地质学家在《自然》杂志上发表的论文，谈到了阿拉斯加州育空北部地区。“这个地区可能是个组合体，”《自然》的这篇论文写道，“一系列上古生界大洋岩石组合推覆体逆冲到一个石英长石质和硅质火山岩组合之上，后者的原型可能是在前寒武纪至古生代时期形成的，和一个未知的大陆有亲缘关系。”我读得目瞪口呆，发现这就是我刚刚去过的地方，我早就熟知的地区现在竟成了“可疑地体”，这让我感到有点不安。

在本书写作过程中，有证据表明，中国台湾正在走向大陆的途中。台湾是一个岩石圈微板块的前锋，是由一些岛弧组成的，岛弧的前面是一个加积楔，里面的物质有些是从欧亚板块上剥蚀下来的，有些是从台湾岛上升的山脉中输送来的。当板块边缘在它前面弯曲时，岛的前缘刮起来大量物质，填满了加积楔和火山弧之间的所有空间，所有这些组分构成了一个完整的大岛。它正在向西北方向移动。对于中国来说，尽管台湾还未统一，但多少有点讽刺意味的是，从地质上来说，台湾不仅会不可阻挡地回归祖国，而且会一头撞到大陆的大肚子上，撞起一座从香港连绵到上海的大山。

这只是时间问题。

229 中国台湾作为一个正在撞向大陆的外来地体，不仅为塑造美国西部提供了一个模型，而且也为把微板块构造理论应用于东部造山带和原大西洋闭合提供了模型。从这个角度出发，飞往台湾的机票被形容为“通往奥陶纪的机票”，在奥陶纪时，毫无疑问，一定有什么东西造成了塔康造山运动，如果不是有一块大陆“砰”地撞上了北美洲，那么撞上来的可能就是台湾这样的外来岛屿。能类比的外来岛屿很多。台湾南面有吕宋岛、棉兰老岛、加里曼丹岛、西里伯斯岛、新几内亚岛、爪哇岛，以及从马来半岛到俾斯麦群岛的数百个小岛。从它们再向南是澳大利亚，可以觉察到它们在向北移动，将会和中国迎头碰撞，在它们之间还夹杂着一大片混乱的微型板块。根据微板块理论，当欧洲、非洲和南美洲在古生代时期向北美洲靠近时，在它们前面有一个分布着类似于爪哇岛、新几内亚岛、加里曼丹岛、吕宋岛、台湾岛等大岛的大洋，其中或许还有几百个更小的岛屿。纽芬兰的阿瓦隆半岛似乎是这样一个岛屿的一部分，卡罗来纳州的板岩带可能也是，还有普罗维登斯东部罗得岛的一部分，以及大波士顿等都是。外来地体相继到达的时间表或许可以解释阿巴拉契亚造山运动一波接着一波的较长的时间跨度，而用一个简单的大陆和大陆碰撞模型就解释不了。有人曾经向我解释过微板块模型：“你先把新西兰岛和马达加斯加岛从大洋中扫到一边去，然后再用阿勒格尼造山运动关闭这个大洋。”有人不同意这种解释，在他们眼中，地体的大小差别非常大，他们把从威廉斯敦向东的整个新英格兰看成是一个外来地体的陆块残余，说它在奥陶纪时登陆，造成了塔康山脉的隆起。

外来地体及其效用仅仅代表了板块构造理论家对自己理论的一种补充修正，他们的理论方案 A 指出，大陆之间的碰撞会产生一条确定的缝合线，面对找不到缝合线的困境，他们提出了理论方案 B，这就是外来地体模型。另外还有一种情况，当两个大陆相撞时，一个大陆可能会像斧头劈开雪松一样，把另一个大陆撞裂开，这样你就会见到被劈裂大陆的岩石跑到劈入大陆的上方和下方。这个概念叫作“板片构造”，可能算是理论方案 C 吧。这种板片给可控震源的信号是，“停止震击，收工回家”。遇到板 230 片构造并且剥蚀得不多时，你可以看到原地板片的岩石在漂洋过海来的板片底下延伸得很远。即便如此，外来地体的聚集似乎比板片构造更能解决问题。外来地体不仅解释了塔康造山运动、阿卡迪亚造山运动和阿勒格尼造山运动所经历的时间间隔之长，而且还解释了为什么塔康运动的变形只发生在阿巴拉契亚山脉的北部，而不在南部。它缩短了碰撞边界，恢复了布雷瓦德缝合线的尊严。

安妮塔打开风挡玻璃雨刷，擦了擦 4 月的阵雨。在州际公路旁，波科诺路旁剖面的泥盆系和我们以前看到的年代和特点几乎相同。我们从剖面边上开了过去。“最好不要在雨中看地质，”安妮塔说，“这对岩石是不公平的。”考虑到北美洲东部有可能出现外来地体，她说：“如果你把阿巴拉契亚山脉的逆冲断层展平，你会发现，造山运动开始之前的大陆比现在大得多，而不是更小。”

我想起莱昂纳德·哈里斯，有一天，在他马里兰州劳雷尔的家里说：“布雷瓦德带是在任何逆冲带都会看到的那种断层。有了板块构造模型，任何人足不出户就能写出一个地区的地质历史。但这些人没有办法评估他们自己在做什么。他们只是在编故事。”

“板块构造解释通常是从缺乏数据的地方开始的，”安妮塔说，“这些人只会让微板块漂来漂去。如果美国西部是由微板块组成的，那么产生这些碎片的大陆到底在哪里呢？”

“他们想成为科幻小说作家，”莱昂纳德说，“这就是他们想做的。他们真的是用科幻小说的模式来看待地质。我从来不会那么做。如果你不知道是什么导致了某些事情，那不知道就是不知道。事情就是这样。”

“是的，但这是一种更浪漫地看待事物的方式，”她说，“当然，这样确实能让学生们兴奋不已。”

“人们喜欢它。”

“它能让他们去玩各种各样的游戏，而不必通过辛苦的工作去收集事实资料。他们在写论文时不必花费时间去获取数据。”

231 “人们想要科幻故事。人们更容易去相信世界的碎片在移动，而不是去看砂粒在移动。解释阿巴拉契亚山脉的主要问题是由于在蓝岭和山麓带没有可用的地下数据。所有 1979 年以前的解释都是基于人们认为这个构造体系是有根[1]的。他们的想法是基于近海

1 地质学家把构造体系分为两类，一类是“原地体系”，在原地没有动过，像原地生长的大树一样，有根；另一类是“异地体系”，没有根，底部是断层面，是沿断层面从其他地方移过来的。

数据，在那里他们有三维数据，如同你知道的，有地震数据、有地磁数据，这些数据或多或少地都应用到了陆地上。这些概念是从海洋发展到陆地的。现在我们开始在陆地上获取地下数据，我们正在检验他们的概念。有很多他们一直在说的故事都和新资料不一致。当然，也有一些是一致的。”

我说：“人们可能会从地震测线上收集到信息，支持大陆和大陆碰撞，你必须向东走远点才能找到缝合线。”

“但我觉得你向东不会走得太远，”安妮塔说，“再向东就是大洋盆地了。”

“当你在滨岸开始工作，把目光投向远滨时，你马上就会遇到一个问题，”莱昂纳德说，“他们告诉我们，最古老的大洋地壳是侏罗纪的，迄今为止还没有发现更老的大洋地壳。在陆上，我们有所有曾经建造出来的东西，从前寒武纪到现在，各个年代的岩石都有。有些岩石已经保存得非常久了。我们有将近40亿年老的岩石。所以我们有一个与此相关的问题。如果所有的大洋地壳都是侏罗纪的，或者更年轻的，那么陆上一定有很多发生过的事件从来没有在海里被保存下来。两者很难进行比较。”

安妮塔说：“我相信板块构造，只是不同意他们胡乱应用，就像他们在东海岸这样的做法。板块构造不应该被千篇一律地用来回答每一个问题。这就是我反对的。现在，他们的缝合带消失了，人们开始使用微板块。”

“他们好像在说，你不必去找任何次序，”莱昂纳德说，“因为这些都是杂乱无章的，既然杂乱无章，为什么还要担心次序问题呢？”

“我们要做的是把逆冲的岩板拉开，把它们放进某种可识别的地质模型中。”安妮塔说。

232 莱昂纳德说：“你把一些逆冲岩板拆开，看看它可能是什么，而不是你事先想好它可能是什么。它有可能是一个大陆架，或者一个盆地。你研究研究它，看看它是什么。”

“板块娃们根本就没想去这样做，因为他们认为没有理由这样去做，”安妮塔说，“这里少了太多的证据。每一个现存的证据都是一个自身存在的实体。每一块岩石都是随机的证据。”

“大多数人从来没有机会在逆冲断层区工作。我们一辈子都和它们打交道。如果我们沿着断层系统走得足够远，我们就可以实实在在地看到下一个逆冲岩板。在我切实地看到它到底是什么样子时，也许我已经走了160多公里。你可以做一个模型。你把逆冲岩板拉开，看看这个地区最原始的样子。但是，直到你做到这一点的时候，再来面对这个问题，你会很自然地说：‘上帝，这差别也太大了吧。它们可能是块微大陆吧。’你可能把东部的一大片平地重建成一个原始的沉积盆地。你可以看到火山地体，一部分在陆上，一部分在滨岸外。你也可以把它当作是一个完整的盆地，是一个连续的盆地摆在那儿。你在佐治亚州北部也会看到同样的情况。阿巴拉契亚造山带几乎是连续的盆地，表现出不同的沉积样式。它们不是外来地体。”

“根本不是。”

“科学不是冷漠的、没有人情味的东西。人们很容易受到一个能说会道的演说家的诱导，或受到一个逻辑性极强的绝妙故事的影响。说这些构造带是外来的，是由微板块或大板片随着时间的推移而拼贴到大陆上的，这的确让人听得着迷。但事实上，你有了地震测线，却没有发现任何明显的缝合线，这会让你怀疑到底发生了什么。所谓的泥盆纪的塔康造山带的缝合线究竟在哪里？难道真是没有被识别出来吗？或者，它们实际上只是逆冲岩板吗？”

10

我忽然想起一次在地质学家们陪同下的实地考察，他们试图弄清板块构造理论的一些细节，比如，变质作用的细节、地球物理
233 的细节，等等。讨论的声调会时而变得很高，讨论中还会时不时地引入一些外来词汇。他们像玩“21 点”[1]洗牌一样，把世界上地层单位的次序上下倒腾着。那是在佛蒙特州，我们走在夯实的土路上，穿过黑安格斯牛所在的草甸，经过一垛垛的干草卷，跨过木板桥，桥头的警示牌上写着，“法定承重限制：10 吨”，然后穿过黑色的云杉林，来到一片寒武系露头旁，水流湍急的小河清澈见底，在凸出的岩石旁流过。他们在热烈讨论着。

“你第一步的方向对了，但你应该再向前走一步，去证明你的第一步是正确的。”

“我们正在讨论的是这些组构的成因。”

“现在已经很清楚了，这些组构并不是像你说的那样形成的。”

“对于各向异性的晶体而言，我想你刚才说的是不对的。你应

1　是一种扑克牌的玩法，又叫“黑杰克”，起源于法国，现已流传到世界各地。扑克牌的点数计算方法是 J、Q、K 算 10 点，2 至 10 按牌面点数算，A 可算 1 点或 11 点，由玩家自己决定。游戏者顺序拿牌，每次一张，随时可以停牌，目标是使自己手中的牌点之和尽量接近 21 点，但又不能超过 21 点，否则都算输。

该对你所说的做点补充修正，这样你才能证明你的推论。”

“我看不到你说的那些。组构是不是各向异性，那是受到应力时决定的。”

“你说的一个矿物相生长时的热动力学稳定性是三个方向的正应力是西格玛 1、西格玛 2 及西格玛 3 之和除以 3，这对一个各向同性晶体是个证据。对石榴子石生长而言，这没问题。但对云母而言，这就不行了。”

一个个小山丘圆秃秃的，看不到任何约束，没有人知道它们曾经移动了多远。构成它们的岩层斜躺着，形成横卧褶皱，比它们下面垫着的岩层还要古老。在旧地质学中，这些山丘被描述成塔康造山带的一个大岩片，受到重力的作用，向山下滑动，停在向西的海中。现在，人们对它们有了各种不同的看法，或者是逆冲断片的残余，或者可能是一个外来地体。

“你或许可以自己想象一下，这些外来体系曾经分布得比现在更广泛。它从这里跨过一片海相黑色泥岩，这儿就是它留下的记录。这里就是它在北美洲登陆的地方，这至少是一种可能性。”

“但是，这里并没有大洋西侧的残余物呀。”

“残余物可能在砾岩中的什么地方，比如说，那几块石灰岩砾石。或许在地震剖面里还能找到更多的证据。”

“但是，那些石灰岩砾石可能是……你看，那些砾石有点像叠瓦状排列，可能是从北美洲搬运来的。”

“对。你可以那么说。”

“所以嘛，我不认为你说的就是确定无疑的。”

234 “我并没有说它就是这样的。我只是说这是一种可能性。我现在要坚持我的看法。此外还有链湖蛇绿岩，也是外来地体。”

你可能听不懂他们在说什么，但这并不重要。其实，就连他们自己也不能确定他们说的是不是有道理。他们的目的就是努力去做。每一个人都挤进来了。科学选择了这群人，他们穿着牛仔裤和靴子，背着磨旧了的背包，戴着铁路工程师的帽子。对他们来说，在很大程度上，到这儿看看就是一切。“在这门科学中有三个关键的事，第一是旅行，第二是旅行，第三还是旅行，”有人这么说，“搞地质就是合法的旅游。”当地质学家们聚集在一个露头上，他们先去看岩石中自己擅长的东西，也有时候是最后再去看自己的专长。人们仔细地听着那些他们在其他地方工作时能够用得上的技术。如果有的专家在研究岩石劈理方面小有名气，那么，当岩石中的劈理让大家感兴趣时，其他人就会向这个专家请教。讨论就是这样，从一个专业转到另一个专业，从一个细节过渡到另一个细节，逐步达成新的一致，并且发现了眼下没能解决的新问题。一点一点地，许多细节组合在一起，构图逐渐清晰了，图面逐渐加宽了。

“我们不是在北美洲吗？”

“是呀。你是在北美洲。”

“那你在欧洲。”

“是呀。那是一种可能。”

“你站的地方正好横跨大洋。”

“不。我没有横跨大洋。我是被迁移到这儿的。在你和我之间有大西洋吗？没有。”

“你是外来体。”

“你说得太对了，我就是外来体。”

“你是无根的。”

“可别说我这个褶皱是横卧的。”

“当然啦，你下班回家以后才横卧着呐。”

“可能还有另外一条缝合带。”

“也可能还有另外一条缝合带，但眼前这条是我们找到的唯一的一条。”

“不，不，你已经找到另外一条了，它向北一直通往魁北克。”

“不，那条的位置不对。加拿大的地震测线证明了这点。你可能记得，1965 年在拉瓦勒发现了晚奥陶世的化石，那儿正是在谢尔布鲁克异常区。除此之外，从兰格里湖到新不伦瑞克地区，你从哪个构造带里还能找到从中奥陶世到志留纪的连续沉积呢？把谢 235
尔布鲁克的那些岩石恢复原位后，应该能知道它们会是从哪里来的。所以，我的建议是，要么有两个大陆碰撞，在那附近有一个盆地，持续地接受沉积，要么……”

“你可以设想有两条岛弧。”

“或许吧，你可以有两条岛弧。”

“还有另外一个答案。”

“当然可以，但我要说的是，我们应该用最简单的模型。”

“为什么不能设想只有一条岛弧，而在它两侧各有一个盆地呢？”

“不成，不成。你有布朗森希尔复背斜，然后你还有阿斯科特－威登构造带。”

"在俯冲带的稳定一侧，你有一条火山岛弧，这条岛弧出现在俯冲下去的岩板上方是意料之中的。"

"你有一块短命的岩板，俯冲到阿斯科特－威登构造带之下，寿命更长点的岩板在俯冲带的另外一侧。我有时候会想，在这些石灰岩中一定会有点什么，让你能把它和那片台地连接起来。"

"我唯一能说的是……"

"关于这些蓝色的石英能说点什么？"

"那些蓝色的石英？塔康山脉岩石的地层单元和阿瓦隆寒武系的地层单元是一一对应的，化石看起来也很相似。我能告诉你的就是这些。除了在威尔士，我们在其他任何地方都找不到这种东西。"

一位构造地质学家两只脚各踩着一块大陆，抬头看着，站在这个争论不休的场面之外。"当地质学家争论的时候，这些岩石就坐在那里，"他评论道，"有时候，这些岩石似乎正在嘲笑着他们。"

11

路上有一个侵蚀出来的小坑，车轮从上面轧过，差点把车颠到路边去。这是地质学和宾夕法尼亚州的对阵。地质学赢了。在东部的气候里，州际公路寿命的期望值是 20 年。一公里接着一公里，80 号州际公路的一些路段被翻起来、裂开，被溶蚀，被撞出 236
了坑。宾夕法尼亚州的路面有大量石灰岩。石灰岩在蒸馏水中会溶解，更不用说在酸雨中了。“酸雨溶蚀了路面，然后进去水，再结成冰，再融化，再次结冰，把路面彻底搞裂了，”安妮塔说着，把车速降到最低，“这正是水在基岩上做的工作。但是，州际公路不能和基岩相比，州际公路不像基岩那样有土壤的保护。而且，它大部分是碳酸盐岩，抵抗风化的能力不强。”

我们进入宾夕法尼亚州有 97 公里了，从波科诺高原下来，一路上基本是在逆着地质时间走的，穿过了从两座大山剥蚀下来的碎石堆。现在这里的地貌很熟悉了，山谷，山脊，山谷，山脊。我们又走进了阿巴拉契亚山脉的变形带。虽然特拉华水峡口是褶皱带的主体部分，而这里是波科诺高原西部褶皱带的一个分支——像是一个很宽的死胡同，长绳一样的山脊有着像手指一样的末端，恰好指向纽约州的方向。这里的地形有鲜明的节奏，很有规律，也很美丽，石英岩的山脊和碳酸盐岩的山谷构成了山脉的褶皱断裂

图 2-3　阿巴拉契亚山脉

带，朝西南方向延伸，州际公路从褶皱断裂带横穿过去，通向芝加哥。看一下大陆范围的地形图或地质图，几乎在任何一张图上，人类夸张的改造活动都掩盖不住这个地区的地貌特色，变形的阿巴拉契亚山脉弯弯曲曲，就像一条匍匐前行的蛇一样。在亚拉巴马州，山脉从海湾沿岸平原下隆起，向右转进入佐治亚州，然后向左转入田纳西州，再向右转入北卡罗来纳州，向左转入弗吉尼亚州，再向右转入宾夕法尼亚州，向左转入新泽西州和纽约州，然后又向右转入加拿大的魁北克省和新不伦瑞克省，最后向左转入纽芬兰省。一些人说，在阿巴拉契亚山脉的蜿蜒中，我们看到了前寒武纪大陆的海岸线，那时候塔康造山运动还没有开始，北美洲还处在“美好的旧时光”中，这些巨大的扇形弯曲是伊阿珀托斯大洋的海湾。这需要去证明，不过，它们在近 3220 公里内重复弯曲的外观真不像是外来地体随机碰撞的结果，也不像是撞上来的大陆具有参差不齐的边缘。大峡谷是阿巴拉契亚山脉最突出的轴向特征，似乎也不像是陆块碰撞的结果，因为大峡谷从头到尾都是由柔软的黑色板岩和页岩以及易溶解的碳酸盐岩构成的，而这些岩 238
石都向西北方向移动了很多公里。如果新西兰岛和马达加斯加岛在不同的时间不同的地方随机凌乱地推挤在一起，人们能想象到，它们的地层会有相当大的偏转，并且会被乱七八糟地搅和到一起，岩石会发生褶皱、断裂、错位、逆冲、混乱，会被非常杂乱地推挤到一起，经过侵蚀后根本不可能形成一条这么整体化的、狭长的山谷，不会具有现在这样很有条理的几何形状。对于前寒武纪高地的观点，人们会有类似的想法，规则的弯曲形状从大烟山脉延伸到格林山脉，再延伸到山麓带，阿巴拉契亚山脉的整体形成了协调一致的、平行弯曲的条带，很难让人相信前寒武纪高地的轮廓形成后，经过强烈的构造变形还能保持到现在。

眼下安妮塔更感兴趣的是能摸得到的石灰岩，而不是它是怎么样被推挤到一起变形的。在布卢姆斯堡以西 13 公里的地方，她看到了一块石灰岩露头，看起来很好，很适合采样。那儿离州际公路只有 400 米，我们走到那儿。她在上面滴了一些酸，露头咕嘟咕嘟地冒出了泡。"这是上志留统石灰岩，"她说，"如果不是在这儿发现过牙形石的话，我也不能告诉你这些，但我已经知道这些了。"

"如果你错了，你怎么办？"

"那就是我错了，不是吗？他们付给我工资，让我尽我最大的努力。地质学家都是侦探，是在推断。而你干的都是你知道的。"

她用尽全力挥动着大锤。石头没有裂开。"这个职业实际上是个体力活儿。"她抱怨地说着，然后又猛砸起来。

当她把样品从山上运下来的时候，她的膝盖有时会被磕得青一块紫一块的。有一次，她把手提箱递给一个"大灰狗"[1]司机，司机问："宝贝儿，你这里头是什么？小孩子，还是石头？"她愿意把样品放在行李舱里。我在加利福尼亚州认识一位地质学家，他对把样品放在行李舱里有点不放心。当他从世界上很远的地方回家

1 "大灰狗"是"灰狗长途巴士"的昵称，是美国和加拿大跨城市长途商业运营巴士，1914 年创立，1929 年成为有限公司。在美国长途旅行时，乘坐"大灰狗"既经济又舒适。

时，他买两张机票，一张给他自己，另一张给他的样品。

我们经过莱姆斯通维尔村，又跨过莱姆斯通河和苏斯奎汉纳河的西侧分支。现在，这条路进入一条很深的峡谷，呈 V 字形，两侧的岩壁很陡，垂直高度能有 360 多米，一侧是白鹿岭，另一侧是尼塔尼山脉，都是下志留统的石英岩，是从塔康造山带剥蚀下来 239
向西输送的碎屑堆积成的。陡峭的树林中到处都是石英岩大石块，但是根本见不到露头，见不到路旁剖面和任何类型的暴露面。事实上，除了她刚采集到样品的石灰岩外，我们实在找不到什么岩石可以写标签寄给家里。安妮塔变得不耐烦了。“难怪我从来没在宾夕法尼亚州的这个地区做过地质，”她说，“这里一个露头也没有，只有从山上崩塌下来的大石块堆在树林里。”好多个山脊紧紧地挤在这里。这里的情况非常典型，州际公路向这块地方屈服了，向这片朝西南方向延伸的波状山脉屈服了，它在一个山脊侧面的山谷中跑着，耐心地等待出现一个山口。不久，一个山口出现了。不过，这个山口可不是一个国家地标，不是有着风景画家和洛夫斯鲁克印第安人历史的地标，它只是一个河流冲出的山口。尽管如此，它还是划破了山脊。在这里，州际公路像一个后卫在对方防守线上发现一个漏洞一样，对准山口直穿过去。在山口的另一侧，公路重新回到蓝天下，转向西南方向进入另一个山谷，朝着下一条长长的山脊缓慢行进。总会有另一个山口。小河切出了无数的山口。两个山口之间差不多都相距 30 公里，例如，布法罗山的贝尔山口、尼塔尼山的格林山口、无毛山的煎锅山口，白鹿岭的第四山口、第三山口、第二山口、第一山口，施文克斯山口、云杉山口、乱石山口、莱曼山口、布莱克山口、麦克莫林山口、弗雷德里克山口、公牛河山口和格伦小屋山口，等等。

在前寒武纪、寒武纪和奥陶纪的大部分时期，美洲大陆的河流全都流向东南方向，进入伊阿珀托斯大洋。然后大陆架向下弯曲，马丁斯堡组的泥从东部灌入了这个大深洼里。无论这些泥是来自非洲、欧洲，还是某些增生楔，或是像中国台湾这样游离的地体，这些都没有任何证据，没办法确定，但能够确定的是沉积物中保存的证据，砂波、波纹、有交错层理的砂坝，都指示了向西和西北流动的古代水流。在更年轻的岩石中，这样的证据随处可见，表明在整个古生代剩下的时间里，美洲东部的河流一直流向现在大陆的中部。随着每一次连续的造山运动在东部产生另一个隆起的山脉，新形成的河流都会从山中奔流而出，堆起它们的沉积楔，堆起它们大大小小的三角洲，但流动方向总是向西的。上一次造山运
240 动大约在 2.5 亿年前，也就是在二叠纪。在那之后的几千万年里，世界进入一个构造平静时期，山脉被缓慢地风化侵蚀着。然后，在中生代早期，“地球的力量”开始把这个地区拉开。根据目前的理论，实际拉开的时间是在侏罗纪的某个时候，拉开的深度足以容纳海水。大西洋打开了。在美洲一侧，流入新海洋的河流具有又短又陡峭的河道，而这时东部海岸的大部分水系仍然继续向西流动。到白垩纪时，水系的流向已经反转了，现在很多河流都继承了那时的流向，如佩诺布斯科特河、康涅狄格河、哈得逊河、特拉华河、苏斯奎汉纳河、波托马克河和詹姆斯河。

河流来了，又走了。它们比它们河床下的岩石要年轻得多。它

们在山谷里游荡，有时还会跳下来。它们会自我逆转流向，偶尔还会消失，它们这些种种不同的行为是由它们下面固体地球的结构决定的。紧密褶皱的阿巴拉契亚山脉有点像搓衣板的沟棱。沟棱的方向正好跟搓洗的方向交叉。古生代时形成了这个构造搓板，不断地从东方抬升起来，倾泻的雨水汇成溪流，跨过沟棱向西流去。

尽管大西洋在中生代分裂开来，美国东部的主要水系最初仍然继续流向中西部。板块构造故事的这部分说，构造裂谷作用伴随着大量的热，把裂谷的两侧抬高起来，像两扇门板一样面对面地打开，就像红海的两侧海岸看起来那样。两边都是山，山高2700、3000、3600 米。河流的河道又短又陡，流入红海。阿拉伯的季节河水系几乎全都从东海岸向东流，延伸好几百公里，而埃及的河流都从西海岸向西流进尼罗河。世界上的大洋中脊是板块构造的扩张中心，它们的构造形态和红海的裂谷很相像。通常情况下，两边的坡度都比较平缓，高度向中心逐渐抬升，比两侧的深海平原能高出 1800 米。海底裂谷沿着山脊线形成下凹的沟壑。注入非洲东部裂谷的河流也具有又短又陡的河道，而像刚果河这样长的河虽然发源在裂谷附近，但并没有流进裂谷，而是向西流淌了
1600 公里，最终流入大海。正是扩张中心的发现和确认开启了板 241
块构造的故事，而这至今仍然是板块构造理论中最没有争议的部分。美洲东部在侏罗纪时期逐渐下沉。目前的解释是，随着海洋越来越宽，扩张中心的热离这里越来越远，这个区域就像一个刚出炉的蛋奶酥一样冷却坍塌，同时，水和积累起来的沉积物的重

量也压在大陆架上。无论如何，这片曾经向西北倾斜了大约3亿年的广阔土地现在被锯断了，又开始向相反的方向倾斜。

河流转过身来，暂时靠在搓板的沟棱上，从上面流过，寻找岩石的弱点。终于，流水又一次从薄弱处把这个地区侵蚀穿了。这个过程有点像光刻过程，酸会把图片的差异性腐蚀到经过处理的金属片上。新形成的河流程度不同地侵蚀着阿巴拉契亚山脉的构造。在它们进入页岩和碳酸盐岩的地方，它们会把河道挖得又深又宽。在流经石英岩和其他变质岩的地方，它们遇到了顽强的抵抗。有时，它们向下流的时候，流到一个背斜的半圆形顶部，当把顶层的石英岩切开一条通路后，发现里面有石灰岩。这就像切开烤土豆外面那层锡箔纸，发现了柔软的内部。河水把圆拱的顶盖切蚀开，在石灰岩中挖出一个很深的山谷，而两边残留的石英岩悬在山脊上，像断开的桥梁架在山谷顶上。河流向上游侵蚀着，从山脚侵蚀到山腰，一直把河道朝最近的分水岭上挖。分水岭的另一边是另一条河，也在这样侵蚀着。两条河流同时向山里扩展着它们的河道，彼此越来越近，直到它们之间的分水岭被切断，两条河道现在对接在一起，其中一条河流改变了方向，被捕获了。就是用这样的方式，几千条的河流，包括顺向河、夺流河、断头河、改向河等，各种河流在形成着、再生着，迁移着它们的河谷，切蚀出成百个山口，它们的总体目标，也是最简单的目标，就是在新形成的倾斜地势中找到最近的出海之路。如果一个山口的河流永远地干涸了，它就成了“风口”。在这种区域背景下，特拉华水峡口的壮观程度和以前比起来要逊色多了。

直到 1970 年前后，大家普遍接受的看法是，新生代早期的美国东部是一个广阔的准平原，是一个几乎没有任何地势起伏的平坦世界，像牛轭一样弯曲的河流漫无目标地流动着，河水侵蚀着古老的山脉，整个地形都夷平到接近海平面的高度。根据这种假说，准平原随后上升，受到河流的切割，把软岩石冲走，留下硬岩石，形成高地，山脊都在同一个明显的水平面上，和准平原一样平坦，人们认为这些山地就是准平原的遗迹。准平原上的河流从被掩埋的山脊顶部流过，当和耸起的山脊相遇时，就从山脊顶上切下去，形成了山口。这段地质发展史被教了四分之三个世纪，这一学说叫作“斯库利准平原假说”，是用新泽西州的斯库利山命名的，这座山看上去像一艘航空母舰。斯库利准平原假说已经过时了，是一个已经光荣退休的概念。取代它的是一个物理状态失稳的故事，这个故事说，山脊构成的平面和一定的坡度有关系。一个研究生曾经对我说过，旧的假设绝不会真正销声匿迹，它们就像休眠的火山一样，还会苏醒的。 242

12

在碳酸盐岩山谷里，岩石被掩盖在一个接一个的农场地下，逃离了我们的视线。竖直参天的森林旁是美丽的田野，4 月里，泛起一片新绿。不过，这些景色丝毫没有打动安妮塔，只有岩石才能让她兴奋起来。她用手指轻轻地敲着方向盘。她让我想到一个酷爱陡坡急流的漂流狂进入了一条地势平坦、水流平缓的蜿蜒河流。“难怪我从来没有在宾夕法尼亚州的这个地区做过地质考察。”她又说了一次。我们离开上一个岩石露头已经走了很长一段时间了，还没见到下一个露头。“我真的很想有一天去伊朗看看，”她继续向前开着，甚至感到有点绝望，“扎格罗斯山脉是另一个经典的褶皱冲断带。扎格罗斯山脉那里最大的特点是没有植被。你可以看到每一块岩石，它们百分之百地露在外头。”

她的话还没说完，路就转向了右边，穿过一个无名山口，来到
243 一个 20 米高的路旁剖面上，这里是“秃鹰石英岩”，然后是越来越多、越来越高的路旁剖面，带有红色层理的朱尼亚塔砂岩向西陡倾着。“我要从这儿采点样品回去。让我告诉你吧，这是个难得一见的地层序列。”安妮塔说。紧接着，我们又看到更多的岩石，路中间有岩石，路左边有岩石，路右边还有岩石，我们跑过去仔细地查看，把每块岩石都采了样品。公路下坡时穿过一条满是红色岩

石的峡谷，这是精确爆破的结果，属于瞬时地貌。峡谷的深度增大了，阴影遮住了公路。在峡谷最后的拐弯处是被剥露出的一座山体的内部。这座山的地名叫“大山”，曾经有一个天然的山口，但由于不够大，修筑公路时进行了爆破加宽，炸药炸掉的部分相当于30万年时间的侵蚀量。整座山都被切穿了，而不是只炸掉了一个山凸或一个侧脊。“哇喔，圣托莱多[1]！快看那儿！”安妮塔喊了起来，“那个露头太棒了，真是个绝妙的剖面。”那个露头有76米多高，颜色红得像红葡萄酒，在80号州际公路上，这是从纽约到旧金山之间在坚硬岩石中炸出的一个最大的人工露头。“你在做地质的时候，要寻找意想不到的东西。”安妮塔告诉我，此时她已忘记了扎格罗斯山脉。

我们在路肩上停了车，正好在岩石的阴影下。“哇喔，圣托莱多！快看那儿！”安妮塔又喊了起来，把头往后仰着。“妈妈咪呀！”层理倾斜着，向上弯成一条长长的弧线，其中一些是绿色的。这里几乎在洛克黑文正南，在苏斯奎汉纳河以西50公里的地方，出露的是朱尼亚塔砂岩，从隆起的塔康造山带中剥蚀下来，向西搬运到这里，特拉华水峡口的岩石也是这个河流体系向西搬运的。“这个地方太棒了，你能测量出这个剖面的岩层厚度，”安妮塔说，“岩石完全暴露着。岩层很连续，而且没有一条断层。这些很薄的绿色条带是由于它们沉积得太快，来不及发生氧化作用。”地

1 托莱多（Toledo）是西班牙古城，托莱多大教堂是世界上最大的天主教堂之一。冠以“圣”（Holy）字，成为美国人常说的感叹语，表示惊讶，难以置信。

质学家到过这儿的证据随处可见。他们在岩石上画了数字和字母。他们钻取了无数的古地磁样品柱。从近处看，层理并不是均匀平整的，不像在平静的水中形成的那样。相反，岩层中到处可以见到迁移的河道，羽毛状的交错层，天然堤坝，以及洪水泛滥时溢出河堤的河漫滩沉积物。沉积物中零星有一些褐红色的泥片，是在暴风雨中从河滩上冲刷下来的。

244 我们往回走了几公里，把路上的岩石重新慢慢地看了一遍。当我们再次接近这个巨大的路旁剖面时，安妮塔说："如果是在伊利诺伊州，这儿一准会建成一个州立公园。"

13

“圣托莱多”露头的层理就像我后来提到的那些巨大的红色岩石峭壁一样，都是向东倾斜的。在刚刚走过去的几公里长的路上，见到的岩石都被褶皱得直立起来，成了90度。因此，我们在往西走的时候，是往地层年龄变老的方向走，可以预见，我们顺路向下走，会进入一条出露寒武系和奥陶系碳酸盐岩的山谷，实际上也的确是这样，公路下坡后向左拐弯，进入了尼塔尼山谷，在那里，看上去很富饶的牧场正在变成绿色，平缓的溪流，白色的农舍，凸出在地表的白云岩沟棱随处可见。“宾夕法尼亚州立大学就坐落在尼塔尼白云岩上，”安妮塔说，“沿着这条山谷再向下走32公里就是。”

一些残存的寒武系砂岩在山谷中形成了一个大包，州际公路绕过大包继续向西，奔向秃鹰山的山脚。秃鹰山是另一条一眼看不到尽头的山岭，是变形的阿巴拉契亚山脉的最后一条山脊。走过了寒武系砂岩和奥陶系白云岩，在切开山脉的山口处是志留系石英岩。它的地层向西陡倾。岩石再次褶皱弯曲，我们也再次在历史中向年轻的方向前进。不过，现在地层的倾向不会再倒转了。我们在更年轻的岩石中走了十几公里，几乎从头到尾地穿越了古生代。我们走过了至少三亿年的时间，垂直高度也爬升了300多米，最后的

16 公里路一直在爬坡，这是犹他州以东 80 号州际公路上最长的一截持续爬坡路段。我们从秃鹰溪爬上了宾夕法尼亚州的雪靴峰，这时，小雪开始随风飘落下来。

我们来到了褶皱断裂构造带的地貌区边上，一路爬升的漫漫路程再现了古生代的历史，从构造运动前海洋的干净砂到石炭纪浓密无垠的沼泽。我们穿过三条造山带留下的碎屑，穿过重复出
245 现的砂岩和纸一样薄的页岩，以及志留系纸页岩、泥盆系纸页岩和密西西比系纸页岩，它们就像图书馆里的酸性纸书籍一样，在书架上堪堪欲碎。这些纸页岩太易碎了，如果公路旁没有修筑马丘比丘古城[1]式的台阶，它们可能早就像雪崩一样塌下来把公路埋住了。在其他路旁剖面上还有卡茨基尔三角洲的砂岩，颜色像甜菜根一样红，形成坚硬的陡崖峭壁。我们走过了一道道坚硬的山脊，一条条绵软的山谷，我不仅能感觉到，而且还亲眼看到了古生代的盛装庆典在岩石中反复上演。尽管这些山脉现在已经消失，但已经在其身后留下了种种线索，人们通过这些线索能够重塑山脉强烈变形的复杂图案。大地隆起又夷平，大海退去又入侵，河流经久而渐渐失去能量，它们不但能冲刷掉很多旧景色，还总能带来不少新风光。而我，作为大自然中一个渺小的人，在我的脑海里没有能力去处理那些成百上千张相互关联的历史图片，不过，我毫无疑问地确信，我们正在经历的绝不是一片混沌。

1　被称为“失落的印加城市”，位于秘鲁境内，始建于 1500 年，是保存完好的前哥伦布时期印加帝国的遗迹，1983 年被联合国教科文组织定为世界遗产。

在爬上16公里长的山坡之前，见到山脚下的地层几乎是直立的。经过漫长的爬坡，地层倾角慢慢地变平了，它们开始向我们后方斜倚着，不再陡立，差不多我们每走200万年就变缓1度，直到最后地层全都平坦了，这时，州际公路已经离开了阿巴拉契亚山脉变形带，踏上了阿勒格尼高原，公路自己也变平坦了。

现在我们脚下的岩石是宾夕法尼亚系，是宾夕法尼亚纪时形成的巨厚的河流砂岩。地层非常平，像船甲板一样，基本上没有受到干扰。可以肯定的是，它是从东部山地剥蚀、搬运过来的，但并没有受到东部山地挤压力的太大影响。疯狂的河流把高原切成七零八落的碎块，像吃了一半剩下的婚礼蛋糕、倒塌的金字塔和怪异的多边形山丘，山顶上的树木像头发一样覆盖着。匹兹堡就是建立在这样的几何形状上的，它的大街小巷忠实地守护着患上精神分裂症的溪流，它的小山把它的居民分隔成堆：社会和种族的堆，民族和宗教的堆；这个山头是势利眼之家，那个山头是犹太大家族，这个山头的人累得要死，那个山头的人穷得要命。

走到匹兹堡东北方向大约160公里的地方，我们赶上了纷纷扬扬的大雪。现在这里的路旁有很多岩石露头，在这些露头中可以看到向上变细的砂岩、粉砂岩、页岩层序，其中的页岩是阿勒格尼黑色页岩。在这个层序下面，还有更多的砂岩、粉砂岩和页岩层序。“如果你是一个煤炭勘探者，当你看到这些黑色页岩时，你一定会激动得发疯，”安妮塔说，“这些路旁剖面上应该有煤。这可是宾夕法尼亚州的宾夕法尼亚系哦，是全美含煤地层的总部。” 246

宾夕法尼亚州在宾夕法尼亚纪的时候是丛林环境，离赤道只有几个纬度，有点儿像印度尼西亚南部和瓜达康纳尔岛。淡水沼泽森林生长在海岸线频繁进退的咸水海湾旁边，就像苏门答腊沼泽现在坐落在马六甲海峡旁边，或者像加里曼丹岛湿地坐落在爪哇海旁边。当时，世界其他地方的冰川旋回正在导致海平面快速地上下振荡，当然，这种“快速”是相对于地质年代尺度说的。当海平面下降时，沼泽沿着海岸线向海上延伸，当海平面重新上升时，海相石灰岩就会把沼泽埋在下面。仅仅在其中一个升降旋回内，海岸线就能进退移动 800 公里，海侵和海退会穿过宾夕法尼亚州和俄亥俄州的大部分地区。在宾夕法尼亚纪时期，像这样的升降旋回在很短的时间间隔内会出现很多个，结果，宾夕法尼亚系的岩石序列显现出条带状外观，看上去像军队里团级军官的领带一样。冰川留下的这种特征在半个地球上都能看到。它们存在于 3 亿年以前，后来，这种冰川活动样式很长时期没有被重复，直到近代才再次见到，我们人类来到这个地球上访问的时间太短暂了，这个访问时间的长度在地质年代记录中不过是一条像纸一样薄的细条纹。

林木像屏风一样遮在州际公路的两边，在树荫顶部的上方，我们看到了挖掘机的铲斗，那是工业长颈鹿的脖子和脑袋。这些机器和它们的前辈们已经在这儿工作了 50 年，它们剥掉了宾夕法尼亚州的煤层，改变了这里的地形。总体算起来，一个煤矿创造出来的价值比金伯利的钻石矿和克朗代克金矿的价值要高得多。现在，路旁剖面里已经看到煤层了，可能在前面几十公里的范围内，露头上都会看到煤层。这些煤层不再是阿勒格尼页岩那种暗

灰色，而是纯正的黑色，闪着亮光。一层层明暗交错的路旁剖面，
看上去像匈牙利的果子奶油大蛋糕。从岩石序列的底部往上数，
是砂岩、粉砂岩、页岩、煤层，砂岩、粉砂岩、页岩、煤层。再往
前的远处，我们可能会看到石灰岩盖在煤层上，那表明海水曾经
覆盖了沼泽的煤炭。这样的序列是在海岸线后面建造的，同样的
序列现在正在建造着，例如，在密西西比三角洲的海湾地区，河
道蜿蜒，来回摆动，带来的砂层覆盖了像席子一样平铺的植被。
“这些路旁剖面就是一本教科书，告诉大家‘煤是怎样形成的’。”
安妮塔说。植物残骸被埋藏和压实以后，首先变成泥炭，这是一
种由孢子、种皮、木头、树皮、叶子和根组成的混合物，看上去像 247
是在嚼烟叶子，遍地都是。泥炭和煤的关系就像雪和冰川中冰的
关系一样。随着越来越多的雪被埋藏和压实，它就会再结晶，形
成冰，平均密度是原来雪的十倍。随着泥炭被埋藏、压实，受到
地热的作用，逐渐释放出大量的氧、氢和氮，其中的碳会浓集。美
国地质研究所编纂的《地质学术语》把煤定义成“一种容易燃烧
的岩石”。按重量计算，任何岩石中只要含有一半的碳物质就都是
煤。它的密度大约是泥炭的十倍。美国有足够多的泥炭，可以供
爱尔兰取暖一千年。美国自己几乎一点泥炭也不使用，因为美国
的煤也足够多，储量超过世界上任何一个国家。留在地表附近的
泥炭永远不会变成煤。泥炭埋藏到1.2公里深，就变成了烟煤。
在显微镜下，你可以看到烟煤中的木头和树皮，树叶和树根，种皮
和孢子，甚至能辨认出它们来自哪些植物。如果埋得更深，在压力
下发生紧密褶皱，就变成无烟煤。无烟煤的碳含量约为95%，它

非常坚硬，断口是贝壳状的，像箭头一样。无烟煤闪烁出虹彩一样的光泽，燃烧时发出明亮的蓝色火焰。煤是大地构造的记录。在宾夕法尼亚纪晚期，当第三期山脉从东面隆起的时候，同样堆起了碎屑楔，并且像以前一样，把它埋藏到深处，巨大的压力和强烈的褶皱造成了宾夕法尼亚东部的无烟煤，这就是在阿巴拉契亚山脉褶皱断裂带中的豆荚状煤田，侵蚀和均衡作用已经把它们从深处抬升起来。无烟煤煤层通常是头朝下躺着的或者是直立的。在阿勒格尼高原这里，埋藏的深度虽然比较大，但构造压力很小，因此，煤的等级比较低[1]。

我们停下来，想采集一些样品，但很难找到一块拿到手里不碎的样品。“这些煤的片片都太酥了，灰分很高，”安妮塔说，“不过，老百姓可不在乎它酥不酥，灰分高不高，统统免费拿走。他们提着桶来到这些露头上，把它挖回家去烧掉。”

我们继续前进，穿过几公里长的路旁剖面，剖面中满是一条条的煤层条带，从地形上看，到达了稍高的地面，那里的煤层也稍厚点。“你向西走是在向地层的上层走，你会看到更多的煤，因为
248 河流随着年龄的增长流动得更缓慢了，”安妮塔说，“洪积平原变宽了，积水更多了，有了更多的地方生长和积累植被，就像今天密西西比河谷的下游一样。”在克利菲尔德以东大约 8 公里的地方，我们停在一个又长又高的露头上，全是煤。路两边全是挖掘机，正

1 泥炭在地下埋藏以后，经过地质作用转变成煤，煤的等级从低到高被分为褐煤、烟煤和无烟煤。当然，专业人员会把煤的等级划分得更细。

在繁忙地挖着。我们用地质锤凿出一些样品。样品很完整。“这是一块很棒的煤，”安妮塔说，“是优质商品煤。要形成这么好的煤，它上面大概盖着有 910 米的宾夕法尼亚纪沉积物，这些沉积物已经被侵蚀掉了。910 米是形成这种等级的煤所需要的重荷。”

这种优质煤每磅能产生 12000 B.T.U.[1]，我看着这些免费的优质煤难免心动，赶紧用我的地质锤在露头上猛砸一气，装了一满袋子上好的商品煤，准备带回家去烧我的炉子。安妮塔提醒我，说我的脸被煤灰蹭黑了。

我用我的大手帕擦了擦，问她：“我擦干净了吗？”

她说：“没问题，能去为政府工作了。”于是，我们朝路上走去。

---

1 B.T.U. 是北美使用的英热单位（British Thermal Unit），等于把 1 磅纯水的温度升高 1 华氏度所需要的热量。1 B.T.U. 约相当于 252 卡路里，或 1054 焦耳。

14

宾夕法尼亚州的东部在最后一波造山运动中发生了褶皱，深埋和构造挤压可能让那里的煤层发生了奇迹般的变化，但与此同时，那里围岩中的所有石油都被烧毁并变成了黑色。牙形石也变黑了。正如安妮塔的很多样品所证明的那样，在整个宾夕法尼亚州，牙形石颜色和色调有一个向西变浅的趋势，从黑色到棕色，再到暗橙色，再到明亮的黄色。现在，我们在杜波依斯和克拉里恩以西跑着，距离俄亥俄州不到 80 公里，已经离开了棕色区，进入黄色区有好一阵儿了。如果说煤的质量向东逐渐变好，那么在理论上，石油的质量变化方向正好相反。我们从州际公路的一个出口向右转，很快开进了石油大街，这里是石油城的市中心。

我们继续向北。在石油城和泰特斯维尔之间的 24 公里处，
249 是美国早期石油的“纳帕谷”。它是 V 字形的，河谷不宽，从山边到河边只有 150 米的距离，这里居然还建了些小炼油厂，真是袖珍得可爱。它们看上去不像埃克森公司的巴吞鲁日炼油厂或苏诺科公司的马库斯胡克炼油厂那种星光闪烁、骨瘦如柴的城市，倒像是基督教兄弟酒庄、贝林格酒庄、博留葡萄庄园。山谷里一家炼油厂接着一家炼油厂。有狼头、宾索，它们就矗立在石油溪

边。这是在 18 世纪时由于石油从河岸渗到河水里而得名的。实际上，印第安人早就在这里发现了石油，他们挖了些洼坑收集石油，后来这些洼坑里长出了树木，根据这些树的树龄来判断，这些石油至少是在三个世纪以前发现的。塞内卡印第安人用它擦皮肤。他们可能还用它来照明和取暖。很久很久以前，世界上就有人使用石油了，工人们在耶稣基督诞生前 3000 年就铺沥青了。第一次涉及石油的能源危机发生在公元前 1875 年，第一次出现石油渗漏，那是天然发生的，而且规模不大，但没办法被以石油为食的细菌清除。1853 年，在加利福尼亚州，一位工程兵团的中尉报告说："圣巴巴拉和岛屿之间的海峡有时被一层矿物油膜覆盖住，使水面呈现美丽的棱镜色彩，这是把石油泼到水上时产生的。"通常，这是在石油渗漏处发现的。甚至在第二次世界大战后的几年里，伊朗所有油田的发现都和地表的石油天然渗漏有关。得克萨斯州的第一口井是 1865 年在一个渗漏点附近钻的。安大略省的一口井比它早了六年，同是那年的夏天，埃德温·德雷克上校在宾夕法尼亚州完成了美国第一口商业油井的钻探，距离石油溪不到一百步。

德雷克上校没有服过兵役的记录。他本来是"纽约和纽黑文铁路公司"的一位列车长，40 岁时，由于患病，身体越来越虚弱，瘦弱的身体让他在左颠右晃的列车过道里有点儿支撑不住。他就从康涅狄格州的宾夕法尼亚石油公司买下了沿着石油溪的农田和林地，为此投入了他的毕生积蓄。德雷克不是地质学家。他不知道石油一开始是海洋藻类的残余物，这些藻类死后在浅海海底不被氧化的地方堆积起来。他不知道这些藻类尸体在一定的温度下慢慢地炖了好几百万年，温度不是很高，但刚好能把它们裂解成原油。他不知道石油在一种岩石中形成，又移动到另一种岩石中，比如说，在陆表海的潟湖泥中形成，然后移动到砂岩中，这些砂岩曾经是潟湖和广海之间起到屏障作用的海滩。他不知道石油溪已经切进宾夕法尼亚系和密西西比系的地层，进入了泥盆
250 纪海岸沉积。德雷克在 1859 年对这些一无所知，科学的地质学那时对这些也是一无所知。德雷克唯一知道的是，滴落在石油溪里的东西是可以流通的，具有商业价值。它甚至被用作药物。美国东部到处都是红色货车车队，把石油溪的渗滤液当作一种增强健康的饮料出售。“基尔真正的石油！岩石里流出的油！天然药物……对胸部、气管和肺部疾病有极好的疗效；对腹泻、霍乱、痔疮、风湿病、痛风、哮喘、支气管炎、淋巴结结核也有治疗作用；还能治疗烧伤和烫伤、神经痛、湿疹、癣、顽固性皮疹、脸上的斑点和丘疹、胆汁病、耳聋、慢性眼痛，丹毒……”此外，德雷克还得到了耶鲁大学一位化学教授的鼓励，教授拿了一瓶渗滤液在实验室里分析化验了一通，对他说：“在我看来，贵公司拥有一种原材料，通过简单而且不昂贵的工艺，可以从中生产出非常有价值的产品。值得注意的是，我的实验证明，原材料中几乎所有的成分都能提炼出来，不会有一点浪费。”最重要的是，德雷克有灵感，要去寻找储存这些物质的岩石，而不是满足于只是吸干渗进河岸中的石油，他要去打钻拿到石油，他根本不理会当地的乡巴佬把他当成白痴。他以后会从他们身上获利的。在地下 21 米的

深度，他的钻井发现了石油。

一股“找油热”涌向石油溪，边远山区搭起了简陋的房屋，光秃秃的荒山上井架林立。宾夕法尼亚州有一个叫“红火”的小镇，然后又有了“石油中心”镇、“矿坑城”镇、“巴比伦”镇。三个月内，“矿坑城”的人口从零增加到15000人。河上的平底船把石油运往市场。他们的货舱被分成了几个舱，就像现在超级油轮的货舱被分成几个舱一样。山谷里的磨坊主得到了一笔特许使用费，他们要根据磨坊池的信号放水，提高小溪的水位，使平底船能顺流而下。有时候，河水会决堤溢出。

山谷里有家石油公司叫“戏剧性石油公司”，是约翰·威尔克 251
斯·布斯创建的，他为了获得戏剧性高产而采取了不当措施，结果毁掉了自己的油井。戏剧性的失败使他在1864年秋天离开山谷，去另谋生路。

我要感谢西宾石油公司的恩斯特·C. 米勒，他为宾夕法尼亚州历史博物馆委员会搜集了这些史实。

1871年时，世界上有9个国家在从地下开采石油，但当时世界石油产量的91%仍然来自宾夕法尼亚州。当石油被蒸馏成石蜡、煤油等成分时，汽油都被泼到地上不要了，因为当时汽油没有商业价值。

石油在地球上是稀有的，因为形成石油的生命体在地球上所占的比例极低。在岩石中，所有有机碳与石油碳的比例是一万一千比一。为了把石油碳转化成石油并且保存下来，必须同时满足很多条件，其中最重要的是烃源岩经历的热历史，它们随时间变化的温度可以用不同的方法记录，而牙形石的颜色变化是非常重要的指标。“这个山谷的石油能生产出世界上最好的润滑油，”安妮塔说，“它是一种比重非常低的石油，几乎不需要精炼，因为它已经被地质过程天然精炼到近乎完美的程度。它在大约 100 摄氏度的低温下蒸馏了大约 2 亿年。你几乎可以把它从地下抽出来直接灌进你的汽车油箱里。”

15

走着走着，我们已经走出冰川漂移区 240 多公里了，已经看不到威斯康星冰川期形成的冰碛、冰川漂砾、冰堆丘和冰碛阜了。在纽约州的某个地方，冰川最大推进线向北退缩了一些，就像裙子边被撩了起来。但现在，在宾夕法尼亚州最西端，冰川的前锋又向南推进了，在 80 号州际公路和 80 度经线交会的地方，我们再次越过了冰川终碛。到处都是冰川的痕迹：树林里的外来巨石，基底岩石 252
上的定向划痕，没有经过分选的砾石、鹅卵石和砂粒。冰川的特征和约翰·汉考克的签名[1]一样醒目，而且无论在哪里，冰川在固体地球上的移动都会留下相同的识别标志。面对眼前的证据，人们不难想象到北极的环境，高高的白里透蓝的冰盖向北变厚，白色的表面像大陆一样宽阔，狂风一刻不停地在冰面上扫过，白茫茫的冰原在阳光下晃得人眼花缭乱，只有兀立的孤峰才能让审美疲劳的双眼得到片刻缓解，冰在孤峰周围流动，就像河水绕过河心的巨石。

欢迎来到俄亥俄州。正中间的牌子上写着："保持清醒！保持

1 约翰·汉考克（1737~1793），美国政治家。1776 年 7 月 4 日，《独立宣言》经大陆会议修改后获得通过，并由大陆会议主席约翰·汉考克签字生效。在《独立宣言》上签名的会议代表共 56 人，汉考克的签名在第一位，而且他的签名比别人的都大很多，十分潇洒醒目。

活命！”俄亥俄州的路旁剖面并不多，但是比印第安纳州、伊利诺伊州、艾奥瓦州和内布拉斯加州还是要好一点，不久我们就穿行在虫孔海相页岩露头和已经变成坚硬岩石的河道砂中间了。这是发育波纹的石炭系砂岩。我们继续走在那个年代的岩石中，但是渐渐地不知不觉地越走越低，因为我们走到了阿勒格尼高原的前缘。高原的东部边缘高出海平面 600 米，而现在，我们脚下的高度只有东缘的一半了，我们离开古老的山脉更远了，古老的沉积楔变得更薄了。

我们已经来到了大陆的一个构造超平静区域，那就是“稳定的克拉通核”，一层薄毯状的沉积物平平地盖在坚如磐石的基底上，那里的地质进程异常缓慢，即使按照地质标准也是够慢的。“这是美国最保守的地区，”安妮塔说，“我经常琢磨这事儿。最狂野、最疯狂的人都生活在构造最活跃的地方。”

当然，克拉通也在移动。地球上没有一块地方在垂直方向和水平方向都不移动的。中西部地区岩石的层面看上去绝对水平，但实际上也是倾斜的。要走很多公里才能看到它们下降了一点，然后再走很多公里才能看到它们上升了一点，像一个又大又浅的碗在边缘拱起，然后又缓缓地倾斜下去，形成又一个同样的大碗：芬德利隆起、密歇根盆地，坎卡基隆起、伊利诺伊盆地。安妮塔把这些隆起叫作“基底高地”。她说哈得逊湾是一个大陆盆地，是慢慢充填起来的。中西部的盆地被填满到边沿，变成平地。它们是克拉通
253 受到重负而运动的产物，或许是对地幔深处力量的响应，一般来说，对这个过程目前“认识得不太清楚”。它们代表着一种构造活动的程度，就像尸体僵硬时发生的变化一样活跃。在这种区域，故

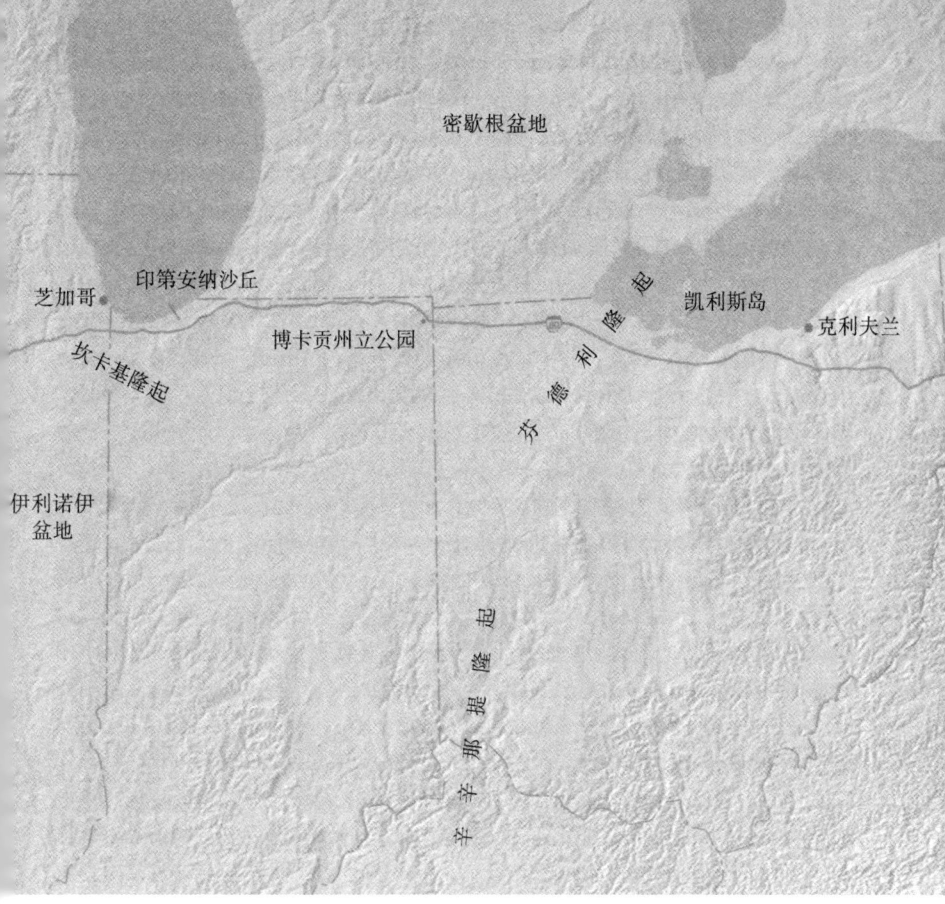

图 2-4 印第安纳州和俄亥俄州

事并不总是这样。在稳定克拉通的深处岩石中，有很久以前的山根，但它在十亿年中没有发生过造山运动。“从那以后中西部在做什么？它一直坐在这儿，无所事事，”安妮塔说，“它只是乏味无聊地坐在这儿。”浅海可能已经悄悄地来过，又走了，地上形成了煤层。但在所有那些时期里，没有发生任何事件能够在局部区域抵 254
挡住或完全改变北方冰川的南下。

冰川的宽度和南极冰盖一样。在最近几次可以追踪到的大陆冰期中，在北美洲堆积起的冰都和现在南极洲堆积起的冰差不多。在1万年前结束的威斯康星冰期持续了大约7.5万年，世界上五分之三的冰都堆积在北美，还有五分之一的冰覆盖了欧洲的大部分地区，其余的冰则分散在其他地方。在科学的所有特殊领域中，冰川地质学的证据是最明显、最不需要推测的。首先，它是当代的。冰川消退了，但还没有消失。除了南极洲的冰盖，格陵兰岛上还有3.2公里厚的冰。阿拉斯加州有近7万平方公里的冰，占阿拉斯加的4%。在阿拉斯加州，就像在瑞士和世界其他地方一样，你可以看到冰斗冰川汇入高山峡谷中的主冰川，你可以看到冰斗冰川在高高的山脊上挖出了扇形的洼兜儿，在那里，三四条冰斗冰川像花瓣一样排列着，它们把岩石撕裂下来，直到剩下一个瘦瘦的尖角形山峰，好多山都由此得名，如：基茨斯坦角峰、芬斯特拉角峰、马特角峰。不仅冰席、冰原和单个冰川现在的运动过程和作用结果是可以观察到的，而且无论它们曾经在哪里流动过，它们的产物都大量地、完整地保留着。它们的来来去去都是近代发生的事。

尽管现在看来冰川的证据是显而易见的，但在19世纪30年代以前，没有人理解它们的意义。那些证据已经被看到了，还有了暗示，有了线索。苏格兰启蒙运动中的人物詹姆斯·赫顿开创了新的地球观，成为现代地质学的基石。他在《地球的理论》（1795）一书中提到，瑞士大峡谷的砾石和巨石似乎是由高山冰川在早年间延伸到那里时堆积下来的。赫顿在苏格兰有刮痕的花岗岩和冰碛砾石中形成了他的理论，不过，他从来没有想到苏格兰本身曾经被冰川覆盖了百分之百的面积，并且被3000多米厚的冰盖压着，陷进到地幔中。

1815 年，在瑞士平宁阿尔卑斯山下的瓦勒德巴涅斯，一个登山者对一个地质学家说，所有那些散布在奇怪地方的巨石块都是由一个早已消失的冰川搬运来的。这个登山者的名字叫佩罗丁，是 255
一个捕猎臆羚的猎人。这位地质学家叫让·德·卡彭特。他不相信猎人的话，也没理会这个信息。在欧洲，诺亚大洪水很久以来一直被认为是地球最主要的雕塑家，几乎没有人愿意冒险去做出另一种解释。如果巨石块和它们同种岩石的基岩脱离接触，就会被认为是由大洪水或泥石流推动的。1821 年，一位名叫伊格纳斯·维尼茨的瑞士桥梁和公路工程师告诉赫尔维自然科学学会，他相信登山者告诉卡彭特的话。此外，他还认为，瑞士到处散落的巨石块是由“厚度巨大的”冰川带来的，而这个带来巨石的冰川“已经消失在时代的黑夜里”。维尼茨也被忽视了。直到 12 年后，卡彭特才发现，维尼茨的假设可能是正确的。于是卡彭特鼓励维尼茨发表了论文，同时，他去野外收集冰川活动的证据，并且把这些证据进行了命名和分类：冰川漂砾，基岩上的冰川擦痕和冰川抛光面，冰川侧碛和冰川终碛，等等。1834 年，他向赫尔维自然科学学会提交了他的报告，题为“论瑞士巨型漂砾可能的搬运成因”，这一报告又被忽视了，没有人理会，也没有人嘲笑。

卡彭特是科学界的政治人物。利奥波德·冯·布赫和亚历山大·冯·洪堡[1]这些大牌“专家”都是他在弗莱堡矿业学院的校

1 冯·布赫和冯·洪堡都曾在弗莱堡矿业学院学习，是“水成论”代表人物维尔纳的学生。

友。他住在日内瓦湖上罗纳河谷里。一些大牌学者常在他的桌旁聚会。1836 年夏天，纽沙特尔学院博物学教授让·路易斯·罗多尔菲·阿加西在靠近公路的地方盖了一栋房子。阿加西只有 29 岁，但他在古生物学方面所做的工作为他赢得了相当大的声誉。他也旅行过，成为冯·洪堡的一个追随者。他在巴黎为乔治·居维叶[1]工作过。像冯·洪堡和冯·布赫一样，像其他任何一个听说过冰川理论的人一样，阿加西认为这是荒谬的。

当冯·洪堡去实地考察岩石时，经常戴着一顶大礼帽，打着一个白色领结，身穿一件刚好长过膝盖的黑色双排扣外套。包括居维叶和冯·布赫在内的很多人都模仿他。但阿加西的穿着就比较随意，蹬一双磨损的靴子，穿一条蓝色的牛仔裤，像 20 世纪的野外地质学家一样。他和卡彭特一起在罗纳河谷中漫步时也穿着这
256 身儿。阿加西在这里看到的东西永远改变了他的一生，就像冰川改变了山谷。当他离开罗纳河谷的时候，他对佩罗丁、维尼茨和卡彭特所相信的理论已经没有一丝丝怀疑了。他在瑞士的乡间奔走，无论在高山上，还是在田野旁，所到之处都能找到更多的冰川证据，刻划出沟槽的岩石，磨出光面的岩石，冰川退却留下的冰碛，在山洪永远冲不到的地方散落着已经被磨圆的巨石块，等等。他查看了很多相似的地形，这些地方给他的启示是，冰川的毗连范围可以伸展到很远的地方，他凭直觉感到，冰川覆盖的范围超出了山谷，超

1 18~19 世纪著名的古生物学家，是“解剖学和古生物学”的创始人，提出了生物灭绝概念，是“灾变论”的代表人物。

出了一个省，也超出了整个国家。大陆冰川的概念开始形成了，这是一个令人震惊的时刻，他意识到从爱尔兰到俄罗斯，有一个厚度达几百米的连成一体的大冰盖。1837 年夏天，赫尔维自然科学学会在纽沙特尔开会时，路易斯·阿加西当选为主席，并向学者们发表了讲话。他没有像大家预期的那样去讲古生物学，而是详细地讲述了他所看到的冰川活动证据和冰川活动历时的年代学，向学会和全世界宣布了不久就广为人知的“冰河时代”。

阿加西叫它“冰河时代”。不管他叫它什么名称，不管是在国内还是国外，他的“冰河时代”并没有让他的同事们信服。他受到的攻击让他根本来不及防御。冯·布赫虽然有不同的看法，但还是对他表示了部分支持，阿加西就像安妮塔·哈里斯眼中的“板块娃”，不知道应该在哪儿停下来。他根据可见的现象重建了冰盖范围，横跨整个欧洲北部，然而，他的结论已经远远超出了这个范围：他得出结论说，新生的阿尔卑斯山是从冰盖底下升起的，最终导致了冰盖的破裂。

亚历山大·冯·洪堡是阿加西的朋友兼导师，他的名字永久地留在了美国西部，以他的名字命名了洪堡海流、洪堡河和洪堡山。洪堡强烈敦促阿加西回去给鱼类化石编目，阿加西在这方面的工作享誉国际，伦敦地质学会已经授予他沃拉斯顿奖章[1]。“你把你的智慧一下子扩展到太多的课题上了，”洪堡给阿加西写信说，

---

1 Wollaston Medal，是地质界的最高荣誉奖，由伦敦地质学会颁发。每年评选一次，每次只选一人。

“我认为你应该集中精力……去研究鱼类化石。这样做，你将会更
好地为地质学做建设性的工作，而不是通过这些泛泛的讨论去对
原有世界进行所谓的革命（这句话有点不太友好）。你可能会说，
257 这使你成为别人的奴隶。完全正确。但在尘世间，这是一个令人
愉快的位置。难道我不是已经被那个烦人的美国用鞭子赶着去忙
活了 33 年吗？你的‘冰河时代’要把我吓死了。”

阿加西的回应则是比以往任何时候都更加专心地去研究冰川，研究现代的冰川和过去的冰川。“自从我看到冰川以后，我成了一个很幽默的人，我会让整个地球的表面都被冰覆盖，让所有先前的创造物都因寒冷而冻死，”他用英语给一位英国地质学家写信，“事实上，我非常高兴，在任何一个对欧洲大陆表面过去变化的完整解释中，冰川作用是必须要考虑的。”他在法国平原上发现了冰碛。他在德国发现了来自瑞典的巨大石块。在格林德瓦尔德，一个陌生人听到了他的名字，又见到他长的那张娃娃脸，就问他：你是不是那位伟大而著名的教授的儿子？

1839 年，阿加西去看了马特角峰山麓的冰川，艾格峰和少女峰下的冰川。他爬上阿尔冰川，一直走到伯尔尼奥伯兰的最高峰芬斯特拉角峰的底部。“在那里，我确定了最重要的事实，现在我知道了有关冰川推进的过程。”他后来写道。他在一个冰川小屋里发现了一个瓶子里保存的信息，他得知，有一个修道士 1827 年在冰川上建造了这个小屋，过了 9 年，这个修道士返回后发现，冰川上的小屋已经向山下移动了 600 多米。阿加西在阿尔冰川上建造了一个自己的居所。他和他的同事们把木桩钉进冰层中，让这些木桩横

跨冰川一字排开。不久之后，他们发现，冰川像河流一样流动着，冰川的中心比两侧流动得更快，而且在冰川拐弯的地方有向外侧加速的趋势。他导引一条融冰小溪转向，流进冰川一个深洞里，然后在深洞上架起了一个坚固的三脚架，用绳子吊着让自己进入到冰川深洞里。当他的脚碰到水时，他已经下降了36米深了，周围是一个蓝宝石色环绕的世界。他大喊着，指示同事们停止他的下降。冰川上的同事们误解了他的叫声，继续把他往下放，直到他全身泡进水里，喊声都变调了，大家这才明白。浑身结满冰滴着水的阿加西在钟乳石一样的达摩克利斯冰柱[1]中升到了水面，裹着他的冰柱非常大，如果他们贸然打碎，一定会杀死阿加西。在实验结束时，他说："除非是出于某种强烈的科学动机，否则我不建议任何人效 258
仿我的做法。"为了从更好的角度考察高山峡谷区域的冰，阿加西和他的团队开始爬山，他们爬上了少女峰、施雷克角峰、芬斯特拉角峰，在山顶上进行了观察，完全没有注意到，他们脚下的很多山以前从来没有人登顶过。

阿加西去了英格兰、苏格兰、爱尔兰和威尔士，去寻找冰川的踪迹。果然，他在英格兰、苏格兰、爱尔兰和威尔士都发现了冰川的踪迹。和在瑞士一样，他也看到了羊背石，这是一种暴露在外的基岩隆起，在冰川流动的一侧表面被打磨得非常光滑，而另一侧则粗糙破碎。"欧洲的地表以前长满了热带植物，居住着成群的大象和数不清的河马，以及巨大的食肉动物，它们突然被埋在广阔的

1　这里借用了"达摩克利斯之剑"的故事，暗示了阿加西和他的冰川理论的遭遇。

冰盖之下，无垠的冰盖还盖住了平原、湖泊、海洋和高原，”阿加西在他的《冰川研究》（1840）中写道，“死亡的沉寂向天地万物的生命和运动发起了攻击。泉水停止了喷涌，河流停下了脚步，太阳的光线照耀在冰冻的海岸上（如果它们确实到达过这里的话），这里只有冬天的气息从北方传来，只有海面冰层裂开时发出的雷鸣般巨响。”

阿加西的冰川理论招来的反应简直比冰还要冷。冯·布赫，德国第一张地质图的作者，因对火山作用的研究而闻名，他并没有掩饰自己的愤怒。事实上，他显然已经把阿加西的名字从柏林大学教授职位候选人名单中划掉了。曾经厘定并命名了“志留纪”的苏格兰地质学家罗德里克·莫企逊[1]爵士警告阿加西说，准备向冰川理论“开战”。莫企逊在向伦敦的地质学会发表演讲时说：“一旦同意了阿加西，同意像日内瓦大湖这样的瑞士最深的山谷以前都被冰雪覆盖着，我看不到他会在哪里停下来。根据他的假说，你可能会继续用冰盖去填充波罗的海和北海，用类似的冰盖去覆盖英格兰南部、德国和半个俄罗斯。冰盖表面所有来自北方的巨石块都可能脱落下来，砸到你头上。只要欧洲更多务实的地质学家反对大
259 陆冰川理论的泛滥，就不会有太大的风险，阿加西的学说就不会在人们脑子里扎根太深。”

不管是什么原因，阿加西研究的结果给冯·洪堡留下了深刻的印象，认为这纯粹是一种局部现象，他把阿加西深入冰川内部

1　英国地质学家，曾任英国地质调查局局长，英国地质学会主席，1866年被封为男爵。

的举动说成是“走入地狱”，并且警告他的朋友阿加西，他身体上所冒的风险和他的古生物学声誉所承担的风险可以画等号。冯·洪堡写信说，他已经“阅读和比较了所有支持和反对‘冰河时代’的文章”，他现在离接受这个理论还有一定距离。他引用了塞维尼夫人[1]的话，“上苍的恩典总是来得很慢”，并且补充说：“我特别希望‘冰河时代’能得到这一恩典。”

然而，转机就在眼前。查尔斯·莱伊尔是19世纪英国最杰出的地质学家，他仔细阅读了《冰川研究》，受到了很大启发。“莱伊尔完全接受了你的理论！”一个朋友写信给阿加西，“我带他看了一串美丽的冰碛堆，就在离他父亲家不到两英里（3.2公里）的地方，他立刻接受了，这为他解决了一大堆令他终生疑惑的难题。”查尔斯·达尔文急忙跑到乡下去，亲自去找是否有“已经消失的冰川留下的痕迹”。他给一个朋友写信说：“我向你保证，一座死火山几乎不会留下什么痕迹让人能追索到它的活动和巨大的能量……这里的山谷和我现在正在给你写信的旅店所处的位置，一定曾经被至少800或1000英尺（240或300米）厚的坚固冰层覆盖过！11年前，我在昨天去过的山谷里待了一整天，一切景象都清晰可见，就是没有见到冰川的痕迹，然而，我昨天再去这条山谷，满眼都是冰水平原和裸露的冰川漂砾，除此以外，我什么也没看到。”

剑桥大学的学究们依然很固执，但正如20世纪60年代地

1 法国散文家，她的唯一作品《书简集》自1726年开始出版，1819年出齐。这些书信大部分是写给她女儿的，记述了巴黎的人物风情、田园风光、文坛动态，描绘了宫廷与贵族之家的豪华生活及奇闻逸事，具有很高的文学和文史资料价值。

学大革命之后板块构造理论的经历一样，越来越多的地质学家接
受了冰川景观，没过多久，对“冰河时代”依旧冷淡的人已经寥
寥无几了。1862 年，罗德里克·莫企逊爵士在伦敦地质学会发表
演讲时一点儿没有羞耻感地宣称，他现在也看到了冰川景观。他
给阿加西寄去了一份演讲稿的复印件，并且附了一封短信，上面写
260 着：“我发自内心地乐于承认，我过去反对你的做法是错误的，你
对我家乡山脉的美妙而原创性的想法是正确的。对！我现在确信，
冰川确实曾经从高山推进到了平原，就像今天冰川在格陵兰岛所
做的那样。”

16

格陵兰岛 85% 的面积被冰覆盖着。任何怀疑我们生活在冰河时代的人，他只需要去看看地图上的格陵兰岛就行了，它贡献了那么一大片白颜色。“1.8 万年前这里的冰川融化了，”安妮塔一边说，一边朝公路的俄亥俄州那一侧歪歪头，“在威斯康星州和缅因州，冰川是在 1.2 万年前融化的。如果你去问南极的企鹅，它们会告诉你，冰河时代还没有结束。”

南极洲冰盖的面积有 1550 万平方公里，厚度一般都有 3 公里。“当极地有大陆块的时候，它会被冰层盖住，”安妮塔接着说，“唯一糟糕的情况是如果西伯利亚大陆坐落在北极上。上帝保佑我们，那样的话，事情真的会变得很糟糕。事实上，现在北极的海冰只有 2 米厚。如果漂来一个大陆块，那北极会支撑住一片厚得多的冰盖。如果格陵兰岛和南极洲的冰现在融化掉，海平面至少会上升 30 米。想想看，那些水会把什么淹掉？世界上一半的城市！在南方，你会离海岸只有 480 公里远，只比海平面高出 15 米。在大部分时间里，地球一直没有冰盖。两万年前，当时的冰比现在的多，海平面比现在低 90 米。海岸在纽约以东 160 多公里外。你可以走到大陆架的边缘。巴尔的摩峡谷、哈得逊峡谷都暴露在空气里。”

车窗外是三种景观，三个时代的视野，在时间上和头脑里分别占据着不同的层次。在公路旁的岩石中，你可以看到3.2亿年前的克拉通浅海，辛辛那提群岛就在西边什么地方，地质学家把那里叫作“俄亥俄海湾”。窗外还有两万年前巨厚冰盖的证据，冰盖的前锋就在南边一点的地方，靠近坎顿、马西隆和伍斯特。当然，
261 眼前是今天俄亥俄州略微有点褶皱的地表，看起来像是一张床单，刚刚有人在上面躺着打了个盹儿。州际公路不像下面的岩石那么平坦，而是有些起伏不平，温尼贝格房车在风中边走边摇，吐出一缕缕柴油废气。

“许多地质学家的目标是绘制地球历史的延时地图，”安妮塔说，“看看一百年前的地形图，看看那时沿海地区低缓的地势，变化是巨大的。”

我们穿过了一条十米长的路旁剖面，是一大坨砂岩，砂岩里富含铁，已经把公路染成了铁锈色。与周围的岩石相比，它很坚硬，所以高高地矗立在路旁，形成一座小山。为了修公路的方便，它被炸掉了一些。“那是块该死的砂岩。”安妮塔的话中带着些激情，她从中看到了一些我看不出来的东西。

我们过了一条河。“那就是著名的凯霍加河，”她说，“如果你在里面游泳，你就会被溶解掉。”

凯霍加河正在向南流。它发源于俄亥俄州最东北部，向南进入亚克朗，然后改变方向，向北穿过克利夫兰，进入伊利湖。

更多的警示牌从路旁闪过：“保持清醒！保持活命！”

安妮塔说：“我一定。我一定。”

现在，公路跨上一座意大利式钢拱桥，桥梁架在伯利亚砂岩

上，这是密西西比纪早期伯利亚三角洲的一部分，这个鸟足状三角洲一直延伸进俄亥俄海湾。我们停下来，从一层砾岩中抠出几个高尔夫球大小的石英质卵石来。“这些可能是在岸外的浅海里沉积的，”安妮塔说，“你可以用手把卵石从岩石里抠出来，因为它从来没有像特拉华水峡口的砾岩那样被加热过，也从来没埋过那么深。它的成岩作用不太彻底。它没有经历过足够的热，因此没能变得很硬。”

向西走了几公里，我们又穿过了凯霍加河，从州际公路桥向下远远看去，我们看到了凯霍加河宽阔的山谷，一道不算宽的河流在谷中蜿蜒流动。

“这是一条不太相配的河，”安妮塔说，“冰川形成了很宽的山谷，但低能的河流只利用了山谷宽度的一小半。凯霍加河的山谷很陡峭，也是很不容易改变的，就像约塞米蒂[1]一样。”

“你把凯霍加山谷和约塞米蒂相比？”

“只是从机械侵蚀角度去比。”

我们离开州际公路，沿河谷向克利夫兰开去。凯霍加河受到
了很大的破坏。几年前它着火时，引起了全国的注意。因为污染，262
河水中由碳氢化合物构成的油污比水的含量要高很多。河水燃烧得非常猛烈，把两座铁路桥都烧毁了。报纸上没有提到，这条河其实也做过不少好事。比如，它建造了公园。它在冰河时代之前就已

1 又称“优胜美地（Yosemite）国家公园”，位于美国加利福尼亚州，以冰川遗迹景点著称。2006 年与我国黄山风景名胜区结为友好公园。

经存在了，河道下切了150米，从密西西比系岩层切进晚泥盆世的塞内卡和肖托夸两个时期形成的岩层。它切出了深谷，后来冰川又把它扩宽成峡谷。冰川磨蚀着V形谷，把它变成了U形谷，这正是冰川在约塞米蒂所做的工作，唯一不同的是，约塞米蒂的岩壁是斑状的白色花岗岩，而克利夫兰的峡谷峭壁是片状的黑色含天然气的缺氧页岩。页岩的前身是晚泥盆世时在静水中沉积的泥。岩石中含有很多没有被氧化的生物残骸，按体积计算，有机物含量高达20%。它一层一层地生长，形成很薄的纹理，被叫作“纸片页岩”。“水无比平静，你可以永远追踪同一个小镜头，”安妮塔说，“地层会疯狂地产生天然气。气体向上运移到上面的砂岩层中，砂岩把它储存起来。这层砂岩就是伯利亚砂岩。老百姓自己就在伯利亚砂岩里打钻获取天然气，给自己家取暖。”克利夫兰大都会公园系统的大部分都在凯霍加河的约塞米蒂深处，在纸片状的黑炭悬崖下，这是一个天然气天然出露的世界。

像今天的凯霍加河一样，在最近一次的冰川形成之前，俄亥俄州的大多数河流都在向北和西北方向寻找自己的出口。几乎所有的东西都被冰川刨平了。水逆着冰川前锋面汇集，向南和向西溢出。它绕过冰川，大致勾勒出它最南端的轮廓，形成了一个新的水系和一个“冰缘谷”，这就是俄亥俄河，俄亥俄谷。

17

当达尔文发表《物种起源》时，它对有严密组织的宗教的忤逆并不算大，完全没有超过科学界本身对它感到的惶恐不安。就连查尔斯·莱伊尔爵士也说：“达尔文走得太远了。”除了托马 263
斯·亨利·赫胥黎和其他一些人表示支持外，不列颠群岛上几乎每一位古生物学家都持断然否定的态度。剑桥大学的地质学家亚当·塞奇威克和莫企逊一起发现并建立了泥盆纪地层体系，他形容自己，在读达尔文的论著时“痛苦多于快乐”。他说：“我非常钦佩书中的一部分，而另外一部分能让我笑到肚子酸疼；还有些部分，让我读了感到非常悲哀，因为我认为它们完全是虚假的，甚至是让人难以忍受的恶作剧。很多……宽泛的结论是基于既不能证明也不能反驳的假设……达尔文完全脱离了归纳的轨道，而采取了假说这种概括之路。”海峡对岸的科学家给达尔文的掌声更是寥若晨星，唯一的例外是比利时地质学家奥马利达鲁瓦，他的白垩地体是全球白垩系的发现基础，他从一开始就赞同路易斯·阿加西的冰川理论。

在美国，和欧洲形成了鲜明的对比，地质学家、生物学家，整个科学界普遍是进化论的快速支持者和进化论传播的早期参与者。在美国，也有另外一个明显的例外。他就是哈佛大学的路易斯·阿加西教授。他横渡大西洋做了几次演讲。他的后半生都是在美国度过的，直到今天，他依然是美国教育史上最著名的教授之一。他的这一声誉在很大程度上得益于他在讲解冰川时惊人的能力和感染力。他说不好标准的课堂英语，但他的话勾勒出了冰川运动的画面，这些冰川有几百米厚，比今天的撒哈拉沙漠还要大。他的话描绘出：冰川盖住了波士顿，正在科德角留下冰碛物；冰川盖住了布里奇波特，正在长岛留下冰碛物；冰川从康科德退缩，留下了瓦尔登湖。哈佛的中心是一个冰堆丘，像是冰川拉了一摊屎，是冰川退缩时堆起来的冰水沉积物。美国也让阿加西兴奋不已，因为美国有让他梦寐以求的冰川，在覆盖整个世界的冰川中占据了绝大部分。他来到苏必利尔湖，划着树皮独木舟沿湖岸缓行。在那里，他看到了他在纽沙特尔见到过的景象。他去了哈得逊高地，那里让他想到了莱茵河高地。“漂砾现象和冰川的痕迹……到处都能见到，覆盖在这个地区的地面上，”他写道，“磨光的岩石清晰可见，冰碛连续地覆盖在很大的空间上，成层的冰川漂砾，和格林
264 德瓦尔德冰川前缘的一模一样。”他去了康涅狄格山谷：“这个地区的漂砾现象也很明显；到处都是磨光的岩石，一条条壮观的刮痕刻在砂岩和玄武岩上，一道道平行的冰碛排列得像平原上垒砌的石墙……这是一个多好的地方啊！在波士顿和斯普林菲尔德之间的路上，到处都能见到古老的冰碛和磨光的岩石。无论是谁，如果在现在的冰川流动路线上看到这些，都会毫不犹豫地说出究竟是什么作用形成了这些漂砾，并把它们铺到整个地区。我很高兴，好几个最杰出的美国地质学家都转变了思想，同意了我的看法。”

亨利·戴维·梭罗[1]把阿加西的书从哈佛图书馆借出去，几周后还了回来，可能连读都没读。显然，梭罗从来不知道瓦尔登湖是一个冰川穴，也不知道他就生活在冰碛和冰堆丘（冰川运来的山丘）中间。尽管他和阿加西相互熟识，并在马萨诸塞州的同一个区共同居住了16年，但在梭罗的著作中并没有涉及冰川作用。有证据表明，梭罗从来没有思考过，他描绘过的瑙塞特海和赤森克湖，梅里马克和米德尔塞克斯湖，都是由冰川作用形成和塑造的。

阿加西完全沉醉在冰川和普通地质学里，他甚至想把这些知识教给驿站马车的赶车人。他相信，不管是谁，只要给一点点帮助，都能了解地球的性质。在波士顿，为了使自己的观点更加完美，避免在他的英语讲演中出现法语和日耳曼语的口音和语法问题，他宣布将用法语进行一系列关于"冰河时代"的讲座。人们花钱去听，他用精心提炼的"十分贴切的字眼"维护了听众们的敬佩之心。当他讲到侏罗山、平宁阿尔卑斯山和二者之间山谷中的巨石块时，没有人像阿加西自己那样动容。他表情夸张，甚至流下眼泪。他那宽大的前额、丰满的嘴唇、大鹰钩鼻子和飘逸的齐肩长发，他的全身都在讲述着冰川，就差手里捏一根指挥棒，去指挥冰川的运动。一个月的某个星期六，他和朋友们聚会，等着吃一顿迟来的七道菜的午餐，没有人急于回家。他们很可能是在波士顿的"帕克家"餐厅聚会的，在房间里可以看到外面的市

1 美国著名作家、哲学家，1854年发表长篇散文《瓦尔登湖》，他的这一代表作向世人揭示了作者在回归自然的生活实验中所发现的人生真谛。

265 政大厅。“阿加西总是坐在上座，他天生讨人喜欢，尽情地享受着现场的气氛。”他的朋友山姆·沃德后来回忆说。亨利·沃兹沃斯·朗费罗[1]通常坐在另一端，奥利弗·温德尔·福尔摩斯坐在他右边。福尔摩斯更喜欢窗口的阳光映照在肩上。桌子周围还有詹姆斯·罗素·洛厄尔、约翰·格林利夫·惠蒂尔、纳撒尼尔·霍桑、拉尔夫·瓦尔多·爱默生、小理查德·亨利·丹纳、埃比尼泽·霍尔、本杰明·皮尔斯、查尔斯·艾略特·诺顿和詹姆斯·艾略特·卡伯特等人。阿加西抱着双臂，手里端着一杯酒，有时会点燃两支雪茄，一只手一支，打开他的话匣子。福尔摩斯说他总是发出“巨人的笑声”。有一次阿加西告诉朗费罗，喜欢他对“亥伯龙”[2]上冰川的描述，朗费罗显得很开心，很高兴。爱默生在他的日记中描述阿加西是“一个外表光鲜、肥胖丰满的人”。查尔斯·莱伊尔爵士曾经应邀访问美国，美国参议员查尔斯·萨姆纳正好也参加了他们的聚会。阿加西对他有点冷淡，因为萨姆纳对政治太感兴趣了。

这个团体被叫作“阿加西俱乐部”，更正式的说法是“星期六俱乐部”。一年夏天，当俱乐部去阿迪朗达克山野营时，朗费罗拒绝去，因为爱默生带着枪。“有人会挨枪子儿的。”朗费罗说，他认为爱默生总爱犯糊涂，带着枪的时候尤其不能信任。朗费罗的诗歌作品里有一首赞美阿加西的生日诗，朗费罗在“星期六俱乐部”

---

1 美国诗人、翻译家，他最重要的贡献是拉近了美国文化萌芽与历史悠久的欧洲文化之间的距离。1882 年辞世时被认为是美国最伟大的诗人。

2 指环绕土星运行的一个较大的卫星，1840 年被发现，又称“土卫七”。

里大声朗诵了，诗中有一段大自然向教授的致辞：

“和我一起去漫游吧，”她说，
“那里人迹罕至；
去寻找尚未翻阅的文稿，
那是上帝留下的诗。”

约翰·格林利夫·惠蒂尔[1]也写了一首关于阿加西的诗，长达一百多行，其中有十行是这样写的：

大师在开导年轻人：
“我们正在寻求真理，
掏出你们探索的钥匙，
逐个打开奥秘之门； 266
我们正在摸索规律，
逐步逼近事物的本因。
他，早已存在，无尽不羁，
妙不可言，至理至真，
给我生命，给我力量，
真理之光永照我心。”

1 美国诗人，用热情洋溢的诗歌抨击奴隶制度，是美国共和党的创建者之一。

1868年，朗费罗在欧洲旅行，拜访了查尔斯·达尔文。“你们在坎布里奇有多么棒的一群人呀，”达尔文对他说，“我们两所大学合起来也比不上你们。为什么？因为你们有阿加西，他一个顶仨。”

从阿加西对《物种起源》的反应来看，达尔文是非常宽宏大量的。正如阿加西总结的那样：“世界以这种或那种方式出现了。它究竟是如何起源的是一个大问题，达尔文的理论，如同所有其他解释生命起源的尝试一样，到目前为止只是一种猜测。我相信，在我们目前的知识储备条件下，他可能并没有做出最好的推测。”阿加西从来没有接受过达尔文的进化论。许多年前，作为一个年轻人，根据他对古生物学的研究，他写了如下这样一段话：

> 我所熟知的1500多种鱼类化石告诉我，这些鱼类并不是从一个物种逐渐过渡到另一个物种的，而是在与它们的前辈没有直接关系的情况下突然出现和消失的；圆鳞鱼和栉鳞鱼都是同时代的，但我不认为各种不同的圆鳞鱼和栉鳞鱼都是严格地从盾鳞鱼和硬鳞鱼繁衍而来的。同样地，说哺乳动物以及与它们一起生活的人类都是直接从鱼类进化而来的，这种说法需要得到证实。所有这些物种都有一个固定的来去时间，它们的存在甚至被限定在一个确定的时期内。而且，作为一个整体，它们仍然呈现出无数的、紧密程度不同的亲缘关系，在一个各种现存物种生存方式具有密切关系的组织系统中，它们呈现出一种确定的协调关系。还有，在巨大的生物多样性中存在着一条贯穿所有年代的无形的线，它正在展开着自己，作为最终结

> 果，形成了一个持续的发展过程，其中有四类脊椎动物是中间
> 阶段的产物，而人是发展的终点。至于无脊椎动物，则是永恒 267
> 的附属物。这些事实难道不正是一种丰富和强大思想的表现
> 吗？难道不正是一种具有远见卓识的智慧行为吗？……这至少
> 是以我浅薄的智力在作品中读到的。这些事实高声宣布的原理
> 在科学中并未讨论过，更像是古生物学研究把一种信念固执地
> 摆在观察者面前；我是说，这种信念像是在讲世间万物与造物
> 主的关系。

在阿加西的余生中，再没有发生什么事情让他能修正他所说过的话。他于 1873 年去世。哈佛大学指定了三位教授去接替他。九年后，在阿加西创办的一份科学期刊上，他的地质学交椅继任者发表了一篇论文，把“冰河时代”描述成了一个神话。“所谓的冰河时代……几年前在冰川地质学家中还非常受欢迎，而现在可能会毫不犹豫地被拒绝了，”文章最后说，“冰河时代只是一种局部现象。”

18

在克利夫兰西部，地势变得越来越平坦。高高的露头消失了，但时不时地会有一条条大块的岩石像挡土墙一样出现在公路旁，让我们一眼就能看到周围田野下面是什么岩石。伯利亚砂岩、贝德福德页岩、哥伦布石灰岩。“你能以每小时 100 公里的速度在这个州填图。”安妮塔说。在一段距离内，岩石上盖着土壤，那是细粒冰碛、磨碎的岩石粉末和砂子。后来，我们穿行在白色的农场间，走到了一片黑土平原上，那里的排水沟起着河流的作用：一个绝对水平的世界，直到近代还是一个大湖的湖底。石灰岩是在中泥盆世形成的，那时候俄亥俄州位于热带地区，被大海透明的盐水覆盖着。最终，大海消失了。经过古生代和中生代这两个代以后，新生代的冰川从石灰岩上溜过，然后又退却，留下了一片淡水，其中包括现在的伊利湖，它那时的面积是现在的两倍。

“如果没有冰川的话，我们真不知道怎么才能把这么大面积
268 的土地侍弄得这么肥沃，”安妮塔说，“在冰川的南部，古代的风化作用把可溶的矿物质都带走了，留下的都是惰性十足的土壤。经过几十年的耕种，你需要往土壤里添加大量的肥料。这些冰川物质充满了没被风化的矿物质——刚磨碎的岩石。它下面是石灰岩，这就是农民们往地里加的东西。早期来到这里定居的人们，看到

地上连一棵树都不长，简直是寸草不生，他们就搬到了像密苏里那样的地方，远远地离开冰川曾经覆盖的地区，结果，他们错失了大片的良田。在埃及，人们已经习惯于通过经常泛滥的洪水去得到新鲜的矿物质，但是那些白痴们建造了阿斯旺大坝，挡住了一次又一次的洪水。结果，他们快把自己饿死了，把肥沃的三角洲变成了一片贫瘠的盐碱地。”

我们穿过芬德利隆起，到达了密歇根盆地的边缘，这些地下构造的特征是看不见的，只能见到地面上平平的黑色粉砂和黏土层。在热带的俄亥俄州，隆起曾经一度挡住了一大片海水的退却。跟大海隔绝的残留海水慢慢地浓缩，最终消失了，留下了莫顿盐和美国石膏。当然，还留下了更多的石灰岩，留下了白云岩、硬石膏，这些都是被叫作“蒸发岩序列”的组成成分。我们下了州际公路，往北走，穿过俄亥俄州的石膏镇，到了桑达斯基湾，然后到了马布尔黑德湖港口，在那里我们登上了凯利斯岛渡轮。售票亭旁边的一块牌子上写着：“欢迎参观历史悠久的冰川刮痕。”票价高得吓人，湖面上的风速更是高得吓人，大风好像要把伊利湖的浪尖削平。凯利斯岛离湖岸大约 6 公里，渡轮上还有几辆车，里面塞满了够吃一个月的食品。凯利斯岛的面积是 11.7 平方公里，大约有 120 人生活在岛上，一年又一年。我们开着车穿过小岛，经过一些石头房子，墙是用红、黑各色的大石块砌成的，红色的是碧玉岩，黑色的是角闪岩，都是被冰川刨起来，从加拿大地盾被带到南边来的。

凯利斯岛高高地矗立着，因为它本身就是构造隆起的一部分。当威斯康星冰期的冰川在挖掘五大湖的时候，还挖掘出整个河流网，带走了河谷里所有凸出来的部分，它把构造隆起斜切了，却没能完全彻底地破坏掉。结果，一条被啃掉很多的山脊在原始湖底矗立着。随着冰川重量的消失，整个北美地区都在缓慢地反弹。大部分湖水逐渐流失，把凯利斯岛暴露在空气中，慢慢地晾干了，比伊利湖的水面高出 18 米。

269 我们经过了岛上的公墓，公墓的名字记录在了石灰岩上。我们来到北岸，那里以前是个采石场，在开采石头的过程中揭示了冰川是怎么样在岩石中刻划出自己的足迹的。“冰川刮痕州立纪念基地。”刮痕就像一个巨人用几根手指在 4000 多平方米的软黄油上划了一下。刮痕的凹槽是平行的，比保龄球道的沟还大。整体看上去，它们像是带凹槽的希腊柱子。它们指示的方向是东北—西南方向，这正是冰川滑动的方向。除了五大湖这里，世界上其他任何一个地方都看不到也不可能看到这么明显的大陆冰川活动的证据。“如果你用水去冲洗俄亥俄州北部，把基岩上盖着的土壤都冲洗掉，你就会看到很多这样的凹槽，”安妮塔说，“再过几百年，这些凹槽就不会留在这儿了。石灰岩的软硬是相对的，一方面，冰川可以在它层面上刻沟开槽，另一方面，面对风化作用，它只能抗几百年。在页岩中，这样的凹槽会更快消失。冰川的底部裹挟着巨大的石块，携带着人们盖房子用的那些黑色角闪岩和红色碧玉岩，把这个岛撕得粉碎。当阿加西看到这些时，他乐疯了。”

即使在 20 世纪末，还有人认为，这些令人印象深刻的沟槽是大洪水中裹挟着滚动的巨大石块划出来的。当然也有例外，这就是路易斯·阿加西的大陆冰川理论，它像板块构造理论一样，以惊人的速度在世界上获得了普遍接受。正如托马斯·库恩[1]在《科学革命的结构》一书中所指出的那样，当一个新的理论相对地稳固下来后，它就确定了一个范式，可以扩大它的适用范围，流行多年，甚至流行几百年，直到另一个新的理论出现，把这个旧的理论推翻，就像直到爱因斯坦出现，才得以超越牛顿的原理。可以想象到，板块构造理论总有一天会经历一次大的变革。大陆冰川理论似乎不太容易被大幅度修改。当更新世大陆上布满冰川的时候，太阳本身似乎被从太阳系的中心驱赶出去了。冰川造成了塞内卡湖、卡尤加湖，以及纽约西部所有的所谓“指状湖”，它们深深地切进河谷，就像冰川切出巴塔哥尼亚峡湾、挪威峡湾、阿拉斯加峡湾和缅因州峡湾一样。冰川从加拿大开采出大量的岩石，搬运、卸载到 270
美国，然后，冰川融化了，向后退缩回加拿大，把加拿大的老“采石场”变成了新湖泊，成千上万个加拿大湖泊。地球上六分之一的淡水储存在加拿大的池塘、湖泊中，储存在加拿大的小溪、大河里。在格陵兰岛、南极洲和其他地方，有更多的淡水，大约是加拿大淡水的四倍，仍然被囚禁在冰川里，而世界上其他地方加在一起也只有一点点宝贵的淡水。

到目前为止，我们的“冰河时代”已经被连续研究了一个半世纪，认识了它的许多细节。在密西西比河口已经识别出冰川边缘的冰水沉积物，这里距离冰川的终碛有960多公里，这无疑表明了

1 美国科学史家，科学哲学中历史主义学派的创始人，1962年发表《科学革命的结构》一书，提出科学的实际发展是一种受范式制约的常规科学和突破旧范式的科学革命的交替过程。

冰川融化河流的能量和体积。在地面向北倾斜的地方，融水洼地紧顶着冰川前锋，冰川融化的水被困在终碛和退却的冰川之间，形成了巨大的湖泊，如莫米冰川湖，今天的伊利湖就是它的残存部分。密歇根湖是芝加哥冰川湖的所有遗迹。安大略湖是易洛魁冰川湖的所有遗迹。温尼伯湖、马尼托巴湖、森林湖等都是同一个冰川湖的遗迹，它们的河床和阶地、河流三角洲和波浪切蚀海岸长达 1100 多公里，横跨萨斯喀彻温省、曼尼托巴省和安大略省，一直延伸到美国南达科他州的米尔班克。在当今世界上，除了里海，这个湖比任何一个湖都大。这就是阿加西冰川湖[1]，是美国更新世时期最大的湖泊。

从冰原上吹出去的冷空气在南方遇到温暖潮湿空气的时候，会造成非常猛烈的降雨，那里的整个地区也会到处积水。内华达的盆地变成了湖泊，相邻的山岭成了岛屿。博纳维尔湖占据了犹他州面积的三分之一。巨大的湖泊出现在戈壁沙漠中，在澳大利亚有大自流盆地，在北非有各种各样的低地。花粉化石表明，撒哈拉沙漠曾经有森林，还有众多河流构成的网。它们干涸的河道今天依然存在。

在北美洲，冰川大约在两万年前开始融化，冰川退缩后首先出现的植被是苔原。碳-14 可以确定苔原化石的年代[2]。测出的日期显示，冰川的退缩开始比较缓慢，然后才加速，在东部尤其是

1 本节提到的莫米冰川湖、芝加哥冰川湖、易洛魁冰川湖和阿加西冰川湖等都是地质学家们根据冰川遗迹复原的更新世大型冰川湖。

2 碳-14 是碳元素的一种放射性同位素，可以用来测定含碳物质的年龄。

这样。在开始的5000年里，冰川前锋只退到康涅狄格州。又过了 271
2500年，它退缩到加拿大的边界线处。人类生活在靠近冰川的冻土带上，环境逼迫他们学会创造和顽强。在某种程度上，文化是冰川的一种效应。作为对冰川的反应，人类学会了管控火，制造武器和工具，用皮毛做衣服。人们认为，人类创造力的大小和他们接近冰川的距离成正比，离冰川越近，创造力越大，这种观点一定会让生活在赤道地区的人们怒不可遏。冰川从英国退缩了，在地质年代尺度上，这发生在莎士比亚诞生前的一瞬间。智人化石从来没有在比冰河时代更古老的沉积物中发现过。

如同根据山脉剥蚀出来的碎屑重建消失的山脉一样，冰川留下的一系列踪迹可以让阿加西很直观地看到大陆上覆盖着冰盖的景象，这就是从证据进行推理，回溯时间的思考方式。当然，说那里有冰川是一回事，说冰川是怎么到那里的又是另一回事。如果说山脉的起源仍然是有争议的问题，那么冰川的起源问题同样悬而未决。非常典型的是，人们对原动力总不是十分了解。冰川并不是像泼在北极上的一罐油漆那样流向世界各地，而是在北极圈更偏南的地方形成的，然后向各个方向移动，包括向北移动，直到被海洋切断，因为海水支撑不住厚冰。地质学家把这些地方叫作“扩张中心”，他们用同样的术语来描述裂谷，板块就是从那里分裂开的。对于“冰川为什么会形成？”他们只能用猜测来回答。冰川现象显然很少见。在可以辨别的地球历史中，似乎每隔三亿年就会形成一系列进进退退脉动的大冰盖。这种情况太不经常发生，一定是偶然情况造成的，不能够孤立地进行解释。有些因素来得快，有些因素来得慢。6000万年来，大气一直在逐渐变冷。或许这可以用这个时期中发生的强烈的造山运动去解释，这些运动产生了落基山脉、安第斯山脉、阿尔卑斯山脉、喜马拉雅山脉，以及这些造山运动伴随的火山活动。平流层中的火山灰把太阳光反射回太空。此外，山脉的风化作用，特别是山脉中花岗岩的风化作用，会产生一种化学反应，把二氧化碳从大气中清除掉，减少了温室
272 效应，让地球变冷。无论如何，最基本的条件是一个冷飕飕的夏天。小雪必须从一个冬天持续到下一个冬天。每隔四万年，地球的旋转轴就会来回摆动3度。当地球对太阳的倾斜度减小时，夏天会冷一些。由于这个原因，太阳带给地球的能量并不总是一致的。此外，地球在一个椭圆形轨道上绕太阳旋转，太阳和地球的相对距离总在变化，足以对地球的气候产生一些不易察觉的影响。二氧化碳也会影响气候，大气中二氧化碳的含量也不是恒定的。在这样一系列影响因素的清单中，可能在某处会出现一些同时发生的事件，这些事件会造成冰盖的生长。它们带来的变化起初可能并不引人注目。但是，最关键的是地球气温的变化，仅仅下降几度就足以导致冰盖的形成和扩散。冷飕飕的夏天。不化的积雪。极圈山谷的提前降雪。积雪的叠覆。漫长的冬天。又一个新的冷飕飕的夏天。积雪范围的扩大。这些雪压实后再结晶成颗粒状，最后变成冰。因为冰雪是白色的，排斥太阳的热量，有助于冰雪自行冷却空气。这个过程是自我增强的，不可阻挡的。一旦冰川真正形成并长大，它就会流动起来。在冰川底部形成畅通无阻的薄层，冰川沿着这些薄层发生水平方向上的剪切和滑动，就像在逆掩断层上

移动的阿巴拉契亚山脉。地球内部输出的热会使冰川底部发生轻
微融化，形成一层薄薄的水膜，冰川会在这层水膜上滑动。逆冲
的岩石断片也会在水膜上滑动。就像地球浅层移动的板块和它们
下面的塑性地幔，冰川的下部是塑性的，上部是脆性的。在冰川的
脆性表层弯曲的地方，会形成裂缝，形成断裂带，就像脆性的大洋
地壳一样，比如，克拉里昂断裂带、门多西诺断裂带。这样的断裂
在大陆岩石中也随处可见。事实上，几乎所有流动冰川的表面都发
育脊状和谷状构造，非常像阿巴拉契亚山脉变形带弯弯曲曲的地
形。大陆冰川向赤道移动，一直走到抵抗不了高温为止。一般说
来，在纽约市的纬度上，冰川融化的速度和冰川前进的速度同样
快，因此它不会再前进，就在斯塔顿岛留下了冰川的末端冰碛。由
于寒冷，海洋温度会下降，因此海洋提供的水汽和降雪将减少，不
能再补充冰川。在所有的冰川前锋都会发生冰川的退缩，但不一
定是冰川消失。气候变暖了。海洋变暖了。“大北森林”的积雪越
来越厚。于是，冰川再次蔓延。一旦这种自循环过程固定下来，就 273
会形成相对稳定的周期性。对我们来说，九万年后，冰河时代会
再次到来。

19

我们穿过俄亥俄州，在以前冰川湖的湖床上跑着，凯利斯岛被远远地甩在我们身后。在以前的沙嘴和它尾部的沙钩伸入湖水中的地方，现在建起一排排农舍，高高地矗立在干燥的沙嘴上，比周围的农田高出好几十厘米。现在正是春耕的时候，这些沙嘴还能看得见，等庄稼长起来后，一年之中都不会再见到它们了。

然后，我们离开了湖床，走进长满了野豌豆的冰碛露头上，穿行在冰川洼地、冰碛阜、冰丘之间，这个地方的名字叫“瓦巴什冰碛”，是印第安纳州的新英格兰冰川地貌。“这里应该是一个修建高尔夫球场的好地方，”安妮塔说，“如果你想要一个高尔夫球场，那就到冰川地貌去。”我们离开了州际公路一段时间，那里能更好地观察这块崎岖不平的地方。“我是在布鲁克林长大的，那里就是这种地形，”安妮塔说，“我不知道那里的基岩是什么意思。你可以通过地铁系统来划定冰川作用在纽约市的范围。如果地铁系统是修筑在地下，它一定是修在冰川沉积范围的后面，也就是冰川来的方向。如果地铁系统修筑在冰碛层和冰水冲积扇范围里，它一定会被架高，或在地面挖出通道。”

回到80号州际公路，我们又跑在坑坑洼洼的冰水沉积平原上，然后跑上了一片冰碛，接着，跨过了圣约瑟夫河。安妮塔的思绪却还留在布鲁克林。“我父亲20年前去世了，”她说，“当他还是个小孩儿的时候，他妈妈告诉他，如果他吃东西的时候不戴上圆顶小帽，他会被噎死的。有一次，趁妈妈没有看他的时候，他偷偷摘掉了他的圆顶小帽，吃了一满勺麦片。结果，他没有死。他不再相信了。他的信念动摇了。”

在我们的左手边有一个金色的圆顶，就像一张铺着崭新的绿叶床单的床上摆着一个大鸡蛋。这是圣母大学最高建筑的屋顶。“这个大学就建筑在冰水沉积平原上。”安妮塔顺口说了一句，然后回到她的往事回忆里。“任何形式的宗教偏见都是让人厌恶 274
的，”她接着说，“在布鲁克林，当耶和华见证会[1]的人打算向我兜售《守望楼》时，我会说：‘我不认识字。’如果他们还要坚持，我会说：‘让我给你讲讲我的上帝吧。’”

圣约瑟夫河再次从公路下穿过，我们经过一片绿草覆盖的路旁剖面，不久又穿过另一片冰川退缩时留下的冰碛，在当地叫作“天堂谷冰碛”。路标显示，这里离天堂谷镇很近了。“像印第安纳州这样一个死气沉沉的地方，是从哪儿得到这么样一个好听的名字呢？”安妮塔说，然后我们从一个出口拐出公路，向印第安纳沙丘开去。

这些沙丘比科德角最高的沙丘还高，在密歇根湖沿岸排列，有纵向沙丘、横向沙丘和抛物线形沙丘，有四座沙丘深深扎进湖里。这是冰川作用的结果。在印第安纳地图上，其中有三座沙丘叫

1 基督教教派之一，总部设在布鲁克林，出版刊物有《守望楼》等。

"山"。沙丘上长满了沙果、马兰草、白杨树、北美短叶松、杜松和风铃草，在这些大沙丘后来被风撕裂的地方，又堆起了风蚀沙丘，那上面光秃秃的，寸草不生。我们步行走近汤姆沙丘的脚下。安妮塔抬起头打量着，说："你看看那家伙有多大。"我们爬上山顶，看到的景色也许会让巴尔沃亚[1]感到高兴，如果他喜欢发电厂的话。我们左边有一座发电厂，右边还有一座发电厂，左边是加里市，右边是密歇根城。芝加哥的高楼大厦映在湖面上闪闪发光。直到2000多年前，芝加哥一直都在水下。芝加哥冰川湖的南缘是天堂谷冰碛。当湖面下降时，留下了形成印第安纳沙丘的砂子。它们是由风从冰碛中吹出来再沉积的，非常新鲜，在放大镜下面看，颗粒都是锯齿状的。"它是最近刚被磨碎的，就像康尼岛的砂子。"安妮塔一边说，一边通过她的手持放大镜看着这些砂粒。她把放大镜的镜片凑近眼前，把手心里的砂子凑到镜片前。"我看到了棱角状的红色燧石颗粒，"她说，"我看到了火成岩的小碎块。我看到了角闪岩和红色的碧玉岩碎块，就像是凯利斯岛上刻画出凹槽的那些岩石。我看到了红色氧化铁包裹着石英颗粒，你可以透过它看到石英。我看到了一些碳质的小碎片。我看到了绿色的燧石。我还看见一只小虫子，正在砂子里爬呐。"

我们坐在汤姆沙丘顶的背风处，看着湖面上白浪翻滚。"每个人都知道，撒哈拉沙漠里有沙丘，"安妮塔说，"但并不是每个人都
275 知道，撒哈拉沙漠也有像凯利斯岛见到的那种凹槽。它们是在奥陶

1 西班牙殖民探险家，1513年穿越巴拿马地峡，成为第一个看到太平洋东端的欧洲人。

纪时被刻到基岩上的，当时撒哈拉在极地附近，赤道在蒙特利尔。”

我问她，撒哈拉怎么跑到极地，又是怎么跑到它现在的位置的？

“可能是整个地壳以及一部分地幔在围着地球的内部转吧，地球的结构是一圈套着一圈的，”她说，“你会看到大陆块在纬度上的位置在随时间改变着。我并不否认这一点。”

“你相信印度碰撞了亚洲吗？”

“我不知道。我对那里的地质情况一点儿也不知道，所以，我怎么能相信呢？对于许多问题，板块构造不是唯一的答案。通常，这是一个懒人想出来的。这是换了一种方式说：‘我不需要再考虑更多了。’这是一种逃避问题的方式。在阿巴拉契亚造山带研究中，地质学一次又一次地推翻了板块构造的解释。地质学经常推翻板块构造。所以说，板块娃们总是忽略数据。最可怕的就是无视基本事实，不受数据约束。这就像某些现代艺术，一些人从来没有学过绘画的基本原理，只是把颜料随便泼到画布上，作品就完成了。一个业余爱好者，一下子跳进职业画家的圈子，以为他们能侥幸逃脱惩罚。在像我这样的专业人士圈子里，有很多人不太相信板块构造。但我们不能抱怨板块构造学的一切。板块构造让人兴奋。它给地质学带来了许多新人。你总是要有‘魔鬼的拥护者’[1]，对于板块构造来说，我就是‘魔鬼的拥护者’。”

---

1 罗马天主教会在封圣过程中，会指定一个人专门说候选者的缺点，目的是让审议过程更加慎重。这个专说缺点的人就叫“魔鬼的拥护者”，扮演“魔鬼的拥护者”是为了完善某事而提出不同的意见，后来演化成“爱提出反对意见的人”。

第三篇

从平原升起

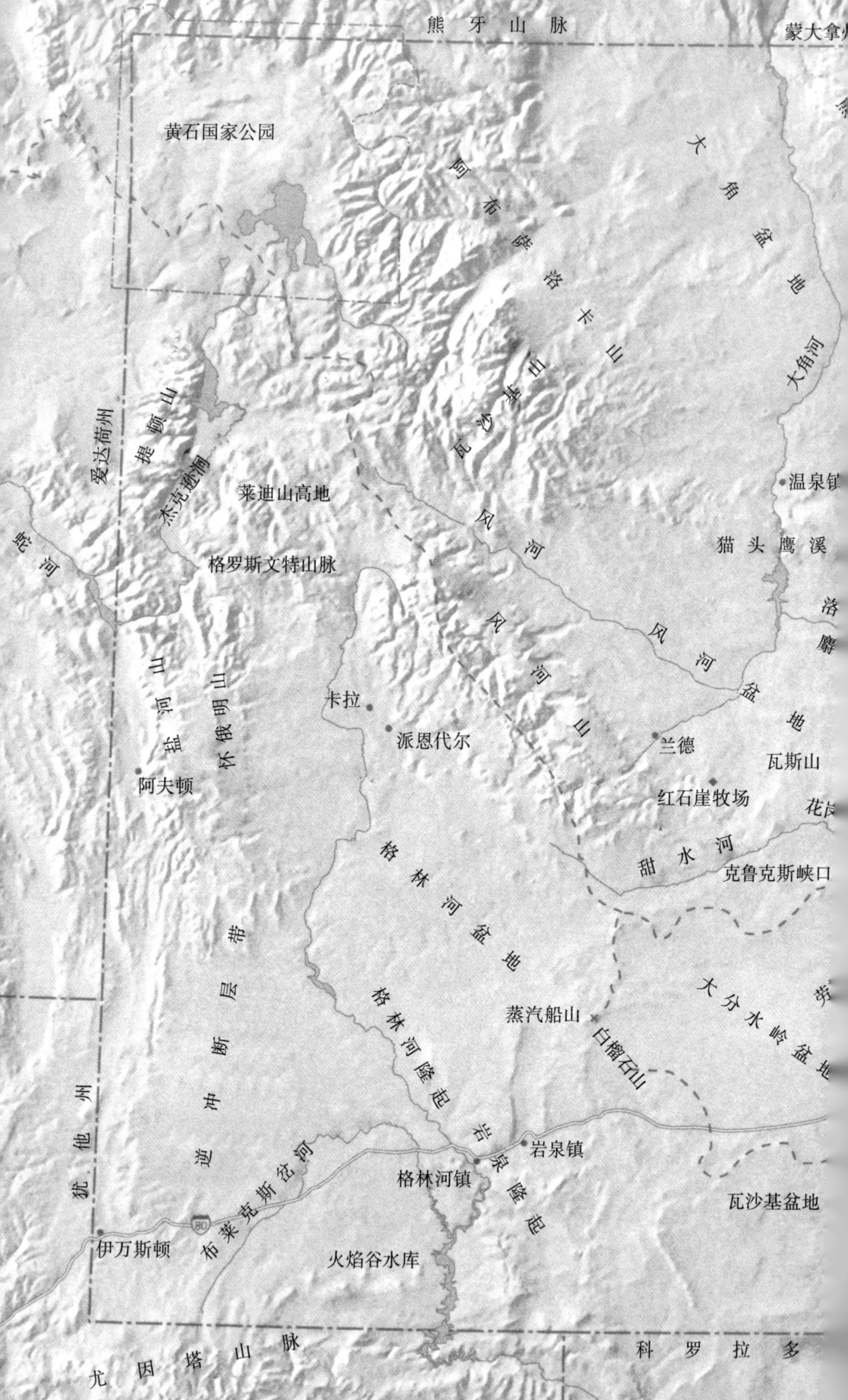
熊牙山脉
蒙大拿州
黄石国家公园
大角盆地
阿布萨洛卡山
大角河
瓦沙基山
提顿山
爱达荷州
杰克逊洞
莱迪山高地
温泉镇
风河
猫头鹰溪
格罗斯文特山脉
蛇河
风河山
风河盆地
卡拉
派恩代尔
兰德
瓦斯山
盐河山
怀俄明山
阿夫顿
红石崖牧场
甜水河
克鲁克斯峡口
格林河盆地
蒸汽船山
白榴石山
大分水岭盆地
逆冲断层带
格林河隆起
犹他州
岩泉隆起
岩泉镇
格林河镇
布莱克斯岔河
80
伊万斯顿
火焰谷水库
瓦沙基盆地
尤因塔山脉
科罗拉多

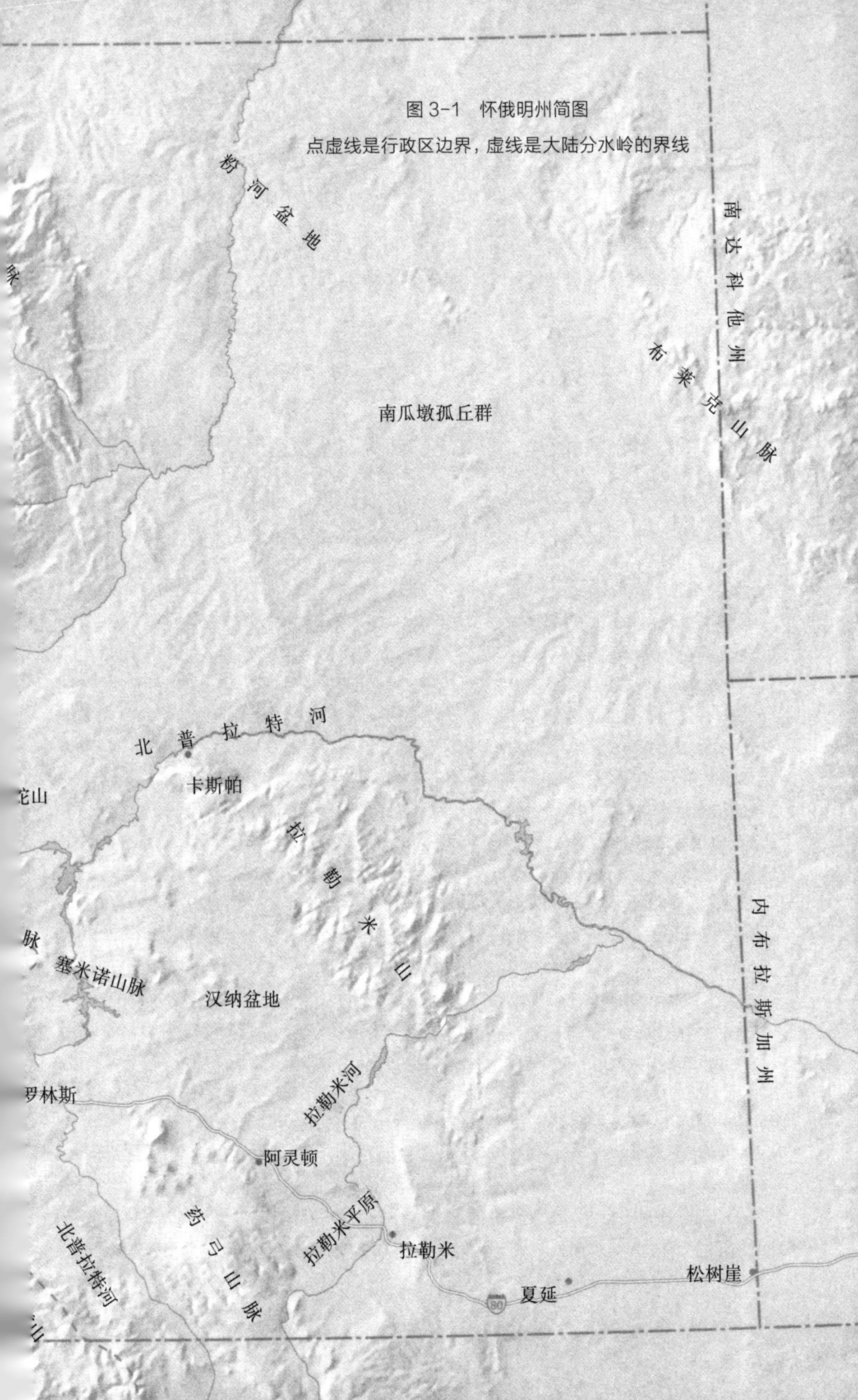

图 3-1　怀俄明州简图

点虚线是行政区边界，虚线是大陆分水岭的界线

1

281 这一篇要写的是关于高原的地质和一位落基山脉地质学家的故事。我先在这儿申明，是为了不让读者们在开头这节受到误导。这一节是从一个根本不是地质学家的年轻女士写起的。在怀俄明州的罗林斯，这位身材苗条的女士从一列火车上下来，准备乘驿站马车北上，进入边远的"旧西部"[1]。那是1905年的秋天，她23岁，一头金黄色的头发，看上去有点发白。几个月前，她刚刚从马萨诸塞州的韦尔斯利学院毕业，获得了一枚带有希腊字母"ΦBK"的奖章[2]，现在就坠在她脖子上的项链上。她的专业是古典文学。她除了擅长拉丁语和希腊语，还擅长骑马，但她从来没有到远处去过，更不用说像她即将要去的那样远的地方了。

此时的罗林斯让她感到惊讶，她早就听说过：枪击事件在罗林斯是很频繁的，照当地居民的话说，就像"一个人每天早上吃早饭"那样频繁；到罗林斯去要走半个州，那里有一所办了19年的

1 西经98度线以西的美国国土称为西部地区，但"旧西部"特指从1607年英国建立美洲殖民地到1912年建立最后一个美国本土州为止的这段时间内的美国西部，又称"蛮荒的西部"。

2 这是一枚由"美国大学优等生荣誉学会"颁发的奖章，"ΦBK"三个希腊字母代表"热爱智慧是人生的向导"。

大学，但那里每年杀死狼和郊狼的花费要比维持这所大学的花费大多了。她本以为这里会是一个“落后”的小镇，一个“边远”的小镇，满大街都是像大鼻子乔治[1]这样的坏蛋——乔治是一个劫路的强盗，是一个公共马车的盗贼，在他的藏宝图上签有“大鼻子乔治”的名字。带着这种印象，她在这个10月的晚上从罗林斯下车了，一位服务员推着手推车在车站迎接她，把她的行李推到了费
里斯酒店。一个胸前缀了一堆纽扣的酒店服务员接过了行李车。这 282
个酒店有三个楼层，很舒适，有蒸汽暖气，有电灯，有蕾丝窗帘。总体印象不错，如果还有些小缺憾，她想，那就像一个水罐子的水嘴碰豁了，会有什么关系呢？

1 本名乔治·帕罗特，是19世纪后期美国西部一个臭名昭著的罪犯，1881年在罗林斯被处以绞刑。由于无人认领尸体，一个医生就把他的尸体进行了解剖研究，并且不可思议地让人从尸体上割下皮肤做了一双皮鞋，这双皮鞋至今仍被保存在罗林斯的一个博物馆里。

2

大约四分之三世纪后的一个春天，一辆四轮驱动的“野马”车沿 80 号州际公路从东面向罗林斯开过来。开车的是美国地质调查局的戴维·洛夫，他是美国地质调查局拉勒米环境调查部门的主管，在某种程度上，代表了非同寻常的高科学水平。他是一位“本地”地质学家。在地质术语中，“本地”是指“没有移动过的岩石”。1913 年，洛夫出生在怀俄明州中部。他在一个偏僻的牧场长大，在那里他主要接受来自母亲的教育。可以肯定的是，他的经历大大超越了这个小地方，他是耶鲁大学的博士，曾在阿巴拉契亚南部山区和中部大陆做过石油勘探，但他的事业几乎完全是在他的家乡成就的。几十年来，他一直被同事们视为调查局中最有影响力的两三位野外地质学家之一，尤其是最近一段时间，他很自然地被尊称为“落基山脉地质的老前辈”，这位老前辈满头白发，淡蓝色的眼睛旁堆着鱼尾纹。他脚上蹬着灰色的旧靴子，鞋带早就断了，身上穿着一件马皮的皮夹克，棕色的帆布裤子，胯骨中间露出一个黄铜打造的皮带扣，上面模模糊糊地可以辨认出四个老式的花体字“LOVE”，那是他们家的姓氏“洛夫”。他头上戴着一顶两加仑的牛仔帽，饰有马尾编成的带子，鼻梁上架着一副三焦距的眼镜，好像就连他的眼镜片里也有地层学故事。

他是一位专业面很宽的地质学家，从地球化学到构造地质学，从环境地质学到更新世地质学，从地层学到区域地质学和地质填图，他在所有这些领域都发表了大量作品。坐在“野马”车里，他有点不安，好像被囚禁了一样，这种不安来自他一生的徒步 283
旅行或骑马旅行。这次他是应我的要求带我来横穿怀俄明州的，我们要沿着州际公路看两旁的岩石露头，在接下来的一段时期里，这些路旁剖面能够作为窗口清楚地揭示怀俄明州的地质特点，而在怀俄明州的其他地方，需要走很远的距离才行。有一次，我们露宿在大角盆地，在我们铺开睡袋的时候，我问他，一生中他在星空下度过了多少个夜晚，他回答说：“三分之一。”几分钟后，他半睡半醒地又做了个更正：“还是应该说四分之一吧。我得小心点，别说冒了。”他说完，翻了个身，睡过去了。我入睡比较慢，脑子里还在转来转去地算着：洛夫今年大约 70 岁，按四分之一算，今天晚上差不多是他在地上睡的第 6000 个夜晚。当然啦，不完全是睡在地面上。一个人必须小心，不要把话说冒了。40 年来他一直用着同一个美国地质调查局的旧气垫。当它很新的时候，有一天突然漏气了，他从阀门里倒进去一些炼乳，堵住了漏洞，一直用到现在。

现在是 5 月，我们的车穿过北普拉特河向罗林斯跑着，天上飘着小雪，路面像盖了一层薄薄的白纱。这是怀俄明州，而不是像巴芬岛那样气候温和的地方，或者说，怀俄明州是一个位居内陆的斯匹次卑尔根岛。路基缓缓地升高，我们在不知不觉中爬升着。小雪并没有遮住构造。我们在岩层上跑着，在路旁剖面间穿行。受罗林斯隆起的影响，岩层在我们面前倾斜着。但罗林斯隆起只是一个长得不成功的山，当它南边的药弓山脉和马德雷山以及其他一些山脉抬升时，罗林斯隆起也曾经尝试过一起抬升，但却半途而废，只是把它平坦的地面微微拱起成一个穹隆。地层的倾斜程度比公路要陡一些。因此，当我们从一个剖面跑到另一个剖面时，我们在向时间变老的方向跑，是往地层剖面的下层跑，眼前每一层连续的地层都比前一层更低、更老。如果这是 1 亿年前一个 5 月的清晨，也就是在白垩纪的时候，我们会是在水下很多米的深处泡着，泡在一个宽阔的海湾里，大海覆盖着大陆地台——覆盖着整个北美洲克拉通，也就是“稳定的克拉通核”。海湾从墨西哥湾直到北冰洋，被叫作“陆表海”。

北普拉特河雕刻出了现在的地貌，深深切进一些暗色的页岩中，这些页岩就是陆表海里富含有机质的黑色淤泥转变来的。海
284 平面上升又下降，海域扩张又退缩，用洛夫的话说，大海随着时间“向西推进，然后退却，然后再前进、再退却，一次又一次，留下砂岩和页岩交替沉积的厚厚的序列”，重复地把淡水海岸平原暴露出来，然后毫无疑问地再次淹没它们。在这个已经成为干旱山区的地区，只有沿海沼泽里植被繁茂。这景象就像佛罗里达州的大沼泽地，东安格利亚的泥炭沼泽，或者爪哇海的沿岸地带，它们暴露在海面之上也只是暂时的，在它们被上升的海洋淹没后，就被埋在砂层和泥层中，将来会成为煤层。路旁剖面中就有煤层，被盖在砂岩和页岩层下面。在怀俄明州的这个地区，白垩纪时期的沼泽出奇地多。1 亿年后，联合太平洋铁路公司将会优先选择这条路线，因为这样它可以用煤为自己提供燃料。

石灰岩跟其他岩石相间，一层一层地形成周期性韵律，在公路上不时地显露出来。这种石灰岩并不纯，也很软，从前是海底的石灰泥，是由溶解的或破碎的贝壳堆积形成的，那时的海底比现在的地面至少要低3000多米。公路中间可以看到一簇簇的木菀花，在路边上，大片大片的木菀花更是繁茂，都长在石灰岩的缝里。洛夫指点着这些花，话声像是从嘴角溜出来的。他说，那不是怀俄明州本土的植物，最初是随着牛群和羊群沿小路来到怀俄明州的，公路和铁路开通后，运干草的卡车和火车又从几百公里外的南方把它们带进来。很不幸的是，它们有能力，也有需要，从下面的岩石中提取硒。一定浓度的硒对人和动物都是有毒的，这些硒来自随风飘散的火山灰。1亿年前，爱达荷州有很多成层火山[1]，它们喷发出的火山灰向东飘落在大海里，火山灰中的硒进入了石灰泥中，而现在这些外来的木菀又把硒从石灰岩中提取出来，把毒素扩散到地表世界，这是其他一般植物做不到的。大多数植物都不吸收硒。一些种类的木菀需要硒才能发芽。当它们从岩石中吸收了硒以后，再把硒转化成几乎所有植物都能吸收的形式。被硒污染的植物会被牛和羊吃掉，然后，这些牛羊被加工成了牛排、羊排和汉堡。富集起来的硒会破坏从大脑向肌肉传递信息的一种酶。“牛羊会得一种蹒跚病，走起路来摇摇晃晃的，
像喝醉了酒，”洛夫继续说着，“人也会受到影响。他们的心脏 285

1 又称“层火山”或“混合火山”，外观呈优美、对称的锥形，是由火山熔岩流和火山碎屑物呈互层状不断堆积形成的。

会发生萎缩，肝脏和肾脏会受到损害。硒还会导致不育症，更糟糕的是，会导致先天性缺陷。硒是一种累积的毒物，像铅或砷一样。硒是神经毒气的主要成分之一。”

他左右比画着。“这里曾经是放羊的好地方，到处是四翅滨藜，但现在已经有毒了，很危险。硒含量高的地方像腐烂的大蒜一样，散发出恶臭的气味。天气暖和的时候，你就能闻到那股味儿。50 年前，我的第一份工作是在格罗斯文特河的上游寻找能转化硒的植物。我们带上帐篷，在那里露营了一个星期，天天搜寻，终于发现了一小把。现在，在同一个地方，它们已经长得很多了，比狗身上的跳蚤还多。除非有人类的帮助，否则它们不能越过没有硒的屏障。在落基山脉，总的来说，几千平方公里的土地已经得到改善。人们有时会认为，是邻居们毒害了他们的牧场。”

在北普拉特 16 公里以外，一个平顶的山脊出现在我们的视野中，那是一套坚硬的砂岩，风化解体的速度比周围的页岩慢得多。州际公路的修筑遇到了这堵天然屏障，只能用炸药去处理，生生炸开一条路，公路工程师叫它“贯穿性开挖”，如果那是天然形成的，地质学家会叫它“风口”。我们到那儿以后停了下来，下了车，在露头上仔细地看着，鼻子都快贴到岩石上了。这是一种有多层结构的砂岩，叫“富隆铁砂岩”，洛夫把这个露头叫“一条发表过的路旁剖面”，古生物学家和地层学家甚至已经研究了它的每一颗砂粒。一眼看上去，我瞧不出这些砂岩为什么那么受关注，它颜色灰灰的，有点昏暗，好像被烟熏过一样，浑身布满了化石虫孔，像被虫子蛀过的古董。尽管如此，它却让洛夫很兴奋，当他用锤子敲打它的时候，好像被那些木菀扎了一下。这些岩石曾经是海底的砂子，沉积在离海岸不远的地方。“富隆铁砂岩是落基山脉地区最富含石油的砂岩之一。”他说。在1500米、3000米、6000米的深度，一口野猫井[1]接着一口野猫井，都从这个著名的含油岩层里得到了丰厚的回报。而在这里，它露出了地表，是新鲜的，没有风化，显露出它能够富含石油的线索。石油在地球内部就像在汽车的引擎里一样，很容易被增加的热量破坏掉，在已经被大量开采的石油中，年龄最老的可能是白垩纪，差不多有1亿年。在一个人一生那么长的时间内，地质学家已经获得了能力，能分辨出石油在地下的位置。地球上相当大的一部分石油已经在50年中被烧光 286
了。大约在1975年时，发现的石油储量已经大大减少了，地下探明石油的剩余量跟已经使用的石油量差不多处在同一个数量级别了。洛夫说，仅在一个油田的富隆铁砂岩中就发现了5亿桶石油。怀着崇敬的心情，我采了一大块满是虫孔的砂岩。

在公路上走了不到2公里，我们又停了下来，路旁的剖面不高，出露的岩石显出片状结构，叫“莫里页岩”。我在怀俄明州和

---

1 这是一种石油勘探中的高风险探井，选井位时没多少依据，井里能不能打出石油全靠碰运气，就像瞎猫碰上死耗子。关于“野猫井”名称的来历，一说“野猫”（wildcat）是美国俚语，指任何投资风险大的企业，19世纪30年代美国出现了很多野猫银行（wildcat bank）；一说在19世纪70年代美国宾夕法尼亚州西部石油钻探中，人们没有任何资料和经验，有人在一条窄小的山谷中打钻，空闲时就去打猎，把猎到的山猫挂在钻井架上。结果，他钻井打出了很多石油，这条山谷也因此得名“野猫谷”（Wildcat Hollow）。

戴维·洛夫一起这样看剖面，就像是在戴维·加里克[1]的陪伴下在一座大剧院外面到处溜达。像提顿山、熊牙山、风河盆地这样的经典剧目并没有在大街上演出，但这些路旁剖面就像海报一样，为精彩剧情做着广告，透露出它们的内容、结构和构造。这种莫里页岩曾经是白垩纪海底富含有机质的泥，富隆铁砂岩里的石油就是它形成的。这种页岩颜色很黑，似乎能闻到其中有潮水退潮后的味道。像云母片一样，页岩中有上百万的“鱼鳞”。一些斑脱岩和页岩交互成层，斑脱岩是一种很柔软的岩石，含有很多细小的孔隙，可塑性很强，一般是奶油色的，也有些是巧克力色的。斑脱岩是火山灰分解硬化的产物。怀俄明州火山碎屑堆积得很多，斑脱岩分布也很广泛，在某种程度上，它覆盖了每一个盆地，它的厚度在很多地方超过了 3 米。斑脱岩又叫膨润土、矿物肥皂，它有一种神奇的能力，可以吸收多达自身体积 15 倍的水，当这种情况发生时，它就成了一种润滑剂，对汽车轮胎的阻力很小，跟软黄油差不多。斑脱岩土壤受潮膨胀以后就成了黏土糊糊。有一次，在我们穿过大角盆地的荒地时，突然下了一阵儿小雨，路面上的尘土瞬间变成了胶状泥浆。轮子开始打滑，好像在冰面上爬，四轮驱动根本用不上劲。很多地质学家的汽车都曾经陷进过这种黏土糊糊里，他们只好从车里下来，走上 60 多公里。怀俄明州有膨润土矿，开采后销往世界各地。这是怀俄明州的福分，地上的泥都能卖钱。膨润土能用作黏合剂、汽车上光剂、洗涤剂和涂料。它能加工成石

1　18 世纪英国著名演员，剧院经理，对 18 世纪的戏剧发展具有重要影响。

油钻机里的钻井泥浆，通过钻管灌到地下，再通过钻头上的小孔
把岩屑带回到地面。它粘在钻孔壁上，挡住多余的水。膨润土还
用在排灌沟渠、水库，甚至用在化妆方面。印第安人把野牛赶到
满是膨润土的沼泽地里。膨润土也是杀虫剂、驱虫剂和牙膏的成 287
分，还能用来澄清啤酒。

洛夫没有说过他曾经试着用膨润土来修补他的气垫，但他确实提到，他从小长大的牧场就在风河盆地，下雨的时候——这种事发生的次数就和过生日差不多——他们牧场的马车就会陷在车辙里。怀俄明州膨润土的年龄大部分是白垩纪，成分很一致。膨润土在山脉的每一侧都有，这似乎意味着，当膨润土广泛沉积的时候，这条山脉已经在那里等待火山灰的降落了。白垩纪在地球历史上并不遥远，它在地球年龄最后这 3% 的时段里。

洛夫走回到“野马”车里，脸上露出的表情好像是把最后一杯啤酒喝干已经过了很久了。他说他饿了：“我的肚子一定认为我的喉咙被割断了。”再爬过一个坡就是罗林斯了，它横跨在联合太平洋铁路两旁。

3

1905年10月20日，天刚蒙蒙亮，一辆两匹马拉着的马车离开了罗林斯，人们没有太多的时间去享受费里斯酒店的舒适。鸡蛋堆放在座位下面，旁边还堆着葡萄和牡蛎。箱子和邮袋太多了，都堆在驾驶座旁边。在运货单上，乘客的地位和牡蛎、葡萄完全相同。这位来自韦尔斯利的年轻女士在查看货物清单时，看到了自己的名字：艾塞尔·瓦克瑟姆小姐。

乘客舱有一个帆布车顶，前面和侧面都有帆布帘。

> 车夫比尔·柯林斯是个年轻人，已经有四天没刮胡子了，他解开绑在车轮上的缰绳的绳扣，在座位上摇晃着，一条腿搭在邮袋上，邮袋堆得差不多到他头顶那么高，一只胳膊搭在座椅背上，他把乘客舱中间隔着的帘子拉了起来。“外面这儿有点寂寞。”他给自己的随意找了个借口。

288 车上有两位乘客。另一个叫爱丽丝·阿莫斯·韦尔蒂，她是在这儿西北方向320多公里远的杜波依斯的邮递员。她的邮局是独一无二的，因为它比美国任何一个邮局离铁路都远，但这并没有给韦尔蒂太太时髦的衣着打扮带来不方便。这倒不完全是因为她要为自己开的那个叫“蒂尼·梅尔坎蒂尔”的服装店当招牌。她的衣服是从曼哈顿的B.奥特曼服装公司邮购的。韦尔蒂太太已经人过中年，她的八卦范围似乎涵盖了8万平方公里内的每一个活生生的灵魂，那是一小群有趣的人。“愿上帝保佑她的苍苍白发。”关于这些白发的评论，以及对比尔·柯林斯的描述和对韦尔蒂太太八卦范围的估计，都是从艾塞尔·瓦克瑟姆的日记中摘录的，她从前一天刚刚开始写她的日记。

马车穿过城镇，经过了用铁轨搭建的房屋，经过了羊圈，经过了公墓和州立监狱，很快就在开阔地带跑起来，带起了团团尘土，绕过了几座小山，向西北方向跑去。小山的山坡上有石灰岩露头，石灰岩露头下部有几个古代的小型采石场。印第安人很早就开始在这里采石头了，开采有3.5亿年历史的氧化铁，这些氧化铁涂在身上和脸上，能让人显得凶狠。最近，它被用来给联合太平洋铁路的车辆涂色，而且大约从1880年开始，被用来给布鲁克林大桥涂色。上面的山丘在这片起伏不大的地貌景观中算得上是一个高点了。这里在落基山脉的中部，但没有一座山能称得上是名副其实的“山”。

在我们前面很远的地方，一条山脉从平原升起，又沉入平原。几乎所有这些在第一天就展现在我们眼前。

随着怀俄明州山脉的移动，这些遥远的山峰并不引人注意，高度都在2700~3000米。不过，瓦克瑟姆小姐凭她的直觉，用一句话写出了这些山脉的地质历史，因为它们确实是从平原升起的，又以各种方式回到了平原里。

> 在绵延起伏的草原上……我们遇到了两个牧羊人，每个人
> 都赶着上千只羊。“快看，他们正在和他们的狗说话呐。”车夫
> 289 说。牧羊人伸着胳膊，做出奇怪的手势，而在羊群的另一边，
> 几只狗蹲坐着，等待着主人的命令。

1905 年的怀俄明州，有 300 万只绵羊和 80 万头牛在竞争牧场的草。冬天的大风一阵紧过一阵，在高地和平流层之间快速地奔跑着，把草地上的雪吹得无影无踪，羊群受益了。羊们变得更壮实了，它们的羊毛能跟气温和风速抗衡。那是冬天的风。怀俄明州的牧场主中流传着一句谚语：“如果周末夏天降临，就让我们去野餐吧。”

在距离罗林斯 19 公里的地方是贝尔泉，马车要在这里换马。这里的地貌是阶梯形的，沉积岩层突出的边缘都向东倾斜，中生代地层上升到视野中：顶部是白垩系，再低一点的是侏罗系，底部是红色的三叠系。这些地层形成一个不高的断崖，断崖旁是一排排房屋，房顶都涂着红色的泥，看上去很酷。瓦克瑟姆小姐当时根本不知道她在看着 1.75 亿年间的故事，更不知道哪一段是 1.75 亿年的地层了。她不知道这些沉积岩层就在这里断开了，而断开的另一部分被埋在 600 到 900 米以下，圈闭着丰富的石油天然气。事实上，那时根本没有人知道。在这里发现石油天然气是 20 年以后的事了。

马车在海拔 2100 多米的塞珀雷逊低地上跑着，追逐着奇形怪状的山脉。她知道其中一个叫威士忌峰。柯林斯从他的驾驶座

上环顾四周，说曾经有一位乘客问他这座山的名字，“我告诉他，山的名字就在这辆马车上，我用手就可以触及，但他猜不出来”。在远处，出现了一个“白点”，那是一个小客栈，“望山跑死马”，走了好几个小时还没到，让人觉得有点不耐烦。

> 当我们到达客栈时，它看起来并没有变大……韦尔蒂太太和我急忙进去取暖，我们都快冻透了。外面的房檐下挂了半扇牛肉，在一间杂乱的厨房里，一个胖胖的、孤独寡言的女人疲倦地为我们准备了丰盛而寡味的饭菜，她抱着双臂坐在一旁，看我们吃饭……我们吃着烤土豆和大饼干，洋葱和胡萝卜，还有罐装苹果派，几乎一声没吭。终于，我们吃完了。马车的马已经
> 换好了，我们动身朝着劳斯特索杰走去。 290

到劳斯特索杰又要走 26 公里，因此要花三个小时。韦尔蒂太太已经在谈论猪背岭了，在公路上再走 20 多个小时就能到那儿，那是高高的陡坡上的一个分水岭，怀俄明州远近知名的大风曾经多次在几秒钟内就把驿站马车吹到谷底，马车的碎块，还有马的骨头，都散落在谷底。人们知道，有个车夫曾经把马车拴在树上，才没被风吹走。在快到猪背岭时，车夫应该像船上的水手一样，把马车侧面的帆布卷起来，让风穿过去。没有人敢依赖刹车。

> 每次都是这样，下坡的时候，会用铁链把车轮牢牢地绑住，这样车轮就不会转动，而是沿着斜坡滑动。前不久，在感

> 恩节的时候，一个货运队从那里经过。车上装了不少为感恩节晚餐准备的物资，有火鸡、牡蛎、水果等。一个车夫向走在后面的车队求助。当这个车队到来的时候，见到求助的车夫平静地坐在树桩上剥橘子，而他的马车已经掉下山谷，摔成了碎片。

劳斯特索杰地下的石油在1916年被发现。在落基山脉发现的油田中，这个油田每平方公里的产量是最高的。在一个大约1600米深的钻孔中，不同的层位中都发现了石油。这些含油层中有寒武系的平顶砂岩、密西西比系的麦迪逊石灰岩、宾夕法尼亚系的丹斯里普砂岩、三叠系的楚格沃特红色砂岩、侏罗系的莫里森地层组、圣丹斯地层组及著名的纳盖特地层组，当然还有白垩系的富隆铁砂岩。劳斯特索杰的一口钻井就像一棵嫁接的观赏性柑橘树，树上结满了橙子、柠檬、金橘、柚子。发现含油构造的是普林斯顿大学一位年轻的地质学家，他不仅发现了这个含油构造，而且还帮助把“牧羊人背斜”这个词写进了地质词典。牧羊人背斜是一个特别明显的背斜，普林斯顿的这位地质学家在那里填图时，把自己打扮成牧羊人，赶着一群羊围着背斜
291 转，他这么做是为了不让人注意到他正在研究劳斯特索杰的岩石。

> 我们终于马不停蹄地到了那个地方，很高兴地走进屋里烤火取暖，车夫则忙着把货物从一辆车换到另一辆车上。每次换车时都要换一个车夫，这样每个车夫都能负责自己车辆的保养维修。柯克家族在劳斯特索杰经营。柯克太太是一个身材矮小健壮、不修边幅的女人，一头蓬乱的头发。她给我准备了一件

老兵的大衣，让我晚上穿……不久，我们又动身了。新换的车夫叫佩吉·多尔蒂，他是个高个子，头发斑白。他们说，每当他去跳舞时，大家都让他把木腿底部的钉子拔出来。

现在有四匹马了，“一个邪恶的小队”，它们刚踏上路就马蹄翻飞，试图飞奔起来，像拉雪橇的狗一样，使劲扭动着，乱成一团，这让佩吉·多尔蒂生气地骂起来。

哦，上帝，他怎么能这样骂呢？

韦尔蒂太太跟他聊起了一些旅客被困在雪里的话题。韦尔蒂太太知道多尔蒂先生是这方面的权威，他失去了六根手指、一条腿，只剩下半只脚。1883 年，他和他的一位乘客遭遇了一场暴风雪，那位乘客是一位年轻女子，年龄和瓦克瑟姆小姐差不多。雪下得太厚了，马车停下来走不动了，他已经快冻僵了，把马解开，紧紧抓住马具，让马驮着在积雪中穿行。那匹马驮着多尔蒂跑了好几个小时，快跑到一个驿站时，他终于失去了控制，松手了。他在风中拼命地呼救，直到被人听到。当救援人员找到马车时，乘客已经死了。

多尔蒂对韦尔蒂太太说，后来的冬天再也没有那么冷过。

“是的，”韦尔蒂太太说，“今年夏天我们这儿就没下过暴风雪。”

太阳落山了，星星出来了，天气越来越冷……大约是九点 292
半吧，我们到达了吃晚饭的驿站，大家都要冻僵了。

这地方叫荣吉思，是一个只有几十人的社区，就在克鲁克斯峡口的南边。“荣吉思”是驿站马车公司一个雇员编造出来的地名，他叫伊莱·西格诺（Signor），把自己姓的字母倒排起来，就成了“荣吉思”（Rongis）。劳斯特索杰（Lost Soldier）、荣吉思（Rongis），这样的名字在怀俄明州现在的邮政编码里根本查不到，但驿站的废墟仍然存在。

> 晚饭很快就准备好了，是一份罐装的晚餐，还有通常的干苹果派、怪异的饼干和黑咖啡。大约十点钟，我们又出发了，新换了一批马。我们比刚才裹得更严实了，挤坐在一起，抱团取暖，向后倚着，靠在身后的邮袋上。

前一天晚上，荣吉思的气温已经降到零度。当马车走到克鲁克斯峡口时，明亮的星光洒落在高低不平的原野上，到处可以见到黑色和银白色相杂的巨石块，有些像房子一样大。人们可能会在以后一定的时候知道，这些巨石块来自北方更远的高山，而那里已经不再是高山了，那些高山不知为什么已经沉入了平原。与此同时，任何把这些巨石块和它们的原始基岩联系起来的人，可能都会感到奇怪，它们是怎么样被搬运到山上去的？大的巨石块是花岗岩，在它们之间散布的一些小石块是玉石：有宝石玉漂砾、软玉（绿得像祖母绿），它们在河床中被磨蚀成圆形，被风化作用磨得光光的。不过，当时还没有人认识这些岩石。当她在月光下从马车上看到这些巨石块的时候，一定觉得它们就是地上的乱石堆。克鲁克斯峡口里有大量的铀，峡口两边的山有 305 米高，到处分布着豆荚状的、透镜状的含铀岩石。这些铀将在 1955 年被发现。克鲁克斯峡口地下也有石油，发现这些石油的年份是 1925 年。克鲁克斯小溪流过克鲁克斯峡口，从一边流到另一边，笔直地穿过高地。峡口的上方是克鲁克斯山。瓦克瑟姆小姐很可能会好奇，那个用来命名的克鲁克究竟是谁。那个地区的克鲁克多得让人困惑，而这个荣誉属于乔治·克鲁克准将，他是 1852 年从西点军校[1]毕业的，在印第安人中被称为“灰狐”，克鲁克将军，普拉特战区的司令，他对待土著的诚信比他所处的时代超前了至少一个世纪。克鲁克的名字能够被法定留在那里的大地上，是因为他的一句名言。克鲁克曾被问到，跟印第安人作战是否很艰难，他回答说：“是的，这些战役的确很艰难。但最艰难的是，你要走出去跟那些你明明知道他们是 293
正确的人去作战。”

> 这几个小时里，我一直观察着手提箱把手投到帆布上的影子，通过影子的变化去看月亮位置的变化。时间一个小时一个小时地过去了，天气变得越来越冷……大约在三点到四点之间，我们到达了迈尔斯维尔。

他们来到了甜水河，碰到另一个车夫，他的舌头发出一种很

1 即美国陆军军官学院，1802 年美国国会批准建院，是美国第一所军事院校，也是美国历史最悠久的军事学院之一，位于纽约州西点（West Point），因此常被称为“西点军校”。

柔和的声音。“哦嗬，你好呀！”他对伙伴友好地打着招呼。他们一起蹚水过了河。

那个车夫只上过一次路，不熟悉他的马，也没有鞭子。猪背岭就在前面……这下子我们再也没有觉睡了，恐怕连眨眼的时间都没有了。

猪背岭是一个像刀刃一样的山梁，从海狸分水岭延伸出来。海狸分水岭把水系分隔开，一侧水系向东流进普拉特河，另一侧向北流进风河、大角河和黄石河。猪背岭出露的是富隆铁砂岩和莫里页岩。白垩纪时，它们平坦地堆积在海底，后来，这里被向上高高拱曲，给旅客们留下一个锯齿状的下坡。页岩里含膨润土黏土，雨天时会把坡面搞得很湿滑。

在海狸山的山顶上我们看到了风河山脉，白茫茫的，伸展在天际间。车夫用减速链捆住后轮，我们开始下坡。让马儿们安全地在路上走是很困难的。路上有个急转弯，地面上轧出的沟几乎把车颠出路边。一匹马滑倒了，被其他的马拖着走，直到它挣扎着重新站起来。我们终于走到了一个地方，坡不那么陡了，车夫解下减速链，又开始赶着车往山下走，尽量争取时间。车的小前轮像老鼠一样奔跑，沉重的后轮顺坡而下，马车在冲沟里左右摇摆着前行。

离开罗林斯 26 个小时后，马车到达了海利。早餐在等着她们，
在瓦克瑟姆小姐看来，可以让早餐继续等下去，“又是同样怪异的
饼干和黑咖啡”。牧场主加德纳·米尔斯来了，“长得又矮又黑，说 294
话很刻薄”。他递给她一件毛皮大衣，让她套在自己的大衣外面，
这样能在他那富有弹性的四轮马车中保暖。他从 16 公里外的红石
崖牧场赶来，迎接新来的女教师。下午，他们沿着出露三叠系的山
岭向西北走去，山岭有 180 米高，沿途见到的岩石有玫瑰色的、朱
红色的、砖红色的和胭脂红色的，总之，是三叠纪时形成的红色岩
石。在红色悬崖下有一个大水泉，边上就是牧场的低矮房屋。

> 畜栏和棚屋、谷仓和牛奶房都是原木结构的，紧把着牧场的一头。当我们的车停到门口时，两个束着胸、头发高绾的小姑娘出来迎接我们，我对那些调皮难管学生的恐惧一下子飞得无影无踪。

她房间里的“梳妆柜”是一堆摞起来的箱子，外面盖着平纹棉布。有一个“供个人使用的盥洗盆”，一面 30 厘米见方的镜子。墙上有萨金特和盖因斯堡画的画[1]，还有埃塞尔·巴里摩尔和普赛克的图片[2]。

1　萨金特是 19 世纪末美国著名的肖像画家，盖因斯堡是 18 世纪英国风景画创始人。

2　巴里摩尔是美国 19 世纪末至 20 世纪初著名的女演员，演艺生涯持续 60 年，被誉为“美国戏剧界第一夫人”；普赛克是罗马神话中的灵魂女神。

4

在罗林斯的西郊，戴维·洛夫把车停在了州际公路的路肩上，说这里的位置最恰当了，但我看不出他这样做的目的是什么。罗林斯坐落在低矮的山丘和牧场的平地之间，在这里，任何场景都不会让伊士曼柯达公司的股票升值。在西郊，我们可能离县法院不到 2 公里，但我们已经走到山脉的背后了，这里是一个冷冷清清的世界，可以看到裸露的岩石、发黄的枯草、东一丛西一撮的绿色藜科灌木，以及稀稀拉拉的鼠尾草。1965 年，这条州际公路曾经用白色水泥浇注过，但现在已经变得黑乎乎的，路面上喷洒了焚烧过的海洋藻类残渣。从这里往南是一片荒地，可以看到冲沟和干谷，还有侵蚀下来的碎屑；往北是一些突然断掉的山脊线，就像海边破碎的浪头一样。罗林斯隆起很不幸，被作为“山”划归到落基
295 山脉里，让它的沽价大跌。戴维·洛夫的脑子里明明装着怀俄明州的地质图，他为什么停在这里呢？

他说，从纽约到旧金山的 80 号州际公路沿线出露了很多岩石，但罗林斯周围出露的岩石比那些露头上任何一套岩石所包含的时间跨度都要大。我们正在这里观看地球历史中一大半时间的镜头，我们看到的地球历史故事要比人们在科罗拉多大峡谷岩壁上看到的多得多，大峡谷最顶上岩石的时钟停在 2.5 亿年前。在罗

林斯，我们面前的岩石可以追溯到太古宙，一直延伸到中新世。任何一个舍得花钱的人都可以去买一架照相机，瞄准眼前这一场景，用 f/16 的光圈、1/250 秒的速度，就能拍摄到 26 亿年长的历史画面。然而，照片中最显眼的是罗林斯市政水塔，就是山上那座又矮又粗的白色贮水槽。

那座山上出露的是太古宙的花岗岩、寒武纪的砂岩和密西西比纪的石灰岩。如果你能在它们形成的时候拍下照片，那将是值得一看的珍藏品。你会看到一个很深的没有大陆块的海洋，里面只有形状不规则的浮渣，盖在逐渐冷却的岩浆之上，照片中当然看不到这些岩浆。你会看到一个上升的大陆正在靠近它的海岸，河流在岩石上流动，那时的岩石都是裸露的，甚至连苔藓都不长。你会看到在广阔的低地平原上出现了大量红色土壤，类似于亚拉巴马州，但靠近赤道。然后，你还会看到清澈温暖的大陆架海洋。

这些照片里会有一张是又干又热的沙丘，所有这些沙丘都面向晨曦，迎接着中新世初升的太阳。其他更古老的沙丘可能会帮助解决一个很重要的问题，因为现在已经分辨不出这些沙丘是水下的还是水上的。它们覆盖了整个怀俄明州和更多的地区，可能很像利比亚沙漠，姑且叫它“坦斯里普－卡斯珀－方泰恩－宾夕法尼亚沙漠”吧。还有一张照片，是一条蜿蜒的河流，岸边有河漫滩沉积物、天然堤，还生长着苏铁。有一些脚印，像浴缸那么大，这种生物的头一定比树还高。背景是牛轭湖岸边的沼泽草丛。这张照片里留下的是莫里森地层沉积时的画面，是侏罗纪时期特别引人注目的恐龙景观，现在就出露在公路边上。人们还可以看 296

到白垩纪大海的各种景观，包括蛇颈龙、巨型海龟和鳄鱼。人们会看到一张来自古新世亚热带潮湿沼泽的照片和一张来自始新世的照片，湍急的河流从山中冲出，一泻如注，堆起了砾石坝，流入了郁郁葱葱的亚热带平原，那里有小狗大小的始祖马[1]，为了活命而东躲西藏。

在这个地方拍摄的这样一组照片可以摞成一摞儿，展示着一个又一个场景，没有两个是一样的。当然，如果把它们按顺序一张一张摞起来，那就组成了怀俄明州这一小片地区的岩石柱。如果在这片地区用钻机钻一口深井，钻井记录中看到的情况完全可以和这个由照片组合成的岩石柱进行对比。毫无疑问，岩石地层的记录中肯定会有间断。在任何地方的岩石柱中，丢失的时间都比记录下来的时间多，太多的时间记录被侵蚀掉了。此外，岩石柱上的岩石更倾向去记录某个瞬间事件，例如，一次火山喷发，一场大洪水，一滴雨水，很少去记录一个持续千年的故事。这就像新闻广播一样，经常报道那些灾难事件的蒙太奇，而不讲述随时间积累的流水账。

我问洛夫，为什么这么长的地球历史记录恰巧出现在这个地区这么一个不起眼的地方？

他说："这个问题回答起来有点难度。它为什么会自己出现在这儿？这是一个还在激烈争论的问题。"罗林斯隆起当然不是什么

1　地球上最早出现的马，又叫"始新马"，生活在北美洲森林里，以树叶为食，肩高只有 25 厘米左右，躯干长 55 厘米左右，看上去像只狗。

秘密都没透露。

山脊上的前寒武纪花岗岩来自太古宙晚期，距今 26 亿年。它就在我们脚下。在靠近州际公路的地方，联合太平洋铁路公司在修路时已经开出了一些砂岩露头，这些砂岩就盖在这些花岗岩上，砂岩中的砂也是从这些花岗岩中侵蚀下来的，是寒武纪时的海滩砂，那时候，罗林斯这里就在美洲大陆的西海岸上。在这片平顶砂岩和上面的麦迪逊石灰岩之间是一个不整合面，代表了 1.7 亿年的时间间断，在不整合面上下的岩层中间零星夹着一些红色薄层，那是残留下来的古生代平原上肥沃的红色土壤。在一个低矮山坡上，出露了一连串这样的红色薄层岩石，那里比铁路离我们更近，于是我们就去那里采了一些样品，放进一个袋子里。作为岩石，它的硬度太低了，很容易被碾成粉末——是一种很美丽的玫瑰色、砖红色粉末，质地跟可可差不多。它在涂料业被叫作“罗林斯红”，在战争彩绘业被认为能有效地起到迷惑作用，这层古土壤是一种化石土壤，年龄是 3.5 亿年。当我们回到公路上时，联合货运公司的几辆 3 组 26 轮拖车刚好经过，路上轰隆轰隆的，像打雷一样。洛夫 297
说：“我们先有了康内斯托加马车，然后发展到 12 到 16 头牛拉的大货车，现在我们有了这些大家伙。”

像怀俄明州很多地方的岩石柱一样，罗林斯岩石的时间跨度大，地质内容丰富，而怀俄明州的面积只有美国全国的 1/37，这和它记载的美国地质的比例很不相称。地质学家往往受到他们成长环境中出露岩石的强烈影响。例如，被叫作“构造地质学”的地质分支学科传统上由瑞士人主导，他们年轻时就在被当作构造教科书的国度里徒步旅行和速降滑雪。一家跨国石油公司在休斯敦召开会议，组织来自世界各地的构造地质学家进行研讨，休息喝咖啡时，大家就用瑞士德语聊了起来。沉积学的奇才往往是荷兰人，正如人们所认为的那样，这个民族想到了一种方法去借贷没有入账的预付款[1]。在辛辛那提有一座山上出露了奥陶系，里面含有大量很特殊的化石，这使辛辛那提培养出来的美国古生物学家已经能排成一长串名单。休斯敦是石油地质学家的首都，它距离最近一个能够用锤子敲到岩石的露头有 240 公里。休斯敦的地质学家都是来自其他地方的。

前寒武纪克拉通又被叫作“地盾”，在那些岩石上长大的地质学家往往对铜、钻石、铁和金的成因感兴趣。世界上大多数大型金属矿床都是前寒武纪形成的。钻石从地幔向上开始运动，它似乎需要穿过克拉通的巨大厚度才能在旅行中幸存下来到达地表。

在加利福尼亚州长大的地质学家，一开始就遇到奇怪的复杂构造和高度变形的岩石，那里出露了构造混杂岩和浊积岩，研究这些岩石似乎不太需要研究地质学的 G. K. 吉尔伯特，或许更需要研究心理学的弗洛伊德和卡尔·荣格。在壳牌公司的名册上，曾经在加利福尼亚地质学家的名字旁边注着一个星号。这个星号意味着，当他们在得克萨斯州工作的时候，可能在研究墨西哥湾海岸朴树湾的浊积岩中很有用，但是在把他们分配到其他任何地方工作

1 “预付款”和“沉积”的英文是同一个单词“deposits”。作者在这里玩了一个一语双关的文字游戏，既说了荷兰人擅长经营预付款，又说了他们中有很多沉积学家。

时都要特别小心。一位前壳牌地质学家（不是戴维·洛夫）曾经对我说过，“星号还意味着：‘他们的工作完成后就把他们送回到加利福尼亚。’壳牌认为他们是一个有点与众不同的种群。”

一个在怀俄明州长大的地质学家可能拥有上述一切特质，当
然除了星号之外。在怀俄明州长大的地质学家不会忽视经济地质 298
学，不会忽视古脊椎动物学，不会忽视任何一个地质时代篇章中描述的细节，地球历史上的每一个时期都能在怀俄明州找到代表。怀俄明州地质学最重要的是要培养出一个多面手，他（她）的眼睛能看懂很多岩石，他（她）具有能看到四维空间的天赋，把看到的岩石组合在一起，像剧作家和石版画家那样，形象地描绘出故事的真谛，地质学家喜欢叫它“大画面”。

乍一看，怀俄明州似乎是一个被武断划分出来的州。全美国只有怀俄明州和科罗拉多州的边界是由四条直线划成的。这可以被看作是对大自然的侮辱，一个十足的政治概念，完全无视自然地理的轮廓，无视河流和分水岭的存在。当然，在某种意义上说，河流和分水岭或许不值得作为边界，因为河流和分水岭的自然功能掩盖了它们的非持久性。它们在移动，在变化，在离开原地。按照定义，河流几乎都是年轻的。美国最古老的河流叫“新河”，它流经北卡罗来纳州、弗吉尼亚州和西弗吉尼亚州，已经存在的时间是地球年龄的 1.5% 多一点。在科罗拉多河出现之前的年代，大峡谷是由无数条纵横交错的河流冲刷、溶解、沉积和迁移形成的。科罗拉多河最近才出现在地球上，它在很短的时间里就凿刻出了大峡谷。人类从一开始就能看到大峡谷在一步步形成。在过去的几

百万年里，格林河凿穿了尤因塔山脉，风河凿穿了猫头鹰溪山脉，拉勒米河凿穿了拉勒米山脉。这些山脉自己也在隆升和移动。几百米厚的盆地填充物是在最近消失的。罗林斯周围的岩石充分表明，这个地区的面貌经常发生变化。地质学家强调一条原则：阅读岩石中的记录要去找第一页。怀俄明州揭示了地球的记录：地表所见的现象只是表面现象；地形在生长、收缩、挤压、扩展、解体和消失；每一个场景都是暂时的，是由来自其他场景的碎片组成的。四条直线就像在西瓜上切下一个四边形的楔子，应该和任何一种形
299 状的边界一样，用来框住怀俄明州和它昔日的世界。

一位在怀俄明州长大的地质学家是在群山之中长大的，在板块构造理论中，山脉的成因是世界上最不难解释的。一个在怀俄明州长大的地质学家见到过怀俄明州的火山活动，山脉的侵蚀，沉积物在盆地中的沉积，天生就懂得地球的周期性，正如人们看到的那样，地质过程在自我重复着。美国地质调查局第一任首席地质学家吉尔伯特曾说过：“一个知识结构合理的地质学家，应该去考察冰川，观察火山喷发，体验地震，这是自然而合乎情理的志向。”在怀俄明州，地质学家小时候就可以做到这一切，不需要走很远就能看到很多。

5

瓦克瑟姆小姐的学校就是用原木搭建的一间房子，在靠近骷髅头沟口的双子溪上，距离米尔斯牧场 1.6 公里。学生们来自更远的地方，大雪也挡不住他们。很多个早晨，墨水被冻结在墨水盒里，一天的学习从给墨水解冻开始，接着是阅读、拼写、化学和社会常识。有时，雪花刮过墙壁，在教室里漫舞。水是从小溪里取来的，把溪水表层结冻的冰凿开一个洞取水。如果溪水冻到底儿了，学生们就去融雪。他们学校的大小只有 4×5 米大，比韦尔斯利学院的浴室还小。门上有一排弹孔，“是一个过路人用六发式左轮手枪打的”。天花板上钉着旧麻袋和工装裤，是为了防止屋顶上草皮的碎渣掉落到学生身上。尽管这样，当阳光从南墙上的窗户照射进来，仍然常能看到空气中闪烁着落下的灰尘。教室里有为瓦克瑟姆小姐准备的一套桌椅，还有八张课桌是给她的学生准备的。瓦克瑟姆小姐的工作是：在怀俄明州弗里蒙特县第 11 学区提供百分之百的正规教育。

前十五分钟或半小时是用来阅读《汤姆叔叔的小屋》或《绑架》，这时候我们都围坐在炉子旁取暖。通常在阅读的时候，一匹马在结冰的路上奔跑的声音会分散孩子们的注意力，

300 直到几分钟后，1.8 米高的乔治打开门，一只手拎着一袋燕麦，另一只手拎着一盘子午餐，用一块布包着。他骑了 8 公里，冻得够呛，一屁股坐在火炉边的地板上，解下马刺，脱下皮护腿，摘下帽子，解开系在脖子和耳朵上的两三条红手帕，再根据温度冷暖脱下一两件外套，解开马甲上的扣子，拉直皮袖口。他终于做好准备，开始干活了。

桑福德是班里最大的学生，1.8 米高的大个头，手大脚大，在教室里走得很慢，做什么动作都是小心翼翼的。当他叫我“女士”的时候，低沉的声音里充满了敬畏。当我们在外面玩抓小鸡游戏的时候，他完全成了另外一个人，他的大个子总能找到合适的地方。班里第二大的学生是奥托·施利克廷，长得又黑又瘦，精明和愚蠢在他身上奇怪地结合在一起。他的问题总会显现出来，不管这些问题回答得对还是不对！他还喜欢吹牛，总想给人留下深刻印象。他身上也有很吸引人的东西。我曾经教他妹妹怎么样用画上或者划去一些短线的方法去做加减法。后来，我在奥托的作业本背面发现了成百上千的小短线，显然，他是在努力用这种方法做加法，直到加上一百。他今年快 15 岁了，正在学习除法……算术是这个家庭的弱项。“96 里有多少个 8？”我问他。他想了好长时间。最后，他准备给我答案了，脸上露出了灿烂的笑容，我衷心地希望听到一个完美的答案——“两个。”他告诉我。“你身体里的细胞是什么供养的？”我问他。他想了想，说：“我猜是醋。”他对几何形状没有一点儿概念。他在黑板上画的北美地图像个大萝卜。

班里学生们的年龄从一位数到两位数都有，他们的智力差距甚至更大。瓦克瑟姆小姐叫起来埃蒙斯·施利克廷，问她：“消化是在哪里进行的？”埃蒙斯回答说：“在伊利运河。”她对乔治·埃勒产生了特别的兴趣，他在家里的生活遇到了麻烦。

> 他只有 13 岁，但个子比桑福德高，长得白皙英俊。我真想把他从家人身边带走，甚至把他绑架走。想想看，他竟然企图杀死他父亲！可他的脸看上去很好，没有异样。

午饭时间，大家一边吃豆子，一边相互聊着这个地区新发生的事，无论是什么消息，都能传遍这 1.8 万平方公里的土地：一头 301
野牛大的狼被老汉利套住了；谁谁家的马和牛走失了，都打着烙印呐；有个牧羊人在最近一场风暴中迷路了。如果你顺着学校后面的骷髅头沟往上走，爬上远处的高地，你能看到 110 公里、130 公里和 160 公里远的地方。你“能看到克劳心孤峰的模糊轮廓，紧贴在风河山的边上”。克劳心孤峰的名字里有一段怀俄明州的历史故事。这座山比周围的山地高出 305 米，上面覆盖着平坦的砂岩。直到今天，在克劳心孤峰上还保留着很多印第安帐篷环。在这个西部偏远地区，最引人注目的景象之一是很多石头环，它们曾经顶住了狂风的劲吹，到现在还能让人想到被风吹走了什么。克劳人喜欢在孤峰地区打猎，肖肖尼人也喜欢在那里打猎。后来，两个部落在那块土地上发生了战斗，流了很多血。于是，肖肖尼人的首领对克劳人的首领说：这么打来打去毫无意义，咱俩一对一地决斗吧，谁赢了，狩猎场就归谁。肖肖尼人的首领是伟大的瓦沙基，用他的名字命名的地方在怀俄明州地图上有六处，包括一条山脉和一个县。瓦沙基至少有 50 岁了，但很健壮。克劳人如果能明智地反对这场决斗就好了。结果，瓦沙基在白刃肉搏战中杀死了克劳人的首领，然后挖出他的心吃了。

尽管瓦克瑟姆小姐是一个新来的人，一个外地人，一个到这儿来教书的天真女孩，在很多方面感到不方便，但她学得很快。洞察力是她的强项，她很快就熟悉了怀俄明州。例如，她在日记中的一段提到乔治·埃勒的父亲："他带着一匹母马来到这个地方。第一个夏天，她生了六匹小马！她一定也生过小牛，埃勒家的牛就是这样多起来的。"这篇日记的日期是 1905 年 10 月 22 日，也就是她坐马车到这儿的第二天。在那几个月之后，她给她的邻居（在这个地区，"邻居"这个词是指几十公里以外的地方）画了一幅素描："门边是弗里克太太，大约 18 岁，和小弗里克，一个又大又胖的婴儿。她身边的是艾达·富兰克林，弗里克太太的姐姐，几乎有两个她那么胖，即使在她不说话的时候也显得很轻佻。"有一个关于脏比尔·柯林斯的笑话，说他洗了个澡就死了。她天真地记录了米尔斯太太对风流的盖·西格诺的描述："他的心像一棵卷心菜，每一片叶子都想着一个女孩。"她注意到离他们最近处的理发师学会
302 了剪羊毛的手艺，一个铁匠兼职当着牙医。法裔加拿大人老佩隆给她留下了深刻印象，因为在印第安人杀害了他的兄弟后，他拒绝向政府要钱。"他死得好。"老佩隆说。老佩隆在说宾语的人称代词时总是男女不分。瓦克瑟姆小姐写道："佩隆的妻子在世时，他

总是把她说成‘他’。”瓦克瑟姆小姐自己也成了这里生活舞台上的一个角色。人们有时候叫她“小白毛”。

“这里有很多人我应该很高兴去认识他们。”她在早期的一篇日记中写道。她想见见印第安人迪克，他是印第安人抚养长大的，不知道他自己是谁，很可能是印第安人杀害的移民留下的孤儿。她想见见“那个叫酸面团的女人，只有三根手指头的比尔，或者苦难的吉姆、萨姆·奥梅拉、鲁布·罗伊……”，鲁布·罗伊经常拉着四轮马车或驿站马车去寻找王室成员。同时，一位牧场主兼游动牧羊牛仔似乎很高兴见到她。

她在日记中第一次提到他时，叫他“洛夫先生，约翰·洛夫”。他的住处在100公里以外，他有很多牛羊要照顾，但不知怎么的，当新来的年轻女教师第一天到达学校时，他正好就在那儿。在随后的几天、几周和几个月里，他表现出明显的再次露面的意愿。他一般都是在深夜来的，让人意想不到。他悄悄地溜进牲口棚，给他的马喂草，喂水，睡在牧场的简易小屋里，早上还在桌边吃早饭。这是一个黑头发、蓝眼睛的英俊男人，说话略带着一点苏格兰中洛锡安郡的口音。

> 洛夫先生是苏格兰人，年龄在35岁左右。乍一看，我以为他是一个雇工，他死板地坐在躺椅上，穿着工装裤，脚上套着大大的红黑条纹长袜，一直套到膝盖，袜口镶着蓝边。他似乎只穿着袜子，不穿拖鞋。他面相和蔼，长着一双机灵的蓝眼睛，不时地眨一下。他的嘴角上长着小胡子，像溪边弯着腰的柳树。他的

> 声音很特别，有个性，带一点苏格兰口音，说起话来慢吞吞的，有点鼻音，时不时还会有点假声。他说话的语调好像是人在门外。他的声音和眼睛都闪烁着光芒，他的讲话新奇有趣，他的表情非同寻常。

洛夫先生从他家到学校单程要走 11 个小时。他并不厌烦，部
303 分原因是他经常乘坐小型的双轮马车，告诉他的马目的地是哪儿以后，就会躺在座位上睡觉。他可能来自爱丁堡，但他和任何地方来的人一样，已经适应了这里的山川水土。他曾经有七年一直睡在外面，没有住房，就在地上一躺，胳膊腿儿一伸。为了跑山路，他配备了最好的马，他体格健壮，能支撑他持续高速地飞奔很远的距离。他的枪法很好，从来弹不虚发。1897 年，他开始在离怀俄明州地理中心很近的麝鼠溪旁开垦家园，后来这块田产得到了官方认可。再后来，他又通过某种方式获得了几十平方公里的土地，当然，在这样一个干旱和开阔的山区，土地面积的大小并不是最重要的。重要的是用水权，约翰·洛夫控制的水域面积共计有近 2600 平方公里，约占怀俄明州的 1%。他是在 1891 年步行来到这个地区的，而现在，1905 年，他有了很多马，几百头牛，几千只羊。瓦克瑟姆小姐在她的日记中说他是“羊肉富翁”。

他是一个能给人带来欢乐的苏格兰人，和那些更为普通的苏格兰人形成明显的反差。他是一个顽皮的模仿家，善于鉴别荒唐事。如果说他似乎认识这个高地上的每一个人，那么，他更清楚高地的环境状况。瓦克瑟姆小姐和他聊过一次天，然后在日记

中写道：

> 这个地方既美丽又艰苦。人们似乎都是强撑着居住在这里的。每次暴风雨过后，我们都会听说有人走丢了。昨天是一个转场[1]的牧羊人在红沙漠中走丢了。人们搜寻了一个星期，没有发现任何踪迹。洛夫先生（约翰·洛夫）说，在他家附近的麝鼠溪一带刚刚也有人走丢了。“是陌生人吗？”米尔斯先生问。“不是，是在这里出生长大的。”“是老人吗？”“不是，正在生命的黄金时期。莱福特·劳斯特·卡宾没喝醉，留在房子里，所以他没丢。”

洛夫先生出生在威斯康星州波蒂奇附近他叔叔的农场里，他叔叔叫约翰·缪尔，是个环保主义者。他出生的那天，母亲去世了。他的父亲是一名苏格兰医生，也是一名专业摄影师和世界旅游学的讲师，他结束了旅行，带着家人回家。这个婴儿在苏格兰有三个姐姐能照顾他。约翰 12 岁时当医生的父亲也去世了，姐姐们移民到内布拉斯加州的布罗肯鲍，在 19 世纪七八十年代，她们在
那里拥有的土地都得到了官方认证。约翰在十几岁时开始和她们 304
一起生活，正好赶上了 1888 年的暴风雪，暴雪整整下了一周，能见度很小，从住的屋子去谷仓都需要靠拽着绳子引路。

1　牧民们一般都有两个草场，轮流放牧。轮牧的两个草场距离很远，牧民们赶着牛羊从一个草场迁移到另一个草场叫“转场”，一般要走两三天。

他因为在系主任的花坛上竖了一块标语牌而被内布拉斯加州立大学开除了，于是他去当牛仔打工，不久就开始考虑搬到更远的西部去。他攒够了钱，买了一匹配好鞍的黑马和一辆双轮马车，出发去怀俄明州。在他到达怀俄明州的第一个晚上，刚刚跨过州界，他的马因喝下有毒的泉水，死了。他接下来所做的可能是他这一生中最刻骨铭心、最不愿提起的。在内布拉斯加州有他三个姐姐的家可以回，但他毅然把马车丢在死马旁边，抛弃了他在世界上几乎所有的财产，然后迈开双脚，走进怀俄明州。他走了大约320公里。在俄勒冈小道上的斯普利特洛克，靠近克鲁克斯峡谷，靠近独立岩，他签约成为第71牧场的牛仔。那一年是1891年。怀俄明州建立刚刚十个月。

整个19世纪90年代，约翰·洛夫的简历中有各种各样的间断，但作为一个牛仔以及后来拥有自己的田产，他显然都很成功，而且他还和不少要人建立了持久的友谊，他的朋友里有瓦沙基酋长、驿站马车的车夫佩吉·多尔蒂、罗伯特·勒罗伊·帕克和哈瑞·隆哥浩（布奇·卡西迪和桑丹思·基德）。有那么一天，洛夫遇到了那位年迈的瓦沙基酋长，他实在忍不住自己的好奇心，就当面问起克劳心孤峰的故事，他问瓦沙基："故事的真相是什么？你真的吃了敌人的心吗？"酋长说："问得好，约翰尼，当你年轻充满活力的时候，你会做一些奇怪的事情。"

罗伯特·勒罗伊·帕克是洛夫在麝鼠溪田产的一位偶尔来访者，麝鼠溪在墙洞峡谷和甜水河之间，也就是帕克藏身的地方和他女人的家之间。几年前，在杰克逊洞峡谷的一间小屋里发现了一张照片，洛夫的后代有时会盯着那张照片发愣。那张照片属于以前“巨野帮”的一个成员，是19世纪90年代中期拍的，照片里有18个男子和帕克在一起，帕克身穿深色西装，打着领带，露出直挺的白领，戴着一顶圆顶礼帽。这18个人中有两个不知姓名，画着问号。其中一个是中等身材、体格强壮的活泼男子，帽子戴的角度有点俏皮，面相和蔼，一双机灵闪烁的蓝眼睛，嘴角上长着小胡 305
子，像溪边弯着腰的柳树。约翰·洛夫是否会加入这样一个团体也许是值得怀疑的，但是，“当你年轻而充满活力的时候，你会做一些奇怪的事情”。

在红石崖牧场，米尔斯夫人曾经在其他苏格兰人和美国人都在场时，当面嘲笑洛夫先生，说他只是沾了苏格兰人一点儿边。只用了一眨眼的工夫，洛夫先生就接上了话茬儿，他说：“这让我有资格去竞选美国总统了。”从洛夫先生的双轮马车里源源不断地送来美味佳肴和异国情调的礼物，有糖果、坚果、苹果，谁也不知道他是从哪里弄来的这些礼物，他慷慨地把它们分发给所有的人。瓦克瑟姆小姐开始把他看作“一个真正的圣诞老人”。果然不出所料，圣诞节时，圣诞老人出现了。

> 第二天是圣诞节……就在晚饭前，洛夫先生来了，带来了喜悦的喊声，实际上刚好赶上吃晚饭。他打破了纪录，白天就到了！

屋子里支起一棵刚松，树枝上涂上溶解的明矾，模仿霜雪。

一个个用烟草锡纸包着的木球挂在树枝上，闪闪的云母片粘在纸星星上。圣诞节那天，米尔斯先生和洛夫先生都穿着亚麻衣领，瓦克瑟姆小姐叫它“油炸衬衫”。瓦克瑟姆小姐刚好收到从家里寄来的一个包裹，她知道里面有件睡衣，于是走进卧室，去打开她的包裹。

第二天，瓦克瑟姆小姐要去兰德一个叫作学院的地方，那儿有一个弗里蒙特县教师的集会，他们要进行讲座、指导和业务评估。很巧合的是，洛夫先生说，他也要去兰德办点事。

> 看来我只能和他一起去了。我很害怕……我承认我有点害怕他……我穿上自己的外套，外面裹上米尔斯太太的海豹皮，围巾、皮帽、皮手套、绑腿，还有套鞋。然后，我真的被捆得几乎没办法动弹了。“这根本没有用。”洛夫先生大笑起来。

306 天晓得洛夫先生在兰德办什么事，他看上去似乎一点儿也不着急。瓦克瑟姆小姐一直和县里的主管戴维斯小姐待在一起，其他人在学院里来来去去，而洛夫先生始终留在那里。

> 晚饭时间到了，洛夫先生留下来了。我们吃了一顿很难吃的罐头冷餐。麦克布莱德小姐走了，洛夫先生留下来。
>
> 下午的时候，洛夫先生曾经喊我。这当然是个惊喜。我解释了戴维斯小姐出去的原因，但他似乎并不在乎。我说她很快就回来。他问我要不要乘车去郊外看看。我当然要去啦……我

> 们在印第安保留地里跑了很长一段路，愉快地闲聊了一路，我们的座位中间隔了一个巧克力盒子……他抱怨说，兰德这个鬼地方，除了在酒馆里，没有一个地方能让人过夜。“来烤棉花糖吧。”我说。他觉着这个建议不错。

当她星期天去教堂时，洛夫也在那里，应该叫他“约翰·圣诞·洛夫”，他已经十年没去过教堂了。所有的活动都结束了，该离开兰德了。

> 从早上天就开始下雪，路上几乎什么也看不见。天光映在白雪上，始终那样明亮，不知不觉中，太阳落山了，月亮的轮廓在雪中显现出来。四周都是松软的白雪，挡住了外界所有的声音和景色。老马识途，走得很稳。幸好天气不算很冷，好几层毯子和长袍，加上脚下新买的暖脚器，使我们感到温暖和舒适。在暴风雪中旅行比在家里坐在火炉旁看着窗外更令人愉快。当聊天聊得差不多结束时，我们就静静地继续前行，洛夫先生发现长袍下面有几袋糖果……他就来喂我们俩，因为我比缠在围巾和米尔斯太太海豹皮的长袖里还糟糕。漫漫路程轻松地悄悄地甩落在我们身后。

即使有这样的描述，兰德《肖肖恩探路者》的编辑和出版商也仍然在完成一期特别专题，号召年轻人去怀俄明州中部生活。
“我们谨向你们每一个人致以最诚挚的欢迎，欢迎你们来这里，留 307

在这块自然资源丰富到人们无法估算的国土上，帮助它发展，”出版商写道，（这块国土）“覆盖着青草和鼠尾草灌丛，这些植被最能滋养人和万物。”在它的风河山上有“数千平方公里的茂密森林，人类的脚步从未踏入过……说到这些木材供应的数量和质量，它将满足未来任何时候的所有需求”。此外，还有煤炭，“人们说，我们的煤炭资源丰富，整个美国在未来一个世纪里都无法用光它们……想象一下这种燃料供应量是多么巨大，或是想象一下有什么燃料需求会耗尽它，这是超乎想象的”。还有石油，“这是一个长期以来公认的事实，丰富的石油储存在这个地区的天然油库里，石油储量之大，简直无法估计”。还有黄金。在风河地区的南端，已经有将近 500 万美元从一些小金矿里挖掘出来，这些小金矿的名字有：拼字游戏、土拨鼠、藏手、摩门教裂缝、铁公爵、侏儒、骗子、卡里布和爱尔兰守财奴。“没有一个矿场已经枯竭，只是降低到了一定的深度，需要用更多更好的机械。”这里也有铀，只是眼下还没有迫切的需要去找它，而且还没有一个地质学家能胜任这项任务。

冬天在继续，大自然有取之不尽的刺骨寒风和令人眼花的茫茫大雪，气温时不时地接近零下 45 摄氏度。瓦克瑟姆小姐患上了严重的幽居病，她在日记中写道：“我的情绪不好，在椅子上坐不住，一坐就痛。”即使是在积雪最厚的时候，洛夫先生还是努力赶过来去接近她。有一次，他“裹得严严实实的”，骑着马“从阿卡里孤峰一路跑来”。还有一次，他花了一整天的时间在双子溪学校提高自己的文化水平。

洛夫先生的关注一直以同样的方式坚持了五年。他追她到科
罗拉多，甚至追到威斯康星州。1910 年 6 月 20 日他们结婚了，赶
着一辆牧羊车去了他在风河盆地的牧场。那是一个平原地带，丘陵
低缓起伏。几乎从任何一个地方环顾四周，你都可以看到 125 公
里以外的风河山脉，45 公里以外的猫头鹰溪山脉，30 公里以外的
响尾蛇山岭，20 公里以外的海狸分水岭，160 公里以外的大角山。 308
在任何一个方向都看不到建筑物。在这里，他们兴旺起来。在这
里，他们也会遭受灾难和痛苦。在这里，他们抚养了三个孩子，两
个儿子年龄相近，十几年后，又有了一个女儿。他们这个县会不时
地提供一名女教师，但他们孩子的教育基本上是由母亲管。一个
成为石油化学家，另一个成为新泽西高速公路和纽约州高速公路
的设计工程师，还有一个成为落基山脉卓越的地质学家。

6

沿着内布拉斯加州和怀俄明州的州界，在北纬 41 度线附近，平原上出现了一条长长的山岭，叫松树崖。那里岩石的年龄和故事跟不远处的苏格兰崖差不多。戴维·洛夫站在松树崖顶上说，对很多赶着马车、推着手推车的移民来说，这里是密苏里州西部平原上的第一道坎儿。在崖顶上，移民们第一次看到了落基山脉的前缘山脉，这些山脉给了他们希望和勇气。然而，我们今天从同一个地方向西望去，却只能看到眼前春天的野花，再远一点就是纷飞的雪花。拉勒米山就在正前方，它西南方向有一座山，叫"无夏山"，那里永远没有夏天，有 3000 至 4000 米高，一眼望去，景象确实令人振奋，但是今天我们什么也看不到。洛夫说，春天的暴风雪"有点像一次亲吻，一闪而至，随即消失"。不过，眼前这场暴风雪却让我们整整耽搁了三天。在这里，我们有大片的路旁剖面要看，80 号州际公路正好从山崖边上擦过，要看的景象很多，要看的地质故事也很多，但都被雪遮盖住了。当然，遮盖住地质故事的不仅仅是雪。

像其他的平顶山和孤峰一样，山崖矗立在周围的土地之上，它们本身就是周边岩石剥蚀后剩下来的。松树崖的岩石是沉积的石灰岩和砂岩，看起来很平坦，但事实上它略微有点倾斜，如果把

它的层面向西延伸 160 公里，就能描绘出以前的地貌景观，大约每 309
1 公里升高 11 米，正好衔接上那里的山顶。“那是一个连续的地面，”洛夫说，“它越过拉勒米山的顶部，连接到这里的高平原上。松树崖就是那个古地面的一部分。”

在地球历史上，那是前不久的事。他说，落基山脉早就形成了我们所知道的形状，但它最好的时候是在 1000 万年以前，落基山脉中部还被埋着，刚刚露出下巴，只有最高的山峰裸露着，像冰原岛峰刺穿了大陆冰盖，又像散布在海上的岛屿。风河山那些顶峰只是中新世平原上的一些丘陵。最高的大角山脉已经从平原上露出头角，其他山脉的尖峰也露出来了。在那之前的 4000 万年，也就是在始新世，落基山脉的大部分地区看起来和今天一样，山脉之间也像今天一样，是广阔的盆地。整个地区更接近海平面，但地势起伏情况和今天是一样的。

这是一个奇怪的故事，充满了奇怪的细节。例如，石灰岩通常是一种海相岩石，来源于珊瑚和贝壳。什么样的石灰岩会在像帐篷一样的从山脊线倾斜下来的山坡表面上形成。洛夫说，地表布满了溪流，在被掩埋的山脉东侧，河流在起伏的地形中流动，填满了无数的湖泊。古老的碳酸盐岩溶解后被河流带进湖里。石灰质也会从山脉核部的花岗岩中渗出来。这些湖泊中就形成了淡水石灰岩，其中的淡水螺化石就是石灰岩的自我证明。石灰岩中还有很多其他化石，经常在一些狭窄的封闭区域发现，这些地区被描述成化石集中营和化石墓地。这种环境很像是巴西中南部的一个现代平原，那里的季节性强降雨使无数湖泊的水位升高，导致很多动物聚集在小岛上并且死在那里。石灰岩溶于水，在北美洲东部形成富饶的山谷，但在干燥的西部，大部分仍然没有溶解。它天生的坚固性让它保持在高处，而周围较弱的岩石会脱落。石灰岩是松树崖的保护性盖层。刺柏枝繁叶茂，西黄松和千手丝兰也长得很茂盛。

我们乘坐“野马”车穿过雪地，走向群山，穿过大平原的最后
310 一段路程，一条条向东流动的河流把大平原的形状塑造成大海波浪的样式。在公路附近不时地可以看到“磕头机”[1]，从深部的白垩系砂岩里向上泵石油，工作时，它的大脑袋认真地上下运动，像一只巨大的蚂蚱在专心祈祷。当我们经过夏延时，雪下得正猛，我们什么也看不清，在茫茫白雪中唯一能看到的是60米高处有一团火焰，顶在炼油厂的一座塔顶上，火借风势，熊熊燃烧，冲上天空。“真是浪费。”洛夫说。

如果我们在大约7500万年前横穿怀俄明州向西走，那时正在晚白垩世康潘期的时候，我们当然是漂在海面上，这一点儿也不夸张。拉勒米山根本不存在，大角山、熊牙山和风河山也都不存在。在怀俄明州的任何一个地方，当时都没有山脉存在的迹象。如果我们乘坐一艘远洋船，假设说就是我们的“野马”号，我们会在罗林斯东面不远的地方登陆，穿过海滩后，最远到犹他州就会走进平坦的沼泽地带。

1 又叫“游梁式抽油机”，是油田目前主要使用的从地下抽出石油的一种机械。整体结构像一架天平，一头由电动机带动，另一头是带动抽油泵柱塞的“驴头”，连续不断地上下运动，像不断地点头一样，把石油泵出井筒。人们形象地称之为“磕头机”。

早些时候，这里的确有过几座山，大部分都在科罗拉多州，只是延伸进怀俄明州几公里。人们叫它们“始祖落基山脉”；但是它们和现在的落基山脉几乎没有任何关系，就像两个家庭在不同的时期住在同一所房子里。宾夕法尼亚纪形成的山脉在 2.3 亿年前就已经夷为平地了。在同一地区，在那之前的几亿年里，在前寒武纪的不同时期里，也曾经有过其他山脉。事实上，有证据表明，在前寒武纪大约 20 亿年的时期里，这里有不少大山曾经崛起过，后来又逐渐消失了，其中任何一条山脉都有资格被尊称为“始祖落基山脉”。

在前寒武纪中期，太古宙结束后不久，熔岩沿着巨大火山群的边缘流下来，一直流到很远的海底，现在的怀俄明州就是当时海底的一部分。很难说火山的确切位置在哪儿，但它们的存在是事实，火山熔岩的存在就是证据。稍晚些时候，熔岩发生了褶皱和断裂，这显然是在造山过程中发生的。更多的前寒武纪山脉在这个地区出现了，规模巨大，制造了巨量碎屑沉积物，输送到海里，覆盖了部分怀俄明州，厚度达 7600 多米。这些沉积物形成岩石后，更多的造山活动加热并改变了岩石：石灰岩变成了大理岩，砂岩变成了石英岩，页岩变成了板岩。与此同时，进入地壳深处约 10 311
公里的地方有一个巨大的炽热岩浆体，其中大部分都具有花岗岩的化学成分。在怀俄明州东部，在今天 80 号州际公路穿过拉勒米山的地方，岩浆中含有足够的铁，让长石染了色，让花岗岩变成了粉红色。大晶体都生长得很缓慢，这是不证自明的。这些岩浆慢慢地冷却，形成了很大的石英和长石晶体。

所有这些都发生在前寒武纪，占了世界历史的前 88%。通常，前寒武纪岩石被统称为“基底”，意思是说“大陆的基底”，似乎“基底”这个词概括了一切，我们美妙的世界就建立在这个“一切”之上。“基底”这个词的科学隐喻实在是太含糊不清了，有太多的言外之意，在某种意义上，你可以把它理解成一个坚实的地基，而在另一种意义上，你又可以把它理解成一个琢磨不透的地窖，里面藏着很多你不知道的东西。不管是哪一种情况，“基底”都打发掉了40 亿年长的时间跨度。它试图压缩那些不可压缩的东西。它压缩了一个地区的地质历史，那里有很多始祖山脉曾经崛起，然后又完全销毁。眼前这一小串宾夕法尼亚系出露的山脉根本不能说是代表了落基山脉的祖先和家谱。

在晚白垩世和第三纪早期，山脉开始在怀俄明州广阔的海洋和沼泽平原下升起。海水被排进墨西哥湾，排进北冰洋。正像戴维·洛夫总结的那样：“所有的地狱都崩塌了。”在怀俄明州的最西部，分解下来的地壳碎片向东滑行，骑在年轻的岩石上滑行了 80 公里、100 公里和 120 公里，像瓦片一样叠起来，一片叠着一片。在这些逆冲山脉以东 640 公里远的地方，有其他山脉开始升起，但升起的方式完全不同。这些山脉从地下直接拱起来。用洛夫的话说，它们是“鼓出来的”。山脉中间的盆地会凹下去，在这些盆地向下弯曲或者褶皱时，会发生充填，尤其是在盆地的边缘。这些山脉也在移动，但移动的距离不大，这里 8 公里，那里 13 公里。它们移动的速度和方向很不一致，让人琢磨不透。风河山向西南方向爬行，以大约每 10 年 13 厘米的速度爬行了 100 万年。大角山脉裂开了，一部分向南移动，另一部分向东移动。同样地，熊牙山脉向东和西南移动，药弓山脉向东移动，瓦沙基山向西移动，尤因塔山脉向北移动。所有的移动距离都很短，因为这些山脉基本上都是有根的。马德雷山根本就一点也没动。这些山脉山脊的走向朝各 312
个方向延伸，像风向标一样。拉勒米山沿南北走向延伸。风河山和大角山脉的延伸方向是西北—东南方向。尤因塔山脉的延伸方向有点特殊，是东西方向的，这和科迪勒拉西部的轴线正好形成直角，猫头鹰溪山的走向也是这样。所有这些山脉都是从克拉通“鼓出来的”，这是在大陆的心脏地带，叫“稳定的克拉通核”。这就好像在俄亥俄州这样一个阿巴拉契亚山脉冲断带的内部出现了群山，就像一窝肥猪在一条大毯子下睡醒过来。这是世界构造史上最奇怪的事件之一，是一个货真价实的大谜团。它能检验任何人的理论。事情发生得很快。戴维·洛夫曾经提到过药弓山脉：“那些山从形成到它们被剥蚀，再到向东逆冲，一共没用多长时间。然后，运动停止了。这些可能一共用了1000万年，这对一个地质学家来说，可真是够快的。”

6000多米高的岩层从上升的山脉顶上剥落下来。代表白垩纪到前寒武纪的所有地层都碎成了渣渣，并被运送到东南方向的纳奇兹，山脉被剥蚀得只剩下结晶岩石和核心的变质岩。在最近五亿年的历史中，这是一件大事。用《落基山地区地质图集》的话来说，它“在西半球的大地构造中是独一无二的，因此，它似乎需要一个有点不寻常的原因，或许是一个独一无二的构造解释”。逆掩断层以东的山脉都被叫作“前陆山脉”，如风河山、尤因塔山脉、大角山脉、药弓山脉、拉勒米山，等等。这些山脉以它们自己奇特的方式东一段西一段地分布着，不过，总的趋势是从西向东越来越年轻，拉勒米山是最晚一个崛起的。“这些山脉很浮躁，”洛夫说话了，“它们并不是一下子就鼓起来的，而是在一段时间内像抽筋一样断续发生的。猫头鹰溪山在始新世早期隆起，尤因塔山脉也是这时候上升的。更东边的药弓山脉比尤因塔山脉上升得要早。它们全是相互隔离的山脉，但形成原因都一样。它们之间有一种凝聚力，就像一个家庭凝聚在一起一样。它们是同一个构造事件的不同部分。”

这个构造事件在地质学上叫“拉勒米造山运动”，或者，有时叫它“拉勒米革命”。

313 当然，山脉总是要剥蚀夷平的，就像山脉总是要隆起上升一样。在山脉的剥蚀和上升的较量中，剥蚀永远不会输。不过，在一段相对较短的时间内，山脉的上升速度要比剥蚀速度快。在洛夫所说的“世界上已知的局部最大垂直位移”中，风河山相对于周围的岩石上升了 18 公里，尤因塔山脉上升了 15 公里，其他山脉上升的幅度也和它们差不多。频繁的降雨和很多河流助长了它们被夷平的过程。怀俄明州西部在始新世时没有海岸山脉，也没有内华达山脉。太平洋上的暖风给落基山脉带来了降雨，气候很像今天的佛罗里达州。在始新世早期，山脉看上去和今天差不多，但造山运动停止了。在平静的构造环境中，剥蚀当然还在继续，山脉之间宽阔的凹陷也在继续充填着。

然后，“革命”又恢复了。“在始新世早期的最后阶段，在

5200 万年以前，所有的地狱再次崩塌。”洛夫说。在怀俄明州西北部，数以立方公里计算的熔岩从几千条裂缝中喷涌而出。它因风化裂开，又被河流重新排列，后来被雕塑成阿布萨洛卡山。“在那之后，什么事儿都没了，”他继续说着，“在渐新世，构造活动完全停止了，至少一直停止到中新世早期。停止了 3000 万年。然后，在中新世晚期，地狱又一次崩塌。在过去的 1000 万年里，所有的地狱都在一次又一次地崩塌着。这可不是一门静态的科学。”

在构造活动完全停止的那 3000 万年里，落基山脉被静静地深埋在它自己剥蚀下来的废墟里，当然，世界并不是绝对平静的，总有些东西从地下冒出来或从天上掉下来。很多火山灰来自遥远的火山爆发，来自爱达荷州、俄勒冈州、内华达州规模巨大的成层火山。“据我们所知，也许还来自亚利桑那州和加利福尼亚州，”洛夫说，“但是，很多具体细节还不清楚。到始新世末期，瓦沙基山和猫头鹰溪山已经被埋得很深了，风河盆地和大角盆地没过了它们的头顶，连接成一个大盆地。到渐新世末期，只有那些最高山脉顶部 300 到 1200 米高的部分在加积平原之上露出了山尖。河水缓慢地懒洋洋地流淌着，它们快被火山灰淤塞死了，根本没有侵蚀能力。”

犀牛、鹿和羚羊的先祖，以及前后肢各长着三个脚趾的小马 314
都经历了这些变化，随着海拔和干旱程度的增加，一个生长着无花果、木兰和面包果的亚热带世界逐渐变冷了，到处是生长着槭树、栎树和山毛榉的森林。仅仅是海拔高度上升并不能解释气候变冷的原因。它预示着即将来临的冰川时代。

山脉的埋藏一直持续到中新世，正如洛夫所描述的那样，生产出的“砂岩和凝灰质碎屑的厚度令人惊讶”。来自黄石的火山碎屑砂和从其他地方被风向西吹来的火山碎屑砂堆积起来，在一些地方形成了巨大的沙丘。在怀俄明州中部堆积了600米的砂层。5800米厚的砂层堆积在下沉的杰克逊洞，这是美洲最厚的中新世沉积。从风河山向南到科罗拉多州，向东到内布拉斯加州，是连续的广袤平原，只有一些最高山脉的尖峰刺破平原，露在外面。河流比它们现在要高出几百米。山脉几乎被埋到了它们的顶峰，彼此之间隔了数百公里远，基本是一马平川。平原上能见到的山脉寥寥无几，更多的山脉踪影全无，完全被流水带来的沉积物和深部喷出的火山碎屑覆盖了。在鼎盛时期，宽阔的平原地面几乎占据了怀俄明州的所有地方——超过百分之九十，平原上缓缓流动的蛇曲河形成巨大的弯道和牛轭湖。正如事情将会被证明的那样，沉积不会再加厚了。在中新世晚期，这里的充填厚度达到了最大程度。

肯定是有什么原因开始抬升这一地区——整个由下冲、上冲和逆冲山脉组成的地体，从埋藏状态到整体抬升出露在地表之上——使它们迅速抬升了大约1.6公里。“这种抬升并不是在所有地方都完全一致的，”洛夫说，“没有一块地方的抬升是一样的。”产生这种所谓“造陆运动”的原因是一个有争议的话题，有时甚至是激烈的争论，但这一原因的结果一直持续到今天，这是不争的事实，因为它一直是有目共睹的。在地质学上，它被叫作“落基山脉的剥露”。

仅仅在怀俄明州那些山脉上和周围地区，就挖出并搬运走了约20万立方公里的山石碎屑，更不用说在邻近地区的众多山脉中

也进行过同等规模的剥蚀了。尽管这一过程已经持续了1000万年，
但地质学家们相信，在过去的150万年里，这一过程特别活跃，部 315
分原因是大陆冰盖周缘地区的大量降水。随着海拔的升高，在中新世平原上漫无目的游荡的懒散河流开始变直，奔腾起来，河道开始向下深切，像链锯错动着锯齿，搬运磨蚀着巨石块和砾石。这些河流的形态跟埋藏在地下的始新世地形没有任何关系。其中一些河流在现在怀俄明州的天空下穿行，有时会碰巧穿过被掩埋山脉的尖顶。一旦摸到了这些潜山，就会锯穿它们。有些现象甚至比这还要奇怪。一条河恰好从一条被掩埋的山嘴上流过，它看上去马上就会切穿这个山嘴，最终流进这条山脉中，然而，它又改变了主意，从另一条路流了回来。这种过程像是在变魔术，看不到任何逻辑。这里说的“最终”当然是指现在。现在的北普拉特河流入药弓山脉的岩石中，然后又流出来，穿越汉纳盆地，再流经塞米诺山脉和花岗岩山脉。它在花岗岩山脉的山顶上和甜水河汇聚在一起。根本不考虑现代的地形地貌，这是中新世河流格局的特征。在拉勒米平原上，拉勒米河曾经在一个时期里以一种不太寻常的方式流淌。它为自己建了一个盆地的中心，好像它就是360度全景的原始建筑师，但它随后向右猛拐，像一头公牛低着头冲向拉勒米山脉，冲刷出的峡谷又深又不规则，河水咆哮着在峡谷中奔腾。在剥露过程中，河道下切进山脉，顺势把山脉切成了两半。

事实上，怀俄明州绝大多数的大河流跟它们所流经的地貌景观之间并没有明显的联系。其他地方的河流都像树叶上的叶脉一样，有一种树枝状的图案，很和谐地塑造着它们所主宰的地貌景

观，而落基山脉中几乎所有的河流似乎都在挑战大自然，挑战人们的常识。在俄勒冈小道上的魔鬼之门，甜水河流进一座花岗岩小山，然后从另一侧流出来。风河向猫头鹰溪山延伸，径直穿进山中，把山穿透后，又从另一侧流出。它也是完全切穿了在中新世完全被埋在深处的山脉，然后在整体剥露过程中下切到这些山脉的内部。这种不寻常的现象是人们完全想象不到的，所以，早期的那些探险家，甚至那些土著居民，都不把它们当成同一条河流放在
316 一起。他们给山南侧的河起名叫“风河”，而把山北侧的河叫“大角河”。最终，他们发现了连接这两条河的风河峡谷。

在拉勒米山脉的东侧有一片区域，不知为什么竟逃过了整体剥露。实际上它和中新世残余物相连，一直延伸到内布拉斯加州。这是墨西哥和加拿大之间唯一一片平坦的区域，顺着它可以直达山顶，而山脉被盖在它底下。在它南北两侧的广阔地区都受到了剥蚀，而且剥蚀的深度很大，形成了气势雄伟的山脉前脸。只有这一小片区域还是大平原的一部分，像一根伸直的手指，虽然极其狭窄，但却完整无损，像当初沉积那样，直接盖在山脉的核心部位，盖在被掀去顶盖的粉红色前寒武纪花岗岩上，坐落在山脉的顶部。这个地方和其他任何地方都不一样，就像在平地和山顶之间搭了一块跳板，通过这里，你可以从大平原直接登上落基山脉的山顶。地质学家把这儿叫作“跳板梁”。

现在，我们的“野马”已经开始冒着雪爬坡，洛夫告诉我，我们正在跳板梁上走着。我们的两边都看不到地面，能见度很低，我们确实像是在一块跳板上冲向天空。我们继续爬升，脚下的跳板

梁越来越窄。我们在路肩上靠边停下车，关掉发动机，眯起眼向四周环顾。我们似乎是在一座桥上，这座桥是由拆散的落基山碎块和飘来的火山灰建造的，在飘动的雪幕中，我们穿过了这一巨大通道。“这里每年有 30 厘米的降水量，而且绝大部分是降雪，”他说，“平均气温是 3.3 摄氏度。生长期不到 90 天。怀俄明州这个地区的气候和北极圈差不多。”结果，我们敌不过大雪，只好放弃了地质，乖乖地打道回府，回到洛夫在拉勒米的家里。我们另找了个好天儿，重新回到跳板梁上。

跳板梁最窄的地方只有 800 米宽，它的南北两侧都是山前的深坑，那里曾经充填了沉积物。坑壁上可以看到破碎的宾夕法尼亚系砂岩，一头陡然翘起，向东倾斜，斜倚在山上。它们靠在那里，像一堆木头倚着谷仓一样。这些红色砂岩斜靠在拉勒米山脉两侧，这本身就讲述了一个拉勒米造山运动的故事，因为它们是山脉揭顶过程的一部分，它们是古生代地层体的一部分，这些地层曾经平躺在早前寒武纪花岗岩上。有人认为它们曾是宾夕法尼亚纪 317
海滩的砂层。无论它们曾经可能是什么，有一点毫无疑问，它们曾经是水平的。在大约 2.5 亿年长的时间里，一层又一层沉积物堆积在它们上面，包括沉积在白垩纪海底的沉积物，它们一直保持着水平状态。然后，所有的地狱都崩塌了，花岗岩在它们下面升起来。花岗岩体就像地下室的电梯，穿过城市的人行道向上升起，把两扇折页门推开。很多山脉的隆起过程都有这样的年代学次序，古老的坚硬物质从大大低于地面的地方向上刺穿顶部的岩层，最终达到最高点，而顶部岩层折断的末端会斜倚在硬核的侧面，离硬核越远，地层的年龄就越年轻。宾夕法尼亚系砂岩层折断的部分形成了倾斜地层的露头边缘，已经风化成粗糙的锯齿状山脊，沿着山脉侧面分布。落基山脉的两侧就很典型地分布着这样的猪背岭。科罗拉多州博尔德城的背景就是猪背岭，在当地叫"熨斗岭"，它们就是同样的宾夕法尼亚系地层斜靠在弗朗特山上。现在，我们站在跳板梁上，洛夫向我解释说："这是你离开密西西比河以来第一次看到古生界岩石。实际上，这些岩石从艾奥瓦州到内布拉斯加州一直都存在，只是被埋在地下了。"

1865年秋天，格伦维尔·道奇少将率领驮队、骑兵以及其他部队沿着圣沃伦小道南下，走到拉勒米山前。随后在这里发生了"粉河战役"，这场战役即使在军事上不被打败的话，在目的上也已经包含了失败的因素，因为他们想去威胁北夏延人和奥加拉拉苏人。不过，道奇将军这时心里想的是别的事情。林肯总统在去世前不久曾经指示道奇，为修建联合太平洋铁路选一条路线。道奇像他之前的其他人一样，去请教了吉姆·布里杰[1]，布里杰是远近闻名的捕猎者、探险家、皮草商人、商业企业家和全能山地人。布里杰这时已经60岁了，他进入西部的时间几乎比其他任何人都早二三十年，对这个地区了如指掌，没有几个白人能赶得上他。是他首先发现了大盐湖，不过，他把他发现的大盐湖叫作"太平洋"。是他最早对杰克逊洞、黄石湖、黄石瀑布、火洞间歇泉和麦迪逊河

1　一位传奇人物，在19世纪20到40年代的美国西部拓荒时期，活跃在落基山脉绵亘1500公里、海拔4000米左右的崇山峻岭之间。

进行了描述，不过，他的描述一度被人们认为是“吉姆·布里杰的
谎言”。他的岳父就是瓦沙基酋长。现在这位穿蓝制服的将军想要 318
知道将来修建铁路应该从哪里穿过。俄勒冈小道绕过拉勒米山的北端，沿甜水河向上，再穿过南山口，至少可以说，这样走的坡度要小点。但是对于一条能保持竞争力的横贯大陆的铁路来说，甜水河路线虽然宽阔，但太过偏僻，又没有煤炭。布里杰提到洛奇波尔溪，说它上面的高地是拉勒米山顶部的低点，稍后的经纬仪测量及时证实了这一事实。这条铁路可以从那里走。

于是，1865 年，道奇沿粉河南下，把他的驮队和骑兵留在了圣沃伦小道上，带领一支小巡逻队进入洛奇波尔溪。在山顶上，他转向南方，对山顶周围的地形进行勘察。克罗溪高处有一条支流，这个小山谷在布里杰推荐路线的南面，有 8 到 16 公里远，他们在那里的勘察让一群印第安人起了疑心。他的报告没有提到那是哪个部落。他们怀有敌意，或者至少在道奇向他们开火之后变得充满敌意。在双方都感到惊讶的那一刻，他意识到，他和主力部队被这些印第安人隔开了，这使他在战术上感到紧张。巡逻队下了马，向正东走去，“当印第安人向我们走得太近的时候，我们就用温切斯特步枪把他们逼入困境”。结果，跳板梁就这样被发现了。道奇继续向东走，希望能走到一个悬崖上，可以点着烟，发出信号，但是，他没有见到悬崖。出乎意料的是，他到了一处很高的古代地表的残余部分，这是克罗溪和孤树溪之间一片狭窄的高地，跟他们勘察过的山顶是连通的。

> 它直通平原，没有一点间断。事后我对我的向导说，保住我们的战利品，我相信我们找到了通路。

道奇将军回东部去了，1867 年春天，他回来了，带来了已经被批准的路线。当时的联合太平洋铁路已经修到了内布拉斯加州中部。他从那里下了火车，溯北普拉特河向上，再进入洛奇波尔溪，当他接近群山时，直接从陆路到达克罗溪，在那里他标出了铁路下一段的西部终点。他不管别人有什么想法，就给这个地方起了个名，叫“夏延”。很快，他就需要去保护自己，抗击愤怒的夏延人
319 了。夏延人杀害了士兵和劳工，拔出了测量桩，偷走了牲畜，毁坏了设备。当一些政客、官员和金融家亲自来西部进行实地考察时，夏延人袭击了他们。道奇将军拔出左轮手枪，跟这些来访者说：“我们要么就把这些该死的印第安人赶走，要么就放弃修建联合太平洋铁路。政府可以做出自己的选择。”

跳板梁上最窄的地方对联合太平洋铁路来说足够宽了，但再修别的路就够呛了。州际公路紧贴在一边。铁轨和行车道离得太近了，挤在跳板梁上，就像吉他的琴弦挤在琴颈上。一辆长长的运煤车从我们身边驶过。“这些煤装的高度没有超过车厢顶部，”洛夫评论着，“这是一个环保措施，防止煤灰随风飘洒。”他说，这是个好主意。毫无疑问，他早年经历过太多的煤渣雨了，他不禁想到，这场对粉尘的现代抗击战“就像把一场大火控制在林区防火带上”。以前，当一辆老式的火车驶进一座城镇时，带起的风就会把道旁零散堆积的煤粉卷起来，造成煤渣雨。他还说，这里不可

能成为一条重要的移民路线，因为这里缺少草和水，而这两样都是依靠牲畜动力进行旅行的绝对必需品。然而，对于联合太平洋铁路来说，跳板梁提供了速度和效率，从而能在竞争中占据优势。当丹佛－里约格兰德铁路公司还在忙于解决财政开支和时间安排的困难时，当圣达菲铁路公司正在挑战山脉和沙漠地形时，联合太平洋公司的铁路已经修到跳板梁上，打开了西部之门，成为大众的“皮特大叔”。洛夫说：“在这里，山姆大叔和皮特大叔[1]比起来，简直就是一条毯子里裹着的一只小虫子，微不足道。联合太平洋铁路公司很好地利用了跳板梁。这个中新世奥加拉拉组是最年轻的高地平原沉积，直接盖在山的前坡上。这个地层组有点微妙，似乎值得从学术上讨论一下形成原因，但当你试图建设一条铁路时才发现它重要的实用价值。这是整个落基山脉前坡唯一的地方，让你可以从大平原直达山顶，而不必像蛇一样弯弯曲曲地爬上山，也不必去开凿穿山隧道。跳板梁的这个特点对西部建设的贡献比任何其他因素都大。我并没有要去贬低俄勒冈小道的重要性，但在这里你有很多有利条件。这一点以前从来没有人提起过。”

当铁路建成时，联邦政府特许了铁路沿线 50% 的土地给铁 320
路公司，这些土地分布在铁路线旁 64 公里的狭长地带，以棋盘格的方式，每 2 平方公里中给铁路公司 1 平方公里。皮特大叔太大

1 山姆大叔（Uncle Sam）的英文缩写是 US，与美利坚合众国（United States of America）前半段的缩写 US 相同，从而成了美国的绰号和拟人化形象。联合太平洋公司（Union Pacific）的英文缩写是 UP，皮特大叔（Uncle Pete）的英文缩写也是 UP，因此成了该公司的昵称，深受该公司员工的喜爱。

了，他衍生出很多子公司，其中包括落基山能源公司、高地工业公司、尚普林石油公司等，他还掌握了大量没开采的铀矿，这些铀足够把怀俄明州送到月球上去。在夏延，联合太平洋火车站和州议会大厦在国会大道的两端遥相呼应。联合太平洋火车站没有建在拉勒米山里，而是在山脉东侧 64 公里的地方，像山脉本身一样，坐落在宾夕法尼亚系赤褐色砂岩中，地基是前寒武纪花岗岩。它至少和州议会大厦一样让人印象深刻，是一座巴洛克式建筑，像山一样，气势雄伟。

当然，在道奇将军在拉勒米山上给印第安人带来惊吓之前，这些印第安人已经使用跳板梁很长时间了。他们从大平原跨过这里进入到拉勒米盆地，再一直走到药弓山脉的狩猎场。印第安人从一开始就是在沿着一条小路走。是野牛发现了跳板梁。“那是一条野牛走的小路，”洛夫说，“野牛才是真正的开路者，你都不会相信那是些小路。它们和最好的土木工程师一样优秀，今天也同样是这样。假如你去黄石公园，去偏远地区，当你找不到路穿过沼泽、山脉和地热地区时，你就去找野牛小路吧，你一定会穿过去的。”在跳板梁上，80 号州际公路旁立着一个标志牌，上面写着：“游戏通道”。

7

我们离开跳板梁，沿公路穿过一片粉红色的花岗岩。洛夫说：
“现在我们走进山脉了，走在山脉核心的前寒武纪岩石里。你得仔细
看看。这里精彩的地质情况有点让人难以琢磨，80 号州际公路穿过
这里并不是为了炫耀这些花岗岩，而是为了利用它的长处。”路边有
很多粉色花岗岩的露头，还有一些黑色的、支离破碎的角闪岩，这些
角闪岩是花岗岩的围岩，是在 14 亿年前被花岗岩侵入的。州际公路 321
恰好穿过浅粉色花岗岩和炭灰色角闪岩的接触带。看上去就好像在
粉刷墙壁时在那儿换了颜色。暗黑的岩石上布满了断裂面和劈理面。
“在花岗岩侵入之前，这些角闪岩可能已经被弄乱很长时间了，”洛夫
说，“它的年龄可能有 20 亿或 30 亿年了。我们知道得不是很确切。”

随着海拔的升高，花岗岩的路旁剖面变得越来越深、越来越高，看上去颜色越来越红。这些岩石很坚硬，50 多米高的岩壁像刀削的一样竖直，没有一个台阶。一些白色的石英脉在红色的花岗岩壁上穿插交织，像是雪花牛排上的大理石花纹，在花岗岩形成以后又过了很长一段时间，这些地方发生了破裂，被石英脉填充进去。岩壁上可以见到一些垂直的平行凹槽，就像异地沉积物中巨大的虫迹。实际上，这些平行凹槽是在开山修路爆破岩石时钻出来的化石炮孔和卸荷导孔。筑路工们钻好这些孔，然后每隔两个孔

填装一个孔炸药，进行爆破。就这样，他们，当然还有我们，到达了2633米高处，这是80号州际公路上位于大西洋和太平洋之间的最高点。远远看去，似乎有一个鸡头坐落在一块花岗岩大石块的顶上，好像是被砍下来的。当我们走近后抬头一看，才知道那是亚伯拉罕·林肯。事实上，这是一座很巧妙的雕像，放在一个巨大的基座上。几年前，那里曾是林肯公路的顶峰，现在，林肯公路的主体以及林肯的伟大精神已经融进80号州际公路中。

我们从那里离开了80号州际公路，顶着西南风走，山脊上居然出现了一片令人惊讶的平坦地形，一对车辙印在粉红色花岗岩上，矿物晶体有银元大小。这片又高又宽的山顶平地上视野很好，眼前是落基山脉的前缘地区，向南可以清楚地看到无夏山耸立在科罗拉多州，向西可以看到雪岭山的明亮峰顶。雪岭山的白色高出那片暗色的森林，好像飘浮在药弓山脉的山顶上。景色看起来很神奇，但事实上就是这样。在3000多米的高度上，雪岭山的底部坐在药弓山脉平平的山顶上，像一条单桅帆船漂在水上，它的船帆又向上拔起610米。中新世时期，药弓山脉平坦的山顶是一个沉积盆地的最大充填面，它现在的高度比雪岭山要低。在雪岭山
322 和我们所站的拉勒米山脉顶部之间，是80公里宽的拉勒米平原，已经被侵蚀成深坑。从我们的视线到药弓山脉森林顶界线之间就是中新世时的景观。从远处的3658米高处，地表缓缓地倾斜到我们所在的2740米高度，我们转过身再向东看，这个中新世地面被侵蚀得几乎见不到了，用洛夫的话说，被侵蚀的中新世地面向东“只剩下脱衣舞女的丁字带了”。

在落基山脉中部的每一个地方，盆地的最高水位都触到了那些现在高度在海拔 3000 到 3660 米之间的显赫大山，这一结果不但让这里的山脉形态秀丽，而且使其在世界山脉形态中也算得上别具一格。例如，在熊牙山脉，你可以登上一个冰川峡谷，它呈 U 形，有很高的冰斗，这和平宁阿尔卑斯山上任何一条悬谷都很相像；但是，你爬上从 3000 米、3300 米到 3660 米的高度以后，你不会看到任何一座山峰像韦斯角峰一样指向天空。取而代之的是，你进入了一个意想不到的地理环境，在爬上干燥的怀俄明州盆地的陡峭斜坡之后，竟然满眼都是郁郁葱葱，像是进入了天堂，又像是进入了世外仙境。高山草甸和蜿蜒的小溪散布在一个略有起伏但基本水平的高平原上，一部分被森林覆盖着，一部分是零星的针叶树和小型的冷水湖泊。药弓山脉也是这样的，还有尤因塔山脉和大角山脉，都是这样。在这些又高又平坦的表面，零星出露一些山峰，看上去像是皇冠摆在桌子上，当你从一个这样的表面走到另一个这样的表面，会穿过一个很深的分隔盆地，这种景象似乎让人费解，除非你能想到，它们之间隔着的不是空气，而是土地，是中新世时的沉积填充物，是曾经连绵不断的土地。在这些山脉肩上扛着的高平原就是从那个曾经连绵不断的宽阔侵蚀面上保留下来的，这个高高的平坦地面在科学上有各种不同的名字，其中目前最著名的是“山顶阶地”[1]。“在风河山的联合山口上有一个海拔

1 这是在怀俄明州拉勒米山特有的一种高山平坦地面，比山顶面低，海拔高度在 2740 米至 3660 米间。

3660 米的高原，很平坦，比大热天拉的一摊稀屎还要平。”洛夫记起来，接着又说，在这样一个平坦的高海拔地区，他有时会变得很紧张，但他在陡峭的山峰上就不会出现这种情况，这似乎是一种恐高症，跟在艾奥瓦州南部 3660 米高处的怪现象有关。

我们脚下花岗岩中的矿物晶体很粗大，这些花岗岩可能是世
323 界上最粗糙的花岗岩了，因此，它特别容易受风化作用的影响。花岗岩中粉红色的长石、黑色的云母和像透明玻璃一样的石英在那里暴露了几百万年，不用炸药就能从岩石中刮下来砾石。联合太平洋公司充分利用这一特点，把粉红色花岗岩碾成碎石块，铺设了近 1300 公里长的路基。在这片区域几乎没有土壤，只有 20 公里宽的粉红色粗糙岩石。“你从芝加哥往西走，会看到土壤的厚度和肥力都在减小，你走到跳板梁时，也就是在拉勒米山的顶部，会看到这里没有一点点土壤，”洛夫说，“这里有 1000 万年的发展历史，却没有一点土壤。为什么？风！这就是原因。所有比砾石要小的东西都被风刮跑了。”

站在风中就像站在水流湍急的河中。这里的风是“三天刮一次，一次刮三天”，而且从一开始风向就很稳定，始终在刮西南风，不是从有人类以来，而是从有这些山脉以来，各个时代的风都是西南风，这些由风留下的历史记录清楚地写在岩石上。山里到处可以见到散布的树木，凡是有树的地方，都可以看到树根扎在岩石里，所有的树冠看上去都像是被风兜翻上去的雨伞，所有的树干都顺风倾斜倒向一侧。“在落基山脉的这个地区，风蚀作用的影响很巨大，”洛夫说，“即使是在拉勒米山下，树木也都是倾斜的。老人们

常说，怀俄明州的风向标是用铁链拴上铁砧子做成的。当年在这里测量土地时，测量员很难让他们的三脚架保持稳定。他们只好在夜里或日出前风小的时候出去工作。”他的母亲在 1905 年的一篇日记中写道，她对路过双子溪学校的老汉利说，刮大风时，他可以进屋抽口烟避避风，即使这样会打断她讲课也没关系。她还描述了一个男人，他正努力建造一个小木屋，结果被大风刮走了：

> 刮大风的时候他正在竖起一根房梁。他抬头一看，看见一只花栗鼠从他头上飞过去。不一会儿，又飞过来一些羊，一只接一只，都是死羊。最后，又有一只羊飞过来，还没等它完全消失，他转过身，刚要说些什么，“咩……”然后他就飞到蒙大拿州去了。

侵蚀作用让地貌有了它的景观外貌，而侵蚀作用主要是水、冰和风的作用；风在任何地方几乎都是一个最小的或者可以忽略的因素，但是，例外中的例外是在怀俄明州。穿过州际公路回头 324
看，北面是山脉的顶峰，我们可以看到维达乌格伦花岗岩，出露在西黄松、山杨和软叶五针松之间，它像通常的花岗岩那样，沿着不同方向的软弱岩缝裂开，这些岩缝叫“节理”，把花岗岩切成大石块，而风吹着砂砾打磨掉了大石块的棱角。在一些地方，砂砾被风吹得贴着地面飞滚，把山顶阶地打磨得像个平顶大蘑菇。它们身后的山崖看起来成了一堆堆圆乎乎的大石块，像是什么动物坐在山顶阶地上，石块的底部已经被削蚀得很窄，看上去马上就要倒下来了，但仍然保持着平衡。洛夫沉思着，似乎在思考着地貌学中一些更深层次的问题。终于，他说话了："当野马拉屎的时候，总是会找到其他野马拉屎的地方，其他的野马也都这么做，一直到它们堆起大屎塔，立在空中，就像现在这堆石头一样。但驯养的马不会这么做。"

怀俄明州信息中心在夏延以南的 80 号州际公路旁，那里有 11 张野餐桌，都用砖砌的筒仓围着，每个筒仓都开了一个观景窗，这样，来怀俄明州的游客就能或多或少地进行野餐了，而不至于被风刮回家去。在山上，几乎每一栋房子都有一个小防风林带，而且大部分房子都只有一层高。移动房屋的房顶都盖着用过的旧轮胎。要不然的话，风会把房顶刮跑。科罗拉多州立大学的沉积学家玛丽·克劳斯有一次去怀俄明州中北部工作，她下车去看一个露头，没想到，风把她的汽车吹下了山崖。为怀俄明州服务的螺旋桨飞机被叫作"呕吐彗星"[1]。当人们走下飞机的时候，一个个吐得脸色铁青，看上去像斑点板岩一样。

"如今，大多数的人都没有意识到风和沙的力量，"洛夫说，"林肯高速公路的路面早就铺好了，但在通车的前 50 年里，你不会愿意下午往西走。风沙会把你车外的饰面打磨掉，会把你的挡风玻璃打出麻麻点点，让你看不清车外的情况。"公路部门还没有

1 美国国家航空航天局制造了一种"零重力"飞机，使宇航员能在地球上模拟在太空中的失重飘浮状态，"呕吐彗星"就是对这种"零重力"飞机的昵称。进入 21 世纪后，美国、俄罗斯和法国一些航空公司陆续开设了"零重力"航班，让非宇航员的普通乘客去体验奇妙的失重飘浮感觉。

为风做好准备。在 80 号州际公路上，风会把大型拖车刮翻。当雪落到怀俄明州地面上时，它的旅行才刚刚开始。雪会再次飘起来，从地面向上飘，形成地面暴雪，让整个地区不见天日。地面暴雪可以把房屋全埋住。在路旁剖面上，会堆起 15 米厚的积雪。风可能 325
会阵前反戈，掉转风向把雪再刮走。老人们常说："这里的雪不会融化，只会被刮跑。" 80 号州际公路在怀俄明州几乎每个月都会因为下雪而封路，只有八月份不会封路。封路时会一封好几天。在美国铁路公司放弃怀俄明州的客运服务之前，被风困在 80 号州际公路上的人们常常会丢下他们的汽车，转乘火车逃离困境。气候最差的一段 80 号州际公路在罗林斯以东，它绕着药弓山脉的高处走，公路旁的护栏上设置了风速计，经常会抓到超过限速的风。

现在，洛夫站在刚刚加固过的路面上，向西眺望着，80 公里以外的拉勒米平原西侧是一座又一座的高山，洛夫说，他认为，在这片落基山脉整体剥露上升过程中，风的作用比迄今为止所猜想的要大得多。当然，水对挖走和清除盆地充填物所做的贡献是很明显的，只要看看密西西比河三角洲就知道了。在那里，在海岸外很多公里的地方，你仍然可以钻到淤泥，你钻了4600 米深后，钻头仍然在中新世沉积物中。他接着说："然而，我们知道粉河盆地、大角河盆地、风河盆地、拉勒米盆地以及其他盆地沉积物的大致体积。我们可以说，所有这些剥蚀物都被搬运到山下，运往密西西比河三角洲了。可是，只运往三角洲吗？看看这些体积吧。这里存在着巨大的体积差别。你把海湾里的东西加起来，再把这里搬运走的东西加起来，它们并不成比例。从这里搬运走的比在那里沉积的要多得多。河流搬运的只占从这里挖走和运出去的一半。既然它不全在三角洲，它去了哪里? 太多的东西从这里带走了，必须用别的方式去解释。我想是风把它们带走了。我个人的感觉是，很多东西被风向东刮进了大西洋，可能还有一部分刮进了哈得逊湾。我们不知道。这些都是我们目前正在努力解决的问题。风究竟刮走了多少? 我们还是不知道，但几年前发生了一次沙尘暴，来自堪萨斯州、内布拉斯加州和科罗拉多州的大量细碎屑和浮尘进入了大西洋，这场沙尘暴只持续了几天。”

这样的沙尘暴会经常发生，它的大小和持续时间都不是罕见的。它受到注意是因为对它的影响进行过研究，研究成果发表在
326 《沉积岩石学杂志》上。当沙尘暴出现在佐治亚州海岸上空时，那里好像下了一场薄雾，这引起了萨凡纳附近斯基达维海洋研究所研究人员的注意。浮尘云团的高度是 3200 米，卫星照片显示了它另外两个维度的大小，是 104 万平方公里。用空气取样和测量设备，斯基达维研究所的人们收集到了沙尘颗粒。他们在报告中说，这场沙尘暴中的沙尘足足占了北大西洋附近所有河流和空气中细碎屑物年沉积量的 25%。此外，其中约 85% 是一种叫“伊利石”的黏土矿物。从东海岸河流流出的粉砂中只含有很少的伊利石，但伊利石在海底沉积物中占主导地位。根据斯基达维研究所的计算，一场沙尘暴带来的沙尘在海洋中沉积的数量达 100 万吨。

我们在山顶阶地上走着，离州际公路更远了点，在那里看到一个花岗岩金字塔，18 米高，底座每边宽 18 米。它是由建筑师 H. H. 理查德森设计的，重达 6000 吨，足以防止它被风刮走。我们站

在它的背风侧。风一阵一阵地刮过，就像在我们耳朵里敲着打击乐。这座纪念碑的不协调性和它的近乎与世隔绝成正比。这堪称是 80 号州际公路上皮特大叔版的亚伯拉罕·林肯纪念碑。它是为了纪念埃姆斯家的奥克斯和奥利弗兄弟，他们是马萨诸塞州的铲车制造商、铁路融资人，为了享受联合太平洋铁路的补贴收益，他们的美国莫比利埃信托公司和他们自己签订了建筑合同。如果你属于美国国会，你就能花半价去购买莫比利埃信托公司的股票。

在金字塔东侧的顶点附近，有一块牌匾，刻着奥利弗的头像，是 1881 年由奥古斯都·圣·高登斯[1]雕刻的——他雕刻的威廉·特库塞·谢尔曼像放置在曼哈顿的大军广场，而雕刻的罗伯特·古尔德·肖放置在波士顿公共广场。圣·高登斯雕刻的奥克斯头像牌匾在金字塔的西侧，正好迎着风。纪念碑建在联合太平洋铁路的最高点旁边，但现在铁路的最高点已经挪到别处去了。1901 年铁路改线，轨道铺设在五六公里之外的地方。原来的路基已经变得难以辨认了，需要找个地质学家去指出它原来在哪儿。这
事儿现在被洛夫做了。奥克斯的鼻子被一把强力来复枪打掉了。奥 327
利弗的鼻子也被打掉了，而且还打掉了大部分脸。洛夫说，希腊、罗马和萨拉森很多雕塑的鼻子都被汪达尔人[2]毁掉了，这两个鼻子

1 美国近代著名的艺术家，创作了很多美国南北战争（1861~1866）中的英雄人物的雕像。这里提到的威廉·谢尔曼是北军的三大著名将领之一，罗伯特·肖是第一个全黑人团的指挥官，支持黑人士兵得到平等待遇，牺牲时年仅 25 岁。

2 是古代日耳曼人部落的一支，公元 455 年曾经洗劫罗马，后来，“汪达尔人”（vandals）一词又多了一层含义：“破坏文物的人”。洛夫在这里巧用了双关语。

可能也是这帮汪达尔人干的吧。

回到州际公路上，就在亚伯拉罕·林肯纪念碑的西边，这里的岩石又变年轻了，这是因为我们离开了山脉核心的前寒武纪岩石，又回到同样的宾夕法尼亚系红色砂岩中，它在山的另一边已经倾斜了。这些岩石很红，在公路拐胳膊肘弯的地方，路旁剖面变得很大。拐过弯，公路下山进入了电话谷。头顶上，是第一根横跨落基山脉的电话线。1903 年，美国总统带着十几匹马和同伴途经电话谷去夏延。他的胡子像一对飞机翅膀，左右比例精准，一定给莱特兄弟[1]留下了深刻的印象。他戴了一顶三加仑的大帽子，他的便便大腹已得到了控制。那时候，州际公路的路线还是自由奔放的，显然他也是这样自由奔放。这里的红色岩石很漂亮，而且很坚硬，人们把它作为建筑材料采下来，从破碎的路旁剖面上砸下碎石块，装进皮卡，那些第一次来到拉勒米平原的牧场主们就是这样，开着货车进山，采下石头回家，盖他们的房屋。这些红色岩石是一种多孔的细粒砂岩，渗透性好，坚硬，但是易碎。它下面盖着的花岗岩是不渗水的，所以，水会从砂岩中流向山下。如果在底部有断层带，水就会通过断层释放出来，形成自喷泉，喷出地表，这些自喷泉就是拉勒米河的源头。这条路旁剖面有 10 到 20 米高，鲜红鲜红的，上面顶着一层浅黄色的石灰岩，这层石灰岩沉积在宾夕法尼亚纪热带海水中，覆盖在砂岩上面。山脉隆起的时候把一层层

1 莱特兄弟是美国著名的发明家，他们制造了世界上第一架有自身动力并且可控制的飞机“飞行者一号”，于 1903 年 12 月 17 日首次成功完成试飞，为飞机的实用化奠定了基础。

平缓的岩石抬升起来，再把它们向上拱弯，直到它们全都陡立起来，山脉的山坡比被侵蚀地层的倾角更平缓些。所以，当我们沿着电话谷下山时，州际公路的倾斜度比公路两旁岩层的要小，红色的砂岩一层层地逐渐让位给年轻的石灰岩，直到砂岩层完全消失，我们开始在海底漫游。那里到处是海百合、腕足动物和藻丛，它们曾生活在赤道附近，那里的环境很像今天的俾斯麦群岛或西里伯斯海的海湾。

峡谷越来越宽，终于进入到平原，这是落基山脉内部广阔的 328
干燥海洋。不久，我们来到拉勒米的格兰德大道，经过怀俄明州立大学，校园宽阔柔软的草坪衬托着一座浅黄色建筑，没有人会说这是一条路旁剖面，不过，你看它的墙上，布满了海百合、腕足动物和藻丛。我们路过洛夫的家，在第十一街，还路过了他在校园里的办公室，紧挨着一个真实大小的恐龙雕塑，有两层楼高，这是一只霸王龙，是地球历史上最强壮的动物，不用说，它是怀俄明州土生土长的。我们路过了圣马太圣公会大教堂，洛夫有理由感到一丝遗憾，它的墙壁上竟然也有很多海百合、腕足动物和藻丛。他曾经在那里的主日学校教过书。他把孩子们带到外面，给他们看教堂墙上的化石。他给孩子们描述这些生物生活的环境，告诉他们这些岩石的年龄，向他们解释环境的演化，对他们讲，适应环境才能成功。他在这里结束了他的沉积神学。

在离城北几公里的地方，我们路过一个采石场，那里挖出的石头不仅出现在怀俄明州立大学和圣马太大教堂，还出现在“艾文森老年妇女之家”和奥尔巴尼县法院。“这是一种石灰质砂岩，里面的化石不多，”他说，“这种砂岩很致密。”我们沿着拉勒米山脉的山脚继续向北，然后向东进入山里，沿着一条山谷向上爬，但是在向地质剖面的下层走，一直回到了前寒武纪。这个地方的岩石甚至比邻近山顶阶地的花岗岩还要古老，有些地方闪着猫眼光泽：像猫的眼睛一样一闪一闪的，闪烁着光谱中的每一种颜色。洛夫说，这种岩石是斜长岩，铝含量接近 15%。当加勒比地区的铝土矿开完后，斜长岩会成为铝的来源。“斜长岩很坚硬，熔点高，而且不容易碎裂，”他继续说，“因此，它有可能用来封存核废料。”斜长岩在地球上很少，是从太古宙开始形成的，主要的形成时期是在前寒武纪晚期，叫“海利克纪”。没错，阿迪朗达克山脉的高处主要是斜长岩。他们现在的选择是把核废料密封在里面，或者有朝一日开采斜长岩去做啤酒罐。斜长岩在其他有些地方更丰富。当你抬头看月亮的时候，你看到的几乎都是斜长岩。

329 在另外一天，我们沿着 80 号公路向西走，穿过拉勒米平原，穿过一个让我无比惊奇的湖泊世界。这些湖泊不是冰川湖，不是人造湖，也不是佛罗里达州那种落水洞湖，里面满是溶解了石灰岩的湖水。这些湖泊大多数都没有出口，因此是苦湖，有些是碱水的，有些是咸水的，还有一些是完全干涸的。克纳德勒湖有 1.6 公里长，洛夫说：“那是苦水，含硫酸钠，你如果什么地方不舒服了，可以用它治一治。”一群羚羊在克纳德勒湖边跑过去，有 20 多只。世界上大多数的湖泊都是河流休息的地方，穿过那里寻找自己的出路。眼前这些地方的地形很不规则，如果是在其他地方，或许可以认为是被移动的冰川搞糟的。然而，冰川从来就没有覆盖过拉勒米平原。那么，这些湖泊是谁挖出来的呢?

洛夫对这个问题的反应是一句神回答:“你怎么看?”

我们又走了两三公里，看到地面上有个大洞，长 18 公里，宽 6 公里，比黄海还要深。[1]由于没有切过任何含水层，里面虽然有一些水洼，但基本上是干的。拉勒米人轻描淡写地叫它“大窟窿”。地质学家把它叫作“风蚀盆地”，风吹出来的盆地，或者更简单地说，是风刮出来的。风在“大窟窿”里找到白垩系中软弱的页岩层后，在短时间内挖出了400 万英亩 - 英尺[2]体积的碎屑，并把它们刮走了。风不仅能形成这样的盆地，而且还能保持它们，通常是保持在抗风的坚硬岩石框架里。在拉勒米平原上，抗风的岩石是厚层石英质砾岩，砾岩中的砾石是雪岭山前寒武纪岩石的碎片，被更新世河流带到平原上。不管是湿的还是干的，我们经过的所有湖泊都是大风侵蚀出来的。那天早晨晴朗无云，春风清劲。风滚草的草球向东滚着，在州际公路上高速向我们飞过来，风像敏捷的运动员在运着一堆蹦蹦跳跳的篮球。“这种草又叫俄罗斯刺蓟（藜科猪毛菜属），”洛夫说，“这是大自然的奇迹之一。在它翻滚的时候，它的种子会喷出来沿途播撒。”

穿过绿色的平原，药弓山脉和雪岭山高高耸立着，山峰锐利，轮廓清晰，它们彼此截然不同，给人的印象是，它们实际上是两条山脉：近处的是平顶的药弓山脉，黑暗中夹杂着冷杉、云杉和 330

1 黄海平均深度 44 米，最深约 140 米。

2 英亩 - 英尺为灌溉上的水量单位，指 1 英亩的地 1 英尺深的水量。1 英亩 - 英尺 ≈ 1233 立方米。

松树；远处高高的背景中是白色的、一棵树也没有的雪岭山。事实上，其中一座山就在另一座山的正上方，是山的名字含混不清造成了这座“巴比伦塔”[1]，在它矛盾的名字中包含了落基山脉的故事：先是山脉的埋藏，随后是整个地区的抬升，然后是山脉的剥露。似乎就是为了强调这一切，人们不仅给这一条山脉起了两个山名，而且还把雪岭山的顶峰叫作“药弓峰”，它就在山脉的最高处，高度是 3662 米。

我们路过一座牧场的石头房子，有一百多年的历史了，地上还有一组车辙，比老房子还老，多年不走车，已经踪迹模糊了。这是转场放牧时走的小路，在经历了悲惨的七年之后，于 1868 年遗弃了。“这是一条让人不愉快的路，”洛夫说，“坡很陡，石头很多。水和草却少得可怜。每天走 16 公里，穿越拉勒米平原要走三天。那里经常会变得潮湿泥泞，简直是一场灾难。”

在造山运动中，药弓山脉向东推挤了几公里，它前缘的岩层起了褶皱。褶皱间的背斜形成了流体运移的圈闭空间。我们看到，公路的两旁到处都是从地下采石油的磕头机。

正如洛夫所说，公路两旁的砾岩层代表了“‘拉勒米革命’的第一波，药弓山脉的顶部发生了剥蚀”。这些砾岩层是古新世沉积的。在远处几公里外的一个像刀刃一样的山脊上，州际公路穿过了

---

1 巴比伦塔又称巴别塔，《圣经》里讲，诺亚大洪水过后，全天下的人都讲同一种语言，他们要联合起来，在巴比伦兴建一座能通往天堂的高塔；上帝发觉后不高兴了，就让人类改说不同的语言，相互之间不能沟通，巴比伦塔的修建因此半途而废。这里借用《圣经》故事来讲药弓山脉、雪岭山和药弓峰的一山多名。

同样的砾岩层，它们倾斜了45度，表明山脉还在继续上升。再向前走一会儿，见到平躺着的始新世沉积层。“这样，你有了一个造山运动的时间框架。”洛夫说。接着，他又补充说：“那些山脉的出现，削顶，向东逆冲，一共没用多长时间。然后造山运动就停止了。这一切可能发生在1000万年中，对一个地质学家来说，这种速度是很快的。”

在阿灵顿附近，有一块异常的地形单元从山里直直地伸出来，像一条向北延伸的长堤，顶上被河流砾石覆盖着，这些砾石是被湍急的河流从山上冲刷下来的，流经更新世的冻土带。砾石扛住了随后的侵蚀，而砾石两侧较轻的物质都被冲走了。地质学家把这种地形叫“麓原面”，洛夫说，我们眼前是“这一地区最引人注目的麓原面”。我想象着看到了阿拉斯加州，从山脉流出来的辫状河铺 331
展开厚厚的砾石层，或许是为了把昔日世界的景象保存在它们的下面。80号州际公路穿过阿灵顿的麓原面，更新世砾石层覆盖在始新世砂岩上，覆盖在红色和绿色的黏土岩上；它们又依次覆盖在山脉刚刚隆起时来自山里的砾石上。人们从下向上可以阅读到，一个世界进入了另一个世界：巨石从不断上升的山脉上轰然滚落，然后，剧烈的造山停止了，山川大地一片宁静，所有这些都保存进冰河时代极端气候留下的令人费解的记忆碎片中。

再走13公里，在另外一条路旁剖面上，我们见到早期的砾岩直接盖在白垩系岩石上，当拉勒米造山运动抬升山脉时，白垩系岩层向上拱曲得更加陡峭。从这层砾岩中寻找证据就像在爆炸现场清理碎片一样。我从剖面上抠下来一块又一块砾石，递给洛夫，问他是什么。他告诉我：这块砾石是一种古生界的石英砂岩，可能是密西西比系的；这块砾石是砂岩，砂粒是圆形的，里面没有黑云母，事实上，没有任何云母，是白垩系的砂岩，来自附近，不是山上的；这块砾石是一种古生代或前寒武纪的燧石；这些是汉纳组的砂岩，是古新世时期形成的，是砾岩的基质；有些砾石是来自雪岭山的前寒武纪石英岩，年龄有 20 亿年了；另外有一些砾石是来自前寒武纪石英脉的大块石英。还有一块砾石，他也不知道是从哪儿来的。

造山运动在造山的时候，同时也在造成盆地，但人们对这一点没有太注意到，实际上，形成盆地的深度比珠穆朗玛峰的高度还要大得多。当我们跨过药弓河，接近北普拉特和罗林斯的时候，我们已经走出了山脉，来到汉纳盆地的表面。这是一片有些起伏但基本上没有什么特征的平地，就像山前的其他牧场一样。但从某种意义上说，我们似乎正在穿过一个 12.8 公里深的盆地，当然，盆地里不是水，我们也不是在船上。这是北美最深的构造盆地，是白垩纪、古新世和始新世形成的岩石，现在已经褶皱弯曲成 U 形，中间夹着很多煤层，在 U 形弯的地方，煤层的厚度达到 15 米。看着这些 U 形，让人想到了 UP，联合太平洋公司。

我们跨过北普拉特河，爬了几个长坡，观察了几条路旁剖面，
332 然后在罗林斯附近的路肩上停下车来，去仔细观察罗林斯隆起出露的各种岩石露头，认真体会其中隐含的时间信息。罗林斯，在四分之三个世纪之前，他母亲正是从这里乘坐马车开始北上的。

8

美国地质调查局有不同比例尺的系列地形图，在经纬度长宽各为八分之一度（也就是七分半）的系列地形图中，有一个图幅叫“洛夫牧场”，它绘制的地形区就紧贴在北纬43度线下沿，西经107度线西侧，这个经纬度坐标点距离怀俄明州的地理中心19.3公里。图幅中很多地点的名称都是按照自然特征命名的，这些名字对戴维·洛夫来说都是活生生的实体，他小时候在餐桌上经常听到：围栏沟、城堡花园、野牛洼、跳跳沟。事实上，他就是在那儿长大的，他的本地话、他眼中的景色、他的语言技能、他的专业理解能力都同样证明了这点。“从商店买来的”这个词，曾经让他眼前一亮。当一个或另一个牛仔使用左轮手枪时，这个人与其说是开枪，不如说是“撞上了一颗子弹”。如果一个骑手足够彪悍，他就能“骑任何有毛的东西”。如果咖啡煮得足够浓，就能“让马蹄铁浮在上面”。毯子叫“羊毛垫”，防水油布叫“鸡皮”。有人让你在离山很远的地方下车，让你“绕着山戳坑”，那就是敲你的竹杠。在洛夫的牧场故事里，总有一些马会在“脚力”[1]周围跑来跑去。如果

1 在美国西部牧场，每个牧场都会有一群驯服好当坐骑的马，叫“脚力”，牛仔每天从中挑选一匹状态最好的马供当天使用。

这些马是没有人认领的，也没有经过驯化，它们就会被认为是“野马”，那么谁都可以去竞争捕获它们，这就要看谁的“骑点”高了。在他有性格的演讲中，“难对付”这个词用得特别多。

他形容他的父亲是一个“粗犷、善良、意志坚强的人”，他会在晚饭后把两个小儿子一边一个地放在膝盖上玩“骑大马”，他一边使劲地颠着腿，一边唱着儿歌：“马儿马儿跑跑，班布里大街找找；姑娘姑娘飞飞，骑上马儿追追。”他解释说，他的目的是“把孩子们的胃口颠得更好些”。他们母亲的抱怨一点儿用也没有，都顺着烟囱眼飘出屋外，被风刮跑了。他们的父亲除了能背诵这些萨克逊顺口溜，还能朗诵苏格兰诗歌，就像缕缕丝带在空中柔和地环绕回响。他的声
333 音很好听，带有中洛锡安郡纯正音色。他知道《湖上美人》的每一个音节。他用双臂搂着他的“小伙伴们”的肩膀，声调悠扬地给他们朗诵着诗句。当儿子们听腻了英格兰的时候，他就从记忆中搜寻出很多很多的歌谣，都是描绘苏格兰的，从凯斯内斯岬角到拉莫缪尔山。

戴维比他哥哥艾伦小 15 个月。他们的妹妹叫菲比，比他们出生晚很多年，所以，这些场景中有好多她都没见过。他们是这里方圆 1600 公里范围内唯一的一群孩子，而这群孩子的人数超过了当地生长树木的棵数。牧场的房屋建在麝鼠溪旁，风河盆地在房屋四周延伸着，到处是野牛草、垂穗草和能吃的咸鼠尾草，还有一些广阔干旱地区向上拱曲的受到侵蚀的隆起。当风小下来的时候，这里整个辽阔的世界一片寂静，他们可以听到从很远的地方传来的角百灵清脆婉转的叫声。离他们最近的邻居住在 21 公里外，即使在最晴朗的夜晚，他们也只能看到自家的灯光。

旧时的野牛小道沿着小河延伸，并从小河分出岔道，这些小道虽然是旧时的，但还算不上很古老，小道旁可以看到一些野牛的头骨，有些头骨上还带着毛皮。孩子们在为父亲的牧场干杂活时，经常走这些野牛小道。他们很小的时候就会骑马了，而且能骑得很远，骑马时经常连水都不带。即使是现在，几十年后，戴维在经过凉爽的泉水时也不会去喝，他说："如果我现在去喝水，我一整天都会渴的。"为了砍北美香柏做篱笆桩子，他们赶着一辆马车去格林山，在克鲁克斯峡谷附近，来回的路程要走两个星期。每年初秋，他们都要去响尾蛇山砍冬天取暖的木柴，来回要走十天的时间。他们要赶两辆马车去，每辆车要四匹马去拉，满满的两车软叶五针松，他们的工具就是斧头和一把双柄锯。他们还和父亲一起，在家的附近挖煤，就在他们说的城堡花园，那是一片刨出来煤层，对他们来说，那简直是仙境奇遇，他们让马拉着刮铲，把地上覆盖的土层刮掉，下面就露出了煤层。他们的父亲还是个圈捕野马的高手，他的高超技术足以把其他的竞争对手甩到身后的风中。他抓的马比他准备养的要多，他挑出最好的马用他的烙铁烙上印记，把其他的马都卖掉，另外还有些逃走了。戴维记得，在他家的野马圈里看到过一根两米多长的套马杆，但他连碰都没去碰过。当他和艾伦十来岁的时候，父亲派他们代表洛夫牧场去参加"大围赶"[1]活动，他们和其他牛仔一起待在牛栏里，他们的羊毛垫经

1 这是草原上每年定期举行的牧民聚会活动，由不同的牧场派出代表，在一个划定的范围内，骑着马把所有能找到的牛都赶到一起。

334 常会铺在雪里。当他们出外去放牧的时候，就露天睡在外面，从来没有一晚上在帐篷里过夜。这不是一种选择。这是一种家庭习俗。

约翰·洛夫早年间曾经露天睡了七年，他会用羊毛垫把自己裹起来，再垫上防水油布，然后用弹簧钩和 D 形环固定好。在刮大风和特大暴风雪的天气里，他就去找一条河沟，在河拐弯的岸边避风处找一片干沙滩当露营地。他收集来鼠尾草，点着一堆长长的篝火，火堆能有一张床那么大。他在火堆上煮豆子、烤咸肉、烤羊肉、烤酸面包，总之，把他带的食物都在火上烤着吃。吃完晚饭，他把火踢开，铺上铺盖卷，然后，打开防水的书包，拿出书，点上煤油灯看起书来。看困了，就吹灭灯，在烤得暖暖的沙滩上进入了梦乡。他一年的花费是 75 美元。这是一个穿着一件长长的熊皮大衣，用骨钉和绳圈当衣扣的男人。这个男人很奇特，他每次去放牧时总是随身带着一把巨大的黑色雨伞，那是他夏天用的阳伞。正是这个男人的叔叔约翰·缪尔发明了一种装置，让这个在野外生存的壮汉早上醒来时，躺在被窝里就能点着篝火。现在，这个一头浅金黄色头发的小娃娃开始质疑洛夫牧场的政策了，他问他父亲，他为什么不用帐篷，对帐篷有什么不满。“小不点儿，你不是什么时候都有帐篷可用的，”他的父亲耐心地说，“你必须习惯于不用帐篷的露营。”他要让儿子清楚地知道，帐篷是为那些他叫作“朝圣者”的人准备的。

戴维 9 岁的时候，他在干草甸和小石林（这是城堡花园里的一片砂岩小尖峰）之间挖了一排陷阱。他捕获了郊狼、短尾猫，还有獾。他在深秋和初冬的积雪中，徒步在那里用枪打兔子。1 月里的一天，天气很冷，刮着风下着雪，他父亲和他一起去打猎，戴维的步枪和他打到的兔子从他手里滑落到雪地上。戴维拾起枪，但没走几步就又脱手了。“把枪掉到雪上是一种大忌，”他说，“枪管里的雪和冰可能会让枪在开火的时候炸膛。”这就像骑马时死死地抓住马鞍角一样，那是很危险的事，你千万不能做。他父亲可能不会认为这是戴维不小心掉了枪，父亲提高了嗓门朝儿子喊道：“小不点儿，快把兔子扔掉，枪也扔掉，快回家去！快跑！”当他看到儿子不止一次地把枪掉到地上时，他想到了有一种体温过低导致的病，尽管那时候还不知道那种病叫什么名字。

即使在10月，一场暴风雪也可能把整个房子埋进雪里，前阳 335
台成了一条雪中的隧道。随着冬天的到来，屋子内墙上的钉子头就开始挂霜，钉子头上的霜凸出来能有几厘米长。他们家有11个房间。他母亲可以通过屋里钉子头上挂霜的长短来判断屋外面的温度。挂霜的长度每增长2.5厘米，气温就向零下增加1度。有时候，墙上钉子头上的霜能有1.4米长。他家墙上的缝是用熟石灰、刨花和牛粪填塞的。在暴风雪中，哪怕是最细微的缝隙也能让雪花钻进屋里，热炉风门上的镍盘被吹得不断地叮当作响。在寒冷干燥的雪地里，传来一阵马蹄声，沉重的身躯砰地撞在墙上，像是来贴着墙取暖。约翰·洛夫用报纸垫在靴子里保暖，那很可能是《纽约时报》。在寒冷的夜晚，为了给孩子们暖床，母亲用一卷《纽约时报》把热熨斗包起来。他们家是《纽约时报》的订户。戴维·洛夫回忆说，当时报纸只有星期天才发行，所以是很“珍贵的”。他们把它裱糊在墙上给屋子保温，旁边的墙上还贴着《得梅因纪事》《塔科马新闻论坛》，不管是什么报纸，从哪儿发行的，贴在墙上没有一丁点差别。同样地，不管是什么报纸，从哪儿发行的，人们对它们都表现出毫无差别的渴望，在方圆几十公里内的每一个牛圈里，每一个羊圈里，每一个能识几个字的人都争着先睹为快，一个人读过了，其他人再读，在牧场的大圈子里散布传阅，甚至能把报纸读成碎片。就像洛夫说的那样，他们那儿书报奇缺，几乎每个人遇到邻居时的第一个问题就是："你有报纸吗？"

牧场的房舍是十几座朝南的建筑物，大部分都是二手房。1905 年，一条穿过牧场的驿站马车路线被废弃了，沿线的城镇也奄奄一息，约翰·洛夫去买下了一些旧房子。他买下了老麝鼠镇，包括它的旅馆、邮局和乔·莱西的麝鼠酒馆，他把整个老麝鼠镇搬移了 29 公里。他买下了金湖镇，把它搬移了 53 公里。他把这些买来的房子重新排成一个大致的半圆形，中间围起一个大牲口圈，建得很结实，其他牧场主从很远的地方来到这里时可以使用它。乔·莱西的住处变成了干草屋，旅馆的一部分房屋变成了鞍具仓房
336 和厨具仓房，另一大部分房屋是连通的，整间屋子或屋子的一部分变成了铁匠铺、孵鸡场、冰棚、马车棚、草皮地窖，以及牧场工人的宿舍，成为周围很大一片地区内所有牧场工人的社会活动中心。他从 48 公里外的风河岸上砍来杨树，用原木搭建了一个大粮仓。牧场里还有几个羊毛袋子堆成的塔，在一口人工挖的井上架着一座木制的风磨坊。他家住的大房子本身也是用收集来的原木拼建起来的，这些原木来自旧城区的部分房屋和原始建筑。它的侧厅一个连着另一个。窗户上凹凸不平的玻璃里有不少气泡。为了建成

这座用20层圆木筑起的大房子，约翰要走160公里去风河山的黑松林，每次运十根圆木回家，每一次往返需要两个星期。他一共运回了150根原木。当然，房子里没有厕所，一家人不得不在一条有时很黏滑的土路上走30米，去一个农场工人建造的四坑简易厕所，厕所的装饰板跟屋子里的书橱很相配。做这些家具活儿的木匠是佩吉·多尔蒂，一个驿站马车的车夫，当初就是他赶着马车，带瓦克瑟姆小姐穿过克鲁克斯峡谷来到风河县的。

洛夫一家逐渐厌倦了从风车下的井里往屋里提水。正像她后来在日记里写的那样：

> 约翰用一个土钻和沙堆做了不少试验，终于成功地在我家厨房里安装了一个水罐泵，把一个蓄水槽和一个连接着大桶的输水管埋在离房子不远的地下。这在当时我们那个有罗得岛面积那么大的地区里是最好的供水系统，是第一个，也是唯一的一个。

晚上，煤油灯发出柔和的黄光。墙上挂着镶框的针线绣字："勤洗澡，爱清洁"。每个人都在便携式电镀浴缸里洗澡，孩子们最后洗。那个时代更昂贵的电镀浴缸里有内置的座位，但洛夫家买不起最贵的。木地板上铺了两块马皮地毯，一块是灰色的，一块是黑白斑纹的，还铺着一块大狼皮和两块柔软的短尾猫皮地毯。椅子是用生牛皮或藤条编的。约翰把孩子们的身高刻在厨房门框内侧的木板上。前门的铜门环是巴黎圣母院一个滴水兽的仿制品。

家里主要的起居室和餐厅是老麝鼠镇的一家餐馆。墙上挂着
337 擦得锃亮的野牛角。家具的中心部分是乔·莱西麝鼠酒馆的一张赌桌。这是一张玩扑克牌和轮盘赌的大桌子，上面铺着毛毡。精妙的法兰盘仍然完好无损，这个法兰盘可以控制轮盘赌的大转轮，让它恰好停在庄家希望它停下来的地方。如果你把手伸到桌子底面合适的地方，你能摸到几个铜槽，那是庄家暗藏"百搭牌"的地方，当庄家感觉到他要输钱的时候，他就会从那里调出来"百搭牌"救急。如果你把鼻子放在毛毡上，你几乎能闻到硝烟味。就是在这张桌子上，戴维·洛夫接受了他的基础教育，他的教室是以前的一家餐馆，他的书桌是以前一家酒馆的游戏桌。他的母亲可能一直在努力把这张桌子装饰得有点学术味儿，她在桌子上盖了一块红白相间的印度印花布。

当学区派遣来其他女教师时，她们都是在夏天来工作三个月，这是一年中最好的时间了。不过，总的来说，孩子们是由他们的母亲教的。她有一张能盖上盖儿的书桌，佩吉·多尔蒂帮她做了一个带玻璃的书橱。书橱里有本1911年版的《大英百科全书》，是雷德帕思图书馆的，还有上百卷的希腊和罗马文学著作，莎士比亚的著作，还有狄更斯的、爱默生的、梭罗的、朗费罗的、吉卜林的、马克·吐温的。她教儿子法语、拉丁语，还教一点希腊语。她给儿子们读德语书，一边读一边翻译。他们读了《伊利亚特》和《奥德赛》。她教儿子们的房间在院子西头，夕阳把屋里照得很亮。戴维小的时候，每当他看见阳光跳下他的书本时，就会以为是书里面的东西在逃出去。

从某些方面说，在这个偏远的学区里，教学的无序程度远远超过那些城市中心的任何一所中小学。

> 屋子里有时会坐满了人，在等着暴风雨过去，或者有人骑
> 着马在房子周围兜圈子。我在烤食物，装罐头，洗衣服，做肥
> 皂。艾伦和戴维站在汽油洗衣机边上读历史或地理，而我在
> 忙着把床单放进甩干机。我熨床单时，他们就在熨衣板旁边
> 练习拼写，或者，他们在我揉面包的时候练拼写；他们把一沓
> 子乘法表，从简单的到15乘以15的，都扔到缝纫机的脚踏
> 板上。智力训练问题，我给他们看印在大卡片上的数字，他们
> 先比赛在屋子里跑个来回，再写出答案……我让他们学会独
> 立思考。在不用帮助的情况下，如果能正确地完成九个书面问
> 题，那就意味着没有第十个问题了……让我惊奇的是，他们为 338
> 了去看屠宰，为了去帮着把啼哭的小牛赶进断奶用的围栏，或
> 者赶进牲口圈，他们总能很快地完成他们的功课。当他们听
> 到马儿奔跑的蹄声和渡河牛仔的喊声时，他们心里就像长了草
> 一样。

孩子们的学习好奇心再大，要学的学科再多，他们的注意力也不可能完全集中起来，一会儿有人进来说，一头奶牛陷进泥沼里了，一会儿有人来说，老乔治到野马栏去了，打死了一只当地最大的郊狼。只要他们的门是开着的，总是会发生一些很有特点的事，就像戴维回忆的那样，有一次，“他们带着一个被马鞍角撕破

内脏的牛仔进来”。他们的课停了，他们母亲的脚踏车也停了，她赶紧去把牛仔的肚子缝合起来。

在一段不长的时间里，她伴随着这些住在牧场宿舍的牛仔们走过了一段很长的路程。她本来应该生活得更好，但在她早期的牧场生活中，她并没有获得多少舒适感，似乎她只是一匹母马、一头母牛或一只母羊。在他们生活的那片地方，她甚至连续六个月见不到另外一个女人，如果她碰巧碰到一群农场工人，他们会大声喊叫：“教堂时间到啦！”然后她会发觉一阵“突然的沉默……让人感到震惊”。在这个地区，女人是极其稀少的，如果她在开阔的土地丢了一只手套，哪怕是离她家有 32 多公里，一个陌生人捡到了，他会很容易地知道它应该是谁的，然后骑马去牧场归还给本主。男人们做家务、做饭，然后去遥远的市场买食品。在牧场棚屋里准备的饭菜被运到一辆牧羊车上，当他们那座大房子正在建造和组装时，她和约翰就住在那辆牧羊车里。可以说，怀俄明州的这辆牧羊车是温尼贝戈房车的祖先，它有一张弹簧床和一个小浴室。

在她的两个儿子出生并长大到会说单词和会造句以后，他们叫她“美味的菜”，有时叫她“爱叫的猫头鹰”。他们把食物改了名，比如说，叫“狗”。他们把其他主菜叫“毛毛虫”和“郊狼”。厨房的凳子叫“山姆”。他们给圣诞树的装饰品起名叫“跳跳约翰”。保持事物的完整性是一种天赋。他们俩互相让对方确信，树枝上的棉花没有融化掉。戴维很肯定他是一只骆驼，但后来了改变主意，坚持说他是“布思夫妇”。他的母亲形容他是“一个轻盈的小精灵”。她注意到，他逐渐对事物大小和长短的规模有了感知，他对她说："相对于一只跳蚤，一只郊狼就像是整个世界。"

有一天，他问她："一个细菌能活多长时间？" 339

她回答说："一个细菌活二十分钟就能变成老爷爷了。"

他说："那对一个细菌来说就是很长时间了，对吧？"

她还注意到，当戴维还是牧场上最年轻的孩子时，他就是找箭头和碎石片时最机灵的一个了。

> 戴维五六岁时，我们开始搜寻箭头和碎石片。我们其他人沿着干沟和蚁丘艰难地找着，而戴维则是一边东跑西颠，一边自言自语，左拾一个，右捡一个，一会儿就找到一堆箭头和碎石片。有一次他告诉我："有一个专管碎石片的神，把蚁丘送给我们。他就住在天上，用云彩修补着天空。"

为了取悦艾伦和戴维，牧场的牛仔们竞相拿出他们的看家本事。戴维一直记得很清楚，有一个人"能用一根带套圈的绳子变魔术，他舞动着绳圈，套在他的马身上，悬在我们的头顶上，砸在我们的脚底下，绳圈活蹦乱跳，在我们的上下左右快速地移动，弄得我们跳上跳下，高兴地尖叫"。在这个节目之前上演的节目让他们看到了屠宰等阴沉的画面。几年后，戴维在一封信中写道：

> 我们总是怀着恐惧和好奇的心理去观看屠宰，尽管我们在那个年龄段从来不允许去观看。当喉咙被割断时，鲜血马上喷涌出来，生命在挣扎，通过割断的气管绝望地喘息着，生命在

> 迅速地衰竭，这一切看上去是如此悲哀，却又无法挽回，我们被吓得瞪大了眼睛，流露出黯淡而呆滞的目光。我们意识到并接受了这种事实，这是一种程序，是我们在世上生活的一部分，世上的一些动物必须牺牲它们自己来养活我们。然而，在我们年轻的头脑中，割喉成了一种立即死亡的象征，是一种终极的恐怖，它如此可怕，以至于我们试图尽量不去使用“喉咙”这个词。

他写了一本关于牛仔们的回忆，这本书是作为遗赠而免费邮寄的，显然这表明，这本由儿子署名的作品是出自他母亲的手笔。

> 随着春天的到来，越来越多的牛仔和赛马人来到牧场，他
> 340 们看着不胖，但是很强壮，他们肌肉结实，是一群寡言少语的单身汉，几乎都是二十多岁、三十出头的人。他们出身贫寒，只受过最初级的教育，他们甘心认命，没有丝毫怨恨。他们整天地工作，不计小时，只分白天和黑夜，他们一周一周地工作，没有假期……大多数人都很普通，脸上过早地长出了皱纹，但眼睛炯炯有神，敏锐的目光不会错过一点细节。没有人戴眼镜；戴眼镜的人都去干别的活儿去了。很多人由于长期骑马患了马鞍疲劳病，成了罗锅腰、罗圈腿、翘臀、小肠疝气，需要用疝气带托着，脊椎损伤，需要在宿舍里挂“吊杆”。这是一个水平的杆子，牛仔们可以用手抓住杆，悬挂五到十分钟，来缓解损伤的

> 椎间盘受到的压力，在抓野马和驯服野马时很容易造成椎间盘损伤。一些人系着 20 厘米宽的厚皮带，这样就可以在长时间的艰苦骑行中保持肾脏不脱位。

从某种意义上说，当牛仔们严重受伤、需要帮助的时候才是他们真正的“教堂时间”，他们早就知道应该去哪里了。戴维清楚地记得他听课被突然打断的那一刻，一个牛仔骑着马跑来，他的一只手流着血。他在套一匹野马时，一根手指被夹在绳套和马鞍角中间。手指还没有跟手完全断开，但只连着两根筋了。他母亲烧开了水，先给手术剪刀消毒，再擦洗自己的手和手臂进行消毒。带着权威般的冷静，她“剪断肌腱，把手指扔进火炉的火炭里，把皮包住指骨，缝好，然后对这个牛仔甜甜地笑了笑，说：‘乔，不用担心，一个月后你就永远不知道这和以前有什么区别了’”。

乡下有一群凶猛的大狼狗，是另一个牧羊人喂养的，目的是杀死郊狼。这些狗似乎也很喜欢捕杀响尾蛇，咬住蛇使劲地甩动，直到高兴地把死蛇像意大利面条一样挂在它们的下巴上。这群狼狗的主人说：“它们如果春天不被蛇咬几下，就不会高兴。它们现在已经习惯这样了，被蛇咬了头也不会肿了，不会的。”徒步走路的人宁可遇到响尾蛇，也不愿意遇到这些狼狗。一个夏天的下午，约翰·洛夫正在一个柴堆上干活，他看见两只狼狗沿着河沟朝着他儿子的方向跑去，他的儿子们那时也就有三四岁。“小不点儿！
快跑！快往家跑！”他大声喊着，“大狼狗来了！”孩子们撒腿跑 341
起来，刚好比狗早一步跑到门口，砰的一声，关上的门撞到了狼狗的脸上。他们的母亲那时候正在厨房里：

狼狗们不是那么容易就被挫败的，它们一齐暴躁地跳到厨房的窗户旁，窗户比地面高出很多。它们撞碎了小窗框上的玻璃，想挣扎着钻过来，它们的前爪抓住窗框内侧的窗台，它们的头正在伸过破碎的玻璃，嘴里流着口水。我忙不迭地从炉子上抓起一个很重的铁煎锅，对着它们，猛力拍打它们挠动的爪子和咆哮的脑袋。吓坏了的孩子们蜷缩在我身后。窗扇挡住了这些狼狗的攻击，我的一阵猛拍一定也吓坏了它们。它们跳回到地上，夹着尾巴跑了。

在孩子们的词汇里，“狼狗”这个词和“喉咙”这个词在他们脑海深处紧紧连在一起，直到现在，当戴维看到一只狼狗时，他仍然会感到脖子后面发凉。

洛夫牧场的周围环境里并不全是风、雪、冻牛和狼狗。那里也有让人松心的蔚蓝色天空，也有让人愉悦的祥和日子。围栏上飞来红翅黑鹂，春天里飘来青苔花香。风车随着微风缓缓转动，旁边是宽敞的原木房子，周围开满了鲜花。有时小溪上会飞来些野鸭，有鹊鸭、针尾鸭、绿头鸭。到了该割野干草的时候，收割要持续一个星期。

约翰喜欢让我和他们一起坐最后一车。当人们往车上码干草的时候，我会拉着缰绳，时不时地喊着：“吁——，呔！”

当马车在崎岖不平的路上缓慢地摇晃着回家时，我依偎在艾伦和戴维的身旁，深深地躺在散发着芬芳气味的干草堆里。翻滚的白云掠过广阔的蓝天，和我们如此接近，似乎在宇宙中没有其他任何东西，只有白云和干草。

当干草屋还没有完全填满的时候，孩子们就把乔·莱西的麝
鼠酒吧舞池清理干净了，在脚上绑好了旱冰鞋。看着好像不太可 342
能，但洛夫牧场的确还有一个门球场地。冬天，男孩们把溜冰鞋绑在鞋上，随风沿着小溪滑行。或者，他们躺在雪橇上，两只手都拿着搭捕郊狼陷阱用的锚针，撑动自己的雪橇，在被风吹得干干净净、被风打磨得光光亮亮的黑色冰层上快速前进。几乎每天晚上，他们都和父母一起打麻将。

这一年的秋天，他们的母亲到 100 公里外的里弗顿去了，在那里等待菲比的出生。她给 11 岁和 12 岁的儿子留下了一份精心准备的学习计划。在随后的几周里，他们实际上是进了一所由母亲开办的函授学校。他们学法语、练拼写、算算术，把作业装进信封，骑马到 24 公里外的邮局寄给她。她给这些作业打好分，再寄回家，在小菲比出生前后，他们的学习按部就班地进行着。

她的头发和我结婚戒指的颜色一样。她张开一只小手，把手指放在她的脸颊上，就像一只展开的粉红色小海星。

时不时地，地平线上会出现一团灰尘，随后是一个人影向牧

场跑来。孩子们总是好奇地爬上屋顶观看，直到骑手跑完中间好几公里的距离，来到他们的牧场。几乎所有经过这一地区的人都会在洛夫牧场停下马来。洛夫牧场不仅有 2600 平方公里内最大的牧场宿舍和最宽敞的马厩，而且还有一眼清凉可口的泉水。此外，洛夫还有苏格兰人的热情好客，更不用说，如果离开这里再想去找另外一处能歇脚的地方，哪怕是最近的，也还不知道要跑多远呢。洛夫先生和瓦克瑟姆小姐结婚后不久，怀俄明州主教纳撒尼尔·托马斯在他的同事西奥多·塞奇威克牧师的陪同下，驾着福音马车来了。塞奇威克后来在一本名为《使命精神》的出版物中报道说：

> 我们看到远处有一栋建筑物。这意味着那里有水。在这个偏僻的牧场上，在这片沙漠的中间，我们见到了一位年轻的女士。她丈夫出去干活儿去了，要在牧场上干一整天。她脖子上挂着一条金项链，上面坠着一把带有希腊字母“ΦBK”的钥匙。她毕业于韦尔斯利学院，现在是怀俄明州的新娘。她懂希腊语和拉丁语，喜欢在无忧无虑的大草原上骑马。
>
> 343 主教说他在寻找“异教徒”，他没有逗留。

逃亡的罪犯经常在牧场停留。他们不得不停下来，就像今天处在偏僻地区的逃犯一样，他们或早或晚需要找个加油站停下来。一天，一个孤独的骑手来到牧场，他身后的地平线上带起一大片灰尘。这片灰尘扬得很高，一团一团的，在空中似乎形成了几个手写体的字母："posse"（团伙）。约翰·洛夫认识这个骑手，知道他因谋杀而被通缉，也知道大家都认为，那个被杀死的人"活该被杀死"。那个被通缉的骑手要求约翰·洛夫给他五美元，并说会留下他的怀表当抵押品。那人说，如果他的提议被拒绝的话，他总会想办法拿到钱的。这只怀表一直走得很准。戴维在做野外地质工作时，总是把它放在口袋里。

像这样的人出现的频率很高，戴维的母亲最终写了一本纪事，起名叫《我所认识的谋杀者》。她没有出版这部手稿，甚至没有私下在小圈子里传阅，因为她顾忌到她这个"怀俄明州第一家庭"的敏感性。后来戴维曾经说过："他们都是好人，是我们家的朋友，他们杀死的人是活该被杀的，而母亲不想冒犯他们，他们中的很多人都是这种很不错的人。"

比尔·格雷斯就是这些人中的一个。他是个早期的开荒人，牛仔，是怀俄明州中部最著名的杀人犯之一。他已经服过刑了，但人们普遍不同意司法部门的判决，认为比尔被定罪的行为只是在"履行他的公民义务"。在他名声大噪的时候，有一天下午，他在牧场停下来，吃晚饭。虽然戴维和艾伦都是小孩，但他们知道他是谁，当他出现时，他们吓得哑口无言。碰巧，他们那天发现并打死了一条响尾蛇，一条1.5米长的大响尾蛇。他们的母亲决定抹上奶油烤熟当晚餐吃。她和他们的父亲严厉地叮嘱戴维和艾伦，千万不要在饭桌上说"响尾蛇"这个词。他们要说它是鸡肉，因为存在这样一种可能性：比尔·格雷斯有可能不是一个什么杂食都吃的食客，不能享受真情。孩子们太兴奋了。尽管有父母的禁令，他们在饭桌上

344 的话题还是渐渐地向蛇靠近。当饭快吃完时，孩子们漫不经心地提到了毒蛇的话题，估算了当地蛇洞的数量，讲述了遇到蛇的故事，等等。最后，一个孩子评论起响尾蛇的肉有多么好吃。

比尔·格雷斯说："上帝啊，如果有谁给我吃响尾蛇的肉，我一定要杀了他。"

俩孩子都紧张得要麻木了。在一片死寂中，他们的母亲说："比尔，再吃块鸡肉吧。"

"好，我再来一块，你们可别嫌我吃得多呀。"比尔答道。

9

麝鼠溪是约翰·洛夫迁进怀俄明州的第二处田产。他的第一处田产在48公里外的“大沙窝”，那里的草不够好，雪特别深，水勉强可以饮用。1897年，他卷起他的“大雨伞”搬家了。在麝鼠溪，在他买下驿站马车路沿线的小镇之前，他就住在一个用松木杆和黏土遮顶的地窝棚里。这里的气候冬天暖和、夏天凉爽，但全年都比苏格兰更阴冷潮湿。他准备去冒险。兰德在西边97公里处，他和那里的一家银行打了个大赌，租借了银行的几千只绵羊。约翰·洛夫打赌说，他要把这些羊喂养一个夏天，到秋天还回来时，平均每只羊至少要长9斤的重量。如果他成功了，就会得到一笔很可观的钱。如果他失败了，他只能拿到很少的一点工资。他实际上是在和老天打赌，因为一场糟糕的暴风雨可能会让他把羊群全部赔光。到了11月，羊已经喂养得很肥，圆得像玩扑克牌的圆形筹码，马上可以去兑换现钞了。他把羊群交给牧人照料，自己骑马去了温泉镇，在那里他付出一笔定金，给自己买了一群羊。交易的条件很苛刻：剩下的钱要在七天内付清，否则押金会被没收，他买的羊群也将会被没收。在一个星期之内，他要回到他养的肥羊那里，把它们赶到兰德，从银行拿到钱，然后再赶回到温泉镇，这一圈总共要跑400公里的路。温泉镇上空乌云密布，像是要下雪 345

了。约翰戴着熊皮帽，穿着熊皮大衣和羊毛衬里的皮套裤，骑着他配好鞍子的大红马。这匹大红马原来是红沙漠里的一匹野马，1888 年时还是个小马驹。暴风雪开始时，约翰正骑着马爬猫头鹰溪山。那个地方的山坡很陡，即使在温暖晴朗的天气里爬坡也很危险。暴风雪把田野罩成白茫茫一片，光线很暗淡，约翰和大红马冒着零下 45 度多的严寒摸索着前进。他们行进的速度只有每小时 10 公里，走了 21 个小时，终于和他的羊群汇合了，然后，他们一刻也没休息，立即开始往兰德走，他们小心翼翼地赶着羊群，借此保持它们的体重。约翰赢了这场豪赌，他带着钱，骑上大红马，飞越大山。他和大红马赶在最后期限之前到达了。他把买的母羊集合在一起，把它们赶回了家，开始精心饲养。在这七天中，他完成了很多事情，为自己带来了飞跃发展的一年。到 1910 年他和瓦克瑟姆小姐结婚时，他已经拥有了 11000 多只羊，好几百头牛和马，按照今天的价值，他的这笔家畜财富差不多有 500 万美元。

在他刚刚结婚的那段时间，他总是骑着马围着他的牧场兜风，嘴里还背诵着威廉 · 柯珀[1]的诗句：

我的地盘，我说了算，
我的权威不容挑战。

---

1 英国诗人，通过描绘日常生活和英国乡村场景，改变了 18 世纪自然诗的方向，是浪漫主义诗歌的先行者之一。

当他建设他的新家园时，似乎一点儿也不担心近年来牧民被杀、马车被烧、羊群被棍棒打死，或者被一群一群地赶下悬崖的事会发生在他身上。任何一个看过三部西部电影的人都不禁会想到，牧牛人和牧羊人之间曾经有过血腥的战争。这种冲突一直延续到了下一个世纪。据戴维说，他的父亲特意在牧场里同时饲养着牛和羊，这是能让牧牛人和牧羊人双方和平相处的一种方式。在他说了算的地盘里，他的权威只有大自然和银行家才敢挑战。

与此同时，牛仔们难以想象地做起了裱糊工。

> 一家邮购公司寄来了成卷的绿色花纹壁纸。怎么贴这些壁
> 纸？没人知道，但纸上的花纹是有方向的。我做了好多盘糨糊。
> 晚上，约翰从工棚里招呼来六七个牛仔。他们拿来厚木板和
> 长凳。他们把所有的纸张都放在摇摇晃晃的餐桌上。我管量尺 346
> 寸、剪裁、涂糨糊和修剪壁纸的长度。接着，牛仔们穿着他们
> 的皮套裤和叮当作响的马刺靴，大步在长凳上走着，挥动着糨
> 糊刷，把裁剪好的壁纸条悬挂着贴到餐厅的天花板上。我们都
> 对自己的成果感到很惊讶，很高兴，我们搬出一桶十加仑的苹
> 果酒，喝酒庆祝。

约翰在牧场的房子上盖了个一半是泥的屋顶，有30厘米厚。屋顶由几百根5厘米粗的檩木撑着，上面盖着粗麻布，粗麻布上面盖上帆布，帆布上面再架上椽子，糊上泥，然后，把瓦楞铁盖在上面，再涂上一层黑色的柏油。这个屋顶能让房子里冬暖夏凉，这

在风河盆地里是独一无二的。不过，虽然这个耐用的屋顶能够抵御怀俄明州恶劣的天气，但牧场的其他部分却做不到。1912 年冬天，那里刮起了大风，风速高达每小时 160 公里，羊群拥挤到干涸的峡谷中寻找避风港，大雪随风而至，像雪崩一样把羊群埋在峡谷里。约翰·洛夫和他的农场工人们连续干了45 个小时没有睡觉，努力去救这些羊。他们挖出来一些，但死了好几千只。即使在气温接近零度不算太冷的日子里，绵羊也没有办法刨开被风吹成硬壳的冰雪去吃雪下面的草。它们的腿被冰壳割破了，它们的足迹被鲜血染红了。牛的脑子不够用，根本想不到雪下面还埋着草，它们吃着棉籽饼来保存自己的价值。约翰·洛夫不得不向兰德的银行家去借钱，用来支付牧场工人的工资和购买生活用品。

那年春天，一场没人记得的洪水几乎摧毁了牧场。洛夫一家带着他们的孩子艾伦在黑夜中逃亡。

> 天亮了，我们回到家里，等待我们的是恶臭、破烂和碎渣。洪水过去了。它的力量冲开了我们的前门，把装满雨水的浴缸搬进了餐厅。椅子和其他家具翻倒在深深的泥层中。床垫漂了起来。门和抽屉已经泡胀起来，我们根本没办法打开或者关上。大衣柜里的婴儿衣服翻了个个儿，里面的每一件衣服都湿透了，染脏了。在所有房间的墙上，新糊的壁纸上都留下了一道水印，一条脏兮兮的污渍，有桌面那么高。

347 银行家们几乎立刻从兰德来了。他们和蔼可亲地待了几天，查看了牲畜的数目，数了数幸存的头数，核对了约翰·洛夫的账目。一天晚上，在晚饭的时候，银行的副总裁搓着双手，对他的尊贵客户、他很信赖的借款人、他可以直呼其名的老朋友说：“洛夫先生，我们还需要更多的抵押品。”银行家还说，虽然约翰·洛夫是一个可靠的债务人，但其他牧场主却不是，其他人的损失甚至比洛夫的损失更大。银行为了保护它的储户，不得不用洛夫牧场去给自己投保。“我们不得不把你的羊兑换成现钞，”那人接着说，“我们会让你保有你的牛，但有一个条件。”这个条件就是把牧场作为抵押贷款。他们是在明目张胆地向一个已经拥有田产法定权益的人收地租。

约翰·洛夫怒了，他冲银行家喊道：“就算到了你的骨头将来在坟墓里腐烂的时候，这片土地也将永远是我的！”他叫那人出去，要在外面痛痛快快地骂他。那个银行家还挺乖，他站起来，走出去，任由约翰去骂。买主们像是收到什么信号一样，不约而同地来到这里。所有幸存的羊被买走了，所有幸存的牛，所有的马，甚至狗都没剩下。牧羊车也被买走了，还有大量的设备和物资。约翰·洛夫给住在牧场宿舍的工人们付了工钱，他们也走了。他的妻子静静地站着，怀里抱着艾伦，她看着这一幕的结束，一声不吭，银行家转过身，和蔼地问她：“这孩子你怎么办呢？”

她说：“我想我能养大他。”

正是在这种情况下，约翰·戴维·洛夫出生了，这个家庭几乎失去了一切，只剩下了家庭本身，当然，这个家庭并不打算失去一切。留得青山在，不愁没柴烧。慢慢地，他父亲积攒了小有规模的

“脚力”群和牧群。他从捕获野马开始，他整天骑着马拼命地跑，把它们圈得越来越紧，直到它们被诱骗进入野马畜栏，或者赶进几公里外的一个天然死胡同，那是一个小盒子一样的峡谷，洛夫家给这个峡谷起了个名，叫“围栏沟”。一天，孩子们在粮仓屋顶上玩，一个四岁，一个五岁，他们在一瞬间看到他们的父亲骑在马背上，像云的影子一样掠过草地，等他们眨眼再看时，他的身体已经撞到地上。那匹马踩进了獾洞。骑手摔瘸了，身上扎满了蒺藜，浑身是血和砂砾，失去了知觉，看上去快要死了。他被抬进了屋子。
348 几个小时以后，他开始能活动了，忍着疼小声嘟囔着：“那匹该死的马。那匹该死的马。我从来没有相信过它。”这是他的儿子们一生中唯一一次听到他的咒骂。

他们经历过干旱，经历过更多的大洪水，经历过漫长的能冻死人的冬天，但约翰·洛夫从来没有把他的牧场卖出去。他感染过落基山斑疹热，但幸存了下来。有一年，他把牛运到奥马哈后，只拿回了一张 27 美元的账单，他付出这笔钱是因为运输成本超过了卖牛的收入。还有一年冬天，很多羊被冻死了，开春以后，男孩们和他们的父亲从化了冻有点发臭的死羊身上剪下好羊毛，他们把卖羊毛的钱存入了肖肖尼的一家银行，这家银行大门上方有几个显眼的大字，排列成一道弧线：“实力”“安全”“保险”。然而，银行倒闭了，他们的钱没了。在很多恶劣的寒冬中，最糟糕的要数 1919 年了。戴维和他的父亲都传染上了西班牙流感，差一点死掉，他们康复得很慢，在床上躺了好几个月。他们没有牧场工。在他们病得最危险的时候，戴维的母亲在绝望中决定设法把他们转移到一家医院去，离家有160多公里远，她准备骑马去求救。她牵出一匹桀骜不驯的高头大马，她没有选择余地，只有“霍布森的选择”[1]。她站在长凳上，试图骑上去。约翰踢开她脚下的长凳，踩住了她的脚。她只好放弃了她的计划。

> 公牛闯进了高高的谷仓，里面储存着我们仅有的、也是很少的马和鸡的饲料。我很愚蠢地追了进去，把它赶出来，赶到台阶下。奶牛开始死亡，这儿死一头，那里死一头。每天早上都会有些牛站不起来。到了白天，一头牛走着走着会突然摔倒，好像是纸糊的一样，一阵风吹来就会随风倒下。

实际上，那头公牛对她很恼火，在粮仓里向她冲去，差点把她撞在后墙上。她用一把扫帚拼命挥扫它的眼睛，把它弄糊涂了。不过，如果不是它踩在一块松软的木板上，它可能就会把她顶死了。那头公牛惊慌失措，转身向门外冲去。在接下来的几十年里，约翰·洛夫从未去修换那块被牛踩塌的木板，那是洛夫家的幸运木板。

> 雪在房子周围发出嘶嘶声，每个房间都紧闭着，但风还是
> 把一些雪吹进屋里，顺着烟囱眼落下来，从窗扇之间挤进来， 349

1 霍布森是17世纪剑桥地区的一个驿站老板，养了许多马匹供人租用。他每次只挑体力恢复得最好的马出租，不容许租用人自己选择，人们称之为“霍布森的选择”。该短语曾被用作戏剧和影片名，作为成语，意为“没有选择余地的选择”。

甚至穿过锁眼吹落到门把手上。木柴堆被埋在雪里。小堆的煤和冰冻在一起，成了一块大冰坨子。寒冷的天气冻得人手脚麻木，我每天要花五个多小时把食物搬进屋里，给鸡送水和饲料，给牛和马送干草和棉籽饼。

约翰开始抱怨了，这是个好兆头。为什么我在外面待那么久？为什么我不和他在一起？为了弥补白天离开他那么久，我晚上坐在床上，裹上毯子，在灯光下给他读书。

在她的私人物品中，有一封来自韦尔斯利的朋友写给她的信，问她："你空闲的时间做什么？"

从卡斯珀到瓦沙基堡的驿站马车路线穿过了麝鼠溪的一条支流，那里的河岸很高，下到河底的路很陡，那里到处都是摔散架的马车和破碎的车轮。艾伦和戴维把那里叫"跳跳沟"，这个名字在今天的地图上还保留着。他们在一个草甸沼泽地发现了大量的大骨头，就把那个地方叫"野牛洼"，印第安人显然是把野牛赶到沼泽地去杀死它们。人们可以推断出这点。人们还可以推断出，那里有沼泽地是因为水从草地上方的岩石露头中渗出来。对一个在马背上长大的少年来说，除了看看风景，没有多少事可做。岩石能渗出水来，这不仅因为它是多孔的，而且是可渗透的。它还很坚硬。他家的粮仓就建在和这些岩石一样的红色岩石上，还有那间牧场宿舍。很明显，它是砂子经天然胶结形成的。水不可能来自小溪。野牛洼比小溪高出 18 米。砂岩层向北倾斜。因此，它向东西两个方向伸展。东边有高地，水一定是从那里流下来的。

一个人不需要耶鲁大学的博士学位就能想明白这一点，尤其是，他就是在这种岩石出露的地方长大的，对他来说，想明白这点就更容易了。在进一步研究之前，他对野牛洼的解释只是马背上的猜想。在他的一生中，每当他做出精明的推测时，他都会把他的推测叫“马背上的猜想”。

在这个原本很干旱的地区，砂岩中的水不仅造就了沼泽，而 350
且也造就了邻近的草甸子。他们晒的干草就是从草甸子上收割的。在基岩地质和牧场之间显然有密切的关系。戴维那时当然不会用这些话来说出这层意思，但他经常思考这个问题，他被这些问题吸引着成了一名地质学家，这就像在马萨诸塞州格洛斯特长大的人会被吸引着成为一名渔夫一样。“在牧场里整天骑着马，一天又一天，周围的一切都是那么单调乏味，这些问题就会在脑子里转悠起来，”他曾经说起这事儿，“单调乏味是我们努力想弄明白这些问题的原因。一天又一天，除了周围的地形，你什么也看不到，也没什么可想的，只能去琢磨：页岩上为什么有纹理？为什么沼泽地成为沼泽？为什么植被恰好长在它现在生长的地方？为什么树木只生长在某些种岩石上？为什么有些地方的水好喝，而有些地方的水不能喝？为什么草甸子在那里？为什么有些小河的交叉口有那么多沙子，河水跨不过去？这些问题很现实，也很实用。如果你走在基岩上、钙结层上或者硬黏土层上，你会觉得脚下很硬。钙结层是在地下水的水面上下沉淀的石灰层，这就是一点儿关于硬地的地质学，你一下子就懂了。其他没什么东西值得你感兴趣了。一切都是地质学决定的。任何一个超级大傻瓜都能看到植物对基岩有直接的反应。鸟类和野生动物都对基岩有反应。我们对基岩也会有反应。冬天，我们生活的地方受到刮风的控制，受到积雪的控制。我们能看到，这些自然现象不是随机出现的，它们也是受控制的，有一个系统控制着气候。侵蚀和沉积的过程一直伴随着我们成长的过程。人们必须认识地形才能更好地在其中生活，一个封闭的社会看不到这一点的重要性。对动物来说，认识得多或少就意味着生或死，而这对我们来说就意味着能不能生存下去。如果说我们从这里懂得了一件事的话，那就是我们懂得了，你不要去和大自然对抗。你生活在大自然中。你要去适应大自然，大自然不会去适应你。”

在最干燥的几个月里，他看到泥地上的裂缝，很结实，马踩在上面也不会把裂缝围成的多边形踩碎。当他在岩石上看到同样的图案时，他会很容易地想到这些岩石曾经是泥，那些裂缝是从昔日的世界里保存下来的夏天。白垩山是一片五颜六色的荒地，他从那里跳下马来，发现了一些很小的下巴骨，还有一些黑色的小
351 牙，后来他才知道，这些化石来自始新世的马，这是地球上的第一匹马，只有三个拳头那么高。

在那些出现在地平线上慢慢走近牧场的人中有地质学家，他们在牧场停留的时间长短不一。他见到的第一个地质学家来自美国地质调查局。其他的都是为石油公司工作的。石油公司的地质学家们穿着都很讲究，闪亮的靴子吸引了他的眼球。其中一些人在科学界很有名，例如查尔斯·T. 卢普顿，他是一位构造地质学家，就是他在猫溪背斜打了一口野猫井，发现了蒙大拿州的石油。

他在大角盆地也通过打野猫井发现了石油。有两件事让戴维特别记住了他：第一件事是，他“谈到了外面的世界”；第二件事是，他来到这里后，在山里发现了巨大的菊石碎片，这是白垩纪晚期的标志化石，他根据碎片推论说，这些螺旋形头足类动物的个头很大，能有一个马车轮子那么大。《美国石油地质学家协会通报》上悼念卢普顿的文章说：“他对朋友的孩子们总是有话说。”

这篇文章是1936年发表的，作者是查尔斯·J. 哈尔斯，他也经常在洛夫牧场停留。哈尔斯（1881~1970）曾在美国地质调查局和私营企业中工作，成为“落基山脉石油地质学家协会”的主席，并且是“怀俄明州地质协会”的创始人之一。他对怀俄明州中部背斜的研究带动了那个地区大部分大油田的发现。他也是一位著名的教师，他培养了很多年轻的野外工作助手，这些人后来都成了美国最有成就的地质学家。来到牧场工作的地质学家都是一流的地质勘探家，他们到一片地下情况一无所知的国土去填图，这些图的准确性至今仍然让人惊叹。用戴维的话说：“他们掀开了魔术师的幕帘，让我们看到了从来没有见过的东西。一些菊石身上长着珍珠母。一些中生代牡蛎壳的两个瓣都完好无损。你可以张开它们看到里面的东西。所有这些东西都是海洋生物，只有在海底才能见到。他们还采集到美丽的叶子，年龄有5000万年，是从始新世的非海相岩石中采到的。大海消失了。山已经抬升起来。一天又一 352
天，我们环顾四周，在脑海中可以看到这些事情的发生。”

戴维的母亲有一本约瑟夫·勒孔蒂的《地质学原理》。他九岁的时候就读了这本书。他那时弄懂构造和地层学了吗？他能够开始认识断层了吗?“在某种程度上，这没问题，”他说，“毕竟，我们可以看到，这些都出露在我们面前。”

在南部的地平线上是瓦斯山，一条蓝色带状的山脊形成一个楔形，就像船头一样，实际上是一个页岩形成的拱形。戴维后来在1953 年从那里发现了铀。他小时候就曾骑马爬上山脊，在那里闻到了瓦斯气味。那里也有石油渗漏。戴维说:“这你能理解。既然叫‘瓦斯山’，它是不会无缘无故地就叫这个名字的。”

戴维四岁时，石油和天然气已经成了牧场的话题。那是 1917 年的夏天，在 32 公里内不同的地方一下子竖起来六个钻石油的井架子。和其他牧场主一样，洛夫家开始盘算，将来得到的偿付会不会超过从冻羊身上剪羊毛获得的收入。戴维的母亲认为这一切只是他们家的梦幻泡影。

> 对我们来说，石油曾经只是在怀俄明的故事里经常出现的一个单词。印第安人和捕猎者都说起过有奇怪的油渗出来。博纳维尔上尉在 1832 年写道，他在一个地方发现了“伟大的焦油泉”，就在现在的兰德附近。他的部队用这些油来治疗他们马匹蹄子的裂口和马具磨伤的溃疡，也当作一种“香脂”去治疗他们自己的疼痛。吉姆·布里杰是一位开拓者，印第安斗士，也是一位堡垒建设能手，他把焦油和面粉混合在一起，卖给穿越俄勒冈小道的移民们，给他们的马车当车轴润滑油用。他们还发现，在烧干牛粪的时候，如果加入一点焦油，火会烧得更旺。

现在她告诉来访的地质学家，如果他们正在寻找石油，他们肯定会在她家牧场下面找到，因为她小儿子名字的字头是 J.D.[1]。

> 这种兴奋很快蔓延开了。在我们反复谈论的羊、牛、马、
> 天气和市场中，又出现了新词汇：背斜、向斜、红层、排水坑、 353
> 套管、钻杆、钻头、钻工房、猫道、伤脑筋的光束。几乎每个牧民都说自己那里有石油穹隆。我们拿到了石油理赔款。
>
> 一个经营得不太好的牧场主搭便车来到我们家，他头发灰白，衣衫褴褛，郑重其事地问我们，他能不能在我们家住几天，说他正在为拿到自己的石油理赔款做一些核实工作。然后他问约翰，能不能借给他一把铲子。他说，为了拿到他的石油理赔款，他还需要几个人手和一辆马车。当他的要求全部被满足后，他开始追问："现在告诉我，你家的石油在哪儿？"

孩子们可能会离人行道很远，但他们在成长过程中不可能永远幼稚。

有一个人叫吉米·劳什，他说他不用钻探就能找到石油。他来到牧场，展示了他的找油方法。吉米·劳什有点像个音乐剧演员，又像一个巡游的结构炼金术士、一个石油占卜家。他有一个用黑色绝缘胶带裹着的瓶子，吊在一根绳子上，瓶子里装着一种神秘的液体，和石油形成的分层很像。戴维·洛夫和他的哥哥、母亲、父亲

1 J.D. 也是"完成任务"（Job Done）的字头。

一起看着，劳什站在离他们家房屋几十厘米远的地方，把瓶子悬挂起来，瓶子开始旋转。他一只手拿着一块像是大钻石一样的东西，闪闪发光。当四周安静下来，他开始念动咒语：伊普雷斯期、阿尔布期、欧特里夫期、凡兰吟期，瓶子每转一圈，他就念叨一个地质年代的名字。当瓶子停下来的时候，他就用瓶子转的总圈数去计算石油埋藏的深度。戴维后来再也没见过吉米·劳什，从某种意义上说，劳什的鬼魂可能还会在美国地质调查局出没。

1918 年，在大沙窝发现了价值一亿美元的油气田。约翰·洛夫的第一块田产就在大沙窝，但已经在 1897 年放弃了。1920 年《矿产土地租赁法》颁布后，石油公司可以直接从政府获得租赁权，不需要再付给牧场主们石油理赔款。一个牧场主如果想在自己的牧场钻井找石油的话，需要支付五万美元。

> 人们普遍认为，如果一个人有那么多钱，他就不需要油井了。我们的石油泡影彻底消失了。

354 很有象征意义的事是，在牧场西南 80 公里处的劳斯特索杰油田发生火灾，持续了几个星期，夜空被照得亮如白昼。在距离牧场 10 公里的马蹄沟中，辛克莱怀俄明公司在 1300 米深处钻到了瓦斯，瓦斯造成井喷，巨大的冲击力摧毁了钻杆，把木制的井架炸成了碎片。

> 爆炸发生时，司钻正扛着一个一百磅（45 千克）重的铁砧

穿过钻台。他告诉我们，他在鼠尾草丛中跑了 800 米才意识到，他还扛着铁砧呢。

洛夫一家备好了一辆马车，去拾碎木头。他们会在厨房的炉子里把剩下的井架统统烧掉。

戴维捡起一小块灰色页岩，是从钻井深处炸出来的，形状棱棱角角的，但并不坚硬。他在里面看到了微小的海洋化石和闪着光泽的珍珠母碎片，有他指甲盖那么大，它曾经寄生在活蛤蜊的身上；它们现在是从地下 800 多米的地方带上来的；它们生活在地球上出现人类之前的年代；它们离开了现在已经看不见的海岸，被埋葬了不知多少年。司钻告诉他，那些贝壳预示着石油的存在……他把这块嵌有精致贝壳的岩石带了回家，从那以后一直放在一个印第安碗里。

当孩子们十几岁时，他们偶尔会跳上马鞍，骑马到 42 公里外的肖肖尼去跳舞。我曾经问戴维是不是跳方块舞，他说："不是，是一种接触式运动。" 跳到半夜以后，他们再骑马跑 42 公里回家。他们在弗里蒙特县职业高中就读期间，母亲在兰德租了一所房子，一直带他们住在那里。他们有一个同学叫威廉·莎士比亚，他还有个绰号，叫"惹事精"。兰德当时是怀俄明州最偏远的城镇，有个美名，叫"铁道的尽头和小道的起点"，孩子们和他们的母亲经常会去那里，会去红山谷游玩。那里的景色很美丽，长长的红色峡

谷蜿蜒曲折，把中生代的漫长时间展现在人们眼前。在东部的陡
355 崖中，岩石向上倾斜，从地表向上突起，崖顶高达 183 米，这些悬崖的岩石是始新统盖在古新统上，依次又盖在白垩系和侏罗系上，侏罗系形成一个台阶，盖在红色三叠系峭壁之上。向西面的更高处是一个长满鼠尾草的二叠系斜坡，在这个斜坡的延长线上可以看到海拔更高但时间更老的前寒武系，出露在风河山的顶部，就是西部地平线上的那些山峰。

在三叠系的红色中有一条很显眼的白线，一直延伸到视野的尽头。这是一层 1.5 米厚的石灰岩，厚度惊人地均一。随着时间的推移，戴维会了解到，这个均一的岩层覆盖了近 13 万平方公里的土地，是世界上最不寻常的岩石单元之一，里面缺乏能判断环境的化石，所以没有人能分辨出它是在淡水中还是咸水中形成的。“这是落基山脉的一个主要标志层，”戴维曾经指着这层岩石对我说，“13 万平方公里，你试着想想，当今世界上有什么地方能找到这么大面积的稳定环境？我想我找不到。这在地质学上是独一无二的。”不过，年轻的戴维此时对阿尔科瓦石灰岩的兴趣还赶不上对红山谷里其他景色的兴趣。一个住在那里的女人叫“红山谷红”，因为她长了一头引人注目红头发，像三叠系的岩石一样红。正如他在多年后描述的那样，她是“一个长得很漂亮的妓女”，这可能就是男孩们去“红山谷红”居住的红山谷游玩时母亲要陪伴他们的原因之一。

为了缩短到兰德的旅行时间，也为了更勤地去兰德看望孩子们，约翰·洛夫买了一辆二手的“别克”车。

> 他独自在宽阔的平地上自学驾驶。他感受到极度的紧张，有时声音都变了。当他想停下来的时候，他会很自然地大声喊着：“吁——，停在那儿！”

他认识一个牧场主，也在自学驾驶，但没学成，一生气，用斧头砍烂了自己的汽车。约翰决心不让这种事发生在他自己身上。当然，他学成了，不久就带着一家人开车出去兜风，他们去了甜水河分水岭，带着用于野餐的午餐和一大罐子柠檬水。他们的眼界早就很开阔了，不久后又迅速扩大，约翰决定出去度他人生中的第一个假期，要让孩子们在上大学前能看到太平洋。洛夫一家开着
“别克”，一路向西。他们带着一个面包箱，一个野营用的炉子，一 356
套大大小小的铝锅。后座上堆满了毯子。手提箱捆在汽车两侧的脚踏板上，行李上放着一顶印第安帐篷。

10

两个男孩儿都去怀俄明州立大学读书了。艾伦主修市政工程学。戴维主修地质学，被选进“美国大学优等生荣誉学会”。学校的砂岩上镌刻着三行大字：

奋斗吧——

对大自然的掌控权

是赢来的，而不是送来的

戴维留在拉勒米攻读硕士学位，后来又拿到耶鲁大学的奖学金，到东部读博士学位去了。他带着些许困惑开始了他美妙的人生爬坡，他注意到研究生院的院子里有一块石头，上面刻着拉斐尔·萨巴蒂尼[1]的一句话：“他天性喜笑，并知世界之疯狂。”这句话让戴维在耶鲁大学站稳了脚跟，也帮助他为一生给政府和科学界服务做好了准备。作为一名研究生，他必须提高他的德语阅读水平，他在怀俄明州山区进行夏季野外工作时，晚上就在篝火

1　英国作家，出生于意大利，擅长写爱情小说和探险小说，他的探险小说《铁血船长》（1922）等在美国出版后，获得了很高的国际声誉。

旁读德语。有一本书提到，在基尔的德国海军军官学校门口有一个题词，这位未来的落基山脉地质学家在一个意想不到的地方发现了他铭记毕生的职业格言，他用英语说出来就是："不要说：'这是真相'，而要说：'哦，在我看来，事情就是这样的，我想我看明白了。'"

耶鲁大学拥有世界上最好的地质学系之一，它的兴趣当然也是全球性的。它的教学是演绎性的、百科全书式的，激发学生们做出更持久的努力，让他们连续几个月钻进图书馆里。戴维后来说，这是他的黄金岁月。这个系让学生一心专注于地质大画面，结果，这里培养的学生中没有多少人看到过很多岩石露头。不管怎么说，对于一个除了身边近在咫尺的露头几乎什么都没看见过的学 357
生来说，或者对于一个刚从马鞍上跳下来慢慢改变了视角的学生来说，这就是他的感觉。这种区别丝毫没有削弱他对这些东部石油地质学家的崇敬。他会温和地说："可以说，他们的野外地质知识是不完整的。"

戴维在一个地表很崎岖的山地做野外地质工作，在研究生院的暑假期间，他在提顿山区工作了一段时间，但主要是沿着阿布萨洛卡山脉的南缘，在牧场西北大约 160 公里的地方。他选择了一块地方进行地质填图，大约有 1300 平方公里，目的是认识这里的地质情况，这足够完成他的博士论文了。从地质学上讲，这块地方是地球上的一块空白区，几乎什么都不知道。当然，这块地方已绘制了地形图。他带着这幅地形图去填地质图。这里的一些小溪是往山的上坡流的。

阿布萨洛卡山似乎是一堆多层的火山碎屑沉积岩，它的成分曾经是火山喷发物。这些物质在硬化以后，又被风化成碎块，然后被河流收集起来搬运走。阿布萨洛卡火山沉积物是埋藏在落基山脉中部巨大填充物的一部分，是很坚硬的那部分，很耐风化。它们中的巨大石块表明，它们离火山喷口很近。在地形图上看，阿布萨洛卡的火山物质似乎是从黄石公园喷出来的。在落基山脉的整体剥露过程中，这些岩石的耐风化性使它们留在原地。它们像一座城垛，比邻近的平原高出 2000 米。

当洛夫选择这篇论文的题目时，他并没有选择从 A 到 B 的简单路线，也没有在某处去画出一个小盆地，然后去描述一下盆里的“麦片粥”。他选了一个地质学上的旋转风车，每一个风车叶片上都闪烁着亮点。例如，猫头鹰溪山的西端仍然被埋着，就埋在洛夫论文研究区里的阿布萨洛卡山下。另一条山链也大部分埋在那里。他发现了它，并且给它起了个名字，叫“瓦沙基山脉”。很显然，阿布萨洛卡山和猫头鹰溪山在构造上是分开的。但是，要说清楚猫头鹰溪山比瓦沙基山更年轻却不是那么容易的事，或者说，不太容易说清楚瓦沙基山早期是不是曾经向西南方向逆冲到风河盆地
358 底部没有变形的页岩上。他独自一人，靠两脚，在山里慢慢追索，探寻着这些问题的答案。他的论文研究区距离风河盆地很近，因此囊括了落基山脉全景的各种不同的单元，其中包括褶皱的山脉和裂解的高原，包括盆地的沉积物和高山的山峰，包括干涸的沟壑和叠置的河道，沙漠中的鼠尾草绿洲和在 3170 米高处林带上生长的常绿森林。它还包括了一个未经删节的完整故事，从保存完

好的山顶阶地到从极深处整体剥露出来的化石地形。在这片区域的任何一个地方，气温都能在不到一天的时间中上下变化 27 摄氏度。这片区域里根本就没有道路，洛夫步行了几年之后，准备买一匹马。他有条不紊地交叉参考着岩性、古生物、地层和构造，绘制了这片地区的地质图，新发现并命名了七个地层组。

在耶鲁大学的一个夏天，他离开了填图区几天，在兰德附近的一个湖上拉伤了脚，伤得很厉害。他用大手帕当止血带包扎了一下，一瘸一拐地进城去看史密斯医生。法兰西斯·史密斯曾经帮戴维的父亲熬过了蜱热，帮戴维的母亲治愈了链球菌感染，那病几乎要了她的命。他曾给戴维缝过伤口，多年来给戴维缝的针加在一起足够缝成一个棒球的。现在，他一边给戴维治脚，一边告诉戴维，最近一个来他办公室的访客是罗伯特·勒罗伊·帕克本人，也就是布奇·卡西迪。

戴维很有礼貌地说，大家都知道，卡西迪已经死在玻利维亚了。

史密斯说，大家都错了。有一天，那个病人出现在门口，站在那儿沉思了很久，仔细地观察着医生的脸。他感到很高兴，因为没有看到医生的脸上有什么反应，他说："你不知道我是谁，对吧？"

医生说："你看起来有点面熟，但我说不太清楚。"

病人说，他在巴黎让一位外科医生给他的脸做了整容。接着，他撩开衬衫，露出了一道缝合枪伤留下的很深的疤痕，史密斯医生认出，那正是他自己的手艺。

戴维·洛夫在怀俄明州所做的工作引起了美国地质协

会（G.S.A.）的注意。他被邀请在G.S.A.全国会议上发言，G.S.A.年会每年都会在全国轮换地方，洛夫要发言的年会恰巧被
359 安排到华盛顿特区，这着实让他感到了很大的压力。一个研究生被要求在G.S.A.全国会议上做报告是很不寻常的。他有点儿被吓着了，要知道，那是在通常所说的东部，是在国家的首都，全美国最重要的地质学家都会去参加那次会议。斯坦福大学的贝利·威利斯、伯克利大学的安德鲁·劳森、美国自然历史博物馆的沃尔特·格兰杰、普林斯顿大学的泰勒·托姆都会出席会议。洛夫论文的主题是关于第三系岩石的褶皱和断裂作用。第三纪从6500万年前开始，到差不多距今200万年之前结束。当洛夫进耶鲁大学上学时，地质学的传统观点认为，所有褶皱和断裂的岩石都比第三系岩石古老，所有的第三系岩石都是没变形的。在阿布萨洛卡山的论文中，他对很多褶皱和断裂的第三系岩石区进行了填图。他知道那里的化石和地层学。这根本不是“马背上的猜想”。他仔细地练习他要说的话，当他报告的时刻到来时，他站在华盛顿酒店会议厅的一个讲台上，努力控制着自己的声音，却丝毫没有注意到自己忘了扣好吊带裤的吊带。它们在背后吊着，暴露在外面，摇摆着。他的尴尬才刚刚开始。在演讲到高潮时，他指出，拉勒米革命在第三纪开始后1500万年时还没有完全结束，变形还在继续。这时，他听到了他所说的带有嘲笑的尖叫声，当他讲完时，没有掌声。大厅里一片寂静。过了一会儿，构造地质学家泰勒·托姆站了起来，他的一些研究结论实际上受到了洛夫论文的挑战，他说：“这篇论文是落基山脉地质学的一个里程碑。”

戴维·洛夫第一次参加的G.S.A.年会是几年前在纽约召开的，他唯一认识的人是塞缪尔·H. 奈特，是他在怀俄明州立大学的著名导师。慢慢地，眼前的陌生面孔和形象跟他从科学论文和专著封皮上见到过的那些早已熟悉的名字对上号了。他个人尊崇的众多地质名流一个个活跃在他的身边，他很高兴地发现，他们是那么平易近人。现在，洛夫已经是落基山脉地质学的老前辈了，当他讲述这段经历时，他可能会对自己这样说："他们穿裤子的时候和普通人一样，一条腿一条腿地穿。他们每个人都很人性化。他们鼓励年轻人要敢于直言。"当他们讨论彼此的论文时，他欣赏他们的坦率和他们的争论方式。一个名叫阿萨·马修斯的古生物学家 360
站起来，介绍了他的发现，认为世界上的第一只鸟是在二叠纪时期诞生的，比现在大家认为的"始祖鸟"早了大约一亿年。马修斯详细介绍了犹他州二叠系岩石中一些引人注目的痕迹化石，他说，这些化石很有次序地记录了一只鸟在地面奔跑，它的翅膀尖笨拙地刮着地面，直到最后飞起来。沃尔特·格兰杰站起来，在大会上对这个不寻常的消息表示欢迎。他说："马修斯教授无疑证明了第一只鸟飞过犹他州的那片天空，但他并没有证明它的降落。"

戴维·格里格斯并不比洛夫大几岁，他很精彩地展示了一些关于造山作用的新想法。他讲演后，贝利·威利斯——洛夫说威利斯是"世界上构造地质学界的元老之一"——对格里格斯进行了称赞。随后站起来的是伟大的安德鲁·劳森，是他命名了"圣安德列斯断层"，他实际上给了格里格斯一个很高的评价，但他说："这是我有生以来第一次也是唯一一次同意贝利·威利斯的观点。"

还有一次，一位年轻的地质学家挑战沃尔特·格兰杰说：“格兰杰博士，你确定你说的都对吗？”格兰杰没有一丝丝犹豫，马上回答说：“年轻人，如果我被证明有 50% 是对的，我就会认为自己的一生取得了巨大成功。”

从耶鲁大学毕业后，洛夫在犹他州的瓦萨其山为美国地质调查局工作了一个季度，他在浓密、坚硬的冬青叶栎中一步一步地摸索着工作，90 年前，这片栎丛曾经把唐纳之队[1]死死地拖住，最终让他们困在那场大雪中。此后，洛夫受雇于壳牌石油公司，花了五年时间，在伊利诺伊州、印第安纳州、密苏里州、肯塔基州、佐治亚州、阿肯色州、密歇根州、亚拉巴马州和田纳西州等地寻找可能的石油聚集区。这增加了他的经验，除了岩石，还学到了更多，特别是在阿巴拉契亚山区南部。为了寻找露头，他搜寻了很多河床，在河边走了几百公里路，“鞋子泡湿了也不理会”。他还研究了公路旁的剖面，铁路旁的剖面。一天的工作结束的时候，他走到
361 哪儿就睡在哪儿。有时，他会连续几个星期和农民住在一起。有一天，田纳西州的一个农场主把他叫到一边，想把自己一个很漂亮的十几岁的女儿许配给他，唯一的条件是，戴维愿意给他女儿买一双鞋，这将是她的第一双鞋。显然，这个女孩已经对这位年轻的地质学家产生强烈的渴望了，所以她的父亲才想让她拥有他。戴维觉得，他正在获得“终极的赞美”，因为农场主希望给他的是这位农场主在世界上最珍视的宝贝。他婉转地拒绝了。老实讲，他并不想

1 美国西部淘金史上一个悲剧性拓荒者团体，详见本书第一篇 55 页的脚注 2。

冒犯这位农场主，以免丧失他在这个地区工作的优势，这里是密西西比河口湾的主要部分，被纵横交错的河道分割得七零八落，地质学家把它叫作“朵状沉积体”，从密西西比河口向北延伸到肯塔基州的帕杜卡。这个农场地处一个很关键的位置，可以让这位年轻的地质学家从页岩中找到渗透性很好的砂岩，石油会在这些向上倾斜的砂岩中运移，并且被捕获停留在什么地方。他很忧虑，并不想让主人的感情受到伤害。当然，这些忧虑都算不上什么，重要的是，他已经订婚了。

1934 年，洛夫在拉勒米遇到了一个来自布林莫尔学院的学习地质学的学生，她来到美国西部，在怀俄明州立大学度过了几个学期，根据一项约定，他应该把她看作是国外来学习的大三学生。她的父亲在资助她去怀俄明州学习时曾经评论说，每个人在一生中都有权至少到国外去一次。她的名字叫简·麦特森，是在罗得岛州普罗维登斯安静的街道和私立教育学区长大的。尽管她在早期的野外记录中错把“creek”（小溪）写成“crick”（抽筋），并且相信西部地质学家已经教了她一个新的地质术语，但实际上她极富社会经验，甚至说更老于世故，这一点连两个来自牧场的戴维绑在一起也赶不上。此外，她认为他“太漂亮了”。如果他愿意的话，他本来可以用同样的方式去回答她。他对她太有吸引力了，尽管其中部分原因是他始终和她保持着距离。她喜欢那些缺乏攻击性的牛仔们，但是眼前这一位有点太害羞了，太保守、太恭敬了，在他的双门小福特车里总是缩在他自己的那一侧。她的婚姻发展观包含在一条格言中：“一个吻就是一个承诺。”但到目前为止，她还没有得到过承诺。他把她带到了拉勒米山脉的顶端，在那里，他们坐在粉红色的花岗岩上，看着闪亮的群星，他给了她一些大胆的建议，但说得很隐晦。他说："你做什么都行，就是不要来这里和一个地质学家一起看星星。"

362 当收到戴维被耶鲁大学录取的信时，他们翻山越岭到夏延去庆祝。在返回学校的途中，他们在沿旧的美国 30 号公路走到跳板梁时，遇到了一场春天的风暴，他们担心会被大雪阻挡在外面过夜，那样会损害自己的名声，于是顶着暴风雪继续往回赶，终于到达了拉勒米。简从布林莫尔学院毕业后，去史密斯大学读研究生，夏天，她回到怀俄明州，在布莱克山和大角山脉进行野外工作，这让她完成了研究宾夕法尼亚系－二叠系岩石的硕士论文。他在耶鲁大学完成学业时，两个人离得更远了，他们相互频繁地寄着长长的书信，这是她的主意，她认为这能让两个人更好地了解对方，审视他们生活的态度。（不久前，当她告诉我这件事的时候，她的黑眼睛里闪着一丝宝石般的光芒，她补充说："我猜想这就是为什么现在年轻人更愿意住在一起，而不是去写信。"）在 20 世纪 70 年代，她为加州大学出版社编辑了一本关于中生代哺乳动物的书，而她自己在地质学方面的著作最多也只是零零星星的。"在我们这一代，"她曾对我说，"一个女人的地位就是在家里照顾家庭，她选择这样做无可厚非。我对此曾经有一点忧虑，但不多。你总会长大到 25 岁的。你在很多个选择中一个一个地剔除。最后你决定，你宁愿去做一个妻子和母亲，而不是去做一个地质学家。实际上，我有时也和他聊聊地质学，但那只是打打酱油。"她提出自己的想法，扮演地质魔鬼的拥护者[1]，帮助戴维完善他的想法。“你有什么理由认为你知道这些？你怎么会这么推断呢？”她总是会对他这样说，而避免去激起他的凯尔特人[2]肝火。

1910 年左右，在洛夫牧场，不知道是出于什么缘故，戴维的母亲问他的父亲：“有人说，如果你见到一个苏格兰人，要么杀了他，要么就同意他。这是真的吗？”

约翰·洛夫严肃地思考着这个问题。他认真想了一下，然后斩钉截铁地回答说：“不是。”

“戴维不怕新主意，”简接着说，“他是个务实的人。他从不回头。他既有独创性又富实干性。在他长大的牧场里，那时没有水管，没有电，也没有汽车，他们所有的设备都需要自己动手修理。现在，如果他有一些捆包线，他可以修理任何东西，从修理水管 363
到修理汽车，什么都能修理。他把同样的实用性应用到地质学上。如果一个滑动的岩块暗示它可能会往山下滑，他心中有物理学原理，知道它能不能滑下山去。他的才能尤其表现在他的因果感上。他的知识、经验和好奇心远远超出了仅仅知道岩石的存在。他是我认识的最有创造力的地质学家。”

他们是 1940 年结婚的。他们的四个孩子中有两个是在夏天的野外工作季节之后怀上的，孩子出生时，又到了下一个野外工作季节，他远在几百公里之外。简说，这是地质学的另一个方面。在

1 关于“魔鬼的拥护者”，参见本书第二篇第 355 页的脚注 1。

2 凯尔特人在罗马帝国时代被罗马人认为是欧洲的蛮族，曾经在公元前 385 年洗劫罗马城，中世纪后逐渐演变成爱尔兰人、苏格兰人、威尔士人等不同的民族。

20 世纪 70 年代末的一次野外考察中，戴维对我说："34 年来，我一直在听她说这件事。"夏季的野外工作季节从 6 月开始，大约在 4 个月之后结束，他们刚认识的那些年里，她很少在这期间见到他，她在描述当时情况时说："我父亲是普罗维登斯的一名律师。在怀俄明州读完大三后，一想到将来要嫁给普罗维登斯的某个律师，我就感到幽闭恐惧。"

他们的第一个孩子是个白头发小女孩，叫弗朗希丝，是在伊利诺伊州的桑塔利亚出生的，她的父亲在壳牌公司工作时就住在那里。桑塔利亚就像一个边远小镇一样条件艰苦，而且"变得越来越差"。那里发生的很多事都和戴维的公平竞争意识格格不入。用他的话说："这是一个新兴的城市，但充满了破落的迹象。自 1823 年以来，那里就没有发生过公平的竞争。他们在成立工会时遇到了麻烦。盖房子的扛斗工们想把钻石油的钻井工们拉进他们的工会。钻井工们拒绝了，不打算向他们交会费，认为这是在向扛斗工们进贡。扛斗工们发动了攻击。他们用猎刀割破了一个钻井工的头皮，然后用锤子砸断了他的骨头。"对他们来说，这是一种男子汉气概，"戴维评论说，"他们太粗野了，简直就是一群凶狠的混蛋。"在他去过的一些城镇里，有牌子写着"狗和石油工人禁止入内"。他去那里时只好假扮成一个旅行推销员。

在田纳西州，有时候他被误认为是一名税务代理人，这可能会导致不愉快的命运。有一次他被一些逃犯当作铁路侦探。简正好也和他在一起，他俩沿着铁轨走着，不时地停下来查看铁路旁的岩石露头，好像侦探一样。那些逃犯把一具尸体扔进了铁路旁的一片岩石露头，那是一个该杀的人。逃犯们在树林里悄悄看着他俩，步枪里的子弹已经上了膛，但他们还是忍住了，没开火。他们不想把简也杀死。这些过程都是逃犯们后来告诉戴维的，戴维
问他们，如果他们发现可能是杀害了一个无辜的人，会不会心里感 364
到不安。最后，他们给了戴维一罐子高粱。

在桑塔利亚，戴维晚上可以借着油田上空的天然气火炬阅读报纸。这家公司正在烧掉天然气，因为当时它没什么经济价值。这冒犯了他的苏格兰秉性。“我认为这种管理很不好，”他解释说，“我们是土地和资源的管理者。如果你把不可替代的资源从地下挖出来扔掉，你就是没有做好你的工作。在桑塔利亚上空，这种天然气火炬数以千计。”他还对石油公司的保密规定感到不适应，要不是因为这一点，这家公司本来可以让他很满意的。作为一名科学家，他相信公开发表的研究成果，但他的研究成果却为了满足一家公司的商业利益而被锁在保险箱里。同时，这种工作让他到处打游击，他女儿才刚刚两岁，就已经去过十三个州了，而他正在“为一些该死的傻瓜寻找石油，让他们在路上把这些石油烧掉”。他和简一起得出了一个结论，显然，“生命中一定有比这更合适的工作”。

他辞职去了美国地质调查局，回到怀俄明州，最初是为了完成一项对第二次世界大战至关重要的任务。那一年是 1942 年，美国极度缺乏钒，钒能把钢制成一种合金材料，去制造更加坚固的装甲板。他从阿夫顿出发，在逆冲断层带里寻找二叠系岩石中

的金属。他首先弄清了钒的形成环境，知道它产在这个地区的黑色页岩层中，然后，在冬天的时候建造了一个锯木厂和一些木屋，为八个新建的矿山准备木材。阿夫顿是摩门教的一个城镇。镇的首领有 34 个孩子，洛夫和杂货商伊西多·舒斯特是镇上仅有的外乡人。洛夫征募了一些摩门教农民，教他们怎么样采矿。他们在狭窄的山谷里工作，那里每天都会发生好几次雪崩，雪崩沿着山谷的岩壁往下落，能滑行 600 米。在一次雪崩中，戴维被卷走了，就像被卷进寒冷的龙卷风中，受了重伤。他在医院里躺了好几个星期。他的全身没有多少损伤。他对自己病情的完整诊断很简单："它让我筋疲力尽。"

这些矿山建好以后，洛夫搬到了拉勒米，在那里设立了一个野外办事处，他要在那里结束他在美国地质调查局的职业生涯。
365 他的孩子们都是在拉勒米长大的。弗朗希丝现在在俄克拉何马州的公立学校教法语。洛夫的两个儿子，查尔斯和戴维，都是地质学家。芭芭拉是武库川堡赖特学院的学术项目主任，这个学院是武库川女子大学在斯波坎的一个分校，总部在日本的西宫市。随着时间的推移，地区性的野外办事处先后关闭了，地质学家们被整合到几个大型的联邦中心，如，加利福尼亚的门罗帕克、弗吉尼亚的雷斯顿以及丹佛，洛夫的野外办事处成了美国地质调查局的残留机构。他顶住了这股官僚主义风潮，这股风在最强势的时候比从药弓山上吹来的风还硬。他曾经用外交辞令解释说："这样的发展趋势就是让所有的地质学家都在一个沙堆里玩。"他的朋友、美国自然历史博物馆脊椎动物古生物学馆长马尔科姆·麦肯纳更透彻地剖析了洛夫的真实想法，他说："戴夫[1]的选择是，地质学在哪儿他就在哪儿，而不是往更高的职位上爬。他的态度很坚决，调查局曾经劝他离开怀俄明州，但他不同意。现在留下来的野外办事处已经为数不多了，他所在的是其中之一。调查局除了向人们提供信息外，还从人们那里获取信息。人们在戴夫的野外办事处停下来，进去看他。如果他走了，拉勒米的野外办事处就要关门了，这将是怀俄明州的损失。当一大群人坐在丹佛办公室的小隔间里时，戴夫却离研究对象很近。他早上出门去马上就可以开始他的重要工作了。"

洛夫说，他工作的一部分是找矿，从找石油到找玛瑙，找任何有用的矿物，然后，对这些矿产说，"飞吧，伙计们"，让它们对人民或美国产生效益。按照法律规定，他随时可以自由地辞职，然后扑到自己的事业上赚钱，不管是石油、铀、宝石，还是黄金，都能赚大钱，但是，他一而再，再而三地不为所动。很显然，他对钱根本不感兴趣，如果美国地质调查局的服务仅仅是限于商业目的，他当年就不会进入调查局了。调查局还出于科学目的对全国的国土进行调查评估，如果不对全国的地质情况进行广泛的背景研究，就不会对某一些具体的地质问题有更好的理解。在地质学界，美国地质调查局的声望甚至超过了各主要大学的地质学系，而这些大学里的大牌教授们总是在抱怨地质调查局，说"他们认为自己是上帝的助手"。从事学术研究的地质学家往往认为地质调查局的

1 这里的"戴夫"以及后文中的"戴夫·洛夫"都是对戴维·洛夫的亲切称呼。

366 工作很“乏味”。而且，正如洛夫在很久以前就发现的那样，美国地质调查局中存在着一种权力至上的氛围，对要发表的任何东西都要经过审查，每一件工作都会受到不同行政级别的关注，有时候，当调查全部完成时，在调查报告首页的摘要中你看不到什么科学性。美国地质调查局是 1879 年成立的，现在已经变成了“奥古斯都”[1]，马尔科姆·麦肯纳说它是“一个惰性十足的组织，中世纪经院哲学的残余”，但接着又说：“大学里的人一年有两个月的假期，公司里的人受到限制，而调查局的人能做其他人做不到的事情。”很多业内人士倾向于认为，一个没有为地质调查局工作过一段时间的地质学家一定没有受过严格的培训。

洛夫还在杰克逊洞建立了一个基地，一个小房子，后来扩建成几个小木屋。这里可能是他大部分夏季野外工作的定向点。他多年的专注把他带到怀俄明州的每一个地区、落基山脉的其他地区，以及世界上其他的地方。不过，从他最早的地质工作时代起，他总是被吸引着一次又一次地回到提顿山，欣赏它的风景，了解它的完整历史，破解它山谷中的谜团。要深入理解这些就是要认识它所属的地质省的所有细节，跟落基山脉的任何其他部分相比，他自己认为，杰克逊洞的故事更值得去关注。

1 源自拉丁语 Augustus，是古罗马元老院授予罗马帝国首位元首屋大维的称号，意思是“至尊者，可敬者”，在这里是比喻地质调查局具有很高的权威性。

11

“洞”是最早期移民来的白人使用的一个词，用来形容那些
被很高的山紧紧包围住的山谷。戴维·杰克逊就使用了这个词，19
世纪 20 年代，他在提顿山的一条山谷里居住，经常在午后的阴凉
处管理他挖的那些捕猎陷阱。久而久之，一些逃犯开始来投奔他，
然后是牧民，再后来，一些农场主在这里获得了合法的田产，他们
的栅栏侵占了草地，造成了一触即发的紧张气氛，正是在这种背
景中，肖恩来了。肖恩进入山谷时没有拿着枪，他骑着马，“沿着
一条孤独的小径从封闭的保守着秘密的过去走来”。一个农场主
给他提供了一份工作，他接受了，很真诚地追求着他的平和生活。
农场主对肖恩的历史一句也没有问，但觉得完全可以信任他，并 367
设想着这个人在农场可能胜任哪些活计。陌生人的马鞍卷深处有
一把象牙柄的柯尔特左轮手枪，它从枪套里拔出来时没有明显的
摩擦，击锤被锉平了，也没有准星，在一根伸出的手指上就能稳稳
地平衡住。有一天，农夫的小儿子很天真地发现了枪，急忙去找他
的父亲。

“爸爸，你知道肖恩的毯子里卷着什么吗？”

“可能是枪吧。”

“可是，你是怎么知道的？你看见了吗？”

"没看见。但是，他应该是有枪。"

"哦。那他为什么从来不带上枪呢？你是不是觉得这大概是因为他不怎么会打枪吧？"

"好儿子，如果你身上穿着衬衣，他拿着那把枪，一枪打掉了你衬衣上的扣子，而你只感觉到有一股小风吹过，那我一点也不会感到惊讶。"

当然，肖恩是小说里一个虚构的人物，但所属的时代是这个地区的一种"地层年代"。在杰克·谢菲尔[1]小说的开头，他说："他在1889年夏天骑马进入我们的山谷。"他还瞥了一眼"山谷远处地平线上排列的群山"。地理位置说得很模糊，但谢菲尔显然想到了大角山脉邻近的一个地方。然而，当好莱坞接手这个故事的时候，准备把故事的外景从夏延一直延伸到孟买，肖恩骑马进入的山谷似乎是一个很自然的选择。当他慢慢进入山谷时，山谷的谷底像湖底一样很平坦。有点不太协调的是，在山谷中间有几个长满树木的孤丘，清冽的溪水从旁侧流过。在很多地方，平坦是一种假象，因为地面上总是在这里或那里随机出现一些起伏，不知道是什么原因，挺立的苍翠松林和宽阔连绵的淡绿色鼠尾草丛相间分布，构成了一幅富含诗意的画面。山谷中有些池塘，其中一些是温暖的，足以让黑嘴天鹅在那里越冬；靠着高山的地方还有相当多的湖泊。到处都是山。这些山围在山谷的三面，形成了很陡的坡

1 小说《原野游侠》的作者。肖恩是这部小说的主角。这部小说后来被改编成电影《原野奇侠》，于1953年上映，1954年获奥斯卡金像奖。

度，它们分别是莱迪山高地、格罗斯文特山脉和蛇河山脉。在山谷的西边是提顿山，平坦的谷底和山峰的陡壁中间没有空地，没有山麓带，只有一条清晰的连接线。提顿山像是从原地拔起来的，快 368
速穿出林带线[1]刺向天空。提顿山很像乳峰，任何一个冰川雕刻的尖峰在形成过程中都会经过这样一个阶段，像魏斯角峰、马特角峰、齐纳尔罗特角峰。好莱坞无法抗拒提顿山的诱惑。如果你看过西部影片，你就会看到提顿山。它们出现在无数画面的背景中，肯定是电影中构造活动最活跃的山脉，到处漂移着，从加拿大到墨西哥，从堪萨斯到海岸。当货车列车离开独立城开始向西行驶，提顿山很快就会出现在遥远的地平线上，预示了这块被征服土地的美丽，以及面临的挑战和希望。如果是乘马车，跑了一个月后，提顿山还在前面，再跑两个星期，离提顿山又近了一点。提顿山长64多公里，宽不到16公里，它的面积不大，但绝不普通，极为壮观。由于有杰克逊洞的存在，提顿山被自然环境保护组织和华盛顿的官方机构评为顶级风景区，和麦金利山、纪念碑谷和科罗拉多河大峡谷平起平坐。

提顿山的景观是运动的景观，但在电影中看不到这些运动形式。山谷的特征是神秘的、奇特的，看似矛盾的。1983年，潜水员们下到大提顿山下的珍妮湖里，他们报告说，有一对银云杉，树根扎进湖底，在24米深的湖水中直立着。两岔溪从莱迪山高地流

1 受地形和气候影响，山地景观会出现垂直分带现象，从低处到高处有森林带、草甸带、冻土带、积雪带等。从远处就可以看到，林带线位于森林带顶界，而雪线位于积雪带底界。

图 3-2　杰克逊洞和怀俄明州西北部

出来，之所以叫“两岔溪”，是因为它分成两个岔，有两个河口，这在小溪中是不太常见的，就像人长着两张嘴一样不常见。两岔溪的两个河口相距 4.8 公里。还有一条小河，是蛇河的支流，叫鱼溪，它的河道竟然比要汇入的主河道还低，沿着山脚悄悄地流淌。蛇河顺着山谷的中央奔流而下，海拔比鱼溪高出 4.6 米，河道旁是洪水建筑起来的天然堤，挡住了河水的横向漫出。

有一年，我和戴维·洛夫一起进行了一次野外考察，旅程包括熊牙山、黄石高原、麦迪逊河的赫布根地震带、岛屿公园破火山口和蛇河平原的部分地区。在旅程接近尾声时，我们经过提顿山口， 370
俯瞰杰克逊洞。他突然清了清嗓子，高声说：“现在有个地方，可以让一个孩子去开心地体验一下什么是动力地质学。”

他说的孩子实际上也包括他自己。1934 年夏天，21 岁的他骑马进入山谷，他建了一个营地，然后就去山上工作。提顿山的 3200 米高处有很多小湖泊，如：圆环湖、水貂湖、灰熊湖、浮冰湖、雪堆湖、独居湖，等等。没有人知道它们有多深，也不知道它们可能装了多少水。怀俄明州地质调查局想知道这些信息，就给了他一份暑期工作和一条可组装拆卸的船。他爬上提顿山，在湖里划着船，就像梭罗当年在瓦尔登湖上测量水深那样。他喜欢说，他第一次晕船是在林带线高度以上。如果提顿峰像阿尔卑斯山一样，是平宁阿尔卑斯山推覆带的一部分的话，它们二者会有一个巨大的区别，那就是沿平宁阿尔卑斯山的公路上山见不到间歇泉盆地，没有沸腾的泉水、冒泡的泥浆，也没有在人类时代冷凝的熔岩。他的营地在信号山上，如果以提顿山为标准，这只是一座小山，是从谷底隆起的小山，高出杰克逊湖面 305 米。50 多年后的一个夏天，戴维带我又来到这里，在信号山上，他说：“当我还是一个缺乏经验的生手时，我经常爬到这里来逃避一切。”

我问：“就你自己？”

他回答说：“哦，是的。总是这样，没伴儿。我一直有点儿独，现在也是。”

他一个人悠闲地在山里转着，穿过山谷，敲打着岩石，上马走走，下马看看，有时会坐下来思考一下。他说：“搞地质就不能着急。”从那个夏天开始，每次他去那里的时候，无论他是骑马走还是靠两条腿走，他都会用眼看，用锤敲，琢磨各种地质现象的细节。如果他正好走到山顶上或者一个视野广阔能够俯视的地方，他很可能会在那里待上一天，慢慢地品味这片地方，从隐藏的信息和显见的构造中感悟内在的控制因素，把眼前的一切看成是一部正式的作品，想知道这一切是怎么样做到的。用他的话说：“即使我不知道我看到的是什么也没关系。以后，事情终将会变得很清楚，也许吧，也许不会。你要试着把散落的花瓣重新放回到花上去。”这里有些山峰他以前没有上去过，但他上去后并没有垒起一个石堆做记号，或者留下他的名字，几乎毫无例外。说“几乎”是
371 因为戴维曾对我说过：“我把名字留在了两座山峰上。当你年轻充满活力的时候，你会做一些奇怪的事情。”由于不知道什么会让人脑洞大开，或什么不会，他几乎审视着每一个现象。山上的紫菀总是长在东坡。大石块离产生它们的基岩很远。周围的山上哪里都没有石英岩，但山谷里却堆积了很厚的含金石英岩巨石块。他在谷

底发现了很多断层，但很多年也没能理清楚它们形成的合理顺序。两个相邻的火山口有不同的火山活动期次。从高处望去，他看到很多小溪的源头都有个倒钩，开始朝一个方向流，然后绕了个圈，又朝另外一个方向流了，一个拿着盘子喝水的人可能会注意到类似的现象，一定是什么东西把这个盘子弄歪过。他在信号山上往下望去，看到了下面近处的蛇河缓慢地流着，有的地方积起了水潭，河道弯来弯去，弯成了牛轭形，这是一条古老的河流穿过低洼地区时形成的典型景观。然而，这里的地势并不低，蛇河也根本算不上老。再向下游走几公里，蛇河向右急转，伸直了河道，加快了速度，激起了白色的浪花。从信号山往下看，他还观察到，驼鹿河、马鹿河和鹿河在进入各自河道之前都是从一个水泉里流出来的，它们挤在一起，推推搡搡地想抓住水泉，“它们不断地嘶鸣着，争相前进”，完全忽略了附近的河水、沼泽和湖泊。他给那个地方起了个名，叫“春药泉”。几十年来，他一次研究一段，已经围绕着杰克逊洞的天际线走了一整圈，天黑了，他走到哪儿就在那儿就地露营，晚餐也是就地取材，捕捉蚂蚱或摩门螽斯。溪流中有鳟鱼，有弗吉尼亚火腿那么大。有时他更喜欢松鸡：“我把地质锤向空中一扔，会很容易地打落一只蓝松鸡或一只艾草松鸡。当然，这是季节性的。可称之为扔锤子季。在阿布萨洛卡山，我也扔到过响尾蛇。现在我不再杀响尾蛇了。我逐渐意识到它们是自然景物的一部分，我不想去打扰它了。”他从不带枪，而是带着一个熊铃。有一天，他忘记了带铃，一只母灰熊不知从哪儿站了起来，有 1.8 米高，斜着眼睛看他。他马上觉得头皮又干又紧。结果……“你猜猜，谁

走了？”有好几次，驼鹿向他冲过来。他赶紧爬到了树上。还有一
372 次，周围没有树。他和驼鹿都在林带线以上。正好，他站在地势比较高的地方，他就向驼鹿不断地扔石头。有一块石头碎了，碎片散开飞向驼鹿。“驼鹿想了想，走了。”

格罗斯文特河进入山谷，几乎正对着提顿山的高峰。在格罗斯文特河上游不远的地方有一个裸露的山坡，那里最近有 7500 万吨的岩石崩塌下来，堵塞了河流。他看到冰川的擦痕从北向南延伸，他记起了那些阻止蛇河向西漫越的天然堤坝。这是在向他暗示，自从冰川消融以来，谷底已经向西倾斜了。弯弯曲曲的土丘上长满了松树，这些土丘像圆环一样环绕着山谷中的湖泊，把它们紧紧地抱在提顿山身边。每个湖都在峡谷的山脚下。显然，高山上的冰川曾经流下来进入山谷中，把冰碛堆积在山谷里，然后在后撤时融化，填满了湖水。一些冰川的影响清晰可辨，而另一些则越来越不明显，这样可以追溯到一次又一次的冰期，它们间隔了几万年。洛夫的儿子查理在西怀俄明州社区学院教地质学和人类学，1967 年的一天，他沿着格罗斯文特山脉的山脊徒步旅行，发现了一些巨石块，而作为它来源的基岩出露在 80 公里以外的阿布萨洛卡山脉。它们看起来是冰川沉积物，如果它们真是冰碛物，那么，它们是记录了一个到目前为止还没有人知道的冰期，而且，这次冰期影响的范围比任何一次已知的冰期都要大。证据还不够充足，但还有什么其他过程能把这些巨石块搬运 80 公里远，把它们堆积在 3000 多米高的山顶上呢？戴维在回答这个问题时，创造了一个术语，叫“幽灵冰川”。

从杰克逊洞的山谷里和周围的瞭望台上可以看到，北面的景观基本上是一个又高又平的地形，由树木覆盖着，看起来像是从黄石公园方向延过来的，实际上也是这样，那片平地向南扩展，盖住了早期的地形，填满了每一条河床、池塘和山谷。洛夫第一次骑着马在那片平地上勘察时，发现那些岩石是流纹岩，他没有感到惊讶，它的化学成分和花岗岩是相同的，但它们的结晶结构却不一样，因为流纹岩是岩浆喷出到地表以后迅速冷却的。这些流纹岩像一片炽热的云从黄石飘落下来，埋住了提顿山的北端，并从那里裂成两股，沿着提顿山的两侧流动。

从山谷的一头到另外一头都有岩石露头，从远处看像雪一样。走到近处一看，是白色的石灰岩、白色的页岩和白色的火山灰。洛夫根据地层的走向和倾向把地层数据整理起来，计算出沉积物的厚 373
度大致是 1829 米。从上到下，地层里到处都是淡水蛤蜊和螺化石，还有一些河狸、水生老鼠和其他在浅水环境中生活的生物化石。所以，这条山谷里曾经是一个大湖。湖总是浅的。然而，这些在湖里堆积的沉积物却有 1600 多米厚。除非是山谷的底部在湖的整个生命长河中都在不断地下沉，否则没有任何其他的合理解释。

山谷周围的火山岩有白色的、棕色的、红色的、紫色的和黄色的及绿色的多种色调。石英岩的巨石块被河水磨蚀得圆圆的，散布的范围很宽、很远，这些石英岩的源头远在西北方向的爱达荷州，不可能是冰川搬运到这儿的。在莱迪山高地和杰克逊洞的东边，他还看到了比人脑袋还大的其他巨石块。像石英岩一样，它们的来源问题，他眼下同样回答不了。他发现了白垩纪海洋的黑色和灰色沉积物，量了一下，有 3.2 公里厚。在它们上面，紧挨着就是煤层。在附近的红色和橙红色岩石中，有恐龙的小足迹和小骨头。大一点的也有。这里有海洋磷酸盐岩层。他采集了黑色硅质页岩、纯白云岩、深色白云岩，以及曾经是海滩的块状砂岩。他走进美丽的海相石灰岩中的蓝灰色洞穴。他发现了含泥裂缝的页岩。他看到了一些像蚁丘一样的土丘，这些土丘是由蓝绿藻建造的。

他用锤子敲着，把敲下来的岩块装进样品袋里，采集的岩石中有褶皱和碎裂的片岩、角闪岩、条带状片麻岩和花岗岩，这些花岗岩曾经作为岩浆向上涌出，在某个时候，它们还处在远低于地球表面的地方，在那里侵入到这些古老的岩石里，这个侵入时间最终由钾－氩定年方法确定了，是在距今 25 亿年前。因此，被花岗岩侵入的岩石要老得多，被侵入的岩石已经变质了，不知道它们在变质以前存在了多久，不知道它们能回溯到距离地球上最古老岩石的年龄有多远，应该是一个接近 40 亿年的数字。

洛夫的这些样品袋就是岩石的档案袋，这些岩石是随机收集的，事后进行了整理和归档，它们在各个方面都配得上这条山谷无
374 与伦比的美丽。从 30 亿年前到构造活跃的今天，这些时代在地球历史中占了很高的比例，都显现在这条山谷中。难怪一位地质学家会被牢牢地吸引到这条山谷里来。他一步一步地走，一步一步地看，从全景到全景，从露头到露头，把这种岩石和那座山联系起来，把这个地层组和那条河联系起来，戴维开始逐渐勾画着一幅揭示区域构造的草图，在画了大约 30 年后，他把山谷的历史按顺序记述了下来。每当新的证据和见解出现后，一些曾经看似合乎

逻辑的部分有时候会被抛弃。当板块构造到来时，他接受了它的启示，或者包容了它的启示，但绝不是很随便地接受它。他撰写了20多篇专业论文，阐述了他对这个地区的研究成果，他还和同事约翰·里德共同出版了《提顿山景观的形成》，这是为公众撰写的，是一本总结性成果。内政部授予他“杰出服务勋章”，在嘉奖令中提到，他“为一个地区建立了基础性地层学和构造演化框架”。简而言之，他把散落在地上的花瓣重新放回到花上。

这朵花不是一般的花。提顿山的景观不仅包含了北美洲最完整的地质历史，而且也是最复杂的。洛夫说：“我把我生命中的一部分放在这里，是因为我们有很多的事情要做，都凑在一起。我不想浪费我的时间。我把自己聚焦在这儿会比聚焦在任何其他地方都能做出更大的贡献。”经过半个多世纪，他在脑海里把这个故事编织起来，可以像罗马画卷一样徐徐展开。他可以观察到，从前寒武纪一开始，这里的自然景观就在变化着，它在移动、生长、坍塌，在以层层叠盖的形式变换着自己的位置，虽然让人看得眼花缭乱，但却不是在空间无序地变化着，而是在时间上展现着因果关系。他看到，它现在正在运动着，从几个方面来看，它现在的运动是一种响应性的，它现在的景观外貌要归功于一个有点自相矛盾的过程：这个地区总体上似乎一直在抬升，但这条山谷已经坍塌下来了。

提顿山的岩壁被一条辉绿岩脉划开，这条岩脉有近50米宽，在山脉的面上直直地画了一长道迷彩。辉绿岩是辉长岩的兄弟，花岗岩的远房亲戚。被这条坚硬的辉绿岩脉占据的位置，以前是地下 6400 多米深处的一条裂缝，岩浆沿着这条裂缝涌上来，固结成了这种暗色的岩石。这个故事发生在距今 13 亿年前，属于前寒
375 武纪的海利克纪，那时的海岸线就在现在西边不远的地方，再向西就是水深中等的大陆架。那时没有俄勒冈州，没有华盛顿州，也没有爱达荷州，那里是辽阔的蓝色海洋，覆盖在大洋地壳上。懒洋洋的河流在平淡无奇的平原上流向海滨。褶皱的和破裂的片岩、片麻岩被倾斜地盖在平原之下，保存着它们的变形面貌，它们曾是很久很久以前地壳挤压形成的山脉，但这些山脉现在早已经剥蚀得不见了。海利克纪的海滩终于也不见了，埋藏到深处，变成了砂岩，后来，在褶皱造山过程中，经过热和压力的作用，变成了石英岩。山脉又被夷平了，新一代平静的平原也沉入海浪之下，海水上涨，淹没了终将成为杰克逊洞的这片区域。全新世时，这片区域的纬度和今天的斯里兰卡（或者马来半岛，或者巴拿马）的纬度差不多，并且在向赤道漂移。海水很温暖，但并不总是平静和清澈的。蓝绿藻在水浅的地方建造起藻丘。海平面有时会下降，泥层暴露在赤道的烈日下，形成了多边形裂纹，像是在制作陶艺。当海平面再次上升时，海水几乎是透明的，无数的海洋生物骨骼形成了很纯的蓝灰色石灰岩。就像德彪西[1]作品中被吞没的大教堂一样，这片地区不时地露出水面，或暴露在阳光和空气中，但在大部分时间都淹没在海水之下。堆积起来的砂层很厚，分布广泛，但里面几

1 活跃在 19 世纪末 20 世纪初的法国音乐家，是近代“印象主义”音乐的鼻祖，对欧洲和美国的音乐产生了深远的影响。

乎没有保存任何化石记录，所以，即使是戴维·洛夫也不能肯定地说它们是在水下还是在空气中形成的。他不会毫无把握地去说那些连他自己都不能确定的事。就像他说的，他不喜欢“骑坐在墙头上，乱甩两只脚”。他认为，这些沙子中有一些是陆地上的沙丘和海岸线附近的沙丘，它们的红色是在空气中氧化的结果。杰克逊洞靠近赤道，磷酸盐岩在蒸发的浅海里形成。潮坪出现了，是很宽阔的红色平原，河流从东边很远处的隆起地区缓慢地流过来。泥地上有恐龙的小脚印和小骨头。这片地区迅速地向北移动，在 3000 万年中移动了大约 1600 公里，这可能是地球上那时唯一的一块大陆解体的结果。潮坪上形成了巨大的沙丘，是风吹形成的干燥沙丘，是一个橙红色和红色的撒哈拉沙漠，它当时的纬度和现代撒哈拉沙漠的纬度分毫不差。红色的沙漠随后被圣丹斯海[1]淹没了。大海来自北方，不仅把那些大沙丘埋在泥沙下，而且又盖上了大群大群的蛤蜊。当海平面下降时，沉积平原露出了水面，洪水泛滥的 376
河流为这片大地涂上了粉色、紫色、红色、绿色等不同的颜色。恐龙们在这片色彩斑斓的土地上徜徉，有的恐龙和柯基犬一样大，有的恐龙像熊一样大，有的恐龙比长途巴士还大。大海卷起滔天巨浪，裹挟着邪恶的生命，再度重来。来自成层火山的黑色和灰色沉积物向西倾注到海里。在这个时期，终将成为杰克逊洞的这片海域已经漂移到超过了现代怀俄明州的纬度，并且继续向北，最远

---

1 这是在侏罗纪中晚期北美大陆上存在的陆表海，是那时北极洋的一个分支海，从加拿大西部一直伸进美国西部大陆。

时到了今天加拿大西南部的萨斯卡通附近。

大地拱起了。覆盖在片岩和花岗岩上的几公里厚的沉积物上升、拱曲了。大海向东退去。恐龙逐渐消失。山脉在西北隆起，牢牢扎根在前寒武系核心。辫状河从那里流下来，拖动着石英岩巨石块，几十公里宽的区域里都铺满了含金的砾石。西部还有一些山脉是没有山根的岩板，像地板的散块一样滑动着，叠覆着，堆垛着，覆盖在较年轻的岩石上，和有根的山脉碰撞在一起，而在东部发生了拉勒米造山运动，形成了更多的巨型山脉和巨型下拗盆地，只是它们的几何形状很不规则。

所有这些都是在杰克逊洞地区周围发生的，所以，杰克逊洞地区本身的构造活动性相对较小。一系列西北走向的小山包成排地跨过杰克逊洞未来的山谷，它们可能是一个大型山脉的雏形，但却命中注定不能形成大山。在几公里之下的深处，一条巨大的断裂出现了，切割了前寒武纪花岗岩、角闪岩、片麻岩和片岩，一大块地壳向上运动了至少 600 米后停下来了，停栖在那个时候的地表之下很深的地方。

新的火山在北部和东部升起来。裂缝张开了。从黏性熔岩到纷飞的火山灰，一股脑儿地从火山中喷发出来，覆盖了周围地区，已有的各种地形都被填充抹平了。河流瓦解了这些物质，把它们搬运到在几公里外，重新分层排列。到目前为止，这些场景都被一幕一幕地保存在杰克逊洞的岩石中，记录了 99.8% 的地球历史，然而这些历史场景却一幕也看不到，只有提顿山还模模糊糊地有点相似。前寒武纪岩石依然埋藏在较年轻的沉积物下。地表是一片看上去枯燥无味的山丘。形成怀俄明州西部逆冲断层带的构造活动让更东面的山脉跳出地面，见到的地质构造都是挤压性的：地壳紧顶着地壳，褶皱的、断裂的，以及变形的。现在，地壳又伸展了，大地在伸展，陆地裂开了，结果形成了一条南北走向的正断层，有 377
80 公里长。断层两边的地壳块沿着远处的“折页”转动，像拉开一扇对开的门一样，一扇上升了，另一扇下降了。上升的一扇就是初生的提顿山，它驮着五亿年的层状沉积物一起上升。这些沉积物一点一点地被剥蚀掉。东面的一扇在下降，而且下降得很快，形成了一个逐渐变大的空洞。岩浆在下面活动，被吸进断层北段的火山里、通气孔里和裂缝里。正当岩浆在爱达荷州下面活动的时候，陆地塌陷了，形成了蛇河平原，岩浆从这里跑到北面去了，扩大了杰克逊洞下面的空洞。岩浆向北跑到了黄石，从那里喷出地表，向四面八方喷流。炽热的火山灰流从黄石翻卷而下，盖住了提顿山的北部，从那里分成两股，沿着提顿山的两侧流动。沉降的谷底断裂成碎块，就像冰块掉进一桶水里一样。一些碎块向上突出着，形成孤丘。然后，一个湖泊淹没了山谷，湖水很浅，但有 64 公里长，在这个湖泊里沉积了石灰岩，白得像雪一样。湖里还沉积了白色的页岩和白色的火山灰。这些沉积物堆积的厚度接近 1800 米，而上面覆盖的湖水一直很浅，里面生活着淡水蛤蜊和螺，还有河狸和水生老鼠。在湖泊接受沉积物的时候，沉积物底部的湖底一直在沉降，湖底沉降的速率和沉积物沉积的速率一样。从黄石流下来的火山熔岩进到湖里，发出巨大的刺耳的嘶嘶声，冷却以后形成了黑曜岩。黏稠的火山灰翻滚着热浪涌进山谷里，冷却以后形成了凝灰岩。大湖消失了。在接连不断的地震中，更多的山谷断裂开，堵塞了山谷中的河流，形成了又深又窄的湖泊，它们出现得很突然，消失得也很突然。侵蚀作用从快速上升的断块山脉顶上剥蚀掉大量层状沉积物，现在，已经剥蚀走了近4600米厚的地层，露出了前寒武纪花岗岩，这些花岗岩和跟它生长在一起的角闪岩、片岩、片麻岩，以及垂直的辉绿岩墙成为这片蓝天下最高处的岩石。在大地拱起来的时候，覆盖在前寒武纪岩石上的地层起了褶皱，破裂了，现在紧贴在前寒武纪岩石的两侧，其中有古生代沉积的地层和中生代沉积的地层，它们破裂成锯齿状，形成参差不齐的陡峭山脊，继续被推向外侧。在天际线的地方，可以看到花岗岩
378 顶上还残存着一点点寒武系砂岩，没有被剥蚀掉。在提顿断层的对面一侧，同一层寒武系砂岩被埋在山谷里。曾经相连的这层砂岩现在被分隔在断层两侧，它们的垂直距离有9000米。

这样，地质编年史和现在连接起来了，但是，在这里顽固抗拒着剥蚀作用的山脉看上去更像浑圆的屁股而不像高耸的乳房。现在，有4000多立方千米的冰川从阿布萨洛卡山，从风河山，从黄石高原中央流下来，还有一小部分从提顿山谷流下来。汇合起来的冰川有800多米厚，进入并犁开了山谷。这条冰川的西侧在提顿山现代林带线以上的地方刮切着。冰川融化后，留下大片堆满巨石块的荒芜地面。又一次冰川来了，体积较小，但绝不是微不足道，然后是第三次冰川，体积更小。冰川溯山谷向上，切进山脉，形成了冰斗。冰斗的圆环进一步侵蚀，形成了尖峰，人们叫它“角峰”。冰川标志着山谷里有湖泊，当冰川向山脉收缩时，人类来到了地球

上，见证了冰川的消退。在冰川消失很久之后，谷底仍然很不稳定，岩浆从地下涌向北方，谷底沉降的幅度甚至更大。大云杉和谷底一起下沉，直径 1.5 米的大云杉树被珍妮湖的水包围起来。与此同时，这里的山脉在向上跳起，几秒钟内就能长高几厘米，这种事在 14 世纪末的时候就发生过，这警告我们，这些山脉在我们生活的这个时代是很活跃的。1925 年，7500 万吨岩石滑塌进入格罗斯文特河。1983 年，也就是在珍妮湖底发现大云杉树的那一年，一场里氏震级 5 级以上的地震轰隆隆地穿过杰克逊洞。

12

一幅地质图就是一本教科书，它只有一页纸，上面画着各种颜色和符号，用一种隐蔽的形式反映了（或者说应该反映出）图框范围内所有地质主题的重要研究成果。地质图中包含了各种测量信息和岩石组构的花纹，从图上应该能读出一个地区的地质概况，了解到哪些是已知的故事，哪些是未知的故事。区域性地质图在传统上都是一个州一个州出版的，它们完成的时间不同：内华达
379 州是 1978 年，纽约州是 1970 年，新泽西州则是在 1910 年。在地质图上，就像在任何科学出版物上一样，主要负责人的名字列在第一位。这项工作包含了多年的劳动，包含了浩瀚的参考文献，完成一个州的地质图可以看作是一生的工作，在美国地质史上只有两个人曾经两次担任一个州地质图的第一作者，戴维·洛夫就是其中之一，他完成了《怀俄明州地质图》1955 年版和 1985 年版。地质学是一门描述性的、解释性的科学，观点发生冲突在地质学圈子里像家常便饭。在编制地质图过程中，当两个或更多的地质学家得出不同的结论时，洛夫不得不带他们重返野外，进行现场讨论，然后再决定在地质图上怎么样去标记。当人们认定的正确性受到质疑时，他们往往会去争吵，形象一点说，他的一些同事会伸手去摸枪套，这可能已经犯下了一个错误，当他们的纽扣从衬衫上掉下

来时，他们可能只感到了一阵微风。

1955 年出版的《怀俄明州地质图》为编制州地质图制定了一套标准，包括覆盖范围、化石年代测定、对地质核心内容的概述等细节，在 1985 年版中，这套标准做了更新。用美国自然历史博物馆的马尔科姆·麦肯纳的话说："大多数地质图都是由各种文件和报告中的资料拼凑成的。戴夫看了所有的岩石。所有的岩石都在他脑子里。大多数地质图都是展示时间的图，而不是展示岩石的图。他们会说'未细分的侏罗纪'之类的话，而不说岩石是什么。戴夫的地质图上几乎没有这类问题。地质填图工作现在已经不那么重要了，但你不能什么都去看卫星照片，你必须有高分辨率的基础图件。你手头必须有真材实料。当缺乏坚实的基础资料时，地质学家们的讨论就是在胡说八道。戴夫是在那里落实基础资料。他不是从远处瞄一眼岩石就动手去编地质图的，他从不通过高层会议去搞清楚地球是如何运转的，他很重视野外工作。一些地质学家认为野外工作就是把他们的机器推到院子里去工作。戴夫把握住了关键点。他懂得，认识地质要靠他自己的发现。他为地质学的研究树立了一个榜样，一个很好的例子。要想和戴夫竞争，你必须要走很多的路。"

有一次，洛夫拿到一份邮购目录，看到一件商品叫"千里袜"，他半信半疑地订购了一双，后来发现，目录中的说法是有道理的，它们确实是能穿着走一千英里（1600 多公里）的袜子。他很快就把袜子磨坏了，当然，问题的关键不是袜子不耐磨，而是他跑的路太多。

380 多年以前，几乎每一个搞地质的人都要走上几千公里，仔细地研究相当数量的露头。地质学按照定义理解就是要在野外做的工作。你要仔细地筛去泥土，从中挑出眼睛能见到的化石。你要凿开已经石化的泥土，取出里面的恐龙腿骨。你要从一个岩层走到另一个岩层，建立起它们之间的地层年代关系。你要在地质填图过程中在野外测量岩层的走向和倾向，不仅了解它们的状况，而且还建立起它们的构造几何学关系。你要去实地研究一个地区的地质，你可以把鼻子贴到露头上去仔细观察。通过领会地层结构，你可以推测出大地构造历史的片段。你在这里获得一个片段，又在那里获得一个片段，日积月累，一个一个的片段就会组合起来形成一个完整的故事。但你只是在认识着地球的一小部分，因为地球的整体毕竟是太大了，如果你不把你对局部的研究结论看成是暂时性的，那你就有点太不谦虚了。像很多地质学家一样，洛夫喜欢盲人摸象那个印度寓言，因为那首诗用短短的几行字就把他的科学实践经历概括并且寓言化了。“我们就是那些摸象的盲人。”他会很郑重地说。这个寓言在提醒每一个人，地壳是辽阔无边的，构造极其复杂，而地球历史中发生过的大多数事件都没有留下多少证据，在建立起一个地区的构造历史之前，必须要领会每一个相关的岩石露头，更不要说去建立起全球的构造历史画卷了。

近年来，摸大象的方法越来越多了。地质科学已经配备了很多分析仪器，例如，扫描透射电子显微镜、电感耦合等离子体分光光度计、$^{39}Ar/^{40}Ar$ 激光微区探针等，更不用说像可控震源这样的装置，它通过振动器冲击地面，记录下反射回来的地震波，用这些数据来揭示地球的深层结构。于是，夏天到野外去研究岩石的地质学家越来越少了，而终年在实验室围着荧光灯转、鼻子贴在打印纸上分析数据的人越来越多。这是一个模拟地质学家的时代，他们就像一块手表，有两支指针，现在需要一个指令。对戴维·洛夫来说，这个指令就是“野外”。虽然所有的地质学家都曾经像他一样，但现在他们已经不再是这样了。戴维·洛夫所在的科学分支叫“野外地质学”，他是一个典型的野外地质学家，手里拿着地质锤和地质罗盘，脚上穿着“千里袜”，天气好坏对他来说只不过是
换一两件衣服，两只耳朵之间夹着一个200千兆的大硬盘[1]。有一 381
些年轻人在跟随他的脚步，他们仍然乐于到野外去，甘愿磨破他们的地质靴和牛仔裤，但他们的数量已经被另一群同龄人大大超过了，那些人更乐于把地球上已知的事实和采回来的样品碎片输入到实验室机器里，跑野外的人说这是“黑匣子地质学”。不可避免地，这两个世界的地质学家之间已经出现了一些紧张的气氛：

“谁是新构造地质学家呀？”

---

1 读者们显然明白原书作者是在幽默地用电脑比喻人脑。本篇是1986年出版的，当时世界上最先进的个人计算机只有512 KB内存、20兆硬盘，因此，当时估计人脑相当于一个200千兆容量的硬盘已经很有想象力了。关于人脑的实际容量，根据2014年《自然》发表的一篇论文，一个小白鼠的大脑有13个神经元结构，相当于1 TB的容量，或5个“200千兆的大硬盘”。一个成年人的大脑约有1000亿个神经元，换算一下，至少是76亿TB的容量。读者们自然都知道，计算机的容量以字节为单位，1024个字节是1 KB（千字节），1024个KB是1MB（兆字节），1024个MB是1GB（吉字节，又称“千兆”），1024个GB是1TB（太字节）。这就是说，人脑的容量（76亿TB）相当于380亿个“200千兆的大硬盘”。

“多克尼。”

“他重视野外工作吗？”

“他是一个地球物理学家，他这个人挺不错。”

“那可能够呛。”

黑匣子地质学家也叫“办公室地质学家”和“实验室地质学家”，他们经常说，他们的同事总去做野外工作，这是对严肃学术问题的一种逃避。他们说得可能不会这么难听，但持续地进行野外地质观测至少不是被普遍认可的。另一方面，一些实验室地质学家明确地表达了他们与那些有丰富野外经验的人的合作共生关系。地球物理学家罗伯特·菲尼曾对我说：“我的大部分时间都在计算机前面工作，只是动动我的手指。”他补充说，他需要一些野外地质知识去检验他的认识，否则的话，他的认识很难站得住。“没有这些野外地质学家，就不会有地质学事业，”他继续说，“进入实验室的每一盒样品都会包括一双磨旧的野外地质靴子。有这样一群资深的地质学家，你会在露头上遇到他们，和他们分享大量的知识。他们通过访问对方的研究地区，把对世界的不同看法汇集在一起。当我遇到他们的时候，总要和他们聊聊天，就像人们在街头小店前聊天一样，因为我所做的是概念化和理想化的东西，我希望知道，这和他们在露头上所看到的真实情况是不是一致。这些人一般都在50岁以上，他们这类人正在减少，这是一种知识上的重大犯罪。这和地质科学的性质有关，也和我们正在做的事有关。真实不是你在黑板上能抓到的东西。”

尽管有像罗伯特这样的感想，但在大学地质学系里，黑匣子地质学家在讨论课程设置和研究方向等问题上的得票往往超过野外地质学家，在争取科研经费方面也远胜过野外地质学家。“黑 382
匣子时代是由于技术深奥型研究工作容易获得经费所造成的，”洛夫有一天对我说，“国防部、国家科学基金会，以及其他机构都有足够的经费去支持一些不寻常的任务，姑且说是‘不寻常’吧。你在野外采集岩石样品的经验输给了实验室地质学家。举个例子说，利用卫星图像的遥感技术正在蓬勃发展。从那些图像中，你不用去野外就能得到一张大图片。但它是二维的。为了获得第三维空间的图像，也就是地下是什么样的，他们去咨询另一头圣牛[1]，那就是地球物理学。他们可以在办公室里做出很多种解释。但他们很容易跑偏，因为他们不知道野外关系，通常是依赖多年前收集的数据。他们使用博物馆的样品，或者使用其他人收集的样品，可能根本不知道这些样品的来龙去脉。或许我说得有点刻薄，但我们的确看到了错误的解释，因为他们缺乏对野外空间关系的理解。很多大思想家是根据第二手和第三手的信息去进行解释的。现在这个游戏有了个体面的名字，叫‘建模’。计算出来的很多结果都是我看不到的，简直就是一摊猫头鹰的酸屎。如果你没看过，你怎么能让人信服地去写或去谈论一些事呢？只是一味地相信其他人是不够的。你应该能够自己去做出正确的评价。不过，实验室地质学的确有很多科研经费。钱都用在了他们的黑匣子里。我想最终大家会明白的。当这些孩子得到了资助去做这种办公室研究

1 指神圣不可侵犯的人和物，源自印度教尊牛为神的习俗。

时，你不能去责怪他们。反正我自己不想去做这种工作。我更愿意到野外去，把地质场景放在一个很广阔的视野里。我想知道下一座山上究竟有什么。”

他是在莱迪山高地上说这样一些话的，那一天，我们正坐在2800米高处的一块露头上，眼前是270度的广阔视野，我们看到了阿布萨洛卡山脉的顶峰，看到了一座由更新统熔岩构成的山，然后再向高处看，大陆分水岭[1]的山脊线一直延伸到风河山的冰川和山尖，比提顿山要高11.6米。从那里开始，天际线逐渐倾斜、变平，进入中新世的山顶阶地，代表着那时的最大埋深顶面。接着，我们目光扫过南部地平线，格罗斯文特山脉的整个宽度尽收眼底，下午的阳光照射在明亮的橙红色悬崖上，悬崖至少有122米高，
383 出露的是纳盖特砂岩。目光移向西边，扫过其他的山峰，最终停留在提顿山的整个前脸上。我们看了很长一段时间，默默地，一句话也没说。洛夫说，他喜欢这个地方，他能从这里看到很多东西，几十年来他曾经多次在这里停留，靠在一棵矮松树上，梳理着整个地区，就像一个天文学家在梳理他头顶上整个天空里的星星一样。他还若有所思地说：“我想，从这里能看到的每一座山峰我都已经登过了。”

在我们下面是枯杨树溪。它向东南流了几公里后，转过一个

1 这里是指北美洲大陆山地和水文学的分界线，它穿过落基山脉的主要山岭，西侧的河流体系流进太平洋，东侧的河流体系流进北冰洋和大西洋（包括墨西哥湾和加勒比海）。有趣的是，在大陆分水岭上会出现一些内流水系，它们没有任何向大洋的出口，还会出现一些向两侧大洋都有出口的河流。

急弯，向西朝着提顿山流去。我们可以看到其他溪流的形态几乎都是这样，就像一个牧羊人的手杖的收藏库。“大地先是向东倾斜，然后再向南倾斜，最后再向西倾斜，”洛夫说，“这是一个倾斜的地块，停在提顿山的山脚下。这些带急弯的溪流可以作为证据，表明折页的枢纽在我们这儿的东面，那里可能就是大陆分水岭。我们可以从溪流中了解到很多东西。它们太敏感了，对地面轻微的倾斜都会有反应。我认为这一点被低估了。”他指着枯杨树溪岸边的一些砂岩阶地说，印第安人经常在那里露营，因为很久以前，小溪里满是鳟鱼，你可以在阶地下伸手抓住它们。他问我是不是知道，这些溪水为什么那么清澈。“溪的上游没有页岩，”他说，“没有细颗粒的东西来污染它。如果你观察一条小溪，你可以在沉积物中看到它整个流域的历史，就像你的手掌纹一样清晰。”

在去瞭望台的路上，我们在一个泉水边停了下来，泉边长着西洋菜，我蹲下来，一边尝着西洋菜，一边喝着泉水。洛夫说，第一位来怀俄明地区踏勘的地质学家是 F. V. 海登，他还是一名医生，他把西洋菜撒在泉水和溪流边，免得外来移民不幸染上坏血病。海登曾在宾夕法尼亚大学任教，他领导的研究组和其他几个研究组在 1879 年合并，成立了美国地质调查局。当他在 19 世纪 50 年代末期来到这个地区时，他看到这里的植被很少，各种岩石都很清楚地暴露在视野里，他很兴奋，经常定期地独自到野外去做地质工作，急匆匆地从一个露头走到另一个露头，并采集了一袋又一袋的岩石样品。看到他往帆布袋里装样品，苏族人感到很困惑，不知道他在收集什么，他们开始监视他，讨论他，最后，攻击

了他。他们抓住他的帆布袋，把里面的东西抖了出来。结果，石头
384 块掉了一地。就在那一瞬间，海登教授被赋予了特殊地位，这种地位是所有仁慈的人赋予弱智人的。苏族人用自己的话给海登教授起了个名字，叫他“捡起石头就跑的人”，从那以后，海登再也没有受到敌对行动的侵犯。

我觉察到，洛夫在泉水边什么都没喝。

他说：“如果我喝的话，我一个下午都会渴的。”

现在，我们来到一片高高的露头上，从始新统火山岩出露的阿布萨洛卡山又转回到风河山，这是拉勒米造山作用在怀俄明州最重要的产物，然后，又到了新抬升起来的提顿山，这是落基山脉中最年轻的山。我对他说起，一些地质学家认为，在世界上所有能按照板块构造理论进行解释的地方里，落基山脉可能要排在最后一名了。

“我想我不一定会同意这种说法，”洛夫说，“但我的确认为这是很难用板块构造理论进行解释的山脉之一。关于落基山脉，我想过很多。在现在这个阶段，一对一的对号入座让我感到很不安。在我们获得这里所有山脉的详细年代学资料之前，我们怎么能把它们准确地插进板块构造的大画面里呢？无论最终的解释是什么，我都不想让它早产。”

板块构造学的理论家们在思考落基山脉成因时遇到了很大的问题，因为这条山脉和离它最近的板块边界之间的距离太远了，理论上，山脉是在板块边界附近形成的。这个问题进一步引出了其他问题，究竟是什么力量推动大陆前进并导致了冲断带的逆冲活动，

致使前陆山脉隆起呢?欧洲和非洲两个大陆碰撞是一种造山作用机制，但在阿巴拉契亚山脉的形成过程中，并没有一个大陆碰撞过来，在这种情况下，造山作用的机制是什么呢?理论家们最近转向了外来地体的概念:像日本这样的岛弧一个接一个地撞击了北美洲大陆，加积形成了边远西部的各州，在这些岛弧碰撞过程中隆起了一条又一条有据可查的山脉。不管真相是怎么回事，有一个构造事件上的巧合很值得注意，那就是，西部山脉形成过程的开始和大西洋张开的开始是在同一时间。中生代中期，随着大西洋的张开，北美洲岩石圈像一块巨大的地毯一样开始向西滑动，它的大部分都紧靠在太平洋板块上。当一块地毯在房间的地板上滑动时，会顶在远处的墙上，形成褶皱。

“我们离最近的板块边界大约有 1600 公里，”洛夫说，“我们不应该把这里的地貌景观和沿海发生的构造事件一对一地对号入座。我这么做并不会降低或削弱板块构造理论，但总觉得把它应 385
用在这里有点怪异，有点像让兔子去跟马交配。这里并没有板块互相摩擦的证据。冲断带可能是 5000 万年前板块构造活动的征兆，但主要的问题是，构造运动在这里没有放在一个恰当的时间框架中。现在几乎所有人都同意，板块构造有重大意义，这个概念也是很有价值的。大多数人已经不再争论这个了。我们争论的是构造方面的细节问题。我们应该先解剖所有这些山脉，然后才能滔滔不绝地讲它们在板块构造理论中怎么样变化。思想没错，假说也没错，但在没有事实依据的时候去进行华丽的归纳概括是在浪费时间。很多大思想家都在根据相当不充分的资料给出一个笼统的解释。有一大堆的论文是由这样一些人写出来的，他们只是一直在研究州的地质图、联邦的地质图和世界各地的地质图，然后得出泛泛的结论，说山脉是怎么样形成的，是什么力量在起作用。如果我们不了解每一条山脉的内部结构构造，我们怎么能说这条山脉是什么时候隆起的呢？或者，我们怎么能说这些山脉都是在一次大的造山作用过程中出现的呢？你不能假设它们都是一样的。为了认识每一条山脉的内部结构构造，你必须要了解沉积历史的细节。要了解沉积历史的细节，你必须要知道它们的地层学特征。直到最近我才知道，地层学已经死了，很多学校都不再教地层学了。在我看来，这就是还没学会 ABC，就要去写小说。现在的地质文献已经成了骷髅遍地的坟场，那些论文根本不知道一条山脉的地层学，就去讨论山脉的结构构造。在中新世晚期时，杰克逊洞有一个大湖，堆积了 1800 多米厚的沉积物，其中一半是化学沉淀的石灰岩。它们必定要有钙的来源。它来自在古老提顿山和格罗斯文特隆起广泛出露的麦迪逊石灰岩，从那里化学溶解出来，然后跟凉爽气候环境中的生物化石沉积在一起。因此，那个湖是处在凉爽潮湿的气候带中。首先，必须形成一个盆地，其中要有沉积物沉积下来，一个盆地最终有 4000 米深，能够容纳我们在那里发现的所有湖泊和河流沉积物，那些沉积物在盆地被认为开始上升的时候，已经把盆地底部压到海平面以下 3200 多米深的地方。所有这些都是讨论这个地区区域构造的基础，而这个区域构造又是讨论大地
386 构造的基础。猫头鹰溪山和尤因塔山脉呈东西走向，为什么？如果你期望的构造力来自西面，为什么这些山脉的轴线跟你想象的差

了 90 度？你可以用橡胶板做一个扭转实验，得到不同方向的褶皱，你可以在橡胶板上得到东西方向的隆起，但我不认为这种实验结果是不容怀疑的。你的山脉正在坍塌。你的拉勒米造山过程中有逆冲作用，造山带在 4000 万年至 5000 万年后下沉了，导致盆地的一些部分向这个方向倾斜，而另一些部分向那个方向倾斜，就像破碎的馅饼皮一样。花岗岩山脉曾经跟风河山一样高。它们为什么会沉降下去？它们是怎么沉降下去的？我觉得我们还没有把握去把一幅大画面真正构建起来。和 1955 年版的《怀俄明州地质图》相比，1985 年版的地质图中有 85% 的内容是新的。更新内容的数量显示出我们在 30 年中获得了多少新信息。大画面不是静态的。它将永远包括新的思想、新的大地构造学资料、新的地层学资料。这些信息都是板块构造学家们宏观思维的重要组成部分，从现在起，再过 25 年、50 年、100 年以后，它会大不相同。”

13

在罗林斯西侧的 80 号州际公路上，洛夫和我开着“野马”车进入到一片平地，这里比艾奥瓦州任何地方都平得多，地势没有一点儿起伏，走了 80 多公里连一块露头都没看到。在干涸的湖床中凹陷着塞珀雷逊低地。这里的海拔是 2134 米，但远处的地平线依然接近地球的曲线。在这种缺乏起伏的地貌环境中，我们路过了一个地名标志，说我们正在跨越大陆分水岭。这里的土地很平坦，要说这儿是分水岭还真有点儿让人不敢相信。地图学家们似乎也很难确定分水岭究竟在什么位置，所以，在不同的地图中，分水岭会被标注在不同的地方。分水岭还会受到侵蚀，会分裂开，就像松了股的旧绳子上出现绳眼一样，它包围着好几万平方公里的土地，那里的河流既不流进大西洋，也不流进太平洋，这更给“分水岭”一词平添了模糊性。

相对于下伏地层，我们是沿着两个沉积盆地之间的一个拱形隆起的顶部走，但是地表上看不出任何拱形的迹象，因为盆地完
387 全被填满了。我们左边的洼地是瓦沙基盆地，右边的洼地是大分水岭盆地，每一个盆地都像一只大碗，里面盛满了“汤”，那是始新世冲积物。更年轻的沉积物也许有 1600 米厚，早已被水冲走或被风刮走了，留下了一个 5000 万年前的地表，任何现代的东西都可

能掉落在上面。

一位牧羊人骑在马背上，高高地倚着苍穹，比他的羊高出很多。即使从远处也能看出来，他又冷又不舒服。这是5月的一个下午，风飕飕地吹着，乌云翻滚，快要下冰雹了。洛夫把车拐出州际公路，沿着浅褐色的车辙向南颠簸了几公里，车辙的色调突然变明亮了，几乎成了白色，脚下的地层也向前跳跃了大约5000万年。在这片约15万平方米的土地上出露的是在局部残留下来的火山灰，这层火山灰曾经覆盖了怀俄明州、科罗拉多州、堪萨斯州和内布拉斯加州的大部分地区，最远延伸到得克萨斯州。放射性测年已经确定了这一事件发生在距今60万年前的更新世，这在地球历史上是一个离我们很近的日期。要知道，地球的年龄比火山灰的年龄要大7000多倍，这就像美利坚合众国的年龄和上星期刚发生的那些事件的年龄相比要大7000多倍一样。火山灰是由很小的玻璃碎渣组成的，从火山源头随风飘移了大约320公里。华盛顿州的圣海伦山最近发生了火山爆发，在离它320公里的地方，火山喷发出的火山灰堆积了近8厘米厚。大陆分水岭在更新世堆积的火山灰有18米厚。在离这里西北方向160多公里的地方同样有火山灰的残余物，这表明，60万年前的火山灰像毯子一样覆盖了巨大的面积，而现在几乎完全被剥蚀没了。洛夫神秘兮兮地说："我们必须假定这些火山灰一视同仁地盖住了所有的圣人和罪人。"这些火山灰没有被河流磨蚀过，成分很纯，显然是风吹来的，不含砂粒，也不含黏土。他说，在5万平方公里范围内，这层火山灰都是更新世的唯一时间标志，不过，在离这儿不远处发现了一些长毛猛犸象的骨骼，这是个小小的例外。这些火山灰沉降后，没有像一般火山灰那样固结起来形成熔结凝灰岩。沉降在庞贝城的维苏威火山灰也飞得很高，没有熔结起来。火山灰像烟一样迅速上升，直达平流层，聚集起来，长期悬浮。普林尼[1]说，它看起来像一棵平顶
388 的意大利松。在地质学术语中，这叫“普林尼型喷发”。在我们西北方向几百公里的地方，有黄石公园的彩色泥火山、喷气孔、间歇泉和破火山口。洛夫说，这层火山灰叫“熔岩溪”火山灰，代表了黄石历史上规模最大的一次火山喷发。冰雹现在向我们袭来，像鱼子一样聚集在洛夫牛仔帽的帽檐上。洛夫似乎只把它看作是一阵小雨，持续时间不会超过 0.6 毫秒，因此对它毫不理会。

黄石地表的历史记录展现了火山活动造成的各种地貌景观，而这些火山活动和相关现象中的绝大多数都排列在板块的边界上，二十多个板块共同构成了地球的外壳。这些板块的厚度大约相当于地球半径的六十分之一，在一层热到足够润滑的地幔层上滑动。在板块分开的地方（如红海、大西洋中部），新鲜的岩浆涌出来填补了这个裂缝。在板块相互滑动的地方（旧金山、杰里科），地面被撕裂，断层壁发生坍塌。在板块碰撞的地方（如德纳里峰、阿空加瓜峰、干城章嘉峰），形成了让人印象深刻的山脉。在碰撞中，

1 又称“老普林尼”，是古代罗马的博物学家，于公元 77 年完成长达 37 卷的《博物志》，这是一部浩瀚的百科全书。公元 79 年维苏威火山爆发，他为了去了解火山爆发情况而赶往维苏威，详细记述了这次火山活动的情况，他在那里由于吸入火山喷出的有害气体而中毒身亡。后人为纪念这位为科学献身的科学家，把维苏威火山喷发称为“普林尼型火山喷发”。

一个板块通常会扎到另一个板块的下面，在地质学中所说的“俯冲带”中下插 600 多公里。被带到那里的物质很容易发生熔化，以岩浆的形式上升，以火山的形式出现在地表，如喀斯喀特山脉、安第斯山脉、阿留申群岛和日本。从这个角度看，黄石引起了人们的特别注意，那里有很多岩浆产物和冒泡的硫黄，但黄石距离最近的板块边界有 1300 公里。

当板块构造理论发展起来的时候，它解答了一些问题，但也带来了一些问题，而且有不少问题对板块构造理论来说是很难回答的。这些问题很多都和火山作用有关。例如，夏威夷岛处于太平洋板块地质活动不活跃的中心，它为什么会喷出熔岩？同样，如果火山是俯冲带的产物，那么离撒哈拉乍得的提贝斯提山脉最近的俯冲带在哪里？提贝斯提地块是由像莫纳克亚和莫纳洛亚这样的盾形火山组成的，距离非洲板块的前缘有好几千公里。喀麦隆山是一座成层火山，离任何一种板块边界都有 2400 多公里远，离山顶最接近的俯冲带会在哪里？此外，早在板块构造革命之前就有一些古老的地质学难题，它们在板块构造革命高潮过后依然等待着人
们去回答。加拿大地盾的成因是什么？南美地盾呢？这些前寒武纪 389
岩石那么靠近海平面，为什么在十亿年中都没有被埋藏？在近代，是什么把落基山脉大平台整体抬升起来遭受剥蚀？为什么洛夫和我站在这个大平台上而不是站在海面上呢？是什么把科罗拉多高原抬升起来，任由那些切蚀峡谷的河流去深切它？怎么去解释溢流玄武岩？板块构造似乎和这类玄武岩没有什么关系。你可能以为你能够运用板块构造理论去预测大陆块的沉积学历史，但是，你预

测不了。为什么很多大陆块上的盆地，像密歇根盆地、伊利诺伊盆地、威利斯顿盆地等能有好几千米深？如果你认为地盾是大陆发展的最终的面貌，那么怎么样去解释这些异常的深盆呢？石油人最想知道所有这些问题的答案。他们问板块构造学理论家："关于这些盆地，板块构造能告诉我们什么？" 答案是："什么都说不出来。" 为什么新罕布什尔州的花岗岩相对年轻，在时间上跟阿巴拉契亚山脉的故事对不上号？大洋底上随机分布着一些凸隆，高高耸立在深海平原上，这些巨大的地壳鼓包该怎么去解释呢？百慕大这座高达 5400 多米的海底山峰从哈特拉斯深海平原拔地而起，这又该怎么去解释呢？马绍尔群岛是怎么形成的？其他还有吉尔伯特岛、莱恩岛、土阿莫土群岛，这些岛距海底都有 6000 米高，而且排成岛链，岛的高峰上都存留有珊瑚，它们又是怎么形成的？它们都像黄石、百慕大群岛，像夏威夷，像喀麦隆山一样，离最近的板块边界都很远很远。

黄石，顾名思义，是说岩石的颜色是黄色的，这里的岩石多是带有金黄色色斑的化学蚀变火山岩。这里的地底下离岩浆不远，地表到处冒着烟，吐着沫。在北美洲的地质图上，黄石出现在一条明亮的火山碎屑岩带的最东端，像一条飞机飞过留下的尾迹一样向西撒开，延伸穿过爱达荷州。这条尾迹上的岩石随着远离黄石变得越来越老，到哥伦比亚峡谷，溢流玄武岩的年龄已经下降到中新世早期，这些玄武岩像熔化的铁水一样从地下冒出来，广布到 30 万平方公里范围，填满了哥伦比亚山谷，有些地方的厚度能有 3 到 5 公里，地质学家叫它"哥伦比亚河溢流玄武岩"，向西、向北和喀斯喀特山的玄武岩紧贴在一起。通过比较岩石的年龄，人们似乎可以得出这样的结论：现在所说的黄石一直在以每年 2.5 厘米的速度向东移动。然而，实际情况不是这样。按照板块构造学家的 390
说法，是北美洲正在以这个速度朝着相反的方向移动，也就是向西移动。越来越多的地质学家开始相信，从地球物理的深层次意义上讲，黄石并没有移动。他们相信，在现代黄石公园的地表上以多种方式表现出来的巨大热量来源于北美洲地幔很深的地方。他们认为，当北美板块从顶上滑过地幔中这个固定的热源时，上升的巨大热能烧穿了板块。

地质学上把这种地方叫“地幔热点”，地球上似乎有 60 多个地幔热点，其中大多数比黄石的地幔热点更古老，而且产出的热量要低。尽管黄石地幔热点位于很厚的大陆地壳下面，但它喷出到地表的岩浆已经相当于夏威夷岩浆的总量。夏威夷在太平洋海底留下了清晰的印记，是世界上保存最完好的、可以追踪到的地幔热点。你可以在一张普通的地图上看到它的地质历史，只要这张地图上显示了海底的基本情况就行。太平洋板块正在向西北漂移。它扎到日本海沟和阿留申海沟下面，形成的岩浆向上回涌，在远端处喷出地表，建筑起火山岛。这个板块曾经朝着更接近正北的方向漂移，但在 4300 万年前改变了漂移路线。太平洋板块底下任何现在活跃的地幔热点都会产生岛屿或者引起其他地壳效应，让人们感觉地壳看起来正朝着相反的方向漂移，也就是向东南方向漂移。莫纳凯亚和莫纳洛亚这些盾形火山从海底到山顶的高度是地球上垂直高度最大的山脉，高高地耸立在夏威夷群岛的东南端。

基拉韦厄火山的猛烈喷发形成了它最东南端的尖角。向西北方向，这些岛屿变得越来越低，火山活动越来越少，年龄越来越老。古老的岛屿仍然被侵蚀破坏着，现在矗立在海浪能够波及的深度以下。这些被吞没的夏威夷祖先岛在太平洋地壳上形成了一条清晰的轨迹，长达 8000 公里。在年龄达到 4300 万年的时候，它们的方向转了大约 60 度，指向正北。在转弯地方的北边就是帝王海山。随着年龄的进一步增长，它们向北继续延伸，到达千岛海沟和阿留申海沟的交界处，并消失在那里。最古老的帝王海山是白垩纪时代的。当然，莫纳洛亚是现代的。在莫纳洛亚东南 64 公里的海中，有一座新生的玄武岩山，叫“罗希”，它已经上升了大约 3700 米，应该会在我们生活的全新世里露出到海平面之上。

392 帝王海山和夏威夷群岛家族的年代造成了一种错觉，好像夏威夷正以每年 9 厘米的速度向东南方向移动，而板块构造告诉我们的信息当然是太平洋板块在移动。板块移动的速度和方向已经通过大量确凿的观测数据确定了。圣安德列斯断层的滑移量已经被精确地测量出来，可以当作表达时间的一种方式。加利福尼亚州的一些地方曾经是肩并肩地紧挨在一起的，现在相隔了 600 公里，也可以说相隔了 1100 万年。大量的大洋地壳岩石被挖出来并且进行了放射性年代测定。用岩石和扩张中心的距离除以岩石的年龄，就可以确定岩石移动的速度。最近，对板块运动年移动量的测量方法已经改进得更精确了，可以通过卫星进行三角测量。地幔热点的移动提供了另一种计算板块运动速度的方法，因为地幔热点对板块的漂移关系就像恒星对船只的航行一样。

反过来，也可以使用已经确定的构造运动速度去确定地幔
热点相对于上覆板块的运动轨迹。只要确定一个位置和一个日期
（比如说，今天），就可以计算出在跨越十几个地质“纪”中的任何
一个时期，在世界之下什么地方有一个地幔热点。普林斯顿大学
的地球物理学家 W. 杰森 · 摩根已经勾画出了很多这样的运动轨
迹，并在不同的出版物上发表了他的研究成果。摩根可以说是一个
办公室地质学家，他一年一年的工作时间都是坐在办公室里，而
他是科学史上一个很重要的人物。1968 年，32 岁的他发表了一
篇论文，这篇文章成为综合起来构成了板块构造革命的最后一批
原创性论文之一。摩根是学物理学出身的，他的博士论文是应用
天体力学研究引力常数的波动。只是在博士后学习阶段，他才被
吸引到地质学领域，并被指派去处理波多黎各海沟重力异常的数
据。很凑巧的是，他和另一个年轻人被分配到同一个办公室里，
一起共事两年，这个年轻人就是英国地质学家弗雷德 · 瓦因，他
曾经和摩根在剑桥大学的同事德拉蒙德 · 马修斯一起发现了扩张
洋脊两侧洋底磁异常条带的对称性。这种洞察力对建立和发展革
命性理论是必须具备的，而和弗雷德 · 瓦因共享一个办公室一下子
就把摩根吸引进这个革命性的主题里，就像摩根自己所说的那样，
是“砰”地一下就被吸引住了。H. W. 梅纳德写的一篇论文让他开
始独自思考大型断层带和碎裂带，以及它们和球面几何定理的关 393
系。没有人知道世界上的大断层，比如说，圣安德列斯断层和夏洛
特皇后断层在一个系统里是怎么样互相联系的，更没有人知道这
个系统在更大的故事里扮演什么角色。为了了解大断层的几何学方

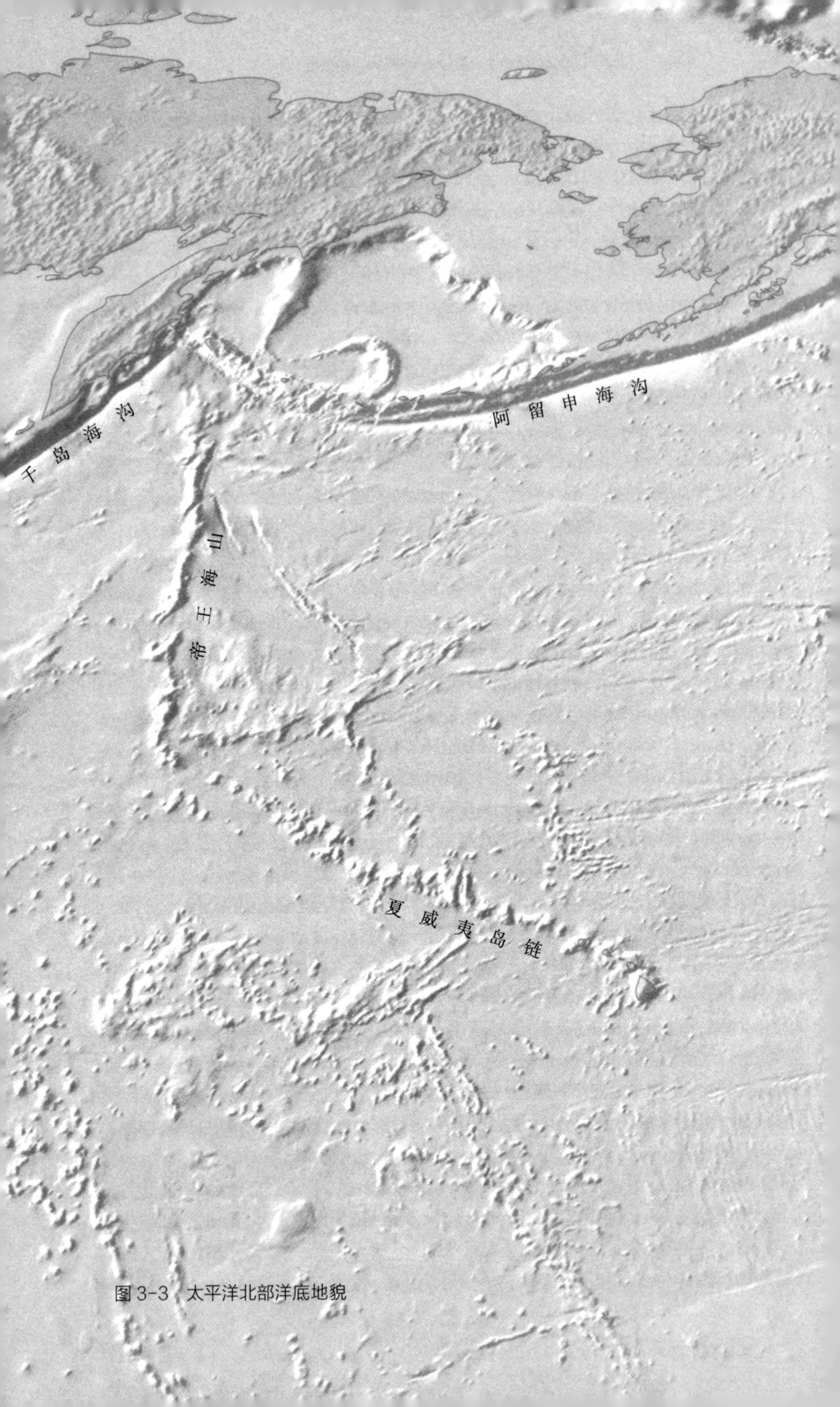

图 3-3　太平洋北部洋底地貌

位，摩根查阅了野外地质学家的工作，发现这些大断层在跨越数千公里的范围内竟然惊人地一致。他根据球体刚性部分运动的几何学定律对这些大断层以及大洋隆起和海沟进行了检验。在 1967 年美国地球物理联合会的会议上，他被安排发表一篇关于波多黎各海沟的论文。当那一天到来时，他站起来说，他不打算讨论那个话题。相反，他宣读了一篇题目叫“隆起、海沟、大断层和地壳块体”的论文，他向地质学界揭示了板块构造的存在。他所说的核心内容都压缩在标题中了。他说板块是刚性的，它们不会有内部变形，他把隆起、海沟和大断层确定为三种板块边界。接着，他展示了板块的运动场景，运动方向和速度的变化导致了不一样的图像。大约十年后，摩根在普林斯顿的同事肯恩·德菲耶斯问他，如果让他再去做一个后续报告，摩根要讲些什么。摩根总是很腼腆，话声柔和，语调里隐约回荡着他那来自佐治亚州萨凡纳的青春气息。他回答说：“我不知道。我想，应该是去证明那是错误的吧。”

他没有那样去做，相反，他对地幔热点和地幔热柱产生了兴趣，这些热点和热柱把它们在地幔中还不清楚的根和它们在地表多种形式的表现联系在一起，由此形成了一种理论，可能会回答板块构造学出现或绕过的很多问题，同样地，可以把很多看似不相干的现象编织在一个故事里。

1937 年，一艘名叫“大流星”的海洋学考察船使用一种新发明的深度探测仪，在北大西洋下发现了一块比相邻深海平原高出 5180 米的地块。它在卡萨布兰卡以西 2400 多公里处。在那个年代，没有人去猜测它的起源问题。他们只是描述了它，给它起了个

名字，叫“大流星海山”。今天，杰森·摩根和其他几个地幔热点
394 理论家一起，不仅准备要提出它的一般性成因，而且还准备指出，在两亿年以来的任何一个时间节点上，世界上有哪块地方曾经在它头顶上停过脚。他们提出，在很久以前，“大流星热点”在加拿大西北地区的基韦丁区下面，大约在镭港和里帕尔斯湾之间。现在的大流星海山是由一个地幔热点形成的，这从它基座的大小和结构来看似乎是显而易见的，这个基座大约有 800 公里宽，和夏威夷以及很多其他热点的穹顶形基座很匹配。如果一个海底隆起有那么大的个头，那它就不会是其他什么东西了。从理论上讲，确定地幔热点曾经在镭港和里帕尔斯湾之间的某个地方停留过并不困难，这只要追踪板块在球面上运动时留下的小圆圈，然后再测定出这些小圆圈的年龄就行了。

基韦丁在加拿大地盾的中心。如果地盾上曾经有较年轻的沉积物，那么它下面的一个地幔热点就会把它抬升起来，把那些沉积物剥蚀掉，创造出加拿大地盾谜团。摩根认为，不同时代的不同地幔热点曾经在地盾下面停留过，这就是地盾上整体没有后期沉积物的原因。地盾上到处可见残存的古生界地层碎片，这可能表明了这一点，地盾上陨石坑的数量相对较少也表明了这一点。如果地盾本身的岩石自前寒武纪以来就一直暴露着，没有任何地层的覆盖，那么它的表面可能会有更广泛分布的麻点，就像月球平原那样，到处是陨石冲击坑。

侏罗纪晚期，“大流星热点”位于哈得逊湾西侧，早白垩世位于安大略省穆斯法克特里下面。所有这些推测都没有任何直接的

野外地质证据，都是根据作图推测的，按照板块漂移的速度去找6400公里外的海底穹顶构造。然而，随着时间的推进，计算结果把这个地幔热点（以及它产生的大量岩浆岩）在1.2亿年前的位置放到了新罕布什尔州的下面。怀特山中大量花岗岩的放射性定年得到的年龄正好是1.2亿年，这曾经是阿巴拉契亚山脉历史上令人费解的“不合时宜的年龄”。

在北美洲大陆架的东部，新英格兰海山像钟形罐一样排列在
索姆深海平原上。它们的平均高度是3400米。它们的年龄已经 395
被精确地测定了，越向东越年轻，依次是9500万年，9000万年，8500万年。它们的位置和年龄跟摩根对“大流星热点”的数学计算结果不谋而合。

氩－氩定年法技术已经有了很大的进步，大大提高了年代测量精度。用核反应堆里的中子流轰击岩石样品，把其中已知的一部分钾原子变成了氩-39。样品中还有同位素氩-40的原子，它不会受到中子流轰击的影响，是钾在地质年代里自然衰变的结果。它的衰变速率是已知的，并且是恒定不变的。岩石中氩-40的比例越高，岩石的年龄就越老。用质谱仪能够测量出这些比例，然后就能确定岩石的年龄。而钾－氩定年法是一种老方法，但对于那些年龄大于几万年的岩石来说，到目前为止这是最好的方法，需要分两步完成，并且需要两个样品。第一步，用化学方法去确定钾的含量。第二步，用质谱仪测量第二个样品，看看有多少钾在放射性作用下发生了衰变，变成了它的子体元素氩。这个测量过程受到风化作用的影响，风化作用不仅发生在岩石表面，而且发生在岩石内

部颗粒和颗粒之间。氩会从风化物质中逃脱，从而改变了它对钾的总体比率，这让使用这种方法测定得到的任何数据都是一种近似值。氩－氩年代测定是在单个晶粒的微观核心上完成的，即使是风化作用也不会对测定结果有一丝一毫的干扰。实测结果表明，新的方法比旧的方法得到的数据与计算结果更吻合，更加准确。尤其是在新英格兰海山年龄的测定中，很多钾－氩年龄数据与摩根的计算结果只在总体上是接近的，而氩－氩方法测出的年龄和摩根的计算轨迹完全一致。

8000万年前，也就是在晚白垩世的康潘时期，“大流星热点”可能位于美洲和非洲板块的边界上，也就是大西洋中脊的下面。从那时起，“大流星热点”的轨迹划出一条平滑的曲线向南穿过非洲板块。从晚白垩世到古新世和始新世，这条轨迹在美洲一侧同样很清晰。始新世后，这个地幔热点形成了一座海山，这座海山的名字也就成了这个地幔热点的名字。然后，“大流星热点”开始变冷，衰落，最后像流星一样消失了。

396 流星。几乎每一个人在描述地幔热点时都会去“颠倒是非”，不自觉地以牺牲事实真相为代价去满足视觉的幻象，也就是说，把地幔热点的视移动当作真移动，似乎地幔热点真像流星一样，划过夜空留下光迹。而真实的故事是，地幔热点或热柱的位置是固定的，是地壳在缓慢地漂移，从它头顶上漂过。包括我自己也是这样。口头上说起来，移动一个热点要比移动一个大陆容易得多。举个例子，这里有另一个地幔热点的故事，是用它的虚幻运动来讲述的。在巴西南部的热拉尔山脉发育了塞拉热拉尔溢流玄武岩，被认为是侏罗纪晚期一个地幔热点的产物。这个地幔热点在巴西底下向东移动了几百万年后跨越到非洲，当时非洲和南美洲还没怎么分离开。它在安哥拉抬升起山脉，然后又折回来，移动到西南方向的海洋下面，形成了沃尔维斯洋脊，这是一串海山，连接到地幔热点现在所在的位置，特里斯坦－达库尼亚群岛。

从塞拉热拉尔到现在的岛上，特里斯坦－达库尼亚热点的轨迹和年代都很明确地确定了，正如摩根说的，“它确实连接着非洲”。当然，更不用说南美洲了。

地幔热点理论有一个很自然的推论，认为不同的热点在同一时间把同一板块烧穿的孔的轨迹是平行的。在太平洋的海底，莱恩岛、土阿莫土群岛、马绍尔群岛和吉尔伯特群岛的轨迹就平行于夏威夷和帝王海山的轨迹。在大西洋上，卡纳里群岛沿着一条弧线分布，这条弧线就和马德拉群岛的弧线平行，两片群岛都是地幔热点活动的产物，它们留下的轨迹和“大流星热点”的轨迹是一致的。佛得角群岛是一个地幔热点。1.7 亿年前，它在新罕布什尔州的下面，它的轨道和后来的“大流星热点”的轨道几乎重合。怀特山上最大的花岗岩侵入体的年代大约是 1.7 亿年。佛得角是查尔斯·达尔文走下“贝格尔”号进行考察的第一站，他在考察中一直带着查尔斯·莱伊尔的《地质学原理》，他对莱伊尔所讲解的地质科学很快就钦佩得五体投地。如果莱伊尔告诉他，佛得角群岛也在航行着，从地球物理的角度来说，它们来自新英格兰，估计达尔文很可能早就把书扔到海里去了。

即使是在界定得最没问题的轨迹上，也不是所有的东西都步

397 调一致。在新罕布什尔州，有一些花岗岩的年龄是2亿年，要说是阿巴拉契亚造山运动的一部分，它们太年轻了，要是用两个经过的地幔热点留下的花岗岩去解释，它们又太老了。可能这些2亿年的岩石和当时地壳撕裂开涌出的岩浆有关，而这些地壳撕裂是大西洋张裂过程的一部分。当“大流星热点”到达加拿大地盾边缘的时候，在现在的蒙特利尔底下，热点可能形成了蒙特里根丘陵，这座城市的名字就是来自其中的一个小山包。蒙特里根丘陵是火山岩，但它们的钾－氩年龄和其他所有计算方法得出的年龄相差了2000万年，用其他方法得出的年龄表明，那时蒙特利尔正好坐在地幔热点上面，这是一个例外，也是对这个理论的一种检验。摩根把这种不一致性归因于“你无法解释的随机事件”，并且也提到了定年结果会出现错误的可能性。他还很平静地说：“如果蒙特里根丘陵真不符合这个模式。你必须想出另一个模式。”

地幔热点假说是多伦多大学的J.图佐·威尔逊在20世纪60年代早期提出的，这是他在夏威夷停留并且对这些岛屿进行观察后得到的结果。情况似乎很明显。詹姆斯·赫顿18世纪的《地球的理论》为建立地质学科学奠定了基础，他用一般性方式认识到来自深源的巨大热量会激发地球的活动，他说：“极端程度的热已经在海底形成的地层下面发挥了作用。”但直到今天还没有人确切地知道它是怎么样发挥作用的。从地幔热点上升的热量显然润滑了软流圈，板块就是在软流圈上滑动的。根据理论，如果没有热点，板块就会停止漂移。地球上最早的热点为什么会出现？这是一个关于地幔热点起源的问题，需要新一代的“赫顿”去回答。目前，杰森·摩根所能做的只是再耸耸肩，笑一下。“我不知道，”他说，“这一定和热量从下地幔中释放出来的方式有关。”

由于认为热是凝聚成柱状从地幔很深的地方上升的，或者直
接从地核上升的，所以又被叫作“地幔柱”。它在地表的特征并没
有证明它像植物茎一样直挺挺地从地幔深处向上穿过地幔。地幔
热点岩浆岩的化学成分表明，这些岩浆是来自软流圈的，但没有 398
直接的证据表明热点是固定在地幔中的。它们在地幔中的存在全
是推测的。没有办法采到地幔的样品。地幔只能被感觉到，可以
在不同的温度和压力下用振动波去测矿物的波速，去计算矿物的
黏度，去计算矿物的热力学参数。声波在软岩石中传播得很慢，
某些声波的振动在岩石发生熔融时会完全停止。地震波的速度和
波形能说出岩石里的故事。地震学目前的技术还不够发达，还不
能透视地球去看到地幔热点，但它已经接近这个能力了，将来当它
的能力足够强的时候，地幔热点就会像夏天下大雨时房前的落水
管一样出现在屏幕上。如果到那时候还看不到的话，地幔热点和
地幔柱这个年轻的地质地球物理探索中的第二大理论恐怕就走到
头了。

地幔热点似乎能在1亿年中保持活跃。当然，它们对上面覆盖的板块的一些影响会持续得更长一点儿。如果它们是在大陆下面开始活动的，它们在地表的最初表现很可能是溢流玄武岩。作为地幔热点的轨迹不仅在哥伦比亚河和塞拉热拉尔河有出露的溢流玄武岩，而且在印度德干高原、南非的大卡鲁、东非埃塞俄比亚高原和俄罗斯西伯利亚地台都有溢流玄武岩。“溢流玄武岩”这个

术语的名字就表达了它的特征，这些玄武岩的喷发在地质学上是很快速的，体积是很巨大的，像洪水泛滥一样四处溢流，这昭示了一个地幔热点的出现。在俄勒冈州和华盛顿州，中新世中期，在300万年内有25万立方公里玄武岩溢流出来。地幔柱以这种形式到达地表后，当板块从它顶上经过时，正如我们在黄石看到的那样，它会留下自己的轨迹，这个地幔柱从俄勒冈州和华盛顿州的溢流玄武岩出发，伸展着它的轨迹，在蛇河平原下面经过。

像大洪水一样的玄武岩溢流时间虽然短暂，但规模却很巨大，对地表世界是一个明显的冲击。“我们不知道溢流玄武岩对大气圈有什么影响。”1985年的一天，摩根说。他给我看了一张他制作的溢流玄武岩喷发年表，这些玄武岩不仅“像水一样”充满了每个山谷，杀死了100万平方公里范围内的每一种生物，而且它们的杀伤力还可能通过天空向全世界传播。摩根的溢流玄武岩喷发年表几
399 乎分毫不差地对应着生物大灭绝理论家们最近总结出的“死亡周期”，其中包括德干高原的溢流玄武岩，它的喷发和恐龙的死亡是同时发生，这个事件被叫作“白垩纪生物大灭绝”。

地幔热点造成的穿孔可能类似于整张邮票上的穿孔。地幔柱的轨迹可能会削弱它们通过的板块，因此，过了几千万年以后，板块会沿着这些轨迹线分裂开来。例如，形成马德拉群岛的地幔热点使格陵兰岛沿着轨迹线和加拿大分离开来。位于印度洋的凯尔盖朗地幔热点可能帮助印度从南极洲分裂出去。同样位于印度洋的克罗泽地幔热点似乎帮助马达加斯加摆脱了非洲。在3亿年前的南部超级大陆内部，一个地幔热点划出的轨迹线形成了现在巴

西北部的海岸线。同一条轨迹线在非洲一侧形成了今天的黄金海岸和象牙海岸。这个地幔热点现在的位置就在大西洋的圣赫勒拿岛下面。

冰岛最古老的岩石出现在岛的东西两端，因为冰岛是一个地幔热点，它的轨迹从西北方向延伸下来，现在切割了大西洋中脊，而欧洲和美洲就是沿大西洋中脊分道扬镳的。目前，冰岛正在和大西洋一起扩张。埃特纳火山下面的地幔热点在1亿年前还在乌克兰下面，似乎就是这个地幔热点清除了乌克兰地盾上的沉积地层。一个地幔热点形成了阿森松岛，这个岛坐落在大西洋中脊旁的南美洲板块上，在巴西东面2253公里的地方。它在侏罗纪早期从巴哈马出发后，在非洲下面走了1.1亿年，当时横渡大西洋只是瞬间的事，因为那时还没有大西洋。高高耸立的巴哈马矗立在哈特拉斯深海平原上，高达5486米，是一个碳酸盐岩台地，广阔的浅海覆盖着石灰岩和珊瑚。摩根说："如果你钻穿这些石灰岩，我希望你会在它下面发现玄武岩。"拉布拉多地幔热点被认为是"盲热点"，它没有找到一条通道把地幔柱形成的岩浆产物带到地表，但却抬高了地形。这就解释了拉布拉多的海拔高度，以及加拿大地盾表面沉积地层为何会被清除。圭亚那地盾也被认为坐落在一个"盲热点"上方。它抬升了这个地区，还造成了世界上最高的瀑布， 400
这股水柱比尼亚加拉瀑布要高20倍。

百慕大是一个羸弱但明显的地幔热点，也是它移动轨迹上的最后一站，它现在就在岛屿以东的地壳下面。海底的穹隆状隆起是很典型的，像夏威夷岛一样，有1000公里宽。在大陆下面，类似于百慕大和夏威夷那样的隆起物可以通过卫星测量到的重力异常显示出来。百慕大地幔热点已经有 3000 万年没有活动过了，但它的轨迹可以根据“大流星热点”的轨迹和北美洲板块的已知运动轨迹推算。从百慕大热点以前的发展情况来看，百慕大现在的情况远不如它过去的情况有意思。如果你能观察一下从佐治亚州到弗吉尼亚州的美洲大陆一侧，你会看到一大套白垩系地层向北和向南倾斜，以北卡罗来纳州的恐怖角为顶点，像屋顶一样分别朝南北两侧倾斜。一定有什么东西在向上顶它，从而形成了这个巨型拱形，而且，从地层和构造上可以很容易地看出，这个拱形是在古新世时期形成的。自古新世以来，北美洲板块向西移动的距离正好是从百慕大到恐怖角的距离，不多也不少。

百慕大热点就像一列火车从隧道里开出来那样，从恐怖角拱形下面出来——至少看上去是这样。在晚白垩世的康潘期，当“大流星热点”在大西洋中部时，百慕大热点在大烟山下面。阿巴拉契亚山脉系统由平行的条带组成，这些条带的地质情况很相似，它们蜿蜒曲折地从纽芬兰岛延伸到亚拉巴马州，在那里消失在海湾沿岸平原的沉积物之下。为什么这个长长的像绳子一样的山脉会在两个地方高高地耸立起来，而在其他地方下沉到低处？这个现象不能用板块构造来解释，但可以用地幔热点来解释。看来是“大流星热点”和佛得角热点抬升了新英格兰的高山，百慕大热点抬升了大烟山。隆起加剧了侵蚀作用。在阿巴拉契亚造山故事的最后一章里，二叠系岩石在美国东部的其他地方都被剥蚀没了，只有在西弗吉尼亚州、俄亥俄州和宾夕法尼亚州附近的部分地区保留了下

来，那里处于两条地幔热点轨迹的中间，处在新罕布什尔州和北卡
罗来纳州之间。由于板块运动随着时间发生了变化，所有地幔热点
的轨迹，无论是古代还是现代，在地球表面形成了一个网。轨迹线
之间没有受到热点影响的区域通常都显示出大陆盆地的模样，像
密歇根盆地、伊利诺伊盆地、密西西比湾、威利斯顿盆地等，而盆 401
地的边缘在构造上是拱形的，沿着地幔热点的轨迹排列。摩根认
为，这些大型大陆盆地可能是在地幔热点把它们的边缘抬升起来
形成的。“大流星热点”的轨迹在哈得逊湾盆地和密歇根盆地之间
穿过。一个古生代的热点似乎形成了坎卡基拱，把密歇根盆地和伊
利诺伊盆地分开。百慕大热点的轨迹在伊利诺伊盆地和密西西比
湾之间穿过。“每个盆地都从地幔热点轨迹网的网眼里漏下去了。”
摩根把手放在地图上评论说，“我认为这不是一种巧合。”

百慕大热点拱起了纳什维尔穹隆。它在白垩纪中期抬升了欧扎克高原。“当地幔热点把一片区域抬升起来后，穹隆的顶部会发生剥蚀，能剥蚀掉多少取决于地幔热点在下面停留多长时间，”摩根接着说，“如果是海岸带的软泥，或者是密西西比河的软泥，剥蚀的速度会很快，而且剥蚀掉的体积会很大。如果是石英岩，剥蚀起来就很困难。难剥蚀的岩石就会形成比较高的地貌。”一个地幔热点的大部分能量都消耗在把它上面覆盖的板块减薄上。在板块已经很薄的地方，大部分的能量会表现为把大量的熔岩流喷出到地表上。当一个地幔柱必须穿过厚厚的古老克拉通时，它会形成金伯利岩、碳酸岩和富含气体的井喷。这个地幔柱会表现为一种火山喷发，那是一种极度集中的火山喷发，会把钻石带出地

幔，以 2 马赫的速度爆炸，冲出地表，进入到空中。这条火山通道叫“管”，因为它太细太窄了。爆炸后留在“管”里面的岩石就是金伯利岩。当百慕大热点在堪萨斯州底下时，它造就了莱利县的金伯利岩。多年来，这些钻石管被描述为“隐火山构造”，这意味着没有人知道它们是什么。后来，它们又被认为是陨石撞击产物。1975 年，在莱利县用碳化钨钻头钻了一个洞，但是，只钻了 18 米深就钻不动了。拔出钻头一看，钻头上留下了沟槽和划痕。碳化钨是一种很硬的合金，可以顺利地切穿任何东西，就是切不动金刚石。沿着百慕大热点的轨道有好几个“陨石撞击坑”，如在田纳西州、肯塔基州南部和密苏里州。摩根认为它们是火山通道，或者用他的原话说，是“地幔热点爆炸”。它们的周围是古生代的岩石。如果它们真是陨石撞击坑的话，地幔热点就会把这个地区都抬升起来，造成剥蚀，把这些陨石撞击坑暴露在人们的视野中。摩根说：“不管它们是地幔热点爆炸也好，陨石冲击也好，对我来说，地幔热点造成抬升这一点都是站得住脚的。”

当百慕大热点在怀俄明州底下的时候，在尼欧克姆世，也就
402 是早白垩世的时候，落基山脉并不存在，但是形成爱达荷岩基的岩浆刚刚侵入到地下，离地幔热点的轨迹不远。百慕大热点在华盛顿州底下的时候，华盛顿州还是蓝色的大海洋。如果追溯这条轨迹到两亿年前，百慕大热点似乎已经到了阿拉斯加的雅库塔特底下。在普林斯顿的一次学术讨论会上，一位研究生第一次听到这些后说：“这简直就像在下棋的时候一点儿规则也不讲，乱走。”

在过去的 2000 万年里，我们喜欢叫“旧西部”的地区被认为

是从两个地幔热点上经过，而不是一个地幔热点，这两个地幔热点对整个地区的地形地貌产生了很大的影响。另外一个地幔热点没有黄石热点那么强烈，现在就在新墨西哥州的拉顿市底下。那里的地表有火山。拉顿地幔柱抬升了得克萨斯州西部的狭长地带和科罗拉多州南部的高地。它最东边的熔岩流到俄克拉何马州西部。它的轨迹和黄石热点的轨迹平行，包括洛斯阿拉莫斯上边的赫梅兹破火山口，起点可能在太平洋里。如果要问:“是什么抬升了科罗拉多高原、大平原和落基山脉？”地幔柱理论给出的答案是:“是拉顿地幔柱和黄石地幔柱。”当犹他州和内华达州跨过地幔热点时，这些地幔柱引发了伸展断层，在 800 万年里把里诺和盐湖城所在的地点分开了 96 公里，把那片地区分裂成了很多个断块，形成了盆岭省的盆地和山脉。不列颠哥伦比亚大学的地球化学家和地质年代学家理查德·阿姆斯特朗在他的岩石年代测定实验室完成的工作表明，断裂作用是从盆岭省的最西端开始的，并且以每百万年 45 公里的速度向东移动，这个运动情况在时间和空间上与大陆在黄石热点和拉顿热点顶上的运动情况完全匹配。提顿山在 800 万年前开始崛起，显然不是拉勒米造山运动的产物。它是伸展断裂作用的结果，正好是地幔柱理论所预测的盆岭省最东端的断裂活动。科罗拉多高原正好处在这两个地幔热点的轨迹之间，摩根认为是它们的共同影响导致了高原的上升，随之增大的水力能量侵蚀大地，形成了峡谷。科罗拉多高原是怎么避开它周围发生的张裂和扩张作用的？它为什么没有被分裂成块体？这是让他也感到困惑不解的问题。无论如何，这两个地幔热点正在逐步抬 403

升着这个地区的高度，有一个引人注目的现象对这一点提供了有力的支持：如果在这两个地幔热点之间画一条线的话，这条线正好就在大陆分水岭上。

不可避免的是，有人认为，有一天北美洲可能会沿着蛇河平原地下的黄石热点穿孔分裂开来。“这让我警觉起来，”戴维·洛夫说，“我认为那里有一些问题。我有一种感觉，地幔热点的想法有些夸张，超出了事实。‘地幔热点’一词本身可能对不同的人意味着不同的东西。对我来说，地幔热点就是一个温度梯度特别高的区域，温度梯度高到可以解释成下面有一个黏糊糊的岩浆房。在蛇河平原，火山岩的年龄确实是从东往西变老，从广义上说，是这样的。但当你深入到细节的时候，你就会发现这里还是有差异的。我们并不知道所有我们应该知道的各种火山岩的年龄。我们需要知道，并且把它们投影到地理和时间框架里。我们会这样做的，但是如果以我的满意为标准，我们现在还没有做到。我希望看到更多的区域性资料。在怀俄明州西北部，火山活动是从始新世早期开始的，也就是距今5200万年以前。你看到了阿布萨洛卡火山中心。它的火山碎屑被水和风吹到了风河盆地、格林河盆地。然后发生了什么？一切都不知所云了。黄石－阿布萨洛卡地幔热点在始新世末期突然终止。那个热点到底去哪儿了？2500万到3000万年后，它又在同一个地方复活了。那么在这几千万年中，这个地幔柱在干什么？你怎么让一个地幔柱复活呢？我们需要回答这类问题，但我们没有答案。如果地幔柱理论是正确的，你就必须回答这些问题。”

14

走在州际公路上，冰雹停了，但下起雪来了，我们从一辆联合货运公司的双联大拖车身边经过，车躺在路肩上，26 个轮子朝天，显然是被风刮翻了，或许是在一两天前翻的吧。忽然间，天气又变了，我们爬上了岩泉隆起，头顶上的蓝天里飘荡着厚厚的白色云朵，像漂亮的大理石饰面。我们向格林河和伊万斯顿继续前进， 404
越过湖泊沉积物和荒地，爬上了西部逆冲断层带，太阳陪着我们一起到达怀俄明州的尽头。州界线上有一群海鸥，悠闲地在慢车道上散步，车开过去也不见它们受到惊扰，它们在象征性地宣布，我们来到犹他州了。这些鸟拯救了摩门教徒[1]。但路上一辆又一辆车中往家里跑的摩门教教徒，并不打算给这些海鸥什么回报。

如果可以说怀俄明州是由于能源充足而振兴起来的话，那么怀俄明州西南部地区就有更多的证据这样说了，从岩泉隆起附近的新煤田到逆冲断层带的新油田，更不用说从始新世湖相页岩中提取石油的实验性尝试了。这些页岩分布在怀俄明州的一角和邻近的科罗拉多州以及犹他州部分地区，页岩里的石油含量比沙特阿

1 1848 年，也就是杨百翰带领摩门教教徒们到达大盐湖的第二年，当他们首次在大盐湖地区种植的庄稼丰收在望时，发生了严重的蝗灾，大批海鸥飞来捕食蝗虫，挽救了庄稼，解救了摩门教的危难。从此，海鸥成为摩门教的圣鸟，后成为犹他州的州鸟。

拉伯所有岩石的石油含量都多，大大超过了联合太平洋公司所追求的燃料了。“我们现在受到东海岸和西海岸公司的摆布，”洛夫说，“这可以说是一种能源殖民化。”在我们横穿这个地区时，一次又一次地回到这个话题上，而他的反应总是让人难以预料。有时候，他听起来是一个科学家，另外一些时候，他又像一个见到矿产就扑上去的资源勘探家，还有的时候，他俨然是个精力充沛的环境保护主义者，保护他的家园，对那些危及人类和地球的行为进行猛烈的抨击。洛夫是一个为了人民利益的探矿者，在可开采的岩石中寻找财富。他也是一个纯粹的科学家，会追随他的科学结论前进，义无反顾。他还是一个经常公开演讲的人，他把自己得到的每一笔演讲酬金都捐给了像“提顿科学学校”和“高地新闻”这样的机构，这些机构的宗旨是为了保护环境而让大众了解环境。因此，他在自己身上表现出环保运动兴起以来出现的各种紧张关系。他身上带着他那个时代的一些焦点矛盾。在我看来，尽管他被各种矛盾的利益包绕着，就像他所服务的社会一样，但作为环保主义者，他不像很多人那么偏执。他对怀俄明州满腔热忱。能源使怀俄明州充满活力，但怀俄明州仍然还是怀俄明州，只有注定会凝聚起来的文字和图像能够有效地填满它的空间。这个空间很辽阔，你站在山顶上，不仅能看到吉姆·布里杰所看到的一切，而且能通过逐渐暗淡的时间隧道看到人们从来没有看到的东西。

405 岩泉隆起和罗林斯隆起一样，是拉勒米造山运动的一个次要产物，只形成了地形上的一个鼓包，没有持续抬升形成山脉。路边不高的岩石露头上可以看到“红狗层”，这是一种红色的烧结层。

当煤层被闪电激发或发生自燃时，上层的岩石会被氧化，变成红色。看到烧结层就表明煤层的存在。洛夫说，这些烧结层有放射性。像煤一样，烧结层很容易吸收浸出的铀。随着路旁剖面越来越高，我们可以根据它们被爆破后的样子看出不同的岩石类型。在剖面几乎垂直的地方，出露的是坚硬的砂岩。在坡度角低缓的地方，你知道你看到的是页岩。我们在公路上穿过剖面，从砂岩走到页岩，然后是更多的砂岩，剖面的轮廓像一连串的飞拱一样，在高高低低的支撑点间上攀下落，最后到达自然地面。斜坡越低缓，岩石就越软。最低的地方露出了煤层。

岩石坝是一个驿站马车时代的小村庄，那里有一个 40 米长的路旁剖面，出露了一个来自河流大三角洲的块状砂岩，这个大三角洲是在拉勒米造山运动开始时形成的，河流从不断上升的落基山脉流出，一直延伸到逐渐退却的大海中。我们从那儿下了州际公路，向北拐进一条 8 公里长的路，这条路的另外一头没有出口，沿着岩泉隆起的侧翼延伸，很快把我们带进一片视野开阔的景象中：东面，越过色彩淡雅的山丘，是大分水岭盆地的牧羊区，北面是翻滚着白浪的风河，在汽船山和白榴石山中穿行，白榴石山上出露的是更新世时期的熔岩和侵入体，从那里进入一片 100 公里长的沙漠地带，一座座新月形沙丘此起彼伏，沙漠中孤零零地矗立着一座怀俄明州最高的建筑物。这就是我们眼前的燃煤蒸汽发电站，名叫“吉姆布里杰”，是 20 世纪 70 年代中期建成的，发电量是 200 万千瓦，是怀俄明州电力需求量的四倍。这座 24 层的大楼是夏延联邦中心大厦高度的两倍多，比怀俄明州国会大厦的穹顶还要高。发电站旁边有四个独立的大烟囱柱子，高高地耸立着，它们被冷却塔中蒸腾的水汽遮住了，冷却塔的水汽旋转着，翻腾着，时不时地飘散开来，露出烟囱的顶端，有150米高。“这地方真是把整个地区都熏死了，”洛夫说，“这里的风吹起的是一股具有腐蚀性的气团。在寒冷的天气里，硫酸凝结成黄色的
406 云雾，对人、对植物都不好。每当我想到这个发电站，我就感到悲伤和懊丧。我们本来可以在发电站建成前获得空气和水质的基准数据，但我们没有去做。”他自责地说，当时他在偏远地区喝泉水时砷中毒了，病了好几个月。

建设吉姆布里杰发电站的初衷是用电缆把能源从怀俄明州输送出去，这样就省却了铁路运输环节。一座座铁塔像跳芭蕾舞的演员，伸展的手臂牵着中间自然下垂的电缆，像一道道花彩弧，从一个塔尖延伸到另一个塔尖，直到遥远的地方，减轻了俄勒冈州—爱达荷州联合电网的压力。煤属于“联合堡”地层组，从某种意义上说，是现在这个时代的最底层。在当地，它是新生界的基底岩石，是白垩纪生物大灭绝后形成的第一个地层，当时大型动物们都已经消失殆尽，但它们生活在其中的森林和沼泽并没有消失。怀俄明州已经漂移到比现在更偏北几百公里的地方，低洼的沼泽地周围生长着树林，林子里有栎树、榆树和松树。整个区域的地势不高，接近海平面。群山已经开始竞相拔起，尤因塔山脉、风河山、猫头鹰溪山、药弓山脉，年轻的山上剥蚀下来大量碎屑，形成了“联合堡”地层组，泥土埋覆了堆积起来的植被，切断了它们的氧气，保存了碳。随着山脉本身被埋覆，盆地中的沉积物越来越

厚，被埋覆的植被越来越多，它们被埋藏到一定的深度和压力下，变成了一种软弱的页片状的亚烟煤，尽管煤的级别不高，却是一种可燃的低硫煤。随着落基山脉的整体抬升剥露，大自然用风和水侵蚀着岩层，由上而下地朝着这些煤层前进。到 20 世纪 70 年代中期，大自然已经清除了煤层之上 1600 米厚的覆盖层，只剩下 18 米了。在那一刻，一个叫“马里恩 8200”的庞然大物接手了这项清除工作，这是一个 3600 多吨重的“陆地船”，也被叫作“移动式绳斗挖掘机”。

这台机器太大了，必须在现场组装，组装过程用了 14 个月。现在，这台挖掘机就在离发电站二三公里的地方工作，它可以移动它的四杆调节长臂架，伸到 2.4 万平方米范围内的任何一个地方，把它的挖斗切进岩层里，抓起一百吨的岩石，然后倒出来，堆在一边。“马里恩 8200”已经挖出了一个箱形的峡谷，它的岩壁上出露着大约 9 米厚的固体煤层。挖掘机内部漆成了海军蓝灰色，甲板表面是防滑的，舱壁和护栏都用厚钢制成，椭圆形的舱门看上去是不透水的。这些门通向一个又一个机舱，最后进入配备了空调 407
的密室，那里是中央动力控制室，电动机在里面排成一列。这台机器最具讽刺意味的是它个头太大、功率太强了，柴油机根本带不动它。尽管它的底盘有九层楼高，它仍然没有足够的空间装载足够的柴油来驱动机器运转。只有电动机才能胜任，个头小，功率强。在挖掘机的后面拖着一根又粗又长的黑色电缆，就像一只 4000 吨重的大老鼠拖着一条又粗又长的大尾巴一样，这根电缆穿过山沟和峡谷，翻过山头和洼地，一直通到发电站，发电站的 1 号客户就是这台大机器。

每隔两个小时，“马里恩 8200”就会挪动一次，它先把自己抬高，站在浮箱一样的行走鞋上，然后笨拙地向后跳动 2 米，它落在地上时重重地砸在支座下的泥土上，大团的灰尘从两侧喷出来，地面马上露出了石板。这台机器具有皇冠一样的外观，具有精确配合的动力传动系统，重叠搭接的螺旋齿轮，吊杆滑轮的球形旋转装置，抗张紧装置和行走鞋位置指示器。毫不奇怪，这些都吸引了俄罗斯工程师们的注意，他们组成了一个大型考察团来参观吉姆布里杰发电站，因为他们打算在西伯利亚一个相对集中的地区建造 25 个这样的发电站，他们透露说，那个地区跟怀俄明州的甜水县很相似。

这个露天矿像一座正在喷发的火山一样，是地质尺度的时间标尺和人类尺度的时间标尺在当今世界上一个显而易见的衔接点。通常情况下，两者之间的密切关系总是被遮上面纱：人类尺度的时间，充满了传呼机和董事会会议，汽笛声和参议院会议，哪怕是在极小的时间单位里，甚至在物理学家称之为皮秒（万亿分之一秒）的时间里，都会发生很多事；而地质尺度的时间长达 46 亿年，往往传递出一个信息，被那些活着的生物原封不动地退回给发送者，不予理睬。不过，这个地方的地质已经从时间深处走出来，进入了现在的世界，正如洛夫所说的，所有的地狱都被打破了。“人们如何看待它，取决于在斗牛时谁的牛被顶伤了，”他说，“如果你是在因电力供应不足而节约用电，你会认为这是一项伟大的举措。如果你觉得能源被过度开发了，你就不会这样认为，你会希望刹刹车、减减速。现在的情况是，怀俄明州的牛已经被顶伤了。”

当吉姆布里杰发电站系统还在建设中的时候，成百的帐篷和拖车排列在通往工地现场的8公里长的支线公路上，这种“冲击”最终波及了48公里外的岩泉镇和苏必利尔镇，以及那个地区的其他小城镇。在淘煤热期间，人口翻了一番，当时正好赶上天然碱和石油的开采热潮。即使在这个热潮消退下来之后，怀俄明州仍然 408
有28%的人生活在活动房子里。在吉姆布里杰发电站的建设过程中，岩泉镇受到的冲击尤其大，发展成了一个重镇，吸引了大量人口，很多对其他地方没有强烈依恋的人们乘坐车身涂着火焰图案的皮卡来到这里。这个地方在酒吧斗殴是常事，还有不少娼妓，是一片蛮荒的边疆，或者说，几乎所有人都是这样认为的，只有戴维·洛夫除外。“那时候，打架就是殴斗，”他评论起来，“现在，打架刚刚开始，在你正骂人的时候，你的朋友就把你劝住了。”车上任何能拆下来的东西都被拆走了。毒贩子带着各种可能让人头脑发昏的东西来到这里。一家麦当劳冒了出来，当然，里面装饰着仿古步枪，是塑料的牛牌步枪，从里面点火，墙上画着西部枪战的浪漫画：街道上满是灰尘，两旁的商店都是画上去的，枪手们的马前蹄高高跃起，手枪的枪口喷着火、冒着烟。岩泉的一名警察近距离枪杀了另一名岩泉的警察，后来在法庭上辩解说，他感觉到他的同事正要拿枪杀他。法官问：“说清楚点，是怎么回事？”被告说：“当一个人马上就要杀人的时候，你可以从他的眼睛里看出来。”陪审团也是这样认为的。结果，他被判无罪。甜水县里的一些人似乎都认为那个死警察该杀。

洛夫的儿子查理住在岩泉镇教书，他曾告诉我们，社区的黑社会关系网“只是小流氓级别的”，他解释说：“这里的小混混们智力不够高，黑手党不想跟他们有什么联系。你不能指望用母猪的耳朵做成丝绸钱包。”

怀俄明州牛仔的数量从六千人骤减到四千人，他们涌进镇上加入到工业振兴的行列，没有人去考虑每饲养一千头牛需要一个人的比例。在给他们的牲口打烙印的时候，在产犊期，在割干草期，牧场主们感到人手极度短缺，只好到最近的石油钻井场地去寻求帮助，乞求钻工们去牧场加夜班。

15

409

对于一个蒸汽驱动的水冷发电站来说，这个吉姆布里杰发电站似乎有一个明显的缺陷。它好像少了一条河。周围的景观都是褐色的，干河沟里到处是干裂缝。附近有一条干河谷叫“死人洼”，里面有一个30万平方米的湖，湖边可以看到救生圈、小船和烧烤架。吉姆布里杰发电站正在以每分钟近80立方米的速度从西边64公里处的格林河中抽水。怀俄明州东北部几百公里外有一座更缺水的发电站，为了给它供水降温，有人提议修建一条供水管道，把格林河的水经过大陆分水岭输送到甜水河里，甜水河流入北普拉特河，再从北普拉特河把水经管道泵过一个较小的分水岭，输送到粉河盆地。洛夫说：“这会毁掉整个甜水河流域的生态环境，会毁掉普拉特河，毁掉粉河，所有这些都是因为粉河盆地有煤矿。这会是一条充满稀泥浆之类的管道。这个提议已经备案了，它被叫作‘格林河跨流域供水方案’。如果他们要从事煤的气化，他们就需要它。格林河的水里有氟。不管它从哪里进入到地下，10到15年内就会污染地下水。河流还会从天然碱里提取钠。在格林河镇，饮用水中钠含量大大超过了E.P.A.标准[1]。如果他们决定把这些

1 E.P.A.是“美国环境保护署”的缩写，成立于1970年，负责对环境污染情况进行监测，制定城市空气和饮用水质量标准，并对重要的环境污染物进行研究。

水经过管道输送到大陆分水岭的另一侧，粉河盆地的水质可能会降低到没法饮用的程度，这时便需要再建一个脱盐淡化厂。”

我们继续向格林河前进，80 号州际公路旁处处可以看到壮观的路旁剖面和岩石露头，它们的沉积物中记录了地质历史中的这类危机。山色暗下来，低低伸展在地平线上，可能是暴风雨要来了，从某种意义上说，一场构造暴风雨曾经来过，或者说已经来过了，这就是逆冲断层带，从西部推挤堆叠过来。向北望去，更远处是格罗斯文特山脉和风河山，向南眺望，可以看到尤因塔山脉高高的冰斗，我们正在环视着大约 4 万平方公里的土地，但视域里大部分地带都很干燥，岩层平平地堆叠着，像一堆破碎的硬饼干，只有一个地质学家才能欣赏这样的景象，并且能在其中看到一个在全世界排名第七的湖泊。

这个湖泊是始新世时候的一个大湖泊，那时候，北美洲的面
410 貌和现在的样子差不多。从纽约到巴黎的旅程可能比现在短 1290 公里，当然，那时的北大西洋已经是一个成熟的大洋了。阿巴拉契亚山脉要比现在高得多。五大湖还没出现，也没有西风吹到大平原上。落基山脉的前陆山脉已经从海平面台地上鼓了起来，河流环绕着它们向西流动，在逆冲的山脉前形成了水塘。加利福尼亚州没有高山，内华达州和犹他州也没有盆岭省的山脉，只有从太平洋海岸延伸过来的潮湿平缓的土地。这条始新世的时间线从北美洲大陆的两端画起，可能会在怀俄明州的西部汇合在一个类似于亚速海的地方。它长 240 公里，宽 160 公里，比伊利湖大得多，比坦噶尼喀湖大，比大熊湖还大，是意大利第二大湖（马焦雷湖）的两百

倍大。这个湖一直没有名字，直到一个世纪前，一位地质学家给它起了个名，叫“戈舒特湖”。

湖泊是短暂的，在地质记录中，很少有湖泊发育得很大。它们是河流鼓胀起来的地方，这是地形演变过程中的暂时结果。湖泊会自己填满，也会自己把水排干，或者，只是蒸发，然后消失。它们的寿命不会太长。五大湖的历史不到两万年。大盐湖的历史也不到两万年。当戈舒特湖接受了最后的一点点沉积物然后结束了自己的生命时，它的年龄是 800 万年。

在岩泉以西，我们来到了一个被叫作“白山”的山崖，它高出基尔派克溪山谷 300 米。在任何构造意义上，这都不是一座真正的山，不是一条褶皱和断层山，不是火山，不是逆冲断层山。它和卡茨基尔山、波科诺山一样，是一块层状水平岩石被河流冲蚀残留的切块，是切下来的一块地质蛋糕。事实上，它是戈舒特湖的湖床，几乎包含了 800 万年历史的全部。显然，最初的淡水湖最终萎缩了，湖水中盐碱浓集，变得苦涩，并且间歇性地变干。后来，随着气候重新变得湿润起来，湖水再次填满了盆地，湖泊达到了它历史上的最大规模。当我们看着白山的时候，就可以看到这些演化阶段。正是在中间那个干涸的盐湖阶段形成了盐碱集中的沉积物，它们的颜色像苍白的稻草和干草一样，几乎成了白色，才让这座山崖被叫作“白山”。切蚀它的溪流在它的脚下流淌着。满是硝石的基尔派克溪流进了苦溪，然后很快就汇入了格林河。

沿着这条路又走了几公里，见到一对隧道，像是湖床上蛇的两只眼睛。它们是纽约到旧金山之间 80 号州际公路上的三组隧道之

411 一，它们只能修建在那儿，穿过白山山脊的鼻头，州际公路要是向左弯的话就会毁了格林河镇。“高塔砂岩”在山脊上矗立着，像城墙上的城垛。每走1公里，它们的数量就会增加，好像是城市郊区的建筑物。左边远处是一个小岛，地质学家约翰·韦斯利·鲍威尔[1]在小巨角河战役[2]前的七年，带着一个划艇小队从那里出发，驶进格林河的主河道，闯过了北美最险峻的急流险滩，成为目前已知的第一个穿越大峡谷的人。隧道上方的棕色页岩中矗立着一块巨大的砂岩，它穿透了湖床的盐碱层。

我们走出隧道西端，眼前重见光明，怪石嶙峋，像是高耸的碉堡，又像是奇石装点的花园，水平岩层构成了河岸剖面和路旁剖面的高墙，延伸了整整1.6公里。1870年，威廉·亨利·杰克逊为《海登调查》拍摄了这里的风景照。人们按照这些岩石的形状起名，把它们叫作“收费站石”“茶壶石”“糖碗石”“巨人的拇指”，等等。洛夫说，在“收费站石”上有印第安人的岩画，但它们太高了，从公路上看不见。“你必须是只山羊才能爬到那里。”他接着说。话音没落，一个像石膏一样白的影子出现在“高塔砂岩”底部的一个岩锥上，离岩画很近，它的头一动不动。“你可以告诉人们，如果他们想看看岩画在哪里，就去找那只山羊，”他建议我，

1 伊利诺伊卫斯理大学地质学教授，独臂退伍军人，在美国南北战争中曾任陆军少校，1869年，他组织了一支“鲍威尔地理探险队”，历时三个月，完成了对美国西部格林河和科罗拉多河的探险活动。考察归来后，发表了一系列科考报告，并出版了《科罗拉多河探险记》一书。1881年，他被任命为美国地质调查局第二任局长。

2 1876年发生在蒙大拿州小巨角河附近，是美军和苏族印第安人之间的战争，最终以印第安人的胜利而结束。

“他们只要去寻找山羊，总能找到岩画。”

在白山的半山腰有一层砂岩，又含磷又含铀。洛夫说，他知道这个是因为他发现了里面的铀。非海相的磷酸盐沉积，除了在这个已经消失的大湖里，在世界其他地方基本上没有被发现过，这个奇怪的大湖留下了众多遗产，非海相磷酸盐岩是其中之一。在刚才走过的几公里中，含铀含磷的砂岩在州际公路旁形成了一道低矮的山脊，公路径直地穿过这道山脊，给所有路过的司机都注射了几毫伦琴剂量的放射性铀，让他们保持清醒，兴奋起来。

他还说，沉积地层里的故事反映了很多构造演化历史。你可以通过向后翻阅沉积岩层去看山脉的结构构造。比如说，根据来源于尤因塔山脉和风河山的沉积岩中透露的年代和位置信息，你可以看到是风河山首先发展起来。

在戈舒特湖历史上的所有时刻，它都充满了有机生命，从聚 412
成云团一样遮住盐碱滩的一群群盐湖蝇，到湖中最宽水域里3.7米长的鳄鱼和18千克重的雀鳝。在始新世的怀俄明州，湖中在不同的时期可以见到北美鲇鱼、弓鳍鱼、角鲨、骨舌鱼、鲱鱼、魟鱼、鲱鱼。美国自然历史博物馆完整地展示了4600万年前戈舒特湖的鲑鲈鱼吞下鲱鱼的过程，整个暴力过程只用了两三秒钟。在博物馆的全球脊椎动物收藏中，差不多每五块化石中就有一块来自怀俄明州，而其中很大一部分来自戈舒特湖和邻近的湖泊。在湖滨带生长着红玫瑰、海金沙、木槿、野牛果、大花倒地铃、栾树。另外还能大致辨认出来松树、棕榈树、北美红杉、杨树、悬铃木、柏树、槭树、柳树、栎树。还有水黾、蜡蝉、象鼻虫、蟋蟀。空中到处是军舰鸟。水浅的湖滩上生长着浓密的藻层。在800万年的各个时期，大量的有机物质和沉积物混合堆积在一起，以油页岩的形式保存下来。在尤因塔山脉的另一侧是另外一个大湖，从科罗拉多州西部一直延伸到犹他州。这个湖叫“尤因塔湖”，它和戈舒特湖以及其他几个较小的湖泊中都沉积了油页岩，这些油页岩潜在的石油储量估计约为15000亿桶。这是世界上最大的碳氢化合物储量，是沙特阿拉伯地下原油储量的九倍，也是到现在为止从全美国岩石中开采出的原油量的十倍左右。

在格林河的一长串岸边剖面中，可以见到很显眼的叫作“桃花心木”的岩层，那里的油页岩特别丰富。它们看起来不太像木头，更像是白里透着点浅蓝色的薄层板岩。油页岩风化后的外观总是带有点浅蓝色调的白色，但里面是黑色的，像木头一样有点颗粒状。纹层越薄，有机物的含量就越高。最富有机质的黑色油质薄片的厚度只有千分之十五毫米，每一薄片代表了一年的沉积作用。洛夫在岩石上滴了一些盐酸，酸马上像一只猫拱起身子一样聚成了露珠的形状。“实际上这是‘干酪根’，”他说，“它转化成了石蜡含量很高的原油。它和宾夕法尼亚系中的原油不一样。”

对于采矿工程师来说，油页岩开发是一个还没解决的、没有完全弄明白的问题：怎样在不破坏地球表面的情况下开采油页
413 岩？到目前为止，考虑了三种主要方法。一种方法是露天开采，压碎后分离出石油，然后把尾矿规整平，这个过程可能导致对6.5万平方公里的土地完全重新排列。另一种方法是进到地下，挖掘出一定比例的岩石，然后用尾矿填充留下的空洞。这就是所说的“原地

挖填”方法。最后，有人想钻个洞，把丙烷气压进去，然后点火。高温会导致液态油从页岩中流出来。在石油被火烧毁之前，通过另一口井把它抽出来。但是，燃烧不会像煤层自燃一样无限期地持续下去。如果不给火焰供氧，它们就会灭掉。这被叫作“真正的原地采矿”；在几公里外的白山，联邦政府一直在完善这项技术。到目前为止，这些实验已经把石油回收成本降到每桶一百万美元。有一次在夏延，我看到在一个“彼得潘花生酱”空罐子里装满了这种油。它看上去和闻起来都像是一个长时间没倒干净的痰盂里的东西。

15000 亿桶储量，这个估计有点夸张，因为它包括了最后一滴油，这就是说，包括了所有页岩中所含的任何一点点“干酪根”。如果它们是含量比较丰富的油页岩，每吨页岩能含有 95 升至 246 升石油，那么，那些“桃花心木”油页岩中的石油储量至多是 6000 亿桶。即便是这样，也足够多了。这意味着油页岩里的石油储量比全世界迄今为止生产的所有石油都多。洛夫评论说，油页岩已经被“吹到天上去了”，但是，由于我们离能源危机还远，政府和工业界都失去了兴趣，纷纷从油页岩撤离。但这种撤离是暂时的。人们迟早会想到那些油页岩[1]。

---

1 在这里应该给洛夫他们的远见点个赞。本书于 1986 年发表后没有几年，美国就兴起了“页岩气革命”，从而带动了全球的页岩气和页岩油开发。“页岩气革命”使全世界原油储量大大增加。原油储量的估算总是与石油地质理论和开发技术的进步密切相关。据 BP 石油公司发布的统计数据，1980 年全球常规石油探明储量为 930 亿吨，而 2000 年增长至 1700 亿吨，至 2019 年底，全球石油探明储量已经增长至 2446 亿吨，约相当于 17000 亿桶，而美国的石油探明储量增长至 689 亿桶，居世界第 9 位。

16

洛夫说，戈舒特湖能在山脉环境里存在那么长时间，地壳一定需要维持一种微妙的平衡关系。当湖底的沉积物加厚时，湖泊
414 本身的沉降速率应该和沉积速率保持一致，否则的话，湖泊就不能保持一定的水深去接受沉积。戈舒特湖的沉积物从顶到底的平均厚度是 800 米。在每一个层位都有油。中间是蒸发相，表明戈舒特湖水发生过浓缩，变成了卤水，四周分布着脏兮兮的泥滩，到处是嗡嗡乱飞的盐湖蝇。卤水中沉淀出天然碱，化学成分是碳酸氢三钠，戈舒特湖中这种化学物质的浓度在世界上都是罕见的。天然碱是在 1938 年被发现的，但直到 20 世纪 60 年代才真正进入大规模开发。我们在格林河的一处岩石上尝了一下盐的晶体，这里的岩层向西倾斜，朝向矿山的地面。天然碱是很多工业的原料，如制造陶瓷、纺织业，制造纸浆和造纸，炼铁和炼钢，尤其是制造玻璃。洛夫说，每天只是刷洗货车就能有两吨天然碱进入到格林河里。怀俄明州环境质量部已经禁止在河里洗车了。他说，有一个啤酒厂从钻到天然碱的井里取水，生产出的啤酒让人喝了头痛，像吃多了胃疼片一样。在我们南面几公里远处有一个水库的水源地，就在火焰谷里。联邦垦务局在那里建筑大坝以前，火焰谷是美国西部的顶级风景区之一，200 米宽的峡谷穿过三叠系的拱形红层，

岩层的色彩很明亮，真像火焰一样。大坝建成以后，游人们再也见不到美丽的风景了，只剩下一片嘘声，以及高出水面一点点的岩层。水库把 80 公里长的奔腾河流变成了一潭静水。提高的水位在一些地方淹没了含天然碱的岩层。当水库水位下降时，溶解的天然碱就会从岩石中渗出，滴落到水库里。当水位升高时，湖水会再次进入岩层去溶解更多的天然碱。洛夫说，这让在它下游的鲍威尔湖和米德湖正在变成化学湖。“这让墨西哥那些可怜的农民们很紧张，”他说，“我们正在想办法把他们的水质脱盐淡化。”我们沿着州际公路走了几公里，在穿过布莱克斯河时，看到含碱沉积物像晒干的白色浮渣一样，平铺在洪积平原上。道路两旁都是废弃的农舍，废弃的谷仓，风化成暗色的木板从已经歪斜的空房架子上弯弯地翘起来。河流中碱的沉淀和这些农场的废弃不能说没有关系。洛夫解释说，这是莱曼灌溉工程造成的。莱曼灌溉工程是垦务局的主意，是想让怀俄明州西南部和威斯康星州进行竞争。布莱克斯河在 1971 年建造了大坝，河水被用来浸泡土地。土地泡得比漂 415
白的大腿骨还白，又像盖上了一层薄雪。“碱把土地变得越来越恶化了，”洛夫说，“这里的排水系统太差了，盐碱根本就没办法冲洗排出去。你想想，那些农民得喝下去多少钠呀。”

与此同时，在格林河的西面，一个高烟囱不协调地矗立着，似乎比山还高，一团团白色的水蒸气顺风飘着。烟囱下面是连绵起伏的山地，一个天然碱精炼厂就隐藏在山里，精炼厂地下是一个天然碱矿。六个月前的一个冬天，我曾经到过那里，我现在要强调一下，那里的人们告诉我，从烟囱里冒出的白色云团是很纯的水蒸气。

“现在整个州的烟囱看上去都很干净了，”洛夫说，“但要变成纯水蒸气，恐怕还需要持久的努力。”

他说，从天然碱精炼厂烟囱排出来的水蒸气并不纯，还有其他物质，其中一种物质就是氟。住在下风头的地方，可能会发生氟中毒。他认为，这可能会破坏风河山的森林。下午的天空万里无云，但并不是特别透亮。“你看到的就是弥散在整个怀俄明州的天然碱雾霾，”他继续说，“以前，我们这里从来就没有过这种霾。在任何一个平平常常的日子里，你都能很清楚地看到远处的群山。”

天然碱的硬度和手指甲差不多，大部分看起来像浅棕色的糖或蜂蜜色的奶油酱。我记得有一次我们在一张野餐桌上喝咖啡，那是在我们现在脚下270米深处的一个矿井里，在一个尘土飞扬的卡夫卡[1]式昏暗压抑的世界里，炸药爆破发出了雷鸣一样的回声，从矿井的一头传到另一头，最后停息下来。3米长的带杆链锯切进岩石里，用来标记下一次爆破。午餐桶上的贴纸上写着：

别冒险。

我遇上了施工区尘暴。

1　弗兰兹·卡夫卡是生活在奥匈帝国的小说家，被誉为西方现代主义文学的先驱和大师，1883年出生，1904年开始写作，1924年41岁时因患肺结核去世。他终生在痛苦中生活，在孤独中奋斗，这成了他创作的永恒主题，他笔下描写的都是生活在社会下层的小人物，在扭曲变形的世界里惶恐，不安，孤独，迷惘。为纪念卡夫卡，1983年发现的小行星3412以“卡夫卡”命名。

> 当救生门被堵死后：1. 清除障碍物；2. 听见 3 声枪响；3. 使劲砸 10 下，发出信号；4. 休息 15 分钟，然后再发出信号，直至获救；5. 听到 5 声枪响后，那表明你的位置已经被确定了，施救正在进行。

“美国的大西南是脑卒中和高血压病的高发区，”洛夫说，416
“这全和钠有关系，包括河水里的钠。我们这里的钠不比他们少多少，恐怕很快就超过他们了。”

几年前，在水晶溪附近的格罗斯文特河畔，洛夫注意到有几匹马在吃“克洛夫利地层”的石头，它们的鼻子紧贴着露头，啃着白垩系软石灰岩中的结核。他能猜出这些马是从哪里来的。他们来自科拉，靠近派恩代尔，就在风河山西边的山麓。在拉勒米造山运动期间，风河山崛起了，并且向西推移了几英里，那个地区唯一的石灰岩层完全被覆盖了。因此，他说，在派恩代尔长大的大学新生需要假牙的人不在少数。派恩代尔是怀俄明州两三个牙齿坏掉比例最高的地区之一。派恩代尔人容易患蛀牙就像萨凡纳人容易患冠状动脉血栓一样，两种情况背后都有地质原因。

他说，在工业图纸上某个还没最后定下来的地方有一个地热项目，计划开采黄石西南部火山岛公园的地下热水。在很多人心中，最重要的问题似乎是：老忠实泉和黄石公园的其他间歇泉会发生什么？在新西兰，当政府在世界上第五大间歇泉场地钻井开发地热能时，卡拉皮提喷水孔立即停止出水了，就好像有一只手关上了阀门一样。内华达州有一个间歇泉群曾经可以和黄石公园的间歇泉媲美，然而，在 1961 年，那里钻了地热开发井，“杀死”了内华达州的那些间歇泉。黄石公园的老忠实泉在没有人类活动干扰的情况下也遇到了麻烦。一个世纪以来，或许更长一点时间，谁知道呢，老忠实泉喷发的时间间隔平均是 70 分钟，但在 1959 年，蒙大拿州附近的赫布根湖区发生了地震，间歇泉喷发的速度减慢了。1975 年和 1983 年的地震更让老忠实泉的喷发时间变得难以预测，游客们纷纷抱怨起来。管理部门在间歇泉周围建起了一个类似于体育场的建筑物，在那里，人们聚集在露天看台上，期待着老忠实泉能按时喷水：“快喷！”正如水文学家所说，泉水会及时从裂缝中冒出来，喷向空中，就像一个由水和蒸汽组成的布谷鸟钟。不能如期看到泉水喷出的旅客会感到很沮丧，他们有时会一致地拍起手来，似乎在呼吁国家公园管理局去修理间歇泉。一个科学家面对这些事实只能
417 耸耸肩，在进行了一段时间的观察后，他总结出一条定律：投诉的数量跟到公园的载人车辆每升油行驶的距离数成反比。

洛夫的脑子里还装着别的事情，他还在研究地质学的医学效应。在美国参议员参与的公开演讲和会议中，他问人们，应该怎么样考虑地热井里的放射性水呢？这些水将会通过亨利岔口排放进蛇河中，并且顺流而下 1600 公里。毕竟，这些放射性水来自龙虾溪、臭鼬溪和越橘温泉，更不用说松脂岩高原了。在松脂岩高原上，有很多放射性植物，还有吃过这些植物的放射性动物：囊鼠、小鼠和松鼠，它们体内含有大量的镭，如果把它们的身体放在相纸上，它们就可以得到自己的照片。对洛夫的问题，一位参议员回答说：“从来没有人提出过这个问题。”

17

逆冲断层带的石油由于最近加工出大量常规和无铅汽油而受到赞赏，我们从那里向山上爬，但在时间上是向下走，向年代变老的方向走，因为巨大的逆冲岩片逆冲到比它们年轻的岩石上。第一个山梁上的岩石年代是白垩纪，我们离开州际公路朝那个山梁走去，这是一条很陡的土路，路上有两条深深的车辙，通往一条山谷，这种山谷在地质学上叫作“走向山谷”。当逆冲上翻的地层整体倾角很大时，岩层会翘向天空，如果有一部分岩层比它两侧的岩层更软，这些软岩层被风化侵蚀掉后，就会形成这种平行岩层走向的“走向山谷”。山谷的高处长满了杜松树，从它的东边看去，可以看到能给宇航员留下深刻印象的景色。从左到右看，视野有 240 公里宽，一头是尤因塔山脉，一头是风河山脉，中间点缀着荒地。这些荒地是始新世晚期河流的泥沙，杂乱无章地分布在填满的湖面上，现在又被突然来袭的暴风骤雨进一步吹散。

几百棵砍伐下来的银灰色树干残骸躺在高高的洼地中央，这 418
些树干曾经被拖到开阔地带，围成一条大芸豆形状的长篱笆圈，几乎包围了大约 6 万平方米土地。依稀可以看出，它们组成了一道双排栅栏，只在一个地方留了一条缝，显然这是多年前被用来捕捉羚羊的。羚羊不会爬栅栏，那些喜欢烤叉角羚羊的人在几个世纪前就发现这一点了。洛夫的儿子查理是怀俄明州西部社区学院的人类学和地质学教授，他知道这个羚羊陷阱，并认为这个办法很有效。他的父亲为查理感到自豪，说“他的头脑像土著人一样聪明”。

山谷高处依然保持着一种美学的寂静，让人不由想起盆岭省的寂静，想到育空地区冬天的寂静。人类在这里的唯一迹象就是羚羊陷阱。这是一条逆冲断层带，它早在白人来这片地区填图之前就已经在这里了，这些填图的人头脑聪明，但不像土著人，他们建立了这里的构造模型，并且追踪了它地下的东西。山谷里到处是滨紫菜和盐鼠尾草，还有草夹竹桃和仙人球。洛夫伸手摘下一棵植物，问我知道不知道它是什么。它看上去有点眼熟，我说：“野洋葱。”

他说：“这是毒百合。它致死很快，曾经毒死了很多早期移民到这儿的小孩。他们也都认为它看起来像是野洋葱。”

突然，群山的寂静被枪声打破了，两辆四轮驱动的汽车出现在西边，每辆车都有一个单独的车手，驾车轰鸣着冲上山谷，身后留下一股蓝烟。他们向北跑去，消失了，但依然传来枪声。现在，这里是一个繁荣的地区，然而，这种繁荣也可能会是暂时的，会成为另一个车身涂着火焰图案的皮卡世界。它曾被杂志描述为“北美洲最热的石油和天然气省”，这句话让洛夫感到困惑和讽刺，因为四分之三个世纪以来，这个北美洲最热的石油和天然气省一直没有被重视。

“1907 年，这个地区就被详细记载了可能会有油田，”洛夫说，“他们正在‘找到’它们。那篇 1907 年的论文是美国地质调查局的 A. C. 维奇写的，但被完全忽略了。直到 1975 年，人们还都在说，逆冲断层带里没有石油。现在这儿成了热点地区。维奇在横跨 80 号州际公路的逆冲断层带上完成了他的工作。他说石油应该在那儿，并且指出了具体在哪儿。他的论文是一篇经典文献。这篇
文献的被忽视说明了石油公司和地质学家的目光短浅。格林河盆 419
地的拉巴奇油田就在逆冲断层带的边缘，是 1924 年被发现的。20 年后，有证据表明，拉巴奇油田的石油产量已经超过了它的构造所能容纳的石油储量。石油正在从逆冲断层带不断地流进它的构造。证据就在我们面前，但我们看不到。我们聊过这事，我们想知道这究竟是为什么。现在，很多盆地的边缘已成为石油开采的新领域。任何山脉逆冲到盆地上的地方，逆冲断层带下面都可能有白垩系和古新统的岩石，里面很可能含有石油和天然气。蒙克瑞夫石油公司在阿明特钻了一口井，在花岗岩里钻了 2700 米深，然后钻透了花岗岩，钻进了白垩系中的含油层，得到了你在世界上见过的最神奇的油田。”

在 80 号州际公路走到怀俄明州尽头的地方，我们穿过一大片钻井平台和一排排的磕头机，这里是你一生中见过的最高产的油田。洛夫说：“这些钻井平台不会对周围地貌景观造成太大破坏。事情并不是非此即彼，并不一定都是坏事。”我记得有一次，我们俯视着风河山南端前寒武纪变质沉积岩中的一个铁燧石矿。那是一个方形的露天矿坑，每一条边都有 1.6 公里多长。我问他对这样的事有什么感想，他说：“他们只毁了这座山的一面。在矿坑后

面，山顶上还覆盖着雪。这是我可以接受的。铁矿是我们国家命脉的一部分。”我还记得，当熊牙山高速公路修建时，它沿着瑞士式山谷的谷壁向上延伸，伸到美丽绝伦的高山草甸里。洛夫为这项工程辩护，他说，这可以让那些行动不便、不能四处走动的人去看看那些美丽的风景。

洛夫是怀俄明大学一名不拿薪水的兼职教授，是拉勒米研究生学习和野外工作的导师。每当到了论文选题的时候，研究生们总是没了主意，两眼一抹黑。他们通常会对他说：“这里的每个题目都已经有人研究过了。”

“怎么可能？”这位兼职教授说，“我可以蒙上你的眼睛，让你朝怀俄明州地质图上投个飞镖。不管它扎在哪儿，你都会在那儿找到一个主题来做你的论文的研究。”

杰克逊洞有一个小木屋，多年来一直被用作洛夫的野外办公室。有一天，我们去了那儿，我问他，我能不能也闭上眼朝怀俄明
420 州地质图投上一镖。“请随意。”他说。我拿起一支飞镖，投了三次，第一次和第三次投中的地方都只是做博士学位论文研究的地方。第二次，对我来说，投到了离家最近的地方，飞镖扎在乳峰山下的甜水河溪边，距离北阿布萨洛卡荒原的阳光峰只有几公里，距黄石公园 13 公里。“你扎到了阳光侵入体。”洛夫说。不知为什么，我开始期盼硬币从老虎机里噼里啪啦往下掉的声音。“这个地区还没有被调查过，”他继续说，“是空白区。沿着甜水河溪有很多地方都能见到矿泉和石油渗漏出来。一个大型石油公司组成的财团希望这个地区不再被视为荒野之地。”他说，大角盆地的油田

横跨长满鼠尾草的荒地，一直延伸到阿布萨洛卡山脚下，它们的存在提出了一个很重要的构造问题：盆地向山下延伸了多远？由于阿布萨洛卡山是由火山碎屑构成的，从甜水河溪的河岸渗出的石油不可能是从阿布萨洛卡山的岩石里生成的。他说，他认为大角盆地的含油岩层可能会在阿布萨洛卡山下延伸得很远，一直到麦马斯。

我重复着麦马斯的名字，想记起来它在哪儿，然后说："哦，是在蒙大拿州边界上，穿过黄石公园就是。"

他说："对。"

1970年，洛夫和他的同事J. M. 古德发表了一篇关于这个主题的论文。在选择这篇论文的标题时，他们考虑再三，打算用最平淡和最不带感情色彩的恰当短语来表达自己的观点，最终，他们敲定的标题是"怀俄明州西北部地热区的碳氢化合物"。现在，谈到我投在地质图上的飞镖，他说："如果你对地球化学感兴趣，那么这些渗漏的石油成分还没有被研究过。它们是古生代的高硫油吗？还是中生代低硫油？或是第三纪的低硫油？人们希望知道石油的质量和储层岩石的埋藏深度。"他的语气听起来既不带感情色彩又不带个人观点。"如果你对地球物理学感兴趣，那么你从火山岩下面的岩石中得到的地震反射是什么样的？"他继续说着，"它们能被解释成火山活动前的构造吗？在火山化学方面，这些始新统火山岩在地热活动和石油运移中发生了什么样的变化？有哪些变化？所有这些都从来没有被探索过。作为一个地质学家，不能忽视被飞镖击中地方的区域构造和它所有可能的演化细节。作为一名科
学家，他的身份就是一名科学家，不要去决定石油和天然气勘探 421

的公共政策是什么。”

没有哪儿的岩石比黄石峡谷的岩石更像是火山里出来的了，玫瑰色和勃艮第酒红色[1]、烧焦的赭石红色、黄蛋糕的黄褐色。不可思议的是，石油和着热水及蒸汽从黄石峡谷的石壁上冒出来。1939 年，国家公园管理局在峡谷下游挖石头造桥墩子，结果挖到了石油。几名工人被硫黄烟气熏倒了，死了。尽管存在这些令人费解的事实，但地质学中有一个传统观点，认为在你发现火山岩的地方，你就不会找到石油。在 20 世纪 60 年代，洛夫为了有更广阔的视野，就到黄石公园的外围去考察。他骑上马，背着一根 1.2 米长的钢钎，去巡视黄石公园的那些偏僻地带。在距离进山小道入口 32 公里处，他发现沼泽中的一些凹坑里有类似沥青的东西。当他把钢钎插进沼泽地时，一股奶油色的液体涌了出来。他把它装进一个瓶子里。过了一天，混合物分离了。大部分是清澈的、琥珀色的油。在实施这个调查项目的过程中，他内心的环保主义者踟蹰不前，使用资源的人更喜欢去用别人家门口的资源，但这位科学家还是背着钢钎继续前进。他知道这一行动会给自己带来责难，但他不会因为任何人的信仰或观点而扼杀他的科学。他确实失去了不少朋友，包括一些“地球之友”里的朋友。他失去了他在“荒野协会”和“塞拉俱乐部”里的朋友。对这些失去的朋友们来说，在黄石公园发现石油意味着由他造成的威胁可能刚刚开始。要知

1 勃艮第地区位于巴黎南部，和波尔多为法国两大著名产酒区。波尔多红葡萄酒呈几乎不透明的深紫色，而勃艮第红葡萄酒则呈明亮清澈的宝石红色。

道，“美国荒野保护区”的认定是基于这样一个假设：那里没有任何石油之类的重要资源。“我承认，这让我很烦恼，因为我激起了像‘塞拉俱乐部’这样环保组织的愤怒。”那天，洛夫在小屋里说：“‘塞拉俱乐部’是我叔祖父约翰·缪尔创立的，而我在这里做着这种工作，成了一个叛徒。”

18

我们曾经横穿过黄石公园好几次，记得有一次，洛夫和我来到一个雾气蒙蒙的沸腾泉水旁，他一时心血来潮，拿出一个闪烁计
422 数器[1]，举到水面上。计数器咔嗒咔嗒地数起来，每秒150次，这表明泉水里的放射性强度是背景值的三倍。很有意思，不是吗？但是，对一个曾经见过有东西达到每秒五千次或更高的人来说，这个读数不足以让他感到刺激。

在第二次世界大战之后的几年里，全世界都在狂热地寻找铀矿，结果，地质学家的人数也增加到了背景值的三倍左右。军备竞赛在进行中，人们一般认为，必须制造越来越多的和越来越小的铀弹才能让美国的安全得到强化。与此同时，人们还在讨论达成一项兼顾民生的新条约，在这项条约中，要把自然界中发现的这个最重的元素廉价地用来进行住宅供暖和城市照明。摧毁广岛的核原料就来自科罗拉多高原的岩石，那里吸引了很多地质勘探者。

任何地质学家都会告诉你，金属矿床是热液活动的结果。地球化学家猜想，地壳深处循环的水会带走它遇到的任何东西——

1 是最重要的核辐射探测器之一，广泛用于原子核物理学、核医学、地质勘探等领域的放射性剂量测量。野外地质学家使用的是一种便携式探测仪器。

金、银、铀、锡，只要热和压力足够大，所有这些金属都会进入溶液中。他们想象着，金属随水上升并在地表附近沉淀。根据定义，矿脉是温泉附近裂隙的充填物。这一理论似乎无比正确，任何其他思想都不能动摇它。

1950 年和 1951 年，三位地质学家在南达科他州工作，在一处煤矿中发现了铀。当地并没有热液活动历史。渐新世的时候，有一种很细粒的火山碎屑，叫作火山灰，从西部很远的地方吹过来，覆盖在煤炭上，形成了凝灰岩。一些人认为，可能是普通的地下水把凝灰岩中的铀浸泡出来，带进了煤层里。这些人中就有洛夫。这样一种过程当然是不符合所有公认理论的，但是，如果这样一种过程真的发生了，那就意味着铀不仅可以在热液环境里被发现，而且还可以在沉积盆地中被发现。当洛夫建议去怀俄明州盆地找铀时，美国地质调查局中热液成矿专家们不仅嘲笑了他提出的这个研究项目，而且还试图阻止他。科学进步的内核有时候就是这样。渐新世的凝灰岩是落基山脉被埋藏的一部分，其中大部分都在整体剥露过程中被侵蚀掉了。洛夫四处寻找证据，看看有哪些沉积盆地中曾经有岩层被火山灰覆盖着。他利用道格拉斯 DC-3飞机的 423
机载闪烁计数器在粉河盆地上空进行了一次航测。结果，得到一些很高的读数，尤其是在那些被叫作“南瓜墩”的几个小山包附近，那都是些侵蚀残余地貌。他开着吉普车去了那里，带着沉积学专家弗兰克林 · B. 范豪滕一起去确认，后来范豪滕自称是“戴夫 · 洛夫的人体闪烁计数器”。洛夫想看看在渐新世时期是不是有足够多的火山灰，不仅覆盖了大角山，而且能向东越过大角山，扩散到粉河盆地。他和范豪滕爬到北南瓜墩的顶部，在大角山东侧的渐新世凝灰岩中发现了火山角砾。然后，洛夫沿着被盖在凝灰岩下面的砂岩层里四处追索，在那个层位的很多地点，他的哈罗斯伽马闪烁计数器都记录到每秒 6000 次的高读数。

为了解释他的发现，他和同事们及时地提出一种“卷状锋面”概念。从外形上看，“卷状锋面”像彗星，或像新月时的月牙，是一个带尾迹的凸角，凸角指向地下水流动的方向。当洛夫和他的同事们研究这种化学反应时，他们首先确定了六价铀的可溶性很大，在氧化水中很容易变成铀酰离子。当含铀溶液沿着含水层向下游流动时，一旦流到有机物浓度特别大的地方，会形成一个卷状的锋面。在有机物被氧化的同时，铀被还原到四价状态，以二氧化铀的形式沉淀出来，这样形成的矿石叫作“晶质铀矿”。

因此，去找深埋铀矿的一种方法是在倾斜的含水层中钻几个试验孔。如果你在钻孔中发现了异常高浓度的有机物，你就需要从那个钻孔沿含水层向上离开一段距离，再钻个孔。如果你在钻孔中发现了红色的氧化砂岩，你就应该知道，铀矿就在这两个钻孔之间。

洛夫在起草给地质调查局的报告时说：“在松软多孔的粉红色或棕褐色的固结砂岩卷里发现了铀”，并补充说，“一些矿石达到了商业开采的品位，整个地区交通方便，宿主岩石和相关地层都很松软，而且，目前已经找到的所有矿点都可以进行露天开采，上述这些事实使该地区具有开发的吸引力。”通过这些描
424 述，无论是在特殊意义上还是一般意义上，他成了怀俄明州商业

量级铀的发现者和怀俄明州铀工业的鼻祖。当然，这些都是后话，日后才得到公认。而在眼下，在地质调查局内，洛夫报告发表后的第一影响就是激怒了他的很多同事，他们都是热液学家，不准备去相信铀矿会以任何其他方式形成。美国原子能委员会原材料部的主任也加入了固守传统观念的队伍。美国原子能委员会在粉河盆地召开了一次全体委员会，讨论应该确认还是否认这个发现。委员会中除了一个人外，其余的成员都是热液学家，委员会的报告说："确实发现了铀矿石的高品位标本，但没有任何经济价值。"几周后，粉河盆地的那个地区开始采矿了。最终，有 64 个公司参与了矿产开发，其中最大的是埃克森公司下属的高地矿业公司。他们经营了 32 年，到三里岛核电站关闭时，他们已经运走了 1500 万吨铀矿石。

1952 年，洛夫的报告发表后，《拉勒米共和党人和回归者》在一个横幅标题中宣布："拉勒米人发现了州内的铀矿。"这一宣布激发了洛夫所说的怀俄明州"第一次也是最疯狂的一次"铀繁荣。"好几百人来到拉勒米，"他接着说，"当时有人要给我提供 100 万美元现金和一家公司的总裁职位，让我离开美国地质调查局。那个时候，我的年薪是 8640.19 美元。"

这一发现预示着其他沉积盆地中也会有铀，洛夫继续去寻找。1953 年秋天，他和另外两个业余地质爱好者在风河盆地各自独立地工作，他们在距离洛夫牧场 19 公里的瓦斯山发现了铀。他描述说："瓦斯山吸引了每一个人和他的狗，成了周末探矿者的圣地。他们像动物尸体上的蛆一样密集地拥挤在一起。有人要跳楼，有人在互殴，还有人要开枪决斗。机械师和服装销售员转眼间都成了百万富翁。”

那是在一个夏日的午后，他在瓦斯山的山顶上说了上述那些话。我们站在瓦斯山上，周围能看到 50 座露天铀矿，向北看，地面的中低处就是麝鼠溪和洛夫牧场。这些矿坑大致是圆形的，一般的直径有 800 米，深 150 米。大约有 120 米厚的覆盖层被剥离掉，
425 露出了矿层。这片地方被挖得一塌糊涂，战争造成的破坏也不会比这儿更糟糕了，从某种意义上说，这就是现实。“如果你非要用镐和铲子来做这件事，那你会花相当长的时间。”洛夫说。这些矿坑散布在近 260 平方公里的范围里。

我们捡起几块乌黑乌黑的铀矿石。它在手里很容易碎开。我问他，这算不算是危险的放射性物质。

“什么是‘危险的放射性物质’？”他说，“我们没有真正的标准。我们不知道。我只能说这里的癌症发病率很高。瓦斯山里有四种共同存在的元素：铀、钼、硒和砷。它们在一起的毒性比单独存在的大得多。你不能只是掩埋了尾矿渣就忘了它。那些东西对环境很有害。它们会进入地下水和地表水。这些矿层都在地下水位面以下，所以他们采矿时会把水从铀矿层抽到地表。我们牧场麝鼠溪的铀含量增加了 700%。”

我们的目光能够一览无余地扫过广袤的原野，从牧场西南到格林山，那里有他儿时走过的路，他沿着那些路去砍伐松树和杉木，用来做围栏的立杆和栅栏的柱子。一小时前，我们去牧场里参观了一下。在牧场里，这些柱子大多数还在使用着，虽然有些

变形、扭曲了，但仍然屹立着，也没有腐烂。在约翰·洛夫生活的早年间，他曾经睡在小溪侵蚀的河岸边，那时，牧场只属于他和他的家人。现在，这里和周围大部分牧场一样，都租给了养牛公司。在我们到达小溪前的最后 800 米路上，洛夫数了数海福特牛，有 50 头，他说，承租人似乎过度放牧了。“狗娘养的，”他说，“这些年这类事太多了。”他注意到一些铀矿开采权的利益，说：“人们把赌注押在已经有了一个世纪契约的土地上，在那里进行非法开采。”

约翰·洛夫家多层结构的屋顶架在低矮但是宽阔的房框子上，几乎没有下垂。近 40 年了，没有人在那里住过。书柜和折叠书桌早被偷走了，这些偷东西的人在往屋外搬书柜和书桌时还拆掉了门框。厨房的门框完好无损，约翰·洛夫用来标记孩子身高的那块木板还钉在那儿。牛仔们帮助贴到墙上的那些带绿色花纹图案的墙纸早就不见了，墙纸下面覆盖的大部分东西也早都没 426
了，只在门钉之间和松木墙板上还留下一些报纸的残片，作为保温材料贴在那里。

民防团追捕五名匪徒
洛克岛火车站附近的战斗
干草垛中发现强盗，
追捕正在白热化
双方都全副武装
逃亡者殊死搏斗，

但追捕战斗将以他们的落网而结束

院子里的菠菜乱糟糟地长着。在铁匠铺里，锻铁炉和铁砧都不见了。鸭子从小溪里飞走了。英国醋栗灌木丛都枯死了。一棵榔榆死了。一棵沙枣树还活着。戴维种了很多这样的树。他 11 岁的时候曾种了一棵阔叶基列白杨树，作为一种心灵安抚物。“不管怎么说，它还能再坚持活一年，”他说，“你看，它的叶子快出来了。”

我说，我很奇怪，这片地方只有他和他父亲种的树还活着，为什么别的地方没有树呢？

“可能是湿度不够吧，”他回答说，“这个地区从来就不长树。”

“你说的‘从来’是什么意思？”我问他。

他说：“是说过去一万年以来。”

一只叉角羚冲着我们叫，声音听起来像一只牛蛙。十几栋农场的建筑物，有些早不见了，有些正在倒塌。畜栏倒塌了。牧场工人宿舍不见了，白杨树原木搭建的谷仓也不见了。但乔·莱西的麝鼠酒馆还在，洛夫一家曾用它来储存干草。它的门在风中嗯嗒嗯嗒地摆来摆去。戴维找到一块木板，把门牢牢地撑住，关好。他运木头时用过的载货车还停在那儿，但是车的轮子不见了，肯定是被偷走去当旧西部的纪念品了。我们去一间地窖储藏室看了看，一排
427 排 45 厘米长的檩条上覆盖着草皮，檩条都是用手工砍削成的。他说，储藏室里冬天从来没有结过冰，而整个夏天食物冷藏得都很好。最近，有只美洲狮曾在那里住过，但现在地窖已经空了。

洛夫从一个房间到一个房间默默地踱着，而我则被墙壁上当

保温材料贴着的旧报纸吸引住了。

比泽塔，突尼斯，5月4日讯：在市政府邀请他的招待会上，法国海军部长M. 佩利坦在一次简短的讲话中宣布，法国不再梦想征服。她的资源将被用来巩固她现有的财富。

地板上到处都是牛粪和郊狼的粪。卧室里，他和艾伦合用的衣橱和玩具柜里都堆着差不多60厘米厚的老鼠嗑的残渣。

您在克朗代克或阿拉斯加走失过朋友或亲戚吗？如果是的话，写信给我们，我们会很快悄悄地找到他们。欢迎有关所有主题的私人信息。我们一定为您的所有信件严格保密。请附上1美元。地址：克朗代克信息局，邮政信箱727，育空区道森市。

戴维回到母亲曾经教他的教室里，说："我受不了这儿，咱们还是出去吧。"

在瓦斯山上，当我们的视线追踪着他的人生旅途直至格林山脉时，他说："你可以看到，这是一个艰苦的旅程。我是不是陷入困境了？的确，在眼前这样的穷地方，我们认为我们是在为国家服务，做着伟大的贡献。可是回过头来再细想想，我真不知道我们是在服务还是在帮倒忙！有时候想一想，我真该为这感到抱歉。不是吗？你看到了，我的家就在眼前。"

第四篇

组装加利福尼亚

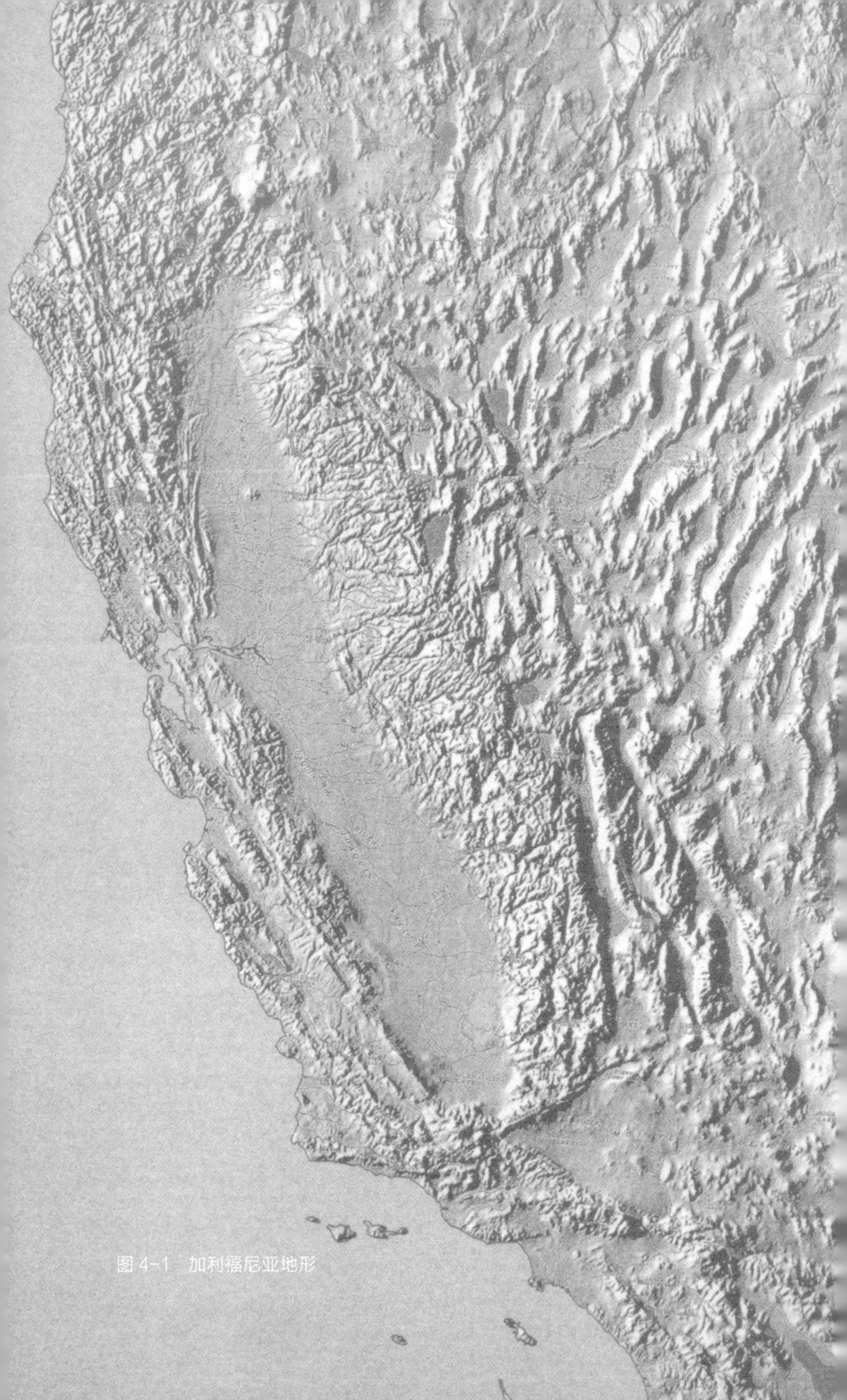

图 4-1　加利福尼亚地形

1

你穿过旧金山的海景区，到达戴利城之后，从高速公路的第一 431
个出口出去，在那儿转过一个急转弯，向北经过一家麦当劳，就到了一个当地的垃圾填埋场，那儿没有出口，是个死胡同。你把你的汽车停在那儿，沿着平坦的路向北走，在深草丛中穿行几百米，一直走到左边的一条小路上，再沿着小路在陡峭的斜坡上向下走 400 米，你就会到达太平洋边上。你沿着水路往回绕，朝南走就可以到贻贝岩。

贻贝岩是马石。正如任何地质学家都会告诉你的那样，马石是一种被夹在断层间的、已经发生了移位的岩石块体。贻贝岩的这个大岩块的确发生了移动，似乎成功地从大陆上跳了出来——我第一次来到这里的时候就是这么想的。它在雾中若隐若现。绿色的大海猛烈地拍打着它，激起白色的浪花。这不是一块小石头。它像一座三层高的大楼，矗立在太平洋上，岩块顶上落着棕色的鹈鹕。你可以走到一块突出的岩石平台上，透过雾气仰望鹈鹕。当你站在那儿环顾四周，面向内陆时，你会看到，你是站在一个悬崖的底部，悬崖有 15 米高，它的岩石已经破碎得没办法辨认了。一条巨大的裂缝从上到下把悬崖劈开，切穿了你站立的平台，直插到海浪之下。这条大裂缝就是圣安德列斯断层，它朝西北方向移动了 800 公里，穿过加利福尼亚州南部和中部，在这里和大海相交了。

432 1978年那个雾蒙蒙的下午，我和地质学家肯恩·德菲耶斯一起来到贻贝岩。从那以后，我曾经多次单独或在别人的陪伴下到过这儿。如果你是研究岩石圈的，这可是一个好地方，你可以坐下来观察板块的移动，你可以自己思考它对地理景观的影响。当然，圣安德列斯断层并不是一条单一的断层。它有点像几股电线编成的电缆，宽达800米，每一股都和一次或多次地震有关联。贻贝岩贴近这个断裂带的外侧边缘。你不能确切地说，眼前这条大裂缝的一边是北美洲板块，另一边是太平洋板块，当然，这样说对人们的诱惑力很大。几乎是自发的，你会站在大裂缝上，两只脚各踩在一边，想象着你的步幅在变长，比如说，你的右脚向后退向墨西哥，而你的左脚向前朝阿拉斯加州移动。在这样一幅图画中有一些真实的成分，但实际的板块边界并没有那么清晰。圣安德列斯断层中不仅每一条断层有着不同的宽度，而且它本身也只不过是一条大断层带中的一员，当然是其中最著名的一员。这条大断层带中有一系列大致平行的断层，总体宽度至少有80公里。其中一些断层在西部和海底，更多的断层在内陆。究竟这条板块边界的宽度是8公里还是80公里？它是不是一直延伸到犹他州中部？对这些问题，地质学家们目前还在争论。尽管如此，在贻贝岩海底有花岗岩，有证据表明这些花岗岩是来自内华达山脉的南部，沿着圣安德列斯断层滑动了480公里，并且还在继续向西北方向前进。作为板块运动的证据，这些花岗岩已经足够了。

在世界历史的绝大部分时间里并没有加利福尼亚。按照现在的板块构造理论，是这么说的。我并不是说加利福尼亚原来在水下，后来又露出在海面之上了。我的意思是说，我们现在所说的加利福尼亚的各种岩层和地理单元，在别的地方也没有，在地球上根本不存在。以前大陆的边缘在东边，离这儿很远，大陆架也是。在今天加利福尼亚州的地方，只有蓝色的海洋，水下几公里深的地方是大洋地壳的岩石，而且大洋地壳岩石也在移动，最后进入俯冲带消亡了。太平洋洋底的总面积是现在洋面的很多倍，它是在扩张中心形成的，在地球的曲面上移动，并在海沟中熔化，而那时候加利福尼亚连一公斤重的土地和岩石都还没有形成呢。然后，按照现在的板块构造理论，各部分零件开始一次一块地组装起来。这儿 433
是一条岛弧，那儿是一块大陆，一次是日本，一次是新西兰，一次是马达加斯加，嘎吱嘎吱地挤压到大陆上，到目前为止都已经紧贴在一起了。下加利福尼亚半岛就要撕裂下来了。更多的东西可能会跟着一起过来。加利福尼亚州的一些零件是迎头撞上来的，而其他的零件是沿着转换断层[1]滑过来的，就像圣安德列斯断层西侧的塞拉花岗岩滑过来一样。1906 年，一场大地震发生了，一个板块相对于另一个板块发生了运动，相互推挤、错动，局部地区的最大位移量达到大约 6 米。把整个加利福尼亚拼凑起来的动力是无数的地震，其中，有数以万计像 1906 年那样的地震，人们喜欢把

1 转换断层是 1965 年由地质学家威尔逊（J. T. Wilson）提出的一种新型断层，是板块构造学的重要支撑点。板块构造学提出，大洋在中脊处发生海底扩张，并产生了一系列错断了大洋中脊的平行断层，这些断层的水平运动是由大洋中脊的张裂运动转换来的，因此称为转换断层。转换断层的规模大小不一，长度可达几千公里，可以发展成板块的一种边界。实际上，转换断层是板块沿地球的球形表面运动的轨迹。

这类地震叫作“大地震”，此外，还有几百万次级别较小的地震。1914年，安德鲁·劳森编写了《美国地质图集》的旧金山分册，他的言辞中带着期望：“大多数断层都是能量的表现，这些能量都早已消耗掉了，在任何意义上都不会再有威胁。此外，1906年的断层运动可能几乎把圣安德列斯断层带的应力完全彻底地释放出来了。”安德鲁·劳森是一流的构造地质学家，圣安德列斯断层就是他命名的，他的理论性结论在他那个时代备受推崇，就像其他人的理论在当今时代受到推崇一样。在接下来的60年里，加利福尼亚州越来越多的人都倾向于认为，应力确实消失了，历史上最大的地震在断层的这一地段减轻了压力，永远解除了风险。然而，在20世纪60年代，当来自世界各地的几位科学家联合起来创立板块构造理论的时候，人们发现，至少对地质学家来说，1906年的那6米错动只是全球几何学位移中极小的一部分。组成地球外壳的20多个岩石圈板块几乎都在持续地运动着；在这些板块运动中，地震是其中一个数量会不断增加的步骤。五万次大地震会移动大约160公里。在“根本不存在”之后，地震把世界上很远地方的东西带过来，在这里组装成了加利福尼亚。

德菲耶斯和我一直在犹他州和内华达州的盆岭省这个地理区
434 工作。现在，他要往东走，回家去了，在等待他的飞机的时候，我们在旧金山转悠了一下。我们在市中心从泛美大厦旁边走过，它的基座很宽，大厦的几条边向上越来越窄，最后汇到一个点，其他的建筑都很高很直。德菲耶斯说：“这里有两种抗地震的建筑，一种是金字塔形的，另一种是红杉木形的。街道两边的这些摩天大楼是

1978 年新盖起来的。”他指出，在地震中，不同高度的建筑物会有不同的摇摆周期。它们会“吱吱嘎嘎地响起来，不同构件之间会发生摩擦”。高速公路上的伸缩缝吸引了他的目光。他说，它们可能会在地震中张裂开，导致道路倒塌。他把这些高速公路叫作一次性的用品：“就像舒洁牌面巾纸，是好东西，但擤一次鼻涕就扔了。”他是在第二街和斯蒂尔曼街十字路口高架桥下的阴凉处说这些话的，那儿不仅是 80 号州际公路的终点，还是旧金山高架路的起点。英巴卡迪诺高速公路具有两层结构，还有很多附加的环形匝道和高架引路，德菲耶斯把它叫作意大利面碗式立交桥。他说，高架桥的地基是曾经围绕着一条潮汐水道的沼泽地。这些复杂的交叉道路被大型 T 型钢支撑着架在空中。德菲耶斯说：“这是工程师们在和大自然博弈。如果发生大地震，这里的地面会变成灰色的果冻，这些 T 型钢架可能会像西红柿的茎一样被连根拔起来。这会把所有的人都封在城里面。在填埋层下面，以前潮汐水道里原有的泥土层会被液化。如果你踩在上面，把脚稍微挪动一下，马上就会陷到膝盖那么深。”1906 年，旧潮汐水道的震动强度仅次于 11 公里外的圣安德列斯断层带本身，现在，这些旧潮汐水道就埋在这些高速公路底下。“洛杉矶城总有一天会被封闭起来，比这儿的情况还要糟糕，”他继续说，“在大地震后的关键时刻，它的援助、食物和水会被切断。尽管没有地震时，随便走哪一条高速公路，都会畅通无阻。”

我们租了一辆皮卡，在德菲耶斯预定起飞的前一天进入加利福尼亚州，爬上了里诺西边的断层带台阶，这儿曾经引导着唐纳之队[1]进入以雪命名的内华达山脉[2]的山顶。北美洲板块的前沿就在加利福尼亚州——板块边界在这个州的纬度范围内是一条滑动断层。加利福尼亚州也是美洲大陆上最新的收容所。这个地区构造很活跃、很新，结果，整个美国的最高点和最低点都出现在加利福尼亚
435 州境内，彼此相距不到130公里。在北美洲40度纬度线上，没有一个地方像这个地区一样，这儿是板块构造理论宣告诞生的地方。

多年来，我曾来过加利福尼亚州多次，重访这里的朋友，重游这里的山水。然而，我第一次在加利福尼亚州的岩石间漫步是和德菲耶斯在一起，那天早上的情景至今仍然会在我脑子里闪现，因为它不仅展示了从一个地理省区走进另一个地理省区时，两个省区间的景象变换竟是那么突然，而且，还让我看到了来自不同地理省区的地质学家们在专业方面的巨大差别。当我们在晴朗的天空下越过州界，开向特拉基城的时候，我们路过一大片坚硬的块状岩石，石英和长石在美丽的岩石中闪闪发光，里面还点缀着闪亮的黑色云母。德菲耶斯热情洋溢地说："咱们到山顶上去吧，去和花岗岩交流一下。"

过了一两个弯道以后，他的兴奋情绪甚至延伸到路边的菱形交通警示牌上，他说："落石标志，这对我们搞地质的人来说永远是好消息。"

随后，我们来到一个粉色和浅黄色相间的路旁剖面上，这个

1 参见本书第一篇第55页脚注2。

2 内华达山脉的英文拼写是Sierra Nevada，Sierra来自拉丁文serra，含义是"锯齿"，Nevada来自西班牙语nevado，含义是"雪"，按字面直译是"白雪覆盖的山脉"。

剖面上的岩石让他犹豫起来。他说，他认为这些岩石是“年轻的火山岩”，但他更愿意让它“暂时保持神秘”。没想到，这个“暂时”在延长着。德菲耶斯在地质学家中是见多识广的人，是一个专业知识面很宽的通才，他的博士学位论文是在内华达州做的，然后还在那里做了很多工作，但是，他最擅长的专业却在他身后刚刚走过的这段路上渐渐地暗淡无光了。沿路向上走，我们看到一块变质沉积岩露头，又长又窄的暗色岩块乱七八糟地堆在一起，像个杂乱的稻草垛。德菲耶斯从皮卡里出来，把鼻子凑在露头上看起来，过了一小会儿，他抬起头来，一眼看见一只白头海雕，那只白头海雕正从头顶松树的一根粗树枝上盯着他。

“你需要请一个新的地质学家来。”他对我说。

我们敲下来一块岩石标本，在融化的雪里洗了洗手，吃了两块三明治，一边吃，一边看着从唐纳峰顶下来的车流，那些明亮的前灯照着潮湿的道路。回头望望万里无云的盆岭省，再看看眼前的景象，德菲耶斯对我说：“咱们走出雨影区了，正在走进雨中。”

我们走上山顶，我和德菲耶斯的地质考察也走到了头，又是一些变质沉积岩，这让他感到比雨还冷。他说：“现在是时候把你交给埃尔德里奇·穆尔斯了。”

再往前走几公里，我们来到一大片岩石露头上，里面有好多砾石，看上去像是坠落下来的火山灰，又像是泥石流，或者是冰川冰碛，还有新鲜的燕麦粥一样的东西，很不均匀地混合在一起。436
“我不知道这些难吃的黏糊东西是什么，”他最后表示举手投降，“你需要一个新的地质学家。你需要一个加州人。”

2

你可以在中央大峡谷的一片 4000 平方米大的农田里找到穆尔斯，这块农田在加州大学戴维斯分校里，三面被蔬菜农作物实验室环抱着。20 年前，戴维斯分校还是一所农业学院，但后来为了在伯克利大学旁边占据一席之地，它向多个学科方向扩展，很多有潜质的年轻人被吸引到地质学系，例如地幔岩石学专家伊恩·麦格雷戈和古生物学家杰尔·利普斯，当然，还有大地构造学家埃尔德里奇·穆尔斯。

在 15 年的时间里，我和穆尔斯极少一下子横穿加利福尼亚州，而是一次又一次地从加利福尼亚州的中部向东西两个方向出发，零敲碎打地沿着内华达州到旧金山的 80 号州际公路去考察每一块露头，一直走到比廷巴克图镇还远的露头，廷巴克图镇在尤巴县。为了更好地了解加利福尼亚州的地质，我还跟他一起去了马其顿和塞浦路斯，那里有相似的地质露头区，而他对现代希腊语的了解大大提高了我们旅行的效率。他广泛阅读了希腊的历史和希腊的地质历史，站在帕特农神庙的台阶上，他就像其他导游一样，滔滔不绝地讲述着战争、冲突、演说和被盗的大理石，一直讲到这座山是从哪儿来的，什么时候来的，为什么希腊人把神庙建在可溶的岩石上——他们知道那些岩石中布满了溶洞，甚至是千疮百孔。

穆尔斯一直是我所有地质学项目的顾问，在这些项目执行期间，我们的胡子都变白了。他和妻子朱迪仍然住在他们在世纪之交盖成的农舍里，房子的天花板很高，阳光透过旧式的两扇窗洒落在雪松地板上。我刚见到他们的孩子们时，一个 5 岁，一个 8 岁，另一个 11 岁，现在他们都长大了，离开家了。在两个门廊上，各放着一大块蛇纹岩，像滑石一样光滑，带有斑驳相杂的黑色和绿色。当你看到门廊上放着那样的岩石时，准是一位地质学家住在里面。

客厅里有一个镶框的九宫格蒙太奇，里面是《地质学》杂志 437
的九个封面。《地质学》是美国地质学会在 20 世纪 70 年代创刊的，1981 年至 1988 年，在埃尔德里奇·穆尔斯担任主编期间，它在世界上的科学地位得到很大的提高。穆尔斯是那种嫌电梯太慢而绕着电梯井爬楼梯的人。他在任《地质学》主编期间还承担着全职教学任务，并且推进着自己兴趣广泛的地质研究。这幅蒙太奇是美国地质学会的人送给他的礼物，其中包括冰岛的喷气孔、科罗拉多州南部的沙丘、夏威夷基拉韦厄火山的橙色热熔岩，还有一幅霸王龙活活吞掉三角龙的画。在靠近这些相互残杀生物的上方天空中，有一颗直径约 10 公里的阿波罗型小行星，据说是它和地球发生碰撞，导致了恐龙的灭绝。在目录页的“编者注”中，穆尔斯把这幅画叫作“最后的晚餐”，结果招来很多地质学家的愤怒谴责。

蒙太奇的正中心是 1988 年的封面，展示了穆尔斯在一块海岸露头上演奏大提琴。穆尔斯是在亚利桑那州中部高地长大的，那是一个边远的社区，院落稀稀拉拉的，被人们叫作营地。那里离大路很远，在一个山脊弯道处很高的山上，周围可以看到不少在硬岩石[1]上凿开的矿洞口。13 岁时，他开始学拉大提琴，每天下午都练习很长时间。矿工们，包括他的父亲，都不明白他为什么要这么做。穆尔斯曾在戴维斯和萨克拉门托跟交响乐团管弦乐队一起合奏过。《地质学》封面中的海岸露头是塞浦路斯南部海滩上的角砾状石灰岩，又叫“阿佛洛狄忒之石”（爱神岩）。经常跑野外的穆尔斯早就克服了大提琴最明显的缺点。他在旅行去马里兰州参加一个学术讨论会时带着恩斯特·努斯鲍姆手工制作的这件乐器。本质上，它和其他大提琴一样，但它的琴身没有大肚子。琴颈、弦轴箱、指板、琴桥，从琴头到尾柱的所有东西都可以放进一个细长的长方形盒子里，这个盒子连上电线就成了一个电子琴身。这是夏尔巴人的大提琴，是珠穆朗玛大提琴，是高山营地的古提琴。在穆尔斯的客厅里有一架大钢琴。在它后面的架子上还有他孩子们的乐谱盒，都贴着标签，“布莱恩单簧管”“布莱恩巴松管”“凯瑟琳大提琴”“日内瓦钢琴”和“日内瓦小提琴”，另外还有三个盒子，标签是“埃尔德里奇大提琴”“埃尔德里奇大提琴和钢琴”“埃尔德里奇大提琴协奏曲和三重奏”。

438 朱迪是在纽约奥兰治县的一个农业区长大的。她在位于加利福尼亚大峡谷的土地上种植果蔬，一年十二个月不闲着，种着灌木

---

1 在地质学中，往往按照坚硬程度把岩石分为硬岩石和软岩石，没怎么风化的岩浆岩和大部分变质岩以及沉积岩中的砂岩和灰岩、白云岩等都属于硬岩石，而变质岩中的千枚岩，沉积岩中的泥质岩、泥灰岩、半固结的碎屑岩，以及强烈风化的各种岩石都属于软岩石。

草莓（美洲卫茅）、葡萄、黑莓，养着山羊、猪、鸡，还种着梨、油桃、李子、樱桃、桃、杏、芦笋、枣、无花果、苹果、柿子和凤榴，但近年来产量不高，因为她一直在和一个组织机构一起工作，这个机构为无家可归的人和那些已经花光了钱即将被驱逐出境的人提供食物和紧急援助。她从十几岁起就在地区性科学中心工作，后来和其他人一起在戴维斯建立了一个科学中心。校车把孩子们从 100 公里外带到那儿，让他们亲手接触到望远镜、显微镜、示波器，活的蛇，仿真的骨骼，能拆卸的解剖器官模型和大脑解剖模型。身材苗条的朱迪衣装整洁，一看就是个老师，她把双手手掌放在一张桌子上，演示岩石圈板块的相互作用。她用更简单的话解释说，岩石圈是由地壳岩石和地幔岩石组成的，一直向下延伸到地幔里的一定深度，在这个深度上有一个足够润滑的层，可以让板块在它上面移动。然后，她把大拇指收拢起来，其他手指平伸，双手并排，用力向中间挤压它们，直到双手向上拱起。她说，这两只手就是两个大陆，或者两个其他陆块，它们向中间汇聚、碰撞，形成了山脉。喜马拉雅山就是这样形成的。她把双手放平，慢慢地分开。这是两个板块在分开，在扩张中心两侧，每侧有一个板块。大西洋就是这样形成的。她把一只手插到另一只手下面。这是俯冲，海底就这样被消耗掉了。她又把大拇指收拢起来，其他手指平伸，双手再次并排，一只手向前滑动，另一只手向后滑动，两个食指间发生摩擦。这是一个转换断层，一个走向滑动断层，圣安德列斯断层就是这样的断层。加利福尼亚州的部分地区就是这样滑到了现在的位置。汇聚型边缘、离散型边缘、转换断层型边缘，她形象地展示了地球上板块的三种边缘。大地构造学中的现象是很复杂的，足以把最灵活的头脑变成石头，但是基本模型就是这么简单。她微笑着说，带上你的双手，你可以上山搞地质了。

1978 年，当我第一次和朱迪的丈夫进入内华达山脉时，他有一辆牡蛎灰色的大众汽车，车的保险杠上贴着一个贴条，上面写着“停止大陆漂移”，我想他一定觉得这很有趣。当时，没有几个
439 地质学家真想要让大陆在它的漂移轨道上停下来，即使他们能找到一种机制让大陆漂移停下来，他们也不会这样做。但是，当时根本没有人知道是什么驱动了板块的运动，也没有人知道怎么样去停止它们的运动。其实，现在人们也不是完全确切地知道，究竟是什么驱动了板块的运动。板块构造学进入地质学时正是穆尔斯开始学习地质学的时候，穆尔斯比喻说，他是被板块构造学的第二个浪头拍到海滩上的。他叫它“领悟的浪潮”：地质学家开始看到新理论的全部内涵和外延，并且发挥新理论提供的最大潜力，这是一场毫不夸张的全球性科学革命。

地理上的加利福尼亚州在东西方向上能分成三个部分。80 号州际公路从里诺到旧金山切出了一个轮廓鲜明的剖面：内华达山脉是美国本土最高的山脉；中央大峡谷的高度基本上在海平面上，比艾奥瓦州或堪萨斯州平坦得多；海岸山脉是一个海洋的混杂体，仍然在从相邻的海域中上升。

在这个横截面上，海岸山脉占 64 公里，中间的大峡谷占 80 公里，内华达山脉占 145 公里。所有这些加在一起也不是很长的距离，还没有从纽约到波士顿那么远，差不多相当于从哈里斯堡到匹

图4-2 加利福尼亚州东西向地形剖面（右侧是东）

兹堡的距离。在宽度和轮廓上，可以和从热那亚到苏黎世之间的地区相比：亚平宁山脉，波河平原，阿尔卑斯山。

一辆老式的大众汽车要翻越内华达山最好从西边上山。内华达山脉经常被比作一个掀起来的活动板门，西部是一个又长又平坦的斜坡，在州界线附近是一个向东倾斜的陡坡。内华达山脉的剖面形状像一个飞机的机翼，或者像一个柴棚的斜顶子，有一个长长的倾斜后坡和一个很陡峭的前坡。19世纪的地质学家克拉伦斯·金把它比作“一个海浪”，波峰向前滚动着，马上就要拍到内华达州了。活动板门的比喻最符合大地构造学了。它的折页枢纽在大峡谷下面的某个地方，它的东面有一个明显的断层，内华达山脉在地质时期的前不久才开始上升，大约在300万年或者400万年前开始上升，而且它现在仍然在上升，仍然活跃，持续伴随着一定 440
里氏震级的地震，偶尔还受到大地震的驱动，比如1872年发生在欧文斯山谷的地震。在隆起之前的地质年代中，火山喷发的安山岩流在地面上流动漫延，像把奶油糖浆洒在冰激凌上一样。连续不断的安山岩流填平了地貌上的沟沟坎坎，顶部变得又平又硬。当活动板门升起的时候，也就是内华达山脉这个巨大的地壳块向上倾斜时，固结的安山岩流也跟着一起倾斜，现在在州际公路旁剖面上看到的安山岩的倾斜角度就是山脉隆起的角度。

要记住，这一切是多么年轻。直到现代地质时代的很晚期，这里还没有内华达山脉，没有山地，也没有雨影，更没有高达 3000 多米的大墙。大河向西流过现在被群山占据的空间，穿过一片平原，进入大海。

一定要记住关于山脉的要点：山脉的组成和山脉的成因不是一回事。除了火山喷发以外，当山脉由于某种构造力上升时，那些原来就在那里的东西就组成了山脉。如果千枚岩的条带和褶皱了的变质沉积岩恰好在那里，它们就抬升起来，成了山脉的一部分。如果蛇纹石化的橄榄岩和含金砾石碰巧就在那里，它们就抬升起来，成了山脉的一部分。如果一个巨大的花岗岩岩基碰巧在那里，它就会作为山脉的一部分抬升起来。当一切都在抬升时，它同时受到水（有时还有冰）的侵蚀。山地切割形成了冰斗、U 形山谷、大型峡谷、角峰。一部分山塌下来了，砸在另一部分山上，混乱和无序的状态在逐渐增加着，景观的美丽程度也在逐渐增加着。

在我们无数次前往内华达山脉的第一次旅行中，穆尔斯把车停在州际公路的路肩上，去看让肯恩·德菲耶斯感到头疼的露头，德菲耶斯曾幽默地说它是“难吃的黏糊东西”。这块露头在唐纳峰以西不到 26 公里的地方，在通往尤巴山口公路上的一座桥旁。穆尔斯在野外看上去有点儿像西格蒙德·弗洛伊德，感觉就像是弗洛伊德来搞地质了。穆尔斯脸庞圆圆的，戴着一副灰框眼镜，长着弗洛伊德式的胡须，头上扣着一顶巴拿马样式的白色宽边帆布软呢帽。经年的风霜已经在他眼角留下了皱纹。他习惯穿格子图案的衬衫，蓝色的斜纹裤，蓝色的跑步鞋。一侧臀部是一个笔记本包，另一侧是一个裂了缝的小皮盒子，里面装着布伦顿罗盘。他是一个矮胖子，上身长，下身短。他脖子上挂的绒绳上拴着两个黑斯 441
廷斯牌三层放大镜，是地质学家为了在露头上观察矿物晶体用的小型放大镜，虽然个头小，但清晰度很好。不过，观察眼前这个似是而非的块状岩石露头，他根本不需要用放大镜。岩石里面既有锯齿状外形的岩石碎片，又有磨得很光滑的圆形卵石。“乍一看，很难判断这是泥石流，而完全不是冰川作用，”穆尔斯说，“它的主体是安山岩泥石流角砾岩，其中含有一些经过河流改造的卵石，顶部含有一些冰川砾石，所以，整个露头看起来像是冰碛岩，但实际上不是。”

在上新世早期，有一座火山在这里形成了，当然后来早就被侵蚀掉了。安山岩熔岩从火山喷发出来。较轻的喷发物质落在火山口周围。在潮湿的空气中，火山喷发造成了长时间的暴雨。水使不稳定的斜坡松动。火山灰中混杂着外形尖锐的岩石碎片，这些碎片会胶结成角砾岩，顺坡滑到现在的区域。在火山喷发之间的平静时期，从火山坡上流下来的河水会把一些岩石碎片翻滚磨圆成卵石状。到了近代，高山冰川刨蚀了这个地区，像推土机一样铲走了很多火山留下的东西，当冰川融化时，就在泥石流角砾岩顶上留下了一堆堆的侧向冰碛。这就是穆尔斯所说的，“它的主体是安山岩泥石流角砾岩，其中含有一些经过河流改造的卵石，顶部含有一些冰川砾石，所以，整个露头看起来像是冰碛岩，但实际上不是”。

所有这一切都发生在一个地方。所有这一切都展现在这条路旁剖面上。任何一个人，如果他初次见到这个露头就能完整地讲出整个故事，那是不现实的，讲不完全是可以原谅的。在同一时间段内，这个故事在内华达山脉的大部分地段重复着：其他的火山也在喷出安山岩，泻下泥石流，它们的残留物被冰川扰动。这只是发生在地表的故事，而且是近代才发生的故事。被含角砾的泥石流和安山岩熔岩流覆盖的岩石年龄很老，最老的已经有 5 亿多年了，
442 这些岩石在讲述它们经历的深部的故事，那是完全不同的故事，当山脉隆起的时候，这些岩石恰好停留在那儿。科罗拉多大峡谷的地层中包含了很多地层间断，这些地层间断被叫作“不整合面”。在大峡谷里，地层中保留下来的时间并不多，更多的时间都缺失了，只留下不整合面。如果一个代表 5 亿年的地层间断是发生在最近的 5 亿年里，这个时间刚好可以把大峡谷整个抹平了。在加利福尼亚州的东部，安山岩流和下伏岩石之间的地层间断被叫作“内华达山脉大不整合面”，这个不整合面是一个极薄的面，极小的空间，却代表了极长的时间。要认识这个不整合面里有什么故事，这些故事是怎么发生的，就需要去认识被这个薄薄的不整合面分开的两个部分之间的关系。

穆尔斯和我继续前进，走到了加利福尼亚州的东部边界，然后转回头向西，重新穿越内华达山脉，就像在接下来的几年里我们所做的那样。从内华达山脉陡峭的东坡往上爬，你会看到花岗岩，更多的花岗岩，然后是覆盖着花岗岩的安山岩。到此为止，一切都还不难理解。但是，接下来，在你把这座山脉走穿之前，你会看到各种各样的岩石，它们类型、年龄和产地的多变让你感到这些岩石中的时间序列变得有点神经质了，上新统、中新统、始新统非海

相岩石，侏罗系在这儿，三叠系在那儿，伊普雷斯阶、留切脱阶、蒂托阶、瑞替阶、墨西拿阶、马斯特里克特阶、凡兰吟阶、启莫里阶，上古生界。岩石的变化似乎和路上的交通变化一样快。你会看到橄榄岩，严重变形的变质岩。你会看到蛇纹岩、辉长岩。一件事接着一件事，但它们的衔接方式却是随意的，让你意想不到，好像是不同时代的古董被杂乱地堆放在一起，又像是不同时代的风景画被随意地剪辑拼贴在一起，它们从或远或近的地方被运到这儿，一个挨着一个，一个摞着一个，在年轻的山脉新近隆起过程中被一股脑儿地集体抬升，暴露在州际公路旁的剖面中。你不要指望仅仅看它们几眼就能把它们都准确无误地安置在移动的空间和连续的时间里，也不要指望在内华达山脉这个堆满石头块的大仓库里，在这个塞满了来自太平洋世界的不同物品的阁楼里，能找到每块石头或每件物品所代表的事件和风景。

假设你在一个宽敞的阁楼里发现了一盏铅玻璃压制的鲸油灯。关于那盏灯的起源和流传过程，你会怎么想？你想知道吗？怎么样才能知道？去猜？假设你在它附近发现了一把约瑟夫·米克斯制作的纹理漂亮的檀木椅子，一只英国银碗和支架，一个八瓣的盘子，上面画着花丛、飞鸟。你可能不会马上想到 1850 年、1833 年、1662 年和 1620 年。你可能不会想象出每件物品的制作地点或它最初使用的环境，你可能更不会知道，这些物品中的每一件是怎么样，或在什么时间，在世界上各处流转，最后被放进这个阁楼里的。你还可能看到，在紧紧挨在一起排成一排的椅子里，有一把安妮王后的枫木直背靠椅，一把联邦红木护背椅，一把齐本德尔制

作的镶贝壳的胡桃木无扶手椅，一把威廉和玛丽时代的做工精致
443 的美式扶手椅。在地层学上，它们完全是无序的。那么，它们是怎么排在一起的？它们为什么在这里？只有一件事是不容置疑的：这是某一个阁楼。紧挨着储物架，里面还有一张安妮王后时代的桃花心木雕刻梳妆台，前脸凹进去，能容下双脚，两侧带有凸起的面板，一张赫伯怀特式桃花心木和椴木制作的两截书柜，一把新哥特式檀木椅子，一个帝国时期的红木退阶式橱柜，还有一个摄政时期图书馆的已经变形的桃花心木围手椅。阁楼里有一张经典的镶黄铜桃花心木大床，带有镀金木料、石膏装饰板和黄铜压制的凸纹面。阁楼里有一个联邦樱桃木和鸟眼枫木打制的弓形衣柜，有一把维多利亚时代早期的桃花心木空心靠背餐椅，有一张联邦时期用卷曲枫木和胡桃木雕刻和镶嵌成的办公桌，前脸可以拉下来，有一把温莎麻布靠背写字椅，以及一个路易十五时期的镀金檀木拼花衣橱。这里有一个神庙的钟，制造日期可以追溯到坦布伦元年第五个月的吉祥日，还有一把联邦时期雕刻的桃花心木扶手椅，靠背上画着一个山羊角聚宝盆。

解决一下这些问题吧。对每件物品做一个主题检索。通过把空间转换成不同的时间点，然后向回追溯，说出每一个故事。想象一下那些宫殿、亭子、房屋、大厅，每件物品都是为它们制作、配置的，再想象一下它们的地理位置和外面的气候。

当然，你做不到这些，只靠一次勘察是做不到的。别烦恼。不要为你说不出整个故事而感到烦恼。你不知道这些东西是从哪儿来的，这很自然，就像这些东西的制造者们不会知道它们最后

能搬运到哪儿一样。

“大自然看上去总是杂乱无章的，”穆尔斯说，“不要指望它是均一的和一致的。”

我记得沉积学专家卡伦·克莱因斯潘在和这儿相同的山上就对我说过：“你不能想着按某种组织序列去处理这个问题，因为这些岩石本身是无序的。”

尽管是在一个露头一个露头上分散地观察，一条剖面一条剖面地分别研究，穆尔斯还是渐渐地在随机出现的岩石中发现了它们的不同成因，复原出了足够多的相关场景，组成了一个年代大致连贯的故事。地质学家就是这么做的。“你花了很多时间对岩石进行研究，在所花的很多时间里，你主要是在思考，其他什么也没做，”他说，“例如，这些山都是第三纪时被正断层[1]切出来的，从构造角度说，搞乱了地形地貌。它们在不同的地方显示出不同层次的构造。要能看透地形，看到地形下面的岩石在三维空间的几何
形态，这对一个学生来说是最难理解的。”沉默了近两公里后，他 444
又神秘地补充说：“这一点，左撇子的人做得更好。”

我有好一会儿没说话，然后问他：“你是左撇子吗？”

他说：“我俩手都用，都很灵活。”

巧了，我是左撇子，但我闷在心里，没告诉他。

---

1 地壳中的岩石受到地质作用力会发生错断，地质学家把错断开岩石的断裂面叫断层，再根据断裂面两侧岩石错开的方向把断层分成三种：倾斜断裂面上方的岩石顺着断裂面向下滑的断层叫正断层，倾斜断裂面上方的岩石顺着断裂面向上冲的断层叫逆断层，两侧岩石沿断裂面走向发生水平错动的断层叫走向滑动断层。

从东面这里上山，爬到唐纳山顶很快，不到 48 公里，不过道路不是笔直的。当然，在内华达山脉前坡的其他地方上山，路更短，但坡也更陡，任何靠车轮走的东西都爬不上去。在下面的盆地（海拔有 1200 米）边缘，你仰着脖子向山上看，看到的是完整无缺地抬升到海拔 3000 多米的花岗岩体，而在这里，在里诺顶上的公路上，穆尔斯说的"第三纪正断层"斜截了悬崖，并且降低了峰顶线。早期的捕猎者在这里发现了一条"土著人"的小路。踩出这条小路的"土著人"十有八九是动物，后来才有人跟着走的。

在内华达州和加利福尼亚州的界线上，花岗岩在西黄松和北美乔柏下显露出来，然后很快就消失了，路边的岩石变成了另外一种，看上去像是一堆暗色的木材，像倒落下来的柱子一样。这就是盖在花岗岩上面的安山岩，它冷却以后会裂成柱子的形状。再往前走 8 公里，州际公路穿过一条长长的剖面，颜色从浅黄色变成灰色，接着又是从浅黄色变成灰色，再到浅黄色……这是熔岩流和泥石流一层一层摞起来造成的。或许熔岩流之间隔了十万年，而在此期间可能会发生十多次泥石流，里面能见到沉积纹层。盖在花岗岩上面的火山岩在这里仍然有一公里厚。树林中可以见到巨大的漂砾，是花岗岩大石块，很不协调地盖在安山岩上，这是几千年前被一条流下来的冰川分支搬运过来的。

在到达山顶前的 5 公里处，花岗岩再次出现，这次不是在冰川搬运物中的石块，而是出露在路边的基岩。然后是更多的花岗岩，是经过风化的花岗岩、闪闪发亮的浅色片状花岗岩，出露在加州黄松下。花岗岩突然结束了，和安山岩接触在一起。当安山岩熔岩流过盖在它上面的时候，这种特殊的花岗岩已经在这里静静地遭受了大约9000万年的侵蚀，安山岩流不仅覆盖了山丘，还充填了山谷，像软泥一样抹平了花岗岩地面的沟沟坎坎，掩盖和保存了中新世的地貌景观。侵蚀作用差异性地、随机地切穿了安山岩盖层。所以，我们脚下的这条公路遇到了上下两种岩石。在山顶上，花岗岩再一次出现了。

唐纳峰顶海拔2206米，是内华达山脉高度的一半。在这里， 445
工程师们为修筑州际公路选了一条不很陡的路线，19世纪40年代移民们走的小路比这条路线要陡得多。那个后来被叫作唐纳山口的地方在美国40号公路的老路上，从这儿向南几公里。有一次穆尔斯和我去了那儿，从那儿站在悬崖边上向东看，几万平方公里的盆岭省地形像扇子一样延伸到内华达州，所有这些地形显示的线条都瞄准、汇聚到这个山口。山口的陡坡下就是唐纳湖，水面在300多米以下，几乎让人看得眼晕。要想越过山口，不管是走路还是坐车，都必须爬上那个陡坡。在正常年份，内华达山脉高处的降水量大约是1780毫米，几乎都是下雪。1780毫米的降水量差不多是纽约市的1.5倍，西雅图的2倍。内华达山脉的积雪约有12米厚。1846年10月底，唐纳之队来到这个山口，结果被满山的大雪逼退。他们只好在山口下的冰斗里建起过冬营地，在唐纳湖边忍受饥饿，甚至冻死。

隆冬时节，我曾在唐纳湖附近的一个滑雪公寓里住过，先前住过的一位客人在房间里留下了一张抱怨的字条，说："喧闹的冰箱和暖气装置破坏了这里的宁静和美丽。"现在正是仲夏时节，山口周围依然有些残存的积雪。一个骑行者踏着自行车沿着当年移民走的路线骑到山上来，他几乎是站着骑行，但是并没有喘粗气。他到达顶峰后坐回到车座上，开始向西滑行下坡。在东面，他刚刚走过的那片像深海湾一样的美丽景色似乎和最后一次冰川的侵蚀没有多少关系，主要是沿南北方向延伸的平行大断层造成了一大片山地的下降，一块地壳块从另外两块地壳块之间陷落下去，形成了现在的地堑。唐纳湖和它东南边的太浩湖都在同一个地堑中，两个湖中间隔着一个山脊。如果不是后来的安山岩喷发形成了那个山脊，这一小一大两个湖本来会连起来的。

穆尔斯说，他注意到，大片山脉地区的机械性降低是怎么样导致了原始构造的层次变化，并让它们出现在意想不到的地方。他反复说，要想认识一个构造，就必须培养一种“看穿地形”的能力，并且能看穿构成那些地形的岩石。当各种各样的岩石到达一
446 个特定的地方时，就像摆放的家具一样，它们的自身内部依然保存着它们各自的历史：它们固结的日期、沉积的环境，或者变质的经历，当然，这要看它们是哪一种岩石。它们各单元之间的关系，它们的地层学位置，它们和其他单元的并置关系，把所有这些都综合在一起考虑就是构造。运动中的构造就是大地构造。

当地形像唐纳山口一样美丽的时候，要看穿它不是件容易的事，但如果你想寻找构造，你可以从花岗岩开始。从内华达州到唐纳山口，整个地区都有一层火山岩，薄薄的，像帽子一样顶在头上，但它总是像剥落的表面一样，一旦被侵蚀掉，就像打开一扇窗户，露出了下面的花岗岩，这种窗口东一个西一个地分布着，低处

有，高处也有，让人琢磨不透花岗岩的整体形态。这就是塞拉岩基。“岩基”这个词是地质学家专门用来称呼这种很大的岩浆岩体的。按照科学的定义，一个岩基的表面至少要有 100 平方公里，并且没有见到底部。由于见不到底，岩基也被叫作“深岩基”。加利福尼亚州的这个岩基在地表的面积大约有 6.5 万平方公里。它躺在内华达山里，像一个巨大的齐柏林飞艇。地质学家在野外填图时，在露头上根本找不到它的底部，但地球物理学家可以找到，或者说他们认为自己可以找到，他们说，这个岩基的底部在 10 公里深处。如果是这样的话，这个岩基的重量差不多是一千万亿吨，体积至少有 62 万立方公里。

这让我想到一架大型的硬式飞艇，在它坚硬的金属骨架里安装了一排排类似空中气球的巨型袋子。岩基不是由一个单一的岩浆房形成的，而是不断充填相邻气球的熔融岩石，叫作“深成岩体”。作为炽热的上升流体，塞拉大岩基是在 1.3 亿年的时间跨度中形成的，也就是从侏罗纪早期到白垩纪晚期，连续不断地侵入这个地区的。其中有三个高峰时期，第一个是在距今约 2 亿年前，第二个是在距今 1.4 亿年前，第三个是在距今 8000 万年前。侵入最广泛的是在第三个峰期，又叫“80 峰期”（80 百万年）。所有这些侵入过程都发生在地表以下大约 10 到 30 公里深处，那里的大陆地壳和俯冲到大陆之下的大洋地壳发生了熔化。在马斯特里克特时期和新生代几乎所有的时期，已经冷却的和正在冷却的岩浆都埋藏在地下。它们上面的地形一次又一次地变化着，就像一个旋转的滑梯。终于，岩基在最近露出来了，作为一块巨大的岩石毛料， 447

被侵蚀作用雕刻成奥兰查峰、惠勒峰和惠特尼山脉。

唐纳山口顶上的暗色悬崖是上新世的火山岩，而小路旁边的岩石是花岗岩，这些花岗岩被风化成排排巨浪状，很有点儿诗情画意。里面分布着黑色的团块，个头不大，成千上万，像是外来的鹅卵石。这些都是被岩基侵入的围岩的碎块。它们是在岩浆还处在熔融状态时掉进岩浆里的，或者说，这些岩块的温度比入侵的岩浆要低，能够很顺从地被岩基接受。它们变软、变圆，但没有被熔化掉，没有被破坏掉。在唐纳峰顶以西的 80 号州际公路上，我们在路旁剖面的花岗岩中看到了这种变质沉积岩的大碎块。再往前走近 2 公里，碎块更大了。穆尔斯把它们叫作“丰富的捕虏体，三叠纪至侏罗纪时来自岩基围岩和顶盖的碎块”。这些不是在最近时期才盖在花岗岩上的安山岩和其他火山喷发溢流物，而是岩基侵入时卷进来的围岩和顶盖的一部分。它们在 8000 万年前掉进了柔软的花岗岩中，而在那之前，它们已经作为地壳岩石存在大约 1 亿年了。

在州际公路的正中间，加州黄松的下面是一些基岩露头，在 1.1 万年前被上覆的冰川剐蹭和打磨过。那里有很多大漂砾。从唐纳峰顶向西走的 18 公里中，可以见到花岗岩中捕虏体的体积在不断增加，直到我们开始看到有些捕虏体的个头有一只熊那么大。构造地质学家不需要更多的迹象就能知道再向前走会看到什么。我们马上就要走近岩基的外墙了，也就是岩浆和围岩的接触带。公路工程师会在这样一个地方炸开一块路旁剖面完全是偶然的，纯粹是一个随机事件，但当我和肯恩·德菲耶斯走到这同一个右转弯道时，他兴奋地喊起来：“哇噻！慢点慢点！靠边停车！”过了一会儿，他说：“这是 80 号州际公路上最好的露头。你可以走过去，亲手摸摸大岩基的墙。”

穆尔斯现在说它是“你所见过的最经典、最干净的接触方式”。路上的汽车像 F-18 一样从我们身边飞驰而过，他补充说：“就在这里接触。砰！”接触带基本上是垂直的。它向上延伸到半山腰，消失在树林下。就算是城市里的一座花岗岩楼房和一座相邻砖房之间的分界线，也不会比眼前这条界线更明显了。和旁边略带红色的围
岩相比，岩基的花岗岩看上去几乎是白色的，穆尔斯说，这些围岩 448
是以前一条岛弧的变质残余物。花岗岩是典型的，很坚硬，像是有大量的盐和少量的胡椒。岛弧岩石是片状的，板岩状的，像是一坨上了年纪的铁堆，锈迹斑斑。刚走出接触带不到 1 米，我们就见到一条花岗岩像舌头一样伸进了围岩，保存下来花岗岩在吃捕虏体的过程。再向前走不远，花岗岩的入侵现象再也看不到了。

沿着长长的连续剖面向前走，岩石的颜色渐渐地变成了黑色、暗红色、浅黄色和绿色，形成垂直的条纹，紧密的褶皱，带着长长的翼部。很显然，在岩基侵入之前，这些围岩已经发生了褶皱，这些褶皱不是一次局部的小规模滑坡造成的，而是记录了一次区域性和透入性的构造事件。又走了 3 公里，故事发生了根本性的变化，路旁剖面中出现了辉长岩，颜色灰黑，闪闪发光，是完美的辉长岩。曼哈顿的上东区有很多富丽堂皇的房子就是用辉长岩建造的，但那些辉长岩并不太完美。辉长岩也是岩浆冷凝形成的。由于缺少石英，它处在岩浆岩系列的暗色端，而亮色端大部分是花岗岩。橄榄岩是地球地幔的岩石，也出现在剖面中。辉长岩和橄

榄岩都是低硅高镁铁的岩石，被叫作镁铁质和超镁铁质岩石。穆尔斯说，在他看来，这些镁铁质和超镁铁质岩石是在围岩发生褶皱之后，岩基侵入之前到达这里的。我们继续前进，见到辉长岩、橄榄岩和花岗岩相间交错在一起，然后，它们就消失了，因为公路重新进入到塞拉岩基中。我们走过一段花岗岩地带之后，又见到了更多的火山岩，从地形上就能看出构造的混乱。

当眼前出现山地全景时，我们见到了一个差不多有 100 公里长的斜坡，坡面很均匀，是内华达山脉西侧一个低角度的平面，它是“活动板门”的顶部。当然，这个眼睛看到的巨大平面是宏观上的平面，如果你到近处去看岩石，它就不平了，上面分布着河流深深切蚀的峡谷。向北面和向南面的视野都很宽，能看到天际线平平地向西倾斜着，下面是深深的山谷。我们来到了移民山口，侵蚀作用把这里切割得特别深。这里距离唐纳山口 30 多公里，这里的景色似乎在告诉移民们，一旦他们越过了唐纳峰顶，他们就几乎不会再有麻烦了。
449 他们用绳索把马车从移民山口降到熊谷里。我们向山谷望去，那里的高山草甸两边都是北美翠柏。在它的北面，在平滑倾斜的天际线下，是向西倾斜的沉积物，穆尔斯说，那是盖在古生界砂岩上的泥石流角砾。一条深谷切穿了这条山脊，尤巴河在山谷中流淌，而且，尤巴河还在高山冰川的帮助下袭夺了熊河。在东北部，在高高的白色山峰下，有一个高山冰川在花岗岩上凿成的湖，它在火山泥石流顶上留下了一层冰碛，正是在这片尖锐的岩块和滚圆的鹅卵石面前，德菲耶斯终于举手投降。穆尔斯说，我们和那个冰川湖之间的岩石是“下古生界富含石英的沉积岩，至少经历过两次变质和褶皱”。冰川湖上方山峰出露的岩石是一条侏罗纪岛弧的遗迹。

穆尔斯沉思着，说起“独自一人和地质学相处的快乐”，你可以花足够的时间在这样一种景色中漫步，思考其中的一些部分是怎么样美妙地结合在一起的，然后把你的创造性思想加到科学文献中，“这不是一支独奏曲，而是管弦乐曲中的一小段”。对于穆尔斯来说，加利福尼亚州以前什么也没有，没有任何幸存的岩石，而制造出加利福尼亚州的那些过程已经在我们周围的景观中留下了线索，就留在我们沿路看到的那些岩石中。“地体”是个谐音词，它的一个含义是指地表的山川地势，另一个含义是指一块完整的三维地壳体。我们眼前这个地体在地质学上被叫作“索诺玛地体”。它从内华达州中部的索诺玛山脉一直延伸到我们现在脚下的内华达山脉西侧山麓。在板块理论家重建板块运动时，他们从时间上向回追溯，看到大陆块汇聚起来形成超级大陆，看到超级大陆分裂开形成新大陆。在这些大型构造运动事件中卷进来一些岛屿和岛弧，像纽芬兰、马达加斯加、新西兰、苏门答腊和日本一样，它们滑向或者迎面撞向核心大陆，成为新大陆景观的最外圈。

当地体漂洋过海来到一个大陆前，然后和大陆连在一起时，它们会被说成是像船进码头一样“停靠”在大陆上。地质学家从来不回避隐喻，他们也会把停靠点称为缝合线。根据现在的板块构造理论，索诺玛地体在三叠纪早期停靠在北美西部。缝合线就在内华达州戈尔康达所在的经度线上。在板块构造理论出现之前的一个多世纪里，这些很明显的逆冲岩石就已经被叫作“戈尔康达冲断层”了。它发生在距今大约 2.5 亿年前。索诺玛地体是一个岛弧。穆尔斯说， 450

它可能从北向南延伸了3200多公里。它带来了熊谷高处的那些古生界砂岩，以及我们在东北部也能看到的富含石英的沉积岩。新停靠过来的地体上发育了火山。在它们形成的火山岩中，一部分会成为山顶上花岗岩中的捕虏体。沿着索诺玛地体的西部边缘，大洋地壳俯冲进一条海沟里，更多的火山形成了。它们的岩石就在我们头顶的山峰上。大致在我们所站的地方，曾经是一个很美丽的沿海地区，坐落在火山脚下。那是一座由熔岩流和火山碎屑一层层粘起来的成层火山，很像乞力马扎罗山和富士山。

索诺玛地体实际上是拼贴到古老北美洲西部边缘的第二个地体。第一个地体是密西西比纪时期拼贴上来的，几乎逆冲到犹他州之上。在这个纬度上，第三个地体可能在中生代尾随而来，跟索诺玛地体发生了猛烈的碰撞，形成了褶皱和其他造山效应，并且向东传播到整个索诺玛地体，让它的沉积物发生了变质，粉砂岩变成了板岩，砂岩变成了石英岩，并且至少两次形成褶皱，我们在路边已经看到了那些五颜六色的褶皱，那些被岩基侵入的围岩就是索诺玛地体的岩石。

一个花岗岩岩基不是在任何地方都会出现的。在堪萨斯州，你会等上好几个世代才会有一个。首先，必须发生一个大型构造事件，然后才会有花岗岩，或者更确切地说，然后才会在山脉下面产生岩浆，冷却后形成花岗岩。地表会出现火山，形成流动的熔岩。

为了产生岩浆，你必须用某种方式去熔化地壳的底部。俯冲作用把一个板块塞到另一个板块底下，这无疑会导致一定的熔化。碰撞作用也会导致一定的熔化，因为碰撞会挤压地体，把地体变厚。在大陆和大陆发生碰撞以后，地壳的厚度可能会翻倍；岩基会在碰撞后3000万年内形成。在深埋时，地壳岩石中的铀、钾和钍等普遍存在的放射性元素产生的热量会被积累起来，不断增加，直到这些岩石自身和周围的其他岩石发生熔化。花岗岩目前应该正在中国青藏高原下面形成，印度板块已经在那里撞击了欧亚板块，并且还在继续向北下插。在加利福尼亚州，地壳的加厚和板块向另一块板块下的俯冲都对形成岩基有积极的贡献，先是索诺玛地体和北美洲大陆的拼合造成了地体自身的变形加厚，然后是索诺玛地体受到从西面来的袭击，发生了进一步的变形加厚。

塞拉岩基是大洋和大陆地壳熔融的产物。世界上大多数大 451
型岩基都不是真正的花岗岩，而是在岩浆谱系中颜色逐渐变暗的那种岩石，严格地说，是花岗闪长岩。这对我这个非专业人员来说太专业了。内华达山脉顶上就是这种岩石，但几乎所有人都叫它花岗岩。

在内华达山脉不整合面所代表的几千万年期间，岩基上什么也没有出现。不管怎么说，那个期间什么都没有留下来让我们看到。岩石记录从岩基一下子跳到近代的安山岩流里，穆尔斯在移民山口进行观察时，指给我看了其中的一小片残留物。几百万年前，我们东面的陆地开始伸展并且分裂成很多断块，形成了盆岭省，内华达山脉是它最西端的隆起地块，这一隆起同时也抬升了地体内部中生代拼贴造成的褶皱和断层，这些山脉的根早就消失不见了。移民山口的年代记录是以新山脉上的冰川活动遗迹结束的：满山遍野的巨石块，胡乱堆放的冰碛，尖尖的角峰，像刀刃一样的山脊和又深又宽的 U 型熊谷。

要我说，地质学家就像是皮肤科的医生，他们研究的大部分是地球厚度最外层的 2%。他们像跳蚤一样，在地球这个怪兽的坚硬兽皮上爬来爬去，探索每一处皱纹和折缝，努力想弄明白是什么让这个怪兽活动起来的。

穆尔斯说，他不同意这种说法。他说整个地球都参与了板块构造活动。板块俯冲造成的地震活动记录可以在 640 多公里的深度读取到，现在的地震数据表明，大洋板块的俯冲冷板片[1]可能会一直下降到核幔边界。地核的凸起可能和夏威夷、黄石、冰岛等地区的地幔热点活动有关。他说，他不会把这些叫作皮肤科。

穆尔斯是在 20 世纪 50 年代末和 60 年代初学习地质学的，那时板块构造理论正在形成中，还处在一个默默无闻的阶段。我问他，那时候都教了些什么，在现在被叫作“旧地质学”的理论框架中，他所在的加州理工学院的老师们是怎么样解释一些区域地质现象的，例如，山脉是怎么隆升起来的？火山是怎么出现的？大盐湖以西的北美洲是怎么形成的？从他当时所学到的，到他现在所知道的，这中间的转变有多大？

他说，科学界对造山机制的理解在 19 世纪后半叶迈出了第一
452 大步，当时纽约州地质学家詹姆斯·霍尔构想了地槽旋回概念，并
从此在地质学中站住脚，一直盛行到 1968 年，这一年，板块构造

1 大洋板块在海沟处向下俯冲，可以一直俯冲到地幔中，相对于周围的地幔，俯冲下去的大洋板块是片状的。另一方面，大洋板块的温度小于 1000 摄氏度，而地幔的温度为 1000~3000 摄氏度，因此，相对于周围的地幔，俯冲下去的大洋板块是冷的。

学说张贴到了教堂门上[1]。由于造山带往往在大陆边缘隆起，并且包含褶皱的海洋沉积物和侵入的岩基，霍尔设想了一个又长又宽的海底槽子，这是一个很深的凹陷，大量的沉积物会在这个地槽里堆积起来，岩浆也会侵入到里面，直到里面准备好了所有的物质，山脉就上升了。这就是穆尔斯所学的。

像任何令人钦佩和有用的小说一样，地槽理论中包含了很多真知灼见，从地层学到构造地质学，地槽理论对地质学各分支学科的影响持续了一百多年。你根据对地槽的了解找到了金矿，找到了银矿、锑矿和石油。你从地槽开始，概念性地顺着时间发展方向推导，你可以看到地槽里的东西挤得七倒八歪，最终抬升起来，出现在你面前的山里。或者你从山脉开始，在你的脑子里把它们一一分解开来，然后逆着时间向回追溯，分别进行复原重建，直到回到地槽里。从岩石的形成到山脉的形成，再到山脉的解体破坏，形成新的岩石，这整个过程就是地槽的旋回。

随后，这个概念不可避免地被改进、完善和复杂化。经典的地槽是中间深，两侧浅，在不同的地方发育不同类型的岩石。德国大地构造学家汉斯·施蒂勒为浅水和深海的地槽起了不同的名字：冒地槽和优地槽。这两个词被普遍接受了。冒地槽发育浅水沉积物（例如，石灰岩），没有火山岩。在优地槽中，有火山作用发生，堆积了深海沉积物，比如硅质岩等。在 20 世纪，随着科学的成熟和

1 此处借用了 16 世纪宗教改革倡导者马丁·路德的故事，他于 1517 年万圣节前把《九十五条论纲》张贴在维滕堡城堡大教堂的大门上，吹响了宗教改革的号角。

资料的增加，只用“冒”和“优”作为地槽的前缀词已经远远不够用了，新一代的地质小说家们见到的和要描述的地槽种类越来越多。新的术语像爆玉米花一样，噼里啪啦地越爆越多。在专业讨论中出现了准地槽、正地槽、断裂地槽、薄地槽、配合准地槽、滨海地槽和次生优地槽等等术语。

453 穆尔斯是1955年进入加州理工学院的。“在旧地质学中，人们知道了北美洲西部的优地槽和冒地槽，它们是前寒武纪晚期形成的，一直存在到白垩纪，”他说，“岩石在造山过程中发生了变形，形成褶皱和逆冲断层，从地槽中心向外逆冲到大陆架上。造山作用的机制是‘造山力’。例如，在内华达山脉这里就有一个优地槽和一个冒地槽，而且优地槽被逆冲推到冒地槽上。这就是戈尔康达的逆冲断层。没有人知道这种‘造山运动’是怎么发生的。”

如果把加利福尼亚州的岩石拆解开，摆在纸上，再按原来的地槽复原组合起来，你会发现，这个地槽里有浅水沉积物，然后是深水物质，但这个地槽的另外一侧却没有边。“从来没有人解释过，”穆尔斯接着说，“此外，一个地槽旋回的长度据说大约是两亿年。在蒙大拿州逆冲断层带中，12公里厚的前寒武纪沉积物被逆冲推覆在白垩纪沉积物上面。作为学生，我们很奇怪，为什么所有的前寒武系还在那里。如果一个地槽旋回是两亿年的话，这个作为源头的地槽在那里待了十亿年，它在干什么？没有答案。”

霍尔的想法并不是荒诞离奇的，它只是不完整。毕竟，海里形成的岩石到了山上。然而，在地槽和山脉之间，缺少了一些东西，那正是板块构造。

3

我们从移民山口继续向西，穿过路旁没有经过分选的冰碛、砂层和漂砾，经过很多带蓝门的粉色车库，那是交通部山区扫雪和道路维护中心，有一个卡车分队，这个地带处在缓慢移动的土流中，不稳定的冰碛在蠕动着下滑，是一种很平静的滑坡。“工程师们又罢工了。”穆尔斯说。但走了不到 5 公里，他的不满情绪就被吸引进俯冲带里，熔化了，回过神来欣赏起路旁一条坚硬的长剖面，露头上的岩石是明亮的流纹岩质凝灰岩。 454

“2900 万年前，空中降落的火山灰从现在内华达州的一座火山喷发出来。”他一边说着，一边把车停在路边，下了车，把鼻子凑到修路时开出的露头上。当他用手持放大镜查看凝灰岩时，一辆同样来自内华达州的十八轮大卡车正在下山的路上喷着烟。它的刹车猛烈地工作着，车子喷出一团团黑烟。大卡车过去了很久，黑烟还在空中散发着让人恶心的臭味。火山灰是在几次喷发期中喷出来的。它向西吹来，落到地面时还很热，然后牢牢地焊接在一起，就这样形成了几个连续的条带。这里距离火山源头有 100 多公里，一次单个的火山灰喷发会降落下一米多厚的灰层。当然，落下来的火山灰层是水平的。随着内华达山脉的上升，它现在正在向西倾斜。我们往山下走，穿过 1200 米的等高线，进入一片火山岩中，这些火山岩的年龄比那些凝灰岩要大五倍，而且更接近火山源头，索诺玛地体的岩石在加利福尼亚组装过程的高温和压力下发生了变化，沿着州际公路风化成了红色、橙色、黄色和白色的混合体，像是一件抽象派艺术品。

现在我们走到了唐纳峰顶以西48公里的地方，这里已经深入到加利福尼亚黄金的围岩中，当黄金以各种方式进入这里的时候，这些围岩已经就在这个地方了。最明显的地方是在河流的砂石中找金子，那是流动的河水中的碎片。金矿就是在这样的环境中被发现的。“砂金”的西班牙语发音是“普拉塞尔”，很像“纳赛尔”和“瓦塞尔”，是一个西班牙语航海术语，原义是“沙洲”。这个词更常见的意思是“快乐”。这两个意思在“砂金开采”一词中似乎很相关，因为从松散的沙子里把游离的黄金分离出来比从坚硬的岩石中把黄金剥离出来要容易得多。内华达山脉西侧一些河流中的砂金可追溯到金子生长的宿主岩石中，也就是那些受到侵蚀后给河流供应细金粒的岩石，比如，可追溯到附近的含金石英脉，这些石英脉是岩浆灌进古老的裂缝里形成的。在河流砾石中发现黄金后的两年内，人们就开始用火药去炸那些坚硬岩石的裂缝了。在内华达山脉较低的区域，也就是海拔300到1200米之间，原本很平静的山野一下子冒出了大批的淘金者，人数膨胀得比鼹鼠的爆炸性繁殖还快。他们的技术发展像他们的人数发展一样难以控制，技术的迅速发展预示了新纪元的到来。1848年，开采黄金的主要工具就是一把鞘刀。你得把黄色的小金片从石头缝里撬出来。不到一两年，淘砂盘、摇杆、远程液压炮、洗矿槽相继问世，不断涌现

出各种各样的技术发明、改造和引进。 455

还有第三种黄金来源。它是在远离现在的溪流的干燥砾石中发现的——都在高坡上，有时甚至在山脊上。在平面上，这些砾石层像不连续的豆荚状，地质学家们在图面上用虚线能把它们连接起来。在横截面上，它们像船身的横截面，或V字形，这些砾石沉积层的宽度在有些地方超过1.6公里。它们的颜色在美国国旗上都有体现：红的像红色的火苗，也有白色的，最低地方的颜色是海军蓝。它们是已经变成化石的河床，而且这些河流很大，比内华达山脉现在最大的河流要大得多，相当于育空地区的那些大河流，年龄是始新世时期的。在距今5000万年前，它们从东部一个很大的高原上奔流而下，穿越一片低地，把经过分选的河床沉积物卸载到热带沿海平原上，那片低地就是现在的加利福尼亚州。4000万年后，当内华达山脉上升为一个向西倾斜的块体时，那片低地和沿海平原的残留物也被抬升起来，其中就包括始新世河流的河床。这些残留的河床沉积物注定会变得世界闻名，不过，在世界地质学中，它们很少被叫作“加利福尼亚州始新世河床”，而是被简明地叫作“含金砾岩”。含金砾岩中到处都含金子，无论是前积层和底积层，还是凸岸边滩和凹岸深潭，不管是哪种沉积物，你都能找到不同含量的黄金，砾岩层中高部位的岩石里每吨能挣十美分，较低部位的岩石中每吨能挣好几美元，深部“蓝线”[1]里富集着巨大的财富。

1 指在基岩上切蚀出深沟的古河道含金砾岩的最底部。

要想把金子和砂石分开，你必须要冲洗。但是，要往一个干透底的育空河里灌水，你用一条名字叫“衫尾溪”的这种小河沟里的水是远远不够的。开采含金砾岩在 19 世纪 50 年代是一个技术挑战活。矿工们在高地上蓄水，然后通过沟渠和水槽把水灌进砾岩中。在五年里，他们修建了 8000 公里长的沟渠和水槽。沟渠架在化石河床上方约 120 米的高处，水通过软管流到喷嘴，然后以每小时 190 公里的速度喷射出来。喷出的水柱有餐盘直径那么粗，感觉也很硬。如果你用手去摸喷嘴附近的水，你的手指一定会被烧伤。这就是液压炮。它在山坡上来回轰击着砾岩，把它们冲下山去。当时的一个报道说，这种采矿过程是“把这座砾石山脉的含金
456 小山包冲刷下来”，是在“内华达山脉的那些死河里采金子”。1.06 亿盎司的黄金来自内华达山脉，占到美国黄金开采总量的三分之一，其中的四分之一是用水力采矿的技术开采的。

一条始新世的干河床承载着 80 号州际公路穿过金润梁镇。沿路可以看到景色的突变。我们走出变质火山岩，进入含金砾岩，就像从河岸上纵身一跳，掉进了水里。我们停下来，站在路肩上，看着头上 30 多米高的陡崖，这个中间凹进去的陡崖看起来像是修筑公路时挖出来的剖面，但实际上并不是公路工程师挖的。它的顶部是一片森林，但一些树根连着泥土凌乱地悬空垂着崖边。这片森林，如果还能够叫它森林的话，是一窄条西黄松树林，树下是未遭破坏的熊果灌丛，这种灌木长着圆形的肉质叶子和暗红色的树皮。含金砾岩层是红褐色的，挤满了西红柿大小的鹅卵石，一看就知道这些大石头是经过长距离搬运后沉积在这儿的，那一定

是一条规模壮观的大河。

向南看，在高速公路的另一侧是一条深深的山谷。在靠近我们的这头，从我们头顶上的大树向下，山谷有90多米深。在山谷的远端，深度差不多有两倍。谷宽有1600多米。这条山谷在移民们的马车第一次穿过内华达山脉的时候根本就不存在。它从上到下都是用高压水枪冲出来的。这是一个超大规模的人造景观。路北沟边上的西黄松仍然挺立在原来的地面上。

州际公路建在山坡的坪台上，坪台位于砾岩层一半靠上的地方。在我们的上方，树林的后面，是南太平洋铁路的铁轨。在19世纪60年代，这条铁路计划着向东跨越山脉，当时叫中太平洋铁路，它在人们使用液压炮采矿之前就获得了这块土地的使用权。穆尔斯和我走到铁轨上，从那里向北看，又是一个被水冲出来的山谷，几乎和南边的山谷一样大，都是人工深谷，谷壁是高压水枪冲成的白色悬崖。这条铁路和州际公路紧紧靠在一起，从这个残留的山坡上横穿过去，这个残留的山坡成了人工深谷的隔断，是两个挖掘深坑间的一条地峡，是一条截断人工深谷的堤坝，这条近百米高的堤坝是由黄金和砾石组成的，是没有开采的含金砾岩。

这里是有着艾奥瓦山、洛厄尔山、穷包、扑克坪、荷兰坪、红狗坪、打赌坪、洋基吉姆、沟眼、密歇根布拉夫和骗子城营地的乡
村。这一大片地区有500多个营地，从现在的80号州际公路向南 457
向北延伸了几十公里。在一两年里，它就成了世界新闻的中心，在几十年中一直在工业界声名远扬。现在，在干燥的空气中，四周没有任何动静，甚至连横穿大陆的货车也没有。但是从公路两边俯

瞰人工山谷，你似乎还能听到液压炮喷水的声音，听到冲散的砾石噼里啪啦往下掉的声音。穷包出产了价值四百万美元的黄金。打赌坪产出的黄金是它的三倍。骗子城所以起名叫“骗子城”，是因为人们对那里的开采权缺乏信心，但当那里从3000万立方米的矿石中获得价值五百万美元的黄金后，就被改名叫“鲜花盛开的田野”，就是现在的北布卢姆菲尔德城。就在我们现在站立的地方，两旁的人工冲沟里已经开采出价值600万美元的黄金。

洋基吉姆是个澳大利亚人。他开的红狗银行是一家储蓄和贷款银行，规模在它那个时代名列前茅，但它发行的纸币超过了它的赎回能力。在80号州际公路横越内华达山脉的沿线有两个县城，一个是砂矿县，一个是内华达县，这两个县总共生产了价值5.6亿美元的黄金。如果换算成现在的等值价，相当于50亿美元。洋基吉姆在和他同名的小镇被处绞刑。

我们脚下这条古老的河床显然经过了金润梁镇，一条已经成为化石的支流从荷兰坪下来，并入了这条老河床，然后又向西北方向延伸，流经红狗坪和打赌坪。在人类出现在地球上之前，冰川的冰和现代河流以及其他地质作用力已经抹去了始新世河流系统的大部分。人类出现了，把这条古河流系统所有剩下的部分几乎都抹去了。“人类是一种地质作用力。”穆尔斯一边说，一边看了一眼这条年龄只有一百多年的人工山谷。绝大部分侵蚀作用发生在地质学家所说的灾难性事件中，如飓风、岩石滑坡、凶猛的洪水等，在这一类灾难事件中，破坏力最大的要数水力采矿了，因为它把内华达山脉剥蚀并移走了99亿立方米。

我记得有一次，穆尔斯在希腊北部的一块橄榄岩露头上敲着他的地质锤。他喜欢这块岩石是因为学术上的原因，但他说不久以后这块岩石可能就消失了，因为这种岩石可以用来制造一种耐高温的砖。我问他，作为一个从事橄榄岩科学研究的人，看到人们把橄榄岩从山坡上开采下来运走，你会有什么感觉？他说："一定会得精神分裂症。我生在一个矿业之家，从小在一个矿业小镇长大，当我离开那里的时候，我已经和采矿业长在一起了。现在我是塞拉 458
俱乐部的成员。但是你必须面对这样一个事实：如果你要建立一个工业社会，你必须采矿，尽管这些地方看起来会很糟糕。但你可以不去动另外一些地方，告诉人们：'这就是它过去的样子。'"

我记得他在戴维斯曾经提到了同样的"精神分裂"。那一天我问他，搞地质专业培养出来的地质时间感对他有什么影响，他说："这会让你精神分裂。这两个时间的标尺差得太大了，完全不相干，一个是人类的，充满情感，另一个是地质的，冰冷梆硬。但是，对于非地质学家来说，最重要的是对地质时间要有所认识。别看地质过程的速度缓慢，比如说，每年几厘米，但只要持续的年头足够长，就会产生巨大的影响，就像人们说的'水滴石穿'。100万年在地质时间标尺上是一个很小的数字，而人类的经历更短，真的是光阴似箭，这不是在说一个人的生命周期，而是说整个人类的经历，从人类诞生那天开始。这两个时间标尺只是偶尔会有重叠。"

当它们一旦重叠的时候，产生的效果会又持久又显著。每次人们感觉到地震的时候，就是人类的时间标尺和地质的时间标尺发生了重叠。当人们开始采矿的时候，不管是采什么矿，也都是这

图 4-3　加利福尼亚州金矿点和斯马特维尔地块

两个时间标尺发生了重叠。1848 年以后，当这两个时间标尺在内华达山脉黄金地带交汇时，加利福尼亚的人口迅速膨胀，成了一个还没列入美国领土的州。随着加利福尼亚的吸引力逐渐减弱，新来的人像退潮一样向东回涌，追随着云层中透出的一缕阳光，进入爱达荷州、亚利桑那州、内华达州、新墨西哥州、蒙大拿州、怀俄明州、犹他州、科罗拉多州，在那里找到了锌、铅、铜、银、金，完全改变了西部，比传说中的从野牛演变成耕牛的变化还要彻底。1848 年在加利福尼亚发生的事件直接导致了黄金在澳大利亚的发现，一位赶往内华达山脉淘金的澳大利亚矿工看到，人们开采的金矿简直就是澳大利亚新南威尔士含金岩石的复制品。到 1865 年美国南北战争结束时，加利福尼亚的地面上已经开采出价值 7.85 亿美元的黄金，对南北战争发生了很重要的影响。早期移民者约翰·比德韦尔是在 1841 年移民到加利福尼亚的，他在回忆录中讲到了这一点：

> 如果加利福尼亚的金矿没有被发现，美国是否能经受住
> 1861 年大叛乱的冲击，这是一个问题。1864 年，纽约的银行
> 家和商界人士毫不犹豫地承认，如果不是有加利福尼亚的黄
> 金，每月向金融中心注入五六百万美元的黄金，任何行业都会 460
> 穷得底儿朝天。这些及时到达的货币加强了贸易的神经，刺激
> 了商业活动，使政府在信贷成为唯一生命线的时候能够出售债
> 券，依靠信贷去供养军队，去维持军队的运转。我们的债券曾
> 经贬值到 1 美元只值 38 美分。加利福尼亚的黄金避免了这一

场彻底的崩溃，让一个保存完好的联邦从内战大冲突中走出来。

穆尔斯和我回到州际公路的路肩上，沿着含金砾岩的峭壁走着。被河水磨圆的砾石，闪烁着石英的光辉，紧密地聚集在那里，好像是一个用鹅卵石做成的宽屏幕。人们不需要导演，也不需要电影或者背投电视，就能够看到这些明亮的石头，看到矿工们的移动：1848 年底，这个地区有 4000 人；到 1884 年，已经有 15 万人相继来到这里。除了当地的土著人以外，没有人能像约翰·奥古斯都·萨特那样感受到两种时间标尺重叠带来的强烈冲击了。他来到这里时，根本没想到这里会有黄金。萨特长着一双蓝眼睛，金黄色的头发，红润的皮肤，是个破产的瑞士干货商人。他戴着宽边帽，长着大肚腩，带着非凡的创意梦想来到这里。那一年他 36 岁。他向往着一块荒无人烟的封地，不是一个王国，但比一个殖民地要好，他把自己想象成一个公爵。1839 年，他乘坐一艘名叫“克莱门汀”的船抵达蒙特利，随行的还有十名夏威夷人和一名印度男孩，这名男孩曾经属基特·卡森所有，以一百美元的价格卖给了萨特。墨西哥政府在沿海的加利福尼亚和美国的渗透之间寻求某种缓冲，给了萨特 400 平方公里土地，而且答应以后会有一定量的递增。萨特绕着旧金山湾航行，花了一个星期的时间寻找萨克拉门托河的河口。不久后，他找到了，那儿有一片夏威夷草棚子，就在今天的第 27 街上，就在今天萨克拉门托市中心仍然被叫作新赫尔维蒂亚的那个地方。他有大炮。他建了一座堡垒，城墙有近 1 米厚。他不会忽视建造地下城。他还在外围一圈房子上搭起一个倾斜的顶子，在下面围成一个占地 8000 多平方米的阅兵场。萨特的目标是发展一个独立的农业经济区，他成功了，经济区繁荣起来了。他建了一个磨坊，养了牛，建了一家皮革厂。他雇了纺织工，经 461
营纺织品。他拓宽了他的农耕田，制订了建设第二个谷物磨坊的计划。他吸引了很多人。他甚至还签发护照。

有一个引人注目的人叫詹姆斯·威尔逊·马歇尔，他来自新泽西州的兰伯特维尔，是一个制作有轮马车的机械木匠，对锯木材很有经验。萨特看到有可能砍伐一些木材，并通过水路运到旧金山。同时，他也需要一批木材去建设新磨坊。他就派马歇尔溯美利坚河而上，来到一条小山谷，周围是峡谷，背后的山坡上是一片糖松。就像很多西部风景中那种美丽的精彩瞬间一样，这里受到原住民的珍视，他们认为这是他们的。这条河的一个河湾紧贴着山坡。马歇尔在那里建了一个跨河的引水槽。

马歇尔看到河水中的砾石在“开花”，暗自怀疑那里头可能有某种金属。

一个木匠问他：“你说‘开花’是什么意思？”

马歇尔说：“石英。”

锯木厂快完工了，但它的轮子太低了，水在轮子周围积住了。最好的纠正措施是把尾水槽加深，穿过砾石将其安置在基岩里。尤苏姆内部落的人帮助挖掘尾水槽。1848 年 1 月 24 日一大早，马歇尔在那里捡起了一些很小的亮片，他知道，那不可能是石头。

我对矿物有一些基本的了解，有两种矿物在任何方面都跟

> 眼前的这种这么相似，除此之外，我实在想不出还有什么其他矿物了。这两种矿物中，一种是铁的硫化物，很明亮和易碎；另一种是黄金，明亮，但延展性很好。我把它夹在两块石头之间试了一下，发现它可以碾压成不同的形状，但没有破碎。

他把它放在炽热的煤上，用碱溶液煮它。这种物质没有发生任何变化。

马歇尔把这些扁豆大小的金属片包在折叠的布里，回到新赫尔维蒂亚，坚持说他要和萨特在一间锁着的屋里谈一谈。萨特把硝酸倒在金属片上。金属片没有任何变化。萨特拿出他的《美国百科全书》，在“G”栏目下查阅起来。他和马歇尔找来药剂师用的天平，很快就用同等重量的银块平衡了马歇尔带回的金属片。现在
462 他们把天平放入水中。如果这些金属片是金的，它们的比重将超过银的比重。在水下，天平倾斜了，马歇尔的金属片那头落下去了。

萨特立刻看到了未来，看着金片似乎有些担心。如果旁边的小溪里真有金子，谁还会在他的锯木厂工作呢？谁来完成未来磨坊的建设呢？他的新赫尔维蒂亚会发生什么？他的田野和森林领地会发生什么？他的独立世界会怎样？他的土地梦会怎样？他和马歇尔达成一致，敦促其他人在新磨坊完工前一定要保守这个秘密，发现黄金的事知道的人越少越好。

碰巧的是，在马歇尔和萨特进行密谈的五天后，美国特使尼古拉斯·P. 特里斯特违抗把他召回华盛顿的命令，在墨西哥加紧谈判，成功缔结了《瓜达卢佩－伊达尔戈条约》。在战争中战败的

墨西哥用1500万美元的代价，把135万平方公里的领土交给了美国，其中就包括加利福尼亚。

萨特为锯木厂周围的土地跟尤苏姆内部落签订了一份为期20年的租约。他同意为他们磨粮食，并以衣服和工具的形式每年付给他们150美元。为了保障租约的有效性，萨特向蒙特利派遣了一名全权代表，去拜见美国加利福尼亚州军事总督理查德·梅森上校。萨特的代表在桌上摆了一些黄色的样品。梅森把他的执行总助理副官叫进来，他就是威廉·谢尔曼中尉，是西点军校的1840年学员。

梅森问："这是什么？"

谢尔曼说："这不是金子吗？"

梅森又问："你见过裸金吗？"

谢尔曼："见过，在佐治亚州。"

谢尔曼咬了一口样品。然后，他让士兵拿来一大一小两把斧头。他用斧头去砸另一块样品——延展性很好，并没有破碎——直到把它砸得很薄，似乎能在空中飘起来。谢尔曼是1844年学到这种检验方法的，那时候他24岁，被分配去佐治亚州调查一项军事犯罪。

梅森给萨特发了一条信息，大意是印第安人对这块土地没有所有权，因此没有权利出租。

在1848年4月出版的简报中，《加利福尼亚星报》的编辑用大字标题写着"谎言"，说内华达山脉中存在无数黄金的说法是靠不住的。六个星期后，《加利福尼亚星报》停刊了，因为印刷厂里

463 已经没有人去印刷了。好几千人穿过萨特磨坊来到这个地区。在美利坚河的黄金发现地点，马歇尔试图向这些挖金子的人收取十分之一的费用，但是，这些 48 年金客[1]根本没有人搭理他，没有一个人给他付费。他们像捞鳟鱼的渔民一样，一个挨着一个，挤满了整条河。他们也像渔民一样，不停地挪着地方，从洞穴挪到峡谷，再挪到坪台上，挪进大沟里，总是想象着下一个池塘里一定藏着什么大鱼。印第安人用柳条篮子淘洗到了 1.6 万美元的黄金。人们正在寻找鸡蛋那么大的金块。“现在，在这个地方，每一个白人都有机会发财。”这是在 1848 年 5 月 27 日一封写给《纽约先驱报》的信里说的。一个白人，很可能是一个苏格兰人，挖到黄金以后兴奋无比，结果发疯了，整天在附近疯疯癫癫地游荡，嘴里不停地喊着：“我有钱啦！我有钱啦！”有两名矿工在七天内就从一条小冲沟里挖到了 1.7 万美元。

6 月，梅森上校从蒙特利动身去旧金山，再到新赫尔维蒂亚，要亲眼看看山脚下究竟发生了什么。他是带着谢尔曼一起去的。他们发现旧金山“几乎荒无一人”，港口到处都是丢弃的船只。牧师们抛弃了他们的教堂，老师们抛弃了学生，律师们抛弃了受害者。商店关门了。各种工作还没有完成就都扔下了。当梅森和谢尔曼穿过海岸山脉和中央大峡谷时，他们看到磨坊和锯木厂都停工闲置着，庄稼成熟了，但根本没有人照管，任由闲散的牲口在田里乱啃乱嚼。“房屋空置，农场荒芜。”这就好像一支毁灭性的军队从海

1　1848 年涌到这里的淘金客被称为“48 年金客”，转年来的则称“49 年金客”。

上登陆，沿途追击掠抢，直到山下。

萨特胳膊下夹着一根镶着银头的手杖，在他宽边帽檐的阴影下热情地向军官们问好。萨特的两千张皮子在他废弃的制革厂大缸里腐烂着，四万蒲式耳[1]的小麦还没收割，正在从秆上脱落散失，建了一半的磨坊已经停工了，纺织工放弃了织布机，没有护照的陌生人今天在这里，明天又走了，把他的堡垒变成了临时住宿的地方，还牵走了他的马，杀了他的牛。萨特为了短期的利益带来了长期的灾难，他的领地注定会在劫难逃。他的梦就像眼前的黄烟一样飘散了。我们可以看到，他后来在羽毛河上经营了一个穷困的农场，然后再回到东部，在那里，他因无力偿还债务而死去，那一年是1880年。不过，这是后话，我们最好还是回到1848年7月4
日。这一天，萨特在他的堡垒仓库里举办了一场宴会，庆祝美国的 464
独立日，这在加利福尼亚州是第一次。他做东，请来了50位客人。他向大家祝酒，为客人们提供了娱乐和演说活动，还提供了牛肉、家禽、香槟、苏特恩白葡萄酒、雪利酒、马德拉白葡萄酒和白兰地，他提供的这顿晚餐价值6万美元，当然，这是山里发现金子后突然膨胀起来的价格再换算成现代的数字。他的发现足够支付一场内战的费用，他的租地请求被这些军官拒绝了，但他绝没有露出怨恨的情绪。晚宴上，他坐在正中，坐在他右边的是理查德·哈姆斯·梅森，坐在他左边的是威廉·特库姆塞·谢尔曼。

---

1 一种英、美制的容量单位，是计量谷物和油料用的，它和重量单位的换算视农作物的种类而不同，在美国，1蒲式耳小麦换算为60磅（27.216千克）。

到1848年底，有好几千人分散在方圆240公里的范围内，从现代河流的砂矿中开采了价值1000万美元的黄金。在1849年，48年金客占据了最好的位置，因为在这一年的大部分时间里，49年金客都还在旅途中，而在这一年结束的时候，这里已经有了5万矿工。到1855年底，矿工的人数增加到12万。单干的矿工几乎消失了。为了跟上技术的日益复杂化，单干的人必须组织起来形成团体。团体又被公司排挤掉。越来越多的矿工赚到手的钱越来越少，最后，很多单干的矿工只能过着挣一顿吃一顿的生活，他们已经沦落到为了糊口而采矿的地步。曾经的他们，看着同伴们在中美洲丛林中病死，或者在海角风暴中淹死，他们千里迢迢地来到这里，为的是追求他们的黄金梦，现在这个梦却变成了“开采为了果腹”。不过，总是有一些新的故事传到东部，这些故事几乎会吸引所有的人开始考虑涌向这里，他们尝试着经陆路长途跋涉，闯过地峡，攀越角峰。

在羽毛河的北部有一个河汊，东边的支流通往一个很深的偏远峡谷，两个德国人在那里把一块巨石滚到一边，在它下面找到了大块的金块。另外几名刚刚到达的矿工在8个小时内淘洗出400盎司的金片。一个淘金盘就能淘出1500美元的金子。这个地方土地很值钱，每一份开采权只有0.03平方米的土地。在一周内，人口就从2个人增加到500人。人们给这个地方起了名字，叫“富滩”。

在尤巴河畔有个“好年头滩”，一辆手推独轮车装载的砂矿能值2000美元。

从卡森溪上方的坚硬岩石中，挖出了一块金子，重 50 千克。在附近的一个裂缝里装上黑色火药后，一下子炸出了 11 万美元的黄金。

一个矿工死了，要在一个叫拉夫雷迪的地方下葬。墓地选好 465
了，但铁铲没刨几下，就刨出金子了。就在下葬仪式还在继续进行时，哀悼者们就开始争夺这块地的开采权了。故事就是这样，人都来自尘土，最终还是要回归尘土[1]。

从艾奥瓦山含金砾岩中，两个人一天就挖走了 3 万美元的黄金。

在卡森山，从坚硬的岩石中挖出来一块比利兰 · 斯坦福[2]稍轻一点儿的金块。它只有鞋盒子那么大，几乎是纯金的，重量将近 200 金衡磅[3]，这是加利福尼亚有史以来发现的最大一块。卡森山在卡拉维拉斯县，正好在主矿带上，这个主矿带是一个很长的含金石英脉群，南北向延伸 240 多公里，都出露在大约 300 米的海拔高度上。主矿带含金石英脉群的宽度有 50 米。

美国的矿工来自每个州，甚至每个县。其他的矿工来自墨西

---

1 这里借用了《圣经》里的经典，亚当和夏娃违禁后受到惩戒，上帝对亚当说："你是从土里来的，你将回到土里去。"

2 亚玛撒 · 利兰 · 斯坦福是斯坦福大学的奠基人，在美国淘金热时期移民到西部，在萨克拉门托城经营一个大商店，成为当时的"四大商贾"之一，另外三位就是后面要提到的霍普金斯、亨廷顿和克罗克。这四人后来合伙成立了美国中太平洋铁路公司，由斯坦福任总裁。斯坦福还任过 8 年美国参议员。他在美国被认为是"暴发户"。在这里提到他，只是为了夸张地说金块很大。

3 在英制重量和质量单位中，分常衡、金衡和药衡等不同的单位，在金衡单位中，1 金衡磅等于 12 金衡盎司，而在常衡单位中，1 磅等于 16 盎司（0.454 千克）。

哥、印度、法国、澳大利亚、葡萄牙、英格兰、苏格兰、威尔士、爱尔兰、德国、瑞士、俄罗斯、新西兰、加拿大、夏威夷、秘鲁等。从智利来的一大群淘金客能有几千人。最大的一伙外国淘金客来自中国。跟大多数其他矿工相比，中国人不仅在人数上占优势，他们还有另外一个大优势：他们不喝酒。当然，他们抽鸦片，但抽的鸦片没有其他人想象的那么多。中国矿工们穿着超大号的靴子和蓝色的棉布衣服。他们带的行李很轻。他们有大米和鱼干就能活下去。他们的妓院生意兴隆。他们是内华达山脉里最大的赌徒，把高加索豪赌看得像是一分钱的小赌。

一些早期的黄金营地搭建在山涧、冲沟、洞穴和峡谷的深处，冬天里的太阳永远照不进矿工的帐篷里。如果你没有帐篷，你就在地上挖个洞住在里面。你的背包里有一个卷起来的毯子，一把镐，一把铲子，一个淘金盘，也许还有一个用来筛分砾石的小摇床，一把咖啡壶，一个烟草罐，还有小苏打面包、苹果干和咸猪肉。你得在火边上睡。当你起床的时候，你会"先抖抖自己，把自己晃醒，然后穿上衣服"。你穿上一件法兰绒衬衫，可能是红色的。你穿上羊毛裤、厚皮靴，戴上一顶宽边的软帽子。你还要带上手枪。当然，不是每个人都像你。其他那些矿工有的戴着礼帽，有的戴着巴拿马帽，有的戴着墨西哥宽边帽，还有些法国矿工戴着贝雷帽，把三色旗插在他们的采矿区里。在采矿时，有些矿工穿着正
466 式的工装，有些矿工穿着带流苏的鹿皮衣服，有些矿工穿着紧身背心，还有些穿着打着补丁的便鞋，因为他们的靴子早就磨穿了。有很多印度人，他们干活时基本上是赤身裸体的。有很多黑人矿工，

但他们都是自由的。由于采矿单干户早就让位给群体劳动了，这里有可能会是雇用奴隶的地方，但是，在加利福尼亚州这个新生的州里，奴隶制是被禁止的。在星期天，当你喝着你的烈性威士忌时，你可以看到狗杀狗，鸡杀鸡，人杀人，公牛杀熊。你可以看莎士比亚。你可以去拜访“公共女人”。1858 年 10 月 30 日出版的《水压机》上说：“没有哪个地方的年轻人像加利福尼亚州的年轻人那样苍老。”他们用木头建造了带尖塔的白色教堂。

在莫凯勒米山的四个月里，每周都有一起谋杀案。在没有法律的情况下，用私刑处死是常见的事。后来被叫作“砂矿镇”的营地在早年间被叫作“绞死镇”。一群人忘记把一个死刑犯的手捆好，结果他抓住了他头顶上的绞绳，有人就用手枪打他的手，直到他松开手为止。一名中国矿工打伤了一名白人青年，被关进监狱。动私刑的人说要送给他烟草，把这个“中国犯人”引诱到牢房窗口，抓住他的头，用绳子套住他的脖子，一直勒到他死。熊河的一个年轻矿工杀死了一个老头。法庭对他的判决是，要么处死，要么流放，让他自己选。他选了死亡，他解释说，他来自肯塔基州。在肯塔基州，赴死是一件很光荣的事。

一些矿工的妻子从事洗衣工作，比她们的丈夫挣得还多。从这次淘金浪潮到加拿大的克朗代克淘金浪潮，在每一次淘金浪潮中，供应商和服务业到处都在崛起，而 99% 的矿工会空手而归。1853 年，29 岁的利兰·斯坦福在离金润梁大约 16 公里的密歇根断崖开了一家百货商店。约翰·斯图德贝克在“绞死镇”制造独轮手推车。

斯坦福搬到萨克拉门托城，在那里他销售“食品、日用品、葡萄酒、烈酒、雪茄、油类和石油产品、面粉、谷物和农产品、采矿工具、矿工用品”。在斯坦福的词汇中没有“赊账”这个词。矿工们必须“平等交易”，带着金粉下山来兑换。他们带着金粉下山来找马克·霍普金斯，他原来是个蔬菜水果商，后来觉得去卖镐、卖铲子和淘金盘能获得更大的利润，于是就停下原来的买卖，和科里斯·P. 亨廷顿合伙经营了一家五金公司。他们带着金粉下山来找查尔斯·克罗克，他卖的是采矿用品。工程师西奥多·犹大从内华
467 达山脉勘察后，认为可以修建一条穿山铁路，萨克拉门托的这些商人很有预见性地相信了他，于是他们联手成立了中太平洋铁路公司，动手建造这条铁路。地质时间标尺以白垩纪黄金的形式从地下冒出来，实实在在地呼唤出一条横贯大陆的铁路。

1863 年，这条铁路在萨克拉门托动工了，进度不算太快，因为从某种意义上说，它是在和采矿技术赛跑。铁路修建在以每年大约 32 公里的速度向唐纳山口推进，而矿工们正在为了金子尽他们最大的努力，要把这片地区的土地挖个底朝天。在不到十几年的时间里，矿工们的能力大大提高了。这是技术进步的结果：

采矿的人们在詹姆斯·威尔逊·马歇尔发现金片的两年内就发现了化石河道，从那以后不久，大片的土地上到处都是洞，像是很大的郊狼挖出来的。早期的采矿方法就叫“狼挖洞”，你在矿层的覆盖层上挖一个深洞，然后用一台绞车把自己吊进洞去。你当然不希望你的矿洞会成为自己的坟墓。你挖穿砾岩后到达了基岩，然后向旁边挖。有些土狼竖井可以挖到 30 米深。有一口竖井的深度

超过了180米。当第一次通过沟渠和水槽把水引来时，它不仅冲走了挖出的积土，而且还沿着山坡往下流，切开砾岩山坡，冲洗出砾岩中的黄金。这就是流槽选矿，到处凿槽，全面开花，或者“向下一直挖到银行”。即使现在，这里的地形也反映了这样一种事实：这些来访者绝不是那种只带走他们来时携带的物品的人。杰克·伦敦后来在《金峡谷》中写道：

> 在他面前是平坦的山坡，鲜花烂漫，气息甜美。在他身后却是一片毁灭的景象，看起来像是一场可怕的喷流突然闯到平缓的山丘上。他缓慢地走着，就像一只鼻涕虫在爬，用那条可怕的踪迹玷污了美景。

就目前来说，这早就不是什么新技术了。在罗马时代，人们就通过水渠从高处的水库引水去淘金，1500年前，哥伦比亚的印第安人也是这样采金，这些人在18世纪被叫作巴西人。在1556年出版的《论矿冶》一书用文字和木刻全面介绍了黄金的选矿过程，从用淘金盘淘洗，用水槽冲洗，到使用羊皮洗选。这本书的作者是撒克逊的医生乔治·鲍尔，他的笔名大家可能更熟悉，就是乔 468
治乌斯·阿格里科拉[1]。

---

1 德国科学家，早年赴意大利学医，后研究矿物学，于1546~1555年完成《论矿冶》一书，总结了当时欧洲矿业开发以及矿产地质的丰富资料，对欧洲的矿物学和矿床学研究产生了深远的影响，被誉为“矿物学之父”。

有些人把这种沙子放在一个很容易摇动的大碗里，碗用两根绳子吊在建筑物的横梁上。把沙子放进去，再把水倒进去，然后摇动这个大碗，把浑水倒出来，再把清水倒进去，这样一次又一次地重复去做。用这种方法，会把细金粒沉淀在碗的后部，因为它们很重，而沙子会集中在前部，因为它很轻。……矿工们经常会先在一个小碗里试着淘洗矿砂，看里面有没有金粒。

图 4-4　淘金图：把大碗（A）用绳子（B）吊在横梁上

在洗矿槽的上端放一个大盒子，盒子底是一块带孔的板，这个盒子很长，但宽度适中。把要淘洗的金沙放进这个盒子里，然后把大量的水灌进去。……摩拉维亚人就是用这种方法淘金矿的。

卢西塔人把洗矿槽的两侧固定，洗矿槽长约 1.8 米，宽 0.5

469

图 4-5　淘金图：洗矿槽

米，槽底有许多交叉的格条，或者细沟，向后突出，相互间有一根手指的距离。淘金工或他的妻子让水从洗矿槽的槽头流入槽里，然后他把含有细金粒的沙子扔进槽里。

科尔奇人把动物的皮放在泉水池里；当皮子来回移动时，许多细金粒就会沾在上面，由此诗人们想出了科尔奇人的“金羊毛”诗句。

（赫伯特·克拉克·胡佛和卢·亨利·胡佛译，1950 年）

1853 年，加利福尼亚州在砂矿开采中有了重大创新，当时，有一个地面洗矿槽的淘金工叫爱德华·E. 麦特森，地面因水饱和发生滑坡，把他压住，并且砸掉了他手里的镐，差点儿让他丧命。麦特森想了一个办法，在一个安全的距离挖开了一个斜坡。与他的同事艾里·米勒和 A. 沙伯特一起，在一条生皮软管上安装了一个黄铜喷嘴，用形成一定液压的水柱轰击红狗坪附近的一座小山。他们打造的第一个喷嘴只有 0.9 米长，喷口直径也只有 0.2 米。很快这些喷嘴就加长到 4.9 米，被叫作“独裁者”“巨蜥”或者“巨兽”。他们需要挖更多的渠和水槽。用《哈钦斯加利福尼亚杂志》的话来说：“终究会有那么一天，我们山间河流全部的水将被用于采矿和制造业，并且能以一个人人都买得起的价格出售。”两个工人用摇床每天可以淘洗近 0.8 立方米的砂矿，而两个工人用“独裁者”在山坡上工作 12 小时，就能在一个洗矿槽里淘洗 1500 吨矿砂，铁路公司就是在和这项新技术比赛施工速度。

虽然这种喷嘴的外观像海军的大炮，但它是装在一个球形的
470 底座上，用一个装满小圆石头的“操作箱”巧妙地平衡着，尽管它的威力很大，但它用一只手就能控制。在它面前不会留下任何东西，不管是森林、土壤，还是砾石，都会被撕碎，冲毁，高高堆起，再被冲得不留痕迹。在每平方厘米 8.8 千克力的压力下，射出的水柱看起来像是又分成网状的脉冲，让人看得昏昏欲睡，当水柱沿抛物线末端冲击岩石和地面时，听起来就像是海上风暴掀起的巨浪冲击着海滩。在一年内，北布卢姆菲尔德砾石公司使用了 5700 万吨的水。通过直径 23 厘米的大喷嘴，每分钟能排出 113.6 吨的水。耶鲁大学谢菲尔德科学学院的创始人小本杰明·西利曼教授在 1865 年写道：“人类在这项水力学过程中接管了大自然力量，利用这一力量为自己的利益服务，强迫大自然交出锁在含金砾岩里的宝藏，人类采矿所使用的力量正是大自然分布这些宝藏时

所用的同种力量！”

最富金的砾岩埋在最深处，在切进基岩的古河床底部，矿工们为了把它挖出来，需要在古河床下面开隧洞。当他们在“蓝线”底面找到一个点后，就径直地向上面开挖，进入含金砾岩层，用喷嘴把山体从内部冲开一条隧洞。在红酒岭港口，中国矿工们在砾岩中冲开了一条 24 公里长的隧洞。在开隧洞的同时，地表的采矿坑也在加深。斯科茨坪的砾岩被开采了 917 万立方米，打赌坪和红狗坪开采了 3593 万立方米的砾岩，荷兰坪开采了 8030 万立方米，金润梁开采了 9786 万立方米。1868 年，来自旧金山的 W. A. 斯凯德默尔参观了金润梁和荷兰坪，他写道：“我们的城镇很快就会废弃了，水力冲刷会把乡间变成一片荒芜之地，看上去要比 1848 年的原始荒野更加荒凉。”在 19 世纪 60 年代中期，水力采矿者感觉采矿是有利可图的，从 0.76 立方米的砾岩中能获得价值 34 美分的黄金。在 19 世纪 70 年代的五年时间里，北布卢姆菲尔德砾石公司冲洗了 267 万立方米的砾岩，获得了价值 94250 美元的黄金。然而，很快，这家公司就需要开出 1200 万份的碎岩，才能获得一份黄金。

当尾矿在洪水中流动时，它们使河床变厚，并用几百米厚的砾石充填着山谷。这些砾石一瞬间把山谷变得一片苍白，而且还
在不断扩展，看上去像是缓慢流动的冰川，但那不是流动的冰，而 471
是流动的石块，不是冰川，是“石川”，它在人类时间标尺的长度内可能不会消失，而是永远堆在那里。在一年半的时间里，水力采矿把大量的废料冲进尤巴河里，堵塞了它的河道。到了 1878 年，仅

仅沿尤巴河就有7280多万平方米的农田被覆盖。尤巴河和羽毛河上的尾矿把泥土、沙子和鹅卵石搬运了16公里，带进了中央大峡谷。美利坚河的尾矿延伸到更远的地方。被河流磨圆的碎石块掩埋了原来的土地，看不到任何植被，荒凉的景色像是广阔的月球表面。在水力采矿之前，中央大峡谷中萨克拉门托河的正常水位和海平面一样高。随着越来越多的水力采矿废料从山里涌出来，这条河的正常水位已经被抬高了2米多。1880年，水力采矿给萨克拉门托和圣华金地区带来了3500万立方米的废料。这些废料随着泥浆继续流向旧金山，最终，8.76亿立方米的废料被注入了海湾。卡奇尼兹海峡上方的航行受到了影响。金门海峡的海水变成了棕色。

在19世纪80年代早期，市民们成立了一个叫作"反碎屑协会"的组织，目的是抵制矿工们进行水力采矿。1883年6月18日，矿工们在高山上修建的一座大坝发生坍塌，显然是因为它的工程设计承受不住水力采矿施加的巨大压力。1840万立方米的水突然顺着尤巴河冲下来，淹死了六个人，造成了一大片荒地，就像矿工们采矿后留下的荒地一样。1884年1月9日，美国巡回法庭判决，禁止把尾矿再注入小溪和河流。尽管后来还会有一些水力采矿，并且修建了碎石坝和集水池等工程，但大规模的水力采矿基本上已经结束了，加利福尼亚州的矿工们从这一年开始，想办法深入到坚硬的岩石里去采矿。

1860年，《内华达城新闻录》中提到了爱德华·E.麦特森的发明，说"他的工作，就像有阿拉丁神灯的魔力一样，闯入了小矮人最深处的洞穴，抢走了他们藏起来的宝藏，把这些宝藏变成天空飘落的金雨，送进文明人类的怀抱中”。麦特森生命中最后的岁月是在内华达市附近的黄金坪度过的，他白天卖书，夜晚给一个金矿值夜班，当看守员。即使在他的发明最鼎盛的时期，他也从来没有申请过专利。詹姆斯·威尔逊·马歇尔被认为是加利福尼亚黄金的发现者，这件事从 1848 年开始就一直困扰着他。威廉·特库 472
姆塞·谢尔曼说他“充其量是个半疯子”，他得到这个印象是因为，这么多年来马歇尔一直在说，他要向神灵去咨询，问问神灵在哪里可以再次找到黄金。那些 19 世纪中期新来到加利福尼亚州的人相信，马歇尔真有某种非凡的直觉，而且，无论他去哪里都紧跟在他身后，寸步不离，这让他感到无比烦恼，痛苦不堪，更不用说进一步去淘金了，他哪儿也去不了。他每天喝得酩酊大醉，还把烟叶的汁滴在胡子上，把衬衫和工装裤弄得脏兮兮的。他带着这副尊容回家乡了。他的家在兰伯特维尔城的布里奇大街，他从那里到乡下去，一路走向马歇尔角，他就是在那里的农舍出生的。在那里，他勘探了新泽西辉绿岩的露头，希望能发现金矿。他采集了一些岩石样品，把它们带到他的一个姐姐家，在炉子里烤这些样品。

20 世纪末，他出生的小农舍仍然屹立着没倒。一部分成了散乱的石头，一部分只剩下房框子，它早就被分隔成三个套间，被一个像停车场一样名叫“廉价城”的购物中心围绕着。屏蔽门上写着几个醒目的大字：“不要把猫放出去。”这间接地让人想起了马歇尔 1848 年和萨特做的约定：“千万不要泄露秘密。”[1]

1 英语中有条俚语叫“把猫从袋子里放出去”，是说“泄露了秘密”。

4

在 80 号州际公路旁，穆尔斯把一把小刀插进含金砾岩中，撬出几块圆形的石头。为了说明这些砾岩是软的，他可以用刀去剖开它们，并说："它们实际上还是黏土，它们风化得很厉害。这种软砾岩可能在佐治亚州也有。"

19 世纪，在含金砾岩中发现的金块中有一些是银金矿，这是一种浅黄色的金和银的天然合金。另外一些金块上有很多小洞，像是让虫子蛀了，里面有东西被吃掉了，被吃掉的东西很可能是银。这些是第一批证据，表明加利福尼亚州拥有黄金纯属巧合，因为银金矿的这些特征和来自内华达山脉硬岩石中含的黄金不一样。这些砾石是从别的地方搬运来的。这些砾石软到可以用刀子去刻，如果它们在河床上翻滚一定会碎裂开；因此，
473 这些砾石是到达加利福尼亚州以后才发生软化的。由于黄金容易变形，因此，金块的蛀蚀也一定是在运到加利福尼亚州以后才发生。

含金砾岩中可以看到植物化石，证实了它们的年龄是始新世。砾岩本身透露了搬运它的河流的能力，这条河的河道沉积物有近 180 米厚，砾石的大小有篮球那么大，它的源头一定在喜马拉雅山那么高的山上。果然，在内华达州中部已经发现了始新世亚高山带

植被的化石。

“在内华达山脉东部的卡森山里有黄金，就像在这些砾岩中发现的金块一样，”穆尔斯说，“加利福尼亚州一些黄金的来源可能就在现在内华达州的地下。”

如果是在19世纪50年代，有人对矿工们说了这种听起来有点儿不可思议的话，矿工们很可能不会感到惊讶，因为他们很熟悉地质学家，而地质学家在他们心里也不是英雄。1852年，在印第安滩淘金的一个矿工对一个医生的妻子说：“我一直认为，在找金子的探险中，科学就是一个最瞎的向导。那些自称科学家的人们看看土壤的外表就去判断有没有金子，然后进行地质计算，告诉我们有多少金子，但结果总是让我们感到失望，而那些无知的冒险家，他们就是为了挖金子而挖洞，结果，几乎一挖就挖到金子了。”这个医生的妻子名叫路易莎·阿梅莉亚·克纳普·史密斯·克拉普，她可能是淘金热初期出现在淘金现场的最有意思的作家了。印第安滩离富滩很近，曾有两个德国人在那里的峡谷深处翻动一块大石头，在下面发现了大金块。1851年，医生和他的妻子在那里落了户。她给她住在马萨诸塞州阿默斯特的妹妹写了几封信，这些信后来用她的笔名“雪莉夫人”出版了，所以这些记录被保留了下来。那时候，她比富滩酒馆的内部装潢还要光彩夺目，但当她谈到“那些临时拼凑的生活方式竟然是一些人爱慕的加利福尼亚生活方式”时，她意识到了差距。她说：“当一个人因为害怕坠崖而被迫紧紧地抓住崖顶地面时，近处那些穿红衣衫的矿工……悠闲地躺着……处于一种超然的醉态。”她谈到了“爱尔兰人著名的羽绒躺椅，就是把一整根的羽毛铺在石头上”。她也谈到了对地质学家有一些想法：

> 凡是地质学说黄金必定存在的地方，很反常，黄金在那儿
> 474 并不存在；而（地质学）宣称黄金不可能存在的地方，屡次都能奇迹般地收获到大量金光灿灿的纯质美丽的黄金。对于一个井然有序的理智头脑来说，面对这种美丽的矿物所表现出的对科学的蔑视不恭，当然是非常痛苦的；但是，我们还能期待什么更好的东西能从“万恶之源”中产生呢？

在内华达山脉中，有一些找矿者在他们的胸前戴着一种他们叫“金磁铁”的小玩意儿，他们解释说，在遇到黄金的时候，“金磁铁”会刺痛、跳动。有一些找矿者带着一些分杈的榛木棒，据说这些榛木棒会指向黄金，就像树向往水一样。矿工们对这类找矿者的尊敬程度和对地质学家的尊敬程度是一样的。矿工们会越过这些找矿者的肩头，爬上峡谷的顶端，自豪地说：“有黄金才算你找对了地方。”早在1849年，《萨克拉门托砂矿时报》就发表过这样的评论：

> 加州的金矿使所有的科学都感到困惑，使哲学的应用变得完全没有意义。强壮的筋骨，再加上一点点好运，就一定能成功。我们在矿区遇到过许多地质学家和实践科学的人，而且总是看到他们在找黄金上被那些没有技术的人、士兵和水手之类

的人打败。

尽管如此，1860 年，新加利福尼亚州的立法机构创建了一个州地质调查局，并招募了耶鲁大学培养的约西亚 · D. 惠特尼为州地质学家，那时他已经很出名了。几乎每个人都认为惠特尼会对加利福尼亚州的一些地方进行调查，并且进行编目，记录哪些地方会有哪些收益。然而，他并没有这样做，他经过调查，给地质调查局的人讲述了古生物学、地质历史学、火成岩岩石学、地层学、构造地质学、大地构造学。他告诉他们矿物学的最细微的特征，告诉他们全球的地质环境。他告诉他们什么是科学的地质学，这些学科可以帮助他们理解行星地球的历史和组成，然而，他的讲解方式却是最不可能转化为资本的方式。加利福尼亚州解雇了他，当然，这种解雇是从现代意义上说的，实际上，是在聘用他几年后就不再给他工资了。他的名字现在还留在内华达山脉的最高峰[1]。

约西亚 · D. 惠特尼对内华达山脉中被人工侵蚀的景象并不感到震惊，这种景象在艾奥瓦山、穷包、林子坡、北布卢姆菲尔德、
密歇根布拉夫、金润梁、打赌坪、荷兰坪、扑克坪、唐尼维尔和斯 475
马特维尔都能见到。他喜欢水力采矿。水冲走了松软的东西，露出了坚硬的岩石，这对地质学家来说尤其有利。

穆尔斯又朝金润梁旁边的人造山谷瞥了最后一眼，说："这里

1 内华达山脉的最高峰叫"惠特尼山"，是 1864 年以这位地质学家的名字命名的，高 4418 米，是美国本土 48 个州的最高峰。

没那么糟糕。像这样的地方看起来还不错呢。这些人工侵蚀的景象彼此分隔得很远。这里毕竟不是工业化的英国中部地区。我喜欢开车。我喜欢从一个地方快速地跑到另一个地方。这是我们付出的代价。如果人们想避免眼前所有这一切，就让他们用两条腿走路去吧。当他们没有了汽车和高保真音响以后再来说这样的话时，他们的公信力就会提高了。"

他停留了足够长的时间来改变心情。他的声音又恢复到低沉而柔和的声区："我们在几百年的时间里，有效地提取了几十亿年来累积下来的矿物。高品位金矿床刚刚被采光。铜矿也是这样。美国已经这样了。我们不会再有更多的矿了，我们需要再经历几百万年的侵蚀，允许地质过程对这些矿产发生二次富集作用。与此同时，必须要开发新的技术，去开采品位越来越低的资源。我们不知道我们在做什么。"

我说：我们以为知道自己在做什么，所以才一点儿也不在乎。

他说："美国人把水看成是取之不尽的资源。不是的，如果你去开采它，它迟早会用尽的。亚利桑那州就正在开采地下水。"

很快，我们就下降到 610 米高的地方，路旁全是千枚岩，风化得很深，一片樱桃红色和葡萄酒的暗红色，这是保存下来的亚热带土壤，那时内华达山脉还没有抬升起来，这里是一个沿海平原。地质学家们把它们叫作红土，它的词根是拉丁文的"砖块"[1]。在内

1 红土的英文名字是 laterite，源自拉丁文 *later*，意为"砖"。这是苏格兰医生、博物学家弗朗西斯・布坎南－汉密尔顿于 1807 年在印度南部考察时给那里的土壤起的名。这种土壤压实得很紧密，胶结得很结实，很容易切割成砖块，用于建筑房屋。

华达山脉海拔610米到910米之间，是一片红土地带，它的颜色因为下雨而加深了，雨水会滤去各种其他的颜色，突出氧化铁的颜色。路旁的露头上不仅有千枚岩，还有云母片岩、页岩、凝灰岩和砂岩，都是红色的。当公路向下倾斜切过内华达山脉西部的屋顶状平面的时候，我们周围被切割的斜坡呈现出一片红色，上面覆盖着杜鹃花科熊果属植物形成的常绿灌木。

在魏玛，靠近610米的等高线，离高速公路不远的地方有很窄的一条蛇纹岩，那是加利福尼亚州的州岩。穆尔斯说："在全世界范围内，如果说有那么一个地方，蛇纹岩和含金石英脉紧紧结合在一起，那个地方就是这儿，就在主矿脉带上。含金石英矿床和蛇纹岩正好长在一起。在你能找到硬岩金矿的地方，蛇纹岩就离 476
它不远了。蛇纹岩和含金石英脉之间的关系还不清楚，但矿工们经常说到它。这是他们生活中的真实事物。"在地质图上，蛇纹岩总是以串珠和豆荚的形式出现，印成紫藤蓝色，像某种佩斯利旋涡纹图案，呈南北走向，标志着主矿脉。

和主矿脉伴生在一起的还有一组大断层，它们分布的宽度不到24公里，延伸到80号州际公路的北边和南边，长度都超过160公里。其中有三条断层在奥本附近穿过高速公路，距离金润梁大约32公里，在萨克拉门托北边56公里。奥本曾经被叫作"干砂矿富矿"，现在是砂矿县的所在地。在马歇尔在萨特磨坊发现黄金后不到4个月，这里的一条现代河沟里也发现了黄金，直到20世纪，这里依然还在开采硬岩中的金矿，矿石被运到奥本加工成粉末。砂矿的发现是在奥本峡谷，在州际公路经过小镇时，会在南太平洋铁路下方从它边上擦过。1849 年的时候，从萨克拉门托用马车往山上运东西，最远只能走到奥本。再向山里，人和驮物品的骡子只能从奥本开始走小路，去往迅速发展的金矿采场。不到几年，奥本就成了通向主矿脉的交通要道。在用片岩石块砌成的墙里，在用锯开的滑石垒起的拱形窗口里，还依稀可以看到喧闹的 50 年代的影子。

在奥本峡谷，铁路立交桥下面几百米的地方，海拔是 366 米，州际公路在那里穿过一片炭灰色的岩石，很明显，这些岩石受到的破坏远不止人类修建公路的工程。我们在路肩刚好够宽的地方停下车来，然后往回走，去看那些露头。我们走过滑石片岩、剪切的蛇纹岩、大块的火山岩，这些块体之间都隔着剪切带。引起穆尔斯注意的那条剖面有 3 米高，躺在高耸入云的苍松之下，看不出有什么突出的特点。它紧挨着州际公路，纵列的拖车从我们身边呼啸而过。公路对面的一块广告牌上写着："砂矿储蓄，保你增值。"穆尔斯已经多次穿越内华达山脉，一次又一次地探究着一个又一个的路旁剖面，每一次都表现出专注和兴奋。每当看到不寻常的岩石，
477 他总是先兴奋地"啧啧"几声，然后就要把它看个明白。现在，当他拿着放大镜猫腰去看露头的时候，他又开始"啧啧"了。

这是一种细粒辉绿岩，在放大镜下可以看到闪闪发光的晶体，斜长石晶体没有固定的形状，很随意地不对称生长着，紧紧挤在暗色的辉石边上。这比你看到的任何一种辉绿岩都细得多，比如说，在曼哈顿附近哈得逊河对面的帕利塞兹辉绿岩床。眼前的辉绿岩冷却和固结的速度更快，但它跟其他的辉绿岩都来自同一

种化学性质的岩浆，也就是说，本质上和那些辉绿岩是相同的。当然，地质学上没有什么完全一样的天然复制品，除非是你复制了你上次的错误，认错了它们。如果这种岩浆喷出到空气里或水里，它就会变成玄武岩，但是，就像花岗岩、闪长岩、辉长岩一样，它并不是在空气和水里冷却形成晶体的。然而，这种辉绿岩和帕利塞兹辉绿岩床或任何一种岩浆侵入后冷却形成的单一岩体有明显的不同。要想看到它们的不同之处，你不需要去切成在显微镜下观察用的薄片，甚至不需要用手持放大镜去看。这种岩石是一层一层垂直的岩层紧挨在一起的，就像一条条的墙板一样。它们并不是一起冷却形成的，而是一层又一层地接续冷却形成的，这段历史可以一层接着一层地读出来，就像条形码一样无限延伸着。穆尔斯兴高采烈地说："我们发大财啦。"他把放大镜对着眼睛，再凑到露头上，这位言行一致的无神论者说："我的上帝，这太棒了！全能的上帝！这简直是中了一个头奖，一个巨大的意外新发现。我们遇上金子啦。"

考虑到我们在内华达山脉西麓 366 米高的地方，而且离蛇纹岩和石英很近，如果我按照字面去理解他说的话，真的认为这里有金子，那也是可以原谅的。然而，在这块露头上闪闪发光的都是辉石。不过，有黄金就是你找对了地方，对埃尔德里奇·穆尔斯来说，这确实是黄金。这和我们在穿越群山时看到的其他岩石不同，或者说，和那些地表上大部分地区都可能看到的岩石不同，这种岩石的起源并不是来自任何大陆。它不是来自大陆斜坡，不是来自大陆架，也不是来自湖泊、河流或陆地。它和大陆岩石没有一点儿血缘关系。它像一条海水里生活的鱼放在农家大院的大盘子里，一定被移动了很远的距离。像陨石一样和它出现的地方格格不入。

478 19世纪的地质学家把这种岩石叫作辉石斑岩，矿工们会叫它蓝色闪长岩或板岩。它是大洋地壳的岩石，是在扩张中心形成的洋壳，当它从生成它的热裂谷向两侧移动时会逐渐变冷，最终会移动到深海沟，在那里几乎百分之百地被消耗掉。从海水到地幔岩石的垂直岩柱中，大洋地壳有不同的成分，其中这些层理是洋壳横向运动最明确的记录。一次生成一层，液态的岩浆从扩张中心向上推进，然后凝固，成为远途长征中扎实的一步。这种过程大多发生在大洋中部，发生在全球板块系统中的离散边界。它也发生在短的、孤立的、板片状的扩张中心，形成岛弧盆地。在所有地质环境中，岩石如果形成连续的层，那些层最初都是水平的，只有这一个是例外。海洋地壳的层纹是垂直形成的，并且当它侧向移动成为深海平原的海底时，它仍然保持着直立状态，一直到它们消失在海沟里。用穆尔斯的话来说："这是唯一的一种情况，年龄会在横向上增长。"

尽管这块露头上的岩石明显已经被巨大的构造力破碎了，尽管它在随后的高温和压力下发生了一定程度的重结晶，然而这些破碎和变质过程都没能掩盖住它的原生构造。在地质学中，这些带竖直纹层的辉绿岩叫席状岩墙，其中窄的纹层只有10厘米，宽的能到80厘米。通过仔细观察它们的边缘，你几乎可以看到这些席状岩墙正在慢慢地远离扩张中心。沿着单一岩层的右手边，是玻璃状的，一层又一层，都是这样。岩浆在接触到凝固的岩石后发生迅速冷却。因此，扩张中心一定在左边。在一个新的岩浆层接触到坚硬的岩石并在边缘变成玻璃之后，岩浆层其余的部分冷却固结得比较慢，会形成细小的晶体。有些层两边都有玻璃状的边缘。这是因为它们挤开了先前的薄弱中心，那些岩石仍然还在冷却着。这种情况往往在局部发生，会对席状岩墙连续的年代学关系造成一些扰动。

当地震学第一次揭示出海洋地壳的尺寸大小时，发现它薄得惊人，厚度只有约 4570 米，而且在全世界范围内都很均匀。一般
来说，它上面的沉积物更薄，就像是一个极薄的贴面。大洋地壳的 479
岩石在两侧对称的扩张中心诞生，最终消失在俯冲带里，年龄比大陆上大多数岩石都要年轻。已知最古老的大陆岩石是 1989 年在加拿大西北地区大熊湖以东发现的，铀—铅年龄是 39.6 亿年。根据放射性年代学资料，地球本身的年龄比这个年龄要老 6 亿年。世界上已经获得了很多大洋地壳岩石的年龄，其中最古老都是早 – 中侏罗世，不超过 1.85 亿年。这还不到大陆最古老岩石年龄的二十分之一，或者，不到地球本身年龄的二十五分之一。从扩张到俯冲，从生成到消亡，大洋地壳在不到 2 亿年的时间里彻底清扫了自己的房间。一个岩石圈板块通常包括大陆岩石和大洋地壳，海沟会把大洋地壳吞噬掉，而大陆却保持着漂浮状态。既然穆尔斯和我所看到的那种岩石不是在大陆上形成的，它也不会在哈得逊湾、鄂霍次克海或任何陆表海下面被发现，那么，它在加利福尼亚州的奥本市做什么呢？这里距离最近的深海底有 800 多公里呢。

不必去问穆尔斯，因为如果他有大地构造学和岩石学专长的

话，它在这里，这本身就是问题的答案。他曾经周游世界去看这种岩石。当你发现它趴在一块陆地上时，它宣告了一个地质事件，一块新大陆正在出现，板块正在漂移、运动。这不是一个既成事实发生的标志，而是一个即将来临事件的前兆。在它从深海被运送到大陆上就位的过程中，它不仅仅是一条线索，而且是一个确实的陈述，就像一场歌剧演出，舞台布景已经改变了。

中侏罗世末期正是恐龙的鼎盛时期，大约在 1.65 亿年前，一个像阿留申群岛或日本一样的岛弧从西边的大洋漂移过来，在这里靠岸了。这是在这个纬度上的第三个地体，是紧随索诺玛地体之后漂移过来的一个地体，它猛烈地撞到前面的陆地上，形成了褶皱，引起的造山效应向东扩展，土壤变成了千枚岩，砂岩变成了石英岩，粉砂岩变成了板岩，这些就是我们在路上看到的那些变质岩。总的来说，这三个地体把大陆拓宽了至少 640 公里。而第三个地体在这里碰撞、缝合，大陆增加的宽度相当于加利福尼亚州现在宽度的两倍。

480 我们在奥本发现的席状辉绿岩墙是第三个地体前缘的一部分洋壳，它们已经在碰撞中受到了严重破坏，成了碎块。当岛弧向东漂移、大陆向西漂移时，中间所有的大洋地壳几乎都被消耗掉了，只有一小部分洋壳的碎块残留下来，趴在大陆边缘，告诉人们，这里发生了碰撞。

这第三个地体南北方向的长度可能接近 1600 公里，现在残留下来的差不多只有 160 公里了。它的宽度，包括大峡谷下面的部分在内，也差不多有 160 公里。这片 25900 平方公里的地块在地质学上被叫作“斯马特维尔地块”。这是用奥本北边40公里处的一个黄金采场的名字命名的。

如果你看一看主矿脉和相关金矿脉的分布图，可以看到一条南北走向的狭长地带，经过格拉斯山谷、林子坡、普莱斯维尔、普利茅斯、莫凯勒米山、天使营地，直到卡森山，从实用意义上说，你是在看一张斯马特维尔缝合线的分布图。在地质学上，碰撞的直接结果是在附近的岩石中造成了很多高角度的断层，这些断层现在就在地质图上沿着主矿脉出现。形成岩基的大量岩浆进入了这片地区。通过断层向下流动的水会到达岩浆附近，甚至实际上进入了岩浆中，这些水再上升形成循环，在深部溶解出金的高温化合物，并带它们顺着断层往高处运送，最终把黄金沉淀在断层裂缝中。就这样，斯马特维尔地块在侏罗纪时的碰撞不仅把加利福尼亚州中部的面积增加了1倍，而且生成了它的黄金主矿脉。

如果你能在世界上任何地方切出1英亩（4046平方米）的深海平原，把这个完整的大洋海底岩石柱抬升到你的视域里，你能看到从顶部堆积的沉积物到底部的地幔岩，你会发现，这个岩石柱中间向下的一半深都是席状岩墙。这个岩石柱和你在世界各个大陆块上发现的岩石柱形成了鲜明的对比。大陆块上的岩石柱中有很多时间上的间断，不同成因的岩石和不同时间形成的岩石混杂在一起，让人看得眼花缭乱；而这个大洋岩石柱像一个图腾，讲述了一个大体一致的故事。岩石柱的底部是橄榄岩，这是一种地幔岩石，在它离开扩张中心时会发生各种构造变化。地幔岩上面是巨大岩浆房冷却后的残余物，它释放出炙热的流动岩浆，进入扩张

中心。在岩浆房冷却过程中，矿物晶体会逐渐结晶出来，像雪片一
481 样沉淀在岩浆房底部，形成晶体堆积层，里面有橄榄石、斜长石和辉石，在这些堆积的条带纹层之上，它基本上变成了块状的辉长岩，再向上逐渐变成了斜长花岗岩，这是因为随着温度的变化和一些矿物晶体的结晶，剩余岩浆的化学成分发生了变化。在这些斜长花岗岩之上就是辉绿岩的席状岩墙，它不断地填充分离板块之间的裂谷。在席状岩墙的上方，流动的岩浆实际上是流进了大海，突然冷却的喷发岩堆得很高，就像锯木厂外面的原木垛。由于这些喷发岩都有凸起的顶面，平滑地拱起，像枕头一样，地质学家们就叫它“枕状熔岩”。熔岩枕头上面是各种各样的沉积物，它们都是在深海里漂落到海底的，有铁锰质黏土、红黏土、硅质岩、白垩等。这些沉积物跟它们盖着的地壳和地幔岩石柱中其他部分不一样，能指示它们周围的环境。在扩张中心或任何其他地方，水能够渗透进岩石柱的所有这些部分，进入到地幔岩石中，改变岩石的性质和外观。通过矿物的蚀变，岩石呈现出丝绢光泽和很光滑的质地，变成纤维状，并且出现了颜色，偶尔会出现白色的条纹和斑点，但主要是铬的黄绿色、桃金娘的紫绿色、尼罗河的蓝绿色，在地幔的黑色中呈现出不同图案的形状。这些图案看上去很像是蛇的皮肤，因此这种岩石在英语中被叫作“蛇纹岩”，这个名字已经有将近 600 年的历史了。地质学家们以他们奇怪的、以偏“喻”全的方式，用这种单一组分的岩石去命名整个大洋岩石组合。当然不是直接把它叫作“蛇纹岩”。他们具有敏锐的时间感，并不满足于去找一个拉丁语的派生术语。取而代之的是，他们从这个组合

的较深的部分中抽象出“俄斐斯”（*ophis*），这是希腊语中的“蛇”（ὄφις）。在地质学上，从地幔向上完整的海底岩石柱被统一叫作“蛇绿岩”。蛇绿岩序列在整体上是一致的，内部会有些差异。

1852 年，在奥本断崖下的美利坚河上，一盘砾石里的金可能
值一百美元。1857 年，在单干的矿工们把那里开采完以后，美利
坚河开掘公司在那里修建了一座大坝，为水力采矿蓄水。大坝最
终倒塌了，但坝址还在。正像环保主义者感慨的“永远的懊恼”那
样，一个坝址永远都是一个坝址，无论这个州或者这个国家在什
么时代决定对它怎么处理，历史是不会改变的。在现在的加利福 482
尼亚州道路图上，美利坚河的那个地方被标着“奥本大坝和水库
（建设中）”。

坝址距离 80 号州际公路旁破碎的蛇绿岩不到 1.6 公里，所以穆尔斯和我到那儿去看了看，看看大坝可能和斯马特维尔碰撞有什么关系，后来我们也去那儿看过。河谷两侧的岩石都被剪切成叶片状，都是破碎的、扰动过的、变形的、受到严重创伤的岩石，就像人们预想的那样，是一个大洋岛弧碰撞到大陆上的缝合带，里面有席状岩墙，有蛇纹岩、斜长花岗岩、辉长岩和洋壳组合中的其他岩石。1967 年，内务部垦务局选定的大坝类型是一个混凝土薄拱坝，从河道到坝顶的高度是 209 米。它的目的是储存冬季的径流以备夏季使用，可以补充下游 24 公里处福尔松大坝后的蓄水。这个新水库叫“奥本湖”，深入到内华达山脉 32 公里，把岔口的两条河流都填满，沿着北岔口向上，经过鳕鱼溪和衫尾溪，越过洋基吉姆，几乎到了艾奥瓦山，沿着中岔口向上，越过纽约滩和谋杀

滩，从鲁克阿恰奇急流滩到沃尔坎维尔。这个湖占地超过 40 平方公里，深度是黄海的两倍。

1978 年，当穆尔斯和我第一次参观这个坝址时，它就像是被水力开采的喷嘴冲出来的一个巨大的采矿坑。之字形的小道沿着陡峭的谷壁向下延伸了 300 多米。一个围堰把河道堵到了峡谷的一侧。坝基是白色的混凝土筑成的，横跨宽约 350 米的峡谷底部。从一开始，这个建设项目就不得不处理断层带来的问题，这些断层是斯马特维尔地块撞上来时形成的。坝址正好在这个缝合带里。一条裂缝从大坝的地基下面穿过，工程师们把这条裂缝叫作“F-1 断层”。一个岛弧和大陆碰撞这种大型构造事件不会把每条裂缝都填满石英和黄金。无数的裂缝仍然是空的。为了确保大坝地基的安全，垦务局的工程师们进行了“牙科医生般的精细工作”，进行了“根管治疗”，他们用 25 万立方米的水泥浆封闭了斯马特维尔断层带。

穆尔斯说：“如果你想在加利福尼亚州找到一条断层，那就去找个大坝吧。”

483 牙科工作刚完成，1975 年，奥罗维尔附近发生地震，震级是里氏 5.7 级，距离斯马特维尔地块约 72 公里。奥罗维尔附近羽毛河上的大坝是世界第八大水坝，是在 1968 年建成的，那时离地震还有 7 年的时间，渐渐地，水库里已经蓄了46 亿吨水，或者说，已经给下面的岩石施加了足够的压力。那是一座又宽又矮的重力坝，是一座堆土坝，里面填充的是水力采矿的尾矿，有近 6000 万立方米。大坝吸收了地震，坐在那里纹丝不动，水库里的水一滴也没有泄漏。然而，作为内政部下属垦务局的一个兄弟机构，美国地质调查局平静地指出，按照自身重量计算，百分之二十五具有相同深度的水库诱发了地震。奥罗维尔的地震是奥本大坝设计承受能力的五倍。

这些数据很快就在《萨克拉门托蜜蜂报》的编辑部汇集起来了。报纸在头版对一场将来可能发生的地震进行了展望，说这场地震会摧毁奥本大坝，库水泄出后不到两个小时就能到达萨克拉门托市，并在那里积起 6 米多深的水。用内政部一位前助理部长的话说，这将是“美国历史上和平时期最严重的灾难”，估计会有 25 万人溺水身亡。

联邦政府认为，如果断层在 10 万年内没有活动，它们就被认为是不活动的断层。已经知道，沿奥本 F-1 断层的最近一次活动发生在侏罗纪，也就是发生在 1.4 亿年前，但这并没有让萨克拉门托感到一丝宽慰。奥本大坝的工程被挂起来了。1978 年，穆尔斯和我发现了这个地方，它寂静、干燥，像是存放圣人遗物的场所。很多年后，当我们再次去那里的时候，它看起来还是那样，没有丝毫变化。地质时间标尺和人类时间标尺看起来已经相遇，但又分开了。

美洲狮从坝址穿过，熊来拜访过，还有野山羊……这个项目休眠了，看上去像是死了，或者说，这个项目死了，看上去像是休眠了，这取决于旁观者怎么去看它。垦务局里有一批基层骨干人员，他们每个人都对大坝的未来有积极的看法。

如果你去问，这个水库的水面会是多高?

回答是："314 米。"

484 如果你去问，停船的坡道已经铺了吗？

回答是："以后会铺的。"

停船的坡道仍然裸露着砾石，几百米长的坡道沿着陡峭的斜坡向下延伸，下面那头悬在半空中，空荡荡的，见不到水面。那些基层骨干人员说，这是"加利福尼亚州最大的、最高的没投入使用的停船坡道"。从紧贴着峡谷两侧的房屋里可以看到下面是一个空旷的大坑。按照设计的上升水位，这些房子正好建在未来的人工湖边上。你几乎可以看到这些房子的船坞也伸向半空中。在一个叫"奥本湖小道"的建房规划区里，一共规划出 3300 块地，每块地的标准面积是 1000 平方米。

穆尔斯想知道，能不能安排一名戴维斯分校的地质学学生去研究在施工过程中暴露出来的岩石。

"没问题，但我们不希望学生的结论给大坝带来问题。"

到目前为止，这座大坝已耗资几亿美元。尽管早就停工了，垦务局每年还是要花费 100 万美元去维护这个坝址。

我们从一座 210 多米高的桥上跨过美利坚河，然后在加利福尼亚州的库尔镇找地方喝咖啡。这座桥不是特别长，但建得很高，是为了穿过现在还不存在的人工湖。坐在库尔镇的咖啡馆里，透过观景窗向外瞭望，可以看到这个没有一滴水的大湖。湖边有很多"待售"的标志，是"主矿脉房地产"立的。库尔是一个 19 世纪 50 年代的砂矿开采场。在库尔采石场，正在开采海相石灰岩，这是一个透镜状的岩块，体积约有 1.2 立方公里，是斯马特维尔地块在这儿碰撞时推挤到加利福尼亚的。如果你当时生活在月球上，当一轮圆圆的地球升上天空时，你会看到两大块陆地，一块在上、一块在下地排列着，上面那块是劳亚大陆，下面那块是冈瓦纳大陆，它们四周都是大洋，被海洋隔开。分隔开两块大陆的海域从西到东是早期的加勒比海（那时候中美洲不在那儿）、早期的大西洋，以及从直布罗陀海峡到中国的狭长海域，在地质学上被叫作特提斯大洋。在世界范围内，凡是那个时代的化石都叫作特提斯的化石。“特提斯”是海洋之神俄亥阿诺斯的妻子，是世界上所有河流的母亲。库尔是用淘金热时期的一个淘金客亚伦·库尔的名字命名的。库尔的石灰岩大岩块是在斯马特维尔地块拼贴时被推挤到加利福尼亚这儿的，在里面发现了特提斯有孔虫和特提斯珊瑚化石。

当一个上冲的板块刮铲下面的板块时，它就像推土机的推土
板一样，把下面的砂粒、贝壳、燧石、千枚岩等都铲起来，碰见什 485
么铲什么。大量的物质就用这种方式堆积起来。菲律宾板块向西移动，骑到欧亚板块上，堆起了一个增生的楔子，这个增生楔抬升露出海面，形成了中国台湾。在一个岛弧和大陆碰撞的过程中，台北和北京之间的距离正在缩短，中国台湾是西吕宋岛弧到达欧亚大陆斜坡的第一块。在台湾增生楔的混杂岩中，不仅有沙子、贝壳、硅质岩和千枚岩，而且有大量从大洋地壳上刮铲下来的碎屑，有席状岩墙、枕状熔岩、辉长岩，还有蛇纹岩，这些就是大家知道的台东蛇绿岩。一个又大又完整的大洋地壳和地幔块会跟着推挤过来，就像斯马特维尔地块开始靠近北美洲时那样。

斯马特维尔地块不仅把库尔的石灰岩和奥本大坝的片岩和蛇纹岩推到了自己前面，一起推过来的还有风化成红色的千枚岩和泥质岩以及硅质岩，这些都是我们沿着州际公路往下走的时候在奥本路边看到的。这些岩石和大量混杂在一起的其他岩石就是斯马特维尔的混杂岩，斯马特维尔的增生楔，这些岩石中有密集的片理，被剪切、破碎、扰动和变形，在岛弧和大陆拼贴的过程中，被推挤进斯马特维尔缝合线中。

当然，在岛弧和大陆之间有一个俯冲带，一条海沟，但在碰撞中消失了。根据目前的板块构造理论，它实际上是被卡住了。开始的时候是北美洲板块的大洋地壳和地幔块沿着海沟下插。最终，北美洲板块的大陆岩石到达了海沟，把它卡住了，就像一块硬面包片把烤面包机卡住一样。大陆块太轻，也太厚，俯冲不下去，当它进入海沟时，海沟就停止工作了。澳大利亚就是这样卡住了它北面的海沟，从而产生了新几内亚。正如穆尔斯所设想的那样，侏罗纪时，俯冲停止了，斯马特维尔洋壳作为上冲的板块停在北美洲大陆的斜坡上，留下了大量物质。这个地区在碰撞后的构造平静时期冷了下来。在它下面向西移动的板块不再继续往下插，不再把所有的东西向下拽。均衡作用开始发威了，这种作用力会在其他力量停止作用的时候把轻的物质抬升起来。均衡作用把组合在一起的地体抬升起来，把斯马特维尔的洋壳和地幔撕碎成一片一片的，然后举到空中，最终成为内华达山脉的山麓地带。

486 作为一个地质学和地球物理学的专门课题，蛇绿岩的研究只有几年的历史，因此几乎所有提出的问题都会引起争论，从蛇绿岩本身的形成环境，到它从大陆以外的深处跑到陆地上的过程和方式，都还没有公认的结论。斯马特维尔地块的就位过程就是由埃尔德里奇·穆尔斯提出来的。

向西继续往下走，正好在奥本的下面穿过 300 米的等高线，中央大峡谷映入眼帘，地势越来越平坦，一直延伸到视野中的地平线上。萨克拉门托就在下面，再走 24 公里就是戴维斯分校。这是地理省区一个突然的、绝对的变化，山脉的枢纽就在那里。斯马特维尔地块延伸进中央大峡谷的底下，终止在海岸山脉下面。

奥本海沟消失后，另一条海沟一定会形成，因为斯马特维尔地块的后缘成了北美洲板块的新前缘，继续向西移动。为了保证地球的收支平衡，大洋地壳的消耗需要和扩张中心洋壳的新生保持一致，俯冲带会在需要它的时候和地方出现。在地质时期中，俯冲带的出现和消失很频繁。在斯马特维尔地块的一侧，新的俯冲带一定一直在发展着，即使老的俯冲带在地块的另外一侧消亡了也不会有影响。“当然，”穆尔斯说，“你必须在某个地方产生这种板块汇聚带。你不能把事情割裂开。奥本这里的俯冲发生在二叠纪到侏罗纪早期。西部新的俯冲带是从侏罗纪晚期开始活动的，贯穿了整个白垩纪，一直持续到第三纪。火山在内华达山脉中出现，形成了大岩基。我觉得地质过程是有条不紊的。新的板块边缘产生了它自己的增生楔，堆积在我们的西部，成为加利福尼亚州的其余部分。”

5

在我认识穆尔斯的四年之前，他就已经开始注意到内华达山
麓那些不寻常的岩石了。1974 年的一个春天，他和家人离开戴维
487 斯分校去山区郊游，他们没有按照往常的路线沿羽毛河向上走，而
是从尤巴城向右转，进入了尤巴峡谷。那时候，板块构造理论已
经有六年的历史了，而“外来地体”这个词再过八年才会被创造出
来。地质学家们正沉浸在科学革命的热潮中，他们仍然在忙着开
始重新认识世界。当时很少有人想到美国西部是岩石圈碎块的集
合体。然而，穆尔斯曾在马其顿工作过几年，努力研究着那里的
一些地幔岩石的大块，那些地幔岩块都没有根，却作为山脉趴在
地表上，他试图把那些地幔岩块和附近的层状辉长岩、斜长花岗
岩和席状岩墙联系起来。现在在东安格利亚大学的弗雷德·瓦因
也曾在塞浦路斯的特罗多斯山脉工作过，那里的席状辉绿岩墙绵
延 110 公里，并且，也出露了辉长岩、花岗岩和海相沉积物盖层。
穆尔斯和瓦因认为，这些岩石是一个整体组合，是在蓝色的大洋
环境中形成的，但后来运移停靠在非洲斜坡上。1971 年，他们在
《英国皇家学会（伦敦）哲学会刊》上发表了一篇具有重要意义的
论文，标题是“塞浦路斯特罗多斯地块和作为大洋地壳的其他蛇
绿岩”。

在大峡谷和内华达的山巅之间，尤巴河流域正好处在后来被叫作斯马特维尔地块的地理中心。穆尔斯到那儿去不是要去搞地质的。他所要做的就是朝山的高处走，穿出栎树林，进入西黄松林，他的小马力微型汽车几乎没办法胜任这项任务。在走过一片满是褐色草丛的干地时，小车一边走一边嘎吱嘎吱地响着，相对而言的是路边的岩石缓缓地溜向身后。无论是出去工作还是去郊游，地质学家开车的时候总是像埃及画里的人一样，眼睛斜向一边。在一条叫“干溪”的支流河附近，大约在尤巴城北面 16 公里，小车爬上了一个特别难爬的斜坡，路两边出露的都是很大块的暗色火成岩。穆尔斯没有停下来，但他胳膊上的汗毛可能已经在蠢蠢欲动了。他记得当时自己的感觉，觉得自己可能是在马其顿，更重要的，是在塞浦路斯。

在加利福尼亚州地质图上，那个地区的岩性被笼统地描述为“侏罗系—三叠系变质火山岩”。眼睛能看到那些经过训练才能看
到的东西。或者，根据穆尔斯经常引用的一句格言：“眼睛很少看 488
到头脑没有预料到的东西。”穆尔斯手里拿着一个放大镜，走回到那条路旁，然而，他根本不需要用放大镜去看。他看到的是经典的席状辉绿岩墙，闪着亮光站那里，一条紧挨着另一条，又紧挨着下一条，每一条岩脉都有一个玻璃质的边缘，都以原始的状态“站”在那里，一点儿也没有变形。

穆尔斯后来在 80 号州际公路上也发现了这些席状岩墙，就在奥本附近，但由于是在斯马特维尔缝合线上，变形得几乎都认不出来了。在尤巴峡谷的这些席状岩墙是在斯马特维尔地块碰撞

前缘的大后方。有一次我和他在那里停了下来，他说："你可以看一下从这个剖面上采集的岩石样品，你可能会说不出它们究竟是来自塞浦路斯、巴基斯坦、阿曼、新几内亚、纽芬兰，还是加利福尼亚。只有通过年代学测定和对微量元素进行详细的化学分析，你才能把它们区分开来。"从奥本坝址向北到奥罗维尔，这些海底扩张形成的席状岩墙群连续出露了64公里。

我问他，是不是知道斯马特维尔地块是从多远的地方来的，按照罗盘上的读数，它是从西面具体什么方位来的。

"不知道，"他说，"我们曾经试图做过一些古地磁工作，但到目前为止还没有什么结论。斯马特维尔岛弧可能距离北美大陆不到1000公里，可能是从西北方向漂移过来的。"

在海拔高度上，斯马特维尔地块差不多从0上升到1500多米。在它的"小道"上行走，路过的岩石并不是都记录了它的形成时间，因此，你不可能知道你走进了哪个时区。当你沿着俄勒冈屋一条干涸的河床向上走时，几架U-2飞机从平流层中降落下来，滑翔到比尔空军基地。俄勒冈屋的砂金矿是在1850年才被发现并且开始淘选的，它就在出露了席状辉绿岩墙的山谷里，这些辉绿岩是1.6亿年前侵入到北太平洋海底的，又过了500万年才在加利福尼亚州落户。包括这些席状岩墙在内的蛇绿岩是一大块深海岩石的集合体，现在坐落在加利福尼亚州，就像一艘大船搁浅卡在沙堆里，向西倾斜了30度。蛇绿岩的倾斜比内华达山脉的斜坡要陡。因此，当你从现在的山脚往山上爬时，从地质学上说，你是在从上向下走，走到了比以前的海底更深的地方，从扩张的裂谷走到孕育它的岩浆房，先走进岩浆房上部的花岗岩和辉长岩，再走进岩浆房底部的堆晶层，这些很重的晶体堆积在地幔顶部的边界线上，在科学上，这个地幔的顶界叫“莫霍面”。再向山上走，也就是 489
在地质意义上向更深处走，是分散的蛇纹岩，它们来自地幔本身。在岩石没有发生褶皱的地方，你很清楚你是在向蛇绿岩序列的下部走，也很清楚它保留得很完整。你往山上走，但你却是往地壳深处走，这看起来有点儿不合情理、不可思议，但这不是科学思维出了问题，而是地质现象的本来面目，是真实地球的本身。

在另一个方向上，位于席状岩墙之上的洋壳岩石在山麓地带也能见到。例如，在尤巴河的廷巴克图河湾下，一块绿色的岩石平台延伸进清澈的河水中，似乎是一堆闪光的岩枕，尽管水力采矿的尾矿砾石覆盖了河漫滩，并且一直延伸到下游看不见的地方，但这的确是一个吸引人的地方，你会情不自禁地伸手去拿一根钓鱼竿，或者四处去寻找搭帐篷的地方。虽然奥本的岩枕被挤压得很破碎，只有在专业人士的眼中才能重新把它们组装起来，但是廷巴克图的岩枕只是旋转了一下，没有被破坏。每一个岩枕的直径约有 0.6 米，形状简单、优雅，具有圆卵的外形，像是摊开了一堆巨大的鱼子酱。穆尔斯说，在陆地上，没有什么地方的枕状熔岩比这儿的更美了。

廷巴克图是 1849 年的一个砂矿采场。当穆尔斯和我第一次停在那里的时候，是在 20 世纪 70 年代，我们在一座没有屋顶的砖房墙上看到了这样的大字：

金矿粉包销

富国银行和兄弟公司

油漆刷的字全褪色了，勉强还能辨认出几个字：“斯图尔特兄弟出售干货、靴子和鞋子、成品衣服、日用杂货和食品。”这是廷巴克图的全部建筑，在 19 世纪 50 年代有 1200 人住在这里，现在就更少了。富国银行的房子已经倒塌了。一个砖石墙角像烟囱一样在瓦砾堆上凸出着。墙上的字已经不见了，只有河边的一座小山还保留着一道抹不掉的伤疤，那是在水力采矿时撕裂的，就像是发生过一次快速的滑坡。

在海洋扩张中心下的岩浆房里或靠近岩浆房的地方，通过裂缝下降的海水溶解了铜、银、铁、镁、金等金属，并把它们向上带到浅部，沉淀在新生成的岩石上。如果这些新生成的岩石经过漂
490 移最终冲到大陆上，沉淀在这些岩石上的金属也会一起登陆。在碰撞拼合过程中，会形成一系列断层。在深部循环的地下水会重新溶解这些金属，并把它们重新沉淀在断层缝里的石英脉中。穆尔斯说，我们可以想象到，加利福尼亚主矿脉中的金就是通过这种方式形成的，从深海乘坐斯马特维尔地块，长途跋涉来到我们这儿。

斯马特维尔是加利福尼亚州的一个居民小镇，邮政编码是 95977。它在“亚口鱼坪”上面，距离廷巴克图 1.6 公里。亚口鱼坪是用伊利诺伊州的绰号命名的。矿工们把伊利诺伊州叫“亚口鱼之

州”[1]。斯马特维尔的吉姆·斯马特不是从伊利诺伊州来的，他很聪明，不想去当一名矿工。他经营了一家小旅馆。他不担心没钱挣，在廷巴克图和斯马特维尔之间的亚口鱼坪隧洞中产出了价值 250 万美元的黄金。斯马特维尔有一座用木头搭建的白色教堂，油漆早已经剥落了。在一个写着“鱼饵”的标志下面有两个煤气泵，蓝栎树林下有一片黄褐色的草地，那里的房子可住 150 人。斯马特维尔路旁的剖面上到处都是圆鼓溜溜的枕状熔岩。

在拉夫雷迪的路旁剖面上，我们看到了块状的辉长岩，这里距离斯马特维尔 15 公里。拉夫雷迪小镇是 49 年金客建立起来的，建好不久，镇上的居民就投票决定要脱离联邦。如果说，生活在 19 世纪和 20 世纪前四分之三时期的地质学家没有看到拉夫雷迪的辉长岩和斯马特维尔及廷巴克图枕状玄武岩之间的内在联系，没有看到这些岩石和附近的辉绿岩、斜长花岗岩以及蛇纹岩的关系，穆尔斯对他们表示同情。他说：“如果你找到了一个前灯、一个轮毂盖、一个刹车鼓和一个散热器，你会说：‘哦，这些是一辆汽车上的碎片。’但是，如果你从来没有见过由这些零件组装在一起的完整汽车，你就不会把它们联系起来。蛇绿岩序列是板块构

1 亚口鱼是北美洲鲤形目亚口鱼科的一种淡水鱼，生活在河流下游和湖泊中，每年会溯流到上游去产卵。1824 年，伊利诺伊州北部的加里纳发现了铅矿，引起了开矿热，伊利诺伊州南部的人们每年一开春就顺密西西比河乘船北上去矿上干活，秋末再回到南部家乡。他们的迁徙就像亚口鱼一样规律，被在矿上越冬的威斯康星州人戏称为“亚口鱼”。这样，“亚口鱼”也就成了伊利诺伊州的绰号。

造故事中最经典的重要环节之一。它的侵位[1]是扩张过程和俯冲过程的证据，更不用说还是消耗了大量的大洋地壳的证据。这里有25900平方公里的土地，没有人反对这些岩石是来自岛弧的。最初的岛弧可能有日本、菲律宾、马里亚纳群岛、安德列斯群岛或阿留申群岛那么大，也可能没有那么大。但它确实是一个岛弧，这个岛弧到这儿来是这些蛇绿岩告诉我们的。如果在缝合线或者说在乌拉尔山脉中发现了蛇绿岩，其实不用说‘如果’，因为那里确实发
491 现了蛇绿岩，这意味着，在西伯利亚和欧洲之间曾经有一个海洋。这个海洋被消耗掉了。蛇绿岩侵位了。乌拉尔被焊接在二叠纪至三叠纪的缝合线里。在二叠纪至三叠纪之前，在海洋中和岛屿中，曾经真实地存在过古拉格群岛。”

20世纪60年代中期，穆尔斯在普林斯顿大学做博士后工作，当时他第一次听人对他说起“塞浦路斯有一套奇妙的杂岩体”，但当他试图查找相关资料时，却什么也没找到。他向塞浦路斯首都尼科西亚的相关机构求取《塞浦路斯地质调查局论文辑录》。当时的板块构造理论正处在搭建阶段，就连“板块构造”这个词本身还都不存在。海洋扩张中心是已知的，大洋地壳在俯冲带中的消减过程刚刚开始被认识到。“蛇绿岩套”的概念在科学界已经存在了很多年，但并没有被广泛接受，也没有和新理论联系在一起。随着板块构造的故事进一步展开，蛇绿岩序列的故事会像回声一样

1 蛇绿岩的原始形成环境是在大洋中或岛弧附近，它在山脉中或陆地上出现是板块大规模运动的结果，是从异地“入侵”就位的，由此称侵位。

一直伴随着它。

就在这个时期，弗雷德·瓦因也在普林斯顿工作。瓦因和他在剑桥大学的同事德拉蒙德·马修斯合著了一篇论文，这篇论文清楚地揭示了大洋地壳的运动，这一重要贡献让瓦因和马修斯成为世界上少数几个共同掀起板块构造革命的人。当穆尔斯求取的资料包裹从塞浦路斯寄到的时候，穆尔斯已经在马其顿对蛇绿岩进行了三年研究，那里出露的是蛇绿岩组合的下半部岩石，他虽然积累了一些经验，但并没有意识到它们的成因，没有想到它们是在同一个环境中形成的，并且被搬运到了另一个环境中。和大多数地质学家一样，他认为它们是岩浆岩，是从希腊地下涌出的岩浆形成的。打开塞浦路斯的地质图，他看到所有辉绿岩岩脉都朝同一个方向延伸；他在剖面底部看到了由地幔岩石变成的蛇纹岩，在剖面顶部看到了玄武岩成分的枕状熔岩。这时，他的思想产生了飞跃。他在弗雷德·瓦因面前打开地质图说：“这是不是很像在扩张中心形成的大洋地壳？”

在科学界，这种直觉的灵光一现由来已久，对蛇绿岩来说，已经有近一个世纪的历史了。到了19世纪80年代，地质学家们开始思考蛇纹岩、辉长岩、辉绿岩和玄武岩这种常见岩石组合的成因。在《地球的面貌》这本书里，维也纳的爱德华·修斯把这些岩 492
石组合叫作“绿色岩石”，指出它们特征很明显，可以在山脉的褶皱断层带中找到。他说，它们是在后来形成山脉的地槽中形成的。

穆尔斯在1967年读德文书《斯坦曼》时，发现了一个值得一提的历史故事。1892年，德国地质学家古斯塔夫·斯坦曼访问旧金山时，伯克利大学的安德鲁·劳森带他到还没有金门大桥的金门海峡北侧，参观了马林县的岩石。斯坦曼曾在亚平宁山脉和阿尔卑斯山上考察，注意到蛇纹岩、枕状熔岩和放射虫硅质岩总是以这种顺序向上排列着。现在他在马林看到了同样的组合，同样的次序，他对劳森说："这些岩石都是一样的。"那里有坚硬的红色硅质岩悬崖，还有枕状熔岩。在旧金山一侧的海峡岬角是蛇纹岩。斯坦曼评论说，由于硅质岩在地层学上位于层序顶部，所以整个组合一定是来自深海的。1905 年，斯坦曼发表了一篇权威性研究报告，指出这三种岩石类型恒定地组合在一起，穿越了阿尔卑斯山。这三种岩石的组合在科学界被叫作"斯坦曼三位一体"。

德国气象学家阿尔弗雷德·魏格纳在 1912 年提出大陆漂移假说以后，没有人把这个假说和"斯坦曼三位一体"联系起来。在差不多 40 多年的时间里，这两种观点都被堆放在科学殿堂的旮旯里，没有人能想到魏格纳的观点将来会发展成为一种公认的科学理论构架，也没有人能想到作为"斯坦曼三位一体"高级版本的蛇绿岩终将成为世界板块构造史的一个重要章节。

当然，这期间的确还是出现了一些新思想的萌芽。1936 年，普林斯顿大学的哈里·海斯在莫斯科发表了一篇论文，把阿尔卑斯型橄榄岩和岛弧联系起来，并且说这是他"对蛇绿岩问题的一个贡献"。就是这个海斯，后来在 1960 年发表《海洋盆地的历史》一文，介绍了海底扩张理论，并且开始讲述新的构造故事。不过，1936 年时，蛇绿岩的问题是多方面的，大多数地质学家并不接受这种不同的岩石组合，也有极少数人问了一些根本性的和那时没有办法回答的问题：这些岩石是在它们形成时的位置上吗？如果不是，它们是从哪里来的？又是怎么样移动的？橄榄岩在蚀变过程中变成了蛇纹岩，现在被认为是地球表面发现的所有岩石中来源最深的岩石，被认为是地球地幔的岩石，对这种看法没有什么人表示反对。海斯研究了阿巴拉契亚山脉的两个阿尔卑斯型橄榄岩带。 493
他断言，它们不是在现在的阿巴拉契亚山脉下以岩浆形式出现的火成岩的变种，而是在更早期侵入到地槽边缘的岩石。海斯接着说，橄榄岩似乎是在造山运动的最初阶段侵入的，而不是后来侵入的。他说，当它们在不断上升的山脉中出现时，它们是冷的、完整和坚固的，换句话说，它们是构造侵位的。海斯实际上是描述了一个大陆和一个大洋俯冲带之间的碰撞，但在1936年时他自己并不知道这些。用穆尔斯的话来说："如果说，有人用错误的理由推导出了一个正确的结论的话，这是我所知道的一个最好的例子。海斯说，这是阿巴拉契亚山脉形成过程中最重要的事件，这种'岩浆侵入'发生在奥陶纪。没错，是奥陶纪，但起作用的不是岩浆侵入，而是板块构造。"

到1955年，冷战时期的海洋勘探计划迅速积累了大量数据，斯克利普斯海洋学研究所的拉塞尔·莱特和哥伦比亚大学的曼赖斯·尤因第一次根据地震波折射资料描绘了大洋地壳。在任何地方，大洋地壳似乎都是一种组合体，是一种熔化过的集合体，通常能分成三个条带。

德国地质学家 W. P. 德罗威尔是第一个意识到在阿尔卑斯山脉稀薄空气中出露了地幔岩石的人。在1957年的一篇论文中，他说阿尔卑斯型橄榄岩似乎是固体侵入体，它们有变形的结构，它们似乎是从地幔中上来的。对他说的“固体侵入体”，你可以读成“从其他地方移动过来的”，在它们的变形结构中，你可以看到它们确实已经被移动了。但是，没有人能说清楚它们是怎么样被移动的。

1959 年，让·布鲁恩绘制了马其顿武里诺斯蛇绿岩杂岩的地质图，并且发表了一篇法文摘要，把蛇绿岩和大西洋中脊进行了比较。他是有史以来第一个指出在高山上空气中暴露的蛇绿岩和大洋中脊的地壳很相似的人。他把蛇绿岩质岩石和从大洋中挖出来的岩石进行对比。所有这些论文都是在海底扩张被认识到之前发表的，但是没有人注意到布鲁恩的工作。不过，正是布鲁恩把斯坦曼三位一体和蛇绿岩序列带出了地槽的王国，把它们放进不断扩张的海洋中心。

在接下来的 9 年里，也就是从 1960 年到 1968 年，涌现出 20
494 多篇科学论文，讲述了板块构造的故事：板块本质上是刚性的，它们在边界处会变形；所有板块上都有大洋地壳，而且通常都有大量的洋壳，大陆块只是板块上的乘客；新的海底从一个扩张中心移动开，一直移动到它进入一个海沟被消耗掉；板块间相互发生走向滑动时，是以零星跳跃的方式进行的，会造成地震，比如在旧金山；大洋地壳和大陆地壳发生碰撞时，可以翘起来形成山脉，比如安第斯山脉；大陆地壳和大陆地壳发生碰撞会形成喜马拉雅山脉、乌拉尔山脉、阿巴拉契亚山脉和阿尔卑斯山脉。

尽管这些新奇的事实对大多数人来说还是未知的，但在 20

世纪 60 年代初期的马其顿，穆尔斯对奥林匹斯山以西约 48 公里的武里诺斯杂岩的岩石学和结构已经很熟悉了。尽管布鲁恩对这块杂岩进行了描述，并发表了他的想法，穆尔斯还是认为武里诺斯杂岩是原地生长的，用他的话说，是“一个部分熔融的底辟团块”。底辟是一种岩石体，像气球一样从地壳中上升，挤进它上面的围岩里。哈里·海斯是穆尔斯的导师之一，去希腊指导他的工作。海斯那时候正在放弃地槽理论，像蜕变中的蛇一样，正在蜕掉旧地质学这张旧皮。他认为，武里诺斯杂岩是在海洋环境中形成的，可能是在一个扩张中心形成的。穆尔斯却依然固守着他的老师们所教的东西，其中也包括海斯以前的教导，穆尔斯认为，海斯一定是疯了。

穆尔斯的保守观念是可以理解的，要知道，那个时候，全美国都普遍对蛇绿岩的概念采取一种漠视态度。当时，斯坦福大学的一名研究生在离校园不远的地方进行实地考察，认为那里的沉积物是盖在一块蛇绿岩杂岩体上，然而，地质系特别告诫他，禁止他在博士论文中使用“蛇绿岩”一词。教授们解释说，“蛇绿岩”是欧洲的野路子，显然是错误的，而且，无论如何在加利福尼亚州是不适用的。

1966 年，当穆尔斯第一次看到塞浦路斯的地质图时，海底扩张的概念得到了认可。穆尔斯和瓦因准备去塞浦路斯看看，但不得不等等，因为这个刚刚成立六年的国家政治局势还很紧张。他们在 1968 年和 1969 年去那里进行了考察。证据是令人信服的，
塞浦路斯基本上就是一块大洋地壳，是以某种方式从海底推上来 495

的，现在已经暴露在地表。穆尔斯和瓦因的论文对从那以后所有对大洋地壳的理解发生了重大影响，这是把蛇绿岩确定为洋底残余物的第一篇论文，提出大部分蛇绿岩都是由海底扩张过程形成的。从在海水中冷凝的熔岩到地幔岩块，这种奇怪的岩石组合在大陆环境里很难解释，现在可以看到，它们并不是普通的火成岩组合，而是在地貌发生史诗般巨大变化的过程中，从一个地方移动到另一个地方的构造运动的杰作。

1969 年底，在加利福尼亚州的太平洋丛林市召开了一个彭罗斯会议[1]，关于"新全球构造的意义"的主题吸引了来自世界各地的构造地质学家。斯坦福大学的威廉·狄金森拆解了"地槽"旧楼，把拆下来的部件安装在"板块构造"大厦的不同地方：碰撞带、岛弧、深海平原、混杂岩带、海沟、转换断层，等等。穆尔斯认为这次会议是"地质学的分水岭，通过这次会议，人们才真正开始意识到板块构造的重要性"。听了狄金森的话，他想到了他在内华达山脉和海岸山脉看到的所有蛇绿岩和火山岛岩石，他突然想到，这些山脉系统可以理解成岛弧加积的产物。蛇绿岩到达的时间可以用来标记连续造山过程中发生的事件。用他的话来说："一旦认识到蛇绿岩的侵位过程，你就能用这种过程去解释美国西部的构造历史。我这个念头是在 1969 年彭罗斯会议的最后一天早上冒出来的。我马上把它写下来了：'这个思想可以用来解释优地槽和

1 彭罗斯会议是 1969 年由美国地质学会发起的，以赞助人 R.A.F. 小彭罗斯的名字冠名，是小型的非正式国际性地球科学学术交流会，每年在世界各地举行至少一次，会议主题均为全球地球科学研究中的关键性和前瞻性问题。

冒地槽的逐步发展演化，可以解释你在北美洲西部见到的渐进造山过程，可以把它解释成一系列岛弧杂岩和大陆发生了碰撞，那些岛弧杂岩就是我们现在说的地体。’我这个念头让我兴奋得好几天都坐不下来。不是好几天，是好几个星期，我回到戴维斯后还感到热血在沸腾。”没多久，他给《自然》杂志投寄了一篇论文。它在 1970 年发表了，是用板块构造理论解释加利福尼亚是经板块碰撞形成的第一篇论文，也是讲述在北美洲板块范围内曾经广泛发生过这种碰撞的第一篇论文。

加利福尼亚州的大部分是由一群海洋岛屿集合和拼贴起来
的，这个想法既是一个古老神话的回响，也是一门科学的发展。至 496
少 2000 年来，人们总是用一种想象的力量来描述某些还没被发现的岛屿，最终，这种现象演化成人们的信仰。在中世纪和文艺复兴时期，这类岛屿出现在全球地图上，当航海经验表明这些岛屿并没有出现在地图上它们应该出现的地点以后，画图的人又把这些岛屿移到了新的地点，那里的海域还没有人去过，例如：幸运岛、西博拉的七座黄金城、失落的亚特兰蒂斯，等等。加利福尼亚就是这样一个岛屿，是大西洋西部的一个理想国度。1508 年出版的西班牙浪漫小说《艾斯普兰丁历险记》里有这样的描述：

那么，你要知道，在印度群岛的右手边有一个岛，叫加利福尼亚，离陆地天堂很近，那里住的都是黑人妇女，她们中间没有一个男人，因为她们的生活是亚马孙人的生活方式。她们身强力壮，勇猛有力。她们的岛是世界上最坚固的岛屿，有陡峭的

> 悬崖和岩石突兀的海岸。她们的手臂上挂的都是金子，她们驯服的野兽配备的骑具也是金的。因为在整个岛上，除了黄金，没有别的金属。

这里说的野兽是格里芬怪兽，又叫狮鹫，长着狮身、鹰头和鹰翅膀，女人们骑着它们在空中进行战斗，她们把格里芬当作刚学会飞的小鸟来骑。她们把来到这儿的旅行者和她们自己的男婴当食物喂给狮鹫。统治加利福尼亚的是“强大的女王卡拉菲亚……是她们中最美丽的人，正值花季年龄”（译自爱德华·埃弗雷特·黑尔，1864 年）。

加利福尼亚大学戴维斯分校有一位古生物学家，叫詹姆斯·W. 瓦伦丁，他注意到了新的大地构造学说，绘制了一条海洋无脊椎动物家族在显生宙时期的分布曲线，也就是在过去 5.44 亿年以来的兴衰史。他看到生物的多样性有暴增到下降，再到增加的变化趋势。他想，如果世界上的很多小陆块都分布在离赤道不远的地方，人们会期望生物的多样性很高，如果大陆块碰巧聚集在一起，尤其是如果它们聚集在极点周围，生物的多样性应该很低。一张典型的瓦伦丁图显示，大陆架上的生物在前寒武纪晚期和寒武纪早期的多样性程度很低，在中古生代时期达到一个高水
497 平，在二叠纪末骤然大幅度降低，然后再次上升。瓦伦丁把他的图表拿给穆尔斯看，并且说：“我想知道，你能不能从大陆漂移和陆地重新分配的角度来解释这些动物多样性的分布形式。”

他俩的这次讨论结果产生了两篇由瓦伦丁和穆尔斯合作撰写

的论文，一篇发表在《自然》（1970 年）上，另一篇发表在《地质学杂志》（1972 年）上。第二篇论文的题目是“全球构造和化石记录”。大陆漂移学说一直隐含着一个概念，说有一个先期存在的超大陆，魏格纳把它叫作“泛大陆”[1]。毕竟，如果现在的澳大利亚、非洲、美洲以及欧亚大陆是从它们之间明显契合的地方相互分开的，它们在原先的地方一定是连在一起的。根据最新确定的岩石圈板块运动矢量，这个“原先的地方”是两亿年前的一块超级大陆，那时，泛大陆开始分裂成劳亚大陆和冈瓦纳大陆。这两个“次生的地方”进一步分裂，形成了现在地球的海陆分布轮廓。瓦伦丁的生物多样性形式和板块构造的这个故事是一致的：大陆分裂成的陆块数量越大，化石家族的多样化程度就越大。穆尔斯看着泛大陆上那些早在分裂前就存在了几亿年的造山带。如果这个新理论起作用，那么，它应该不仅能解释泛大陆分裂以后的故事，也应该能解释它分裂以前发生的故事。渐渐地，他重新组合起了古生代的大陆和前寒武纪的大陆，也就是说，他不仅重建了那些聚集在一起形成泛大陆的大陆块，而且重建了那些分裂成这些大陆块的更早期的超级大陆，这个超级大陆是以前从来没有人想过的。穆尔斯和瓦伦丁把这个超级大陆叫作“原泛大陆”，或者叫“泛大

1 原文是 Pangaea 或 Pangea，是魏格纳于 1920 年版的《大陆和大洋的成因》中首次使用的术语，指石炭纪时存在的超级大陆块。该词来自拉丁文，Pan 意为完整的、所有的，Gaea（盖亚）是希腊神话中的大地女神，又拼写成 Gaia。中文的译名“泛大陆”采用音译和意译并用的方式，Pan 音译为“泛”，Gaea 意译为大陆。近年来国内地质学界出现了“盘古大陆”的译法，是把 Pangaea 的译名更汉化了，既有近似的汉语发音，又有盘古开天地的寓意。

陆前一辈”。在更广泛的范围里，科学界叫它“罗迪尼亚”超级大陆，这个词来自俄语，意思是“祖国”。由于地体的聚集和分裂在本质上似乎是周期性的，在“罗迪尼亚”存在以前一定还会有别的超级大陆，谁知道会有前多少辈呢。这个新理论就像是一个作曲家在脑子里形成的一个富有创造性的系列作品，它听起来有点儿超前，但并不是所有听到的人都喜欢。那篇“全球构造和化石记录”论文是为了演示大陆漂移是怎么样影响生物进化的，谁知道，它却“成功地”激怒了不少地质学家和古生物学家，这些人认为，穆尔斯和其他那些“板块娃”们忽略了像洋流这样极普通的现象，他们急急忙忙地把地质选美中的各个华丽场面写进板块构造模
498 式里。但是在 1978 年，加拿大能源矿产和资源部的帕特里克·莫雷尔和泰德·欧文提出了“泛大陆前一辈”曾经存在的古地磁学证据。

穆尔斯和瓦伦丁还意识到了板块构造历史和海平面升降历史之间的关系。穆尔斯解释说：“如果你看一下美国中部大陆等克拉通上的地层记录，你会看到海平面极高的时期（那时大陆几乎全被淹没了），以及海平面极低的时期。这有没有可能和大陆漂移有关系呢？我们设定一个海水深度平均的海盆，如果加上一个有一定体积的热的扩张洋脊，你就会减小海洋盆地的体积，迫使水上升到大陆上。相反，如果洋脊由于某种原因死去，失去热量，并且塌下去，或者以其他方式消失，你就会增加海洋盆地的体积，海水就会从大陆上排出去，进到海洋里。这样，海洋的海侵和海退似乎指示了海底扩张是不是在进行。其他人在我们之前就做过这方面的

工作，但我们把它向回推演到寒武纪和前寒武纪的衔接时期。在地质记录中，你可以看到前寒武纪晚期的大规模海退，然后是寒武纪和奥陶纪的海侵，再往后是二叠纪到三叠纪的海退，再后面是白垩纪的海侵。前寒武纪晚期的海退跟超级大陆‘泛大陆前一辈’的形成正好吻合。当它发生分裂时，在很多地方形成了扩张中心，结果就发生了寒武纪和奥陶纪的海侵；当分裂出的那些小陆块重新聚集在一起时，出现了二叠纪到三叠纪海退；当它们再次分裂时，出现了著名的白垩纪海侵，当时科罗拉多被淹没在水下。”

巴布亚地质调查局的休·戴维斯发表了新几内亚的横剖面图，显示一块巨大的蛇绿岩向北倾斜。印度—澳大利亚板块就像一辆铲车，把这片太平洋地幔和地壳掀开了。纽芬兰纪念大学的蛇绿岩专家罗伯特·史蒂文斯、约翰·莫尔帕斯和哈罗德·威廉姆斯把纽芬兰的一系列蛇绿岩描述为一个岛弧的残余物，这个岛弧在奥陶纪时期和北美洲发生碰撞，引发了塔康造山运动。加利福尼亚大学圣克鲁斯分校的伊莱·西尔弗在印度尼西亚工作，他在那里追踪到一块大型蛇绿岩侵位到一片淹没的微大陆上，向北进入一个海洋盆地。

这些研究一直在世界各地进行着，他们都遇到了同一个问题： 499
“从蛇绿岩中能够推断出什么样的古代地理呢？”各式各样的精彩推论层出不穷。蛇绿岩套似乎不仅能详细地指明大洋岩石圈的形成过程，而且还能记录板块的碰撞过程，这个碰撞过程中的所有其他证据早已经消失了。消失的海洋被复原了，消失的板块被推断出来了，就像大陆被分裂解体以后又被复原重建了一样。在寒武纪至泥盆纪时期，在今天大西洋的位置上曾经存在过一个或多个海洋，这个或这些海洋盆地从北向南逐渐关闭，在今天乌拉尔山脉的位置上，曾有一个海洋，它在二叠纪时彻底关闭消失，使泛大陆的聚合最终完成。太平洋板块是现在世界上最大的板块，但在二叠纪时并不存在，那时有一条扩张脊，向西不断延伸扩展，到三叠纪晚期至侏罗纪早期时，已经把泛大陆分裂成了两半，北边的成了劳亚大陆，南边的成了冈瓦纳大陆，中间新张开的大洋是特提斯洋。最早期的中大西洋是特提斯洋的一部分。随着海洋的开开合合和大陆的逐步演化，一条又一条的岛弧被拢在一起，聚合成更大的陆块，这个故事可能表明，地球上开天辟地以来的第一块陆地是由岛弧加积形成的，而那时候，地球上只有一个包围着全球的海洋。

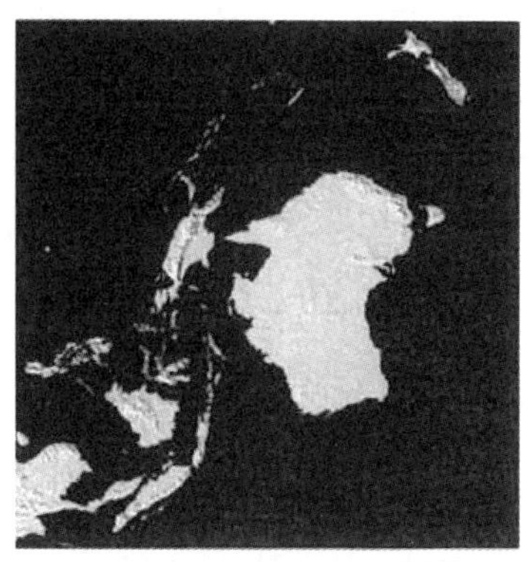

图 4-6　澳大利亚和印度尼西亚很像中生代时的美洲大陆西部

500 在板块构造理论诞生之前，地质上有很多事情都是朦朦胧胧的，有很多现象让人难以理解，而蛇绿岩成因的发现让人豁然开朗，就好像你家有一块石头，当门挡用了25年，忽然有一天发现，那竟然是一块加冕石[1]。这一切，突然间就发生了。例如，斯坦福大学博士论文中那个提都不让提的概念，现在正在帮着讲述加利福尼亚的故事，而这个故事以前是人们是没办法理解的。穆尔斯在反思这一点时曾对我说："加利福尼亚所有的增生弧和混杂岩都来自西边的大海，如果说这个故事听起来很神奇，那就去看看西南太平洋的地图，看看澳大利亚和印度尼西亚现在的关系吧。"

由于人们对陆地上发现的蛇绿岩套有了新的关注点，也就是它的完整性，人们开始实测海洋岩石圈的实际厚度，一点一点地从上到下分层测量，从而可以和地震波折射的资料进行清晰的对比。蛇绿岩序列是在扩张中心形成的，在那里它大部分是液态的，并且受热膨胀，在它逐渐漂移远离扩张中心的过程中，它会逐渐冷却，并且变薄，经过200万年和1100多公里的旅行后，它成了一个地理位置很深的冷板块：

几十米厚的海洋沉积物漂落下来，盖在很深的冷板块顶上，在这些沉积物下面是

1公里左右厚的枕状熔岩，在熔岩下面是

1 原文是Stone of Scone，在英国被称为"加冕石"，几百年来一直在英国君主加冕礼中使用，最后一次使用是在1953年伊丽莎白二世加冕的时候。地质学家证明，这块石头是一块泥盆系老红砂岩，是在英格兰珀斯附近的斯昆（Scone）开采的。据说这块加冕石于1296年由爱德华一世作为战利品从珀斯的斯昆修道院运到了伦敦的威斯敏斯特大教堂。1996年，英国政府决定把这块加冕石返还英格兰，并不再在加冕礼上使用，当年11月30日举行了正式交接仪式。

1公里左右厚的席状岩墙群，在席状岩墙下面是

1公里左右厚的深成岩，有斜长花岗岩、辉长岩等，在这些深成岩下面是

1公里左右厚的堆晶岩，矿物晶体沉淀下来，成层地堆积在岩浆房的底部，这里就是——

莫霍面——

在莫霍面下面是1公里左右厚的地幔岩，一些地幔岩已经在扩张中心熔化了，一些地幔岩是橄榄岩，还保持着它原始的固态，如果有水和它发生反应，就会形成蛇纹岩。

当穆尔斯在戴维斯分校向一群大学五年级生讲解蛇绿岩时，给他们画了海底剖面的草图，就像给我画的一样，简化了垂向的顺序，给了他们一个理想化的海底岩石柱，和上面那个很相似。这个岩石柱不仅仅是一个有用的模型。总的来说，它是很准确的。但作为一种描述，它的包容性还不够大，跟说“赫尔曼·梅尔维尔写了一本小说，是一个关于独脚疯子报复性地追捕鲸鱼的故事”差不多。尽管海洋岩石圈在全世界都很年轻，而且它的重复性很引人注
501 目，但它并不像上面的概述那样简单。用穆尔斯的话来说：“蛇绿岩是在扩张中心形成的，那里有热流体在混合，在冷却，等等。我们不是在描述界线清楚的沉积岩层，蛇绿岩序列各部分的接触是渐变的。而且，蛇绿岩的类型也很多，有的来自岛弧后面的盆地，有的来自岛弧前面的盆地，有的来自扩张中心和转换断层交会的地方。海底还会有‘风化作用’。蛇绿岩序列的一部分会被侵蚀掉，

更多的沉积物会沉积下来，结果，在海底岩石中会出现间断，就像陆地上沉积的岩石中出现间断一样。在意大利的蛇绿岩中就没有辉绿岩，也没有辉长岩。蛇纹岩中出现了很多方解石，被称为‘蛇纹大理岩’，是很漂亮的白色、绿色和红色混杂的岩石，是很昂贵的建筑石材。在厄尔巴岛的确有一些辉长岩，但是在意大利没有席状岩墙组合。很显然，意大利的蛇绿岩是在一种不同的海洋环境中形成的。那种环境究竟是什么样的？现在还不是很清楚。正如地球物理学现在告诉我们的那样，海洋地壳并不是一个简单的三层结构。地球物理学家还给不出一个到处适用的模型。大自然看上去总是杂乱无章的。”

我们曾经去塞浦路斯进行野外实地考察。有一天，穆尔斯把我们带到一个他以前从没到过的露头上，在那里进行了较长时间的详细观测，辨认出了一个岩浆事件的序列，其中首先形成的是层状辉长岩，然后，是斜长花岗岩的岩床侵入到辉长岩的下部，这跟通常的次序刚好相反。“这提醒我们不要简单地去按图索骥，不能拿蛇绿岩的模式图去野外找石头，”他说，“在模式图中，层状辉长岩在斜长花岗岩的下面，但在这里我们看到的是斜长花岗岩在层状辉长岩的下面。斜长花岗岩是后来形成的。地球上发生的事并不是按照模式图的规定发生的。”

不是为了让我更迷惑，而是为了让我看清楚眼前这个真实的实例，他画了一个他所说的“一个扩展的蛇绿岩组合”，我把这个精细的图形画在我的手心里。他不断重复着蛇绿岩柱状剖面的模式图，然后添加上足够的细节，展示出大洋底真实岩石的复杂性。这张扩展图我可能读过一次就忘了，但至少我感觉到了大自然现象的纷乱，从而感受到了科学的本性。

在陆地上发现蛇绿岩的地方，你可能会在序列的顶部发现海相浅水石灰岩，这表明蛇绿岩曾经出露在浅海中，你甚至可能会看到蛇绿岩被红土覆盖着，表明蛇绿岩被大陆边缘抬升后长时间暴露在空气中，顶部风化形成了红土型土壤。

502 漂落到移动岩石圈板块上的深水沉积物可能是白垩土（如在塞浦路斯），或者可能是火山产物（如在斯马特维尔地块），或者是硅质岩（如在意大利或希腊）。它们会告诉你关于岩石圈在大洋中移动所经过的环境。

在块状的枕状熔岩下面是

更多的枕状熔岩，被辉绿岩岩墙贯穿，这些岩墙是在熔融状态侵入的，有足够的压力继续穿过

块状的席状岩墙带。如果蛇绿岩是一种动物的话，这些原本垂直的层理就是它的大脑。把这些作为一个整体，它们是海底扩张的长度计量尺和时间计量钟。当每一条新的岩墙被强行挤进这套杂岩时，海底就扩张了那么多。每隔 50 到 100 年就会有新的岩墙侵入，它们通常会把先前的岩墙从中间劈开。这些岩墙的平均宽度大约是 70 厘米。它们真实地记录了大洋岩石圈的分期性持续扩张，这和地球物理学家的算术概念形成鲜明的对照，他们认为，海底扩张是以每年几厘米的速率连续进行的。

斜长花岗岩中有大量辉绿岩脉，这些岩脉也是席状岩墙

> 的供应者，在各种各样结构的辉长岩中也有大量辉绿岩脉，层状辉长岩一般都呈现出旋回性：斜长石和辉石层堆积在橄榄石和辉石层上，其中会掺杂一些斜长石晶体，有时是橄榄石和斜长石晶体；它们会堆积在含一些铬铁矿的橄榄石晶体层上，这种堆晶层叫作“纯橄岩”。当在一个路旁剖面上出露了蛇绿岩时，或者一整座山上都出露了蛇绿岩时，你不要指望你能马上识别出所有这些组成，但至少要记住，在这个蛇绿岩带内部的某个地方是地球物理意义上的莫霍面——在这个蛇绿岩带的底部是岩石学意义上的莫霍面。

两个莫霍面？我得打断他了。怎么会有两个莫霍面？莫霍面， 503
正如五年级的学生告诉你的那样，是地壳结束和地幔开始的地方，在海底向下 5 公里深的地方，在大多数大陆地表向下 35 公里深的地方，而在山脉下深达 60 公里的地方，在深深漂浮的山根下。莫霍面是一个地球物理学术语，克罗地亚地震学家安德里亚·莫霍洛维奇在 1909 年首先发现了地壳和地幔的边界，为了纪念他，就把这个边界叫作“莫霍面”。当地球物理学家检查他们的自动记录线条图时，在这种像头发丝一样凌乱堆砌的线条图上，他们看到了莫霍洛维奇所看到的界面。他们看到地震波在穿过富含橄榄石的堆晶层时会加快速度，他们认为，这里就是从地壳变化到地幔的界面。地质学家是在地理环境中观察蛇绿岩的，看到富含橄榄石的堆晶层下面有地幔物质，意识到是地幔向它上面盖着的岩石提供了橄榄石，而这个橄榄石堆晶层不分青红皂白地加快了地球物理学家的地震波速度。在富含橄榄石的堆晶层下面，地质学家看到了他们认为的从地壳到地幔的真正转变，他们把这里叫作“岩石学莫霍面”。地球物理学家则坚持认为，尽管岩石的性质是这样的，但他们的仪器不会出错。然而，穆尔斯说，要记住，莫霍面的意思是“莫霍不连续面”，而地震不连续面当然就是地球物理学家所说的那样，是地震学上的不连续面，是记录在纸上的；但是，地壳和地幔的真正边界是记录在岩石里的，比地震不连续面要低一些。在这种情况下，大自然并不是杂乱无章的，大自然并不困惑，是科学家困惑了，至少目前是这样的。这就像早期的地图绘制者们拼凑地球表面图像一样，地质学家和地球物理学家现在正想办法对地球深处某个地方画像，而这个地方就是莫霍面，是人类永远也看不到的地方。莫霍面作为地球的特征就像苏格兰断崖或设得兰群岛一样，当苏格兰断崖和设得兰群岛在其他地方是其他的岩石时，莫霍面是地球的特征，将来当苏格兰断崖完全崩解了，设得兰群岛沉入海底了，莫霍面也仍然是地球的特征。这两个莫霍面就像一个照相机上分开的测距仪正在相互接近。这两个莫霍面就是一条画得不完美的边界。

> 在蛇绿岩序列中，莫霍面之下一千米左右厚的地幔岩是橄榄岩，这是一种以橄榄石为主含有少量辉石的岩石的总称。根据岩石中辉石种类和数量的不同，这些橄榄岩分别被叫作方辉橄榄岩、二辉橄榄岩和纯橄岩，如果水进到橄榄岩里，就变
> 504 成了蛇纹岩。以固态原始形态移动的橄榄岩叫作构造岩，可能

一直会延伸到岩石圈板块的底部。马其顿蛇绿岩是现今大陆上能测量到的最厚的地幔岩块之一，从顶到底大约有七公里厚，它虽然重量相当可观，但已经从大洋海底被抬升到蓝天之下。

在地球科学的这个年轻领域里，两个莫霍面的争论并不是唯一的战场。由于蛇绿岩不仅在大洋中脊发育，而且在和岛弧相关的小型扩张中心也有发育，有时还会沿海洋中的转换断层发育，因此，关于蛇绿岩起源的争论可能会很激烈。人们相当一致地认为，斯马特维尔蛇绿岩和外来岛弧的到来有关，而纽芬兰岛的岛湾蛇绿岩套是在大洋扩张中心形成的。穆尔斯认为，塞浦路斯蛇绿岩是在大洋中脊形成的，但大多数蛇绿岩专家却不这么认为。在一些人看来，意大利的蛇绿岩缺失了一些部分，但其他人并不是这样想，而是认为它是大洋转换断层的碎片。新几内亚的巴布亚蛇绿岩很复杂，在一些研究者看来，它们不仅有来自大洋中部扩张中心的，而且还有来自一条岛弧后面的盆地的。

穆尔斯说，把蛇绿岩作为扩张机制的模型比把它作为形成环境的遗迹更重要些。形成和侵位之间经过的时间可以用各种方法去测量，测到的平均时间间隔是3000万年，有些人认为，如果世界上大多数蛇绿岩都来自大洋扩张中心的话，它们移动了3000万年就侵位到大陆上，这似乎有点儿太快了。一些人因此认为，大多数蛇绿岩是在大陆附近形成的，例如，弧前或弧后盆地。穆尔斯说，他和这些人没有可以进行争论的证据，但他坚持认为，大洋中脊形成的蛇绿岩有足够的时间漂移到大陆上。地质学家们对扩张中心下面的岩浆房也有不同认识，这些岩浆房究竟是长时间持续地存在，还是间断性地存在？是一个岩浆房完全结晶后，又有新的岩浆房出现，然后再结晶吗？还有，他们首先想知道的是，为什么只有少数蛇绿岩的年龄超过了 10 亿年，而地球本身的年龄是
505 它们的 4.6 倍。对于过去的 10 亿年，他们可以复原出大陆的构造历史，大陆形状的变化，早已消失的山脉的崛起，这些过程留下了蛇绿岩作为证据。在此之前呢？在早元古代和太古宙时期发生了什么？是什么不同的过程或板块构造以外的东西在进行吗？

关于蛇绿岩是怎么样侵位的长期争论为研究者们提供了一个更迫切的讨论焦点。1971 年，美国地质调查局的 R. G. 科尔曼提出，在大洋地壳滑入海沟并俯冲到大陆之下的地方，有一部分地壳，也就是蛇绿岩，会被削去顶部，最终停留在大陆的边缘。他把这个过程叫作“仰冲”。1976 年，约翰霍普金斯大学的戴维·埃利奥特认为，岩石根本承受不住强大的构造力，不会像科尔曼说的那样只是削去顶部，相反，蛇绿岩在俯冲带里会被粉碎成无数的碎块，没办法完整地停留在大陆边缘。埃利奥特提出重力滑动的观点，认为蛇绿岩是像雪橇一样停下来的。但是，在它滑动之前必须要有东西先把海底抬高起来，并且先要把它弄成碎块。举个例子吧，是什么能把马其顿的地幔抬升超过 13700 米高的呢？有个被广泛接受的观点出现在他们两人之前，但他俩都没注意到，因为那个观点是一个研究生和一个博士后提出的。1969 年，彼得·坦普尔和杰伊·齐默尔曼提出，当大陆边缘下插到大洋地壳之下，会堵塞海沟，然后靠重力均衡机制把大洋地壳抬升起来，这样

就可能发生蛇绿岩的侵位。

他们从地震数据中认识到，岩石圈板块的俯冲有多种样式，远比人们想象的要多。大洋地壳不仅会扎进大陆块下面，而且还会扎进另一块大洋地壳下面，就像两块地毯重叠在一起，这种情况实际上更常见。下面的板块在熔化后，会上升穿透上面的板块，形成火山岛弧。这些岛弧会随着它所在的板块一起开始移动。板块的移动会发生变化。新的海沟会形成。在弧后盆地中会形成新的大洋地壳。有些岛弧会先朝一个方向走一阵儿，然后朝另一个方向走。比如说，岛弧会把海沟堵塞住，然后走另一条路，形成新的海沟、新的岛弧，而老岛弧的地壳会被蚕食。其中一些地壳可能会残留下来，成为侵位到大陆上的蛇绿岩。马里亚纳弧后盆地正
在扩张，汤加－克尔马代克弧后的劳－阿弗尔盆地也在扩张，南 506
桑威奇群岛后面的盆地也在扩张。印度尼西亚和菲律宾之间有两条海沟，它们正在相互吞噬，如果没有任何阻止，它们会互相毁灭。包括穆尔斯在内的一些人认为，侏罗纪时，加利福尼亚外就有两条同时活跃的海沟，东边的一条向东倾斜，西边的一条向西倾斜，它们在斯马特维尔蛇绿岩侵位的过程中互相毁灭了。在 1983 年 12 月出版的《地质学》杂志上，火山学家亚历克斯·麦克伯尼发表论文讨论了火成岩和板块构造的关系，发现它们之间的联系越来越复杂，在论文结尾处，他对这个研究领域今后十年的前景做了展望。他说："我预感到，火成岩中目前这些困惑将来不会减少，只会增加，会增加到人们做梦也想象不到的复杂程度。"

在他说的这 10 年过去一半的时候，人们认为斯马特维尔岛

弧是在一条转换断层或断裂带中的扩张中心发育的，随后，板块的运动方向和速度都发生了变化。当板块运动发生变化的时候，转换断层可能变成俯冲带或者扩张中心。例如，4300 万年前，太平洋板块的前进方向从正北转向了西北。在帝王海山和夏威夷海山的地幔热点轨迹上，这种变化被记录在那个明显拐弯的地方，由从南朝北方向变成了从东南朝西北方向，拐弯处火山岩的年龄正好是 4300 万年。当原始太平洋中的转换断层全都变成海沟的时候，汤加－克尔马代克岛弧形成了，阿留申群岛和马里亚纳群岛也形成了。类似的事情似乎在 1.6 亿年前发生过，形成了斯马特维尔岛弧。

穆尔斯说，这就是今天的情况，人们就是这样认识世界上的蛇绿岩和它们的历史的。如果我对这些还感到困惑不解的话，地质学家们同样感到困惑，更不用说地球物理学家了。人们花了很长时间才不再把这些东西看作是本地形成的火成岩，而是开始把它们看作是构造迁移的标志。如果说斯马特维尔地体在第三维和第四维标尺上让人感到难理解的话，我至少应该反思一下地表二维空间中事物的复杂性，你看，尤巴城是萨特县的县城，马雷斯维尔是尤巴县的县城，奥本是砂矿县的县城，砂矿村是埃尔多拉多县的县城，而埃尔多拉多是谁的县城呢？谁的都不是。

尽管费力而又无果，但穆尔斯还是提醒我，在内华达山脉高
507 处可能有一块蛇绿岩，无论在哪一方面看，那块蛇绿岩都不像他一直讲述的故事那样简单。那块蛇绿岩在地质学上被叫作羽毛河橄榄岩，实际上是一块巨大的蛇纹岩和一些相关的岩石，我们在荷

兰坪下面的州际公路附近曾经见到过。有一天，我们在那里进入了一个峡谷，峡谷的石壁摸上去很柔滑，颜色像蛇皮一样黑绿相间。羽毛河橄榄岩没有办法去解释，因为它被夹在索诺玛地体和斯马特维尔地体中间，年龄比两边的地体都要古老得多。如果美国西部的这个地区是由增生的地体组成的，当你向西走的时候，经过的地体应该越来越年轻，那么，羽毛河橄榄岩怎么会跑到索诺玛地体和斯马特维尔地体中间去的呢，它在那儿做什么呢？“它的年龄范围是从泥盆纪到二叠纪，”穆尔斯说，“我们不知道它是怎么来的。它在600摄氏度和20公里以下的深处发生了变质。一定是有一次巨大的逆冲作用把它从20公里深处带到地面上来。它东部边界上变形的一些岩石是三叠纪的。它比索诺玛地体更古老，但是侵位比索诺玛地体要晚。它比斯马特维尔地体老，而且在斯马特维尔地体的东面，但是它的侵位却比斯马特维尔地体要晚，谁知道这是怎么回事呢？谁又知道为什么会是这样呢？但肯定也是后来才被构造运动搬运到这里的。我们的故事在讲，有几个地体很有次序地依次拼贴到北美洲大陆上，然后我们发现，羽毛河橄榄岩位于2号地体和3号地体之间，它比2号地体的任何岩石都要老得多，而它的构造侵位比3号地体的拼贴还要年轻。羽毛河橄榄岩在这里侵位时它的年龄已经差不多有两亿年了。那是什么意思？是不是老得有点出奇了？它是先被一个岛弧捕获，然后发生过两次侵位才到这里吗？在它第一次被捕获的时候，它是蛇绿岩吗？如果不是，它还能是什么呢？它包括了蛇纹岩、还没变成蛇纹岩的橄榄岩、变质辉长岩、有不同亲缘关系的其他角闪岩，以及可能的变形席状岩墙。这一切都说明了什么呢？”

在史蒂夫·埃德尔曼看来，尽管它的历史可能令人费解，但它的确是真正的蛇绿岩。埃德尔曼是一个年轻的构造地质学家和大地构造学家，曾在戴维斯分校和南卡罗来纳大学学习。他相信，他已经找到了席状岩墙，所有的讨论都可以终结了。他是一个从来没有走出过内华达山脉的地质学家，然而，正是他提出了这种可能性。1989 年的一天，埃德尔曼在戴维斯下了火车，开始去山里丰富他的野外工作经验。由于那时他还没找到工作，也没有得到科研项目资助，所以没钱坐飞机。他请穆尔斯和他一起去山里考察，我也跟着去了。

508 埃德尔曼的胡子是红色的，看上去像一个准备发球的网球运动员，只不过手里拿的是地质锤。他戴着一顶粉红色的泡沫塑料遮阳帽，穿着水绿色的 T 恤、短裤、阿迪达斯的鞋子，还有带红蓝条的白袜子。我们顺着一条陡峭的峡谷往下走了 150 多米，然后进入板岩溪旁边的一条小窄路，这里距离一些采矿营地很近，有草坪营地、法兰西营地和洋基山营地，更靠近魔鬼门营地。板岩溪是一个光线充足的地方，矿工们已经在那里挖出了十万盎司的黄金。在加利福尼亚州，像这样遥远的峡谷里，最近黄金以一种植物的形式生长出来了，这种植物的叶子就像亨利·卢梭画的那样，长着细刺。为了在全州范围内阻止这种植物的种植，萨克拉门托的政府组织了一场活动，叫“反对大麻种植活动”。缉毒警察说，他们在荒郊野地里搜寻大麻种植基地的时候经常假扮成地质学家。一名来自得克萨斯大学的地质学研究生在北部海岸山脉进行野外调查时被暗杀了，子弹是从后脑勺射进去的，凶手可能是种大麻的人，但一直没被抓住。加利福尼亚州矿产和地质部门有一位工作人员，因为工作的关系经常在内华达山麓地带方圆 8 到 16 公里范围里转悠，进出每个旧采矿营地和森林小村庄的每个酒吧，告诉在场的每个人他在干什么活，在哪里干活。因此，只要他出去干活，无论是在庄稼地里，还是在露头上，见到当地人时，大家都认识他。

对 19 世纪的矿工们来说，很多岩石都叫板岩，板岩溪从美丽的灰色辉绿岩上流过。我得说，这是我在布鲁克斯山脉南部所见过的最清澈的小溪之一。穆尔斯也感到很惊讶，他说，他可以看出“小溪底部岩石中碎斑的剪切指向——这太清楚了”。

这似乎让埃德尔曼感到高兴，但不是显得特别高兴。他请穆尔斯到板岩溪来是想让他帮助看一看，在这些古老的已经经过重结晶和变形的暗色辉绿岩中，是不是还隐藏着原生的侵入层理和冷凝边，这些线索可以指示蛇绿岩组合中的席状岩墙。

穆尔斯在放大镜下没有看到任何让他兴奋的东西，但他很努力地合作着，逆水向上，一个台阶一个台阶地仔细观察。他说：“嗯，这段露头不好。我们得绕过下一个弯。……我想我看到了一些褶皱，这儿有些层。这些岩石可能是辉长岩。”

埃德尔曼似乎加快了脚步。 509

“那儿可能有一个岩枕。”穆尔斯说，抱着希望。但是，要说这些是枕状熔岩可能还有点儿疑问。

现在埃德尔曼一路小跑起来。他说，更好看的东西还在前头，我们还没有走到他想让我们看的露头。在小溪下一个拐弯的地方，他仔细地观察着一个伸进小溪中的大片露头。他说，根据他的判断，这是一组席状岩墙。穆尔斯怎么看？

穆尔斯靠在岩石上，看了一小会儿，又抬起身来，说："好吧，如果你对板块构造坚信不疑的话，这个露头就不属于怀疑论者。"

"这个露头怎么样？"

"嗯，这个比刚才那个露头更有说服力。"

不过，埃德尔曼是对的。我们越往上游走，灰色的岩石就越显露出他想让穆尔斯见证的现象。但是由于受到风化和变形的影响，席状岩墙的层理很不容易辨认。穆尔斯弯着腰一动不动，腰带上露出并排挂着的皮夹子和皮包，他的宽边软呢帽遮住了胡须，似乎他从 1849 年就在那里了。

"我想，霍华德·戴那样的怀疑论者是不会相信这些的。"他说。他提到的人是戴维斯分校的一位变质岩学家。

"是的，我猜他不会相信的。"埃德尔曼说。

穆尔斯说："很幸运，这类人在世界上只有那么一位。"

埃德尔曼说："我知道，从这再往前会越来越精彩。等你真正看到好东西以后再来下结论吧，你会看到一点儿疑问都不会有的席状岩墙。"

再往前走了一点儿，穆尔斯在一处露头停了下来，用放大镜和不用放大镜，看了很久。时间一点点过去，周边唯一的声响便是潺潺的溪流声。最后，穆尔斯说："这个露头不错，可以用来说服霍华德·戴。"

下一个露头更好。穆尔斯仔细看了一会儿。埃德尔曼的脸上充满了胜利的喜悦。穆尔斯说：“这个没问题，这里就是一个冷凝边。还有那个。”看着埃德尔曼的眼睛，他补充说：“不过，我可是板块构造学派的，要说服我是比较容易的。”

又走了几米，又是一个岩石面，穆尔斯说：“如果你是一块蛇 510
绿岩，把你带到600摄氏度高温里和20公里深处，你可能就会变成这样。如果这不是一个岩墙群，那它还会是什么呢？我的回答是，没有别的可能了。”

埃德尔曼说：“这么说，你相信这是魔鬼门蛇绿岩了？”

穆尔斯说：“我相信这是魔鬼门席状岩墙群。”

埃德尔曼：“你高兴吗？”

穆尔斯：“当然啦。”

埃德尔曼：“这是内华达山脉的又一块蛇绿岩。”

现在，很多地质学问题都靠地震波和人造卫星去做了，在打印纸上，在白炽灯下，人们寻找信息，拼拼凑凑。然而，没有一台地震仪，也没有一颗卫星，能像埃德尔曼那样，把地质现象看得那么清晰、透彻。

穆尔斯说：“如果你把日本和它古老的海洋地壳撞到华盛顿州，老地壳会冲到华盛顿的山上，你可能会得到像羽毛河橄榄岩这样的东西。如果这是一块蛇绿岩，它比塞浦路斯的特罗多斯蛇绿岩还要大。它似乎不是索诺玛地体的一部分。它可能是斯马特维尔地体的附属岩块。你不知道它在这里干什么。你只知道它很大，它很重要。”

他说，如果羽毛河橄榄岩给外来地体的故事带来了挑战，那也不错呀，挑战就挑战。北美洲西部边缘的老画面已经消失了，但刚消失不久。目前关于地体拼贴的描述还很新，还需要大量的工作，眼下的成果还需要更多的检验，不值得印在能长久保存的无酸纸上。斯马特维尔地体会不会是先前存在的斯蒂金超级地体的一部分呢？这个超级地体是由几个小地块组装成的一个复合地体，有没有可能在侏罗纪的时候拼贴到北美洲大陆上的是这个斯蒂金超级地体，而不是斯马特维尔地体？或者，所说的“美洲联合板块”是不是分开到达的？“从布鲁克斯山脉向下延伸到不列颠哥伦比亚省中部，进入美国西部，再到下加利福尼亚和哥斯达黎加，大多数蛇绿岩的年龄都是中生代的，”穆尔斯说，“它们似乎代表了某种岛弧复合体，在侏罗纪中期跟北美洲的西部发生碰撞。它们是一个一个地碰上来的还是集体碰上来的？这很难说。你可以选择其中一种可能。我们现在还不能解决这个问题。在碰撞时间上还有差别。似乎布鲁克斯山脉是在白垩纪早期，不列颠哥伦比亚省是在侏罗纪中期，内华达山脉是在侏罗纪中期，再往南走，时间就更年轻了。有可能是一次碰撞，但撞过来的地体边缘很粗糙，凹凸不平。也可能是几个地体分别撞上来的。要说出最终的结论，我们
511 还没有准备好。”

当然，世界上还有些地质学家没有准备好去面对这么多的外来地体。在他们对地体学说的讽刺中透着一股杀气。他们仍然喜欢断言说，他们那些不太保守的同事更愿意去命名一个新的地体，只要岩性发生了变化，只要是在一个地层岩组的边界，就会命名

一个新的地体。事实上，无论在任何地方，无论它多么小，声称某种东西是外来的总是要比找出其中现有和缺失的部分之间的关系更容易。据说，在这些人的地质学中，野外的一片区域就是一个“微地体”，岩石露头就是一个“纳地体”，手标本就是一个“皮地体”，岩石薄片就是一个“飞地体”[1]。

---

1 这里借用了长度单位的字头来表示“地体”的大小，在微米（micro-meter）、纳米（nano-meter）、皮米（pico-meter）和飞米（femto-meter）中，微、纳、皮、飞之间各差 1000 倍。

6

尽管地球外壳的三分之二是由大洋地壳岩石构成的，但对于野外地质学家来说，它实在难以接近，哪怕是要研究从大陆边缘断裂下来的碎片也需要走很远的路，甚至需要长途旅行。穆尔斯为了精进自己的业务专长，从阿曼飞到雅蒲岛，然后飞到火地岛，再飞到巴基斯坦，并经常返回到地中海东部，更多的时候是回到塞浦路斯。20 世纪 80 年代的一个秋天，我正在瑞士工作，当我听说穆尔斯又去塞浦路斯搞地质了，我马上飞到那里去和他会合。

他和我在塞浦路斯的港口城市拉纳卡碰头，然后，我们开车向北走，还不到一小时，我们就坐在饭店里开始从构造上拆解一条大烤鱼了，一边吃鱼，一边喝着塞浦路斯的黑葡萄酒。穆尔斯说，从政治上讲，塞浦路斯是在亚洲，但是从地质上讲，它不属于任何大陆。它在非洲的边上，但不是非洲的。它也不在欧亚大陆上。如果只是按照字面上的含义，塞浦路斯在地中海。在最后一个超级大陆开始分裂很久以后，它的内部形成了新的海岸，包绕着特提斯洋，岩浆从特提斯洋扩张中心喷涌上来，成为塞浦路斯基底的岩石。那时候是在今天的 9000 万年之前，特提斯洋北面是欧亚大陆边缘，南面是非洲大陆边缘，两个大陆边缘离得比较远，大约是现在距离的两倍。它们又继续分离了 1000 万年，然后板块运动发生了变化。

随着北大西洋开始张开，非洲开始向东北方向移动，向欧亚 512
大陆靠拢，直到今天仍然在继续这样运动着。这种运动形成了一系列山脉，包括阿尔卑斯山脉、喀尔巴阡山脉、高加索山脉、扎格罗斯山脉，用穆尔斯的话来说：“一次巨大的变形冲击搅得到处都是山脉。”到了中新世晚期，这在地质学上已经很接近现在了，除了地中海、黑海和里海南部以外，在原来位置上的特提斯洋已经没剩下什么了。

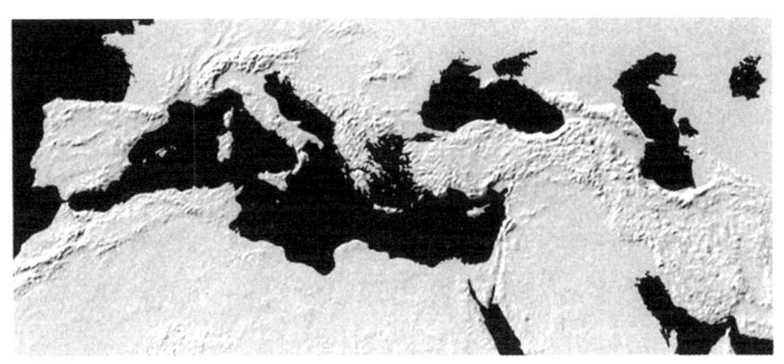

图 4-7　残留的特提斯洋：地中海，黑海，里海，咸海

正是在中新世晚期，非洲撬动了特提斯洋底，并且把塞浦路斯裂解下来。白垩作为干净的石灰软泥沉积在枕状熔岩上，盖住了蛇绿岩，这层厚厚的白垩层中没有任何来自大陆的碎屑物，给了你清楚的证据，表明塞浦路斯是一块来自远方的大洋地壳。

对于能够直接看得见和摸得到大洋地壳这点来说，世界上再没有一个像塞浦路斯这样保存完好的实例了。你可以拿着放大镜趴在它身上看，你可以切下一小块岩石去研究它的剩余磁场，你可以一个带一个带地去描画它的岩石分布图。岛的形状像个蝎子，一只长长的脚伸向 80 公里外的土耳其方向。这只位于岛的东北端的脚是一个长长的低矮山脉，它的地质历史还不太清楚：在某种意义上说，它似乎是增生杂岩，也许是来自“欧亚海”的岛
513 屿碎片的集合，但“欧亚海”本身还是一笔糊涂账，因此，从构造意义上说，它属于土耳其。1974 年，土耳其用武力夺取了它，建立了“北塞浦路斯土耳其联邦”。到目前为止，“北塞浦路斯土耳其联邦”只得到地质学家的认可。这个岛厚厚的主体是蛇绿岩，高度超过了新罕布什尔州的怀特山，这块完整暴露的岩石圈地壳和大陆没有一点儿关系，是独立的塞浦路斯共和国的心脏和本体。

我们每天开车出门，从尼科西亚出发，沿着美索里亚平原去高高的特罗多斯山脉。这片大平原上一棵树也不长，是东西走向的，把岛上最突出的岩石分成两部分。在我们右手方向大约 16 公里的地方是北海岸山脉的低矮轮廓，左前方就是特罗多斯山脉。一条由联合国划定的边界从美索里亚平原穿过，希腊族塞浦路斯人把这条边界叫作“绿线”。土耳其人叫它“阿提拉线”。这条边界线是联合国军事缓冲区，沿线全是联合国的岗亭，就像篱笆桩一样，在美索里亚平原上密密麻麻地排列着，一眼看不到尽头。所有南北向的道路，包括还没铺好路面的道路，都设置了路障，标着醒目的警告和指示标志：“停车！”

在美索里亚平原上，热的感觉就像蹲在篝火旁，而特罗多斯山上全是树荫。在阿勒颇松树下，空气像深水一样凉爽，而且几

乎静止不动。整个山脊都是辉绿岩，风化成银色的刀刃，耸立着，就像好几千张扑克牌站成一队，记录着一千万年扩张历史的每一时刻。那里有白垩岩的悬崖和顶部隆起的枕状玄武岩，在块状黑色辉长岩中可以看到层状堆晶结构。那里有蛇绿岩的山峰，最高峰是奥林匹斯山。在希腊语世界里，有很多很多奥林匹斯山，为很多很多的天神提供了居住空间。地质学家们有一种神圣的天赋：不仅能在天神居住的山脉中看到海洋岩石圈的身影，而且能在塞浦路斯的最高峰看到蛇绿岩序列中最低处的岩石组合，最让地质学家感到欣慰的是，在塞浦路斯这样的地方，蛇绿岩序列中没有任何东西被扰乱。一个锯木工应该能理解这一点，几乎任何一个能从木制品中看到原始树木的人都能理解这一点。塞浦路斯蛇绿岩是一块巨大的大洋地壳板片，弯曲地趴在非洲的大陆坡上。它是垂着的、挂着的、拱形的、有褶皱的，跟达利的怀表[1]有点儿不太一样，但你可以把它想象成那个样子。水进入橄榄岩后
把它变成了蛇纹岩，体积的膨胀把整个组合都顶了起来。然后， 514
侵蚀作用开始了，它在拱形的顶部内发现了蛇纹石，并从顶部和侧面不断地剥落其他物质，直到蛇纹石停留在最高处，蛇绿岩由下向上的序列，变成一层一层连续地沿着山脉向山下延伸，最后到达白垩岩外围的悬崖。穆尔斯在一些高地上敲下几块成层的

1 萨尔瓦多·达利是西班牙超现实主义艺术家，1931 年画的《记忆的永恒》是他的代表作，画面中正在熔化的怀表耷拉在盒子边上，给人继续拉伸、柔软欲滴的感觉，用梦境中的品相和幻觉中的外观表现了世界的神秘和难解。这种柔软变形的怀表多次出现在他的其他作品中。

堆晶岩，地质学家叫它“岩浆中的沉积物”，它们是在辉长岩岩浆房的最深处形成的，穆尔斯竟在里面发现了一些流动的迹象，他说这是“岩浆房中的一条河道”。他一边用锤子敲着，一边说：“这可以告诉你哪儿是上层面。”

我们走在一片石头房子中间，用锤子敲打着墙上的石头，这些房子的房顶是金属的，是用石头压着固定住的。这片村庄的房子都是白色的，有着红色的屋顶，周围是正在成熟的苹果和黑杨，散布在干燥的山地上。我们走进深深的山谷，见到大片的葡萄园，但没有多少树林。从高耸的山脊上眺望，看见山峦像是一个个连在一起的足球场，葡萄园像梯田一样，一阶一阶地迈向天空。在帕莱霍里，我们采摘并吃掉了14串葡萄，比预定的每年新鲜水果的消费量翻了一番。坐在帕莱霍里一棵大树下的桌子旁，我们喝了一杯咖啡，咖啡的味道很好，是用一种黄铜咖啡壶煮的，容量差不多有1及耳[1]。主人送你咖啡时，同时还要送上一杯凉水。“帕莱霍里”是当地话，指古老的村庄。它正好建在席状辉绿岩墙中，壮观的层理很清晰，你几乎能看到它们的横向运动。穆尔斯和瓦因在这个海拔上发现了海底扩张的最好证据。最近，穆尔斯一直在研究特罗多斯的断块。他研究了席状辉绿岩墙的各种倾斜角度，发现海洋扩张中心的裂谷在扩张加宽的过程中往往破碎成块体，相当于一个小规模版本的康涅狄格河谷，或者纽瓦克盆地，或者卡普佩尔盆地，或者盆岭省的西部。

1　英、美制液体计量单位，美制1及耳（gill）折合约0.118升。

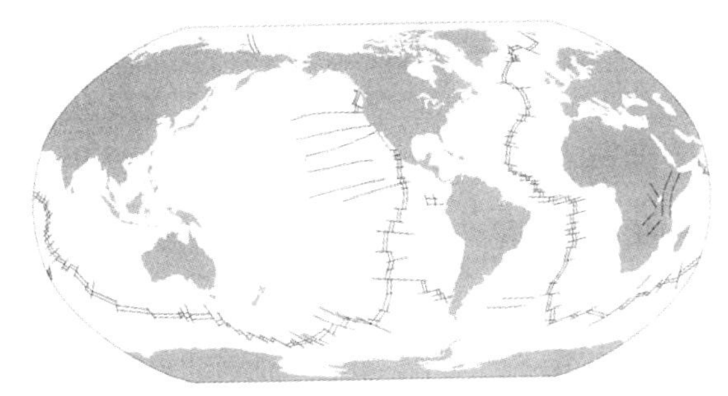

图 4-8 扩张的大洋中脊（双线）和转换断层（单线）

大洋中脊分布在世界各地，就像棒球上的缝线，不是简单的线条，而是摆动偏移的线段。显然，这样一种图案和球体形状是很匹配的。不管怎样，这就是地球的样子，它正在把自己拉开。世界上的洋脊从裂谷跳到转换断层，再跳到裂谷，再跳到转换断层，到处都是这样。裂谷一般有 65 公里长，然后被转换断层错开，也有 65 公里长。穆尔斯在高高的特罗多斯山上发现了这种模式。在 515
路边的一个岩石露头中，他指着一块砂岩说，这些砂岩是在一个深海洼地里沉积的，那里有一条转换断层正好切过了扩张中心。一个牧羊人走过去，身穿一件蓝色的衬衫，头戴一顶柔软的橄榄帽，背上背着一个窄长的棒包。“亚萨斯！”他在山羊的喧闹声中跟我们打着招呼。从他脸上看不出有什么奇怪的感觉，要知道，在他眼前的这两个人都留着希腊东正教牧师的胡子，拿着珠宝商的放大镜，眯起眼睛仔细看着粗糙的岩石。

在一个偏僻的山谷里，我们走进了一个宽宽的箱子形的峡谷，看到了几条约有五米宽的岩脉支脉，它们穿过枕状熔岩向上冲入海洋，形成了更多的枕状熔岩。1968 年，穆尔斯和瓦因在这儿工作时，一位身着西装的塞浦路斯人突然出现在他们面前。他说，他只是出来开车转转，恰巧看到了他们的车停在这儿，他问他们在这儿干什么。他还说，他是内政部部长。穆尔斯和瓦因告诉他，他们正在岩石中钻取小岩芯，用这些圆柱形的样品可以测到古地磁数据。在谈话过程中，他们还告诉他，他们的工作得到了美国国家科学基金会的一部分资助，基金会的总部就设在美国的首都，华盛顿哥伦比亚特区。那位部长很亲切地说："你是想告诉我，是你们政府掏钱让你们到这儿来，在我们岛上钻洞取样的？"他在这儿待了很长时间才弄明白，他们的岛是大海的基底岩石。一年半以后，他遇刺身亡了。

516 斯马特维尔岛弧给加利福尼亚带来了黄金，塞浦路斯似乎用同样的方式给世界带来了铜。"塞浦路斯"的意思就是铜。究竟这个岛是因为有铜才叫"塞浦路斯"的，还是因为这种金属是在这个塞浦路斯岛上被发现才叫"铜"的，这个词源学问题的答案已经淹没在时间的长河里。一天早晨，塞浦路斯地质调查局局长、矿产地质学家乔治·康斯坦丁诺带着我们从尼科西亚出发，向南去一片丘陵地带，那里离一个叫"沙村"的村庄不远。路上全是枕状玄武岩风化成的土壤，他带我们走进一片松林里，树下有一个 12 米深的大坑。就像无数的老矿坑一样，这个坑里也积了不少水。他说这个坑在这儿已经有 4000 年了。康斯坦丁诺长得很英俊，欢快的面容中透着几分忧思，头发微微卷曲成波浪形，五官刚毅，显出一股在舞台上威风凛凛的气质，这些让我把他想象成了一个演员。我把他想象成哈姆雷特王子、亨利五世国王和阿尔奇·赖斯，他和英国的著名演员劳伦斯·奥利弗长得太像了，看着他总让人感觉有点儿怪怪的。说到这个由阿勒颇松围起来的矿坑，他的语调中带着共鸣和崇敬。他说，早在公元前35世纪，塞浦路斯人就已经走进了这片松林和其他类似的松林，并在地表发现了天然的金属铜。松脂融进地下水中，和水中的硫酸铜混合，把铜还原成了金属铜。

当塞浦路斯在特提斯海底扩张时，海水通过裂缝渗进洋壳里，在靠近岩浆房的地方或者从岩浆房里吸收了大量溶解的铜，还有少量的汞、锰、锡、银和金。就像现在活跃在红海和加利福尼亚湾的黑烟筒一样，一股股的热卤水上升穿过塞浦路斯的岩石，把金属和金属化合物沉淀在枕状熔岩上。在古代世界的任何一个地方，人们都会跑到塞浦路斯来购买能制造武器的铜。无数军队的剑、矛和盾牌都是用塞浦路斯的铜制成的。但是，没过不久，树脂还原的金属铜就被开采光了。一千多年过去了，塞浦路斯人才知道，含天然金属铜的那些暗色土壤中还含有大量的亚铜，数量一点儿也不比金属铜少。在塞浦路斯，雨水在人类生活的时间标尺上很少见，但在地质时间标尺上却持续不断，这些雨水带走了土壤中较轻的物质，留下了孔雀石和蓝铜矿这些含铜的矿物，把它们大量地集中在近地表的浅部。20世纪的地质学家把这种金属浓缩过程叫作“表生富集过程”。不知道古人是怎么发现的，如果他们 517
把含亚铜的泥土和一种棕色的土混合起来，然后把它们加热，就会有熔融的铜流出来。他们身边有大量的棕土。这些棕土是锰和铁的氧化物。在今天海底扩张的环境中，棕土正在黑烟筒旁边的枕状熔岩顶上堆积着，形成很大的黑巧克力颜色的圆锥体，就像堆积在塞浦路斯当初新生成的岩枕上一样。

康斯坦丁诺告诉我们，公元前2760年，塞浦路斯开始冶炼。在随后的几个世纪里，塞浦路斯先后成了七个王国的岛屿。有四十个地方在炼铜，形成了矿渣堆。荷马的史诗《伊利亚特》里到处提到用青铜武装的战士。青铜是通过添加一些锡以后变硬的铜，而铜可能就来自塞浦路斯。在荷马生活的时期之前，塞浦路斯开采铜矿已经有近两千年的历史了。公元前490年，波斯国王大流士一世率领四万名手持青铜盾牌和青铜标枪的士兵进攻希腊。腓尼基人也在塞浦路斯开采铜矿，罗马人也是。古人把表生富集铜矿和其他富铜的矿石开采掉，一直采到见到地下水，他们才不得不停下来。塞浦路斯共和国曾经用古老的渣土去铺路，但那些古老的矿渣堆现在已经被当作历史纪念物保护起来了。

走过沙村的采矿场后，我们开车沿着古老的矿渣堆向西偏西北方向走，穿过枕状玄武岩的露头和剖面。路旁的果园里长着长角豆、无花果、开心果，还有一丛一丛的仙人球。这里不是英国著名小说家劳伦斯·杜雷尔描写的塞浦路斯北海岸景象，见不到“丝绸、杏仁、杏、橘子、石榴和橙子”。这里是一个内陆地区，种植着浅黄色的桉树，还有千年树龄的橄榄树，树根处满是凹槽。几乎所有的农舍都是白色的，大多数都有天蓝色的百叶窗，这不是塞浦路斯的颜色，而是希腊的颜色。几乎所有的屋顶上都装着方形的太阳能热水器，像顶着一口石棺材。除了少数几个例外，屋顶上面都画着广告。

在美索里亚平原上，我们经过了一些新的、孤立的小镇子，三三两两的临时住房只有一层楼高，比拘留营稍微好一点儿，是为了保护那些来自阿提拉线以北社区的希腊族塞浦路斯人难民建造的。我们离开高速公路，进入了派力斯特罗娜，这似乎不是一个城镇，而是一个军营，街道都是新修的，但很窄。这里的很多人都是卡托科皮亚本地人，卡托科皮亚离这里不到 5 公里远，但却被划到阿提拉线的另一侧。卡托科皮亚难民中就包括地质调查局局长的母亲阿纳斯塔西娅·康斯坦丁诺。她年纪大了，个子高高的，穿 518
着黑衣服，见到儿子来，她显得很高兴——无论儿子带了什么东西来。时间快到中午了，空气有些潮湿，气温在 38 摄氏度以上。他家有一个小温室，里面种满了栀子花、山茶花和杜鹃花。这位塞浦路斯地质学家从它们中间穿过，带起一袭薄雾。他把混凝土平台上的一把折叠椅打开，坐在那儿可以看到一棵树也没有的平原，看到凯里尼亚的大理岩山，那里并不遥远，但却在黑暗之墙禁区的北边。他母亲在桌上放了几碗煮熟的米粉，这些米粉放凉以后变得有点儿稠了。米粉上撒了亮晶晶的白糖，泡在玫瑰水里，凉爽无比。在那种火山爆发一样的高温下，它的防暑降温效果是冷饮水果汤的四倍，是西班牙凉菜汤的两倍。如果你闭上眼睛，仿佛会看到花园中水池里的水不停地淌下，流进深水潭中。

在佩里斯泰罗纳西南部的斯库里奥蒂萨村，地质尺度的时间标尺和人类尺度的时间标尺同时并存了很长很长的时间，可以当成一个纪录了。那里有一个很大的露天采矿区，已经采了4300 年的矿石。堆积成金字塔的矿渣记录了所有的时间。康斯坦丁诺说，斯库里奥蒂萨村的周围至少有 200 万吨古代矿渣。“斯库里奥”的意思就是矿渣。他说，塞浦路斯大量含铜的硫化物矿石具有很独特的糖粒状结构，这让矿石本身变得很不坚硬，很容易开采。他认真地说："古代人都是优秀的地质学家。他们知道塞浦路斯矿体的地质情况。我是一名拥有博士学位的勘探地质学家，但我认为，我们不会再发现古人还不知道的任何矿体。"

现在已知最早的铜冶炼是在中国。塞浦路斯人炼铜是自己想出来的还是从别人那里学来的？康斯坦丁诺说，在古代文献中，没有任何资料可以帮助回答这个问题。哪里有铜，哪里就有铁。塞浦路斯的棕土里有一半以上是铁。他接着说："如果说塞浦路斯的棕土是世界上铁的第一个来源似乎是合乎逻辑的，因为铁是在塞浦路斯发现的。古人用辉长岩研磨矿石，用蛇纹岩做熔炉的内衬。"

他们用阿勒颇松和其他针叶树作为燃料，都来自塞浦路斯的古老森林。从硫化物中提炼0.45千克的铜需要135千克的木炭。从最早的采矿开始到罗马帝国的最后几年，塞浦路斯一共炼出了大约20万吨铜，需要烧掉约15万平方公里的松树林，而塞浦路斯
519 岛的全部面积是9300多平方公里。这就是说，光是为了炼铜，这个岛上的森林需要重生16次，这还没算上那些在塞浦路斯制造的船队，还有岛上那些世界闻名的窑。

"由于缺乏木材，阿曼、伊朗、沙特阿拉伯、埃及和以色列的矿都成了短命鬼，"康斯坦丁诺说，"特罗多斯山脉这里的水滋养着森林。但是6000万吨的木炭需要用12亿立方米的木材来烧制，这可不是开玩笑的。有时候我闭上眼睛看到那些古老的景象，我简直快要崩溃了。我看到那么多的人，成千上万的人，在那里搬运矿石，搬运木材。"

7

在穆尔斯回加利福尼亚州和我回瑞士之前，我陪他在马其顿进行了一次简短的地质考察。正像他说的那样，塞浦路斯毫无疑问是世界上蛇绿岩杂岩发育最好的地方之一，但它的序列中地幔岩的比例并不大。一个典型的大洋岩石圈约有 20% 是地幔岩，它的底部是软流圈，这是地幔中的一个润滑层，岩石圈板块就是在这层润滑层上滑行的。在塞浦路斯，特罗多斯的地幔岩已经变成蛇纹岩了，但这只是橄榄岩中相对较小的一部分。蛇绿岩序列中其他的橄榄岩都被深埋着，或者被丢失了。如果你想知道究竟丢失了什么，你可以去马其顿找答案，那里暴露出来七公里厚的地幔垂直剖面，是在所有大陆上侵位的地幔岩石中能测量到的最厚的剖面之一。穆尔斯说："这里的蛇绿岩很可能一直通到板块底部。"

雅典机场人声嘈杂，我们身旁是人的海洋，里面有阿拉伯人，戴着头巾，长袍外罩着披风，脚上穿的却是跑鞋，还有埃塞俄比亚人，拿着有杂志那么大的大钱包，还挎着塞得鼓鼓囊囊的松下公文包。穿过人群，我们找到了"赫兹租车"。很快，我们来到了卫城脚下，确定了我们的方位。穆尔斯告诉我，要留意狄俄尼索斯大剧院周围低地上那些红色页岩和红色硅质岩，在他快速往高处攀爬的时候，要注意看他肩膀高度上岩性的变化和接触界线。那条界

520 线很难被错过。高高耸立的卫城坐落在一大块孤立的纯净石灰岩上，而这块石灰岩就盖在硅质岩和页岩上。我们的路被一个售票亭挡住了。我们付了 100 德拉克马买了门票。山顶上到处都是美国大学生。在帕特农神庙少得可怜的树荫下，穆尔斯的样子和声音让人觉得他是一个讲英语的导游。美国学生们都挤过来听讲。穆尔斯讲到了公元前 5 世纪中期的两个著名建筑设计师，伊克蒂诺和卡利克拉特。他称赞了古希腊雕刻家菲迪亚斯经久耐看的作品。他挪到了神庙的南侧，学生们也跟着走过去。他讲到，石灰石溶于水，因此里面有很多洞穴。在这座山里就有很多洞穴，人们认为众神就居住在那些洞穴里。这些有洞穴的石灰岩能蓄住一些水。你如果想找个地方避难，或者想找一个能禁得起长期围困的地方，你就需要找这样的山。我们朝南望去，穿过欧迈尼斯柱廊，一直可以看到萨罗尼克海湾的岸线。在那里的跑道上，几架波音 747 正在起飞。它们似乎并不急于离开，而是像气球一样接二连三地挂在半空中。穆尔斯说："公元前 480 年的萨拉米斯战役后，很多战舰在现在的机场附近搁浅沉没。随着石灰岩洞穴的扩大，它们的洞顶最终会坍塌。"

他讲起了帕特农神庙的历史地层学，先是神庙，后被改作基督教堂，又被改作清真寺，他还讲到了把这座伟大的建筑变成现在这种状态的侵蚀力量：雨、酸雨、烟雾、火药。1687 年，帕特农神庙被土耳其当火药库用。在威尼斯人的大炮轰击下，火药库爆炸了。这个事件造成了地貌学上的大灾难。帕特农神庙挺立在历史的风风雨雨中两千多年，一直没受到太过严厉的风化侵蚀，然而，在

1687 年的那个夜晚，一切都变了。“帕特农神庙的建筑中没有灰浆胶结，”穆尔斯沉思了一下，补充说，“它全是大理石块，靠重力堆砌在一起。它也经历过地震，仍然屹立着。这里的地质情况不是很清楚。一般说来，这个卫城是一个飞来峰，坐落在红色的硅质岩和页岩上。这不是一个深水中的断块。”

飞来峰是推覆体的残留体。推覆体是一个巨大的岩石体，它被重力、逆冲断层，或者任何其他机制移动到远离它的起源地的地方。如果你愿意的话，你可以把塞浦路斯也看成一个特殊的推覆体。穆尔斯做了个手势，向东方指了一下，穿过白色的城市和众多的山丘，你可以看到 16 公里外的伊米托斯山脉锯齿状的轮廓。“人们认为卫城是从那里飞来的，”他说，“这个想法虽说有问题，但显然是很有可能的。”

在碰撞或其他构造事件的热和压力下，石灰岩会软化，重结 521
晶，再硬化成大理岩。伊米托斯山脉大部分是大理岩。它的石灰岩首先在特提斯海底聚集起来，后来在非洲向东北方向移动碰撞的造山过程中被挤压产生褶皱。这条造山带中的大理岩采石场已经有大约 3000 年的历史了。帕特农神庙的石料就是从伊米托斯山脚下的采石场开采出来的。

如果卫城是飞来峰的话，那么卫城本身在始新世就离开了伊米托斯山脉，经陆路来到雅典。又过了 5000 万年，在全新世晚期，帕特农神庙紧随其后，坐着手推车来到山上。

“当然，还有另外一种可能性，”穆尔斯说，“卫城本身是构造混杂岩中一个巨大的岩块，夹在作为基质的红色硅质岩和页岩中，它们整体是一个构造加积楔，是中生代俯冲时从特提斯洋底刮起来的。”

美国学生听了这些，互相看了看，一声不吭，这让穆尔斯有点儿不大自然了。他或许能当个向导，但对学生们来说，他说的这些话有点儿太专业了。“我一直认为，到这儿来做地质学有点儿亵渎神明了。”他说。他的语气里带着歉意，但听起来并不真诚。他的下一句话是：“我认为，这些页岩能和武里诺斯－平都斯山脉的深水沉积物对比，这些深水沉积物从伯罗奔尼撒半岛一直延伸到希腊西部。”

正如人们预想的那样，希腊这个海洋国家是坐落在一块微型板块上，挤在非洲和欧洲两大板块之间，任由它们碾压，各个年代的蛇绿岩碎片都散落在希腊周围，就像一个双耳瓶的把手一样。当穆尔斯开着车沿宽阔的瓦西里西斯－索非亚斯大道进入宪法广场时，他注意到，支持雅典的白银来自位于劳瑞姆变质蛇绿岩阿提卡南端的苏尼翁海岬附近。他把车停在希腊银行旁边。他站在一个出纳员的工作窗口前，把美元换成了德拉克马，脚下踩的地板是一块抛光的绿色和黑色相杂的蛇绿岩。

我们穿过阿提卡朝北快速地跑着，就像坐在一架轻型飞机上，擦着地面1米高度飞行。在北尤比亚湾西边几公里的地方，穆尔斯停下车，那里好像是一个很长很高的路旁剖面。实际上，那里是一个石灰岩峭壁，帕纳索斯山脉在它背后陡然耸起。“在帕纳索斯山脉的山顶上也有一些零星的蛇绿岩。”穆尔斯说。
522 “这儿是温泉关。”东部广阔的沿海平原上长满了橄榄和棉花，面积大到足够容纳一支庞大的军队。然而，在公元前480年，那里根本没有海岸平原，海浪直接拍打在岩石上。进攻的波斯军队在岸边没有足够的空间排兵布阵。斯巴达国王列奥尼达一世退守在这个陆地边缘狭窄的隘口里，帕纳索斯山脊就在他的身后。在波斯人得知有一条绕过山脊的小路后，他被打败了。“那时温泉就在山脚下，”穆尔斯说，“这些温泉早就不见了。沿海平原是最近才出现的，是在2500年前的一次地震中造成的，具体在什么时候已经不知道了。”

20世纪60年代，在马其顿漫长而孤独的野外工作季节里，穆尔斯从各个方面去认识这个国家。他学会了说这儿的语言。他的兴趣广泛，涉及几亿年的时间跨度。他问我是不是了解约翰·卡斯伯特·劳森的《现代希腊民间传说和古希腊宗教》，他说，这本书“表面上带有基督教的色彩，但实际上有点儿多神论的神秘主义”。作为一名非地质学家，我相信他的话。再往北走，他说：

——这儿是拉米娅。第二次世界大战期间，在离拉米娅几公里远的地方，希腊游击队射杀了3名德国士兵。德国人拦住了第一批从路上走来的人，一共138人，把他们全部都杀死了。德国的规则是50个希腊人换一个德国人。

——从那里向东24公里，是沃洛斯，希腊神话中的伊阿宋王子和阿尔戈英雄就是从那里起航去寻找金羊毛的。

——法萨拉在我们以西大约40公里的地方。苍利蛇绿岩就在法萨拉附近，恺撒在蛇绿岩西边的冲积层上打败了庞培。

法萨拉本身就在一块蛇纹岩上。如果你看到一个黑色的教堂，你很有可能看到的就是蛇纹岩。在意大利尤其是这样：在佛罗伦萨，主座大教堂墙壁上的暗色岩石就是蛇纹岩，乔托钟楼和有吉贝尔蒂大门的洗礼堂也都是用蛇纹岩建的。在伊斯坦布尔，圣索菲亚大教堂的暗色大柱子全是蛇纹岩的。

523 我们来到一片辽阔的土地上，看上去平坦得有点儿不自然。如果能比较一下的话，它似乎比加利福尼亚州中央大峡谷还要平坦。在大片棉花田、小麦田、大麦田间散布着孤零零的栎树，大约每8万平方米才能见到一棵。高高的电线杆像仪仗队一样排列着，在大地上纵横穿插。这让人想到了巨木阵。这里曾经有一个巨大的更新世湖泊，水很深，没有风浪，平静的湖底堆积了平平的粉砂层：

——这是塞萨利平原。公元前8世纪，希腊部落在这里定居，赶走了原来的居民。逃亡的人们进到山里。他们是优秀的骑手，经常骑马突袭希腊人的定居点。半人马的传说可能就是从这儿来的，因为到了晚上，你分不清他们是人是马。

——你看到那些从平原伸出来往山上爬的“之”字形弯路了吗？希腊人过去常常在驴背上放一百公斤重的东西，然后赶着它上山。他们跟着驴走，走出了一条路。

东边的天际线上现在出现了三座沿海山脉：皮利翁山、奥萨山和奥林匹斯山。在奥林匹斯诸神的宇宙岛中有一座奥林匹斯山，就是眼前这座。它总是把自己的美丽遮掩起来，此刻它的百分之八十在云里，我们只能看到它的山麓。实际上，这片土地上还有更多东西被遮掩着，我们根本看不到，穆尔斯说：

> ——这就是佩拉哥尼亚地块，是一个中生代的微大陆，它被推覆在一个年轻沉积物的穹隆上。组成这个穹隆的是海相岩石——浅水石灰岩和复理石。在这个穹隆的最顶部，佩拉哥尼亚岩石已经被侵蚀掉了，形成了一个构造窗，奥林匹斯山就矗立在这个构造窗里，一万零六百英尺（3230米）高。我想，你需要有一套技术装备才能爬上它的顶峰。
>
> ——这里是坦佩谷，缪斯女神从奥林匹斯山下来，在这里的水中嬉戏。

我们很快就到了马其顿高地，这里的视野很宽广，可以越过
红白相间的村庄看到远处的山脉：西边是品都斯山脉，北边是阿尔 524
巴尼亚。在1500米高的地方是马其顿高地上规模不算大的顶峰，武里诺斯山和弗拉姆布隆山，它们曾经跟纽约北部的阿迪朗达克山差不多高。但是，武里诺斯山、弗拉姆布隆山和周围的地区已经抬升得比阿迪朗达克山高多了。它们已经被垂直抬升了1.3万米高，而且几乎全是纯地幔岩石。

武里诺斯杂岩中包含了地幔橄榄岩，是侏罗纪时在特提斯洋扩张中心形成的洋底。它在白垩纪早期侵位到佩拉哥尼亚微大陆上，后来分裂成四个大断块。这几句话说得直截了当、简单易懂，

但是，当穆尔斯 1963 年开始在这里工作时，这几句话对他不会有一点儿帮助。因为那个时候“板块构造”和“蛇绿岩侵位”这些术语还都没被创造出来，这几句话也根本不存在。侵蚀作用造成的破坏和假象更是给他带来了困难，因为侵蚀形成的构造窗让生成位置最低的岩石站在这个地区地貌最高的位置上。而且，武里诺斯辉绿岩中的席状岩墙竟然不是直立的，而是平躺着，和曾经沉积在它顶上的沉积层平行出露，这些造成了极大的误导。只是在和这个地体一起生活了很多年以后，穆尔斯才开始想到，应该把它们拆开来看，他意识到，这些席状岩墙在扩张中心形成后不久就被旋转了 90 度，原来垂直的层面变成了后来平躺着的层面。在更晚期的时候，这四个断块也发生了倾斜，就像一根古代的柱子倒下来，断成了好几截。顺理成章地，穆尔斯给它们理出了空间一致性。他在这里紧张地工作了三年，此后又不断地来这里工作。他认识到了地幔岩和它上面的岩浆岩之间的差别，并且确信，把这些部分结合起来会是一个有机的组合体，而这个组合体又是一个更大序列的一部分。

现在，在通往斯科姆萨的路上，我们走进一条清澈小溪的山谷里，那里出露了蛇绿岩逆冲到佩拉哥尼亚岩石上的接触面，他站在这个接触面上，可以看到，佩拉哥尼亚石灰岩上覆盖的蛇纹岩已经被严重剪切[1]了，当构造剪切停止时，这些蛇纹岩变成了一堆凌

1 “地壳中的岩石受到地质作用力会发生错断，形成断层，像被剪刀剪开或被刀切断一样。这一地质过程叫作构造剪切作用，简称为‘剪切’。”

乱的片岩。这里的地幔橄榄岩已经被构造活动搬运到大陆上，并且在那里发生了蛇纹石化，而当我们离开这个接触面后，橄榄岩就变得更加纯净，达到了零蛇纹石化的程度。这些岩石不是岩浆冷凝的。他推测，我们眼前看到的就是地球的地幔本身，是基本上没有发生变化的原始地幔。

由于这个蛇绿岩柱子躺在地上，向一侧斜着，我们可以沿着
它的侧面仔细观察，在地质意义上，我们是从地表的岩石一层一 525
层地向下看，一直看到地幔的岩石。我们在一条狭窄的石头小路上边走边看，其中一些路段是工程人员炸出来的。穿过一条小溪后，我们停下来去看一个炸出来的露头，岩石的结构很粗糙，深绿色，光滑的橄榄石基质中镶嵌着很多疙瘩状的辉石。“这就是坚硬的地幔，”他说，“除了钻石管里的那些地幔岩，你再也见不到这么新鲜的地幔岩了。我们这儿差不多是在岩石学莫霍面以下 5 公里的地方，也就是在特提斯洋的海底以下大约 10 公里深的地方，在特提斯洋的海平面以下 15 公里深的地方。有些人认为这块岩石是在重力作用下滑到佩拉哥尼亚大陆块上的。从海平面以下 15 公里深处滑动到这儿？重力滑动是怎么做到的？”

在那片地区，我们经常在橄榄岩中看到纯橄岩的条带和透镜体，通常含有铬铁矿，是铬的来源。铬铁矿看起来像是泼溅上去的焦油斑块，东一团西一块的，而不像美洲虎身上那种网格样的斑纹。格朗明村在 10 公里以外。第二次世界大战期间，德国人在那里强迫希腊人劳动。铬能用来制造高强度的钢，这对于制造坦克装甲是必不可少的；而另一方面，铬还能提高穿甲弹的效果。橄榄

岩中含有纯橄岩时会变软[1]，更容易受到侵蚀。“在这个地区，你几乎看一眼地形的粗糙程度就能画出岩性分布图了，”穆尔斯说，“那些平平的杂草丛生的洼地下面是纯橄岩，而没有什么杂质的橄榄岩都分布在参差错落的山脊上。”

有几年，穆尔斯独自在马其顿工作，并没有引起谁的注意，除了有时不知从哪儿会突然冒出来的大獒。獒是保护绵羊的，对狼和地质学家都怀有敌意。1965 年，穆尔斯带着他的妻子朱迪一起来工作，那时她刚从曼荷莲女子学院毕业，后来，他又开着他的大众汽车，带着他们的孩子日内瓦、布莱恩和凯瑟琳一起出现在这个地区。这引起了居住在武里诺斯蛇绿岩上的马其顿老太太们的注意，她们不知道是从哪儿冒出来。她们很羡慕穆尔斯家的孩子们，甚至于向他们吐唾沫。这是当地的一种习俗，据说能让小孩子避开魔鬼的眼睛。朱迪学会了怎么样从崇拜她的那些老太太的手中夺回凯瑟琳。有一天，在她家大众汽车里，朱迪转过身来，看见布莱恩正在朝他的泰迪熊吐唾沫。

526 1989 年在戴维斯，凯瑟琳刚满 16 岁，有一次嗓子发炎，白细胞急剧增多，扁桃体肿大，憋得喉咙喘不了气，一句话也说不出来。凯瑟琳想到了厨房餐桌上的消炎漱口水，她在一张纸条上写了几个字：“也许它只能用 16 年。”

---

1 此处提到的橄榄岩和纯橄岩都是来自地幔的岩石，但它们的组成矿物有差别，橄榄岩由橄榄石和辉石组成，而纯橄岩的主要组成矿物是橄榄石。纯橄岩可以呈条带状或透镜体夹在橄榄岩中。比起橄榄岩来，纯橄岩常在海底受热液作用发生变质，降低硬度，因此很容易风化。此段中所说的“橄榄岩中含有纯橄岩时会变软”“洼地下面是纯橄岩”“山脊上是橄榄岩”等，都是由于这个缘故。

8

正是在马其顿，我问穆尔斯，如果他发现了橄榄岩，而人们却挖开山坡，把这些橄榄岩都挖走了，作为一个专业人员，他会有什么感受。他说："精神分裂。我是在一个矿工家庭长大的，……而现在我是塞拉俱乐部的成员。"

如果你在亚利桑那州问克劳恩金镇在哪里，通常的答案都是耸耸肩。克劳恩金镇的人回家去也总会拐出弗拉格斯塔夫至凤凰城的高速公路，避开布拉迪盆地公路那些暴土扬尘的地段，然后朝西偏西南方向走进山里。这个盆地的海拔是 1067 米。前面山脊线的高度有 2100 多米，当你摇摇晃晃、颠颠簸簸地向它走去的时候，你会感到走的时间已经很久了，但山脊看上去一点儿也没有靠近你，穆尔斯和我最近就有这么一次经历，我们租了一辆皮卡，车上竟然还带有巡航控制装置。穆尔斯说，他还记得父亲在布拉迪盆地公路上用口哨吹着舒伯特的小夜曲。穆尔斯现在又在听这支曲子，就像他每次穿过这片特殊的路段时经常要听的那样，当然，他已经有 20 年没有走过这段路了。在晨光的斜照下，一片片仙人掌像银币一样闪闪发光。

我们经过一个只有一栋房子的小镇。我俩之间的座位上有一张埃克森美孚公司印制的亚利桑那州地图。"这个小镇是科迪斯，"

我说，“为什么它叫科迪斯呢？”

穆尔斯说：“因为那栋房子是比尔·科迪斯的。”

我们身后卷起的尘土越来越厚。现在我们走在老黑峡谷公路上。当穆尔斯十几岁的时候，这条没有铺路面也没有架桥的道路是从普雷斯科特到凤凰城的主要干线，两旁都是牧豆树、钩藤和扁轴木。我们在路上看到五只秃鹫正在抢一只兔子吃。走过的距离在不断增加，群山在继续后退。离开老黑峡谷公路后，我们在路上
527 扬起了更多的灰尘，撒落在巨人柱仙人掌、龙舌兰、圆柱掌仙人掌和福桂树的身上。我们经过克里特，这是一个看起来比科迪斯还要小的小镇。镇上有一个煤气泵，似乎是从 20 世纪 20 年代开始使用的，但在 30 年代就不再用了。泵旁边有一个露天摆放的收音机，它最后一次听到的广播是蓝色广播网的声音[1]。如果你眯着眼睛看仙人掌，你可以感觉到多罗西亚·兰格[2]在换胶片。又走了很长的路以后，我们开始爬坡，而现在你可以感觉到，路况的好坏和跟坡度的缓陡成正比，我们脚下的路从一条普通的没铺路面的公共通道变成了全美国最奇特的、当然也是最昂贵的泥土路，或许是“之一”。简陋的道路从经过特殊工程处理的岩石露头间穿过。隘口很窄，路旁坚硬的花岗岩像高墙一样矗立着，这是筑路工人们在一个世纪前用炸药炸出来的山口。曾经有一条铁路在那里爬了 900

1 蓝色广播网曾是全美广播网，早已不再使用，它于 1927 年开始播音，1945 年停播。

2 20 世纪美国杰出的纪实摄影师，她用图像记录了处于被侮辱和受压抑状态下的人物形象，使人感受到强烈的社会责任感。她有一句名言：照相机是一个教具，教给人们在没有相机的时候如何看世界。

多米，它的目的是帮着把整个山头拆除掉，这样就能轻松地从克劳恩金镇用货车把那些取之不尽的含金矿石运下山去。“这条铁路是一个让人难以相信的工程壮举，然而，结果却是徒劳的，”穆尔斯说，“那里根本就没有金矿。推销金矿石的人有点儿另类。他们一心想的就是‘金矿当然在那里’。记得我10岁的时候，我听到一个推销的人说：‘我们有1000吨的矿石被堵在山里了。如果路能修通，我们每天能处理100吨矿石。’他没有停下来去算算，10天之内他的矿石就会百分之百地消失。推销矿石的人什么事情都会相信，给他们出钱的人更是什么事情都敢相信。这笔钱主要来自纽约。推销的人总是去找更有钱的人，而不是去找更聪明的人。”

一个声音在说：“他们找对了目标。”

花岗岩山上的路都是硬凿出来的，有些路段凿得很深，实际上是“之”字形的死弯道，脏兮兮的路进到里面拐了个急弯又出来了。火车进去了，然后通过一个道岔再出来，继续向高处跑。有些路段凿得比较浅，有点儿像英国的下沉车道。在爬坡的路上，索诺兰沙漠的灌丛变成了西黄松林。在朝南的山坡上，这些沙漠灌丛一直延伸到最高处。我们绕过了一条隧道，它的洞口已经塌陷了。当穆尔斯和他的三个姐妹还是孩子的时候，他们的祖父就告诉他们，这条隧道里住着一个名字叫“吉汉”的怪物。早在他们出生的很久以前，在采矿计划失败后，铁轨就被拆除了，后来，“吉汉”就搬进来了。

克劳恩金镇在1800米高的地方，在一个快到山顶的洼地里，有几十间房子，分散在1.6公里长的森林里。当空气静止时，人们 528

可以听到远处有车辆在弯道上爬坡。他们甚至能从车辆的轰鸣声里分辨出是谁来了。现在，穆尔斯回到了克劳恩金镇，这里几乎没有什么变化。同样的古老欢迎标志矗立在镇子边上：

今天的火险级别：

顶级

镇子的主干道是一条铺着白色花岗岩石粉的狭窄道路。两辆皮卡停在杂货店阳台下面的挡土墙旁。阳台上伸出一棵 9 米高的苹果树。在一扇窗户里，一个红色的霓虹灯圈着“淡啤酒”几个字，窗户顶上是油漆大字：“美国邮政局”。那儿还有一个古老的煤气泵，早就没有标牌了，但仍然还在为这片山区供气。旁边是一根白色的旗杆，飘着美国国旗。

道路穿过克劳恩金镇高处的山坡，通向各种各样的矿洞，主要是金矿，还有银矿和锌矿，其中一个矿洞成了镇上的水井。这里的空气和森林干燥无比，居住的社区又是这么高，一个现成的水源对他们来说想都不要想。不过，费拉德尔菲亚矿的裂隙里还是冒出了水。在这些异常干旱的山区，季风通常会在 8 月带来雨水。穆尔斯记得有一年 8 月里的一天，一个小时内就下了 114 毫米的雨。

克劳恩金镇现在有四条电话线，每条线上有四部分机。在 20 世纪 40 年代，当穆尔斯成长的时候，镇上只有一条线，连着四部电话。当你摇动其中一部的摇把时，镇上会有另外三个人拿起电话，听你往外呼叫。我问他，关于那些年的事，他还特别想起了什么。他说：“温暖松针的气味和风的声音。”

西黄松林的下面落满了干松针，还有花岗岩的大石块。他和伙伴们玩捉迷藏游戏时，他就躲在大石块后面。他和他的伙伴们玩棒球时，他们的垒都是用石块标记的。有一年，克劳恩金学校一到八年级的学生一共才有 6 名——通常会有 10 名或 15 名学生。穆尔斯从家到学校要在山路上爬升 800 米，有时候要在很深的雪里走。我们现在去那里看了一下，发现学校正在加盖一个房间，这样，它就变成了一个有两间教室的学校了。当穆尔斯还是个小孩的 529
时候，学校里就有厕所。它们已经被改造成室内抽水马桶了。柴炉也没有了，天花板上原来的烟囱眼盖上了一块木板。旧教室的其他方面还和以前是一样的，它的企口墙还是水平的板子，一根长长的铅管上挂着一个大窗帘，这样，教室的一头就可以当舞台用了。老师的桌子上有一台个人电脑。伦巴第钢琴就是穆尔斯记忆中的那架直立钢琴，他在上面弹了几个音符，说它“基本还在调上”。

当穆尔斯还是个小孩的时候，克劳恩金镇上还有一架钢琴，是属于他的祖母安妮·穆尔斯的。她是旧金山人，小时候住在旧金山时，她经常去看歌剧，回家后就凭她的记忆演奏乐谱。在她丈夫成为一名矿工之后，他们就开始了从一个偏远矿场搬到另一个矿场的生活，无论家搬到哪里，她的钢琴总是跟着她。

她丈夫有一辆卡车，这对他很有帮助。他用卡车从弗拉格斯塔夫的铁路站往科罗拉多河运送钢材，修建纳瓦霍大桥。他的名字叫埃尔德里奇·穆尔斯，他起初是一个卖苦力的全能型矿工，整天挖那些含矿的硬岩石，随着铅、锌、铜、银和金矿的发现，他的生活热情不断高涨。在 20 世纪 30 年代中期，他在弗德河流域开采铜矿时，他决定抬起钢琴，举家迁到克劳恩金镇。他的儿子叫埃尔德里奇·穆尔斯，是我眼前这位埃尔德里奇的父亲，在矿上为他的父亲老埃尔德里奇·穆尔斯工作。他儿子的妻子叫日内瓦·穆尔斯，也有一架钢琴，这两个家庭能开一场音乐会了，他们坐在两辆福特卡车上，“哆——来——咪——发——索”地上山了。

埃尔德里奇三世出生于 1938 年，他就是日后的大地构造学家、蛇绿岩专家、构造地质学家、《地质学》的主编。他最早的记忆之一是，他的父亲和祖父说过，没有一个认真从事采矿的人会找地质学家，或是听地质学家的建议。他们经常这样说。通常，埃尔德里奇的父亲会说：“哼，地质学家。他们自认为他们能看穿坚硬的岩石。”

埃尔德里奇的祖父在距离克劳恩金镇 8 公里海拔 300 多米的地方挖了一个隧道，通向坚固的岩石。他们家的“角斗士”矿就在山脊线下头，这是一个容纳 10 个人采矿的矿洞，在 10 年中赚了大约 100 万美元。“角斗士”矿是一个金矿，里面还含相当多的铅和锌，在第二次世界大战中被宣布为战略产业，所以它并没有像大多
530 数金矿那样被关闭。把竖井和平硐挖进山里 100 多米才到达采矿点，是一个天花板有 1.5 米高的硐室，跟黄金矿脉有 60 度的夹角。他们用风钻把矿石钻碎，掏出来 5 万吨矿石，每吨矿石中能得到半盎司黄金。

现在，主矿井被铁丝网罩住，周围都是生了锈的碎渣，这是这

座山上留下的有百年历史的创伤。“你全靠岩石的坚硬来保持矿洞的开放，”穆尔斯说，“你需要随机应变。你的经验会让你有一种感觉，知道什么是好矿石。如果它有很多闪光的硫化物，那就是矿石。”这些硫化物是含铅的方铅矿和含锌的闪锌矿。“铅和锌会告诉你，那儿有金子。它们只占岩石的百分之二三，但它们是重要的线索。”

战争结束后不久，埃尔德里奇的祖父就搬到别的地方去了，他的父亲在山顶下面找到了一个有金矿矿脉露头的地方，在那里开了一个新的竖井。他们把这个矿叫“战鹰”。保守地说，一年采 300 盎司就能养活他们一家了。他先是用镐和铲子，然后用手摇的钢钻，最后用风钻，因为越向深处就越远离风化层，岩石变得越来越新鲜，也越来越坚硬。十分钟之内，他就能铲出一吨矿石，足够装满一辆矿车的。“这是一个能让人累断脊梁骨的活，”穆尔斯说，“但是我父亲的脊梁骨很结实。”当我们从井的坑口向里看时，穆尔斯说：“这里面有矿脉。你看那个小断层带，那儿就有矿脉。他开始采矿的时候我就在这儿。岩石上的锈迹就是矿脉的踪迹，他就跟锈迹走。这些老矿工能很好地判断岩石里有什么东西。他们看一看露头，看到一条氧化铁的细带子，然后说：‘啊，是的，这一定是矿脉。’他们把地质学家看成是垃圾工和捕狗员。他们遇到的大多数地质学家都是饿得直不起腰的三流咨询地质学家，他们来到小矿区就是为了挣钱。那时候还没有大地构造模型和化学模型，对矿床的认识也不是很好。矿工们对什么地方会有矿往往有一种直觉的感觉，而且这种感觉要远远好过一个在大冷天来到矿上的地质学家给他们的感觉。我父亲肯定认为地质学家是一群废物，他们到这儿来基本上是为矿业公司写报告的，告诉他们他们想要听的。”

531 在“战鹰”矿上，穆尔斯从小就是个好帮手，他推着手推矿车把矿石从矿洞的掌子面运到矿洞外的矿仓里。含矿脉的岩石一般都比周围的岩石脆弱，容易破碎成小块。他把运矿车里的矿石都倒在一个倾斜的铁筛子上。小块的矿石直接掉进矿仓里，而大块的岩石会滚到一个钢平台上。他再手工进一步把它们分类，挑选出他认为好的矿石，把不合格的东西扔到一边。矿石在矿仓里顺着斜槽落进卡车里。战后，他父亲买了一辆“国际”牌六轮驱动的十轮卡车，一次能拉 12 吨矿石。当穆尔斯开始学习驾驶时，他开的车不是周日早上停在超市停车场的自动换挡家用轿车，而是在克劳恩金镇和山顶之间奔跑的国际牌十轮卡车。通往矿井的车道有 8 公里长，是由他父亲设计、修筑和维护的。它最大的特点是路的外侧突然就向下倾斜了，不留一点儿路沿。我们开着带巡航控制装置的皮卡，沿着这条路慢慢地往前开，穆尔斯说：“我的第一次驾驶体验就是在这样的路上。那时候我坐在国际牌十轮卡车里，还是一个胆子很小的十几岁的小孩。”那时候练车时，他开着卡车在前面走，卡车后边拖着一个轧路机，他父亲跟在后面，负责开轧路机。

有时，他和父亲开着大卡车，在两旁都是沙漠的土路上去凤凰城，在那里第一次见到铺好路面的大道，那个地方现在已经是大城市了，就在州议会大厦北边 11 公里的地方。卡车热得散发出变速箱里油的臭味。卡车走不动了，他们把它修好，继续开。有时候他们会被洪水困住好几个小时。

他们一家在克劳恩金镇最豪华的房子里住了好几年，每月租金 25 美元。它是方的，是用木板和木条搭建的房子，坐落在挡土墙后面的岩石平台上。前廊上放着一台冰箱，穆尔斯说它是“亚利桑那州乡村的徽章”。在他 9 岁的时候，他们家买了一座用木板和木条搭建的房子，有一个院子，里面全是干松针和花岗岩大石块。它现在是浅蓝色的，有白色的镶边和铁皮屋顶，从它的位置来看，这是一个护林员的住处。这栋房子只有两间卧室，而他家有三个女儿，于是，他父亲就从矿井里搬来一间移动式小棚屋，1.8 米宽，2.7 米长，固定在一块浇筑的混凝土板上，那是他儿子的独立卧室。大房子用丁烷加热器取暖。镇上的那口井每年要干好几个月。埃尔德里奇的父亲就在一辆自卸卡车上放上一大罐子水，然后把车身抬高，这样，他们家就有了自己的水塔。

在 10 岁或 11 岁的时候，埃尔德里奇对他家房子旁边的两块 532
大石头发生了兴趣，他注意到它们的颜色很不一样，但每一块都叫花岗岩。他有点摸不着头脑，还好，他没被吓到，他的头发也没竖立起来。这是他小时候在采矿场第一次对地质学萌生了好奇心。在他那间活动棚屋的卧室里什么也没有，甚至没有收藏一块矿物。一个初出茅庐的爬虫学家可能有一个小柜子，里面装满了蛇，一个化学家会有一套挥发性的粉末，一个宇宙学家会有一个星轮，而埃尔德里奇只有几件乐器。当他的父亲开始在“战鹰”采矿的时候，埃尔德里奇的兴趣很浓厚：“我希望他们找到好东西，他们一定能做到。但我对矿脉没有一点儿兴趣。”

对矿工们来说，所有坚硬的暗色岩石都是蓝色闪长岩，所有片状的岩石都是片岩，所有其他的岩石都是花岗岩。人们不必去加州理工学院学习地质学。他父亲和其他矿工没完没了地谈论着岩石是从哪儿来的。他们坐在门廊的电冰箱前面，回忆采矿营地、采矿场失败和每吨矿石的黄金产量。埃尔德里奇的脑子却不在这儿，甚至在他 10 来岁之前，他就梦想着远离山脊的地方。他父亲有个朋友，叫卡尔·范兰宁厄姆，有一天，卡尔扫了一眼小镇，说了一句让他永远不会忘记的话："乐观程度在事情刚开始的时候总是最高的。一个采矿场的发展最终只有走下坡路，没有别的出路。"埃尔德里奇还是个小孩子，却对这句话有了一种共识的深切感悟。有一天，他跟着父母在回克劳恩金镇的漫漫长路上走着，当车从一个之字形弯道拐出来，走向下一个弯道时，他突然爆发了："我受够了！如果我不做点其他的事，我就要离开这儿，我要永远离开这儿。"他的父母听了，感到很悲伤。那时他刚 10 岁。

他读完八年级后，进入北凤凰城高中读书，那年他 12 岁。他的父亲在凤凰城郊区建了一座房子，供孩子们接受教育。埃尔德里奇的母亲和他们住在一起。在她成为克劳恩金镇学校的老师以后，他们在凤凰城的家庭就由比他大两岁的姐姐卡罗琳负责照看。穆尔斯对凤凰城发展的期望远低于他对克劳恩金镇发展的期望。正如他在多年后解释的那样："一个地方如果把迈阿密当作文化领袖，那一定是出了什么问题。"

533 高中时，他的主要兴趣是音乐和历史。老师们强烈建议他学大提琴，因为他的手很大。他有着近乎完美的音感。"如果你让我奏一个音符，我可以在一秒钟里完成几个旋回。如果我在收音机里听到一首曲子，我可以告诉你这首曲子弹的是什么键。”在克劳恩金镇的家中，当他父亲在钢琴上弹奏音符时，埃尔德里奇背对着钢琴就能听出这些音符。埃尔德里奇曾评价他的父亲说：“音乐对他来说也很重要。但是，他对事物的看法是，男人不应该走进音乐里，他们应该去做一些更务实的事。”为了满足高中对学习的要求，埃尔德里奇还学习了科学和数学。他并不是从内心有意地让自己从事科学或技术事业，但他已经被推到了那个方向，用他自己的话说，是一种“地区性力量”推动的。他解释说：“在美国的那个地区，人们都认为，任何一个聪明的高中生都应该进入科学或工程专业。”他的毕业成绩好得不能再好了。北凤凰城高中特别引以为豪的是，他们把最好的学生输送给加州理工学院。加州理工学院给他提供的奖学金比他申请的其他学校要多得多。16岁的他顺理成章地进入了加州理工学院。

在学习上，他如鱼得水。对他来说，加州理工学院并不比克劳恩金镇上那所只有一间教室的学校更难应付。不过，这一天终于来了，他不得不选择一个专业，实际上是决定这一生他想做什么，这让他经历了一种理智上的考验。让他相当意外的是，他开始意识到加州理工学院只有一门专业对他有很强烈的吸引力，这就是地质学。他早期对地质的态度是那么冷漠，更不用说他还曾经公开喊着要离开克劳恩金采矿场了。显然，他的内心充满了矛盾。道理也是明摆着的，他认为他讨厌的东西并不是真的完全讨厌。他对花岗岩有那些不同的颜色仍然感到疑惑。他也许不在乎黄金是怎么从山上挖出来的，但他确实想知道那些山是怎么来的，黄金又是怎么进到山里去的。他记得透过教室的窗户向外望去，看到了圣盖博山脉，他希望自己能上那儿去看看。他决定，在未来的岁月里，
534 他想把历史与科学结合起来，走出家门去周游世界。这些先期学过的科目可以合并起来，然后重新排列组合成一个词，所以选择了地质学作为他的主修专业。今天，如果你走近他，用你的放大镜仔细地看着他，问他为什么这么做，他会耸耸肩说："我是在山上长大的。"

他也许还会说："我还真有一段时间感觉到地质学很难掌握。在读研究生的时候，我甚至琢磨过，我能不能去搞一辈子音乐呢。"

在"角斗士"矿的洞口，我们找了一块废弃的木板搭了一张长凳，放在废弃的矿石上。不远处有他的祖母安妮·穆尔斯种的鸢尾，她的房子曾经就在这些花的旁边。这里就在山脊线下，面朝东，我们吃了三明治，把一张亚利桑那州的地质图摊开在我们面前的地上。2.4 万平方公里的原始土地展现在我们面前。我们可以看到苏泊尔斯蒂森山脉，就在凤凰城的东面。我们可以看到马扎察尔的四峰山。我们可以看到 160 公里远的地方。我记得有一次，他遇到一位古生物学家，这位古生物学家在怀俄明州的一条酷热的山沟里弯着腰苦干了 10 个小时，终于找到了几颗鲨鱼的牙齿，高兴得要命，他听到后却很惊讶，摇摇头："我是个在山脊上干活的人，不是钻山沟的，"穆尔斯说，"我喜欢爬到高处去向四外眺望。"现在，在我们面前是一条 900 多米深的山谷，就是我们来克

劳恩金镇时爬上来的山谷。他用手指沿着地质图上的一条黑线上比画着说，这条山谷的轴线就是夏洛克断层，是“一个主要的构造带，它让人联想起以板块消亡为特征的大型构造混杂岩带”。和矿上的岩石一样，山谷里的岩石也是前寒武纪的。他在那里依次发现了蛇纹岩、辉长岩和玄武岩，当然是枕状玄武岩。所有这些都向他暗示了“前寒武纪的板块活动”，是一次碰撞、一次对接，是一块新大陆的到来。他发表了一篇关于这个主题的摘要。前寒武纪的构造，由于年龄太过久远，识别起来尤其困难，但是山谷里的岩石向他暗示，他是在外来地体上长大的。

克劳恩金的花岗岩严格说来是石英二长花岗岩，他说，是花岗岩的兄弟，几乎是孪生兄弟。如果里面有一点儿铁，它就会成为粉红色的。大约 17 亿年前，它熔融后作为深成岩体进入地壳，侵入到围岩中，这些围岩就是克劳恩金矿上的岩石。我们在从克劳恩金镇开车往山上走时就经过了侵入接触面。矿上的岩石是一种看上去锈迹斑斑的暗色变质火山沉积岩，年龄有 20 亿年。穆尔斯用 535
脚踢着这些岩石说：“我想，这些岩石处理起来并不是很容易的。”

我以为他说的“处理”是用镐、铲子和风钻去刨，就像他父亲和他祖父那样累断脊梁骨地去开矿。但是他说，他的“处理”指的是地质学研究。

“我花了很长时间才把这些东西从我的系统中清理出来，”他接着说，“金属矿床会告诉你一些有关构造系统的有趣的东西。”走到前门，他的兴趣又回到了他成长起来的地方。他家的生活一直依赖着这些岩石中的产出。亚利桑那州下面的岩浆像气球一样向上拱起，形成一个深成岩体，侵入到围岩里，也加热着他的想象力，就像以前一样，它也曾加热过他祖父的想象力和他父亲的想象力。

他们分别在 1949 年和 1979 年去世。“我没有得过找金狂热病，”埃尔德里奇说，“当我遇到它的时候，我就一脚踢开它。我避开去研究矿床，除非它们是一门科学。小型采矿业又脏又危险，而且无聊，让人郁闷。过了一段时间，看着别人这样做你就会明白了。这样做的前景就是让我想出去，想彻底离开。我渴望那些没有灰尘的地方。我答应过自己，我要住在一个绿色凉爽的地方。这种采矿基本上是徒劳无功的。没有人因在这儿采矿变得富起来。想富起来，这只是你的某种信念，是你血液里的某种东西。”

我说：“你不会是说在你的血液里吧？”

他说：“在我这儿有点儿抗体。”

9

站在斯马特维尔地块的奥本缝合线上，你从那里向西眺望，第一眼就能看到加利福尼亚中央大峡谷，一片广阔的平地向远方延伸到地球曲线很远的地方，在你视野的最远处可以看到平原西边的地平线形成了一条简单的直线。加利福尼亚州有很多与众不同的地貌景观，有成群的冰川刨坑，有陡峭的塞拉高地悬崖、移动的萨利尼亚海岸，但在我看来，没有什么比中央大峡谷更奇特了。它比最平坦的平原还要平坦得多。相对于它周围的地貌单元，它是最先到达的。在它的两边都是山脉，像便携式屏幕一样围绕着它。

有一次，穆尔斯在眺望中央大峡谷的时候，说起了一年冬天里
的一天，他在暴风雪中从纽芬兰起飞，飞到多伦多降落时，那里的 536
雨夹雪下得正凶；他继续飞到芝加哥，那里同样是狂风怒号、雨雪交加；然后，他飞过暴雪笼罩的平原和白雪皑皑的落基山脉，飞过白雪覆盖的盆岭省，越过堆积着冰雪的内华达山脉，然后，飞机开始下降，转向一个苹果绿的世界，在那里降落了。那里就是中央大峡谷，凉爽、潮湿，而不是寒冷、冰冻，对他来说，那里就是他现在的家。

当然，这里并不总是凉爽、潮湿，天知道为什么。水果树和坚

果树的树干都被漆成白色，是为了防止被晒伤。夏天，白天的气温通常在 37.8 摄氏度以上，但到了晚上，又会降到 10 摄氏度左右。

这里的地面几乎是水平的，你根本不会感觉到哪儿高哪儿低。以前大湖的湖底也是这样，沉积物在平静的湖水中堆积起来，也能变成一条山谷的谷底。这样的山谷往往不会太大，然而，中央大峡谷宽 80 公里，长 640 公里，显然不会是以前的湖泊，当然，这不排除它的大部分地区是以前的沼泽。地质学总在重复着它自己，一种典型的地质特征可以在世界各地重复出现，可以在地质历史上重复出现，但是，加利福尼亚中央大峡谷在这个星球上找不到第二个，或许智利的纵向大峡谷和巴基斯坦的达尔班丁深谷是例外。

在中央大峡谷里设计道路的工程师们会因为地形缺乏起伏而感到苦恼。修路时经常需要“挖高填低”，然而，在这里修路，当他们需要填“低”的时候，他们没有“高”可挖。如果一条新的公路必须跨越某个东西，比如铁路轨道，筑路工人需要往回走 800 米左右，把公路路基挖低，卧进地面里，再用挖出来的那些土堆成坡道，好让公路桥梁跨越铁路。在这片大海一样辽阔的土地中央向两边看，远山那么低矮，一点点薄雾飘来就会给你一种看不见陆地的感觉。

俗话说，站得高看得远。究竟站多高能看多远呢？公式告诉你，在开阔的海洋上，在你的视线和地球曲面相交之前所能看到的距离（英里数）大约等于你眼睛所在高度（英尺数）的平方根。这就是说，如果你眼睛所在的高度是 49 英尺（14.9 米），那么你看

到的地平线和你之间的距离是 7 英里（11.2 公里）。这个公式在陆 537
地上几乎没什么用处，因为地面上的各种障碍物太多了，但这个公式在中央大峡谷里很适用。当达尔文离开“贝格尔”号在阿根廷旅行时，他感觉到了潘帕斯大草原细微的高程差：

> 对于圣尼克拉斯和罗萨里奥以南和以北的广阔地区来说，这片土地确实是水平的。旅行者们用来描写它极端平坦的任何词语都不会是夸大其词。然而，我却总不能找到一个地方，通过缓慢的转身，在某些方向上看到物体的距离并不比在其他方向上的更远，这显然证明了这个平原并不是处处平坦。

他也可以在中央大峡谷做同样的事。这里大部分都接近海平面，但确实是在抬升着。在 80 号州际公路以北，谷底在稳步抬升，坡度极小极小，只有用激光才能测量出来。穆尔斯把这种抬升和大洋中脊的倾斜面做了比较。相对于深海平原，大洋中脊高出约 1800 米，但它们中间的距离太远了，用他的话来说：“如果把你放在大洋中脊的侧坡上，让你朝着中脊走，你肯定不知道该往哪个方向走。”像东太平洋洋脊这样快速扩张的洋脊的坡度，与萨克拉门托和雷丁之间中央大峡谷的坡度差不多。

你看着喜鹊在山谷上空飞翔，一边飞一边抢食吃。你看着洒农药的小飞机嗡嗡嗡地飞着，时高时低，像被困住的苍蝇上下飞动。水稻是从空中播种的。在以前曾经喷洒 DDT 的地方，现在改成从飞机上撒鱼苗，把这些鱼作为活的杀虫剂，让它们在分隔成条块的稻田里吃那些有害幼虫。在这个基本平坦的地方，没有明显的地形起伏，只有用仪器才能测到极微小的高低变化；就好像在一块经过轻微风化的光滑木板上发现了些许的不平整。你的眼睛肯定看不出来这些不平整，但如果你是一个稻农，你每天都要面对它。秧苗需要的水深很苛刻，既要能刚好盖住它们，又不能太深，把它们淹死，正是这种精细的要求让每一块稻田的水都保持着自己的水平面，而你从空中可以清楚地看到由这些稻田块水面显露出来的山谷结构。

图 4-9　等高线轮廓

在第一次种水稻的时候，汽车载着测量棒围着固定的中转点绕圈行驶，找出山谷的等高线，再沿着这些等高线堆起几厘米高
538 的田埂，准备日后容纳一定量的浅水。弯弯曲曲的田埂都和等高线是平行的，从空中看，这些田埂围起的稻田图案像是被超级放大了

的地形图。它们显示了厘米规模的构造形态，显示出背斜的构造鼻、向斜的凹槽、微褶皱、凹陷等，这些构造的高低幅度都太微小了，人的眼睛根本看不出来，即使是很浅的水也只会在田里向各个方向流动。因此，水稻种植都是在梯田里，每一个条块的海拔高度和相邻的都不一样。正如火山学家用激光去探测喷发地面的膨胀一样，近年来，稻农们开始使用旋转光束对稻田的水平面进行勘测。他们用激光控制的三刃面推土机刮板去调整等高线。新型的田埂往往是直线形的，不太能展示稻田底下的地质构造。加利福尼亚州有 2000 多平方公里的水稻田。这里的气候和埃及的气候基本差不多，埃及是世界上高产稻田面积最大的国家。戴维斯分校有一位教水稻种植的教授，名叫吉姆·希尔，他的办公室门上有一块牌子，上面写着“祝你今天好运稻（到）”。

中央大峡谷属于两条大河的流域，一条向南流，另一条向北流。它们在大峡谷相遇，然后一起流进旧金山湾。向北流的是圣华金河。向南流的是萨克拉门托河，它的一条支流叫羽毛河，河上筑了一座大坝，是为了拦住内华达山脉的融雪水，让它不仅能灌溉稻 539
田和山谷里的其他农作物，而且能维持城市用水——人们修了一条 960 公里长的引水渠，直通到洛杉矶。两条大河共同构建出一个三角洲的情况在世界上十分罕见，简直数不出几对来，比如：肯纳贝克河和安德鲁科琴河，恒河和雅鲁藏布江，底格里斯河和幼发拉底河，萨克拉门托河和圣华金河。

萨克拉门托河和圣华金河的洪积平原有几十公里宽。在平原上的水被排干之前，那里就像厨房地板一样，满是绿色斑块花纹，人们叫它芦苇荡、莎草丛，或是莎草沼泽，这是为了赞美这些植物在逆境中的坚忍，每年经过春季洪水肆虐的洗礼，几乎只有芦苇和莎草能幸存下来。萨克拉门托城只比莎草沼泽高一点点。人们的老习俗认为，永远不要在河漫滩上盖房子，加利福尼亚州却把它的首府盖在了河漫滩上。在某种意义上说，萨克拉门托的老房子都盖得上下颠倒了。入口大厅和门廊都在房子的上层，一条长长的户外楼梯从房门通向地面。整个居民区都踩着高跷。

80 号州际公路从内华达山麓草地的蓝栎树丛中伸出头来，路基穿出砾质土层进入萨克拉门托的粉砂质黏土和腐殖质草甸土中。现在 80 号州际公路已经成为一条高架长堤，横跨水稻和甜菜、沼泽草甸和高粱，就好像它在通向基韦斯特岛，而不是旧金山。在特大洪水的年份里，公路堤道下会涌起 600 亿立方米的水。洪水会把它们携带的大部分物质卸载下来，在河边形成天然堤，一些行栽作物和乔木作物生长在天然堤较厚、较轻的土壤上。最终，河漫滩之外的地面不知不觉地升高了几厘米，形成冲积扇外缘的透镜体，这是一种很细的土层，从海岸山脉向东泼洒出去，就像泼出一层薄薄的油漆。它在土壤成分中造成的差别在很大程度上表现在大田作物、蔬菜作物和果树的种植种类方面。在土壤分类学上，世界上有十个种类，其中有九种都可以在大峡谷里见到。每一种土壤都适合于不同的农作物。于是，这里成了北美洲水果的大森林，有李子、猕猴桃、杏、橘子、橄榄、油桃，等等。在大峡谷的一些地区，农作物的根受到硬土层的限制。土壤的 B 层叫淀积层，被硅质牢牢地粘在一起，就像一块混凝土地板。以前，农民们常常在这层硬土层里打一个洞，在洞里种树。现在，他们使用柴油驱动的挖土机去大面积破土。这样，大峡谷里又种植了甜菜和桃子，葡萄和核桃，巴旦木和甜瓜，李子和西红柿。这就是说，加 540
利福尼亚中央大峡谷里种的每一种植物都比美国其他任何州要多。

1905 年，加州大学伯克利分校的农业学院在约洛县的戴维斯建立了一个实验农场，正好在大峡谷的中心。1925 年，农场本身变成了农业学院。1959 年，它成了加州大学系统的一个综合性大学校区。牲畜评估馆现在成了莎士比亚大剧院。在高耸入云的水塔下，这所拥抱土地的大学建设得无比宽阔和宏伟，已经有了自己的环城公路。它的自行车可能比上海的还要多。但是，戴维斯仍然是加利福尼亚州最主要的农业研究中心，尽管地质系大楼的建筑风格是后现代主义的，但在它光亮透明的大楼外面，是一个养了很多大肥猪的猪圈。

在地质系大楼的楼顶上，穆尔斯向辽阔大地的远处眺望，在东南方向 160 公里外是约塞米蒂国家公园，在西南 80 公里处，奇妙的迪亚波罗山在海岸山脉旁高高耸立。向另一个方向看，他看到了拉森火山，矗立在 225 公里外北方的地平线上，像一个白色圆锥体，而在更近处的地面上，可以看到萨特孤峰，最近的火山喷发在大峡谷中留下了一圈高低不一的小山丘，就像一个放在桌上的花冠。这些地标围起了一片 2.4 万平方公里的土地，用眼扫上一圈，看到的地面比马萨诸塞州还要大。不过，这还不到大峡谷的一半大。

穆尔斯在 20 世纪 60 年代刚到戴维斯的时候，这里只有一万人。现在，虽然人口增加了五倍，但戴维斯仍然是个安静的小镇，仍然是个原野中的小站。林荫下的街道通向四面八方的农田和果园。每到星期六，农民们就带着他们的青柠百里香、象心李子、柠檬黄瓜、苦瓜和葡萄柚大小的桃子来到戴维斯的露天市场。他们带来的西红柿品种繁多，个头大小不一，有的比桃子还大，有的只有珍珠那么大。约洛县的西红柿产量和佛罗里达州的差不多。约洛县出产的番茄酱与众不同，他们用来加工的西红柿可以放在高尔夫球座上，一杆打出去 180 米。

穆尔斯夫妇那套世纪之交的农舍就在“乡下”，沿着小镇边
541 上一条街道往下走，长长的街道两旁都是黑胡桃树。他们的街道叫“帕特温”，这个印第安部落以前在这里经营农场和胡桃树。他们的房子朝北，房前是一片西红柿种植园。从东面的窗户你有时可以看到低低的内华达山脉，从西面的窗户可以看到海岸山脉，但是，你怎么也不会有住在峡谷里的感觉。“大峡谷”这个词好像用错了。这片平地的边缘是那么广阔，而那些山脉的边缘又没办法让你联想到 V 字形，你怎么会感觉到你是住在峡谷里呢？

当穆尔斯欣赏眼前的风景时，他还看到了它们底下的另一番景象。像大多数地质学家一样，他脑子里有一连串的古代风景画，一些世界叠加在另一些以前的世界上。他看到了俄亥俄州的苔原，看到了新墨西哥州平顶山上的茂密森林，在亚利桑那州的佩恩蒂德沙漠下看到了波斯湾。有一次，我们在内华达山里跑了一天，晚上坐在他家院子里的一棵杏树下，他说这棵杏树很像一盏枝形吊灯。我请他描述一下他自家的小院，这个小院在我们的行星地球上

只不过是一个微粒，在不同的地质年代里，它是什么样的？他给我讲起来，就像地质学家经常做的那样，是用现在时态[1]讲，而且用倒叙的讲法，一幕接一幕地向回叙述，像讲解地层学一样，把加利福尼亚州按地质年代拆解开，一个时期接一个时期地讲起来。

在更新世中晚期，内华达山脉上出现了几次高山冰川活动，这个地方和现在差不多，坐落在河流的天然堤上，但周围不是果树林，而是大片的沼泽。大峡谷里的栎树生长在干燥的地面上，只比沼泽高出十几厘米。大峡谷东面和西面的山脉比现在低得多。迪亚波罗山不在那里，它“几乎还没开始生长”。

在距今300万年前，也就是上新世晚期的皮亚琴时期，海岸山脉和内华达山脉都还在地平线以下。内华达山脉断块开始绕中央大峡谷下面的“折页”轴翘起。海岸山脉的构造活动和内华达山脉完全不一样。它们缓慢地从深部上来，并没有完整的结构，而是一团碎块，是从海洋里登陆的一堆杂七杂八的东西。日后的地质学家给它们起名叫“弗朗西斯科构造混杂岩”。这些构造混杂岩先是以岛屿的形式出现，然后推动着海岸平原的水平层沉积物，把它们推挤得向上拱曲，直到它们几乎直立起来。岩浆向上刺穿混杂岩，形成火山，在纳帕谷和它的周围地区喷发出熔岩和火山灰。在内华达山脉的山脊上有活火山。在新生的山脉中间，萨特火山在

1 英语中根据动作发生的时间和状态划分出若干种时态，用动词的组合变化来表示。过去时、现在时和将来时分别表示动作发生的“时”，而一般式、进行式和完成式等表示动作的“态”。讲过去的事要用过去时态，讲现在的事要用现在时态。有些人不太顾及语法，在讲历史时，往往用现在时态。

喷发着。

542 我有个问题：为什么这些像7月4日美国国庆节焰火一样热闹的火山喷发是在300万年前，而那时候在这些纬度上只有很少很小的地震呢？

这是因为，上新世时旧金山附近正好有一个岩石圈板块的三联点，穆尔斯回答说。一个俯冲带随着它造成的海沟变成圣安德列斯断层而正在逐步消失。那些火山活动正好和这个过程有关。几千万年以来，在北美洲和太平洋板块之间一直有一个相当大的岩石圈板块，地质学上叫它“法拉隆板块”，它的厚度曾经约有地球地壳的十分之一。到上新世晚期，这个板块的地壳连同地幔一起在很大程度上已经被消耗掉了。当然也残存了一些碎块，在北部叫胡安德富卡板块，它俯冲到北美洲下面，形成了拉森峰火山、沙斯塔山火山、雷尼尔山火山、圣海伦山火山、冰川峰火山和喀斯喀特山脉的其他火山；在南部叫科科斯板块和纳兹卡板块，它们的俯冲形成了中美洲，抬升了安第斯山脉。几千万年来，法拉隆板块一直在向北美洲西部边缘底下俯冲，而北美洲也逐渐刮掉了很多碎屑碎块，加入加利福尼亚州海岸山脉的弗朗西斯科混杂岩。在西面的大洋中有一条扩张中心，把法拉隆板块和太平洋板块分开。随着法拉隆板块向东移动并被消减掉，扩张中心越来越靠近加利福尼亚。在2900万年前，太平洋板块在洛杉矶和圣巴巴拉跟北美洲贴上了。在它们接触的地方，海沟停止了活动，扩张中心停止了活动，板块边界成了一条转换断层。这条转换断层一开始只有几公里长，但它逐渐稳步发展，从洛杉矶和圣巴巴拉一直向南北两个方向延伸，

像拉链一样把海沟封闭起来。法拉隆板块、太平洋板块和北美洲
板块的三联点随着断层北端向北迁移。因此，在 300 万年前的上
新世，这个三联点跑到了旧金山附近。内华达山脉的火山是法拉
隆板块俯冲造成的最后一点余火。纳帕谷和邻近海岸山脉的火山
是新断层在扭结和弯折的地方把地壳拉开的结果。萨特孤峰的火
山喷发几乎肯定和正在消亡的俯冲或者新板块的运动有关，但这
些地质学家说，他们对它的具体原因还不是十分清楚。现在，在 543
全新世，这个三联点仍然在向北移动。目前，它的位置在门多西诺
角，圣安德列斯断层在那里结束，法拉隆海沟的剩余部分仍然在
继续活动。事情的经过就是这样的，不管怎么说吧，按照目前的板
块构造理论就是这样的。

距今 600 万年前，也就是中新世晚期，穆尔斯和他家的杏树正好泡在一个海湾里，也或许是站在海湾边上，中央大峡谷的大部分地区也都泡在这个海湾里。海湾里到处都是金枪鱼和其他大型鱼类，因为有一股上升洋流进入这里，洋流的冷水给海湾带来了丰富的营养，就像今天秘鲁的洪堡上升洋流那样。那时候没有金门，海湾的出口在蒙特利。一个地体正沿着圣安德列斯断层的西侧移动，带来了大片土地，上面建设起了今天的圣迭戈、洛杉矶、圣巴巴拉、圣路易斯奥比斯波、大苏尔、蒙特利和萨利纳斯。这个地体或许有一天会被叫作萨利尼亚地体。

在 5000 万年前的始新世，穆尔斯家在戴维斯的小院陷在法拉隆大洋海底的泥里，在离开海岸差不多 50 公里的大陆架上。随着始新世河流涌入这些水域时——带来了从西藏那样的高地剥蚀

下来的砾石，并且穿过一片未来会隆起成为山脉的低地——它们在未来的大峡谷中切出了海底峡谷。这个故事被保留在海相页岩里，里面含有始新世时期的大陆架生物。这些海相页岩夹在“大峡谷层序组”的沉积物中，埋在戴维斯地下大约 760 米深的地方。

在大约 8000 万或 9000 万年前的白垩纪，穆尔斯家的地点是在一个不稳定倾斜的深海扇上，沉积物沿着大陆坡倾倒在海沟里，法拉隆板块正在俯冲，逐渐消失在这条宽度大约有 80 公里的海沟下面。这条海沟今天的位置就在把旧金山和费尔菲尔德分开的地方。法拉隆板块俯冲到北美洲底下发生熔化并且产生岩浆，形成了祖先内华达山脉的大岩基和盖在上面的火山岩。

544 在侏罗纪末期，也就是斯马特维尔地块拼贴上来后再过 2000 万年，另一条岛弧漂移过来，撞到斯马特维尔地块上，缝合带差不多就在穆尔斯家和他的杏树下。地质学上把它叫作“海岸山脉蛇绿岩”，它日后会被埋在 12 公里厚的大峡谷沉积物下面，并且被拱曲成海岸山脉。它的一大块碎片将在奥克兰山上翘起。

当斯马特维尔地块在侏罗纪拼贴时，它的各个岛屿可能和日本北海道、九州和本州类似。这条海沟在萨克拉门托以东关闭，同时，在戴维斯以西形成了一条新的海沟，法拉隆板块向这条新海沟下俯冲消减，同时把那个地区拽向深处，形成了一个构造盆地，这个盆地日后会被沉积物填满，发展成中央大峡谷。由于在接下来的 1.5 亿年里不会有内华达山脉，也不会有海岸山脉，因此，在这个时间里见到的山谷并不是一个传统的河谷，而是一个填满了沉积物的构造盆地，里面的所有沉积物都不是来自周围山脉的。那时候没有内华达山脉，也没有海岸山脉。

在斯马特维尔地体到来之前，这里是一片蔚蓝色的大海，是大陆外面的海洋，是深海。在三叠纪刚开始的时候，现在的戴维斯就在大洋里。大陆架在东面的爱达荷州和内华达州。北美洲大陆在这个纬度地区一直在增生。已经有两个地体拼贴上来了。但在中生代初期，这块大陆上还没有见到任何迹象能形成加利福尼亚州。

10

纳帕谷位于戴维斯正西56公里处，去那里做野外旅行是很容易的，有三分之一的路是平坦笔直的。穆尔斯和我到那儿去过好几次，有时候是心血来潮，说走就走。我们一路向西，采集路边的岩石，品尝沿途的葡萄酒。

走过一段平平的农田、果树园和巴旦木林以后，地面突然间变陡了，公路进入了长满栎树林的山丘。这里一年中大部分时间都是褐色的，气候很干燥，地质学家在这儿工作时，用锤子砸岩石的时候常常会迸出火花，一不小心就有可能会引起火灾。普塔溪是一条把细泥沙输送到戴维斯的小河，在这里，它又是通向海岸山脉的大门，它把自己携带的泥沙沿途泼洒出来，胡乱成层地堆积着。在河流切出的陡岸剖面中可以看到，砾岩和空中降落的火山灰一层层地相间成层排列，火山灰是从上新世海岸山脉的火山喷发出来的，砾岩中有蛇纹岩砾石、橄榄岩砾石、硅质岩砾石、杂砂岩砾石、火山岩砾石，不同地质背景来源的碎屑堆积在一起，暗示着岩石中即将发生的骚动。在剖面中还可以见到细粒玄武岩，那是中
545 新世中期在西北部喷出的极稀薄的玄武岩浆留下的，玄武岩在一天之内就覆盖了冰岛大小的区域，被认为是地球物理热点活动的开始，那个地幔热点后来迁移到黄石。哥伦比亚河的玄武岩标志

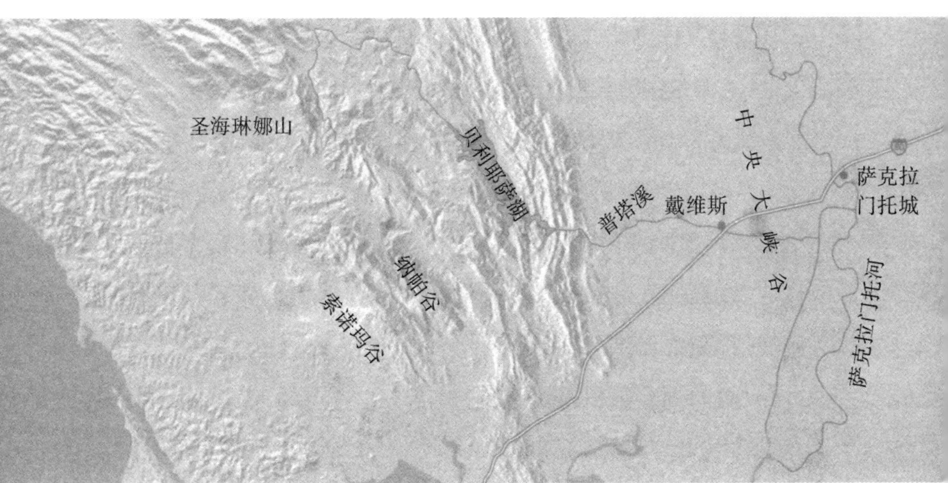

图 4-10　戴维斯西边的海岸山脉，拉分盆地

着喷发范围的最南端。

我们沿着河谷往上走，在到达贝利耶萨湖岸边时，会经过很长一段路旁剖面，露头上全是沉积岩，这些岩石的层面原本是水平的，现在已经弯曲了将近 90 度，看上去几乎是垂直的。倾斜的岩层像不规则的条带指向天空，末端参差不齐，形成锯齿状的猪背岭。这些白垩纪时形成的岩层是大峡谷层序组的底部，弯曲得像海难船褪色的船肋。这些褶皱的岩层在大陆西侧受到最后一次碰撞时被推挤到弗朗西斯科混杂岩上，出露到地表。在法拉隆海沟的高温和高压下，弗朗西斯科混杂岩中的沉积物发生了不同程度的变质，它们最终出现在地表时，已经是破碎不堪、杂乱无章、面目全非，用“混乱”“混沌”这些词去描述它已经远远不够

了。这种“什锦果盘”式的岩石就是海岸山脉的精华。你离开了大峡谷层序组清晰的层理面和锯齿状的山脊线，进入了一片到处是大大小小无根岩块的露头区，这些岩块被鳞片一样的黏土层围绕着。从大小岩块突兀的样子来看，这片地区像是被放大了很多
546 倍的冰川地貌。如果说大峡谷层序组可以比作军团长领带上的条纹图案，那么，弗朗西斯科混杂岩只能比作士兵迷彩军服的不规则斑块图案。

“看看这些被搞得乱七八糟的弗朗西斯科垃圾！”穆尔斯惊呼起来。

狭窄的道路在让人看得头晕目眩的山岭中拐来拐去。墨崖路。藏宝路。

“快看那些混杂岩！我的天哪，看看那些大岩块！”

这里的岩石都在两个岩石圈板块之间研磨过，普遍受到了剪切，路旁剖面上的变质玄武岩看上去像个绿色的汉堡。我们可以清楚地看到它和剪切成鳞片一样的黏土层接触在一起。

“这些黏土层是弗朗西斯科混杂岩的基质，在这些基质中到处都包含了各种成分的岩块，这就是海岸山脉故事的核心。这块变质玄武岩是基质中的一个构造块体。看看这些露头，你可以理解，为什么那些试图在这儿进行地层学填图的人会发疯。想象一下，在板块构造理论出现之前，这种水果蛋糕一样的东西，这种里面嵌着葡萄干的布丁一样的东西，会让地层学家面对多么让人头疼的问题。它不符合我们熟悉的地层学规则。人们总是假设这里有一个地层序列，多年来，人们总是想用规则地层被侵蚀和变

形的思想去解释，但是都没有成功。1965 年，许靖华[1]提出了混杂岩的观点。但他认为，混杂岩是由于重力作用从内华达山脉滑到这里的。没有人想到过俯冲的想法，我们现在看到的就是一个板块向另一个板块下面的俯冲，所有这些混杂的物质被碾压在一起，又聚集在上冲板块的前缘。1969 年，美国地质调查局的沃伦·汉密尔顿发表了一篇论文，讲述太平洋的地壳在白垩纪和新生代的时候俯冲到北美洲板块下面。他在讨论新全球构造学说的彭罗斯会议上发表了这篇论文。突然间，人们对弗朗西斯科岩石有了新的看法。他们说：‘哦，那一定是在俯冲通道里形成的。’于是整个故事开始了。”

弗朗西斯科混杂岩里包含的岩石来源很广泛，毫不夸张地说，是来自整个太平洋盆地，甚至是来自半个地球的表面。化石和古地磁资料显示，来自大陆的砂岩等各种沉积物和分散在海洋中的各种岩石，如硅质岩、杂砂岩、蛇纹岩、辉长岩、枕状熔岩和其他火山岩等，都作为大大小小的岩块随机地聚集在黏土基质里。在
俯冲过程中，它们被夹在下插板块和上覆板块中间，带到了 20 公 547
里至 30 公里的深处，并且会挤出来一些蓝片岩。这是一种致密的大比重蓝灰色岩石，富含石榴子石，是俯冲带的特征性岩石。

弗朗西斯科混杂岩出露范围的长度达 800 公里，而许靖华是第一个认识到它的构造性质的人。许靖华在 1973 年的一篇论文

1　国际著名的地质学家，1929 年生于中国南京，1947 年大学毕业赴美留学，美国科学院院士，获国际地球科学界最高荣誉沃拉斯通奖章。曾任国际沉积学会主席，国际海洋地质学会主席，欧洲地球物理学会主席。

中，用一句话描述了弗朗西斯科混杂岩，这句话几乎可以适用于所有坐下来吃感恩节晚餐的大家庭：

> 这些中生代岩石的特征是，无论是火成岩的结构构造，还是沉积岩的沉积层理，所有这些原生的结构构造都遭到了普遍性破坏，韧性较强的岩石被剪切得越来越细小，直到成为混杂岩的基质，脆性较强的岩石被剪切成大大小小的岩块，像孤立的透镜体或布丁漂浮在基质中。

许靖华出生在中国，是瑞士联邦理工学院的终身教授。他名字的西方拼写是 Kenneth Jingwha Hsü。

奥本山上的混杂岩是在斯马特维尔地块到来之前拼贴到北美洲上的，它记录的故事和弗朗西斯科混杂岩基本是一样的，唯一不同的是，在最终完成加利福尼亚州碰撞的一系列过程中，塞拉混杂岩里的岩石几乎完全重结晶了。科迪亚克岛和舒马金群岛也都是增生楔，被向北漂移的太平洋板块推到阿拉斯加州边上。俄勒冈州海岸是一个加积楔，在胡安德福卡板块和北美洲板块碰撞过程中，一连串海山漂移过来，堆叠在俄勒冈州海岸边，形成了壮观的风景。印度尼西亚外边的一系列海岛是一条窄窄的加积楔，处在印度—澳大利亚板块和欧亚板块之间，很像是加利福尼亚州的海岸山脉，更不用说意大利的亚平宁山脉、阿曼湾的北海岸和缅甸的阿拉坎山脉了，全都是加积楔。

在海岸山脉中，你会不时地看到蛇绿岩套的枕状熔岩盖在混

杂岩顶部，这是一种典型的关系，因为混杂岩是在上覆板块的边
缘形成的，而蛇绿岩已经在上覆板块的上面侵位了。大洋地壳的碎
块在弗朗西斯科混杂岩中分布广泛，并且多数都是突出的大岩块，
但海岸山脉的蛇绿岩更集中地出现在海岸山脉的东部，在那里它 548
和盖在它上面的中央大峡谷层序的沉积物一起向上拱曲，并且几
乎破碎。在戴维斯和卢瑟福之间有一大块蛇绿岩，已经解体成了
碎块，漂浮在弗朗西斯科混杂岩里，出现在一个像碗一样的小山
谷的谷底。蛇纹岩已经风化成了土壤，现在种着葡萄。这是加利福
尼亚州为数不多的几种葡萄，它们生长在州石[1]的土壤中。穆尔斯
偏爱这种葡萄酒。对他来说，它的酒香是蛇绿岩味的，喝过以后，
嘴里的余味会慢慢回到蛇纹岩那种神秘的感觉。对我来说，它尝
起来并没有深海的味道，而是带着一种潮落的余味。这种酒像是
发酵的橄榄岩，带着一种莫霍面的红色，闪着铬的光泽。

酒庄在一条三级公路上的红杉树林荫下。它的产量只有一万加仑（约 3.8 万升），是一个家族酒庄，已经经营有一百年了。酒窖就挖在弗朗西斯科混杂岩的一大块砂岩里。小桶、大桶和大罐都是木头的。在酒窖外面，我们站在一个木质平台上，透过林中树干的空隙望向陡峭的山谷。穆尔斯把一杯酒移到鼻子底下，闻了闻，说这酒的香气很浓，让他想起了塞浦路斯的葡萄酒。他告诉我，在纳帕谷西北头有一座圣海琳娜山，那里有一块完整的蛇绿岩，是

1　美国很多州都有自己的州石、州矿物和州花等。加利福尼亚州的州石是蛇纹岩，州矿物是自然金，州宝石是蓝锥矿，州花是罂粟花，州树是巨杉和海岸红杉。

一个几乎完整的蛇绿岩序列，顶上覆盖着沉积物，但没有枕状熔岩。在迪亚波罗山东侧有一个完整的蛇绿岩序列。“如果你绘制了海岸山脉蛇绿岩的分布图，会看到蛇绿岩从俄勒冈州一路向南延伸，形成不连续的斑块，再加上你在旧金山和其他地方看到的那些碎块，那里的蛇绿岩套已经解体了，一块块地散落着，就像这些葡萄架下面的块体一样，已经没办法按照顺序去阅读了。”当穆尔斯第一次来到加利福尼亚州时，他偶然读到了一份关于纳帕谷北头汞矿的报告。报告里提到“辉长岩……沿着蛇纹岩和火山岩的接触界线分布”。穆尔斯开着面包车来到纳帕谷，看了看露头。然后，对他的研究生史蒂芬·贝佐尔说，如果他感兴趣，可以在那儿做论文。贝佐尔的硕士论文首次揭示了加利福尼亚州存在蛇绿岩杂岩，并且推动了对海岸山脉蛇绿岩的认识。我们从酒庄出来，在十字路口的一家商店前停了下来，穆尔斯解释说，他需要喝杯咖啡，“醒醒酒”。

下坡路很长，一直延伸到纳帕谷的地面，那里很平坦，宽度达5公里，对于海岸山脉的山谷来说，它算是比较宽的了。有两条车
549 道的圣海琳娜高速公路修建在山谷的轴线上，路两旁是葡萄藤，像是电影布景一字排开。在路上跑着，我们依稀走上了从热夫雷－香贝丹经过伯恩通往莫索特[1]的酒乡之路。抢眼的舞台布景让我们进入了农业迪士尼乐园：贝林格的哥特式半木材结构的莱茵河之家酒庄，基督教兄弟的老挝佛教寺院风格的酒庄，罗伯特·蒙达

1　热夫雷－香贝丹、伯恩、莫索特，这些都是法国勃艮第地区著名的葡萄酒庄园。

维的西班牙使团酒庄，等等。大多数酒庄都提供葡萄园导游和葡萄酒品尝项目。在这里走上一天，圣海琳娜高速公路上每个人嘴里的酒香都会越来越浓，舌头也会越来越厚，路上的交通从早上就开始爬行，到了中午以后，已经成了战场。这里最可靠的品酒人开的都是加长的豪华轿车，它的数量远远超过开雪佛兰的。

海岸山脉的大多数山谷都比纳帕谷要小、要高，它们的典型海拔至少有 300 米。纳帕谷的南端靠近旧金山海湾，基本上处在海平面附近。越远离海平面，谷底就越高，但总体上并不算太高。在纳帕谷中北部的圣海琳娜山也不过海拔 76 米。它周围的山在高度上能够追上佛蒙特州的格林山或者新罕布什尔州的怀特山。这里为什么会有这么深的一个“洞”？

圣安德列斯断层系分布在海岸山脉中，而它外围的断层从中央大峡谷底下穿过。一个转换断层经常会有拐弯的地方，如果这个拐弯正好在释放压力的地方，就会随着断层两侧的相互滑动分开，形成一个大致的平行四边形，在松软的山脉中间很快会形成一段山谷，比被河水切蚀出来的普通山谷要深得多。在海岸山脉，大多数洼地的海拔高度都很高，是侵蚀造成的。也有些山谷是构造形成的，深度比较大，在地质学上叫作“拉分盆地”。在纳帕谷地区，索诺玛山谷、尤卡亚山谷、威利茨山谷和朗德山谷也都是拉分盆地。贝利耶萨湖就在一个拉分盆地中，克里尔湖也是这样。

在拉分盆地发育的地方，那里的地壳受到拉伸逐渐变薄，拉近了地幔和地表之间的距离，于是，那里离火山喷发不会太远了。在上新世的时候，法拉隆海沟在这个纬度上的俯冲停止了，圣安德列斯断层系出现了，纳帕盆地还没有完全拉开成形，新鲜的红色流纹岩熔岩就喷发出来了，喷出的火山灰也降落到盆地里。海岸山脉变得通红通红的，火山喷发带出来大量的硫黄，这些火山喷发产物凝固在弗朗西斯科混杂岩顶面上。这些岩石风化成的土壤中含有丰富的营养，为日后种植葡萄、酿造葡萄酒准备好了地理环境。

550 这些岩石在地质学上被叫作索诺玛火山岩。纳帕和索诺玛都是帕特温印第安人起的名字，“纳帕”的意思是房子，“索诺玛”的意思是鼻子或酋长鼻子的土地。因此，索诺玛火山岩就是“酋长鼻子的土地火山岩”。酋长鼻子在他那个时代以前叫“塔斯特万”，这是一种品尝葡萄酒用的浅口小银杯。加利斯托加地区依然储存了火山岩的热量，在那里至今还能洗泥浆浴和泡温泉。在圣海琳娜山附近被砍伐的森林下也有地热源，那里修建了一些小型地热发电站，分散在高地上，像一个个相互隔离的地热田。

随着新的断层系统撕裂这片地区，裂缝在张开，热水在涌出，形成了间歇泉和热泉。它们沉淀了隐晶质石英，石英的基质中还裹挟着各种金属。有一些金子，还有更多的银子。在地表附近，最容易开采的是朱砂，这是硫化汞矿物，红色晶体闪着亮光。水银能很有效地从碾成碎末的矿石中提取金子。在 19 世纪，海岸山脉挖了很多矿洞开采汞矿。汞被运过中央大峡谷，在内华达山脉中使用。那时候，海岸山脉中的金矿显得微乎其微，远不如现在那么重要。20 世纪 80 年代，霍姆斯特克矿业公司在纳帕谷北部的山脊上挖了两个露天矿。它们在地表上的面积一共也就是 2.6 平方公里。金子的粒度太小了，只能在显微镜下看见，但含量足够多，用氰化物把金子溶解出来还是很经济划算的。在加利福尼亚州、内华达州和其他地方发现的亚微粒黄金会让美国的黄金产量在进入21世纪的时候超过南非，地质学家认为，这条消息的惊人程度只比登月事件略逊一筹。霍姆斯特克矿业公司在南达科他州的布莱克山上有一口地下矿井，已开采了一个多世纪了，最新公布的数字是2450米深，是西半球最深的矿井。霍姆斯特克公司生产的黄金比北美洲任何一家公司都多。随着在海岸山脉地区不断发现黄金，获得新的开采权，霍姆斯特克公司宣布，它掌握的黄金储量增加了一倍多。

1880年，30岁的罗伯特·路易斯·史蒂文森刚结婚，由于得了肺病，他逃离旧金山的“毒雾”，来到加利斯托加北边的山区，在那里，他和他的美国新娘以及她12岁的儿子一起度夏。山上有一个已经关闭的银矿，叫西尔维拉多，他们不请自来，住进了那里的一个空木屋。在一堆堆生了锈的旧机器和尾矿碎渣旁边，他们坐在高高的长凳上，俯瞰着长方形的绿色纳帕谷。

> 山谷的地面极为平坦，一直平平地延伸到山根；谷里偶尔 551
> 会出现一两个小山包，上面长满了松树，像是在以前战争中出名的酋长的坟头。

史蒂文森多少有些地质学知识。

> 在这里，一切都是新的，无论是大自然还是城镇。加利福

尼亚的山脉看来还没完全成形；雨水和河流还没有把这些山脉雕刻成完美的形状。

"热泉"和"白硫泉"是纳帕谷铁路上两个车站的名称；而加利斯托加本身似乎就坐落在一个沸腾的地下湖湖面的一层薄膜上。

他开始做一些记录，这成为日后的《银矿小径破落户》以及其他各种作品的素材。他把圣海琳娜山的顶峰描述成"一个由石英和朱砂组成的山洞"。他说，加利斯托加是一个杜撰的名字。一个摩门教的先知一直想在加利福尼亚州建一个美国首屈一指的水疗中心——"加利斯托加"。幸运的是，他的想法没有被传播开，要不然的话，一定会有"内华斯托加""犹他斯托加""怀俄斯托加"等更多的"斯托加"。响尾蛇发出的声音在空中回响，像蛐蛐的叫声一样。史蒂文森在那里住了几个月，但一直不知道自己听到的是什么声音。

响尾蛇的尾巴有着传奇般的名声；据说它能够让人心生敬畏，只要听到一次，就会终生铭刻在心。但是，这声音听起来却一点儿也不让人感到恐惧；许多昆虫的嗡嗡声和大黄蜂的嗡嗡声让人一听就会相信是危险的信号。事实上，我们在西尔维拉多住了好几个星期，每天来来往往，四面八方都有响尾蛇钻来窜去，我们却从来没有意识到害怕。我常在杜鹃花丛和夏蜡梅丛中找个让人神清气爽的地方，洗洗太阳浴，做做健美操，

> 响尾蛇在我的四周发出嗖嗖的声音，像旋转的轮子一样，我的每一个突然性动作都会使周围的嘶嘶声和嗡嗡声越来越大，越来越疯狂；但我却从来没有意识到危险，当然，也从来没有受到过攻击。就在我们的夏日假期快要结束的时候，有个人来到了加利福斯托加，他向我们详细地解释了这种声音的可怕性，最后还给我们逼真地学了一遍这种声音；这让我突然意识到，我们竟然是住在一个充满致命毒蛇的蛇窝里，我们在西尔维拉多最常听到的声音竟然是响尾蛇发出来的。

一天，西尔维拉多矿的老板上山来了，但不像响尾蛇那样，发 552
出点警告声，这个老板来得无声无息，发现了擅自入住的这一家子，使他们很尴尬。

> 我有点儿害怕，急忙向他讨好，说，我猜他一定是这个木屋的主人。

史蒂文森经历的这个夏天是在小巨角战役四年后的事。那时候，西部就是那么古老。他数了数，纳帕谷有 50 个葡萄园。农民们在这个山谷里已经过了近半个世纪了。在 19 世纪 30 年代，北卡罗来纳州的乔治 · 杨特为了获得一块近 50 平方公里的墨西哥土地而皈依天主教，并给自己起了个洗礼名，叫乔治 · 康塞普松 · 杨特。还有一位英国外科医生，墨西哥政府也赠给他一块纳帕谷的土地，起了个名，叫“兰乔 · 加恩 · 哈门那”。1876 年，来自美因茨的德国人建立了贝林格酒庄。1883 年，他们又仿照自己老家的房子，建造了莱茵河之家酒庄。那辆加长的豪华轿车现在就停在那里，停在高高的榆树下宽阔的草坪边上。车上的人跳下座位，走进酒庄，花 40 美元去欣赏 1.5 升大瓶葡萄酒的系列，还附赠了一本画册，《贝林格：纳帕谷的传奇》。穆尔斯简单翻阅了一下这本画册，发现了一条重要信息：莱茵河之家酒庄的地基和第一层竟然是石灰岩。他走到外面，用他的黑斯廷斯牌三折十倍放大镜仔细看着房子。“我的天啊！”他说。对穆尔斯来说，这是一个新大陆。他以前从来没有见过火山喷出来的石灰岩。“这是焊接得不太好的火山灰，里面有很多大气泡，是浮石火山砾，”他继续说，“这是一种很脆弱的火山灰！是焊接起来的火山灰！是一块熔结凝灰岩！”

路易·马提尼酒庄的房子是水泥砖混结构的，建在圣海琳娜南边通往卢瑟福的路上，房子不高，线条清晰，是那种老驿道上的现代化建筑，没有窗户，在一个长长的门廊上有几盏用熟铁精制的灯。它的建筑样式让人联想到牛前胸的上等肋条。建筑物分隔成不同的房间，里面都铺着瓷砖，有几个房间陈列着马提尼葡萄酒，还有一个长长的深色酒吧。人们悠闲地走着，看着，喝着，没有人去催促前面的人，在凉爽安静的环境中，我们品尝了五六瓶酒，一边闻着酒香，一边聊着地质。路易·马提尼葡萄酒的口感偏硬，酒体醇厚，入口细品，透出多重味道，甚至带着火山喷发那种猛烈的
553 劲道。这些酒已经准备好去旅行了，就像它们所在的地体一样，就像第一瓶马提尼一样，它是 1894 年从意大利运过来的，或者，根

据穆尔斯的说法，就像意大利本身一样，它在侏罗纪的时候离开了欧洲，但后来又回家了。他说，意大利变成了非洲的凸出前缘，他一边说，一边端着酒杯，晃动着杯里的赤霞珠[1]。意大利离开了欧洲，加入非洲，后来又在造成阿尔卑斯山脉的碰撞过程中被猛烈地推回到欧洲。在米兰大教堂和佛罗伦萨乔托钟楼的墙上就有从托斯卡纳开采运来的蛇纹岩，它们是蛇绿岩中的一部分，记录了意大利的这个故事。

马提尼的黑比诺[2]带有高地里奥哈的浓郁气息，是梅多克强壮酒体的动感源泉。穆尔斯问我是不是注意到，“法国的波尔多红葡萄酒海岸”和西班牙北部的坎塔布里亚海岸好像一个张开的双壳贝壳，波尔多正好在背部的枢纽线上。在白垩纪早期，大西洋刚刚张开，还很年轻，很狭窄，法国的西部和西班牙的北部中间还没有海水，枢纽是关闭的。整个伊比利亚半岛都受到大西洋扩张的影响，随着非洲向东北方向的移动，被非洲拉开了，形成了一条裂谷，然后逐渐被拉宽，变成了今天的比斯开湾。在不长的时间内，伊比利亚半岛就转动了 90 度，转到了它今天的位置。

---

1 优质葡萄酒多由单一品种的葡萄酿造。赤霞珠（Cabernet Sauvignon）是世界上最有名的红葡萄品种，是法国波尔多红葡萄酒的灵魂，也是很多世界顶级名酒的主要成分。用赤霞珠酿造的红葡萄酒散发出水果的香气和烘焙香气，往往含较高的单宁，口感生硬，涩度较大。

2 又译黑皮诺（pinot noir），这种葡萄的酿酒工艺比较复杂，酿造出的红葡萄酒带有浓郁的水果香气，单宁含量低，口感柔和，也用来酿制香槟酒。

在品尝金粉黛[1]时，穆尔斯说，英国是“志留纪末期一次碰撞的残余物”。他说，碰撞带里也能见到像弗朗西斯科构造混杂岩那样的岩石，例如，在威尔士的卡那封郡和安格尔西岛就能见到。那里曾经形成了碰撞造山带，后来由于大西洋的裂开，这条造山带被解体了。法国的中央地块实际上是阿巴拉契亚山脉北部的延续，而阿巴拉契亚山脉的南部一直向上延伸到新泽西州，然后跳到非洲北部，连到那里的阿特拉斯山脉，然后再延伸到伊比利亚高原和比利牛斯山脉，这些地区后来随着西班牙的转动而受到挤压，继续抬升。

在品尝纳帕谷预订的小西拉[2]时，我提到了布鲁克斯山脉，我最近刚刚去过那里。

穆尔斯说，布鲁克斯山脉是一小片外来的大陆物质，是从阿拉斯加州北边来的，撞进了一条俯冲带，沿着它现在的南坡形成了蛇绿岩序列。在随后的碰撞过程中，这个外来陆块发生褶皱，形成了山脉。

“那是什么时候发生的事？”

“我忘了。可能是侏罗纪吧，也可能是白垩纪早期。”

554 苏厄德半岛在阿拉斯加中西部，是诺姆港的所在地，那里是

1 这种葡萄的原产地在意大利的阿普利亚地区，19 世纪中期引进到美国。用金粉黛酿造的红葡萄酒带有水果香味，单宁含量中等，口感较柔顺。在美国销量更大的是“白金粉黛”，是一种半甜型桃红葡萄酒。

2 又译作佩蒂席拉（Petite Sirah），是法国罗纳河谷地区席拉（Syrah）红葡萄的一个变种，1884 年引进到加利福尼亚州。小西拉酿造的红葡萄酒有浓郁的水果香气，单宁丰厚，酸度也高。

一片侏罗纪的蓝片岩，周围环绕着蛇绿岩套的岩石，但没有人知道苏厄德半岛是从哪儿来的。说到这里，他又补充说，阿拉斯加是从哪儿来的也没人知道。它似乎完全是由外来碎片组成的，在中生代时漂移到北美洲的。德纳利断层沿着东西方向延伸，靠近麦金利山，断层南侧是一个巨大的地体，地质学家叫它"兰格利亚地体"。它是一条岛弧，是在洋底高原上形成的。穆尔斯说，麦金利山是"一小块花岗岩"，是在兰格利亚地体到达以后才出现的。不久前，日本刚刚拼贴到亚洲东缘。它正在漂移离开亚洲。日本现在正以每年一厘米的速度向北美洲靠近。再过 8 亿年，它就有可能成为阿拉斯加的一部分。

路易·马提尼酒吧交接班了。一个女领班接替了另一个。新上班的人对她马上就要下班回家的同事说："在路上小心点儿。他们都喝得酒兴酣畅。他们会开着车在路上横冲直撞的。"

11

我们在路易·马提尼酒庄的那次谈话发生在1978年，当时板块构造理论已经有十年的历史了，但是，如果有人像穆尔斯那样滔滔不绝地讲述全球的板块漂移历史，人们普遍都会认为他是痴人说梦，疯话连篇。我或许可能以为他是酒喝高了，但我那时候对板块构造并不了解，没办法做出判断。这些年来，穆尔斯和我经常回到世界蛇绿岩和全球构造这些话题上，他们已经用新资料记录和描述了地球面貌的变迁，以下是所有这些对话的一些片段，我把它们汇编起来，希望通过他的评论来反映出20世纪70年代、80年代和90年代的一些地质学思想。

为了让板块从一个地方漂移到另一个地方，让时间自由地流动，我们需要记住，过去15亿年以来的板块构造历史主要记录了两个超级大陆的聚合和解体，一个是罗迪尼亚大陆，另一个是盘
555 古大陆，也就是泛大陆。关于罗迪尼亚大陆上的山脉，我们今天的资料不多，只见到一些那时的山根，还有一些蛇绿岩，这些蛇绿岩表明那些前寒武纪山脉是碰撞形成的。大约在6亿年前，罗迪尼亚解体了，裂开的碎块形成了一幅世界地图，但和我们今天的世界地图大不相同，看上去像是另一个星球的地图。例如，那时候哈萨

克斯坦和挪威、新英格兰[1]还连接在一起。在距今 2.5 亿年前，分散的大陆和微大陆重新聚合起来，形成了盘古大陆，它们的缝合线今天在地表还能看见，虽然它们的范围已经缩小了，但还是表现出明显的地形起伏，如乌拉尔山脉、阿巴拉契亚山脉等。盘古大陆在中生代又开始解体，不仅大西洋诞生了，而且裂开的陆块在全世界都能辨认出来，在今天的地图上甚至能看出它们的移动方向。

无论在哪里，只要有构造侵位的蛇绿岩，它们就会告诉你一个关于那个地区地理演化的故事，而那个故事是超级大陆演化连续剧中的一个片段。蛇绿岩的存在意味着一个洋盆消失了，某些东西被加积到大陆边缘，当然，这个洋盆的大小还不知道，有可能和太平洋的大小差不多。穆尔斯正在计划写一本关于蛇绿岩起源的书。第 1 章可能会提出和板块活动相关的类比的观点，他会把现代澳大利亚北部岛屿的巨大复杂性和以前北美洲西部法拉隆大洋里一堆离散的陆块进行类比，这些大大小小离散的陆块有的已经整合在一起，形成了加利福尼亚，有的加积到了别的大陆上。现代澳大利亚的北部就是全球构造中的一团乱麻，是由印度—澳大利亚板块、欧亚板块和太平洋板块之间的逐渐趋近和相互蚕食造成的。这三大板块把它们之间的地壳碾压成微板块，看起来像是把一个煮得很硬的鸡蛋撞碎了，小碎块还是硬的，还保持在原来的地方没动，但是它的外壳被撞得粉碎。菲律宾板块就是这些微板

1　指美国新英格兰地区，位于美国本土的东北部，包括缅因州、佛蒙特州、新罕布什尔州、马萨诸塞州、罗得岛州和康涅狄格州等六个州。

块里最大的一块，周围被深达 10 到 11 公里深的海沟包围着。在它的东部，太平洋地壳正在向菲律宾板块底下俯冲。在西部，亚洲地壳正在插进马尼拉海沟，引起的熔化产生了西吕宋弧；中国台湾正在拼贴到大陆上。和这里更小的那些微大陆及小洋盆相比，这幅图像要简单多了。那些小洋盆里有一条俯冲带显然正在掉转俯冲
556 方向，另一条俯冲带正在朝自己的方向卷起，还有一条俯冲带，已经卷曲得几乎能形成一个圆圈。这里是板块构造的狂欢节，岛弧对岛弧的碰撞，岛弧对大陆的碰撞，到处可以看到各式各样的俯冲和碰撞。就像北美洲西部的故事一样，在拼贴和加积到一个大陆以前，那些岛弧正在和另外一些岛弧碰撞、聚合着。

印度—澳大利亚板块的大洋地壳下插到爪哇海沟，形成了从安达曼群岛到班达海的岛弧：苏门答腊、爪哇、巴厘岛，等等。澳大利亚的大陆架已经堵塞了海沟，顶起了巴布亚蛇绿岩，把澳大利亚自己的沉积物也顶了起来，这些 4880 米厚的沉积物被抬升到地表，形成了新几内亚的大部分地区。穆尔斯认为，这条俯冲带现在也快掉转方向了，太平洋板块就要开始插到澳大利亚底下了。他说，在这种情况下，“澳大利亚将会继续前进，并且将把菲律宾收归已有，当然不会漏掉它和菲律宾之间的那些大大小小的岛屿，然后，它们会紧追日本，沿着日本向东漂移的路线前进”。

“你是说一条向北倾斜的俯冲带会像钟摆一样改变方向，变成一条向南倾斜的俯冲带？这可能吗？”

“这种事看起来现在正在发生。你从地震剖面上就能看到。现在的板块边缘没什么神奇的，也不会是一成不变的，特别是那

些正在消减的板块边缘，可以很容易地改变自己的性质。”

在内华达山脉，靠近主矿脉地方的地质让板块构造理论家们相信，侏罗纪时有一对海沟汇合在一起，但显然没有扩张中心，海沟只是吞噬了它们中间的地壳，留下了没有消化掉的千枚岩、硅质岩、泥质岩，以及奥本山上的石灰岩。一块没有扩张中心的海底被两条对着俯冲的海沟吃掉，对很多人来说，这个想法的确有点儿太牵强了。然而，在 20 世纪 70 年代末，在西里伯斯海发现了一对活跃的海沟，它们的确正在向对方移动，中间的地壳正在消失。通过深度探测仪和地震仪，地质学家可以看到这种情况正在发生，但他们没办法解释。

穆尔斯用一个手指头在世界地质图上比画着，从北京到西伯利亚中间有好几条大致平行的蛇绿岩带，连接着两个前寒武纪的大陆块。地质图上的地名是用西里尔字母写的，因为这是一张俄罗斯出版的地质图，不过，图上表示的岩石还是能读懂的，图上的 557
颜色和地质学符号都是国际通用的。“这些缝合线告诉你，以前在中国和西伯利亚之间曾经隔着两三个大洋，”穆尔斯说，“它们在古生代消失了。”

在中国北边，上扬斯克山脉弯弯曲曲地一直穿过西伯利亚，到达北极的拉普捷夫海。大陆块从上扬斯克山脉向东延伸 3200 公里，向西延伸 6400 公里，当然，这条山脉里包含了从大洋扩张中心生成的蛇绿岩，年龄是早白垩世，比中国那些参与盘古大陆聚合的缝合线至少年轻一亿年。上扬斯克蛇绿岩所在的那个大洋已经消失了，造成大洋消失的碰撞事件发生在盘古大陆开始分裂之后。随着大西洋的加宽，随着北美洲板块的向西移动和欧亚板块的向东移动，这两块大陆最终相互接触到一起，它们几乎环游了半个地球，形成了上扬斯克山脉。这条山脉才是亚洲和北美洲实际接触到一起的板块边界。楚科奇海和白令海虽然分开了阿拉斯加和西伯利亚，但它们只是盖在北美洲大陆上的海水。

穆尔斯的手指向西移动到乌拉尔山脉，乌拉尔山脉的两侧都是蛇绿岩，是在古生代中期的志留纪时就位的，这些蛇绿岩代表的大洋把亚洲和欧洲两个板块分隔开。后来，直到1亿年后的密西西比纪时期它们才开始碰撞。蛇绿岩的侵位和大陆跟大陆的碰撞中间经过了这么长的时间，可能意味着消减了大量的海底，这个大洋至少有1600公里宽。俄罗斯地质学家把这个大洋叫作“古亚洲洋”。在2.5亿年前，这个大洋终于被碰撞关闭了，盘古大陆完成了聚合过程。

我把手放在斯匹次卑尔根岛和斯瓦尔巴特群岛的其他地方，这里距离北极只有10度，我问他：“它们是什么？”

他把手从斯瓦尔巴特群岛向下挪到了大西洋，把它们的故事和亚拉巴马州联系起来。在盘古大陆聚合的时候关闭了各式各样的海洋盆地，其中研究得最深入的是伊阿珀托斯大洋，这是地质学家用希腊神话中伊阿珀托斯的名字命名的，他是大力神阿特拉斯的父亲，而大西洋正是用阿特拉斯命名的。伊阿珀托斯大洋是一个海洋盆地，或者是一个海洋盆地群，曾经占据了现在欧洲、
558 非洲和北美洲的大部分地域，似乎比现代大西洋要大得多。在5亿年、4亿年和3亿年前，伊阿珀托斯大洋逐渐关闭了，它两侧

的土地完全不像欧洲和北美洲今天的样子，但是它们的确是由我们今天在这些地方见到的岩石构成的。在伊阿珀托斯大洋盆地或海洋盆地群里，分布着岛弧和海沟，以及扩张中心、微板块、俯冲带、走向滑动断层，还杂乱无章地散布着很多岛屿。其中大部分看上去都和中生代时期加利福尼亚外的法拉隆大洋很像，和今天的西南太平洋也很像。碰撞过程基本上是从斯匹次卑尔根开始的，然后大致一路往南推进，嘎吱嘎吱地关闭了伊阿珀托斯大洋，而大洋中的那些岛屿都被挤压聚合到一起，挤压得像肉皮冻一样。在旧地质学中，这是一系列造山事件，被称为加里东造山运动、塔康造山运动、阿卡迪亚造山运动和阿莱干造山运动。可以通过蛇绿岩去追踪这些事件。例如，纽芬兰、魁北克和佛蒙特州的蛇绿岩侵位都标志着岛弧的拼贴，这次事件长期以来被叫作塔康造山运动。在板块构造理论问世的早期，人们认为新英格兰和加拿大东部大部分地区的造山运动是大陆和大陆碰撞的结果。“塔康造山运动是蛇绿岩地体和北美大陆的碰撞，只是一个休止符，”穆尔斯说，“这不是欧洲大陆和北美洲大陆的碰撞，只是撞过来一个大洋地体。”在新英格兰的聚合过程中，至少还有两个岛弧随后跟着撞过来。东海岸在古生代的这些碰撞生长过程跟一个时代以后加利福尼亚的中生代聚合过程十分相似。

当大陆相撞时，非洲跟老南方[1]等地聚合到了一起。大约 1.5 亿年后，当非洲再次分裂出去时，它显然留下了佛罗里达州的大部

1 指美国 1861~1865 年南北战争之前的南方七州。

分地区，那里覆盖着大量现代的石灰岩，穆尔斯说："这些石灰岩盖在阿巴拉契亚缝合线的顶上。在地震剖面上可以看到，这条缝合线从佛罗里达州北部一直向外延伸到大陆架上。"

我听得有点儿不太确定，就对他说："你是说佛罗里达州的海砂盖在石灰岩顶上，石灰岩又盖在古生代岩石顶上，而那些古生代岩石是从非洲来的吗？我没听错吧？"

"没错。佛罗里达州南部以前的确是非洲大陆的一部分，是大西洋张裂过程中留下来的。"

559 "佛罗里达州的人们说，南佛罗里达文化是来自北方的，而北佛罗里达文化来自南方。"

"社会文化往往反映了地质学呀。"

斯坦顿岛的东南部是欧洲大陆的一小片，粘在一块伊阿珀托斯大洋的蛇绿岩上。新斯科舍省是欧洲大陆的一部分，纽芬兰东南部也是。波士顿是非洲大陆的。爱尔兰北部是美洲大陆的，苏格兰高地的西北部是美洲大陆的，挪威的大部分地区也是。

在大西洋张裂过程中，特提斯洋的西部，或者叫地中海，像一对钳子一样关闭了，钳子的转轴在卡萨布兰卡以西大约 1600 公里的大西洋地壳上。在特提斯洋最初扩张的时候，以及后来特提斯洋在大西洋张裂时变窄甚至拉长的时候，地中海的海底一直像一个战场，海盆里到处散落着蛇绿岩碎片，就像贝壳一样。关于地中海的故事已经写进了它邻近地区故事的一些章节中，例如，在阿尔卑斯山脉，在科西嘉岛，在亚平宁山脉，在喀尔巴阡山脉，在迪纳拉造山带，在巴尔干半岛，在希腊造山带，在克里特岛，以及在基克拉迪斯群岛和土耳其西部。

地中海到处都是构造的碎片，里面可能再也找不到一个像意大利微陆块那样大或受到严重破坏的陆块了，这个微陆块又被叫作亚得里亚板块。它的西部边界是一条俯冲带，就在坎帕尼亚海岸外，它的熔化造就了维苏威火山，而它的挤压变形形成了亚平宁山脉。意大利微陆块的边界向北延伸进瑞士，向东北沿莱茵河向下延伸到列支敦士登，向东延伸到奥地利阿尔卑斯山和维也纳，然后向南穿过萨格勒布和萨拉热窝，经过马其顿的武里诺斯蛇绿岩到达伯罗奔尼撒半岛中部，再返回到意大利的靴子底[1]。侏罗纪的时候，意大利微陆块想永远成为非洲的一部分。但是，非洲在随着大西洋的张裂向东北方向移动时，又把意大利遣送回老家，并且还捎带上一些特提斯洋的洋壳，成为阿尔卑斯山脉中的蛇绿岩。阿尔卑斯造山带的碰撞是始新世开始的，大约在 5000 万年以前，直到今天，碰撞过程还没有完全停下来。

阿曼的马斯喀特市在一个橄榄岩峭壁下，它是世界上唯一一个直接坐在地球地幔岩石上的首都。阿曼北部的岩石几乎都是蛇绿岩，是在特提斯洋关闭的时候被阿拉伯的大陆架撬起来的。

非洲有四块克拉通，它们的岩石年龄都超过了 30 亿年，属于 560
太古宙，这四块克拉通是：西非克拉通、刚果克拉通、津巴布韦克拉通和喀拉哈里克拉通。长期以来，克拉通在地质学上被定义为大陆基底、大陆地盾或大陆核心，它像古老的地基，支撑着更年

1 意大利在地图上的形状像一只靴子，靴子底是指意大利的东南部。

轻、更容易识别的岩石。板块构造学现在说，大陆的这些古老地基本身也像年轻的地块一样，是组装起来的，当然，并不是每个人都这样想。非洲的几个克拉通之间分布着一些变形带，这些变形带是在太古宙之后出现的，但从时间上说，仍然处在很早的前寒武纪，仍然处在深时。也许那些变形的岩石代表了缝合带，代表了已经消失的古老海洋。如果说板块构造在当时也在发挥作用，像现在一样，那么那些消失的非洲大洋地壳也会是由蛇绿岩序列的岩石组成的。的确，在非洲西南部的喀拉哈里沙漠，在苏丹，在埃及，以及在阿拉伯半岛和西撒哈拉的博阿兹特，都有前寒武纪晚期的蛇绿岩。穆尔斯说，苏丹、埃及和非洲其他地区充满了外来地体，正如他所说的，都是些岛弧，是“在前寒武纪晚期推挤到那儿的”。他接着说：“地质学家长期以来认为非洲是在原地发展起来的，但这个说法肯定是错的。我们现在对前寒武纪时期活动的大地构造知道得太少。我认为，这是蛇绿岩研究中一个未知的前沿领域。”

活动的大地构造在最近的地质时期中很容易观察到。如果你去看一张世界地图，南极洲、南美洲、非洲和澳大利亚这四个大陆块好像是被炸裂开的。你可以在脑子里把它们重新组合成冈瓦纳大陆，然后再想象它的解体。白垩纪时，非洲和南美洲开始跟南极洲分离，并且相互间也在分离。印度仍然是非洲南部的一部分，但很快就和非洲分离了。澳大利亚一直和南极洲连在一起，直到始新世时才分离，自己形成了一个独立的板块，开始向北漂移。印度和澳大利亚先是各自独立漂移着，过了一段时间后，它们聚合在一起，形成了一个单一的板块，叫“印度—澳大利亚板块”。

在印度分裂出去之后不久，马达加斯加岛也开始从非洲分裂
出去，但印度把马达加斯加岛远远地甩在后面。塞舌尔群岛用同样
的方式离开了非洲，它是斜向裂开的，裂出了一个小洋盆，它有一 561
个活跃的扩张中心，像加利福尼亚湾那样，几何形状像个阶梯，一
系列短短的扩张脊被一条条长长的转换断层连接起来。当扩张停
止以后，马达加斯加岛和塞舌尔群岛又重新加入了非洲板块。

我问穆尔斯，为什么在大洋底有那么多转换断层，而在陆地上转换断层那么少，而且彼此离得那么远呢，就像圣安德列斯断层那样。

他说：“转换断层在陆地上少见是因为，它一旦出现就会很快地把那块陆地撕裂出去，变成大洋里的转换断层。印度就是被一条转换断层从非洲撕裂出去的。看一下马达加斯加岛的东海岸。它是一条直线，印度就是从那儿分离出去的。再看看印度相应的地方，也就是西高止山下边的马拉巴尔海岸，也是一条很长的直线。加利福尼亚州的萨利尼亚地块以及圣迭戈和洛杉矶等地马上就要向西北方向分裂出去，远涉重洋，远离北美。一条断层把新西兰南岛分成了两部分，它们曾经是彼此分开的，现在又将再次分开。赤道非洲和巴西东北部相互分裂开，形成了一个中间的大洋盆地。”

我问他，为什么世界上各板块的大多数边缘都是由扩张中心和俯冲带构成的，而转换断层却极少。

“因为地球是个球体，”他回答说，“在球面上，扩张中心是曲线，俯冲带也是曲线，这些曲线总会相交在一起，或者几乎相交在

一起，只有在它们不相交的地方才会有转换断层，像加利福尼亚那里。”

当印度从非洲分离出去时，印度的地理中心比好望角现在的位置还要往南1600多公里。4800公里的特提斯洋把印度和中国的西藏分开。在可以计算的板块运动史上，印度向东北方向的运动速度比任何一块漂移的大陆都快。在它前进的路线上至少曾存在过一条岛弧，也许有好几条。当然，也有微陆块。

在喜马拉雅山脉和它的周围地区保存了完好的蛇绿岩序列，它们描述了一部分特提斯洋的消失，其中就包括巴基斯坦的蛇绿岩。直到1971年战争之前，它们在地质学上被叫作“兴都巴格杂岩体”。它们现在被叫作“穆斯林巴格杂岩体”。它们从印度河峡谷
562 向东延伸，沿着印度河和雅鲁藏布江延伸了两千公里，沿途被地质学家们起了不同的地方性名字。这条连续的蛇绿岩带是由大洋地壳组成的，而这些大洋地壳是在白垩纪的扩张中心形成的，并且在古新世时期侵位到印度的北缘，当时印度已经向北走了大约一半的路程了。最终，印度到达了海沟，海沟后面还跟着一条岛弧，印度大陆堵塞了海沟，把这条岛弧周围的洋壳也都聚敛起来。不管怎么样，这就是穆尔斯讲述的故事。他把蛇绿岩比作一头牛，坐在西部老式火车前面的排障器上。这些蛇绿岩是在距今大约6000万年以前侵位的，那时候，印度裹挟了岛弧，而澳大利亚仍然骑在自己的板块上。这两个板块在始新世聚合在一起，形成了地质学家现在所说的印度—澳大利亚板块，继续向北移动，收编着沿途的岛屿，就这样持续了几千万年。然后，印度板块用它的锤头撞击了

亚洲大陆。穆尔斯说，这时候碰撞才刚刚开始。

在地球上今天所有大陆对大陆的碰撞中，印度的碰撞是最显眼、最直截了当的，经常被说成是面对面的迎头碰撞，仿佛是在人类生活的时代中发生的，“咔嗒咔嗒”，秒表走了没几下，便撞上了。实际上，印度向北移动的最高速度是每百万年约 230 公里。现在的挤压速度只有它的四分之一，或者说，大约是每年 5 厘米。如果可以用定格摄影去记录这个碰撞过程，就像去记录积雨云旋涡的翻滚、玫瑰花苞的绽放那样，那么这个碰撞过程确实可以被动态地记录下来。但一年 5 厘米的速度的确有点儿太缓慢了，怎么看也和“碰撞”这样的字眼挨不上边，时间标尺被夸大了。

当印度向中国的西藏靠近时，它拱起了中间的大陆架，从海上撬起了一块超过 1600 米厚的大岩块，其中有一部分现在趴在珠穆朗玛峰的山顶上。从在海底形成岩石到现在成为世界屋脊，这块大岩块至少被抬升了 15200 米。在地球构造演化历史上，我们不能确切地说出这种事件一共发生了多少次，但我们确切地知道这种事件在经常发生。

欧亚板块和驮着印度—澳大利亚板块之间的边界看起来相当明显，但实际上却找不到一条狭窄的界线。它并不像印度缝合线那样简单、精确，就是一条镶嵌在高山北坡的蛇绿岩带，它也没有局限在喜马拉雅山脉本身，尽管这似乎是碰撞板块和被碰撞板块之间的明确分界。实际上，从恒河以北，一直到贝加尔湖，中间横
跨 3200 多公里，究竟印度—澳大利亚板块和欧亚板块之间的边界 563
在什么地方，一直模糊不清。它曾经被描述为一个单独的板块，叫

“中国板块”。整个地区都是地震活跃区。那里有世界上最高的大高原。印度的碰撞在喜马拉雅山脉以北还形成了更多的山脉，海拔高度都和安第斯山脉差不多。那里还有一大片坳陷，叫新疆坳陷[1]，碰撞把那里的地壳挤压得向下弯曲，结果，地面比海平面还低。从本质上讲，整个中国都是板块边界的一部分，在整个中国，几乎没有多少没变形的岩石。中国地质学家在美国旅行的时候，不停地对着那些最普通的水平沉积物咔嚓咔嚓地拍照，这是地质学中最基本的产状，但他们却很少见到。在青藏高原底下的地壳厚度是大多数大陆地壳厚度的两倍，向北俯冲挤压的印度—澳大利亚板块似乎是造成这种情况的原因。为了适应每年 5 厘米的持续挤压，被挤压一侧的各种东西要么发生膨胀，要么被挤到一边。山脉抬升起来了。高原变厚变高了。但这两个变化还不足以解释整体缩短量。随着一批法国构造学家的深入研究，越来越多的地质学家开始同意，东南亚大部分地区已经被挤到一边去了。在缅甸和印度交界的地方，山脉几乎成直角相交，向东南方向延伸。这就是著名的“缅甸构造结”，构造结这个词指的是山脉链大拐弯的地方，在它附近发源了一系列大型河流，如雅鲁藏布江、湄公河、伊洛瓦底江、萨尔温江（中国境内称怒江）等，它们最初是在平行的山谷中流动，然后就像羽毛一样向东南亚散开，奔流在从孟加拉湾到南中国海之间的广阔地区。控制这些山谷走向的是长长的走滑断

1 “新疆坳陷”是一些美国地质学家的叫法，相当于我们中国地质学家所指的天山南北的塔里木盆地、准噶尔盆地和吐鲁番—哈密盆地。文中说的“地面比海平面还低”是指吐鲁番，那里艾丁湖的湖面比海平面低 154 米。

层，它们的运动方式有点儿像圣安德列斯断层。法国构造学家提出，越南、老挝、泰国、柬埔寨、缅甸，整个中南半岛都在这些走滑断层系中朝东南方向滑动，就像腹腔得了疝气一样，陆地正在向外漏出去。在地形图上，你可以看到印度在使劲顶向亚洲，把东南亚的所有国家都挤向东南方向。这个构造机制已经在构造理论家中得到了认可，它被叫作“大陆逃逸构造”。

我问穆尔斯，板块构造会不会有一天可能成为一种虚构的理论，就像现在的地槽旋回理论那样。

“对世界上的某些地方来说，也许会是这样，”他说，“到底 564
在中亚发生了什么，还没有人用板块构造的思想去思考。但是，对于地球 80% 的地表过程的解释，板块构造理论不会过时，根基是很牢固的。”他重复着火山地质学家亚历克斯·麦克伯尼的话说：“要记住，‘在接下来的十年里，我们的困惑将会达到一个新的高度’。”

听着他的话，我忽然想起马克·吐温[1]好像说过一句话：“研究人员已经给这个问题蒙上了很多阴影，如果他们的研究再继续下去，我们很快就会对这个问题一无所知。”

我这么想已经不是第一次了，或许我正在追随的一门科学是在从错误出发，走向发现，然后再回到错误。在我努力描述板块构造理论发展早期的一些发现时，我一定也保留下来它早期的一

1 美国批判现实主义文学的奠基人，融幽默和讽刺为一体，洞察和剖析了 19 世纪末至 20 世纪初的美国社会现象和人性，代表作有《汤姆·索亚历险记》《百万英镑》等。2006 年被美国权威期刊评为“影响美国的 100 位人物”之一。

图 4-11　大陆逃逸构造和缅甸构造结

些错误认识。

“你说得对，这是不可避免的，”穆尔斯同意，“科学的本质就是这样的，地质学当然也不例外。”他的导师哈里·海斯曾是海军后备队的一名少将，早就退伍了，他曾告诉过穆尔斯：“跟物理学家或化学家相比，地质学家能成为更好的情报官员，因为他们已经习惯了根据残缺不全的资料做出决定。”

实际上，能表明地理位置发生过变化的数据资料是很多的。在建立起最清晰动态图片的地方，经常是在那些有多种资料并能进行交叉检验的地方。例如，蛇绿岩的位置需要跟岩石里剩余磁指示的古纬度保持一致，岩石里保存的化石记录也一定不能出现矛盾。如果在一个地理景观中出现了一条走向滑动断层，并且把两侧带向不同的地方，那么，一定能够在时间和空间上追踪到已经发生的滑动过程。沉积层序、蓝片岩带、深成岩基带、冲断带和混杂岩会奏响一曲交响乐，告诉我们发生了什么。如果它们不是同步发生的，我们就听不到那曲和谐的交响乐。

解释3200多公里宽的亚洲板块边界让板块构造理论显得手忙脚乱，可能比去解释其他任何地方都难，当然美国西部是一个例外，那里是另一个让板块构造理论感到棘手的地方。包括穆尔斯在内，越来越多的地质学家认为，北美洲板块和太平洋板块之间的边界是模糊不清的，盐湖城应该紧挨在这条边界的东侧。不久以前，这条边界和现在完全不同，在北美洲外有一条海沟，法拉隆板块正在那里俯冲消减，落基山脉出现了，从阿拉斯加一直延伸到墨西哥。这在很大程度上没办法解释。

566 当你看世界地图的时候，看到印度撞进了亚洲，看到喜马拉雅山脉和北侧所有附加的变形都显示了碰撞的效果，你可能会开始怀疑，为什么在美国西海岸见不到有印度那样的大陆撞过来。显然，斯马特维尔地块和其他的增生弧增加了形成山脉的挤压力，但这些地体的冲击不足以让三分之一的大陆发生变形。这种形成山脉的造山力量显然是来自西边。那么，这种力量究竟是什么？如果是一个碰撞的大陆带来的，这个大陆到哪儿去了？

如果你沿着海岸线往上看，从加利福尼亚州向北几千公里的地方，你会看到从北美突出去一片陆地，和印度一样显眼。有一天，我盯着地图问穆尔斯，他是不是准备好了去挑战这架科学风车上转动的扇翅[1]。

“好哇，快说说看。”他说。

“北美洲外丢失的那个‘印度大陆’会不会是阿拉斯加呢？”

“没错，就是它。”

“为什么碰撞一定要一下子完成，而不会是分阶段完成呢？为什么不会是阿拉斯加先在加利福尼亚的纬度上和北美洲发生碰撞，然后再骑上转换断层，向北滑动到它现在的位置上呢？”

“阿拉斯加的确就是被转换断层错动到北边去的。当布鲁克斯山脉出现的时候，阿拉斯加的其他部分还都不在那儿呢。在布鲁克斯山脉以南，阿拉斯加所有的部分都是由外来地体组成的。它们好像是从南半球漂过来的，也可能是从西太平洋漂过来的。这

1 这里借用了堂吉诃德挑战风车的典故。

些外来地体每一块的来源我们都不知道，我们只知道它们在加利福尼亚这里碰撞到一起了，然后又沿着转换断层跑到北边去了。索诺玛地块、斯马特维尔地块，以及其他的小地块，可能只是从更大的地体上断裂下来的一小部分，而那些地体的主体部分已经跑到北边去了。”

根据放射性年代学、古地磁、匹配的化石，以及可连接的造山带等等这些资料，亚利桑那大学的乔治·盖勒斯和加利福尼亚理工学院的杰森·萨利比提出，阿拉斯加东南部的亚历山大地体，其中包括朱诺和锡特卡，从澳大利亚东部漂移了1.6万公里到达秘鲁，然后继续向北漂移，到达它现在的位置。温哥华岛似乎在它后面紧紧跟着；它的古地磁资料表明它是从玻利维亚的纬度漂移过来的，始新世的时候到达它现在的位置。

他们描述的这种地体漂移规模似乎已经够大了，但是，跟穆 567
尔斯对5亿年前地球面貌的画像比起来，这简直算不上什么了。1991年，穆尔斯发表了一篇论文，说南极洲和北美洲西部曾经是一体的。那是在罗迪尼亚大陆存在的时候。大地构造学家一直以来都认为，在前寒武纪的末期，一定有什么东西从北美洲西部分裂出去了，是北美洲克拉通在分裂和张开，就像努比亚—阿拉伯克拉通现在正在裂开并形成红海一样。穆尔斯提出，南极洲就是北美洲克拉通裂谷的另外一半，他追踪加拿大东部的前寒武纪岩石，向下穿过亚拉巴马州、得克萨斯州和亚利桑那州，一直追踪到南极洲东部的毛德皇后地。得克萨斯大学的伊恩·达尔齐尔和穆尔斯一起到南极洲进行了实地考察，他接受了穆尔斯的建议，扩展了它们在前寒武纪地块毗邻排列的格局，重建了整个罗迪尼亚大陆。根据达尔齐尔和穆尔斯的说法，如果你从摩洛哥向正北旅行，你会穿过非洲西部，进入委内瑞拉，再经过巴西和智利到达西弗吉尼亚州，然后经过亚利桑那州进入南极洲，再往前就是澳大利亚。他们发表了自己的结论以后，《时代》《科学新闻》《纽约时报》《洛杉矶时报》《旧金山纪事报》《华盛顿邮报》，以及无数其他出版物都当成故事做了转载，并且在旁边添加了一些地图进行装饰，而这些地图看上去像是用15世纪的制图工艺绘制的精确文件。

穆尔斯用手指比画着，向下穿过墨西哥，进入危地马拉，几乎一直延伸到洪都拉斯，他说，这里有一条东西向断层带，里面夹杂着一些蛇绿岩，似乎是北美洲在古生代时期的南部边缘。在罗迪尼亚大陆分裂消失以后，危地马拉以外是开阔的大洋。当盘古大陆后来聚合的时候，北方和南方才在这里拼贴到一起。

盘古大陆在中生代开始解体，在很多地方发生了张裂，其中有一个地方就离这儿不远。如果你把大西洋周围的三叠纪地体重新组合起来，会发现一系列岩脉从巴哈马群岛的一个地点向四外辐射，这表明有一个地幔热点以那里为中心，分裂开了盘古大陆的大部分地区。随着超大陆的裂开，北美洲和南美洲之间重新张开了一个巨大的海洋裂缝，实际上，这是特提斯洋向西部的延伸。这个大洋里没有小安德列斯群岛，也没有大安德列斯群岛，加勒比海现在的岛弧或俯冲带那时候都还不存在。这里是一片蔚蓝色的深海大洋。它的底部是大洋的地壳和地幔——完整的蛇绿岩序列。
568 有证据表明，加勒比海板块携带着岛弧序列从遥远的西方漂移到今天的位置。它似乎是在白垩纪最晚期的时候和巴哈马台地碰撞到了一起，也许是和北美洲的大陆架碰撞的。在这个碰撞过程中，它边缘的大洋地壳会脱落下来一些。在整个盆地里，岛弧会被挤得抬升到海平面以上，大洋地壳的碎片也会跟着一起露出水面，形成蛇绿岩块，例如，委内瑞拉北部的蛇绿岩，古巴的蛇绿岩，伊斯帕尼奥拉岛的蛇绿岩，波多黎各西部的蛇绿岩，等等。委内瑞拉海岸附近的玛格丽塔岛似乎是一个大型的蛇绿岩块。在加勒比海中部的开曼海沟附近，洋壳要比通常的厚一些。似乎在某种板块内部火山喷发事件中喷出了厚厚的玄武岩，盖在原始蛇绿岩序列上。"就我们所知，还有一个地方发生了和这里完全相同的事件，那是在西太平洋，在瑙鲁盆地，"穆尔斯继续说，"有人认为这两个事件可能有关联。如果你重建一个白垩纪早期的东太平洋洋脊和太平洋板块，你可以把加勒比海放在那里，和瑙鲁盆地紧挨着。"如果那里确实是加勒比海板块的发源地，那它已经向东移动了将近1.3万公里。

南北美洲之间张开的大洋裂缝是分两个阶段填补起来的。第一阶段是在张开后不久，包括洪都拉斯和尼加拉瓜在内的加勒比海板块就到达了，天知道它们是从什么地方漂过来的。第二阶段大约在700万年前，巴拿马从太平洋漂移到这里。这种碰撞让人想到把一个软木塞塞进了一个瓶子口里，当然，也并不是真的那么严丝合缝。巴拿马是一个岛屿的一部分，在它前面的蛇绿岩从哥斯达黎加一直延伸到哥伦比亚的西科迪勒拉山脉，再延伸到瓜亚基尔湾，这表明，这个被叫作乔科地体的岛弧几乎有近1600

公里长。

乔科地体以东有条山脉，是哥伦比亚的中科迪勒拉山脉，那里有古老的蛇绿岩，像树轮一样记录了大陆一圈一圈的连续生长。穆尔斯曾经在巴西的前寒武纪蛇绿岩中发现，这些蛇绿岩似乎记录了大陆基底的拼合过程。在巴塔哥尼亚南部，他追踪了一条蛇绿岩带，叫罗卡斯－弗迪斯杂岩，从南纬 50 度能追到火地岛。大西洋岛屿南乔治亚岛在火地岛以东 3200 多公里，也有蛇绿岩，被认为是罗卡斯－弗迪斯杂岩的一部分。

569 “是漂移到那儿的？”

“或许是骑在一条转换断层上滑动过去的。”穆尔斯说。

换句话说，南乔治亚岛曾经在火地岛的最东头，后来被转换断层错断，滑动过去了。

火地岛的另外一部分好像也被滑动走了，但后来又回来了。不管怎么样，这是穆尔斯和他的同事们 1989 年在那里进行了地质考察后得出的结论。麦哲伦海峡切开了蛇绿岩杂岩体，他们说这是南美洲后面的一个弧后盆地，一直在向西移动。或许有一天南乔治亚岛也会回来。

从厄瓜多尔到南纬 50 度，安第斯山脉在这么长的地带居然没有任何已知的蛇绿岩。这个蛇绿岩中断有点儿匪夷所思，对世界上其他每一条板块边界山脉或者以前的所有板块边界山脉来说，都是个意外。从阿拉斯加到厄瓜多尔，到处可以见到蛇绿岩被卷进构造中，但到厄瓜多尔后，蛇绿岩消失了。蛇绿岩消失的距离等于从赤道到西雅图的距离。在蛇绿岩大地构造中，这可能是目前最大的问题：安第斯山脉的中部究竟发生了什么？

在他的戴维斯办公室里，穆尔斯指着他面前地质图上的南北美洲，简洁地回答了这个问题。他说：“这让你很好奇。”

我说：“在美洲西部边缘这样的一个地方，你竟然找不到能够证明外来地体存在的蛇绿岩，这背后有什么故事呢？斯马特维尔地块和加利福尼亚的拼贴，加勒比海地壳从几千公里外漂移到它目前的位置，这些故事里不是都有蛇绿岩吗？你的直觉一定在告诉你什么。”

穆尔斯说：“有两种可能性：一种可能性是，它和我们已知的任何地方都不一样；另一种可能性是，证据很隐蔽，或者根本没有保留下来。我有个猜测，或许是个让安第斯地质学家感到为难的想法，我猜，安第斯山脉西部的那些中生代火山岩，以及智利和秘鲁海岸带的那些中生代火山岩，可能代表了某些外来地体，而不是南美洲原地的。我猜那里一定有条缝合带，只是我们还没找到它。这条缝合带很有可能就在智利—阿根廷边界上。”

“所以，你是在说，一定有一条蛇绿岩带，一定有一个外来地体，它不知道从哪里漂移过来，拼贴到南美洲上，形成了一条6000多公里长的缝合带，从赤道一直向南延伸到南纬50度。但是，你并不知道这条蛇绿岩带现在出露在什么地方。是这样的吗？”

“对极啦，就是这样。”

“所以，你是在……” 570

“搞地质要有激情，就当它是已知的。”

“对从阿拉斯加到火地岛的板块构造演化历史的理解可以知

道，有那么多的证据表明，这两个美洲的太平洋边缘都是由大大小小的地体聚合到一起的，例外只有一个……”

“从赤道到南纬 50 度。”

“那么，你想的是……”

“智利是一个外来地体。”

“智利和秘鲁西部是从南太平洋中某个地方漂移过来的？”

“现在还说不好究竟是从哪儿漂移过来的。但是，这就是我的想法。”

“那些蛇绿岩在安第斯山脉东侧的什么地方呢？”

“它们还没有被找到。”

12

一天早上，我们从戴维斯出发，沿着 80 号州际公路前往旧金山，路上经过一个警示牌，写着“注意明沟”。路的中间地带是浓密的夹竹桃，开着粉红色和白色的花朵，似乎在祝福向西行驶的车辆，祝他们在加利福尼亚州畅通无阻，一路愉快。我们前面有一辆皮卡，车上驮着一辆越野摩托，装饰着闪光的亮片。我们探出车头准备超车，那辆皮卡突然也探出头来，挡住了我们。皮卡挂着加州的牌照，后保险杠上还贴着一行字：“不喜欢我这样开车吗？拨打 1-800-EAT-SHIT[1]。”

在西部山脉的边缘，迪亚波罗山像一顶帽子立在桌子上。从萨克拉门托一直到海岸山脉，你在高速公路上一直能看到它。穆尔斯把它叫作“刺穿构造”。这是一坨子弗朗西斯科混杂岩，像气球一样从大峡谷沉积物下面挤出来，就好像是从做糕点的套筒里挤出来的。它将近 1220 米高，山脚在海平面上，旁边是两条大河的共建三角洲，一条没有船闸的运河引导着远洋商船穿过中央大峡谷，直抵萨克拉门托。

1 读者一定能猜到，这个电话号码是虚拟的，后面的两个英文单词是句骂人的话：“吃屎去吧。”

要爬上迪亚波罗山，你要穿过匹兹堡，走出昂克湾。在迪亚
571 波罗山公园宁静的栎树林旁，你可以看到弗朗西斯科混杂岩中特有的红色硅质岩，显示出层层韵律。你可以看到混杂岩中没有任何特征和层理的砂岩，你还可以看到海岸山脉蛇绿岩中裹挟的各种岩块。穆尔斯说这座山是一块“低成本的水果蛋糕，它搅动出来的岩块种类比其他任何地方出露的弗朗西斯科混杂岩都更多”。火山岩和硅质岩一层夹着一层，褶皱中还有褶皱，就像牛角面包的褶层一样。在山顶上，你可以看到160多公里外内华达山脉的山巅，你还可以俯身看到一个采石场，那里出露的是一片席状辉绿岩墙，不知道是从哪个海洋扩张中心漂过来的。

在戴维斯西南偏西州际公路沿线的地质情况和通往纳帕谷路线的地质情况差不多，只是由于这里的山不高，都是些丘陵，所以出露得不是很明显；三角洲和海湾更是处在构造洼地中。在栎树林地带的隆起里，大峡谷沉积物向上拱曲着，隐约出露在褐黄色的枯草下面。在草比较薄的地方，你可以看到层理。在科迪莉亚附近，绿谷溪从北部进来，沿着绿谷断层流动，这条断层是一条活动断层，依然在滑动。在费尔菲尔德和瓦列霍之间的丘陵地带，可爱的丘状地形是蠕动滑坡、土石流、融冻泥流留下的地貌。融冻泥流表面的疤痕样子很像是妊娠纹，波浪朝着下坡的方向。这里绝不是一个建房子的好地方，但这里却是一个建了很多房子的地方。在这里，运动的地质学是日常生活中不可缺少的另一个内容。你如果看到当地报纸上的一个分类栏里写着“物主紧急电告东部出售”，你不难想象到，他要卖的房子实际上是一辆“雪橇房车”。

我们在到瓦列霍之前，公路爬到了硫黄泉山的山顶上，见到有一条长长的路旁剖面，能有 30 米高。在 80 号州际公路上，这儿是弗朗西斯科混杂岩开始出露的地方。海岸山脉蛇绿岩也在这里出露。有些岩石是蛇纹岩。我们把车停在路边，沿着剖面查看着混杂岩里的每一块岩块。走过一块蛇纹岩之后，是一堵黑色的墙，反射出光线，好像是黑曜岩。穆尔斯打开一把袖珍小刀，很容易地在岩石上刻出了一条细沟。他用手持放大镜观察了一下，然后说，这是“弗朗西斯科混杂岩中经过高温烧烤的基质”，是一种鳞片状的黏土，在这些基质中包裹了所有的大陆碎片和深海沉积物，海山的碎片和大洋地壳的碎片，甚至有来自半个世界的垃圾。

州际公路开始下坡，下面是瓦列霍、贝尼西亚、苏孙湾和圣巴 572
勃罗湾。当罗伯特·路易斯·史蒂文森第一次见到瓦列霍的时候，他说到了这个社区的“失误”。瓦列霍是以北加利福尼亚的重要历史人物马里亚诺·G. 瓦列霍将军的名字命名的。瓦列霍曾经两次短暂地成为加利福尼亚州的首府，而相邻的贝尼西亚是以将军夫人贝尼西亚·瓦列霍的名字命名的。在苏孙湾和圣巴勃罗湾之间，我们穿过卡奇尼兹海峡，立即进入了一片松软的海相沉积物露头，这块露头是 80 号州际公路上从大西洋到太平洋之间最大的一片路旁剖面，垂直高度是 93 米。但是，沉积物胶结得很弱，剖面的两边像蝴蝶张开翅膀一样，而且是一只很大很大的蝴蝶。法拉隆海沟消失后，这些海相沉积物沉积在弗朗西斯科混杂岩上。在整个海岸山脉，混杂岩上都盖着这层沉积物，它们是混杂岩还处在水下的时候沉积上去的。

我们开着车穿过建在圣巴勃罗湾旁边填埋沼泽上的里士满，

80
圣安德列斯断层
海沃德断层
1
2
3
4
5
6
7
8
9
10
11
12
13
14
15
16
17
18
19
20
21
22
23
24
25
26
27
28
29
30
31
1. 塔玛莉湾
2. 雷耶斯角
3. 索诺玛谷
4. 纳帕谷
5. 圣巴勃罗湾
6. 瓦列霍
7. 科迪莉亚
8. 费尔菲尔德
9. 卡奇尼兹海峡
10. 贝尼西亚
11. 休森湾
12. 马林半岛
13. 旧金山
14. 蒂伯龙半岛
15. 天使岛
16. 恶魔岛
17. 耶尔巴布埃纳岛
18. 里士满
19. 伯克利
20. 奥克兰
21. 海沃德
22. 迪亚波罗山
23. 圣布鲁诺山
24. 旧金山湾
25. 帕罗奥图
26. 洛斯阿图
27. 圣何塞
28. 圣克鲁斯
29. 洛马普列塔
30. 沃森维尔
31. 圣胡安包蒂斯塔
32. 中央蠕变带

图 4-12　旧金山地区

穿过野猫断层，不一会儿，又穿过了不远处和它平行的海沃德断层。在我们的左边，也就是东南方向，是伯克利山长长的陡坡。这个陡坡被海沃德断层切开了，在断层下边变成了缓坡。加州大学的伯克利钟楼像一个标志物，矗立在断层边上，断层正好从校园里穿过纪念体育场。海沃德断层就像是校园的一条院墙界线。

道路突然向西拐了，我们一下子高出了水面，奔驰在旧金山—奥克兰海湾大桥的上层。我们的左右两侧 80 公里内都是停船的安全锚地，水域有 20 公里宽。令人难以置信的是，在长达两个世纪的航海探索中，竟然没有一艘船能发现这个北美洲最巨大的港湾。就目前所知，直到 1775 年才有船通过金门，即使是在加利福尼亚时代，这也是一个很近代的日期。

从地质学角度讲，这个海湾是我们所看到的最年轻的地貌单元了，比流进它的河流还要年轻。在更新世的冰河时期，大量的水冻成了冰盖，停留在大陆上，海平面比现在低了几十米，世界各地的海岸线都在现在的海滩外边很远的地方，萨克拉门托河和圣华金河一起流经金门，然后再向西流七八十公里才流进大海。当冰盖融化后，海水上涨，淹没了无数的河谷：淹没了萨斯奎哈纳河，形成了切
萨皮克湾，淹没了特拉华河，一直淹到特伦顿市，淹没了哈得逊河， 574
一直淹到奥尔巴尼市，淹没了萨克拉门托河和圣华金河，从金门淹到海岸山脉，又灌进中央大峡谷，海水填满了湾区的所有海湾。

如果恶魔岛、天使岛、耶尔巴布埃纳岛等岛屿是在海岸山脉的其他地方，它们一定是群山中的尖峰，而不会是海湾中的岛屿。一定有什么原因让这片海湾凹陷下去，并且捎带着把大峡谷里的河

流引到这里。无论在宽度上还是在深度上，这片凹陷都和加利福尼亚海岸山脉中的其他凹陷不一样。我问穆尔斯怎么解释，他只能告诉我他的猜测。这片凹陷可能只是一个侵蚀山谷的一部分，恰好处在加州大分水岭商业发达的这一侧；也可能是一个褶皱中的向斜，是一个挤压出来的凹槽，是圣安德列斯断层活动的副产品；它还可能是一个巨大的拉分盆地；也许，这三种原因都起了或多或少的作用。在他的猜测中，他最喜欢的是拉分盆地。

“海湾下面是什么？”

“火山岩、砾岩、蓝闪石片岩、砂岩、蛇纹岩、硅质岩，总之，是弗朗西斯科混杂岩，是构造活动的产物。这里是弗朗西斯科混杂岩命名的地方。弗朗西斯科混杂岩就在圣弗朗西斯科（旧金山）的下面，是这片海湾的基底。湾区的弗朗西斯科混杂岩是俯冲杂岩体的大部分，你在海岸山脉的其他地区再也找不到这么集中出露的地方了。”

大桥到达耶尔巴布埃纳岛，一条隧道穿过了弗朗西斯科混杂岩，穿过了它里面的一大块砂岩，在隧道入口处可以看到这块砂岩的露头，这块砂岩可能是从某个大陆的某个地方带来的，也许就来自美洲大陆，是美洲大陆沉积物固结硬化后的产物，从大陆坡向下滑进海沟，在那里加入了弗朗西斯科混杂岩。我们钻出隧道重见天日，开上了大桥的西跨桥，前方不远处就是白色的城市。

每一个城市都有一本很正规的旅游指南，但并不是每一个城市的旅游指南都有资格把它的题目叫作“有轨电车在俯冲”，穆尔斯和我就随身带了这本书。书是伯克利的地貌学家克莱德·沃尔哈夫蒂格写的，是一本使用公共交通工具进行地质学实地考察的小册子，写得很棒。

不是随便哪一个城市都有资格说它是在一个海沟里形成的，在那里，巨大的海洋板块正在向地球中心俯冲，五颜六色的大片土地正在一起聚集，坚硬的岩石正在被碾压成鳞片一样的黏土。构造搅拌停止以后，整个混杂在一起的混合物被抬升到风化带里，比较坚固的块体很快就高高地耸立起来，比较软的岩块很快 575
被冲走了。在艾娜库布里斯公园，我们爬到了俄罗斯山山顶。小路两旁是弗朗西斯科混杂岩里的大块带棱角的红色硅质岩，但俄罗斯山山顶上是砂岩，而硅质岩只有零星的几块，是用卡车运上来的，当装饰物用。穆尔斯用他的双筒望远镜观察着恶魔岛。他看过恶魔岛的地质学简介。他说，这是一个由石英长石砂岩和页岩组成的岩石序列。在弗朗西斯科混杂岩的水果拼盘里，恶魔岛侧卧在一边。在俄罗斯山山顶上他可以看到这一点，他从望远镜里看到了层理。恶魔岛的岩石是在大陆上形成的。当然，不知道是哪个大陆的，也不知道是什么时候逃离大陆的。我们脚下的山也是石英长石砂岩，相信和恶魔岛上的砂岩来自同一个产地。我们身后是诺布山的顶峰。俄罗斯山和诺布山其实是同一座小山的两个乳峰。一些构造学家认为这块砂岩是独立分开的，又比较完整，所以，值得给它单独命名。他们把诺布山看作是漂进弗朗西斯科混杂岩中的一块“皮大陆”[1]。在他们的术语中，诺布山是恶

1 “皮”是皮米（pico-meter）的简称，参见第四篇第 687 页脚注 1。

魔岛地体的一小块。

混杂岩包含了来自法拉隆板块边缘各处的岩石，因此，有些人不喜欢把它看作是一个大地构造单元，而是把它当作一个外来地体的堆积广场，并且对里面的不同岩块进行重新分类。对他们来说，湾区并不是构造混杂岩的典型产地，而是六个小地体镶嵌在一起的组合体。越过恶魔岛的水面，我们可以看到天使岛和蒂伯龙半岛的南端，在穿切里士满、伯克利和奥克兰的海沃德断层上还散布着一些零星碎块，它们加在一起被称为尤拉波利地体。马林岬地体不仅包括马林县南部，还包括旧金山市的大部分地区。此外，还有圣布鲁诺山地体、永久地体，以及无名地体——因为人们对它还有点儿怀疑。

我们穿过金门，从第一个出口出去，盘旋下山，路旁都是放射虫硅质岩的剖面。放射虫是生活在温暖海洋顶层的生物，看起来像微小的海胆。它们死后，外部的骨骼会沉进海底，变成放射虫软泥，固结成岩石以后就成了一种很坚硬、很美丽的岩石，是一种酒红色的隐晶质石英，可以用来制作箭头。在世界 50% 的大洋中，放射虫硅质岩就像珐琅质一样粘在蛇绿岩序列上。蛇绿岩在哪儿，硅质岩就在哪儿。

576 穆尔斯对我说："如果你发现了开阔大洋里沉积的硅质岩，你继续向剖面的深处走，你很快就会发现玄武岩。"果然，我们沿着剖面往下走，发现了红与黑的界线，红色的硅质岩盖在黑色的玄武岩上。他说，这些玄武岩是一座海山，在大洋海底有无数座这样的海底火山。

20 世纪 30 年代初，金门大桥开始建造，北桥墩在马林县，地基向下挖了60 米深，穿过红色硅质岩，挖进下面的玄武岩里。在北桥墩，岩石的强度从来不是问题，可是南桥墩的问题就比较大了。这里是旧金山，是圣弗朗西斯科，支撑南桥墩的岩石是弗朗西斯科混杂岩，没人能保证它的强度。按照设计，南桥墩必须站在水里，正好在一块弯弯曲曲滑不溜秋的蛇纹岩上。而且，在 3 公里外的海底，还有圣安德列斯断层。蛇纹岩被认为有很大的潜在不稳定性，所以它被掏了一个坑出来，就像补牙时先给一个烂了的臼齿打一个洞。蛇纹岩上打的这个洞的面积有 4000 平方米多一点，向下有十层楼深。洞里要用混凝土填充，这样才能把桥墩牢牢地锚定在海里。在这个洞还在敞开着等待干燥的时候，伯克利的构造地质学家安德鲁·劳森下到洞底去检查基岩的表面。他被放在一个大吊桶里，顺着 9 米多厚的围堰缓缓下降。劳森身躯高大，满头白发，留着浓郁庄重的胡子，看上去就是个大牌高级权威。这块蛇纹岩的稳定性受到了普遍关注，已经成了公众话题，不仅是一位采矿工程师对它的稳定性提出质疑，就连斯坦福大学世界著名的构造地质学家贝利·威利斯也提出质疑，他甚至预测这将是一场灾难。劳森认为威利斯的评估“纯属夸夸其谈”。在海峡下 32.6 米深处的洞底，劳森爬出吊桶，发现“整个地区的岩石都是致密的、坚固的蛇纹岩，令人惊奇地没有任何一种裂缝”。他在报告中说：“当用锤子敲击时，它的响声就像钢铁一样。”

关于邻近大断层的问题，劳森在大桥的设计阶段就已经实际观察到了，一场大地震足以摧毁大桥，但同时也会把整个城市夷为平地。他接着说："尽管旧金山面临着可能的破坏，但它并没有停止扩建，这种扩建必然会包括建造大型的和昂贵的建筑。"

1935 年 6 月，大桥的南塔几乎完全建成了，228 米高的塔身矗立在海边，但是还没有连接钢缆，这时，发生了一次中等能量的地震，南塔开始摇晃。一个名叫弗伦奇·盖尔斯的建筑工人见证了当时的情况，约翰·范德泽写的《门》这本书里记录了这段故事：

> 577 塔是如此地柔软，它向两边的摇摆有 5 米左右……塔上面还有十二三个人，没办法下去。电梯根本不能开了。连塔带人都朝大海晃过去，伙计们说："这下儿咱们下去啦！"结果，塔又向回晃过来，倒向海湾。伙计们都躺在塔台上，开始呕吐，肚子里的东西都吐出来了。我盘算着，不管我们从哪边掉下去，这个大铁塔准会先扎进海水里。

大铁塔没有扎进海水里。首席设计师查尔斯·埃利斯曾经把他正在设计中的大桥比作是一个悬挂在红杉树之间的吊床。1929 年，他在美国国家科学院发表演讲，他说："如果我能知道旧金山会发生地震……而在地震发生时这座桥已经建好了，我一定会赶紧跑到桥的中心，当我看着太阳穿过太平洋落入中国时，我会很欣慰地想：一旦地震发生，我已经选择了最安全的地点。"

我和穆尔斯又一次穿过金门大桥。在大桥南塔的南边，我们沿着陡坡上的小路下到太平洋海滩，这里在洛博斯滩北边。海滩上方有一些蛇纹岩的露头，是弗朗西斯科混杂岩中的大岩块，被包裹在鳞片一样的基质中。我们越走近桥墩，见到的蛇纹岩块就越多。“它可能是马林岬地体基底的一部分，”穆尔斯说，“以这种蛇纹岩作为基底的海山一定是从很遥远的地方漂来的。它的年龄很古老，来自赤道附近。它的生命是从大洋中央开始的。这是多大的一堆混杂的碎块啊，居然要把大桥建在这堆混杂岩上！”这块蛇纹岩块头巨大，摸上去柔顺光滑，像块肥皂，里面有石棉纤维穿插，在大桥下面，它矗立在悬崖上。在高处是混凝土炮台，是给12.7 厘米口径的立柱式炮和 15.2 厘米口径的掩体式炮建造的。一些人裸体躺在海滩上。海滩上另外还有些人正坐在小碉堡里，小碉堡能帮他们遮风挡雨。桥上的车流敲击着桥面上的伸缩缝，听起来像是从远处传来的隆隆炮声。

这块蛇纹岩的横截面有 1600 多米宽，它贯穿了整个旧金山，从金门大桥一直延伸到海湾上以前的海军造船厂。它在地下穿过普雷西迪奥、旧金山大学、市府大厦、德洛雷斯教堂、海特－艾许伯里嬉皮区、太平洋高地、贝耶斯山谷、海湾海岸等地的全部或部分区域。波特雷罗山是蛇纹岩。在海军造船厂附近的烛台山上，我们
发现了枕状熔岩和红色硅质岩。爬上公山羊山，在第三十街和卡斯 578
特罗街，我们看到了更多的枕状熔岩被盖在更多的红色硅质岩下面。在城市南端的访谷区，我们爬上了一所语法学校后面的一座黑色小山，那里出露了辉长岩。在麦克拉伦公园附近的一个池塘边上，我们见到了一些辉绿岩的大岩块。

硅质岩、枕状熔岩、辉绿岩、辉长岩、蛇纹岩，一个成员又一

个成员，蛇绿岩序列里的每一个成员都到齐了，旧金山好像是一个建筑在蛇绿岩序列上的城市。可惜，这里见到的弗朗西斯科构造混杂岩不是一个完整的序列。“这些岩块不一定是来自同一个蛇绿岩序列，”穆尔斯说，“它们可能是来自全球各地，虽然是大洋地壳的碎块，但这些碎块的年龄不一样，来源地也不一样，它们是被构造作用聚集在混杂岩中的。”

1895 年，安德鲁·劳森把这些岩石命名为“弗朗西斯科群”。他认为，它们是一个传统地层学单位，具有可以追踪的地层学关系，具有被侵蚀的结构，它们的空间关系是可以破译和重建的。就像可以把水泥搅拌机里的东西都倒出来，尝试着把鹅卵石按照进入搅拌机的顺序给它们编上号。另一方面，劳森令人惊奇地几乎完成了对蛇绿岩序列的描述，并且把它看作大洋地壳，在这方面，他比他那个时代领先了半个多世纪。在旧金山海边的悬崖上出露了玄武岩，现在被叫作枕状玄武岩，而劳森对它们的描述是：“好像一堆装满的麻袋不规则地堆放着，每一个麻袋都是圆滚滚的，由于和相邻的麻袋挤在一起而变形了。”1914 年，劳森列举了弗朗西斯科混杂岩中火成岩块的种类，已经很接近对大洋地壳序列的描述了：“这些火成岩是具有成因联系的橄榄岩、辉石岩和辉长岩，这属于第一类岩石，数量上占优势，总体上已经很彻底地发生了蛇纹石化。第二类岩石是球状和斑点状的玄武岩和辉绿岩。”他还提到砂岩，说它是“在海侵时沉积在沉降海底的”，并且补充说，“紧随其后沉积的是硅质岩”。劳森说的沉降海底是冷却的大洋板片，正在向海沟前进。

旧金山市中心有一些很陡的坡，无论是汽车、缆车，还是行人，都没法上下，除非使用绳索和岩钉去攀岩。如果你去看一下街道地图，你会在英巴卡迪诺附近的格林街看到一段空缺。在桑瑟姆西边几十厘米的地方，格林街在一块空地的边上中断了。没有人能在那里盖房子，因为那块空地是垂直的，是一个坚固岩石的峭壁。“看上去脏兮兮的砂岩，”穆尔斯一边说，一边向上看着，“看不到任何沉积层理。这是海相砂岩卷进了海沟。”房子在峭壁顶上排列着。一栋带有悬臂式阳台的公寓楼看上去像是悬在峭壁边上。在那上面的某个地方，格林街继续向西延伸。 579

几个街区外的菲尔波特街也同样被断开了。但是，那里的峭壁不是那么陡，开一条通道还是没问题的，只是街道变成了台阶。台阶两旁都是房子，有些房子是 19 世纪中期建造的。有几间就像小棚屋一样，带有圆筒形的烟囱和下垂的窗户。据报道，1906 年 4 月，地震摧毁了市政供水系统，这座无助的城市被大火夷为平地，但这些房屋幸存下来，人们把床单、毯子、桌布甚至床铺都用葡萄酒泡湿，保护了房屋。那些曾经住在这儿的苍白的画家和咳嗽的诗人现在都不见了，现在住在这儿的是《巴伦周刊》的读者。他们的峭壁住宅很迷人，人们对这些住户已经不仅仅是羡慕了，甚至是在嫉妒和恨了，这些房屋看起来像是要比海面高出很多很多。

我们向上爬了 387 个台阶，这还没把中间的坪台和坡道算进去。实际上，我们正在往电报山上爬。穆尔斯说，电报山是“一个巨厚的浊积岩层”，在台阶背后的岩石中，可以看到海相砂岩和页岩互层。这些砂和泥可能来自北美洲大陆，但向下滑动了相当远的距离，最后进入到海沟里。

山顶上是科伊特塔，我们也到那上头去了，花了一美元坐电梯上去的。科伊特塔有 64 米高，塔顶的观景台高出海面 150 米。从观景台可以看到整个城市，所有的海湾，郊区的海岸线。我们俯视着那些笔直的大道，它们遇到陡峭的小山时，竟然会出其不意地绕着山边走开。穆尔斯说："这些小山抬升得很快，因此侵蚀得也很厉害。它们现在仍然在迅速抬升。旧金山的街道图是在纸面上画的，并没有反映出地质学或地形的特点。这样只能招来一种反应，让你看着发笑。"

摩天大楼围着诺布山的四周拔地而起。从塔的南面看去，目光扫过那里，好像看到一丛石笋刺向天空。再向远处，圣布鲁诺山的山脊线挡住了我们的视线，它的海拔是 396 米，像篱笆一样，把这个半岛城市隔成两半。圣布鲁诺山像电报山、诺布山和俄罗斯山一样，也是弗朗西斯科混杂岩中的一个散块，是一大块海相砂岩。我们的目光转向另外的方向，在我们的西面是金门，在西北方向，目光穿越马林岬角，再次被挡住了，这一次是塔玛佩斯山，它也是一块漂浮在混杂岩中的大块砂岩，有圣布鲁诺山山脊的两倍高。英
580 国海盗弗朗西斯·德雷克被女王封为爵士的两年后，来到塔玛佩斯山脚下的太平洋海滩上露营，那是 1579 年的冬天。他和他手下的任何人都没有爬上山去看一看，环顾四周的景象，因此也没能发现，在他们露营地附近的群山环绕中竟然有 906 平方公里的水域。一种可能的解释是雾：寒冷的海雾几乎每天都笼罩着沿海地区，否则的话，加利福尼亚州的天空应该是万里无云；这些海雾保护和

促进了红杉的生存和生长；这些海雾遮住了金门大桥，也屏蔽了汽车大喇叭的嘈杂声。

1769年的夏天和秋天，64名西班牙士兵从圣迭戈向北走了640多公里，去寻找蒙特利海湾。他们手里只有一份166年前绘制的航海图，因此，他们并不认识蒙特利海湾。他们经过蒙特利海湾后，还在继续往前走，又走了160公里，直到遇到一座很大的沿海山脉。在一个晴天，他们爬上去了。他们离金门有22.5公里，但是他们没有看到那里的水。他们能看到的只是他们左边的大海，在他们的前面是一眼看不到边的连绵山脉。他们沿着海岸线又向北走了64公里，可以看到雷耶斯角了。有几名士兵被派到前面探路，去找一条通往雷耶斯角的路，并且再看看，那里究竟是不是蒙特利海湾。他们走过的确切路线其实并不很清楚。很有可能他们走得足够远了，他们的船被一条狭窄海峡的危险海流阻挡住了，只好停靠在一个危岩突出的山崖下，在那里，他们爬上了一座山峰，成了第一批俯瞰弗朗西斯科海湾的欧洲人。士兵们回到主营地时都快要饿死了，他们爬上圣布鲁诺山去猎鹿，在那里他们看到了海湾。

我们站在科伊特塔上，整个旧金山城区在我们周围展开，而那些士兵从相似的位置眺望，他们见到的是一片混乱的景象，深深的洼地，弯折的冲沟，还有像戴着高帽子的山峦。山上几乎没有树，到处是灌木丛，里面可以见到猴面花、火焰草、裸芽鼠李、冬青楠、羽扇豆、太平洋毒漆，等等。在洼地和冲沟里还有蜡杨梅、四子柳、海岸槲、柔枝红瑞木，等等。未来城市的大部分地区都被移动中的沙丘覆盖着，到处可以看到菊蒿、柳蒄和冠隐草。充当先遣队的这些士兵可能会耸耸肩。无论如何，他们的任务失败了。

581 在弗朗西斯科海湾被发现七年后，有 33 个家庭打算去海湾旁定居，他们从墨西哥北部（现在的亚利桑那州）长途跋涉 1280 多公里。他们的领导人胡安·包蒂斯塔·德安萨走在前面，负责察看地形。他在离现在金门大桥南部很近的蛇纹岩悬崖上竖起了一个十字架。这里要当作他们的大本营，这就是现在的普雷西迪奥。在几公里外的一个小湖旁，他们竖起了另外一个十字架。这里要建教堂。定居者到达后，在湖边支起了帐篷。他们居住的第七天是 1776 年 7 月 4 日。

13

旧金山勉强算是在圣安德列斯断层的北美洲一侧。断层从贻贝岩的海里开始，笔直地沿着旧金山半岛向东南方向延伸。它紧贴着位于南旧金山、圣布鲁诺、密尔布瑞、伯灵格姆上方的天际大道。那个“天际线”只是几条海岸山脉中的一条，这几条山脉被海湾的一些洼地隔开。12 月里的一天，我和穆尔斯从市区以南 8 公里的一个地方离开了天际大道，沿着一条岔路开到了海拔接近 300 多米的地方。我们走了大约 90 米，来到一个瞭望台，瞭望台下面是一个形状像一根手指头一样的大湖，有 4800 多米长，宽度只有长度的十分之一，笔直笔直的，向北偏西 40 度的方向延伸。它躺在一条很像小裂谷的山谷里。这个湖就是圣安德列斯湖，它就骑在圣安德列斯断层线上。事实上，这里就是安德鲁·劳森 1895 年命名圣安德列斯断层的地方，当时，安德鲁·劳森认为他描述的只是一个当地的局部地貌，而实际上它延伸了 1120 多公里。断层带中的岩石经常被碾压得很碎，很容易被侵蚀掉，侵蚀作用在地形上会留下一条沟。这条沟延伸得很远，一直延伸到我们能看得见的地方，远处还有第二个湖，更大更长，叫水晶泉水库。这两个湖都是人工湖，在这种环境下起这么个名字，女士们听到后可能会很
高兴。在加利福尼亚州，圣安德列斯断层被用作储存饮用水的地 582

方。在内华达山脉中，人们用沟渠和管道把水从赫奇赫奇水库引出来，输送到 240 公里以外。赫奇赫奇水库在一条山谷里，这条山谷在约塞米蒂国家公园附近，风景和约塞米蒂一样美丽。1913 年，以约翰·缪尔为首的环保主义者在美国第一次伟大的环境保卫战中失败，结果，赫奇赫奇山谷被筑起了大坝。我们站在圣安德列斯湖的上方，目光越过侧翼的山脊，透过深潭一样湛蓝的天空，我们可以看到海湾边缘的旧金山国际机场，波音 747 正在起飞，一架接着一架，慢慢地爬向湛蓝深潭一样的天空。

圣安德列斯水库和水晶泉水库是在世纪之交建造的。1906 年 4 月 18 日，断层带的地表在北加州发生了破裂，裂缝的长度近 480 公里，水库的两个边平行地向不同的方向滑动。这里滑动的距离是 2.4 米，是靠太平洋的一侧向北移动。断层的裂缝穿过了两个水库，但大坝都没有破裂。从那以后，这两个水库的大坝一直安然无恙，没有发生过破裂。1957 年 3 月，它们挺住了，当时在贻贝岩附近发生了 5.5 级地震，摧毁了一个较小的水库。1989 年 10 月，洛马普列塔发生了 6.9 级地震，它们也挺住了。

“这里有一个地震空白区，没有被上一次地震事件填补上。”穆尔斯说。他的意思是说，圣安德列斯断层的这一段在 1989 年地震震中的北边，在地震时，断层的两侧没有发生移动。

“地震空白区”的概念最早是由东京的地震学家今村明恒提出的，差不多就是在 1906 年 4 月旧金山大地震发生的时候。他在研究日本几百年来的地震记录时，绘制了地震分布的时间和地点排列图。在他的图中有一些没有填充的空白区，是地震活动延续时间或空间的沉寂区，他可以看到，这些沉寂只是暂时的，因为应力在累积，迟早会把这些空白区填上。他特别注意到，当时的东京就处在一个很大的空白区里。1912 年，他开始向公众发出警告，说东京的空白区很快就会被填补上。他说，他认为即将发生的地震是一次猛烈的震动。然而，基本上没有人听进去。在那儿以后的 11 年中，今村不断重复着他的警告。但对他的响应就像空白区一样，空空如也。1923 年，一场大地震发生了，有 14 万人死亡，今村指出的东京“地震空白区”在几分钟内被填上了。

1906 年，旧金山海湾附近只有不到 100 万人居住，估计在地
震中死了 3000 人。现在的人口已经超过 600 万，而且，大家都知 583
道，旧金山湾区是坐落在一个活动断层网上，圣安德列斯断层系统不是一条断层线，而且是一个断层家族，分布在好多公里宽的地带中，有的断层分叉了，有的断层断头了，从旁边又出现了另一条，像阶梯一样排列着。但是，这些事实丝毫没有阻止人口的膨胀，人们不断地扩建新的城市海岸线，扩建新的城市天际线，城市的膨胀和拥挤已经掩盖了断层的地貌特征，活动断层被隐藏在成千上万的建筑物和家庭脚下。转换断层的运动除了造成深槽和水洼，还形成了陡坎、悬崖、马鞍形山口、坳口、断层洼、断层丘，以及挤压块体。河床被错开，冲积层被水塘淹没，形成了排不出水的洼地，形成了平行的山脊和像百叶窗一样的山脊。泉水出现了，绿洲也出现了。地质过程几乎来不及让这些地貌特征重新出现，见到的是推土机进进出出，为那些根本不会永久站立的建筑物准备着地基。人们必须到圣安德列斯断层上更偏远的地区，才能看

到它的完整地貌特征。圣马特奥县是旧金山市最南部的一个县，自1945年以来，几乎所有这些地貌特征都被建起来的住房掩盖或者破坏掉了。大旧金山圈是美国最美丽的城市景观，绝不会因为有这条断层带的存在就给它带来不便。1989年大地震后不到一年，在旧金山海港区买一栋普通两居室的房子（面积约130平方米）要花去51.6万美元，那里是旧金山地震毁坏最严重的住宅区，但房子的价格只比地震前下降了10%。

1906年地震后，约翰霍普金斯大学的哈里·菲尔丁·里德考察了加利福尼亚，提出了弹性回跳理论，也就是大家知道的“里德机制”。它描述了断层活动的机制。这比后来更先进的板块构造理论早提出了60年。沿着几百公里长的圣安德列斯断层带，大自然向哈里·里德展示了明显的线索。他看到一排排的庄稼被错开了，一排排的树木被错开了，一排排的栅栏也被错开了。他发现隧道、高速公路和桥梁都发生了错位。里德认为，地下的岩石中一定积累了多年的弹性应变，一旦应变超过了岩石的强度，就会导致岩石的突然滑动断开，释放出储存的能量。

584 因为断层是沿着断裂延伸的方向（走向）滑动的，所以圣安德列斯断层是一个走滑断层，它也被叫作“捩断层”。直到板块构造理论出现后，它才被叫作“转换断层”。滑动的幅度，或说跳动的幅度，随着远离震中而减小。1906年，马林县的一条土路被断层切断了，这条路在那里正好穿过塔玛莉湾头上的奥莱马山谷。它突然裂开了6米，是那次地震最大的跳动幅度。震中在水下，离那儿不远。1906年地震的震动足足持续了一分钟，是1989年10月地震的四倍，而1989年10月地震释放的能量只是1906年地震的三十五分之一。

塔玛莉湾又窄又长，像圣安德列斯湖一样，也是卧在断层顶上的一个凹槽里。站在岸边，你不仅会对这个峡湾的陡壁深谷感到震撼，而且会对两岸的完全异样感到惊讶。一只脚上穿着棕褐色的棉袜子，另一只脚上穿着绿色的羊毛袜，这副打扮和塔玛莉湾比起来，根本算不上不搭配。在塔玛莉湾的东侧是没人居住的秃顶山包，在大多数季节都是黄褐色的，可以看到零星散布的孤零零的栎树。在塔玛莉湾的西侧分布着一些滨水小镇，山坡高处是覆盖着深绿色植被的山脊，可以看到一些比较茂密的丛林，透露给你一些它下面的地质情况。东岸的岩石是弗朗西斯科混杂岩，地表呈现出典型的海岸山脉风光；西侧的岩石大部分是花岗岩。在年代上，两边的岩石差了好几百万年，更重要的是，这些岩石的来源地也不一样。塔玛莉湾西侧的花岗岩就像贻贝岩海底的花岗岩一样，是从内华达山脉南部分裂出来的，沿着断层向北移动了至少480公里，一次地震移动一点。

相同的错断沿着大断层可以看到很多。圣伯纳迪诺县在断层东侧有一块白垩纪石英二长岩，而在圣路易斯奥比斯波市附近的断层西侧也有一块白垩纪石英二长岩，它们像是被错开的镜像。圣路易斯奥比斯波附近的断层东侧是始新统砂岩，看上去似乎和圣克鲁斯山脉断层西侧的始新统砂岩是一样的。在蒙特利的纬度上，断层西侧尖峰石阵国家公园的火山岩显然和大约400公里以南的火山岩一样，那里的火山岩出露在断层的北美洲一侧，有证

据表明它们的化学性质完全相同，是被断层错开的。曾经有一天，穆尔斯带着一家人去尖峰石阵国家公园游玩，当他们走进一个狭
585 窄的山谷时，他忽然发现自己在默默地祈祷："断层啊，现在可千万别错动。"圣巴巴拉县断层东侧有一块白垩纪辉长岩，580 公里外的门多西诺县断层西侧也有一块白垩纪辉长岩，这两个地方的辉长岩是匹配的，都带有一些罕见的紫色杏仁状安山岩。旧金山南部的半岛是一个构造盆地的一部分，似乎是被断层从南边 320 公里处的圣华金盆地错开移动过来的。在 20 世纪 60 年代，所有这些运动已经开始被理解成太平洋板块和北美洲板块之间持续的相互滑动，就在这个时候，在博德加角挖了一个地基孔，准备建造一个核能发电站，这个地方距离旧金山只有 80 公里，而且正好挖在圣安德列斯断层上。如果建成了，很有可能热燃料棒的一半最终向南跑到热带地区，而另一半会向北跑到阿拉斯加，幸好，环保主义者成功阻止了这项计划。萨利尼亚地体带着圣迭戈、大苏尔、萨利纳斯和圣克鲁斯一起滑过北美洲，最终将会把洛杉矶带到旧金山。同时，萨利尼亚地体北部的一部分是雷耶斯角半岛，是塔玛莉湾以西的花岗岩。从空中看，雷耶斯角半岛似乎和加利福尼亚的其他地区没有连在一起，就像沙特阿拉伯正在和非洲分开一样，分开的原因也是一样的，那里也是岩石圈板块的一条边界。

圣安德列斯断层平均每年的滑动速度能在 6 万年内把一个东西传送 1.8 公里远。1906 年它在局部的滑动幅度大约相当于 200 年的传送距离。在断层系统的某些部分，总是假定滑动是持续稳定的蠕动，但是从整个断层系统来看，大多数滑动在时间上都是

不连贯的，并且只发生在弹性回跳阶段。当太平洋板块向西北方向运动时，应变基本上是恒定的。作为对应变的响应，每年发生的地震数以万计，其中大多数地震人类都感觉不到，或者说，都在人类感知的临界值以下。在断层两侧锁定得最紧闭的地方，应力在断层滑动之前积累得最高。1906 年的地震现在被认为是大型板块破裂地震。在垂直方向上，地球表层的断层向下一直破裂到下地壳。从侧面看，它像拉链一样划开了地表，从震中向北，断层裂缝大部分都在滨外，跟海岸平行，从震中向南，裂缝像一道犁沟向 586
上豁开了马林的山丘，向下撕裂了海底，形成的断层从金门西边穿过，切开了贻贝岩的悬崖，把旧金山半岛分裂开，停止在蒙特利湾东部的圣胡安包蒂斯塔附近。历史上，圣安德列斯断层的滑动幅度只有一次超过了 1906 年。那是 1857 年，在洛杉矶郊外的特甬山口附近，断层两侧的位移达到 9 米。

加州理工学院的西·凯瑞是研究圣安德列斯断层的专家，他在洛杉矶附近的很多地方挖了横切断层带的探槽，去寻找留在沉积物中的证据。他识别出，在过去的 2000 年里，圣安德列斯断层的中南部一共发生了 12 次大地震事件，平均间隔期是 145 年。1857 年 1 月 9 日发生的特甬地震是最近的一次。你当然不必去加州理工学院再加上 145 年来预计下一次地震，这只是个平均数。

1992 年，美国地质调查局完成了对旧金山附近断层段的一系列研究，得出的结论是，像 1906 年这样震级为 8.3 级的地震，可能每 250 年发生一次。在人们眼中，这是一个不会引起注意的数字。在一个人们三更半夜爬起来看东京市场发生了什么的国度，谁会担心250年以后的事情呢？只有你忧心忡忡地挂念着你的爷爷奶奶爸爸妈妈和儿子女儿孙子孙女的时候，你最可能遇到的事就是弹性回跳，就是地震。在圣安德列斯断层上发生的大量地震中，几乎所有的地震都不会影响到任何人。板块在漂移，人们在板块上跟着一起漂移。像1989年发生在圣克鲁斯山脉洛马普列塔那种6.9级大小的地震，世界上每年会发生14次，这当然只是个平均数，地点也不确定。这好像是增加了风险。但并不算多。在加利福尼亚，自1769年以来，这个级别的地震只发生过13次。那么，为什么不搬进来呢？为什么不扩建、不发展、不享受、不去拥有这个无与伦比的人间天堂呢？

据说，在加利福尼亚州，如果有一头母牛躺下，地震学家就会知道。冰岛是世界上地震活动最活跃的国家之一，那儿用来监测地震的地震仪不到30台。在加州有700台。在世界各国中，只有日本的地震仪比加州多。为了在大范围内和局部范围内监测板块的运动，地质学家们还使用了特长基线干涉测量法，在地球上建
587 立了一些相距很远的观测台站，通过测量类星体发出的电子干扰信号到达这些台站的时间，去计算台站间距离的微小变化，台站可以离开很长的距离，而测量误差都小于一厘米。用这种方法，他们可以测量出非洲和南美洲在一个日历年内分离开的实际距离。使用地震仪、特长基线干涉测量仪和其他一些设备，哥伦比亚大学拉蒙特－多尔蒂地球观测站的林恩·赛克斯和斯图亚特·尼申科在1983年预测说："圣安德列斯断层从圣何塞对面到圣胡安包蒂斯塔的那段断层，在1906年破裂不到1.5米，在1838年很可能也

破裂过，在未来 20 年内，将会发生一场大地震，震级在 6¾ 至 7¼ 之间。”1989 年，圣安德列斯断层的那段果然发生了 7.1 级地震，电视台记者采访了地质学家，当他们听说地质学家们的预测精度范围不可能比 20 年更小时，他们把摄像机的镜头对向了采访室的吸音天花板。这可是直播时间，这一瞬间，摄像机镜头的聚焦点偏得有点儿太远了吧。但是，如果去比较一下“一瞬间”对“20 年”的比率和“人类生活时间标尺”对“地质演化时间标尺”的比率，你会发现惊人的可比性。预测 20 年内会发生一次大地震，这就像在 4600 米外一枪击灭蜡烛的火焰，你得说：“好枪法！”

赛克斯和尼申科还指出，位于特甬山口和萨尔顿海湖之间的圣安德列斯断层段是另一个很可能发生重大地震事件的地方。在这个地区较低的地方正好在洛杉矶和圣迭戈以东，历史上还没有出现过 8.0 或更大级别的地震。1992 年发生的约书亚树地震、兰德斯地震和大熊湖地震，印证了他们的预测，这些地震都发生在圣安德列斯断层他们预测的地段附近，并且有效地增加了对那个地段的压力。兰德斯地震和大熊湖地震的能量在同一天爆发，结果，山里渗流出大量石油，向西面流了 240 公里，让已经濒临灭绝的三刺鱼进一步受到威胁。让人吃惊的是，兰德斯地震和比它早几周发生的门多西诺角地震都被列进了加利福尼亚州 20 世纪 12 次最大地震的名单。约书亚树地震和兰德斯地震连同稍早发生的三次较小的地震排成一条直线，直指北方。它们打开了一条新的断层。就像一条河流总想走直道一样，圣安德列斯断层看来也想改 588
变方向，向北穿过莫哈韦沙漠，再向北一直到达内华达山脉的东侧。记得肯恩·德菲耶斯曾经在1978年对我提到过这种可能性。兰德斯地震达到了7.3级，似乎是要强调新断层方向的重要性，如果它不是发生在沙漠里，一定会造成极其巨大的破坏。其实，早在1992年之前人们就认为，圣安德列斯断层附近累积的应力足够裂开一条320公里长的新断层，造成板块的破裂。1981年，联邦紧急事务管理署发布警告说，在本世纪末之前，圣安德列斯断层很可能在那个地区发生8.3级或者更大的地震。联邦紧急事务管理署说，财产损失将达到大约200亿美元，大量的人将会住院治疗，大约有1.4万人将会死亡。1982年，加州矿产和地质分部印发了一份特别出版物，说这场预测中的地震是"南加州很多居民在有生之年将会经历的一次事件"，接着又说，"在横跨圣安德列斯断层的三个主要高架水渠系统中，有两个可能会断掉，并且在三到六个月内不会恢复供水"。

同年，加州矿产和地质分部还印发了一份配套的出版物，叫《针对旧金山湾区圣安德列斯断层8.3级地震发生的地震预案》。这个预案里说，海湾大桥会经受住震动，金门大桥同样可以经受住，但旧金山湾区的高架桥将会"坍塌"。关于奥克兰的尼米兹高速公路，预案说："在阿拉米达县海湾东岸的很长一段在建造时使用了液压填料，其中有数公里长的路段可能在剧烈震动中发生液化，有很长的路段将完全无法通行。……预计穿过奥克兰市中心的高架路段将遭到广泛破坏。"幸好，预测中的地震强度是实际发生地震强度的35倍。

在做出这些地震预案的时候，圣安德列斯断层两侧岩石的错断和移动已经得到了解释，地震在板块边界的作用也已经被认识到。1906年时，大地震是上帝的行为，是不可预测的天灾。现在的问题已经不再是大地震会不会发生，而是会在什么时候发生。再也没有人去想象，当应力释放以后，就会永远消失了。诚然，人 589
们开始议论一个假想的地震，而且是在议论那些“大地震”，好像他们正在等待着发生某种规模罕见的灾难。加利福尼亚州并没有在地质变化中组合起来。加利福尼亚的地质学中充满了大地震。一个大地震总是近在眼前。这个大地震就是板块构造运动。

14

我曾对圣安德列斯断层进行过多次考察，从洛杉矶城外横向山脉的山脚一直到旧金山以北的岩石海岸，在大多数情况下都是和穆尔斯一起去的。在晴朗的天气里，一个飞行员在既没有无线电设备又没有仪器的情况下，也能在空中追踪到这条断层，很轻松地飞行 640 公里。在树木繁茂的高地下，断层的踪迹会在这儿或那儿一次次地消失，然而，圣安德列斯断层在总体上还是比较容易辨认的，而且在有些地方还很有特征，值得仔细欣赏，就像是一次大迁徙踩出来的小路，或是在肚子上做外科手术留下的疤痕。在南部，14 号州际公路从帕姆代尔市爬出来前往洛杉矶，它横穿断层带的路段正好从两条高高的路旁剖面中间穿过，剖面中的沉积物是在上新世沉积的，看起来像一本卷起来的杂志，这不是在一次构造事件中形成的，而是断层多次活动形成的，但在活动的高峰期被一下子暴露在地表。在地质时间标尺上，这条断层带持续的活动显得很频繁，甚至可以认为这些活动是连续的，但在人类时间标尺上，此时此地，这条断层带在静悄悄地向北延伸着，穿过宁静迷人的乡村：断层槽的洼地里长满了青草，两侧紧邻着山脊，到处是密集的畜栏，小镇里有井然有序的邮局，这些小镇的名字多来自附近的洼地水塘。

从这儿向北，它在一段区间失去了温顺的迷人景色。几乎所有的水都消失在沙漠里，对加利福尼亚州来说，这儿是一个不同寻常的地方。卡里佐平原距离圣巴巴拉的海洋只有 64 公里，但风光看起来却和南内华达盆地很相似。在卡林特山脉和坦布勒山脉之间是一条很直的山谷，谷底很平坦，没有任何植被，圣安德列斯断层沿着这条直直的山谷向上延伸，显露出它的台阶和陡坎，显露出它细长的地堑形态，向人们展示了断头的河道、干涸的洼地 590
水塘和干涸的扭曲河道。从空中看，圣安德列斯断层在这个地段留下的踪迹像是一道疤痕瘤，像是有机体在缓慢地蠕动，锲而不舍地向北偏西 40 度的方向伸展。在地面上，站在沙漠里的路面上，顶着干燥的热风，毫不夸张地说，你正站在板块的边界上。在一条间歇河的河床上，你可以看到断层在近四千年中的运动。一条充填了巨砾的小溪几乎完全干透了，从坦布勒山脉的斜坡上笔直地流出山来，而圣安德列斯断层错断出一条百叶窗一样的山脊，像一堵滑动的墙挡住了它的去路。小溪向右转了 90 度，在这条板块边界上摸索着前进，沿着断层向北流动了近 140 米，终于在那里发现了已经被错断的老河床，然后循着自己的老河床继续向西流动，进入了萨林尼亚花岗岩的鹅卵石和巨砾堆中。

你会经过死气沉沉的苏打湖，还有一些其他被错断的溪流。沿着山谷的碎石路在断层上走上好几公里，你可以时不时地看到一个牛栏，一群羚羊，一辆房车，一个贫瘠的牧场，一个填满风滚草的栅栏，一个有水泵的院落。雏菊轮在一个塔上转动着。在这条断层的下面是孔隙比较大的破碎带，那里经常会储存着水，即便在这里也不例外。

再往北走几公里，会看到一些土坯房，房子和房子离得比较远，每座房子都有一个碟形天线。再走几公里，出现了一片美丽的土地，一条绿色的边缘，是一个富饶的牧场，房屋都很坚固。圣安德列斯断层切穿了这些坚固的房子。为什么不会呢？大旧金山不是也被它切穿了吗？

在从南加州到北加州最直接的两条路中，总是选择圣安德列斯断层。如果你有足够的时间，你一定要选 5 号州际公路。这条路太棒了，很多路段几乎就骑在断层带上。就像一条水平线穿过崎岖不平的山地，断层带总能找到缓坡和平坦的地面。当断层发生小转弯的时候几乎没什么反应，和河流的转弯相比微不足道。再往北走一段距离，沙漠平原会变成干枯的草甸，然后又变成风景更加迷人的乡村，直到葡萄藤爬满了断层形成的地堑，胡桃树爬上了像波峰一样隆起的小山。地松鼠出现了，接着是越来越多的喜鹊群，然后是棉白杨，再然后是越来越茂密的栎树林，还有辽阔的牧场，马群悠闲地品味着天鹅绒一样的牧草。断层两侧的岩石在年龄和类型上有着天壤之别。分布在断层西侧的是长距离
591 运输来的辉长岩丘陵和被流放的外来花岗岩山脉。断层相邻的另一侧是弗朗西斯科混杂岩，成分混杂、结构混乱，但穆尔斯对它更感兴趣。

帕克菲尔德小镇附近有一座桥，桥下是乔莱姆溪，就在圣安德列斯断层上流动。这座桥已经有点拧转向了，桥的东头拧向墨西哥的奇瓦瓦州，西头拧向阿拉斯加州的麦金利山。这是一条正在

把板块分裂开的断层。从 1857 年以来，乔莱姆和帕克菲尔德之间的断层已经裂开过六次，平均每 22 年就张裂一次，下一次张裂可能会在 2003 年之前发生，发生的概率是 98%。帕克菲尔德现在住着 37 个人。如果人口要增加，地震学家应该会第一个知道，因为这儿的山谷安装了监测网，其他没有任何一个地方像这儿一样。帕克菲尔德吸引了一些地震预测专家，因为圣安德列斯断层的这个地段地震间隔期很短，如果他们在这个地方进行监测，他们在死之前可能会学到不少东西。另外，用穆尔斯的话说，帕克菲尔德段具有“相对简单的断层几何学”。最近三次地震的震中相同，震级也相同。

一条正在分裂板块的断层，平均每 22 年发生一次地震，相当于每 100 万年中发生 4.5 万次地震。帕克菲尔德镇上一次发生大地震是在 1966 年，地表裂开一条近 30 公里长的裂缝。小镇的水塔上写着：“帕克菲尔德，世界地震之都。地震发生时，请到这里来。”地震发生的实际年份并不重要。帕克菲尔德的仪器准备好了记录随时会发生的地震。这项监测的目的不是去确认计算出的平均值，而是要开发一种灵敏的预测技术，能在几个月、几天、几小时或几分钟内，提前感应到地震冲击的来临。即使是提前一分钟或者五分钟的警告，也可以在人口稠密的地方拯救很多生命和金钱，更不用说提前一个小时或者提前一天的警告了。因此，在帕克菲尔德周围北至中山、南至金山的乔莱姆山谷里已经部署了价值数百万美元的仪器，有应变仪、蠕变计、地球结构探测仪、激光测距仪、测斜仪和几十台地震仪。据说联邦政府的开支已经把这个社区从“帕克菲尔德”变成了“波克菲尔德”[1]。一些地震仪被安装在800多米深的洞里。实验表明，岩石在跳跃之前会先发生微弱的蠕动，而蠕变仪对四百万分之一米大小的蠕动很敏感。

592 如果说有一门科学是以推测为基础的话，那就是地震预测，当然，随着研究的不断深入，离坦塔罗斯[2]的终点越来越远。地质学中讲的最大应力是指最大挤压力，圣安德列斯断层上最大应力的方向几乎垂直于断层两侧的移动方向，这就像一块香蕉皮，它从上面受到压力时会发生水平滑动。一个断层要以这种方式滑动的话，一定要足够软弱，在某种意义上说，一定要足够滑润。前面我们说了很多断层的性质，其中很重要的就是断层里的岩石是破碎的，有很多孔隙，其中的水在一定压力下可以成为一种润滑剂，地震还可能导致很多气体的突然释放，这也是一种润滑剂。这样的机制往往会使地震的发生有更大的随机性，因为它能减少不断增加的应变，还会让地震间隔期变短。那些从事地震预测的人几乎可以观察到任何细微的变化，帮助他们进行地震预测。纳帕谷中有一个间歇泉，被人们有创意地叫作“老忠实泉”，然而，在距它方圆240公里的范围内发生大地震前后，它的喷发间隔就不那么规则了，当然，这个数据只是最近20年的观测记录。1980年，

---

1 “Porkfield”，养猪场，是对帕克菲尔德（Parkfield）的戏称，把在小镇上置办和摆弄大量的昂贵科学仪器比作养猪。

2 坦塔罗斯是希腊神话中的人物，因侮辱众神被打入地狱，永远受着痛苦的折磨，他的头顶上吊着一块大石头，随时都会掉下来把他砸碎，所以，他最可怕的痛苦是对死神的恐惧。后来就用他的名字喻指受折磨的人。这里借用这个典故来说科学的进步使人们对地震的恐惧越来越少。

美国地质调查局开始监测土壤中的氢含量。两年后，在帕克菲尔德东北方约32公里的科灵加附近，土壤中的氢含量突然变成正常值的50倍。氢在爆炸式地增长，1983年4月，这种爆发的次数越来越多。1983年5月，在科灵加地下的一个逆冲断层上发生了6.5级地震。氡气的释放也受到监测。微地震的形式和数量也是监测的对象，特别是那些被叫作“茂木圈”[1]的微地震。在20世纪60年代中期，一位日本地震学家在他的地震图上注意到，在一个大地震发生前的几周里会发生一些微地震，这些微地震有时会排列成一个小圆圈，而未来大地震的震中就在这个圈的中间。“茂木圈”是一条很好的线索，然而，就像氢的爆炸式增长和氡的释放一样，在很多大地震之前并没有出现“茂木圈”。

住在地震多发地区的人们会谈论地震天气。他们说地震前的天气往往很温和，没有风。震前往往有动物的反应，水井里水位的波动，以及地震天气，这些都属于地震前兆的研究范围，但是，都没有获得国家科学基金会的资助。有人说井水下降能预测地震，但也有人说井水上升能预测地震。蛇、海龟、老鼠、鳗鱼、鲇鱼、鼬、鸟类、熊和蜈蚣等都能感知即将到来的地震。1988年，《加 593
州地质学》上发表了一篇科学论文，评估了一种理论，说“当《圣何塞水星报》的‘失物招领’栏目里大量刊登狗和猫丢失信息时，地震袭击该地区的可能性将大大增加”。不过，和美国比起来，中

1 指日本地震学家茂木清夫（Kiyoo Mogi）提出的一种地震预报方法，被称为“环状模式”，又称“茂木圈”。

国和日本更加重视这些可能作为地震线索的动物行为。

地震预测根据对板块构造的理解取得了长足的进步，不过，有时也会走过了头。在仪器能够可靠地绘制出正在发展中的地震图之前，预测人显然有道德上的责任，不提供具体的计算结果。数学计算有时候会像用一根分叉的木棍去占卜一样，得出荒谬的结果，例如，有人计算出 1990 年 12 月 2 日密苏里州新马德里会发生大地震，实际上并没有发生。美国地质调查局的一个地质学家和美国矿产局的一个物理学家在实验室里对岩石破裂等进行了研究，他们预测 1981 年夏天会在利马附近海底发生三次大地震并且给出了具体的日期，预测最大震级会达到 9.9 级，这个震级的威力是世界上有记录以来任何一次最大地震的 20 倍。几十万秘鲁人得到预报，说他们可能会在地震中死去。结果，什么也没发生。

正如路易斯·阿加西曾经发现的那样，如果你在一条穿过山谷的冰川上插进一些木桩，把它们横跨冰川排成直线，一年后再回来，你会看到木桩已经移动了，排成了曲线。如果你横跨圣安德列斯断层沿直线插上一排篱笆桩，一年后再回来，几乎可以肯定，你会看到，那还是一排笔直的篱笆桩，除非你把篱笆桩插在乔莱姆山谷以北 160 公里的地方。在那里，直线会稍微有一点偏移，但不会超过 3 到 5 厘米。再过一年，它会再移动一点；再过一年，它又会再移动一点；它就是这样年复一年地缓慢移动着。在板块间近 1200 公里长的断层摩擦中，圣安德列斯断层在每一段都表现出局部的特殊性，但没有比中央蠕变带更特殊的地段了。树木移动了，溪流扭弯了，池塘下沉了。在公路的沥青路面中

出现了阶梯状裂缝，小碎块像迷你地堑一样塌陷下去，地堑边上
又有崖壁隆起。断层笔直地穿过中央蠕变带。然而，断层是由一
系列 3 到 9 公里长的阶梯状平行裂缝组成的，就像滑冰时冰刀在
冰上留下的痕迹。中央蠕变带频繁地发生滑坡，掩盖了蠕动产生 594
的新地貌特征。

“在这个 170 公里长的地段上，蠕动是相对连续发生的，似乎解释了几乎所有的运动，”穆尔斯说，“蠕动很少见。大多数断层运动都是断续的。这种蠕动会产生很多小地震。实际上是有‘蠕动事件’的，在这里，长达 500 米的断层带会在一个小时内经历蠕动的扩散。蠕变带里有很多栎树，但没住多少人。断层的太平洋一侧出露的是加比兰山脉的花岗岩基底，露头上可以见到闪着光的长石和云母。加比兰山脉海拔超过 910 米，紧靠着断层缝，也发生了蠕动。”

把跳动和蠕动加在一起，圣安德列斯断层几百万年以来的平均年位移量是 35 毫米。这一数字明显小于太平洋板块的运动速率，太平洋板块相对于北美洲板块的移动速度又快了三分之一。在板块构造理论诞生的早期，这种不协调的差异性位移是在其他地方确定了太平洋板块的年位移量以后才发现的。穿过圣安德列斯断层的火山岩流被断层切断了，但是被切开的岩流彼此错开的速度赶不上太平洋板块运动的速度。这就是“圣安德列斯运动差”。如果太平洋板块的移动速度比东部边缘的大转换断层快得多，那么多出来的运动量就必须在某个地方被吸收。沿着圣安德列斯断层家族以外的断层的运动量太小，解释不了这个差异。显然，在断

层边界区域内一定有其他运动弥补了这个差异。

地幔热点理论的发展把夏威夷这样的地方看作是静止的，是深部地幔热点产生的火山向上刺穿了移动的板块，岩石圈位移矢量数据观测技术的进一步改进使太平洋板块的运动历史变得更加清晰。大约 350 万年前，也就是上新世的时候，太平洋板块的运动方向向东偏转了大约 11 度。为什么会这样？这是很多争论和很多研究论文的主题。但是，如果你去看看夏威夷热点地区，把它的运动放进板块构造运动中，你至少会发现太平洋板块运动的方向确实偏转了：上新世形成的瓦胡岛有一个 11 度的转弯。

595 太平洋板块是目前世界上最大的板块之一，驮着大约三分之二的太平洋。南北长约 14500 公里，东西宽约 12900 公里。是什么让它转动了 11 度？大约 350 万年前在太平洋板块边缘发生的各种事件都有可能成为原因。例如，在太平洋西南部有一个安通爪哇高原，是巨大的玄武岩块体，据说，它和所罗门群岛碰撞，让一条俯冲带改变了方向，把太平洋板块的一个大板片卡在斐济北部高原底下。这个板片断了。太平洋板块西南角突然失去了向下拽的力量，板块向北运动的其余部分改变成向东北 11 度方向运动。沿着板块西部边缘一些同时期的碰撞也会对运动矢量的变化有不同程度的贡献。板块北部一个曾经存在的扩张中心被俯冲下去，这可能也提供了额外的动力。扩张中心的额外重量在向下俯冲时，可能会拉住板块，给它施加了一个顺时针方向的扭矩。不管是哪一种或哪一些原因，很难想象一辆重达 345 千万亿吨的大车会突然向右转了 11 度，但有证据表明，它的确向右转了。

构造对北美洲的影响就像两辆对面行驶的汽车侧身发生剐蹭时造成的变形。太平洋板块和北美洲板块在沿着圣安德列斯断层运动，它们的基本运动是保持着平行的走向滑动。但是，由于太平洋板块受到某种堵塞挤压，把它的肩膀顶到了加利福尼亚州的大部分地区，增加了一部分挤压作用。这个过程产生了逆冲断层和伴随的褶皱，包括背斜和向斜。石油会迁移到背斜里，上升到背斜的穹顶，并被捕获储存在那里。

更早一点的时候，大约在距今 500 万年前，被叫作东太平洋洋脊的海洋扩张中心已经在北回归线附近位移到北美洲，把下加利福尼亚跟大陆的其他部分分裂开，逐渐拉开了加利福尼亚湾。下加利福尼亚的分裂伴随着向北的强烈挤压，在圣安德列斯断层拐弯的地方挤起来一条横向山脉，就在洛杉矶北面。早在板块构造理论问世以前，地质学家们就已经很清楚地认识到，横向山脉 596
是挤压抬升的。但是，一直到 20 世纪 80 年代末，他们才发现，由于 350 万年前太平洋板块运动方向的轻微变化，让圣安德列斯大断层整个长度上的走滑运动都附加了挤压作用。所有这些挤压构造，包括背斜、向斜和逆冲断层，都集中出现在一个长条地带，从加利福尼亚州的一头延伸到另一头，这也解释了“圣安德列斯运动差”中缺失的运动量。仅仅洛杉矶盆地就被挤压了大约每年一厘米，已经有 220 万年了。拉古纳海滩和帕萨迪纳的位置比 220 万年前更近了 22.5 公里。这是一次又一次地震累积的结果。例如，1987 年的惠蒂尔纳诺斯地震和 1994 年的诺斯利奇地震都缩小了圣莫尼卡山脉的宽度，抬升了山脊线。

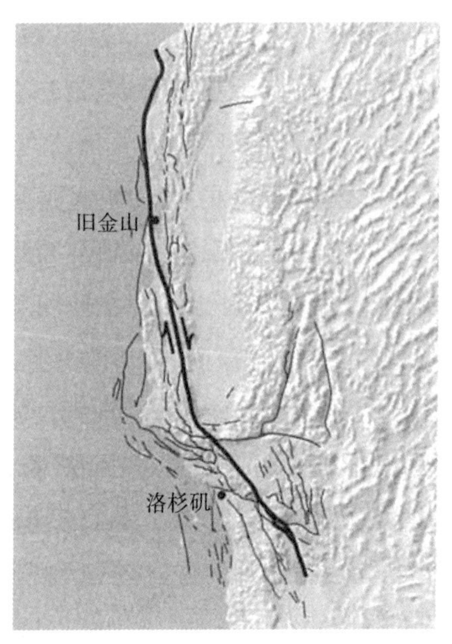

图 4-13　圣安德列斯断层家族

惠蒂尔纳诺斯震源在一个年轻背斜的深部断层中。这种断层
597 一般容易在 16 公里深处形成，并且逐渐向地表移动。从那里向北 800 公里，圣安德列斯断层的东侧也发育了性质相同的年轻背斜，也是深部一系列连续地震的产物。这些挤压构造很多是最近才发现的，更多的是推测的，等待着被发现。它们和圣安德列斯断层形成极尖锐的角度，就像一条狭窄的船行驶留下的尾迹。当地震像隐藏的手榴弹一样爆炸时，地质学家通常不会怀疑存在的断层在移动。1983 年在科灵加发生的 6.5 级地震是一种意外，断层把它上面的山脊顶高了 60 多厘米。

1892 年，一对神秘的地震袭击了温特斯，地震靠近戴维斯，在中央大峡谷里。显然，地震发生在和科灵加地下一样的隐蔽逆冲断层上，但温特斯逆冲断层特别受关注，因为它位于海岸山脉的东侧，距离圣安德列斯断层有 80 公里远。它显然是新发现的褶皱和断层活动的产物，通常都和大断层形影不离。加利福尼亚中央大峡谷，地质学家们做梦也没有想到能在这里找到阿巴拉契亚式的褶皱冲断带。没有一丝的犹豫，穆尔斯在加州地质图上画上了一条褶皱冲断带，它沿着大峡谷西侧从特哈查比山脉一直向北延伸到雷德布拉夫，向东延伸到戴维斯。他和他的戴维斯同事杰夫·安鲁一直在大学周围梦幻般平坦的田野里寻找褶皱构造。这是一个专家级的游戏，需要超出常人的高灵敏感知度。他们果然发现了一个背斜，这是一个低缓的拱形，翼部伸展的宽度有好几公里，而拱顶的高度只有 7.6 米。他们给它起了个名，叫“戴维斯背斜”。这是穆尔斯喜欢说的“戴维斯校园褶皱冲断带”的一部分。他这么说纯粹是为了好玩，但是，这些褶皱却不是虚构的。戴维斯背斜是在过去的十万年中发展起来的，它的隆起速度是阿尔卑斯山的十倍。

我曾经被邀请去参加了一次最不可思议的地质旅行。有一天，穆尔斯和安鲁带上我到地面像水面一样平整的大峡谷里，去寻找还在萌芽状态的山脉。那里的确有一些很细微的差别。穆尔斯说：“我们要在这里的地面上寻找五公里深处正在发生的事情，隐蔽的逆冲断层。挤压应力一直延伸到大峡谷中心。”

“这样的地形出现在那儿并不是平白无故的，”安鲁说，“土壤科学家早就认识到，这些山谷的隆起区是构造隆起，而盆地区 598
的土壤颜色比较暗。在大峡谷的这一部分有一个断层传播褶皱。”

穆尔斯后来写信给我：

> 我们在继续收集证据。我们已经看到了两个地震剖面，都显示了一个水平反射层，从海岸山脉一直延伸到萨克拉门托河，可能是一条断层。杰夫一直在研究河流坡度的变化。基本的工作原理是，如果在所有河流的洪泛平原上都有一个坡度的急剧变化，那一定是有原因的，而这个原因就是构造隆起。在戴维斯以西有两个已经得到认可的隆起区，分析结果很好地拟合了这两个隆起，似乎表明了有一个新的向北延伸的隆起带，它正好从戴维斯穿过。毕竟，帕特温印第安人选择普塔溪岸边的那个特殊地点建起村庄，一定是有原因的。那里是沼泽里的一块高地，它之所以高，就是因为它正在隆起！

和这条板块边界有关的挤压构造作用对板块相对运动总量虽然有贡献，但是不多：总平均数是每年不到一厘米。这显然并不能弥补数值计算显示的差距。让人吃惊的是，其余那些缺失的运动量似乎在盆岭省里。盆岭省在里诺和盐湖城之间的地壳一直在伸展，分裂成了一系列地块，这些地块漂浮在地幔上，成为山脉，在几百万年中，伸展作用把盆岭省的宽度增加了96公里。特长基线干涉测量结果显示，盆岭省正在以每年十毫米的速率向西偏西北的方向扩展。这为从加利福尼亚湾到门多西诺角之间的板块边界断层运动提供了足够的空间，弥补了“圣安德列斯运动差”所差出的运动量。如果太平洋板块的一部分运动来自犹他州，那犹他州就成了这条板块边界的一部分。

盆岭省最西边的山脉是内华达山脉，它是沿着山脉东部基底的一条正断层隆升的。断层经历了足够多的地震，让山脉有了异常的高度。最近发生的一次大地震是在1872年。只用了几秒钟，山脉就升高了90厘米。同样在这几秒钟内，内华达山脉也向北偏西北方向移动了6米。这足够填补任何运动量的差异。 599

也许板块间总运动量的六分之一是由圣安德列斯断层家族的其他断层造成的。每一条都是走向滑动断层，每一条都是活跃的右行断层；地质学家所说的右行断层是指，从断层的一侧去看另一侧，会看到另一侧在向右走。

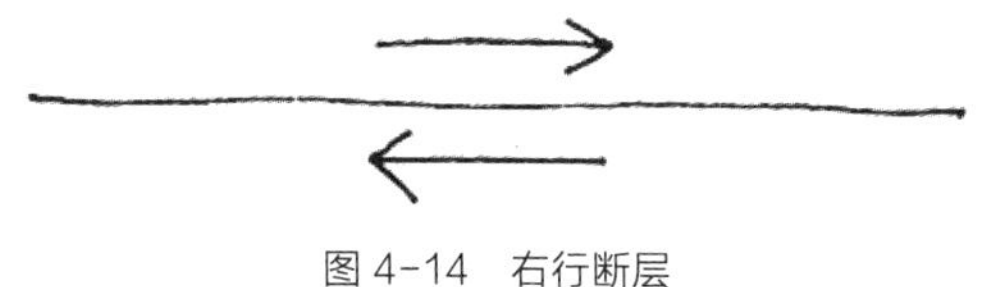

图4-14　右行断层

一般来说，你可以用一副扑克牌来演示它们之间的关系。你把一副牌放在双手手掌之间，牌面朝手心，侧边朝上，滑动双手，让右手向自己方向拉，左手向外推，同时保持双手对牌的压力。这副牌的反应是滑动、黏滞、锁定、滑动。一些牌可能比其他牌滑得更多点，甚至有可能在不同牌之间发生错断。在任何情况下，52张牌[1]之间的51个滑动就是一个右行走滑断层家族，就像在加利

1　早期的扑克牌张数在欧洲各地不一样，如，德国每副32张，西班牙每副40张，法国每副52张，传入美国后又增加了2张小丑牌，后来成为国际性扑克牌，每副扑克有正牌52张，副牌2张（小丑牌），共54张。

福尼亚一样。如果其中一张滑动得比其他的多，实际上你可能已经把这副牌切断了，你可以叫它“圣安德列斯断层”。所有的牌的滑动都对这副牌的整体运动有不同程度的贡献。

穆尔斯认为，350 万年前板块运动矢量的变化可能是造成这个庞大的边界断层群的原因。它们平行于圣安德列斯断层，被比作河流的支流或大树的树枝。但它们不是枝杈形的，它们经常是不相连的。它们更像是干木头里见到的空裂缝。它们的走向都是西北方向。它们中的很多地段都有不同的地方性名字，因为那些断层中很多都是在一百年前由野外地质学家命名的，这些地质学家并不清楚那些断层是一家子。绿谷断层的活动在东海岸山脉的科迪莉亚切过了 80 号州际公路，向南的延伸被叫作康科德断层。680 号州际公路和 80 号州际公路分岔后，一直紧随着断层走，并保持在它的右侧。穿过纳帕谷，在圣巴勃罗湾南边穿过伯克利、奥克兰和海沃德，再穿到圣何塞以南，连续出露了一条断层，而这条断层的不同段分别叫希尔兹堡断层、罗杰斯溪断层和海沃德断层。美
600 国地质调查局对罗杰斯溪断层的前兆性微地震进行了研究，说那里可能会发生一次地震，地震强度和 1989 年在洛马普列塔附近由圣安德列斯断层撕裂引起的地震相当。

卡拉维拉斯断层靠近海沃德断层，从那继续向南延伸，然后是萨金特断层、野猫断层、布希牧场断层。安提阿断层在中央大峡谷里。在 1120 公里长的密集断层束中，我刚才所提到的那些断层都分布在旧金山湾区，都在圣安德列斯断层以东。在它的西侧，在旧金山半岛或者在海洋之下，是皮拉西托斯断层、拉本田断层、

霍斯格里断层和圣格雷戈里奥断层。圣格雷戈里奥断层从旧金山延伸到蒙特利南部的大苏尔。历史上最长的断开距离是 3.9 米。它平均每三百年就会发生一次大地震，没什么好担心的，除非正好让你赶上那一年。在圣格雷戈里奥断层带上，有 16 万平方米的条带区在圣马特奥县。

在从门多西诺角到萨尔顿海湖的任何纬度上，切出任何一条圣安德列斯断层的横截面，它们的结构都是相似的，是由一长串名字不一样的走滑断层组成的。这个断层系统中，贝克斯菲尔德附近的白狼断层在 1952 年发生了 20 世纪第二大的地震。在南加利福尼亚，这条断层带有 241 公里宽，是旧金山的三倍，而且复杂得多。

光是海沃德断层自己就造成了 160 多公里的错动。它从旧金山北部的圣巴勃罗湾向东南延伸到圣克鲁斯的纬度上，消失在吉尔罗伊附近，这里离圣安德列斯断层上的圣胡安包蒂斯塔不远。在很多地方，如伯克利，海沃德断层的一侧是侏罗纪的弗朗西斯科混杂岩，另一侧是白垩纪的大峡谷层序岩石。在球场上，一个优秀的运动员奔跑 70 多米，突破了对方的防守线，他可能得到了或者失去了大约 5000 万年。在跨过一条裂缝的一瞬间，在不可预知的一秒内，他可能会被他脚下草皮的移动甩出界外。海沃德断层不仅穿过这个纪念体育场，而且穿过了阿拉米达县医院、圣利安卓医院和在海沃德的加利福尼亚州立大学。海沃德断层也穿过了加州聋哑人和盲人学校，结果，州政府变得紧张起来，把学校搬到 601
另外的地方，腾出来的旧宿舍住进了伯克利大学的本科生。

海沃德断层分开了白垩纪伯克利山和侏罗纪大学校园以及旧金山湾附近的全新世冲积层。在很大程度上，海沃德断层形成了伯克利山，那里有一个明显的断层陡崖，是在走滑运动中伴随的垂直运动的结果。从缓坡到陡崖的变化很突然，这是因为断层运动很活跃，产生的山丘又很年轻。海沃德断层在1836年和1868年都发生过大地震，这类信息当然不太会引起伯克利大学一个悠闲的二年级学生的注意。然而，美国地质调查局印刷的一份野外综合研究地质图预测，圣安德列斯断层和海沃德断层会发生大地震，其中有三个A级强度的地震区在海沃德断层上，都标着"非常猛烈"，其中包括：伯克利大学大道以南的地区，奥克兰市中心梅里特湖以东的街区，还有皮埃蒙特的沃伦高速公路。沃伦高速公路在海沃德断层上延伸，就像水在河床上流动一样。

地质调查局认为，2020年前，旧金山湾区再次发生大地震的可能性是67%，地震的地点要么在圣安德列斯断层上，要么在海沃德断层上，而发生在海沃德断层上的可能性更大一点，因为那条断层已经很长时间没有跳动过了。根据联邦紧急事务管理署和加州矿产与地质分部的估计，如果这次地震的强度和19世纪的几次大地震相当，那么新的地震将导致多达4500人死亡，13.5万人受伤，以及价值400亿美元的损失。地质调查局对这些可能性增加了一条评论：旧金山的中心"和海沃德断层离得很近，和圣安德列斯断层离得同样近，正好夹在这两条断层中间"。

圣洛伦佐溪从山上出来进入海沃德郊区，遇到断层后向右拐了个急弯，顺着断层向西北流了近2公里，然后向左转，朝西南方

向流进海湾。海沃德在伯克利以南大约 24 公里，如果说有那么一
个典型地点能去定义什么是地质意义上的“典型地点”，海沃德就 602
是这样一个地方。很少有一个断层带这么明显。城区里有一条很突出的陡台，像是一堵倾斜的中世纪城墙，这是它旁边断层活动的产物。在使命大道和梅因街之间的 D 街上，马路牙子向东延伸时，出现了一个“右行走滑”，向南转了个弯，然后继续向东延伸。不久前，穆尔斯和我去了 D 街，看到人行道已经挤压变形了，鼓起来一条垄台。断层从别克大道的维修部穿过。人行道的外侧可以看到新维修过的补丁。在 C 街和 D 街之间有一座大楼正好建在断层上，长期以来，那里曾一直是市政府所在地，当初被设计和建造成海沃德市政厅，断层像撕棉花团一样把这座大楼撕成了碎片。砖瓦和灰泥碎末像雨点一样散落下来，官老爷们只好搬走了。市政府有一个部门是专门为处理城市面临的紧急情况而设立的。在 C 街 934 号有一家商店，自称是“海沃德缝纫中心，兼管改修”。“改修”的对象竟然包括倾斜的马路牙子，人行道上鼓起的垄台，以及向墨西哥城方向膨胀的墙。受断层的影响，在使命大道 22534 号，“行动标志”大楼的长墙上出现了一个弯，一个叫“被宠坏小孩”的停车场也变形了。在市政府附近的一个停车场，一排停车计时器发生了右行变形，向右弯了一下，然后恢复了原来的方向。古玩店隔壁是罗伯特空手道学校，它橱窗上的广告写着“空手道、格斗术、功夫、拳击。海沃德教你街头格斗的唯一学校”，不过，面对断层，它被扭动得向南移动了 2.5 厘米。每一条东西向大街的人行道上都打了补丁。酒店大道 923 号的房子还在使用，但是已经被断层

扭曲得很厉害，有一面墙已经凹进去了。从这座房子的顶上隐约可以看见海沃德悬崖，有 15 米高。

在海沃德以南的乡村，我们看到很多小溪从山上下来，在断层线上向右转，流了一段距离后，又重新发现了它们被错断的河床。我们看到一条很深的沟弯曲成了钩针的钩一样。像圣安德列斯断层一样，海沃德断层在某些地方（如伯克利）似乎被卡得很难移动，而在另外一些地方（主要在南部）在慢慢地蠕动着。涵洞弯曲得像通心粉。水渠开始漏水。铁轨移动了位置。在弗里蒙特，穆尔斯和我爬过一些墙和栅栏，为的是查看一下联合太平洋公司的铁轨路基，在它穿过海沃德断层的地方，道砟子被弯曲成雁行排列的扭折。

603 1986 年，基恩萨贝断层上发生了一次小地震，这是海沃德断层南端一个深埋的隐蔽逆冲断层发出的弹性波，距离震中 40 公里的艾尔玛登酒庄一个近 76000 升的大酒缸被震裂了。酒缸有 9 米高，里面装的是赤霞珠。一股酒的洪流刹那间淹没了一间办公室，强有力地冲出大楼，顺着马路倾泻而下。这场地震似乎是专为艾尔玛登酒庄爆发的。基恩萨贝断层？和几乎所有人一样，艾尔玛登的人从来没有听说过，但是基恩萨贝断层的确是在马上就要压垮的骆驼背上加了一根稻草。实际上，自从酒庄建成那一天起，它就开始慢慢地解体了。基恩萨贝小断层在酒庄的 40 公里外的地方，而圣安德列斯断层正好从大楼中间穿过。酒庄外面的路叫“西亚内加”，西班牙语的意思是“沼泽”，酒庄就像是泡在芦苇荡里，酒庄旁边的确就有这么一个大芦苇荡。艾尔玛登是一个西班牙语的地质学术语，意思是“矿”，这个地方在霍利斯特以南19公里，正好处在中央蠕变带里，不是一个开采葡萄酒矿的好地方。然而，像圣安德列斯断层上很多其他地方一样，这里是一个幽静温馨的可爱山谷，到处都是胡桃园、橄榄园和牧草，还有一些让人感到担忧的警告牌：“当心走路上学的孩子们。”

这是最早观测到缓慢构造蠕动的地方，也叫“无震滑动”。酒庄现在静静地矗立在北非雪松下。艾尔玛登已经关闭了它。两周前刚刚离开墨西哥到这儿的看门人伊萨贝尔·瓦伦苏埃拉带领穆尔斯和我在酒庄里参观了一圈，用西班牙语给我们做了讲解。昏暗的酒窖里空间很大，木酒桶排成一排，有不少都破了，裂了缝，像一大堆立着的巨大鸡蛋。一条宽大的裂缝从这座长方形酒窖地板的一头延伸到另一头。酒窖外面有一块青铜牌匾，镶在一块没有钢筋的砖石墙上。上面写着“圣安德列斯断层已经被认定为注册的天然地标”。

我来自东北部，从来没有经历过破坏性地震。离我家最近的一次地震发生在1980年，震中在新泽西州奇司奎克，没有造成任何损失。1989年10月中旬，我和妻子住在旧金山，我们乘火车从奥克兰出发向北。我们在伯克利的一个侄女开车送我们到车站。车站很难找，街道上灯光昏暗，低平的海湾填充的地面上盖满了仓库。我们在仓库间穿行，上一条街下一条街地寻找——在尼米 604
兹高速公路周围和下面来回地搜寻。在我们离开一百多个小时后，旧金山地震发生了。在地质时间标尺上，一百个小时是一个难以形容的极短的一瞬间，而在我们人生时间标尺上，这一百个小时却是极长的一段时间，会让你觉得很多事毫不相干。我真希望我能说，我的脑神经觉得我该走了，可惜，我不是一只失踪的猫。

几周后，我回到加利福尼亚州，和穆尔斯一起从南边进入圣克鲁斯山脉。半路上，我们在圣胡安包蒂斯塔的西班牙传教站停了一下。西班牙的先遣队在那儿发现了两口相距只有二十步的水井，1797 年，就在那儿建起了传教站。在一片宽阔的平原上，凸起来一条扎眼的陡崖，差不多有 15 米高，就像海沃德的那条陡崖一样。那是一个孤零零的长台阶，倾斜得很厉害，像一个大看台。一个现代地质学家看到这样一条裂缝，旁边还有泉水或者浅井，他不会去想："它为什么会在那里？"而是去想："它的滑动频率有多高？"穆尔斯说："断层是挖井的好地方。断层里都是角砾岩，有很多孔隙。两边的含水层都被断层切断了，水会流到断层里。圣方济各会把他们的传教站建在陡崖边缘的高处，这个边缘不是靠近圣安德列斯断层，而是正好就在圣安德列斯断层上。到 1800 年 10 月，他们已经开始建造或建成了八座盖着莎草顶的土坯房，这时候，地震了，一次接着一次，一天里就发生了六次地震，传教站的大部分房屋都倒塌了。"

清爽的回廊看起来没有动过，教堂已经修葺一新。它的设计图在各传教站中是独一无二的，要求用柱子隔开三个过道，但柱廊被建成了墙壁。从陡崖上看，情况大致相同：只有断层发生过移动。1906 年 4 月，当圣胡安包蒂斯塔成为板块破裂带的南端时，发生了一些破坏。现在，在 1989 年，一点儿也看不出这里在几周前发生过地震。在圣胡安包蒂斯塔和断裂带再向南的任何地方，破坏程度基本上都是零。

教堂旁边的断层崖实际上曾被用作赛狗的看台，下面是泥泞的跑道，但赛狗迷们早就没了兴趣，座位上已经长满了藤蔓。在传教站的钟声中，我们在看台上攀爬的藤蔓间聊起来，实际上，我们正好坐在断层上，向东望去，近处是平原，远处是群山。几乎就像这里所有的地形一样，眼前的平原似乎是不会改变的。

“人们往往认为自然世界过去的一切运动都是为我们准备好 605
的舞台，而现在已经不再运动了，静止了，”穆尔斯评论道，“他们看到眼前这样的场景会想，这一切都是为我们准备的，甚至脚下的圣安德列斯断层也是。想象着动荡已经过去，而我们正处在一个更加稳定的时期，这似乎是一种心理上的需要。拉蒙特－多尔蒂的莱昂纳多·席伯把这叫作‘最小惊讶原则’[1]。正如我们在今年秋天所看到的，我们所处的时代和过去一样动荡。两个事件之间的间隔时间很长，但这只是相对于人类一生的时间标尺而说的。”

“最小惊讶原则”，这是地质学家自觉或不自觉地信奉的原则。1983 年，席伯在他题为《大规模薄皮构造》的论文中提出，地壳变形可能发生在很大区域范围内，规模可能是灾难性的，而这些从来没有人想象到或描述过。“我们对地质现象的直接观察受到了很大限制，因为我们的观察时间在历史跨度中相对较短，面对

1 这是 20 世纪 70 年代在计算机专业先提出的原则，要求程序设计或用户界面中尽量不要出现让人感到惊讶或诧异、不解的内容。后来，这一原则被扩展到写作等其他领域。最小惊讶原则的一般性表述是：一个系统的各组成部分应该符合最大多数用户的期望，而不应该让大多数用户感到吃惊或意外。

的露头相对于地球半径只有极小的垂直范围，”他指出，“在很多方面，我们只能看到地质过程的二维瞬间表象。此外，地质学资料的解释可能受到心理需要的影响，把地球看作一个稳定的环境。当前构造运动的表现通常被看作过去地质活动的最后延续。因此，根据最小惊讶原则，地质科学总是倾向于采用资料能允许的最静态解释。”

1850 年至 1906 年间，旧金山湾区至少每十年会发生一次 6 到 7 级的地震。后来，圣安德列斯断层的那个地段基本上平静了 80 多年，其中一个不太重要的例外是 1957 年贻贝岩附近的 5.5 级地震。当应力在旧金山半岛缓慢累积时，很多人的一生都平安度过了，所以，最小惊讶原则似乎在这里也适用，更不用说在纽约那样地质条件至善至美的地方了。不过，最近这些日子里，报纸上又开始出现一些评论，说最小惊讶原则在湾区不再适用了。然而，也有一种说法，暗示这个原则没有死，还会回来。

杰瑞·卡罗尔在《旧金山纪事报》中说：

> 人们总是认为，地球在我们脚下是平静的，我们每天去为生活而奔波，而我们的事业总是充满了危险。如果你这样认为，你就把地球想错了，它完全违背了你的意愿。

606 斯蒂芬妮·索尔特在《旧金山观察家报》中说：

> 一次痛苦的经历……从地球的深处开始，对心灵的深处造

成了莫大的伤害。或许，真正的事实是，地震时间才是最真实的时间，所有的牛市停止了，人们最真切地理解到生命的珍贵。

赫布·卡昂是《旧金山纪事报》一位受人尊敬的专栏作家，他也看到了他感到的不断积累的应力：

> 这是一个任性的、漫不经心的城市，永远在灾难的边缘跳舞。……我们又见到了欢乐和危险在这里共舞，我们重申我们的信念，我们值得赌一场，无论赌注有多大。……我们已经被证明过了，我们是旧金山人。

顺着断层向上走了几公里，我们可以看到断层穿过帕哈罗山谷，切入圣克鲁斯山脉南端的高点。穆尔斯说，断层的东侧是渐新统页岩，西侧是白垩纪中期的石英闪长岩。这两种岩石的年龄至少差了6000万年，谁又知道它们各自滑动了多少公里呢。这里就好像一个苹果和一个梨都被垂直地切成了两半，这两个不同的一半被放在一起形成了山脉。我们脚下的瞭望台在加比兰山脉的北端。帕哈罗河不宽，通过一个切穿山脉的山口缓缓地向西流向大海。18世纪的印第安人告诉来到这里的西班牙人，那个宽大山口里的小河并不总是那么小，它曾经是内陆河流的出口，把河水排进海湾，就像今天的金门一样。穆尔斯说，印第安人是对的。不过，用不着担心，他们可能从来没有想过，整个沿海地区正在向西北移动，堵住了东面的河口。地质学家说帕哈罗山谷是“美国整个国土上地震最活跃的地区之一”，1906 年 4 月 18 日，一列穿过山谷的货运列车被甩出了轨道。

607 圣安德列斯断层在穿过帕哈罗河进入圣克鲁斯山脉的地方发出异常的臭味。129 号公路沿着河的右岸前进。一次大滑坡从断层带上滑下来，堆积起大约 110 米宽的碎石堆，涌出了十几个硫黄泉。人们把一些电镀管楔进泉眼中，把泉水引到路边，把路边的土地染成了奶油黄色。

西边是沃森维尔，它看起来像是 1944 年的法国战斗小镇[1]。有 86 年历史的圣帕特里克教堂直到最近还保持着尖顶砖结构，它有四个尖顶，矗立在自己的红色碎石堆上。它直到今天还站立着，这实在是了不起。它的十字架已经倾斜了，拱墙裸露着，砖块从墙上脱落下来。残存砖块的锯齿状裂缝向下延伸，形状像卡通画里的闪电。教堂两个尖顶已经伸出教堂，进到停车场里。1 号公路穿过斯特鲁夫泥沼的路段由一系列混凝土柱子支撑着，现在柱子已经穿透了路面，像立着的石头一样向上突出着。镇子中心大片的土地被推平了，光秃秃的，一片褐色。福特百货公司 1851 年的大楼已经被彻底摧毁了。无数的建筑物用胶合板遮起来，或者用铁丝网围起来。水泥砌块的墙上满是裂缝。有 250 户人家的房屋还在地基上，其中很多都像泡沫杯一样被压碎了。镇子里有一些帐篷，还有一些房子的地窖，现在已经成了大洞。在镇子边上，在地

1 指法国的格朗尼斯小镇，1944 年 6 月，在诺曼底战役早期阶段，一部分美军空降兵降落到这里，和德国党卫军展开战斗，两天后失守，该镇被党卫军放火烧毁，建于 12 世纪的教堂也被毁坏。

震那长长的一瞬间，一百万个苹果掉到了地上。

加州涉及抗震要求的建筑法规，最早是在 1933 年制定的，其
中只涉及学校建筑，别的什么都没有。旧金山直到 20 世纪 40 年
代末才把这类法规扩展到其他建筑物，当时这些条文已经出现在
湾区周围几乎所有社区的建筑法规中，也出现在州内很多社区的
建筑法规中。尽管大多数建筑属于“前法规”建筑，但最值得注
意的还是这些法规的确起到了很大的作用。在 1989 年的洛马普列
塔地震中，只有 62 人死亡。在 1988 年亚美尼亚发生的类似地震
中，有 5.5 万人死亡。在 1985 年墨西哥城地震中，1 万人死亡。在
1990 年的伊朗地震中，5 万人死亡。这些死亡人数的差别有可能
一部分取决于运气，一部分取决于城镇位置和地震的相对强度，
但更主要的是取决于建筑法规，以及要求的或建议的对现有建筑
结构进行加固的程度。尽管法规还存在某些漏洞，但加州似乎知
道自己面临的是什么，知道应该怎么样去应对。更不用说 1989 年 608
10 月，有 2.1 万栋居民住宅和商业建筑开裂，扭曲，或者倒塌了，
大自然对那一刹那的震动开出的账单是 60 亿美元。

在前一个夏天，圣克鲁斯山脉发生了 5.2 级地震，再往前一年则发生过 5.1 级地震。这些或许可以被看作前兆，但是，如果随后不出现更大级别的地震，这些地震永远不会被认为是前兆，因此它们丝毫起不到警告作用。里氏 5.2 级是由一次比摧毁沃森维尔的地震能量小 700 倍的地震造成的。里克特是加州理工学院的教授。他的地震级别表是在 20 世纪 30 年代设计出来的，但只有加州理工学院的教授们可以理解，普通大众中能理解的人

简直是微乎其微。加州理工学院和里克特同时代的另一位教授显然理解其中的原理，这就是著名的贝诺·古登堡教授[1]，他提供了制作震级表的大量数据。这些数据只适用于南加州。随后，古登堡和里克特共同开发了全球范围的数据表，并且对震级表进行了各种改进。古登堡的视力和听力都不好，不愿意和记者打交道，这是可以理解的。他通常会让年轻的同事查尔斯·F. 里克特去向记者们解释这个震级表。其实，我不知道这个震级表是怎么工作的，我只知道，它是把三个相互平行的不同种类的数值标度组合起来，然后再进行数学推导得到的：中间是地震大小的标度，在它两侧，一侧是振幅标度，一侧是距离标度，其中振幅是地震波在地震记录上表示振动幅度的指标。把地震的振幅标度和距离标度连线，会穿过中间地震大小标度的某一点，这个点就记录了震级。地震波的振幅每大 10 倍，震级级别就上升一个整数，地震能量也就扩大 30 倍。里克特一直坚持认为，实际上，这应该叫"古登堡－里氏"震级。

1 国际著名的地球物理学家，1914 年，他发现地下 2900 公里深处地震波的传播速度有明显变化，后证实这里是地核与地幔的分界层。人们将这个界面称为"古登堡界面"。

15

在圣安德列斯断层穿过圣克鲁斯山脉的地方有一个偏转。它
拐了个弯，然后又变直了，就像开着车在躲避一个小动物时轮胎在 609
地面留下的印儿一样。转换断层的这种偏转阻碍了滑动，并且会造成应变的积累，最明显的偏转被叫作构造节，或者鼓凸，或者叫突出的扭结。这条断层上两次已知的最大地震就发生在或靠近扭结的地方。圣克鲁斯山脉缓慢的移动就是一个不大的扭结，但足够把断层的那一段咬紧了。随着应变一年一年地增加，地质时间标尺和人类时间标尺越来越接近，直到它们重合起来。一次地震不是到处都能同时感觉到的。从它开始的地方和时刻起，地震波会向上、向下和向四周各个方向传播。在这个地震实例中，地质时间标尺和人类时间标尺相交了，构造扭结松开了，断层跳动了，地震发生的精确时间是：下午五点五分十六秒。

震中在鳟鱼溪山谷几百米外的尼森马克森林里，再往北 8 公里就是蒙特利湾。附近最显眼的地标是洛马普列塔山。一条弯弯曲曲的小路通向山谷里，路上有减速带，还有一个关闭的大门。旁边的牌子上写着："私人所有，请勿靠近。" 这里的地势很陡，地面崎岖不平，但是很安静。红杉林下的空地上长着茂盛的掌叶铁线蕨。那里有大片的蒲草滩，还有棕色的美国草莓树。一座价值 200

万美元的房子正在建设中，等这一切结束以后，建设工程会继续进行。眼下，只有醒目的牌子："当心有狗"。

跳动发生在18227米深处，这个震源深度是圣安德列斯断层有记录以来最深的。到目前为止，不管钻探的目的是什么，地球上任何一个地方的钻孔都没有达到过这个深度。在圣安德列斯断层上，没有一次地震的震源会更深。在18280米以下，任何岩石都不再是脆性的。

震源正上方对着的地表上那个点叫震中，这次地震的震中距离断层线6.4公里。一些地质学家想知道，这次地震是不是发生在一个隐蔽的逆冲断层里，但是，在圣克鲁斯山脉可以看到，圣安德列斯断层两侧的岩层都不是垂直的。太平洋板块一侧断层壁的岩层像梯子一样斜靠在北美洲板块一侧的断层壁上。

深部的断层面滑动了7到10秒钟，最大滑动距离超过2米。滑动在西北和东南方向上总共传播了40公里。这不是一个特别大
610 的地震事件，一点儿也不像那种要撕裂板块的地震。它向上的运动停止在地表以下6000米的深处。虽然不算大，但断层两侧发生倾斜滑动的断层面足有518平方公里，是一个不太规则的椭圆形滑动面。释放的应变转变成了地震波，产生了相当于50万吨TNT炸药的能量。这个地震已经够强烈了。用加州的土话说，这不是挠痒痒，而是结结实实的一巴掌。

压力波[1]以每秒5.6公里的速度向上和向外传播，膨胀、压

1 从地震震源向外传播的振动称地震波。按照传播方式，地震波被分为压力波（又称纵波、P波）、剪切波（又称横波、S波）和面波（L波）三种类型。

缩、膨胀、压缩着岩石中的晶体结构。随后到来的是剪切波，速度稍慢一点。速度更慢的是面波，大约每秒 3.2 公里；面波包括瑞利波和勒夫波，瑞利波的粒子运动像翻滚的大海，而勒夫波像蛇一样前进。无论什么地方发生地震，振动都是由这些波组成的。地震半分钟后，烛台公园的灯塔移动了。就在这个时候，狗在鳟鱼溪山谷里狂叫起来。汽车警报和房屋警报发出刺耳的尖叫声。如果你能通过某种方式听到整个地区的这些警报声，你就会听到地震波在传播。红杉树在猛烈地摇动，有一些像芦笋一样折断了。扭结把岩石顶起来。在断层线的西边这里，地面突然抬升了46 厘米，这是从下面传来的一拳。不知为什么，这一拳在最高的地方感觉最强烈。

在洛马普列塔学校附近的萨米特路上，一个人像潜水员离开甲板一样飞到天空，然后头朝下落到地上。另一个人从一扇落地窗里被扔到屋外。一个嵌在墙壁上的烤炉从厨房里被甩出来。冰箱活动了，从墙上弹开，然后又回到原来的地方。碧尔·雷科的大房子有七间屋子，一下子离开了它的地基，她在厨房里跌跌撞撞，摔倒在木地板上。雷科本来是一个人在这里住，种了很多西梅。她父母在地震的前一天刚刚搬进来。1906 年，这里的同一栋房子从同一个地基上震飞了。瑞安·摩尔躺在被窝里，他的房子跑了 30 多米才停下来，周围变成了一片废墟，他居然还躺在被窝里。

人们会认为这次地震和发生在旧金山的那次地震相当。但是，只有从沃森维尔到圣克鲁斯这一段的总强度和 1906 年的地震差不多，这里在旧金山以南至少 96 公里的地方，正好在断层的扭

611 结上。在这个地区几乎没有高速公路的立交桥，没有大桥，也没有特别高的建筑物。高地上狭窄道路的两旁，无数的房屋突然弯腰塌背、歪歪扭扭，散落下木屑和玻璃碎片，甚至那些“符合建筑法规”的新房子也不例外。断层的运动发生在很深的地方，所以，这里地表产生的裂缝像是随机的、怪异的，像谜一样找不到规律。这样的地震不多，又很不协调，不会在地质记录中留下踪迹。如果像洛马普列塔这样的地震都难以辨认，那么在地震仪出现之前，究竟发生过多少次这种难以辨认的地震呢？地质学家们在计算地震频率的时候是不是把这些难辨认的地震都包括进去了呢？

路面像压碎的贝壳一样破碎了。一条像干河沟一样的大裂缝穿过莫瑞尔路，穿过树林和田野。沿着萨米特路，一条 1 米宽、2 米深、518 米长的裂缝在房子之间穿行，却没有错断一间房子。道路一下子爆开了，好像遭到过炮轰似的。一些路段鼓起了大包。一些路段中间的双黄线发生了左行变形。

图 4-15　公路中间的双黄线发生了左行变形

小裂口、大裂缝、篱笆柱，都在向左错动。这究竟是怎么回事？圣安德列斯断层是典型的右行断层。这个向南走的地区不是应该往北走吗？板块构造是在倒退吗？地质学家总会想出一个解释的。凭借着他们的四维思维，以及他们跨学科的超语言方式，地质学家几乎可以摆脱任何难题。他们会说，断层在很深地方的运动绝对是右行的，但它头顶上的岩石块会像滚珠轴承一样旋转。如果你俯视一群都是顺时针旋转的圆圈，你就会明白地质学家的意思。

612

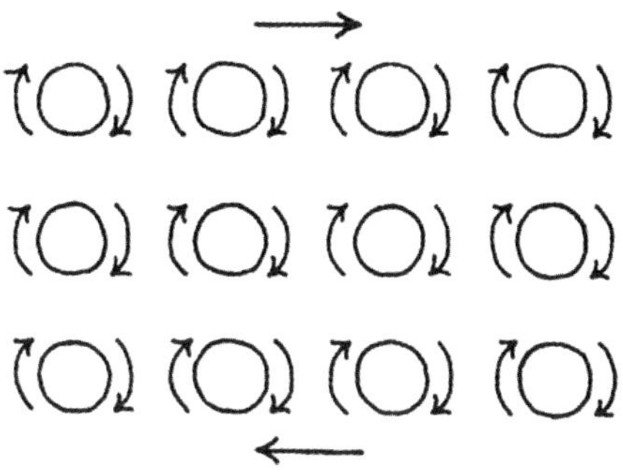

图 4-16　右行运动和顺时针旋转的圆圈

在一个圆圈和相邻的圆圈之间，到处的运动都是左行的。但整个区域的运动是右行的。这个解释有点儿像障眼法。魔术师哈里·胡迪尼在底特律河底挣脱绳索、铁链和手铐时就玩了一个障眼法。

所有由弯曲产生的压缩在弯曲顶部附近是最高的，这种压缩就是圣克鲁斯山脉。它的最高峰海拔 1219 米，就是洛马普列塔，它的意思是“黑山”。洛马普列塔的这个翻译名称在地震中被传播开了，在媒体中被叫作“黑色的滚动山脉”。

在加州大学圣克鲁斯分校，有三名来自东海岸的一年级学生正坐在校园森林的红杉树下。当冲击波到达他们脚下时，头顶上的树枝猛烈摇晃起来，三个学生跳起来，不由自主地晃动着身体，大声惊叫。在靠近城镇边缘的地方，一个畜栏震倒了，马群跑上了高速公路，一辆轻型卡车冲进马群，司机丧命。骑自行车的人在街上横冲直撞。汽车在颠簸。圣克鲁斯能够从20世纪30年代严重的经济大萧条中恢复过来，很大程度上得益于太平洋花园购物中心的成功，它占地六个街区，都是旧式无钢筋砖房，后来都发展成了精品店。这个建筑物相互毗邻，但各自的高度不同。当冲击波到达这些建筑物时，它们产生了不同周期的振动，并且互相推挤着。21栋建筑物倒塌了。高一点的房子倒塌后砸在低一点的房子上，就像一堆盒子套在一起。10个人死了。大都会酒店已经有70年的历史，随着它下面百货公司的天花板一起摔了下来。太平洋花园购物中心是在很年轻的河漫滩泥沙上建起来的，这些河漫滩泥沙加剧了它上面建筑物的震动，这些沉积物在1906年就是这样工作的。

613 随着汽车的警报声响起，震中的山体开始滑坡。就像大爆炸一样，棕色的烟云腾空而起。面积达75万平方米的滑坡体，连同上面的几十栋房子，一下子滑下来。霍利斯特的钟楼倒塌了。海边的悬崖倒塌了。山里的悬崖和路旁剖面也都倒塌了。

冲击波沿着半岛向上移动。到达洛斯加托斯后，把很多房子都拧了个个儿，这些房屋价格高达75万美元，而且没有地震保险。有一个人在自行车商店工作。他说，这次地震是“我最接近死亡的一次经历”。他这句话将会用24点的字[1]发表在《时代周刊》上。我要感谢时代华纳的编辑们，他们让我分享了一整箱他们记者站的文档。下面就是一些没有发表的片段。

地震发生13秒后，地震波到达震中以北的洛斯阿尔托斯，哈里特和戴维·舒纳就住在那里。他们是在纽约市长大的，似乎对地震有一种熟悉的感觉，好像一列跨区捷运公司（IRT）的快速火车正从他们家下面轰隆隆地开过。这是一个“价值百万的科德角”，每个房间的玻璃都震碎了。这绝不会是他们经历过的第一次地震。

戴维：“为什么这次这么长时间？”

哈里特：“这可能是最后一次了吧？感谢上帝吧。幸亏我们假期中刚去了犹太教堂。”

钢琴移位了。装满了豆子的大罐子摔碎了。红酒从打碎的酒瓶里流出来。爷爷的大座钟倒了，表针指向5:04，座钟正好砸在一个节拍器上，节拍器开始发出嘀嗒声。

地震波到了斯坦福大学，60幢大楼震毁了，价值1.6亿美元。斯坦福大学没有地震保险。

地震波继续向圣马特奥传播，一位住在十六楼公寓里的女士刚刚倒了一杯咖啡，然后坐下来观看世界职业棒球大赛的第三场比赛直播。地震了。公寓突然间就像一架在风中摆动的飞机。她的头被颠得猛然甩向一边。灯震碎了。书震掉了。门震开了。盘子掉

1 英文出版物中字号的大小用“点”标记，10.5点相当于汉字的“五号”字，24点相当于汉字的“小一号”字。

在地上。咖啡和杯子分了家，飞向房间的不同地方。

圣克鲁斯已经有人死了，沃森维尔已经有房倒屋塌，旧金山迟早会有点儿感觉的。地震波会直接从震源传播到旧金山，也会间接地通过莫霍面传播到旧金山。地震波从这个深度向下传到莫霍面的角度很小，因此会很快向上回弹，这种现象叫作“临界反射”。
614 在距离震中像旧金山这么近的地方，当地震波传到那里时，能感觉到的地震强度一般是预计的两倍大。

两个男人骑着一辆摩托车走在十六街上。开车的人回头看了一眼，说：“嗨，迈克尔，你别在后头瞎晃荡。”一个女人走在布什街上，看到路边一辆凯迪拉克像水床一样起伏。她想，那些人在里面搞什么呐？车震？然后就见附近一家咖啡馆的窗户掉了下来。人行道在移动。海特阿什伯里的烟囱倒塌了，砸在下面的汽车上。在阿什利高地，一个人正在给他家那片草坪浇水。他突然感到头晕，两腿发软，屋前的草坪像风中的水一样飘动起来。在屋里，他的妻子坐在 2 米多长的大钢琴前弹着曲子。钢琴飘浮起来，在她按下琴键时，钢琴刚好从她的手指下滑向一边。她想，我弹得是很好，但不会有这么好吧。一个小飞艇正从空中飞过。飞行员感觉到飞艇在震动，接着就感觉到几下明显的撞击。

在金门公园，一些高中女生正在练习曲棍球。她们的教练看到球场在移动，看到“巨大的树木……像车窗上的雨刷一样来回摆动”。她想，完了，我是要进到土里去了，这就是我该走的路。她的队员们都站在原地，一动不动。她们谁也说不出话，只是呆呆地互相看着。

在动物园里，蜘蛛猴开始尖叫。鸟棚里的鸟儿们在半空中乱飞乱撞。雪豹懒洋洋地晒着太阳，显然对地震无动于衷，身体随着地面一起晃动，无论地面晃得多厉害，它们的肌肉也紧张不起来。帕琪是一只生活在象房里的斑点猫，现在跑到象房外面来了。它昨天一整天和今天一整天都不愿意进到象房里面去。有人把它抱进去喂它，它还是再跑到外面来，宁可饿着。

在伯克利的潘尼斯之家餐厅，橱柜门开着，大厨秘制的腌菜和蜜饯都掉到地上去了。这家餐馆很有名，预订量很大，今天晚上已经预订了一多半的座位，来光顾的顾客中会有人点很贵的酒。与此同时，奥克兰一家餐馆里早到的顾客会突然觉得自己好像坐在一列火车的餐车里，摇摇晃晃的。当这一切晃动停止以后，他们都会站起来，相互握手致意。

在旧金山网球俱乐部，球不用打就飞来飞去。球员们倒在地上。天花板和墙壁似乎正在流动。在附近的第六大道和布鲁索姆路交叉口，一座仓库的墙正在倒塌。砖块砸碎了汽车，司机的脑袋也被砸中了。还有另外四个人在这次倒塌中丢了性命。

在圣安德列斯断层最靠近旧金山的 160 公里长的那段，并没 615
有能量释放出来。累积的应变没有缓解。美国地质调查局预计，在 30 年内，旧金山可能还会经历一次地震，强度会是这次的 50 倍。在门罗帕克的调查局办公室里，一位地震学家会说：“这不是一场大地震，但我们希望这是我们职业生涯中遇到的最大的一次地震。”太平洋证券交易所太过重要了，连一天的休业也承受不了，明天会在烛光下进行一整天的交易。

地铁的捷运列车正在海湾底下行驶，车里的乘客们感觉他们好像离开了铁轨，正在岩石上奔跑。穿过耶尔巴布埃纳岛的80号州际公路隧道抖动起来，像一根微微扭动的软管。琳达·兰姆正在海湾大桥下的一艘帆船上，她感到好像有什么东西抓住了船的龙骨。桥上的汽车在滑行。整个上层桥面都在晃动，先是向西晃动了大约30厘米，然后又往东晃动，钢筋弯曲了，波动从桥塔向外传播，像一个石块投进水里发出的同心形波纹，比黄瓜还粗的螺栓被切断了。就在那一刻，一段五百吨重的路段从一座桥塔上松脱，并且向下垂挂下去，造成了一场灾难，下层桥板被砸裂开了，裂口向海湾张开。一名阿拉米达县的公交司机正在下层桥板上朝奥克兰方向行驶，他以为是自己的轮胎爆了，努力地控制着侧倾的巴士，不让它跑偏，还好，巴士在离裂口两米的地方停了下来。还有一些被撞的汽车停在裂口边上，不住地晃动着，但没有掉下去。与此同时，金门大桥也在起伏、波动、摆动、摇晃。丹尼尔·莫恩开着他的车向北行驶，下班回家，地震时刚开过桥的一半。从第一下震动开始，他就知道发生了什么，他对自己处境的反应是，一点儿也不惊慌。相反，他觉得自己很幸运。他想，就像他以前经常想的那样，如果地震时我能做出选择，我一定会选择就在这里。记者们稍后会去找他，他会告诉他们："我们的桥永远不会关闭。"他是金门大桥现任总工程师。

佩吉·亚科维尼比总工程师领先了一分钟，地震时已经跨过了大桥，刚刚进入马林岬角几秒钟。她会用流利的盎格鲁加州话告诉记者："我的车一下子跳出半个车道去，感觉是我的轮胎爆了。每

个人都打开车门或把头伸出车窗，看看是不是他们的轮胎爆了。还 616
有几个女孩双手抱在胸前，喊着：‘哦，我的上帝。’高速公路上所有的车都停下了，好像都爆了胎，路被堵得水泄不通。就像当你去点炸药时，你知道，你拿着火柴棍，刚一点着，它马上就爆炸了。通信线路刚刚也在冒着火花。我的意思是说，我的心在使劲地跳。我也快喊‘我的上帝’啦。但我不知道这么喊有什么用。”

在烛台公园，边界线末端的电灯杆像钓鱼竿一样颤动，顶上的灯也在拼命地摇晃。顶层看台摇得人发晕。人群摇晃的步调一致。有些人在尖叫。钢螺钉崩出来了。大块的混凝土掉下来。一块22公斤重的混凝土块落在一个观众席上，那个球迷刚好离开座位去买热狗了，逃过了一劫。聚集在这儿看世界职业棒球大赛的六万人一个也没死。烛台公园的地基是建筑在放射虫硅质岩上。

市中心的高楼是在填埋区建起来的，但地基却是深深地扎根在基岩中，而且，它们用了剪力墙、抗弯框架、钢和橡胶的隔震支座，所以，这些大楼会摇摆，晃动，再摇摆，但不会倒塌。住在46层的一位女士感觉像在空中荡秋千。一位住在29层的女士在震耳欲聋的声音中，用胎儿的姿势坐在桌子下面，想象着大象奔跑的脚步。屋子里的橱柜、花瓶、电脑和法律书籍都在飞舞。图片掉落了。管道弯曲了。这时是五点五分刚过。电梯里挤满了人，在电梯的竖井里磕碰得砰砰响。

住在凯悦大酒店高层的房客们被震得趴在地上滑来滑去，像是在冲浪。

萨克斯百货店有个头脑灵光的职员，把一位顾客引导到大门洞安全的地方，把她要买的货带到那儿，让她在那儿签了单。

客房服务部刚刚给坎普顿广场酒店七楼的西碧儿·谢泼德送来了大虾、牡蛎和一桶香槟。这是在卢载万山脚下，那里是很坚固的弗朗西斯科砂岩。地震对谢泼德来说并不陌生。她的家在洛杉矶，家里的照片都镶在有机玻璃框架里，窗户的玻璃也是安全玻璃，热水器用螺栓固定在墙上，每一张床的旁边都有手电筒、收音机和一顶安全帽。现在，在卢载万山，谢泼德和她的同伴决定在逃离前吃完牡蛎和大虾，但香槟就不喝了。地震之前，谢泼德曾经收到一个电话留言，是她的占星家打来的，让她回个电话，她没回。现在她很好奇，很想知道那个占星家想说什么。

奥克兰一座办公楼10层至11层之间的楼梯被震塌了。三个
617 人被困住。当他们发现没办法呼救时，其中一人给他女儿打电话求救，他女儿住在弗吉尼亚州的费尔法克斯县。女儿拨打了911。费尔法克斯县的警方用电传通知了奥克兰的警方，奥克兰的警察爬上大楼，推倒了一面墙，然后进行营救。

与此同时，在雷耶斯角，美国海军“沃尔特·S. 迪尔”号正在剧烈地摇晃，军官们以为他们要搁浅了。在蒙特利附近，莫斯兰丁海洋实验室已经被震毁了。在震中以南130公里外的大苏尔海边，有一座悬崖倒塌了。再过一分钟，里诺衣橱里的衣服就会在衣架上摇摆起来。不久，圣费尔南多山谷游泳池里的水会出现混乱的波纹。洛杉矶的摩天大楼将会晃动起来。

1868年海沃德断层发生地震以后，地质学家们清楚地看到，在地质图上各个地方的危险性是不一样的，他们在一份国家地震

调查委员会的报告中说："城市遭受最大损失的部分是……人工填埋区。" 在 1906 年一分钟的地震中，旧金山的人工填埋区下沉了 91 厘米。在填埋区接触到天然岩石的地方，缆车轨道只是弯了下去。1989 年以前印刷和散发的地质图标注得很清楚，在有可能发生严重毁坏的地区，地质学家们画上了点区，或者画上了斜线区，标出来的地区不仅有奥克兰的尼米兹高速公路，而且有旧金山的马里纳区、英巴卡迪诺、拉奥孔高速公路，以及二街和斯蒂尔曼街的交叉口。一般来说，振动会随着远离震源而减弱，但如果填埋区下面是松散的沉积物，振动就会放大，就好像是用一个电闸开关和一根电线从远处引爆的爆炸。如果沉积物和填充物中进去大量的水，它们就会在瞬间转化为灰色流沙，这叫作液化效应。跟基岩相比，破坏程度可能是一百倍，就像 1985 年在墨西哥城一样，那里的地基是填湖建起来的，尽管震源在遥远的西部，在太平洋海岸底下，但地震仍然在墨西哥城造成了巨大损失。

一架飞机刚刚降落在旧金山国际机场，乘客们站起来从头顶
上的行李架上取行李，结果地震帮他们把行李卸了下来。机场指
挥塔的天花板掉了下来，窗户也碎了。机场建在填埋区上，海湾对
面的奥克兰国际机场也建在填埋区上。两个机场底下填埋的沙子
都翻起来了。在旧金山市中心，280 号州际高架公路、英巴卡迪诺 618
高速公路和全美 101 公路都出现了大裂缝，这些公路都建在海湾
填埋区上，是填埋了潮道和岸边沼泽后建起来的，它们都没有垮
塌。穿过海湾，但仍然在自然海岸线以西，尼米兹高速公路的赛
普拉斯路段是双层结构的，其中有一层是 880 号州际公路，这段

公路的振动频率和填埋地基的振动频率恰好相同。这个巧合把振动放大了百分之八百，混凝土的支柱开始倒塌。3.8 厘米粗的加固钢筋像金属丝一样从支柱里弹了出来。这条公路不是新近建成的，支柱的顶端和上层路面衔接的部位抗剪能力不够大，根本达不到现行建筑规范的要求。州里的工程师们对这一点心如明镜，他们已经做了设计，准备加固，但是，加固工程一直没有动工，因为缺乏资金。

下层的道路向北行驶，灾难也同样降临了。上层路面的混凝土厚板一个接一个地往下掉。每一个都有 600 吨重。加固钢筋将它们连接在一起，看上去像是帮着把高速公路往下拉。在下层路面上开车的一些司机似乎看到或感觉到了身后在发生着什么，赶紧停车，踩下紧急刹车，跳出汽车，想逃出顶上的阴影，结果被其他的车撞死了。一些司机显然认为，那些要倒但没倒的柱子可能是安全的地方，就像在大门柱边上一样。他们就把车停在那些柱子边上，结果，车还是被压扁了。一位银行客户服务代表开着一辆 1968 年的福特野马，刚刚从一家修理厂维修出来，她感觉到路面一直在上下颠簸，她认为是这家修理厂的技术太差了，她的动力方向盘好像马上要失灵了，她只好尽快离开快速道。前面刚好有一个出口坡道，她猛地打了个急转弯，冲出了高速公路。她听到一声巨响，从她的后视镜里，她看到上层的公路塌了下来，平平地拍在下层的路面上。

当巨大的混凝土厚板塌下来的时候，压在板子下面汽车里的人们本能地举起手来，想撑住板子的下落。一个人在他的白色皮卡里吃着花生，他忽然觉得自己的两个轮胎瘪了。下一秒钟，他的皮卡又蹦起来 60 厘米高。不知怎的，他居然活了下来。有一辆机场巴士，里面的每个人都死了。另一辆车里的一个人把他的油门开得大大的，把脚使劲踩在地板上，和他后面一块接一块往下落的厚板赛跑。他的妻子拼命地喊他：“快上一边去！快上一边去！”他果然奇迹般地跑到边上，躲开了一连串下落的厚板子。还有很多人在和混凝土厚板赛跑，但是没有几个人能逃出去。塌下来的混凝土 619
板子一块连一块，一共有 2000 多米长。当公路的路基离开天然沉积物进入填埋区，公路的混凝土板子就开始塌落，当路基离开填埋区重新进入天然沉积区，公路的混凝土板子就停止塌落。

旧金山红十字会志愿者救灾服务委员会正在召开一个备灾会议。会议刚刚开了五分钟，红十字会大楼就开始颤抖，引起一阵慌乱。五分钟后，委员会在会议桌下重新集合，会议继续进行。

在马里纳区的院子和公园里，翻沙和泥浆一起从地下喷出，就像卷了边的军号。用建筑术语来说，马里纳区的街道下有很多软层。每一个软层都至少有一面墙是敞开的，没有很好的支撑。马里纳区建筑的很多底层都是车库，当建筑物塌陷下去后，软层也就跟着消失了。在四楼的一间公寓里，一位女士正在厨房里煮米饭。她穿着秋裤和运动衫，开着电视看世界职业棒球大赛。当大楼摇晃时，她凭经验赶紧跑到门口过道里，抓住门框。尽管这样，她还是被猛烈的震动甩到地板上。当大楼的摇晃停止以后，她从她家四楼的窗户里看到一个男人的两条腿，直立着站在她的窗外，好像是飘浮在空中。她以为她产生了幻觉，再仔细一看，她家下面的三层楼已经没了，塌陷的大楼把她家搬到了人行道上。导水管破裂了，水压正在下降。煤气总管道破裂的火焰会喷 60 多米高。和 1906 年一样，消防用水严重不足。马里纳区的死亡人数很多，包括后来发现的一男一女，手牵手死在一起。一个人觉得他自行车下面的地面在跳动。他马上骑车回家，去找他的妻子和孩子，结果发现他的妻子受了重伤，年幼的儿子已经死了。菲尔莫尔街和海湾街公交车站附近的一栋公寓楼已经向街上倾斜，能看见大楼里的床都竖立着。

1906 年的马里纳是一个咸化潟湖。1914 年巴拿马运河开通以后，旧金山计划在第二年举办巴拿马—太平洋国际博览会，这不仅是为了证明这座城市已经从大地震中恢复过来，结束了所有
620 的地震，而且还要展示它是一个黄金航运的目的地。展览地点就选在潟湖。为了填满潟湖，人们用液压泵把细沙混着各种碎屑物喷注到湖里，填成了66.7万平方米的干旱土地，借着世博会的东风蓬勃发展，成了现在的马里纳区。震源的岩石已经滑动了近一分钟，但在旧金山，地震还要再持续 15 秒。在地面剧烈的震动中，马里纳地下的沙子翻腾起来，从液化的深处喷出地面，喷出来的不仅仅是沙子，还包括油毡纸和红杉木的碎屑，这是 1906 年地震中被烧焦的房屋的残骸。

16

一次地震。

一颗行星外壳上的一次小小的活动性收缩竟然是那么灵活，以至于这颗行星的外壳居然和几年前是完全不一样的，而几年前这颗行星的外壳又和它之前几年是完全不一样的，几年前的几年前又和它之前是完全不一样的……

不久以前，一个叫阿拉鲁的人在贻贝岩钓鱼。他用的是一根长鱼竿，一看就是欧洲产的。他在把他的鱼竿甩到海里去的时候似乎并不太在意他的鱼饵。他的家就在峭壁顶上，他很骄傲地指着上面，就是看得见的最近的那栋房子。

他从家里沿小路走下来，跳过水面，跳到一块又宽又平的大岩块上。地震产生的裂缝从峭壁上面延伸下来，进到水里，直切到他脚下的大岩块底下。他正在圣安德列斯断层上钓鱼，但他不太走运。

我问他："你在钓什么？"

他说："海鲈鱼。我在这儿还钓到过三文鱼和银花鲈鱼。我不知道它们现在在哪儿。但它们迟早有一天会回来的。"

他说，他觉着自己很幸运，能在这儿买得起一套房子，离大洋这么近，钓鱼这么方便。他的房子是六个月以前刚买的。在这个特殊的地方，房地产很便宜。他买这套房子只花了17万美元。海浪的声音很大，我只能勉强听到他的说话。

“如果房价还要跌，那就让它跌吧，”他大声喊着，冲着绿色
621 的海洋发泄，“你永远不会知道要发生什么。只有上帝知道。你说呢？我们能看到整个大洋。我们有贻贝岩。我们还要什么呢？这就是生活。如果它要跌，我们就跟着一起跌吧。”

一群群的鸬鹚和鹈鹕在我们周围游着。阿拉鲁脚下那块大岩块被断层剪切出几道斜列的裂缝。一架悬挂式滑翔机从阿拉鲁家附近的一个什么地方飞起来，离开了焦躁不安的土地，在我们头顶的天空里安全地盘旋着。

阿拉鲁对滑翔机看也不看一眼，继续往海里甩他的鱼竿。

“我不知道它们现在在哪儿，”他又说起来，“但是终有一天会回来的。它们总是要回来的。”

第五篇

穿越克拉通

加拿大
北达科他州
明尼苏达州
南达科他州
威斯康星州
密歇根州
艾奥瓦州
内布拉斯加州
伊利诺伊州
印第安纳州
堪萨斯州
密苏里州
肯塔基州
俄克拉何马州
阿肯色州
田纳西州
密西西比州
亚拉巴马州

图 5-1　中部大陆裂谷

1

穿越克拉通，这个克拉通就是前面几篇中提到的“稳定的克 625
拉通核”，是大陆的核心，包括伊利诺伊州、艾奥瓦州、内布拉斯加州和它们的邻区，在这里你不会看到很多岩石。你可以看到，在路旁剖面长着些翠绿的野豌豆苗，像小麦一样在风中摇摆。你可以看到，空中降落的暗色黄土堆成了小山。当然，你知道，你是在脚下没有出露的岩石上走着，这些岩石埋藏在地下几米，几十米，甚至几百米的深处，很少出露到地表，而且，一旦它在地表什么地方出露了，这个地方十有八九会被命名为某某州立公园。在伊利诺伊州拉萨尔县有一个“饥饿岩石州立公园”，那里的岩石是奥陶纪大海里沉积的砂子形成的，现在出露在伊利诺伊河的河岸断崖上，这些块状的石英砂岩非常松散，你用手在砂岩上轻轻地搓一搓，白色的砂粒就会从岩壁上撒落下来，落在你的脚趾上。在艾奥瓦州的达文波特附近，你会停下来在一个小农场拍摄风景照片，这个农场坐落在一片冰碛堆上，它的谷仓就像一小片饼干摞在一大块面包的顶上。在艾奥瓦州的干草堆和风车下面，巧克力颜色的土地像波浪一样高低起伏，那是冰川活动留下的地形，到处都没有一块平坦的地方，当风穿过一片片孤立的树林时，听起来就像波浪在翻滚。一块泥盆系石灰岩出露在艾奥瓦市迪比克街 1100 号边上，有三层楼高。在臭鼬河的西面，有一段近13公里长的岩石露头，一直伸向得梅因市，那是威斯康星冰川的一条冰舌，这片地区是一块年轻的土地，现在没有任何起伏。如果有一个大气泡，一定会在这片平地停下来。在帕梅尔州立公园里，河岸断崖上也出露了石
626 灰岩，比迪比克街的石灰岩更年轻。“你可能会碰见响尾蛇。”有人会告诉你。响尾蛇未必能看见，但是你一定能看到你想看到的：腕足类、鹦鹉螺类和海百合，它们都是石炭纪时期的海洋动物。艾姆斯城附近有一个大石台州立公园，出露了被河流切割出来的岩屑砂岩，这意味着里面除了石英和长石以外，还有很多其他成分。整个露头都风化得很厉害，你根本取不到像样的样品，简直就是一堆烂石头。岩石里面有一些炭屑。议会断崖的峭壁是随风刮来的黄土，峭壁顶上的台阶被叫作猫步。在内布拉斯加州普拉特河的辫状河滩上，你能收集到来自几百公里外的各种不同来源的鹅卵石。尽管如此，在中部大陆2400多公里宽的大地上，在地表上能看到的岩石加在一起，也不如你在怀俄明州只睁开一只眼看到的岩石多。美国地质调查局的菲利普·金写了一本书，叫《北美洲的演化》（普林斯顿出版社，1959），这是那个时代最权威的一本书，书里用一句令人难忘的话概括了美国的中西部：“与加拿大地盾、阿巴拉契亚山脉或科迪勒拉山脉（西部）的复杂岩石和构造相比，内陆低地相当单调的地质特征似乎没有那么有趣，所以，在这本书中，我们不能为它们留出与其表面积相称的空间。”

如果你能感觉到你看不见的东西，那么，会有更多的东西要告诉你。所有的大石台和悬崖都是在石灰岩、页岩和砂岩中切出

来的，这些曾经堆积在中部大陆上的岩石是在地质学上叫作“显生宙”的十二个地质纪中形成的，它们的时间跨度长达5.44亿年，这是从有坚硬骨骼部分的生物第一次来到世界上开始计时的，因此，这些岩石中留下了大量生物化石。在美国中西部，显生宙时期的岩石只有薄薄的一层，盖在更久远的深时时期形成的基底岩石上。其中一些是巨大的加拿大地盾向南的延伸部分。地质学家早就告诉过我们，这个基底就是一个地台，大陆在它的边缘向外生长，而这个地台一直在那里，贯穿了整个前寒武纪。前寒武纪是从地球诞生开始算起的，涵盖了40多亿年。这是地球八分之七的历史。然而，地质学教科书通常只用一个简短的章节来讲前寒武纪。首先，有了基底，然后，在基底上生长了全世界。

哈佛大学的雷金纳德·阿尔德沃思·戴利写的《我们的活动地球》（世纪博纳出版社，1926）一共有342页，其中写前寒武纪
岩石的只有一页，写“前古生代时期”也只有一页。戴利是他那个 627
时代的地质学大师，他把前寒武纪的岩石学总结为“褶皱的基底杂岩”。他的描述还赶不上H. N. 哈钦森牧师，哈钦森在《地球自传》（阿普尔顿出版社，1891）中提到了大量未经区分的“基底片麻岩”，他在16章中专门用一章讲述了前寒武纪，也就是说，在283页中用了15页讲前寒武纪，而且他把这章叫作“太古代[1]时

1 19世纪，地质学家按照新老次序把前寒武纪划分为“元古代”（Proterozoic Era）和“太古代”（Archean Era）。国际地层委员会于1973年建议把25亿年作为它们的界限，1988年，又把元古代和太古代升级为“元古宙”（Proterozoic Eon）和“太古宙”（Archean Eon），并把45.6亿至40亿年前地球形成之初的那个时期称为“冥古宙”（Hadean Eon）。

代”。60 年后的 1951 年，犹他大学的 A. J. 叶尔德雷在他的《北美构造地质学》中用一章讲述了地球历史的前 88%，要知道，他的书一共有 43 章。他论述前寒武纪的这章开头是：“北美洲大陆的组成很广泛，它有一个稳定的内核，周围是由变形的、侵入的和变质的岩石组成的构造带。”它最古老的部分是加拿大地盾，他认为：“这个广阔的地区应该能很有把握地进一步划分成几个部分，……但目前还没到火候。”即使是在 20 世纪快要结束的时候，在三位加拿大地质学家科林 · W. 斯迪姆、罗伯特 · L. 卡罗尔和托马斯 · H. 克拉克合写的《北美前寒武纪地质事件》（威利出版社，1979）一书中，在 549 页中也只用了 20 页来讨论前寒武纪的地质事件。堪萨斯大学的 W. 兰迪 · 范 · 施莫斯曾经在他的博士论文中研究了加拿大的年龄为 20 亿至 40 亿年的岩石，他评论说，在某种程度上，地质学家仍然倾向于把地球的历史或地球本身划分成两个单元，但对第一个单元的关注程度和它所占时间的长度成反比。他说：“地球历史分为前寒武纪和显生宙。人们长期以来一直存在一种偏见，认为前寒武纪一定是不同的。其实，唯一的不同就是它太老了，里面没有虫子，没有我们能用来进行地层对比的化石。同位素就是我们的化石。岩石中总会有些什么能告诉你你要寻找的答案。你需要等待技术的发展。我们仍在研究大陆演化的前沿性问题。信息就在那里，我们要做的就是想办法把这些信息挖掘出来。”

近些年来的技术发展已经把亮光照进了时间的深邃处，揭示
628 了以前无法想象的构造。在地质学这门科学中，代表了地球历史大

部分时间的大陆基底不再是一团不可细分的物质。变质岩石学的研究已经有了很多新进展，走在了前面，这些新进展包括钐—钕地质年代学、氩—氩热年代学、铀—铅定年、锆石定年、航磁填图、滤波重力填图、微量元素地球化学、岩石地壳历史的同位素识别和地幔源区的同位素识别，等等。与此同时，技术系列的微观和宏观两端也都有了很大的进步，例如，新颖的离子探针质谱仪和油井间的保真对比技术。很多技术进步都是 20 世纪 80 年代初才取得的，是由计算机的发展和数据处理及编程技术的发展带来的。所有这些技术进步使我们对地球前寒武纪的历史有了一个新的概略性的认识。

当你穿过艾奥瓦州，接近得梅因市时，地表上没有任何东西，没有一条河道、一条断层线、一个露头、一个隆起，所有的东西都隐藏在你脚下。在 180 多米深处是一个巨大的构造裂谷的东部边缘，这是一条岩石圈的大裂缝，它隐藏在那里，就像湖水下的一条沉船。这条中央裂谷宽约 48 公里，呈西南走向，它在前寒武纪就被充填了，古生代时期又盖上了沉积物。如果你在 80 号州际公路上，你可以斜穿过它。在内布拉斯加州的林肯，你可以到达这条裂谷的另外一条边缘。在很多地方，裂谷两侧的谷壁都有 910 多米高。在另一个方向，埋藏的裂谷向北一直延伸到艾奥瓦州、威斯康星州和苏必利尔湖下面。在那里，它形成了一个三联点，一条裂谷沿着密歇根湖向东南延伸，第三条裂谷向北偏西北方向延伸进加拿大，但它发育得不完全，被叫作“废弃支”。这个作为大陆基底的“稳定的”克拉通上的大裂谷作用是从距今 11.08 亿年前开始的，

到距今10.86亿年之前结束的。在大陆的尺度上，这条裂谷向上分
开了北美洲大陆的中部，向下谁知道裂了多深呢，一直迫近到地球
上某个遥远的角落。在现代北美洲的重力图和地磁图上，它是你
能看到的最显著的特征。裂谷在一个三联点处会合是板块构造的
一个标志，在现在地球上到处都可以看到：在遥远的南大西洋，可
629 以看到非洲、南极洲和南美洲板块交会在一起；在亚速尔群岛，非
洲、欧亚和北美洲板块在那里交会；在印度洋；在加拉帕戈斯群岛；
在加利福尼亚的门多西诺角。不过，为了对北美洲中部底下的前寒
武纪裂谷系有更直观的认识，请看一张阿拉伯和非洲的地图吧。

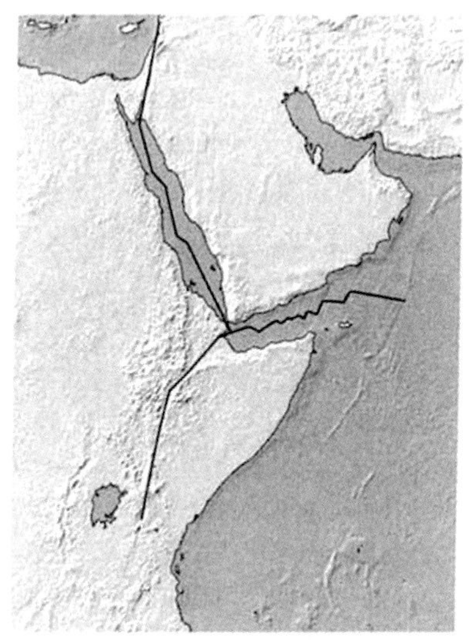

图5-2　三联点：东非裂谷、亚丁湾和红海

红海、亚丁湾和东非裂谷，以及这些裂谷引发的火山（如乞力马扎罗山）和裂谷坳陷湖（如坦噶尼喀湖、维多利亚湖）在阿拉

伯半岛南端的板块三联点处交会。这种裂谷的张裂过程很年轻，并且只持续了大约 2000 万年，在美国中西部地区就有这类张裂的遗迹，但直到 20 世纪过去一多半了，人们才认识到这种情况。从我们的讨论角度来说，北美裂谷发生以来的 11 亿年并不是一个特别大的数字，从张裂过程来看，它开始张裂的时间更靠近前寒武纪的结束，而不是更靠近前寒武纪的开始，地球四分之三的历史都发生在它之前。和相对现代的中部大陆裂谷相比，这些新的见解和新的技术进步已经影响到时间的更深处和更广阔的地理范围。它们可以追溯到 25 亿年前元古宙开始的时候，并且进一步追溯到
太古宙早期，曾经被认为是永远存在的北美洲克拉通那时候显然 630
并不存在。根据一些地质学家最近的研究，地球历史上最初的 6 亿年被单独划分成一个时期，叫“冥古宙”。地质学家们说，为什么他们认为地球的开始时期处于幽冥状态中？这是因为，他们目前的技术只能让他们对 40 亿年以前地球的面貌进行大致的推测和猜想。

40 亿年，这是地球上发现的最古老岩石年龄的四舍五入，实际上是 39.6 亿年。每隔几年就会发现一些地球上最古老的岩石，它们看起来是另一块古老地壳的碎片，经过放射性年代的测定，接近 40 亿年。美国最古老的岩石在明尼苏达河谷，大约是 35 亿年。格陵兰岛西部岩石的年龄是 38 亿年，澳大利亚的是 35 亿年，非洲有些岩石的年龄是 36 亿年。当今大陆的年龄没有任何一个比这些太古宙的年龄更古老，但有趣的是，已知最古老的岩石来自北美洲大陆。现在麻省理工学院的塞缪尔·A. 鲍林发现了这些岩石

并测定了它们的年龄，这些地球上现存最古老的岩石就在大熊湖东边，在加拿大西北地区，几乎就在北极圈上。堪萨斯大学地质年代学专家兰迪·范·施莫斯审查并指导了这篇论文，他继续说："这是一种非常强烈变形的片理化片麻岩。岩石的原始结构和构造都没有保存下来。它是沃普梅造山带的一个基底地块。从化学上讲，它是一种进化的岩石，就是说，它是由一些更老的岩石经过部分熔融而形成的。所以它显然不是最古老的岩石。我们从澳大利亚砂岩中的锆石年龄得知，有 42 亿年前结晶的火成岩。所以那里有更古老的岩石，但它们要么已经被摧毁了，要么是还没有被发现。"

最古老的岩石形成以前的场景，以及冥古宙开始时的那些场景，都只能靠同位素和化学特征、宇宙学资料，以及推测和猜想。有证据表明，太阳系是在 45.6 亿年前从一个星际气体云中诞生的。
631 《创世记》的前 11 节经文涵盖了40 多亿年的地球历史，包括整个前寒武纪和显生宙的前 1.5 亿年。当时，重力，来自一颗超新星的冲击波，或者还有其他什么因素，导致了气体云的塌缩，变成了炽热的蒸气，在其中形成了一些矿物的尘埃。根据目前的理论，星子是由尘埃形成的，聚集在一起形成行星。地球的聚集和压缩发生得很快，只用了几千万年，其中还包括含水的彗星物质。从一开始，水就会被排放到地球的地表或大气层里。陨石不停地落下来，加积到地球上，使地球变得越来越大。在距今 39 亿年前，陨石的撞击特别强烈。很多陨石都是大型天体，直径有几百公里。稳定的大陆地壳只有在地球冷却到一定程度，并且陨石停止撞击的时候才能形成。停止撞击是因为有太多的碎片都聚集到行星上。现在的小行星带似乎是一颗从来没能形成的行星。一个火星大小的星体被认为和早期的地球发生了碰撞，把蒸发的物质送入轨道，它冷却和凝聚后，形成了月亮。

太古宙早期地球上的水是一个毫无特点地环抱着地球的大海吗？理论家认为这或许是可能的，但可能性极小。最有可能的是，在水面上还是会露出一些东西的，比如说，一群一群的岛屿遍布全球，它们一共占据了地球表面上大约25%的面积。地球物理学家计算了太古宙早期铀、钾和钍衰变产生的热量，这些热量似乎是地球今天产生热量的三到四倍。在很大程度上，现代地球喷出热量主要是通过埃特纳、黄石和夏威夷等这些地幔热点，通过大西洋中脊和东太平洋隆起等这些构造扩张中心，或者通过俯冲带的火山作用，在这里，一个岩石圈板块下插到另一个板块下面，并发生了一定程度的熔化，产生的岩浆向上冲破了地表，形成雷尼尔山、圣海伦山、阿空加瓜山、富士山，等等。海洋地壳的部分熔融会排挤出一些岩浆，它的化学性质和大洋地壳并不一样，它冷却硬化后会形成密度比较低的、较轻的大陆型岩石，例如安山岩和花岗岩。为了摆脱四倍于今天的热量，太古宙早期的地球上肯定会有更多的地方可以释放热量，正是在这一点上，我们的讨论触 632
及了一个还没解决的核心问题：太古宙时世界的面貌是什么样的？一些人认为，岩石圈板块的大小和现代的板块差不多，但移动速度快得多，板块边界处的火山活动也更多。大多数人倾向于认为，地球的表壳更加破碎，板块的数量是目前板块的很多倍，更小的板块和更大量聚集的板块边界线当然能释放更多的热量。地幔热点的作用是第三个不能忽视的重要因素，这些热点是从地幔深处上升到地表的热地幔柱。它们可能在早期地球上大量分布，释放出的热量占极大的比例，而早期板块的侧向运动可能并不那么重要。这三种观点给出了不同的地球表观画面，我们不知道它们在早期地球上各自占了多大的比例，而这正是地球物理学试图要看到的画面。

“那时可能有成百上千个火山岛，或者火山岛链，”范·施莫斯说，“因此，你可能看不到大型陆块，而只是看到一系列岛弧在地球上跑来跑去，整个地球就像今天的南太平洋一样。这些岛弧逐渐合并，直到它们成为日本岛那样，后来再进一步发展成很多陆块。太古宙早期很可能有一些相当大的陆块，但没有主陆块或者超级大陆。也许曾经有过超级大陆，但是我们失去了它们的所有记录。”

最古老的岩石是太古宙地壳的撞击物和碎片，现在还不能在全球范围内讨论它们，因为它们只是孤零零地出现在几个地方。它们是大陆岩石几乎完全被回收到地幔中的时候剩下的零散碎片吗？还是基本保存下来的早期形成的小规模陆块物质，也就是说，大陆地壳在相当长的一段时间里都在缓慢地生长？消失的原始大陆在当时地球表面所占的百分比和现在大陆所占的比例是不是相同的呢？或是说，大陆的生长是缓慢的，是由花岗岩的浮渣逐渐堆积成的？现代大陆基本上是不下沉的，因为它们的岩石组合很轻，有浮力，会把海沟堵塞住，而不会顺着海沟一直深入俯冲下去。但这是现代的大陆，太古宙早期的原始陆地是这样吗？当时的全球

热量和全球构造是不同的。谁知道是什么东西在地幔中消失了，被
回收了？“现代的类比物是不错，但我们必须避免掉进陷阱里，想
让过去的一切都适合今天的模式。今天的模式只是一个参考。” 633
最近的技术进步和观测能力的提高可能使科学界对前寒武纪的认
识比以往任何时候都要深入，但并不是那么地深入。这个问题仍
然悬而未决。

关于太古宙晚期，争论仍在继续，但这时候的画面已经更聚焦了。太古宙的晚期从 30 亿年前开始。那时，地球上出现了很多花岗岩质的微大陆，并开始聚合。地质学家们认为，从“2800”到“2700”（研究前寒武纪的地质学家们更习惯这么说，是指从 2800 百万年以前到 2700 百万年以前，也就是说从 28 亿年前到 27 亿年前），大陆块一下子增加了很多。或者说，在此期间首次出现了能大量保存下来的大陆物质。这两种说法你信谁的都行。无论是哪种情况，按照现代大陆的规模去比量，众多的新生大陆块仍然很小。北美洲的地盾、地核和基底还都远远没有组装起来，但它的部件正在相互接近，即将碰撞到一起，形成崎岖不平的地形。这些小型的大陆在海洋中像涡旋纹一样散布着，现在被叫作内恩陆块、瑞伊陆块、司雷福陆块、怀俄明陆块、苏必利尔陆块和赫恩陆块，在北美洲地质学中它们都被叫作太古宙克拉通。

2

太古宙的结束和元古宙的开始出现在距今 25 亿年前，大约是前寒武纪时间的一半。这个平均数字代表了一个构造分界。无论太古宙的大地构造是什么样的，可以说，我们今天看到的板块构造式样是从大约 25 亿年前随着新时代的到来开始的。关于地球演化过程的认识，历来有两种不同的看法，一些地质学家认为地质历史进程是周期性的、重复性的，他们信奉均变论，他们的名言是：“现在是认识过去的钥匙。”另外一些地质学家认为地球历史是线性发展的，地球历史是不可逆转的和不可重复的，没有比大约 25 亿年前发生的变化能更清楚地、更确定无疑地说明这点了。

634 “看起来从太古宙到元古宙的转变确实是地球行为的一个临界点。”范·施莫斯说。这一天，我到科罗拉多州南部的堪萨斯大学地质野外基地去拜访他。他说：“如果你想严格按照现代模式来定义板块构造，那么你必须为太古宙构造创造另外一个术语。人们有时会错误地说，太古宙时候的板块构造并不活跃。要我说，是现代板块构造的模式在太古宙不适用，太古宙那时候的地球是动态的，构造很活跃，你想叫它什么都行。你可以叫它微板块构造，或者说它是以地幔热点活动为主，而不是以板块侧向运动为主。事情看起来确实有些不同。我们现在还没有拼凑出足够的记录，没有办法确切地说出有哪些不同。太古宙—元古宙的转变是一种构造的转变，一种地壳的转变，这种转变是起源于地球内部，而不是起源于地表。”

地表用自己的方式表达了25亿年前发生的巨大转变。虽然生命在太古宙早期就出现了，但开始时是厌氧细菌，能进行光合作用的细菌直到太古宙中期才开始出现，到元古宙开始的时候才大量出现。细菌放出氧气。大气圈变化了。海洋变化了。以前海洋里富含溶解的亚铁，很大一部分是由20亿年前喷出的熔岩带进海洋的。现在随着氧气的加入，亚铁变成了铁，不溶于水，而且密度也大。铁沉淀下来，以含铁泥层的形式沉积在海底，和石灰泥、硅泥及其他海底沉积物结合在一起，在世界范围内形成了“条带状铁建造”，这些铁质地层注定会被造成铆钉、汽车和大炮，那就是梅萨比山脉的铁矿、哈默斯利盆地的澳大利亚铁矿、密歇根州的铁矿、威斯康星州的铁矿和巴西的铁矿。世界上有史以来开采的铁中，有90%以上来自前寒武纪条带状铁建造。它们的年龄都在距今25亿年前至距今20亿年前的范围内。产生这些铁矿的转变是独一无二的，包括从还原性大气到氧化性大气的转变，海洋化学性质的根本性变化等。这些变化永远不会再现，地球也不会两次经历这样的变化。

在“2500”左右，也就是25亿年前的太古宙—元古宙的过渡时期，大陆地壳的总体化学成分也发生了明显的变化，在太古宙之后，地壳变得更加富钾。显然，地球已经冷却到足以发生这种化 635
学变化的程度，而且它也足够冷却，使构造活动呈现出一种更为稳重和更接近现代的形式。到了“2300”时，也就是 23 亿年前，地球的表面已经冷却到足以支撑大陆冰盖的程度，这也许是第一次。范·施莫斯继续说：“地球作为一个整体，从放射性衰变中产生的热量越来越少，这在某种程度上会产生意义深远的影响。在将来，这种意义深远的影响就是板块停止移动。我们的地球会成为一个非常静止的星球，很像是现在的金星。孤立的热点活动将会持续一段时间，然后逐渐消失。你将会有一个不爱活动的地球。终究会有一天，它会慢下来，停下来。”

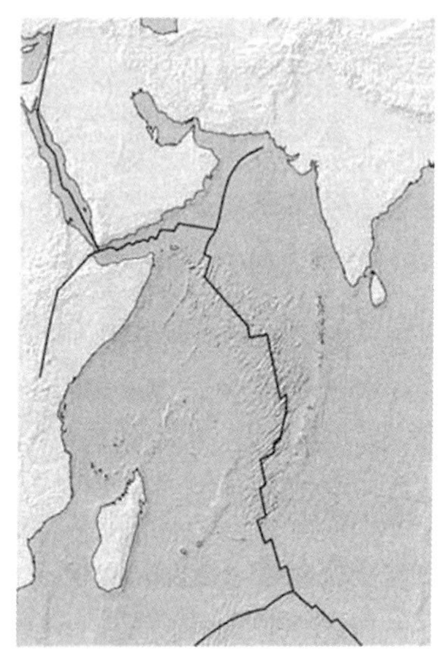

图 5-3　印度和马达加斯加海岸的分裂张开

在“2000”左右，也就是 20 亿年前左右，怀俄明大陆发生了一个大事件，在漂移的怀俄明克拉通上出现了一条转换断层，这对北美洲的最终发展具有特别重要的意义。转换断层是一种两侧发生水平移动的断层，就像阿尔卑斯断层、德纳利断层、圣安德列斯断层那样。这条转换断层把怀俄明克拉通上的一部分错断移走了，留下的边缘成了一条像刀刃一样锋利的、干净的直线形。大约在19亿年后的白垩纪，当印度跟马达加斯加分离开并且开始快速踏上跟中国西藏碰撞的旅程时，也发生了类似的事情。正如埃尔德里奇·穆尔斯曾经指出的那样，马达加斯加的东海岸和印度马拉巴尔海岸共同构成了一条像刀刃一样锋利的、干净的直线形，现在这两个国家的这两条直线形海岸可以很般配地连接起来。

怀俄明微大陆在前寒武纪时的剪切海岸线被叫作“夏延带”。 636
如果你在19亿年前站在它上面，也就是站在现在拉勒米山脉的岩石上，你会看到一片汪洋大海，那是覆盖在大洋地壳上的蓝色深海，而不是像哈得逊湾那样的陆表海，水不深，盖在被淹没的大陆上。在远处，北美洲中部大陆也没有裂谷系统，因为那时候还没有北美洲大陆，没有能被裂开的东西。不过，很快，太古宙的小克拉通们开始碰撞了，在它们撞在一起的地方建造起了山脉，有些地方在它们之间卷进了一些火山岛弧，这一系列的事件发生在一亿年内，这在地质时期中是很短暂的。大约在“1850”时，也就是18.5亿年前，怀俄明克拉通、赫恩克拉通和苏必利尔克拉通等几个微大陆聚集在一起，把它们紧密连接在一起的变形带在地质学上被叫作“跨哈得逊湾造山带”。这是一个封闭的海洋，到处都是海洋岛屿的破碎残骸。在“1900”时，它们看起来可能很像今天的印度尼西亚，当然那时没有植被。到“1830”时，它们就已经像印度尼西亚将来和亚洲碰撞在一起的样子了。到了“1800”，加拿大地

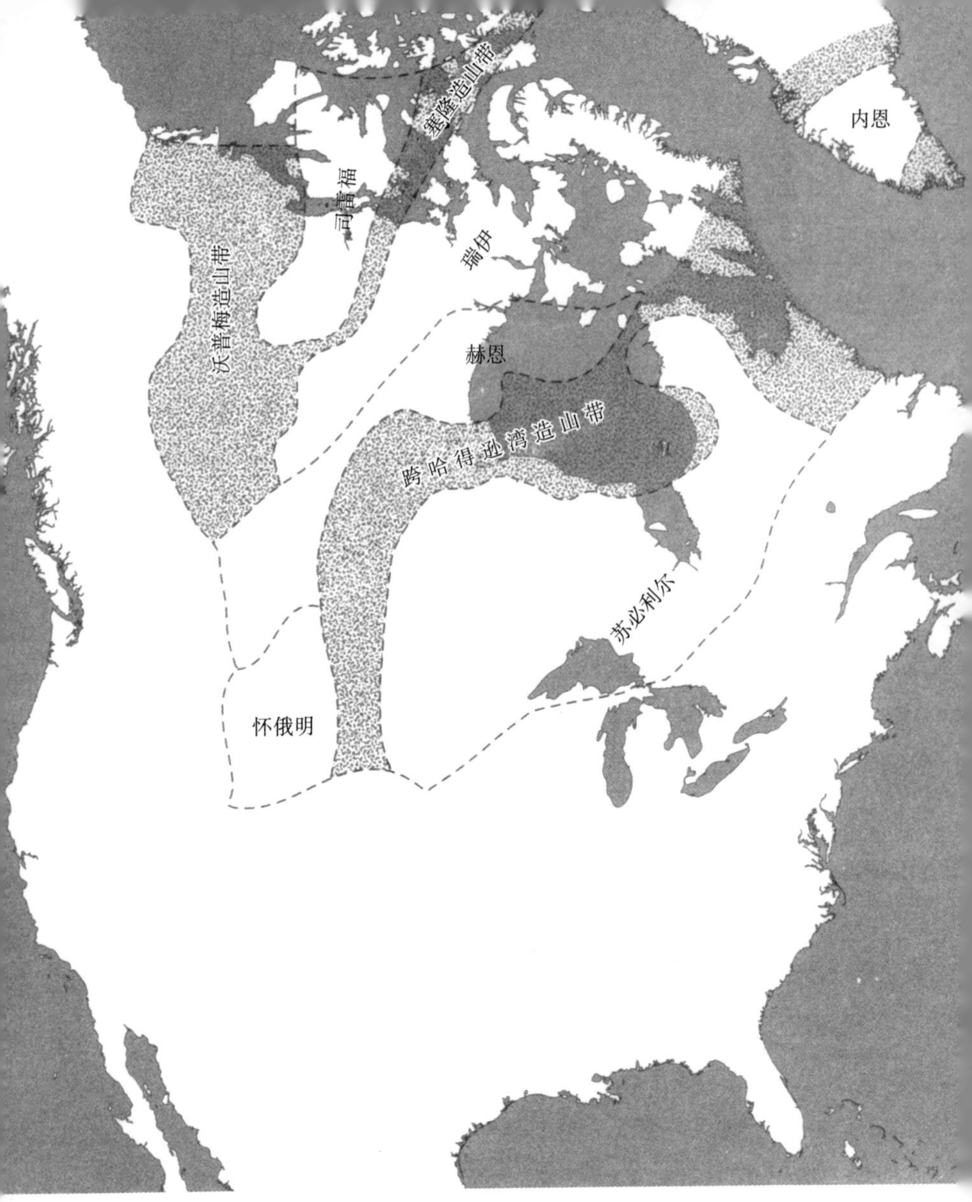

图 5-4　太古宙克拉通和碰撞造山带

（格陵兰已经在新生代早期和北美大陆分开了）

盾已经全面形成了。从“1800”到“1400”，北美洲大陆的大部分边缘都已经开始增生了。

加拿大地盾是由奥地利地质学家爱德华·修斯在19世纪命名的，他的《地球的面貌》一书在1906年首先以英文的形式出版。他把加拿大大面积裸露的基底岩石描述成一片“桌子面一样的陆地，很像是一块平平的盾牌”，并正式宣布：“我们给这个暴露出太古代岩石的地区起了个名字，叫加拿大地盾。”从那以后，用“地盾”这个词来描述大陆的核心成了地质学的一个传统，并且也成了一种误称。地质学家们希望他们的地盾有几千公里宽，而且要像勇士们手臂上的盾牌一样，表面微微凸起。“这片广阔地区的地壳就像一个强壮的板块，拒绝屈服，拒绝褶皱，”哈佛大学的雷金纳德·阿尔德沃思·戴利在1926年是这样写的，“它的形状大致像一个盾牌，因此被叫作加拿大地盾，像一个盾牌，又坚固又刚硬。”麦吉尔大学的斯迪姆、卡罗尔和克拉克在他们1979年出版的教科书中写道：“‘地盾’这个词只是对它形状的一种大致的描述，说它是一个又低又宽的穹隆。”

在加拿大，这个“穹隆”是一个很大的洼地，差不多有1600 638
公里宽，完全被海水覆盖着。加拿大地盾是一个褶皱岩石的博物馆，是通过碰撞组装在一起的。它确实是又坚固又刚硬。像世界上少数几个侵蚀面一样，它一直原地不动地度过了16亿年，16亿年中间没有发生过任何重要的事件。像这样的地方还有巴西地盾、西伯利亚地盾、印度地盾、澳大利亚地盾、南极地盾、波罗的海地盾、非洲—阿拉伯地盾，等等。这些地盾虽然在构造上是分离的，但都是从其他地盾上断裂下来的一部分。它们有可能在古老的超级大陆上是组合在一起的。

当太古宙克拉通拼合在一起时，会建造起崎岖不平的山地，这些山地慢慢地被夷成平地，在大约 17.5 亿年前，它们的山根被剥蚀出来露到地表。这时，一些地方出现了流纹岩熔岩，盖住了一些相对平坦的地面；随后，海水淹没了剥蚀出来的地盾，海进又海退，沉积了毯子一样的大面积薄层砂岩。这个新生的、正在生长的大陆光秃秃地躺着赤道上，很像现代地球上阿拉伯半岛的鲁卜哈利大沙漠。

17.5 亿年前，在怀俄明克拉通的剪切边缘外，海洋中矗立着岛屿——一些像日本一样的火山岛弧在运动——一个接一个地漂移过来，我们知道它们现在是相邻的地区：怀俄明州东南部，科罗拉多州，内布拉斯加州。这些岛屿向北运动着，一连串不断加积的岛弧可能一直延伸到芝加哥甚至更远的地方。它们的放射性同位素年龄可以追溯到岛屿形成的时候，那时，形成它们的液态物质从地幔里上升，凝固成新生的地壳。它们和怀俄明克拉通拼贴的时间，以及随后一个接一个拼贴的时间是很难确定的，但是，要取一个平均数的话，这些岛屿似乎在海洋中存在了一千万到两千万年，然后才发生相互碰撞。收集到的岛弧最古老的年龄是“1790”，也就是 17.9 亿年，就是现在科罗拉多州的原始基底。“1800”前没有科罗拉多州和内布拉斯加州，所有这些岛弧几乎都是在随后的一亿年中拼贴过来的，到了“1700”左右，所有岛弧的拼贴、碰撞都完成了。新大陆的海岸线从新墨西哥州南部穿过印第安纳州，一直延伸到加拿大的拉布拉多。

在相对现代的侏罗纪时期，在大约 1.5 亿年前，美国远西地 639
区[1]开始组装起来，这一组装过程和 16 亿年前科罗拉多地质省的组装特别相似。在板块构造理论的早期，美国远西地区的增生历史首先被揭示出来。几十年后的今天，这一历史更加清晰了，大陆中央基底就是以同样的方式聚合在一起的，包括地台、稳定的克拉通、曾经古老的地核，都是这样。夏延带是一条很清晰的构造线，怀俄明州东南部和科罗拉多州通过它和古地盾联结着，至今还保留着它的特征。平均来说，它的宽度有几公里。它又被叫作“怀俄明剪切带”，这条构造线在有些地方很细，你几乎一步就能迈过它。80 号州际公路穿过夏延以西的拉勒米山脉，公路就修建在元古宙花岗岩上，是科罗拉多地质省向北的延伸。再向北几公里就是太古宙克拉通的边缘。分界线很明显，南面没有太古宙的岩石。下一条山脉的西侧是药弓山脉，它的北半部比南半部要老 10 亿年，而且，这个年龄的跳跃发生在同一条狭窄的构造线上。这条构造线埋在盆地沉积物之下，州际公路在上面穿过它，就在拉勒米西侧。

1 美国建国初期把阿巴拉契亚山脉以西的地区统称“西部”，后来随领土不断扩大，进一步分为“中西部”和“远西”。“远西”是指从落基山脉以西到太平洋沿岸地区。“中西部”见本书第二篇第 174 页脚注 2。

3

几年前，我在科罗拉多州和兰迪·范·施莫斯见了面，他把那里叫作“后1800增生复合体”。他任教的堪萨斯大学在科罗拉多州弗里蒙特县有一个野外地质实习基地。在中部大陆的大学里，学生很少去户外学习地质学知识。前寒武纪的基底全都被埋藏着。要想了解中部大陆的深处是什么样的，学生们需要被带到像科罗拉多州这样的地方，跟中部大陆基底相同的岩石在这里已经拱曲到天空下，这里的前寒武纪岩石出露在巨大的前陆山脉的核心和山顶。

640 在我见到他的那一天，范·施莫斯正带着他的学生们爬上卡农城西北部的一片高地上，他们的任务是对那里出露的石英岩和其他岩石进行地质填图，这些岩石被推断是在“1750”时（17.5亿年前）形成的，是一个花岗岩的顶垂体[1]，而这个花岗岩的年龄已经被精确地测定了，是“1705”（17.05亿年）。石英岩是那里最早形成的岩石，现在像一根手指插进蜂蜜里一样，悬挂在柔软的侵入花岗岩中。石英岩是砂岩在热和压力作用下变质形成的，原

1 在岩浆侵入时，被侵入的围岩如果有裂隙，就会在侵入岩浆的温度和压力影响下发生破裂和崩落，沉陷进岩浆中。岩浆冷凝后叫岩浆“侵入体”，这些围岩的碎块就叫侵入体中的“捕虏体”，而那些位于侵入体顶部的捕虏体又被叫作“顶垂体”。

来的沉积构造都受到了改造，已经很难辨认了。交错层理在哪里？哪里是上层面？为了寻找“上层面”，学生们在高山草甸上像扇面一样四下散开，在刺柏间和锯齿一样的山脊上搜索查看。范·施莫斯有时间坐在一个大石台上环顾着大画面。他个子很高，为人随和，恬静，是一个不易激动的人，他的靴子、牛仔裤和薯片帽让他看上去跟眼前这片景色很搭配。我去找范·施莫斯是因为埃尔德里奇·穆尔斯曾向我提起过他：“他是你能找到的对中部大陆沉积物下面的基底最了解的人，他是搞年代学测定的，他拓宽了人们的思路。”穆尔斯补充说，在最近的一份关于北美洲前寒武纪地质学的汇编文集中，范·施莫斯是大多数论述中西部地质论文的资深作者。范·施莫斯说自己是“一个专攻地质年代学的地球化学家，主要研究元古宙时期的地球历史”。他在伊利诺伊州的纳珀维尔长大，父亲是芝加哥一家银行的信托官员，他后来去加州理工学院当了一名化学家。地质学倾向于吸引那些关注点不那么广泛的学科中的人，把他吸引到休伦湖以北 24 亿年老的地盾上，他作为加州大学洛杉矶分校的博士研究生，研究那里的岩石。那时候是在 20 世纪 60 年代早期，板块构造建立之前，放射性年代学的很多重大进展是在那几年以后才取得的，用他的话说，那时候，大量前寒武纪岩石在大地构造图和地质图上都画成“一大片绿色的团块”，是他帮助在这些绿色团块中填充了很多细节。他的祖先是从荷兰边境的一个德国小镇上移民过来的，他名字的发音有点儿像“肚丝”和“摩斯”。他每年要在巴西地盾的干燥牧场上工作一段时间，“试图用同位素来识别出古老的地壳块体”，他用这种鉴定方法拨开了怀俄明州太古宙景色的迷雾，让科罗拉多州元古宙的图画清晰起来。更不用说堪萨斯州了。

641 正如我一直想说的那样，当范·施莫斯和他的同事们谈论到“1640”“1790”和“1850”这样的年龄值的时候，他们说得那么亲切、那么顺口，就像他们在谈论奥利弗·克伦威尔、美国革命和《白鲸记》的出版。如果他们说的是17.45亿年前发生的事情，他们会说“1745”。“实际上，科罗拉多州所有岩石的年龄都在‘1700’到‘1790’之间。”范·施莫斯说。这就是说，科罗拉多州的原始地壳里那些拼贴在一起的岛弧的年龄都在1700百万年到1790百万年之间（17亿年到17.9亿年），他们更习惯省去“百万年”不说。从我到科罗拉多州的第一天开始，这样的数字一个又一个地从范·施莫斯的舌尖上溜出来，他说得那么轻松、那么亲切，这让我一次又一次地停顿下来，抬起头来瞪着眼，心里想，天哪，他是在说16.5亿年以前吗？例如，当他说“从‘1750’到‘1770’”之间发生了一些地质演化过程的时候，他是在像日常生活中数数那样，按照从小到大的顺序去说这些数字，他和他研究前寒武纪的同事一样，都是这么说。但实际上，在他的人生旅程中，他是按照跟这相反的时间进程方向走的。

“在我看来，这是一个弧地体的增生复合体，”他又重说了一次，“想想南太平洋，那里所有的东西都在等着被加积在一起。斐济的部分地区已有4000万年了，还在那儿等着拼贴。科罗拉多州的前寒武纪还没有得到足够广泛的研究。今后十年的地质学家们会把它拆解开，告诉我们它的故事。更先进的技术会发展起来。

这是新的学科前沿。要想找到新的学科前沿，你必须从时间上往回看。同位素会告诉我们，这是新生的地壳，而你能获得新生地壳的唯一途径就是到岛弧环境里去找。如果你想看看在内布拉斯加州 80 号州际公路下有什么，你在这儿正好看到了。再不会有其他地方能取代这儿了，在这儿你可以看到这些岩石，你可以直接踩着它们走路。内布拉斯加州下面就是这样的岩石，但是被埋在几百米深的深处。”

我在堪萨斯州的劳伦斯也拜访过范·施莫斯，看到了他的第一手资源库，正是这些资源让他和其他人能够揭示、推测、外推、想象、发现和刻画前寒武纪那些长期隐秘的无数故事。这个资源库里有大学的前寒武纪岩石大型钻孔岩心库，有像医院的房间一样的“Rb/Sr 和 Sm/Nd 超净实验室”。在这些实验室里，即使是 642
一点点细得连粉砂都算不上的岩石粉末，经过铷—锶和钐—钕年龄测定，也会告诉你它的年龄和来源。在科罗拉多州，在他带领学生们进行实地考察的间隙里，我们不时地在弗里蒙特县转悠，这样，我就可以在我们眼前这个难得的地体上，努力借用他的眼睛看一看它的起源。野外基地建在一条砾石道路的高处，一排小木屋围成一个圆形的死胡同，地质学界叫它“卡农城港湾”。基地附近是侏罗系的泥岩和砂岩，1876 年夏天（被叫作“小巨角之夏”，因为那一年发生了著名的小巨角河战役），一位名叫奥梅尔·卢卡斯的教师度暑假时在这里发现了很多大骨头，其中有一些被列进一个让人难以忘怀的名册：一条 7.3 米长的剑龙被运往丹佛自然历史博物馆，一条 21.9 米长的简棘龙被运往克利夫兰自然历史博物馆，一条 21 米长的迷惑龙被运往费城的瓦格纳自由学院，一条 18 米长的圆顶龙被运往美国自然历史博物馆，一条 6 米长的角鼻龙、一条 11.9 米长的异特龙和一条 26.8 米长的梁龙被运到了史密森尼美国博物馆。范·施莫斯径直走过这些岩层时，朝岩层亲切地点了点头，脚下扬起一团尘土。从整个地质时间标尺上看，这些生物和现在离得很近，它们甚至有可能成为他的学生。他沿着一条 3 米宽的路朝瘸子溪跑去，这条路紧贴着“卡农城港湾”的峭壁。路越爬越高，高达 120 到 150 米，从路上看港湾，景色很美，没有一点遮拦，也没有栏杆。港湾峭壁的岩石坐落在大陆基底上，峭壁的岩石比恐龙早 3 亿年，但是比基底的岩石要年轻 13 亿年。这又让我们回到了“1750”，那时候，在起始意义上说，科罗拉多州地壳刚刚首次聚合在一起。范·施莫斯说，几天前，一个渔民在峡谷底部的汽车里发现了一名伤得很重的驾车者。“你看见车了吗？它可能还在那儿。”

在弗里蒙特县西部的阿肯色河段长约 80 公里，正好在卡农市和萨利达之间，这里地形的险要和风景的美丽都让人特别难忘。阿肯色河水流湍急，一路激起白色的浪花，河宽能有 30 多米。它周围的岩石高耸。当这条河接近山口就要进入科罗拉多州东部的平原时，它切下最后一刀，河谷的深度比别处的河段要深很多。就
643 像一把刀消失在一大块面包里，切出了一条极窄的峡谷，峡谷的边缘比急流的河面高出 300 多米。

原始岛弧的残余就是这个峡谷的岩石和这个地区的普通岩石，几乎到处都变形了。石英岩、混合岩、片麻岩和片岩，它们都

被变质了不止一次，它们的历史几乎没法子辨认了。然而，在峡谷上游 48 公里的地方，有一段很长的原始地壳，相当于岩石中的原始森林。不知道是什么原因，它竟然躲藏在所有构造事件的应变阴影里，逃过了多次劫难，而这些构造事件造成了这块原始地壳周围的这些构造场景。范·施莫斯说："你在这里看到的就是科罗拉多的诞生，这是它的原始地壳。当它到达这里时，这里基本上什么都没有。"

"这是什么时候的事？"

"'1740'。"

他接着说："这里的原始基底是在一亿年左右的时间里演化成的。深成岩体和火山活动大致上是平行的，沿着西南方向延伸，并且越向南越年轻。"深成岩体是侵入的岩浆冷却后形成的，在大多数情况下都形成花岗岩。内华达山脉的花岗岩就是用同样的方式形成的，不过，是在 15 亿年后才侵入围岩的。

一列运煤火车从河的对岸呼啸而过。这让他的思绪重新集中，一下子从前寒武纪向前跳到了石炭纪。"非洲和南美洲没有多少古生代的煤。"他有点儿神秘地说。那时候，它们"被困在南极圈里"，而在其他地方，到处是高大的树木。当时北美洲在赤道上。于是，这儿就有了运煤火车。

刚刚驶过的火车，它带来的呼啸声，它滚滚的车轮声，它车厢里满载的货物，这些都代表了各自的时间点，不过，这些时间点都不在我俩的谈话主题中。一眨眼的工夫，这位地质学家的思绪就又回到了美洲中部大陆的初始时代，是在今天以前的 1800 百万年到1400百万年期间（18亿年到14亿年），那时候，地球从最早诞生到分分秒秒嘀嗒逝去的今天刚刚走了三分之一的历程。从“1800”到“1400”，这个4亿年长的时段只占元古宙的20%，然而，这却是他潜心研究的核心内容。如果说前寒武纪中有一个时段是他的学术专长，那就是这4亿年。他自己的一生，从1938年开始，期望至少能活到90岁，尽管在历史的滚滚长河中，他在信
644 息不断扩大和思想不断丰富的时间轴末端只是一个小点，但他可以够着并且抓住这4亿年。一个人的短暂一生和4亿年之间的区别看上去是大到无法想象的时间段和无限小时间段之间的区别，但把它们结合在一起的是一个很小的单位，是大脑里能沟通万世的那座桥梁，它能够想象到，也几乎能够看到更大的时间段。

四分之一英里（约402米）比赛的赛马骑师懂得，要把二十秒的比赛想象成是在二十分钟内进行的比赛，要在脑子里把比赛分成不同的时间段，要仔细想好一段一段的细微变化，再在脑子里把整个比赛组合起来。在地质学中，面对深时，你需要做相反的想象，你要在深时中生活，在深时中思考，直到把那些大数字在你脑子里安顿下来，形成你的习惯，你就能感觉到，最初的地球是怎么样迅速地聚集在一起的，大陆是怎么样迅速地聚合起来又分裂开的，大陆漂移得有多远，漂移速度有多快，山脉上升的速度有多快，山脉解体和消失的速度有多快。范·施莫斯说，一定要记住，只要你能想象到北美洲的中心最初是怎么形成的，只要你能真正理解了这点，那么，不管你的数据有多多，多么让人印象深刻，从这些数据中建立起来的画面一定要去用目前最好的假说去

检验，除此以外，没有更多的事要做。“在地质学领域里，你永远不可能写出确切的答案。这就是地质学。”

一座号称“世界上最高”的悬索桥横跨深邃的峡谷，它主要是让步行的游客使用的，如果你正走到中间时有一辆汽车开过来，那么悬索桥会在你的脚下起伏，你就像是踩在一只木筏上，在300多米深的急流中漂荡。风太大了，把你刮得直不起腰来，感觉好像要把你从桥上刮下去。对于任何一个恐高的人来说，这辆汽车并不会再增大你的恐惧，因为你已经恐惧到极点了，你已经没有空间去容纳更多的恐惧了。峡谷岩壁上可以看到旋涡和包卷的图案，那些岩石是变质火山岩、变质沉积岩、混合岩和片麻岩，至少被彻底变质了两次，在任何条件下都没有办法去辨认了，岩石光滑得像上了一层釉。这时候，一个年轻的女士走上桥来，推着婴儿车，深情地看着峡谷的岩壁，啧啧地赞美着那些岩石中的图案——她应该去研究地质学。

在峡谷旁边的公园绿地上，范·施莫斯说，我们脚下踩着的这块原始地壳发生了彻底的变化，这可能是因为在岛弧碰撞时发生
了高级变质作用。他说，这可能是碰撞到怀俄明克拉通上的第一 645
个地体的一部分。“这个撞散了架的地体还没有被完全识别出来，”他接着说，“但这个原理是有效的。我们可能会同意，我们正在看着一个增生地体的拼合体，就像中生代时期加利福尼亚发生的那样，但我们目前还没有找到地体的边界。我们也不知道峡谷岩石的年龄。我坚信它不会超过‘1800’。峡谷岩石的问题是，它已经多次叠加了变质作用。理清这些变质作用，弄清楚它最初是什么样子

的，这是眼下的前沿问题，进而会导致对更多事情的理解，例如：它是像日本海那样的弧后盆地，还是像加利福尼亚海岸山脉的增生楔？是弧间裂谷盆地，还是弧前盆地，或是前渊盆地？”他说的时候，我一直在记笔记，而他在往下看着伟晶岩采石场。当我们抬起头时，在树林顶上看到了派克斯峰，在我们的北偏东北方向。

在萨利达附近，我们看到辉长岩、枕状玄武岩和其他水下喷发的火山岩，他说：“你会很自信地把它们跟岛弧岩石联系起来。尽管我们仍在研究大陆演化的前沿问题，但同位素会非常清楚地告诉我们，这些岩石有非常短的地壳停留时间。”他的意思是说，当岩浆从地球内部产生后，冷却成了岩石圈地壳，这些地壳在进入俯冲带重新熔化之前，并没有经过很长时间或走过很远的路程。最初岩浆中的放射性元素衰变的时刻表会标记岩浆首次出现的时间。“当岩浆从地幔进入地壳冷凝时，岩石里的地质时钟就开始嘀嗒嘀嗒地计时了，”他解释说，“接下来，岛弧可能会熔化，变成花岗岩或者其他什么岩石，但时钟一直在嘀嗒嘀嗒地走个不停。故事就在这些岩石里。我们面临的问题是怎么样读出这些故事。”

4

钐和钕的同位素在追踪岩石的地壳历史和岩石在地幔中的起源方面特别有用。因为钐经过放射性衰变成为钕是有固定速率的，这两种元素就像铷和锶，或铀和铅一样，起到了计时器的作 646
用。“在 70 年代末和 80 年代初，钐—钕分析技术得到了完善，”范·施莫斯说，“随着仪器的进步，这项技术成了普通人的工具。它主要是告诉我们岩浆是什么时候从地幔里出来变成岩石的。它并不一定告诉我们岩石的年龄，但它提供了一种同位素示踪手段，让我们能够追踪大陆地壳的历史，特别是通过大陆地壳中的一块岩石就能确定这个大陆地壳是什么时候从地幔中分离出来的。我们可以用其他方法得到岩石的结晶年龄，用钐—钕分析来判断这些特定的岩石在大陆系统中存在了多长时间。”

钐—钕年龄是准确的，但不是很精确。准确与精确是有很大区别的，这种区别并不像乍看起来的那样，比一根劈开的头发丝还细小。例如，如果你说乔治·华盛顿在 47 岁的前后 20 年间提交了他的最后一个开支账户，你是准确的，但你一点儿也不精确。如果你说圣诞老人是在万圣节午夜 12 点 26 分 09 秒的时候从烟囱里下来的，你说的时间很精确，但肯定是不准确的。“如果你确定了一个不确定性的范围，你就是准确的，”范·施莫斯说，他是在指明地质年代测定的努力目标，“你需要既准确又精确。你需要缩小你的不确定性范围，你需要一个包括正确答案的窗口。”他补充说：“精确意味着优秀的实验室技术。你可以非常精确，但可能是非常不准确的。我们需要缩小准确性的窗口，同时做到很精确。”在前寒武纪地质年代学中，200 万年的误差范围已经是一个很窄很窄的窗口了。如果得到一个年龄数据是“1746”加减 2，这个数据是非常精确的。

在研究地球最精确的深时的过程中，最广泛使用的岩石成分是正硅酸锆，这种矿物就是锆石。由于实验室技术的进步，用范·施莫斯的话来说，锆石已经成为“前寒武纪研究的主力军”，因为锆石给出的年龄值有很高的准精度和相当高的精确度，锆石年龄指示了锆石所在岩石的初始结晶年龄。几个世纪以来，锆石一直具有独立的地位，因为它们是宝石。它们是金字塔形或者棱柱形的，发出金刚光泽和丰富多彩的颜色。蓝锆石是来自泰国的一种
647 蓝色锆石。斯里兰卡的锆石有时呈现烟熏色、无色或淡黄色，是一种被叫作“黄锆石”的宝石。“锆石”一词来源于古老的法语“黄锆石”，和“漱口”一词的最终词源是相同的。

大多数锆石的颗粒都不够大，不足以闪耀出珠宝的明亮颜色，甚至不容易被人看见。典型的锆石颗粒最长也不到十分之一毫米。它们出现在砂岩、片岩、片麻岩中。它们几乎出现在以花岗岩为代表的整个凝固岩浆家族中。在流纹岩中有它们，流纹岩是形成花岗岩的岩浆喷发到地球表面的产物。当然，它们出现在所有来自花岗岩和其他岩石的沉积岩中，以及海滩和河流砂矿中。很不幸的

是，它们很少出现在玄武质岩石中，而在所有岩石中，玄武质岩石是岛弧和海洋地壳的精华。

在堪萨斯大学的“超净实验室”里，范·施莫斯和他的同事们把岩石研磨成粉末，浓缩重矿物，然后把它们倒进溴仿烧瓶中，溴仿是一种由碳、氢和溴组成的无色液体，和氯仿很像。石英和其他相对比较轻的矿物漂浮在溴仿上面。重矿物，包括榍石、黄铁矿、锆石、磁铁矿、磷灰石、角闪石、石榴石等，都沉降到底部。把重矿物倒进一个弗朗茨分离器里，一个非常强的聚焦磁场会把磁铁矿、角闪石和石榴石吸出去。剩下的是榍石、磷灰石、黄铁矿和锆石，再把它们倒进二碘甲烷里。在二碘甲烷里，磷灰石漂浮在上面，很容易被清除掉。现在我们剩下了沉在底部的锆石、黄铁矿和榍石。用酸可以溶解掉黄铁矿，而锆石和榍石不受影响。把它们再次放进弗朗茨分离器，调整一下功率，把榍石移除，只剩下了锆石。经过这样一系列的分离和浓缩，我们得到了一小堆锆石，在我看来很像是沉重的、闪闪发光的粉尘。在显微镜下，它们是细长的四角形金字塔，有琥珀一样的淡黄色。它们看上去很像维生素 E 的胶囊。

当岩浆冷却时，一个巨大的侵入岩基会慢慢地逐渐固结，分异出来的岩浆液体会相继结晶出各种矿物，硅和氧吸引锆离子形成了锆石。“它们的化学键很强，”范·施莫斯说，“其他东西，像铀、铪、钍等也会掺进来。铀和钍通过放射性衰变形成铅。要形 648
成锆石，周围必须有大量的硅，因此锆石通常在含石英的火成岩中形成。”

尽管锆石是准微观的，但在实验室里还是要打磨掉它们的外围部分，那里可能以各种方式发生破裂。这样就能得到纯净的样品，以便提高随后年龄分析的准确性。一个分析过程需要几天的时间，锆石被放进聚四氟乙烯釜中用氢氟酸溶解。聚四氟乙烯釜和厨房里用的高压锅没什么两样。离子交换色谱分析是一种化学萃取过程，它能把铀和铅从溶液中提取出来。通过对铅的丰度和组分进行分析，就能测定出锆石首次结晶的时间。这种方法是由华盛顿卡内基研究所的托马斯·E. 克罗开发的，把过去非常困难的任务极大地简化了。一个完整的铀—铅分析流程一共只用百万分之五到百万分之十克重的锆石就能完成。

锆石一旦形成，就不容易再次结晶，这是让锆石年代学成为研究前寒武纪年代的最先进手段的根本原因。在历时经久的众多构造事件中，锆石可以挺过中级甚至高级变质作用而幸存下来，不受干扰。在超净实验室里，他可能需要三四个星期才能从一块岩石上得到一个准确的年龄。只能这样，没有更好的办法，范·施莫斯说："现在，除非你用锆石定年，否则，你不会觉得你测到的年龄值是完全准确的。"

长期以来一直以为一个造山旋回的时长是 3 亿年，最近通过锆石测年把它缩小到了几千万年。地球上已知最古老岩石的大致年龄为 39.6 亿年，这就是根据岩石中的锆石确定的。由于锆石在玄武质岩石中很少见，很少能直接用于前寒武纪洋壳的年代测定。然而，在萨利达附近，这些辉长岩、枕状玄武岩和科罗拉多州早期的其他海洋地壳岩石和流纹岩质凝灰岩形成互层，流纹岩质凝灰岩可能会在岛弧表面喷发，里面会含有锆石。范·施莫斯的同事 M. E. 比克福特从锆石中获得了一个年龄值，然后推断出辉长岩和玄武岩的起源年龄："1728" 加减 "6"，也就是 17.28 亿年加减 600 万年。

"我们不能仅仅根据岩石的外观来对前寒武纪岩石进行年代 649
学对比，" 范·施莫斯反复地说，"我们没有标志化石。因此，唯一能让我们把不连续的前寒武纪地壳各部分联结起来的方法就是放射性定年技术。同位素给了我们一个强有力的填图工具。从 50 年代和 60 年代初开始，开发出两种主要定年技术，就是钾—氩法和铷—锶法，但这两种技术在准确度和精确度方面都有局限性。它们很容易操作，那时候，大量关于前寒武纪的年龄，特别是北美洲的，都是用这两种定年技术测到的。只有少量但非常重要的年龄是用锆石的铀—铅定年法获得的，这项技术很难操作，当时北美洲只有少数几个实践者。到了 70 年代，方法上的突破让铀—铅定年技术变得非常方便。从那时起，我们大多数精确的年龄信息都来自火成岩中锆石的铀—铅定年技术。在过去十年中，氩—氩热年代学方法已经基本成熟，现在已经被广泛用在年轻岩石的定年中，也用在变质岩研究中，但是特别关注寻找构造环境中的最后一期变质作用。这和我们研究前寒武纪基底的关系不大。"

范·施莫斯说，他和其他几个人打算去"四角区"，确定那儿火山颈里捕虏体的年代，"四角区" 在科罗拉多州、犹他州、亚利桑那州和新墨西哥州等四个州相交的地方，那儿就是船舰岩所在的地方，船舰岩像怀俄明州的魔鬼塔一样，是一个火山颈，也叫火山岩筒，火山颈是岩浆上升到地球表面的管道。当所有岩浆都固结后，一个时代过去了，侵蚀作用撕裂了火山和周围的土地，火山颈可能会残留下来，高高耸立着，因为形成它的冷凝岩浆比周围的岩石更坚硬、更耐侵蚀。这是差异性侵蚀。捕虏体是火山颈边缘附近的岩石，当岩浆还在柔软状态时，这些岩石掉进了岩浆中。就像饼干里的巧克力碎片一样，它是一个外来体，有自己的年龄，有自己的历史，跟它进入的岩体不同。火山颈中的捕虏体可能来自地壳和上地幔的各个深度，“四角区”项目的目的就是要建立起一个
650 地壳长剖面，相当于在地下钻一口 50 多公里深的钻孔。这是一个总结前寒武纪特征新发现的项目，10 年前还没有成熟的技术和工艺能保障这种项目的可行性。变质岩石学的进步，特别是在认识矿物形成的温度和压力方面，会让研究小组能够确定捕虏体的来源深度。微量元素地球化学的进展能够让他们把捕虏体和它的原始地质环境联系起来。例如，微量元素指标告诉他们是海洋环境还是大陆环境。钐—钕定年会揭示地壳历史。对铀—铅分析技术的改进会让他们从小到十万分之一克的锆石中获得有价值的信息。

岛弧的最后一次碰撞聚合发生在“1700”，也就是 17 亿年以前，于是形成了后来的堪萨斯州、内布拉斯加州、科罗拉多州等地。这次最终的碰撞进一步把那儿的岩石加温和变形，形成了现在弗里蒙特县阿肯色河峡谷壁上岩石的景象。“1700”时，大陆的海岸线从得克萨斯州西南部穿过俄克拉何马州、密苏里州、伊利诺伊州和密歇根州。在丹佛和卡农城的南部，海岸线位于新墨西哥州南部的某个地方。有证据表明，到了“1650”（16.5 亿年），大

陆边缘已经发展成现代南美洲西海岸那种样子，大部分地区都和秘鲁—智利海沟平行，这条海沟是南美洲板块和纳兹卡板块的边界。秘鲁—智利海沟的深度是 7900 多米，这个数字表明，那儿正在进行着一场相当壮观的碰撞过程，南美洲板块向西移动，骑在纳兹卡板块上，纳兹卡板块是由大洋地壳组成的，面积近 2590 万平方公里。在海沟下面，俯冲带向东倾斜，插到南美洲板块下面。俯冲下去的地壳被大量地熔化了，产生的岩浆穿过南美洲板块边缘的岩石上升到地表，形成了圣佩德罗火山、尤耶亚科火山、埃尔佩特罗火山、戴尔托罗火山、多姆约火山、马赛达利欧火山、阿空加瓜火山，它们共同组成了安第斯山脉。阿空加瓜火山和离它不
远处的海沟底部之间的垂直高差是 15023 米。这就是 16.5 亿年以 651
前堪萨斯山脉和北美洲海岸的样子，只不过那时的海拔高度还不知道，那时候的北美洲海岸贯穿今天俄克拉何马州的南部，是一条安第斯型大陆边缘，大洋地壳俯冲到它下面，在那里发生熔化，形成了马赛达利欧和阿空加瓜那样的火山。

5

地球物理数据有各种形式，例如，地震反射、重力异常，等等，但是，对揭示前寒武纪地质特征最有用的是对各种不同磁场的测量数据。这些数据主要是用飞机测量得到的，它们的效果是把显生宙的盖层剥掉，向你展示前寒武纪基底，就好像基底上面什么东西都没有一样。到 1980 年时，磁学家们已经进步到了这样一个境地：他们觉得自己可以从岩石的磁性特征中正确地识别出不同的岩石类型。在他们的图上，强磁场用不同强度的红色表示，弱磁场用蓝色和绿色表示。花岗岩家族基本上是蓝色和绿色，但含有磁铁矿的花岗岩是红色的。中部大陆裂谷看上去色彩斑斓，因为富含铁的玄武质岩石显示出强烈的信号，在有钻孔存在的地方，通过和钻孔岩心的对比，磁性识别得到了支持。1982 年，伊西多尔齐茨的《美国磁异常综合图》出版，范·施莫斯说，它代表了前寒武纪地质学的一个“重大突破”。它是计算机编程进步的一项成就，它对以前仅限于某个地区和每个州的磁测数据进行了评估、对比和综合。当然，这本图集并不完善。一个州的地质调查收集到的数据可能很稀疏、很粗略，而隔壁州的磁测很密集，获得的数据很精细。州和州之间数据的这种反差显然很难消除，于是沿某些州的界线明显出现了地质分片现象，前寒武纪地质学家挖苦地把它叫作“边界断层”。

范·施莫斯梦想着联邦政府能启动一项科研计划，去消除这些“边界断层”。在这个联邦项目中，可以用飞机搭载磁强计对阿巴拉契亚山脉和落基山脉之间的大片国土进行航磁观测，观测线的间隔应该是一公里。“在过去的十年里，我们对基底的了解已经取得了很多进展，有了一个整体的初步认识，”他说，“要把我们的认识再提高一个层次，就要付出更大的努力和更多的成本。买 652
一架战斗轰炸机的钱就足够把我们对前寒武纪基底的认识提高一个数量级了。整个调查需要在这个地区进行三千次短途飞行，每公里 6.2 美元。这样总共需要 5000 万美元，或许是 1 亿美元，就能飞完了。这会让你知道些什么？在项目完成以前，你怎么能知道呢？但是，你一定会深入认识到这个大陆的结构和构造。”

在《美国磁异常综合图》中，从元古宙大陆的一边到另一边有一系列的红色“牛眼”，它们的平均年龄是 1450 百万年。它们就是所谓的“1450 深成岩体”，这在地球历史中是一个谜一样的事件，在那以前没有过，在那以后也没有过，独一无二，没有解释。某些作用让整个增生带发生了部分熔化，大陆被 4000 多公里长的花岗岩深成岩体钉在一起。它们是富含磁铁矿的花岗岩，因此，在图上以红色为特征。也有人叫它“1450 岩基”，其中包括拉勒米山脉的谢尔曼花岗岩，科罗拉多州的银羽花岗岩，密苏里州南部的圣弗朗索瓦山脉的花岗岩，以及威斯康星州的沃尔夫河岩基。它们让现在位于卡农城深峡谷两侧的岩石再次经受了高温变质作用。伊利诺伊州的基底里有一大片“1800—1650 增生杂岩”，这些增生杂岩也趴在西部各州下面，在伊利诺伊州可以看到，这片增生杂岩上面覆盖着在“1450 事件”中形成的流纹岩熔岩。

按照定义，深成岩体和岩基几乎都是大规模造山运动的一个阶段和结果，会形成大规模的山脉。加州理工学院的地质学家利昂·西尔弗把“1450 深成岩体”叫作“北美洲的非造山运动穿孔”。这是西尔弗和其他人发表的一篇科学论文的题目，他们提醒人们关注这些巨大的火成岩体发出的神秘信号：它们是在没有发生造山运动的情况下进入地球的。对“1450 现象”的普遍看法是，它发生在一个压力释放的伸展环境中。也就是说，一个超级大陆正在分裂、伸展、变薄，在其他地方断裂形成了海洋，而在北美洲，这一事件只是把地壳拉开、伸展、拉伸和变薄，它把地幔的熔化热物质带到接近地表的地方，不仅产生了非造山的“1450 深成
653 岩体”，而且还产生了大量的花岗岩和流纹岩地体，沿着大陆东部和南部边缘填充进和覆盖住上地壳，甚至有可能已经把北美洲的一大块土地撕裂下来，在大陆伸展过程中跑到了现在世界上的某个地方，只是它的北美洲起源身份还没有被识别出来。

关于“1450 深成岩体”和相关事件发生的构造背景，一些理论家假设，曾经有一个巨大的稳定大陆，那里由于没有活跃的火山活动或裂谷作用，热流受到了抑制。大陆底下的温度随着来自地幔的热量逐渐积累起来，下地壳发生了部分熔融。结果，深成岩体形成并且上升了。这种解释似乎和另一种解释同样合乎逻辑，而“1450 火成岩体”的原因还是不清楚。这些一长列的深成岩体并不是地球物理学上地幔热点的轨迹，像特里斯坦—达库尼亚火

山链、留尼旺火山岛，或者夏威夷那样。“1450 火成岩体”并没有侵入到古老的地盾中。一些地球物理学家提出，可能整个美洲大陆的下地壳都变得非常热，但只有“1800”后的增生部分营养足够充分，足够产生花岗岩（这些增生部分就在北美地盾以南的中部大陆），那些太古宙古老克拉通中的养分早就被蒸馏出去了。因此，在“1450”时不会再产生花岗岩。地质学家还提到了另外一种可能性，认为“新生的”地壳——就是那些增生的地壳——富含铀、钍和钾，因此可以产生放射性热，自行熔化。对这些猜测，范·施莫斯没有一个喜欢的。他只是摇摇头说：“世界上没有任何其他一个地方像这儿一样，有一串年龄基本相同的深成岩体，连绵延伸 4000 公里。”

6

重力异常是窥探深时地质的另一个窗口。磁异常是用飞机测量的，而重力异常是人坐在汽车里测量的。他们拉着重力测量仪在每一个标志桩前停下来，然后读取读数，在每一平方英里（2.59平方公里）土地的四个角上都有标志桩。以前，导弹的重量要比现在重得多，那时候，重力资料起了很重要作用，因为在计算弹道轨
654 迹时，重力场变化的资料是必不可少的。即便如此，无论是在全国范围内还是在全球范围内，获得的重力数据都是东一块西一块的，数据的质量也不一样。在我们这个星球上有多少个平方英里，能立多少个标志桩啊。"他们还没有真正开发出一种好用的航空重力测量仪，"范·施莫斯说，"当他们做到这一点后，一切都会好起来，你可以飞到巴西地盾那样偏远的地区，得到一张高质量的重力图。"地磁图包含了很多的细节，但它们不像重力图那样，用一种完整的三维方式显示地壳里的东西。用范·施莫斯的话来说："磁场是对浅层地壳采样，范围是地壳最上层的几百米。重力场基本上是整个岩石圈的平均值。当你看一张重力图时，你看到的是地壳的深层特征。"重力仪测到的是地下岩石的密度。重力低是对花岗岩或沉积盆地的响应，它们是低密度的大陆岩石。重力高则指示了最致密的物质，例如：从地幔中衍生出来的海洋地壳，甚至

是地幔本身。中部大陆裂谷的玄武质岩石类似于海洋扩张中心，在重力仪上显示的是一个很高的重力场数值。在解释美国的变质基底地质学时，重力图在阿巴拉契亚山脉和落基山脉之间是最有用的，因为高低不平的地形造成的混乱不会干扰到深部。

有很多方法能让重力仪和磁力仪给出的地球物理数据像能摸得到看得见的岩石一样好，这些有形岩石给数据解释提供了可信性。如果你的目标是前寒武纪的堪萨斯州或前寒武纪的内布拉斯加州，而离你最近的岩石在地下600到900米深的地方，那么，你会依赖钻井中的岩心。这些岩心会成为你认识的根基。如果你结合地磁图，对钻井岩心进行岩石学、化学和放射性定年学综合研究，再用重力图作为补充，你就掌握了目前最有效的方法，去窥探久远的深时。

范·施莫斯曾说过，磁场信号“只有在你用岩石去做检验的时候才会发挥作用”。一旦石油公司把钻井钻进到特别深的地方，进行科学研究的地质学家们就会出现在井场，要求给他们一些岩心碎片。由于石油不会在前寒武系岩石中形成，前寒武纪也没有任何东西能形成石油，当钻到前寒武系岩石深度时，大多数石油钻机都会停下来。不过，在有些地方，断层会导致石油和天然气进入前寒 655
武系里，钻机也跟着钻进去。德士古公司在堪萨斯州钻进3600多米，深入到中部大陆裂谷中心不含油的沉积物中。在艾奥瓦州的中心和裂谷的侧翼，阿莫科公司钻了5180多米深，他们是为了弄清楚那些苏必利尔湖附近类似的岩层中有没有碳氢化合物，结果，没有见到一滴石油，但获得了大量数据。在其他一些地方，石油钻机已经钻进到前寒武系几十米的深处，这或者是因为操作人员不知道他们钻到哪儿了，或者是因为他们以为自己撞上了一个推覆到年轻岩层的前寒武系楔状物里，想把它穿过。当钻井平台操作人员钻进前寒武系时，大学的地质学家有时会付给他们钱，让他们继续钻下去，这是工业界和学术界之间的一个笑脸默契，叫作“搭载式钻进”。每小时付 150 美元左右，钻工们一直干到钻头磨损为止。只要花 500 到 1000 美元，地质学家们就会带着满满几桶岩屑打道回府。石油公司有时会额外多钻一个小时，“只是为了你好我好”。

内布拉斯加州钻井已经证实内布拉斯加州的基底和科罗拉多州的基底非常相似，是增生岛弧之类的岩石。范·施莫斯说：“然而，在艾奥瓦州没有好的控制点。它要么是内布拉斯加州向东部的延伸，要么是威斯康星州向西南的延伸。艾奥瓦州元古宙早期的历史仍然是一个巨大的谜团。艾奥瓦州基底在我们的知识中是一个很大的空白。如果我有 5000 万美元科学钻探费，我一定会把它花在那儿。”地质学界经常听到这样一句话：“你几乎可以喝掉艾奥瓦州出产的所有石油。”从这句话里你就可以知道为什么会产生范·施莫斯说的那个知识空白了。

中西部基底最全面的岩石样品库就保存在堪萨斯大学地质系的“基底”，一个大地下室。这个样品库大约有 30 年的历史，里面装满了来自中西部各州的岩心和岩屑。它存在的直接成果之一是前寒武纪中部大陆的地图，这幅图依据的不是推断，而是事实。范·施莫斯随手拿起一块从内布拉斯加州布法罗县获得的岩心，说这是一个英云闪长质片麻岩，年龄是“1790”。它的黑云母和角闪石含有锆石。“内布拉斯加州的基底比堪萨斯州的基底更有意思，”他说，“内布拉斯加州有更多新生的原始岛弧。”就前寒武纪而言，656
钻探最好的四个州是俄克拉何马州、密苏里州、堪萨斯州和内布拉斯加州。他说：“在得克萨斯州，他们在钻到基底以前就钻到了大量的石油，然后他们就停钻了。”

德国想成为科学深钻领域的领导者，在巴伐利亚钻了一口 9754 米深的钻井，投资 2 亿美元。在科拉半岛，俄罗斯在白海和北冰洋之间钻了一口深度超过 12000 米的深井。在美国，除了碰运气，找石油、白拿钱的情况外，到目前为止科学钻探钻得还不算多。

看起来，在地下室深处的岩心库是一个很好的地方，在这里可以你可以问问范·施莫斯，让用他自己的话说一说，在前寒武纪岩石里钻进 12000 多米深，人们究竟希望了解到什么。

“首先，当然，前寒武纪几乎占了地球历史的 90%，”他说，“如果你想了解显生宙地质学开始的那一刻，你必须要理解前寒武纪。其次，前寒武纪地盾区，特别是太古宙地盾区，是产出主要经济资源的地区，有金、铜、铁、镍、铅等。钻石管相对年轻得多，但它们只在前寒武纪克拉通中被发现。在地幔里形成金伯利岩需要巨大的压力，而这些压力的逐渐积累和前寒武纪克拉通有关。”金伯利岩是一种火山岩颈，是钻石的基质岩石。“前寒武纪保存了地球动力学系统的某些方面，我们只能在古老的岩石中看到，因为它们已经被侵蚀到很深的地方，”他继续说，“我们可以看到前寒武纪山脉的山根，而在显生宙，我们所能看到的，实际上只是山脉的中部或者上部。我们不知道阿巴拉契亚山脉的山根是什么样的。

我们已经看到了阿巴拉契亚山脉的褶皱核，但没有看到更深的碰撞山根。我们只能看着前寒武纪褶皱带，努力去了解在年轻山脉的深处发生了什么。有一件很重要的事现在已经得到了公认，这就是，通过测年技术，我们能够有效地建立起前寒武纪的地层学序列。通过矿物学和地球化学技术，我们有办法去认识所谓的‘原岩’，也就是先前存在的岩石类型。我们可以开始破译跟岩石原始形成环境直接相关的地质历史。世界上有大片的地区，那里的前寒武纪岩石几乎还保存着原始的状态。在一些地方，它们保存了35 亿年或更老的化石。这些化石是我们追踪生命进化的目前仅有
657 的记录。”

在一所大学的“地质学 101”课程中，一位嘲笑大陆漂移的教授一直在教导学生说，前寒武纪时期没有留下化石。这实际上就是前寒武纪的定义。化石的出现标志着显生宙时代的开始，也就是说，从那时起，身体里具有坚硬部分的生物突然出现，并且有了爆炸性的空前大发展。“在寒武纪马上就要到来之前，有一个大型的软体动物群，叫作‘埃迪卡拉’，”范·施莫斯继续说，“在埃迪卡拉以前，我们看到的只是复杂的细菌、藻类、很小的单细胞生物。如果没有这些记录，不了解这些东西进化的环境，我们就不会真正理解进化论。岩石记录中还有很多所谓的化学化石，例如，碳的同位素组成。它随时间的演化是可以监控示踪的，这反映了地球上的生物活动。在前寒武纪，还可以发现很多这样的信息，可以帮助我们深入认识寒武系的基底，这在传统上是现代地质学的起始点。”

7

前寒武纪的地形裸露着，得不到植物的保护，任由风化作用侵袭。高山上的岩石峰顶看上去就像现在的峰顶，光秃秃的山坡上堆满了厚厚的扇形碎石堆，像南极洲的山脉一样。景色取决于地形，而颜色来自岩石，辫状河流在没有土壤的裸露岩石上流动。岩石被撕开，磨碎，沉积、成层，固结形成新岩石，这样的循环过程不会受到植物根或茎的阻碍，因此，循环速度很快。巨大的石块和砾石靠重力的休止角固定在倾斜的地面上。粉砂和砂很快被冲进湖泊和海洋里。这是一幅朴实无华、毫无修饰、至简归真的前寒武纪风景画，有时会呈现给我们一种不协调的景观，沙漠中大雨滂沱，河水滚滚，翻着白色的浪花。

如果你能在距今 11 亿年前从今天叫芝加哥的地方开始一次
旅行，沿着今天 80 号州际公路的路线向西走，你几乎会穿越地质 658
学家们今天在前寒武纪基底上见到的所有那些东西。在伊利诺伊州，你可能会走在被侵蚀出来的流纹岩上，它下面埋藏着花岗岩，它们曾经是高高的安第斯型大陆边缘。在艾奥瓦州东部，你会穿过一条深成岩带，它也是被侵蚀剥露出来的，它的年龄可以追溯到北美洲的“1450 非造山穿孔”事件。

如果你能从另一个方向走过来，同样是 11 亿年前，同样是走 80 号州际公路，你会经过今天叫岩泉和罗林斯的地方，那里经过侵蚀后已经露出了太古宙怀俄明克拉通的地盾岩石。在拉勒米附近，先是沿着古老的夏延带走，那里是“1800”时的大陆边缘，跳过它，你就登上了已经挤到一起的岛弧杂岩体，这些岛弧的拼贴充填了科罗拉多州和内布拉斯加州，以及美国大部分其他地区。你不会在那里遇到粉红色的花岗岩，它是今天的前缘山脉花岗岩，是侵入到岛弧杂岩体里的神秘的“1450 深成岩体”，但那时候它还埋在很深的地方。在“1800”后的变质火山岩上，你可以继续穿越内布拉斯加州，经过北普拉特和卡尼，到达林肯。

现在，这条 11 亿年前的北美等时线在中间几乎相遇了，当然，还差了今天的林肯、奥马哈和得梅因三城。裂谷在“1108”时开始分裂，这三个城市所在的地点离得非常近。到“1100”左右，它们仍然正在分裂开，并且会继续分裂 1400 万年。在北美洲大陆核底下的什么东西正在撕裂着这个大陆，威胁到它继续作为一个完整大陆的存在。这个中部大陆裂谷的成因很可能是来自地幔深处的热地幔柱，这是一个地球物理热点，它拱起了地壳，然后把地壳拱裂。溢流的玄武岩填满了裂谷。夜晚可以看到，在熔岩喷泉的上方，整个天空都是红色的。大约在“1100”时，裂谷的三联点在苏必利尔湖底下裂开，一条裂谷臂伸向西南，另一条伸向密歇根湖。如果裂谷的张裂持续足够长的时间，这两个活跃的裂谷臂中间的地块就会离开北美洲大陆，这个地块至少包括了现在中西部的一半地区，它们最终会漂移到哪里，会裂成多少片，谁也不知道。如果真是那样的话，在北美洲的中部就会形成一个拥有 1600 多公里海岸线的大海湾。

裂谷的中心就在林肯城和奥马哈城之间，80 号州际公路直 659
接从裂谷中心穿过。裂谷东侧的谷壁逐渐向得梅因城方向滑动。在 80 号州际公路上，艾奥瓦州的整个西半部都骑在裂谷上或裂谷侧翼的盆地之上。为了在脑子里建立起一幅变化的动态图像，你需要借助一张美国的磁异常综合图，或者均衡剩余重力图。在地磁图和重力图上，中部大陆裂谷是你看到的最显著的特征。在四分之一个世纪前，它在科学图件中没有任何显示，就像是在看公路图一样。它被叫作“中部大陆重力异常”或者“中部大陆重力高”，只是描述，没有关于成因的暗示或者解释。如果这次裂谷作用像大西洋中部裂谷一样持续上 2 亿年，林肯城和得梅因城的距离会分开得很远，像泽西城和卡萨布兰卡城间的距离那么远——这两个地方在大西洋张裂开之前曾经就像林肯城和得梅因城一样近。但这并没有发生。中部大陆裂谷体系最终并没有在大陆的演化中起到主要作用，因为裂谷作用停止了，或者说被突然停止了。裂谷系最古老的岩石可以追溯到“1108”，最年轻的岩石可以追溯到“1086”，因此，可以认定裂谷作用持续了 2200 万年，比大西洋的张裂短得多。但是，到“1100”时，大约是加利福尼亚湾裂谷持续时间的三倍，也比红海的张裂长很多。

似乎有什么东西扼杀了这个年轻的地幔热点，让中部大陆没有被破坏掉。当裂谷变宽时，一些地壳块体在裂谷中央掉了下去，现在它们受到了巨大的挤压力，裂谷的中部上升得比两侧的肩部还高。用地质学的语言来说，地堑被挤压向上抬升，变成了地垒。就好像红海停止了扩张，它的海底被挤得抬升起来，高出了两侧的海岸。阻止北美洲元古宙裂谷的挤压力据信来自“格林威尔造山运动”。这个名字是指一次大陆和大陆间的碰撞，大约在“1050”完成，它把西非克拉通和亚马孙克拉通撞到北美洲的东部和南部边缘上，形成了罗迪尼亚超大陆，比盘古大陆这块最新的超大陆早了好几亿年。在格林威尔时期，非洲克拉通和南美洲克拉通还没有成形，也没有挨在一起，那都是很久很久以后的故事。在“1100”时，西非克拉通和亚马孙克拉通还没有碰撞到一起，像它
660 们今天那样。和它们相比，倒是北美洲和它今天的样子更相像。从得克萨斯州到加拿大的拉布拉多省，格林威尔造山运动建起了美洲东部的雏形。

作为这些事件结束时的一个感叹号，科罗拉多州底下的一个孤立的地幔柱似乎跟格林威尔造山运动有关系。大陆和大陆的碰撞过程停止了，裂谷作用也同时停止了，就在这个时候，一个岩基侵入到科罗拉多州下面，如果说它们之间没有任何关系，那是没法用任何其他原因去解释的。那个时候，在科罗拉多州或它附近，没有任何其他事件发生，或者马上就要发生。然后突然出现了这个特立独行的花岗岩，也就是派克斯峰花岗岩，它在年龄和结构上同落基山脉其他所有的花岗岩都截然不同。用范·施莫斯的话说：“它冷却下来了，仅此而已。派克斯峰岩基孤零零地站在那里。”从那以后，一直到前寒武纪末期，中部大陆平静了五亿年。

主要图件目录

北美洲——北纬 20—55 度，2—3

内华达州和犹他州的盆岭省，43

主要岩石圈板块和一些小板块，122—123

宾夕法尼亚州和新泽西州，211

阿巴拉契亚山脉，237

印第安纳州和俄亥俄州，253

怀俄明州，278—279

杰克逊洞和怀俄明州西北部，369

北太平洋海底，391

加利福尼亚，430

加利福尼亚采金营地和斯马特维尔地块，459

澳大利亚和印度尼西亚很像中生代时的美洲西缘，499

特提斯洋的残余：地中海、黑海、里海和咸海，512

大洋扩张中心，515

戴维斯西边的海岸山脉，拉分盆地，545

大陆逃逸构造和缅甸构造结，565

旧金山地区，573

圣安德列斯断层家族的断层，596

中部大陆裂谷，624
三联点：东非裂谷、亚丁湾、红海，629
印度和马达加斯加分裂开的海岸，635
太古宙克拉通和造山带，637

索引

A

Aar Glacier, Switzerland（瑞士阿尔冰川）, 257

Abelson, Phil（菲尔·艾贝尔森）, 109

Absaroka Rang, Wyoming（怀俄明州阿布萨洛卡山脉）, 313, 357, 420

abyssal plains（深海平原）, 127, 394, 399, 478, 480-481

abyssoliths, *see* batholiths（参见“深成岩体”）

Acadian Orogeny（阿卡迪造山运动）, 186, 213, 216, 222, 558

accretion tectonics（加积楔构造）, 228, 485, 499, 547, 641

accuracy vs. precision（准确与精确）, 646

Acropolis: geology of（雅典卫城的地质）, 520-521; as klippe（飞来峰）, 520, 521

Adam, Robert（罗伯特·亚当）, 74

Adriatic Plate（亚得里亚板块）, 120, 559

Africa（非洲）: and Brazil（非洲和巴西）, 399, 561; cratons（克拉通）, 560; Cretaceous period（白垩纪时的非洲）, 560; and Europe（非洲和欧洲）, 553; geological history（地质历史）, 553, 560-561; Jurassic proximity to South America（侏罗纪时靠近南美洲）, 396; and Madagascar（非洲和马达加斯加）, 399, 560, 561; Mississippian period（密西西比纪时期）, 93; and North America（非洲和北美洲）, 28, 41, 93, 226, 553, 558; in Precambrian time（前寒武纪时期）, 560; and Seychelles（非洲和塞舌尔） 560-561; in Triassic period（三叠纪时期）, 28, 41

African Plate（非洲板块）, 120, 395

Agassiz, Jean Louis Rodolphe（让·路易斯·罗多尔菲·阿加西）: theory of continental glaciation（大陆冰川理论）, 255-260; in United States（阿加西在美国）, 263-267; view of The Origin of Species（对物种起源的看法）, 266-267

Agassiz's Club（阿加西俱乐部）, 265

Agricola,Georgius（乔治乌斯·阿格里科拉）, 468-469

Alaska（阿拉斯加州）: amount of ice in Pleistocene epoch（更新世时期冰川的数量）, 153; amount of ice today（今天冰川的数量）, 254; Brooks Range（布鲁克斯山）, 553,

566; as exotic terrane（作为外来地体）, 228, 547, 553-554, 566; glacial erratics in（冰川漂砾）, 153, origins of（成因）, 553 -554, 566; Seward Peninsula（苏华德半岛）, 554; as suspect terrane（作为可疑地体）, 228; Yukon gold（育空地区金矿）, 153

Alberti, Friedrich August von（弗里德里希 · 奥格斯特 · 冯 · 阿尔贝蒂）, 83

Aleutian Islands（阿留申群岛）, 506

Aleutian Trench（阿留申海沟）, 390

Alexander Terrane（亚历山大地体）, 566

Alleghenian Orogeny（阿勒格尼造山运动）, 186, 216, 222, 229, 558

Allegheny Plateau（阿勒格尼高原）, 184, 245-248

alluvial fans（冲积扇）, 44, 213; Great Central Valley（中央大峡谷）, 539

Almaden winery（艾尔玛登酒庄）: on San Andreas Fault（在圣安德列斯断裂带上）, 603

alpine glaciers（高山冰川）, 254; "ghost glaciation"（幽灵冰川）, 372; observable movement（可察觉到的运动）, 257, 593; in Sierra Nevada（内华达山的高山冰川）, 441, 447, 449, 451; in Switzerland（瑞士）, 254, 257-258; in Tetons（提顿山）, 372, 378; *see also* continental glaciation（参见"大陆冰川作用"）

Alps（阿尔卑斯山）: formation of（成因）, 46, 120; peridotites in（橄榄岩）, 492, 493

Alvarez, Luis（路易斯 · 阿尔瓦雷兹）, 84

Alvarez, Walter（沃尔特 · 阿尔瓦雷兹）, 84-85

Amazonian Craton（亚马孙克拉通）, 659-660

AAPG, American Association of Petroleum Geologists（美国石油地质学家协会）: and Anita Harris（安妮塔 · 哈里斯和AAPG）, 181; and continental-drift hypothesis（大陆漂移假说）, 117; maps by（AAPG出版的地质图）, 25

American Geological Institute（美国地质研究所）, 33

American Geophysical Union（美国地球物理学联合会）, 393

Amerian River, California（加利福尼亚州美利坚河）: dam site near Auburn（奥本附近的坝址）, 481-484; discovery of gold（金的发现）, 461, 463, 471

Ames, Oakes（奥克斯 · 埃姆斯）, 326

Ames, Oliver（奥利弗 · 埃姆斯）, 326

Amphibolite（角闪岩）, 320, 321

Ancestral Rockies（始祖落基山脉）, 94, 310

Andes（安第斯山）: andesite in（安第斯山的安山岩）, 33; lack of ophiolite in（安第斯山缺乏蛇绿岩）, 569-570; origins of（成因）, 46, 542, 569-570, 650

Andesite（安山岩）: vs. diorite（跟闪长岩对比）, 33-34, vs. granodiorite（跟花岗闪长岩对比）, 34; naming of（安山岩的命名）, 33, 34; in Sierra Nevada（内华达山的安山岩）, 440, 441-442, 444, 445, 451
angular unconformities（角度不整合面）: Carlin Canyon, Nevada（内华达州卡林峡谷的角度不整合面）, 68-69, 92, 95, 99; in Scotland（苏格兰的角度不整合面）, 18, 69, 77-79, 95
anorthosite（斜长岩）, 328
Antarctica（南极洲）: amount of ice（冰的数量）, 260; in Cretaceous period（白垩纪时）, 560; and India（南极洲和印度）, 399; and North America（南极洲和北美洲）, 567
Antarctic Plate（南极洲板块）, 120
anthracite（无烟煤）, 247
anticlines（背斜）: Cat Creek Anticline（猫溪背斜）, 351; Davis Anticline（戴维斯背斜）, 597, in Great Central Valley（中央大峡谷中的背斜）, 597; sheepherder anticlines（牧羊人背斜）, 290; *see also* synclines（参见“向斜”）
Antioch Fault（安提阿断层）, 600
Antler Orogeny（鹿角造山运动）, 132
Apollo Object（阿波罗天体）, 85, 437
Appalachians（阿巴拉契亚山脉）: Ancestral（古阿巴拉契亚山脉）, 180; and Delaware Water Gap（阿巴拉契亚山脉和特拉华水峡口）, 146, 182-209; described（对阿巴拉契亚山脉的描述）, 184-186, 236, 238; formation of（阿巴拉契亚山脉的成因）, 46, 126, 147, 186; Great Valley of the Appalachians（阿巴拉契亚山脉的大峡谷）, 183-192; on I-80（在I-80公路上）, 210, 235-236; in late Pennsylvanian（晚宾夕法尼亚世）, 93; maps of（阿巴拉契亚山脉的地图）, 211, 237; orogenies（造山运动）, 186, 216, 218, 221, 222, 229; and plate tectonics（阿巴拉契亚山脉和板块构造）, 147-148, 217-220, 222-223, 225-227, 240-241, 493; in Precambrian time（前寒武纪时期）, 236, 238; as remains of alpine massif（高山地块的残余）, 184; remnants in Newark Basin（纽瓦克盆地中的残余）, 24-25; rivers in（阿巴拉契亚山脉中的河流）, 240, 241-242; role of hot spots（地幔热点的作用）, 400; seismological data（地震学资料）, 226, 227; study by early geologists（早期地质学家的研究）, 184-186, 232-235; in Triassic period（三叠纪时期）, 29
Archaeopteryx（始祖鸟）, Jurassic bird（侏罗纪时期的鸟）, 83, 102, 360
Archean cratons（太古宙克拉通）: collisions between（克拉通间的碰撞）, 636, 638; defined, 633; map of（克拉通分布图）, 637; mineral deposits in（克拉通上的矿床）, 656; Wyoming craton（怀俄明克拉通）, 633, 635, 636, 638, 639, 645, 658

Archean Eon（太古宙）: Africa in（太古宙时的非洲）, 560; characteristics of（太古宙的特点）, 87, 631-633; island arcs（岛弧）, 632; life-forms in（太古宙的生命形式）, 87, 634; methods of venting heat（热的释放方式）, 631-32; study of（太古宙研究）, 629-630; tectonics in（太古宙的大地构造）, 632-634; transition to Proterozoic Eon（太古宙向元古宙过渡）, 633-635
arc rocks（岛弧岩石）, *see* island arcs（参见“岛弧”）
argon/argon dating（氩-氩定年方法）, 380, 395, 649
Arizona（亚利桑那州）: geology of（亚利桑那州地质）, 534-535; Moores' mining background（穆尔斯的采矿背景）, 526-535
Arkansas Rivergorge, Colorado（科罗拉多州阿肯色河峡谷）, 642-643, 650
Armstrong, Richard（理查德 · 阿姆斯特朗）, 402
Arthur's Seat, Scotland（苏格兰亚瑟王座山）, 72
artists（艺术家）: and Delaware Water Gap（艺术家和特拉华水峡口）, 146, 192, 203, 205-206, 208; Hudson River School（哈得逊河画派）, 192, 203
Ascension Island, as hot spot（阿森松岛地幔热点）, 399
aseismic slip（无震滑动）, 603
ash（火山灰）, *see also* volcanic ash（参见“火山灰”）
asteroids（小行星）: Apollo Object（阿波罗天体）, 85, 437
asthenosphere（软流圈）, 397, 519
Athens, Greece（希腊雅典）: McPhee and Moors in（麦克菲和穆尔斯在希腊雅典）, 519-521
Atlantic Ocean（大西洋）: creation of（大西洋的产生）, 20, 41-42, 118, 126, 137, 143, 147-148, 240
Atlantis（亚特兰蒂斯）, 496
Atlas（Greek mythology）（希腊神话里的阿特拉斯）, 147
Atlas Mountains（阿特拉斯山脉）, 126
atmosphere（大气圈）: changes in（大气圈的变化）, 29-30, 634
atomic-absorption spectrophotometer（原子吸收分光光度计）, 110
Atwater, Tanya（塔尼亚 · 阿特沃特）, 134
Auburn, Califurnia（加利福尼亚州奥本镇）, 476; American River dam site（美利坚河坝址）, 481-484
auriferous gravels（含金砾岩）, 455-456, 472; *see also* hydraulic mining（参见“水力采矿”）
Australia（澳大利亚）: in Cretaceous period（白垩纪时期的澳大利亚）, 560; movement toward China（澳大利亚朝中国移动）, 229; and plate tectonics（澳大利亚和板块构造）, 120, 124, 499, 556; in Triassic period（三叠纪时期的澳大利亚）, 28
autochthonous（“本地的”）: defined

（定义）, 282

B

Bahamas（巴哈马）, 55, 399, 568
Baja California（下加利福尼亚）, *see* California, Gulf of（参见"加利福尼亚湾"）
basalt（玄武岩）: association with serpentine, gabbro, and diabase（与蛇纹岩、辉长岩和辉绿岩共生）, 491-492; in Basin and Range（盆岭省的玄武岩）, 52; cooling of（玄武岩的冷却）, 38; flood basalts（溢流玄武岩）, 82, 84, 398-399, 545; vs. Gabbro（跟辉长岩对比）, 33-34; Hutton's view of（赫顿的观点）, 73; in Triassic New Jersey（新泽西州的三叠纪玄武岩）, 28-29
basement（基底）: defined（定义）, 311; *see also* Precambrian time（参见"前寒武纪"）
Basin and Range（盆岭省）: absence of layer-cake geology（盆岭省没有"千层糕"地质）, 51; animals in（盆岭省的动物）, 42, 44; characteristics of（盆岭省的特征）, 42, 44; continental crust in（盆岭省的大陆地壳）, 40, 66; creation of（盆岭省的产生）, 50-51, 52, 113, 402; discribed（盆岭省的描述）, 27-28: earthquakes in（盆岭省的地震）, 66, 598; fault-block tilting（断块掀斜）, 46-47, 50, 66; fault displacement（断层位移）, 45, 598-599; faulting（断层活动）, 46-47, 50-51, 52, 113, 402; vs. Great Basin（盆岭省和大盆地）, 32, 42; map of（盆岭省地图）, 43; silence in（盆岭省的寂静）, 44; silver deposits（盆岭省的银矿）, 102, 104, 106-107, 138
basin-and-range structure（盆岭省构造）: Border Fault, New Jersey, example（边界断层, 新泽西州实例）, 40, 41; described（描述）, 28, 42; reading of（阅读盆岭省）, 112; *see also* Basin and Range（参见"盆岭省"）
basin fill（盆地充填）: in central Rockies（落基山脉中部）, 322, 386-387; impact of water and wind（水和风的影响）, 325
basins（盆地）: in Basin and Range（盆岭省的盆地）, 42, 44; formation of（盆地成因）, 25, 46; Great Central Valley as example（以中央大峡谷为例）, 15, 28, 544; and hot spots（盆地和地幔热点）, 400-401; Laramide Orogeny（拉勒米造山运动）, 331; in mid-continent（中部大陆的盆地）, 252-253; oil and gas in（盆地中的石油天然气）, 419; pull-apart（拉分盆地）, 545, 549, 574; vs. ranges（盆地和山岭）, 46; types of（盆地的种类）, 25; vs. valleys（盆地和山谷）, 28, 544; wind-scoured（风蚀成因的）, 329; *see also* Basin and Range; basin-and-range structure（参见"盆岭省"和"盆岭省构造"）
batholiths（深成岩）: across North

American continent（横跨北美大陆的深成岩）, 652-653; in Colorado（科罗拉多的深成岩）, 660; creation of（深成岩的产生）, 446, 450; defined（定义）, 446; Pikes Peak（派克斯峰）, 660; Sierra batholith（高山深成岩）, 446-448, 450-451
Bauer, Georg（乔治 · 鲍尔）, 467-469
Bautisa, de Anza, Juan（胡安 · 包蒂斯塔 · 德安萨）, 581
BeartoothHighway, Wyoming（怀俄明州熊牙山高速公路）, 419
Beartooth Mountains, Wyoming（怀俄明州熊牙山脉）, 311, 322
Beaver Mountain, Wyoming（怀俄明州海狸山）, 293
bedding plane（层理面）: in Great Valley Sequence（大峡谷序列中的层理面）, 545; Holy Toledo cut（"圣托莱多"剖面）, 243, 244; igneous rock of palisades Sill（帕利塞兹岩床火成岩）, 20; tilting in Stansbury Mountains（斯坦斯伯里山脉的倾斜）, 56
Behre. C. H. Jr.（C.H.小贝雷）, 221
怀俄明州贝尔泉（Bell Spring, Wyoming）, 289
benched throughcuts（贯穿性开挖）, 285, 571
Bentonite（斑脱岩）, 286-287
Berea Delta（伯利亚三角洲）, 261
Beringer winery（贝林格酒庄）, 549, 552
Bering Sea（白令海）, 557
Berkeley Hills, California（加利福尼亚州伯克利山）, 601
Bermuda（百慕大）: as hot spot（地幔热点）, 400-402
Berryessa, Lake（贝利耶萨湖）, 545, 549
Bezore, Sleven（史蒂芬 · 贝佐尔）, 548
Bible（圣经）: Book of Genesis（《创世记》一书）, 71, 88, 630; *see also* religion（参见"宗教"）
Bickford, M. E.（M. E. 比克福特）, 648
Big Hollow, Wyoming（怀俄明州的"大窟窿"）, 329
Bighorn Basin, Wyoming（怀俄明州的大角盆地）, 286, 313, 325, 420
BighornMountains, Wyoming（怀俄明州的大角山脉）, 311, 312, 322
Big Meadows of the Humboldt, Nevada（内华达州的"洪堡大牧草场"）, 138, 139
Big Mountain . Pennsylvania（宾夕法尼亚州的"大山"）, 243
Big Picture（大画面）, 62-63, 64, 70, 356, 386; Precambrian time（前寒武纪）, 640-645
Big Sand Draw, Wyoming（怀俄明州大沙窝）, 344, 353
billions vs. millions（"十亿"和"百万"的数量关系）, 183
Bitter Creek, Wyoming（怀俄明州苦溪）, 410
bituminous coal（烟煤）, 247
Black, Joseph（约瑟夫 · 布莱克）, 73-

74
blackboards（黑板）, 191
black-box geology（“黑匣子”地质）: defined（定义）, 71; vs. field geology（黑匣子地质对野外地质）, 380-382; Werner as antecedent（维尔纳是鼻祖）, 71; *see also* laboratory geology（参见“实验室地质”）
Blacks Fork River, Wyoming（怀俄明州布莱克斯岔河）, 414-415
blind hot spots（“盲地幔热点”）, 399-400
blind men andelephant (fable)（盲人和象的寓言）, 63-64, 380
blind thrusts（盲冲断层）, 597, 603
Block, Harry（哈里·布洛克）, 149
Bloomsburg formation（布卢姆斯堡组）, 201, 203, 204, 206, 207, 208
Bonneville, Lake（博纳维尔湖）, 138: dropping of（博纳维尔湖的收缩）, 52-53, 56; Great Salt Lake as remnant（大盐湖是博纳维尔湖的残余）, 53, 56; maximum size（博纳维尔湖的最大面积）, 52; shoreline terraces（湖滨阶地）, 52, 53, 56; as side effect of glaciation（冰川活动的副作用）, 52
Bonneville flats（博纳维尔盐滩）, 58-61
Border Fault, New Jersey（新泽西州边界断层）, 29, 39; defined（定义）, 21, 40; as example of basin-and-range structure（盆岭省构造的例证）, 40, 41
boulders（大石块）: erratic（漂砾）, 153, 255, 256, 257, 447; in Hickory Run State Park（山核桃仁州立公园）, 215: jade at Crooks Gap, Wyoming（怀俄明州克鲁克斯峡口的玉）, 292; periglacial（冰川边缘的）, 215
Boundary Waters Area, Minnesota（明尼苏达州“边界水域”）, 151-153
Bowring, Samuel A.（塞缪尔·A.鲍林）, 630
braidedrivers（辫状河）, 196-197
Brazil（巴西）: and Africa（巴西和非洲）, 399, 561
Brazilian Shield（巴西地盾）, 638, 640, 654
breccia（角砾）, 57, 437, 441, 449, 604
Brevard Zone（布雷瓦德带）, 222, 226, 230
Bridger, Jim（吉姆·布里杰）, 317
Bridger (Jim) generating plant（吉姆布里杰发电厂）, 405-406, 407-409
bridges（大桥）: George Washington Bridge（乔治·华盛顿大桥）, 19, 93, 199; Golden Gate Bridge and site（金门大桥和桥址）, 492, 572, 575-577, 588, 615; San Francisco-Oakland Bay Bridge（旧金山-奥克兰海湾大桥）, 572, 588, 615
Brink, Lambert（兰伯特·布林克）, 198
Brooklyn, New York（纽约布鲁克林）: Anita Harris in（安妮塔·哈里斯在布鲁克林）157, 158, 159-164, 165, 273, 274; geology of（布鲁克林的地

质）, 157, 159-162, 165
Brooks Range, Alaska（阿拉斯加州布鲁克斯山脉）, 553, 566
Brower, David（戴维 · 布劳尔）, 88
Brunn, Jan（让 · 布鲁恩）, 493
Buch, Leopold von（利奥波德 · 冯 · 布赫）, 255, 256, 258
Buckley, William F., Jr.（小威廉 · F.巴克利）, 165-166
buffalo（野牛）: and Wyoming gangplank（野牛和怀俄明州跳板梁）, 320
Buffalo Wallows, Love Ranch, Wyoming（怀俄明州洛夫牧场野牛洼）, 349
Burma Syntaxis（缅甸构造结）, 563; map of（缅甸构造结地图）, 565
Busch Ranch Fault（布希牧场断层）, 600

C

Cabot, James Elliott（詹姆斯 · 艾略特 · 卡伯特）, 265
Caen, Herb（赫布 · 卡昂）, 606
Calaveras Fault（卡拉维拉斯断层）, 600
calcium carbonate（碳酸钙）: and creation of oolites（碳酸钙和鲕粒的产生）, 55; *see also* dolomite, limestone（参见“白云岩”, “灰岩”）
Caledonian Orogeny（加里东造山运动）, 558
California（加利福尼亚）: and ambitions of Lansford Hastings（兰斯福德 · 黑斯廷斯的野心）, 59; assembling（组装加利福尼亚）, 432-433, 495; Coast Ranges（海岸山脉）, 125; creating state geological survey（创立州地质调查局）, 474; earthquake predictions（地震预测）, 587, 588, 591-593, 601, 615; frequency of earthquakes（地震发生的频率）, 588, 605; future as island（加利福尼亚将成为一个岛屿）, 143; geologic history（地质历史）, 432-433, 541-544; geologists from（加州来的地质学家）, 297; Loma Prieta earthquake（洛马普列塔地震）, 603-620; maps of（加利福尼亚地图）, 430, 459, 545, 573, 596; mythic-island past（古老神话中的加利福尼亚岛）, 495-496; newness of（不一样的加利福尼亚）, 434-435; physiographic cross section（加利福尼亚州的地形横剖面）, 439; and plate tectonics（加利福尼亚和板块构造）, 124-125, 595-596; in Triassic period（三叠纪时期的加利福尼亚）, 30-31, 544; *see also* Great Central Valley, California; San Andreas Fault; San Francisco Bay Area; Sierra Nevada（参见“加利福尼亚州中央大峡谷”“圣安德列斯断层”“旧金山湾区”“内华达山脉”）
California, Gulf of（加利福尼亚海湾）, 595, 659
California gold rush（加利福尼亚淘金热）, 454-472; impact on Civil War

（对南北战争发挥的作用），458，460; life in gold camps（淘金营地的生活），465-467; role of Marshall（马歇尔的角色），461-462，463，471-472; role of Sutter（萨特的角色），460-466; *sec also* gold mining（参见“采金”）

Calistoga, California（加利福尼亚州加利斯托加），550, 551

Cambrian period（寒武纪）: characteristics of（特征），87; dispute over Cambro-Silurian line（对寒武纪-志留纪界线的争论），81-82; naming of（寒武纪的命名），81; North America in（寒武纪时的北美洲），186-187; and oolites（寒武纪和鲕粒），55; and Ordovician period（寒武纪和奥陶纪），82; transcontinental physiographic time line（寒武纪时横穿大陆的地形地貌等时线），189-191

Canada（加拿大）: glaciation in（加拿大的冰川作用），148; and Great Metecr Hot Spot（加拿大和大流星地幔热点），394; and Greenland（加拿大和格陵兰），399; Northwest Territories（加拿大西北地区），479; in Precambrian time（前寒武纪时期），153; Quebec diamond pipes（魁北克“钻石管”），156

Canadian Shield（加拿大地盾）: characteristics of（特征），636, 638; creation of（加拿大地盾的产生），394, 636; and hot spots（加拿大地盾和地幔热点），394, 397, 399; as Indiana glacial drift（印第安纳州的冰川漂砾），153-154; naming of（命名），636

Candlestick Park, San Francisco（旧金山烛台公园），616

Cape Mendocino, California（加利福尼亚州门多西诺角），140, 543, 629

Cape Verde Islands（佛得角群岛）: as hot spot（地幔热点），396

carbon（碳）: impact on atmospheric oxygen（对大气圈中氧的影响），30

carbonaterocks（碳酸盐岩）: defined（定义），57; response to hydrochloric acid（对盐酸的反应），189, 238; *see also* dolomite, limestone（参见“白云岩”，“灰岩”）

carbon dioxide, discoverer of（二氧化碳的发现），74

Carboniferous period（石炭纪）: characteristics of（特征），80, 87; *see also* Mississippian period, Pennsylvanian period（参见“密西西比纪”“宾夕法尼亚纪”）

Caribbean Plate（加勒比板块），568

Carlin Canyon, Nevada（内华达州卡林峡谷）: angular unconformity in（角度不整合面），68-69, 92, 95, 99; as part of exotic terrane（外来地体的一部分），99; Strathearn formation（斯特拉森组），69, 93, 95; Tonka formation（通卡组），69, 92, 93; tunnel（隧道），67

Carquinez Strait, California（加利福尼亚州卡奇尼兹海峡），572

Carroll,Jerry（杰瑞 · 卡罗尔）, 605
Carson. Kit（基特 · 卡森）, 56
Carson Creek, California（加利福尼亚州卡森溪）, 464
Carson Sink, Nevada（内华达州卡森凹陷）, 138; and Lake Lahontan（卡森凹陷和拉亨坦湖）, 52
Cascade Mountains（喀斯喀特山脉）, 136, 542
Cash, Tom（汤姆 · 卡什）, 104
Cassidy, Butch（布奇 · 卡西迪）, 304, 358
catastrophism（灾变论）, 171-172
Catskill Mountains, New York（纽约卡茨基尔山脉）, 214
Cayman Trench（开曼海沟）, 568
Celebes Sea（西里伯斯海）, 327, 556
Celestial Scenery; or, the Wonders of the Planetary System Displayed: Illustraling the Perfections of Deity and a Plurality of Worlds（《天国奇观》, 或,《行星系统展示的奇观: 阐释神祇的完美和世界的多元化》）, 116
Cenozoic era（新生代）: characteristics of（特征）, 86, 87-88; divisions of（新生代的划分）, 86, 87-88; Tertiary vs. Quaternary periods（第三纪与第四纪）, 88
Central America（中美洲）: plate tectonics（板块构造）, 542, 567, 568
Central Creeping Zone, San Andreas Fault（圣安德列斯断层的中央蠕变带）, 593-594, 603
Central Pacific Railroad（中太平洋铁路）, 456, 467
Central Valley（中央峡谷）, *see* Great Central Valley, California（参见“加利福尼亚州中央大峡谷”）
Chabot, A.（A. 沙伯特）, 469
Chamberlin, Rollin T. （洛林 · T.张伯伦）, 117
Charpentier, Jean de（让 · 德 · 卡彭特）, 255
chert（硅质岩）: origin of（成因）, 575-576; in San Francisco Bay Area（旧金山湾区的硅质岩）, 492, 575-576, 577, 578
Cheyenne, Wyoming（怀俄明州夏延）: naming of（命名）, 318; Union Pacific station（联合太平洋铁路火车站）, 320
Cheyenne Belt（夏延带）, 636, 639, 658
Cheyenne Indians（夏延印第安人）: and Gen. Dodge（印第安人和道奇将军）, 317, 318-319
Chicxulub Crater（奇克苏鲁布陨石坑）, 85
Chile' as exotic terrane（智利是外来地体）, 570
China（中国）: movement of Australia toward（澳大利亚朝中国漂移）, 229; movement of Taiwan toward（中国台湾朝大陆漂移）, 228; and plate tectonics（中国和板块构造）, 228, 229, 557, 563
China Plate（中国板块）, 563
Chinese Geological Survey（中国地质

调查局), 181
Choco Terrane(乔科地体), 568
chromite(铬铁矿), 525
Chukchi Sea(楚科奇海), 557
Cincinnati, Ohio(俄亥俄州辛辛那提): paleontological influence(古生物学的影响), 297
cindercones(火山渣锥), 52
cinnabar(辰砂), 101, 550
cirque glaciers(冰斗冰川), 254, 378
Civil War(南北战争): effect of California gold rush on(加利福尼亚淘金热对其发挥的作用), 458, 460
Clappe, Louisa Amelia Knapp Smith(路易莎·阿梅莉亚·克纳普·史密斯·克拉普), 473
clastic wedges(碎屑岩楔), 214, 222
Clerk, John(约翰·克拉克), 74, 76, 77
clinker(烧结层), 405
clinoptilolite(斜发沸石), 40
Cloverly formation(克洛夫利地层组), 416
Coal(煤): anthracite(无烟煤), 247; bituminous(褐煤), 247; Bridger (Jim) electric generating plant(吉姆布里杰发电厂), 405-406, 407, 409; in Colorado(科罗拉多的煤), 643; gasification of(煤的气化), 409; naming of Carboniferous period(石炭纪的命名), 80; origins of(成因), 94, 245-248; vs. peat(煤和泥炭), 246-241, in Pennsylvania(宾夕法尼亚的煤), 246-247; red clinker beds(红色烧结层), 405; resource issues(资源问题), 404-408; strip mining(露天采矿), 406-407; in Wyoming(怀俄明州的煤), 284, 406, 407-408
Coalinga earthquake(科灵加地震), 597
Coast Range Ophiolite(海岸山脉蛇绿岩), 543, 547-548
Coast Ranges, California(加利福尼亚州海岸山脉), 544-554; as accretionary berm(加积堤坝), 125, 547; described(描述), 28, 544-549; geologic history(地质历史), 125, 541, 549-550; map of(海岸山脉地图), 545; Napa Valley(纳帕谷), 544, 548-554; San Andreas family of faults in(海岸山脉出露的圣安德列斯断层家族), 549
Cocos Plate(科科斯板块), 542
Coit Tower, San Francisco(旧金山科伊特塔), 579-580
Coleman. R. G.(R.G.科尔曼), 505
Collins, Bill(比尔·柯林斯), 287, 288, 301
Colorado(科罗拉多州): age of crust(地壳的年龄), 641, 643, 645, 648, 650; Canon City Embayment(卡农城岸湾), 642; and Cheyenne Belt(夏延带), 639; crustal comparison with Nebraska(与内布拉斯加州地壳的对比), 641; dating(年代学测定), 641, 643-44, 645, 648, 650; dinosaur discoveries(恐龙的发现),

642; and Grenville Orogeny（格林威尔造山运动）, 660; hot spots in Colorado Plateau（科罗拉多高原的地幔热点）, 402; in Precambrian time（前寒武纪）, 638-645, 648-650, 658

Colorado River（科罗拉多河）: ages of（形成年代）, 298

Columbia River basalt（哥伦比亚河玄武岩）, 389

comets（彗星）, *see* asteroils（参见“小行星”）

Composite Magnetic AnomalyMap of the United States（美国磁异常综合图）, impact on view of Precambrian geology（对前寒武纪地质认识的影响）, 651, 652

compression（挤压）: vs. extension（挤压对拉张）, 25, 376-377; Grenville Orogeny（格林威尔造山运动）, 659; and plate boundaries（板块边界）, 562-563, 598

compressional basins（挤压盆地）: defined（定义）, 25

Comstock Lode（康斯托克矿脉）, 104, 106

Concord Fault（康科德断层）, 599

Coney Island, New York（纽约康尼岛）, 159-160

conglomerate（砾岩）: and braided rivers（辫状河）, 196; creation from alluvial fans（冲积扇上形成的砾岩）, 44; Hammer Creek Conglomerate（海玛溪砾岩）, 41; on Laramie Plains, Wyoming（怀俄明州拉勒米平原上的砾岩）, 330-331

Congo Craton（刚果克拉通）, 560

Conklin, Frank（弗兰克·康克林）, 8

Connecticut River Valley（康涅狄格河谷）: creation of（康涅狄格河谷的产生）, 147

conodonts（牙形石）: and Anita Harris（安妮塔·哈里斯）, 149, 173-182; defined（定义）, 149; interest in at Ohio State（对俄亥俄州牙形石的兴趣）, 173-174; in Nevada（内华达州的牙形石）, 223; and plate tectonics（牙形石和板块构造）, 222-224; Scandinavian vs. North American（斯堪的纳维亚和北美洲牙形石的对比）, 222-223; significance of color（牙形石颜色的意义）, 174, 176, 177-178, 179; use in oil and gas exploration（牙形石在石油天然气勘探中的应用）, 149, 178, 181-182; in Utah（犹他州的牙形石）, 223

Conrad, Joseph（约瑟夫·康拉德）, 87

Constantinou, George（乔治·康斯坦丁诺）, 516-517, 518, 519

continental crust（大陆壳）, *see* crust, continental（参见“大陆地壳”）

Continental Divide（大陆分水岭）, 386, 403; pumping water over（泵水翻越大陆分水岭）, 409

continental drift（大陆漂移）: background of hypothesis（假说形成的背景）, 115-118; and evolution（假说的演化）, 497; as misnomer（一种误称）, 119, 120; role of Abraham Ortelius（亚伯拉罕·奥尔特利乌斯的角色）, 115, 116; role of Alfred Wegener（阿尔弗雷德·魏格纳的角色）, 116-117; role of Thomas Dick（托马斯·迪克的角色）, 116; and supercontinents（大陆漂移和超大陆）, 497; *see also* plate tectonics（参见“板块构造学”）

continental escape（大陆逃逸）, 563; map of（大陆逃逸示意图）, 565

continental glaciation（大陆冰川作用）: acceptance of theory（大陆冰川理论的接受）, 254-260, 263-266, 267, 269-270; Agassiz study（阿加西的研究）, 255-260; characteristics of ice-sheet aftermath（大陆冰川结果的特征）, 150-151, 152, 153; and Delaware Water Gap（大陆冰川作用和特拉华水峡口）, 172-173, 193-194; early theories（早期理论）, 254-255; in eastern United States（美国东部的大陆冰川作用）, 148, 150-154, 172-173, 193-194, 251-252, 267-269; evidence of（大陆冰川作用的证据）, 153-154, 252, 273, 274; future expectations for（对大陆冰川未来的期望）, 148, 273; and golf courses（大陆冰川作用和高尔夫球场）, 151; impact on topography（大陆冰川作用对地形的影响）, 150-153, 172-173, 193-194, 251-252, 267-269; measuring amount of ice（对冰的数量的观测）, 254; and mineral deposits（大陆冰川作用和矿产）, 153-157; observable（可观测的）, 254; overview of theory, 269-273（大陆冰川理论概述）; in Pennsylvanian period（宾夕法尼亚纪的大陆冰川作用）, 94; in Pleistocene epoch（更新世大陆冰川作用）, 86, 148, 150-152; and variations in sea level（大陆冰川作用和海平面变化）, 187, 246, 260, 572-574; Wisconsinan ice sheet（威斯康星冰川）, 150-151, 172-173, 193-194, 254, 267-269

continents（大陆）: collisions between（大陆碰撞）, 124, 132, 147, 226, 227, 450, 562, 563, 566; Gondwanaland（冈瓦纳大陆）, 484, 497, 499, 560; Laurasia（劳亚大陆）, 484, 497, 499; origins of（大陆成因）, 632-633; Pangaea（泛大陆、盘古大陆）, 497, 499, 554, 557, 567; and polar wander（大陆和极移）, 115, 117, 118; Rodinia、Protopangaea（罗迪尼亚、原泛大陆）, 497, 498, 554-555, 567, 659, supercontinents（超大陆）, 497, 498, 499, 554-555, 557, 567, 659; *see also* continental drift, North America, plate tectonics（参见“大陆漂移”“北美洲”“板块构造学”）

Conybeare, William Daniel（威廉·丹尼尔·康尼贝尔）, 83

Cool, Aaron（亚伦·库尔）, 484

Copernicus, Nicolaus（尼古拉·哥白尼）, 74

copper（铜）: on Cyprus（铜和塞浦路斯

的渊源), 516-517, 518, 519; mining in area of Delaware water Gap(特拉华水峡口地区采铜), 195, 204
corals(珊瑚), 79, 210, 212, 213
Cordes, Bill(比尔 · 科迪斯), 526
cowboys(牛仔): and Love Ranch(牛仔和洛夫牧场), 338, 339-340, 345-346, 408
Cox, Allan(艾伦 · 考克斯), 83, 130, 134
coyoting("狼挖洞"), 467
cratons(克拉通): Archean(太古宙), 633, 636, 637, 638, 656, defined(定义), 27, 560; and kimberlite(克拉通和金伯利岩), 155, 656; mantle under(克拉通下面的地幔), 48; origins of(克拉通的成因), 560, 631; as thickest part of plates(板块最厚的部分), 155; *see also* midcontinent, shield rock(参见"中部大陆""地盾上的岩石")
creation(创世说), 70, 74, 88, 630-631
Credir, Mobilier(莫比利埃信托公司), 326
creep, tectonic(蠕变构造), 591, 593-594, 602, 603
Cretaceous Extinction(白垩纪生物大灭绝), 85-86, 399
Cretaceous period(白垩纪): characteristics of(白垩纪的特点), 83, 84, 85, 287, 560; Great Meteor Hot Spot in(白垩纪时的大流星地幔热点), 394-395; India in(白垩纪时的印度), 560, 635; naming of(白垩纪的名称), 84; subdivisions of(白垩纪划分), 91
Crocker, Charles(查尔斯 · 克罗克), 466
Crook, Brig. Gen. George(乔治 · 克鲁克准将), 292
Crooks Gap, Wyoming(怀俄明州克鲁克斯峡口), 292
Crowheart Butte, Wyoming(怀俄明州克劳心孤峰), 301, 304
Crown King. Arizona(亚利桑那州克劳恩金镇), 526-535
Crozet Hot Spot(克罗泽地幔热点), 399
crust, continental(大陆地壳): in Basin and Range(盆岭省的大陆地壳), 46, 66; chemical changes(化学成分变化), 634-635; in Colorado(科罗拉多州的大陆地壳), 641, 643, 644-645, 648; floating on the mantle(大陆地壳漂浮在地幔上), 47, 48; Nebraska vs. Colorado(内布拉斯加州和科罗拉多州地壳的对比), 641; vs. Ocean crust(大陆地壳和大洋地壳的对比), 479, 494, 631; thickness of(大陆地壳的厚度), 48, 450; *see also* ocean crust(参见"大洋地壳")
Crystal Springs reservoir(水晶泉水库), 581
Culligan, Emmett J. (艾米特 · J. 卡利根), 169
Currier & Ives(柯里埃和艾夫斯), 205
Cuvier, Georges(乔治 · 居维叶), 83,

255
Cuyahoga river, Ohio（俄亥俄州凯霍加河），261-262
cyanide（氰化物），106, 109, 1 10
cyclothems（旋回层），94
Cyprus（塞浦路斯）：copper on（塞浦路斯的铜），516-517, 518, 519; geologic history（地质历史），511-512, 516; McPhee with Moores on（麦克菲和穆尔斯在塞浦路斯），511-519; Moores on（穆尔斯在塞浦路斯），487, 491, 494-495, 501, 511-519; and ophiolites（塞浦路斯和蛇绿岩），495, 512, 513-514

D

Daly, Reginald Aldworth（雷金纳德·阿尔德沃思·戴利），636
Dalziel, Ian（伊恩·达尔齐尔），567
dams（大坝）：and earthquakes（大坝和地震），483, 582; site of Auburn Dam（奥本大坝的坝址），481-484
Dana, Richard Henry, Jr.（小理查德·亨利·丹纳），265
Darwin, Charles（查尔斯·达尔文），537; adopts Agassiz's glaciation theory（接受阿加西的大陆冰川理论），259; Agassiz's view of The Origin of Species（阿加西对《物种起源》的看法），266-267; in Cape Verde Islands（在佛得角群），396; and geologic time scale（地质年代的尺度），80; as geologist（地质学家达尔文），98; influence of Charles Lyell on（莱伊尔对达尔文的影响），98; Lyell's view of The Origin of Species（莱伊尔对《物种起源》的看法），262; response to The Origin of Species（达尔文关于《物种起源》的回应），262, 263, 266-267; view of Agassiz（达尔文对阿加西的看法），266
dating（定年）：acccuracy vs. precision（准确和精确），646; earth's magnetic reversals（地球磁极倒转），21-22, 114, 130; formation of Basin and Range（盆岭省的成因），50-51, 52, 113; radiometric dating of Precambrian rock（前寒武纪岩石的放射性定年技术），645-650; role of iron（铁的角色），21-22; *see also* radiometric dating（参见“放射性定年技术”）
Davies, Hugh（休·戴维斯），498
Davis, California（加利福尼亚州戴维斯）：geology of（戴维斯的地质），486, 541-544; home of Eldridge Moores（埃德里奇·穆尔斯的家），436-437, 540-541; Moores' backyard geologic column（穆尔斯家后院的地质柱子），541-544; University of California（加州大学），436, 496, 540; *see also* Great Central Valley, California（参见“加利福尼亚州中央大峡谷”）
Death Valley, California（加利福尼亚州死谷）：and exploding rock（死谷岩石的爆裂），60; and future

western seaway（未来的西部海域），138, 140, 143; geology of（死谷的地质情况），66-67; and Lake Manlius（死谷和曼利乌斯湖），52; turtlebacks in（死谷的龟背），66
de Buffon, G. L. L.（G. L. L.德 · 布丰），70
Deccan Plateau, India（印度德干高原）: flood basalts（溢流玄武岩），84, 399
deep time, comprehending（理解“深时”），29, 90-91; *see also* geologic time（参见“地质时间”）
Deffeyes, Kenneth（肯恩 · 德菲耶斯）: in California（德菲耶斯在加利福尼亚州），432, 433-436, 447, 449; and Carlin Canyon（德菲耶斯在卡林峡谷），67-69, 95; chewing shale（嚼页岩），38, 62; described（对德菲耶斯的描述），35, 56; at Colconda Summit roadcut（德菲耶斯在戈尔康达山顶的路旁剖面），99-101; in Jersey Valley（在泽西山谷），112-115; McPhee initial explorations with（麦克菲和德菲耶斯的初步地质踏勘），36-42; McPhee introduction to（麦克菲对德菲耶斯的介绍），8, 35-36; as oceanographer（海洋学家），136-137; piano-wire analogy（钢琴弦类比），48; in Pleasant Valley（德菲耶斯在普莱森特山谷），44-48; predicts Nevada seaway（预测内华达海域），41-42, 138-143; and secondary silver recovery（银的二次回收），49, 104-110; as skier（滑雪手），65-66; tenured waistline（老年人腰围），35; as uniformitarian（均变论者），57; view of plate-tectonics revolution（对板块构造学发展的看法），131-132; and W. Jason Morgan（德菲耶斯和W. 杰森 · 摩根），393; work in oil fields（在油田工作），135-136
Deffeyes, Nancy（南希 · 德菲耶斯），107
Delaware, Lackawanna & western Railroad（拉卡瓦纳和西部铁路公司在特拉华），205
Delaware River（特拉华河），192, 193, 208-209
Delaware Water Gap（特拉华水峡口），146, 182-209; as Appalachian fragment（阿巴拉契亚山脉的碎块），182-209
deltas（三角洲）: common to pairs of rivers（两条河共建一个三角洲的实例），539; in Great Central Valley（中央大峡谷里的三角洲），539; Mississippi River Delta（密西西比河三角洲），48, 61, 325
Deluc, Jean Andre（让 · 安德烈 · 德吕克），97-98
de Roever, W. P.（W.P.德罗威尔），493
deroofing, mountain（山脉的剥蚀揭顶过程），312, 330
Desnoyers, Jules（儒勒 · 德斯诺耶斯），83
Devonian period（泥盆纪）: naming of（泥盆纪的命名），80; Ohio in（泥

盆纪时的俄亥俄州), 262, 267; Pennsylvania in(泥盆纪时的宾夕法尼亚州), 210, 213-214; and Pequops(泥盆纪和佩库普山), 62

Devonshire(德文郡), 79, 80

d'Halloy. J. J. d'Omahus(奥马利达鲁瓦), 83, 84; view of Darwin's The Origin of Species(对达尔文《物种起源》的看法), 263

diabase(辉绿岩): association with serpentine, gabbro, and basalt(和蛇纹岩、辉长岩及玄武岩共生), 491-492; in Auburn Ravine(奥本峡谷的辉绿岩), 477; defined(定义), 20, 34, 374; in ocean crust(洋壳里的辉绿岩), 480-481; in ophiolitic sequence(蛇绿岩序列里的辉绿岩), 502; in Palisades Sill(帕利塞兹辉绿岩岩床), 20, 21, 22; in Slate Creek, Sierra Nevada(内华达山板岩溪的辉绿岩), 508-510; *see also* sheeted dikes(参见"席状岩墙")

Diablo, Mt.(迪亚波罗山), 540, 548, 570-571

diamonds(金刚石、钻石): and hot spots(金刚石和地幔热点), 401; in Indiana(印第安纳州的钻石), 153-154; instability of(钻石的不稳定性), 155-156; relationship to graphite(钻石和石墨的关系), 155-156; source of(钻石的来源), 154, 155-156, 656

diapirs(底辟), 60, 494

diatreme(火山通道), 401

Dick, Thomas(托马斯 · 迪克), 116

Dickinson, William(威廉 · 狄金森), 495

dinosaurs(恐龙): Colorado discoveries(科罗拉多州的发现), 642; extinction of(恐龙的灭绝), 83, 84; and Morrison formation(恐龙和莫里森地层组), 295; in Wyoming(怀俄明州的恐龙), 375, 376

diorite(闪长岩): vs. andesite(跟安山岩对比), 33-34

divides(分水岭): Continental Divide(大陆分水岭), 386, 403, 409; as geographic borders(地理分界线), 298

docking("停靠"、拼贴): defined(定义), 449; *see also* sutures(参见"缝合带")

Dodge, Maj. Gen. Grenville(格伦维尔 · 道奇少将): and Cheyenne Indians(道奇和夏延印第安人), 317, 318-319; and route for Union Pacific Railroad(联合太平洋铁路公司路线), 317, 318, 319

dolomite(白云岩): in Appalaehian region(阿巴拉契亚山地区的白云岩), 184-185, 189; changing limestone into(石灰岩转变成白云岩), 57; and conodonts(白云岩和牙形石), 149, 173, 174; in Stansbury Mountains roadcut(斯坦斯伯里山脉路旁剖面的白云岩), 57; testing for(鉴别), 189; transforming into Marble(白云岩转变成大理岩), 189

Dolomites (Italy)（意大利的白云岩山）, 189
Donner party（唐纳之队）, 58, 59, 360, 434
Donner Pass（唐纳山口）, 28, 47, 445, 446, 447
Donner Summiton I-80（I-80公路上的唐纳峰）, 435, 441, 445, 447-448
Dougherty, Peggy（佩吉 · 多尔蒂）, 291, 304, 336
Drake, Col. Edwin（埃德温 · 德雷克上校）, 249-250
Drake, Sir Francis（弗朗西斯 · 德雷克）, 580
drill cores（钻孔岩心）, 651, 654-656
Dry Cottonwood Creek, Wyoming（怀俄明州枯杨树溪）, 383
dunes, Indiana（印第安纳州的沙丘）, 274
dunite（纯橄岩）, 525
Durand, Asher. B.（阿舍 · B.杜兰德）, 203
Dyson. Freeman（弗里曼 · 戴森）, 44

E

earthquakes（地震）: 1906, San Francisco（1906年旧金山地震）, 582-584, 585-586; 1915, Pleasant Valley, Nevada（1915年内华达州普莱森特山谷地震）, 45; 1959, Yellowstone Park region（1959年黄石公园地区地震）, 169-172, 416; 1983, Coalinga. California（1983年加利福尼亚州科灵加地震）, 597; 1983, Jackson Hole, Wyoming（1983年怀俄明州杰克逊洞地震）, 378; 1987, Whittier Narrows（1987年惠蒂尔纳诺斯地震）, 596-597; 1994, Loma Prieta（1994年洛马普列塔地震）, 603-620; 1989, San Francisco（1989年旧金山地震）, 582; 1992, Big Bear, Landers, Jushua Tree, new faults（1992年大熊湖、兰德斯、约书亚树地震和新生断层）, 587-588; 1994, Northridge, California（1994年加利福尼亚州诺斯利奇地震）, 596; animal behavior（动物对地震的反应）, 169, 172, 592-593; Anita Harris experience（安妮塔 · 哈里斯的地震经历）, 169-172; in Basin and Range（盆岭省地震）, 45, 66; and building codes（地震和建筑法规）, 607-608; and dams（地震和大坝）, 483, 582; elastic rebound theory（弹性回跳理论）, 583; and freeways（地震和高速公路）, 434, 588, 617, 618-619; frequency of occurrence（地震出现的频率）, 585, 586, 605; and Golden Gate Bridge（地震和金门大桥）, 576-577, 588, 615; in Great Central Valley（中央大峡谷地震）, 597; and landfill（地震和填埋区）, 434, 617-618; McPhee expenence（麦克菲的地震经历）, 603-604; and mechanics of fault motion（地震和断层运动机制）, 583-584; and mid-occan rifts（地震和大洋中间裂谷）, 127-128; and Parkfield, California（地震和加利福尼亚州帕克菲尔德）, 591; and plate tectonics

（地震和板块构造）, 121, 217-218; precursors（地震前兆）, 592-593, 608; predicting（地震预测）, 587, 588, 591-593, 601, 605; and principle of least astonishment（地震和最小惊讶原则）, 605; Richter scale（里克特震级）, 608; right-lateral vs. left-lateral slippage（左行滑动和右行滑动）, 585, 599, 611-612; role in assembling of California（地震在组装加利福尼亚中的角色）, 433; and San Francisco skyscrapers（地震和旧金山天际线）, 434, 616; seismic gaps（地震空白区）, 582; shallow vs. deep（浅震和深震）, 121, 127; statistics（统计学）, 585, 586, 587, 591, 609; "the big one"（一次"大地震"）, 589; and Watsonville, California（地震和加利福尼亚州沃森维尔）, 607; *see also* San Andreas Fault（参见"圣安德列斯断层"）

earthquake weather（地震天气）, 592

Eastern African Rift（东非裂谷）, 143, 629

eastern North America（北美东部）: in Cenozoic era（新生代的北美东部）, 242; continental glaciation in（北美东部的大陆冰川）, 148, 150-154, 172-173, 193-194, 251-252, 267-269; in Mesozoic era（中生代的北美东部）, 147-148, 240, 241; in Paleozoic era（古生代的北美东部）, 147, 239-240; and plate tectonics（北美东部和板块构造）, 147-148, 217-220, 222-223, 225-227, 493; rivers in（北美东部的河流）, 239-242; *see also* Appalachians（参见"阿巴拉契亚山脉"）

East PacificRise（东太平洋洋脊）, 127, 130, 568, 595, 631

East Taiwan Ophiolite（台东蛇绿岩）, 485

Edelman, Steve（史蒂夫 · 埃德尔曼）, 507-510

Edinburgh, Scotland（苏格兰爱丁堡）, 72

Egypt（埃及）, 268

Ehler, George（乔治 · 埃勒）, 300

elastic rebounds（弹性回跳）, 583, 585, 586

electron probes（电子探针）, 33, 34

electrum（银金矿）, 472

elephant and blind men (fable)（盲人和象的寓言）, 63-64, 380

Ellinwood, Rev. F. F.（F.F.艾林伍德牧师）, 204

Elliott, David（戴维 · 埃利奥特）, 505

Ellis, Charles（查尔斯 · 埃利斯）, 577

Eltanin（"艾尔塔宁"号）, 130

Emerson, Ralph Waldo（拉尔夫 · 瓦尔多 · 爱默生）, 265

Emigrant Gap（移民山口）, 448, 451

emigrants（移民）: and Great Salt Lake Desert（移民和大盐湖沙漠）, 58; in Pequops（移民在佩库普山）, 62; and Pine Bluffs（松树崖）, 308; in Sierra Nevada（ 移民在内华达山脉）, 448; wagon trails（马车小道）, 58; and watercress（移民和西洋菜）, 383; *see also* Donner Party（参见"唐纳

之队”）
Emperor Seamounts（帝王海山）, 390, 392, 396, 506
Eocene epoch（始新世）: California fossil riverbeds（加利福尼亚州的始新世石化河床）, 455, first horse（第一匹马）, 86, 351; gold deposits（金矿）, 473; transcontinental physiographic time line（始新世时横穿大陆的地形地貌等时线）, 409-410
epeirogeny（造陆运动）, *see* exhumation of the Rockies（参见“落基山脉的剥露”）
epicontinental seas（陆表海）, 199, 212, 479; epicratonic（克拉通陆表海）, 92, 93, 186-187, 283-284
Epstein, Anita（安妮塔 · 爱泼斯坦）, *see* Harris, Anita（参见“安妮塔 · 哈里斯”）
Epstein, Jack（杰克 · 爱泼斯坦）, 167-168, 172, 175, 182
equitor（赤道）: in Cambrian period（寒武纪时的赤道）, 189, 190; in Devonian period（泥盆纪时的赤道）, 210; in Mississippian period（密西西比纪时的赤道）, 92; movement over time（赤道随时间的移动）, 115; in Ordovician period（奥陶纪时的赤道）, 224, in Precambrian time（前寒武纪时的赤道）, 375; in Silurian period（志留纪时的赤道）, 200
Erie, Lake（伊利湖）: Kelleys Island（凯利斯岛）, 268-269
erionite（毛沸石）, 113
erosion（侵蚀作用）: glacial impact（冰川的侵蚀作用）, 166; hydraulic mining as（水力采矿造成的侵蚀）, 457; and Manhattan Island（侵蚀和曼哈顿岛）, 166; of mountains（山脉的侵蚀）, 44-45; by wind（风的侵蚀）, 323-325
erratic boulders（漂砾大块）: defined（定义）, 153; and early glaciation theorists（漂砾和早期冰川理论家）, 255, 256, 257; in Sierra Nevada（内华达山的漂砾）, 447
erratics（漂砾）, *see* glacial erratics（参见“冰川漂砾”）
escarpments（陡崖）: San Andreas Fault family（圣安德列斯地层家族）, 589, 601, 604; in Sierra Nevada（内华达山的陡崖）, 47; in Wasatch Mountains（瓦萨奇山脉的陡崖）, 47; White Mountain, Wyoming（怀俄明州“白山”的陡崖）, 410, 411, 413
eskers（蛇形丘）: defined（定义）, 152
Etna, Mt.（埃特纳火山）: as hot spot（作为地幔热点）, 399
Eurasian Plate（欧亚板块）, 120, 228, 450, 485, 547, 555, 562, 563, 564; and North American Plate（欧亚板块和北美洲板块）, 557
Europe（欧洲）: geologic history（地质历史）, 553, 559
Evans, Albert S.（阿尔伯特 · S.伊文斯）, 104
Everest, Mt.（珠穆朗玛峰）, 124, 562
Ewing, Maurice（莫瑞斯 · 尤因）, 83,

493
exhumation of the Rockies（落基山脉的剥露）, 314-316, 325
exotic terranes（外来地体）: in Africa（非洲的未来地体）, 560; Alaska as（阿拉斯加是外来地体）, 228, 547, 553-554, 566; attachment to western edge of North America（拼贴到北美洲的西部边缘）, 99, 449-450, 479, 480; and Colorada（外来地体和科罗拉多州）, 641, 644-645; defined（定义）, 228, 384; at latitude of I-80（在I-80公路的纬度上）, 99, 479-480; overview（概述）, 228-230, 510, 511; questions about（外来地体的问题）, 229-232; in San Francisco Bay Area（旧金山湾区的外来地体）, 575; Smartville Block（斯马特维尔块体）, 480, 484-491, 502, 504, 506, 543-544; Sonomia（索诺玛）, 99, 138, 449-450; South American（南美洲）, 569-570
exploding rock（岩石的爆裂）, 60
extensional basins（拉张盆地）: defined（定义）, 25
extensional faulting（拉张断层）, 402
extinctions（生物灭绝）: Cretaceous（白垩纪生物灭绝）, 85-86, 399; Permian（二叠纪生物灭绝）, 82-83

F

F-1 Fault（F-1断层）, 482, 483
fans, alluvial（冲积扇）, 44, 213, 539
Farallon Ocean（法拉隆大洋）, 543, 555
Farallon Plate（法拉隆板块）, 542, 543; consumption of（法拉隆板块的消减）, 544; triple junction with North American Plate and Pacific Plate（法拉隆板块和北美洲板块、太平洋板块的三联点）, 542-543
Fathometers（回声测深仪）, 126, 127
fault blocks（断块）: in Basin and Range（盆岭省的断块）, 46-47, 50-51, 52, 113, 402; discerning historical differences（识别历史演化的差别）, 49; floting（漂浮）, 47, 48, 66; tilting of（断块的倾斜）, 46-47, 50, 66, 383
faults（断层）: Almaden Winery and Quien Sabe Fault（艾尔玛登酒庄和基恩萨贝断层）, 603; asperities in（断层面上的鼓凸）, 609; creeping（蠕变）, 591, 593-594, 602, 603; displacement（位移）, 45; Hayward Fault（海沃德断层）, 572, 573, 599, 600-602, 617; and hot spots（断层和地幔热点）, 402; inactive（不活动断层）, 483; maps of（断层分布图）, 573, 596; in Mother Lode belt（主矿脉带上的断层）, 476, 480, 490; prominent restraining bends（突出的扭结）, 609, 610; right-lateral vs. left-lateral（右行和左行的对比）, 585, 611-612; role in unveiling of plate-tectonic theory（断层在揭示板块构造学理论中的作用）, 393; strike-slip（走滑断层）, 563, 583-

584, 599-603; tectonic knots（构造节）, 609; as type of plate boundary（板块的边界）, 393; and wells（断层和井）, 604; where basin meets range（在盆地和山岭相遇的地方）, 41, 45; *see also* earthquakes; San Andreas, Fault; transform faults（参见“地震”“圣安德列斯断层”“转换断层”）
fault scarps（断层崖）, 45, 47, 589, 601, 604
Feather River, California（加利福尼亚州羽毛河）, 463, 464, 507, 539
Ferguson, Adam（亚当 · 弗格森）, 74
ferrous Iron（亚铁）, *see* iron（参见“铁”）
field geology（野外地质）: vs. Big Picture（野外地质和大画面）, 356-357; and David Love（野外地质和戴维 · 洛夫）, 357, 366, 380, 382; and geologic maps（野外地质和地质图）, 379; Hastings Triplet hand lens（黑廷斯牌三层手持放大镜）, 39-40; importance to geologists（野外地质对地质学家的重要性）, 24, 168, 380, 381, 382; vs. lahoratory geology（野外地质对实验室地质）, 24, 380-382, 510; and time for thinking（野外地质和思考时间）, 370-371, 443
Fifth Avenue, New York City（纽约市第五大道）, 165, 166-167
fill（充填）, *see* basin fill; landfill（参见“盆地充填”和“填埋区”）
Findlay Arch（芬德利隆起）, 252, 268
First Watchung Mountain, New Jersey（新泽西州第一沃昌山）, 37, 38
Fish Creek, Wyoming（怀俄明州鱼溪）, 368
Fishman, Anita（安妮塔 · 菲斯曼）, *see* Harris, Anita（参见“安妮塔 · 哈里斯”）
Fishman, Harry（哈里 · 菲斯曼）, 149
flake tectonics（板片构造）, 229-230
Flaming Gorge, Wyoming（怀俄明州火焰谷）, 29, 414
Flatirons（“熨斗岭”）: Front Range, Colorado（科罗拉多州前缘山脉的“熨斗岭”）, 317
flood basalts（溢流玄武岩）: in Coast Ranges（海岸山脉的溢流玄武岩）, 545; Columbia River（哥伦比亚河溢流玄武岩）, 389; Deccan Plateau（德干高原溢流玄武岩）, 84, 399; and hot spots（溢流玄武岩和地幔热点）, 398-399; Siberian（西伯利亚的溢流玄武岩）, 82
floodplains: in Great Central Valley（洪积平原）, 539
Florida（佛罗里达州）: origins of（成因）, 558-559
fold-and-thrust belts（褶皱冲断带）, *see* anticlines（参见“背斜”）
folding（褶皱）: in Appalachians（阿巴拉契亚山脉）, 41, 210; New Jersey vs. African foldbelts（新泽西州和非洲褶皱带对比）, 41; in Tertiary rock（第三系岩石中的褶皱）, 359; *see also* anticlines, synclins（参见“背

斜”“向斜”）
formations（地层组）: Bloomsburg（布卢姆斯堡组）, 201, 203, 204, 206, 207, 208; Cloverly（克洛夫利组）, 416; Fort Union（联合堡组）, 406; Frontier（富隆铁组）, 285-286, 290; Hammer Creek（海玛溪组）, 41; Hanna（汉纳组）, 331; Juniata（朱尼亚塔组）, 243; Madison（麦迪逊组）, 290, 385; Martinsburg（马丁斯堡组）, 191-193, Morrison（莫里森组）, 295; Mowry（莫里组）, 286, 293; Nugget（纳盖特组）, 291; Ogalalla（奥加拉拉组）, 319; Old Red Sandstone（老红砂岩）, 77, 78, 79-80; Shawangunk（小万岗组）, 201; Strathearn（斯特拉森组）, 69, 93, 95; Sundance（圣丹斯组）, 290; Tensleep（丹斯里普组）, 290; Tonka（通卡组）, 69, 92, 93; *see also* Franciscan mélange（参见“弗朗西斯科混杂岩”）
Fort Union formation（联合堡组）, 406
fossil assemblages（化石组合）, 81, 82
fossils（化石）: and Basin and Range dating（化石和盆岭省定年）, 52, 113; diversity of（化石的多样性）, 496-497; and geologic time scale（化石和地质年代表）, 79-81; horseshoe crabs（马蹄蟹）, 80; index fossils（标志化石）, 81, 131, 351; marine life（海洋生物）, 80, 86, 373, 412, 496-497; mass extinctions of species（物种群体大灭绝）, 82-83, 85-86; megascopic（大型生物）, 81; in New Jersey（新泽西州的化石）, 22, 39; oysters（牡蛎）, 80, 86; Precambrian（前寒武纪化石）, 657; in Wyoming（怀俄明州的化石）, 373, 412; *see also* conodonts（参见“牙形石”）
Founders of Geology, The（《地质学奠基者》）, 71
Four Corners area（“四角区”）, 649-650
Franciscanmélange（弗朗西斯科混杂岩）: along I-80（ I-80公路旁的混杂岩）, 571-572; in Coast Ranges（海岸山脉的混杂岩）, 545-547; creation of（混杂岩的产生）, 541, 542; defined（定义）, 541; Mt. Diablo as part of（迪亚波罗山是弗朗西斯科混杂岩的一部分）, 570-571; and San Andreas Fault（弗朗西斯科混杂岩和圣安德列斯断层）, 584; in San Francisco Bay Area（圣弗朗西斯科（旧金山）湾区的弗朗西斯科混杂岩）, 574-580
Franklin, Benjamin（本杰明 · 富兰克林）, 74, 116
Franklin, Ida（艾达 · 富兰克林）, 301
Freeways（高速公路）: in earthquakes（地震中的高速公路）, 434, 588, 617, 618-619; *see also* Interstate 80（参见“80号州际公路”）
Freiberg Mining Academy（弗莱堡矿业学院）, 255
French and Indian Wars（法国印第安人

战争), 198
Friends of the Earth("地球之友"), 421
Frontier sandstone(富隆铁砂岩), 285-286, 290, 293
Front Range, Rocky Mountains(落基山脉的前缘山脉), 27, 308, 317

G

gabbro(辉长岩): along San Andreas Fault(沿圣安德列斯断层分布的辉长岩), 585; association with serpentine, diabase, and basalt(辉长岩和蛇绿岩、辉绿岩、玄武岩共生), 491-492; vs. basalts(辉长岩跟玄武岩对比), 33-34; defined(定义), 448; in ophiolitic sequence(蛇绿岩序列中的辉长岩), 502; in Rough and Ready roadcuts(拉夫雷迪路旁剖面中的辉长岩), 490; in Sierra Nevada(内华达山中的辉长岩), 448
Gales, Frenchy(弗伦奇 · 盖尔斯), 576-577
Calileo(伽利略), 74
gangplank, in Wyoming(怀俄明州跳板梁), 316-320
gaps, mountain(山口), 239; *see also* Delaware Water Gap(参见"特拉华水峡口")
Garlock Fault(加洛克断层), 141
gas(天然气): resource issues(资源问题), 417-419
GasHills, Wyoming(怀俄明州瓦斯山), 352, 424, 425, 427
Gehrels, George(乔治 · 盖勒斯), 566
Geikie, Sir Archibold(阿奇博尔德 · 盖基爵士), 71
Genesis(《创世记》): and geologic time scale(《创世记》和地质年代表), 88, 630; six days of creation as figure of speech(把《创世记》的六天作为比喻), 88; and Werner's theories(《创世记》和维尔纳的理论), 71; *see also* religion(参见"宗教")
geochemistry(地球化学): and metal deposits(地球化学和金属矿产), 422; and oil exploration(地球化学和石油勘探), 420; trace-element(微量元素), 650
Geological Society of America(美国地质调查局): and Anita Harris(美国地质调查局和安妮塔 · 哈里斯), 181; and David Love(美国地质调查局和戴维 · 洛夫), 358-360, Moores edits Geology magazine(穆尔斯编辑《地质学》杂志), 437; Moores elected president(穆尔斯被选为美国地质学会主席), 12
geologic maps(地质图): Composite Magetic Anomaly Map of the United States(美国磁异常综合图), 651, 652; creating(地质图的编制), 378-379, 659; and field work(地质图和野外工作), 25, 379; in magnetic and gravity analysis(磁和重力分析), 651, 652, 659; remapping(重新编

图), 386; surface nature of(地质图的地表性质), 185; as textbooks on one sheet of paper(地质图是一页纸的教科书), 378

geologic time(地质时间): ability to comprehend(理解地质时间的能力), 88-91, 209, 644; and angular unconformities(地质时间和角度不整合), 69, 95; argot for Precambrian dates(用于前寒武纪年代的地质行话), 633, 641; and Basin and Range(盆岭省的地质年代), 95; and conodonts(牙形石记录的地质年代), 176, 180; Conrad metaphor(康拉德的比喻), 87; development of scale(地质年代表的发展), 69-99; dispute over Cambro-Silurian line(关于寒武纪和志留纪界线的争论), 81-82; "early" and "late" vs. "upper" and "lower" ("早"和"晚"与"上"和"下"用法的区别), 92; geologists' view of(地质学家对地质时间的看法), 90-91, 458, 644; vs. human time(地质时间和人类时间的尺度对比), 171, 209, 458, 644; language of(地质时间的语言), 32, 84, 92, 633, 641; Moores' view of(穆尔斯对地质时间的看法), 458; and principle of least astonishment(地质时间与最小惊讶原则), 605; representations of(地质时间的表述); 88-89; role of Hutton(赫顿的角色), 76-77; and variations in sea level(地质时间和海平面变化), 186-187, 246, 260, 498, 499, 572-574; Wyoming Mesozoic snapshot(怀俄明州中生代剪影), 289; *see also* time lines, physiographic(参见"地形地貌等时线")

geologists(地质学家): and Big Picture(地质学家和大画面), 62-63, 64, 70, 356, 386, 640-645; black-box vs. field geology(黑匣子地质对野外地质), 380-382; from California(加利福尼亚州来的地质学家), 297; as catastrophists(持灾变论观点的地质学家), 171-172; decision-making from data(根据资料做决策), 564, 566; development of time scale(地质年代表的发展), 80-91; early U.S.(早期的美国地质学家), 204; influence of where they grow up(成长地区对地质学家的影响), 168-169, 297-298, 350; left -handed(左撇子), 444; vs. marijuana growers(地质学家和大麻种植者), 508; miner's view of(采矿人对地质学家的看法), 473-474, 529; need for inference(地质学家需要推测), 133-134, 217, 238; overview of McPhee's travels with(麦克菲和地质学家们一起进行地质旅行的概况), 5-6, 9, 34, 36-37; reconnaissance(踏勘), 351; response to Darwin's The Origin of Species(地质学家对达尔文《物种起源》的反应), 263; response to plate-tectonics revolution(地质学家对板块构造学革命的反应), 131-132, 134-136; role of field experience(野外经验的作用), 24, 158, 380,

381, 382, 510; subjectivity among（地质学家的主观性）, 168-169; time for thinking while doing fieldwork（野外工作中的思考时间）, 370-371, 443; uniformitarian school（均变论学派）, 57; value of roadcuts（路旁剖面的价值）, 21, 22, 23-24, 210; value of streamcuts（河岸剖面的价值）, 24; view of time（对时间的看法）, 90-91; from Wyoming（怀俄明州来的地质学家）, 297-298; *see also* names of illdividual geologists（参见各地质学家名字的条目）

geology（地质学）: black-box vs. field geology（黑匣子地质对野外地质）, 380-382; branches of（地质学分支）, 297; dermatology analogy（把地质学比作皮肤科）, 451; as descriptive science（地质学是一门描述性科学）, 31-32; glacial（冰川地质学）, 254; Hutton as modem founder（赫顿是现代地质学的奠基者）, 76, 391; importance of geosynclinal cycle（地槽概念的重要性）, 452-453; in laboratories（实验室里的地质学）, 24, 33, 71, 380-382; laboratory-dating methods（实验室定年方法）, 380, 395, 645-650; language of（地质学的语言）, 31-34, 84, 92, 641; literary quality of（地质学的文学风格）, 31, 133-134; medical effects（地质学的医学效应）, 417; origins of word（“地质学”这个词的起源）, 213; repetition in（地质学中的重复）, 14, 183, 196, 199, 216; significance of plate tectonics（板块构造学的意义）, 83, 119, 121, 131; state geological surveys（州地质调查局）, 474; subjectivity of（地质学的主观性）, 168-169; vs. theology（地质学和神学）, 71, 74, 88, 97-98

geophysics（地球物理学）: data-gathering techniques（资料收集技术）, 654-657; and laboratory geology（地球物理学和实验室地质学）, 382; magnetic field measurements（磁场测量）, 651; methods of venting heat（地球深部热的释放方式）, 390, 397-398, 631-632; and Moho（地球物理学和莫霍面）, 502-504; and oil exploration（地球物理学和石油勘探）, 420; and Sierra batholith（地球物理学和塞拉岩基）, 446; *see also* hot spots（参见“地幔热点”）

geopoetry（“浪漫地质”）, 128, 218

George Washington Bridge（乔治・华盛顿大桥）, 19; site in Mississippian period（乔治・华盛顿大桥桥址在密西西比纪时）, 93; site in Silurian period（乔治・华盛顿大桥桥址在志留纪时）, 199

geosynclines（地槽）, 125, 220, 452-453; vs. plate tectonics（地槽和板块构造）, 452-453, 495

geothermal energy（地热能）: California Coast Range power stations（加利福尼亚州海岸山脉发电站）, 550; radioactive water（放射性的水）,

417; Wyoming well-drilling projects（怀俄明州钻井计划），416, 417; Yellowstone geysers（黄石间歇泉），416-417
Germany（德国）: scientific drilling（科学钻井）, 656; in Triassic period（三叠纪时的德国）, 83
Gettysburg battlefields（“葛底斯堡战场”洼地）: creation of（“葛底斯堡战场”洼地的产生）, 147
Gilbert, G . K.（G. K.吉尔伯特）, 299
glacial drift（冰川漂移）: defined（定义）, 153
glacial erratics（冰川漂砾）: in Brooklyn（布鲁克林的冰川漂砾）, 160, 161, 273; defined（定义）, 153; in Indiana（印第安纳州的冰川漂砾）, 153, 154, 273, 274
Glacial Grooves State Memorial, Ohio（俄亥俄州冰川刮痕纪念基地）, 268, 269
Glacial Lake Agassiz（阿加西冰川湖）, 270
Glacial Lake Chicago（芝加哥冰川湖）, 270, 274
Glacial Lake Hackensack（哈肯萨克冰川湖）, 37-38, 39
Clacial Lake Iroquois（易洛魁冰川湖）, 270
Glacial Lake Maumee（莫米冰川湖）, 270
Glacial Lake Passaic（帕萨奇冰川湖）, 39
Glacial Lake Sciota（赛欧塔冰川湖）, 193
glaciation（冰川作用）: *see* alpine glaciers; continental glaciation（参见“高山冰川”“大陆冰川作用”）
Glacier Peak. Washington（华盛顿格拉西尔峰）, 151, 542
glaciers（冰川）: Agassiz study of（阿加西对冰川的研究）, 255-260; cirque（冰斗）, 254, 378; future glaciation（未来的冰川作用）, 148, 273; modern（现代的冰川作用）, 151-152, 254; *see also* alpine glaciers; continental glaciation（参见“高山冰川”“大陆冰川作用”）
global tectonics（全球大地构造）, *see* plate tectonics（参见“板块构造”）
Glomar Challenger（“格洛玛挑战者”号）, 130, 131
gneiss（片麻岩）: defined（定义）, 373; in New York City（纽约市的片麻岩）, 160; in Precambrian Wyoming（怀俄明州的前寒武纪片麻岩）, 373, 375, 376, 377
Golconda, Nevada（内华达州戈尔康达）: and Sonomia suture（戈尔康达和索诺玛缝合带）, 449
Golconda Thrust（戈尔康达逆冲带）, 99, 100-101, 132, 449, 453
gold（金）: in California Coast Ranges（加利福尼亚海岸山脉的金）, 550; Deffeyes on hydrothermal deposits（德菲耶斯论热液矿产）, 36; electrum（银金矿）, 472; and glaciation（金和冰川作用）, 153; sources in Sierra Nevada

（内华达山脉中金的来源），454-455; U.S. production（美国的金产量），550; Yukon drainage（育空河流域），153

Golden Gate Bridge（金门大桥）: and earthquakes（金门大桥和地震），576-577, 588, 61; site（金门大桥桥址），492, 572, 575-577

golden spike, Utah（犹他州金钉子），54, 55

gold mining（采金）: coyote shafts（土狼竖井），467; in history（历史上的采金），467-469; hydraulic（水力采金），450-457, 469-471, 474-475; in Indiana（印第安纳州采金），153; methods（采金方法），454-456, 464, 467-471; *see also* California gold rush（参见"加利福尼亚淘金热"）

golf courses（高尔夫球场），151, 273; near Delaware Water Gap（特拉华水峡口附近的高尔夫球场），208

Gondwanaland（冈瓦纳大陆），484, 497, 499, 560

Good. J. M.（J.M.古德），420

Goodacre, Alan（艾伦 · 古达克），116

Gosiute, Lake（戈舒特湖），410, 411, 412, 413-414

Goulding, Piercewell（皮尔斯韦尔 · 古尔丁），198

Grace, Bill（比尔 · 格雷斯），343-344

Grand Canyon, Arizona（亚利桑那州大峡谷）: appearance of red rock（红色岩石的外观），29; and Colorado River（大峡谷和科罗拉多河），298; Powell trip through（鲍威尔的大峡谷探险之旅），411; unconformities in（大峡谷中的不整合面），441

Grand Teton, Wyoming（怀俄明州大提顿山），368; *see also* Teton Range, Wyoming（参见"怀俄明州提顿山"）

Granger, Walter（沃尔特 · 格兰杰），359, 360

granite（花岗岩）: along San Andreas Fault（沿圣安德列斯断层的花岗岩），584; vs. granodiorite（跟花岗闪长岩对比），34; Hutton's view of（赫顿对花岗岩的看法），73, 76; in New Hampshire（新罕布什尔州的花岗岩），394, 396-397; in ocean crust（洋壳里的花岗岩），481; as part of family of similar rocks（花岗岩作为相似岩石家庭中的一员），34; pink, Wyoming（怀俄明州粉红色花岗岩），320-321, 322; Precambrian（前寒武纪花岗岩），640; vs. rhyolite（跟流纹岩对比），33-34, 372; in Sierra Nevada（内华达山中的花岗岩），33, 442, 444, 446, 447, 448; in Toano Range（托阿诺山岭的花岗岩），61; and wind（花岗岩和风），324; zircons in（花岗岩里的锆石），647

Granite Mountains, Wyoming（花岗岩山脉），315

granodiorite（花岗闪长岩），451; vs. andesite（跟安山岩对比），34; vs. granite（跟花岗岩对比）34; in Sierra Nevada（内华达山里的花岗闪长岩），33; *see also* granite（参见"花

岗岩”）
graphite（石墨）: and diamonds（石墨和金刚石）, 155-156
gravity fields（重力场）: gathering geophysical data（收集地球物理资料）, 653-654
Grayback Mountain, Utah（犹他州灰背山）: basalt flows（玄武岩流）, 58
Great Basin（大盆地）: vs. Basin and Range（大盆地和盆岭省对比）, 32, 52; Capt. Stansbury in（霍华德·斯坦斯伯里船长在大盆地）, 57; continental crust in（大盆地的大陆地壳）, 46, 66; evaporation vs. precipitation in（大盆地的蒸发量和降水量）, 52-53; mountain ranges in（大盆地的山脉）, 42; Pleistocene glaciation（更新世冰川作用）, 52; as site of future western seaway（未来的西部海域）, 41-42, 140
Creat Central Valley, California（加利福尼亚州中央大峡谷）: common river delta（共建的河流三角洲）, 539; creation of（中央大峡谷的产生）, 544; described（描述）, 25, 28, 535-540; earquakes in（中央大峡谷的地震）, 597; flatness of（中央大峡谷的平坦程度）, 535-537; fold-and-thrust belt（褶皱冲断带）, 597; geologic history（地质历史）, 540-544; gradual rise（逐渐隆起）, 537; home of Eldridge' Moores（埃尔德里奇·穆尔斯的家）, 436; I-80 in（中央大峡谷中的I-80公路）, 539-540; Impact of hydraulic mining（水力采矿的影响）, 471; Moores' back yard geologic column（穆尔斯家后院的地质柱子）, 541-544; and reach of San Andreas family of faults（圣安德列斯断层家族及其在中央大峡谷中的区段）, 549; rice-field contours（稻田等高线）, 537-538; river system of（中央大峡谷的河流体系）, 538-539; soil of（中央大峡谷的土壤）, 539-540; in Triassic period（三叠纪时的中央大峡谷）, 30-31
Creat Divide Basin, Wyoming（怀俄明州大分水岭盆地）, 386, 405
Creat Flood（大洪水）, *see* Noah 's Flood（参见“诺亚大洪水”）
Great Lakes（大湖）: age of（大湖的年龄）, 410; creation of（大湖的产生）, 151
Great Meteor (oceanographic vessel)（“大流星”号海洋考察船）, 393
Great Meteor Seamount（大流星海山）, 393-394; history as hot spot（作为地幔热点的历史）, 394, 395, 396, 397, 400, 401
Great Piece Meadows, New Jersey（新泽西州皮斯大草甸）, 39
Great Plains（大平原）: and gangplank（大平原和跳板梁）, 316-320; western edge（西部边缘）, 309-310; *see also* midcontinent（参见“中部大陆”）
Great Salt Lake（大盐湖）: age of（年龄）, 410; and brine flies（盐湖

蝇), 55-56; chemistry of (化学成分), 53; floating in (在大盐湖上漂浮), 54; oolites (鲕粒), 55; railroad causeway across (穿湖铁路线), 55; as remnant of Lake Bonneville (大盐湖是博纳维尔湖的残余), 53, 56; rivers feeding (入湖河流), 53

Great Salt Lake Desert (大盐湖沙漠): and emigrants (大盐湖沙漠和移民), 58-59

Great Sierra Navada Unconformity (内华达山大不整合), 442, 451

Great Valley of the Appalachians (阿巴拉契亚山脉的大峡谷), 183-192, 230, 238

Greece (希腊): Athens (雅典), 519-521; McPhee and Moores in (麦克菲和穆尔斯在希腊), 519-526; Moores in Macedonia (穆尔斯在马其顿), 494, 523-526; Mt. Olympus (奥林匹斯山), 523; and ophiolites (希腊和蛇绿岩), 521-522; *see also* Cyprus; Macedonia (参见"塞浦路斯""马其顿")

Greenland (格陵兰): amount of ice (冰的数量), 260; and Canada (格陵兰和加拿大), 399

Green River area, Wyoming (怀俄明州格林河地区), 410, 411, 414; age of river (河的年龄), 298; I-80 roadcuts (I-80州际公路的路旁剖面), 409-413; and Jim Bridger power plant (格林河和吉姆布里杰发电厂), 409; tunnel (水渠), 67, 410-411

Green River Basin, Wyoming (怀俄明州格林河盆地): La Barge oil field (拉巴奇油田), 419; topographical vs. structural (地貌盆地和构造盆地的对比), 32

Green Valley Fault (绿谷断层), 571, 599

Grenville Orogeny (格林威尔造山运动), 659-660

griffins (格里芬怪兽), 496

Griggs, Divid (戴维 · 格里格斯), 360

Gros Ventre River, Wyoming (怀俄明州格罗斯文特河), 285, 372

Guiana Shield (圭亚那地盾), 399

Gutenberg, Beno (贝诺 · 古登堡), 608

Guyots ("盖奥特"), 127, 128

H

Hackensack, Lake (哈肯萨克湖), 37-38, 39

Hackensack Valley, New Jersey (新泽西州哈肯萨克山谷): ancient (山谷以前的样子), 37-38; contemporary (现在的样子), 22; viewing with Deffeyes (德菲耶斯的看法), 37-38

Hadean Eon (冥古宙), 630

Hagen, Walter (沃尔特 · 哈根), 208

Hailey, Wyoming (怀俄明州海利), 293

Hall, James (詹姆斯 · 霍尔), 78; as founder of experimental geology (实验地质学的奠基人), 95; and geosynclinal cycle (霍尔和地槽旋回), 452, 453; view of James Hutton

（詹姆斯 · 赫顿的看法）, 95
Halley, Edmund（埃德蒙 · 哈雷）, 85
Hamilton, Warren（沃伦 · 汉密尔顿）, 546
Hammer Creek Conglomerate（海玛溪砾岩）, 41
Hanna Basin, Wyoming（怀俄明州汉纳盆地）, 331
Hares. Charles J.（查尔斯 · J.哈尔斯）, 351
Harlech Dome（哈莱奇穹丘）, 81
Harris, Anita（安妮塔 · 哈里斯）: biography of（安妮塔的履历）, 157-182; at Brooklyn College（安妮塔在布鲁克林学院）, 162; described（描述）, 149; earthquake experince（安妮塔的地震经历）, 169-172; employed by United States Geological Survey（被美国地质调查局雇用）, 149, 168, 169, 175, 179, 181-182; interest in conodonts（对牙形石的兴趣）, 149, 173-178, 179-182; and Jack Epstein（安妮塔和杰克 · 爱泼斯坦）, 167-168, 172, 175, 182; map-editing job（编图工作）, 175; New York background（纽约生活背景）, 149, 157-167; reputation as geologist（作为地质学家的声誉）, 217; scientific papers of（安妮塔的科学论文）, 182, 222-223; views on plate tectonics（安妮塔对板块构造学的看法）; 148-149, 217-232, 274-275
Harris, Leonard（莱昂纳德 · 哈里斯）, 223, 225-227, 230-232; interest in conodonts（对牙形石的兴趣）, 177-178, 179
Hastings, Lansford（兰斯福德 · 黑斯廷斯）, 59
Hatteras Abyssal Plain（哈特拉斯深海平原）, 399
Hawaii（夏威夷）: as hot spot（作为地幔热点）, 390, 394, 506, 594; and Pacific Plate（夏威夷和太平洋板块）, 392; shield volcanoes（盾形火山）, 390
Hawaiian Seamounts（夏威夷海山）, 506
Hawthorne,Nathaniel（纳撒尼尔 · 霍桑）, 265
Hayden, F. V. （F. V. 海登）, 383-384
Hayward, California（加利福尼亚州海沃德）, 600-602; as type localily（海沃德是地震的典型地点）, 601
Hayward Fault（海沃德断层）, 572, 599, 600-602, 617; map of（海沃德断层地图）, 573
Healdburg Fault（希尔兹堡断层）, 599
Hearst, George（乔治 · 赫斯特）, 49
heartland（中心地带）, *see* midcontinent（参见“中部大陆”）
heat, methods of venting（地球内部热的释放方式）, 390, 397-398, 631-632
Hebgen Lake, Montana（蒙大拿州赫布根湖）, 169, 170
Heezen, Bruce（布鲁斯 · 海岑）, 83, 127
Helikian time（海利克时期）, 87, 374-375

Herodotus（希罗多德），70
Hess, Harry（哈里·海斯），83, 120, 126-127, 128-129, 130, 136, 564; in Macedonia（海斯在马其顿），494; and ophiolites（海斯和蛇绿岩），492-493, 494
Hickory Run State Park（山核桃仁州立公园），215
highways（高速公路）: first built in New World（新世界建的第一条高速公路），194; Lincoln Highway（林肯高速公路），321, 324; Nimitz. freeway（尼米兹高速公路），588, 604, 617, 618-619; Signicance of roadcuts to geologists（路旁剖面对地质学家的重要性），21, 22, 23-24, 210; St. Helena Highway（圣海琳娜高速公路），548-549; *see also* Interstate 80（参见“80号州际公路”）
Himalaya（喜马拉雅山）: formation of（喜马拉雅山的形成），46, 124; marine limestone in（喜马拉雅山的海相石灰岩），124; and ophiolites（喜马拉雅山和蛇绿岩），561-562; and plate tectonics（喜马拉雅山和板块构造），124, 562
Hindu fable（印度寓言），63-64, 380
Histoire Naturelle（《博物志》），70
Hoar, Ebenezer（埃比尼泽·霍尔），265
Hogbacks（猪背岭），290, 293, 317, 545
hole（洞）: defined（定义），366; *see also* Jackson Hole, Wyoming（参见“怀俄明州杰克逊洞”）
Holmes, Oliver Wendell（奥利弗·温德尔·福尔摩斯），265
Holmes, Sherlock（夏洛克·福尔摩斯）: as first forensic geologist（第一位司法地质学家），64
Holocene epoch（全新世）: characteristics of（特点），87-88, 148; vs. Pleistocene epoch（全新世与更新世对比），148
Holy Toledo cut（“圣托莱多”剖面），243, 244
Homestake Mining Company（霍姆斯特克矿业公司），550
Hook Mountain, New Jersey（新泽西州钩子山），39-40
Hopkins, Mark（马克·霍普金斯），466
horn silver（角银），103
horseback guesses（马背上的猜想），349
horses, Eocene（始新世马），86, 351
Hosgri Fault（霍斯格里断层），600
hot spots（地幔热点）: Ascension Island as（阿森松岛地幔热点），399; Bermuda as（百慕大地幔热点），400-402; blind（“盲热点”），399-400; Cape Verde Islands as（佛得角岛），396; Crozet Hot Spot（克罗泽地幔热点），399; defined（定义），390; Great Meteor Hot Spot（大流星地幔热点），394, 395, 396, 397, 400, 401; Hawaii as（夏威夷地幔热点），390, 394, 506, 594; Iceland as（冰岛地幔热点），399; Kerguelen

Hot Spot（凯尔盖朗地幔热点）, 399; Labrador Hot Spot（拉布拉多地幔热点）, 399; as method of venting heat（释放地球内部热的一种方式）, 390, 397-398, 631, 632; midcontinent（中部大陆）, 659; Mt. Etna as（埃特纳山地幔热点）, 399; number of（地幔热点的数量）, 390; parallel tracks of（地幔热点的平行轨迹）, 396; perforations（穿孔）, 399, 403; and plates（地幔热点和板块）, 392, 399, 594; Raton, New Mexico, as（新墨西哥州拉顿市地幔热点）, 402; and seamounts（地幔热点和海山）, 394, 395-396; shooting-star analogy（把地幔热点比作流星）, 396; St. Helena Island as（圣赫勒拿岛地幔热点）, 399; study of（对地幔热点的研究）, 393-394; time Span of（地幔热点的时间间隔）, 395, 397, 398; Tristan da Cunha Hot Spot（特里斯坦-达库尼亚地幔热点）, 396; Yellowstone as（黄石地幔热点）, 390, 402, 403; *see also* seamounts（参见“海山”）

hot springs（热泉）: in Basin and Range（盆岭省的热泉）, 45, 47; Calistoga. California（加利福尼亚州加利斯托加）, 550, 551; dead（死的热泉）, 101; and metal deposits（热泉和金属矿产）, 47, 101, 138, 550; in Pleasant Valley（普莱森特山谷里的热泉）, 47; *see also* hydrothermal activity（参见“溶液活动”）

Houston, Texas（得克萨斯州休斯敦）: as geologic influence（地质学的影响）, 297; topography of（休斯敦的地形）, 159

Hsü, Kenneth Jingwha（许靖华）, 546, 547

Hubbert, M. King（M.金 · 哈伯特）, 135-136

Hudson, Henry（亨利 · 哈得逊）, 192, 194

Hudson Bay（哈得逊湾）, 252

Hudson River, New York（纽约哈得逊河）: creation of（哈得逊河的产生）, 21; in Triassic period（三叠纪时期的哈得逊河）, 28

Hudson River School（哈得逊河画派）, 192, 203

Humboldt, Alexander von（亚历山大 · 冯 · 洪堡）, 83, 255, 256, 259

Humboldt Range, Nevada（内华达州洪堡山岭）, 137-38

Humboldt River, Nevada（内华达州洪堡河）: in Carlin Canyon（卡林峡谷）, 68; described（描述）, 28

Humboldt Sink, Nevada（内华达州洪堡凹陷）, 138; and Lake Lahontan（洪堡凹陷和拉洪坦湖）, 52

Hume, David（戴维 · 休姆）, 74

Huntington, Collis P.（科里斯 · P.亨廷顿）, 466

Hutton, James（詹姆斯 · 赫顿）: background of（背景）, 72; finds angular unconformities（寻找角度不整合面）, 77-79; as founder of modern geolngy（现代地质学的

奠基人), 76, 397; ideas about ice (关于冰川的想法), 254; Interest in earth's processes (对地球作用过程的兴趣), 72-73; response to his insights (对他诸多见解的响应), 96-97; sense of geologic time (对地质时间的感觉), 76-77, 79; Theory of the Earth (《地球的理论》), 71-72, 95-96, 397; unifomitarianism (均变论), 168; as writer (作为作家的赫顿), 95-97

Huxley, Thomas Henry (托马斯·亨利·赫胥黎): view of Darwin's The Origin of Species (对达尔文《物种起源》的看法), 263

hydraulic mining (水力采矿), 456-457, 469-471, 474-475; as catastrophic event (作为灾变事件), 457; as form of erosion (作为一种侵蚀的形式), 457; impact of tailings on Great Central Valley (尾矿对中央大峡谷的影响), 471; start of (水力采矿的起始), 469

hydrochloric acid (盐酸): and carbonate rocks (盐酸和碳酸盐岩), 189

hydrothermal activity (溶液活动): and metal deposits (溶液活动和金属矿产), 36, 47, 101, 138, 422, 424, 480, 516, 550

I

Iacovini, Peggy (佩吉·亚科维尼比), 615

Iapetus Ocean (伊阿珀托斯大洋), 126, 147, 557-558

Iceland (冰岛): as hot spot (作为地幔热点), 399

ice sheets (冰川), *see* continental glaciation; Wisconsinan ice sheet (参见"大陆冰川作用""威斯康星冰川")

Idaho (爱达荷州): formation of Snake River Plain (蛇河平原的形成), 377; stratovolcanoes (成层火山、层火山), 284

igneous rock (火成岩): enumerated in Franciscan melange by Andrew Lawson (安德鲁·劳森在弗朗西斯科混杂岩中列举出的火成岩), 578; granodiorite in chruch vs. granite the rest of the week (教堂礼拜日的花岗闪长岩和平日的花岗岩), 34; language of (火成岩的语言), 157; magmatic juices chemically differentiating (岩浆的化学分异), 481, 647; mystery of 1450 plutons ("1450深成岩体"的秘密), 652; Palisades Sill as example of homogeneous magma resulting in rnultiple expressions of rock (帕利塞兹岩床作为均匀岩浆产生多种岩石外观的例子), 20-21; study of relationship to plate tectonics (研究火成岩和板块构造的关系), 506; *see* andesite; basalt; diabase; gabbro; granite; lava flows; magma; rhyolite; volcanism (参见"安山岩""玄武岩""辉长岩""熔岩流""岩

浆”“流纹岩”“火山作用”）
Illinois（伊利诺伊州）: impact of glaciation（冰川作用的影响）, 151; in Ordovician period （在奥陶纪时期）, 190; in Pennsylvanian period （在宾夕法尼亚纪时期）, 94; in Precambrian time（在前寒武纪时期）, 658; in Silurian period（在志留纪时期）, 200; in Triassic period（在三叠纪时期）, 29
Illinois Basin（伊利诺伊盆地）, 252
illite（伊利石）, 326
Imamura, Akitsune（今村明恒）, 582
inactive faults（不活动断层）, 483
Independence Valley, Nevada（内华达州的独立谷）, 66
index fossils（标志化石）, 81, 131; ammonites shown young David Love by geologists（地质学家指给戴维·洛夫的菊石）, 351; *see also* conodonts（参见“牙形石”）
India（印度）: and Antarctica（印度和南极洲）, 399; collision with Asia （印度和亚洲碰撞）, 124, 450, 562, 563, 566; in Cretaceous period（在白垩纪时期）, 560, 635; Deccan Plateau flood basalts（德干高原溢流玄武岩）, 84, 399; and Madagascar （印度和马达加斯加）, 560, 561, 635; map of spread-apart coast with Madagascar（印度和马达加斯加扩张分开的海岸地图）, 635; movement of（印度的运动）, 506, 561, 562, 563, 566; and plate tectonics（印度和板块构造）, 120, 124, 561; and polar-wander Issue（印度和极点漂移问题）, 118; in Triassic period（在三叠纪时期）, 28
Indiana（印第安纳州）: gold mining in （在印第安纳州采金）, 153; on I-80 （在I-80州际公路上）, 273-274; impact of glaciation（冰川作用的影响）, 150, 151, 152, 153-154, 273, 274; Indiana Dunes（印第安纳沙丘）, 274, Lake James（詹姆斯湖）, 153, 156; lakes in（印第安纳州的湖泊）, 153; map of（印第安纳州地图）, 253; northeastern corner of（印第安纳州的东北角）, 150, 151, 152, 153-154; in Ordovician period（在奥陶纪时期）, 190; in Pennsylvanian period（在宾夕法尼亚纪时期）, 94; in Silurian period（在志留纪时期）, 200; in Triassic perieod（在三叠纪时期）, 29
Indian Ocean（印度洋）: hot spots（地幔热点）, 399
Indians（印第安人）: Cheyenne（夏延人）, 317, 318-319; Lenape（特拉华人）, 187-188, 194, 195, 197-198; Minsi（明西人）, 187-188; Paiute（派尤特人）, 101, 103; Shoshoni（肖肖尼人）, 30l; Sioux（苏人）, 383-384; Yalessumni（尤苏姆内人）, 461, 462
Indo-Australian Plate（印度-澳大利亚板块）, 120, 124, 498, 547, 555, 556, 562, 563
Indonesia（印度尼西亚）, 499, 547

Inness, George（乔治 · 英尼斯）, 146, 192, 205, 208
inselberge（孤山）, 45
Interstate 80（80号州际公路）: California physiographic, cross section（加利福尼亚州沿80号公路的地形剖面）, 439; Cambrian physiographic time line（沿80号公路的寒武纪地形地貌等时线）, 189-191; and Cheyenne Belt（80号公路和夏延带）, 639; contemporary physiograrphic time line（沿80号公路的现代地形地貌等时线）, 25-28; crossing Midcontinent Rift（穿越中部大陆裂谷）, 628, 659; Doffeyes' view（德菲耶斯的观点）, 36-37; at Delawarte Water Gap（特拉华水峡口的80号公路）, 195-196, 207, 208; and emigrant wagon trail（80号公路和移民小路）, 58; Eocene physiographic time line（沿80号公路的始新世地形地貌等时线）, 409-410; exotic terranes near（80号公路附近的外来地体）, 99, 479-80; and gangplank（80号公路和跳板梁）, 316, 319, 320; highest point（80号公路的最高点）, 321; Impact of wind（风的影响）, 324, 325, 403-404; maintenance of（公路维护）, 235-236, Mississippian physiographic time line（沿80号公路的密西西比纪地形地貌等时线）, 92-95; Ordovician physiographic time line（沿80号公路的奥陶纪地形地貌等时线）, 189-191; Pennsylvanian physiographic time line（沿80号公路的宾夕法尼亚纪地形地貌等时线）, 92-95; potential as geological experience（地质经历的潜力）, 25, 36-37; Precambrian physiographic time line（沿80号公路的前寒武纪地形地貌等时线）, 657-658; Silurian physiographic time line（沿80号公路的志留纪地形地貌等时线）, 199-201; Triassic physiographic time line（沿80号公路的三叠纪地形地貌等时线）, 28-31; tunnels（隧道）, 67, 410-411, 574; in Wyoming（怀俄明州内的80号公路）, 282, 283, 295, 320-321, 327, 329, 639; *see also* roadcuts（参见“路旁剖面”）
ion-exchange chromatography（离子交换色谱）, 648
Iowa（艾奥瓦州）: drilling into（钻进艾奥瓦州）, 655; in Ordovician period（奥陶纪时的艾奥瓦州）, 190; in Pennsylvanian period（宾夕法尼亚纪时的艾奥瓦州）, 94; in Precambrian time（前寒武纪时的艾奥瓦州）, 658, 659; in Triassic period（三叠纪时的艾奥瓦州）, 29
Iran（伊朗）, 242
iridium（铱）, 85
iron（铁）: oxidation of（铁的氧化）, 30, 634; Precambrian origins（前寒武纪铁的成因）, 634; role in determining rock age（在确定岩石年龄中的作用）, 21-22; *see also* paleomagnetism

（参见“古地磁学”）
Irving, Ted（泰德 · 欧文）, 498
island arcs（岛弧）: accretion tectonics（加积构造）, 228, 485, 499, 547, 641; in Archean Eon（太古宙时的岛弧）, 632, 638; Choco Terrane（乔科地体）, 568; Coast Range Ophiolite（海岸山脉蛇绿岩）, 543, 547-548; collisions with western North America（岛弧和北美洲板块西部碰撞）, 132, 485, 510-511, 556; and Colorado（岛弧和科罗拉多州）, 638, 644-645; and formation of Rocky Mountains（岛弧和落基山脉的形成）, 384; in Jurassic period（侏罗纪岛弧）, 543-544, 639; last midcontinent dockings（中部大陆的最后拼贴）, 650; list of（岛弧名单）, 121; map illustrating accretion（加积作用示意图）, 499; and ophiolitic emplacement（岛弧和蛇绿岩就位）, 490-491, 499, 505-506; orange-cut analogy（切橙子比喻）, 121; and plate tectonics（岛弧和板块构造）, 100, 121, 228, 449; Precambrian（前寒武纪）, 650, 658; in Proterozoic Eon（元古宙时的岛弧）, 638; role in assembling of California（岛弧在加利福尼亚组装中的作用）, 433, 495; Smartville Block（斯马特维尔地块）, 480, 484-491, 502, 504, 506; Sonomia（索诺玛）, 449-450; and subduction zones（岛弧和俯冲带）, 121; and Taiwan（岛弧和台湾）, 228, 485; volcanic origins（火山的成因）, 121, 638; *see also* exotic terranes（参见“外来地体”）
islands, undiscovered（未发现的岛屿）, 496
isostatic adjustment（均衡调整）, 48, 485
isotopes, radioactive（放射性同位素）, 645-646; *see also* radiometric dating（参见“放射性定年方法”）
Italy（意大利）: geologic history（地质历史）, 553, 559; and ophiolites（意大利和蛇绿岩）, 501

J

Jackson, David（戴维 · 杰克逊）, 366
Jackson, William Henry（威廉 · 亨利 · 杰克逊）, 411
Jackson Hole, Wyoming（怀俄明州杰克逊洞）, 366-378; 1983 earthquake（1983年地震）, 378; complexity of landscape（地势的复杂性）, 374-378; described（描述）, 367-368; map of（杰克逊洞地区的地图）, 369; in Miocene epoch（在中新世时）, 385; as movie setting（作为电影的外景）, 367
James, Lake（詹姆斯湖）, 153, 156
Japan（日本）: earthquake studies（地震研究）, 582, 592; as island arc（作为岛弧）, 121; movement toward North America（朝北美洲移动）, 554; and Pacific Plate（日本和太平洋板块）, 556

Japan Trench（日本海沟）, 390
Java Trench（爪哇海沟）, 556
Jedburgh, Scotland（苏格兰杰德堡）, 18, 69, 77
Jenny Lake, Wyoming（怀俄明州珍妮湖）, 368, 378
Jersey Valley, Nevada（内华达州泽西山谷）, 112-115
JOIDES Resolution（“乔伊德斯分辨”号）, 130
Juan de Fuca Plate（胡安-德福卡板块）, 136, 542; and accretionary wedges（胡安-德福卡板块和加积楔）, 547
Judah,Theodore（西奥多 · 犹大）, 466-467
Jumping-Off Draw, Love Ranch, Wyoming（怀俄明州洛夫农场的跳跳沟）, 349
Juniata sandstone（朱尼亚塔砂岩）, 243
Jurassic period（侏罗纪）: charactensncs of（特点）, 83-84; naming of（名字的来源）, 83; and Smartville Block（侏罗纪和斯马特维尔地块）, 480, 484, 485, 543-544

K

Kalahari Craton（喀拉哈里克拉通）, 560
kame-and-kettle topography（冰碛阜-冰穴地貌）, 152
Kankakee Arch（坎卡基隆起）, 252, 401
Kansas（堪萨斯州）: drilling into（钻进堪萨斯州）, 655, 656; elevation of（堪萨斯州的高度）, 214
Keewaytin, Canada（加拿大基韦丁）: and Great Meteor Hot Spot（基韦丁和大流星地幔热点）, 394
Kelleys Island, Ohio（俄亥俄州凯利斯岛）, 268-269
Kelvin, Lord（开尔文勋爵）: estimate of age of earth（对地球年龄的估算）, 96
Kerguelen Hot Spot（凯尔盖朗地幔热点）, 399
kettles（冰穴）: defined（定义）, 152; in Indiana（印第安纳州的冰穴）, 153
Kilauea volcano（基拉韦厄火山）, 390
Killpecker Creek, Wyoming（怀俄明州基尔派克溪）, 410
kimberlite（金伯利岩）: characteristics of（特征）, 155-156; and craton（金伯利岩和克拉通）, 155, 656; defined（定义）, 155; and hot spots（金伯利岩和地幔热点）, 401; pipes as source of diamonds（金伯利岩管是金刚石的源地）, 154, 155-156, 656
King, Clarence（克拉伦斯 · 金）, 439
Kittatinny Mountain, New Jersey（新泽西州基塔丁尼山）, 182, 192, 193
Kleinspehn, Karen（卡伦 · 克莱因斯潘）: described（描述）, 19; at Great salt Lake（在大盐湖）, 53-56; study of roadcuts（研究路旁剖面）, 19-27; view of rocks as unorganized（认为岩石是无序的）, 443
klippe（飞来峰）: Acropolis as（卫城是

飞来峰), 520, 521
Knadler Lake, Wyoming(怀俄明州克纳德勒湖), 329
Knight, Sumuel H.(塞缪尔 · H.奈特), 359
Kodiak island(科迪亚克岛), 131
Krakatoa(喀拉喀托岛), 85
Kraus, Mary(玛丽 · 克劳斯), 324
Krogh, Thomas E.(托马斯 · E. 克罗), 648
Kuhn, Thomas(托马斯 · 库恩), 269
Kuril Trench(千岛海沟), 390

L

laboratory geology(实验室地质学): vs. field geology(实验室地质学和野外地质学对比), 24, 380-382, 510; instruments and tools(装备和工具), 33, 34, 380, 591; rock-dating methods(岩石定年方法), 645-650; at University of Kansas(堪萨斯大学的实验室地质学), 641-642; *see also* black-box geology; radiometric dating(参见“黑匣子地质学”“放射性定年”)
Labrador Hot Spot(拉布拉多地幔热点), 399
La Honda Fault(拉本田断层), 600
Lahontan, Lake(拉洪坦湖), 52, 138, 139
Lake, Pearl(珍珠湖), 610
lakes(湖泊): Boundary Waters Area, Minnesota(明尼苏达州边界水域), 152-153; ephemeral nature of(湖泊的短暂性), 410; formation in Great Basin(大盆地中湖泊的成因), 52; glacial(冰川湖), 37-38, 39, 193, 270, 274; in Indiana(印第安纳州的湖泊), 153; On Laramie Plains(拉勒米平原上的湖泊), 329; and limestone(湖泊和石灰岩), 309; in Teton Range(提顿山的湖泊), 370, 372, 373
Lamb, Linda(琳达 · 兰姆), 615
Lammermuir Hills, Scotland(苏格兰拉门努尔山), 69, 78
Lander, Wyoming(怀俄明州兰德镇), 344, 345, 354, 355
landfill(填埋区): and earthquakes(填埋区和地震), 434, 617-618
landmasses(陆块): and Old vs. New Geology(旧地质学和新地质学中的陆块), 222, 226-227; *see also* continents; exotic terranes(参见“大陆”“外来地体”)
language, geological(地质学的语言), 31-34, 84, 92; argot for Precambrian dates(称呼前寒武纪年龄的行话), 633, 641; of rocks(岩石的地质语言), 156-57
Lapworth, Charles(查尔斯 · 拉普沃斯), 83
Laramide Orogeny(拉勒米造山运动), 310-312, 316-317, 330, 331
Laramie, Wyoming(怀俄明州拉勒米), 328; David Love in(戴维 · 洛夫在拉勒米), 364-365
Laramie Plains, Wyoming(怀俄明州拉

勒米平原), 27, 322, 325, 329

LaramieRange, Wyoming (怀俄明州拉勒米山脉): and age of Laramie River (拉勒米河的年龄), 298; and Cheyenne Belt (拉勒米山脉和夏延带), 639; creation of (拉勒米山脉的产生), 312; in Precambrian time (前寒武纪时的拉勒米山脉), 328, 636

Laramie River, Wyoming (怀俄明州拉勒米河), 315; age of (拉勒米河的年龄), 298

Lassen Peak, California (加利福尼亚州拉森峰), 540

Lateritic soil (红土), 475

Laurasia (劳亚大陆), 484, 497, 499

Lava Creek ash ("熔岩溪"火山灰), 387-388

lava flows (熔岩流): in Basin and Range (盆岭省的熔岩流), 52; cooling of basalt (玄武岩的冷却), 38; in New Jersey (新泽西州的熔岩流), 28-29, 37-38; origins of (熔岩流的成因), 41; and Teton Range (熔岩流和提顿山), 372, 377 ; *see also* basalt; magma; volcanism (参见"玄武岩""岩浆""火山作用")

Lawrence Radiation Laboratory (劳伦斯放射性实验室), 84

Lawson, Andrew (安德鲁 · 劳森), 359, 360, 492, 576; names Franciscan melange (命名弗朗西斯科混杂岩), 578; names San Andreas Fault (命名圣安德列斯断层), 581; views on California earthquakes (对加利福尼亚州地震的看法), 433

Lawson, John Cuthbert (约翰 · 卡斯伯特 · 劳森), 522, 523

LeConte, Joseph (约瑟夫 · 勒孔蒂), 352

Lenape Indians (特拉华印第安人), 187-188, 194, 195; and Penn family (特拉华人和佩恩家族), 197-198

Leonardo da Vinci (列奥纳多 · 达 · 芬奇), 70

Le Pichon, Xavier (亚历山大 · 勒皮雄), 83

Liassictime (里阿斯世), 91

limestone (石灰岩): Acropolis example (卫城的例子), 520-521; in Appalachian region (阿巴拉契亚山区的石灰岩), 184-185, 189, 212, 238; in Basin and Range (盆岭省的石灰岩), 51, 57-58; as building material (作为建筑材料), 167; changing into dolomite (转变成白云岩), 57; and conodonts (石灰岩和牙形石), 149, 173, 174; in highway surface (高速路面上的石灰岩), 236; Jurassic (侏罗系石灰岩), 83; Pensylvanian (宾夕法尼亚系石灰岩), 50; Permian (二叠系石灰岩), 50; in Pine Bluffs (松树崖石灰岩), 308, 309; and Smartville Block (石灰岩和斯马特维尔地块), 484, 485; as summit of Mt. Everest (作为珠穆朗玛峰的山顶), 124; testing for (鉴别), 189, 238; and tooth decay (石灰岩和蛀牙), 416; transforming into marble (转变成大

理岩), 310, 521; in Wyoming(怀俄明州的石灰岩), 284, 290, 309, 327, 355, 385

Lincoln Highway(林肯高速公路), 321, 324

Lindgren, Waldemar(瓦尔德马尔・林格伦), 101

Lippincott, Sara(莎拉・丽平科特), 14

Lipps, Jere(杰尔・利普), 436

lithosphere(岩石圈): defined(定义), 438; *see also* plate tectonics(参见"板块构造")

Litvak, Herschel(赫歇尔・利特瓦克), 149

Loma Prieta earthquake(洛马普列塔地震), 603-620; fate of reservoirs(水库的命运), 582; maximum jump(最大跳动幅度), 609; and Nimitz Freeway(洛马普列塔地震和尼米兹高速公路), 617, 618-619; path of travel(地震的传播路径), 609-620; in region of restraining bend(扭结区), 610; and San Andreas Fault(洛马普列塔地震和圣安德列斯断层), 609-612; and San Francisco skyscrapers(地震和旧金山天际线), 434, 616; source of name(洛马普列塔地震名称的来源), 612; spread of pressure wave(压力波的传播), 610-620

London, Jack(杰克・伦敦), 467

Longabaugh, Harry(哈瑞・隆哥浩), 304

Longfellow, Herry Wadsworth(亨利・沃兹沃斯・朗费罗), 265, 266

Long island, New York(纽约长岛): impact of glaciation(冰川作用的影响), 150

Los Angeles Basin, California(加利福尼亚州洛杉矶盆地), 596

Lost Soldier, Wyoming(怀俄明州劳斯特索杰镇), 290-291

Love, Allan(艾伦・洛夫), 333, 343, 356

Love, Charles(查尔斯・洛夫), 365, 372, 408, 418

Love, David(戴维・洛夫): as adjunct professor(作为兼职教授), 419; background of(戴维・洛夫的背景), 282, 332-344, 347, 350, 351-353, 354, 355-356; and blind men and elephant fable(戴维・洛夫和"盲人和象"的寓言), 63, 380; children of(戴维・洛夫的孩子), 363, 365; college education of(戴维・洛夫的大学教育), 356-360; described(描述), 282; described by his wife(他妻子对他的描述), 362-363; employed by Shell Oil Company(受雇于壳牌石油公司), 360-361, 363-364; employed by United States Geological Survey(受雇于美国地质调查局), 282, 360, 364-365, 424; environmental views(对环境的看法), 404-405, 421; home in Laramie(在拉勒米的家), 328; horseback guesses(马背上的猜想), 349; initial interest in geology(对地质学最初的兴趣), 350-353; meets and marries Jane Matteson(和简 · 麦特森的相识和结婚), 361-363; publishes abstract on seismic activity in Yellowstone Park region(发表关于黄石公园地区地震活动的论文摘要), 169; reputation as geologist(作为地质学家的声誉), 282-283; studies of Teton Range(研究提顿山), 370-378; thousand-mile socks of(戴维 · 洛夫的千里袜), 379; twice senior author of Wyoming geologic map(怀俄明州地质图的两任首席作者), 379; uranium discoveries(发现铀矿), 352, 411, 422-424; view of resource projects(对资源项目的看法), 419, 421, 427

Love, Ethel Waxham(艾塞尔 · 瓦克瑟姆 · 洛夫): arrives in Rawlins, Wyoming(到达怀俄明州罗林斯), 281-282; courted by John Love(约翰 · 洛夫的求爱), 303, 305-308; journey to Red Bluff Ranch(去红崖牧场的旅途), 287-294; at Love Ranch(在洛夫牧场), 335, 337-339, 341, 342, 343, 347, 348-349, 352-353, 362; as Wyoming school teacher(作为怀俄明州的学校教师), 299-302

Love, Jane Matteson(简 · 麦特森 · 洛夫), 361-363

Love, Phoebe(菲比 · 洛夫), 333, 342

Lovelock, Nevada(内华达州洛夫洛克), 139-143

Love Ranch(洛夫牧场), 332-344; cowboys(牛仔), 338, 339-340, 345-346; David Love returns to(戴维 · 洛夫返回洛夫农场), 424-427; loss of livestock(损失家畜), 346-347; steadings(牧场的房舍), 335-336, 346; and uranium mining(洛夫牧场和铀矿开采), 424-425; On U.S.G.S. map(美国地质调查局地质图上的洛夫牧场), 332; visitors to(洛夫牧场的访问者), 342-344

Lowell, James Russell(詹姆斯 · 罗素 · 洛厄尔), 265

Lucas, Oromel(奥梅尔 · 卢卡斯), 642

Lupton, Charles T. (查尔斯 · T. 卢普顿), 351

Lyell, Sir Charles(查尔斯 · 莱伊尔爵士), 83, 265, 396; adopts Agassiz's glaciation theory(接受阿加西的冰川理论), 259; advances Hutton's theory(莱伊尔发展了赫顿的理论), 98; and naming of Cenozoic epochs(莱伊尔和新生代的命名), 86; publishes Principles of Geology(发表《地质学原理》), 98

Lyman irrigation project(莱曼灌溉工程项目), 414-415

M

Macedonia(马其顿): geologic history(马其顿的地质历史), 524; McPhee with Moores in(麦克菲和穆尔斯在马其顿), 523-526; Moores in(穆

尔斯在马其顿), 491, 494, 523-526; and ophiolites(马其顿和蛇绿岩), 491, 524
MacGregor, Ian(伊恩 · 麦格雷戈), 436
Madagascar(马达加斯加): and Africa(马达加斯加和非洲), 399, 560, 561; and India(马达加斯加和印度), 560, 561, 635; map of spread-apart coast with India(和印度移离海岸的地图), 635
made ground(人工造地), *see* landfill(参见"填埋区")
Madeira(马德拉群岛): as hot spot(作为地幔热点), 396, 399
Madison limestone(麦迪逊石灰岩), 290, 385
magma(岩浆): and batholiths(岩浆和岩基), 446-448, 450; creation of(岩浆的产生), 388, 450; dating of(年代测定), 645; diorite vs. andesite(闪长岩和安山岩对比), 33-34; and formation of Jackson Hole(岩浆和杰克逊洞的形成), 377, 378; gahbro vs. basalt(辉长岩和玄武岩对比), 33-34; granite vs. rhyolite(花岗岩和流纹岩对比), 33-34, 372; magmatic juices(岩浆汁), chemically differentiating(化学分异), 481, 647; and Palisades Sill(岩浆和帕利塞兹岩床), 22; and plates(岩浆和板块), 388, 631; and volcanic necks(岩浆和火山颈), 649, 656; and zircons(岩浆和锆石), 647-648; *see also* lava flows; volcanism(参见"熔岩流""火山作用")
magnesium(镁): in dolomite(白云岩里的镁), 57
magnetic fields(磁场): determining latitudes(纬度测定), 115; gathering geophysical data(采集地球物理学数据资料), 651-652, reversals(倒转), 21-22, 114, 130
magnetic poles(磁极), 114, 115, 117-118
magnetic signatures(磁性特征), 651, 654-655
magetite(磁铁矿), 114
magnetometers(磁力仪), 129, 130; proton-precession(质子旋进磁力仪), 127
Malpas, John(约翰 · 莫尔帕斯), 498
Manhattan, New York City(纽约市曼哈顿): building facades(建筑外观), 166-167; Fifth Avenue(第五大道), 165, 166-167; geology of(曼哈顿地质), 158-159, 164-167
Manila Trench(马尼拉海沟), 555
Manlius, Lake(曼利乌斯湖), 52
mantle(地幔): under basin and range(盆岭省之下的地幔), 46, 47, 48, 66; boundary with ocean crust(地幔和大洋地壳的边界), 488, 502-504; characteristics of(特点), 48, 154-155; example in Macedonia(马其顿的例子), 519, 524-525; floating of rocks on(岩石漂浮在地幔上),

47, 48, 66; heat rising from（从地幔上升的热）, 390, 397-398, 632; as magma（地幔成为岩浆）, 20, 48; piano-wire analogy（钢琴弦的比喻）, 48; and plate tectonics（地幔和板块构造）, 155, viscosity of（地幔的黏度）, 48
maps, accompanying text（本书插图和说明）: listed（清单）, 663
maps, geologic（地质图）: Composite Magnetic Anomaly Map of the United States（美国磁异常综合图）, 651, 652; creating（编制地质图）, 378-379, 659; and field work（地质图和野外工作）, 25, 379; in magnetic and gravity analysis（分析磁异常和重力异常图）, 651, 652, 659; remapping（地质图更新再版）, 386; surface nature of（地质图反映的地表性质）, 185; as textbooks on one sheet of paper（地质图是一页纸的教科书）, 378
marble（大理岩）: in Great Valley of the Appalaehians（阿巴拉契亚山大峡谷中的大理岩）, 183; Hutton's view of（赫顿对大理岩的看法）, 73; in Manhattan（曼哈顿的大理岩）, 166; Parthenon example（帕特农神庙的例子）, 520, 521; transforming dolomite into（白云岩转变成大理岩）, 189; transforming limestone into（石灰岩转变成大理岩）, 310, 521; *see also* dolomite; limestone; metamorphic rock（参见“白云岩”“石灰岩”“变质岩”）
Marianas Trench（马里亚纳海沟）, 131
marijuana growers, California（加利福尼亚州的大麻种植者）, 508
Marina district, San Francisco（旧金山马里纳区）: and earthquakes（马里纳区和地震）, 588, 617, 619-620
Marin Headlands Terrane（马林岬地体）, 575, 577
Marion 8200（“马里恩8200”挖掘机）, 406-407
Marshall, James Wilson（詹姆斯 · 威尔逊 · 马歇尔）, 461-462, 463, 471-472
Martini (Louis) winery（路易 · 马提尼酒庄）, 552-553, 554
Martinsburg formation（马丁斯堡地层组）, 191-193
Mason, Col. Richard（理查德 · 梅森上校）, 462, 463, 464
Massachusetts（马萨诸塞州）: impact of glaciation（冰川作用的影响）, 150; Walden Pond（瓦尔登湖）, 153
Massif Central, France（法国中央地块）, 553
Mathews, Asa（阿萨 · 马修斯）, 360
Matterhorn（马特角峰）, 25
Matteson, Edward E.（爱德华 · E.麦特森）, 469, 471
Matteson, Jane（简 · 麦特森）, *see* Love, Jane Matteson（参见“简 · 麦特森 · 洛夫”）
Matthews, Drummond（德拉蒙德 · 马修斯）, 83, 129, 392, 491

Mauna Kea volcano（莫纳克亚火山），390
Mauna Loa volcano（莫纳洛亚火山），390
McBirney, Alex（亚历克斯·麦克伯尼），506, 564
McKenna, Malcolm（马尔科姆·麦肯纳），365, 366, 379
Mckenzie, Dan（丹·麦肯齐），63, 134
Mead, Lake（米德湖），414
meandering streams（蛇曲河），202
medical effects of geology（地质学的医学效应），417
Medicine Bow Mountains, Wyoming（怀俄明州药弓山脉），283, 311, 312, 321, 322, 329-330; and North Platte River（药弓山脉和北普拉特河），315
Mediterranean Sea（地中海）: geologic history（地质历史），559; *see also* Tethys Ocean（参见“特提斯洋”）
melting points（熔点）: and flow vs. fracture of materials（熔点和材料的流动与碎裂），66
menaccanite（钛铁矿），153
Menard, H. W.（H.W.梅纳德），83, 393
Mendocino trend（门多西诺转换断层的走向），140-141
Meramecian time（梅拉梅克期），92
mercury（水银），550
Mesozoic era（中生代）: characteristics of（特点），83-84; in eastern United States（中生代时的美国东部），240, 241; framed by extinctions（中生代以生物灭绝事件作为起止时间点），85-86; Wyoming snapshot（怀俄明州剪影），289
metal deposits（金属矿产），422, 489-490; in California Coast Ranges（加利福尼亚州海岸山脉的金属矿产），550; on Cyprus（金属矿产在塞浦路斯），516-517, 518, 519; and hot springs（金属矿产和热泉），47, 101, 138, 550; Precambrian（前寒武纪金属矿产），153, 297, 656; *see also* gold; mining; uranium（参见“金”“采矿”“铀”）
metamorphic rock（变质岩）: blue-gray true unfading slate（真正永不褪色的蓝灰色板岩），191; contact metamorphism（接触变质作用），22, 447; dating（定年），649; defined by James Hutton（詹姆斯·赫顿对变质岩的定义），96; language of（变质岩的语言），157; marble as（大理岩是变质岩），189, 310, 521; process of（变质岩的形成过程），176, 189, 310, 450, 479, 521; quartzite as（石英岩是变质岩），193, 310, 375, 640; significance of conodont color（牙形石颜色的意义），176; slate as（板岩是变质岩），22, 310; *see also* gneiss; marble; quartzite; schist; slate（参见“片麻岩”“大理岩”“片岩”“板岩”）
meteor impacts（陨石冲击），401
meteorites（陨石）: Apollo Object（阿波罗天体），85, 437
Mexico（墨西哥）: and California gold

rush(墨西哥和加利福尼亚淘金热), 462

Mexico, Gulf of(墨西哥湾): as geosyncline(作为地槽的墨西哥湾), 220

Michigan Basin(密歇根盆地), 252, 268

microplates(微板块), 228-232; *see also* exotic terranes(参见“外来地体”)

Mid-Atlantic Ridge(大西洋中脊), 127, 395, 399, 493, 631

midcontinent(中部大陆): basins in(中部大陆上的盆地), 252-253; drilling into(钻进中部大陆), 651-655; gathering magnetic and gravity data(采集磁和重力数据), 651-654; glaciation in(中部大陆上的冰川作用), 148, 151; paucity of roadcuts(缺乏路旁剖面), 252; Van Schmus as Precambrian specialist(作为前寒武纪研究专家的范·施莫斯), 639-645; *see also* cratons: Midcontinent Rift; names of states(参见“克拉通”“中部大陆裂谷”, 以及各州的名称)

Mildcontinent Rift(中部大陆裂谷): crossing on I-80(在I-80公路上穿过中部大陆裂谷), 628, 659; drilling into(钻进中部大陆裂谷), 655; magnetic and gravity analysis(磁和重力资料分析), 651, 654, 659; map of(中部大陆裂谷图), 624; overview(综述), 628-629, 658-659; stopping of(中部大陆裂谷作用的停止), 659-660

mid-ocean ridges(大洋中脊): Deffeyes' research(德菲耶斯的研究), 136-137; defined(定义), 127; and earthquakes(大洋中脊和地震), 127-128; gradual rise(逐渐抬升), 240-241, 537; map of(大洋中脊图), 515; Mid-Atlantic Ridge(大西洋中脊), 127, 395, 399, 493, 631; paleomagnetic research(古地磁研究), 129; pattern of(大洋中脊的型式), 514-515; *see also* rises; spreading centers(参见“洋脊”“扩张中心”)

Midwest(中西部), *see* midcontinent(参见“中部大陆”)

Miller, Eli(艾里·米勒), 469

Miller, Ernest C.(恩斯特·C.米勒), 251

millions vs. bilions(“百万”和“十亿”的用法), 183

Mills, Gardner(加德纳·米尔斯), 293-294

mineral deposits(矿产): depletion of resoureces(资源贫乏), 475; finding(找矿), 181; in shield rock(地盾岩石中的矿产), 153-154, 297, 656; *see also* hydrothermal activity(参见“热液活动”)

Mineral Lands Leasing Act(《矿产土地租赁法》), 353

mineral soap(矿物肥皂), 286

miners(矿工): view of geologists(矿工们对地质学家的看法), 473-474,

529
mining（采矿）: methods for removing oil from Wyoming shale（把石油从怀俄明州页岩中采出来的方法）, 413; Moores' family background（穆尔斯的家庭背景）, 457, 526-535; registry of claims（采矿申请登记表）, 103; silver（银）, 102-110; *see also* gold mining（参见"采金"）
Minisink（明尼森克）, 188, 194, 198, 202
Minnesota（明尼苏达州）: Boundary Waters Area（边界水域）, 152-153
Minsi, Mt.（明西山）195
Minsi Indians（明西印第安人）, 187-188
Miocene epoch（中新世）: Basin and Range faulting（盆岭省断层）, 52, 113; beginning of continental splitting in Great Basin（北美洲大陆开始从大盆地张裂开）, 41; flood basalts（溢流玄武岩）, 398; fossil finds（发现化石）, 52, 86, 113
Mississippian period（密西西比纪）: characteristies of（特点）, 92-93; naming of（密西西比纪的命名）, 80; subdivisions of（密西西比纪的进一步划分）, 92; transcontinental physiographic time line（横穿大陆的密西西比纪地形地貌等时线）, 92-95
Mississippi River（密西西比河）: delta（三角洲）, 48, 61, 325; site in Mississippian period（密西西比纪时密西西比河的位置）, 92; site in Pennsylvanian period（宾夕法尼亚纪时密西西比河的位置）, 94
Missouri（密苏里州）: drill ing into（钻进密苏里州）, 656
Missourian time（密苏里期）, 93-94
Mogi's doughnut（"茂木圈"）, 592
Mohn, Daniel（丹尼尔 · 莫恩）, 615
Moho（莫霍面）: defined（定义）, 488, 503; in ophiolitic sequence（蛇绿岩序列中的莫霍面）, 502-504; petrologic vs. geophysical（岩石学莫霍面和地球物理学莫霍面的对比）, 502-504
Mojave Desert（莫哈韦沙漠）: discontinued basin-and-range faulting in（不连续的盆岭省断层活动）, 141; mountain ranges in（莫哈韦沙漠中的山脉）, 45
mollusks（软体动物）, 86
Montreal, Canada（加拿大蒙特利尔）, 397
moon（月亮）: and anorthosite（月亮和斜长岩）, 328; creation of（月亮的产生）, 531; solid-earth tides（固体地球潮）, 21
Moore, Ryan（瑞安 · 摩尔）, 610
Moores, Eldridge（埃尔德里奇 · 穆尔斯）: in Athens（穆尔斯在雅典）, 519-521; background of（穆尔斯的背景）, 437; on Cyprus（穆尔斯在塞浦路斯）, 436, 487, 491, 494-495, 501, 511-519; and Deffeyes（穆尔斯和德菲耶斯）, 435; described（描述）, 440-441; education of（穆尔斯的

教育), 134, 451-452, 528-529, 532, 533-534; environmental views(穆尔斯对环境的看法), 457-458, 475; and Geological Society of America(穆尔斯和美国地质学会), 12, 437; in Great Central Valley(穆尔斯在中央大峡谷), 540-541; and introduction of plate tectonics(穆尔斯和板块构造学入门), 134, 439, 451-452; in Macedonia(穆尔斯在马其顿), 436, 487, 494, 522-526; MePhee introduction to(把麦克菲介绍给穆尔斯), 12, 435-436; mining family background(采矿家庭背景), 457, 520-535; and Smartville Block(穆尔斯和斯马特维尔地块), 486; at University of California at Davis(穆尔斯在加利福尼亚大学戴维斯分校), 540; view of mining(穆尔斯对采矿的看法), 457-458, 526

Moores, Judy(朱迪·穆尔斯), 436, 438, 525

Morel, Patrick(帕特里克·莫雷尔), 498

Morgan, W. Jason(W. 杰森·摩根), 83, 134, 392-393, 390, 397, 398, 399, 401, 402

Morley, L. W. (L.W.莫利), 129

Morrison formation(莫里森地层组), 295; oil in(莫里森地层组中的石油), 290

Mother Lode(主矿脉), 465, 476, 480, 490

mountains(山脉): and angular unconformaties(山脉和角度不整合面), 68-69; Archean(太古宙), 638; as aspect of Basin and Range(盆岭省中山脉的面貌), 42, 44; as aspect of Great Basin(大盆地中山脉的面貌), 42; cycles of rising and falling(山脉抬升和破坏夷平的旋回), 44-45, 313; deroofing of(山脉的剥蚀揭顶), 312, 316, 330; erosion of(山脉的侵蚀), 44-45, 313; exhumation of the Rockies(落基山脉的剥露), 314-316, 325; formation of(山脉的形成), 45, 46, 50, 124, 125-126, 440; gaps in(山脉中的山口), 239; *see also* Delaware Water Gap(参见"特拉华水峡口"); importance of stratigraphy(地层学的重要性), 385; Laramide Orogeny(拉勒米造山运动), 310-312, 316-317, 330, 331; Old Geology theory of formation(旧地质学理论中山脉的成因), 220; and plate tectonics(山脉和板块构造学), 121, 124-125, 126; Precambrian roots(前寒武纪山根), 656; rising from the plains(从平原升起), 288; turtlebacks(龟背), 66; what they are made of is not what made them(山脉的组成材料不是山脉的形成原因), 440; *see also* Appalachians; Sierra Nevada; names of others pecific mountain ranges(参见"阿巴拉契亚山脉""内华达山脉",以及其他山脉的名称条目)

Morwyshale(莫里页岩), 286, 293

Mt. Leidy Highlands（莱迪山高地），367, 368, 373
Muir, John（约翰 · 缪尔），303, 421, 582
Murchison, Sir Roderick（罗德里克 · 莫企逊爵士），83, 258, 259-260
Muskrat Creek, Wyoming（怀俄明州麝鼠溪）: Love Ranch（洛夫牧场），303, 304, 332-344, 424-427
Mussel Rock（贻贝岩），431-432, 620
MX missile（MX 导弹），42, 113

N

Napa Valley, California（加利福尼亚州纳帕谷），544, 548-554
Nashville Dome（纳什维尔穹隆），401
Nasser Afrab's House of Carpets（纳赛尔 · 阿夫塔布的地毯商店），64-65
National Park Service（国家公园管理局），*see* Yellowstone National Park（参见"黄石国家公园"）
natural gas（天然气）: formation of（天然气的形成），179
natural resources（自然资源）: in Wyoming（怀俄明州的自然资源），307, 403-427
nature（大自然）: messiness of（杂乱无章的大自然），443
Nauru Basin（瑙鲁盆地），568
Nazca Plate（纳兹卡板块），120, 121, 542, 650
Nebraska（内布拉斯加州）: in Cambrian period（在寒武纪时期），190; crustal comparison with Colorado（内布拉斯加州地壳和科罗拉多州地壳的比较），641; drilling into（钻进内布拉斯加州），655, 656; elevation of（内布拉斯加州的海拔高度），214; in Mississippian period（在密西西比纪时期），92; in Ordovician period（在奥陶纪时期），190; in Precambrian time（在前寒武纪时期），638, 641, 658, 659; in Triassic period（在三叠纪时期），29
neodymium（钕），*see* samarium/neodymium dating（参见"钐-钕定年方法"）
Neptune City, Nevada（内华达州"海王星城"），138
neptunism（水成论），70-71; vs. plutonism（水成论与火成论之争），97
Netherlands（荷兰）; and sedimentologists（荷兰和沉积学家），297
Netherlands Antilles（荷属安德列斯群岛），57
Nevada（内华达州）: approaching Winnemucca（走近温内穆卡），48-49; in Cambrian period（在寒武纪时期），190; Carlin Canyon（卡林峡谷），67-69, 92, 95, 99; conodonts in（内华达州的牙形石），223; history of silver mining（采银历史），102, 104, 106; in Mississippian period（在密西西比纪时期），92, 93; in Ordovicain period（在奥陶纪时期），223, 224; as part of Basin and Range（作为盆岭省的一部分），28; and

Sierra Nevada(内华达州和内华达山脉), 47; as site of predicted western seaway(内华达州是预测中的西部海域所在地), 41-42, 138-143; in Triassic period(在三叠纪时期), 30
Never Summer Mountains, Colorado(科罗拉多州“无夏山”), 321
Newark Basin, New Jersey(新泽西州纽瓦克盆地), 21, 24; in Triassic period(在三叠纪时期), 28
New England(新英格兰): glaciation in(新英格兰的冰川作用), 148; mountain building(造山作用), 558
New England Seamounts(新英格兰海山), 394-395
New Geology(新地质学): defined(定义), 34; vs. old geology(新地质学和旧地质学的对比), 34, 41, 125-126, 233
New Guinea(新几内亚), 498, 556; creation of(新几内亚的产生), 485
New Hampshire(新罕布什尔州): granite in(新罕布什尔州的花岗岩), 394, 396-397, hot spots under(新罕布什尔州下面的地幔热点), 394, 396
New Helvetia, California(加利福尼亚州新赫尔维迪亚), 460, 461-462, 463; as section of modern Sacramento(作为今天萨克拉门托市的一个街区), 460
New Jersey(新泽西州): Border Fault(边界断层), 21, 29, 39, 40-41; Great Valley of the Appalachians(阿巴拉契亚大峡谷), 183-192, 236, 238; Hackensack Valley(哈肯萨克山谷), 22, 37-38; Hammer Creek Conglomerate(海玛溪砾岩), 41; impact of glaciation(冰川作用的影响), 150-151; map of(新泽西州地图), 211; Martinsburg formation(马丁斯堡地层组), 191; in Mississippian period(在密西西比纪时期), 93; Newark Basin(纽瓦克盆地), 21, 24, 28; origin of red rock in(新泽西州红色岩石的成因), 28, 29-30; Palisades Sill(帕利塞兹岩床), 19, 20-21, 22; relationship to African continent(新泽西州和非洲大陆的关系), 28, 41, 93; in Triassic period(在三叠纪时期), 20, 28-29; in Wisconsinan time(在威斯康星时期), 37; zeolites in(新泽西州的沸石), 40
New Jersey Highlands(新泽西高地), 182
New Madrid, Missouri(新马德里), 593
New York City(纽约市): Brooklyn geology(布鲁克林地质), 157, 159-162, 165, 273; Coney Island beach(康尼岛海滩), 159-160; impact of glaciation(冰川作用的影响), 160, 161-162; Manhattan geology(曼哈顿地质), 158-159, 164 -167
Niagara Falls(尼亚加拉瀑布): creation of(尼亚加拉瀑布的产生), 151
Nimitz Freeway, Oakland, California(加利福尼亚州奥克兰尼米兹高速

公路)：and earthquake danger（尼米兹高速公路和地震危险性），588; and Loma Prieta earthquake（尼米兹高速公路和洛马普列塔地震），617, 618-619; and McPhee（尼米兹高速公路和麦克菲），604

Nishenko, Stuart（斯图亚特 · 尼申科），587

Noah's Flood（诺亚大洪水），70, 85, 96, 214, 255

noble metals（贵金属），36; *see also* gold; silver（参见“金”“银”）

North America（北美洲）：and Antarctica（北美洲和南极洲），567; Archean cratons（太古宙克拉通），633, 636, 637, 638, 656; in Archean Eon（在太古宙时期），629-630, 633, 650; Cambrian physiographic time line, 189-191（北美洲地形地貌的寒武纪等时线）; contemporary physiographic lime line（北美洲地形地貌的现代等时线），25-28; creation of continent（大陆的产生），652-653; docking of Sonomia（索诺玛地块的拼贴），449-450; Eocene physiographic time line（北美洲地形地貌的始新世等时线），409-410; future splitting of（北美洲未来的裂开），41-42, 137, 138, 140-143, 403; impact of glaciation（冰川作用的影响），269-271; map of（北美洲地图），2-3; and microplate tectonics（北美洲和微板块构造），228-232; Midcontinent Rift（中部大陆裂谷），624, 628-629, 651, 654-655, 658-659; Mississippian physiographic time line（北美洲地形地貌的密西西比纪等时线），92-95; mystery of 1450 plutons（“1450深成岩体”的秘密），652-653; oldest rocks（最古老的岩石），479, 630; Ordovician physiographic time line（北美洲地形地貌的奥陶纪等时线），189-191; Pennsylvanian physiographic time line（北美洲地形地貌的宾夕法尼亚纪等时线），92-95; perforation（穿孔），652-653; Precambrian physiographic time line（北美洲地形地貌的前寒武纪等时线），657-658; in Proterozoic Eon（在元古宙），567, 635-639, 652,653; Silurian physiogmphic time line（北美洲地形地貌的志留纪等时线），199-201; Triassic physiographic time line（北美洲地形地貌的三叠纪等时线），28-31; *see also* Canada; eastern North America; United States; western North Armerica; named places and features（参见“加拿大”“北美洲东部”“美国”“北美洲西部”，以及相关的地名和地形名称）

North American Plate（北美洲板块），120; and accretionary wedges（北美洲板块和加积楔），547; and Eurasian Plate（北美洲板块和欧亚板块），557; and Juan de Fuca Plate（北美洲板块和胡安德福卡板块），547; and Pacific Plate（北美洲板块和太平洋板块），

595; and Smartville Block（北美洲板块和斯马特维尔地块）, 485, 486; triple junction with Farallon Plate and Pacific Plate（北美洲板块和法拉隆板块及太平洋板块的三联点）, 542-543
North Platte River, Wyoming（怀俄明州北普拉特河）, 315, 409
Northridge earthquake（诺斯利奇地震）, 596
Norton, Charles Eliot（查尔斯 · 艾略特 · 诺顿）, 265
Nubian-Arabian Craton（努比亚-阿拉伯克拉通）, 567
Nugget formation（纳盖特地层组）: oil in（纳盖特地层组中的石油）, 290
Nussbaum, Ernest（恩斯特 · 努斯鲍姆）, 437

O

obduction（"仰冲"）, 505
ocean basins（大洋盆地）, *see* oceans（参见"大洋"）
ocean crust（洋壳）: age of（洋壳的年龄）, 479; boundary with mantle（洋壳和地幔的边界）, 488, 502-504; in Caribbean（加勒比海的洋壳）, 568; vs. continental crust（洋壳和陆壳的对比）, 479, 494, 631; and converging trenches（洋壳和汇聚的海沟）, 556; Cyprus exarmple（塞浦路斯的例子）, 494-495, 512, 513-514; extent of（洋壳范围的大小）, 511; formation of（洋壳的形成）, 478; inaccessibility of（洋壳的难以接近性）, 511; oldest rock（最古老的岩石）, 130-131, 231, 479; and ophiolitic sequence（洋壳和蛇绿岩序列）, 481-511; and plates（洋壳和板块）, 121, 124-125, 494; pyroxene in（洋壳中的辉石）, 477-478; research leading to plate-tectonic theory（对洋壳的研究引导了板块构造理论）, 491-95; thickness of（洋壳的厚度）, 478-479; *see also* seafloor（参见"海底"）
oceanographic research（海洋学研究）: Deffeyes' work in（德菲耶斯对海洋学的研究工作）, 136; Eltanin（"艾尔塔宁"号）, 130; Glomar Challenger（"格洛玛挑战者"号）, 130-131; JOIDES Resolution（"乔伊德斯分辨"号）, 130; post-World War II work（第二次世界大战后的工作）, 127-131, 493; role of Harry Hess（哈里 · 海斯的角色）, 126-127, 128-129, 130; use of Fathometer（使用回声测深仪）, 126-127
oceans（大洋）: ancient（古代的）, 187, 557-558, 567, 634, 636; Atlantic（大西洋）, 20, 41-42, 118, 126, 137, 143, 147-148, 240; Farallon（法拉隆洋大洋）, 543, 555; Iapetus（伊阿珀托斯大洋）, 126, 147, 557-558; measuring vertical sequence of lithosphere（观测岩石圈的垂向序列）, 500-501; and origin of iron大洋和铁的成因, 634; Tethys（特提斯洋）, 484, 511-512, 559, 561; variations in sea level（海

平面的变化）, 186-187, 246, 260, 498, 499, 572-574; *see also* seafloor（参见“海底”）
ocean trenches（大洋海沟）, *see* trenches, ocean（参见“大洋海沟”）
office geologists（办公室地质学家）, 392; *see also* black-box geology; laboratory geology（参见“黑匣子地质学”“实验室地质学”）
Ogalalla formation（奥加拉拉地层组）, 319
Ohio（俄亥俄州）: Cuyahoga Valley（凯霍加山谷）, 261-262; in Devonian period（在泥盆纪时期）, 262, 267; on I-80（在I-80州际公路上）, 260-262, 267-269, 273; impact of glaciation（冰川作用的影响）, 151, 267-269; Kelleys Island（凯利斯岛）, 268-269; map of（俄亥俄州地图）, 253; in Mississippian period（在密西西比纪时期）, 93; in Ordovidan period（在奥陶纪时期）, 190; 在in Pennsylvanian period（宾夕法尼亚纪时期）, 94; roadcuts in（俄亥俄州的路旁剖面）, 252; in Silurian period（在志留纪时期）, 200, 201; in Triassic period（在三叠纪时期）, 29
Ohio River（俄亥俄河）: impact of glaciation（冰川作用的影响）, 151
oil（石油）: characteristics of（特点）, 249-250, 251; finding（发现石油）, 177, 179, 181, 353; first commercial U.S. oil well（美国第一口商业石油钻井）, 249; formation of（石油的形成）, 178-179; in Frontier sandstone（富隆铁砂岩中的石油）, 285-286, 290; and geological exploration（石油和地质勘探）, 420-421; in Overthrust Belt（逆冲断层带中的石油）, 417-418; in Pennsylvania（宾夕法尼亚州的石油）, 181, 248-251; resource issues（资源问题）, 417-421; seepage（石油的渗出）, 249, 250, 352; in Wyoming（怀俄明州的石油）, 285-286, 290, 292, 353-354, 412-413, 417, 418-421; in Yellowstone（黄石公园的石油）, 421
Oil City, Pennsylvania（宾夕法尼亚州石油城）, 248
oil companies（石油公司）: David Love at Shell（戴维 · 洛夫在壳牌公司）, 360-361, 363-364; geological studies by（石油公司的地质学研究）, 178, 225-226; geologists as visitors at Love Ranch（访问洛夫牧场的地质学家）, 351; government leases（政府的租约）, 353; Houston geologists（休斯敦的地质学家）, 297; interest in conodonts（石油公司对牙形石的兴趣）, 149, 181; Precambrian drilling（钻进前寒武系）, 654-656
Oil Creek, Pennsylvania（宾夕法尼亚州石油溪）, 249
oilrush, Pennsylvania（宾夕法尼亚州石油热）, 250-251
oil sands（油砂）, 285-286, 290
oil shale（油页岩）, 412-413
Oklahoma（俄克拉何马州）: drilling

into（钻进俄克拉何马州）, 656
oldest rocks（最古老的岩石）, 130-131, 231, 479, 630, 632, 648; seafloor（海底）, 130-131, 231, 479; and zircon dating（最古老的岩石和锆石定年）, 648
Old Faithfulgeyser（老忠实泉）, 416-417
Old Geology（旧地质学）: and education of Eldridge Moores（旧地质学和埃尔德里奇 · 穆尔斯的教育）, 451; importance of geosynclinal cycle（地槽旋回的重要性）, 452-453; vs. New Geology（旧地质学和新地质学的对比）, 34, 41, 125-126, 233; orogenic forces（造山作用力）, 453; vs . plate tectonics（旧地质学和板块构造学对比）, 220-221, 222; and Schooley Peneplain（旧地质学和斯库利准平原假说）, 242
Old Red Sandstone formation（老红砂岩地层组）, 77, 78, 79-80
Oligocene epoch（渐新世）, 51-52, 86, 100, 112, 313, 422-423, 606
Olympus, Mt. (Cyprus)（塞浦路斯的奥林匹斯山脉）, 513
Olympus, Mt. (Greece)（希腊的奥林匹斯山脉）, 523
oolites（鲕粒）, 55
ophiolites（蛇绿岩）: Asian（亚洲的蛇绿岩）, 485, 556-557; in Coast Ranges（海岸山脉的蛇绿岩）, 543, 547-548; cowcatcher analgy（牛坐在火车排障器上的比喻）, 562; on Cyprus（塞浦路斯的蛇绿岩）, 495, 512, 513-514; defined（定义）, 481, 488; early skepticism（早期对蛇绿岩的怀疑态度）, 491, 492, 494; and eastern-seaboard orogenies（蛇绿岩和东海岸的造山运动）, 558; East Taiwan Ophiolite（台东蛇绿岩）, 485; emplacement debate（关于蛇绿岩就位的争论）, 504-511; expanded description of sequence（对蛇绿岩序列的扩展描述）, 501-504; in Greece（希腊的蛇绿岩）, 521-522; and Harry Hess（蛇绿岩和哈里 · 海斯）, 492-493, 494; in Macedonia（马其顿的蛇绿岩）, 491, 524; measuring vertical sequence（观测蛇绿岩的垂向序列）, 500-501; and Mid-Atlantic Ridge（蛇绿岩和大西洋中脊）, 493; missing in Andes（安第斯山脉缺少蛇绿岩）, 569-570; origins of（蛇绿岩的成因）, 504; overview（蛇绿岩综述）, 481-511; and plate tectonics（蛇绿岩和板块构造）, 490-491, 499, 554-750; and research leading to plate-tectonic theory（蛇绿岩和导向板块构造学理论的研究）, 491-495; in Sierra Nevada（内华达山脉的蛇绿岩）, 506-511; and Smartville Block（蛇绿岩和斯马特维尔地块）, 486, 488-489; in South America（南美洲的蛇绿岩）, 567-569; and supercontinents（蛇绿岩和超大陆）, 555
ophiolitic sequence（蛇绿岩序列）: defined（定义）, 481; *see also* ophiolites（参见

"蛇绿岩")
Oquirrh Mountains, Utah(犹他州奥奎尔山脉), 28, 49-50
Ordovician period(奥陶纪): characteristics of(特点), 87; Martinsburg formation(马丁斯堡地层组), 191-193; naming of(奥陶纪的命名), 82; transcontinental phsiographic time line(横穿大陆地形地貌的奥陶纪等时线), 189-191
ore deposits(矿产), *see* metal deposits(参见"金属矿产")
Oregon(俄勒冈州): flood basalts(溢流玄武岩), 398; seamounts off coast(海岸外的海山), 547
Oregon Trail(俄勒冈小道), 304, 315, 318, 319
Orogenies(造山运动): Acadian(阿卡迪亚造山运动), 186, 213, 216, 222, 558; Alleghenian(阿勒格尼造山运动), 186, 216, 222, 229, 558; Antler(鹿角造山运动), 132; Caledonian(加里东造山运动), 558; creation of Appalachians(阿巴拉契亚山脉的产生), 186, 216, 218, 221, 222, 229; Grenville(格林威尔造山运动), 659-660; Laramide(拉勒米造山运动), 310-312, 316-317, 330, 331; map of orogenic belts(造山带地图), 637; overview(综述), 32, 125-126; plutons and batholiths(深成岩体和岩基), 652; prior to plate-tectonic theory(板块构造理论之前的造山运动), 453; Taconic(塔康造山运动), 186, 213, 216, 221, 222, 229, 558; Trans-Hudson(跨哈得逊造山带), 636
Ortelius, Abraham(亚伯拉罕·奥尔特利乌斯), 115, 116
osmotic shock(渗透压的冲击), 53, 56, 84
outwash plains(冰水冲积平原), 152, 160; vs. terminal moraines(冰水冲积平原和终端冰碛), 161
Overland Trail(转场放牧的小道), 330
Overthrust Belt(逆冲断层带), 364, 453; creation of(逆冲断层带的产生), 376; described(描述), 409, 417-418; oil and gas in(逆冲断层带中的石油天然气), 418-419; resource issues(资源问题), 417-419; silence in(逆冲断层带中的寂静), 418
Owl Creek Mountains, Wyoming(怀俄明州猫头鹰溪山脉), 312, 357; and Wind River(猫头鹰溪山脉和风河), 298, 315
oxygen(氧): changes in atmosphere(大气圈中氧含量的变化), 634; and ferrous iron(氧和亚铁), 30, 634; and red rock formation(氧和红色岩石成因), 29-30
Oyster Club(牡蛎俱乐部), 74
OzarkPlateau(欧扎克高原), 401

P

Pacific Ocean(太平洋): map of North Pacific floor(太平洋北部海底地图), 391; *see also* Pacific Plate(参见

"太平洋板块")
Pacific Plate(太平洋板块): and accretionary wedge(太平洋板块和加积楔), 547; characteristics of(特点), 120, 500, 594, 595; and future western seaway(太平洋板块和北美洲西部未来的海域), 141; geologic history(地质历史), 594-596; and hot spots(太平洋板块和地幔热点), 390, 392, 506; and North American Plate(太平洋板块和北美洲板块), 432, 595; north of Australia(澳大利亚北部), 555, 556; in Pliocene epoch(在上新世), 542, 594-595; triple junction with Faralon Plate and North American Plate(太平洋板块和法拉隆板块及北美洲板块的三联点), 542-543
Painted Desert(彩绘荒漠): origin of red rock in(彩绘荒漠中红色岩石的成因), 29
Paiute Indians(派尤特印第安人), 101, 103
Pajaro Valley, California(加利福尼亚州帕哈罗山谷), 606-607
Paleoasian Ocean(古亚洲洋), 557
Paleocene epoch(古新世): North American Plate in(古新世时的北美洲板块), 400
paleomgnetism(古地磁学): magnetic-field reversals(磁场倒转), 21-22, 114, 130; polar wander(磁极漂移), 115, 117-118; and seafloor research(古地磁学和海底研究), 129-130; significance of(古地磁学的重要性), 22, 115
paleontology(古生物学): and Cincinnati area(古生物学和辛辛那提区), 297; research on diversity of marine invertebrates(对海洋无脊椎动物多样性的研究), 496-497; vertebrate(脊椎动物), 113; *see also* conodonts; fossils(参见"牙形石""化石")
paleosol(古土壤), 296
Paleozoic era(古生代): characteristics of(特点), 83; in eastern United States(美国东部的古生代), 239-240; periods in(古生代的不同时期), 83
Palisades Sill(帕利塞兹岩床), 19, 20-21, 22; in Triassic period(帕利塞兹岩床在三叠纪时期), 28; viewing with Deffeyes(和德菲耶斯一起查看帕利塞兹岩床), 37; viewing with Kleinspehn(和克莱因斯潘一起查看帕利塞兹岩床), 19-25
Panama(巴拿马): origins of(巴拿马的成因), 568
Pangaea(泛大陆、盘古大陆), 497, 499, 554-555, 557, 567
Parker, Robert L.(罗伯特 · L. 帕克), 83, 134, 304, 358
Parkfield, California(加利福尼亚州帕克菲尔德镇), 591
Parthenon(帕特农神庙), 520-521
Passaic, Lake(帕塞伊克湖), 39
Passaic Valley, New Jersey(新泽西州帕塞伊克谷), 39

Paterson, New Jersey（新泽西州帕特森）: founding of（在帕特森搜寻）, 39; viewing roadcuts near（查看帕特森附近的路旁剖面）, 38-39
peat, creation of（泥炭的产生）, 246-247
pediments（麓原面）: Arlington, Wyoming, example（怀俄明州阿灵顿的例子）, 330-331
Peirce, Benjamin（本杰明 · 皮尔斯）, 265
Penn, Thomas（托马斯 · 佩恩）, 197-198
Penn, William（威廉 · 佩恩）: view of Lenapo（对特拉华人的看法）, 197
Pennsylvania（宾夕法尼亚州）: conodonts in（宾夕法尼亚州的牙形石）, 222-223; in Devonian period（在泥盆纪时期）, 210, 213-214; first geological survey（第一次地质调查）, 204; on I-80（在I-80州际公路上）, 235-236, 238-239, 242-248; impact of glacition（冰川作用的影响）, 251-252; map of（宾夕法尼亚州地图）, 211; in Mississippian period（在密西西比纪时期）, 93; oil in（宾夕法尼亚州的石油）, 181, 248-251; in Ordovician period（在奥陶纪时期）, 190-191, 244; in Pennsylvanian period（在宾夕法尼亚纪时期）, 93, 245-247; in Silurian period（在志留纪时期）, 200, 201, 244; in Triassic period（在三叠纪时期）, 29; water gaps（水峡口）, 239
Pennsylvanian period（宾夕法尼亚纪）: characteristics of（特点）, 93-95; Missourian time（密苏里期）, 93-94; naming of（宾夕法尼亚纪的命名）, 80; oxygen in atmosphere（大气圈中的氧）, 29-30; Pennsylvania in（宾夕法尼亚纪时的宾夕法尼亚州）, 9, 245-247; Strathearn formation（斯特拉森地层组）, 93; transcontinental physiographic time line（横穿大陆地形地貌的宾夕法尼亚纪等时线）, 92 -95
Penrose Conference（彭罗斯会议）, 495, 546
Pequop Mountains, Nevada（内华达州佩库普山脉）, 62
Peridotite（橄榄岩）: Alpine（阿尔卑斯型橄榄岩）, 492, 493; Appalachian（阿巴拉契亚橄榄岩）, 493; defined（定义）, 155, 448; Feather River（羽毛河橄榄岩）, 507; Hess studies（海斯研究橄榄岩）, 492-493; in Macedonia（马其顿的橄榄岩）, 524, 525; in ocean crust（洋壳中的橄榄岩）, 480; in ophiolite sequence（蛇绿岩序列中的橄榄岩）, 492, 500, 503-504, 513; in Sierra Navada（内华达山脉的橄榄岩）, 507
Permian Extinction（二叠纪生物灭绝）, 82-83
Permian period（二叠纪）: naming of（二叠纪的命名）, 82; oxygen in atmosphere（大气圈中的氧）, 29-30
Perth Amboy, New Jersey（新泽西州珀斯安博伊）: in Wisconsian time（在

威斯康星时期), 37
Peru-Chile Trench(秘鲁-智利海沟), 121, 650
Petrified Forest(石化林): origin of red rock in(石化林中红色岩石的成因), 29
petroleum(石油), *see* oil(参见“石油”)
Phanerozoic time(显生宙时期), 496, 630
Philippine Plate(菲律宾板块), 485, 555
Philippines(菲律宾), 556
Phillips, William(威廉 · 菲利普斯), 83
Phinney, Robert(罗伯特 · 菲尼), 381
photosynthesis(光合作用), 87, 634
physiography(地形地貌): California cross section(加利福尼亚州地形地貌的剖面), 439; Cambrian transcontinental time line(横穿大陆地形地貌的寒武纪等时线), 189-191; chacteristics of Appalachians(阿巴拉契亚山脉的地貌特征), 184-185; contemporary transcontinental time line(横穿大陆地形地貌的现代等时线), 25-28; Mississippian transcontinental time line(横穿大陆地形地貌的密西西比纪等时线), 92-95; Ordovician transcontinental time line(横穿大陆地形地貌的奥陶纪等时线), 189-191; Pennsylvanian transcontinental time line(横穿大陆地形地貌的宾夕法尼亚纪等时线), 92-95; Precambrian transcontinental time line(横穿大陆地形地貌的前寒武纪等时线), 657-658; Silurian transcontinental time line(横穿大陆地形地貌的志留纪等时线), 199-201; Triassic transcontinental time line(横穿大陆地形地貌的三叠纪等时线), 28 -31
Phytoplankton(浮游植物), 84
Picture, the(画面), *see* Big Picture(参见“大画面”)
piggyback drilling(“搭载式钻进”), 655
Pikes Peak, Colorado(科罗拉多州派克斯峰), 645, 660
Pilarcitos Fault(皮拉西托斯断层), 600
pillow lava(枕状熔岩): on Cyprus(塞浦路斯的枕状熔岩), 513, 515, 516, 517; defind(定义), 481; near Golden Gate(金门附近的枕状熔岩), 492; in ophiolilic sequence(蛇绿岩序列中的枕状熔岩), 502; in San Francisco(旧金山的枕状熔岩), 577-578; in Smartville roadcuts(斯马特维尔路旁剖面的枕状熔岩), 490; at Timbuctoo(廷巴克图镇的枕状熔岩), 489
Pilot Range, Nevada(内华达州领航山脉): and emigrants(领航山脉和移民), 58, 59
Pine Bluffs, Wyoming(怀俄明州松树崖), 308, 309
Pittsburgh,Pennsylvania(宾夕法尼亚州匹兹堡): geology of(匹兹堡的地

质), 245
placer (砂金): defined (定义), 454
plagiogranite (斜长花岗岩): in ocean crust (洋壳中的斜长花岗岩), 481; in ophiolitic sequence (蛇绿岩序列中的斜长花岗岩), 502
plateaus (高原):Allegheny Plateau (阿勒格尼高原), 184, 245-248, Colorado Plateau (科罗拉多高原), 402; Deccan Plateau, India (印度德干高原), 84, 399; Ozark Plateau (欧扎克高原), 401; Pocono Plateau (波科诺高原), 209-216; in Rocky Mountains (落基山脉中的"高原"), 322, 402; Tibetan Plateau (青藏高原), 124, 450, 563
plateboundaries (板块边界): and Basin and Range (板块边界和盆岭省), 598-599; and compression (板块边界和挤压), 562, 563, 598; described (描述), 119, 120-121, 438; Eurasian Plate (欧亚板块), 563, 564; Judy Moores' description (朱迪 · 穆尔斯对板块边界的描述), 438; map of (板块及其边界地图), 122-123; Mid-Atlantic Ridge (大西洋中脊), 127, 395, 399, 631; North American and Pacific plates (北美洲板块和太平洋板块), 432, 564, 595; and San Andreas Fault (板块边界和圣安德列斯断层), 432, 594, 595; types of (板块边界的种类), 127, 393, 561; volcanism at (板块边界的火山作用), 121, 388, 632; *see also* spreading centers; subduction zones; transform faults (参见"扩张中心""俯冲带""转换断层")
plates (板块): and hot spots (板块和地幔热点), 392, 398, 399, 594; map of (板块构造图), 122-123; measuring plate motions (板块移动测量), 392; and ocean crust (板块和洋壳), 121, 124-125, 494; overview (综述), 388; rigidity of (板块的刚性), 393; spreading vs. sliding vs. colliding (扩张、滑动与碰撞), 388; thickness of (板块的厚度), 155; types of boundaries (板块边界的种类), 127, 393, 561; viewing movement at Mussel Rock (在贻贝岩看板块移动), 432; and volcanism (板块和火山作用), 388, 632; *see also* plate tectonics (参见"板块构造学")
plate tectonics (板块构造学): acceptance of theory (板块构造学理论的接受), 132, 133, 148-149, 219-220, 222, 224-225, 226, 227, 385; and Appalachians (板块构造学和阿巴拉契亚山脉), 147-148, 217-220, 222-223, 225-227, 493; Archean precursor (板块构造学的太古宙先驱), 633-634; Archean-Proterozoic transition (太古宙-元古宙过渡时期), 633-635; aspects of (板块构造学的面貌), 495; and conodont paleontology (板块构造学和牙形石古生物学), 222-224; development of theory (板块构造学理论的发展), 115-119, 126-131, 217-219, 393; and eastern United States (板块构造学和美国东

部）, 147-148; and formation of basins（板块构造学和盆地的形成）, 25, future of（板块构造学的未来）, 563-564; gathering seismic data（收集地震学资料）, 217, 226, 227, and geology education（板块构造学和地质学教育）, 451-452; vs. geosynclines（板块构造学和地槽学说对比）, 452-453, 495; global（全球构造）, 554-570; Judy Moores' explanation（朱迪 · 穆尔斯对板块构造学的解释）, 438; map of plates（板块构造图）, 122-123; metaphysical aspects（哲学层面上的面貌）, 219; vs. Old Geology（板块构造学和旧地质学对比）, 220-221, 222; and ophiolites（板块构造学和蛇绿岩）, 490-491, 499, 554-570; as outgrowth of continental-drift hypothesis（板块构造学是大陆漂移假说的发展）, 118-119; overview（综述）, 115-131; in Pliocene Californlia（上新世加利福尼亚州的板块构造）, 542; in Proterozoic Eon（元古宙时的板块构造）, 633-635; questions raised by（板块构造学提出的问题）, 388-389; relationship to stratigraphy（板块构造学和地层学的关系）, 385, 386; research leading to theory（导向板块构造学的研究）, 491-495; and Rocky Mountains（板块构造学和落基山脉）, 384-386; role in assembling of California（在组装加利福尼亚中的作用）, 432-433, 495; role of Alfred Wegener（阿尔弗雷德 · 魏格纳的角色）, 116-117; role of Cold War（冷战的作用）, 127; role of Harry Hess（哈里 · 海斯的角色）, 120, 126-127, 128-129, 130; role of proposal by Abraham Ortclius（亚伯拉罕 · 奥尔特利乌斯观点的角色）, 115, 116; role of proposal by Thomas Dick（托马斯 · 迪克观点的角色）, 116; role of Vine and Matthews（瓦因和马修斯的角色）, 129; role of W. Jason Morgan（W. 杰森 · 摩根的角色）, 392, 393; and sea-level variations（板块构造学和海平面变化）, 498, 499; significance of（板块构造学的意义）, 83, 119, 121, 131; summary of theory（板块构造学理论的总结）, 119-121; and supercontinents（板块构造学和超大陆）, 554-555; triple junctions（三联点）, 542-543, 628-629, 658; views of Anita Harris（安妮塔 · 哈里斯的观点）, 148-149, 217-232, 274-275; and volcanism（板块构造学和火山作用）, 388-389, 632

Playfair, John（约翰 · 普莱费尔）, 74, 78-79; and James Hutton（约翰 · 普莱费尔和詹姆斯 · 赫顿）, 95, 97

Pleasant Valley, Nevada（内华达州普莱森特山谷）, 42, 44; and 1915 earthquake（普莱森特山谷和1915年地震）, 45; hot springs in（普莱森特山谷中的热泉）, 47

Pleistocene epoch（更新世）: characteristics of（特点）, 86, 88, 148; glaciation（冰川作用）, 52, 148, 152; vs. Holocene epoch（更新世

和全新世), 148; impact of ice on Scotland(冰川对苏格兰的影响), 48; volcanic-ash fall(火山灰降落), 387
Plinian eruptions(普林尼型喷发), 387
Pliocene epoch(上新世): characteristics of(特点), 86; Pacific Plate in(上新世时的太平洋板块), 542, 594-595
plutonists(火成论者), 97
plutons(深成岩体): across North American continent(穿越北美洲大陆), 652-653; in Colorado(科罗拉多州的深成岩体), 643; defined(定义), 446, 643; *see also* batholiths(参见“岩基”)
Pocono Mountains, Pennsylvania(宾夕法尼亚州波科诺山脉), 209, 210, 214
polar wander(极点漂移), 115, 117-118
pool tables(台球桌), 191
potassium/argon dating(钾-氩定年方法), 130, 395, 397, 649
Powder River, Wyoming(怀俄明州粉河), 409
Powder River Basin, Wyoming(怀俄明州粉河盆地), 325; uranium in(粉河盆地中的铀), 423-424
Powell, John Wesley(约翰·韦斯利·鲍威尔), 411
Powell, Lake(鲍威尔湖), 414
Precambrian time(前寒武纪时期): Africa in(前寒武纪时的非洲), 560; anorthosite(斜长岩), 328; and Appalachians(前寒武纪和阿巴拉契亚山脉), 236, 238; argot for dates(称呼前寒武纪年代的行话), 633, 641; characteristics of(特点), 87, 626-639; Colorado in(前寒武纪时的科罗拉多), 638-645, 648-650, 658; drill-core data(钻井岩心资料), 651, 654-656; fossils in(前寒武纪的化石), 657; geologic study of(对前寒武纪的地质研究), 626-628, 651-652, 656-657; gravity data measurements(重力数据测量), 653-654; iron deposits(铁矿), 634; learning from(认知前寒武纪), 656-657; metal deposits(金属矿产), 153, 297, 634, 656; precision in dating(年代测定的精确性), 646-650; rock-dating methods(岩石年代的测定方法), 645-649; transcontinental physiographic time line(横穿大陆的地形地貌等时线), 657-658; Van Schmus as specialist(作为专家的范·施莫斯), 634, 635, 639-640; Wyoming in(前寒武纪时的怀俄明州), 87, 295, 296, 310-311, 635-636, 638, 639, 658; *see also* Archean Eon; cratons; Hadean Eon; Proterozoic Eon(参见“太古宙”“克拉通”“冥古宙”“元古宙”)
precision vs. accuracy(准确和精确), 646
Preston, Samud(塞缪尔·普雷斯顿), 202-203
Princeton Uuiversity(普林斯顿大学), 5, 35, 290, 359, 392, 402, 491, 492
principle of least astonishment(最小惊讶原则), 605
Principles of Geology(《地质学原

理》), 98, 396
prominent restraining bends(突出的扭结), 609, 610
Promontory Mountains, Utah(犹他州海角山脉), 54; as part of Basin and Range(作为盆岭省的一部分), 28
Proterozoic Eon(元古宙): changes in(元古宙中的变化), 634-635; island arcs(岛弧), 638; life-forms in(元古宙的生命形式), 634; placing in geologic time(在地质时间框架中的位置), 643-644; plate tectonics in(元古宙的板块构造), 633-635; transition from Archean Eon(从太古宙转变到元古宙), 633-635; Van Schmus as specialist on(研究元古宙的专家范 · 施莫斯), 640, 643-644
proto-Atlantic Ocean(原始大西洋), 147
proton-precission magnetometers(质子旋进磁力仪), 127
Protopangaea(原始泛大陆), 497, 498; *see also* Rodinia(参见"罗迪尼亚")
Prudhoe Bay, Alaska(阿拉斯加州普拉德霍湾), 226
pudding stone(布丁石), 41
Puerto Rico Trench(波多黎各海沟), 392
pull-apart basins(拉分盆地), 549, 574; map of(拉分盆地图), 545
Pumpernickel Valley, Nevada(内华达州旁泊尼克尔山谷), 45, 99
Putah Creek, California(加利福尼亚州普塔溪), 544-545
pyroxene(辉石), 20, 477-478

Q

quartz(石英): association with serpentine(和蛇纹石共生), 475-476; as "blossom" at Sutter's Mill(萨特磨坊的"开花"矿物), 461; cryptocrystalline(隐晶质), 188, 550; gold-bearing(含金的), 475-476; use by Minsi Indians(明西印第安人使用石英), 188; *see also* chert(参见"硅质岩")
quartzite(石英岩): durability of(耐久性), 192, 401; as the hubs of Hell(作为"地狱中心"), 192; in Kittatinny Mountain(基塔丁尼山脉中的石英岩), 192, 193; in Precambrian Colorado(前寒武纪科罗拉多州的石英岩), 640; transforming sandstone into(砂岩转变成石英岩), 193, 310, 375, 640
Quaternary period(第四纪): characteristics of(特点), 88
Queen Charlotte fault(夏洛特皇后断层), 393
Quien Sabe Fault(基恩萨贝断层), 603

R

radioactive isotopes(放射性同位素), 645-646; *see also* radiometric dating(参见"放射性定年")
radiolarian chert(放射虫硅质岩): formation of(放射虫硅质岩的成因), 575-576

radiometric dating(放射性定年): argon/ argon techniques(氩-氩定年技术), 380, 395, 649; examples of use(使用例子), 130, 387, 394-395, 397, 645-650; potassium/argon techniques(钾-氩定年技术), 130, 395, 397, 649; of Precambrian rock(前寒武纪岩石的定年), 645-650; samarium/neodymium techniques(钐-钕定年技术), 645-646, 650; uranium/lead techniques(铀-铅定年技术), 649; use of zircons(使用锆石定年), 646-649

railroads(铁路): causeway across Great Salt Lake(一道穿过大盐湖的长堤), 55; choosing Union Pacific route(遴选联合太平洋公司的铁路路线), 317-320; first transcontinental(第一条横穿美国大陆的铁路), 54-55, 467; *see also* Union Pacific Railroad(参见“联合太平洋铁路”)

Rainier, Mt.(雷尼尔山), 542

rain shadow(雨影区), 47, 52, 435

Raitt, Russell(拉塞尔 · 莱特), 493

ranges(山脉、山岭), *see* mountains, names of specific mountain ranges(参见“山脉”, 以及特别列出的山名)

Raton, New Mexico(新墨西哥州拉顿市): as hot spot(作为地幔热点), 402

Rawlins, Wyoming(怀俄明州罗林斯): in the Old West(旧西部), 281-282; time spread of surrounding rock(罗林斯周围岩石的时间跨度), 295-297, 332

Rawlins Uplift(罗林斯隆起), 283, 294, 296, 332

Red Canyon, Wyoming(怀俄明州红山谷), 354-355

red rock(红色岩石): Flaming Gorge(火焰谷), 29, 414; list of notable sites(红色岩石著名景点的名单), 29; origins of(成因), 29-30; in Sierra Nevada(内华达山脉的红色岩石), 475; in Wyoming(怀俄明州的红色岩石), 296, 316, 327, 349-350, 354-355

Red Sea(红海), 240, 388, 516, 567, 659; and future of Basin and Range(红海和未来的盆岭省), 137, 143; triple junction with East African Rift Valley and Gulf of Aden(红海和东非裂谷及亚丁湾的三联点), 629

Reed, John(约翰 · 里德), 374

Reid, Harry Fielding(哈里 · 菲尔丁 · 里德), 583

religion(宗教): vs. geology(宗教和地质学), 71, 74, 88, 97-98

Reno, site of(里诺的位置): physiographic change in distance from site of Salt Lake City(里诺和大盐湖市位置之间地形地貌的变化), 46, 54, 402

reptiles(爬行动物): in Triassic period(三叠纪的爬行动物), 83-84, *see also* dinosaurs(参见“恐龙”)

rhyolite(流纹岩): as fiery cloud

burying part of Tetons（像炽热的云埋住了部分提顿山脉）, 372, 377; vs. granite（跟花岗岩对比）, 33-34, 372; as part of family of similar rocks（作为相似岩石家族的一员）, 34; volcanic tuff（火山灰）, 454; zircons in（流纹岩中的锆石）, 647
rice-field contours, Great Central Valley, California（加利福尼亚州中央大峡谷的稻田等高线）, 537-538
Richardson. H. H.（H.H.理查德森）, 326
Richter, Charles F.（查尔斯·F.里克特）608
Richter scale（里氏震级）, 608
Ridge and Valley Province（山脊-山谷省）, 26, 183, 213, 227
ridges（脊部）, *see* mid-ocean ridges（参见“大洋中脊”）
rifting（裂谷作用）: Gulf of California（加利福尼亚州海湾）, 595, 659; Midcontinent Rift（中部大陆裂谷）, 624, 628-629, 651, 654-655, 658-659; Red Sea（红海）, 240, 388, 516, 567, 629, 659
rift valleys（裂谷）: defined（定义）, 127; East African Rift Valley（东非裂谷）, 143, 629; mid-ocean ridge pattern（大洋中脊的型式）, 514-515; *see also* mid-ocean ridges（参见“大洋中脊”）
rises（洋脊）: East Pacific Rise（东太平洋洋脊）, 127, 130, 568, 595, 631; as type of plale boundary（洋脊作为板块的边界）, 127, 393; *see also* mid-ocean ridges（参见“大洋中脊”）
rivers（河流）: braided（辫状河）, 196-197; characteristics of（特点）, 240; with common delta（两条河流的共建三角洲）, 539; eastern United States（美国东部）, 239-242; and exhumation of the Rockies（河流和落基山脉的剥露）, 315; as geographic borders（河流作为地理边界）, 298; and glaciation（河流和冰川作用）, 152; *see also* streams（参见“河流”）
roadcuts（路旁剖面）: batholith contact with country rock west of Denner Summit（唐纳峰西边岩基和围岩的接触界线）, 447; benched throughcuts（“贯穿性开挖”）, 285, 571; complexity in Basin and Range findings（发觉盆岭省剖面的复杂性）, 100; Deffeyes' view（德菲耶斯对路旁剖面的看法）, 36; in Great Valley of the Appalachians（阿巴拉契亚山脉大峡谷中的路旁剖面）, 189; Holy Toledo cut（“圣托莱多”剖面）, 243, 244; largest on I-80（I-80州际公路上最大的路旁剖面）, 572; near Golconda Summit（戈尔康达峰附近的路旁剖面）, 99-101; near Golden Gate（金门附近的路旁剖面）, 575-576; near Green River, Wyoming（怀俄明州格林河附近的路旁剖面）, 409-413; near Paterson, New Jersey（新泽西州帕特森附近的

路旁剖面), 38-39; in Palisades Sill(帕利塞兹岩床露头), 19, 21, 22; paucity in Midwest(中西部路旁剖面稀缺), 252; in Sierra Nevada(内华达山脉的路旁剖面), 435, 441, 447-448, 453-454, 476-478, 490; in Stansbury Mountain limestone(斯坦斯伯里山脉石灰岩中的路旁剖面), 56-58; through Franciscan melange(穿过弗朗西斯科混杂岩的路旁剖面), 545-546, 571; in Toano Range(托阿诺山岭的路旁剖面), 61; value to geologists(路旁剖面对地质学家的价值), 21, 22, 23-24, 210; vugs(孔洞), 38, 39-40; as way to study geology(作为地质研究的途径), 34, 36-37

roads(道路), *see* highways; Interstate 80(参见"高速公路""80号州际公路")

rock cycle(岩石旋回): and uniformitarianism(岩石旋回和均变论), 168

Rock Springs Uplift(岩泉隆起), 404-405

Rocky Mountains(落基山脉): Ancestral(落基山脉的祖先), 94, 310; in Eocene epoch(始新世时的落基山脉), 309; exhumation of(落基山脉的剥露), 314-316, 325; formation of(落基山脉的形成), 46, 314-316, 564, 566; Laramide Orogeny(拉勒米造山运动), 310-317, 330, 331; in Miocene epoch(中新世时的落基山脉), 309; and plate tectonics(落基山脉和板块构造), 384-386; role of wind(风的侵蚀作用), 323, 325; and thesis of David Love(落基山脉和戴维·洛夫的论文), 358

Rodgers Creek Fault(罗杰斯溪断层), 599-600

Rodinia(罗迪尼亚), 497, 554-555, 567, 659

Rogers, Henry Darwin(亨利·达尔文·罗杰斯), 204

roll fronts(卷状锋面), 423

Romm, James(詹姆斯·罗姆), 116

Rongis, Wyoming(怀俄明州荣吉思小镇), 292

Roosevelt, Theodore(西奥多·罗斯福): at Delaware Water Gap(罗斯福在特拉华水峡口), 208; in Wyoming(罗斯福在怀俄明州), 327

Rose, Peter R.(彼得·R. 罗斯), 177, 179

Roush, Jim(吉米·劳什), 353

Royal Society of Edinburgh(爱丁堡皇家学会), 72, 74

Ruby Mountains, Nevada(内华达州卢比山脉), 65, 66

Rue, Matthew(马修·鲁), 198

Rush, John(约翰·拉什), 198

Russia(俄罗斯): scientific drilling in(科学钻探), 656

S

Sabatini, Rafael(拉斐尔·萨巴蒂尼), 356

Sacramento, California(加利福尼亚州

萨克拉门托市), 539; New Helvetia section(新赫尔维迪亚街区), 460
Sacramento River, California(加利福尼亚州萨克拉门托河), 460, 471, 538-539
Sahara Desert(撒哈拉沙漠), 274-275
Saint-Gaudens, Augustus(奥古斯都 · 圣-高登斯), 326
Saleeby, Jason(杰森 · 萨利比), 566
Salinia Terrane(萨利尼亚地体), 543, 561, 585
Salisbury Crags, Scotland(苏格兰索尔兹伯里峭壁), 72
salt(盐): and exploding rock(盐和岩石的爆裂), 60
salt domes(盐丘), 60-61
Salter, Stephanie(斯蒂芬妮 · 索尔特), 606
Salt Lake(盐湖), *see* Great Salt Lake(参见"大盐湖")
Salt Lake City(盐湖城): physiographic change in distance of site from site of Reno(盐湖城和里诺位置之间地形地貌的变化), 46, 54, 402; site as west coast of North America(盐湖城在北美洲西部海岸的位置), 94; and Wasatch Fault(盐湖城和瓦萨其断层), 54
Salton Sea(索尔顿海湖), 141, 143
samarium/neodymium dating(钐-钕定年法), 645-646, 650
San Andreas Fault(圣安德列斯断层): Central Creeping Zone(中央蠕变带), 593-594, 603; described(描述), 432, 589-591; earthquake predictions(地震预测), 587, 588, 591-593, 601, 615; effect of compression(挤压的影响), 595-596; family of faults(断层家族), 432, 583, 594, 596, 599-603; geomorphological effects(对地形地貌的影响), 583; intersection with occan(和大洋相交), 431-432; and Loma Prieta earthquake(圣安德列斯断层和洛马普列塔地震), 609-612; maps of(圣安德列斯断层图), 573, 596; measuring(观测圣安德列斯断层), 392; monitoring(监测圣安德列斯断层), 586-589; movement along(沿圣安德列斯断层的移动), 593-594; and Mussel Rock(圣安德列斯断层和贻贝岩), 431-432; naming of(圣安德列斯断层的命名), 360, 433; new faults(新生断层), 587-588; origin of(圣安德列斯断层的成因), 125, 542; vs. Pacific Plate(圣安德列斯断层和太平洋板块), 594; path of(圣安德列斯断层沿途), 581, 589-591; and plate boundaries(圣安德列斯断层和板块边界), 432, 594, 595; rate of slip(滑动速率), 585-586; relationship to other faults(与其他断层的关系), 599-603; reservoirs on(圣安德列斯断层上的水库), 581-582; and rock offsets(圣安德列斯断层和岩石错动), 584-585, 588, 600, 602; and San Juan Bautista mission

（圣安德列斯断层和圣胡安包蒂斯塔传教站），604; and Santa Cruz Mountains（圣安德列斯断层和圣克鲁斯山脉），606-607, 608; seismic gap（地震空白区），582; *see also* earthquakes（参见“地震”）

San Andreas Lake（圣安德列斯湖），581, 584

San Bruno Mountains, California（加利福尼亚州圣布鲁诺山脉），579, 580

sandstone（砂岩）: around Love Ranch（洛夫牧场周围的砂岩），349-350, creation from sand（砂岩是从砂产生的），48; Frontier（富隆铁砂岩），285-286, 290, 293; in Golconda Thrust（戈尔康达逆冲带里的砂岩），100-101; Holy Toledo cut（“圣托莱多”剖面），243, 244; and meandering streams（砂岩和蛇曲河），202; oil in（砂岩中的石油），285-286, 290; Old Red Sandstone（老红砂岩），77, 78, 79-80; Pennsylvanian（宾夕法尼亚系砂岩），50; Permian（二叠系砂岩），50; and salt domes（砂岩和盐丘），60-61; in San Francisco hills（圣弗朗西斯科山上的砂岩），578-579; vs. shale（砂岩和页岩），405; transforming into quartzite（砂岩转变成石英岩），193, 310, 375, 640; uranium in（砂岩中的铀），423-424; Wyoming（怀俄明州的砂岩），285-286, 290, 293, 316, 317, 349-350, 354-355, 411; in Yerba Buena Island（耶尔巴布埃纳岛的砂岩），67

San Francisco, California（旧金山）: 1906 earthquake（1906年地震），582-584, 585-586; 1989 Lorna Prieta earthquake（1989年洛马普列塔地震），613-620; and California gold rush（旧金山和加利福尼亚淘金热），463; geology of（旧金山地质），572-581; hilliness of（旧金山的陡坡），578-579; Marina district（马里纳区），588, 617, 619-620; Nob Hill（诺布山），575; Russian Hill（俄罗斯山），575; skyscrapers of（摩天大楼），434, 616; Telegraph Hill（电报山），579-580

San Francisco Bay（旧金山海湾）: Alcatraz（恶魔岛），574, 575 ; first Europeans to view（欧洲人第一次看到旧金山海湾），580; geologic history（旧金山海湾的地质历史），572-574; Golden Gate Bridge and site（金门大桥和桥址），492, 572, 575-577, 588, 615; San Francisco-Oakland Bay Bridge（旧金山-奥克兰海湾大桥），572, 588, 615; Yerba Buena Island（耶尔巴布埃纳岛），67, 574

San Francisco Bay Area（旧金山湾区）: earthquake predictions（地震预测），587, 588, 591-593, 60, 615; exotic terranes in（旧金山湾区的外来地体），575; and Franciscan melange（旧金山湾区和弗朗西斯科混杂岩），574-580; frequency of earthquakes（地震的频率），588,

605; geology of（旧金山湾区地质）, 570-581; on I-80（在I-80州际公路上）, 571-572; and Loma Prieta earthquake（旧金山湾区和洛马普列塔地震）, 603-620; map of（旧金山湾区地图）, 573
San Francisco-Oakland Bay Bridge（旧金山-奥克兰海湾大桥）, 572; and earthquakes（旧金山-奥克兰海湾大桥和地震）, 588, 615; and Loma Prieta earthquake（旧金山-奥克兰海湾大桥和洛马普列塔地震）, 615
San Gregorio Fault（圣格雷戈里奥断层）, 600
San Joaquin River, California（加利福尼亚州圣华金河）, 471, 538, 539
San Juan Bautista, California（加利福尼亚州圣胡安包蒂斯塔）, 604
San Marino（圣马力诺）, 50
Santa Cruz, California（加利福尼亚州圣克鲁斯）, 612
Santa Cruz Mountains, California（加利福尼亚州圣克鲁斯山脉）: and San Andreas Fault（圣克鲁斯山脉和圣安德列斯断层）, 606-607, 608
Sargent Fault（萨金特断层）, 600
Saturday Club（星期六俱乐部）, 265
Saxe, John Godfrey（约翰 · 戈弗雷 · 萨克斯）, 63
scanning transmission electron microscopes（扫描透射电子显微镜）, 380
scarps（陡崖）, *see* fault scarps（参见“断层崖”）
Schaefer, Jack（杰克 · 谢菲尔）, 367
schist（片岩）: blue（蓝片岩）, 547, 554, 564; in Franciscan melange（弗朗西斯科混杂岩中的片岩）, 574; in Macedonia（马其顿的片岩）, 524; miners' view of（矿工们对片岩的看法）, 532; in New York City（纽约市的片岩）, 158-159, 160; in Precambrian Wyoming（怀俄明州前寒武纪片岩）, 373, 375, 376, 377; in Sierra Nevada（内华达山脉中的片岩）, 475, 476, 485
Schlicting, Emmons（埃蒙斯 · 施利克廷）, 300
Schmitt, Harrison（哈里森 · 施密特）, 137
Schnur, Harriet and David（哈里特 · 舒纳和戴维 · 舒纳）, 613
Schooley Peneplain（斯库利准平原假说）, 242
Schuster, Isidor（伊西多 · 舒斯特）, 364
scintillometers（闪烁计数器）, 421, 422, 423
Sciota, Lake（赛欧塔湖）, 193
Scotland（苏格兰）: angular unconfonllities in（苏格兰的角度不整合面）, 18, 69, 77-79, 95; geologic terminology（地质术语）, 151, 152; and gulf courses（苏格兰和高尔夫球场）, 151; in last Pleistocene ice age（更新世末次冰期时的苏格兰）, 48; Old Red Sandstone formation（老红砂岩地层组）, 77, 78, 79-80

Scottish Enlightenment（“苏格兰启蒙时期”）, 74

seafloor（海底）: charateristics of（特点）, 127-128, 130; early research（早期的研究）, 126-129, 494; ephemeral nature of（海底的短暂性）, 128-129, 130; formation of（海底的形成）, 121, 128; mapping of（海底地貌图）, 127; oldest rocks（海底最古老的岩石）, 130-131, 231, 479; paleomagnetic findings（古地磁学的发现）, 129-130; and plate tectonics（海底和板块构造学）, 121, 124-125, 494; *see also* mid-ocean ridges; ocean crust; ophiolites; spreading centers（参见“大洋中脊”“洋壳”“蛇绿岩”“扩张中心”）

sea-level variations（海平面变化）, 186-187; and glaciation（海平面变化和冰川作用）, 187, 246, 260, 572-574; and plate tectonics（海平面变化和板块构造）, 498, 499

seamounts（海山）: dating（定年）, 394 -395; Emperor Seamounts（帝王海山）, 390, 392, 396, 506; Great Meteor（大流星海山）, 393-394, 395, 396, 397, 400, 401; Hawaiian Seamounts（夏威夷海山）, 506; New England Seamounts（新英格兰海山）, 394-395; off Oregon coast（俄勒冈州海岸外的海山）, 547; Walvis Ridge（沃尔维斯洋脊）, 396; *see also* hot spots（参见“地幔热点”）

seas（海洋）, *see* epicontinental seas; oceans（参见“地表海”“大洋”）

Second World War（第二次世界大战）, 126, 127

Sedgwick, Adam（亚当 · 塞奇威克）, 83; view of Darwin's The Origin of Species（对达尔文《物种起源》的看法）, 263

Sedgwick, Rev. Theodore（西奥多 · 塞奇威克牧师）, 342

sedimentary rock（沉积岩）: in Carlin Canyon, Nevada（内华达州卡林峡谷的沉积岩）, 68-69, 92, 95, 99; Deffeyes chewing shale（德菲耶斯嚼页岩）, 38, 62; dolomite forming on Bonaire, Netherlands Antilles（荷属安德列斯群岛的博内尔岛上正在形成白云岩）, 57; and early Appalachian geologists（沉积岩和阿巴拉契亚山脉早期的地质学家）, 184-185; influence on topography（沉积岩对地貌的影响）, 184-185; language of（沉积岩的语言）, 157; pyroclastic debris（火山碎屑）, 357; shale so black it all but smelled of low tide（黑色页岩中似乎能闻到退潮后的气味）, 286; as specialty of Karen Kleinspehn（卡伦 · 克莱因斯潘的专业）, 24; studying（研究沉积岩）, 24-25, 185, 411; uranium in（沉积岩中的铀）, 422-425; *see also* breccia; conglomerate; dolomite; limestone; sandstone; shale; siltstone（参见“角砾岩”“砾岩”“白云

岩”“石灰岩”“砂岩”“页岩”“粉砂岩”）
Seeber, Leonardo（莱昂纳多 · 席伯）, 605
seismic gaps（地震图）, 582
seismic waves（地震波）: in hot rock（在热岩石中）, 47, 396; and hot-spot research（地震波和地幔热点研究）, 398; and Moho（地震波和莫霍面）, 503; and Vibroseis（地震波和可控震源）, 226, 227, 229, 380
seismographs（地震分布图）, 217, 586-587
seismology（地震学）: data on Appalachians（阿巴拉契亚山脉的地震资料）, 226, 227; and development of plate-tectonic theory（地震学和板块构造理论的发展）, 119, 127-128, 217; gathering data（收集资料）, 217, 226, 227, 478, 586-587, 608; and hot-spot research（地震学和地幔热点研究）, 398; and mid-ocean rifts（地震学和大洋中脊裂谷）, 127-128; Richter scale（里氏震级）, 608; Vibroseis（可控震源）, 226, 227, 229, 380; *see also* earthquakes（参见“地震”）
selenium（硒）, 284-285
Separation Flats, Wyoming（怀俄明州塞珀雷逊低地）, 289, 386
serpentine（蛇纹岩）: association with gabbro, diabase, and basalt（和辉长岩、辉绿岩及玄武岩共生）, 491-492; in Coast Ranges（海岸山脉的蛇纹岩）, 548; on Cyprus（塞浦路斯的蛇纹岩）, 513-514, 518, 519; and gold-bearing quartz（蛇纹岩和含金石英）, 475-476; as grapevine soil（作为葡萄藤的土壤）, 548; in Macedonia（马其顿的蛇纹岩）, 524; near Golden Gate（金门附近的蛇纹岩）, 492, 576, 577; in ocean crust（洋壳里的蛇纹岩）, 481; in San Francisco（旧金山的蛇纹岩）, 577; in Sierra Nevada（内华达山脉的蛇纹岩）, 475-476, 507
Seven Cities of Cibola（西博拉的七座黄金城）, 496
Seward Peninsula, Alaska（阿拉斯加州苏厄德半岛）, 554
Seychelles（塞舌尔群岛）: and Africa（塞舌尔群岛和非洲）, 560-561
shale（页岩）: so black it all but smelled of low tide（颜色很黑, 似乎能闻到退潮后的气味）, 286; creation from mud（从泥变成页岩）, 48; Deffeyes chewing（德菲耶斯嚼页岩）, 38, 62; in Golconda Thrust（戈尔康达逆冲带的页岩）, 100; in Hackensack Valley（哈肯萨克山谷的页岩）, 38; Mowry（莫里页岩）, 286, 293; oil in（页岩中的石油）, 412-413; in Palisades Sill（帕利塞兹岩床中的页岩）, 22; paper（像纸一样薄）, 245; and salt domes（页岩和盐丘）, 60-61; vs. sandstone（页岩和砂岩）, 405; and stream clarity（页岩和河流的清澈程度）, 383; testing for（检

测页岩), 38; transforming into slate (页岩变成板岩), 22, 310; in Yerba Buena Island (耶尔巴布埃纳岛的页岩), 67
Shane (肖恩), 366-367
Shasta, Mt. (沙斯塔山), 542
Shawangunk formation (小万岗地层组), 201
sheep, Wyoming (怀俄明州的羊), 289, 344-345, 346, 347
sheepherder anticlines (牧羊人背斜), 290
sheeted dikes (席状岩墙): on Cyprus (塞浦路斯的席状岩墙), 417, 513, 514; defined (定义), 478, 480, 481; near Auburn, California (加利福尼亚州奥本附近的席状岩墙), 477, 480; in ocean crust (洋壳中的席状岩墙), 480-481; in ophiolitic sequence (蛇绿岩序列中的席状岩墙), 502; in Sierra Nevada (内华达山脉的席状岩墙), 507; in Yuba Valley (尤巴山谷中的席状岩墙), 487, 488
Shell Oil Company (壳牌石油公司): employs David Love (雇用戴维・洛夫), 360-361, 363-364; view of California geologists (对加利福尼亚州地质学家的看法), 297
Shepherd, Cybill (西碧儿・谢泼德), 616
Sherman, William Tecumseh (威廉・特库姆塞・谢尔曼), 462, 463, 464, 472
shield rock (地盾岩石): defined (定义), 636; and hot spots (地盾岩石和地幔热点), 394, 397, 399; list of (地盾岩石名单), 638; and mineral deposits (地盾岩石和矿产), 153-154, 297, 656; origin of name (地盾岩石名称的来源), 636; *see also* Canadian Shield; cratons (参见"加拿大地盾""克拉通")
shield volcanoes (盾形火山), 390
Shoshoni Indians (肖肖尼印第安人), 301
Siberia (西伯利亚), 557
Siccar Point, Scotland (苏格兰西卡角), 78-79, 95
Sieh, Kerry (凯瑞・西), 586
Sierra batholith (塞拉岩基), 446-48, 450-51
Sierra Club (塞拉俱乐部), 421, 458, 526
Sierra Madre (马德雷山), 283, 312
Sierra melange (塞拉混杂岩), 547
Sierra Nevada (内华达山脉): creation of (内华达山脉的产生), 46, 124, 440, 485; described (描述), 28, 439-440; Donner Pass (唐纳山口), 28, 47, 445, 446, 447; Donner Summit on I-80 (; I-80州际公路上的唐纳峰), 435, 441, 445, 447-448; escarpment (陡崖), 47; fault along eastern base (沿东部基底的断层), 598-599; geologic history (地质历史), 541; global antiques analogy (全球古董杂乱堆的比喻), 442-

443; granite in（内华达山脉的花岗岩），33, 442, 444, 446, 447, 448; granite vs. granodiorite（花岗岩和花岗闪长岩对比），451; impact of earthquakes（地震的影响），598-599; ophiolite emplacement（蛇绿岩的侵位），505-511; rain shadow（雨影区），47, 52, 435; raised-trapdoor analogy（掀起活动板门的比喻），439-440, 448; roadcuts（内华达山脉路旁剖面），435, 441, 447-448, 453-454, 476-478, 490; varied rock in（内华达山脉中各种岩石），442, 448, 449; volcanics in（内华达山脉的火山岩），441-442, 444, 446, 448, 450, 541, 542, 543; *see also* gold mining（参见“采金”）

Signal Mountain, Wyoming（怀俄明州信号山），371

Signor, Guy（盖 · 西格诺），301

Silliman, Benjamin, Jr.（本杰明 · 小西利曼），470

sills（岩床）: origins of（成因），20, 41; Palisades Sill（帕利塞兹岩床），19, 20-21, 22

siltstone（粉砂岩）: in Basin and Rang（盆岭省的粉砂岩），51; creation from silt（由粉砂形成粉砂岩），48

Silurian period（志留纪）: characteristics of（特点），87; dispute over Cambro-Silurian line（关于寒武纪-志留纪界线的争论），81-82; naming of（志留纪的命名），81; and Ordovician period（志留纪和奥陶纪），82; transcontinental physiographic time line（横穿大陆地形地貌的志留纪等时线），199-201

silver（银）: background of mining in Nevada（内华达州采银的背景），102, 104, 108-109; in Basin and Range（盆岭省的银），102, 104, 106-107, 138; and Deffeyes as mine scavenger（德菲耶斯对尾矿进行银的二次回采），49, 104-110; extraction methods（萃取方法），106, 108; vs. gold mining（采银和采金），105

Silver, Eli（伊莱 · 西尔弗），498

Silver, Leon（利昂 · 西尔弗），652

Silver, Jim（吉姆 · 西尔弗），103

Sinkiang Depression（新疆坳陷），563

Sioux Indians（印第安苏人），383-384

Skidmore, W. A.（W. A. 斯凯德默尔），470

Skull Valley, Utah（犹他州骷髅谷），58

slate（板岩）: blue-gray true unfading（真正永不褪色的蓝灰色板岩），191; Martinsburg formation（马丁斯堡地层组），191; touching Palisades Sill（抚摸帕利塞兹岩床），22; transforming shale into（页岩转变成板岩），22, 310

Slate Creek, California（加利福尼亚州板岩溪），508-510

slickensides（擦痕）: defined（定义），205

Smart, Jim（吉姆 · 斯马特），490

Smartville, California（加利福尼亚州斯马特维尔），490

Smartville Block（斯马特维尔地块），480, 484-491, 502, 504, 506, 543-544
Smith, Adam（亚当 · 史密斯），74
Smith, Dr. Francis（法兰西斯 · 史密斯医生），358
Smith, William "Strata"（威廉 · "地层" · 史密斯），83
Snake River, Wyoming（怀俄明州蛇河），371, 372
Snake River Plain, Wyoming（怀俄明州蛇河平原），398, 403
snow（雪）: and wind in Wyoming（怀俄明州的雪和风），324-325
Snowy Range, Wyoming（怀俄明州雪岭山），321, 329, 330
sodium（钠），*see* trona（参见"天然碱"）
sodium chloride（氯化钠）: in Great Salt Lake（大盐湖的氯化钠），53; veneer covering Bonneville Salt Flat（覆盖博纳维尔盐滩的薄盐层），60; *see also* salt domes（参见"盐丘"）
Sohm Abyssal Plain（索姆深海平原），394
soil taxonomy（土壤的种类）: Great Central Valley（中央大峡谷），539
solid-earth tides（固体地球潮），21
Solway Firth（索尔威湾），29
Somalian Plate（索马里板块），120
Sonoma Range, Nevada（内华达州索诺玛山）: earthquake movement of（地震错动），45
Sonona Volcanics（索诺玛火山岩），550
Sonomia Terrane（索诺玛地体），99, 138, 449-450
sound waves（声波），*see* seismic waves（参见"地震波"）
South Africa（南非）: Great Karroo（大卡罗），29, 398; Kalahari Craton（喀拉哈里克拉通），560; Kimberley Mine（金伯利矿场），156; South African Shield（南非地盾），388-389
South America（南美洲）: Jurassic proximity to Africa（侏罗纪时靠近非洲），396; and ophiolites（南美洲和蛇绿岩），567-569; and plate tectonics（南美洲和板块构造），567, 568-569, 650
South American Plate（南美洲板块），120, 399, 650
Southern Pacific Railroad（南太平洋铁路），456; *see also* Central Pacific Railroad（参见"中太平洋铁路"）
Spain（西班牙）: tectonic history（构造演化历史），553
Spanish-Amerian War（美西战争），49
species, extinctions（物种灭绝），82-83, 85-86
spectrometers（分光仪），33, 34
spectrophotometer（分光光度计），110, 380
Spitsbergen（斯匹次卑尔根），557-558
Spread Creek, Wyoming（怀俄明州两岔溪），368
spreading centers（扩张中心）: Deffeyes' oceanographic research（德菲耶斯对

海洋学的研究), 136-137; and future western seaway(扩张中心和未来的西部海域), 138, 140-143; map of(大洋扩张中心分布图), 515; as method of venting heat(作为释放地球内部热的方式), 631; and ophiolitic sequence(扩张中心和蛇绿岩序列), 490, 491, 493, 504, 506; and origin of ocean crust(扩张中心和洋壳的成因), 128, 478; and origin of Smartville Block(扩张中心和斯马特维尔地块的成因), 506; and plate tectonic theory(扩张中心和板块构造理论), 129, 240, 241, 491, 494; as term for places of origin of ice sheets(作为冰川起源地点的术语), 271; vs. transform faults(扩张中心和转换断层), 506, 542, 561; as type of plate boundary(作为一种板块边界), 561; *see also* mid-ocean ridges(参见"大洋中脊")

springs(泉水), *see* hot springs(参见"热泉")

Srebrenick, Murray(默里 · 斯雷布雷尼克), 157-158

Stable Interior Craton(稳定的克拉通核): characteristics of(特点), 27, 252, 625-626; *see also* Archean cratons; Canadian Shield; midrontinent(参见"太古宙克拉通""加拿大地盾""中部大陆")

Stanford, Leland(利兰 · 斯坦福), 466

Stanley Diamond(斯坦利钻石), 154

Stansbury, Capt. Howard(霍华德 · 斯坦斯伯里船长), 57

Stansbury Mountains, Utah(犹他州斯坦斯伯里山脉): and Donner party(斯坦斯伯里山脉和唐纳之队), 58; limestone roadcut(石灰岩路旁剖面), 56-58; as part of Basin and Range(作为盆岭省的一部分), 28

states(州): boundaries between(各州间的边界), 651; geological surveys(各州的地质调查), 651

Steinmann, Gustav(古斯塔夫 · 斯坦曼), 492

Steinmann Trinity("斯坦曼三位一体"), 492, 493

Stevens, Robert(罗伯特 · 史蒂文斯), 498

Stevenson, Robert Louis(罗伯特 · 路易斯 · 史蒂文森), 550-552, 572

St. Helena, Mt., California(加利福尼亚州圣海琳娜山), 548, 551

St. Helena Highway, California(加利福尼亚州圣海琳娜高速公路), 548-549

St. Helena Island Hot Spot(圣赫勒拿岛地幔热点), 399

St. Helens, Mt., Washington(华盛顿州圣海伦山), 171, 387, 542

Stille, Hans(汉斯 · 施蒂勒), 452

Stillwater Range, Nevada(内华达州斯迪尔瓦特山岭): earthquake movement of(地震错动), 45

Strathearn formation(斯特拉森地层组), 69, 93, 95

stratigraphy(地层学): as course of study(作为一门学习课程), 385; as

part of geologic structure(作为地质学的一个组成部分), 385, 446; relationship to tectonics(地层学与大地构造学的关系), 385, 446
stratovolcanoes(成层火山、层火山), 284, 450
stream capture(河流袭夺): defined(定义), 31
streams(河流): Appalachian(阿巴拉契亚山脉的河流), 241; behavior of(河流的习性), 31, 202, 383; clarity of(河流的清澈), 383; confluence of(河流的汇流), 31; language of(河流的语言), 31, 33; and limestone(河流和石灰岩), 309; meandering(蛇曲河), 202; Putah Creek(普塔溪), 544-545; and Rockies exhumation(河流和落基山脉的剥露), 315; value of streamcuts to geologists(河岸剖面对地质学家的价值), 24; *see also* rivers(参见"河流")
strike-slip faults(走滑断层): defined(定义), 583-384; Queen Charlotte Fault(夏洛特皇后断层), 393; in San Adreas Fault family(圣安德列斯断层家族中的走滑断层), 599-603; in Southeast Asia(东南亚的走滑断层), 563; *see also* transform faults(参见"转换断层")
strikevalleys(走向山谷): defined(定义), 417
strip mining(露天采矿), 406-407
structure, geologic(构造地质学): role of Swiss in structural geology(瑞士在构造地质学中的作用), 297; and stratigraphy(构造地质学和地层学), 385, 446; and tectonics(构造地质学和大地构造学), 385-386, 446; *see also* basin-and-range structure(参见"盆岭构造")
Stuyvesant, Peter(彼得 · 斯图伊文森特), 194
subduction(俯冲): defined(定义), 450; *see also* subduction zones(参见"俯冲带")
subduction zones(俯冲带): defind(定义), 388; development of(俯冲带的发展), 486; and Franciscan melange(俯冲带和弗朗西斯科混杂岩), 546-547; and North American Plate(俯冲带和北美洲板块), 485; and ophiolitic sequence(俯冲带和蛇绿岩序列), 490, 491, 505-506; and San Andreas Fault(俯冲带和圣安德列斯断层), 542; under South America(南美洲之下的俯冲带), 650; in South Pacific(南太平洋的俯冲带), 555-556; vs. transform faults(俯冲带和转换断层), 506, 561; as type of plate boundary(俯冲带作为一种板块边界), 561; and volcanism(俯冲带和火山作用), 388, 450, 542, 631; *see also* trenches, ccean(参见"大洋海沟")
subsistence mining(为了糊口而采矿), 464
Suess, Eduard(爱德华 · 修斯), 491
Sulphur Springs Mounlain, California

(加利福尼亚州硫黄泉山), 571
Sumner, Sen. Charles(查尔斯 · 萨姆纳参议员), 265
Sundance formation(圣丹斯地层组): oil in(圣丹斯地层组中的石油), 290
Sundance Kid(桑丹思 · 基德), 304
Sundance Sea(圣丹斯海), 375
Sunda Strait(巽他海峡), 85
supercontinents(超大陆): Pangaea(泛大陆、盘古大陆), 497, 499, 555, 557, 567; Rodinia (Protopangaea)(罗迪尼亚(原始泛大陆)), 497, 498, 554-555, 567, 659
supergene enrichments(表生富集带), 102, 103, 104, 108, 516, 517
surface bonanzas(地表富矿带), 102
suspect terrane(可疑地体): defined(定义), 128; terrain vs. terrane(对比同音不同义的“terrain(地体, 指地形地貌)”和“terrane(地体, 指三维地质体)”), 10; *see also* exotic terranes(参见“外来地体”)
Sutter, Johann Augustus(约翰 · 奥古斯都 · 萨特), 460-464
Sutter Buttes(萨特孤峰), 540, 541, 542
sutures(缝合带): defined(定义), 449; and plate tectonics(缝合带和板块构造), 132, 226, 227, 229, 231; *see also* exotic terranes(参见“外来地体”)
Svalbard archipelago(斯瓦尔巴特群岛), 557-558
Sweetwater Creek, Wyoming(怀俄明州甜水溪), 420
Sweetwater River, Wyoming(怀俄明州甜水河), 293, 315, 409
Switzerland(瑞士): and early ice theorists(瑞士和早期冰川理论家), 254-258; and structural geologists(瑞士和构造地质学家), 197
Sykes, Lynn(林恩 · 赛克斯), 83, 587
synclines(向斜): Fifth Avenue (New York City) as trough of(纽约市第五大道是向斜的槽), 165, 166 -167; *see also* anticlines(参见“背斜”)

T

Taconic Orogeny(塔康造山运动), 186, 213, 216, 221, 222, 229, 558
Tahoe, Lake(太浩湖), 445
Taiwan(中国台湾): as accretionery wedge(作为加积楔), 228, 485; movement toward Chinese mainland(朝中国大陆移动), 228
Tamalpais, Mt.(塔玛佩斯山), 579-580
Tammany, Mt.(坦慕尼山), 195
tectoniccreep(构造蠕变), 591, 593-594, 602, 603
tectonic knots(构造节), 609
tectonics(大地构造学): in Archean Eon(太古宙的大地构造), 632-634; and Archean-Proterozoic transition(大地构造和太古宙-元古宙过渡时期), 633-635; continental escape theory(大陆逃逸理论), 563; and structure(大地构造学和地质构造学), 385-386, 446; *see also* plate

tectonics（参见“板块构造”）
Teilhard de Chardin, Pierre（皮埃尔 · 泰哈德 · 德 · 夏尔丹）, 88
Telegraph Hill, San Francisco（旧金山市电报山）, 579-580
Telephone Canyon, Wyoming（怀俄明州电话谷）, 327
Temple, Peter（彼得 · 坦普尔）, 505
Tensleepformation（丹斯里普地层组）, 290
Terminal moraines（终端冰碛）: in Brooklyn（布鲁克林的终端冰碛）, 160, 161; defined（定义）, 150; and early ice theorists（终端冰碛和早期的冰川理论家）, 255, 256, 257; vs. outwash plains（终端冰碛和冰水冲积平原）, 161; and Wisconsinan ice sheet（冰水冲积平原和威斯康星冰川）, 150-151, 160, 161
terminology, geological（地质学术语）, 31-34, 84, 92, 641
terrain（地体（指地形地貌））: defined（定义）, 10; vs. terrane（对比同音不同义的“terrain（地体, 指地形地貌）”和“terrane（地体, 指三维地质体）”）, 10; *see also* terranes（参见“地体（指三维地质体）”）
terranes（地体（指三维地质体））: defined（定义）, 10, 449; suspect（可疑地体）, 228; vs. terrain（对比同音不同义的“terrane（地体, 指三维地质体）” 和“terrain（地体, 指地形地貌）”）, 10; *see also* terrains（参见“地体（指地形地貌）”）
Tertiary period（第三纪）: characteristics of（特点）, 88; rock folding and faulting in（第三纪的岩石褶皱和断裂）, 359
Tethys Ocean（特提斯洋）: African side（非洲一侧）, 511, 512, 559; and Cyprus（特提斯洋和塞浦路斯）, 511-512; defined（定义）, 484; Eurasian side（欧亚一侧）, 511, 561; map of remains（残留特提斯洋的地图）, 512
Teton Range, Wyoming（怀俄明州提顿山）, 366-378; complexity of landscape（地形的复杂性）, 373-378; and David Jackson（提顿山和戴维 · 杰克逊）, 366; formation of（提顿山的形成）, 377; and glaciation（提顿山和冰川作用）, 372, 378; and hot spots（提顿山和地幔热点）, 402; and Jackson Hole（提顿山和杰克逊洞）, 368; lakes in（提顿山的湖泊）, 370, 372, 373; studied by David Love（戴维 · 洛夫的研究）, 370-378; and Western movies（提顿山和西部电影）, 368
Texas（得克萨斯州）: in Cambrian period（寒武纪时的得克萨斯州）, 190; drilling into（钻进得克萨斯州）, 656; Houston topography（休斯敦的地形）, 159
Tharp, Marie（玛丽 · 塔普）, 127
theology（神学）: vs. geology（神学和地质学的关系）, 71, 74, 88, 97-98
Thermopolis, Wyoming（怀俄明州温泉

镇), 344, 345
Thermopylae(温泉关), 522
Thesaurus Geographicus(《地理学知识宝库》), 115
Thom, Taylor(泰勒 · 汤姆), 359
Thomas, Rev. Nathaniel(主教纳撒尼尔 · 托马斯), 342
Thoreau, Henry David(亨利 · 戴维 · 梭罗), 264
Threshold of Reflection(“反思门槛”), 88
thrust sheets(逆冲的岩石断片), 231-232; *see also* Overthrust Belt(参见“逆冲断层带”)
Tibet and Tibetan Plateau(西藏和青藏高原), 124, 450, 563
tides(潮汐): solid-earth(固体地球潮), 21
till(碛土): defined(定义), 151
tilt blocks(倾斜的地块), 46-47, 50, 66, 383
Timbuctoo(廷巴克图), 489
time lines, physiographic(地形地貌的等时线): Cambrian period(寒武纪), 189-191; contemporary United States(当代美国), 25-28; Eocene epoch(始新世), 409-410; Mississippian period(密西西比纪), 92-95; Ordovician period(奥陶纪), 189-191; Pennsylvinian period(宾夕法尼亚纪), 92-95; Precambrian time(前寒武纪时期), 657-658; Silurian period(志留纪), 199-201; Triassic period(三叠纪), 28-31
time scale(时间尺度), *see* geologic time(参见“地质时间”)
Toano Range, Nevada(内华达州托阿诺山岭), 61
Tobin Range, Nevada(内华达州塔宾山岭), 42, 45
Toiyabe Range, Nevada(内华达州托伊亚比山岭), 223
Tollgate Rock, Wyoming(怀俄明州“收费站石”), 411
Tom, Mt. (汤姆山), 274
Tomales Bay, California(加利福尼亚州塔玛莉湾), 584
Tonga-Kermadec arc(汤加-克尔马代克弧), 506
Tonka formation(通卡地层组), 69, 92, 93
topography(地形): seeing beneath(“看穿地形”), 443-444, 445, 446
transcontinental railroad(横跨大陆的铁路): choosing route(遴选路线), 317-320; and gold rush(横跨大陆的铁路和淘金热), 450, 467
transform faults(转换断层): California triple junction(加利福尼亚三联点), 542-543; on Cyprus(塞浦路斯的转换断层), 514-515; effects of motion(转换断层滑动的影响), 583; land vs. ocean(陆地和海洋), 561; Mendocino trend(门多西诺断层的走向), 140-141; Queen Charlotte, Fault(夏洛特皇后断层), 393; San Andreas Fault(圣安德列斯断层), 127, 583; vs. spreading centers(转换断层和扩张

中心), 506, 542, 561; vs. subduction zones(转换断层和俯冲带), 506, 561; vs. trenches(转换断层和海沟), 506, 561
Trans-Hudson Orogen(跨哈得逊湾造山带), 636
Transverse Ranges, California(加利福尼亚州横向山脉), 595
travertine(石灰华), 87; in Pleesent Valley(普莱森特山谷的石灰华), 47
trenches, ocean(大洋海沟): Aleutian Trench(阿留申海沟), 390; Cayman Trench(开曼海沟), 568; converging(海沟的汇聚), 556; Japan Trench(日本海沟), 390; Java Trench(爪哇海沟), 556; Kuril Trench(千岛海沟), 390; Manila Trench(马尼拉海沟), 555; Mrianas Trench(马里亚纳海沟), 131; and North American Plate(海沟和北美洲板块), 485; and ophiolitic sequence(海沟和蛇绿岩序列), 505-506; and Pacific Plate(海沟和太平洋板块), 390; Peru-Chile Trench(秘鲁-智利海沟), 121, 650; and plate tectonics(海沟和板块构造), 121, 124-125; Puerto Rico Trench(波多黎各海沟), 392; vs. transform faults(海沟和转换断层的关系), 506, 561; as type of plate boundary(作为一种板块边界), 393; *see also* subduction zones(参见"俯冲带")
Triassic period(三叠纪): characteristics of(特点), 83; naming of(名称的来源), 83; oxygen in atmosphere(大气圈中的氧), 29-30; subdivisions of(三叠纪的划分), 91; transcontinental physiographic time line(横跨大陆地形地貌的三叠纪等时线), 28-31
trilobites(三叶虫), 131
Trinity Range, Nevada(内华达州特里尼提山岭), 139
triple junctions(三联点): Cape Mendocino(门多西诺角), 543, 629; East African Rift Valley, Gulf of Aden, and Red Sea(东非裂谷、亚丁湾和红海三联点), 629; map of(三联点地图), 629; Midcontinent Rift(中部大陆裂谷三联点), 628, 658; North American Plate, Pacific Plate, and Farallon Plate(北美洲板块、太平洋板块和法拉隆板块三联点), 542-543
Trist, Nicholas P.(尼古拉斯 · P. 特里斯特), 402
Tristan de Cunha Hot Spot(特里斯坦-达库尼亚地幔热点), 396
trona(天然碱), 409, 414-416; resource issues(资源问题), 415
tuff, volcanic(火山灰), 286, 314, 377, 422-423, 454; *see also* welded tuff(参见"焊接火山灰")
tulares(芦苇荡): defined(定义), 539
tunnels, I-80(I-80州际公路上的隧道), 67; Carlin Canyon, Nevada(内华达州卡林峡谷), 67; Green River, Wyoming(怀俄明州格林河), 67, 410-411; Yerba Buena Island(耶尔巴布埃纳岛), 67, 574

turtelbacks（龟背）, 66
Twain, Mark（马克 · 吐温）, 564
type localities（典型地点）: Hayward, California as（加利福尼亚州海沃德作为地震活动的典型地点）, 601

U

Uinta, Lake（尤因塔湖）, 412
Uinta Mountains, Utah（犹他州尤因塔山脉）: and age of Green River（尤因塔山脉和格林河的年龄）, 298; characteristics of（特点）, 322; Creation of（尤因塔山脉的产生）, 311, 312, 313; and plate-tectonics（尤因塔山脉和板块构造）, 132-133, vs. Wind River Range（尤因塔山脉和风河山脉）, 411
Ukrainian Shield（乌克兰地盾）, 399
unconformities（不整合面）: defined（定义）, 441; in Grand Canyon（科罗拉多大峡谷的不整合面）, 441; Great Sierra Nevada Unconformity（内华达山大不整合面）, 442, 451; in Wyoming rock（怀俄明州岩石中的不整合面）, 296; *see also* angular unconformities（参见“角度不整合面”）
underground testing（地下核试验）, 127
unidentified flying object（不明飞行物）, 111-112
uniformitarianism（均变论）, 57, 98, 168
Union Pacific Railroad （联合太平洋铁路）: Cheyenne station（夏延站）, 320; and Crédit Mobilier（联合太平洋铁路和莫比利埃信托公司）, 326; and gangplank（联合太平洋铁路和跳板梁）, 319; influnce of（联合太平洋铁路的影响）, 319, 320; monument to Oakes and Oliver Ames（埃姆斯家奥克斯和奥利弗兄弟的纪念碑）, 326; routing of（联合太平洋铁路的路线规划）, 317-320
United Kingdom（联合王国）: tectonic history（构造历史）, 553
United States（美国）: Cambrian physiographic time line（寒武纪地形地貌等时线）, 189-191; contemporary physiographic time line（当代地形地貌等时线）, 25 -28; eastern rivers（美国东部的河流）, 239-242; Eocene physiographic time line（始新世地形地貌等时线）, 409-410; geologic study of East vs. West（美国东西部的地质研究对比）, 25, 32; impact of glaciation（冰川作用对美国的影响）, 150-151, 172-173, 193-194, 251-252, 267-269; Mississippian physiographic time line（密西西比纪地形地貌等时线）, 92-95; mystery of 1450 plutons（“1450深成岩体”的奥秘）, 652-653; Ordovician physiographic time line（奥陶纪地形地貌等时线）, 189-191; Pennsylvanian physiographic time line（宾夕法尼亚纪地形地貌等时线）, 92 -95; Precambrian physiographic time line（前寒武纪时期的地形地貌等时线）, 657-658; reponse to

Darwin's The Origin of Species（美国对达尔文《物种起源》的反应）, 263; scientific drilling（科学钻探）, 650; Silurian physiographic time line（志留纪地形地貌等时线）, 199-201; Triassic physiographic time line（三叠纪地形地貌等时线）, 28-31; *see also* named places and features; names of states（参见其他给出名称的地点和景点, 以及各州的名称条目）

United States Geological Survey（美国地质调查局）: description of Love Ranch topographic quardrangle（美国地质调查局地形图对洛夫牧场图幅的描述）, 332; earthquake predictions（地震预测）, 601, 615; employs Anita Harris（美国地质调查局雇用安妮塔 · 哈里斯）, 149, 168, 169, 175, 179, 181-182; employs David Love（雇用戴维 · 洛夫）, 282, 360, 364-365, 424; field offices（美国地质调查局的野外办公室）, 364-365; first Chief Geologist（美国地质调查局第一位首席地质学家）, 299; geologists as visitors at Love Runch（访问洛夫牧场的地质学家）, 351; Oil & Gas Resources branch（石油天然气资源部）, 177, 179, viewed by geologic profession（地质专业同行对美国地质调查局的看法）, 365-366; view of Loma Prieta earthquake（美国地质调查局对洛马普列塔地震的看法）, 615; *see also* Harris, Anita; Love, David（参见"安妮塔 · 哈里斯"和"戴维 · 洛夫"）

University of Kansas（堪萨斯大学）: midcontinent rock archive（中部大陆岩石样品库）, 655-656

Unruh, Jeff（杰夫 · 安鲁）, 597-598

uplifts（隆起）: exhumation of the Rockies（落基山脉的剥露）, 314-316, 325; and hot spots（隆起和地幔热点）, 400-403

Ural Mountains（乌拉尔山脉）: formation of（乌拉尔山脉的形成）, 46, 557; and naming of Permian period（乌拉尔山脉和二叠纪的命名）, 82; and ophiolites（乌拉尔山脉和蛇绿岩）, 490-491, 557; and plate teceonics（乌拉尔山脉和板块构造）, 124

uranium（铀）: David Love's discovery（戴维 · 洛夫的发现）, 352, 411, 422-424; resource issues（资源问题）, 421-425

uranium/lead dating（铀-铅定年法）, 649

Ussher, James（詹姆斯 · 乌舍）, 69-70

Utah（犹他州）: conodonts in（犹他州的牙形石）, 223; in Ordovician period（奥陶纪牙形石）, 57, 223, 224; origin of red rock in（犹他州红色岩石的成因）, 29-30; in Triassic period（三叠纪时的犹他州）, 29-30; *see also* Great Salt Lake; Salt Lake City; Young, Brigham（参见"大盐湖""盐湖城""杨百翰"）

V

Valentine, James W.（詹姆斯 · W. 瓦伦丁）, 496, 497, 498

Valenzuela, Isabel（伊萨贝尔 · 瓦伦苏埃拉）, 603

Vallejo, California（加利福尼亚州瓦列霍市）, 572

valleys（山谷、峡谷）: vs. basins（山谷和盆地）, 28, 544; Great Valley of the Appalachians（阿巴拉契亚山脉的大峡谷）, 183-192, 236, 238; Jersey Valley, Nevada（泽西山谷）, 112-115; Napa Valley（纳帕谷）, 544, 548-554; pull-apart（拉分山谷）, 545, 549, 574; in Triassic New Jersey（三叠纪时新泽西州的山谷）, 20; *see also* basins ; Great Central Valley, California（参见"盆地""加利福尼亚州中央大峡谷"）

Valparaiso Moraine（天堂谷冰碛）, 274

vanadium（钒）, 364

Van Allen, Hendrik（亨德里克 · 范艾伦）, 194, 195

Vancouver Island（温哥华岛）, 566

Vanfleara, Hans（汉斯 · 范弗雷拉）, 198

Van Houten, Franklyn B.（富兰克林 · B. 范豪滕）, 423

Vanlaningham, Carl（卡尔 · 范兰宁厄姆）, 532

Van Schmus, Randy（兰迪 · 范 · 施莫斯）, 6, 634, 635; described（描述）, 640; McPhee travels with（麦克菲和范 · 施莫斯一起旅行）, 639-645; research work（范 · 施莫斯的研究工作）, 646-652

vegetation（植被）: in Eocene epoch（始新世植被）, 412, 473; first occurrences（植被的首次出现）, 87, 201; in Jurassic period（侏罗纪植被）, 295; in Pennsylvanian period（宾夕法尼亚纪植被）, 29-30, 93-94, 246-247; in Silurian period（志留纪植被）, 87, 201; unexistent in Precambrian time（前寒武纪不存在植被）, 657

Venetz, Ignace（伊格纳斯 · 维尼茨）, 255

Verkhoyanski Mountains（上扬斯克山脉）, 557

vertebrate paleontology（古脊椎动物学）, 113; *see also* fossils（参见"化石"）

Vibroseis（可控震源）, 226, 227, 229, 380

Vine, Fred（弗莱德 · 瓦因）, 83, 129, 136, 392, 491, 514, 515; and Cyprus（瓦因和塞浦路斯）, 487, 494-495

vineyards（葡萄园）: Napa Valley（纳帕谷）, 548-549, 552; soil characteristics（葡萄园土壤的特点）, 548, 549

vocabulary, geological（地质学词汇）: 31-34, 84, 92, 641

volcanic ash（火山灰）: in Basin and Range（盆岭省的火山灰）, 52; from Idaho stratovolcanoes（来自爱达

荷州成层火山的火山灰），284; in Jersey Valley（泽西山谷的火山灰），113-114; prior to Basin and Range（盆岭省形成之前的火山灰），51; in Sierra Nevada（内华达山脉的火山灰），454; in Wyoming（怀俄明州的火山灰），377, 387

volcanic necks（火山颈），649, 656

volcanism（火山作用）: in Cascade Mountains（喀斯喀特山脉的火山作用），136, 542; in Coast Ranges（海岸山脉的火山作用），541, 542, 549-550; and island-arc origins（火山作用和岛弧成因），100, 121, 638, 645; as method of venting heat（火山作用作为释放地球内部热的方法），631; in Napa Valley（纳帕谷的火山作用），541, 542, 549-550; in ocean（大洋中的火山作用），121, 128; at plate boundaries（板块边界处的火山作用），121, 388, 632; Precambrian（前寒武纪的火山作用），310-311, 632, 638, 658; and pull-apart basins（火山作用和拉分盆地），549; questions raised by plate-tectonic theory（板块构造理论提出的问题），388-389; in Sierra Nevada（内华达山脉的火山作用），441-442, 444, 446, 448, 450, 541, 542, 543; and Sonomia Terrane（火山作用和索诺玛地体），450; in South America（南美洲的火山作用），569; and subduction zones（火山作用和俯冲带），388, 450, 542, 631; volcanic necks（火山颈），649, 656; in Wyoming（怀俄明州的火山作用），310-311, 372, 377, 403; and Yellowstone（火山作用和黄石），388, 389-390; *see also* lava flows; magma（参见“熔岩流”“岩浆”）

vugs（孔洞），38, 39-40

vulcanists（“火成论”者），97

W

wagon trails（马车小道）: emigrant（移民），58

Wahrhaftig, Clyde（克莱德 · 沃尔哈夫蒂格），574

Walden Pond, Massachusetts（马萨诸塞州瓦尔登湖），153, 264

walking draglines （移动式绳斗挖掘机），406-407

Walking Purchase（“量步购地”），198

Walton, Paul（保罗 · 沃尔顿），135

Walvis Ridge（沃尔维斯洋脊），396

Ward, Sam（山姆 · 沃德），265

Wasatch Fault（瓦萨其断层），54

Wasatch Mountains, Utah（犹他州瓦萨其山脉），47, 49, 53, 54, 360

Washakie, Chief（瓦沙基酋长），301, 304, 318

Washakie Basin, Wyoming（怀俄明州瓦沙基盆地），386

Washakie Range, Wyoming（怀俄明州瓦沙基山），357

Washington State（华盛顿州）: flood basalts（溢流玄武岩），398

Watchung lava flows（沃昌山熔岩流），37-38

watercress（西洋菜）, 383
water gaps（水峡口）, 239; *see also* Delaware Water Gap（参见“特拉华水峡口”）
water rights（用水权）, 303
Watsonville, California（加利福尼亚州沃森维尔）, 607
Watt, James（詹姆斯·瓦特）, 74
Waxham, Ethel（艾塞尔·瓦克瑟姆）, *see slao* Love, Ethel Waxham（参见“艾塞尔·瓦克瑟姆·洛夫”）
Wegener, Alfred（阿尔弗雷德·魏格纳）, 116-117, 492, 497
welded tuff（焊接火山灰）, 51-52, 61, 62, 100, 112; *see also* tuff, volcanic（参见“火山灰”）
well cores（钻井岩芯）, 654-656
wells, water（水井）: and faults（水井和断层）, 604
Welty, Alice Amoss（爱丽丝·阿莫斯·韦尔蒂）, 288, 289-290, 291
Werner, Abraham Gottlob（亚伯拉罕·科特洛布·维尔纳）, 70-71
West African Craton（西非克拉通）, 560, 659-660
western North America（北美洲西部）: addition of terranes from ocean（地体从大洋拼贴到北美洲西部）, 99, 449-450, 479, 480; edge of continent in Cambrian period（寒武纪时北美洲大陆的西部边缘）, 190, 296: edge of continent in Devonian period（泥盆纪时北美洲大陆的西部边缘）, 62; edge of continent in Mississippian period（密西西比纪时北美洲大陆的西部边缘）, 92, 93; edge of continent in Ordovician period（奥陶纪时北美洲大陆的西部边缘）, 190, 227; edge of continent in Pennsylvanian period（宾夕法尼亚纪时北美洲大陆的西部边缘）, 94; edge of continent in Precambrian time（前寒武纪时北美洲大陆的西部边缘）, 638-639, 650; future seaway（北美洲大陆西部的未来海域）, 41-42, 138, 140-143; geologic study of（对北美洲大陆西部的地质研究）, 25, 32
West Luzon arc（西吕宋岛弧）, 555
White Mountainescarpment, Wyoming（怀俄明州白山的崖壁）, 410, 411, 413
White Mountains, New Hampshire（新罕布什尔州怀特山）, 394, 396
White Wolf Fault（白狼断层）, 600
Whitney, Josiah D.（约西亚·D. 惠特尼）, 474-475
Whitney, Mt.（惠特尼山脉）, 447
Whittier, John Greenleaf（约翰·格林利夫·惠蒂尔）, 265
Whittier Narrows earthquake（惠蒂尔纳诺斯地震）, 596
Wildcat Fault（野猫断层）, 572, 600
Williams, Harold（哈罗德·威廉姆斯）, 498
Williams, Howel（豪威尔·威廉姆斯）, 113-114
Williamsburg, Brooklyn（布鲁克林威廉斯堡）, 158, 162-164

Willis, Bailey（贝利 · 威利斯）, 359, 360, 576
Wilson. J. Tuzo（J. 图佐 · 威尔逊）, 83, 136, 397
wind（风）: erosion by（风的侵蚀作用）, 323-325; and exhumation of the Rockies（风和落基山脉的剥露）, 325; impact of（风的影响）, 324, 325, 403-404; and Lararmie Plains lake excavation（风和拉勒米平原湖泊的形成）, 329; in Wyoming（怀俄明州的大风）, 323-326
wind gaps（风口）, 285
Wind River, Wyoming（怀俄明州风河）, 315, 316; age of（风河的年龄）, 298
Wind River Basin, Wyoming（怀俄明州风河盆地）: in Eocene epoch（在始新世）, 313; and exhumation of the Rockies（风河盆地和落基山脉的剥露）, 325; site of Love Ranch（洛夫牧场的位置）, 307-308; uranium in（风河盆地的铀）, 424-425
Wind River Range, Wyoming（怀俄明州风河山）, 293, 312, 313; creation of（风河山的产生）, 416; vs. Uinta Mountains（风河山脉和尤因塔山脉）, 411
wineries（酒庄）, 548, 549, 552, 553, 558
Winnemucca, Nevada（内华达州温内穆卡）, 48-49
Wisconsinan ice sheet（威斯康星冰川）: and Delaware Water Gap（威斯康星冰川和特拉华水峡口）, 172-173, 193-194; impact on United States topography（威斯康星冰川对美国地貌的影响）, 37-38, 150-153, 172-173, 193-194, 251-252, 267-269; size of（威斯康星冰川覆盖的范围）, 254
Wrangellia Terrane（兰格尔地体）, 228, 554
Wyler, William（威廉 · 怀勒）, 40
Wyoming（怀俄明州）: as Archean craton（作为太古宙克拉通）, 633, 635, 636, 638, 639, 645, 658; in Cambrian period（在寒武纪时）, 190; and Cheyenne Belt（怀俄明州和夏延带）, 639; Cloverly formation（克洛夫利地层组）, 416; coal in（怀俄明州的煤）, 284, 406, 407-408; cowboys in（怀俄明州的牛仔）, 338, 339-340, 345-346, 408; in Cretaceous period（在白垩纪时）, 283-284, 285, 286, 290, 296, 310, 311-312; energy resource tssues（能源资源问题）, 403-427; in Eocene epoch（在始新世时）, 296, 309, 313, 409-410, 412; Fort Union formation（联合堡地层组）, 406; Frontiers sandstone（富隆铁砂岩）, 285-286, 290, 293; as geologic influence（怀俄明州的地质影响）, 297, 298-299; geology around Rawlins（罗林斯周围的地质）, 294-297, 332; Hanna formation（汉纳地层组）, 331; Laramie Orogeny（拉勒米造山运动）, 312, 316-317; limeston in（怀俄明州的石灰岩）, 284, 290, 309, 327, 355, 385; livestock（家畜）, 289;

Madison limestone（麦迪逊石灰岩），290, 385; maps of（怀俄明州地图），278-279, 369; Mesozoic snapshot（怀俄明州中生代剪影），289; in Miocene epoch（在中新世时），295, 309, 313, 314, 321, 322; in Mississippian period（在密西西比纪时），92, 93; and Mississippi River Delta（怀俄明州和密西西比河三角洲），325; Morrison formation（莫里森地层组），290, 295; Mowry shale（莫里页岩），286, 293; Nugget formation（纳盖特地层组），290; Ogalalla formation（奥加拉拉地层组），319; oil in（怀俄明州的石油），285-286, 290, 292, 353-354, 412-413, 417, 418-421; in Oligocene epoch（在渐新世时），313; in Ordovician period（在奥陶纪时），190; in Paleocene epoch（在古新世时），296; in Pennsylvanian period（在宾夕法尼亚纪时），94, 310, 327; in Precambrian time（在前寒武纪时），87, 295, 296, 310-311, 635-636, 638, 639, 658; Rawlins in the old West（旧西部的罗林斯），281-282; Red Canyon（红山谷），354-355; rivers in（怀俄明州的河流），315; in Silurian period（在志留纪时），200; Sundance formation（圣丹斯地层组），290; Tensleep formation（丹斯里普地层组），290; in Tertiary period（在第三纪时），311-312, 359; Teton landscape（提顿山地貌），374-378; in Triassic period（在三叠纪时），29; unexplored topics in regional geology（区域地质中没有研究过的课题），419-421; uranium in（怀俄明州的铀），352, 411, 422-425; volcanic debris（火山碎屑），286, 314, 377, 387; as west coast of North America（作为北美洲的西部海岸），92, 93, 296, 310; wind in（怀俄明州的大风），323-326

Wyoming craton（怀俄明克拉通），633, 635, 636, 638, 639, 645, 658

Wyoming Shear Zone（怀俄明剪切带），*see* Cheyenne Belt（参见“夏延带”）

X

xenoliths（捕虏体）: dating（定年），649-650; defined（定义），20, 447; at Donner Pass（唐纳山口的捕虏体），447; in Four Corners area（“四角区”的捕虏体），649-650; in Palisades Sill（帕利塞兹岩床中的捕虏体），20; west of Donner Summit On I-80（I-80州际公路上唐纳峰西边的捕虏体），447

x-ray diffractometer（X 射线衍射仪），33, 34

x-ray fluorescence spectrometer（X 射线荧光光谱仪），33, 34

Y

Yalesumni Indians（尤苏姆内印第安人），461, 462

Yellowstone National Park（黄石国家公园）; 1959 earthquake（1959

年地震), 169-172, 416; geologic phenomena(地质现象), 388, 389-390; and hot spots(黄石公园和地幔热点), 390, 402, 403; Old Faithful and other geysers(老忠实泉和其他间歇泉), 416-417; resource issues(资源问题), 419-421

Yerba Buena Island, California(加利福尼亚州耶尔巴布埃纳岛): tunnel(隧道), 67, 574

Young, Brigham(杨百翰), 27, 54

Young Diamond(杨钻石), 154

Yount, George(乔治・杨特), 552

Yuba River, California(加利福尼亚州尤巴河), 449, 464, 471

Yucatan(尤卡坦), 85, 189

Yukon gold(育空河流域的黄金), 153

Z

zeolites(沸石): clinoptilolite(斜发沸石), 40; erionite(毛沸石), 113; gathering(采集沸石), 39-40; industrial uses(沸石的工业用途), 38, 40; where to find(到哪儿去找沸石), 40, 113

Zietz, Isidore(伊西多尔・齐茨), 651

Zimbabwe Craton(津巴布韦克拉通), 560

Zimmerman, Jay(杰伊・齐默尔曼), 505

zircons(锆石): use in dating Precambrian rock(在前寒武纪岩石定年中的应用), 646-49

地质年代表[1]

1 “地质年代表”是用来表示地史时期年代的表格，划分出的地质年代单位按级别高低称“宙、代、纪、世、期、时”，相应的地层单位是“宇、界、系、统、阶、带”。新生代、中生代和古生代的地层是依靠古生物化石划分的，名称是在 1759 ~ 1879 年间依据对欧洲地层的研究命名的，后来，其他大洲的地层被命名了更多的地方性名称。各大洲的地层发育程度和研究程度都不一样，造成了表中名称的繁杂和界线的不吻合。另外，此书是 1998 年出版的，表中“距今百万年”栏中地层界线的年龄值已经在 21 世纪的科学技术发展中被更新了。有兴趣的读者可以去查阅国际地层学委员会 2015 年发表的《国际年代地层表》。

新生代（时间跨度 65 百万年）

距今百万年	系／纪	统／世	阶／期 欧洲	阶／期 北美洲
	第四纪（系）	全新世（统）		
0.01		更新世（统）	第勒尼安期（阶）	威斯康星期（阶）
			米拉佐期（阶）	桑加蒙期（阶）
				伊利诺伊期（阶）
			西西里期（阶）	雅茅斯期（阶）
			埃米里安期（阶）	堪萨期（阶）
			卡拉布里期（阶）	阿夫顿星期（阶）
				内布拉斯加期（阶）
				布兰期（阶）
1.64	第三纪（系）	上新世（统）	皮亚琴期（阶）	布兰期（阶）
			赞克尔期（阶）	海姆菲尔期（阶）
5		中新世（统）	墨西拿期（阶）	
			托尔顿期（阶）	
			塞拉瓦尔期（阶）	克拉里登期（阶）
			兰海期（阶）	巴斯特天期（阶）
			布尔季加尔期（阶）	亥明佛德期（阶）
			阿启坦期（阶）	阿里卡里期（阶）
23		渐新世（统）	哈特期（阶）	惠特尼期（阶）
				奥雷期（阶）
			鲁培勒期（阶）	查德龙期（阶）
35		始新世（统）	巴尔顿期（阶）	迪歇纳期（阶）
				尤尼塔期（阶）
			留切脱期（阶）	布里杰期（阶）
			伊普雷斯期（阶）	瓦萨其期（阶）
56		古新世（统）	大尼特期（阶）	克拉克福克期（阶）
			蒙德期（阶）	蒂芬尼期（阶）
				托雷洪期（阶）
			丹麦期（阶）	德拉冈期（阶）
65				普埃尔科期（阶）

中生代（时间跨度 185 百万年）

距今百万年	系/纪	阶/期 欧洲		北美洲
65				
	白垩纪（系）	马斯特里克特期（阶）		墨西哥世（统）
		康潘期（阶）		
		桑顿期（阶）		
		康纳克期（阶）		
		土伦期（阶）		
		西诺曼期（阶）		
		阿尔布期（阶）		科曼奇世（统）
100		阿普第世（统）	加尔加斯期（阶）	
			贝杜尔期（阶）	
		巴列姆期（阶）		
		尼欧克姆世（统）	欧特里夫期（阶）	
			凡兰吟期（阶）	
			巴利阿斯期（阶）	
145	侏罗纪（系）	蒂托期（阶）		
		启莫里期（阶）		
		牛津期（阶）		
		卡洛维期（阶）		
		巴特期（阶）		
		巴柔期（阶）		
		阿林期（阶）		
		里阿斯世（统）		
208	三叠纪（系）	瑞替期（阶）		
		诺利期（阶）		
		卡尼期（阶）		
		拉丁期（阶）		
		安尼西期（阶）		
250		赛特期（阶）		

古生代（时间跨度约300百万年）

距今百万年	系／纪		阶／期 欧洲	阶／期 北美洲
250				
	二叠纪（系）		鞑靼期（阶）	奥霍世（统）
			卡赞期（阶）	瓜德鲁普世（统）
			空谷期（阶）	雷纳德世（统）
			亚丁斯克期（阶）	
			萨克马尔期（阶）	狼营世（统）
290	宾夕法尼亚纪（系）	石炭纪（系）	斯蒂芬期（阶）	维吉尔期（阶）
				密苏里期（阶）
			威斯法期（阶）	狄莫期（阶）
				阿托卡期（阶）
				莫罗期（阶）
323	密西西比纪（系）		纳缪尔期（阶）	契斯特群
			维宪期（阶）	梅拉梅克群
				欧塞季群
			杜内期（阶）	肯德胡克群
360	泥盆纪（系）		法门期（阶）	肖托夸世（统）
			弗拉斯期（阶）	塞内卡世（统）
			吉维特期（阶）	伊里亚世（统）
			库维期（阶）	奥内达加期（阶）
			艾姆斯期（阶）	
			西根期（阶）	奥里斯坎尼期（阶）
			吉丁期（阶）	赫尔德堡期（阶）
408	志留纪（系）		罗德洛期（阶）	卡尤加世（统）
			温洛克期（阶）	尼亚加拉世（统）
			兰多维列期（阶）	麦迪纳世（统）
439	奥陶纪（系）		阿什极期（阶）	辛辛纳提世（统）
			卡拉道克期（阶）	特伦登亚期（亚阶）
			兰代洛期（阶）	黑河亚期（亚阶）
			兰维恩期（阶）	瑟西期（统）
			阿伦尼格期（阶）	加拿大世（统）
			特马豆克期（阶）	
490	寒武纪（系）		道尔吉里期（阶）	克罗克斯世（统）
			费斯丁期（阶）	
			门特罗格期（阶）	
			梅内夫期（阶）	陈尔伯达世（统）
			索尔瓦期（阶）	
			克尔菲期（阶）	瓦可布世（统）
544				

前寒武纪时期（时间跨度约 4000 百万年）

<table>
<tr><th>距今
百万年</th><th></th><th>代</th><th colspan="2">加拿大
地质年代表</th></tr>
<tr><td>544</td><td rowspan="6">元古宙</td><td>新元古代</td><td colspan="2">哈德瑞纪</td></tr>
<tr><td>1000</td><td rowspan="2">中元古代</td><td rowspan="3">海利克纪</td><td>新海利克世</td></tr>
<tr><td></td><td rowspan="2">古海利克世</td></tr>
<tr><td>1600</td><td rowspan="3">古元古代</td></tr>
<tr><td>1750</td><td colspan="2" rowspan="2">阿菲布纪</td></tr>
<tr><td>2000</td></tr>
<tr><td>2500</td><td colspan="4" rowspan="2">太古宙</td></tr>
<tr><td>4560</td></tr>
</table>

译后记

案头放着一本700多页的《昔日的世界》，这是约翰·麦克菲先生的大作，讲述他在地质学家的陪伴下，沿美国80号州际公路横穿北美洲大陆进行地质考察的所见所闻，前前后后竟然考察了20年，写作了20年，出版后一举斩获普利策文学奖。商务印书馆有意把这本书译成中文出版，询问我愿不愿意接手翻译工作。我有些犹豫，主要是我这个人比较懒散，只愿意做些自己感兴趣的事。这么厚的一本书，如果自己读着都感觉没意思，就不想勉强去做了。勉强去做的事，肯定做不好。于是，我想先读一读，再答复商务印书馆。

没有想到，这一读，我就被吸引住了，竟然手不释卷，一连气儿读完了全书。这本书从头到尾都在写地质旅行，写所见的景点景色，写陪同他旅行的地质学家，穿插着写了这些地质学家的人生历史，地质学的历史，乃至地球的历史。这既是一本宣传地质学知识的科普巨著，又是一本神韵绝佳的长篇散文。

书中通过麦克菲先生的所见所闻，描写了美国80号州际公路沿线的地理景色和地质特色。美国的公路南北向编成单号，东西向编成双号，80号公路大致沿北纬40度延伸，东起大西洋海岸平原，西至太平洋海岸山脉，中间穿过阿巴拉契亚山脉，密西西比河上游区的中央低地、落基山脉、大盐湖沙漠、内华达山脉和加利福尼亚中央大峡谷。你可能会有这样的经历：在旅游中饱览自然风光时，如果你身边有位地理学家，你会顺便了解到一些有关山水地貌的地理知识；如果你身边有位历史学家，你会顺便领略到一些有关地理地域的历史知识；如果你身边有位地质学家，你不仅会顺便懂得一些山川地势的特征和它的形成原因，而且会知晓一些相关的历史故事，甚至会获悉一些那些历史事件背后的地质因素。麦克菲先生不仅在地质学家的陪同下横穿美洲大陆，游览了一个个风貌各异的地理省区，看到了高尔夫球场和冰川地貌的密切联系，理解了摩门教为什么最终选择在盐湖城栖身，明晰了标新立异的美国风景画派为什么被称为哈得逊河画派，而且，他还在地质学家的指导下，从沿途所见的一块块岩石中，解读出北美洲大陆在几亿年前甚至几十亿年前的昔日世界，并且选定了几个历史时间片段，一幕一幕地展现了昔日的美国大陆从东到西的地形地貌，让我看到了北美洲大陆波澜壮阔的地质历史画卷，实实在在地感受到地球在经历着巨变。

麦克菲先生说，这本书的主题是讲板块构造学的。地质学中的板块构造模型和物理学中的夸克模型、生物学中的DNA双螺旋模型、宇宙学中的大爆炸模型在科学史中被称为20世纪理论科学中最重要的四大模型，代表了各自领域中的一场理论革命。但是，麦克菲先生在书中却没有像教科书一样去解释板块构造理论的细节，而是浓墨重彩地刻画了板块构造学建立和发展的历史，用活生生的实例去描述了板块构造理论的创立和被人们接受的过程。

为了说明一个新理论的被接受是多么困难，书中还讲述了魏格纳和大陆漂移的故事，讲述了阿加西和大陆冰川的故事，讲述了赫顿和“火成论”的故事，其中有不少史料轶事我还是第一次听到。

麦克菲先生笔下的地质历史人物个个栩栩如生。例如，麦克菲先生在讲述“火成论”代表人物赫顿时，写到他对时间的深度思考，对真理的不倦追求，对朋友的热情真诚，和他写作手法的晦涩蹩脚，让我看到了一个有血有肉的地质学大家。书中还通过一些小事彰显了当代地质学家们对地质学的如醉如痴和全身心的投入。你看：一个地质学家在看过一场电影后立即打电话给导演，询问某个场景是在哪座山拍摄的，因为他看到镜头中从峭壁上剐蹭下来的正是他想找的沸石；为了采集岩石样品，地质学家在艰苦的环境中攀山凿岩，不惜流汗，甚至流血，他们说，“有收获的付出是值得的”；为了把从成百上千公里之外采集到的宝贵样品运回办公室，他们或者通过邮局运寄，或者乘坐长途汽车随身携带，甚至多买一张机票，让样品“坐”在自己身旁一起飞回。读到这里我忽然想到，我身边众多的中国地质学家不也都是这样吗？

麦克菲先生是一位纪实文学作家，他年轻时选修过地质学，对于地质学中那些多如牛毛的枯燥术语竟能如数家珍，为了能记住那些地质年代单位的名称和顺序，曾把它们的字头编成只有自己才懂的单词写在手心里……看着这些描述，想到年轻时的自己，真是感同身受。令我惊讶的是，学文学的麦克菲先生竟然咀嚼出了地质学中渗透的人文科学味道：他说地质学家更亲近大自然，不用像物理学家和化学家那样去证明一件事；他说许多地质术语的诞生常常是地质学家的随口一说，非常直白，如，把带绿、黑斑纹的岩石叫作蛇纹岩，把中生代“可怕的巨蜥”叫“恐龙”，把躺着的褶皱叫“横卧褶皱”，此外还有“枕状熔岩”“绳状构造”“柱状节理”等等。他借书中人物之口，说地质学中“有三个关键的事，第一是旅行，第二是旅行，第三还是旅行”，“搞地质就是合法的旅游”。读到这里，真让我忍俊不禁。

我喜欢福尔摩斯，他是柯南·道尔先生笔下塑造出来的神探，在英国家喻户晓，深受喜爱。我在给学生们讲课时经常会提到福尔摩斯，讲他的放大镜代表了明察秋毫的观察能力，他的烟斗代表了逻辑严密的推理能力；我对学生们讲，地质学家就是当代的福尔摩斯，地质学家像福尔摩斯一样，非常注重观察和推理，通过深入细致的观察，经过抽丝剥茧般的分析，最终得出问题的答案。我欣喜地在书中读到，麦克菲先生同样非常推崇福尔摩斯，说他是“公认的第一位司法地质学家”，“会拿着锤子，带上三明治，用他的放大镜和想象力”，去重建地球昔日的世界；他甚至梦见在一个雨雪交加的夜晚，地质学家到相邻两家商店被焚毁的火灾现场去进行勘察，经过观察和推理，准确地重现了事故发生的原因和经过，圆满地解决了两家保险公司对事故责任认定的争端；他说，对一位野外地质学家来说，“这太简单了，只需要 5 分钟就搞定了”。读到这些，我的心中自然产生了强烈的共鸣。

读罢全书，掩卷静思，方知普利策奖不是白给的！普利策奖是 1917 年根据美国报业巨头约瑟夫·普利策（Joseph Pulitzer）的遗愿设立的，一百多年来，这个奖项的影响力经久不衰，从最初的新闻奖发展为包括文学、艺术在内的综合奖项，已经成为美国新闻界的最高荣誉奖，被称为“新闻界的诺贝尔奖”。麦克菲先生的这本书获此殊荣，是对他20年心血的最好回报。我不再犹豫，爽快地答应了商务印书馆的译书之邀。

动手译书了，才发现自己面临着很大的挑战。麦克菲先生是一位思维十分活跃的作家，他在跟地质学家一起看剖面时，常常是边看边想，不仅在想地质学家讲的是什么，而且时不时地想起一段相关的故事或一个相关的人物。这些故事或人物或多或少都和地质学历史或美国历史有某种联系，当然，也有一些只是北美洲的某些地方性典故，例如，唐纳之队（Donner Party）。19世纪40年代，美国出现了一场大规模西迁狂潮，在“淘金热”中，成千上万的男女老少从东部涌向西部，长途跋涉3000多公里，不畏艰辛，寻求幸福。这是一场“美国梦”。然而，实现梦想，必然会付出代价，有资料说，在西迁路上共有两万多人丧命，平均每一公里就留下六七个坟头。唐纳之队就是其中一个悲剧性拓荒者团体。1846年4月，杰姆斯·里德（James Reed）组织起一个车队，请60岁的老农夫乔治·唐纳（George Donner）任队长，带领他们的亲属和随行人员约90人从伊利诺伊出发，穿越瓦扎茨山，进入大盐湖沙漠，10月底走到内华达山下，被一场早降的大雪困住，直到第二年2月才被陆续解救，队中先后有44人在西迁路上丧生。这一史料成为美国许多小说、戏剧、诗歌、电影的素材。其他的典故还有哈得逊河画派、摩门教、野猫井，等等。为了弄清楚这些历史事件和典故，我着实花费了一些工夫去查阅资料，在译书的同时，也让自己增长了知识。当然，钻进这些典故，再从典故中跳出来，紧紧跟上麦克菲先生的思路，这还是有一定难度的。我只挑了一些较重要的人和事，以脚注的形式简要地标注在相应页面里。相信读者们不会被麦克菲先生的思路甩下，也不会受到译者这些脚注的羁绊。说到这里，我要表达一下我对“百度百科”和“维基百科”的衷心感谢之情，我的译书过程是在新冠病毒肆虐全球的日子里进行的，而这些“百科”让我足不出户就获得了丰富的知识和营养。

严复老夫子曾说：“译事三难：信、达、雅。”对我这样一个从地质院系毕业又做了一辈子地质工作的人来说，要达到这三项标准谈何容易。所幸者，我对书中的地质学内容并不陌生，准确地表达书中讲到的地质学概念和地质学思想，做到“信”应该不会有什么问题。要做到“达”，则需在用词遣句方面下功夫，把原书的内容表达得清楚、通顺、易懂。我想象着我自己也和麦克菲先生一起参加了书中所说的北美洲地质旅行（实际上，我的确曾经参加过一些美国西部的地质旅行，当然，不是和麦克菲先生在一起），只要把书中的内容通过我的嘴如实讲出来就行了。当然，要尽量讲得生动些、有趣些。我近年来一直在中国科学院大学讲授“现代地质学概论”课程，这是一门给非地质学专业学生们开的课，对于怎样把地质学讲得通俗易懂、生动有趣，我还是颇有些心得体会的。所以，努力去做到“达”应该也没什么问题。对我来说，真正难的是“雅”，要追求文章本身的风格，做到译文简明优雅，这实在是很难。我注意到，书中的内容大体可以分为两部分，很大一部分是麦克菲先生的叙述、讲述，另有一小部分是书中其他人物的讲话、对话。麦克菲先生在普林斯顿大学讲授纪实文学写作课程，他的文字简洁明了，很少去堆砌华丽的辞藻，因此，我翻译这部分采用了“大白话讲故事”的方式，力求译出故事的精彩结构，抖响故事里的“包袱”。书中其他讲话的人物多是地质学家，人物的性格、语气、语调各不相同，甚至还会讲些土话、脏话，因此，这需要去揣摩书中人物的语言特点，力争译出他们的特色。至于他们嘴里的脏话，我并没有删去，像我们这些搞野外地质的人，面对大山荒野，嘴里喷出几句脏话不足为奇，我把这些话保留了下来，我想，只要不译得“太脏”就算是做到“雅”了吧。书中最难译的部分是民谣和诗，虽然这样的篇幅不多，但译起来却最需要下功夫，不仅要译出原文的内容，还要译出原文的韵味，如果还能译出原文的诗体形式，那就是“以诗译诗”了，而“以诗译诗”历来是“倡导者众，实践者寡”。当然，如果只是用白话把原文诗中的意思译出来，那就会使原诗的意境和韵味尽失，因此，我斗胆“以诗译诗”，希望能把原诗的节奏、声调之美译出十之一二。

历时一年多，终于完成了译稿。搁笔之前，还要再多说两句。

一是关于书中的计量单位。美国是泱泱科技大国，人们在日常生活中却偏偏不使用国际计量单位，量长短用英里、英尺、英寸，称轻重用磅、盎司，喝多少说加仑、夸脱，说冷热用华氏度。我虽多次访美，仍感到十分不便。但有什么办法呢？美国人已经习惯了，无可指摘。不过，原著中使用的计量并不统一，也用到了公制单位。为了方便读者，我对全书的非公制单位做了换算。当然，这些换算数值并没有统一精确到小数点后多少位，而是根据上下文的语境和内容需要取了近似值。

二是说几句感谢的话。首先要感谢商务印书馆的信任，敢把一个“大部头”交给我这个新手来译。我虽自觉不辱使命，但最终还需读者们去品评。其次要感谢我的女儿，书中有些单词和俚语的翻译，是靠了女儿的帮助才完成的，当她也吃不准时，还去请教了她的朋友们。最后，也是最重要的，要由衷地感谢我的太太。退休了，本该多用些时间陪陪太太，但译书时在案前一伏总忘记了时间，甚至连吃饭都要太太连喊数遍，更不要说去帮太太做家务事了。太太对此从来没有一句怨言。现在，书稿的校译工作终于完成，即将付梓，应该多去陪陪太太啦。

王清晨

壬寅年谷雨时节

于　帙芸斋

自 然 文 库
Nature
Series

鲜花帝国——鲜花育种、栽培与售卖的秘密
艾米·斯图尔特 著　宋博 译

看不见的森林——林中自然笔记
戴维·乔治·哈斯凯尔 著　熊姣 译

一平方英寸的寂静
戈登·汉普顿 约翰·葛洛斯曼 著　陈雅云 译

种子的故事
乔纳森·西尔弗顿 著　徐嘉妍 译

醉酒的植物学家——创造了世界名酒的植物
艾米·斯图尔特 著　刘夙 译

探寻自然的秩序——从林奈到E.O.威尔逊的博物学传统
保罗·劳伦斯·法伯 著　杨莎 译

羽毛——自然演化的奇迹
托尔·汉森 著　赵敏 冯骐 译

鸟的感官
蒂姆·伯克黑德 卡特里娜·范·赫劳 著　沈成 译

盖娅时代——地球传记
詹姆斯·拉伍洛克 著　肖显静 范祥东 译

树的秘密生活
科林·塔奇 著　姚玉枝 彭文 张海云 译

沙乡年鉴
奥尔多·利奥波德 著　侯文蕙 译

加拉帕戈斯群岛——演化论的朝圣之旅
亨利·尼克尔斯 著　林强 刘莹 译

山楂树传奇——远古以来的食物、药品和精神食粮
比尔·沃恩 著　侯畅 译

狗知道答案——工作犬背后的科学和奇迹
凯特·沃伦 著　林强 译

全球森林——树能拯救我们的40种方式
戴安娜·贝雷斯福德-克勒格尔 著　李盎然 译　周玮 校

地球上的性——动物繁殖那些事
朱尔斯·霍华德 著　韩宁　金箍儿 译

彩虹尘埃——与那些蝴蝶相遇
彼得·马伦 著　罗心宇 译

千里走海湾
约翰·缪尔 著　侯文蕙 译

了不起的动物乐团
伯尼·克劳斯 著　卢超 译

餐桌植物简史——蔬果、谷物和香料的栽培与演变
约翰·沃伦 著　陈莹婷 译

树木之歌
戴维·乔治·哈斯凯尔 著　朱诗逸 译　孙才真 审校

刺猬、狐狸与博士的印痕——弥合科学与人文学科间的裂隙
斯蒂芬·杰·古尔德 著　杨莎 译

剥开鸟蛋的秘密
蒂姆·伯克黑德 著　朱磊　胡运彪 译

绝境——滨鹬与鲎的史诗旅程
黛博拉·克莱默 著　施雨洁 译　杨子悠 校

神奇的花园——探寻植物的食色及其他
露丝·卡辛格 著　陈阳　侯畅 译

种子的自我修养
尼古拉斯·哈伯德 著　阿黛 译

流浪猫战争——萌宠杀手的生态影响
彼得·P. 马拉　克里斯·桑泰拉 著　周玮 译

死亡区域——野生动物出没的地方
菲利普·林伯里 著　陈宇飞　吴倩 译

达芬奇的贝壳山和沃尔姆斯会议
斯蒂芬·杰·古尔德 著　傅强　张锋 译

新生命史——生命起源和演化的革命性解读
彼得·沃德 乔·克什维克 著　李虎　王春艳 译

蕨类植物的秘密生活
罗宾·C.莫兰 著　武玉东　蒋蕾 译

图提拉——一座新西兰羊场的故事
赫伯特·格思里-史密斯 著　许修棋 译

野性与温情——动物父母的自我修养
珍妮弗·L.沃多琳 著　李玉珊 译

吉尔伯特·怀特传——《塞耳彭博物志》背后的故事
理查德·梅比 著　余梦婷 译

稀有地球——为什么复杂生命在宇宙中如此罕见
彼得·沃德 唐纳德·布朗利 著　刘夙 译

寻找金丝雀树——关于一位科学家、一株柏树和一个不断变化的世界的故事
劳伦·E.奥克斯 著　李可欣 译

寻鲸记
菲利普·霍尔 著　傅临春 译

众神的怪兽——在历史和思想丛林里的食人动物
大卫·奎曼 著　刘炎林 译

人类为何奔跑——那些动物教会我的跑步和生活之道
贝恩德·海因里希 著　王金 译

寻径林间——关于蘑菇和悲伤
龙·利特·伍恩 著　傅力 译

编结茅香——来自印第安文明的古老智慧与植物的启迪
罗宾·沃尔·基默尔 著　侯畅 译

魔豆——大豆在美国的崛起
马修·罗思 著　刘夙 译

荒野之声——地球音乐的繁盛与寂灭
戴维·乔治·哈斯凯尔 著　熊姣 译

昔日的世界——地质学家眼中的美洲大陆
约翰·麦克菲 著　王清晨 译

寂静的石头——喜马拉雅科考随笔
乔治·夏勒 著　姚雪霏 陈翀 译

血缘——尼安德特人的生死、爱恨与艺术
丽贝卡·莱格·赛克斯 著　李小涛 译

图书在版编目（CIP）数据

昔日的世界：地质学家眼中的美洲大陆 /（美）约翰·麦克菲著；王清晨译．—北京：商务印书馆，2023
（自然文库）
ISBN 978-7-100-21981-5

Ⅰ.①昔… Ⅱ.①约… ②王… Ⅲ.①地质—美洲—普及读物 Ⅳ.① P567-49

中国国家版本馆 CIP 数据核字（2023）第 024720 号

自然文库
昔日的世界
地质学家眼中的美洲大陆
〔美〕约翰·麦克菲（John McPhee） 著
王清晨 译

商 务 印 书 馆 出 版
（北京王府井大街36号 邮政编码100710）
商 务 印 书 馆 发 行
北京中科印刷有限公司印刷
ISBN 978－7－100－21981－5
审图号：GS（2022）5472号

2023年4月第1版 开本880×1230 1/32
2023年4月北京第1次印刷 印张 32 插页3
定价：160.00元